주기율표 Periodic Table of the Elements

원소 기호 → C 6 ← 원자 번호
영어명 → Carbon
한글명 → 탄소
원자량 → 12.011

- 금속 (Metal)
- 준금속 (Semimetal)
- 비금속 (Nonmetal)

주기 \ 족	1A 1	2A 2	3B 3	4B 4	5B 5	6B 6	7B 7	8B 8	8B 9	8B 10	1B 11	2B 12	3A 13	4A 14	5A 15	6A 16	7A 17	8A 18
1	H 1 Hydrogen 수소 1.007																	He 2 Helium 헬륨 4.0026
2	Li 3 Lithium 리튬 6.941	Be 4 Beryllium 베릴륨 9.0122											B 5 Boron 붕소 10.811	C 6 Carbon 탄소 12.011	N 7 Nitrogen 질소 14.0067	O 8 Oxygen 산소 15.9994	F 9 Fluorine 플루오린 18.9984	Ne 10 Neon 네온 20.1797
3	Na 11 Sodium 소듐(나트륨) 22.9898	Mg 12 Magnesium 마그네슘 24.305											Al 13 Aluminium 알루미늄 26.9815	Si 14 Silicon 규소 28.0855	P 15 Phosphorus 인 30.9738	S 16 Sulfur 황 32.0650	Cl 17 Chlorine 염소 35.4533	Ar 18 Argon 아르곤 39.948
4	K 19 Potassium 포타슘(칼륨) 39.0983	Ca 20 Calcium 칼슘 40.078	Sc 21 Scandium 스칸듐 44.9559	Ti 22 Titanium 타이타늄 47.867	V 23 Vanadium 바나듐 50.9415	Cr 24 Chromium 크로뮴 51.9961	Mn 25 Manganese 망가니즈 54.938	Fe 26 Iron 철 55.845	Co 27 Cobalt 코발트 58.9332	Ni 28 Nickel 니켈 58.6934	Cu 29 Copper 구리 63.546	Zn 30 Zinc 아연 65.409	Ga 31 Gallium 갈륨 69.723	Ge 32 Germanium 저마늄 72.64	As 33 Arsenic 비소 74.9216	Se 34 Selenium 셀레늄 78.96	Br 35 Bromine 브로민 79.904	Kr 36 Krypton 크립톤 83.798
5	Rb 37 Rubidium 루비듐 85.4678	Sr 38 Strontium 스트론튬 87.62	Y 39 Yttrium 이트륨 88.9059	Zr 40 Zirconium 지르코늄 91.224	Nb 41 Niobium 나이오븀 92.9064	Mo 42 Molybdenum 몰리브데넘 95.94	Tc 43 Technetium 테크네튬 98.9063	Ru 44 Ruthenium 루테늄 101.07	Rh 45 Rhodium 로듐 102.9055	Pd 46 Palladium 팔라듐 106.42	Ag 47 Silver 은 107.8682	Cd 48 Cadmium 카드뮴 112.411	In 49 Indium 인듐 114.818	Sn 50 Tin 주석 118.71	Sb 51 Antimony 안티모니 121.76	Te 52 Tellurium 텔루륨 127.6	I 53 Iodine 아이오딘 126.9045	Xe 54 Xenon 제논 131.293
6	Cs 55 Cesium 세슘 132.9055	Ba 56 Barium 바륨 137.327		Hf 72 Hafnium 하프늄 178.49	Ta 73 Tantalum 탄탈럼 180.9479	W 74 Tungsten 텅스텐 183.84	Re 75 Rhenium 레늄 186.207	Os 76 Osmium 오스뮴 190.23	Ir 77 Iridium 이리듐 192.217	Pt 78 Platinum 백금 195.078	Au 79 Gold 금 196.9666	Hg 80 Mercury 수은 200.59	Tl 81 Thallium 탈륨 204.3833	Pb 82 Lead 납 207.2	Bi 83 Bismuth 비스무트 208.9804	Po 84 Polonium 폴로늄 208.9824	At 85 Astatine 아스타틴 209.9871	Rn 86 Radon 라돈 222.0176
7	Fr 87 Francium 프랑슘 223.0197	Ra 88 Radium 라듐 226.0254		Rf 104 Rutherfordium 러더포듐 261.1088	Db 105 Dubnium 더브늄 262.1142	Sg 106 Seaborgium 시보귬 266.1219	Bh 107 Bohrium 보륨 264.1247	Hs 108 Hassium 하슘 269.13	Mt 109 Meitnerium 마이트너륨 268.1388	Ds 110 Darmstadtium 다름스타튬 271.15	Rg 111 Roentgenium 뢴트게늄 272.1535	Cn 112 Copernicium 코페르니슘 (277)	Nh 113 Nihonium 니호늄 (284.18)	Fl 114 Flerovium 플레로븀 (289.19)	Mc 115 Moscovium 모스코븀 (288.19)	Lv 116 Livermorium 리버모륨 (293)	Ts 117 Tennessine 테네신 (294)	Og 118 Oganesson 오가네손 (294)

	주기															
란타넘족 (Lanthanides)	6	La 57 Lanthanum 란타넘 138.9055	Ce 58 Cerium 세륨 140.116	Pr 59 Praseodymium 프라세오디뮴 140.9077	Nd 60 Neodymium 네오디뮴 144.24	Pm 61 Promethium 프로메튬 146.9151	Sm 62 Samarium 사마륨 150.36	Eu 63 Europium 유로퓸 151.964	Gd 64 Gadolinium 가돌리늄 157.25	Tb 65 Terbium 터븀 22.9898	Dy 66 Dysprosium 디스프로슘 162.5	Ho 67 Holmium 홀뮴 164.93	Er 68 Erbium 어븀 167.259	Tm 69 Thulium 툴륨 168.9342	Yb 70 Ytterbium 이터븀 173.04	Lu 71 Lutetium 루테튬 174.967
악티늄족 (Actinides)	7	Ac 89 Actinium 악티늄 227.0278	Th 90 Thorium 토륨 232.0381	Pa 91 Protactinium 프로트악티늄 231.0359	U 92 Uranium 우라늄 238.0289	Np 93 Neptunium 넵투늄 237.0482	Pu 94 Plutonium 플루토늄 244.0642	Am 95 Americium 아메리슘 243.0614	Cm 96 Curium 퀴륨 247.0703	Bk 97 Berkelium 버클륨 247.0703	Cf 98 Californium 캘리포늄 251.0796	Es 99 Einsteinium 아인슈타이늄 252.083	Fm 100 Fermium 페르뮴 257.0951	Md 101 Mendelevium 멘델레븀 258.0984	No 102 Nobelium 노벨륨 259.101	Lr 103 Lawrencium 로렌슘 262.1097

Atomic Masses of the Elements

Based on the 2005 IUPAC Table of Atomic Masses

Name	Symbol	Atomic Number	Atomic Mass
Actinium*	**Ac**	89	227
Aluminum	**Al**	13	26.981538
Americium*	**Am**	95	243
Antimony	**Sb**	51	121.760
Argon	**Ar**	18	39.948
Arsenic	**As**	33	74.92160
Astatine*	**At**	85	210
Barium	**Ba**	56	137.327
Berkelium*	**Bk**	97	247
Beryllium	**Be**	4	9.012182
Bismuth	**Bi**	83	208.98038
Bohrium*	**Bh**	107	264
Boron	**B**	5	10.811
Bromine	**Br**	35	79.904
Cadmium	**Cd**	48	112.411
Calcium	**Ca**	20	40.078
Californium*	**Cf**	98	251
Carbon	**C**	6	12.0107
Cerium	**Ce**	58	140.116
Cesium	**Cs**	55	132.90545
Chlorine	**Cl**	17	35.4527
Chromium	**Cr**	24	51.9961
Cobalt	**Co**	27	58.933200
Copernicium	Cn	112	
Copper	**Cu**	29	63.546
Curium*	**Cm**	96	247
Darmstadtium*	**Ds**	110	271
Dubnium*	**Db**	105	262
Dysprosium	**Dy**	66	162.500
Einsteinium*	**Es**	99	252
Erbium	**Er**	68	167.26
Europium	**Eu**	63	151.964
Fermium*	**Fm**	100	257
Flerovium	Fl	114	
Fluorine	**F**	9	18.9984032
Francium*	**Fr**	87	233
Gadolinium	**Gd**	64	157.25
Gallium	**Ga**	31	69.723
Germanium	**Ge**	32	72.61
Gold	**Au**	79	196.96655
Hafnium	**Hf**	72	178.49
Hassium*	**Hs**	108	277
Helium	**He**	2	4.002602
Holmium	**Ho**	67	164.93032
Hydrogen	**H**	1	1.00794
Indium	**In**	49	114.818
Iodine	**I**	53	126.90447
Iridium	**Ir**	77	192.217
Iron	**Fe**	26	55.845
Krypton	**Kr**	36	83.80
Lanthanum	**La**	57	138.9055
Lawrencium*	**Lr**	103	262
Lead	**Pb**	82	207.2
Lithium	**Li**	3	6.941
Livermoriuum	**Lv**	116	
Lutetium	**Lu**	71	174.967
Magnesium	**Mg**	12	24.3050
Manganese	**Mn**	25	54.938049
Meitnerium*	**Mt**	109	268
Mendelevium*	**Md**	101	258
Mercury	**Hg**	80	200.59
Molybdenum	**Mo**	42	95.94
Moscovium	**Mc**	115	288
Neodymium	**Nd**	60	144.24
Neon	**Ne**	10	20.1797
Neptunium*	**Np**	93	237
Nickel	**Ni**	28	58.6934
Nihonium	**Nh**	113	284
Niobium	**Nb**	41	92.90638
Nitrogen	**N**	7	14.00674
Nobelium*	**No**	102	259
Oganesson	**Og**	118	294
Osmium	**Os**	76	190.23
Oxygen	**O**	8	15.9994
Palladium	**Pd**	46	106.42
Phosphorus	**P**	15	30.973762
Platinum	**Pt**	78	195.078
Plutonium*	**Pu**	94	244
Polonium*	**Po**	84	209
Potassium	**K**	19	39.0983
Praseodymium	**Pr**	59	140.90765
Promethium*	**Pm**	61	145
Protactinium	**Pa**	91	231.03588
Radium*	**Ra**	88	226
Radon*	**Rn**	86	222
Rhenium	**Re**	75	186.207
Rhodium	**Rh**	45	102.90550
Roentgenium*	**Rg**	111	272
Rubidium	**Rb**	37	85.4678
Ruthenium	**Ru**	44	101.07
Rutherfordium*	**Rf**	104	261
Samarium	**Sm**	62	150.36
Scandium	**Sc**	21	44.955910
Seaborgium*	**Sg**	106	266
Selenium	**Se**	34	78.96
Silicon	**Si**	14	28.0855
Silver	**Ag**	47	107.8682
Sodium	**Na**	11	22.989770
Strontium	**Sr**	38	87.62
Sulfur	**S**	16	32.066
Tantalum	**Ta**	73	180.9479
Technetium*	**Tc**	43	98
Tellurium	**Te**	52	127.60
Tennessine	**Ts**	117	294
Terbium	**Tb**	65	158.92534
Thallium	**Tl**	81	204.3833
Thorium	**Th**	90	232.0381
Thulium	**Tm**	69	168.93421
Tin	**Sn**	50	118.710
Titanium	**Ti**	22	47.867
Tungsten	**W**	74	183.94
Uranium	**U**	92	238.0289
Vanadium	**V**	23	50.9415
Xenon	**Xe**	54	131.29
Ytterbium	**Yb**	70	173.04
Yttrium	**Y**	39	88.90585
Zinc	**Zn**	30	65.39
Zirconium	**Zr**	40	91.224

*This element has no stable isotopes. The atomic mass given is that of the isotope with the longest known half-life.

Sixteenth Edition

INTERNATIONAL ADAPTATION

Morris Hein
Susan Arena
Cary Willard

제16판

대학화학의 기초

Foundations of College Chemistry

화학교재연구회 옮김

WILEY 자유아카데미

저자 서문

『대학화학의 기초 16판』은 화학을 현대적이고 중요한 과목으로 서술하며, 화학을 처음 접하는 학생이 쉽게 접근할 수 있도록 쓰였다. 이 책의 핵심은 초판과 같다. 학생들이 화학에 흥미를 갖고 이해하기 쉽도록 하고, 학생들이 필요로 하는 문제 풀이 기술을 가르치는 것이다. 개정판을 준비하면서 전판의 장점인 명료한 설명과 단계별 문제 풀이 방법을 강화하고 수정·보완하기 위하여 학생들과 교수들의 제안과 비판을 고려하여 반영하였다. 특히, 심화된 화학의 기초가 되는 원리를 전개할 때 화학을 학생들의 일상생활과 연계시키고, 미래의 학습에 필요한 문제 풀이 기술과 실습 문제를 제공하려고 노력하였다. 몇몇 장에는 사례 연구를 추가하여 학생들이 새로운 학습 방식으로 수업에 참여할 수 있도록 구성하였다.

『대학화학의 기초 16판』은 화학을 공부해 본 적이 없는 학생이나 화학을 공부하는 데 어려움을 겪는 학생, 화학과 관련된 공부를 계속하려는 학생을 위한 책이다. 초판이 발행된 이래로 이 책은 예비 화학 과정의 범위를 명확히 보여 주는 데 기여하였을 뿐만 아니라, 판을 거듭할수록 더 많은 독자를 확보해 왔다. 이 책은 예비 화학 과정뿐만 아니라 보건 관련 분야 전공자들의 한 학기용 일반화학 과정으로, 또는 자연과학과 관련되지 않은 학과 전공 학생을 위한 교재로 광범위하게 채택되고 있다.

문제 풀이 기술의 개발

우리는 학생들이 문제를 푸는 실질적 기술을 개발하기를 원한다. 이 교재가 인기 있게 된 비결은 제시된 문제 풀이 접근 방법이 학생들에게 적절하였기 때문이라고 믿는다. 문제 풀이 접근 방법은 단위 사용법을 알려주고, 한 단위를 다른 단위로 변환시키는 체계적인 과정을 보여 준다. 학생들 스스로 각자의 방법대로 문제를 생각하고 풀 수 있도록 독려하기 위하여 이 교재 전체의 예제 풀이에서 문제 풀이 접근 방법을 사용하였다. 개정판에는 여전히 기초적인 수학 기술, 과학적 표기법, 유효 숫자를 다루는 예제가 많이 포함되었다. 문제 풀이 과정의 각 단계를 보여 주고 강조하기 위해 문제 풀이 전략을 글상자에 넣어 본문에 넣었다. 문제 풀이 과정의 각 단계를 정성스럽게 고안하여 제시하였으며, 예제를 풀 때마다 풀이 과정의 각 단계를 사용하였다. 또한 적절하게 답을 반올림하기 위해 원자 질량과 몰질량에 대해 일관성 있게 네 개의 유효 숫자를 사용하였다. 나아가서 수학에 자신 없어 하는 학생들을 위해서 정확히 반올림해서 답을 제시하는 데 주의를 기울였다.

학생의 문제 풀이 능력 함양 학생의 태도가 문제 풀이에 중요한 역할을 한다. 우리는 학생들이 문제를 풀기 위해 단순하게 암기하는 것보다 체계적으로 접근하는 것이 낫다는 것을 깨닫기를 바란다. 학생들이 제시된 문제를 스스로 생각하여 문제를 풀 수 있도록 독려하기 위해서 이 교재 전체에서 문제 풀이 접근 방법을 사용할 것을 강조하였다. 개념의 기초를 제시한 후에, 그 단계를 색으로 표시하여 학생들이 쉽게 찾아볼 수 있도록 하였다. 또한 중요한 규칙과 식은 쉽게 참고할 수 있도록 눈에 띄기 쉽게 색으로 표시하였다.

학생의 문제 풀이 연습 **실습 문제**는 본문에서 예제 다음에 나오고, 각 장의 끝에 정답을 제시하였다. 또한 각 장의 끝에 **복습**과 **복습 질문**을 제시하여 중요한 용어, 개념, 표나 그림에 나타난 내용을 복습하는 데 도움이 되도록 하였다. 그 다음에는 계산 문제와 개념을 다루고 있는 **짝으로 된 연습 문제**를 제시하였는데, 두 개의 유사한 문제를 병렬하였다. 다음으로 **추가 연습 문제** 영역에는 심화된 연습 문제를 무작위로 제시하였다. 연습 문제의 마지막 부분은 **도전 문제** 영역으로 개념에 대한 이해를 신장하고 다른 장에서 나온 개념을 통합하기 위한 문제를 제시하였다. 이 개정판에서는 각 장의 연습 문제에 많은 변화를 주었다.

실습 문제 17.1

다음 원소의 산화수를 구하시오.

(a) HNO_3의 N (b) $K_2Cr_2O_7$의 Cr (c) $HgCl_2$의 Hg

실습 문제

문제 풀이 전략

화합물을 이루는 원소의 산화수 구하기

1. 화학식을 구성하는 각 원자 아래에 알려진 산화수를 적는다.

2. 각 산화수에 화합물에 있는 해당 원소의 원자 개수를 곱한다.

3. 화합물에 있는 모든 원소의 산화수의 합을 나타내는 식을 적는다. 한 화합물에서 산화수의 합은 0이어야 한다.

문제 풀이 전략

교재의 구성

교재의 전반부에서는 화학의 실용적인 측면에 초점을 맞추어 이론을 다루고, 후반부에서는 더 추상적인 이론을 다룬다. 이런 구성 순서는 특히 처음으로 화학을 접하는 학생에게 적합하리라고 본다. 원자, 분자, 화학 반응은 물질의 화학적 성질에 없어서는 안 될 총체적 부분이다. 이러한 주제를 확실하게 이해함으로써 학생들은 화학적 성질과 용어에 대한 기초적인 이해 능력을 기를 수 있다.

1장부터 3장까지는 미터법, 유효 숫자에 대한 설명을 포함한 기초 수학과 화학 용어를 다룬다. 4장에서는 새로운 물질을 만드는 물질의 능력과 같은 화학적 성질을 다룬다. 5장에서는 기본적 원자론에 대한 용어와 역사를 설명한다.

주기율표는 전반부의 장에서 간단하게 다루고, 6장과 7장에서 더 자세하게 논의한다. 8장부터 11장까지는 명명법, 화합물의 조성 및 반응을 강조하면서 초보 학생의 수준에 맞게 새로운 물질을 연속하여 제시한다. 학생들은 물질의 분자 모형을 취급하기 전에 실험실에서 화학 약품을 확인하고 다루는 능력에 자신감을 가져야 한다. 숙련된 화학 전공자들은 분자 모형과 화학적 성질을 연결하는 데 어려움이 거의 없겠지만 화학 지식이 부족한 학생은 분자 모형과 물질의 거시적 속성을 연결하는 능력이 여의치 않을 수 있다.

개정판의 새로운 부분

전판 내용의 장점을 계승·발전시켰다. 연습 문제의 분량을 조절하는 등 각 장 뒷부분이 수정되었다. 학생들이 교재와 보충 자료를 활용해서 화학을 좀 더 쉽게 이해하고 배울 수 있도록 자료의 수준은 전판과 동일하게 유지하였다. 문제 풀이, 학생 참여, 명료성에 초점을 두고 몇 가지 구체적인 변화를 다음과 같이 시도하였다.

- 일부 '생활 속의 화학' 글상자는 새로운 자료로 대체되었다.
- 강의에 활용할 수 있는 11개의 '사례 연구'가 추가되었다. 이 사례 연구들은 학생들이 조별로 협동하며, 그 장에서 배운 개념과 정보들을 새로운 상황에 적용해볼 수 있도록 돕는다.
- 본문 중의 사진들을 새롭게 변경하였다.
- 7장에는 새로운 절 '편극력과 편극도−Fajans 규칙'이 추가되었다.
- 12장의 이상 기체 법칙에 관한 절에, 충돌수와 평균 자유 행로 내용을 새로이 포함하였다.
- 14장의 용액의 총괄성에 관한 절에, 비정상 몰질량과 van't Hoff 인자 내용을 새로이 포함하였다.

학습 도우미

화학을 처음 배우는 학생이 기술적 요소를 파악하는 데 필수적인 자신감을 갖도록 돕기 위해서 일련의 학습 도우미를 다음과 같이 개발하고 보강하였다.

- **학습 목표**는 각 절에서 가르쳐야 할 개념을 강조한다. 이 목표들은 학생이 개념 모듈과 목표를 터득하게 돕는 **예제**, **실습 문제**, **복습 문제**, **연습 문제**와 연계된다.
- **중요한 용어**는 그 용어를 정의한 문장 내에서 굵은 글씨체로 표기하였다. 모든 **중요 용어**는 각 장의 복습에도 나열되어 있고 또한 **용어 해설**에 정의되어 있다.
- 풀이 과정을 보여 주는 **예제**는 학생이 스스로 풀기 전에 **문제 풀이 전략**과 **풀이의 요점**을 활용하여 문제를 푸는 방법을 학생에게 보여 준다.
- **실습 문제**는 예제에서 보여 준 문제 풀이 기술을 즉각 보강할 수 있도록 구성하였다. 학생이 문제를 푼 후 그 결과를 바로 확인해 볼 수 있도록 정답을 각 장의 끝에 제시하였다.
- **여백 주석**은 학생들이 기본 개념과 문제 풀이 기술을 이해하도록 돕는다. 본문과 분명히 구분하기 위해서 **참고**로 표시하였다.
- 기초 함수를 다룬 **수학의 복습**을 부록 1에 수록하였다.
- 예제 풀이에 도움을 주는 영상 자료는 와일리 홈페이지(www.wiley.com)에서 참고할 수 있다.

감사의 글

책은 헌신적이고 재능 있는 사람들의 협동적 노력의 산물이다. 특별히 인내심과 끈기를 가지고 전 과정을 이끌어 온 수석 편집자인 Jennifer Yee와 세부 일정을 인도해 준 편집국장인 Trish McFadden에게 감사를 전한다. 새롭고 흥미로운 사진을 더해 준 사진 편집자인 Ranjith Natarajan, 우리와 제작사가 출판 궤도를 이탈하지 않도록 수고하여 준 Ashley Patterson, 우리의 개정 내용을 멋지게 16판으로 탈바꿈해 준 Lumina에게도 고마운 마음을 전한다. 특히 16판에 새롭게 추가된 사례 연구는 미국 국립 과학 사례 연구 교육 센터의 허가와 제공이 없었다면 불가능했을 것이다.

수년에 걸쳐 여러 가지 도움이 되는 논평을 해 준 동료와 학생들에게도 감사드린다. 앞으로도 계속해서 우리에게 혹은 출판사를 통해 조언해 주기를 기대한다. 이 교재를 읽고 전문적 논평을 주신 여러분들께도 진심으로 감사한 마음을 전한다.

논평자

Jeffrey Allison, *Austin Community College*
Jeanne Arquette, *Phoenix College*
Rebecca Broyer, *University of Southern California*
Michael Byler, *Community College of Philadelphia*
Kevin Cannon, *Penn State Abington*
Rong Cao, *Community College of Allegheny City*
Ken Capps, *College of Central Florida*
Charles Carraher, *Florida Atlantic University*
Jing Yi Chin, *Suffolk County Community College*
Loretta Dorn, *Fort Hays State University*
Robert Eves, *Southern Utah University*
Mitchel Fedak, *Duquesne University*
Paul Fox, *Danville Community College*
Erick Fuoco, Richard J. *Daley College*
Amy Grant, *El Camino College*
Tamara Hanna, *Texas Tech Lubbock*
Chris Hamaker, *Illinois State University*
Claudia Hein, *Diablo Valley College*
Donna Iannotti, *Brevard Community College*
Crystal Jenkins, *Santa Ana College*
Jodi Kreiling, *University of Nebraska at Omaha*
Kara Kuvakas, *Brandman University*
Julie Larson, *Bemidji State University*
Anne Lerner, *Santa Fe College*
Lauren McMills, *Ohio University—Main Campus*
Mitchel Millan, *Casper College*
Timothy Minger, *Mesa Community College*
Ralph Morasch, *Pierce College*
Rajiv Narula, *SUNY Canton*
Alexander Nazarenko, *SUNY Buffalo State*
Franklin Ow, *East LA City College*
Ethel (April) Owusu−Nukunya, *Santa Fe College*
Fumin Pan, *Mohawk Valley Community College*
David Peitz, *Wayne State College*
Hussein Samha, *Southern Utah University*
Mary Shoemaker, *Pennsylvania State University—University Park*
Lee Silverberg, Penn State—Schuylkill
Gabriela Smeureanu, *Hunter College*
Anne Marie Sokol, *SUNY Buffalo State*
Sunanda Sukumar, *Albany College of Pharmacy*
Paris Svoronos, *QCC of Cuny*
Susan Thomas, *University of Texas—San Antonio*
Sergey Trusov, *Oxnard College*

Elaine Vickers, *Southern Utah University*
Loretta Vogel, *Ocean County College*
Liwen Yu, *Inver Hills Community College*
Karl Wallace, *University of Southern Mississippi*
Alan Zombeck, *Delta College*
Arumugasamy Elangovan, *Pierce College Puyallup*
Daudi Bogonko, *College of the Sequoias*
Iraj Nejad, *Mt. San Antonio College*
Jeannine Christensen, *Moraine Valley Community College*
Laurie Lemons, *Atlantic Cape Community College*
Murali Panen, *Luzerne County Community College*
Sharadha Sambasivan, *Suffolk Community College*
Somnath Sarkar, *University of Central Missouri*
Tara Hayes, *Sheridan College—Davis*
Timothy Su, *City College of San Francisco*
Yiyan Bai, *Houston Community College, Central Campus*
또한 Central Piedmont Community College—Central and Levine Campuses, Grossmont College, University of Hawaii Manoa의 교수진의 도움과 피드백에도 감사의 마음을 전한다.

역자 서문

과학은 인류의 풍요로운 삶과 편리한 생활의 근원을 마련해 준다. 화학은 과학의 일부로서 그 일부를 담당한다. 넓은 의미에서 보면, 화학은 물질의 성질과 변화를 다루는 학문으로서 존재하는 물질의 총합체인 우주에 대한 지식과 이해의 지평을 확장하는 데 핵심적 공헌을 하였다. 좁은 의미에서 보면, 화학은 일상생활에서 사용하는 다양한 물질의 결합이나 분해를 통하여 이루어지는 화합물에 대한 인간의 호기심과 일상생활을 위한 유익함과 편리함을 이론적으로뿐만 아니라 실질적으로 성취하기 위한 학문적 노력의 결과라고 할 수 있다. 따라서 현대 사회를 살아가면서 화학을 이해하고 화학적 지식을 습득할 필요성과 중요성은 그 어느 때보다 강조되고 있다.

『대학화학의 기초 16판』은 처음 배우는 학생이 어려워할 수도 있는 화학에 쉽게 접근하고 이해할 수 있도록 구성되었다. 나아가서 화학의 기본 개념, 원리, 법칙 등을 알기 쉽게 설명하였으므로 전공과목의 기초 단계로 공부하려는 학생뿐만 아니라 비자연계 전공 학생에게도 꼭 필요한 화학적 기초 지식을 효과적으로 제공한다.

이 책의 목적은 학생들이 화학의 기초 개념을 정립하고 문제 풀이 기술을 익히도록 하는 것으로, 예제에서 문제 풀이 과정을 단계적으로 보여 줌으로써 학생들이 문제 풀이 기술을 습득하는 데 도움을 준다. 또 문제를 푸는 과정에서 단위의 변환이 필요할 때는 '풀이의 요점'을 이용하도록 구성하였을 뿐만 아니라 풀이 과정의 단계를 잘 보여 주기 위해서 '문제 풀이 전략'을 글상자에 넣어 각 단계를 이해하기 쉽고 잘 사용할 수 있도록 하였다.

15판과 비교해 볼 때 15판의 10장과 11장이 16판에서는 6장과 7장으로 편집되면서 원자론과 주기율표, 원자 결합 등의 내용을 연이어 다루도록 구성되었다. 그러나 강의 순서를 15판의 순서대로 진행하는 것도 무방하리라 생각한다. 내용상으로 달라진 부분을 언급하자면, 생활 속의 화학 글상자의 일부가 새로운 자료로 대체되었다. 본문이나 연습 문제에서도 화학의 원리를 실생활에 적용한 예가 15판보다 더 많아졌으며 일부 그림이나 사진이 최신 것으로 바뀌었다. 또한 7장, 12장, 14장에 새로운 내용을 첨가하여 학생들의 이해를 돕도록 노력하였다. 16판의 특별한 점은 11개의 사례 연구를 추가함으로써 학생들이 조별 활동을 통해 수업 시간에 습득한 개념, 원리 등을 구체적인 사례에 적용시켜 볼 수 있는 기회를 제공했다는 것이다.

한글 번역판의 경우, 화합물의 명칭을 대한화학회에서 정한 원칙에 따라 화학술어집을 참고하여 가능한 한 영어 원명에 가깝도록 표기하였고 원의를 충실히 반영하려고 하였다. 몇 가지 화합물에 대해서는 이제까지 불러왔던 화합물의 명칭과의 혼돈을 피하기 위하여 교육부에서 제공한 화합물 명명법 편수자료를 참고하여 학생이 익숙하게 명칭을 익히고 사용할 수 있도록 하였다.

그럼에도 불구하고 여전히 이 책에서 사용한 화합물의 명칭 일부가 이제까지 우리가 불러왔던 명칭과 달라서 어색함을 느낄 수도 있다. 그러나 이런 명명법이 세계화 시대에 부응하기 위하여 도입된 새로운 명명법인 만큼 독자들이 이해하고 익히면 글로벌한 상황에서 유용하게 활용할 수 있을 것이다.

이 교재는 화학교재연구회의 많은 교수들이 번역 및 감수에 참여하였다. 화학교재연구회에서는 원저자의 의도를 최대한 충실히 반영하고자 노력하였으며 질 높은 교재를 완성하기 위해 여러 번의 감수 과정을 거쳤다. 그럼에도 번역 과정에서 불가피하게 의미 전달이 부족한 부분이 있으리라 생각한다. 이러한 부분은 앞으로 꾸준히 수정 보완할 것을 약속하며, 출간 후에라도 수정 사항이 있을 경우에는 자유아카데미 홈페이지(www.freeaca.com) 자료실에 제공할 예정이니 참고하기를 바란다.

이 책이 출판되기까지 교정과 편집을 위하여 수고한 자유아카데미 관계자 여러분의 노고에 감사를 표한다.

화학교재연구회 일동

차례

17 산화와 환원 439

18 유기 화학 개론 469

부록

용어 해설 551

찾아보기 559

Nataliia Korzhenevska/Shutterstock

1장 화학에 대한 이해

아름다운 형형색색의 불꽃놀이가 어떻게 만들어지는지 아는가? 한 계절 동안 어떻게 조그만 씨가 자라서 당신보다 더 큰 옥수수 줄기가 되는지 궁금해 본 적 있는가? 모닥불 앞에서 모양과 색깔이 변하는 불꽃을 바라보며 황홀해지는 사랑스러운 저녁을 보낸 적이 있는가? 오로라의 화려한 색은 대기에서 일어난 화학 반응의 결과이다. 그릇을 바닥에 떨어뜨렸는데, 유리가 아닌 플라스틱이어서 안도했던 적은 없었는가? 이러한 현상들은 우리 주변에서 항상 일어나는 화학 반응의 결과이다. 화학적 변화들은 우리에게 아름다운 색깔, 따뜻함, 빛, 우리 삶을 편하게 해주는 제품들을 가져다준다. 우리 주변에서 볼 수 있는 다양한 물질을 이해하고, 설명하고, 이용하는 과정이 바로 화학이다.

1장의 개요

1.1 화학의 본질

화학에 대한 지식은 모두에게 실질적으로 유용하다. 우리는 주위에서 일어나는 화학을 매일 경험하기 때문이다. 화학에 대한 이해는 기술자, 선생님, 의료계 종사자, 변호사, 주부, 사업가, 소방관, 환경 운동가 등 다수에게 유용하다. 설령 여러분이 이러한 분야에서 종사할 계획이 없다고 하더라도, 화학은 중요하며 매일 사람들에게 활용된다. 화학 물질과 관련된 혜택과 위험을 배우는 것은, 여러분이 주변의 세상과 관련된 올바른 지적 선택을 할 수 있는 지적 시민이 되는 데 도움이 될 것이다. 화학을 배움으로써 여러분은 조직적이며 논리적인 방법으로 다른 사람과 소통하고, 문제를 해결할 수 있는 능력을 배울 수 있다. 이러한 능력은 대학이나 여러분의 일생에 도움이 될 것이다(참고 참조).

화학이란 무엇인가? 일반 사전을 보면 다음과 같이 적혀있다. "**화학(chemistry)**은 물체, 특히 원자 및 분자계의 조성, 구조, 성질, 반응에 관한 과학이다." 다소 간단한 정의로 "화학은 **물체**(matter)의 조성과 물질에서 일어나는 조성의 변화를 다루는 과학"이다. 이 정의 중 어느 것도 완벽하지는 않다. 화학과 물리학은 근원적 지식을 제공한다. 또한 살아있는 유기체를 구성하는 물체뿐 아니라, 생명 그 자체가 본질적으로 상호 연관된 화학적 과정으로 구성되어 있으므로, 화학은 생물학과도 밀접한 연관이 있다(사진 참조).

이 절의 학습 목표
화학의 정의와 화학을 공부하는 것이 왜 중요한지 서술할 수 있다.

참고 본문에서 정의된 새로운 용어인 중요 용어들을 **굵은 글씨**로 나타내어 강조하였다.

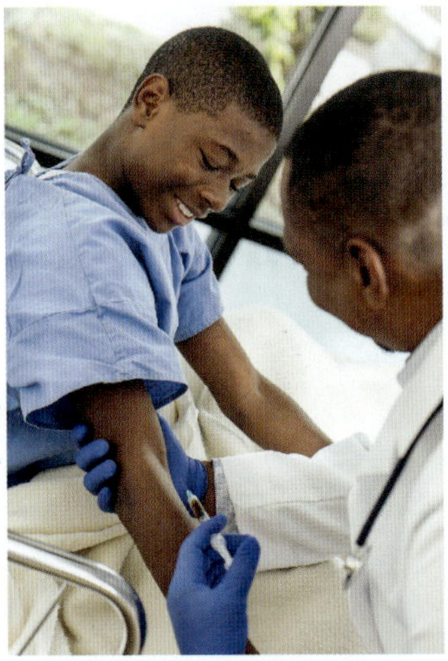

의료계 종사자는 약물의 정량을 투약하기 위해 화학을 이해해야 한다.

화학의 범위는 매우 넓다. 생명이 있든 없든 간에 화학은 우주 전체와 그 안에 있는 모든 것을 포함한다. 화학은 물체의 조성과 조성의 변화뿐만 아니라 물체와 관련된 에너지와 에너지 변화를 다룬다. 화학을 통해서 우리는 모든 물체의 거동을 관장하는 일반적 원리들을 배우고 이해하는 것을 추구한다.

다른 과학자들과 마찬가지로 화학자들은 자연을 관찰하고, 그 속의 비밀을 이해하고자 시도한다. 무엇이 튤립을 붉게 만드는가? 설탕은 왜 달까? 철이 녹슬 때 무슨 일이 일어나고 있는 것일까? 왜 일산화 탄소는 독성이 있을까? 일부는 해결되었고, 일부는 여전히 풀어야 할 이런 문제들이 우리가 화학에서 다루는 부분들이다.

화학자는 자연적 현상을 해석하고, 실험을 고안하여 복잡한 물질의 구조 및 조성을 밝히고, 자연적 과정 향상을 위한 방법을 연구하거나 물질을 합성하기도 한다. 궁극적으로, 화학자의 성공적인 노력은 지식의 진보와 동시에 인류의 삶의 질 향상에 기여한다.

화학자처럼 생각하기

화학자들은 화학 변화가 일어나는 본질을 이해하기 위하여 물질에 대한 특별한 관점을 가진다. 화학자들은 구성 성분들이 어떻게 거동하는지 알기 위해 모든 대상의 내부를 관찰한다. 이러한 접근을 이해하기 위해, 호수를 생각해보자. 호수를 먼 거리에서 보면, 우리는 물과 호안선의 전반적인 모습을 볼 수 있다. 이러한 전반적인 관점을 **거시적**(macroscopic) 그림이라고 한다.

호수에 가까이 갈수록, 우리는 바위, 모래사장, 물속 식물, 수중 생명체 등 더 자세한 것들을 볼 수 있다. 이에, 점점 더 많은 호기심을 가지게 된다. 바위와 모래를 만드는 것은 무엇인가? 물속에는 어떤 종류의 생명체가 살고 있을까? 물속에서 식물이 어떻게 생존하는가? 물속에 숨겨져 있는 것은 무엇인가? 이러한 질문들에 현미경을 사용해서 답할 수 있다. 물속과 식물 내부에서, 단세포를 볼 수 있고, 세포 속에는 생명체가 살 수 있도록 일하는 세포 기관들이 있다. 다른 질문에 답하기 위해서, 우리는 호수 내부를 더 깊이 살펴봐야 할 수도 있다. 한 방울의 호숫물은 그 자체가 분자들과 움직임으로 가득 찬 신비롭고 매력적인 **미시적**(microscopic) 그림이다(**그림 1.1**). 화학자들은 원자와 분자들의 세계와 움직임을 관찰하며, 분자들의 미시적인 세계와 일상생활 물체들의 거시적인 세계를 연결해 준다.

호수의 물을 생각해 보자. 호수 표면은 아름답고 색을 띠고 있으며, 수변에는 부드럽게 물결이 인다. 물의 미시적 성질은 무엇인가? 물은 다음과 같이 조그만 분자로 구성되어 있다.

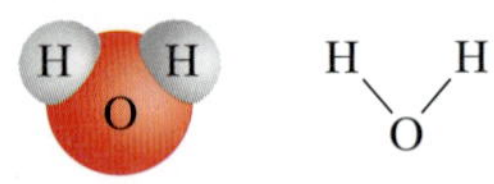

이 경우, H는 수소 원자를, O는 산소 원자를 나타낸다. 물 분자는 두 개의 수소 원자와 한 개의 산소 원자로 구성되어 있으므로 H_2O로 나타낸다.

그림 1.1 호수의 물방울 내부에서 물 분자와 몇 가지 녹아 있는 물질을 찾을 수 있다.

예제 1.1

여덟 개의 산소 원자와 열다섯 개의 수소 원자가 있다. 이들로부터 몇 개의 물 분자를 만들 수 있는가?

풀이

위의 물 분자 모형에서 볼 수 있듯이, 한 개의 물 분자에는 한 개의 산소 원자와 두 개의 수소 원자가 포함되어 있다. 이 모형을 참조하여, 여덟 개의 산소 원자로부터 여덟 개의 물 분자를 만들 수 있다. 그러나 여덟 개의 물 분자를 만들려면, 열여섯 개의 수소 원자가 필요하다. 그러므로 열다섯 개의 수소 원자로부터는 일곱 개의 물 분자만 만들 수 있다. 결국 한 개의 수소 원자와 한 개의 산소 원자가 남는다. 따라서 답은 일곱 개의 물 분자이다.

실습 문제 1.1

여덟 개의 수소 원자와 일곱 개의 산소 원자가 있다. 이들로부터 몇 개의 물 분자를 만들 수 있는가?

1.2 문제 해결을 위한 과학적 접근법

이 절의 학습 목표
과학적인 방법에 관여하는 단계를 설명할 수 있다.

일상생활에서 가장 보편적이며 중요한 일 중 하나는 문제를 해결하는 것이다. 예를 들면,

- 월요일까지 두 개의 시험과 실험 보고서를 제출해야 한다. 시간을 어떻게 나눌 것인가?
- 학교에 가려고 나섰는데 라디오에서 고속도로에 큰 사고가 났다는 소식을 들었다. 교통 체증을 피하기 위한 가장 빠른 대체 경로는 무엇인가?
- 식료품을 사야 하고, 소포를 부쳐야 하고, 아이들 축구 경기에 참석해야 하고, 세탁물을 찾아야 한다. 가장 효율적인 순서는 무엇인가?

우리는 매일 이러한 종류의 문제와 결정에 직면한다. 논리적인 접근은 일상의 문제들을 해결하는 데 유용하다.

1. 문제를 정의한다. 먼저 우리는 모든 정보를 가지고 문제와 상태를 명확히 인식할 필요가 있다. 이것을 과학에서는 '**관찰하기**(making an observation)'라고 한다.
2. 문제에 대한 가능한 해법을 제안한다. 과학에서는 이것을 '**가설**(hypothesis) 세우기'라고 한다.
3. 어느 것이 문제를 해결하는 데 가장 좋은 방법인지 결정한다. 일상생활에서는 과거의 경험이 도움이 된다. 이를 과학에서는 '**실험 수행하기**(performing an experiment)'라고 한다.

문제 해결에 과학적인 접근법을 활용하는 것은 의미가 있다. 과학자, 의사, 사업가, 작가 등 어떤 직업을 가지려고 하는지 상관없이 여러분 인생의 모든 부분에 도움을 줄 것이다.

과학적 방법

Westend61/Getty Images

과학자들은 매일 그들의 실험실 업무에서 과학적 방법을 적용한다.

화학자들은 문제를 해결하기 위해 화학자를 비롯한 다른 과학자들과도 함께 일한다. 과학자들은 연구를 수행하면서 많은 의문에 직면하게 되는데, 이러한 의문을 푸는 과정에서 종종 초기의 의문에서 벗어나기도 한다. 화학과 기술의 놀라운 발전은 **과학적 방법(scientific method)**이라 부르는 과정이 관여되며, 이는 일반적으로 다음과 같이 설명될 수 있다.

1. 문제점이나 의문점과 관련이 있는 **사실들 혹은 자료를 수집한다.** 이 과정은 보통 계획된 실험으로 이루어진다. 문제점과 관련 있는 경향이나 규칙성을 찾기 위해서 자료를 분석한다.
2. 자료를 처리하고 추가적인 실험을 통해 시험할 수 있는 **가설을 세운다.**
3. **가설을 시험하기 위한 추가 실험을 계획하고 수행한다.**
4. 얻어진 자료와 모순되지 않도록 필요에 따라 **가설을 수정한다.**

'**가설**(hypothesis)', '**이론**(theory)', '**법칙**(law)'이라는 단어들의 의미가 때때로 혼동스러울 수도 있다. **가설(hypothesis)**이란 어떠한 사실에 대한 잠정적인 설명으로, 추가적인 실험을 위한 기반이 된다. 잘 설정된 가설은 종종 **이론(theory)** 또는 모형이라고 하기도 한다. 따라서, 이론이란 특성 현상에 대해 그것을 뒷받침하는 상당한 증거나 사실로 해당 현상의 일반적인 원리를 설명하는 것이다. 가설과 이론이 자연현상을 설명하는 데 반해, **과학 법칙(Scientific law)**은 자연현상을 간단히 서술하는 것으로, 주어진 조건에서 예외가 없다(사진 참조).

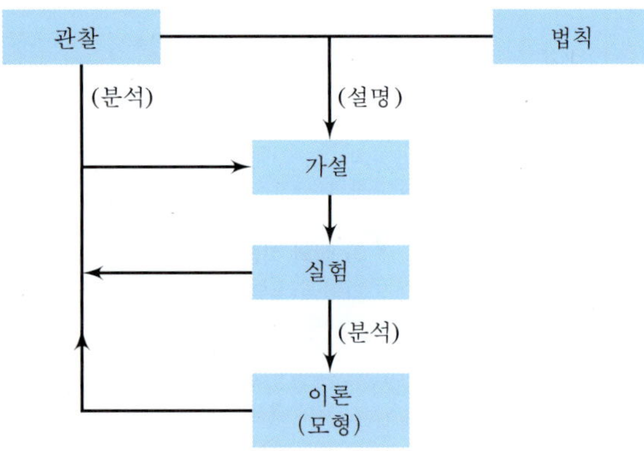

그림 1.2 과학적 방법

대부분의 과학적 방법은 일반적으로 이러한 네 단계의 과정으로 이루어지지만, 이러한 네 단계가 화학이나 그 외의 다른 과학을 수행하는 비법은 아니다(그림 1.2). 화학은 실험 과학이며, 화학의 발전은 체계적인 연구를 통한 과학적 방법의 적용에 기인한다.

생활 속의 화학

이집트인, 첫 의약 화학자

The Print Collector/Heritage Images/Alamy Stock Photo

Nefertiti 여왕의 테라코타 조각

고대 이집트인의 그림을 보면 그 당시에 검은 아이라이너를 하고 있음을 알 수 있다. Paris의 Louvre 박물관에 있는 아이라이너의 성분을 분석한 화학자들은 시료에서 고농도의 납을 확인하였다. 낮은 농도의 납도 매우 유독하므로, 오늘날에는 대부분 제품에서 납 성분을 제거하고 있다. 납은 많은 기관에 유독하고 복통, 치매, 빈혈, 발작과 같은 증상을 유발하고 심지어 죽음을 초래하기도 한다. 이집트인의 아이라이너에서 발견된 납 화합물은 자연적으로 존재하지 않고 합성되었음이 밝혀졌다. 이와 같은 납염의 합성은 복잡하며, 생성물은 매력적인 것이 아니었다. 화학자들은 왜 이집트인들이 이와 같은 화합물을 첨가했는지 의문이었다. 그 당시 서적들을 읽어보면, 의문에 대한 답을 알 수 있다. 납염들은 눈의 약한 통증, 흉터, 변색을 치료하기 위해 합성되었다. 따라서 납염이 화장을 위한 최고의 성분이 아니더라도, 건강을 유지하기 위해 첨가하였음을 알 수 있다.

우리는 납 화합물의 독성이 매우 강하다는 것을 알고 있으므로, 프랑스 Ecole Normale Supérieure의 분석화학자인 Christian Amatore는 이집트인이 사용한 아이라이너의 납 화합물이 건강에 유익할지도 모른다는 의문을 가졌다. 그는 납염을 실험실에서 배양하는 인체조직에 첨가하였고, 세포가 면역반응을 일으키는 화합물을 형성한다는 것을 관찰하였다. 아마도 고대 이집트인들은 의약화학에 대한 어느 정도의 지식을 가지고 있었던 것 같다. 그럼 우리도 이집트인들의 예시처럼 우리의 화장품에 납을 첨가해야 하는가? 이것은 아마도 장기간 납 중독에 대한 위험이 유익함보다 더 크기 때문에 좋은 생각은 아닐 것이다.

우리는 화학에서 많은 이론과 법칙들을 배우는데, 이론과 법칙은 과학의 중요한 부분을 요약하기 때문에, 과학 지식의 습득을 용이하게 한다. 과거의 위대한 과학자들에 의해 발전된 이론과 모형들은 지속적으로 수정되고 변화하기도 한다. 이러한 변화가 과거의 발견들이 덜 중요함을 의미하는 것은 아니다. 현존하는 이론과 모형을 새로운 실험적 증거를 통하여 수정하는 것은 과학적 지식의 성장과 발전에 필수적이다. 과학은 동적이다.

1.3 물체의 입자적 성질

이 절의 학습 목표
물체의 상태를 포함하여 물체의 특성을 서술할 수 있다.

우주는 물체와 에너지로 구성되어 있다. 매일 우리는 셀 수 없는 만큼 많은 종류의 물체와 접촉한다. 공기, 음식, 물, 바위, 토양, 유리와 이 책은 모두 다른 물체이다. 넓게 정의하면, **물체(matter)**는 질량을 가지고 공간을 차지하는 **모든 것**(anything)이다.

물체는 보이지 않을 수도 있다. 예를 들면, 빈 시험관 입구를 아래로 향하게 하여 물이 든 비커에 담그면 물이 시험관으로 조금만 들어오고 더는 들어오지 않는다. 이는 시험관이 보이지 않는 물체인 공기로 채워져 있기 때문이다(그림 1.3).

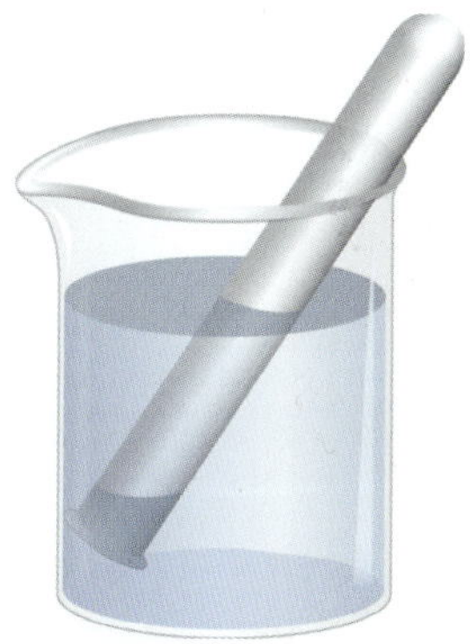

그림 1.3 입구를 아래로 향하게 한 빈 시험관을 물에 잠기게 한다. 소량의 물만이 시험관으로 들어오며, 시험관에는 눈에 보이지 않는 물체인 공기가 채워져 있다.

거시적으로 보면 물체는 연속적이며 끊어져 있지 않다. 우리는 물체의 다양성에 감명을 받는다. 물체는 형태로 존재하지만, 미시적인 관점에서 보면 모든 물체가 **원자**(atom)라고 부르는 불연속적이고, 아주 작은 기본적인 입자로 구성되어 있다는 것은 믿기 어렵다(그림 1.4). 아이스크림의 기본적인 입자와 우리가 숨 쉬는 공기의 입자가 매우 유사하다는 것은 정말 놀라운 일이다. 물체는 실제로 불연속적이며, **원자**라고 부르는 개별적이며 아주 작은 입자로 구성되어 있다.

물체의 물리적 상태

물체는 고체, 액체, 기체의 세 가지 물리적 상태로 구성되어 있다(그림 1.5). **고체(solid)**는 서로 견고하게 결합하고 있는 입자들로 이루어져 있으며, 일정한 모양과 부피를 가진다. 고체의 모양은 용기의 모양과 무관하다. 그림 1.5(a)에서 고체 상태의 물을 볼 수 있다. 다른 예로, 황의 결정은 비커 안에 들어 있든지 유리판 위에 놓여 있든지 관계없이 같은 모양과 부피를 갖는다.

그림 1.4 실리콘칩에 있는 실리콘(규소) 원자는 주사 터널링 현미경을 이용하여 볼 수 있다.

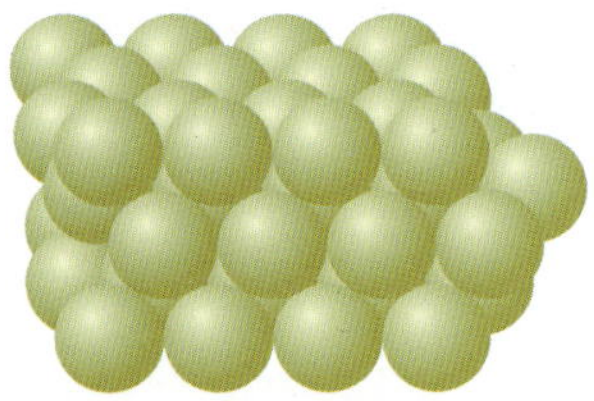

결정성 고체

비결정성 고체

소금, 설탕, 수정, 금속과 같이 일상적으로 볼 수 있는 대부분 고체는 **결정**(crystalline) 형태로 존재한다. 결정을 형성하는 입자들은 규칙적이고 반복되는 삼차원의 기하학적 패턴으로 존재한다(**그림 1.6**). 플라스틱, 유리, 젤과 같은 고체는 어떠한 규칙적이고 반복되는 내부의 기하학적 패턴을 가지지 않는다. 이러한 고체를 **비결정성**(**amorphous**) 고체라고 한다(**비결정성**은 일정한 모양이나 형태가 없음을 의미한다)(그림 참조).

액체(**liquid**)는 일정한 부피는 가지고 있으나, 모양은 고정되어 있지 않으며, 입자들은 단단히 부착되어 있지만 견고하지는 않다. 비록 입자들이 서로 강한 인력으로 잡고 있어 서로 가까이 붙어 있지만, 자유롭게 움직일 수 있다. 이러한 입자들의 운동은 액체의 유동성을 주어 액체가 저장된 용기의 모양과 액체의 모양이 같을 수 있도록 한다. 그림 1.5(b)에서 물이 액체로 어떻게 보이는지 살펴보라.

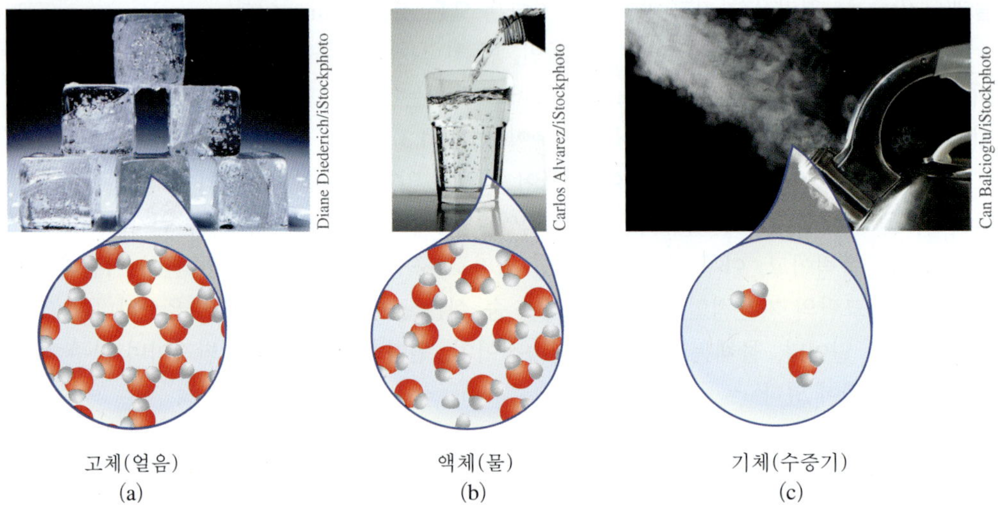

그림 1.5 물체의 세 가지 상태. (a) 고체: 물 분자는 서로 단단하게 결합되어 있고 매우 가까이 있다. (b) 액체: 물 분자는 서로 가까이 있지만 주위를 자유롭게 움직이고 서로에 대해 미끄러질 수 있다. (c) 기체: 물 분자는 서로 멀리 떨어져 있고 자유롭고 무분별하게 움직인다.

그림 1.6 소금의 결정. 소금 결정은 입자들의 삼차원 배열로 구성되어 있다.

서로 독립적으로 움직이는 입자로 이루어진 **기체(gas)**는 일정하지 않은 부피와 정해지지 않은 모양을 가지고 있다. 기체 상태의 입자는 액체나 고체가 갖고 있는 입자 간 서로 잡는 인력을 극복할 수 있을 만큼의 에너지를 가지고 있다. 기체는 모든 방향으로 움직이면서 용기 벽에 압력을 가한다. 이러한 성질 때문에, 기체는 용기를 완전히 채운다. 액체와 고체의 입자에 비해 기체의 입자들은 상대적으로 멀리 떨어져 있다. 기체 입자의 실제 부피는 기체가 차지하고 있는 공간에 비해 매우 작다. 얼음이나 액체 상태의 물에 비해 기체 상태의 물 분자 간의 넓은 공간을 그림 1.5(c)에서 확인할 수 있다. 따라서 기체는 매우 작은 부피로 압축될 수도 있고, 거의 무한대로 팽창될 수도 있다. 액체는 어느 한정된 정도로만 압축될 수 있고, 고체는 액체보다 압축되기 어렵다.

실험실 한쪽 구석에서 암모니아수 병을 열면 금세 실험실 전체에서 암모니아 냄새를 맡을 수 있다. 암모니아 용액에서 탈출한 암모니아 기체 입자는 자유롭고 빠르게 이동하며, 기체가 방출된 모든 공간을 침투하는 경향이 있다.

비록 물체가 불연속적이더라도, 입자들을 서로 잡는 인력이 존재하기 때문에, 입자들은 서로 뭉쳐있고, 외형상 연속성이 있는 것처럼 보인다. 이러한 인력은 고체에서 가장 강하고, 고체를 견고하게 만든다. 액체의 인력은 고체보다 약하지만, 액체가 일정한 부피를 가지게 할 정도로 충분히 강하다. 기체 내 입자 사이의 인력은 매우 약해서 기체의 입자는 실제로 서로 독립적으로 존재한다. 표 1.1에는 고체, 액체, 기체로 존재하는 일반적인 물체들이 수록되어 있다. 표 1.2에는 고체, 액체 기체의 성질이 비교되어 있다.

표 1.1 고체, 액체, 기체 상태로 존재하는 일반적인 물질

고체	액체	기체
알루미늄	알코올	아세틸렌
구리	혈액	공기
금	휘발유	뷰테인
폴리에틸렌	벌꿀	이산화 탄소
소금	수은	염소
모래	기름	헬륨
철	시럽	메테인
설탕	식초	질소
황	물	산소

표 1.2 고체, 액체, 기체의 물리적 성질

상태	모양	부피	입자	압축성
고체	일정함	일정함	견고하게 결합, 촘촘히 쌓임	매우 작음
액체	일정하지 않음	일정함	유동적, 응집함	작음
기체	일정하지 않음	일정하지 않음	서로 독립적이며 상대적으로 멀리 떨어짐	큼

1.4 물체의 분류

이 절의 학습 목표
순물질, 균일 혼합물, 불균일 혼합물을 구별할 수 있다.

물체(matter)란 우주를 형성하는 모든 재료를 의미하는 것이다. 수천 가지의 독특한 물체가 존재한다. 성분비가 일정하게 고정된 특별한 종류의 물체를 **물질(substance)**이라 한다. 원소 또는 화합물을 물질 또는 **순물질**(pure substance)이라고 한다. 잘 알려진 원소의 예는 구리, 금, 산소 등이 있다. 잘 알려진 화합물로는 소금, 설탕, 물 등이 있다. 원소와 화합물에 대해서는 3장에서 자세히 다룰 것이다.

우리는 물체를 **균일**(homogeneous)한 것과 **불균일**(heterogeneous)한 것으로 분류할 수 있다. **균일(homogeneous)**한 물체는 외관상 일정하며, 전체적으로 같은 성질을 가지고 있다. 두 가지 이상의 물리적으로 구별되는 상으로 이루어진 물체를 **불균일(heterogeneous)**하다고 한다. **상(phase)**은 물리적 경계에 의해 계의 다른 부분과 분리되는 균일한 부분을 일컫는다. **계(system)**는 실험자가 고려하고 다루는 일체의 물체를 말한다. 계의 각 부분 또는 각 성분 사이에 눈으로 확인할 수 있는 경계가 존재하는 모든 계는 두 개 이상의 상을 가지고 있으며, 불균일한 것이다. 이들 성분이 고체 상태인지, 액체 상태인지, 기체 상태인지는 문제가 되지 않는다.

순물질 중에는 불균일계 안에서 다른 상으로 존재할 수도 있다. 예를 들면 물에 떠 있는 얼음은 고체 물과 액체 물로 이루어진 두 가지 상으로 되어 있는 계이다. 각 상의 물은 모두 조성이 균일하지만, 두 가지 상이 존재하기 때문에 계는 불균일하다.

혼합물(mixture)은 두 가지 이상의 물질(substance)로 이루어진 물질(material)이고, 균일할 수도 있고 불균일할 수도 있다. 혼합물의 조성은 다양할 수 있다. 만약 물 한 컵에 설탕 한 숟가락을 넣는다면 불균일 혼합물이 즉시 형성된다. 고체(설탕)와 액체(물), 즉 두 가지 상이 존재한다. 그러나 저어주면 설탕은 녹아서 균일 혼합물 또는 용액을 형성한다(사진 참조). 두 가지 물질은 여전히 존재하며, 용액 전체는 고루 단맛을 낸다. 설탕을 더 넣고 저어서 녹이면 설탕과 물의 비율은 쉽게 바뀔 수 있다. 용액이 반드시 액체일 필요는 없다. 예를 들면 공기는 기체들의 균일 혼합물이다. 고체 용액도 존재한다. 황동은 구리와 아연의 균일 용액이다.

(a) (b)

(a) 비커의 액체는 물이고, 숟가락의 흰 고체는 설탕이다. (b) 설탕은 물에 녹아 용액을 형성한다.

균일 혼합물을 형성하지 않는 물질도 많다. 설탕과 희고 고운 모래를 섞으면 불균일 혼합물이 형성된다. 두 개의 상(설탕과 모래)은 모두 흰색 고체이기 때문에 이 혼합물이 불균일한가를 결정하기 위해서는 조심스러운 시험이 필요하지만, 세밀히 분석해 보면 그들은 서로 다른 결정임을 밝힐 수 있다. 물체는 대부분 혼합물로 존재한다. 흙, 화강암, 철광석, 그 밖의 천연 광물들을 조사해 보면 불균일 혼합물이란 것을 알 수 있다. **그림 1.7**은 순물질과 혼합물의 관계를 보여준다(참고 참조).

참고 흐름도는 개념 사이의 관계를 시각화하는 데 도움을 준다.

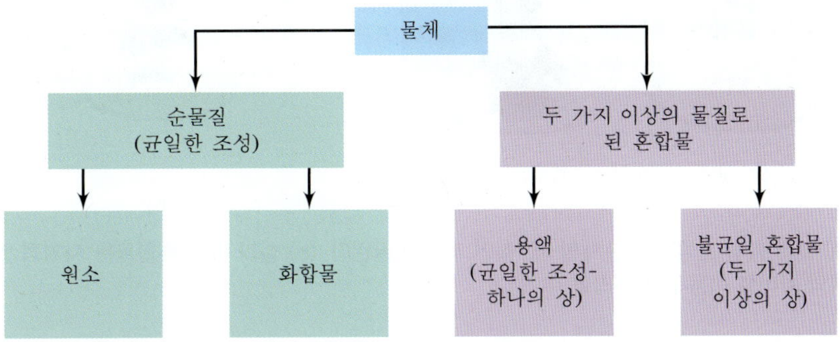

그림 1.7 물체의 분류. 순물질은 항상 조성이 균일한 반면, 혼합물은 항상 두 가지 이상의 물질을 포함하고, 균일하거나 불균일하다.

순물질과 혼합물의 구별

단일 물질, 즉 원소 또는 화합물은 자연계에서 순수한 상태로 거의 존재하지 않는다. 공기는 기체 혼합물이고, 바닷물은 다양한 광물질들이 녹아 있는 혼합물이며 일반적인 토양은 광물질과 다양한 유기 물질들이 복잡하게 섞여 있는 혼합물이다.

혼합물	순물질
1. 혼합물은 항상 두 가지 이상의 물질을 포함하며 다양한 질량 조성을 갖는다.	**1.** 순물질(원소나 화합물)은 항상 일정한 질량 조성을 갖는다.
2. 혼합물의 성분은 고유의 성질을 잃지 않고 물리적인 방법으로 분리될 수 있다.	**2.** 화합물의 원소는 고유의 성질을 잃고 화학적인 방법으로 분리될 수 있다.

실습 문제 1.2

다음 중 어느 것이 혼합물인지, 순물질인지를 쓰고, 그 이유를 설명하시오.

(a) 식초(4% 아세트산과 96% 물)

(b) 염화 소듐(소금) 용액

(c) 금

(d) 우유

혼합물은 순물질과 어떻게 구별되는가? 혼합물은 항상 두 가지 이상의 물질을 포함하고 있으며 다양한 농도로 존재할 수 있다. 두 가지의 예를 들어 보자.

균일 혼합물(homogeneous mixture): 5% 혹은 10%의 소금이 녹아 있는 물은 균일 혼합물(용액)이며, 정확한 양의 소금과 물을 섞어서 간단히 만들 수 있다. 이러한 혼합물은 물을 끓여서 날려 보내고 잔류물로 소금을 얻음으로써 분리할 수 있다.

불균일 혼합물(heterogeneous mixture): 황 결정과 철가루의 블균일 혼합물의 성분비는 단지 황의 양을 늘리거나 철가루의 양을 늘려 섞음으로써 변화될 수 있다. 이 혼합물은 철을 끌어당기는 자석을 사용하여 물리적으로 분리할 수 있다(사진 참조).

(a) (b)

(a) 철과 황이 순물질로 존재할 때, 철만 자석에 끌린다. (b) 철과 황의 혼합물은 자기적 인력의 차이를 이용하여 분리할 수 있다.

1장 복습

1.1 화학의 본질

중요 용어: 화학

- 우리 주위의 일상생활에서 화학 반응이 일어나므로, 화학은 모든 사람에게 중요하다.
- 화학은 물체의 조성과 물체에서 일어나는 조성의 변화를 다루는 과학이다.
- 화학자들은 모든 물체의 거동을 관장하는 일반 원리들을 이해하려 한다.
- 화학은 물체의 구성 성분들이 어떻게 작용하는지를 알기 위하여 '내부를 관찰'한다.
- 화학자들은 거시적 세계와 미시적 세계를 연결한다.

1.2 문제 해결을 위한 과학적 접근법

중요 용어: 과학적 방법 | 가설 | 이론 | 과학 법칙

- 과학적 사고는 우리의 일상생활에서 접하는 문제를 해결하는 데 도움을 준다.
- 문제를 해결하는 일반적인 단계는 다음과 같다.
  - 문제를 정의한다.
  - 가능한 해법들을 제시한다.
  - 문제를 해결한다.
- 과학적 방법은 우리가 다음과 같이 정보들을 처리하는 과정이다.
  - 사실을 수집한다.
  - 가설을 세운다.
  - 실험을 계획하고 수행한다.
  - 필요하다면 가설을 수정한다.

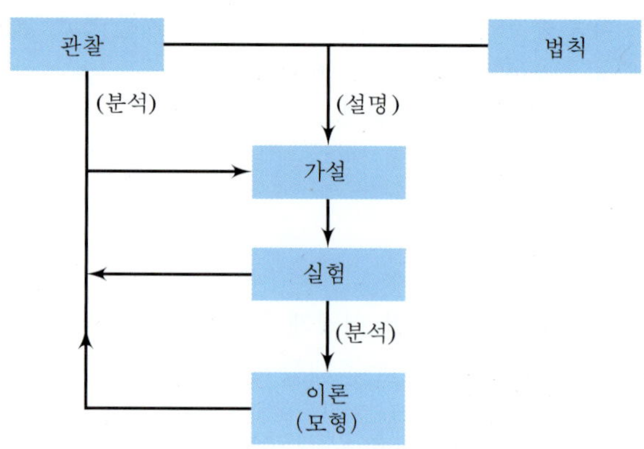

1.3 물체의 입자적 성질

중요 용어: 물체 | 고체 | 비결정성 | 액체 | 기체

- 물체는 다음의 두 가지 특성을 갖는다.
  - 질량을 가진다.
  - 공간을 차지한다.
- 거시적인 관점에서 물체는 연속적으로 보인다.
- 미시적인 관점에서 물체는 불연속적이고 원자로 구성되어 있다.
- 고체–일정한 모양을 가지는 견고한 물체
- 액체–일정한 부피를 가지고 용기의 모양을 그대로 가지는 유동성이 있는 물체
- 기체–용기의 모양과 부피를 그대로 가진다.

1.4 물체의 분류

중요 용어: 물질 | 균일 | 불균일 | 상 | 계 | 혼합물

- 물체는 순물질과 혼합물로 나뉜다.
- 혼합물은 다양한 조성을 가진다.
  - 균일 혼합물은 전체적으로 같은 성질을 가진다.
  - 불균일 혼합물은 계의 부분마다 다른 성질을 가진다.
- 순물질은 항상 같은 조성을 가진다. 두 종류의 순물질이 있다.
  - 원소
  - 화합물

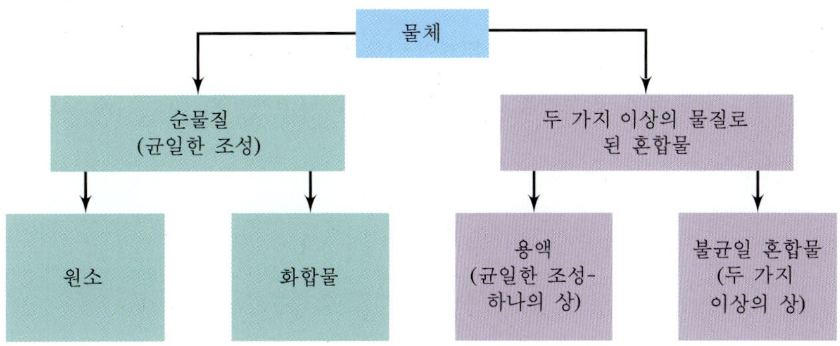

복습 질문

1. 다음 용어의 차이를 설명하시오.
(a) 관찰과 가설
(b) 과학 법칙과 가설

2. 다음 설명이 관찰, 가설, 이론, 과학 법칙 중 어느 것을 나타내는 것인지 쓰시오.
(a) 더는 시간이 맞지 않기 때문에 시계 안에 있는 배터리는 수명이 다했다.
(b) 내 컴퓨터는 올바르게 작동되지 않기 때문에 바이러스에 감염된 것이다.
(c) 공기가 시원하게 느껴지기 때문에 근처에 비가 오고 있는 것이 틀림없다.
(d) 산소가 공기보다 연소를 도와주기 때문에, 양초가 탈 때 공기에서보다 순수한 산소에서 더 밝게 빛난다.
(e) 내 동생은 꽤 자주 붉은 옷을 입기 때문에 붉은색을 좋아한다.
(f) 순물질은 정해진, 일정한 조성을 가지고 있다.

3. 다음 설명이 고체, 액체, 기체 중 어느 것에 대한 설명인지 결정하시오.
(a) 일정하지 않은 모양을 가지며 약간의 압축성을 가진다.
(b) 일정하지 않은 부피와 높은 압축성을 가진다.
(c) 일정한 모양과 매우 낮은 압축성을 가진다.
(d) 일정하지 않은 모양과 일정하지 않은 부피를 가진다.

4. 몇몇 고체는 결정성 구조로 되어 있지만, 일부는 비결정성 구조로 되어 있다. 아래 다섯 개의 설명에 따라, 각각이 결정성 고체인지 비결정성 고체인지 결정하시오.
(a) 규칙적이고 반복적인 기하학적 패턴을 가짐.
(b) 플라스틱
(c) 규칙적이고 반복적인 형태를 가지지 않음.
(d) 젤
(e) 석영

5. 상과 계에 대해서 정의하시오.

6. 사진의 눈금 실린더에는 몇 개의 상이 존재하는가?

7. 균일 혼합물의 다른 이름은 무엇인가?

Richard Megna/ Fundamental Photographs

8. 표 1.1에 수록된 액체 중 순물질을 찾고, 원소와 화합물로 분류하시오.

9. 표 1.1에 수록된 기체 중 혼합물은 무엇인가?

10. 16.7°C에서 고체와 액체 아세트산이 일부 들어 있는 병의 마개를 열었을 때, 강한 식초 같은 냄새가 즉시 감지되었다. 병 안에는 아세트산의 상이 몇 개 존재하는가? 그 이유를 설명하시오.

11. 문제 10번에서 병 안에 들어있는 계는 균일한가 혹은 불균일한가? 그 이유를 설명하시오.

12. 오직 하나의 물질만을 포함한 계는 반드시 균일한가? 그 이유를 설명하시오.

13. 두 개 이상의 물질을 포함하는 계는 반드시 불균일한가? 그 이유를 설명하시오.

14. 순물질과 혼합물을 구별하여 설명하시오.

15. 다음 중 어떤 것이 순물질인가?
(a) 소금
(b) 식초
(c) 은
(d) 황동
(e) 달걀

16. 과학적 방법의 단계를 이용하여 휴대 전화의 작동이 갑자기 멈춘 이유를 알아내시오.
(a) 관찰
(b) 가설
(c) 실험
(d) 이론

짝으로 된 연습 문제

푸른색 숫자로 되어 있는 모든 연습 문제의 답은 부록 5에 있다.

1. 다음 그림을 보고, 존재하는 물체의 상태(들)를 결정하시오.

2. 다음 그림을 보고, 존재하는 물체의 상태(들)를 결정하시오.

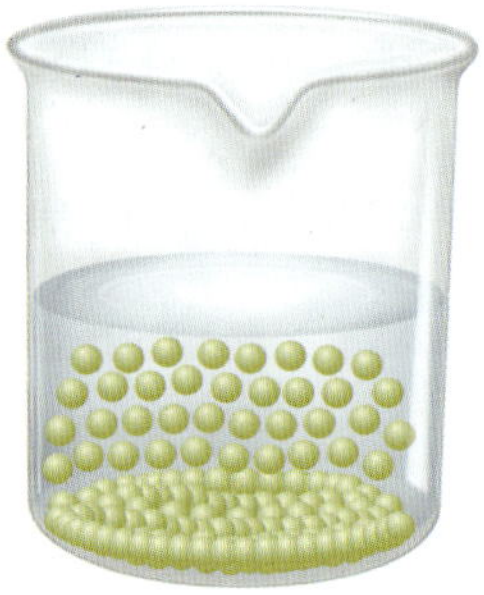

3. 다음 사진을 보고, 이것이 균일 혼합물인지 불균일 혼합물인지 결정하시오.

Richard Megna/Fundamental Photographs

4. 다음 단풍잎을 보고, 이것이 균일 혼합물인지 불균일 혼합물인지 결정하시오.

Justin Horrocks/iStockphoto

5. 다음 각 혼합물이 균일한지 불균일한지 결정하시오.
(a) 얼음이 떠 있는 물
(b) 설탕 용액
(c) 기름과 식초 샐러드드레싱
(d) 크리켓 경기장 안의 사람들

6. 다음 각 혼합물이 균일한지 불균일한지 결정하시오.
(a) 황동
(b) 엔진오일
(c) 모래
(d) 식물

추가 연습 문제

7. 집의 부엌이나 욕실 진열장에서 5개의 다른 물질을 찾고, 각각의 성분표에서 첫 번째 성분을 나열하시오.

8. 새 학기 첫 주 동안 다섯 개의 다른 수업을 등록하였고, 각 수업은 주당 3시간이다. 한 시간의 수업당 수업 외 시간이 과제와 시험공부를 위해 최소 한 시간 요구된다. 또한, 일주일에 20시간 일을 하고, 직장을 오가는 데 한 시간이 필요하다. 금요일 저녁에는 친구들과 만난다. 당신은 좋은 성적으로 한 학기를 성공적으로 마칠 수 있다고 확신한다. 학기의 결과를 예측하는 데 과학적 방법의 단계가 어떻게 도움을 주는지 보이시오.

다음 식품 성분 표시를 연습문제 9~10을 푸는 데 이용하시오.

Nutrition Facts	Amount/serving	%DV*	Amount/serving	%DV*
Serv. Size 1 cup (249g)	**Total Fat 12g**	**18%**	**Sodium 940mg**	**39%**
Servings About 3	Sat. Fat 6g	**30%**	**Total Carb. 24g**	**8%**
Calories 250	Polyunsat. Fat 1.5g		Dietary Fiber 1g	**4%**
Fat Cal. 110	Monounsat. Fat 2.5g		Sugars 1g	
*Percent Daily Values (DV) are based on a 2,000 calorie diet.	**Cholest. 60mg**	**20%**	**Protein 10g**	**20%**
	Vitamin A 0% • Vitamin C 0% • Calcium 6% • Iron 8%			

INGREDIENTS: WATER, CHICKEN STOCK, ENRICHED PASTA (SEMOLINA WHEAT FLOUR, EGG WHITE SOLIDS, NIACIN, IRON, THIAMINE MONONITRATE [VITAMIN B1], RIBOFLAVIN [VITAMIN B2] AND FOLIC ACID), CREAM (DERIVED FROM MILK), CHICKEN, CONTAINS LESS THAN 2% OF: CHEESES (GRANULAR, PARMESAN AND ROMANO PASTE [PASTERURIZED COW'S MILK, CULTURES, SALT, ENZYMES], WATER, SALT, LACTIC ACID, CITRIC ACID AND DISODIUM PHOSPHATE), BUTTER (PASTERURIZED SWEET CREAM [DERIVED FROM MILK] AND SALT), MODIFIED CORN STARCH, SALT, WHOLE EGG SOLIDS, SUGAR, RICE STARCH, GARLIC, SPICE, XANTHAM GUM, MUSTARD FLOUR, ISOLATED SOY PROTEIN AND SODIUM PHOSPHATE.

9. 다음의 재료들이 순물질인지 혼합물인지 구별하시오.
(a) 소금 용액(salt solution)
(b) 치킨스톡(닭을 요리하고 냄비에 남은 액체, chicken stock)
(c) 설탕(sugar)
(d) 밀가루(wheat flour)

10. 식품 성분 표시를 활용하여 음식의 영양학적인 질에 대한 가설을 세우시오. 세운 가설이 유효한지 확인할 방법을 제시하시오.

11. 과학 뉴스에 나온 다음 문단을 읽고, 관찰과 가설을 구별하시오.

Harry Potter가 사용한 것처럼 투명 망토가 존재할까? Massachusetts주 Cambridge의 과학자들은 현실이 될 수 있다고 한다. MIT의 연구자들은 모래나 개미와 같은 작은 물체에 대한 투명 망토를 개발하였다. 방해석 결정은 물체 주변의 빛을 반사하는 능력이 있어 물체를 투명하게, 최소한 '볼 수 없게' 만든다. 만약 큰 결정이 사용된다면, 더 큰 물체를 투명하게 만들 수도 있다. 이 투명 망토는 결정에 직접 조준된 레이저 빛에만 작동한다. 앞으로는 이 투명 망토의 효율성을 높이는 일을 진행할 예정이다.

이 그림을 연습문제 12를 푸는 데 이용하시오.

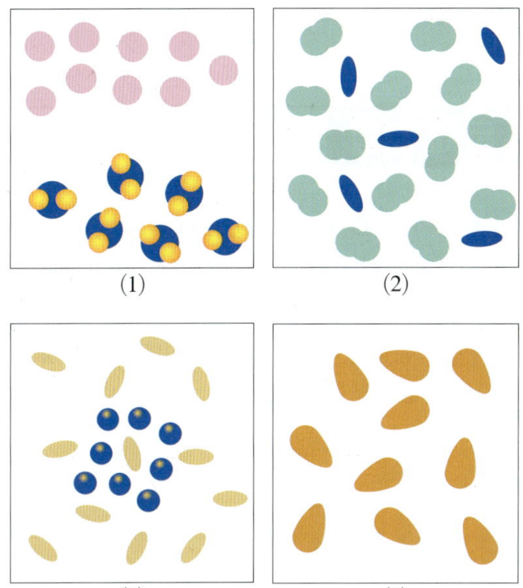

(1) (2) (3) (4)

12. (a) 어떠한 그림이 균일 혼합물을 잘 설명하는가?
(b) 어떠한 그림이 순물질을 포함하고 있는가? 그 이유를 설명하시오.
(c) 그림 (1)과 그림 (2)를 설명하시오.

13. 다음은 여러 종류의 화학 원소의 사진이다. 각각의 사진에 미시적인 그림도 제시되어 있다. 각각의 물질에 존재하는 상의 개수를 결정하고, 무엇인지를 밝히시오.
(a) 아이오딘

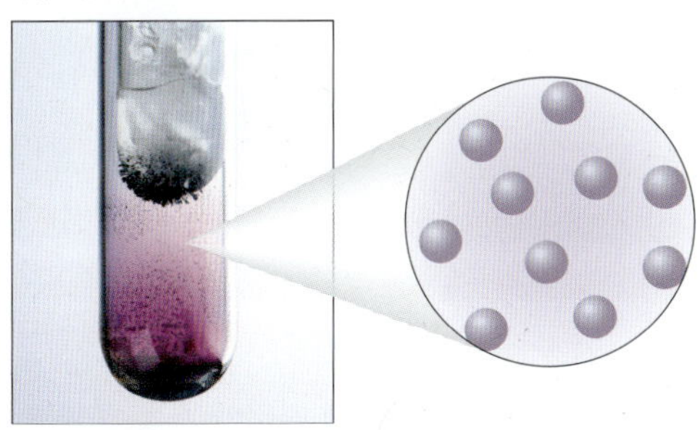

Richard Megna/
Fundamental Photographs

(b) 브로민

Richard Megna/
Fundamental Photographs

(c) 황

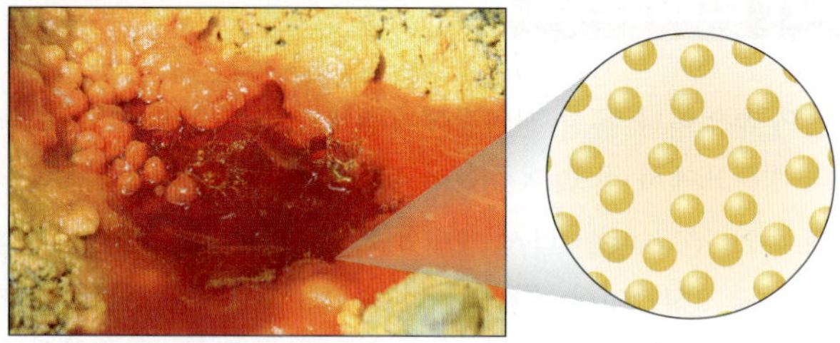

Stocktrek Images/
Richard Roscoe/Getty Images

실습 문제 정답

1.1 4개의 물 분자: H_2O, H_2O, H_2O, H_2O

1.2 (a) 혼합물, 농도는 더 많은 아세트산이나 물을 가함으로써 변화될 수 있다. (b) 혼합물, 넣어 준 소금의 양에 따라서 변화될 수 있다. (c) 순물질, 금은 100% 금이다. (d) 혼합물, 우유는 여러 가지 물질을 포함한다.

LanaStock/iStock/Getty Images

2장 측정의 표준

화학에서 실험을 하는 것은 부엌에서 음식을 요리하는 것과 매우 비슷하다. 맛있는 음식을 만들기 위해서는 요리 재료들과 그것들의 필요한 양을 아는 것이 중요하다. 자동차를 수리할 때는 정확한 크기의 연장이 필요하며, 새 카펫이나 커튼을 구입할 때도 잘 들어맞도록 정확하고 정밀하게 측정해 보는 것은 측정의 실제적인 연습이 된다. 약사가 주는 약의 농도나 양이 조금만 차이가 나도 건강을 크게 해치게 될 수도 있다. 1장에서 살펴본 바와 같이, 측정은 과학적 과정(scientific process)에서 중요한 부분이다. 관찰은 정성적(qualitative, 그 물질은 푸른색 고체이다)이거나 또는 정량적(quantitative, 그 물질의 질량은 4.7그램이다)일 수 있다. 정량적 관찰을 측정(measurement)이라고 한다. 측정에는 수와 단위가 필요하다. 예를 들어 부엌에 있는 밀가루 3을 측정하는 것은 불가능하다. 3에 대한 단위가 필요하다. 컵인지, 그램인지, 큰술인지 알아야 한다. 3컵이라는 측정값은 측정의 양과 크기를 알 수 있게 한다. 이 장에서 우리는 측정값 및 측정값을 포함한 계산 법칙에 대해 알아보고자 한다.

2장의 개요

2.1 과학적 표기법

과학자들은 **측정(measurement)**을 할 때 매우 크거나 매우 작은 수들을 자주 사용하곤 한다. 예를 들면, 지구의 나이는 약 4,500,000,000(45억)년 정도로 추정되고 있다. 이런 수는 쓰기에 너무 크기 때문에, 과학자들은 이를 10의 지수를 사용하여 간결하게 표기한다. 1과 10 사이의 수에 10의 지수를 곱하여 수를 나타내는 것을 **과학적 표기법(scientific notation)**이라고 한다(사진 참조).

이 절의 학습 목표
소수를 사용하여 과학적 표기법으로 나타낼 수 있다.

pockygallery/123 RF

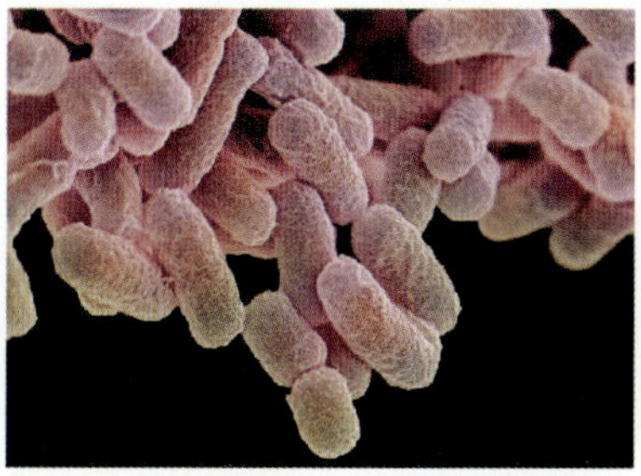

Photo Quest Ltd/Science Photo Library/Getty Images

과학적 표기법은 지구와 달 사이의 거리와 같은 매우 큰 수 또는 대장균(14,000배로 확대된 주사 현미경 컬러 사진)의 길이와 같은 매우 작은 수를 나타내는 데 편리한 방법이다.

과학적 표기법으로 수를 나타내는 방법을 익히기 위해 2468이란 수를 생각해 보자. 과학적 표기법으로 이 수를 쓰기 위해서는:

1. 원래 수에 있는 소수점을 0이 아닌 첫 번째 숫자 다음으로 옮긴다.

$$2468 \rightarrow 2.468$$ (소수점이 왼쪽으로 세 자리 이동한다.)

2. 이렇게 하여 얻은 새로운 수를 10의 적당한 지수(차수)만큼 곱해 준다. 10의 지수는 소수점이 이동한 자릿수와 동일하다.

$$2.468 \times 10^{3}$$

3. 지수의 부호는 소수점의 이동 방향을 나타낸다.

오른쪽 이동 → 음의 지수
왼쪽 이동 → 양의 지수

아래의 예제들은 문제 풀이 과정을 단계별 과정을 통해 보여주고 있다. 문제들을 풀어 본 후, 실습 문제까지 풀어 보라.

예제 2.1

5283을 과학적 표기법으로 나타내시오.

풀이

5283. (3) 5와 2 사이에 소수점을 놓는다. 소수점이 **왼쪽**으로 세 자리 이동하였으므로 10의 지수는 **3**이 되고, 5.283에 10^{3}을 곱한다.

5.283×10^{3}

예제 2.2

5,400,000,000을 과학적 표기법으로 나타내시오(두 개의 숫자).

풀이

5 400 000 000. (9) 5와 4 사이에 소수점을 놓는다. 소수점이 **왼쪽**으로 아홉 자리 이동하였으므로 10의 지수는 **9**가 되고, 5.4에 10^{9}을 곱한다.

5.4×10^{9}

예제 2.3

0.000123을 과학적 표기법으로 나타내시오.

풀이

0.000123 (4) 1과 2 사이에 소수점을 놓는다. 소수점이 **오른쪽**으로 네 자리 이동하였으므로 10의 지수는 **−4**가 되고, 1.23에 10^{-4}을 곱한다.

1.23×10^{-4}

실습 문제 2.1

다음의 수를 과학적 표기법으로 나타내시오.

(a) 1200(네 개의 숫자)
(b) 6,600,000(두 개의 숫자)
(c) 0.0468
(d) 0.00003

2.2 측정과 불확실성

화학을 이해하기 위해서는 문제를 설정하고 풀어야 할 필요가 있다. 문제를 풀기 위해서는 수를 다루는 데 사용되는 수학적 연산에 대해 이해해야 한다. 측정은 실험을 통해 이루어지며, 화학자들은 얻어진 데이터를 이용하여 그들이 연구하고 있는 물질에서 일어나는 물리적 혹은 화학적 변화의 정도를 알 수 있다. 얻은 실험 결과들은 적절한 계산을 통해 다른 실험 결과들과 비교될 수 있으며, 의미 있는 방식으로 요약하여 나타낼 수 있다.

이 절의 학습 목표
화학에서 측정의 불확정성의 의미를 알고 유효 숫자를 사용하여 측정값을 어떻게 정확하게 표현하는지 설명할 수 있다.

측정값은 수치를 측정 단위와 함께 나타낸다(참고 참조). 예를 들면 다음과 같다.

참고 측정값에는 항상 단위가 있어야 한다.

수치

70.0 킬로그램 = 154 파운드

단위

온도계나 자와 같은 기구를 이용하여 측정할 때는 매번 추정이 필요하다. 온도 측정의 경우를 예로 들어 살펴보도록 하자. 눈금이 1도 단위로 표시되어 있는 온도계로 온도를 측정하였을 때, 수은주가 21과 22 사이에 멈추었다고 가정해 보자(**그림 2.1(a)**). 이때 우리는 온도가 적어도 21도보다는 높고 22도보다는 낮다는 것을 알 수 있다. 보다 정밀하게 온도를 나타내기 위하여 수은이 21과 22 사이 간격의 약 2/10 위치에 있다고 어림잡을 수 있을 것이다. 그러면 온도는 21.2도가 된다. 마지막 숫자(2)는 어림잡은 값이기 때문에 불확실성을 갖고 있다. 따라서 다른 사람이 같은 측정을 한다면 마지막 숫자가 다를 수 있다. 만일 다른 세 사람이 같은 측정을 하였다고 하면 결과는 다음과 같을 수 있다.

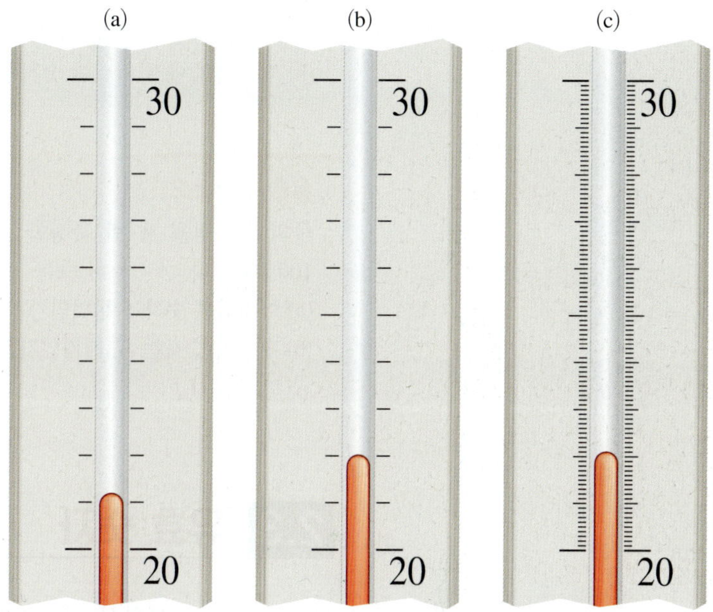

21.2°C 0.1°C까지 정밀 / 22.0°C 0.1°C까지 정밀 / 22.11°C 0.01°C까지 정밀

그림 2.1 정밀도가 다른 온도계를 사용하여 온도(℃) 측정하기

사람	측정값
1	21.2
2	21.3
3	21.1
4	21.2

측정값에서 처음 두 개의 숫자는 변하지 않음에 주의하라(그 숫자들은 **확실**하다). 이 측정값에서 마지막 숫자는 **불확실**(uncertain)한 것이다. 측정 결과는 확실한 모든 숫자와 불확실한 첫 번째 숫자를 써서 표시한다.

측정으로 얻은 수는 결코 정확한 값이 아니다. 그 수들은 항상 측정 기구의 한계와 개인의 측정 기술의 차이 때문에 어느 정도의 불확실성을 가지고 있다. 측정값의 수치는 정확한 값을 나타내는 모든 숫자에 어림잡은 숫자 하나를 더 포함하고 있어야 한다. 이 마지막 어림잡은 숫자에서 불확실성이 나타난다. 이와 같은 불확실성 때문에 측정값을 나타내는 모든 수는 제한된 개수의 숫자만을 가질 수 있다. 측정한 양을 나타내기 위해 사용된 이와 같은 숫자를 **유효 숫자**(**significant figure**)라고 한다.

이제 온도 측정으로 되돌아가자. 그림 2.1(a)를 보면 온도는 21.2도이고, 세 개의 유효 숫자를 가지고 있다고 말한다. 만약 수은주가 눈금 22에 정확하게 놓여 있다면(그림 2.1(b)), 온도는 22.0도로 읽어야 할 것이다. 0은 온도를 1/10도까지 정밀하게 어림잡아 측정하였다는 것을 나타내기 위하여 사용된 것이다. 마지막으로 그림 2.1(c)를 보라. 이 온도계의 온도는 22.11도(네 개의 유효 숫자)로 읽게 된다.

이 온도계는 눈금이 1도의 10분의 1까지 표시되어 있기 때문에, 불확실성을 갖는 첫 번째 어림잡은 숫자는 1도의 100분의 1 단위에서 어림잡은 값이다.

예제 2.4

세 학생이 측정한 볼펜의 길이가 15.30 cm, 15.33 cm, 15.34 cm이었다.
(a) 이 측정값에서 어림잡은 숫자들은 무엇인가?
(b) 확실한 숫자는 몇 개씩인가?

alladiinus/123 RF

풀이
(a) 어림잡은 숫자는 각각 0, 3, 4이다.
(b) 각 측정값에서 확실한 숫자는 3개씩이다.

실습 문제 2.2

물의 끓는점을 세 번 측정한 값이 100.4°C, 100.1°C, 100.0°C이다. 물의 공인된 끓는점은 100.0°C이다.
(a) 어림잡은 숫자는 무엇인가?
(b) 확실한 숫자는 몇 개씩인가?

2.3 유효 숫자

이 절의 학습 목표
측정값의 유효 숫자의 개수를 결정할 수 있으며, 측정값을 유효 숫자에 맞도록 반올림할 수 있다.

모든 측정에는 불확실성을 포함하고 있기 때문에, 측정값에는 적절한 개수의 유효 숫자를 사용해야 한다. 화학에서는 측정값을 포함한 계산을 자주 하므로, 불확실한 숫자를 가진 수를 계산하는 방법을 알아야 한다. 우리는 이런 계산을 하는 여러 가지 규칙을 배울 것이고, 계산값에 얼마나 많은 유효 숫자를 나타내야 하는지 배울 것이다. 여러분은 이 책을 통틀어 다음과 같은 규칙들을 따라야만 한다.

배워야 할 첫 번째 규칙은 수 안에 몇 개의 유효 숫자가 있는가를 결정하는 것이다.

유효 숫자를 세는 규칙

1. **0이 아닌 숫자.** 0이 아닌 모든 숫자들은 유효 숫자이다.
2. **정확한 수.** 어떤 수는 정확한 수(완전수)이고 무한한 개수의 유효 숫자를 가질 수 있다. 정확한 수는 세어서 얻은 수이다. 25달러를 세었다면 당신은 정확히 25달러를 가지고 있다. 1피트는 12인치, 1시간은 60분, 1미터는 100센티미터처럼 정의된 수 또한 정확한 수로 간주된다. 정확한 수에는 불확실성이 없다.
3. **0.** 다음과 같을 때 0은 **유효 숫자**이다.
   - 0이 아닌 숫자들 사이에 있을 때:
     205는 세 개의 유효 숫자를 갖는다. (2, 0, 5)
     2.05는 세 개의 유효 숫자를 갖는다. (2, 0, 5)
     61.09는 네 개의 유효 숫자를 갖는다. (6, 1, 0, 9)

- 소수점을 포함하는 수의 끝에 있을 때:
  0.500은 세 개의 유효 숫자를 갖는다. (5, 0, 0)
  25.160은 다섯 개의 유효 숫자를 갖는다. (2, 5, 1, 6, 0)
  3.00은 세 개의 유효 숫자를 갖는다. (3, 0, 0)
  20.은 두 개의 유효 숫자를 갖는다. (2, 0)

다음과 같을 때 0은 **유효 숫자가 아니다.**

- 첫 번째 0이 아닌 숫자 앞에 있을 때, 이와 같은 0들은 소수점의 위치를 나타내기 위해 사용된 것이다:
  0.0025는 두 개의 유효 숫자를 갖는다. (2, 5)
  0.0108은 세 개의 유효 숫자를 갖는다. (1, 0, 8)
- 소수점이 없는 수의 끝에 있을 때:
  1000은 한 개의 유효 숫자를 갖는다. (1)
  590은 두 개의 유효 숫자를 갖는다. (5, 9)

이러한 0들이 유효 숫자인지를 알려주는 방법 중 하나는 과학적 표기법을 사용하여 수를 쓰는 것이다. 만일 1000이 네 개의 유효 숫자를 가지고 있다면 1.000×10^3으로 표기한다. 590이 단지 두 개의 유효 숫자만을 가지고 있다면 5.9×10^2으로 표기한다(참고 참조).

참고 유효 숫자를 세는 규칙은 이 교재 전체에 적용되므로 잘 암기하여야 한다.

예제 2.5

다음 각 측정값은 몇 개의 유효 숫자를 가지고 있는가?

(a) 45개의 사과
(b) 0.02050 cm
(c) 3500 ft

풀이

(a) 이 수는 정확한 수이므로 이와 관련된 불확실성이 없다(규칙 2).
(b) 4개. 2 앞에 있는 0들은 유효 숫자가 아니고 2는 유효 숫자, 2와 5 사이에 있는 0도 유효 숫자, 5도 유효 숫자, 마지막 0도 유효 숫자이다.
(c) 2개. 소수점이 없는 수의 끝에 있는 0들은 유효 숫자가 아니다.

실습 문제 2.3

다음 각각의 측정값에는 몇 개의 유효 숫자가 있는가?

(a) 4.5인치
(b) 3.025피트
(c) 125.0미터
(d) 0.001마일
(e) 25.0그램
(f) 12.20리터
(g) 100,000명의 사람
(h) 205마리의 새

수의 반올림

계산기로 계산할 때 적절한 개수보다 더 많은 자릿수가 나오는 답을 얻는 경우가 많다. 그러므로 적절한 개수의 유효 숫자를 갖는 답으로 표기하기 위해서 필요 없는 숫자를 버릴 필요가 있다. 수에서 숫자들을 버릴 때, 유지해야 할 마지막 숫자의 값은 수의 **반올림(rounding off number)**이라고 하는 과정으로 결정한다. 수를 반올림하기 위하여 이 책에서는 두 가지 규칙을 사용할 것이다(참고 참조).

참고 모든 학교에서 반올림에 대해서 같은 규칙을 사용하지 않는다. 여러분의 수업에서는 어떻게 할 것인지 교수님께 확인하시오.

반올림 규칙

1. 그대로 남겨 두고자 하는 숫자 다음에 있는 첫 번째 숫자가 4 또는 그보다 작을 때에는, 그 숫자와 그 오른쪽에 있는 나머지 숫자들을 모두 버린다. 그대로 남겨 둔 마지막 숫자는 변하지 않는다. 다음의 예는 네 개의 숫자가 되도록 반올림한 것이다.

74.693 = 74.69 (이 숫자는 버린다.)

1.00629 = 1.006 (이 두 숫자는 버린다.)

2. 그대로 남겨 두고자 하는 숫자 다음에 있는 첫 번째 숫자가 5 또는 그보다 클 때에는, 그 숫자와 그 오른쪽에 있는 나머지 숫자들을 모두 버리고 유지해야 할 마지막 숫자에 1을 더한다. 다음의 예는 네 개의 숫자가 되도록 반올림한 것이다.

1.026868 = 1.027 (이 세 숫자는 버린다. 이 숫자는 7로 변한다.)

18.02500 = 18.03 (이 세 숫자는 버린다. 이 숫자는 3으로 변한다.)

12.899 = 12.90 (이 숫자는 버린다. 이 두 숫자는 90으로 변한다.)

실습 문제 2.4

다음 수를 표시된 개수의 유효 숫자를 갖도록 반올림하시오.

(a) 42.246 (네 개)
(b) 88.015 (세 개)
(c) 0.08965 (세 개)
(d) 0.08965 (두 개)
(e) 225.3 (세 개)
(f) 14.150 (세 개)

2.4 계산에서의 유효 숫자

이 절의 학습 목표
덧셈, 뺄셈, 곱셈 및 나눗셈을 포함한 계산을 할 때 유효 숫자 규칙을 적용할 수 있다.

측정값을 기반으로 한 계산의 답은 최소의 정밀도를 갖는 측정값보다 더 정밀할 수가 없다.

곱셈 또는 나눗셈

곱셈이나 나눗셈을 포함하는 계산에서 답은 가장 적은 개수의 유효 숫자를 가지는 측정값과 같은 개수의 유효 숫자를 가져야 한다. 다음의 예를 생각해 보자.

예제 2.6

(190.6)(2.3) = 438.38

풀이

438.38은 계산기로 얻었다. 정답은 두 개의 유효 숫자를 가져야만 한다. 왜냐하면 가장 적은 유효 숫자를 가진 수인 2.3은 단지 두 개의 유효 숫자를 갖기 때문이다.

438.38
- 이 숫자를 4로 반올림한다.
- 이 세 숫자는 버린다.
- 과학적 표기법으로 나타내기 위해 소수점을 두 자리 왼쪽으로 옮긴다.

정답은 440 또는 4.4×10^2이다(참고 참조).

참고 계산기를 이용하여 예제를 풀어 보시오. 수학을 이해했는지 확인하기 위해 정답과 비교해 보시오.

예제 2.7

$$\frac{(13.59)(6.3)}{12} = 7.13475$$

풀이

7.13475는 계산기로 얻었다. 6.3과 12는 단지 두 개의 유효 숫자를 갖기 때문에 답은 반드시 두 개의 유효 숫자를 가져야만 한다.

이 네 숫자는 버린다.

7.13475

이 숫자는 그대로 둔다.

정답은 7.1이다.

실습 문제 2.5

(a) (134 in.)(25 in.) = ?

(b) $\frac{213 \text{ 마일}}{4.20 \text{ 시간}} = ?$

(c) $\frac{(2.2)(273)}{760} = ?$

(d) $0.0321 \times 42 = ?$

(e) $\frac{0.0450}{0.00220} = ?$

(f) $\frac{1.280}{0.345} = ?$

덧셈 또는 뺄셈

덧셈이나 뺄셈의 답은 정밀도가 최소인 측정값과 같은 정밀도로 나타내야 한다. 즉, 답을 가장 적은 소수 자리(예제에서 푸른선)를 가진 수와 같은 소수 자리를 갖도록 반올림해야 한다.

예제 2.8

135.17, 125, 52.2를 더하시오.

풀이

```
135.|17
125 |
 52.|2
---------
312.|37
```

최소의 정밀도를 가진 수는 125이다. 그러므로 정답은 일의 자리까지 반올림한 312이다.

예제 2.9

149.56에서 15.1을 빼시오.

풀이

```
  149.5|6
-  15.1|
---------
  134.4|6
```

15.1이 최소의 정밀도를 가진 수이다. 그래서 정답은 소수 첫째 자리까지 반올림한 134.5이다.

예제 2.10

1687에서 130을 빼시오.

풀이

$$\begin{array}{rl} 168 & \!\!|\,7 \\ -\ 13 & \!\!|\,0 \\ \hline 155 & \!\!|\,7 \end{array}$$

130이 최소의 정밀도를 가진 수이다. 0은 유효 숫자로 간주하지 않는다. 그러므로 정답은 십의 자리까지 반올림한 1560 또는 1.56×10^3이다.

예제 2.11

4892와 0.00052를 더하시오.

풀이

$$\begin{array}{rl} 4892 & \!\!|\, \\ +\ \ 0. & \!\!|\,00052 \\ \hline 4892. & \!\!|\,00052 \end{array}$$

최소의 정밀도를 가진 수는 4892이다. 따라서 정답은 일의 자리까지 반올림한 4892이다(참고 참조).

참고 큰 수에 아주 작은 수를 더해주면, 정답은 원래 수(큰 수)와 같다.

예제 2.12

$$\frac{1.039 - 1.020}{1.039} = ?$$

풀이

$$\frac{1.039 - 1.020}{1.039} = 0.018286814$$

0.018286814는 계산기로 구하였다. 분자의 뺄셈을 먼저 계산하면,

$$1.039 - 1.020 = 0.019$$

유효 숫자는 네 개에서 두 개로 변한다. 따라서 나눗셈을 한 뒤 정답은 두 개의 유효 숫자를 가져야 한다.

이 여섯 개의 숫자는 버린다.

0.018286814

이 숫자는 변하지 않는다.

정답은 0.018 또는 1.8×10^{-2}이다.

실습 문제 2.6

다음 각 계산의 정답에는 몇 개의 유효 숫자가 있어야 하는가?

(a) (14.0)(5.2)

(b) (0.1682)(8.2)

(c) $\dfrac{(160)(33)}{4}$

(d) 8.2+0.125

(e) 119.1−3.44

(f) $\dfrac{94.5}{1.2}$

(g) 1200+6.34

(h) 1.6+23−0.005

수학 연산에 관한 부가적인 사항은 부록 1 "수학의 복습"에 설명되어 있다. 자신에게 익숙하지 않은 부분을 공부해 보시오. 이 수업을 듣는 동안 언제든지 수학 연산에 관한 부가적인 지식이 필요할 때는 반복하여 공부할 필요가 있다.

계산에서의 유효 숫자 규칙

곱셈 또는 나눗셈

답은 **가장 적은 개수**의 유효 숫자를 가지는 측정값과 같은 개수의 유효 숫자를 가져야 한다.

덧셈 또는 뺄셈

답은 **정밀도가 최소**인 측정값과 같은 정밀도를 가져야 한다.

2.5 미터법

이 절의 학습 목표
질량, 길이, 부피의 단위를 미터법으로 나타내고 한 단위를 다른 단위로 변환할 수 있다.

미터법(**metric system**) 또는 **국제단위계**(**SI**, from *Système International*)는 질량, 길이, 시간, 다른 물리량을 측정하는 십진법 단위 체계이다(사진 참조). 일련의 표준 단위를 중심으로 구축된 미터법은 표준 단위보다 큰 수나 작은 수를 나타내기 위하여 10의 인자를 사용한다. 표준 단위보다 크거나 작은 양을 나타내기 위해 접두사를 단위 이름에 붙인다. 이들 접두사는 10의 곱을 나타내며, 미터법을 십진법이 되게 한다. 표 2.1은 접두사의 이름, 기호 및 수치를 나타내고 있다. 자주 사용하는 접두사의 몇 가지 예는 다음과 같다.

1 **킬로**미터 = 1000미터
1 **킬로**그램 = 1000그램
1 **밀리**미터 = 0.001미터
1 **마이크로**초 = 0.000001초

Sheila Fitzgerald/Shutterstock

오늘날 대부분의 제품은 라벨에 두 가지 측정 단위를 모두 표시한다.

표 2.1 SI 단위의 접두사와 수치

접두사	기호	수치	10의 지수 해당량
giga	G	1,000,000,000	10^{9}
mega	M	1,000,000	10^{6}
kilo	k	1,000	10^{3}
hecto	h	100	10^{2}
deka	da	10	10^{1}
–	–	1	10^{0}
deci	d	0.1	10^{-1}
centi	c	0.01	10^{-2}
milli	m	0.001	10^{-3}
micro	μ	0.000001	10^{-6}
nano	n	0.000000001	10^{-9}
pico	p	0.000000000001	10^{-12}
femto	f	0.000000000000001	10^{-15}

참고 화학에서 자주 사용하는 접두사는 표 2.1에 굵은 글씨로 나타나 있다.

표 2.2에 SI에서 사용하는 표준 단위 이름과 약어, 각 단위로 측정하는 양을 나타내었다. 다른 단위는 이들 단위로부터 유도된다. 미터법 또는 국제단위계는 전 세계 대부분의 나라에서 과학이나 기술 분야뿐만 아니라 상업, 공업 분야에서도 사용되고 있다.

표 2.2 SI의 측정 표준 단위

양	단위명	약어
길이	미터	m
질량	킬로그램	kg
온도	켈빈	K
시간	초	s
물질의 양	몰	mol
전류	암페어	A
광도	칸델라	cd

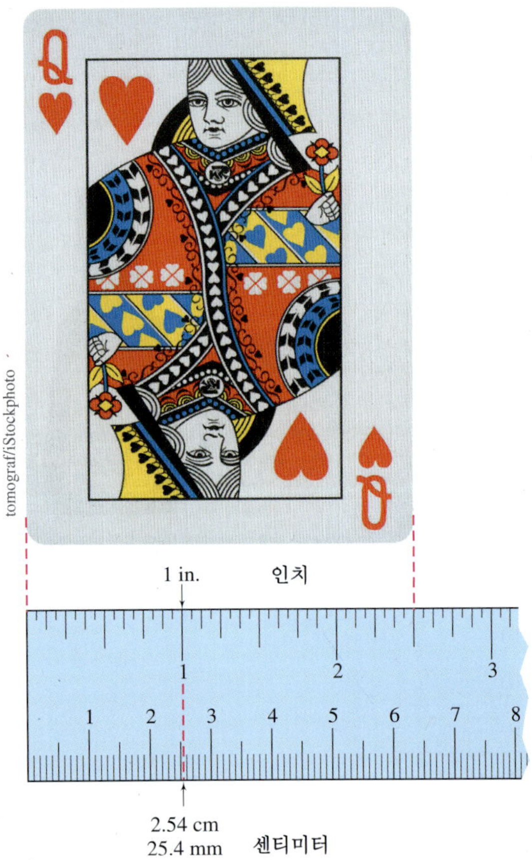

그림 2.2 길이 측정에서의 미터법과 미국식 단위계의 비교: 2.54 cm = 1 in. 이 카드는 2와 1/2인치 또는 6.3 cm이다.

길이 측정

미터법에서 길이의 표준 단위는 **미터(meter, m)**이다. 미터법이 1790년대에 처음으로 소개되었을 때, 미터는 프랑스의 Dunkirk 지방을 지나는 경도를 따라 측정한 적도에서 북극점까지의 거리의 천만분의 일로 정의하였다. 가장 최근의 정의에 의하면, 1미터는 빛이 진공 속에서 1/299,792,458초 동안 움직인 거리이다.

1미터는 39.37인치로 1야드보다 약간 길다. 1미터는 10데시미터, 100센티미터, 또는 1000밀리미터이다(그림 2.2). 1킬로미터는 1000미터이다. 표 2.3은 이들 단위 간의 관계를 보여 준다. 나노미터(10^{-9} m)는 빛의 파장뿐만 아니라 원자 크기를 나타내는 데 광범위하게 사용된다. 뒤표지 안쪽에 있는 상용 변환표를 보라. 자주 사용되는 길이의 관계는 다음과 같다.

$$1\ \text{m} = 10^{6}\ \mu\text{m} = 10^{10}\,\text{Å}$$
$$= 100\ \text{cm} = 1000\ \text{mm}$$
$$1\ \text{cm} = 10\ \text{mm} = 0.01\ \text{m}$$
$$1\ \text{in.} = 2.54\ \text{cm}$$
$$1\ \text{mile} = 1.609\ \text{km}$$

표 2.3 길이의 미터법 단위

단위	약어	미터 해당량	지수 해당량
킬로미터	km	1000 m	10^{3} m
미터	m	1 m	10^{0} m
데시미터	dm	0.1 m	10^{-1} m
센티미터	cm	0.01 m	10^{-2} m
밀리미터	mm	0.001 m	10^{-3} m
마이크로미터	μm	0.000001 m	10^{-6} m
나노미터	nm	0.000000001 m	10^{-9} m
옹스트롬	Å	0.0000000001 m	10^{-10} m

단위의 변환

미터법을 사용하는 이점 중의 하나는 한 단위에서 다른 단위로의 변환이 수월하다는 것이다. 이러한 작업은 단위 사이의 관계, 즉 동등 단위(equivalent units)라고 불리는 수학식을 이용한다. 표 2.4는 미터법에서 사용되는 일반적인 동등 단위를 보여준다.

한 단위에서 다른 단위로 변환할 때는 **변환 인자(conversion factor)**를 사용해야 한다. 변환 인자는 동등한 양의 비이다. 이러한 변환 인자는 어떻게 얻을 수 있을까? 그것은 등가 관계로부터 얻을 수 있다. 예를 들어서 1 m = 100 cm(표 2.4 참조)이므로 우리는 다음의 두 가지 비를 나타낼 수 있다: $\frac{1\text{ m}}{100\text{ cm}}$ 또는 $\frac{100\text{ cm}}{1\text{ m}}$. 두 경우 모두 같은 값을 가지므로 비는 1이다.

한 가지 미터법 단위를 다른 단위로 변환하기 위해 변환 인자를 사용해 보자.

$$\text{단위}_1 \times \text{변환 인자} = \text{단위}_2$$

만약 2.5미터가 몇 밀리미터인가를 알고 싶다면, 미터(m)를 밀리미터(mm)로 바꾸는 것이 필요하다. 다음과 같이 적음으로써 시작한다.

$$\text{m} \times \text{변환 인자} = \text{mm}$$

이 변환 인자는 두 가지 일을 수행해야 한다. 미터를 제거해야 하며, 답에서 원하는 단위인 밀리미터를 도입해야 한다. 그러한 변환 인자는 분수의 형태가 될 것이고, 분모에 미터를 가지고, 분자에 밀리미터를 가질 것이다.

$$\cancel{\text{m}} \times \frac{\text{mm}}{\cancel{\text{m}}} = \text{mm}$$

우리는 1 m = 1000 mm임을 알고 있다. 이 관계로부터 두 개의 변환 인자를 쓸 수 있다.

$$\frac{1\text{ m}}{1000\text{ mm}} \quad \text{와} \quad \frac{1000\text{ mm}}{1\text{ m}}$$

변환 인자 $\frac{1000\text{ mm}}{1\text{ m}}$를 선택하면 2.5미터를 밀리미터로 바꾸기 위한 계산을 시작할 수 있다.

$$(2.5\ \cancel{\text{m}})\left(\frac{1000\text{ mm}}{1\ \cancel{\text{m}}}\right) = 2500\text{ mm} \quad \text{또는} \quad 2.5 \times 10^3\text{mm} \quad \text{(두개의 유효 숫자)}$$

이와 같은 계산을 하는 데 있어서 단위를 숫자처럼 처리하고 있음을 유념하라. 분자에 있는 미터는 분모에 있는 미터에 의해 상쇄된다.

표 2.4 미터법에서 사용되는 일반적인 동등 단위

1 m = 10 dm
1 m = 100 cm
1 m = 1000 mm
1 kg = 1000 g
1 cm = 10 mm

예제 2.13

215센티미터를 미터로 변환하시오.

풀이

이 예제의 변환 과정을 간략하게 보여 주기 위해 **풀이의 요점(solution map)**을 사용할 것이다.

풀이의 요점: cm → m

다음과 같이 시작한다.

$$\text{cm} \times \text{변환 인자} = \text{m}$$

변환 인자는 분모에 cm를, 분자에 m를 가져야만 한다.

$$\cancel{cm} \times \frac{m}{\cancel{cm}} = m$$

100 cm = 1 m인 관계로부터 이와 같은 변환을 수행하는 인자를 쓸 수 있다.

$$\frac{1\ m}{100\ cm}$$

이제 주어진 자료를 사용하여 다음과 같이 계산할 수 있다.

$$(215\ \cancel{cm})\left(\frac{1\ m}{100\ \cancel{cm}}\right) = 2.15\ m$$

실습 문제 2.7

다음 측정값의 단위를 변환하시오.

(a) 567 mm를 m로 (b) 68 cm를 mm로 (c) 125 m를 km로

질량 측정

질량과 무게는 일상생활에서 종종 같은 의미로 사용되고 있지만, 화학에서는 전혀 다른 의미이다. 과학에서 물체의 **질량(mass)**은 그 물체를 이루고 있는 물질의 양으로 정의된다. 질량은 저울(balance)이라는 기구로 측정한다. 물체의 **무게(weight)**는 그 물체에 지구의 중력이 작용하는 힘이다. 무게는 중량계(scale)라는 기구로 측정되는데, 이것은 용수철에 대해 작용하는 힘을 측정하는 것이다. 질량과 달리 무게는 물체의 위치에 따라 달라진다. 이 교재에서는 모든 질량의 측정 단위로 미터법 단위를 사용할 것이다. 그램은 질량 측정의 단위 중 하나이지만, 매우 작은 질량의 양이다. 예를 들면, 미국 동전 니켈(5센트 동전) 한 개는 약 5그램의 질량을 가진다. 그러므로 SI 단위계에서 질량의 **표준 단위**(standard unit)는 **킬로그램(kilogram)**(1000 g과 같다)이다. 이 질량 단위를 1 lb(16 oz)와 비교하면 1 kg은 2.205 lb와 같다. 1파운드는 453.6 g(0.4536 kg)이다. 크거나 작은 그램 단위를 나타내기 위하여 길이 측정에 사용하는 것과 같은 접두사를 사용한다(표 2.5). 저울은 질량을 측정하기 위해 사용한다. 자주 사용되는 질량의 관계는 다음과 같다.

$$\begin{aligned} 1\ g &= 1000\ mg \\ 1\ kg &= 1000\ g \\ 1\ kg &= 2.205\ lb \\ 1\ lb &= 453.6\ g \end{aligned}$$

두 가지 저울을 그림 2.3에 나타내었다.

표 2.5 질량의 미터법 단위

단위	약어	그램 해당량	지수 해당량
킬로그램	kg	1000 g	10^3 g
그램	g	1 g	10^0 g
데시그램	dg	0.1 g	10^{-1} g
센티그램	cg	0.01 g	10^{-2} g
밀리그램	mg	0.001 g	10^{-3} g
마이크로그램	μg	0.000001 g	10^{-6} g

Martin Shields/Alamy Stock Photo

(a)

Richard Megna/Fundamental Photographs

(b)

그림 2.3 (a) 0.01 g의 정밀도를 가진 디지털 전자 윗접시 저울. (b) 0.0001 g(0.1 mg)의 정밀도를 가진 디지털 전자 분석용 저울.

생활 속의 화학

단위 추적

JPL/NASA

화성 기후 탐사 인공위성

과학자들은 왜 단위에 대하여 신경을 쓸까? 미국항공우주국(NASA)은 최근에 단위를 정확하게 추적하는 것이 매우 중요하다는 사실을 확인하게 되었다. 1999년에 1억 2,500만 달러짜리 인공위성이 화성의 대기 상에서 사라졌는데, 이는 과학자들이 단위를 잘못 추정하여 발생한 것이다. California주 Pasadena에 위치한 Jet Propulsion Lab(-JPL)의 NASA 과학자들은 Colorado주 Denver에 위치한 위성 제조업체인 Lockheed Martin Aeronautics로부터 추력 데이터를 전송받았다. 그러나 불행히도 Denver의 과학자들은 측정 시 미국식 단위를 사용하였고, JPL 과학자들은 이 단위를 미터법 단위로 여겼다. 이러한 실수로 인공위성은 계획하였던 것보다 화성 대기권에 100 km 낮게 진입하였고, 결국 대기와의 마찰로 인해 위성은 타버리고 말았다.

단위를 정확히 사용하여 측정하는 것은 매우 중요하다. 방금 살펴보았던 것처럼 그것은 치명적일 수 있다. 예를 들어, 한 캐나다 항공기는 연료 탱크에 연료를 22,300 킬로그램(kg) 대신 22,300파운드를 싣는 바람에 거의 추락할 뻔했다. 킬로그램을 기준으로 비행할 거리를 계산하였기 때문에 목적지에 도달하기 전에 연료가 거의 소진되었던 것이다. 올바른 단위는 커튼, 카펫, 가전제품 등 가정용품을 규격에 맞게 구매할 때도 중요하다. 화학 문제뿐만 아니라 일상생활에서도 항상 단위에 신경을 써라!

예제 2.14

25그램을 밀리그램으로 변환하시오.

풀이

변환 인자 1000 mg / g을 사용한다.

풀이의 요점: g → mg

$$(25\ \cancel{g})\left(\frac{1000\ \text{mg}}{1\ \cancel{g}}\right) = 25{,}000\ \text{mg} \qquad (2.5 \times 10^4\ \text{mg})$$

어떤 수에 1000을 곱하는 것은 10^3을 곱하는 것과 같으므로 소수점을 오른쪽으로 세 자리 옮김으로써 쉽게 할 수 있다.

$$(6.428)(1000) = 6428 \qquad (6.\underbrace{428}_{3})$$

실습 문제 2.8

다음 측정값을 변환하시오.

(a) 452 mg을 g으로 (b) 454 g을 kg으로 (c) 175 g을 mg으로

밀리그램을 그램으로 변환하기 위하여 변환 인자 1 g / 1000 mg을 사용한다. 예를 들면, 155 mg을 그램으로 바꾸기 위하여 다음과 같이 한다.

$$(155\ \cancel{\text{mg}})\left(\frac{1\ \text{g}}{1000\ \cancel{\text{mg}}}\right) = 0.155\ \text{g}$$

부피 측정

부피(volume)는 물체가 차지하는 공간의 양이며, 부피의 SI 단위는 **세제곱미터**(cubic meter, m^3)이다. 그러나 리터(약어는 L)와 밀리리터(약어는 mL)가 대부분의 화학 실험실에서 사용하는 부피의 표준 단위이다. **1리터(liter, L)**는 섭씨 4°C에서 물 1세제곱데시미터(1 kg)로 정의된다. 자주 사용되는 부피의 관계는 다음과 같다.

$$1\ \text{L} = 1000\ \text{mL} = 1000\ \text{cm}^3$$
$$1\ \text{mL} = 1\ \text{cm}^3$$
$$1\ \text{L} = 1.057\ \text{qt}$$
$$946.1\ \text{mL} = 1\ \text{qt}$$

보통 액체의 부피를 측정하는 장치나 기구들은 **그림 2.4**에 나타낸 바와 같은 눈금 실린더, 부피 플라스크, 뷰렛, 피펫, 주사기 등이다. 이와 같은 기구들은 대체로 유리로 만들어졌으며 크기가 다양하다.

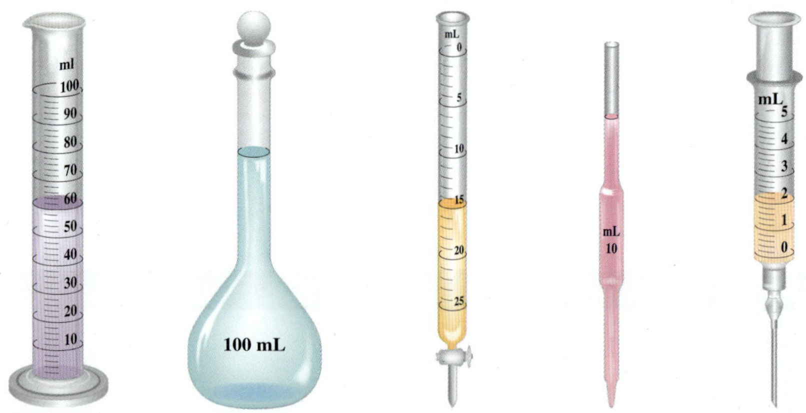

그림 2.4 액체의 부피를 측정하는 눈금이 매겨진 유리 기구

예제 2.15

5.5리터는 몇 밀리리터인가?

풀이

리터를 밀리리터로 바꾸기 위한 변환 인자는 1000 mL / L이다.

풀이의 요점: L → mL

$$(5.5\ \cancel{\text{L}})\left(\frac{1000\ \text{mL}}{\cancel{\text{L}}}\right) = 5500\ \text{mL} \qquad (5.5 \times 10^3\ \text{mL})$$

리터는 소수점을 오른쪽으로 세 자리 옮김으로써 단위를 밀리리터로 바꿀 수 있다.

$$1.\underbrace{500}_{3}\ \text{L} = 1500.\ \text{mL}$$

실습 문제 2.9

다음의 측정값을 변환하시오.

(a) 25 mL를 L로 (b) 1.55 L를 mL로 (c) 4.5 L를 dL로

2.6 차원 해석: 문제 풀이 방법

이 절의 학습 목표
단위 변환과 관련된 문제를 풀기 위해 차원 해석법을 사용할 수 있다.

많은 화학 원리가 수학적으로 설명될 수 있으므로, 체계적 방법에 따라 수치적 문제를 구성하고 푸는 방법을 배운다는 것은 화학을 공부하는 데 **필수적**이다.

대개 문제는 여러 가지 방법으로 풀 수 있다. 그러나 모든 방법에서 체계적이고 순차적인 접근이 가장 좋은 방법이다. 이 책에서는 **차원 해석 방법**(dimensional analysis method)을 강조하고 있다. 이 방법에는 다음과 같은 이점이 있다.

- 문제를 설정하는 체계적이고 쉬운 방법을 제공한다.
- 관련된 원리를 분명하게 이해하도록 한다.
- 자료를 체계화하고 평가하는 능력을 키운다.
- 만약 문제 설정 방법이 틀렸다면 원하지 않는 단위가 제거되지 않기 때문에 실수를 확인할 수 있다.

차원 해석 방법은 변환 인자를 사용하여 하나의 단위를 다른 단위로 변환한다.

모든 인자를 적절한 단위로 표기한다.

다음의 예제는 미국식 단위와 미터법 단위의 변환을 보여 준다.

예제 2.16

베이킹 소다 1.50 lb는 몇 그램인가?

풀이

1.50 lb에 해당하는 그램 수를 구하면 된다. 1 lb = 453.6 g이므로, 변환 인자는 453.6 g / lb이다.

풀이의 요점: lb → g

$$(1.50\ \cancel{\text{lb}})\left(\frac{453.6\ \text{g}}{1\ \cancel{\text{lb}}}\right) = 680.\ \text{g}$$

실습 문제 2.10

테니스공의 질량은 42 g이다. 이것을 미국식 단위인 파운드로 표시하시오.

몇몇 문제들에서는 답에 알맞은 단위를 구하기 위해 일련의 변환 과정이 필요하다. 문제 풀이 과정을 단계적으로 보기 쉽게 하도록 색상과 풀이의 요점을 사용하여 단위를 강조하였다. 예를 들면, 하루가 몇 초인지를 알아보려면 다음 풀이의 요점처럼 일 단위를 초 단위로 변환해야 한다.

풀이의 요점: 일 → 시간 → 분 → 초

풀이의 요점에서 각 화살표는 변환 인자를 나타낸다. 이 연속 과정은 각 단계에 하나씩 모두 세 가지 변환 인자가 필요하다. 일(day)을 시간(hr)으로, 시간을 분(min)으로, 분을 초(s)로 변환한다. 변환은 개별적으로 또는 연속적으로 행해진다.

$$\cancel{\text{일}} \times \frac{\text{시간}}{\cancel{\text{일}}} \longrightarrow \cancel{\text{시간}} \times \frac{\text{분}}{\cancel{\text{시간}}} \longrightarrow \cancel{\text{분}} \times \frac{\text{초}}{\cancel{\text{분}}} = \text{초}$$

$$\cancel{\text{일}} \times \frac{\cancel{\text{시간}}}{\cancel{\text{일}}} \times \frac{\cancel{\text{분}}}{\cancel{\text{시간}}} \times \frac{\text{초}}{\cancel{\text{분}}} = \text{초}$$

적절한 인자를 삽입함으로써 하루를 초로 계산하면 다음과 같다.

$$(1\,\cancel{\text{일}})\left(\frac{24\,\cancel{\text{시간}}}{1\,\cancel{\text{일}}}\right)\left(\frac{60\,\cancel{\text{분}}}{1\,\cancel{\text{시간}}}\right)\left(\frac{60\,\text{초}}{1\,\cancel{\text{분}}}\right) = 86{,}400\,\text{초}$$

86,400.에서 다섯 개의 숫자는 모두 유효 숫자이다. 왜냐하면 계산에서 사용한 모든 인자는 정확한 수이기 때문이다.

예제 2.17

2.00 ft는 몇 센티미터인가?

풀이

피트에서 센티미터로 단위를 단계적으로 변환하려면 다음과 같이 할 수 있다. 피트를 인치로 변환한다. 그러고 나서 인치를 센티미터로 변환한다.

풀이의 요점: ft → in. → cm

필요한 변환 인자는

$$\frac{12\text{ in.}}{1\text{ ft}} \text{ 와 } \frac{2.54\text{ cm}}{1\text{ in.}} \text{ 이다.}$$

$$(2.00\,\cancel{\text{ft}})\left(\frac{12\text{ in.}}{1\,\cancel{\text{ft}}}\right) = 24.0\text{ in.}$$

$$(24.0\,\cancel{\text{in.}})\left(\frac{2.54\text{ cm}}{1\,\cancel{\text{in.}}}\right) = 61.0\text{ cm}$$

주의: 1 ft와 12 in.는 정확한 수이므로 답에서의 유효 숫자는 2.00을 근거로 하여 세 개가 된다.

예제 2.18

100.야드 미식축구장은 몇 미터인가?

풀이

적절한 변환 인자를 사용하여 다음과 같이 야드에서 미터로 단위를 단계적으로 변환한다.

풀이의 요점: yd → ft → in. → cm → m

$$(100.\,\cancel{\text{yd}})\left(\frac{3\text{ ft}}{1\,\cancel{\text{yd}}}\right) = 300.\text{ ft}$$

$$(300.\ \cancel{ft})\left(\frac{12\ in.}{1\ \cancel{ft}}\right) = 3600\ in.$$

$$(3600\ \cancel{in.})\left(\frac{2.54\ cm}{1\ \cancel{in.}}\right) = 9144\ cm$$

$$(9144\ \cancel{cm})\left(\frac{1\ m}{100\ \cancel{cm}}\right) = 91.4\ m$$ (세 개의 유효 숫자)

실습 문제 2.11

(a) 10.5마일은 몇 미터인가?

(b) 6.0 in. × 9.0 in. 직사각형의 면적은 몇 제곱미터인가?

예제 2.17과 2.18에서 한 줄에(하나의 식에) 변환 인자를 연속적으로 나열하여 풀 수도 있다. 이 방법은 한두 단계의 계산을 줄일 수 있고, 수치가 더욱 간단한 항으로 줄어들어 계산을 간단하게 만들 수 있다. 예제 2.17과 2.18을 하나의 식으로 표현하면 다음과 같다.

$$(2.00\ \cancel{ft})\left(\frac{12\ \cancel{in.}}{1\ \cancel{ft}}\right)\left(\frac{2.54\ cm}{1\ \cancel{in.}}\right) = 61.0\ cm$$

$$(100.\ \cancel{yd})\left(\frac{3\ \cancel{ft}}{1\ \cancel{yd}}\right)\left(\frac{12\ \cancel{in.}}{1\ \cancel{ft}}\right)\left(\frac{2.54\ \cancel{cm}}{1\ \cancel{in.}}\right)\left(\frac{1\ m}{100\ \cancel{cm}}\right) = 91.4\ m$$

예제 2.18의 경우에서 단위만을 사용해 보면 원하는 단위에 도달할 때까지 단계적인 상쇄 과정이 연속적으로 진행됨을 알 수 있다.

$$\cancel{yd} \times \frac{\cancel{ft}}{\cancel{yd}} \times \frac{\cancel{in.}}{\cancel{ft}} \times \frac{\cancel{cm}}{\cancel{in.}} \times \frac{m}{\cancel{cm}} = m$$

예제 2.19

자동차 운전자가 시속 55마일의 제한 속도를 준수하고 있다. 이 때 차는 초속 몇 킬로미터로 운행되고 있는가?

풀이

이 문제를 풀기 위하여 몇 가지 변환이 필요하다.

풀이의 요점: mi → km

hr → min → s

다음과 같이 mi을 km로 변환한다.

$$\left(\frac{55\ \cancel{mi}}{hr}\right)\left(\frac{1.609\ km}{1\ \cancel{mi}}\right) = 88\ \frac{km}{hr}$$

다음은 hr → min → s 순서로 변환해야 한다. 알고 있는 양의 분모에 시간이 있으므로 변환 인자는 분자에 시간을 가져야만 한다.

$$\left(\frac{88\ km}{\cancel{hr}}\right)\left(\frac{1\ \cancel{hr}}{60\ \cancel{min}}\right)\left(\frac{1\ \cancel{min}}{60\ s}\right) = 0.024\ \frac{km}{s}$$

실습 문제 2.12

8 ft × 10 ft × 12 ft 크기의 방에 몇 세제곱미터의 공기가 있는가?

정육면체 또는 직육면체 용기의 부피는 길이 × 너비 × 높이를 곱하여 구할 수 있다. 따라서 한 변이 10 cm인 상자의 경우 부피는 (10 cm)(10 cm)(10 cm) = 1000 cm^3이다(참고 참조).

참고 여러 단계로 문제를 풀 때는, 마지막 단계에서만 반올림해야 한다. 예제 풀이에서는 적절한 유효 숫자를 보여 주기 위해 단계마다 반올림하였다.

예제 2.20

한 변이 11.1인치인 정육면체의 부피는 몇 cm^3인가?

풀이

먼저 인치를 cm로 변환해야 한다. 변환 인자는 2.54 cm / in.이다.

풀이의 요점: in. → cm

$$(11.1\ \cancel{\text{in.}})\left(\frac{2.54\ \text{cm}}{1\ \cancel{\text{in.}}}\right) = 28.2\ \text{cm}\ \ (\text{한 변의 길이})$$

부피를 구한다(길이 × 너비 × 높이).

$$(28.2\ \text{cm})\ (28.2\ \text{cm})\ (28.2\ \text{cm}) = 22{,}426\ \text{cm}^3\ (2.24 \times 10^4\ \text{cm}^3)$$

예제 2.21

3.20 in. × 5.00 in. × 4.00 in. 크기를 가진 상자의 부피는 몇 세제곱센티미터 (cm^3)인가?

풀이

우선 길이와 너비, 높이를 곱함으로써 $in.^3$ 단위로 상자의 부피를 구한다.

$$(3.20\ \text{in.})\ (5.00\ \text{in.})\ (4.00\ \text{in.}) = 64\ \text{in.}^3$$

이제 in.와 cm 관계 (1 in. = 2.54 cm) 를 세 번 사용하여 $in.^3$를 cm^3로 바꾼다.

풀이의 요점: $(\text{in.} \rightarrow \text{cm})^3$

$$\cancel{\text{in.}^3} \times \frac{\text{cm}}{\cancel{\text{in.}}} \times \frac{\text{cm}}{\cancel{\text{in.}}} \times \frac{\text{cm}}{\cancel{\text{in.}}} = \text{cm}^3$$

$$(64\ \cancel{\text{in.}^3})\left(\frac{2.54\ \text{cm}}{1\ \cancel{\text{in.}}}\right)\left(\frac{2.54\ \text{cm}}{1\ \cancel{\text{in.}}}\right)\left(\frac{2.54\ \text{cm}}{1\ \cancel{\text{in.}}}\right) = 1048.77\,\text{cm}^3\ \ (1.05 \times 10^3\ \text{cm}^3)$$

Duncan Noakes/123 RF

예제 2.22

타조 깃털 네 개의 무게가 1.00 lb라고 생각해 보자. 각각의 깃털의 질량은 동일하다고 가정하면 깃털 한 개의 무게는 몇 밀리그램인가?

풀이

이 문제는 1.00 lb / 4깃털에서 깃털당 밀리그램으로 단위 변환을 해야 한다. 깃털(feather)이란 단위가, 시작 때의 단위와 원하는 단위의 분모에 모두 있으므로 필요한 단위 변환은 다음과 같다.

풀이의 요점: lb → g → mg

$$\left(\frac{1.00\ \cancel{\text{lb}}}{4\text{깃털}}\right)\left(\frac{453.6\ \cancel{\text{g}}}{1\ \text{lb}}\right)\left(\frac{1000\ \text{mg}}{1\ \cancel{\text{g}}}\right) = \frac{113{,}400\ \text{mg}}{\text{깃털}}\ (1.13 \times 10^5\ \text{mg}/\text{깃털})$$

실습 문제 2.13

당신이 유럽을 여행하고 있는데, 어느 날 아침 몸무게가 75.0 kg이 되어있는 것을 알게 되었다. 집에 돌아가기 전에 식사 조절을 해야 하는지 판단하기 위해 미국식 단위인 파운드로 변환해 보시오.

실습 문제 2.14

이탈리아산 적포도주 한 병의 부피는 750 mL이다. 이를 쿼트(quart) 단위로 변환하면 얼마인가?

실습 문제 2.15

우유를 1/2 갤런 단위로 구입하기도 한다. 이를 리터 단위로 변환하시오.

2.7 백분율

이 절의 학습 목표
백분율을 포함한 문제를 풀 수 있다.

많은 혼합물의 조성은 백분율로 주어진다. **백분율(percent)**은 백분의 얼마로 정의된다. 예를 들어, 망고맛 젤리빈이 35% 함유된 젤리빈 한 봉지에는 젤리빈 100개당 망고맛 젤리빈이 35개 포함되어 있다는 것이다. 시료가 100개가 되지 않을 때는 100개분의 얼마로 바꿔야 백분율을 알 수 있는데, 이는 다음과 같은 식으로 나타낼 수 있다.

$$\frac{\text{개수}}{\text{전체 개수}} = \frac{x}{100}, \text{ 여기서 } x = \text{백분율}$$

이 관계식을 사용하여 백분율을 구하는 식을 다음과 같이 쓸 수 있다.

$$\text{백분율} = \frac{\text{부분 개수}}{\text{전체 개수}} \times 100\%$$

화학에서는, 다음과 같이 질량 백분율을 자주 사용한다.

$$\text{질량 백분율} = \frac{\text{부분 질량}}{\text{전체 질량}} \times 100\%$$

여러 종류의 질량 단위가 사용되기 때문에, 물질의 조성을 명시할 때 질량 백분율을 사용하는 것이 매우 편리하다.

예제 2.23

유전학 실험에서, 빨간색 꽃 28송이, 하얀색 꽃 41송이, 노란색 꽃 12송이를 재배했다. 빨간색 꽃의 백분율은 얼마인가?

Sener Dagasan/Shutterstock

풀이

백분율을 구하기 위해 먼저 백분율을 계산하는 식을 쓴다.

$$\text{백분율} = \left(\frac{\text{부분 양}}{\text{전체 양}}\right) \times 100\%$$

다음에는 빨간색 꽃(부분)의 수와 전체 꽃의 수를 정한다.

빨간색 꽃의 수는 28

전체 꽃의 수는 28 + 41 + 12 = 81

$$\text{빨간색 꽃의 백분율} = \frac{\text{빨간색 꽃 28 송이}}{\text{전체 꽃 81 송이}} \times 100\% = 35\% \text{ 빨간색 꽃}$$

예제 2.24

니켈(Ni) 7.00 g과 산소(O) 3.82 g으로 이루어진 산화 니켈(nickel oxide) 시료가 있다. 이 산화물에서 니켈과 산소의 백분율을 계산하시오.

풀이

다음 식을 사용하여 질량 백분율을 구한다.

$$\text{백분율} = \left(\frac{\text{부분 질량}}{\text{전체 질량}}\right) \times 100\%$$

문제에서 주어진 자료: Ni의 질량 = 7.00 g, O의 질량 = 3.82 g

전체 질량은 7.00 g + 3.82 g = 10.82 g

식에 이 값을 대입하면,

$$\%\ \text{Ni} = \left(\frac{7.00\ \text{g Ni}}{10.82\ \text{g}}\right) \times 100\% = 64.7\%\ \text{Ni}$$

$$\%\ \text{O} = \left(\frac{3.82\ \text{g O}}{10.82\ \text{g}}\right) \times 100\% = 35.3\%\ \text{O}$$

실습 문제 2.16

금의 황화물은 황 8.42 g과 금 32.19 g으로 이루어져 있다. 이 화합물에서 각 원소의 백분율을 계산하시오.

실습 문제 2.17

청동 합금은 구리 45.0 g과 주석 4.82 g을 녹여서 제조된다. 청동에서 구리의 백분율은 얼마인가?

백분율은 변환 인자로도 사용되며 다음과 같이 차원 해석 형식으로 쓸 수 있다.

$$\frac{\text{부분 단위}}{\text{전체 100 단위}}$$

예를 들어, 8.18% 크로뮴(Cr)으로 조성된 강철 합금은 강철 100 g 속에 크로뮴 8.18 g을 함유하고 있으며, 다음과 같은 2개의 변환 인자를 얻을 수 있다.

$$\frac{\text{Cr 8.18 g}}{\text{강철 100 g}} \quad \text{와} \quad \frac{\text{강철 100 g}}{\text{Cr 8.18 g}}$$

이 변환 인자들은 각각 3개의 유효 숫자를 가지고 있다. 왜냐하면, 100 g이 정확한 수이고 강철 시료 100 g에 들어 있는 크로뮴 8.18 g도 3개의 유효 숫자를 가지고 있기 때문이다.

예제 2.25

복숭아는 질량 기준으로 8.6%의 당을 함유하고 있다. 복숭아 1회 제공량이 186 g이라면, 1회 제공량에 당은 몇 g이 들어있는가?

풀이

주어진 백분율로부터 가능한 차원 해석 인자를 쓴다.

$$\frac{\text{당 8.6 g}}{\text{복숭아 100 g}} \text{ 와 } \frac{\text{복숭아 100 g}}{\text{당 8.6 g}}$$

이 인자를 이용하여 복숭아 조각의 질량을 당의 질량으로 변환한다.

$$\left(\cancel{\text{복숭아}}\ 186\ \cancel{\text{g}}\right)\left(\frac{\text{당 8.6 g}}{\cancel{\text{복숭아}}\ 100\ \cancel{\text{g}}}\right) = \text{당 16 g}$$

다른 방법으로, 백분율 식을 사용하여 문제를 풀 수 있다.

$$\text{질량 백분율} = \left(\frac{\text{부분 질량}}{\text{전체 질량}}\right) \times 100\%$$

$$\text{당 } 8.6\% = (x/\text{복숭아 186 g}) \times 100 \rightarrow x = \text{당 16 g}$$

예제 2.26

약제사는 비타민 C 정을 만들기 위해 분말 오렌지 주스를 사용한다. 분말 오렌지 주스에 질량 %로 39.5%의 비타민 C가 함유되어 있다면, 비타민 C 52.3 kg을 포함한 혼합물을 생산하려면 분말 오렌지 주스가 얼마나 필요한가?

풀이

주어진 백분율로부터 가능한 차원 해석 인자를 쓴다.

$$\frac{\text{비타민 C 39.5 kg}}{\text{분말 오렌지 주스 100 kg}} \text{ 와 } \frac{\text{분말 오렌지 주스 100 kg}}{\text{비타민 C 39.5 kg}}$$

이 인자를 사용하여 비타민 C의 질량을 분말 오렌지 주스의 질량으로 변환한다.

$$\left(\cancel{\text{비타민 C}}\ 52.3\ \cancel{\text{kg}}\right)\left(\frac{\text{분말 오렌지 주스 100 kg}}{\cancel{\text{비타민 C}}\ 39.5\ \cancel{\text{kg}}}\right) = \text{분말 오렌지 주스 132 kg}$$

다른 방법으로, 백분율식을 사용하여 문제를 풀 수도 있다.

$$\text{질량 백분율} = \left(\frac{\text{부분 질량}}{\text{전체 질량}}\right) \times 100\%$$

$$\text{비타민 C } 39.5\ \% = \left(\frac{\text{비타민 C 52.3 kg}}{x}\right) \times 100\ \%$$

$$x = \text{분말 오렌지 주스 132 kg}$$

실습 문제 2.18

납땜용 총은 35.0%의 납으로 구성된 땜납 합금을 사용한다. 만약 마차에 납땜을 할 때 납을 최대 2.50 g만을 사용해야 한다면, 땜납 합금을 얼마나 사용하여야 하는가?

실습 문제 2.19

초콜릿 바에 카페인이 0.047% 함유되어 있다. 만약 초콜릿 1.5 oz를 먹는다면, 카페인 몇 mg을 먹게 되는가?

2.8 온도 측정

이 절의 학습 목표
온도 측정값을 화씨, 섭씨, 켈빈 온도 척도로 상호 변환할 수 있다.

열에너지(thermal energy)는 물질의 작은 입자들의 운동과 관련된 에너지의 한 형태이다. 존재하는 열에너지의 양에 따라, 주어진 계가 '뜨겁다' 또는 '차갑다'라고 말한다. **온도(temperature)**는 열에너지의 세기에 대한 측정으로, 계의 크기에는 관계없이 계가 얼마나 뜨거운지를 나타낸다. **열(heat)**이란 용어는 온도 차이로 인한 에너지의 흐름을 나타낸다. 열은 항상 높은 온도 영역에서 낮은 온도 영역으로 이동한다. 온도의 SI 단위는 켈빈(kelvin)이다. 온도를 측정하는 일반적인 실험 기구는 온도계이다(그림 2.5).

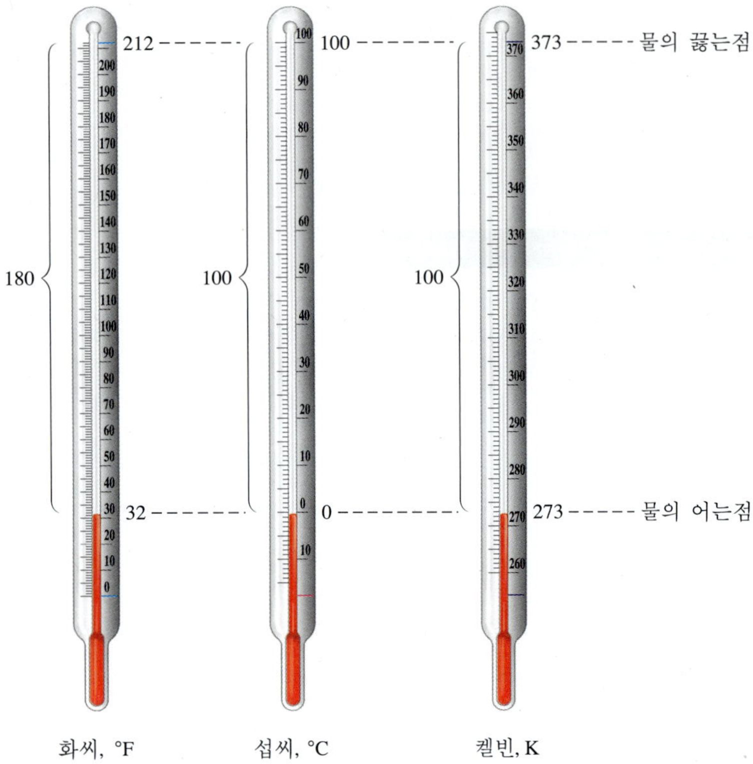

그림 2.5 섭씨, 켈빈, 화씨 온도 척도의 비교

계의 온도는 여러 가지 다른 척도로 나타낼 수 있다. 세 가지 일반적으로 사용하는 온도 척도는 섭씨, 켈빈(절대라고도 부름), 화씨이다. 섭씨와 화씨 척도에서 온도의 단위는 **도(degree)**이나 섭씨 척도와 화씨 척도에서 1도의 크기는 다르다. 섭씨와 화씨의 도의 기호는 °이고, 척도에 대한 기호 앞과 숫자 뒤에 위 첨자로 표시한다.

따라서 10.0°C는 섭씨 10.0도이다. 켈빈 온도로 나타낼 때에는 ° 기호를 사용하지 않는다.

$$\text{섭씨 도} = {}^\circ\text{C}$$
$$\text{켈빈(절대)} = \text{K}$$
$$\text{화씨 도} = {}^\circ\text{F}$$

섭씨 척도는 물의 어는 온도와 끓는 온도 사이의 간격을 100등분한 것이다. 물의 어는점을 0°C로 정하고 끓는점을 100°C로 정한다. 켈빈 온도 척도는 절대 온도 척도로 알려져 있다. 왜냐하면 0 K는 이론적으로 얻을 수 있는 가장 낮은 온도이기 때문이다. 켈빈 척도로 영(0)은 섭씨 척도 영(0)보다 273.15켈빈만큼 아래에 있다. 1켈빈은 섭씨 척도 1도와 크기가 같다. 켈빈 척도에서 물의 어는점은 273.15 K이다. 화씨 척도에서는 물의 어는 온도와 끓는 온도 사이에 180도가 있다. 이 척도에서 물의 어는점은 32°F이고, 끓는점은 212°F이다.

$$0^\circ\text{C} \cong 273\ \text{K} \cong 32^\circ\text{F} \qquad 100^\circ\text{C} \cong 373\ \text{K} \cong 212^\circ\text{F}$$

참고 $\frac{180}{100} = 1.8$

세 가지 척도를 그림 2.5에 비교하였다. 절대 영도(0 K)가 이들 척도에서 가장 낮은 온도라 할지라도 높은 온도에는 한계가 없다. 태양과 다른 별들에는 수백만 도의 온도가 존재한다고 알려져 있다.

그림 2.5를 보면 물의 어는점과 끓는점 사이에는 섭씨 온도 100도와 100켈빈이 있음을 알 수 있다. 그러나 이 두 온도 간에는 화씨 온도 180도가 있다. 따라서 섭씨 온도 1도의 크기는 1켈빈의 크기와 같지만, 섭씨 온도 1도는 화씨 온도 1.8도와 같다(참고 참조).

이 자료로부터 다음과 같이 한 척도의 온도를 다른 척도의 해당 온도로 변환할 수 있는 수식이 유도되었다.

$$\text{K} = {}^\circ\text{C} + 273.15$$
$${}^\circ\text{F} = (1.8 \times {}^\circ\text{C}) + 32$$
$${}^\circ\text{C} = \frac{{}^\circ\text{F} - 32}{1.8}$$

예제 2.27

소금(염화 소듐)은 800.°C에서 녹는다. 이 온도는 켈빈과 화씨 척도로는 얼마인가?

풀이

°C로부터 K를 계산하기 위해 다음 식을 사용한다.

$$K = °C + 273.15$$

$$K = 800.°C + 273.15 = 1073\ K$$

°C로부터 °F를 계산하기 위해 다음 식을 사용한다.

$$°F = (1.8 \times °C) + 32$$

$$°F = (1.8 \times 800.°C) + 32$$

$$°F = 1440 + 32 = 1472°F$$

계산 결과를 요약하면 다음과 같다.

$$800.°C = 1073\ K = 1472°F$$

원래 측정값 800.°C가 일의 자리까지 측정되었으므로, 변환된 온도도 일의 자리까지 나타내야 한다.

예제 2.28

12월 1일 Hawaii Honolulu섬의 온도는 110.°F로 최고치를 기록하였다. 이 온도를 °C로 변환하시오.

풀이

다음 식을 사용한다.

$$°C = \frac{°F - 32}{1.8}$$

$$°C = \frac{110. - 32}{1.8} = \frac{78}{1.8} = 43°C$$

예제 2.29

−10.0°C에 해당하는 화씨 온도는 얼마인가? (음의 부호에 유의하라.)

풀이

$$°F = (1.8 \times °C) + 32$$

$$°F = (1.8)(-10.0) + 32 = -18 + 32$$

$$°F = 14.0°F$$

실습 문제 2.20

질소는 77.2 K에서 끓는다. 이 온도를 °C와 °F로 변환하시오.

실습 문제 2.21

사람의 정상 체온은 98.6°F이다. 이것을 °C와 K로 변환하시오.

이 책에서 사용하는 온도는 별도의 언급이 없는 한 섭씨 온도(°C)이다. 변환 후의 온도는 원래 측정한 온도와 같은 정밀도를 갖도록 표시해야 한다.

2.9 밀도

> **이 절의 학습 목표**
> 밀도와 연관된 문제를 풀 수 있다.

밀도(density, *d*)는 물질이 차지하는 부피에 대한 물질의 질량비이다. 그것은 단위 부피당 질량이고, 다음 식으로 나타낸다.

$$d = \frac{\text{질량}}{\text{부피}}$$

밀도는 물질의 고유한 물리적 특성으로, 한 물질을 다른 물질과 구별하는 데 이용할 수 있다. 고체나 액체의 밀도가 주어질 때, 질량은 흔히 그램으로, 부피는 밀리리터 또는 세제곱 센티미터로 나타낸다.

$$d = \frac{\text{질량}}{\text{부피}} = \frac{\text{g}}{\text{mL}} \quad \text{또는} \quad d = \frac{\text{g}}{\text{cm}^3}$$

물질(특히 액체와 기체)의 부피는 온도에 따라 변하므로 밀도와 함께 온도를 언급하는 것이 중요하다. 예를 들면, 물 1.0000 g의 부피가 4°C에서는 1.0000 mL, 20°C에서는 1.0018 mL, 80°C에서는 1.0290 mL이다. 따라서 밀도도 온도에 따라 변한다.

4°C에서 물의 밀도는 1.0000 g/mL이지만 80°C에서는 0.9718 g/mL이다.

$$d^{4°\text{C}} = \frac{1.0000\ \text{g}}{1.0000\ \text{mL}} = 1.0000\ \text{g/mL}$$

$$d^{80°\text{C}} = \frac{1.0000\ \text{g}}{1.0290\ \text{mL}} = 0.97182\ \text{g/mL}$$

20°C에서 철의 밀도는 7.86 g/mL이다.

$$d^{20°\text{C}} = \frac{7.86\ \text{g}}{1.00\ \text{mL}} = 7.86\ \text{g/mL}$$

여러 가지 물질의 밀도를 **그림 2.6**에 비교하였다.

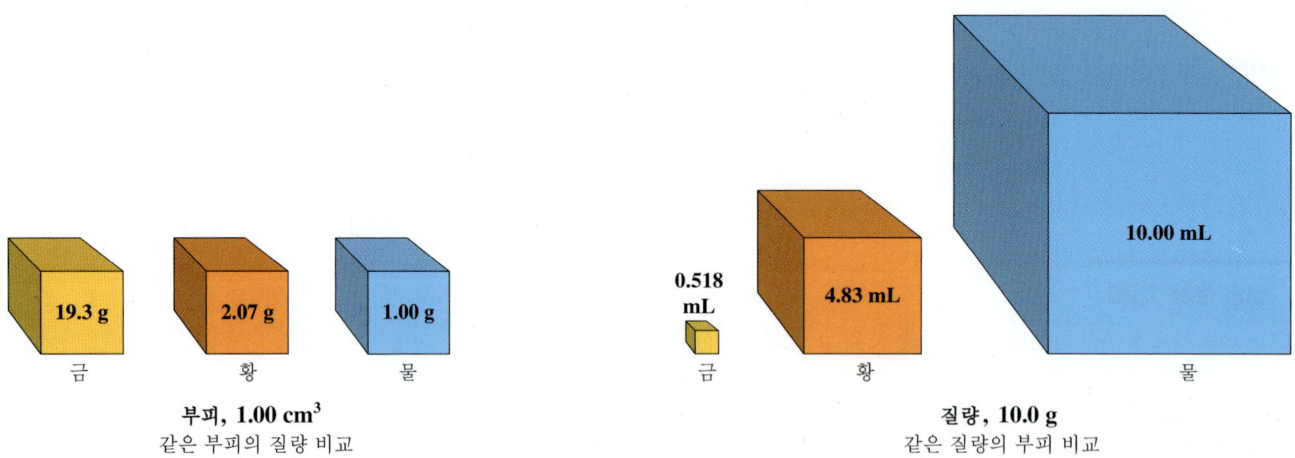

그림 2.6 질량과 부피 비교

액체나 고체의 밀도는 흔히 밀리리터당 그램(g/mL)이나 세제곱센티미터당 그램(g/cm^3)으로 표시한다. 그러나 기체의 밀도는 리터당 그램(g/L)으로 나타낸다. 별도의 언급이 없는 한 기체의 밀도는 0°C, 1기압 상태로 나타낸다(12장에서 더 자세히 다룰 것이다). 표 2.6에 일반적으로 사용하는 물질의 밀도를 나타내었다.

불용성 고체를 물에 넣으면 그것의 밀도에 따라 가라앉거나 뜰 것이다. 만약 물체가 물보다 밀도가 작다면 물체의 질량과 같은 **질량**의 물의 부피를 차지하며 뜰 것이다. 만약 물체가 물보다 밀도가 크다면 물체의 부피와 같은 물의 **부피**를 차지하며 가라앉을 것이다. 이와 같은 정보는 불규칙한 모양을 가진 물체의 부피(그리고 밀도)를 측정하는 데 이용할 수 있다.

표 2.6 몇 가지 물질들의 밀도

액체와 고체		기체	
물질	밀도 (g/mL, 20℃에서)	물질	밀도 (g/L, 0℃에서)
목재(미송)	0.512	수소	0.090
에틸 알코올	0.789	헬륨	0.178
식용유	0.91	메테인	0.714
물(4℃)	**1.000***	암모니아	0.771
설탕	1.59	네온	0.90
글리세린	1.23	일산화 탄소	1.25
캐로 시럽	1.37	질소	1.251
마그네슘	1.71	**공기**	**1.293***
황산	1.84	산소	1.429
황	2.07	염화 수소	1.63
소금	2.16	아르곤	1.78
알루미늄	2.70	이산화 탄소	1.963
은	10.5	염소	9.17
납	11.34		
수은	1.355		
금	19.3		

*밀도를 비교하기 위하여 고체와 액체에서는 물의 밀도를 기준으로 하였고, 기체에서는 공기의 밀도를 기준으로 하였다.

예제 2.30

어떤 광물 549 g의 부피가 45.0 mL이면, 이 광물의 밀도는 얼마인가?

풀이

밀도를 구해야 하므로, 먼저 밀도를 계산하기 위한 다음 식을 쓴다.

$$d = \frac{\text{질량}}{\text{부피}}$$

그러고 나서 문제에 주어진 자료를 식에 대입하여 푼다.

$$\text{질량} = 549\ \text{g} \qquad \text{부피} = 45.0\ \text{mL}$$

$$d = \frac{\text{질량}}{\text{부피}} = \frac{549\ \text{g}}{45.0\ \text{mL}} = 12.2\ \text{g/mL}$$

예제 2.31

금의 밀도는 19.3 g/mL이다. 금 25.0 mL의 질량은 얼마인가?

풀이

밀도를 변환 인자로 사용하여 변환한다.

풀이의 요점: mL → g

단위의 변환은 다음과 같다.

$$\text{mL} \times \frac{\text{g}}{\text{mL}} = \text{g}$$

$$(25.0\ \cancel{\text{mL}})\left(\frac{19.3\ \text{g}}{\cancel{\text{mL}}}\right) = 483\ \text{g}$$

예제 2.32

에틸 알코올 150. g의 부피를 mL로 계산하시오.

풀이

표 2.6에서 에틸 알코올의 밀도는 0.789 g/mL이다. 이 밀도는 알코올 1mL의 질량이 0.789 g(1 mL/0.789 g)임을 의미한다.
변환 인자로, 다음을 사용할 수 있다.

$$\frac{\text{g}}{\text{mL}} \quad \text{또는} \quad \frac{\text{mL}}{\text{g}}$$

풀이의 요점: g → mL

$$(150.\ \cancel{\text{g}})\left(\frac{1\ \text{mL}}{0.789\ \cancel{\text{g}}}\right) = \text{에틸 알코올 } 190.\ \text{mL}$$

예제 2.33

물 20.0 mL가 들어 있는 눈금 실린더에 16.74 g의 금속 볼트를 넣었더니 수면이 26.2 mL로 상승하였다. (a) 볼트의 부피는 얼마인가? (b) 볼트의 밀도는 얼마인가?

풀이

(a) 볼트의 부피와 동일한 물의 부피는 볼트에 의해 치환된다. 따라서 증가한 부피가 볼트의 부피이다.

$$\begin{array}{rl} 26.2\ \text{mL} & = \text{물} + \text{볼트의 부피} \\ -20.0\ \text{mL} & = \text{물의 부피} \\ \hline 6.2\ \text{mL} & = \text{볼트의 부피} \end{array}$$

(b) $$d = \frac{\text{볼트의 질량}}{\text{볼트의 부피}} = \frac{16.74\ \text{g}}{6.2\ \text{mL}} = 2.7\ \text{g/mL}$$

실습 문제 2.22

순수한 은의 밀도는 10.5 g/mL이다. 눈금 실린더에 질량이 19.1 g인 순은 반지를 넣었더니 수면이 1.9 mL만큼 더 높아졌다. 반지가 정말로 순은인지 아니면 소비자보호원에 신고해야 하는지를 결정하시오.

실습 문제 2.23

계량컵 수면이 쇼트닝 145. g을 넣기 전에는 0.61 L였다. 쇼트닝을 넣고 난 뒤에는 0.83 L가 되었다면, 쇼트닝의 밀도를 구하시오.

사례 연구 구골(Googol)[1]개의 원자

제1부

tose/iStockphoto

구골(googol)은 은하계 안에 있는 원자의 개수와 어떻게 비교될 수 있을까?

어린 시절 부모님, 친척, 선생님과 대화를 나누며 인식이 바뀌었던 때를 기억할 수 있는가? 이 사건은 Jessica라는 이름의 조숙한 7살짜리 아이에게 일어났던 그런 변화에 관한 것이다. Jessica는 구골이라는 단어를 갓 알게 되었다. 그녀는 구골이 1 다음에 0이 100개나 나오는 매우 큰 숫자라는 이야기를 들었다.

100000000000000000000000000000000000000000000000000
00000000000000000000000000000000000000000000000000

나는 구골이 보이는 우주 안에 있는 모든 원자의 개수보다 더 큰지 궁금해했다. 그녀는 말했다. "보이는 우주에는 구골보다 더 많은 원자가 있을 거예요! 어떻게 그걸 알아낼 수 있을까요?" 나는 대답했다. "우리가 함께 알아볼 수 있을 거야. 우리가 알아야 할 게 뭐라고 생각해, Jessica?"

우리가 알아야 할 것을 알아내는 데 당신은 Jessica에게 어떤 도움을 줄 수 있는가?

우선, 몇 가지 질문에 대해 생각해 보자.

(a) '우주'란 무엇을 뜻하는가?
(b) 물체'란 무엇인가? 우리는 물체가 어떤 것에 어떻게 존재하는지 설명할 수 있는가?
(c) 우리는 모든 물체를 볼 수 있는가?
(d) '보이는 우주'란 무엇을 의미하는가?

눈에 보이는 우주 안에 있는 원자 수를 결정하는 데 필요하다고 생각되는 특정 유형의 정보들을 나열해 본다.

최종적인 결과를 얻는 데 있어 어떤 가정을 할 것인가? 그 가정들은 얼마나 타당한가?

제2부

구골은 얼마나 큰 수인가?

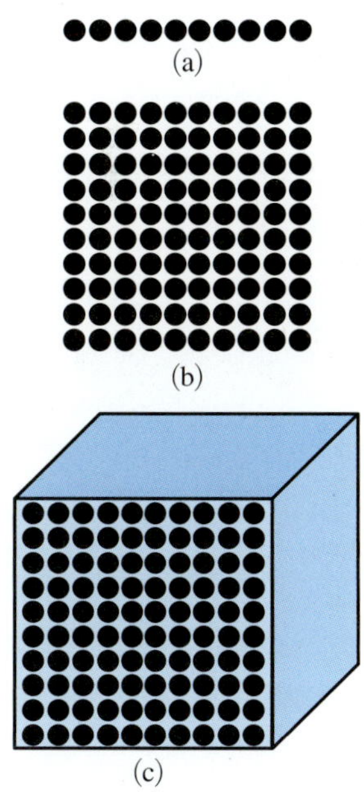

1. 우선 1인치를 덮는 10개의 점들의 줄로 시작한다(그림 1(a)). 그 다음으로, 각 변에 10개의 점이 있는 정사각형을 상상해 보자(그림 1(b)). 지금 얼마나 많은 점을 가지고 있는가? 다음으로, 한 변에 10개의 점이 있는 상자를 생각해 보자(그림 1(c)). 지금은 점이 몇 개가 있는가? 각각의 숫자를 과학적 표기법(예를 들면 선, 정사각형, 상자에 있는 점들의 수)으로 표현한다.
2. 다음으로, 정육면체의 각 변을 10배 큰 크기(10인치)로 만드는 것을 상상해 보자. 얼마나 많은

1 구골: 10의 100제곱, 즉 1 뒤에 0이 100개 달린 수를 뜻한다. 구골은 1938년 미국의 수학자 Edward Kasner의 조카 Milton Sirotta가 이름 붙인 거대한 수로, 카스너가 『수학과 상상(Mathematics and the Imagination)』(1940)이란 책에서 처음 소개했다.
고등학교 수업 시간에 이 숫자에 매료된 구글의 창업자 Larry Page는 방대한 정보를 얻는 것은 물론 인터넷 세상의 무한한 정보를 체계화하겠다는 뜻으로 회사의 이름에 이 단어를 쓰려고 했는데, 철자를 헷갈리는 바람에 기억 속의 단어 구골은 구글이 되었다. California주 Mountain View에 있는 구글 본사 건물의 이름인 구글플렉스(Googleplex)도 10의 구골 제곱을 뜻하는 구골플렉스(googolplex)에서 따온 말이다.

점이 그 안에 들어있는가(과학적 표기법으로)?

3. 다시 한번 정육면체의 각 변을 10배 큰 크기로 늘린다(100인치로). 얼마나 많은 점이 그 안에 들어있는가(과학적 표기법으로)?
4. 한 번 더, 각 면을 10배씩 늘려 본다(1000 인치). 얼마나 많은 점이 그 안에 들어있는가(과학적 표기법으로)?
5. 이러한 큰 수들은 단어로도 표현될 수 있지만, 숫자를 사용하면 계산에서 다루기가 더 쉽다(과학적 표기법처럼!).
6. 과학적 표기법으로 구골을 써 보시오.

제3부

다음으로, 천문학적인 수를 살펴보자. 이 부분의 데이터를 찾기 위해 인터넷이나 기타 참고 자료를 이용해 보도록 하자. 이것은 보이는 우주의 원자의 개수보다 구골이 더 큰지 결정하는 데 도움을 줄 것이다.

물체의 양을 측정하는 다양한 방법이 있다. 여기서는 질량에 킬로그램을 사용하고, 이것으로부터 원자의 수를 계산하여 구골과 비교할 것이다.

1. 지구에는 대략 얼마나 많은 물체가 있는가?
2. 태양에는 대략 얼마나 많은 물체가 있는가?
3. 그것들은 어떻게 비교될 수 있는가? 이것은 왜 중요한 것인가?
4. 평균적인 은하에 있는 별들의 대략적인 개수는 얼마인가?
5. 보이는 우주에는 대략 몇 개의 은하가 있는가?
6. 보이는 우주에는 몇 개의 원자가 있는가?
7. 이 숫자는 구골과 비교하면 어떤가?

Stephen Shawl의 "A Googol of Atoms?"에서 발췌. 2003년 7월 14일 미국 국립 과학 사례 연구 교육 센터에서 출판되었으며, 허가를 받고 사용함.

2장 복습

2.1 과학적 표기법

중요 용어: 측정 | 과학적 표기법

- 정량적 관찰은 수와 단위로 구성되며, 측정이라고 부른다.
- 매우 큰 수들과 매우 작은 수들은 과학적 표기법을 사용하여 간단히 나타낼 수 있다.
  - 수는 1과 10 사이의 소수로 표시되며, 여기에 10의 적당한 지수를 곱해 준다.
  - 지수의 부호는 원래 수에서 소수점이 이동한 방향에 따라 결정된다.

2.2 측정과 불확실성

중요 용어: 유효 숫자

- 모든 측정은 어느 정도의 불확실성을 가지고 있는데, 이는 측정값에 있는 유효 숫자의 개수로 표시된다.
- 유효 숫자는 확실한 모든 숫자와 어림잡은 하나의 숫자를 포함하고 있다.

2.3 유효 숫자

중요 용어: 반올림

- 측정값에서 유효 숫자를 세는 규칙은 다음과 같다.
  - 0이 아닌 숫자들은 항상 유효 숫자이다.
  - 정확한 수는 무한한 개수의 유효 숫자를 갖는다.
  - 측정값에서 0이 유효 숫자인지 아닌지는 수 안에서의 0의 위치에 따라 결정된다.
- 알맞은 개수의 유효 숫자를 갖도록 계산 결과를 반올림하는 규칙이 있다.
  - 그대로 남겨 두고자 하는 숫자 다음에 있는 첫 번째 숫자가 4 또는 그보다 작을 때는 그 숫자와 그 오른쪽에 있는 나머지 숫자들을 모두 버린다.
  - 그대로 남겨 두고자 하는 숫자 다음에 있는 첫 번째 숫자가 5 또는 그보다 클 때는 그 숫자와 그 오른쪽에 있는 나머지 숫자들을 모두 버리고 유지해야 할 마지막 숫자에 1을 더한다.

2.4 계산에서의 유효 숫자

- 계산의 답이 최소의 정밀도를 갖는 측정값보다 더 정밀할 수 없다.
- 계산의 답이 정확한 개수의 유효 숫자를 갖도록 하는 규칙이 있다.

2.5 미터법

중요 용어: 미터법 또는 국제단위계 (SI) | 미터(m) | 변환 인자 | 풀이의 요점 | 질량 | 무게 | 킬로그램(kg) | 부피 | 리터(L)

- 미터법은 측정의 표준 단위와 10의 인자를 사용한다.
- 미터법에서 길이는 표준 단위인 m로 측정된다.
- 미터법에서 질량의 표준 단위는 킬로그램이다. 화학에서는 종종 이보다 적은 양으로 작업하는 경우가 있기 때문에 그램을 대신 사용하는 경우가 많다.
- 부피는 물체가 차지하는 공간의 양을 나타낸다.
- 부피의 표준 단위는 세제곱미터이다. 화학에서는 주로 리터 또는 밀리리터를 부피 단위로 사용한다.

2.6 차원 해석: 문제 풀이 방법

- 차원 해석 방법은 한 단위에서 다른 단위로 변환할 때 흔히 사용된다.
  - 변환 인자는 한 단위에서 다른 단위로 변환할 때 이용된다.

$$\text{단위}_1 \times \text{변환 인자} = \text{단위}_2$$

  - 풀이의 요점은 단위 변환에서 단계를 간략히 보여 주는 데 사용된다.

2.7 백분율

중요 용어: 백분율

- 일반적인 백분율 공식은 다음과 같다.

$$\text{백분율} = \frac{\text{부분 양}}{\text{전체 양}} \times 100\%$$

2.8 온도 측정

중요 용어: 열에너지 | 온도 | 열

- 주로 사용되는 온도 척도에는 화씨, 섭씨, 켈빈 세 가지가 있다.
- 다음과 같은 수식을 이용하여 온도 척도를 변환시킬 수 있다.

$$K = {}^\circ C + 273.15$$
$${}^\circ F = (1.8 \times {}^\circ C) + 32$$
$${}^\circ C = \frac{{}^\circ F - 32}{1.8}$$

2.9 밀도

중요 용어: 밀도

- 물질의 밀도는 물체가 차지하는 부피에 대한 질량비이다.

$$d = \frac{\text{질량}}{\text{부피}}$$

복습 질문

1. 과학적 표기법으로 매우 큰 수와 매우 작은 수를 표기할 때, 지수는 각각 음의 지수인가 양의 지수인가?
2. 546×10^5를 과학적 표기법으로 적으면, 지수는 증가하는가, 감소하는가?
3. 측정에서 마지막 숫자가 왜 불확실한지 설명하시오.
4. 3,650,000 g이 세 개의 유효 숫자를 가지고 있다는 것을 나타내기 위해서는 어떻게 적을 수 있는가?
5. 0이 유효 숫자인지 아닌지 어떻게 구분할 수 있는가?
6. 이 책에서 수를 반올림할 때 사용한 규칙을 말하시오.
7. 곱셈이나 나눗셈을 포함하는 계산에서 답은 측정값보다 많은 유효 숫자를 가질 수 있는가?
8. 덧셈이나 뺄셈을 포함하는 계산에서 답은 측정값보다 많은 유효 숫자를 가질 수 있는가?
9. 9 cm는 몇 nm인가? (표 2.3)
10. 5 kg은 몇 mg인가?
11. 우주와 지구에서 금의 질량은 같지만, 무게는 우주에서보다 지구에서 더 크게 나오는 이유는 무엇인가?
12. mL와 cm^3는 어떤 관계가 있는가?
13. 6.2인치를 미터법으로 하면 몇 m인가?
14. 열과 온도를 구분해 보시오.
15. 화씨 온도, 켈빈, 섭씨 온도 척도에서 물의 끓는점과 어는점 사이에 있는 도의 개수를 비교하시오(그림 2.5).
16. 다음 세 가지 물질이 100 mL 눈금 실린더에 함께 들어 있다면, 위에서부터 아래로 물질의 순서는 어떻게 되겠는가? (표 2.6)
에틸 알코올 25 mL, 납 25 mL, 한 모서리가 2.0 cm인 마그네슘 입방체.
17. 밀도가 증가하는 순서로 다음 물질을 나열하시오. (표 2.6)
설탕, 글리세린, 수은, 물.
18. 얼음은 글리세린에서는 뜨고 에틸 알코올에서는 가라앉는다. 얼음의 밀도는 어떤 수치 사이에 있는가? (표 2.6)
19. 물이 언 것에 불과한 얼음은 물에 뜬다. 물의 밀도가 1.0 g/mL 라면, 얼음이 물에 뜨는 것을 어떻게 설명할 수 있는가?
20. 아르곤 기체의 용기를 모아서 보관한다면, 용기 입구를 위로 보관해야 하는지 아래로 보관해야 하는지 설명하시오(표 2.6).
21. 10 g의 금과 10 g의 은 중에서 부피가 더 큰 물질은 무엇인가? (표 2.6)

짝으로 된 연습 문제

푸른색 숫자로 되어 있는 모든 연습 문제의 답은 부록 5에 있다.

1. 다음 단위의 수적인 의미는 무엇인가?
(a) 킬로그램 (b) 센티미터 (c) 마이크로리터 (d) 밀리미터 (e) 데시리터
2. 다음 측정값의 올바른 단위는 무엇인가?
(a) 1000 m (b) 0.1 g (c) 0.000001 L (d) 0.01 m (e) 0.001 L
3. 다음 단위의 약어를 쓰시오.
(a) 킬로그램 (b) 밀리그램 (c) 리터 (d) 나노미터 (e) 마이크로리터 (f) 밀리리터
4. 다음 단위의 약어를 쓰시오.
(a) 밀리미터 (b) 마이크로그램 (c) 센티미터 (d) 데시그램 (e) 옹스트롬 (f) 밀리리터
5. 다음 수에서 0은 유효 숫자인가?
(a) 5020 (b) 2.00×10^5 (c) 0.07800 (d) 0.096 (e) 400. (f) 348.00
6. 다음 수에서 0은 유효 숫자인가?
(a) 0.008 (b) 15.00 (c) 840. (d) 8.000 (e) 6.023×10^{23} (f) 0.4700
7. 다음 수에서 유효 숫자는 몇 개인가?
(a) 6.80×10^4 (b) 0.0505 (c) 0.075 (d) 47.8
8. 다음 수에서 유효 숫자의 개수를 말하시오.
(a) 90.0 (b) 0.047 (c) 987.042 (d) 6.080×10^{-3}
9. 다음 수가 네 개의 유효 숫자를 갖도록 반올림하시오.
(a) 15.607 (b) 560.8284 (c) 5.0366 (d) 89.897
10. 다음 수가 네 개의 유효 숫자를 갖도록 반올림하시오.
(a) 84.2856 (b) 6.00616 (c) 41.6257 (d) 0.098938

11. 다음 수를 지수 표기법으로 나타내시오.

(a) 78,000 (c) 0.00092
(b) 621010 (d) 0.0543

12. 다음 수를 지수 표기법으로 나타내시오.

(a) 6,023,000 (c) 8042.2
(b) 30.40 (d) 0.00546

13. 다음 문제를 풀고, 답을 적절한 개수의 유효 숫자로 쓰시오.

(a) $25.26 + 2.5 + 0.76 = ?$
(b) $(2.25 \times 10^3)(4.80 \times 10^4) = ?$
(c) $\frac{(245)(2.6)}{10.2} = ?$
(d) $0.0128 \times 3.94 = ?$
(e) $\frac{0.2139}{29.8} = ?$
(f) $10.4 + 3.75(1.5 \times 10^4) = ?$

14. 다음 문제를 풀고, 답을 적절한 개수의 유효 숫자로 쓰시오.

(a) $15.67 - 3.25 + 16.2$
(b) $(2.34)(24.8)$
(c) $\frac{91.3}{2.3}$
(d) $1896 + 45.62 + 0.021$
(e) $\frac{29.3}{(284)(415)}$
(f) $(2.92 \times 10^{-3})(6.14 \times 10^5)$

15. 다음 분수를 소수로 바꾸시오. 각 답을 세 개의 유효 숫자로 나타내시오.

(a) $\frac{6}{7}$ (b) $\frac{4}{9}$ (c) $\frac{13}{19}$ (d) $\frac{8}{16}$

16. 다음 소수를 가장 간단한 형태의 분수로 바꾸시오.

(a) 0.5 (c) 0.75
(b) 0.444 (d) 1.125

17. 다음 식을 x에 대해서 푸시오.

(a) $4.53x = 5.6$ (c) $\frac{0.231}{x} = 0.53$
(b) $\frac{x}{9.5} = 11.2$

18. 다음 식을 변수에 대해서 푸시오.

(a) $1.8x = 212-12$ (c) $67°\text{F} = 2.1x + 29$
(b) $7.2\frac{\text{g}}{\text{mL}} = \frac{31.20\text{ g}}{x}$

단위 변환

19. 알맞은 개수의 유효 숫자를 사용하여 다음 미터법 단위 변환을 완결하시오.

(a) 28.0 cm를 m로 (e) 6.8×10^4 mg을 kg으로
(b) 1000. m를 km로 (f) 8.54 g을 kg으로
(c) 9.28 cm를 mm로 (g) 25.0 mL를 L로
(d) 10.68 g을 mg으로 (h) 22.4 L를 μL로

20. 알맞은 개수의 유효 숫자를 사용하여 다음 미터법 단위 변환을 완결하시오.

(a) 4.5 cm를 Å으로 (e) 0.65 kg을 mg으로
(b) 12 nm를 cm로 (f) 5.5 kg을 g으로
(c) 8.0 km를 mm로 (g) 0.468 L를 mL로
(d) 164 mg을 g으로 (h) 9.0 μL를 mL로

21. 알맞은 개수의 유효 숫자를 사용하여 미국식/미터법 단위 변환을 완결하시오.

(a) 42.2 in.를 cm로 (d) 42.8 kg을 lb로
(b) 0.64 m를 in.로 (e) 3.5 qt를 mL로
(c) 2.00 in.^2을 cm^2로 (f) 20.0 L를 gal으로

22. 알맞은 개수의 유효 숫자를 사용하여 미국식/미터법 단위 변환을 완결하시오.

(a) 35.6 m를 ft로 (d) 95 lb을 g으로
(b) 16.5 km를 mi로 (e) 20.0 gal을 L로
(c) 4.5 in.^3를 mm^3로 (f) 4.5×10^4 ft^3를 m^3로

23. 어떤 대학의 포워드 포지션을 가진 농구 선수의 키는 약 6피트 6인치였다. 이 선수의 키는 몇 센티미터인가? 그리고 미터로 하면 얼마인가?

24. 큰 주스 한 병에는 46.0온스의 액체가 담겨 있다. 이를 mL로 변환하면 얼마인가? 1온스는 29.6 mL이다.

25. 약국 조제사는 생리식염수 100. mL당 500. mg의 세팔로스포린(cephalosporin)이 들어 있는 항생제 IV 용액을 제조해야 한다. 생리식염수의 전체 부피는 1 L가 되어야 한다고 한다. 이 IV 용액에 필요한 세팔로스포린은 몇 g인가?

26. 강한 효능의 아스피린 한 정은 활성 주성분인 아스피린(아세틸 살리실산)을 0.500 g 포함하고 있다. 아스피린 효능의 세기는 grain으로 측정한다. 만일 1 grain = 60 mg이라면, 아스피린 한 정에는 활성 주성분이 몇 grain이 있는가? (유효 숫자 3개로 답하시오.)

27. 코끼리거북이 낼 수 있는 최대 속도는 0.11 m/sec로 기록되어 있다. 5.0시간에 코끼리거북은 몇 마일이나 이동할 수 있겠는가?

28. 백일홍 나무가 일 년 동안 3.38 feet 자란다고 가정하면, 1 cm 자라는 데 며칠이 걸리는가? (유효 숫자 3개로 답하시오.)

29. 왕개미핥기는 하루에 개미 5.4 lb를 먹을 수 있다. 개미 한 마리의 무게가 72 mg이라면, 왕개미핥기는 하루에 몇 마리의 개미를 먹을 수 있는가?

30. 큰 달걀의 평균 질량은 61.49 g이다. 요리할 때 달걀 0.92 lb가 필요하다면, 몇 개의 큰 달걀이 사용되어야 하는가?

31. 개인 트레이너는 캘리퍼(caliper)를 이용하여 고객의 체지방 백분율을 측정한다. 개인 트레이너는 고객의 체지방이 11.2%(체중 100 lb당 지방 11.2 lb)임을 알았다. 만약 고객의 체중 이 225 lb라고 한다면, 고객의 지방은 몇 kg인가?

32. 다이아몬드의 무게는 carat으로 측정한다. 5.75 carat 다이아몬드의 무게는 몇 lb인가? (1 carat = 200. mg)

33. 한 고등학교 수영 선수가 110.야드를 수영하는 데 49초 걸렸다. 이 선수의 속도는 m/min으로 얼마인가?

34. 2005년에, Jarno Trulli는 시간당 135 mi의 속도로 U.S. Grand Prix Race에서 Pole Winner가 되었다. 그의 속도는 cm/s로 얼마인가?

35. 2006년에, Christian Stengl이 Everest 산을 등반하였다. 21,002 ft 높이에서 시작하여 29,035 ft까지 올라가는 데 16시간 42분이 걸렸다. 평균 속도를 (a) mi/min (b) m/sec로 계산하시오.

36. 잠수 연구 선박인 Alvin이 다섯 시간 만에 4500 m 해저로 가라앉았다. 가라앉는 평균 속도를 (a) ft/min (b) km/sec로 계산하시오.

37. 2013년에 생산된 Rolls Royce Ghost Alpine의 최고 속도는 155 mile/hr이다. 이 속도를 cm/s 단위로 계산하시오.

Heritage Images/Getty Images

38. 2014년에 생산된 전기 자동차 Tesla Roadster의 최고 속도는 125 mile/hr이다. 이 속도를 cm/s 단위로 계산하시오.

Teddy Leung/Shutterstock

39. 2010년 10월 15일, Nevada 주 Las Vegas에서 세계에서 가장 큰 커피잔인 2010갤런 크기의 커피잔이 깨졌다. 만일 커피 한 컵에 473 mL의 커피가 들어간다면, 이 대형 커피잔을 채우기 위해서는 커피 몇 컵이 필요한가?

Courtesy GourmetGiftBaskets.com

40. Tilapia는 수월하게 양식할 수 있기 때문에 세계적으로 중요한 물고기 자원으로 급부상하고 있다. 2011년에 미국인은 Tilapia를 4억 7500만 lb 소비했다. Tilapia의 평균 질량이 535 g이라면, 2011년에는 몇 마리를 소비했는가?

Greg Vaughn/Pacific Stock/
Alamy Stock Photo

41. 1.0 mL에 18.방울이 있다고 한다면, 1.5갤런에는 몇 방울이 있는가?

42. 53갤런 통에는 몇 리터의 기름이 있는가?

43. 1 ft^3의 물은 몇 mL인지 계산하시오.

44. 기름은 물 위에서 '기름 막'이라 부르는 얇은 층을 만든다. 만약 기름 막이 0.5 nm 두께로 층을 형성한다면, 200 cm^3의 기름은 몇 m^2의 면적을 덮겠는가?

45. 교과서의 길이는 35 cm, 폭은 31 cm, 두께는 3.2 cm이다. 이 책의 부피는

(a) 몇 cm^3인가? (b) 몇 L인가? (c) 몇 $in.^3$인가?

46. 수족관의 크기가 14. in. × 4 in. × 5 in.이다. 몇 리터의 물을 담을 수 있는가? 또한 몇 갤런의 물을 담을 수 있는가?

47. 식품에서 산딸기나 블루베리 향을 내는 데 사용되는 라즈베리 케톤은 탄소를 질량 %로 63.52% 함유하고 있다. 이 라즈베리 케톤 500. g 안에는 탄소가 몇 g 들어 있는가?

48. Nectaryl은 복숭아나 살구 향이 나는 화합물이다. 이 화합물은 수소를 21.78% 함유하고 있다. nectaryl 250 g 안에는 수소가 몇 g 들어 있는가?

49. 다이크로뮴산 포타슘 295.0 g을 물 700.0 g에 용해시켜 용액을 만들었다.
(a) 이 용액은 다이크로뮴산 포타슘을 몇 % 함유하고 있는가?
(b) 이 용액 250. g을 비커에 옮겨 놓았다면, 비커 안에 들어있는 다이크로뮴산 포타슘은 몇 g인가?
(c) 다이크로뮴산 포타슘 20.0 g을 얻기 위해서는 이 용액 몇 g이 필요한가?

50. 질산 소듐 97.5 g을 물 775 g에 용해시켜 용액을 만들었다.
(a) 이 용액은 질산 소듐을 몇 % 함유하고 있는가?
(b) 이 용액 325. g을 비커에 옮겨 놓았다면, 비커 안에 들어있는 질산 소듐은 몇 g인가?
(c) 질산 소듐 75.0 g을 얻기 위해서는 이 용액 몇 g이 필요한가?

51. 이탈리아에서 한 어린아이가 의사를 찾아왔다. 간호사가 어린아이의 체온을 측정하였더니 40°C였다.
(a) 이 온도를 °F로 변환하시오.
(b) 사람의 정상 체온이 98.6°F이라면, 이 어린아이는 열이 있는 것인가?

52. 식료품 가게로 운전해 가는 도중, 기온이 42°C임을 알게 되었다. 이 온도는 화씨 척도로 얼마이며, 이때는 일 년 중 어느 계절인가를 예측하시오.

53. 식을 써서 다음의 변환을 완결하시오.
(a) 162°F를 °C로
(b) 0.0°F를 K로
(c) −18°C를 °F로
(d) 212 K를 °C로

54. 식을 써서 다음의 변환을 완결하시오.
(a) 32°C를 °F로
(b) −8.6°F를 °C로
(c) 273°C를 K로
(d) 100 K를 °F로

55. 조리법에는 오븐을 352°F로 가열하라고 되어 있다. 유럽에서 사용되는 오븐은 온도 눈금이 °C 단위로만 되어 있다면, 이 오븐을 몇 °C로 가열하여야 하는가? 이는 절대 온도로는 몇 K인가?

56. 온도계를 부엌에서 사용하기 위해 실험실에서 빌려왔다. 설탕과 크림 혼합물을 472°F가 되도록 가열하려고 한다. 섭씨 온도로 몇 °C까지 가열하여야 하는가? 이는 절대 온도로는 몇 K인가?

57. 섭씨 온도와 화씨 온도는 어느 온도에서 정확하게 같은 값을 갖는가?

58. 섭씨 온도와 화씨 온도는 어느 온도에서 부호는 반대이지만 같은 값을 가지겠는가?

59. 캐나다의 평원에서는 겨울에 −60°F에 도달하는 것이 드문 일이 아니다. 이 온도는 °C로는 얼마인가?

60. 염화 소듐은 801°C에서 녹는다. 이 온도는 °F로는 얼마인가?

61. 자동차 엔진 오일 65.0 mL의 질량은 59.82 g이다. 이 오일의 밀도는 얼마인가?

62. 등유 25.2 mL의 질량은 20.41 g이다. 등유의 밀도는 얼마인가?

63. 빈 눈금 실린더의 질량이 25.23 g이었다. 어떤 액체 25.0 mL를 채웠더니 질량이 50.92 g이 되었다. 이 액체의 밀도는 얼마인가?

64. 아연 조각 32.95 g을 50.0mL의 물이 들어 있는 눈금 실린더에 넣었더니, 수면이 54.6 mL로 상승하였다. 아연의 밀도를 계산하시오.

65. 아마씨유의 밀도는 0.929 g/mL이다. 아마씨유 15 g은 몇 mL인가?

66. 글리세롤의 밀도는 1.20 g/mL이다. 글리세롤 75 g은 몇 mL인가?

67. 시내에 있는 멕시코 식당은 시내에서 가장 매콤한 소스인 살사(salsa)를 제공한다고 잘 알려져 있다. 이 매콤한 맛을 유지하기 위해서는 이 식당에서 카이엔 후추(cayenne pepper)를 적어도 질량 %로 8.41%를 사용해야만 한다. 식당에서 카이엔 후추 3.26 kg을 구입하였다면, 살사를 몇 파운드 만들 수 있겠는가?

68. 어떤 사탕 공장에서 만드는 견과 초콜릿 바에는 견과류가 질량 %로 22.0% 함유되어 있다. 지난 목요일 초콜릿을 만들기 위해 견과류 7.0 kg을 사용하였다면, 견과 초콜릿 바를 몇 파운드 만들었겠는가?

EM Arts/Shutterstock

추가 연습 문제

69. 다음 각 항목에 대해 (1) 수치가 무엇인지 (2) 단위가 무엇인지 (3) 유효 숫자가 몇 개인지 (4) 어떤 숫자가 알려진 수이고 어떤 숫자가 추정된 수인지 쓰고, (5) 숫자를 2개의 유효 숫자를 가진 10의 거듭제곱 꼴로 표현해 보시오.

(a) 2145 g
(b) 1,650,763 파장(wavelength)
(c) 2.085 g/cm^3
(d) 0.00456 mL
(e) 467,000 mg

70. 실험에 필요한 NaCl의 무게를 계산했더니 15.022345 kg이었다. 사용한 저울의 정밀도가 다음과 같다면 얼마만큼의 양을 저울에 달아야 하겠는가?

(a) ±0.01 g (b) ±0.001 g (c) ±0.0001 g

71. 작은 물건의 개수를 세기 위해 질량을 측정하기도 한다.

(a) 만일 스키틀즈 사탕 한 개의 질량이 1.134 g이라면, 175개의 스키틀즈가 담겨 있는 한 봉지의 질량은 얼마인가?
(b) 10.0 mL 눈금 실린더로 측정하면 6개의 스키틀즈의 부피는 정확히 5.3 mL이다. 175개의 스키틀즈가 담겨 있는 한 봉지의 부피는 몇 L인가?
(c) 325.0 g 스키틀즈 봉지에는 몇 개의 스키틀즈가 있을 것으로 예측되는가?
(d) 0.550 L의 스키틀즈가 담겨 있는 비커에는 몇 개의 스키틀즈가 있을 것으로 예측되는가?
(e) 350.0 g 스키틀즈 5봉지와 0.325 L 스키틀즈 5봉지가 있다. 각 스키틀즈 봉지에 들어 있는 스키틀즈를 세어서 아래 표에 적었다. 어떤 측정 방법이 더 정확한가? 이유를 설명하시오.

스키틀즈 봉지 질량	스키틀즈 사탕 개수	스키틀즈 봉지 부피	스키틀즈 사탕 개수
350.0 g	310	0.325 L	392
350.0 g	313	0.325 L	378
350.0 g	308	0.325 L	401
350.0 g	309	0.325 L	369
350.0 g	312	0.325 L	382

72. 용매 75 mL를 반응 플라스크에 첨가하려고 한다. 그림 2.4의 유리 기구 중 어느 것을 사용하는 것이 **가장** 좋은가? 그 이유는?

73. 반응이 일어나려면 16.2 g의 $CHCl_3$를 사용해야 한다. 저울을 이용할 수 없어서 부피로 측정하려고 한다. $CHCl_3$ 몇 mL를 취해야 하는가? ($CHCl_3$의 밀도는 1.484 g/mL이다.)

74. 실험을 위해 순수한 소듐 52.30 g을 준비하려고 한다. 몇 mL의 소듐이 필요한가? (소듐의 밀도는 0.97 g/mL이다.)

75. 미국에서는 하루에 5.00 × 10^{8}잔의 커피가 소비된다. 커피 한 잔에 150 mg의 카페인이 들어 있다면, 하루에 소비되는 카페인은 몇 파운드인가?

76. 롤 플레잉 비디오 게임(RPG)에서 당신의 캐릭터는 115 lb의 장비를 소지할 수 있는 인간 팔라딘이다. 당신은 이미 92 lb의 장비를 소지하고 있으며, 힘의 묘약(추가로 장비 50.0 lb를 더 들 수 있게 한다) 한 병을 지니고 있다. 만일 당신이 강한 바람을 견디는 묘약으로 가득 찬 동굴을 발견했다면, 힘의 묘약을 사용하여 얼마나 많은 유리병을 가지고 나갈 수 있겠는가? 빈 유리병의 무게는 무시할 수 있으며, 바람을 견디는 묘약의 밀도는 193 g/mL이고, 50.0 mL가 유리병에 들어 있다.

77. Lady Gaga의 콘서트에 사용될 망토는 4560개의 장식 조각으로 디자인되어 있다. 만일 장식 조각의 부피가 0.0241 cm^{3}이고 밀도가 41.6 g/cm^{3}이면, 망토 장식의 무게는 lb와 kg으로 얼마인가?

78. 한 변의 길이가 0.40 m인 정육면체 모양 용기에 9.0 L 용액을 담을 수 있는가? 계산된 답을 이용하여 용기를 가득 채우려면 얼마만큼의 용액이 더 필요한지를, 또는 9.0 L를 측정하기 위해 용기를 몇 번 채워야 하는지를 구하시오.

79. 수은의 섭취 허용량은 300 μg/day이다. 흔히 치과 병원의 공기에는 m^{3}당 수은 180 μg이 들어 있다. 만일 병원의 간호사가 하루에 공기를 2 × 10^4 L를 마신다면 수은에 중독될 위험이 있는가?

80. 헬륨은 4 K에서 액체로 변한다. 이 온도는 아래의 단위로 몇 도인가?

(a) °C (b) °F

81. CalTech의 Rob Eagle팀 과학자들은 1억 5000만 년 된 네 발 달린 거대한 공룡인 용각류의 화석화된 치아를 관찰해서 평균 신체 온도를 파악하려고 한다. 탄소와 산소의 결합 유형과 개수를 분석하였더니 용각류의 내부 온도는 36~38°C 범위이다. 이 온도 범위를 °F로 변환하고, 다른 현대 동물들의 체온과 비교하시오. 아래 동물 중에서 이들 용각류와 가장 비슷한 동물은 어느 것인가?

동물	온도
개	100.5~102.5°F
열대어	78°F
청백 돌고래	97~99°F
거북	78~82°F
인간	99°F
조류	105°F
소	102°F

82. 국립 심장·폐·혈액 연구소에 따르면, 사람의 심장병을 예방하기 위해서는 LDL-콜레스테롤 수준이 혈액 1 dL당 150 mg 이하여야 한다. 평균적으로 사람은 3.2 L의 혈액을 가지고 있다. 평균적인 사람에게 허용되는 LDL-콜레스테롤은 최대 몇 g인가?

83. 당신은 광산의 시굴자로부터 금을 매입하기 위해 미국 서부에 파견되었다. 저울은 없고, 단지 플라스크에 수은이 가득 들어 있다. 시굴자들은 당신이 가짜 금이나 황철광을 구별하지 못하길 바라면서 그것들을 가져온다. 금, 수은, 황철광의 밀도는 다음과 같다. 당신에게 가져온 시료들이 진짜 금인지를 어떻게 확인할 수 있을까?

• 금 18.3 g/mL • 수은 13.6 g/mL • 황철광 5.00 g/mL

84. 고생물학자들은 때때로 매우 큰 공룡의 질량을 나타낼 때 elephant 단위(아프리카 수코끼리의 질량)를 사용한다. 1 elephant(El)는 6.00톤이다(1 El = 6.00톤). 공룡 한 마리의 질량이 8.2 elephants 정도라고 추정된다면, 이는 몇 파운드에 해당하는가? (1톤 = 2000 lb)

85. 말의 키는 뼘(1뼘 = 정확히 4 in.)으로 측정된다. 말의 키가 14.2뼘이라고 한다면, 이는 몇 m에 해당하는가?

86. 낙타는 12시간 동안 22.5갤런의 물을 마신다고 보고되었다. 30.일 동안에는 몇 리터의 물을 마시는가?

87. 입방체 A, B, C가 있다. 하나는 납, 또 다른 하나는 알루미늄이고, 나머지는 금이다. 세 개의 입방체 모두 질량은 같지만, A 입방체의 부피는 29.5 mL, B 입방체의 부피는 11.8 mL, C 입방체의 부피는 3.71 mL이다. 입방체 A, B, C가 각각 어느 금속인지를 밝히시오.

88. 나무 한 토막이 연소할 때, 단지 연기만 나는 것은 아니다. 순수한 탄소로부터 부수적으로 생성되는 순수한 나노튜브는 닭장용 철망과 비슷한 구조를 가지고 있다. 이들 나노튜브는 강철보다 강하고, 불에 강하며, 우수한 열전도체를 만들 수 있다. 만일 일반적인 탄소 나노튜브의 지름이 1.3 nm라면, 나노튜브를 차곡차곡 쌓아서 폭이 40.0 feet인 다리를 건설하기 위해서는 탄소 나노튜브가 얼마나 필요한가?

89. 대학생들에게 권장하는 마그네슘의 일일 허용량은 380 mg이다. 1/4컵의 땅콩에 마그네슘 67 mg이 함유되어 있다면, 대학생들이 일일 권장 허용량의 마그네슘을 섭취하기 위해서는 몇 컵의 땅콩을 먹어야 하는가?

90. 알루미늄 입방체의 질량은 250. g이다. 같은 부피를 가진 금 입방체의 질량은 얼마인가?

91. 90°C에서 물 75.0 mL의 질량은 72.36 g이다. 이 온도에서의 물의 밀도를 계산하시오.

92. 빈 용기의 질량이 78.25 g이다. 어떤 액체(d = 1.25 g/mL)로 가득 채운 용기의 질량은 140.50 g이다. 용기의 부피는 얼마인가?

93. 물 50 g과 식용유 50 g 중 어느 액체의 부피가 더 큰지를 설명하시오.

94. 글리세린의 밀도는 1.26 g/mL이다. 글리세린 50. g의 부피는 얼마인가?

95. 커피콩을 진하게 볶으면 N-메틸피리디늄(NMP)의 양이 증가한다. 이것은 고리 화합물로, 볶지 않은 커피의 생두에는 존재하지 않는다. NMP는 일반적으로 마시는 커피와 관련된 위산 생성을 감소시키는 것으로 추정된다. 진하게 볶은 커피콩으로 만든 커피에 들어 있는 NMP의 농도는 31.4 mg/L이다. 만일 진하게 볶은 커피 두 컵을 마시면, NMP 몇 mg을 먹는 것인가? (커피 한 컵에는 액체 10.0온스가 들어 있다.)

96. 고체 물질은 가열됨에 따라 부피는 증가하지만 질량은 변화가 없다. 예상되는 경향성을 나타내는 온도에 대한 밀도의 그래프를 그리고 간단히 설명하시오.

97. 금괴 판매상이 순수한 골드 바를 팔기 위하여 광고를 하였다. 골드 바의 질량은 3300 g이고, 크기가 2.00 cm × 15.0 cm × 6.00 cm이었다. 이 막대는 순수한 금인가? 답에 대한 근거를 제시하시오.

98. 에틸 알코올(밀도 0.789 g/mL) 35.0 mL를 질량이 49.28 g인 눈금 실린더에 부었다. 실린더와 에틸 알코올을 합한 질량은 얼마인가?

99. 수년 전에 약사들은 Apothecary 체계를 측정의 단위로 사용하였다. 이 체계에서 1스크뤼펄(scruple, scr)은 20그레인(grain, gr)이고, 1 oz는 480 gr, 12 oz는 373 g이다. 695 g은 몇 스크뤼펄인가?

도전 문제

100. 500 mL 병에 담긴 약을 샀다. 의사는 10일 동안 하루에 세 번 2티스푼의 약을 먹으라고 처방하였다. 충분한 양의 약을 샀는가? (1티스푼은 5 mL이다.)

101. 대양에서 취한 바닷물 시료의 밀도가 1.28 g/mL이며, 염화소듐을 5.25% 함유하고 있다.

(a) 이 바닷물 시료 7.15 kg의 부피는 몇 L인가?

(b) 염화 소듐 200.0 g을 얻기 위해서는 이 바닷물 몇 g이 필요한가?

102. 당신의 상사가 실험실에서 금속 한 조각을 발견하여 그것이 무엇인지를 알아내라고 한다. 그녀는 그 금속이 납, 알루미늄, 은 중의 하나일 것이라고 확신한다. 실험실에는 저울과 50 mL의 물이 담긴 100 mL 눈금 실린더가 있다. 금속의 질량은 20.25 g이고, 금속을 물이 담긴 눈금 실린더에 넣었더니 부피가 57.5 mL로 증가하였다. 이 금속은 무엇인가?

103. 건망증이 심한 Freddie는 비어 있을 때의 질량이 89.450 g인 눈금 실린더에 액체 25.0 mL를 넣었다. Freddie가 여기에 15.454 g의 금속 조각을 넣었더니 부피는 30.7 mL로 상승하였다. 이 자료로부터 Freddie는 액체와 금속 조각의 밀도를 계산하려고 하였으나 액체의 질량을 구하는 것을 잊어버렸다. 만약 액체와 금속 조각을 넣은 실린더의 질량을 안다면 충분히 계산할 수 있다는 것을 듣고, 질량을 구하였더니 125.934 g이었다. 액체와 금속 조각의 밀도를 구하시오.

104. 조각가 Jodi는 청동상을 주조하기 위해 금형을 만들었다. 청동상의 부피는 250 mL이다. 청동의 밀도는 7.8 g/mL이고, Jodi가 녹인 청동을 95.0% 정도(때로 엎지르기도 하기 때문) 사용한다고 하면, 청동상을 만들기 위해 녹여야 할 청동은 몇 온스인가?

105. 중성미자는 질량이 매우 작은 아원자 입자이다. 스위스 Geneva 근처에 있는 유럽 입자 물리 연구소인 CERN의 최근 연구에서 중성미자는 빛보다 빠른 속도로 이동할 수 있을지도 모른다고 발표하였다. 만일 빛의 속도가 1.86×10^8 mi/hr이면, CERN에서 이탈리아 Gran Sasso 국립 연구소까지 730.0 km 여정을 빛의 속도로 간다면 몇 나노초가 걸리겠는가? 만일 중성미자가 같은 거리를 60나노초 더 빠르게 갔다면, 속도 차이를 감지하기 위해 유효 숫자 몇 개가 필요한가?

106. 친구들과 배를 타고 열대지방에 가기로 하였다. 일기예보에서는 열대지방 앞바다의 파도 높이가 2.5 m, 먼바다의 파도 높이가 5 m이고, 기온이 21 ℃라고 한다. 미터법에 익숙하지 않은 친구가 작은 배가 안전할지, 날씨가 따뜻해질지를 알고 싶어 한다. 미터와 섭씨 온도를 피트(ft)와 화씨 온도(℉)로 각각 바꾸어서 알려주시오.

실습 문제 정답

2.1 (a) $1200 = 1.200 \times 10^3$ (왼쪽 이동은 양의 지수를 의미)
(b) $6{,}600{,}000 = 6.6 \times 10^6$ (왼쪽 이동은 양의 지수를 의미)
(c) $0.0468 = 4.68 \times 10^{-2}$ (오른쪽 이동은 음의 지수를 의미)
(d) $0.00003 = 3 \times 10^{-5}$ (오른쪽 이동은 음의 지수를 의미)

2.2 (a) 어림잡은 숫자들은 4, 1, 0
(b) 3

2.3 (a) 2 (b) 4 (c) 4 (d) 1
(e) 3 (f) 4 (g) 1 (h) 3

2.4 (a) 42.25 (규칙 2) (d) 0.090 (규칙 2)
(b) 88.0 (규칙 1) (e) 225 (규칙 1)
(c) 0.0897 (규칙 2) (f) 14.2 (규칙 2)

2.5 (a) 3350 in.^{2} = 3.4×10^3 in.^{2}
(b) 50.7 mi/hr (c) 0.79
(d) 1.3 (e) 20.5
(f) 3.71

2.6 (a) 2 (b) 2 (c) 1 (d) 2
(e) 4 (f) 2 (g) 2 (h) 2

2.7 (a) 0.567 m (b) 680 (c) 0.125

2.8 (a) 0.452 g (b) 0.454 kg (c) 1.75×10^5 mg

2.9 (a) 0.025 L (b) 1550 mL (c) 45 dL

2.10 0.09 lb

2.11 (a) 1.69×10^4 m (b) 3.5×10^{-2}m^2

2.12 30 m^3 또는 3×10^1 m^3

2.13 165 lb

2.14 0.793 qt

2.15 1.89 L (유효 숫자의 개수는 임의적이다.)

2.16 황 20.7%, 금 79.27%

2.17 구리 90.3%

2.18 땜납 7.14 g

2.19 카페인 20. mg

2.20 −196°C, −320°F

2.21 37.0°C, 310. K

2.22 밀도는 10.05 g/mL이다. 그러므로 반지는 순수한 은이 아니다. 은의 밀도는 10.5 g/mL이다.

2.23 0.66 g/mL

stux/7226 images/Pixabay

3장
원소와 화합물

1장에서 물체는 넓은 범주에서 순수한 물질과 혼합물로 나눌 수 있다는 것을 배웠다. 순물질은 원소이거나 화합물이라는 것도 배웠다. 화학 원소들은 우리의 일상생활에서 매우 중요하다. 적은 양으로도 원소는 우리의 건강과 대사과정에서 큰 역할을 한다. 금속 원소는 비행기의 표면, 건물, 조각상에 사용된다. 예를 들면 금은 영국의 정원에 있는 여인상에 사용된다. 이 장에서 우리는 화학 원소의 본질을 탐구하고 화학자들이 그것들을 분류하는 방법을 배울 것이다.

화학자들은 화학 원소를 나타내기 위해 간단한 표현을 사용한다. 수학을 배울 때 기호를 사용하는 것처럼 화학자가 사용하는 기호를 배우는 것도 화학을 배우는 것이다. 이 장에서 우리는 원소 기호에 대하여 학습하고, 화합물의 화학식을 읽는 방법에 대하여 배울 것이다.

3장의 개요

3.1 원소

영어의 모든 단어는 단지 26개의 알파벳 문자로부터 만들어진다. 지구상에 존재하는 모든 물질은 물론, 아마도 우주에 존재하는 대부분의 물질도 100여 개 이상의 일종의 '화학 알파벳'이라고 할 수 있는 원소로부터 형성된다. **원소(element)**는 화학적 방법으로는 더 이상 간단한 물질로 나누어질 수 없는 기본적인 물질이다. 원소는 모든 물질의 구성 요소이다. 원소는 수소를 1번으로 시작하여 복잡성이 증가하는 순서대로 번호가 붙여진다. 첫 92개의 원소 중에서 88개는 자연에 존재한다. 나머지 네 개 – 테크네튬(43), 프로메튬(61), 아스타틴(85), 프랑슘(87)– 는 자연에 존재하지 않거나 방사성 붕괴 과정에서 순간적으로만 존재한다. 94번 플루토늄을 제외한 92번 이상의 원소들은 자연에 존재하지 않고 일반적으로 실험실에서 아주 적은 양이 합성되는 것으로 알려져 있다. 94번 원소(플루토늄)는 미량이 자연에서 발견되었다고 보고되었다. 지구상에 존재하는 이외의 어떤 원소도 우주의 다른 천체에서 발견되었다는 보고는 아직 없다.

이 절의 학습 목표
원소를 정의하고 이름이 주어졌을 때 원소에 대한 화학 기호를 쓸 수 있다.

대부분의 물질은 두 개 이상의 더 간단한 물질로 분해될 수 있다. 물은 수소와 산소로 분해될 수 있다. 설탕은 탄소, 수소, 산소로 분해될 수 있다. 식탁용 소금은 소듐과 염소로 쉽게 분해된다. 그러나 원소는 일반적인 화학적 변화로는 더 이상 간단한 물질로 분해될 수 없다.

만일 우리가 어떤 원소의 작은 조각, 예를 들어 구리 조각을 계속해서 나누어 작고 작은 입자로 나눈다면 마침내 더 이상 나눌 수 없고 여전히 구리의 성질을 가지고 있는 단위 입자를 얻게 될 것이다(**그림 3.1**). 존재할 수 있는 원소의 이 가장 작은 입자는 **원자(atom)**라고 불리는데, 이는 화학 반응을 일으킬 수 있는 원소의 가장 작은 단위이기도 하다. 원자는 더 작은 아원자 입자들로 구성되어 있다. 그러나 이 아원자 입자들은(5장에서 서술됨) 원소의 성질을 가지고 있지 않다.

John Brueske/Shutterstock

그림 3.1 동전 표면은 조밀하게 채워져 있는 작고 동일한 구리 원자들로 이루어져 있다.

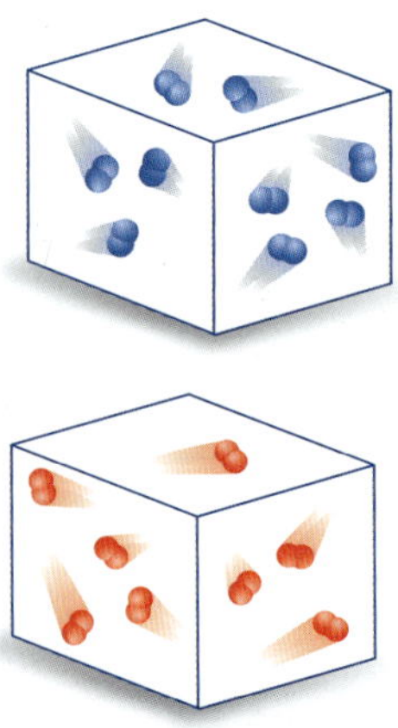

질소와 산소 기체는 (N_2, ●●)와 (O_2, ●●) 분자로 이루어져 있다.

자연 상태에서의 원소

우리 주위의 물질 대부분은 혼합물이나 화합물이다. 원소들은 반응하려는 경향이 있고 다른 원소들과 결합하여 화합물을 생성한다. 자연에서 순수한 형태로 존재하는 원소를 찾기는 쉽지 않다. 그러나 몇 가지 예외는 있다. 예를 들어 금은 덩어리 형태로 발견된다. 금은 자연에서 결합되지 않은 상태에서 발견되는 몇 안 되는 원소 중 하나이다. 은이나 백금도 자연에서 순수한 형태로 발견된다. 실제로 이런 금속들은 반응성이 작기 때문에 종종 **비활성 금속**(noble metal)이라고 부르기도 한다. 비활성 기체도 반응성이 없고 자연에서 결합되지 않은 형태로 발견된다. 예를 들면 헬륨 기체는 독립적으로 움직이는 작은 헬륨 원자로 이루어져 있다. 공기는 그것을 구성하고 있는 성분 기체로 나눌 수 있다. 주로 질소와 산소 기체로 구성되어 있다. 그러나 이 기체의 내부를 더 자세히 들여다보면, 비활성 기체처럼 독립적인 원자 대신에 작은 분자(N_2와 O_2)를 볼 수 있다(그림 참조).

원소의 분포

현재까지 118개의 원소가 알려져 있으며, 이들 중 88개만 자연에 존재한다. 상온에서는 브로민과 수은, 이 두 원소만 액체이다(**그림 3.2(a)**). 또 수소, 질소, 산소, 플루오린, 염소, 헬륨(사진 참조), 네온, 아르곤, 크립톤, 제논, 라돈의 11개 원소는 기체이다(**그림 3.2(b)**). 원소는 자연에 불균등하게 분포되어 있다(그래프 참조). 지각, 해수, 대기 질량의 약 99%는 10개의 원소로 이루어져 있다. 원소들의 분포는 존재량의 순서대로 **표 3.1**에 나타내었다.

이들 원소 중 가장 풍부한 산소는 대기의 약 20%를 차지하며 거의 모든 암석, 모래, 토양에 존재한다. 이런 곳에서 산소는 O_2 분자 형태로 존재하지 않고 규소와 알루미늄 원자를 포함하는 화합물의 일부분으로 존재한다. 표 3.1의 질량 백분율은 지표로부터 10마일 깊이의 지각, 해수, 담수, 대기에 포함된 것을 나타낸 것으로, 주로 니켈과 철로 구성된 지구의 맨틀과 핵은 포함하지 않았다.

생명체에서 발견되는 원소들은 지각, 해수, 대기의 원소들과 아주 다르다. 인체에 존재하는 원소들을 **표 3.2**에 나타내었다.

Olga Yastremska/123 RF

헬륨은 풍선을 공기 중에서 떠 있게 만든다.

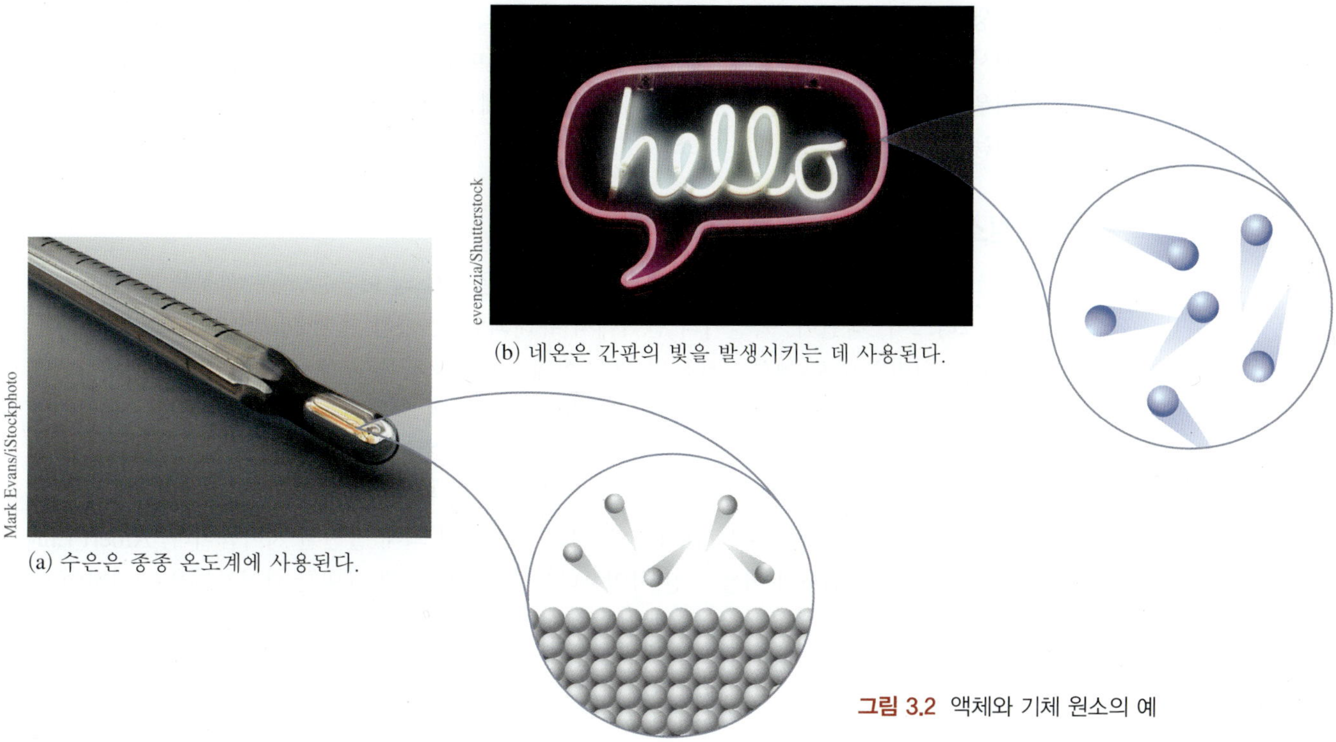

(b) 네온은 간판의 빛을 발생시키는 데 사용된다.

(a) 수은은 종종 온도계에 사용된다.

그림 3.2 액체와 기체 원소의 예

표 3.1 지구의 지각, 해수, 대기에 가장 풍부하게 존재하는 원소의 질량 백분율

원소	질량 백분율	원소	질량 백분율
산소	49.2	타이타늄	0.6
규소	25.7	염소	0.19
알루미늄	7.5	인	0.11
철	4.7	망가니즈	0.09
칼슘	3.4	탄소	0.08
소듐	2.6	황	0.06
포타슘	2.4	바륨	0.04
마그네슘	1.9	질소	0.03
수소	0.9	플루오린	0.03
		기타	0.49

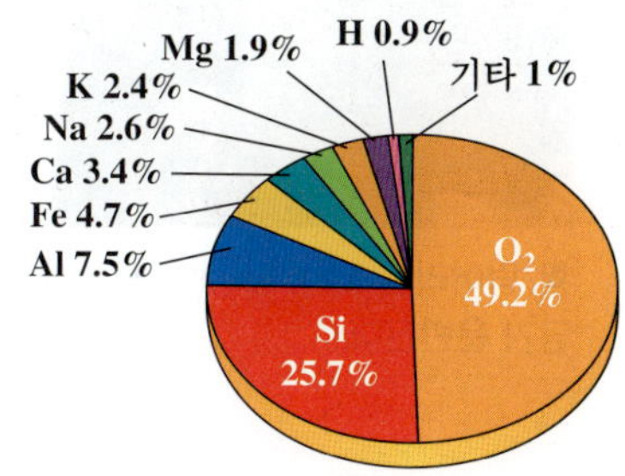

표 3.2 인체 내 원소의 질량 백분율

원소	질량 백분율	원소	질량 백분율
산소	65	인	1
탄소	18	마그네슘	0.5
수소	10	포타슘	0.34
질소	3	황	0.26
칼슘	1.4	소듐	0.14

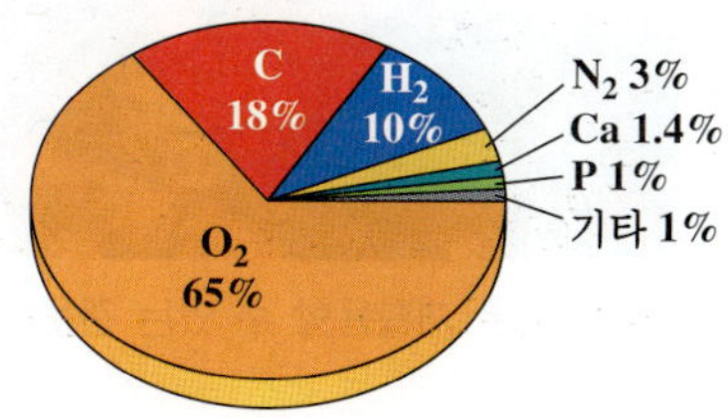

생물학적으로 중요한 주요 분자들은 주로 산소, 탄소, 수소, 질소로부터 형성된다. 인체에서 발견되는 일부 원소들은 비록 아주 적은 양(미량 원소)으로 존재하더라도 생명 유지에 매우 중요한 역할을 한다. 이러한 미량 원소 중에는 크로뮴, 구리, 플루오린, 아이오딘, 셀레늄 등이 포함된다(그래프 참조).

원소의 이름

원소의 이름은 다양한 출처에서 유래되었다. 많은 원소의 이름은 일부 성질을 묘사하는 초기 그리스어, 라틴어, 독일어의 단어에서 유래되었다. 예를 들어 아이오딘은 '보라색 같은'이라는 의미의 *iodes*에서 유래되었으며, 실제로 아이오딘은 증기 상태에서 명확히 보라색이다. 금속 비스무트의 이름은 '하얀 덩어리'라는 의미의 독일어 *weisse masse*에서 유래되었다. 광부들은 이 광물을 비스마트(wismat)라고 불렀으며, 나중에 비스마트(bismat)로 변했다가 최종적으로 비스무트(Bismuth)가 되었다. 몇몇 원소의 이름은 원소의 발견 장소에 따라 명명되었다. 하나의 예는 1886년 독일의 화학자에 의해 발견된 저마늄이다. Albert Einstein과 Marie Curie의 이름을 딴 아인슈타이늄과 퀴륨처럼 유명한 과학자들을 기념하여 이름 지어진 것들도 있다.

원소 기호

Mr., N.Y., Ave.는 각각 Mister, New York, Avenue의 약자이다. 마찬가지로 각 원소에도 약자가 있다. 이러한 약자를 **원소 기호(symbol of element)**라고 부른다. 14개의 원소는 한 글자의 기호로 되어 있고, 나머지 원소는 두 글자의 기호로 되어 있다. 원소 기호는 원소 자체, 원소의 한 원자, 그리고 나중에 배우겠지만 원소의 특정 양을 나타낸다.

R.M. Nunes/Shutterstock

황 덩어리는 East Java의 광산에서 바구니에 담겨 운반된다.

원소 기호에 대한 규칙

1. 기호는 한 글자 또는 두 글자로 되어 있다.
2. 만약 한 글자만 사용되면, 대문자로 표기한다.
3. 만약 두 글자가 사용되면, 첫 번째 글자만 대문자로 표기한다.

예: 아이오딘(Iodine) I, 바륨(Barium) Ba

모든 원소의 기호와 이름은 주기율표에 나와 있다. **표 3.3**은 보다 일반적으로 사용되는 원소와 그 기호를 수록한 것이다. 표 3.3을 자세히 살펴보면 대부분의 기호는 그 원소의 이름과 동일한 문자로 시작한다는 것을 알 수 있다(사진 참조). 그러나 많은 기호들은 그 원소들의 이름과 관련이 없는 것으로 보인다(**표 3.4**). 이 기호들은 원소들의 이전 이름(보통 라틴어)에서 유래되었으며 문헌에 너무 견고하게 뿌리박혀 있어 오늘날에도 사용되고 있다(사진 참조).

Santiparp Wattanaporn/Shutterstock

알루미늄은 재활용할 수 있는 캔을 만드는 데 사용된다.

원소 기호를 쓸 때는 각별히 주의해야 한다. 첫 번째 글자만 대문자로 표기하고 두 번째 글자가 필요한 경우는 소문자를 사용한다. 이것은 중요하다. 예를 들어, 코발트 원소의 기호인 Co를 생각해 보자. CO(대문자 C와 대문자 O)로 표기하는 경우, 단일 원소 코발트가 아닌 탄소와 산소 두 원소(일산화 탄소의 화학식)를 나타내는 것이다. 또한 글자를 정확하게 표기해야 한다. 그렇지 않으면 Co(코발트)가 Ca(칼슘)로 잘못 읽힐 수 있다.

원소 기호에 대한 지식은 화학식과 화학 반응식을 작성하는 데 필수적이고, 이 책의 나머지 부분과 여러분이 이수할 수 있는 미래의 화학 학습에서 필요하다. 기호를 익히는 한 가지 방법은 이름과 기호를 수록한 플래시 카드를 만들어 하루에 몇 분씩 연습하는 것이다. 처음에는 표 3.3에 표시된 가장 일반적인 원소 기호를 학습하는 것이 좋다.

표 3.3 가장 일반적인 원소 기호

원소	기호	원소	기호	원소	기호
알루미늄	Al	금	Au	백금	Pt
안티모니	Sb	헬륨	He	플루토늄	Pu
아르곤	Ar	수소	H	포타슘	K
비소	As	아이오딘	I	라듐	Ra
바륨	Ba	철	Fe	규소	Si
비스무트	Bi	납	Pb	은	Ag
붕소	B	리튬	Li	소듐	Na
브로민	Br	마그네슘	Mg	스트론튬	Sr
카드뮴	Cd	망가니즈	Mn	황	S
칼슘	Ca	수은	Hg	주석	Sn
탄소	C	네온	Ne	타이타늄	Ti
염소	Cl	니켈	Ni	텅스텐	W
크로뮴	Cr	질소	N	우라늄	U
코발트	Co	산소	O	제논	Xe
구리	Cu	팔라듐	Pd	아연	Zn
플루오린	F	인	P		

표 3.4 초기 이름에서 유래된 원소 기호*

현재 이름	기호	이전 이름
안티모니	Sb	Stibium
구리	Cu	Cuprum
금	Au	Aurum
철	Fe	Ferrum
납	Pb	Plumbum
수은	Hg	Hydrargyrum
포타슘	K	Kalium
은	Ag	Argentum
소듐	Na	Natrium
주석	Sn	Strannum
텅스텐	W	Wolfram

* 이 기호들은 원소의 현재 이름과 연관이 없지만, 오늘날 사용되고 있다.

Kondor83/Shutterstock

금은 고급 장신구에 사용된다. 금의 원소 기호는 라틴어(*aurum*)에서 온 Au이다.

aodaodaodaod/Shutterstock

구리 원소는 매우 균일하게 가열되기 때문에 조리기구의 코팅제로 사용된다. 구리의 원소 기호는 Cu이다.

생활 속의 화학

원소의 이름 짓기

여러분은 원소들의 이름이 어디에서 유래되었는지 궁금해 본 적이 있는가? 일부 원소는 유명한 과학자들이나 원소가 처음 발견된 장소의 이름을 따서 명명되었고, 어떤 원소는 원소의 특징을 따라 명명되었다. 오래되고 거의 사용되지 않는 원소의 이름에서 유래된 기호를 사용하는 원소도 있다.

장소의 이름을 따서 명명한 원소

- 아메리슘(Am)—미국(America)에서 최초로 만들어짐.
- 버클륨(Bk)—미국 캘리포니아(California)주의 버클리(Berkeley)에서 최초로 만들어짐.
- 프랑슘(Fr)—프랑스(France)의 Curie 연구소에서 발견됨.
- 스칸듐(Sc)—스칸디나비아(Scandinavia)에서 발견되고 채굴됨.

행성과 태양의 이름을 따서 명명한 원소

- 헬륨(He)—헬륨이 처음으로 확인된 태양(*helios*)의 이름을 따서 명명함.
- 우라늄(U)—우라늄이 발견되기 직전에 발견된 천왕성(*Uranus*)의 이름을 따서 명명함.
- 플루토늄(Pu)—논란이 많은 명왕성(*Pluto*)의 이름을 따서 명명함.

신화 속 인물의 이름을 따서 명명한 원소

- 토륨(Th)—스칸디나비아 전쟁의 신인 '토르(*Thor*)'의 이름을 따서 명명함. 토륨은 핵무기의 연료로 사용됨.
- 타이타늄(Ti)—그리스 신화의 거인 '타이탄(*Titan*)'의 이름을 따서 명명함. 타이타늄은 산에 대한 내성이 매우 크기 때문에 슈퍼 원소라고 부름.
- 바나듐(V)—바나듐 화합물은 매우 아름다운 색을 띠기 때문에 스칸디나비아의 미의 여신 '반디스(*Vandis*)'의 이름을 따서 명명함.
- 탄탈럼(Ta)과 나이오븀(Nb)—그리스 신화 속의 왕 '탄탈루스(*tantalus*)'와 그의 딸 '니오베(*Niobe*) 공주'의 이름을 따서 명명함. 탄탈루스와 니오베처럼 탄탈럼과 나이오븀은 종종 함께 발견됨.

원소의 특성에 따라 명명한 이름

- 염소(Cl)—그리스어로 녹색을 뜻하는 클로로스(*chloros*)에서 유래됨. 염소는 녹황색 기체임.
- 아이오딘(I)—그리스어로 보라색을 뜻하는 아이오도스(*iodos*)에서 유래됨.
- 아르곤(Ar)—그리스어로 게으름을 뜻하는 아르고스(*argos*)에서 유래됨. 이는 아르곤의 매우 낮은 반응성을 게으름에 빗대어 명명한 것으로 생각됨.
- 코발트(Co)—그리스어로 '도깨비' 또는 '악령'을 뜻하는 코볼드(*kobold*)에서 유래됨. 코발트 광부들이 갑자기 사망하는 경우가 많았기 때문인데, 이는 아마도 독일 광산의 코발트 광석에서 함께 나오는 비소를 흡입했기 때문일 것으로 보임.

예제 3.1

표 3.5의 주기율표를 참조하여, 하나의 문자만 원소 기호로 사용하는 원소의 이름과 기호를 쓰시오.

풀이

붕소 B, 탄소 C, 플루오린 F, 수소 H, 아이오딘 I, 질소 N, 산소 O, 인 P, 포타슘 K, 황 S, 우라늄 U, 바나듐 V, 텅스텐 W, 이트륨 Y

실습 문제 3.1

표 3.5의 주기율표를 참조하여, 원소 기호가 R로 시작하는 원소의 이름과 기호를 쓰시오.

3.2 주기율표에 대한 서론

이 절의 학습 목표
주기율표의 원소 배열을 설명하고 원소를 금속, 비금속, 준금속으로 분류할 수 있다.

거의 모든 화학 교실에는 **주기율표**(periodic table)라는 도표가 벽에 걸려 있다. 주기율표는 모든 화학 원소를 보여 주며, 원소들에 대한 유용한 정보를 많이 포함하고 있다. 화학을 계속 공부해 가면서 주기율표에 대해 더 많이 배우게 될 것이다. 우선 기초부터 시작해 보자.

주기율표의 간단한 버전을 표 3.5에 나타내었다. 각 칸에는 원소 기호와 그 위에 **원자 번호**라는 숫자가 있다. 예를 들면 질소는 [7 N]이고 금은 [79 Au]이다.

표 3.5 주기율표

금속 / 준금속 / 비금속

1 1A	2 2A	3	4	5	6	7	8	9	10	11	12	13 3A	14 4A	15 5A	16 6A	17 7A	18 8A
1 **H**																	2 **He**
3 **Li**	4 **Be**											5 **B**	6 **C**	7 **N**	8 **O**	9 **F**	10 **Ne**
11 **Na**	12 **Mg**											13 **Al**	14 **Si**	15 **P**	16 **S**	17 **Cl**	18 **Ar**
19 **K**	20 **Ca**	21 **Sc**	22 **Ti**	23 **V**	24 **Cr**	25 **Mn**	26 **Fe**	27 **Co**	28 **Ni**	29 **Cu**	30 **Zn**	31 **Ga**	32 **Ge**	33 **As**	34 **Se**	35 **Br**	36 **Kr**
37 **Rb**	38 **Sr**	39 **Y**	40 **Zr**	41 **Nb**	42 **Mo**	43 **Tc**	44 **Ru**	45 **Rh**	46 **Pd**	47 **Ag**	48 **Cd**	49 **In**	50 **Sn**	51 **Sb**	52 **Te**	53 **I**	54 **Xe**
55 **Cs**	56 **Ba**	57 **La***	72 **Hf**	73 **Ta**	74 **W**	75 **Re**	76 **Os**	77 **Ir**	78 **Pt**	79 **Au**	80 **Hg**	81 **Tl**	82 **Pb**	83 **Bi**	84 **Po**	85 **At**	86 **Rn**
87 **Fr**	88 **Ra**	89 **Ac†**	104 **Rf**	105 **Db**	106 **Sg**	107 **Bh**	108 **Hs**	109 **Mt**	110 **Ds**	111 **Rg**	112 **Cn**	113 **Nh**	114 **Fl**	115 **Mc**	116 **Lv**	117 **Ts**	118 **Og**
			*	58 **Ce**	59 **Pr**	60 **Nd**	61 **Pm**	62 **Sm**	63 **Eu**	64 **Gd**	65 **Tb**	66 **Dy**	67 **Ho**	68 **Er**	69 **Tm**	70 **Yb**	71 **Lu**
			†	90 **Th**	91 **Pa**	92 **U**	93 **Np**	94 **Pu**	95 **Am**	96 **Cm**	97 **Bk**	98 **Cf**	99 **Es**	100 **Fm**	101 **Md**	102 **No**	103 **Lr**

원소들은 1869년 Dimitri Mendeleev가 고안한 특별한 배열에 따라 원자 번호가 증가하는 순서대로 표에 배치되어 있다. 그의 배열 방법은 유사한 화학적 성질을 갖는 원소들을 족 또는 **그룹(group)**이라 불리는 세로열에 정렬시키는 것이다. 족의 한 예는 그림 3.3(b)에 나타냈다.

이 원소들은 모두 기체이며 반응성이 없다. 이 족(그룹)을 **비활성 기체(noble gas)**라고 한다. 특별한 이름을 가진 다른 족으로는 **알칼리 금속(alkali metal**, 표의 1A족 아래), **알칼리 토금속(alkali earth metal**, 2A족), **할로젠(halogen**, 7A족)이 있다.

주기율표에서 긴 세로열(1A~7A와 비활성 기체)은 **주족 원소(representative element)**라고 한다. 주기율표의 중심 부분에 있는 원소들은 **전이 원소(transition element)**라고 한다. 주기율표에서 족을 표시하는 보다 최근의 방법은 숫자 1~18을 사용하는 것이다. 우리는 이 책의 주기율표에서 두 가지 체계를 모두 보여 줄 것이다. **그림 3.3**은 주기율표에서 이와 같은 족을 보여 준다.

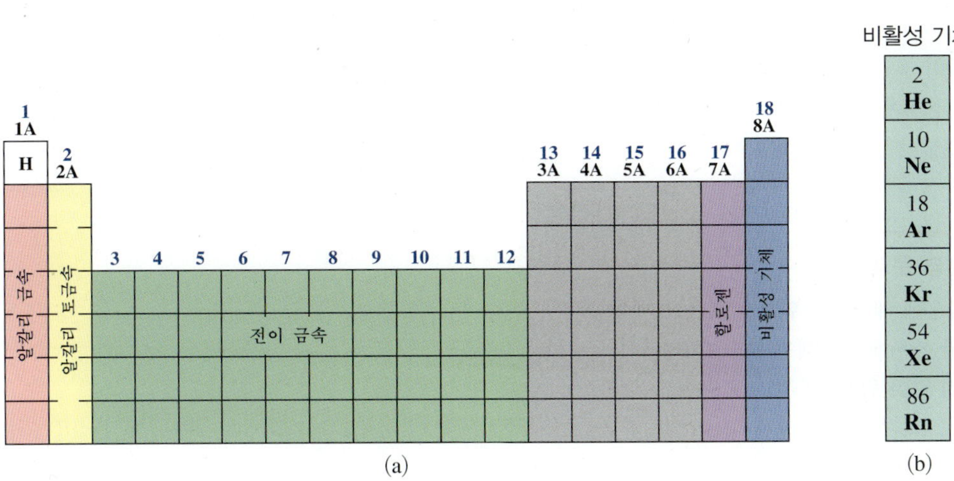

그림 3.3 (a) 주기율표의 족(그룹), (b) 일부 족(그룹)은 특별한 이름을 가짐

금속, 비금속, 준금속

원소는 금속, 비금속, 준금속으로 분류된다. 대부분의 원소는 금속이다. 금속은 도구, 건축 자재, 자동차 등에 널리 사용되기 때문에 우리에게 잘 알려져 있다. 그러나 비금속 역시 의류, 식품, 연료, 유리, 플라스틱 및 목재의 주요 성분으로서 일상생활에 매우 유용하다. 준금속은 전자 산업에 자주 사용된다.

금속(metal)은 상온에서 고체로 존재한다(수은은 예외). 금속은 광택이 있으며, 열과 전기의 좋은 전도체이고, 전성(둥글게 말거나 두드려서 판으로 만들 수 있음)과 연성(철사로 뽑을 수 있음)을 가지고 있다. 대부분의 금속은 녹는점과 밀도가 높다. 잘 알려진 금속은 알루미늄, 크로뮴, 구리, 금, 철, 납, 마그네슘, 수은, 니켈, 백금, 은, 주석, 아연이다. 덜 알려졌지만 중요한 금속으로는 칼슘, 코발트, 포타슘, 소듐, 우라늄, 타이타늄이 있다.

금속끼리 서로 결합하여 화합물을 형성하는 경우는 거의 없다. 그러나 많은 금속은 염소, 산소, 황과 같은 비금속과 쉽게 결합하여 금속 염화물, 금속 산화물, 금속 황화물과 같은 화합물을 형성한다. 자연에서, 광물질은 반응성이 비교적 큰 금속들이 다른 원소들과 결합된 형태로 존재한다. 구리, 금, 은과 같이 반응성이 작은 몇몇 금속은 때때로 다른 원소와 결합되지 않은, 유리된 상태로 발견된다. 금속은 종종 다른 금속과 섞여 합금이라고 부르는 고체의 균일한 혼합물을 형성한다. 몇 가지 예로는 황동, 청동, 강철, 주화 금속이 있다.

Courtesy IBM Research Division

준금속인 규소를 함유하고 있는 이 작은 칩은 현재의 칩보다 몇 배 더 강력한 마이크로프로세서를 구성하기 위해 함께 접착되어 있다.

비금속(nonmetal)은 금속과 달리 광택이 없으며, 상대적으로 녹는점과 밀도가 낮고, 일반적으로 열과 전기의 전도도가 좋지 않다. 탄소, 인, 황, 셀레늄, 아이오딘은 고체이고, 브로민은 액체이며, 나머지 비금속은 모두 기체이다. 자연에서 다른 원소와 결합하지 않은 상태로 발견되는 비금속으로는 탄소(흑연과 다이아몬드), 질소, 산소, 황, 비활성 기체(헬륨, 네온, 아르곤, 크립톤, 제논, 라돈)가 있다.

비금속은 다른 비금속과 결합하여 이산화 탄소(CO_2), 메테인(CH_4), 뷰테인(C_4H_{10}), 이산화 황(SO_2)과 같은 분자 화합물을 형성한다. 반응성이 가장 큰 비금속인 플루오린은 거의 모든 다른 원소와 쉽게 결합한다.

몇 가지 원소들(붕소, 규소, 저마늄, 비소, 안티모니, 텔루륨, 폴로늄)은 **준금속(metalloid)**으로 분류되며, 금속과 비금속의 중간적 성질을 나타낸다(사진 참조). 이들 원소의 중간적 위치는 표 3.5에 나와 있다. 붕소, 규소, 저마늄과 같은 특정 준금속은 전자 산업을 가능하게 하는 반도체 소자의 원료 물질이다.

예제 3.2

다음 중 금속이 아닌 원소는 무엇인가?

Na, Mo, Cl, S, Mg, Pt, Kr, I, C, Cu

풀이

비금속은 일반적으로 주기율표의 오른쪽에 위치한다.

Cl, S, Kr, I, C

실습 문제 3.2

다음에 해당하는 원소 기호를 쓰시오.

(a) 상온에서 액체인 원소 2가지

(b) 전이 원소 5가지

(c) 비활성 기체 5가지

이원자 원소

이원자 분자는 정확하게 두 개의 원자로 구성된다(서로 같거나 다른). 결합되지 않은 상태의 7개의 원소는 **이원자 분자(diatomic molecule)**이다(분자 그림 참조). 표 3.6에는 이 원소들의 기호, 화학식과 간단한 설명이 나와 있다. 자연에서 유리된 상태로 발견되든지, 실험실에서 제조되든지 이 원소들의 분자는 항상 두 개의 원자로 되어 있다. 그러므로 유리된 원소의 화학식은 항상 H_2, N_2, O_2, F_2, Cl_2, Br_2, I_2와 같은 분자의 성분비를 나타내도록 쓴다.

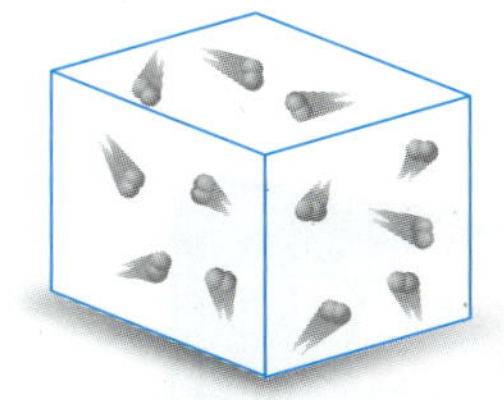

수소 분자가 들어 있는 용기

표 3.6 이원자 분자로 존재하는 원소

원소	기호	분자식	정상 상태
수소	H	H_2	무색 기체
질소	N	N_2	무색 기체
산소	O	O_2	무색 기체
플루오린	F	F_2	연노란색 기체
염소	Cl	Cl_2	녹황색 기체
브로민	Br	Br_2	적갈색 액체
아이오딘	I	I_2	청흑색 고체

원소 기호가 원소의 원자나 분자를 나타낼 수 있음을 아는 것이 중요하다. 수소와 산소를 생각해 보자. 수소 기체는 화산 기체에 존재하며 여러 화학 반응에 의해 만들어질 수 있다. 어디에서 기원했는지와 관계없이, 유리된 수소 기체의 모든 시료는 이원자 분자로 되어 있다.

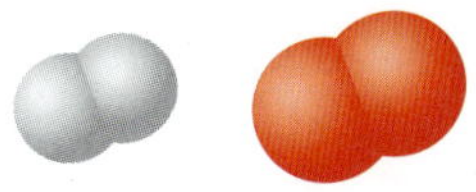

H_2(회색)와 O_2(붉은색) 분자

유리된 수소는 그것의 조성을 나타내는 화학식 H_2로 표기한다. 산소는 우리가 호흡하는 공기 부피의 약 20%를 차지한다. 이 유리된 산소는 광합성에 의해 계속해서 공급되며, 실험실에서 여러 반응에 의해 만들어질 수 있다. 대부분의 유리된 산소는 이원자 분자이고, 화학식 O_2로 표기한다. 화학식 H_2O(때로는 HOH)로 표기하는 화합물인 물을 생각해 보자. 물은 유리된 산소(O_2)나 유리된 수소(H_2)를 포함하지 않는다. 화학식 H_2O의 H_2 부분은 단순히 수소 원자 두 개가 산소 원자 한 개와 결합하여 물을 생성한다는 것을 나타낸다. 그림 3.4는 원소의 분류를 요약한 것이다.

> 원소 기호는 원소를 표기하고,
> 원소 분자의 조성을 나타내고,
> 화합물의 원소 조성비를 나타내기 위해 사용한다.

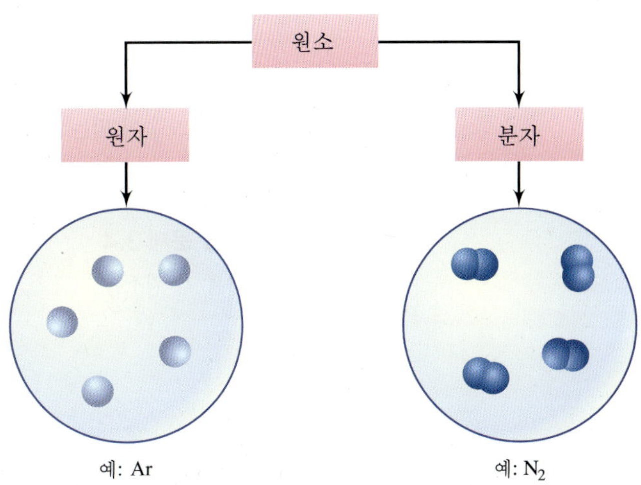

그림 3.4 원소는 크게 두 부류로 나뉜다.

생활 속의 화학

스마트폰에 사용되는 원소들

Alexey Boldin/Shutterstock

화학은 스마트폰 기술과 어떤 관계가 있을까? 주기율표의 원소 중 놀랄 만큼 많은 수의 원소가 스마트폰의 필수적인 부품에 사용되고 있다.

스마트폰의 마이크로 전자 소자부터 생각해 보자. 스마트폰의 마이크로칩은 규소와 전기 전도를 가능하게 하는 비소, 안티모니, 인, 갈륨을 포함한 기타 여러 원소로 만들어진다. 이러한 칩은 구리 배선으로 다른 마이크로 전자 부품에 연결되어 있다. 마이크로 전자 부품은 금, 은, 구리로서 매년 스마트폰의 핵심 소자를 만드는 비용이 25억 달러 이상이 든다.

의사소통에 필요한 마이크로폰과 스피커에는 프라세오디뮴, 가돌리늄, 네오디뮴의 합금(금속성을 갖는 원소들의 혼합물)으로 만든 자석이 들어 있다. 전화 벨소리가 꺼져 있을 때 진동이 울리기 위해서는 네오디뮴, 터븀, 디스프로슘 등이 필요하다.

스마트폰 기술은 충전을 자주 할 필요가 없도록 작고, 수명이 긴 배터리를 사용한다. 대부분의 스마트폰은 리튬, 코발트, 산소 및 탄소 원소를 포함하는 리튬 이온 배터리를 사용한다. 배터리의 케이스는 알루미늄이다.

스마트폰의 화면은 어떻게 작동하는가? 알루미늄, 규소, 산소와 포타슘을 함유한 강화 유리로 이루어진 화면은 떨어뜨려도 산산이 부서지지 않는다. 터치스크린은 전기가 통하는 인듐, 산소, 주석을 포함하는 화면 위의 얇은 필름 때문에 작동한다. 우리가 화면에서 보는 아름다운 색은 소량의 이트륨, 란타넘, 터븀, 프로트악티늄, 유로퓸, 디스프로슘과 가돌리늄 같은 원소로부터 나타나는 것이다.

스마트폰의 케이스가 금속이라면, 강하고 가볍게 만들기 위해 마그네슘을 다른 원소들과 합금으로 만든 것일 수 있다. 일부 스마트폰 케이스는 탄소, 수소, 산소와 내염성을 높이는 다양한 다른 원소들을 포함하는 플라스틱이다.

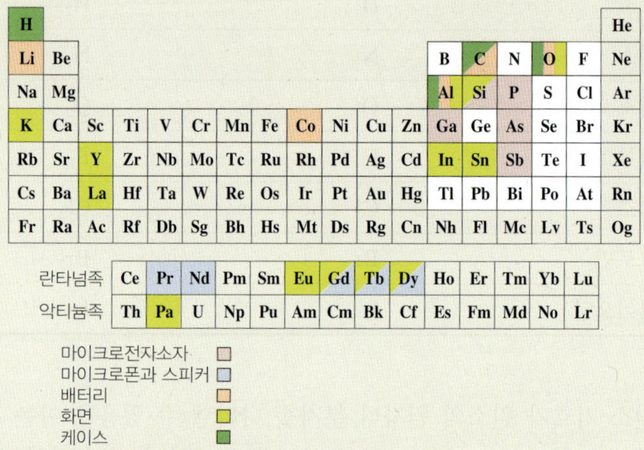

스마트폰이 정확히 어떻게 제조되는지는 (특허법과 영업 비밀에 의해) 보호되는 정보이지만 우리는 원소의 화학적 성질이 생산 공정에서 매우 중요하다는 것은 확신할 수 있다.

실습 문제 3.3

상온(20°C)에서 다음 각 원소의 물리적 상태를 확인하시오.

He, N, Mg, Na, Cr, Br, Hg, I

힌트: 도움이 되는 자료(인터넷이나 화학 편람)를 사용해야 할 수도 있다.

실습 문제 3.4

다음 각 원소를 비금속, 금속, 준금속으로 구별하시오.

Mg, Sr, Po, Ge, W, Pd, I, Xe

3.3 화합물과 화학식

화합물(compound)은 두 가지 이상의 원소가 일정한 질량비로 화학적으로 결합한 특정 물질이다. 화합물은 원소와 달리 더 간단한 물질, 즉 더 단순한 화합물 또는 원소로 화학적으로 분해될 수 있다. 화합물을 구성하는 원소의 원자는 분수 형태로는 절대로 결합하지 않고, 정수비로만 결합한다.

이 절의 학습 목표
분자 화합물과 이온 결합 화합물을 구별하고, 화합물의 화학식을 쓸 수 있다.

분자 화합물과 이온 결합 화합물

화합물은 **분자** 화합물과 **이온 결합** 화합물의 두 가지의 일반적인 유형으로 나누어진다. **그림 3.5**는 화합물의 분류를 보여 준다.

분자(molecule)는 둘 이상의 원자가 결합하여 형성된 전하를 띠지 않는 가장 작은 화합물의 개별 단위이다. 물은 전형적인 분자 화합물이다. 물방울을 점점 더 작은 입자로 나누면, **그림 3.6**과 같이 하나의 산소 원자에 두 개의 수소 원자가 결합한 한 개의 물 분자를 얻게 될 것이다. 이 분자는 물의 가장 작은 입자로, 물 분자를 깨뜨려 수소와 산소로 분해하지 않는 한 물 입자는 더 이상 나누어질 수 없다.

이온(ion)은 양전하 또는 음전하를 띤 원자나 원자단이다. 이온 결합 화합물은 양전하와 음전하를 띤 이온들 사이에 존재하는 인력에 의해 결합된다. 양전하를 띤 이온을 **양이온(cation,** [캐타이온]으로 발음함)하고, 음이온을 띤 이온을 **음이온(anion,** [애나이온]으로 발음함)이라 부른다.

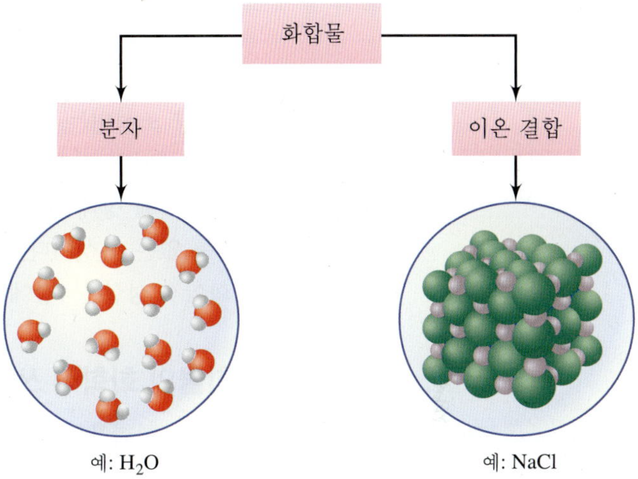

그림 3.5 화합물은 분자 화합물과 이온 결합 화합물로 분류할 수 있다. 이온 결합 화합물은 양전하와 음전하 사이의 인력에 의해 결합된다. 분자 화합물은 공유 결합에 의해 결합된다.

하나의 물 분자(H_2O)를 만들기 위해 두 개의 수소 원자가 한 개의 산소 원자와 결합한다.

양전하를 띤 소듐 이온과 음전하를 띤 염화 이온이 염화 소듐(NaCl) 화합물을 형성한다.

그림 3.6 분자 화합물과 이온 결합 화합물

염화 소듐은 전형적인 이온 결합 화합물이다. 염화 소듐의 최소 입자는 **그림 3.6**과 같이 양전하를 띤 소듐 이온과 음전하를 띤 염화 이온이다. 염화 소듐은 이렇게 반대 전하를 띠는 이온들 사이에 존재하는 인력으로 결정 구조가 유지된다. 이온 결합 화합물이 양이온과 음이온의 큰 집합체로 구성되어 있다 할지라도, 화학식은 일반적으로 화합물 내 원자들의 가장 간단한 비율로 나타낸다. 예를 들어, 염화 소듐에는 하나의 소듐 이온에 대해 하나의 염화 이온의 비율로 존재하므로 화학식은 NaCl이 된다.

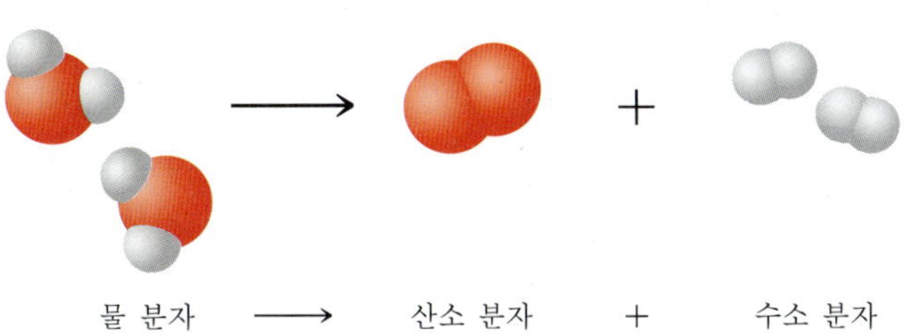

그림 3.7 물은 산소 분자와 수소 분자로 분해된다.

지금까지 등록되어 알려진 화합물은 5,000만 개 이상이며, 앞으로 만들어질 화합물의 수도 끝이 없을 것이다. 각 화합물은 고유하며, 독특한 특성을 가진다. 물과 염화 소듐이라는 두 화합물을 자세히 생각해 보자. 물은 무색, 무취, 무미한 액체이며, 0°C에서 고체(얼음)로 변하고, 100°C에서 기체(수증기)로 변한다. 분자당 수소 원자 두 개와 산소 원자 한 개로 이루어진 물의 질량비는 수소 11.2%와 산소 88.8%이다. 물은 소듐과 화학적으로 반응하여 수소 기체와 수산화 소듐을 생성하고, 석회와 반응하여 수산화 칼슘을 만들며, 삼산화 황과 반응하여 황산을 생성한다. 물은 분해되면 수소와 산소 분자로 나누어진다(**그림 3.7**). 어떤 화합물도 이와 동일한 물리적, 화학적 성질을 가질 수 없는데, 이것은 물만의 고유한 특성이다.

kickers/Getty Images · Andrew Lambert Photography/Science Source · Charles D. Winters/Science Source

염화 소듐 ⟶ 소듐 금속 + 염소 기체

그림 3.8 염화 소듐이 분해될 때, 소듐 금속과 염소 기체가 생성된다.

염화 소듐은 소듐 원자 하나와 염소 원자 하나의 비율로 이루어진 무색의 결정성 물질이다. 질량 조성비는 소듐 39.3%, 염소 60.7%이다. 고체 상태에서는 전기가 흐르지 않지만 물에 용해되면 전기가 흐르게 된다. 액체 상태의 염화 소듐에 전류가 흐르면 고체 상태의 소듐과 기체 상태의 염소가 생성된다(**그림 3.8**). 이러한 성질은 염화 소듐에만 있고 다른 물질에는 없는 특성이다. 따라서 화합물은 고유의 특성에 의해 식별되고 구별할 수 있다. 이런 화학적 성질은 4장에서 더 자세히 살펴볼 것이다.

화합물의 화학식 쓰기

화학식은 화합물의 약어로 사용된다. **화학식(chemical formula)**은 화합물을 구성하는 원소의 기호와 원자 수의 비를 나타낸다. 염화 소듐은 소듐 원자 하나당 염소 원자 하나를 포함하고 있으며, 그 화학식은 NaCl이다. 물의 화학식은 H_2O로서 이는 물 한 분자는 원자 두 개와 산소 원자 한 개를 포함한다는 것을 보여 준다.

화합물의 화학식은 그것이 어떤 원소로 구성되어 있으며, 한 화학식 단위에 각 원소의 원자가 얼마나 있는지를 우리에게 알려준다. 예를 들면, 황산의 한 단위는 수소 원자 두 개, 황 원자 한 개, 산소 원자 네 개로 구성되어 있다. 우리는 이 화합물을 HHSOOOO로 표시할 수 있으나 표현이 번거로워 대신 H_2SO_4로 쓴다. 이 화학식은 "H−two−S−O−four"로 읽는다. 원소 기호의 선보다 아래에 작게 나타내며 오른쪽에 쓴 숫자를 **아래 첨자(subscript)**라고 부른다. 따라서 H_2SO_4에서 2와 4는 아래 첨자이다(**그림 3.9**).

화학식의 특징은 다음과 같다.

1. 화합물의 화학식은 화합물 내 모든 원소의 기호를 포함한다.
2. 화학식의 어느 원소가 한 개의 원자를 가지고 있다면. 그 원소의 원소 기호는 한 개의 원자를 나타낸다. 원자 1개를 나타내기 위해 숫자 1을 아래 첨자로 표기하지 않는다.
3. 화학식의 어느 원소가 두 개 이상의 원자를 가지고 있다면, 원자 수는 그 원자의 기호 오른쪽에 아래 첨자로 나타낸다. 예를 들면, H_2O에서 2는 화학식에 수소 원자가 2개 있다는 것을 나타낸다.
4. 화학식에 하나의 단위로 된 원자단이 둘 이상 존재하는 경우에는 원자단을 괄호로 묶고, 괄호의 오른쪽에 아래 첨자로 원자단의 개수를 표기한다. 질산기(NO_3^-)를 생각해보자. 질산 소듐의 화학식($NaNO_3$)에는 오직 하나의 질산기만 있으므로 괄호는 필요 없다. 질산 칼슘 $Ca(NO_3)_2$에는 두 개의 질산기가 있으므로 괄호를 하고 아래 첨자 2를 쓴다. $Ca(NO_3)_2$에는 총 아홉 개의 원자가 있는데, Ca 원자 하나, N 원자 두 개, O 원자 여섯 개가 있다. 화학식 $Ca(NO_3)_2$는 "C−A(잠시 쉬고) N−O−three two"로 읽는다.
5. H_2O, H_2SO_4, $Ca(NO_3)_2$, $C_{12}H_{22}O_{11}$ 등으로 쓴 화학식은 화합물에 포함된 각 원자의 수

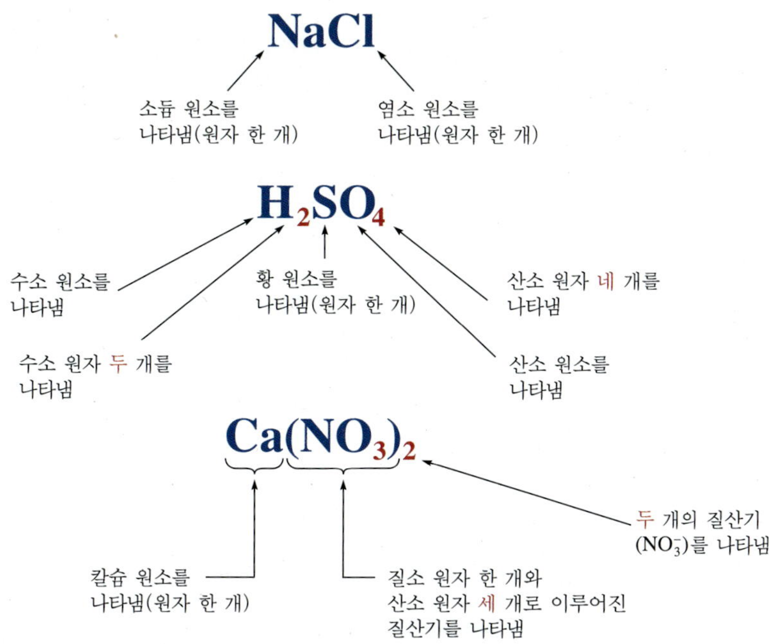

그림 3.9 NaCl, H_2SO_4, $Ca(NO_3)_2$의 화학식 설명

와 종류만을 나타낼 뿐 화합물 내의 원자 배열이나 화학적으로 어떻게 서로 결합하고 있는지는 보여 주지 않는다.

실습 문제 3.5

다음 화학식을 소리 내어 읽어보시오.

(a) $CaSO_4$ (b) $C_6H_{12}O_6$ (c) NH_3 (d) $MgCO_3$

예제 3.3

다음과 같은 성분비를 가진 화합물의 화학식을 쓰시오.

(a) 염화 수소: 수소 원자 1개 + 염소 원자 1개
(b) 메테인: 탄소 원자 1개 + 수소 원자 4개
(c) 글루코스: 탄소 원자 6개 + 수소 원자 12개 + 산소 원자 6개

풀이

(a) 우선 화학식에 있는 원자들의 기호를 쓴다. H Cl. 원자의 비율이 1대1이므로, 원소 기호를 모아 염화 수소의 화학식을 HCl이라고 쓴다.
(b) 원자들의 기호를 쓴다. C H. 이제 원소 기호를 모아 놓고 수소 원자 다음에 아래 첨자 4를 쓴다. 화학식은 CH_4이다.
(c) 원자들의 기호를 쓴다. C H O. 이제 원소 기호를 모아 놓고 주어진 자료(탄소 6개, 수소 12개, 산소 6개)에 따라 올바른 아래 첨자를 넣어 화학식을 쓴다. 화학식은 $C_6H_{12}O_6$이다.

실습 문제 3.6

주어진 성분비로부터 다음 화합물의 화학식을 쓰시오.

(a) 브로민화 포타슘: 포타슘 원자 1개 + 브로민 원자 1개
(b) 질산 은: 은 원자 1개 + 질소 원자 1개 + 산소 원자 3개

(c) 글루코스: 탄소 원자 6개 + 수소 원자 12개 + 산소 원자 6개
(d) 탄산 알루미늄: 알루미늄 원자 2개 + 탄산 이온 3개(1개의 탄소 원자와 3개의 산소 원자가 탄산 이온을 형성함)

화합물의 조성

오랜 기간에 걸쳐 수많은 실험을 통해 특정 화합물은 항상 같은 질량비를 갖는 원소들을 포함한다는 사실이 입증되었다. 예를 들면, 물은 언제나 질량비로 11.2%의 수소와 88.8%의 산소를 포함한다(**그림 3.10**). 물이 이 특정한 비율로 수소와 산소를 포함하고 있다는 사실은 수소와 산소가 다른 비율로 결합할 수 없다는 것을 의미하는 것이 아니라, 다른 비율을 가진 화합물은 물이 될 수 없다는 것을 의미한다. 사실 과산화 수소는 분자당 수소 원자 2개와 산소 원자 2개로 이루어져 있으며, 질량비로 5.9%의 수소와 94.1%의 산소를 포함하며, 과산화 수소의 특성은 물과 확연히 다르다(그림 3.10).

	물	과산화 수소
	11.2% H	5.9% H
	88.8% O	94.1% O
원자 성분비	2 H + 1 O	2 H + 2 O

우리는 자연에 대한 일반적인 관찰을 **자연 법칙(natural law)**이라고 불리는 진술로 정리하기도 한다. 화합물의 조성의 경우, 화합물은 항상 일정한 질량비로 화학적으로 결합된 두 개 이상의 원소를 포함한다는 **일정 성분비 법칙(law of definite composition)**을 사용한다.

두 가지 이상의 화합물을 형성하는 산소와 수소, 두 가지 원소를 생각해 보자. 물에는 수소 1 g당 8 g의 산소가 존재한다. 과산화 수소에는 수소 1 g당 산소 16 g이 존재한다. 산소의 질량은 간단한 정수비로 16:8 또는 2:1이다. 과산화 수소는 물보다 두 배 더 많은 산소를 가지고 있다. 우리는 과산화 수소의 수소 원자 1개당 산소 원자가 물보다 두 배 더 많다고 추론할 수 있다. 사실 우리는 이제 물에 대한 화학식을 H_2O로, 과산화 수소의 화학식을 H_2O_2로 쓰고 있다(그림 3.10(b)와 (c)).

배수 비례 법칙(law of multiple proportion)은 두 가지 이상 원소의 원자는 서로 다른 비율로 결합하여 두 가지 이상의 화합물을 형성할 수 있다는 것이다.

배수 비례 법칙의 몇 가지 예는 **표 3.7**에 나와 있다. 이 법칙과 일정 성분비 법칙의 신뢰성

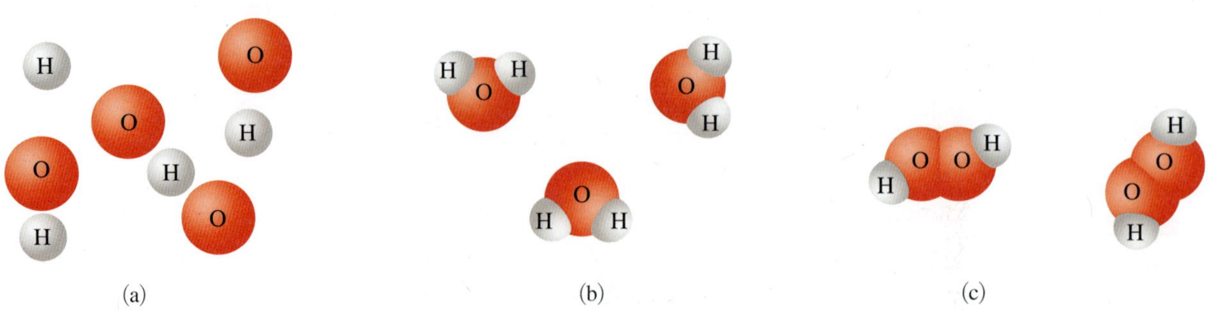

그림 3.10 (a) 원자는 개별 입자이며, 같은 원소의 원자는 질량과 크기가 같지만 다른 원소의 원자는 질량과 크기가 다르다. (b)와 (c) 원자는 특정 비율로 결합하여 화합물을 형성한다.

은 화학의 근본이다. 이 법칙의 핵심은 (1) 특정 물질의 성분비는 그 유래가 무엇이든, 어떻게 형성되었는지와 관계없이 항상 일정하다는 것이며, (2) 동일한 원소로부터 형성되었지만 성분비가 다른 화합물은 항상 각자의 고유한 특성을 갖는다는 것이다.

표 3.7 결합하여 두 가지 이상의 화합물을 형성하는 원소들을 보여 주는 화합물의 예

화합물	화학식	조성 백분율
염화 구리(I)	CuCl	64.2% Cu, 35.8% Cl
염화 구리(II)	$CuCl_2$	47.3% Cu, 52.7% Cl
메테인	CH_4	74.9% C, 25.1% H
옥테인	C_8H_{18}	85.6% C, 14.4% H
메틸 알코올	CH_4O	37.5% C, 12.6% H, 49.9% O
에틸 알코올	C_2H_6O	52.1% C, 13.1% H, 34.7% O
글루코스	$C_6H_{12}O_6$	40.0% C, 6.7% H, 53.3% O

법칙과 **모형**(**이론**)의 차이를 인식할 필요성이 있다. 법칙은 관측된 거동을 요약한 것이다. 모형(이론)은 관측된 거동을 설명하기 위해 시도하는 것이다. 이것은 법칙은 변하지 않는다는 것을 의미한다. 즉, 법칙은 수정되지 않는 반면 이론(모형)은 실패하거나 시간이 지나면 수정되고 폐기되기도 한다.

3장 복습

3.1 원소

중요 용어: 원소 | 원자 | 원소 기호

- 모든 물질은 약 100개의 원소로 이루어져 있다.
- 원소는 기본적인 화학 물질이다.
- 원소의 가장 작은 입자는 원자이다.
- 원소는 화학적 방법으로는 더 이상 간단한 물질로 분해될 수 없다.
- 대부분의 원소는 자연에서 다른 원소와 결합되어 발견된다.
- 자연에서 결합되지 않은 형태로 발견되는 원소는 금, 은, 구리, 백금 등의 귀금속 및 비활성 기체(He, Ne, Ar, Kr, Xe, Rn) 이다.
- 화학 원소는 자연에 균등하게 분포되어 있지 않다.
- 수소는 우주에서 가장 풍부한 원소이다.
- 산소는 지구와 인체에서 가장 풍부한 원소이다.
- 화학 원소의 이름은 라틴어, 발견 장소, 유명한 과학자 등 다양한 근원에서 유래되었다.
- 원소 기호를 쓰는 규칙은 다음과 같다.
    - 한 글자 또는 두 글자를 사용한다.
    - 만약 한 글자면, 대문자를 사용한다.
    - 만약 두 글자면, 첫 글자만 대문자를 사용한다.

3.2 주기율표에 대한 서론

중요 용어: 족 | 비활성 기체 | 알칼리 금속 | 알칼리 토금속 | 할로젠 | 주족 원소 | 전이 원소 | 금속 | 비금속 | 준금속 | 이원자 분자

- 주기율표는 Dmitri Mendeleev에 의하여 고안되었으며, 원자 번호에 따라 원소를 정렬하고 화학적 특성에 따라 족을 배열하였다.
- 원소는 주족 원소 또는 전이 원소로 분류된다.
- 원소는 유사한 화학적 특성을 가진 특별한 족으로 분류될 수 있다. 그러한 족에는 비활성 기체, 알칼리 금속, 알칼리 토금속, 할로젠이 포함된다.
- 원소는 금속, 비금속, 준금속으로 분류된다.
  - 대부분의 원소는 금속이다.
  - 금속은 다음과 같은 특성을 가지고 있다.
    - 높은 광택성
    - 열과 전기의 전도도가 높다.
    - 전성
  - 비금속에는 다음과 같은 성질을 가진다.
    - 무광택성
    - 열과 전기의 전도도가 낮다.
- 이원자 분자는 정확히 두 개의 원자로 구성된다(서로 같거나 다른).
- 일곱 개의 원소는 이원자 분자로 존재한다. H_2, N_2, O_2, F_2, Cl_2, Br_2, I_2.

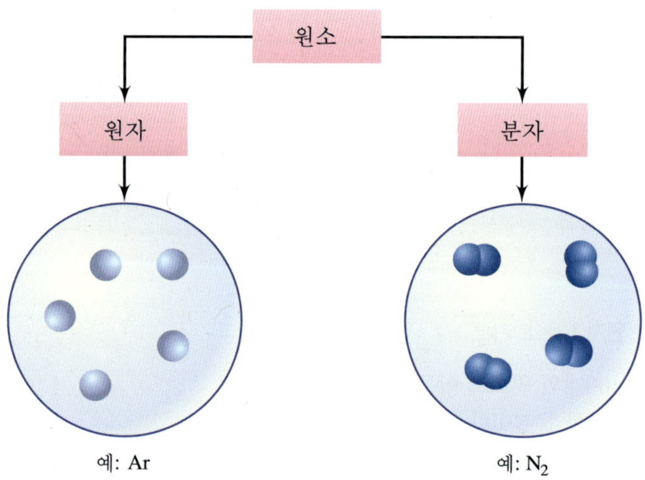

3.3 화합물과 화학식

중요 용어: 화합물 | 분자 | 이온 | 양이온 | 음이온 | 화학식 | 아래 첨자 | 자연 법칙 | 일정 성분비 법칙 | 배수 비례 법칙

- 화합물은 일정한 질량비로 화학적으로 결합된 두 개 이상의 원소를 포함하는 물질이다.
- 화합물은 두 가지 종류가 있다.
  - 분자 화합물: 원자로 구성된 개별 분자로 형성됨
  - 이온 결합 화합물: 양전하나 음전하를 띤 이온들로 형성됨
    - 양이온–양전하를 띤 이온
    - 음이온–음전하를 띤 이온
- 화학식은 화합물을 구성하는 원소의 기호와 원자 수의 비를 나타낸다.
- 화학식은 다음과 같은 특성을 가진다:
  - 화합물에 있는 모든 원소의 기호를 포함한다.

- ◦ 원소 기호는 그 원소의 원자 1개를 나타낸다.
- ◦ 만약에 두 개 이상의 원자가 있다면, 원자 수는 아래 첨자로 나타낸다.
- ◦ 괄호는 화합물에 있는 한 단위로서 여러 원자단을 표시하는 데 사용된다.
- ◦ 화학식은 화합물의 원자 배열을 나타내지 않는다.
- 일정 성분비 법칙에 따르면 화합물은 항상 일정한 질량비로 결합된 두 개 이상의 원소가 포함되어 있다.
- 배수 비례 법칙에 따르면 두 개 이상의 원소의 원자는 두 가지 이상의 화합물을 형성하기 위하여 다른 비로 결합할 수 있다.

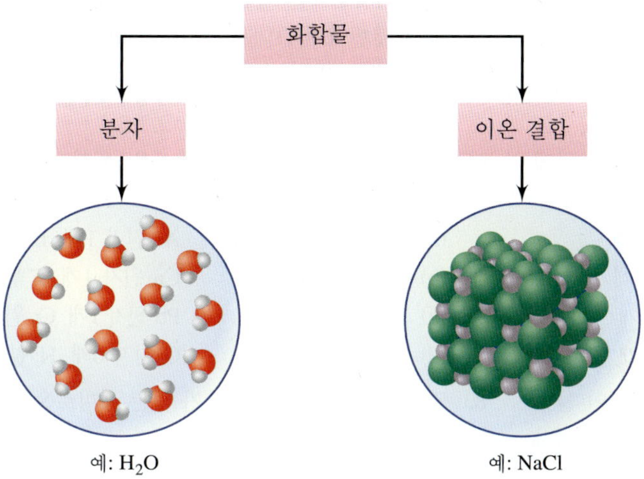

복습 질문

1. 지구의 지각, 해수, 대기 중에 규소와 수소 중 어느 원자가 더 많은가? 규소 원자의 질량이 수소 원자의 약 28배라는 사실과 표 3.1을 이용하시오.

2. 다음 각 원소의 기호를 쓰시오.
(a) 텅스텐 (b) 플루오린 (c) 수은 (d) 금 (e) 염소 (f) 바나듐 (g) 아연 (h) 철

3. 다음 각 원소의 이름을 쓰시오.
(a) W (b) Mg (c) C (d) P (e) Rh (f) Co (g) Xe (h) Hg

4. 원소의 기호는 무엇을 의미하는가?

5. 주기율표에 있는 모든 준금속의 기호와 이름을 쓰시오.

6. 하나의 문자만 기호로 사용하는 전이 원소의 이름과 기호를 적으시오(앞표지 안쪽의 주기율표를 참조하시오).

7. 인체에서 가장 풍부한 여섯 가지 원소 중 금속, 비금속, 준금속은 각각 몇 개인가? (표 3.2 참조)

8. 이원자 분자로 존재하는 원소의 이름과 화학식을 쓰시오(표 3.6 참조).

9. 각 쌍에 대한 의미의 차이를 설명하시오.
(a) Rb와 Br (b) H_2와 2H (c) S_8와 8S (d) Re와 Er

10. 원소와 화합물을 구별하시오.

11. 알칼리 토금속은 몇 개인가? 알칼리 토금속의 기호를 쓰시오.

12. 지구의 지각, 해수, 대기에서 가장 풍부한 10가지 원소 중 금속, 비금속, 준금속은 각각 몇 개인가? (표 3.1 참조)

13. (a) 고체 이원자 비금속과 (b) 액체 이원자 비금속 원소의 원자 번호를 쓰시오(표 3.6 참조).

14. 화합물과 혼합물을 구별하시오.

15. 화합물의 두 가지 일반적인 종류는 무엇인가? 그들은 서로 어떻게 다른가?

16. 한 화합물과 다른 화합물을 구별하는 근거는 무엇인가?

17. 다음 이온 결합 화합물 NaCl, KBr, $NaNO_3$, $CaCl_2$에서 생성될 수 있는 양이온과 음이온을 쓰시오.

짝으로 된 연습 문제

푸른색 숫자로 되어 있는 모든 연습 문제의 답은 부록 5에 있다.

1. 다음 중 이원자 분자는 어느 것인가?
(a) HBr (d) S_8 (g) CH_4
(b) O_2 (e) CCl_4 (h) NO
(c) HN_3 (f) H_2O_2

2. 다음 중 이원자 분자는 어느 것인가?
(a) I_2 (d) HF (g) $ZnCl_2$
(b) H_2O (e) S_8 (h) NH_3
(c) CO_2 (f) Cl_2

3. 다음 화합물에는 어떤 원소가 들어있는가?
(a) 염화 소듐 NaCl (d) 질산 암모늄 NH_4NO_3
(b) 브로민화 포타슘 KBr (e) 요소 N_2H_4CO
(c) 황산 구리 $CuSO_4$

4. 다음 화합물에는 어떤 원소가 들어있는가?
(a) 브로민화 마그네슘 $MgBr_2$ (d) 황산 바륨 $BaSO_4$
(b) 사염화 탄소 CCl_4 (e) 인산 알루미늄 $AlPO_4$
(c) 질산 HNO_3

5. 다음 화합물에 대한 화학식을 쓰시오(성분비가 이름 뒤에 있다).
(a) 산화 마그네슘 Mg 원자 1개, O 원자 1개
(b) 염화 칼슘 Ca 원자 1개, Cl 원자 2개
(c) 염화 리튬 Li 원자 1개, Cl 원자 1개
(d) 사염화 타이타늄 Ti 원자 1개, Cl 원자 4개

6. 다음 화합물에 대한 화학식을 쓰시오(성분비가 이름 뒤에 있다).
(a) 브로민화 알루미늄 Al 원자 1개, Br 원자 3개
(b) 플루오린화 칼슘 Ca 원자 1개, F 원자 2개
(c) 크로뮴산 납(II) Pb 원자 1개, Cr 원자 1개, O 원자 4개
(d) 벤젠 C 원자 6개, H 원자 6개

7. 많은 음식에는 맛과 냄새가 나게 하는 흥미로운 화합물이 들어 있다. 이러한 화합물 중 일부를 그 조성과 함께 아래에 나열하였다. 이 화합물의 화학식을 쓰시오.
(a) 마늘 맛을 내는 알리신(탄소 6개, 수소 10개, 산소 1개, 황 2개).
(b) 고추에서 열을 내는 캡사이신(탄소 18개, 수소 27개, 질소 1개, 산소 3개).
(c) 오렌지 향을 내는 리모넨(탄소 10개, 수소 16개).

8. 많은 식물에는 종종 약효가 있는 흥미로운 화합물이 들어 있다. 이러한 화합물 중 일부를 그 조성과 함께 아래에 나열하였다. 이 화합물의 화학식을 쓰시오.
(a) 항염증 특성을 나타내는 마로니에의 에신(탄소 55개, 수소 86개, 산소 24개).
(b) 요로감염을 예방하는 크랜베리의 프로안토사이아니딘. 프로안토사이아니딘은 에피카테킨 단량체로 구성된 중합체이다(탄소 30개, 수소 14개, 산소 6개).
(c) 항말라리아 약재로 자작나무에서 발견되는 베툴린산(탄소 30개, 수소 48개, 산소 3개).

9. 다음 화합물에 있는 각 원소의 이름과 원자 수를 쓰시오.
(a) MgO (e) $K_2Cr_2O_7$
(b) $Ca(NO_3)_2$ (f) $Cu_3(PO_4)_2$
(c) $Co(C_2H_3O_2)_2$ (g) C_2H_5OH
(d) CH_3COCH_3 (h) $Na_2Cr_2O_7$

10. 다음 화합물에 있는 각 원소의 이름과 원자 수를 쓰시오.
(a) $HC_2H_3O_2$ (e) $NiCO_3$
(b) $(NH_4)_3PO_4$ (f) $KMnO_4$
(c) $Mg(HSO_3)_2$ (g) $CH_3CH_2CH_2CH_3$
(d) $ZnCl_2$ (h) $PbCrO_4$

11. 다음 화학식에는 몇 개의 원자가 있는가?
(a) $MgSO_4$ (c) CH_3CH_2CHO
(b) $(NH_4)_2SO_3$ (d) C_4H_{10}

12. 다음 화학식에는 몇 개의 원자가 있는가?
(a) CH_3CH_2OH (c) $NH_4C_2H_3O_2$
(b) $KAl(SO_4)_2$ (d) $C_6H_4Cl_2$

13. 다음 화학식에는 몇 개의 탄소 원자가 있는가?
(a) $Al(C_2H_3O_2)_3$ (c) NH_4Cl
(b) C_2H_3COONa (d) C_5H_5N

14. 다음 화학식에는 몇 개의 산소 원자가 있는가?
(a) $Fe(C_2H_3O_2)_3$ (c) $Ba(ClO_3)_2$
(b) H_3PO_4 (d) $Fe_2(Cr_2O_7)_3$

15. 다음 물질이 순물질인지, 혼합물인지 밝히시오.
(a) 아이스 커피 (d) 소듐
(b) 모래 (e) 바닷물
(c) 이산화 탄소 (f) 공기

16. 다음 물질이 순물질인지, 혼합물인지 밝히시오.
(a) 흙 (d) 산화 이질소
(b) 샐러드드레싱 (e) 황동
(c) 텅스텐 (f) 달걀

17. 15번 문제의 순물질이 원소인지, 화합물인지 명확히 밝히시오.

18. 16번 문제의 순물질이 원소인지, 화합물인지 명확히 밝히시오.

19. 다음을 원소, 화합물, 혼합물로 분류하시오.

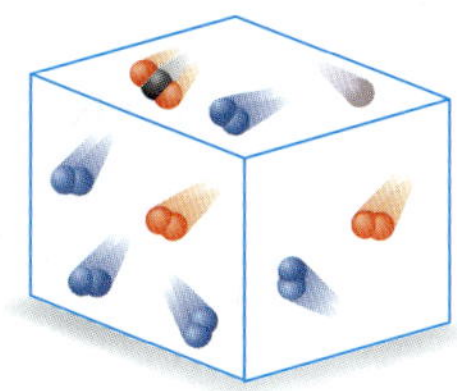

(a)

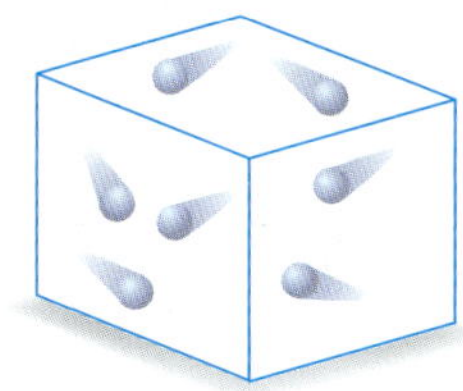

(c)

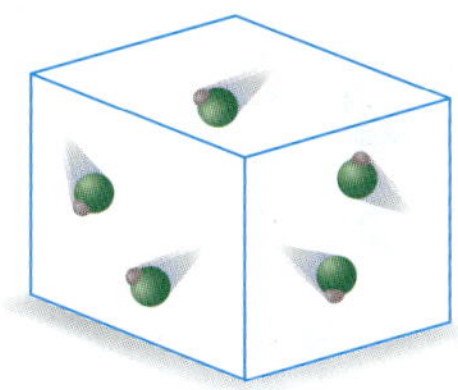

(b)

20. 다음을 원소, 화합물, 혼합물로 분류하시오.

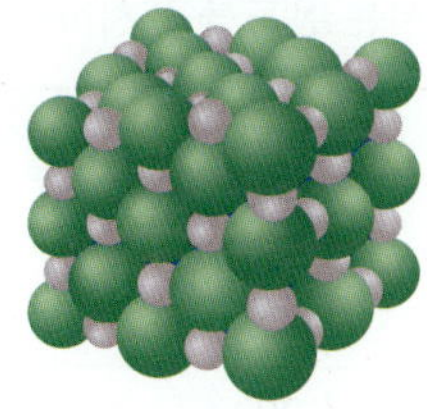

(a)

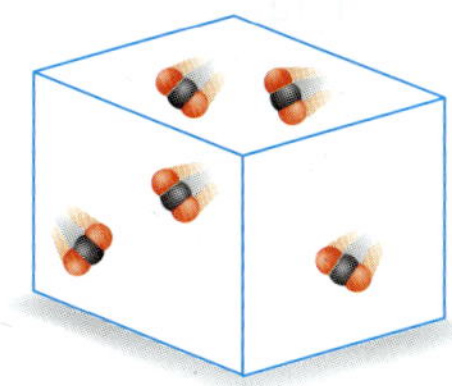

(b)

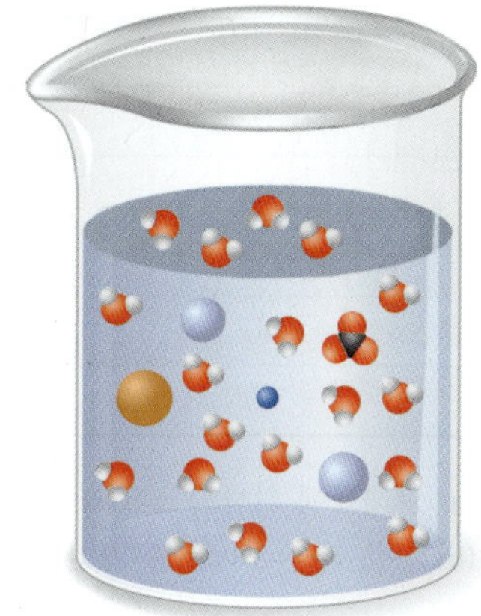

(c)

21. 주기율표에서 비활성 기체의 위치에는 어떤 패턴이 있는가? 있다면 설명하시오.

22. 주기율표에서 알칼리 토금속의 위치에는 어떤 패턴이 있는가? 있다면 설명하시오.

23. 주기율표에서 처음 36개 원소의 몇 %가 금속인가?

24. 주기율표에서 처음 36개 원소의 몇 %가 상온에서 고체인가?

25. 물의 조성에 대한 3.3절의 설명에서, 물(H_2O)이 수소 1 g당 산소 8 g을 포함하고 있다고 한다. 이 내용이 왜 참인지 설명하시오.

26. 과산화 수소의 조성에 대한 3.3절의 설명에서, 과산화 수소(H_2O_2)는 수소 1 g당 산소 16 g을 포함하고 있다고 한다. 이 내용이 왜 참인지 설명하시오.

27. 아래의 화학식에 대해서,

1. 각각이 화합물인지 확인하시오.
2. 화학식이 화합물이라면 분자 화합물인지 이온 결합 화합물인지 분류하시오.

(a) $MgCl_2$
(b) CH_4
(c) P_4
(d) NH_3
(e) H_2O

28. 아래의 화학식에 대해서,

1. 각각이 화합물인지 확인하시오.
2. 화학식이 화합물이라면 분자 화합물인지 이온 결합 화합물인지 분류하시오.

(a) CCl_4
(b) Pb
(c) KCl
(d) Ar
(e) N_2O

추가 연습 문제

29. 굵게 빻은 후추가 있는 통에 실수로 소금을 부었다. 이 후추는 당신에게 남은 유일한 후추이고 음식을 요리하기 위해서는 필요하지만, 소금이 섞이는 것을 원하지 않는다. 어떻게 두 성분을 성공적으로 분리할 수 있을까?

30. 이 책의 앞부분에 있는 주기율표에서 NaCl, KI, $MgBr_2$와 같은 이온 결합 화합물을 구성하고 있는 원자에 대하여 무엇을 알 수 있는가? (**힌트:** 주기율표에서 주어진 화합물에 있는 원자의 위치를 보라.)

31. 다음 각 화합물에는 몇 개의 원자가 있는가?

(a) CO
(b) BF_3
(c) HNO_3
(d) $KMnO_4$
(e) $Ca(NO_3)_2$
(f) $Fe_3(PO_4)_2$

32. 엽록소와 바이타민 B_{12}에 각각 존재하는 알칼리 토금속과 전이 원소는?

33. 바닷물 1리터에는 금이 4×10^{-4} mg 포함되어 있는 것으로 추정되었다. 금값이 \$19.40/g이라면, 대양 1 km^3(1×10^{15} cm^3)에 있는 금의 가치는 얼마인가?

34. 요소(NH_2CONH_2)는 실험실에서 사이안산 암모늄(NH_4OCN)을 가열하여 제조한 최초의 유기 화합물이다. 사이안산 암모늄 120 g을 가열하면 몇 그램의 요소를 만들 수 있는가?

35. $C_{145}H_{293}O_{168}$ 한 분자에 있는 전체 원자의 수는 얼마인가?

36. 다음 원소의 이름을 쓰시오.

(a) 문자 R로 시작하고 주기율표 5주기에 속하는 전이 금속
(b) 문자 A로 시작하고 주기율표 11족에 속하는 전이 금속
(c) L로 시작하는 란타넘족 계열의 두 가지 원소

37. 설탕과 모래가 섞인 혼합물을 어떻게 분리하면 각각의 순수한 형태로 얻을 수 있는가?

38. 질산(NHO_3) 일곱 다스에는 총 몇 개의 원자가 있는가?

39. 다음 자료를 사용하여 그래프를 만드시오. x축에는 리터당 그램으로 공기 밀도를 표시하고 y축을 따라서는 온도를 표시하시오.

온도(℃)	밀도(g/L)
0	1.29
10	1.25
20	1.20
40	1.14
80	1.07

(a) 그래프에 의하면 밀도와 온도 간에는 어떤 관계가 있는가?
(b) 다음 각 온도에서 공기의 밀도를 구하시오.

5°C 25°C 70°C

40. 다음 화학식들은 비슷한 것처럼 보이지만 다르다. 이들을 비교하고 대조하시오. 무엇이 같고, 무엇이 다른가?

8 S S_8

41. 동료가 읽어준 다음 화합물의 화학식을 쓰시오.

(a) NA−Cl
(b) H2−S−O4
(c) K2−O
(d) Fe2−S3
(e) K3−P−O4
(f) CA(쉬고) CN two
(g) C6−H12−O6
(h) C2−H5(쉬고) OH
(i) CR(쉬고) NO3 three

42. 바닷물에 있는 아이오딘의 함량은 질량 %로 5.0×10^{-8}이다. 1.0 g의 아이오딘을 얻기 위해서는 몇 킬로그램의 바닷물을 처리해야 하는가?

43. 혀가 단맛을 감지하면 일련의 반응을 통해 몸에 칼로리가 있는 음식이 섭취되었음이 전달된다. 만약 우리가 인공감미료가 들어있는 무칼로리 식품을 섭취하면 그 단맛으로 인해 신체는 음식을 기대하지만, 소화할 열량이 없으므로 뇌는 더 많은 음식을 찾도록 지시한다. 아래에 몇 가지 일반적인 감미료가 나열되어 있다. 각 감미료에 들어있는 원소의 이름과 원자 수를 쓰시오.

화합물	일반명	화학식
(a) 슈크로스	설탕	$C_{12}H_{22}O_{11}$
(b) 사카린	스위트 앤 로우	$C_7H_5O_3NS$
(c) 아스파탐	뉴트라스위트, 이퀄	$C_{14}H_{18}O_5N_2$
(d) 아세설팜−K	선네트, 스위트 원	$C_4H_4O_3NS$−K
(e) 슈크랄로스	스플렌다	$C_{12}H_{19}O_8Cl_3$

44. 코발트의 원소 기호는 Co인가, CO인가? 만일 잘못된 표기법을 사용하면 어떤 혼란이 일어나겠는가?

45. 카페인은 다음 그림과 같은 화학 구조를 가지고 있다. 탄소는 회색 구, 질소는 파란색 구, 산소는 빨간색 구, 수소는 흰색 구로 표시되었다. 카페인의 화학식을 쓰시오.

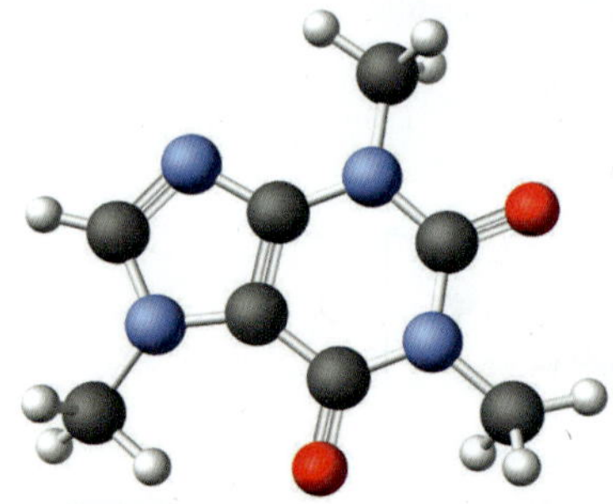

46. 다음 그림을 보고 질문에 답하시오.

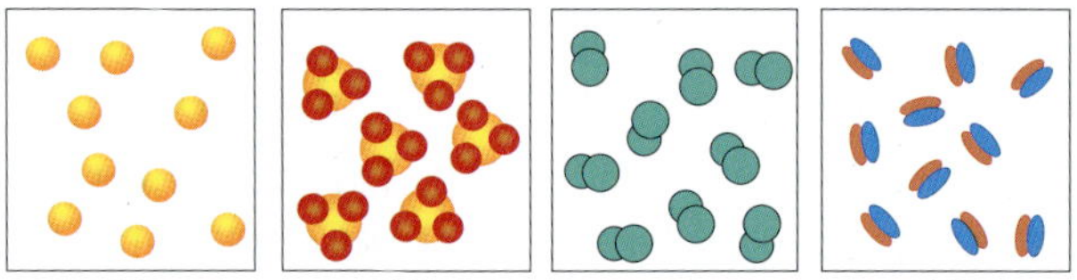

(1) (2) (3) (4)

(a) 플루오린 기체를 가장 잘 나타낸 그림은 무엇인가? 그 이유는?
(b) 그림들은 다른 원소도 나타낼 수 있는가?
(c) SO_3 기체를 나타내는 그림은 어느 것인가?

47. 다음 각각의 원소 쌍은 주기율표의 특별한 하위 그룹에 속한다. 그 특별한 하위 그룹의 이름은 무엇인가?

(a) Ar, Kr
(b) Si, As
(c) Li, K
(d) Mg, Ba
(e) Cr, Rh
(f) Br, Cl

48. 다음 화학식에는 각각 몇 개의 질소 원자가 포함되어 있는가?

(a) $Na_3Co(NO_2)_6$
(b) $NH_4S_2O_8$
(c) $NH_4C_2H_3O_2$
(d) NH_4CNS
(e) $K_3Fe(CN)_6$

49. H_2, N_2, O_2 중 화학 반응에 비활성 매체를 제공하는 가장 적합한 기체는 무엇인가? 답변을 뒷받침하는 이유와 함께 설명하시오.

도전 문제

50. 다음과 같은 이온들이 결합할 때 생성되는 중성 화합물의 화학식을 쓰시오. 교재 뒤표지 안쪽에 있는 일반 이온의 전하 값을 사용하시오.

(a) 암모늄 이온과 염화 이온
(b) 수소 이온과 황산 수소 이온
(c) 마그네슘 이온과 아이오딘화 이온
(d) 철(II) 이온과 플루오린화 이온
(e) 납(II) 이온과 인산 이온
(f) 알루미늄 이온과 산화 이온

51. 1A족(1족)과 2A족(2족)의 처음 5개 금속이 산화 이온과 형성하는 모든 화합물의 화학식을 쓰시오.

52. 불포화 지방과 오일은 요리에 자수 사용된다. 아래 나열된 각 쌍의 지방산에 대하여 분자당 탄소와 수소 원자의 수를 쓰시오.

(a) 아라키드산(포화) $CH_3(CH_2)_{18}COOH$와 아라키돈산(불포화) $CH_3(CH_2)_4(CH{=}CHCH_2)_4(CH_2)_2COH$
(b) 스테아르산(포화) $CH_3(CH_2)_{16}COOH$와 리놀레산(불포화) $CH_3(CH_2)_4(CH{=}CHCH_2)_2(CH_2)_6COOH$
(c) 각 쌍에서 수소와 탄소 원자 수의 비는 얼마인가?
(d) 아라키드산과 스테아르산을 포화되었다고 기술하는 것에 대해 가능한 설명을 제시하시오.

53. Raisin Bran(건포도와 밀기울을 섞은 시리얼) 한 컵은 미국에서의 철분 1일 영양소 권장량(RDA)의 60%를 제공한다.

(a) 만약 시리얼이 11 mg의 철분을 제공한다면 미국에서 철분 1일 영양소 권장량은 얼마인가?
(b) 시리얼에서 철분을 추출한다면, 그것은 순수한 원소일 것이다. 시리얼 한 컵에 들어있는 철분의 부피는 얼마인가?

54. 건망증이 심한 Alfred는 탁자 위에 은이 든 병을 내려놓았다. 다시 병을 가지러 갔을 때, 병에 라벨을 붙이지 않았다는 사실을 알았다. 안타깝게도 똑같은 병 2개가 나란히 있었다. Alfred는 지난주에 같은 탁자 위에 수은 병을 놓았다는 것이 생각났다. Alfred가 병을 열지 않고 은이 들어 있는 병을 알아낼 수 있는 방법 두 가지를 설명하시오.

실습 문제 정답

3.1 라듐, Ra; 루비듐, Rb; 레늄, Re; 러더포듐, Rf; 뢴트게늄, Rg; 로듐, Rh; 루테늄, Ru; 라돈, Rn

3.2 (a) 수은(Hg), 브로민(Br)
(b) 타이타늄(Ti), 크로뮴(Cr), 철(Fe), 구리(Cu), 코발트(Co)
(c) 헬륨(He), 네온(Ne), 아르곤(Ar), 크립톤(Kr), 제논(Xe)

3.3 He: 기체; N: 기체; Mg: 고체, Na: 고체, Cr: 고체, Br: 액체, Hg: 액체, I: 고체

3.4 금속 Mg, Sr, Cu, Pd
비금속 I, Xe
준금속 Po, Ge

3.5 (a) CA−S−O−four
(b) C−six−H−twelve−O−six
(c) N−H−three
(d) M−G [쉬고] C−O−three

3.6 (a) KBr
(b) $AgNO_3$
(c) $C_6H_{12}O_6$
(d) $Al_2(CO_3)_2$

Shestakov Dmytro/Shutterstock

4장
물질의 성질

우리가 사는 세계는 갖가지 모양, 소리, 냄새, 맛이 어우러진 요지경이다. 우리는 감각을 지니고 있기 때문에 이 세상의 만물을 묘사할 수 있다. 예를 들면 갓 구운 계피 향이 들어 있는 빵의 냄새를 맡으면 먹고 싶어지고, 입 안에 군침이 돌게 된다. 모양, 소리, 냄새, 맛이 우리 주변 물체의 성질을 구성하는 것처럼 화학에서도 각각의 물질은 그것을 확인하고, 그 상호 작용을 예측할 수 있도록 하는 독특한 성질을 갖는다.

물질의 상호 작용은 물리적 변화와 화학적 변화를 초래한다. 사과를 먹을 때, 최종 물질대사의 결과는 이산화 탄소와 물이다. 이와 같은 생성물은 통나무를 태울 때도 얻어진다. 이 경우 화학적 변화 외에 에너지 변화도 같이 일어난다. 어떤 반응은 (사과나 통나무의 반응처럼) 에너지를 방출하는 반면, 얼음을 녹일 때나 강철을 생산할 때와 같은 반응은 에너지가 필요하다. 인류가 현재 사용하는 에너지의 90% 이상이 화학 반응에서 생긴다.

4장의 개요

4.1 물질의 성질

이 절의 학습 목표
물질의 물리적 성질과 화학적 성질을 비교할 수 있다.

우리는 어떻게 물질들을 인식하는가? 각 물질은 일련의 **성질(property)**을 갖는데, 이것이 바로 물질의 특성으로 물질의 고유한 정체성을 부여한다. 성질들은 각 물질의 '개별적인 특성'으로 물리적 또는 화학적 성질로 분류된다. **물리적 성질(physical property)**은 조성의 변화 없이 결정될 수 있는 물질의 고유한 특성으로서, 물질의 물리적인 실체와 관련이 있다. 일반적인 물리적 성질들은 색깔, 맛, 냄새, 물질의 상태(고체, 액체, 기체), 밀도, 녹는점, 끓는점 등이다(그림 4.1). **화학적 성질(chemical property)**은 다른 물질과의 반응이나 분해에 의해 새로운 물질을 형성하는 물질의 능력을 말한다.

염소의 물리적, 화학적 성질들을 예로 들어 보자. 물리적으로 염소는 상온에서 기체이며 공기보다 약 2.4배 무겁다. 염소는 녹황색으로 불쾌한 냄새를 가진다. 화학적으로 염소는 불에 타지 않지만, 다른 어떤 물질의 연소에는 도움이 되기도 한다. 염소는 표백제로, 물의 소독제로, 냉매와 살충제 같은 염소계 물질의 합성에 사용된다. 염소가 소듐 금속과 결합할 때 염화 소듐이라는 염이 생긴다(그림 4.2). 이러한 성질들은 염소를 확인하고, 특징 짓는 데 도움을 준다.

그림 4.1 물리적 성질. 물의 끓는점은 물리적 성질이다. 끓는점에서 물은 액체에서 기체로 변하지만 분자는 여전히 물 분자이다. 분자들 사이의 거리는 더 멀리 떨어지게 되지만, 여전히 물이다.

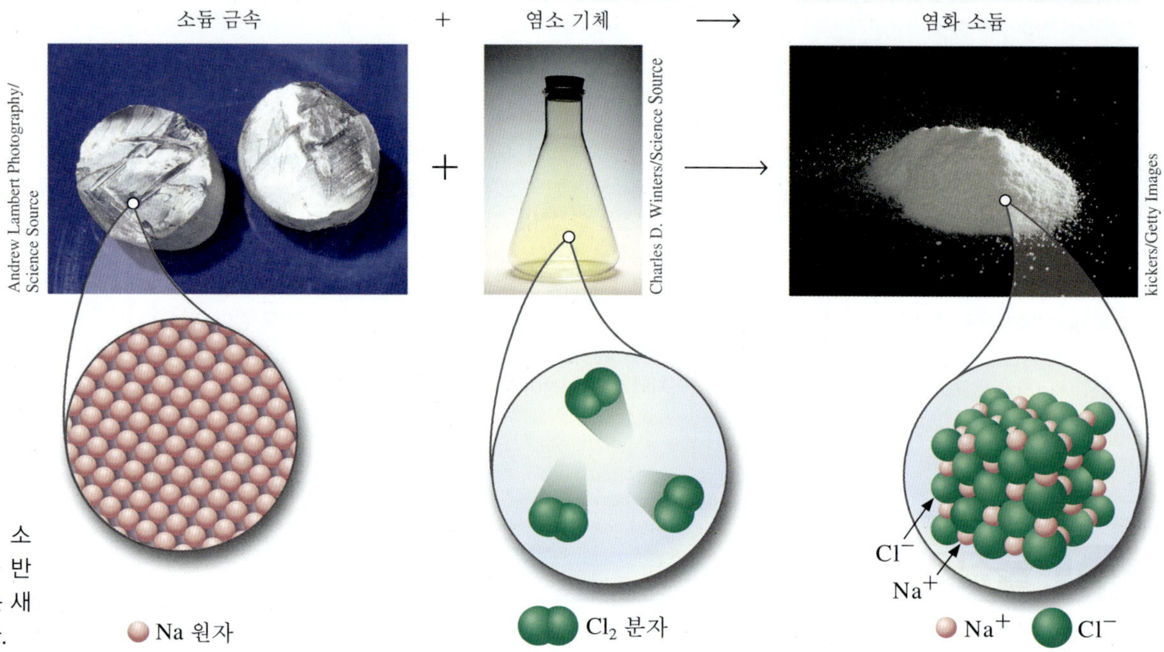

그림 4.2 화학적 성질. 소듐 금속이 염소 기체와 반응하면 염화 소듐이라는 새로운 물질이 만들어진다.

따라서 물질들은 그들의 성질에 의해 인식되고 구별된다. **표 4.1**에 여섯 가지 물질의 일반적인 물리적 성질들을 나열하였다. 표 4.1에 주어진 물리적 성질들에 관한 정보는 화학과 물리학의 편람에서 얻을 수 있다. 과학자로서 모든 답을 아는 척하거나, 엄청나게 많은 양의 자료를 기억하려고 노력할 필요는 없으나, 문헌과 인터넷의 어디에서 자료를 찾아야 하

표 4.1 몇 가지 물질의 물리적 성질

물질	색	냄새	물리적 상태	녹는점(℃)	끓는점(℃)
염소	녹황색	톡쏘는 질식할 듯한 냄새	기체(20℃)	−101.6	−34.6
물	무색	무취	액체	0.0	100.0
설탕	흰색	무취	고체	–	170~186에서 분해됨
아세트산	무색	식초 냄새	액체	16.7	118.0
이산화 질소	적갈색	톡쏘는 질식할 듯한 냄새	기체	−11.2	21.2
산소	무색	무취	기체	−218.4	−183

는지를 아는 것은 중요하다. 많은 화학자들은 Handbook of Chemistry and Physics와 같은 참고서를 활용하거나 인터넷을 자료로 사용한다.

물리적 성질과 화학적 성질이 모두 똑같은 두 물질은 없다.

생활 속의 화학

화폐 만들기

화학자들은 화폐 제조에 깊이 관여한다. 화폐 산업은 화학에 사실상 의존하여 적절한 성질을 가진 물질을 찾아내어 사용한다. 미국에서는 1달러짜리 지폐가 가장 많이 쓰인다. 화학은 잉크와 종이를 만들고 위조지폐를 막기 위해 이용된다. 지폐에 사용하는 잉크는 여러 가지 특성이 있어야만 한다. 인쇄판의 가는 선에 잘 채워져야 하며, 번지지 않고 종이에 잘 분사되어야 한다. 지폐들이 인쇄기로부터 나와 10,000장 높이로 쌓이기 때문에 즉시 말라야 한다. 또한 쌓인 밑바닥의 지폐가 받는 압력이 높으므로 잉크가 지폐의 뒷면에 달라붙지 않아야 한다.

100달러짜리 지폐의 잉크병 그림 속에는 변색되는 잉크로 그려진 자유의 종 그림이 숨겨져 있다. 이 지폐를 기울이면, 잉크병 속에 있는 자유의 종이 구리색에서 초록색으로 변하는 것을 볼 수 있다. 최근에는 지폐에 위조방지띠가 첨가되었는데, 이 띠에는 자외선에 노출되면 특별한 색으로 빛나는 잉크가 칠해져 있다. 5달러는 파란색, 10달러는 오렌지색, 20달러는 초록색, 50달러는 노란색, 100달러는 분홍색으로 빛난다. 지폐 위조범들은 더 창의적인 위조 기술을 계속 개발하고 있지만, 지폐 위조를 방지하는 기술은 그보다 항상 한발 앞서가고 있다.

지폐의 복제 방지를 위해 광학적으로 변하는 물질 또한 잉크에 사용된다. 이 변색 잉크는 지폐의 기울기에 따라 초록색에서 검은색까지 바뀐다. 10, 20, 50, 100달러의 앞면 오른쪽 구석 숫자에 사용되는 잉크의 경우 이런 색 변화가 일어난다.

지폐가 인쇄되면 내구성 시험에 들어간다. 지폐를 24시간 동안 여러 용매에 적셔 드라이클리닝 용매나 휘발유와 같은 가정용 화학약품에 의해 변하지 않는다는 것을 확인한다. 그런 다음 주머니 속 20달러짜리가 세탁 후에도 그대로 있는지를 확인하는 세탁 시험을 거친다. 지폐는 75% 면과 25% 아마포로 구성되어 있다. 마지막으로 지폐는 구김성 시험을 통과해야 하는데, 이 시험을 위해 지폐를 돌돌 말아서 금속관 속에 넣은 다음 밀대로 밀어 구긴 후 꺼내어 편편하게 펴는 과정을 50회나 반복해야 한다.

지폐가 유통되면 Federal Reserve 은행에서 빛을 이용하여 내구성을 심사한다. 지폐가 너무 더러워지면 조각내서 쓰레기 매립장으로 보내진다. 1달러 지폐는 평균적으로 18개월 동안만 유통된다.

Goran Jakuš/123 RF

100달러 지폐에는 위조방지띠와 함께 색이 변하는 잉크가 사용된다.

예제 4.1

염소 기체, 이산화 질소 기체, 산소 기체가 들어 있는 3개의 플라스크가 있다. 각 플라스크에 들어 있는 내용물을 확인하기 위해 물리적 성질을 어떻게 이용할 수 있는지 설명하시오.

풀이

화합물을 비교하기 위하여 표 4.1을 이용하고 색에 주목하라. 염소는 녹황색, 이산화 질소는 적갈색, 산소는 무색임을 알 수 있다. 이제 각 플라스크에 들어 있는 내용물을 확인할 수 있는 정보를 갖게 된 것이다.

실습 문제 4.1

구리 화합물인 CuCl, CuBr, CuI 시료가 있다. 구리의 질량 백분율이 높은 것부터 순서대로 배열하고, 왜 그런지를 설명하시오. **힌트:** 주기율표를 사용하시오.

4.2 물리적 변화와 화학적 변화

이 절의 학습 목표
물질의 물리적 변화와 화학적 변화를 비교할 수 있다.

물질은 두 가지 변화, 즉 물리적 변화와 화학적 변화를 일으킬 수 있다. **물리적 변화(physical change)**는 조성의 변화가 없는 물질의 상태 변화 또는 물리적 성질(크기, 모양, 밀도 등과 같은)의 변화이다(사진 참조). 얼음이 물로, 물이 수증기로 변하는 것은 물질의 한 상태에서 다른 상태로의 물리적 변화이다. 이런 물리적 변화에서는 새로운 물질이 생성되지 않는다.

깨끗한 백금선을 버너 불꽃 속에서 가열하면, 백금의 외관은 은백색의 금속색에서 빨간색으로 변화한다. 이 변화는 물리적 변화이다. 왜냐하면 백금을 식히면 원래 금속의 외관으로 되돌아가며, 더 중요한 것은 백금의 조성은 가열하거나 식히더라도 변하지 않기 때문이다.

화학적 변화(chemical change)에서는 원래의 물질과 다른 성질과 조성을 가지는 새로운 물질이 형성된다. 그 새로운 물질들은 원래의 물질과 어느 면에서도 닮을 필요가 없다.

깨끗한 구리선을 버너 불꽃 속에서 가열하면 구리의 외관은 구릿빛의 금속색에서 빨간색으로 변한다. 백금선과는 달리, 구리선은 식히면 구리의 원래 외관으로 복원되지 않고 대신에 검은 물질이 된다. 이 검은 물질은 산화 구리(II)라고 불리는 새로운 물질이다. 이것은 가열하는 동안 구리가 공기 중의 산소와 결합하는 화학 변화에 의해 생성된 것이다. 가열되기 전의 선은 본래 100% 구리였으나, 산화 구리(II)는 79.9%가 구리이고, 20.1%는 산소이다. 1 g의 구리로 1.251 g의 산화 구리(II)를 얻을 수 있을 것이다(**그림 4.3**). 백금은 가열하면 단지 물리적으로만 변하지만, 구리는 가열하면 물리적 및 화학적으로 변하게 된다.

물은 화학적으로 수소와 산소로 분해될 수 있다. 이것은 일반적으로 **전기 분해**(electrolysis)라고 하는 방법으로 물속에 전기를 통해 줌으로써 이루어진다. 수소가 한 전극에서 수집되는 동안 산소는 또 다른 전극에서 수집된다(**그림 4.4**). 수소와 산소의 조성과 물리적 외관은 물과 매우 다르다. 수소와 산소는 둘 다 무색 기체이지만, 타는 나무 조각을 두 시료 속에 넣었을 때는 서로 다르게 행동한다. 수소 속에서는 펑 소리를 내며 폭발하는 반면에, 산소 속에서는 불꽃이 상당히 밝아진다(산소는 나무의 연소를 도와주고 더 강하게 연소가 일어나게 해 준다). 이런 관찰들을 통해 화학적 변화가 일어났다고 결론지을 수 있다.

All Canada Photos/SuperStock

나무를 톱질하면
물리적 변화가 일어난다.

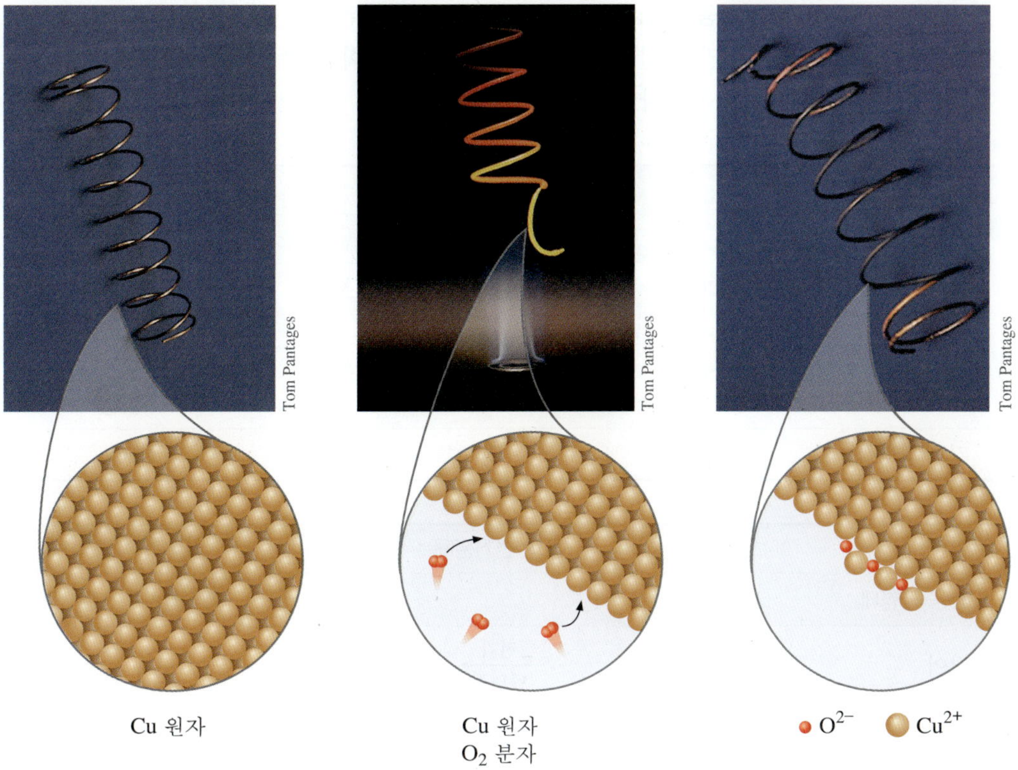

그림 4.3 화학적 변화: 구리와 산소로부터 산화 구리(II)의 생성

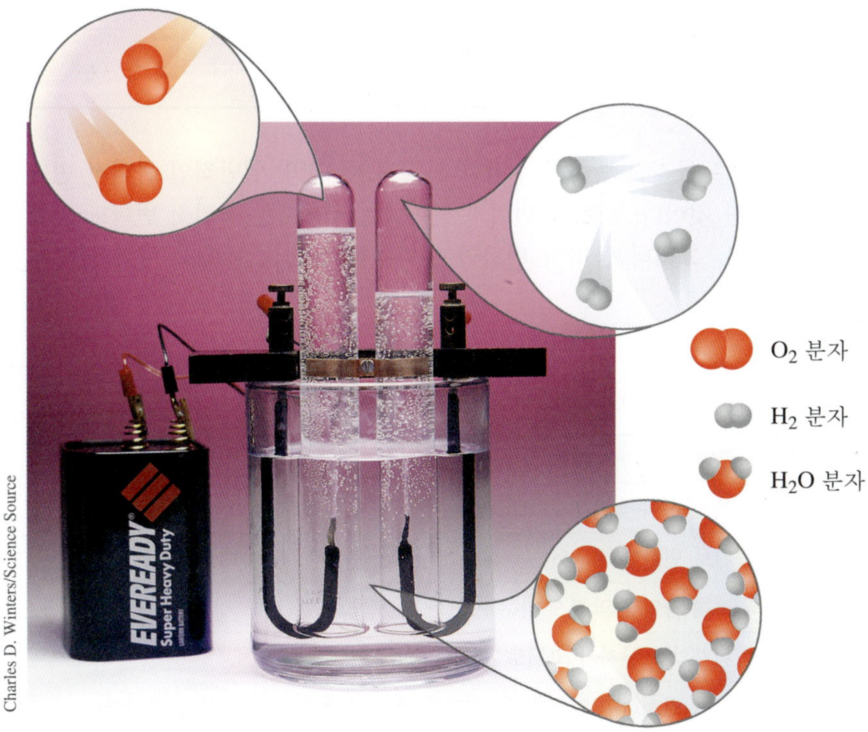

그림 4.4 물의 전기 분해에 의해 수소 기체(오른쪽)와 산소 기체(왼쪽)가 생성된다. 기체의 비는 2 : 1이다.

화학자들은 화학적 변화들을 **화학 반응식(chemical equation)** 형태로 표현하는 간단한 방법을 고안했다. 앞에서 든 두 가지 예의 화학적 변화를 다음의 단어, 분자 모형, 기호로 된 반응식으로 나타낼 수 있다. 전기 분해 반응에서는 물이 전기 분해되면 수소와 산소로 분해된다. 생성 반응에서는 구리에 산소를 더해서 가열하면 산화 구리(II)가 생성된다. 화살표는 "생성한다"를 의미하고 생성물 쪽을 가리킨다. 그리스 문자 델타(Δ)는 열을 뜻한다. 출발 물질들(물, 구리, 산소)을 **반응물(reactant)**이라고 하고, 생성된 물질들[수소, 산소, 산화 구리(II)]을 **생성물(product)**이라고 한다. 뒤에 나오는 장에서 화학 반응식을 쓰는 방법에 대해 보다 더 자세히 배우게 될 것이다.

산화 구리(II)의 생성					
반응식 형태	**반응물**				**생성물**
단어	구리	+	산소	$\xrightarrow{\Delta}$	산화 구리(II)
분자 모형		+		$\xrightarrow{\Delta}$	
기호(화학식)	2 CU	+	O_2	$\xrightarrow{\Delta}$	2 CuO

물의 전기분해					
반응식 형태	**반응물**		**생성물**		
단어	물	$\xrightarrow[\text{에너지}]{\text{전기}}$	수소	+	산소
분자 모형	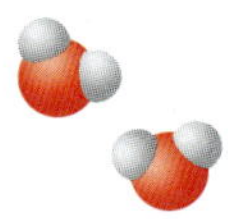	$\xrightarrow[\text{에너지}]{\text{전기}}$		+	
기호(화학식)	2 H_2O	$\xrightarrow[\text{에너지}]{\text{전기}}$	2 H_2	+	O_2

화학적 변화는 일반적으로 물리적 변화를 수반한다. 표 4.2는 몇몇 일반적인 물리적 변화와 화학적 변화들을 나열한 것이다. 화학적 변화가 일어나는 곳에서는 물리적 변화도 함께 일어난다는 것을 유념하라. 그러나 물리적 변화라고 나열한 곳에는 물리적 변화만 일어난다.

표 4.2 일반적인 과정의 물리적 또는 화학적 변화

일어나는 과정	변화의 종류	수반하는 관찰 결과
철이 녹슴	화학적 변화	빛나고 밝은 금속이 적갈색 녹으로 변한다.
물이 끓음	물리적 변화	액체가 증기로 변한다.
공기 중에서 황을 태움	화학적 변화	노란색의 고체 황이 숨막히게 하는 이산화 황 기체로 변한다.
달걀을 삶음	화학적 변화	액체상의 흰자와 노른자가 고체로 변한다.
가솔린이 연소됨	화학적 변화	액체 가솔린이 연소하여 일산화 탄소 기체, 이산화 탄소 기체와 물로 변한다.
음식이 소화됨	화학적 변화	음식이 액체 영양물과 약간의 고체 찌꺼기로 변한다.
나무를 톱질함	물리적 변화	큰 나무 조각에서 작은 나무 조각과 톱밥이 만들어진다.
나무를 태움	화학적 변화	나무는 타서 재, 이산화 탄소 기체, 물로 된다.
유리를 가열함	물리적 변화	고체는 가열되는 동안 유연해져서 유리의 모양이 변한다.

예제 4.2

순수한 에틸 알코올의 끓는점은 78.5°C이다. 응축 장치를 사용하여 에틸 알코올 증기를 액체로 얻어, 응축된 그 액체의 끓는점도 78.5°C임을 알게 되었다. 이 실험이 물리적 변화인지 화학적 변화인지를 설명하시오.

풀이

액체에서 증기로, 증기에서 액체로 되는 과정에서 양쪽의 액체는 같은 끓는점을 가지므로 물리적 변화이다.

실습 문제 4.2

나무가 타는 것은 물리적 변화인가, 화학적 변화인가?

4.3 문제 풀이 연습

> **이 절의 학습 목표**
> 화학 문제를 푸는 기본적인 단계를 나열할 수 있다.

이제까지 원소의 이름과 기호, 차원 해석법, 많은 종류의 화학 용어를 포함한 화학의 몇 가지 기초를 배웠으므로 지금부터는 화학 문제를 푸는 방법을 배워 보자.

화학을 공부하는 큰 즐거움 중 하나는 우수한 문제 해결 능력을 얻게 되는 것이다. 복잡한 문제를 푸는 능력은 삶을 헤쳐나가는 데 큰 도움을 줄 것이다. 여러분 스스로 문제를 통해 생각함으로써 문제를 푸는 방법을 익히도록 도움을 주고자 한다. 문제를 푸는 데 있어 다음과 같은 기본적인 단계가 있다.

읽기 문제를 주의 깊게 읽는다. 알고 있는 것과 풀어야 할 것을 적는다. 모든 인자와 측정값을 적절한 단위로 표기하는 것이 중요하다.

계획 문제를 푸는 데 있어 어떤 원리가 연관되어 있는지, 어떤 단위 관계가 필요한지를 결정한다. 필요한 자료를 위해 표를 참조할 필요도 있다. 모든 원치 않는 단위가 제거되도록 문제를 간결하고 조직적이며 논리적인 방법으로 설정한다. 문제를 설정하는 방법을 익히기 위해 예제를 활용한다.

계산 필요한 수학 연산을 실행한다. 답이 적절한 개수의 유효 숫자를 갖도록 한다.

확인 답이 타당한지를 점검한다.

처음에는 각 예제에서 위의 과정대로 진행하며 도와줄 것이다. 이 교재의 후반부로 갈수록 문제 풀이법에 대해 더 많이 배우고, 많은 연습을 하게 됨에 따라 도움이 덜 필요하게 될 것이다. 학기 말이 되면 여러분 스스로 문제를 풀 수 있게 될 것이다.

문제 풀이에 대해 몇 가지 더 할 말이 있다. 문제를 푸는 데 있어 틀에 박힌 방법만을 사용하지 마라. 상식이나 직감을 이용하라. 문제가 분명하고 또 다른 방법에 의해 풀이가 더 간단해진다면 그 방법을 사용하라.

일반적인 방법으로 문제를 풀다 보면 더욱더 어려운 문제도 스스로 풀 수 있게 될 것이다. 자신감을 갖게 되면, 독립적이고 창의적인 문제 해결자가 될 것이고, 실생활 어디에서든지 이러한 능력을 사용할 수 있을 것이다.

4.4 에너지

이 절의 학습 목표
여러 가지 형태의 에너지를 나열하고, 화학적 변화에 있어서 에너지의 역할과 에너지 보존 법칙에 대하여 설명할 수 있다.

불이 우리를 따뜻하게 해 주거나 요리를 하는 데 사용될 수 있다는 초기의 발견에서부터 핵반응이 엄청난 양의 통제된 에너지를 생산하는 데 사용될 수 있다는 근래의 발견에 이르기까지, 에너지를 생산하고, 동력화하고, 이용하려는 인간의 능력에 의해 기술이 발전되어 왔다. **에너지(energy)**란 물체가 일할 수 있는 능력이다. 에너지는 여러 가지 형태로 존재한다. 즉 잘 알려진 에너지 형태로 역학, 화학, 전기, 열, 핵, 복사 또는 빛에너지를 들 수 있다. 물체는 퍼텐셜 에너지와 운동 에너지를 모두 가질 수 있다.

퍼텐셜 에너지(potential energy, PE)는 축적된 에너지 또는 대상물이 그것의 상대적인 위치 때문에 지니게 되는 에너지이다. 예를 들면, 지상 20 ft에 있는 공은 지상 10 ft에 있을 때보다 더 많은 퍼텐셜 에너지를 가지므로 떨어뜨리면 더 높게 튕겨 올라갈 것이다. 댐 안에 갇힌 물은 전기 또는 역학 에너지의 형태로 유용한 일로 전환될 수 있는 퍼텐셜 에너지를 나타낸다. 휘발유는 화학적 퍼텐셜 에너지의 원천이 된다. 휘발유가 연소할 때(산소와 결합할 때) 방출되는 열은 퍼텐셜 에너지의 감소와 관련이 있다. 연소에 의해 형성된 새로운 물질은 휘발유와 산소가 지닌 것보다 더 적은 화학적 퍼텐셜 에너지를 가진다.

Goodfreephotos_com/390 images/Pixabay

나이아가라 폭포의 수력 발전소에서는 폭포에서 떨어지는 물의 역학 에너지가 전기 에너지로 바뀐다. 물이 떨어질 때 퍼텐셜 에너지가 운동 에너지로 바뀌며, 터빈을 돌려서 전기 에너지를 생산한다.

운동 에너지(kinetic energy, KE)는 물체의 운동에 기인한 에너지이다. 댐 안에 갇힌 물을 방류하면 그것의 퍼텐셜 에너지는 운동 에너지로 바뀌게 되고, 이러한 운동 에너지는 발전기를 돌려서 전기를 생산하는 데 사용될 수 있다. 모든 움직이는 물체들은 운동 에너지를 가지고 있다. 우리는 움직이는 두 자동차가 충돌할 때의 결과를 알고 있다. 두 자동차의 운동 에너지는 충돌이 일어날 때 모두 소모된다. 갇혀 있는 기체가 가하는 압력은 빠르게 움직이는 기체 입자들의 운동 에너지에 의한 것이다.

에너지는 한 형태에서 다른 형태로 전환될 수 있다. 몇몇 종류의 에너지는 다른 형태로 쉽게 효율적으로 전환될 수 있다. 예를 들면, 역학 에너지는 발전기를 이용해서 90% 이상의 효율로 전기 에너지로 전환된다(사진 참조). 그 반면에 태양 에너지는 약 30% 정도의 효율로만 전기 에너지로 직접 전환되어 왔다. 화학에서 에너지는 대부분 열로 방출된다.

화학적 변화에서의 에너지

모든 화학적 변화에서 물질은 에너지를 흡수하거나 방출한다. 화학적 변화는 다른 형태의 에너지를 만들어 낼 수 있다. 예를 들면, 자동차를 출발시키는 전기 에너지는 납축전지 내의 화학적 변화로 생산된다. 빛에너지는 빛의 다발에서 일어나는 화학적 변화로 생성된다. 열과 빛은 연료의 연소로부터 방출된다. 예를 들면, 로켓은 추진력을 얻기 위해 수소와 산소가 반응해서 물을 생성하는 반응을 사용한다(그림 4.5). 호흡, 근육 수축, 혈액 순환 등 우리가 살아가는 데 필요한 모든 에너지는 우리 신체의 세포 내에서 일어나는 화학적 변화로 생성된다.

McClatchy-Tribune/Tribune Content Agency LLC/Alamy Stock Photo

그림 4.5 오리온 로켓의 외부 연료 탱크에는 궤도 진입을 위한 추진력을 제공하는 반응이 일어나게 하는 화학 물질이 들어 있다.

반대로 에너지는 화학적 변화를 일으키기도 한다. 예를 들면, 금속의 전기 도금에서 전기 에너지가 금속이 담겨 있는 전해질 용액을 통과할 때 화학적 변화가 일어난다. 녹색식물이 태양에서 오는 복사 에너지를 사용하여 광합성을 할 때도 화학적 변화가 일어난다. 그리고 앞서 본 바와 같이, 전기를 이용하여 물을 수소와 산소로 분해시킬 때도 화학적 변화가 일어난다. 화학적 변화는 새로운 물질을 생성하기보다는 에너지를 생성하기 위해 이용될 때도 있다. 연료가 연소할 때 생기는 열이나 추진력은 새롭게 생성된 물질보다 더 중요하다.

예제 4.3

메테인은 천연가스의 주된 화합물이고 가정에서 난방이나 요리할 때 사용된다. 공기(산소) 중에서 메테인의 연소는 상당한 열에너지를 생성한다. 화학 반응식은 다음과 같다.

$$\underset{\text{메테인}}{CH_4} + \underset{\text{산소}}{2\,O_2} \longrightarrow \underset{\text{이산화 탄소}}{CO_2} + \underset{\text{물}}{2\,H_2O} + \underset{\text{열}}{802.5\ kJ}$$

만일 이산화 탄소와 물로부터 메테인을 만드는 것이 가능하다면, 얼마의 열에너지가 필요한가? 그 반응식을 쓰시오.

풀이

메테인을 만드는 데 802.5 kJ의 열에너지가 필요하다. 화학 반응식은 다음과 같다.

$$CO_2 + 2\,H_2O + 802.5\ kJ \longrightarrow CH_4 + 2\,O_2$$

에너지 보존

에너지 변환은 화학적 변화가 일어날 때마다 일어난다(**그림 4.6**). 만약 변화하는 동안 에너지가 흡수된다면 생성물은 반응물보다 높은 화학적 퍼텐셜 에너지를 가질 것이고, 반대로 화학적 변화를 하는 동안 에너지가 방출된다면 생성물은 반응물보다 낮은 화학적 퍼텐셜 에너지를 가질 것이다. 물은 전해 전지에서 전기 에너지를 흡수하여 분해될 수 있다. 생성물인 수소와 산소는 물보다 높은 화학적 퍼텐셜 에너지 준위를 갖는다(그림 4.6(a) 참조). 이 퍼텐셜 에너지는 수소와 산소가 다시 물을 형성하기 위해 연소될 때, 열과 빛의 형태로 방출된다(그림 4.6(b) 참조). 따라서 에너지는 한 형태에서 다른 형태로 또는 한 물질에서 다른 물질로 전환되는 것이지 손실되는 것이 아니다.

여러 계에서 일어나는 에너지 변화가 철저하게 연구되어 왔다. 어떠한 계도 다른 계가 갖고 있던 에너지의 소모 없이는 에너지를 얻지 못한다. 이것이 **에너지 보존의 법칙**(**law of conservation of energy**)이다. 즉 에너지는 한 형태에서 다른 형태로 변환되더라도 결코 새로 만들어지거나 소멸될 수는 없다.

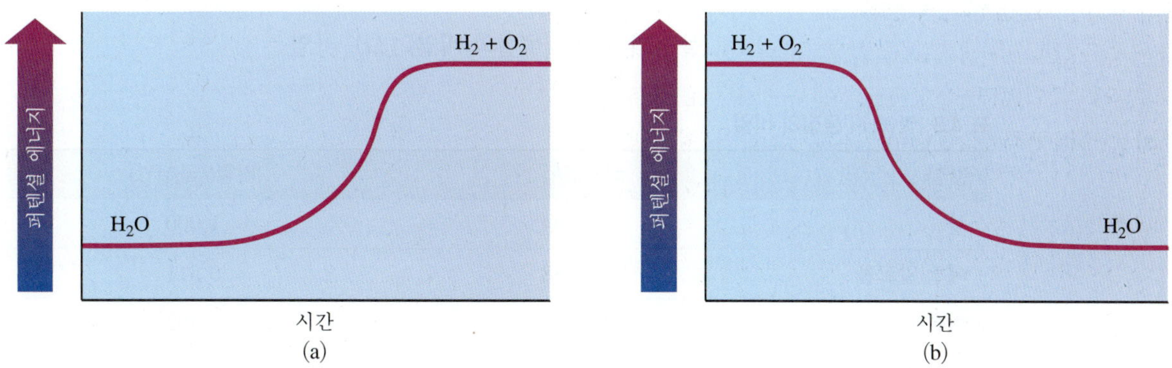

그림 4.6 (a) 물의 전기 분해에서 에너지는 계에 의해 흡수되고, 생성물인 H_2와 O_2가 더 높은 퍼텐셜 에너지를 가진다. (b) 수소가 연료로 사용될 때, 에너지는 방출되고 생성물(H_2O)은 더 낮은 퍼텐셜 에너지를 가진다.

4.5 열: 정량적 측정

이 절의 학습 목표
주어진 계에서 얻은 열과 잃은 열을 계산할 수 있다.

참고
1 kJ = 1000 J
1 kcal = 1000 cal = 1 Cal

에너지에 대한 SI 유도 단위는 줄(joule)이다(간략하게 J로 표시한다). 수년 동안 사용되어 온 열에너지에 대한 또 하나의 단위는 칼로리(calorie)이다(간략하게 cal로 표시한다). 줄과 칼로리 사이의 관계는 다음과 같다.

$$4.184 \text{ J} = 1 \text{ cal (정확하게)}$$

이러한 열 단위들의 크기 개념을 정의하면, 4.184**줄**(**joule**)이나 1**칼로리**(**calorie**)는 1 g의 물을 일반적으로 14.5℃에서 15.5℃까지 1℃ 변화시키는 데 필요한 열에너지의 양이다.

줄과 칼로리는 작은 단위이므로, 킬로줄(kJ)과 킬로칼로리(kcal)가 많은 화학 과정에서 열에너지를 표현하는 데 사용된다. 킬로칼로리는 영양학적 칼로리(Calorie)로 알려져 있다(대문자 C로 시작하는 Calorie로 나타내고 간략하게 Cal로 표시한다). 이 책에서는 앞으로 열에너지를 줄로 표현할 것이다(참고 참조).

열과 **온도**의 의미 차이는 다음 예로 알 수 있다. 두 개의 비커 A와 B가 있다. 비커 A에는 20℃의 물 100 g이 들어 있고, 비커 B에는 20℃의 물 200 g이 들어 있다. 각 비커 속에 들어 있는 물의 온도가 30℃가 될 때까지 비커들을 가열한다. 두 비커 속 물의 온도는 똑같이 정확하게 10℃ 상승했다. 그러나 비커 B의 물의 온도를 올리는 데는 비커 A의 물의 온도를 올리는 데 필요한 열(4184 J)의 두 배의 열(8368 J)이 필요하다.

18세기 중엽, 스코틀랜드의 화학자 Joseph Black(1728~1799)은 원소를 가열하는 실험을 하고 있었다. 그는 같은 질량의 철과 납을 같은 온도 범위 내에서 가열시키고 냉각시켰다. Black은 납보다 철에 훨씬 많은 열이 필요하다는 것을 알았다. 그는 물질의 기본적인 성질, 즉 모든 물질은 특유의 열용량을 가진다는 것을 발견하였다. 열용량은 비열로 환산하여 비교할 수 있다. 물질의 **비열**(**specific heat**)은 그 물질 1 g의 온도를 1℃ 변화시키는 데 필요한 열(잃거나 얻은)의 양이다. 따라서 액체 상태의 물의 비열은 4.184 J/g℃(1.000 cal/g℃)이다. 물은 대부분의 물질보다 비열이 크다. 예를 들면, 알루미늄과 구리의 비열은 각각 0.900 J/g℃와 0.385 J/g℃이다(표 4.3). 질량, 비열, 온도 변화(Δt) 그리고 어떤 한 계(system)가 얻거나 잃은 열의 양 사이의 관계는 다음과 같은 일반식으로 나타낼 수 있다.

$$(\text{물질의 질량})(\text{물질의 비열})(\Delta t) = \text{열}$$

표 4.3 몇 가지 물질의 비열

물질	비열(J/g℃)	비열(cal/g℃)
물	4.184	1.000
에틸 알코올	2.138	0.511
얼음	2.059	0.492
알루미늄	0.900	0.215
철	0.473	0.113
구리	0.385	0.0921
금	0.131	0.0312
납	0.128	0.0305

여기서 그리스 문자 Δ는 '변화'를 의미하는 데 사용되며, 소문자 t는 섭씨 온도를 나타낸다. 질량은 그램으로, 비열은 cal/g°C 또는 J/g°C로 나타낸다.

그러므로 물 200. g의 온도를 10.0°C 상승시키는 데 필요한 열의 양은 다음과 같이 계산할 수 있다.

$$(200.\ \cancel{g})\left(\frac{4.184\ \text{J}}{\cancel{g^\circ C}}\right)(10.0\cancel{^\circ C}) = 8.37 \times 10^3\ \text{J}$$

예제 4.4

고체 125 g의 온도를 25.0°C에서 52.6°C로 올리는 데 1638 J이 필요하다. 이 고체의 비열을 J/g°C와 cal/g°C로 계산하시오.

풀이

읽기 **알려진 값:** 고체의 질량 125 g

$\Delta t = 52.6 - 25.0 = 27.6^\circ\text{C}$

열 = 1638 J

구하는 값: 고체의 비열

계획 식 [(질량)(비열)(Δt) = 열]을 사용하여 비열을 구한다.

$$\text{비열} = \frac{\text{열}}{\text{g} \times \Delta t}$$

계산

$$\text{비열} = \frac{1638\ \text{J}}{125\ \text{g} \times 27.6^\circ\text{C}} = 0.475\ \text{J/g}^\circ\text{C}$$

1.00 cal/4.184 J을 이용해서 줄을 칼로리로 변환한다.

$$\text{비열} = \left(\frac{0.475\ \cancel{J}}{\text{g}^\circ\text{C}}\right)\left(\frac{1.000\ \text{cal}}{4.184\ \cancel{J}}\right) = 0.114\ \text{cal/g}^\circ\text{C}$$

확인 답의 단위가 비열의 단위와 일치하는지를 점검한다.

예제 4.5

질량이 212 g인 금속 시료를 125.0°C로 가열한 다음, 24.0°C의 물 375 g에 떨어뜨렸다. 만약 물의 최종 온도가 34.2°C라면, 금속의 비열은 얼마인가? (주위로의 열 손실은 없다고 가정한다.)

풀이

읽기 **알려진 값:** 질량 (금속) = 212 g

질량 (물) = 375 g

Δt (물) = 34.2 − 24.0 = 10.2°C

Δt (금속) = 125.0 − 34.2 = 90.8°C

구하는 값: 금속의 비열

계획 금속이 물에 들어가면, 그 금속은 물에 열을 빼앗기면서 냉각되기 시작한다. 이와 동시에 물의 온도는 상승한다. 이 과정은 금속의 온도와 물의 온도가 같아질 때(34.2°C)까지 계속되고, 그 이후에는 열의 알짜 흐름은 생기지 않는다.

한 계가 얻거나 잃은 열은 다음 식으로 나타낼 수 있다.

(질량) (비열) (Δt) = 에너지 변화 (열)

계산 **물이 얻은 열 = 금속이 잃은 열**

물이 얻은 열 = (물의 질량)(비열)(Δt)

$$= (375\ \cancel{g})\left(\frac{4.184\ \text{J}}{\cancel{g^\circ C}}\right)(10.2\cancel{^\circ C}) = 1.60 \times 10^4\ \text{J}$$

물이 얻은 열 = 금속이 잃은 열 = 1.60×10^4 J

(금속의 질량) (금속의 비열) (Δt) = 1.60×10^4 J

(212 g) (금속의 비열) (90.8°C) = 1.60×10^4 J

금속의 비열을 결정하기 위하여 식 [(질량) (비열) (Δt) = 열]을 정리하여 금속의 비열을 구한다.

$$\text{금속의 비열} = \frac{1.60 \times 10^4 \text{ J}}{(212 \text{ g})(90.8°\text{C})} = 0.831 \text{ J/g°C}$$

확인 답의 단위가 비열의 단위와 일치하는지를 점검한다.

실습 문제 4.3

물 16.0 g을 44.0°C에서 47.0°C로 가열하는 데 필요한 에너지의 양을 계산하시오.

실습 문제 4.4

55.5°C의 금속 220.0 g은 물 300.0 g의 온도를 23.0°C에서 25.5°C로 상승시킨다. 금속의 비열을 J/g°C로 나타내시오.

4.6 실제 세상에서의 에너지

이 절의 학습 목표
탄화수소 화합물을 정의하고, 세계 에너지 공급에 있어서 그 역할을 설명할 수 있다.

석탄, 석유, 천연가스, 나무는 방대한 에너지를 제공하며, 이러한 모든 에너지는 태양으로부터 나온다. 식물은 광합성을 통하여 태양 에너지를 저장하고 사람들은 식물을 태우거나 식물의 부패 산물을 사용하여 에너지를 얻는다. 이러한 부패 산물은 수백만 년에 걸쳐 변환되어 화석 연료가 된다. 식물이 죽고 부패하여 석유가 되었고, 이것을 오늘날 가솔린이나 천연가스의 형태로 사용한다.

석유가 어떻게 만들어졌는지에 대해 완전하게 이해할 수는 없지만, 대부분은 5억 년 전에 살았던 해양 생물로부터 온 것으로 추정된다. 석유는 (탄소와 수소만을 포함하는) 탄화수소 화합물로 구성되어 있다. 탄소는 다양한 길이의 사슬 구조를 갖는 분자를 만들 수 있는 독특한 원소이다. **표 4.4**에 몇 가지 간단한 탄화수소들의 이름과 화학식이 나열되어 있다. 천연가스는 석유와 관련되어 있고, 약간의 에테인, 프로페인, 뷰테인이 섞여 있는 메테인으로 구성되어 있다. 오늘날 미국에서는 대부분의 천연가스 자원이 수압 파쇄법이라는 공정에 의해 얻어진다.

표 4.4 간단한 탄화수소의 이름과 화학식

이름	화학식
메테인	CH_4
에테인	C_2H_6
프로페인	C_3H_8
뷰테인	C_4H_{10}
펜테인	C_5H_{12}
헥세인	C_6H_{14}
헵테인	C_7H_{16}
옥테인	C_8H_{18}
노나인	C_9H_{20}
데케인	$C_{10}H_{22}$

석탄은 땅에 묻힌 식물이 오랜 세월 동안 높은 압력과 열을 받아 생성되었다. 화학적 변화는 식물 조직의 산소와 수소의 양을 낮추고 석탄이라는 검은색 고체를 만들었다. 석탄 속 탄소의 양이 증가하면 석탄에서 나오는 에너지도 증가한다. 석탄은 미국에서 중요한 에너지 자원이다.

우리는 현재 에너지 위기에 직면하고 있으며, 미래를 위해 신재생 에너지 자원을 찾고 있다. 계속되는 인구 증가에 따라 필요한 연료를 찾는 데 있어, 경제성, 공급, 기후 요인 등을 고려해야 한다. 태양, 핵, 바이오매스(biomass), 풍력, 합성 연료와 같은 다양한 잠재적인 자원들이 있다. 이제 우리는 전 세계적으로 에너지 의존도를 낮추기 위해 가장 경제적인 방법으로 이러한 자원을 개발하고 사용하는 데에 초점을 맞추어야 한다(사진 참조).

생활 속의 화학

팝콘 튀기기

마이크로파를 이용해서 팝콘 봉지의 모든 알맹이를 튀겨낼 수 있는 비결은 무엇일까? 식품학자들은 팝콘이 잘 튀겨지는 조건을 알아내기 위해 여러 종류의 팝콘 알맹이들을 조사하였다. 모든 팝콘의 알맹이에는 녹말과 약간의 수분이 있다. 알맹이들이 열을 받으면, 물이 기화되면서 알맹이 속의 압력이 증가한다. 결국, 알맹이가 터지고 녹말이 흰색 거품처럼 팽창한다.

미국 Indiana주의 연구자들은 14종류의 팝콘을 시험하여 가장 잘 튀겨질 수 있는 팝콘을 알아냈다. 튀겨지지 않고 남아 있는 팝콘 알맹이는 4~47%였으며, 수분을 가장 많이 함유한 알맹이를 사용할 경우에 팝콘으로 튀겨지지 않고 남아 있는 알맹이의 수가 가장 적었다. 분석 결과 결정적 요인은 알맹이 껍질에 있음을 확인하였다. 알맹이 껍질은 팝콘 알맹이를 딱딱하게 둘러싸고 있고, 셀룰로스의 긴 고분자로 이루어져 있다. 알맹이가 열을 받으면, 셀룰로스의 긴 사슬이 한 줄로 정렬되어 강한 결정성 구조를 만든다. 이 강력한 구조가 알맹이 속에 있는 수증기를 빠져나갈 수 없게 해서 팝콘이 되기에 충분한 압력으로 만들어 준다. 알맹이가 열을 받아 분자 구조가 변할 때 가장 많은 알맹이가 튀겨진다. 이처럼 에너지와 화학이 잘 조화될 때 맛있는 간식이 만들어진다.

Alexandre Lima/Shutterstock

팝콘

Ayrat A/Shutterstock · anatoliy_gleb/Shutterstock · Daniel Prudek/123 RF

대체 에너지 자원으로 풍력, 태양, 바이오연료 등이 있다.

예제 4.6

세계에서 사용되는 많은 에너지는 석탄에 의존한다. 석탄의 큰 매장층은 세계 곳곳에 있다. 미국에서 사용되는 에너지의 약 20%가 석탄에서 공급된다. 주로 탄소로 이루어진 석탄의 연소는 공기 중의 산소와 반응하여 이산화 탄소와 많은 열에너지를 생성한다. 이 반응의 화학 반응식을 쓰시오.

풀이

$$C + O_2 \longrightarrow CO_2 + \text{열 (393 kJ)}$$

실습 문제 4.5

가솔린의 주요 화합물은 탄화수소이다. 석유를 증류하여 탄화수소를 얻기 때문에, 석유가 없다면 산업은 정지되고 수백만 대의 자동차가 소용없게 된다. 표 4.4에 나열된 탄화수소들의 일반식 (C_xH_y)을 쓰시오.

사례 연구 시원한 물 한 잔: 미스터리

제1부 놀라움

대학 학부 과정 과학 수업에서, 학생과 교사의 그룹은 소금과 얼음을 사용한 몇 가지 실험을 방금 마쳤다. 그들은 소금이 얼음을 원래 녹는점보다 낮은 온도에서 녹게 만든 것을 관찰했다.

> "이제 이해가 되네요. 우리가 인도의 얼음을 녹이기 위해 소금을 어떻게 사용하는지 기억하나요? 소금은 얼음을 녹이는 데 도움이 됩니다." Marian이 그녀의 그룹원들에게 말했다. 그들은 모두 동의하였다.

그런 다음 강사는 그들에게 교육 프로젝트를 소개했다. "당신들은 초등학교 학생들에게 흥미로운 과학 개념을 가르치기 위한 수업을 만들도록 요청을 받곤 합니다. 이번 수업에서 얻은 지식을 자유롭게 활용해 주세요."

이 그룹은 아이들에게 '물의 세 가지 상태'를 가르치기로 했다. 어린이들에게 소금물에 넣은 얼음과 담수에 넣은 얼음 중 어떤 것이 먼저 녹을 것인지 예측하도록 물어볼 수 있다. 그것은 그들의 관심을 끌 것이다. 그런 다음 그들과 함께 예측을 확인하기 위해 실험을 진행할 수 있다. 먼저 그들은 실험을 직접 해 보기로 했다. 그들은 200 mL의 담수와, 같은 양의 소금물을 별도의 용기에 담아서 두 물의 온도가 동일한지 확인하였다. 그런 다음 그들은 같은 크기와 모양의 두 개의 얼음 조각을 각각의 물에 넣고 얼음이 녹는 데 얼마나 걸리는지 시간을 재기 시작했다. 처음에 양쪽 얼음 조각은 물 위에 떠 있었고 놀랍게도 담수에 있는 얼음 조각이 소금물에 있는 것보다 훨씬 빨리 녹았다. 그들은 왜 그런지 궁금해하였다.

이 그룹은 집으로 돌아가서 주말 내내 이 미스터리에 대해 생각하였다. 그들은 미스터리를 해결할 수 있을 것으로 생각하게 만드는 일상적인 현상을 여러 번 관찰했다. 관찰 내용은 다음과 같다.

1. 밀도가 낮은 액체가 밀도가 높은 액체 위에 놓인다. (물 위의 기름처럼)
2. 따뜻한 공기가 찬 공기 위로 올라간다.
3. 사람은 민물보다 바닷물에서 더 높이 떠오른다.
4. 차가운 아이스티는 따뜻한 물에서 가라앉는다.

이 그룹은 월요일에 만나 그들이 이 미스터리에 대한 완벽한 설명을 찾았다고 결정했다. 자신들의 아이디어를 시험해 보기 위해 식용색소 몇 방울을 물에 넣고 얼음 조각으로 얼려서 착색된 얼음 조각을 만들었다. 그런 다음 그들은 착색된 얼음 조각을 사용하여 원래 실험을 반복했다.

담수에 있는 얼음 조각과 소금물에 있는 얼음 조각의 녹는 속도는 어떻게 비교되는가?

제2부 관련 현상

바닷물과 담수에 들어 있는 착색된 얼음 조각을 이용한 실험에서 어떤 일이 일어날지 예측하시오.

다음으로 실험을 수행하고 소금물과 담수 모두에 대한 관찰 내용을 기록하시오.

제3부 관측

이 그룹은 두 개의 얼음 조각이 다른 속도로 녹을 뿐만 아니라 다른 방식으로 녹는 것을 알아냈다. 그들은 담수에 있는 것은 전체적으로 작아지는 것을 발견했지만, 소금물에 있는 것은 위에서 관찰하면 그대로 유지되는 것처럼 보였다. 그러나 소금물에 있는 얼음 조각도 녹고 있었고, 그 속도는 더 느린 것 같았다. 이 얼음이 측면으로부터 녹고 있지는 않는다고 생각했지만, 위에서 녹고 있는지 아니면 바닥에서 녹고 있는지는 결정할 수 없었다.

제4부 분석

1. 소금물 얼음 조각은 위에서부터 아래로 녹고 있는가, 아니면 아래에서부터 위로 녹고 있는가? 왜 그렇게 생각하는가?
2. 이 설명을 어떻게 검증할 수 있는가?
3. 검증 결과를 설명하시오.
4. 여러 유체에서 물체가 떠다니거나 가라앉는 데 밀도가 끼치는 영향은 무엇인가?
5. 더 높은 온도 영역에서 더 낮은 온도 영역으로 열이 전달되는 두 가지 방법은 무엇인가? (예: 물컵 속의 얼음 조각) 두 물체 사이에 열을 전달할 수 있는 다른 방법이 있는가?

Li-hsuan Yang의 "A Cool Glass of Water: A Mystery"에서 발췌. 2007년 11월 4일 미국 국립 과학 사례 연구 교육 센터에서 출판되었으며, 허가를 받고 사용함.

4장 복습

4.1 물질의 성질

중요 용어: 성질 | 물리적 성질 | 화학적 성질

- 각 물질은 그 물질의 특성이자 고유한 정체성을 부여하는 일련의 성질을 갖는다.
- 물리적 성질은 물질의 고유한 특성이며 조성의 변화 없이 결정될 수 있다.
    - 색, 맛, 냄새
    - 물질의 상태
    - 밀도
    - 녹는점
    - 끓는점
- 화학적 성질은 다른 물질과 상호 작용하여 새로운 물질을 형성하는 능력을 나타낸다.

4.2 물리적 변화와 화학적 변화

중요 용어: 물리적 변화 | 화학적 변화 | 화학 반응식 | 반응물 | 생성물

- 물리적 변화는 조성의 변화가 없는 물질의 상태 변화 또는 물리적 성질(크기, 모양, 밀도 등과 같은)의 변화이다.
- 화학적 변화에서는 원래의 물질과 다른 성질과 조성을 가지는 새로운 물질이 형성된다.
- 화학적 변화는 화학 반응식으로 나타낼 수 있다.
    - 단어로 기술된 반응식
    - 분자 모형으로 된 반응식
    - 기호(화학식)로 된 반응식

4.3 문제 풀이 연습

읽기 문제를 주의 깊게 읽고, 알고 있는 것과 풀어야 할 것을 적는다.

계획 문제를 푸는 데 필요한 것을 결정하고, 예제를 활용하여 간결하고 조직적인 방법으로 문제를 설정한다.

계산 답이 적절한 단위와 유효 숫자를 갖고 있는지 확인하면서 필요한 계산을 완성한다.

확인 답이 타당한지를 점검한다.

4.4 에너지

중요 용어: 에너지 | 퍼텐셜 에너지 | 운동 에너지 | 에너지 보존 법칙

- 에너지는 물체가 일할 수 있는 능력이다.
- 퍼텐셜 에너지는 축적된 에너지 또는 대상물이 그것의 상대적인 위치 때문에 지니게 되는 에너지이다.
- 운동 에너지는 물체의 운동에 기인한 에너지이다.
- 에너지는 한 형태에서 다른 형태로 전환될 수 있다.
- 에너지의 흔한 형태:
    - 역학
    - 화학
    - 전기
    - 열
    - 핵
    - 빛

- 화학에서 에너지는 대부분 열로 표현된다.
- 모든 화학적 변화에서 물질은 에너지를 흡수하거나 방출한다.
- 에너지는 화학적 변화를 일으키기도 한다.
- 화학적 변화는 새로운 물질을 생성하기보다는 에너지를 생성하기 위해 이용되기도 한다.
- 에너지는 한 형태에서 다른 형태로 변환될 뿐, 결코 새로 만들어지거나 소멸하지는 않는다.
- 화학 반응에서 흡수되거나 방출되는 에너지는 다음 그림과 같이 요약될 수 있다.

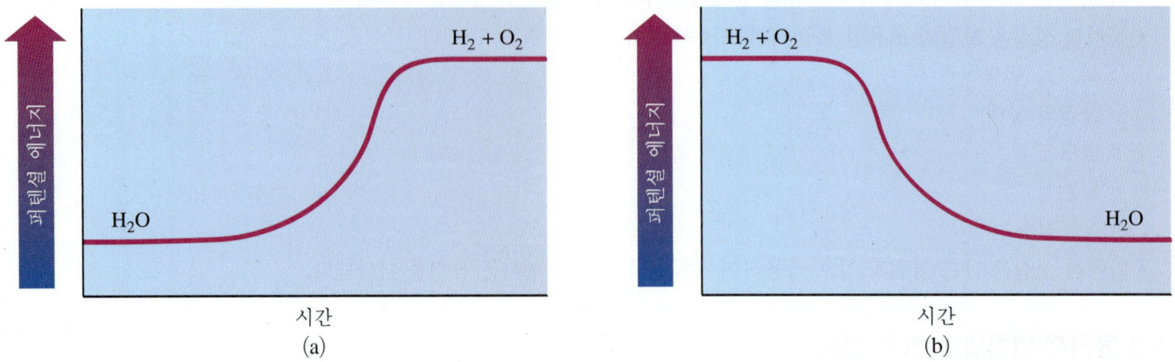

4.5 열: 정량적 측정

중요 용어: 줄 | 칼로리 | 비열

- 열의 SI 단위는 줄이다. 4.184 J = 1 cal
- 칼로리는 1 g의 물을 14.5°C에서 15.5°C까지 1°C 변화시키는 데 필요한 열의 양이다.
- 모든 물질은 고유의 열용량을 가진다.
  - 물질의 비열은 열용량으로 측정된다.
  - 비열은 물질 1 g의 온도를 1°C 변화시키는 데 필요한 열(잃거나 얻은)의 양이다.
- 계가 얻거나 잃은 열은 다음과 같이 표현된다.
  열 = (물질의 질량)(물질의 비열)(Δt)

복습 질문

1. 브로민은 상온에서 어떤 물리적 상태로 존재하는가?

2. 산소는 −230°C에서 어떤 물리적 상태로 존재하는가? (표 4.1 참고)

3. 물의 녹는점을 다음 단위로 나타내시오.
(a) °F (b) K

4. 아세트산의 녹는점을 다음 단위로 나타내시오(표 4.1).
(a) °F (b) K

5. 물에 전기를 통과시킬 때 나타나는 화학적 변화의 증거는 무엇인가? (그림 4.4 참고)

6. 물은 0°C에서 얼음으로 변하며 100°C에서 끓는다. 이 변화들은 물리적인 변화인가, 화학적인 변화인가?

7. 어떤 화학 문제를 해결하는 데 있어 중요한 첫 단계는 무엇인가?

8. 화학 문제를 해결하기 위한 첫 번째 단계로 어떤 것이 고려되는가?

9. 휘발유를 산소의 존재하에서 연소시킬 때 퍼텐셜 에너지는 변하는가? 증가하는가, 감소하는가?

10. 화학에서의 칼로리(cal)와 영양학적 칼로리(Cal)의 차이는 무엇인가?

11. 표 4.3을 참조하시오. 철과 금 중에서 20°C에서 30°C로 가열하는 데 더 많은 에너지가 필요한 것은 무엇인가?

12. 프로페인 분자와 포도당 분자 중 연소될 때 더 많은 이산화 탄소를 생성할 것으로 예측되는 분자는 무엇인가?

13. 모든 탄화수소의 공통적인 특성은 무엇인가?

14. 인간이 사용할 에너지를 생산하는 데 사용되는 가장 흔한 원소는 무엇인가?

15. 화석 연료의 연소가 지구의 에너지 수요에 가장 좋은 해결책이 아닌 이유는 무엇인가? 미래에 중요해질 수 있는 다른 에너지원은 어떤 것들이 있는가?

짝으로 된 연습 문제

푸른색 숫자로 되어 있는 모든 연습 문제의 답은 부록 5에 있다.

1. 다음 각각이 물리적 변화를 나타내는지 아니면 화학적 변화를 나타내는지 결정하시오.
(a) 얼음이 녹는다.
(b) 메테인을 연소하여 CO_2, H_2O, 에너지를 얻는다.
(c) Bunsen 버너로 가열하여 구리가 흑색으로 변색
(d) 철의 부식
(e) 목재 톱질
(f) 휘발유의 연소

2. 다음 각각이 물리적 변화를 나타내는지 아니면 화학적 변화를 나타내는지 결정하시오.
(a) 달걀 삶기
(b) 물 끓이기
(c) 음식의 소화
(d) 나무 태우기
(e) 유리 가열
(f) 석탄 연소

3. 백금선을 Bunsen 버너에서 가열한 후 냉각하면 금속 외관이 복원되는가? 이것은 화학적 변화인가, 물리적 변화인가?

4. 구리선을 Bunsen 버너에서 가열한 후 냉각하면 금속성 외관이 복원되는가? 이것은 화학적 변화인가, 물리적 변화인가?

5. 공기 중에서 Bunsen 버너 불꽃으로 백금선을 가열하는 반응에서 반응물과 생성물을 쓰시오.

6. 물의 전기 분해 과정에서 반응물과 생성물을 쓰시오.

7. 다음 각각이 화학적 변화를 나타내는지 아니면 물리적 변화를 나타내는지 결정하시오.
(a) 스테이크를 그릴에서 완전히 익힌다.
(b) 실험실에서 학생들이 유리 막대의 끝부분을 불로 연마하여 유리의 들쭉날쭉한 가장자리가 매끄러워진다.
(c) 염소 표백제를 사용하여 흰색 실험복에 커피 얼룩을 제거한다.
(d) 두 개의 투명한 무색 염 수용액을 섞으면 용액이 뿌예지며 노란색으로 변한다.
(e) 주황색 결정성 고체 1 g을 시험관에서 가열하면 원래 물질 부피의 10배가 되는 녹색 분말 고체가 생성된다.
(f) 실험실에서 한 학생이 20 cm 길이의 마그네슘 금속 조각을 1 cm 크기의 조각으로 자른다.

8. 다음 각각이 화학적 변화를 나타내는지 아니면 물리적 변화를 나타내는지 결정하시오.
(a) 소량의 설탕을 탈이온수가 담긴 작은 비커에 넣으면 설탕 결정은 '사라지고' 비커 안의 액체는 투명하고 무색으로 유지된다.
(b) 구리 조각상이 시간에 따라 녹색으로 변한다.
(c) 베이킹소다(중탄산 소듐) 1티스푼을 몇 온스의 식초(아세트산)에 넣으면 거품(비등)이 발생한다.
(d) 소량의 파란색 결정성 고체를 탈이온수가 담긴 비커에 넣으면 결정이 '사라지고' 액체는 투명한 파란색이 된다.
(e) 시험관에 수산화 소듐 2 mL와 염산 2 mL를 혼합하자 시험관이 매우 따뜻해졌다.
(f) 어떤 여성이 미용실을 방문하여 머리를 좀 더 어두운 갈색으로 염색했다. 몇 주가 지난 후에 머리카락은 여러 번 씻어도 원래의 색으로 돌아오지 않는다.

9. 다음의 예는 퍼텐셜 에너지인가, 운동 에너지인가?
(a) 테이블 위에 놓인 컵
(b) 달리는 말
(c) 밀폐된 병에 담긴 식탁용 소금
(d) 떨어지는 공
(e) 나무 위에 있는 사과

10. 다음의 예는 퍼텐셜 에너지인가, 운동 에너지인가?
(a) 물결치는 파도
(b) 달리는 개
(c) 움직이는 자동차
(d) 날아가는 새
(e) 앉아 있는 까마귀

11. 움직이는 공을 잡았을 때 운동 에너지는 어떻게 되겠는가?

12. 로켓이 지구 대기권으로 재진입할 때 불에 타도록 하는 에너지 변환은 무엇인가?

13. 다음 과정 중 에너지를 필요로 하는 것은 플러스 기호(+)로 표시하고 에너지를 방출하는 것은 마이너스 기호(−)로 표시하시오.
(a) 북극의 얼음이 녹는다.
(b) 자동차 시동을 건다.
(c) 번쩍하는 번갯불
(d) 드라이아이스가 증기로 변한다.
(e) 풍선을 분다.

14. 다음 과정 중 에너지를 필요로 하는 것은 플러스 기호(+)로 표시하고 에너지를 방출하는 것은 마이너스 기호(−)로 표시하시오.
(a) 자전거 타기
(b) 불꽃놀이
(c) 물의 증발
(d) 타이어 공기 빼기
(e) 벽난로에서 장작을 태우기

15. 철 100 g을 19.0°C에서 95.5°C로 가열하려면 몇 줄의 열량이 필요한가? (표 4.3 참고)

16. 납 65 g을 22.0°C에서 98.5°C로 가열하려면 몇 줄의 열량이 필요한가? (표 4.3 참고)

17. 25.0 g의 에틸 알코올을 실온인 22.5°C에서 끓는점인 78.5°C까지 가열하려면 몇 줄의 열량이 필요한가?

18. 아이소프로필 알코올 35.0 g을 실온인 21.2°C에서 끓는점인 82.4°C까지 가열하려면 몇 줄의 열량이 필요한가? (아이소프로필 알코올의 비열은 2.604 J/g°C이다.)

19. 금속 시료 135 g의 온도를 19.5°C에서 100.0°C로 올리려면 2.50 kJ의 에너지가 필요하다. 이 금속의 비열은 얼마인가?

20. 금속 시료 275 g의 온도를 21.2°C에서 녹는점인 327.5°C로 높이는 데 10.75 kJ의 에너지가 필요하다. 이 금속의 비열은 얼마인가?

21. 구리 시료 155 g을 150.0°C로 가열한 후 19.8°C의 물 250.0 g에 넣었다(구리의 비열 0.385 J/g°C이다). 혼합물의 최종 온도를 계산하시오(주변으로 열이 손실되지 않는다고 가정하시오).

22. 알루미늄 시료 225 g을 125.5°C로 가열한 다음 22.5°C의 물 500.0 g에 넣었다(알루미늄의 비열은 0.900 J/g°C이다). 혼합물의 최종 온도를 계산하시오(주변으로 열이 손실되지 않는다고 가정하시오).

23. 여러 가지 물질의 특성과 변화에 대한 설명은 다음과 같다. 각 특성 및 변화에 맞는 설명의 기호를 선택하시오.

1. 물리적 성질　　2. 화학적 성질
3. 물리적 변화　　4. 화학적 변화

설명

(a) 브로민은 실온에서 액체이다.
(b) 물은 0°C에서 얼음으로 언다.
(c) 소듐은 물과 격렬하게 반응한다.
(d) 수산화 소듐은 염산과 반응하여 염화 소듐과 물을 생성한다.
(e) 에틸 알코올은 물에 용해된다.

24. 여러 가지 물질의 특성과 변화에 대한 설명은 다음과 같다. 각 특성 및 변화에 맞는 설명의 기호를 선택하시오.

1. 물리적 성질　　2. 화학적 성질
3. 물리적 변화　　4. 화학적 변화

설명

(a) 760°C에서 포타슘은 끓기 시작하고 액체에서 기체로 변한다.
(b) 포타슘이 고온에서 수소 기체와 반응하여 금속 수소화물을 형성한다.
(c) 포타슘과 같은 알칼리 금속은 다른 많은 원소와 염을 형성한다.
(d) 포타슘 금속은 빛나고 상당히 부드럽다.
(e) 포타슘은 비료 화합물 제조에 유용하다.

추가 연습 문제

25. 다음 글을 읽고 제올라이트의 물리적 특성과 화학적 특성을 적어도 두 가지씩 서술하시오.

제올라이트는 규소, 알루미늄, 산소로 구성된 결정성 고체로, 좋은 다공성 구조로 인해 다양한 분야에 매우 유용하게 응용된다. 제올라이트는 화산암과 화산재가 알칼리성 지하수와 반응하여 자연적으로 형성된다. 또한 작은 유기 분자 주위에 알루미노규산염 결정이 형성되도록 함으로써 실험실에서 합성할 수도 있다. 제올라이트는 일반적으로 다공성으로 인해 밀도가 매우 낮다. 특정한 크기와 모양의 분자는 포획하면서 다른 분자는 배제하는 큰 기공을 가지고 있기 때문에 분자체(molecular sieve)로 자주 사용된다. 군용으로 사용하는 붕대에는 혈액에서 수분을 흡수하여 자연 응고 과정을 가속하는 제올라이트가 포함되어 있기도 하다. 제올라이트는 또한 조류의 성장을 촉진하지 않는 생태학적 이점을 가지고 있기 때문에 많은 세제에서 인산염을 대체하는 데 사용된다. 흥미롭게도, 제올라이트라는 이름은 가열될 때 증기 형태로 물을 방출한다는 사실에서 유래되었으며 이로 인해 이들은 끓는(zeo) 돌(lithos)이라고 불린다.

26. 회색의 알려지지 않은 순수 금속 시료 110.0 g을 92.0°C로 가열하고 21.0°C에서 75.0 g의 물이 들어 있는 커피컵 열량계에 넣었다. 가열된 금속을 물에 넣으면 물의 온도는 최종 온도 24.2°C까지 상승했다. 물의 비열은 4.184 J/g°C이다.

(a) 금속의 비열을 계산하시오.
(b) 금속이 철이거나 납일 가능성이 있는가? 설명하시오.

27. 인간의 비열은 약 3.47 J/g°C이다. 이 정보를 바탕으로 다음 문제에 답하시오.

(a) 7.48×10^4 g의 남성이 262 Cal이 함유된 캔디바를 먹었다. 캔디바에서 나오는 모든 열량이 열에너지로 변환된다면 체온은 얼마나 상승하겠는가? 영양학적 칼로리(Cal)가 1 kcal과 같다는 것을 기억하시오.
(b) 7.48×10^4 g의 남성이 250 Cal이 함유된 사탕 롤을 먹었다. 사탕 롤에서 나오는 모든 열량이 열에너지로 변환된다면 체온은 얼마나 상승하겠는가?

28. 금속 시료(비열: 0.231 J/g°C)의 온도를 20.0°C에서 100.0°C로 높이려면 5000.0 J의 열량이 필요하다. 이 금속의 질량은 얼마인가?

29. 금 시료를 실온인 23.2°C에서 녹는점인 1064.4°C까지 높이려면 3.25×10^4 J의 열량이 필요하다. 시료에는 몇 파운드의 금이 들어 있는가?

30. 20°C에서 아이소프로필 알코올 100.0 g이 20 kJ의 에너지를 흡수한다면 아이소프로필 알코올의 최종 온도는 얼마인가? (아이소프로필 알코올의 비열은 2.604 J/g°C이다.)

31. 철 시료를 125.0°C로 가열한 다음 24°C의 물 187.5 g에 넣었더니 물의 온도는 34.2°C까지 올라갔다. 시료에는 몇 그램의 철이 들어 있는가? (표 4.3 참고)

32. 구리 시료를 175.1°C로 가열하고 21.0°C의 물 172 g에 넣었더니 물의 온도는 29.7°C까지 올라갔다. 시료에는 몇 그램의 구리가 포함되어 있는가? (표 4.3 참고)

33. 39.7°C의 구리 시료 111.83 g를 185.1°C까지 가열하였다.

(a) 필요한 열량을 칼로리로 계산하시오.

(b) 10.0°C에서 100.0 g의 Al에 동일한 양의 열이 가해졌다. 구리와 알루미늄 중 어느 금속이 더 뜨거워지겠는가?

34. 철 조각 50.0 g을 불꽃으로 가열하고 20.0°C의 물 200.0 g에 넣었다. 물의 온도는 100.0°C까지 상승했다. 철을 처음 불꽃에서 꺼냈을 때의 온도는 얼마인가?

35. 203°C, 10.0 g의 금속 조각을 25.0°C의 물 50.0 g에 넣었다. 물의 온도는 29.0°C까지 올라갔다. 금속의 비열(J/g°C)을 계산하라. 금속에 의해 손실된 열은 모두 물로 전달되고 주변으로 손실되는 열은 없다고 가정한다.

36. 시스템에 의한 열 손실이 없다고 가정할 때, 20.0°C의 물 40.0 g이 60.0°C의 물 40.0 g과 혼합되면 최종 온도는 얼마인가?

37. 철, 알루미늄, 구리로 만든 400.0 g 팬 3개를 각각 사용하여 달걀 프라이를 만들었다. 어느 팬이 달걀을 가장 빨리 프라이하겠는가? 달걀 프라이는 105°C에서 완성된다. 이유와 함께 설명하시오.

38. 오후 6시에 800.0 g의 물(모두 실온, 25°C)이 담긴 300.0 g 구리 팬을 가스레인지 위에 올렸다. 레인지가 628 J/s를 공급한다고 할 때, 물은 언제 끓는점에 도달하는가? (열이 손실되지 않는다고 가정한다.)

39. 뜨거운 커피 한잔의 표면을 부드럽게 불면 커피를 식히는 데 도움이 되는 이유는 무엇인가? 커피에 숟가락을 넣으면 왜 같은 일이 일어나는가?

40. 물이 담긴 냄비에 감자를 삶는다고 생각해 보자. 물이 세게 끓으면 물이 살짝 끓을 때보다 감자가 더 빨리 익겠는가? 추론을 설명하시오.

41. 균질화된 전유(whole milk)에는 부피 기준으로 4%의 버터지방이 포함되어 있다. 우유 한 잔(250 mL)에는 몇 밀리리터의 지방이 들어 있는가? 이 우유 한 잔에는 몇 그램의 버터지방(d = 0.8 g/mL)이 들어 있는가?

42. 매우 뜨겁거나 매우 차가운 물체와 접촉할 때 손을 보호하기 위해 장갑을 자주 착용한다. 장갑은 종종 면이나 양모로 만드는 경우가 많지만 최신 내열 장갑 대부분은 실리콘 고무로 만들어진다. 이들 물질의 비열은 아래에 나와 있다.

재료	비열(J/g°C)
양모 펠트	1.38
면	1.33
종이	1.33
고무	3.65
실리콘 고무	1.46

(a) 면으로 만든 99.3 g의 장갑의 온도가 15.3°F만큼 증가했다면, 얼마나 많은 에너지가 장갑으로 흡수되었는가?

(b) 86.2 g의 장갑이 1.71 kJ의 에너지를 흡수하면 25.9°F만큼 온도가 증가한다. 장갑의 비열을 계산하고, 그 성분을 예측하시오.

(c) 50.0 g의 장갑이 1.65 kJ 에너지를 흡수한다면, 위에 수록된 각각의 재료로 만든 장갑의 온도는 얼마나 증가하는가?

(d) 어느 재료의 장갑이 내열 장갑으로 가장 적합한가?

(e) 내열 장갑을 고안한다면, 어느 정도의 비열을 가진 것이 좋겠는가?

43. California주 Mojave사막에 태양광 패널을 설치하여 1.3 mile^{2}의 부지에서 매일 평균 7.50시간 동안 100메가와트를 생산한다. 하루에 생산되는 같은 양의 에너지를 석탄으로부터 얻으려면 몇 톤의 석탄이 필요하겠는가? (석탄 1톤은 26.6기가줄의 에너지를 생산하고 1와트 = 1 J/s이다.)

44. 25 g의 고체 황과 35 g의 산소 기체가 밀봉된 용기 안에 있다고 가정하자.

(a) 용기 안에 들어 있는 내용물은 혼합물인가, 화합물인가?

(b) 가열한 후 용기의 무게를 측정하였다. 열을 가하기 전과 열을 가한 후의 총 질량을 비교해 봄으로써 반응이 일어났는지, 아닌지를 말할 수 있는가? 이유를 설명하시오.

(c) 용기를 가열하면 모든 내용물은 기체 상태가 된다. 내용물을 포함하고 있는 용기의 밀도는 변하였는가? 그 이유를 설명하시오.

45. 2.0×10^3줄의 열에너지로 물의 온도를 10°C에서 60°C까지 올렸다. 물의 질량은 몇 그램인가?

46. 200 mL와 200 g의 물이 담긴 플라스크를 35°C에서 70°C로 가열하려면 몇 kJ의 열에너지가 필요한가?

도전 문제

47. 언덕 꼭대기에 공이 있다고 상상해 보자. 이 지점에서 공은 퍼텐셜 에너지를 가지고 있다. 공이 언덕을 따라 굴러 내려오면 퍼텐셜 에너지는 운동 에너지로 바뀐다. 언덕 바닥에 도달한 공은 다시 언덕의 꼭대기의 반 정도까지 오르고 멈춘다. 에너지가 보존된다면 왜 공은 출발 지점의 높이까지 오르지 못할까?

48. 다음 분자 모형 그림을 보고 물리적 변화가 일어났는지 화학적 변화가 일어났는지를 쓰고, 그 이유를 설명하시오.

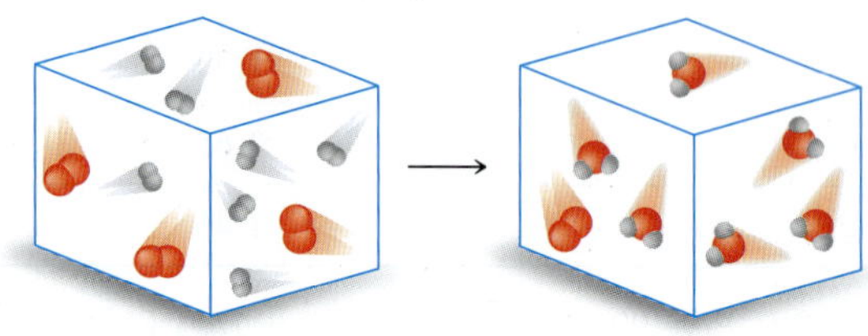

49. 다음 그림에서 (a) 일어나는 변화를 서술하시오. (b) 물리적 변화가 일어났는지 화학적 변화가 일어났는지를 쓰고, 그 이유를 설명하시오.

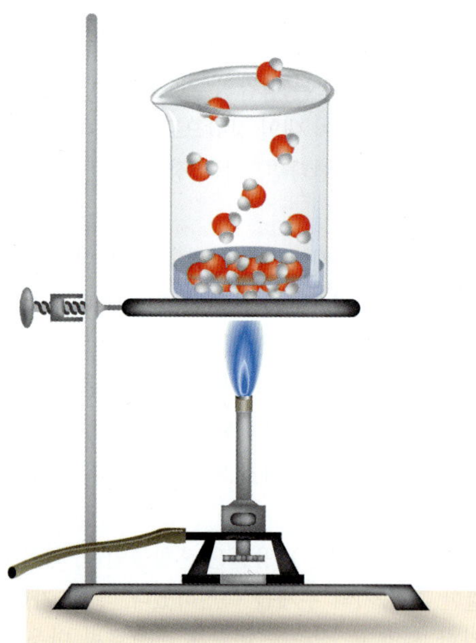

50. 다음 그림을 보고 변화를 서술하시오. 이것은 물리적 변화인가, 화학적 변화인가?

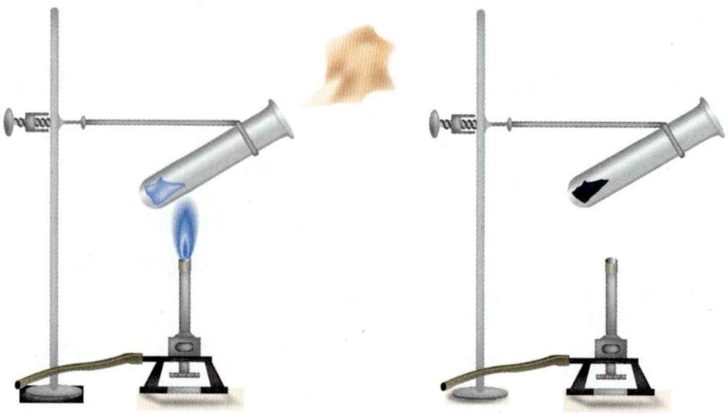

51. Sue와 Tim은 각각 1쿼트 그릇을 하룻밤 동안 밖에 놓아두었다. Sue의 그릇은 물로 가득 차 있고 뚜껑이 덮여 있는 반면, Tim의 그릇은 비어 있고 뚜껑은 열려 있었다. 다음 날 거대한 눈보라가 몰아쳤고, Tim의 그릇은 눈으로 채워졌다. 그날 밤의 온도는 12°F까지 내려갔다.

(a) 내용물을 실온(25°C)으로 올리는 데 더 적은 에너지가 필요한 그릇은 누구의 것인가? 그 이유는 무엇인가?

(b) 그릇을 25°C까지 데우는 데 몇 도의 온도 변화가 필요한가?

(c) Sue의 그릇의 내용물을 0°C까지 얼음에서 물로 변화시키지 않으면서 올리려면 몇 kJ의 열이 필요한가?

(d) Sue의 그릇에 있는 물은 화학적 변화가 일어났는가, 물리적 변화가 일어나는가? 아니면 둘 다 일어나는가?

실습 문제 정답

4.1 각 화합물은 구리 원자 1개와 다른 원소의 원자 1개로 이루어져 있다. 주기율표를 사용하면 원소들의 원자량은 각각은 구리(63.5), 염소(35.45), 브로민(79.90) 및 아이오딘(126.8)임을 알 수 있다. 각 화합물은 같은 양의 구리를 가지지만, 구리의 백분율은 다르다. 구리의 백분율이 가장 높은 것은 CuCl, 중간은 CuBr, 가장 낮은 것은 CuI이다. 따라서 순서는 CuCl, CuBr, CuI 순이다.

4.2 화학적 변화

4.3 200.83 J

4.4 0.475 J/g°C

4.5 C_nH_{2n+2} 여기서 n은 각 화학식에서의 탄소 수이다.

Tamas Kadar/Shutterstock

5장
초기의 원자론과 원자의 구조

순물질은 원소와 화합물로 분류된다. 그런데 물질이 독특한 성질을 갖게 하는 것은 무엇일까? 소금의 짠맛은 얼마나 작은 조각까지 유지될까? 식물은 불을 끄는 데 쓰이는 이산화 탄소를 이용하여 산소를 만들며, 이 이산화 탄소가 고체화되면 드라이아이스가 된다. 이러한 이산화 탄소의 고유 성질은 얼마나 작은 질량까지 유지될까? 물질을 계속 나누다 보면 결국 가장 단순형인 원자, 이온, 분자의 형태가 된다. 여기서 더 나누면 물질의 고유한 성질을 잃게 된다.

그러면 원자나 이온 속에 들어 있는 입자는 무엇일까? 이러한 미세 입자들은 원자에서 원자로 이동할 수 있을까? 구름과 지면 사이의 전하 차이를 상쇄시키기 위해 전자가 이동할 때 번개가 생긴다. 미세 입자들의 유사점과 차이점은 무엇일까? 이들을 어느 정도까지 계속 나눌 수 있을까? 이미 연금술사들이 이러한 물질의 기본 입자에 대한 연구를 시작하고 초창기의 화학자들이 기초를 마련하였으며, 현대 화학자들이 원자 모형을 구축해서 계속 발전시켜 나가는 중이다.

5장의 개요

5.1 Dalton의 원자 모형

이 절의 학습 목표
Dalton의 원자 모형을 설명하고 이것을 초창기 물질의 개념과 비교할 수 있다.

사람들은 오래전부터 물질의 구조에 관하여 호기심을 가져왔다. 원자의 초기 모형은 고대 그리스의 철학자들이 제안하였다. 기원전 약 440년경에 Empedocles는 모든 물질은 네 가지 원소, 즉 '흙, 공기, 물, 불'로 구성되어 있다고 제안하였다. Democritus(기원전 약 470~370년)는 모든 물질은 더 이상 나눌 수 없는 미세한 입자로 이루어져 있다고 생각하였으며, 이 입자를 '더 이상 나눌 수 없다'라는 뜻의 그리스어 *atomos*에서 유래한 원자(atom)라고 불렀다. 그리고 원자는 일정하게 움직이고 있으며, 다른 원자들과 다양한 방법으로 결합한다고 주장하였다. 그러나 이 가정은 과학적인 관찰에 바탕을 둔 것은 아니었다. 그 후 곧바로 Aristotle(기원전 384~322년)가 Democritus의 이론을 반박하였고, 그 대신 Empedocles의 이론을 인정하여 진보시켰다. Aristotle의 영향력이 매우 강했기 때문에 17세기 초까지 그의 이론이 그 시대의 과학자나 철학자들의 사고를 지배하였다.

Democritus 이후 2000년 이상이 지나고 나서야 영국의 교사였던 John Dalton(1766~1844)이 원자의 개념을 재정립하고, 사실과 실험적 증거에 바탕을 둔 원자 모형을 제안하였다(**그림 5.1**). 이 이론은 1803년에서 1810년까지 발표한 일련의 논문에 기술되었

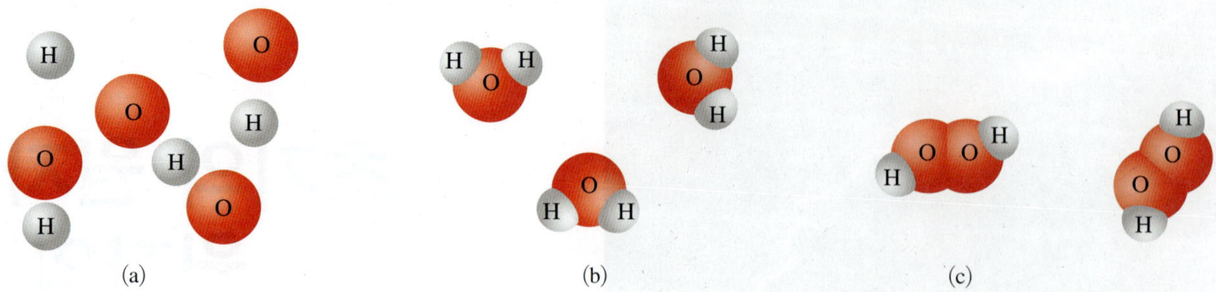

그림 5.1 (a) Dalton의 원자는 개별 입자이며, 같은 원소의 원자는 질량과 크기가 같지만 다른 원소의 원자는 질량과 크기가 다르다. (b)와 (c) Dalton의 원자는 특정 비율로 결합하여 화합물을 형성한다.

는데, 각각의 원소는 각각 다른 종류의 원자를 가졌다는 개념에 바탕을 두고 있다. **Dalton의 원자 모형(Dalton's atomic model)**에 대한 요점은 다음과 같다.

1. 원소는 원자라고 부르는 더 이상 나눌 수 없는 작은 입자로 구성되어 있다.
2. 같은 원소의 원자는 질량과 크기가 같다.
3. 다른 원소의 원자는 질량과 크기가 다르다.
4. 두 개 이상의 서로 다른 원자들이 결합하여 화합물을 만든다.
5. 원자가 화합물을 형성할 때는 1 : 1, 1 : 2, 2 : 3 등과 같이 간단한 정수비로 결합한다.
6. 두 원소의 원자들은 다른 비율로 결합하여 두 가지 이상의 화합물을 형성할 수 있다.

Dalton의 원자 모형은 화학의 발전에 획기적인 것이었다. 따라서 그 모형의 주요 전제는 지금도 여전히 타당하지만, 그 이후의 연구에서 (1) 원자는 아원자 입자(subatomic particle)로 구성되어 있으며, (2) 어떤 원소의 모든 원자가 같은 질량이 아닌 경우도 있고, (3) 특수한 조건에서 원자는 분해될 수 있음이 밝혀졌으므로 일부는 수정되어야만 했다.

화학에서 원자, 분자, 화합물의 성질을 설명하기 위해서는 Dalton의 원자 모형과 같은 모형(이론)을 사용한다. 또한 새로운 정보를 설명하기 위해 모형을 수정하기도 한다. 가끔은 모형(이론)이 실패했을 때 오히려 그 계를 잘 이해하게 된다. 왜냐하면 이때가 설명하는 바를 다시 생각해 보고, 이 모형을 수정할 필요성이 있는지 아니면 그 특성을 설명하기 위해서 새로운 모형이나 다른 모형을 제안해야 되는지를 결정하게 되는 시점이기 때문이다.

예제 5.1

다음 일련의 화합물은 Dalton의 원자 모형에서 어떤 내용을 설명하고 있는가?

$$NO_2, N_2O, N_2O_3, N_2O_5$$

풀이

원자가 화합물을 형성할 때는 간단한 정수비로 결합한다. 두 원소의 원자들은 다른 비율로 결합하여 두 가지 이상의 화합물을 형성한다.

실습 문제 5.1

예제 5.1에서 설명하는 내용을 나타내는 일련의 다른 화합물을 나열하시오.

5.2 전하

> **이 절의 학습 목표**
> 입자 사이에 작용하는 힘을 인식하고, 양이온과 음이온을 구별할 수 있다.

여러분은 아마도 건조한 날 양탄자가 깔려 있는 곳을 지나갈 때 따끔한 충격을 받은 적이 있을 것이다. 그리고 머리를 빗을 때 정전기가 발생하고, 옷이 몸에 달라붙는 것을 경험한 적이 있을 것이다. 이러한 현상은 **전하**(electric charge)가 누적되어 생기는 것이다. 이러한 전하는 한 물체에서 다른 물체로 옮겨질 수 있다. 전하의 성질은 다음과 같다.

1. 전하는 양전하와 음전하의 두 가지 유형이 있다.
2. 다른 전하끼리는 서로 끌어당기고(양전하는 음전하를 끌어당긴다), 같은 전하끼리는 반발하게 된다(음전하는 음전하를 밀어내고 양전하는 양전하를 밀어낸다).
3. 전하는 접촉이나 유도를 통하여 한 물체에서 다른 물체로 이동할 수 있다.
4. 다른 두 전하 사이에 작용하는 인력(같은 전하 사이에는 반발력)은 거리가 가까울수록 더 커진다. 인력(F)은 다음 식을 사용하여 나타낼 수 있다.

$$F = \frac{kq_1q_2}{r^2}$$

여기서 q_1과 q_2는 전하이고, r은 이들 사이의 거리이며, k는 상수이다.

이온의 발견

영국의 과학자 Michael Faraday(1791~1867)는 어떤 물질이 물에 녹으면 전류가 통하는 것을 발견하였다(사진 참조). 또한 그는 어떤 화합물은 전류를 통과시키면 구성 원소로 분해된다는 것도 알게 되었다. 어떤 원소의 원자는 양극으로 끌리는 반면 다른 원소의 원자는 음극으로 이동하였다. Faraday는 이러한 원자들이 하전되었다(전기를 띠고 있다)고 결론지었다. 그는 이 원자들을 그리스어로 '방랑자'를 뜻하는 **이온**(ion)이라고 불렀다.

Richard Megna/Fundamental Photographs

소금물(염화 소듐) 용액 속에 이온이 존재하고 전류가 용액을 통과하면 전구에 불이 켜진다.

전하가 움직이면 전류가 흐르게 된다. 그리고 이 전하는 전도체를 통해 이동한다. 가장 잘 알려진 전도체는 전선으로 만들어지는 금속이다.

스웨덴의 과학자 Svante Arrhenius(1859~1927)는 Faraday의 연구를 더욱 확장시켰다. Arrhenius는 양전하 또는 음전하를 띠고 있는 원자(또는 원자단)를 이온으로 추론하였다. 염화 소듐(NaCl)과 같은 화합물은 녹으면 전기가 통한다. 여기서 물은 필요하지 않다. 따라서 전도성에 관한 Arrhenius 설명에 의하면 염화 소듐이 녹게 되면 해리, 즉 전하를 띤 Na^+와 Cl^-의 이온으로 분리된다. Cl^-는 양극(anode) 쪽으로 움직이는 반면에 Na^+는 음극(cathode) 쪽으로 이동한다. 따라서 + 이온을 **양이온**(cation), − 이온을 **음이온**(anion)이라고 부른다.

이온에 관한 Faraday와 Arrhenius의 연구로부터, 아일랜드의 물리학자 G. J. Stoney(1826~1911)는 원자와 관련 있는 전기의 기본 단위가 있음을 깨닫게 되었다. 1891년에 그는 이 단위를 전자(electron)라고 명명하였다. 그러나 안타깝게도 그 당시에는 이러한 그의 견해를 지지할 만한 실험적 증거를 얻지 못했었다. 1897년이 되어서야 영국의 물리학자 J. J. Thomson(1856~1940)이 전자의 존재를 실험으로 입증할 수 있게 되었다.

예제 5.2

양이온과 음이온을 설명하시오.

풀이

양이온은 양전하로 하전된 이온이고, 음이온은 음전하로 하전된 이온이다

실습 문제 5.2

다음 중 어느 것이 양이온이고, 어느 것이 음이온인지를 결정하시오.

Li^+, I^-, NH_4^+, F^-, Ca^{2+}, Mg^{2+}, NO_3^-, PO_4^{3-}, BO_3^{3-}, Cs^+, Au^+, Cu^+, Cu^{2+}, O^{2-}

5.3 원자의 아원자 입자

이 절의 학습 목표
세 가지 기본적인 아원자 입자를 설명하고 이들로 인해 Dalton의 원자 모형이 어떻게 수정되는지를 파악할 수 있다.

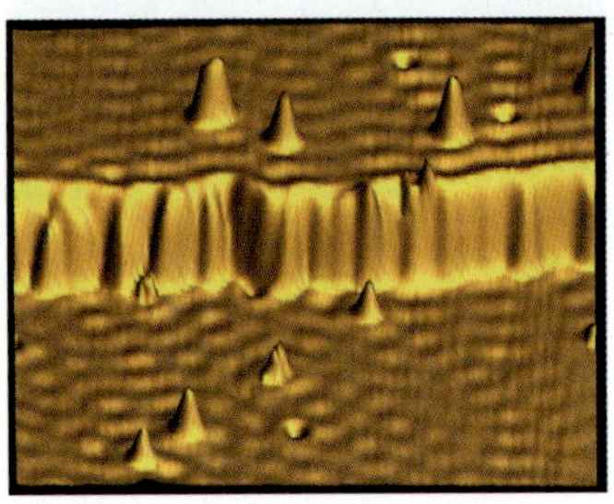

Drs. Ali Yazdani & Daniel J. Hornbaker / Science Source

그림 5.2 주사 터널링 현미경(STM)으로 본 구리 원자의 배열

원자는 너무 작아서 최근까지 가장 성능이 우수한 현미경으로도 볼 수 없었다. 그런데도 이들을 개념화하고 그 구조를 결정한 것은 인간이 이룩한 가장 위대하고 지적인 업적 중의 하나라고 볼 수 있다.

눈으로 볼 수 있는 한 원소의 양에는 동일한 원자가 무수히 많이 들어 있다. 그러나 한 원소의 한 원자를 언급할 때는, 그 원소를 가장 간단한 형태로 나타내기 위하여 여러 개의 원자 중에서 한 개의 원자만을 격리시킨다. **그림 5.2**는 오늘날 우리가 볼 수 있는 각각의 원자들의 배열 모습이다.

원자라고 부르는 이 미세한 입자는 무엇인가? 단일 원자의 지름 범위는 0.1~0.5 nm(1 nm = 1×10^{-9} m)이다. 가장 작은 원자인 수소의 지름은 약 0.1 nm이다. 원자가 얼마나 작은지를 이해하기 위해서, 지름이 약 1 mm, 즉 1×10^6 nm인 점(•)을 생각해 보자. 이 점을 가로지르는 선 위에는 1,000만 개의 수소 원자가 들어가게 된다. 원자는 상상할 수 없을 만큼 작지만, 그 속에는 전자, 양성자, 중성자와 같은 더 작은 입자, 즉 **아원자 입자(subatomic particle)**들이 들어 있다.

새로운 기기의 발명은 원자론의 발달에 크게 기여하였다. 예를 들면, 1875년에 William Crookes 경(1832~1919)이 개발한 Crookes 관이 원자의 아원자 구조를 밝히는 첫 관문이 되었다(**그림 5.3**). Crookes 관에서 발생된 방출물을 **음극선**(cathode ray)이라고 부른다.

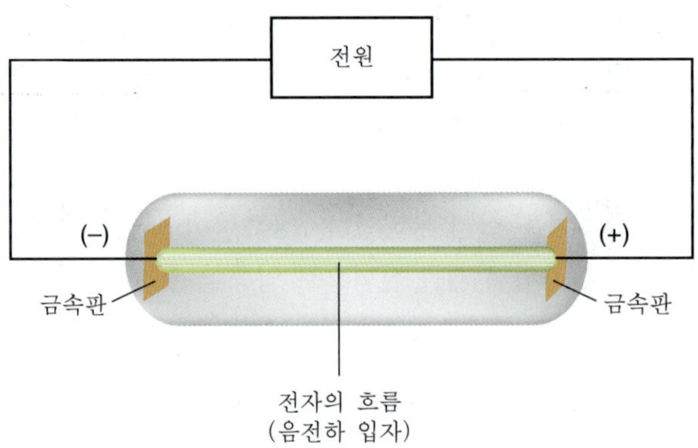

그림 5.3 음극선관. 전극 사이에 전자가 흐른다. 빠르게 움직이는 입자가 관 내부에 있는 기체를 들뜨게 해서 전극 사이에 초록빛이 생긴다.

1897년에 J. J. Thomson은 다음과 같은 음극선의 성질을 증명하였다. (1) 직진한다, (2) 음의 전하를 띤다, (3) 전기장이나 자기장에 의해 휘어진다, (4) 선명한 그림자를 만든다, (5) 작은 외륜을 돌릴 수 있다. 이 실험에 의해 전하의 기본 단위인 전자를 발견한 것이다.

전자(electron, e^-)는 음의 전하를 띠고 있으며, 질량이 9.110×10^{-28} g인 입자이다. 이 질량은 수소 원자 질량의 1/1837 정도이다. 전자의 실제 전하는 알려져 있지만, 직접 그 값을 사용하기에는 불편하기 때문에 상대 전하인 −1로 지정하였다. 전자의 크기를 정확하게 결정하지는 못했지만, 그 지름이 10^{-12} cm 이하인 것으로 추정된다.

양성자는 1886년에 독일의 물리학자 Eugen Goldstein(1850~1930)이 처음으로 발견하였다. 그러나 양성자의 성질을 발견한 사람은 Thomson이었다. 그는 양성자가 입자임을 보여 주었으며, 질량이 전자의 약 1837배임을 계산하였다. **양성자(proton, p)**는 실제 질량이 1.673×10^{-24} g인 입자이다. 양성자의 상대 전하(+1)는 전자의 전하와 크기는 같고, 부호는 반대이다. 양성자의 질량은 수소 원자의 질량보다 아주 약간 작다.

Thomson은 원자에 음과 양으로 하전된 입자가 들어 있음을 입증하였다. 따라서 Dalton의 원자 모형을 그대로 수용할 수 없음이 분명해졌다. 원자는 더 이상 나눌 수 없는 것이 아니라, 더 작은 입자로 구성되어 있다. Thomson은 새로운 원자 모형을 제안하였다.

Thomson의 원자 모형(Thomson model of the atom)에서, 전자는 양으로 하전된 원자구 속에 박혀 있는 음으로 하전된 입자이다(그림 5.4). 중성 원자는 전자를 얻거나 잃게 되면 이온이 될 수 있다.

양이온은 중성 원자가 전자를 잃어버린 것으로 설명될 수 있다. Na^+나 Li^+와 같이 +1의 알짜 전하를 가진 원자는 한 개의 전자를 잃은 것이다. Al^{3+}처럼 알짜 전하가 +3인 원자는 세 개의 전자를 잃은 것이다(그림 5.5(a)).

음이온은 원자에 여분의 전자가 첨가된 것으로 설명될 수 있다. Cl^-와 F^-처럼 알짜 전하가 −1인 것은 한 개의 전자가 첨가되어 형성된 것이다. O^{2-}나 S^{2-}와 같이 알짜 전하가 −2가 되기 위해서는 두 개의 전자가 필요하다(그림 5.5(b)).

세 번째 중요한 아원자 입자는 1932년에 James Chadwick(1891~1974)이 발견하였다. **중성자(neutron, n)**라고 부르는 이 입자는 전하를 띠지 않으며, 실제 질량은 1.675×10^{-24} g이며, 양성자보다 아주 조금 더 크다. 이들 세 가지 아원자 입자의 성질을 표 5.1에 요약하여 나타내었다.

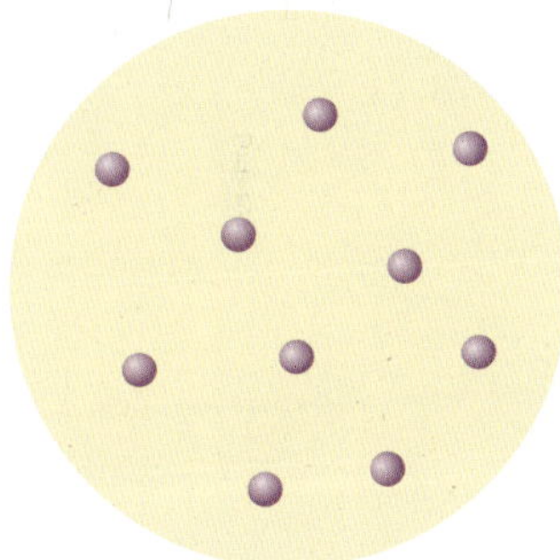

그림 5.4 Thomson의 원자 모형. 원자의 초기 모형에서는 음전하를 띤 입자(전자)가 양전하를 띤 원자구 속에 박혀 있다고 생각했다. 이따금 이것을 건포도 푸딩 모형이라고 부른다.

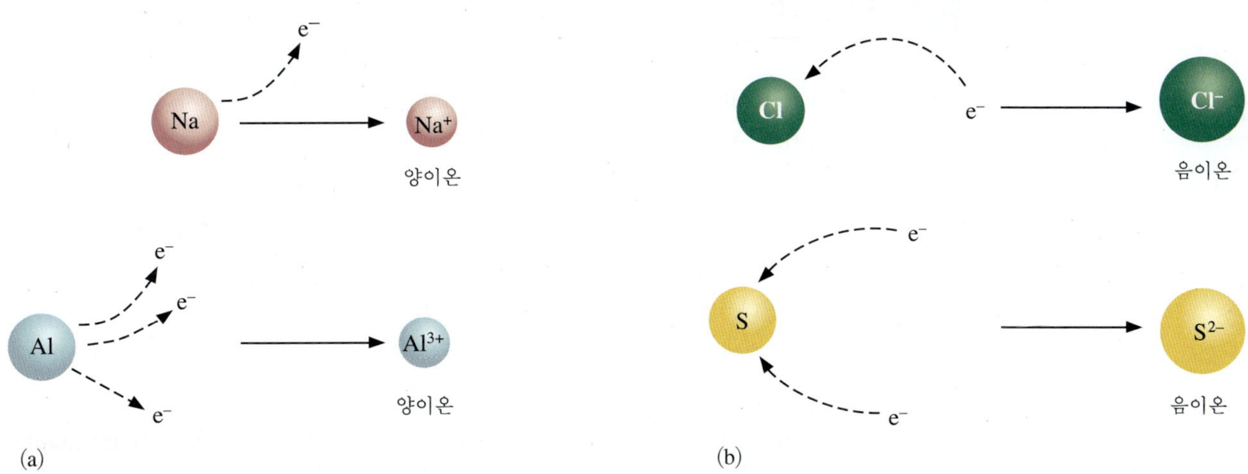

그림 5.5 (a) 중성 원자가 한 개 이상의 전자를 잃어버리면 양이온이 형성된다. (b) 중성 원자에 한 개 이상의 전자가 더해지면 음이온이 형성된다.

표 5.1 전자, 양성자, 중성자의 상대 전하와 질량

입자	기호	상대 전하	실제 질량(g)
전자	e^-	−1	9.110×10^{-28}
양성자	p	+1	1.673×10^{-24}
중성자	n	0	1.675×10^{-24}

물질의 일반적인 화학적 성질은 전자, 양성자, 중성자로 구성된 원자로 대부분 설명할 수 있다. 다음에 나오는 원자 구조에 관한 설명은 원자가 이러한 주요 아원자 입자만을 갖고 있다는 가정에 바탕을 두고 있다. 중간자(meson), 양전자(positron), 중성미자(neutrino), 반양성자(antiproton)와 같은 많은 다른 아원자 입자들이 발견되었지만, 이러한 입자들이 핵 내부에서 일어나는 반응으로 생성되었는지, 아니면 실제 원자 속에 존재하는 것인지는 아직 분명하게 밝혀지지 않고 있다. 이러한 아원자 입자의 존재에 대한 연구는 원자 물리학과 고에너지 물리학에서 다루어 왔다. 따라서 이들의 성질은 물리학 교재에 설명되어 있다.

예제 5.3

헬륨 원자 한 개의 질량은 6.65×10^{-24} g이다. 4.0 g의 헬륨 시료에는 몇 개의 원자가 들어 있는가?

풀이

$$(4.0\ \text{g})\left(\frac{\text{He 원자 한 개}}{6.65 \times 10^{-24}\ \text{g}}\right) = 6.0 \times 10^{23}\text{개의 He 원자}$$

실습 문제 5.3

수소 원자 한 개의 질량은 1.673×10^{-24} g이다. 5.0 g의 수소 시료에는 몇 개의 원자가 들어 있는가?

5.4 원자핵

이 절의 학습 목표
Dalton과 Thomson 모형의 차이점을 통해 원자의 핵 모형을 설명할 수 있다.

1896년 Henri Becquerel(1852~1908)이 방사능(radioactivity)을 발견하자마자 원자 속에 양으로 하전된 입자가 들어 있다는 것도 알게 되었다. 방사성 원소는 그 핵에서 α 입자, β 입자, γ 선을 자발적으로 방출한다.

1907년 Ernest Rutherford(1871~1937)는 어떤 방사성 원소에 의하여 방출된 양전하를 띤 α 입자가 헬륨 원소의 이온임을 입증하였다. Rutherford는 이 α 입자를 원자핵의 성질을 규명하는 데 이용하였다. 1911년에 행한 실험에서 그는 양전하를 띤 헬륨 이온(α 입자)들을 약 1000개의 원자 두께에 해당하는 아주 얇은 금박을 향하여 흐르게 하였다(그림 5.6(a)). 대부분의 α 입자는 거의 휘어지지 않고 금박을 그대로 통과하지만, 소수의 입자들은 큰 각으로 휘어지고, 심지어 금박으로부터 되돌아오는 입자도 간혹 있음을 발견하였다(그림 5.6(b)). 같은 전하끼리는 서로 반발하며, 양성자의 1/1837의 질량을 가진 전자는 이보다 약 7350배 정도 더 무거운 α 입자의 경로에는 별다른 영향을 미칠 수 없다는 것은 이미 알려져 있었다.

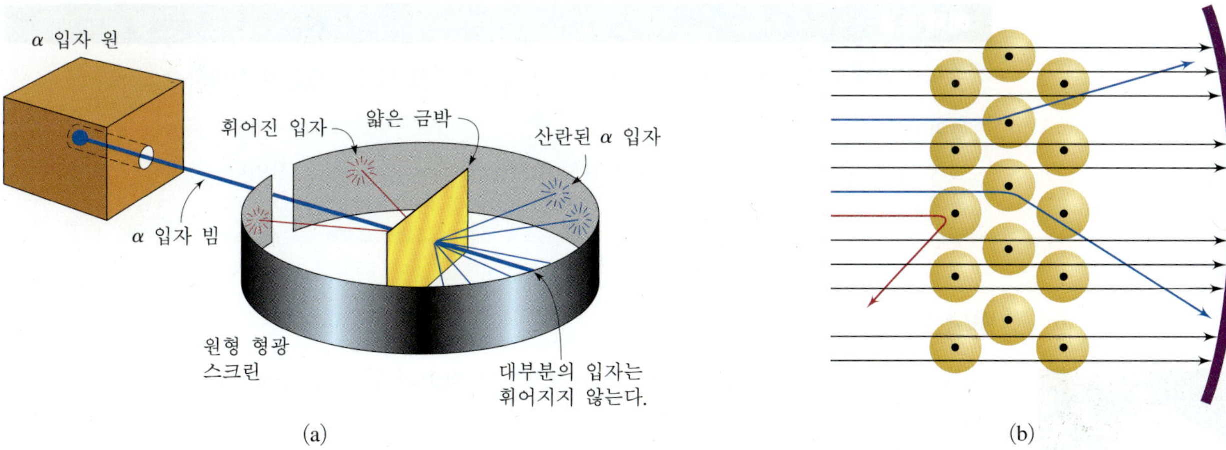

그림 5.6 (a) Rutherford의 α 입자 산란 실험. 방사능 원으로부터 방출되는 양전하를 띤 α 입자들을 얇은 금박 쪽으로 향하게 했다. (b) 양전하를 띤 금 원자의 핵에 의해 양전하를 띤 α 입자가 휘어져 되돌아오기도 하고(붉은선) 산란되기도 한다(푸른선).

그러므로 Rutherford는 각각의 금 원자에는 상대적으로 부피가 작고 양전하를 띤 덩어리가 있어야 하며, α 입자가 이 양전하 덩어리에 가까이 접근하면 휘어진다고 생각하였다. Rutherford는 이 양전하를 띤 덩어리를 원자의 **핵**(nucleus)이라고 불렀다. α 입자들은 상대적으로 큰 질량을 갖기 때문에, Rutherford는 휘어지는 정도(실제로 일부는 되돌아오기도 한다)로부터 핵이 매우 무겁고 밀도가 크다는 것을 알게 되었다(수소 원자핵의 밀도는 약 10^{12} g/cm^{3}로, 물의 밀도의 1조 배 정도이다). 대부분의 α 입자는 1000개 가량의 금 원자에 대해 휘어지지 않고 통과하므로 원자의 대부분은 빈 공간으로 이루어졌다고 덧붙여 결론지었다.

어떤 원자의 질량을 말할 때는 주로 핵의 질량을 언급하게 된다. 핵에 들어 있는 양성자와 중성자의 질량을 모두 합하면, 원자 총 질량의 99.9% 이상이 된다. 한 가지 예를 들면 지금까지 알려진 원자의 최대 전자 수가 118개인데, 이 118개 전자의 질량을 모두 합해도 양성자나 중성자 한 개 질량의 약 1/17에 불과하다. 그러므로 원자의 질량은 주로 양성자와 중성자의 질량을 합하여 구한다.

아원자 입자의 일반 배열

Rutherford는 α 입자 산란 실험으로부터 원자 속에는 밀도가 높고, 양전하를 띤 핵이 들어 있다는 것을 확증하였다. 그 후에 Chadwick은 원자 속에 전하를 띠지 않고 질량만 가진 중성자가 들어 있음을 증명하였다. Rutherford는 또한 음전하를 띤 가벼운 전자가 존재하며, 이것이 핵의 양전하를 상쇄시킨다는 것을 언급하였다. 이러한 실험 증거를 바탕으로 원자와 아원자 입자의 위치에 대한 모형을 고안했는데, 이 모형에 의하면 원자는 전자에 둘러싸인 **핵(nucleus)**으로 이루어져 있다(**그림 5.7**). 핵 속에는 양성자와 중성자가 들어 있고, 전자는 포함되어 있지 않다. 중성 원자에서 양성자에 기인한 핵의 양전하는 전자의 음전하에 의하여 정확히 상쇄된다. 전자의 전하는 양성자의 전하와 크기는 같고 부호만 반대이므로, 중성 원자 속에 들어 있는 양성자와 전자의 수는 서로 같아야 한다. 그러나 이러한 원자 구조의 모형을 통해서 원자 내에 있는 전자의 배열에 관한 정보는 얻을 수 없다.

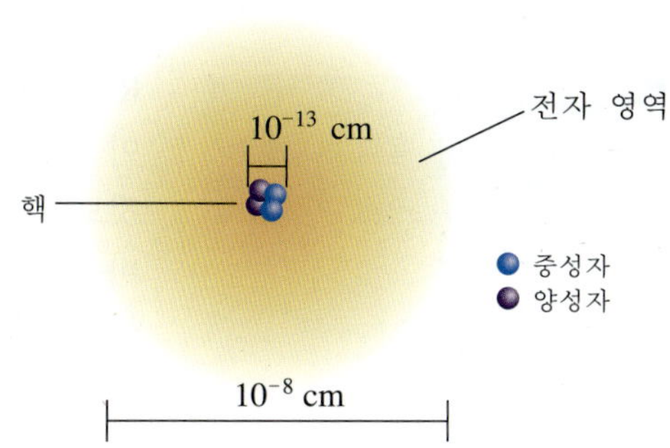

그림 5.7 원자의 핵 모형에서, 양성자와 중성자는 핵 속에 들어 있다. 전자는 원자의 나머지 공간(전자는 매우 작기 때문에 대부분 비어 있는 공간)에서 발견된다.

중성 원자는 같은 수의 양성자와 전자를 가진다

예제 5.4

주요 아원자 입자는 무엇이며, 이들이 원자 속에서 어디에 위치해 있는지 설명하시오.

풀이

원자 속에 들어 있는 세 가지 주요 아원자 입자는 양성자, 중성자, 전자이다. 양성자와 중성자는 핵에 위치해 있고, 전자는 핵 바깥과 그 주위에 자리를 잡고 있다.

원소의 원자 번호

Bjoern Wylezich/Shutterstock

Colorado 광산에서 발견된 천연 다이아몬드인데, 이것의 구성 성분은 탄소이다.

어떤 원소의 **원자 번호(atomic number, Z)**는 그 원소의 원자핵 속에 들어 있는 양성자의 수이다. 따라서 원자 번호를 이용하여 각 원자를 확인할 수 있다. 예를 들면 원자 번호가 1인 모든 원자는 수소 원자이고, 그 핵 속에는 한 개의 양성자가 들어 있다. 원자 번호가 6인 모든 원자는 탄소 원자이며, 그 핵 속에는 6개의 양성자가 들어 있다(사진 참조). 원자 번호가 92인 모든 원자는 우라늄 원자이며, 그 핵 속에는 92개의 양성자가 들어 있다. 원자 번호로부터 핵 속의 양전하 수뿐만 아니라 중성 원자 내에 들어 있는 전자 수도 알 수 있다. 그 이유는 중성 원자는 같은 수의 전자와 양성자를 갖고 있기 때문이다.

원자 번호 = 핵에 있는 양성자의 수

보통 교과서나 실험실, 시험 문제 등에서 주기율표가 주어지기 때문에 원소의 원자 번호를 외울 필요는 없다. 이 책의 앞표지 안쪽에 있는 주기율표에는 모든 원소의 원자 번호가 수록되어 있고, 그 다음 페이지에는 원자량의 표도 주어져 있다.

실습 문제 5.4

주기율표를 보고 Fe 원자와 Ne 원자에 들어 있는 양성자와 전자의 수를 구하시오

5.5 원소의 동위 원소

이 절의 학습 목표
원자 번호, 질량수, 동위 원소를 정의할 수 있다.

Rutherford의 원자핵 개념 이후 곧바로 개개 원자의 질량을 구하려는 실험이 이루어졌다. 이 실험에서 거의 모든 원자의 질량은 원자 속에 들어 있는 양성자와 전자의 질량을 합한 것보다 더 크다는 사실을 알게 되었다. 이로부터 전하를 띠지 않지만 양성자의 질량과 거의 비슷한 질량을 갖는 입자인 중성자의 존재를 알 수 있었다. 이 입자는 전하를 띠지 않기 때문에 검출하기가 매우 어려워서, 1932년에 와서야 겨우 실험으로 입증하였다. 가장 간단한 수소 원자를 제외한 모든 원자핵 속에는 중성자가 들어 있다.

어떤 원소의 모든 원자는 같은 수의 양성자를 갖는다. 그러나 실험에 의하면 대부분의 경우 같은 원소의 모든 원자가 모두 똑같은 질량을 갖고 있지 않다는 것을 알게 되었다. 이것은 원소가 같은 원자일지라도 핵 속에 들어 있는 중성자의 수가 다를 수 있기 때문이다.

어떤 원소의 원자가 원자 번호는 같지만 원자 질량이 다를 경우 이것을 그 원소의 **동위 원소(isotope)**라고 부른다. 따라서 어떤 원소의 동위 원소는 원자에 들어 있는 양성자와 전자의 수는 같지만, 중성자의 수는 다르다.

원자 번호가 1인 수소의 동위 원소는 세 가지가 알려져 있다. 이들은 모두 한 개의 전자를

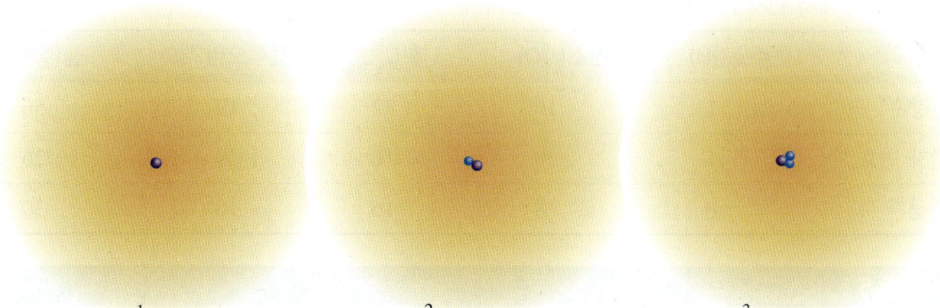

그림 5.8 수소의 동위 원소. 양성자(자주색)와 중성자(푸른색)의 수는 핵 속에 보인다. 전자(e^-)는 핵 바깥에 존재한다.

갖고 있으며 핵 속에 한 개의 양성자를 갖고 있다. 중성자가 없는 첫 번째 동위 원소(protium, 경수소)는 질량수가 1이고, 핵 속에 한 개의 중성자를 가진 두 번째 동위 원소(deuterium, 중수소)는 질량수가 2이며, 두 개의 중성자를 가진 세 번째 동위 원소(tritium, 삼중수소)는 질량수가 3이다(**그림 5.8**) .

수소의 세 가지 동위 원소는 기호 ^1_1H, ^2_1H, ^3_1H로 나타낼 수 있으며, 원자 번호가 1이고, 질량수가 각각 1, 2, 3임을 의미한다. 원자를 나타내는 이러한 방법을 **동위 원소 표기법**(isotopic notation)이라고 부른다. 아래 첨자(Z)는 원자 번호이고, 위 첨자(A)는 핵 속에 있는 양성자와 중성자의 수를 합한 것으로 **질량수(mass number)**라고 부른다. 수소의 동위 원소는 수소-1, 수소-2, 수소-3으로 불리기도 한다.

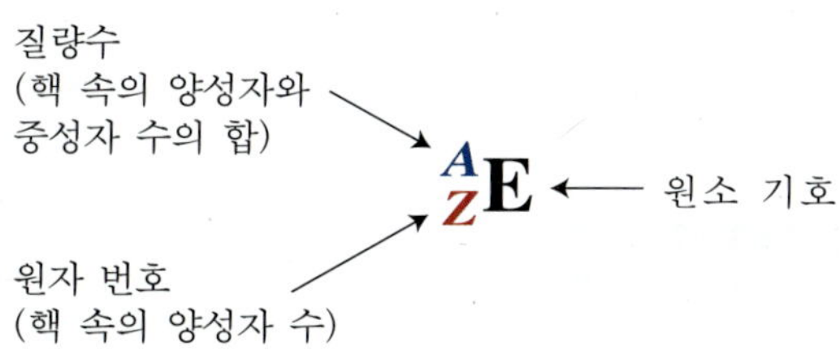

대부분의 원소는 동위 원소의 혼합물로 자연에 존재한다. 그러나 모든 동위 원소가 안정한 것은 아니며, 일부는 방사성이 있고, 연속적으로 분해되어 다른 원소를 형성하기도 한다. 예를 들면 탄소의 동위 원소는 일곱 가지가 알려져 있지만 이 중에서 단 두 가지, 탄소-12와 탄소-13만 안정하다. 산소의 일곱 가지 동위 원소 중에서는 오직 세 가지 $^{16}_8O$, $^{17}_8O$, $^{18}_8O$만 안정하다. 비소의 동위 원소 15가지 중에서는 $^{75}_{33}As$만 안정하다.

질량수와 원자 번호 사이의 관계는 다음과 같다. 주어진 동위 원소의 질량수에서 원자 번호를 빼면, 그 동위 원소의 원자핵 속에 들어 있는 중성자 수를 얻게 된다. **표 5.2**는 중성자 수를 구하는 방법을 보여 준다. 예를 들면 원자 번호가 9이고 질량수가 19인 플루오린 원자($^{19}_9F$)는 10개의 중성자를 갖고 있다.

질량수	−	원자 번호	=	중성자 수
19	−	9	=	10

이 책의 앞표지 안쪽의 표에 있는 원자 질량은 국제적으로 인준을 받은 값이다(참고 참조). 원자 질량을 외울 필요는 없다. 이 책의 계산에서 네 개의 유효 숫자까지 반올림한 원자 질량을 사용하면 충분한 정확도를 가진 결과를 얻을 수 있을 것이다(주기율표 참조).

참고 이 교재에서 원자 질량을 나타낼 때는 네 개의 유효 숫자를 사용한다.

표 5.2 질량수에서 원자 번호를 빼서 원자의 중성자 수 구하기

	수소($^{1}_{1}H$)	산소($^{16}_{8}O$)	황($^{32}_{16}S$)	플루오린($^{19}_{9}F$)	철($^{56}_{26}Fe$)
질량수	1	16	32	19	56
원자 번호	(−)1	(−)8	(−)16	(−)9	(−)26
중성자 수	0	8	16	10	30

예제 5.5

$^{14}_{6}C$ 원자 속에 들어 있는 양성자 수, 중성자 수, 전자 수를 구하시오.

풀이

이 원소는 원자 번호가 6인 탄소이다. 양성자나 전자의 수는 원자 번호와 같으므로 6이다. 중성자의 수는 질량수에서 원자 번호를 빼면 구할 수 있으므로 $14 - 6 = 8$이다.

실습 문제 5.5

다음의 각 동위 원소에는 양성자, 중성자, 전자가 몇 개씩 들어 있는가?

(a) $^{16}_{8}O$ (b) $^{80}_{35}Br$ (c) $^{235}_{92}U$ (d) $^{64}_{29}Cu$

실습 문제 5.6

다음과 같은 것을 가진 원소의 원자 번호와 질량수를 구하시오. 이 원소들의 이름은 각각 무엇인가?

(a) 9개의 전자 (b) 24개의 양성자와 28개의 중성자 (c) $^{197}_{79}X$

생활 속의 화학

동위 원소 탐정

과학자들은 마약이나 보석의 출처를 밝혀내기 위하여 동위 원소를 이용한다. 동위 원소의 비율로부터 에메랄드의 원산지나 코카인의 공급원을 확인할 수도 있는데, 탄소의 연대 측정에 사용되는 방법과 비슷하다.

미국의 마약 단속국(DEA)에 있는 연구원들은 코카잎의 원산지를 90%의 정확도로 추정할 수 있는 데이터베이스를 만들었다. 코카인은 자라온 환경의 화학적 흔적을 가지고 있다. 탄소와 질소의 동위 원소는 재배 기후 여건에 따라 특정한 비율로 나타난다. 이러한 동위 원소 비율을 이용하여 미국 유타 대학의 J. Ehleringer는 시료 중 90%의 출처를 정확하게 알아낼 수 있었다. 이러한 새로운 방법은 제조 과정 중 첨가된 화학 약품을 조사하는 현재 방법보다 한 차원 높은 것이라고 볼 수 있다. 따라서 이 방법은 처음 수출자를 추적하거나 초기 단계에서 생산을 중지시키는 데 도움이 된다.

이와 비슷하게 프랑스의 연구원들은 산소의 동위 원소를 이용하여 에메랄드의 원산지를 추정할 수 있음을 밝혀냈다. 고품질의 에메랄드는 미세한 구멍이 거의 없다. 보석학자는 이러한 미세 구멍과 그 속에 들어 있는 물질을 이용하여 보석의 원산지를 확인한다. 보석의 상품성은 산소의 동위 원소 비율을 이용하여 확인할 수 있다. 이 시험법에서는 이온 현미경을 이용하여 보석 표면으로부터 (실제로 감지할 수 없는 손상을 일으키며) 몇 개의 원자를 분사시킨다. 극미량의 시료로도 그것의 산소 동위 원소 비율을 분석하여 전 세계의 에메랄드 광산의 데이터베이스와 비교해 볼 수 있다. 이러한 정보를 이용하면 보석학자는 에메랄드의 원산지를 추정할 수 있다. 콜롬비아 광산의 에메랄드가 다른 지역의 것보다 훨씬 더 가치가 높다. 따라서 이러한 기법은 수집가들이 적절한 가격을 책정하거나 귀중한 에메랄드의 족보를 확인하는 데도 사용될 수 있다.

photo-world/iStock/Getty Images

천연 에메랄드와 절삭 가공한 에메랄드

5.6 원자 질량

이 절의 학습 목표
원소의 원자 질량과 그 동위 원소의 질량 관계를 설명할 수 있다

원자 한 개의 질량은 너무 작기 때문에 저울로 측정할 수 없다. 그러나 각 원자의 질량을 질량 분석기(mass spectrometer)라고 부르는 기기를 이용하여 상당히 정확하게 결정할 수 있다. 수소 원자 한 개의 질량은 1.673×10^{-24} g이다. 그러나 그램으로 표현된 원자들의 실제 질량을 비교하는 것은 불편하고 실용적이지 못하다. 따라서 **원자 질량 단위**(atomic mass unit)를 사용하여 상대 원자 질량을 나타내는 표가 고안되었다. 최근에 국제 순수 및 응용화학 연맹(IUPAC, the International Union of Pure and Applied Chemistry)은 원자 질량 단위의 약자로 u를 사용할 것을 결정하였다(참고 참조). 이 교재에서는 이 단위를 사용할 것이다(가끔 **원자 질량** 대신에 **원자량**(atomic weight)이라는 용어가 사용된다). 탄소-12 또는 $^{12}_{6}C$로 나타내는, 여섯 개의 양성자와 여섯 개의 중성자를 가진 탄소의 동위 원소를 원자 질량의 기준으로 정했다. 기준이 되는 이 동위 원소의 원자 질량을 정확히 12 u로 한다. 따라서 1 **원자 질량 단위(atomic mass unit, u)**는 정확히 탄소-12 원자 한 개 질량의 1/12로 정의된다. 탄소-12 원자 한 개의 실제 질량은 1.9927×10^{-23} g이며, 1 u는 1.6606×10^{-24} g이다. 원자 질량표에서 모든 원소는, 기준으로 정한 탄소-12 동위 원소 질량의 상대값을 갖는다.

참고 $1\ u = 1.6606 \times 10^{-24}$ g

원자 질량표는 이 책 앞표지 안쪽에 주어져 있다. 탄소 원자의 약 1/12 질량을 가진 수소 원자는 이 상대적 척도에 의하면 1.00794 u의 평균 원자 질량을 갖는다. 탄소보다 두 배 정도 무거운 마그네슘 원자의 평균 원자 질량은 24.305 u이다. 산소의 평균 원자 질량은 15.9994 u이다.

대부분의 원소는 질량이 다른 동위 원소의 혼합물로 존재하므로, 어떤 원소의 원자 질량은 자연적으로 존재하는 그 원소의 모든 동위 원소의 평균 상대 질량을 나타낸다. 양성자와 중성자의 상대 질량이 각각 1.0 u에 가까우므로 각 동위 원소의 원자 질량은 대략 정수가 된다. 그러나 많은 원소의 원자 질량이 정수에서 상당히 벗어난 것을 볼 수 있다.

예를 들면 루비듐의 원자 질량은 85.4678 u이고 구리는 63.546 u이며, 마그네슘의 경우는 24.305 u이다. 원자 질량이 정수에서 벗어나는 이유는 주로 그 원소의 여러 가지 동위 원소의 존재비가 다르기 때문이다.

LLCRGH/4 images/Pixabay

자유의 종을 만드는 데 사용한 구리에는 Cu의 동위 원소 혼합물이 들어 있다.

구리의 주된 두 동위 원소는 $^{63}_{29}Cu$와 $^{65}_{29}Cu$이다. 일상용품이나 자유의 종(사진 참조)을 만드는 데 사용되는 구리에는 이와 같은 두 가지 동위 원소의 혼합물이 들어 있다. 구리의 원자 질량 63.546 u는 65 u보다는 63 u에 더 가까우므로, 구리-63 원자가 더 풍부한 동위 원소라는 것을 알 수 있다(**그림 5.9**). 질량 스펙트럼을 분석하여 얻은 구리 동위 원소의 실제값은 다음과 같다.

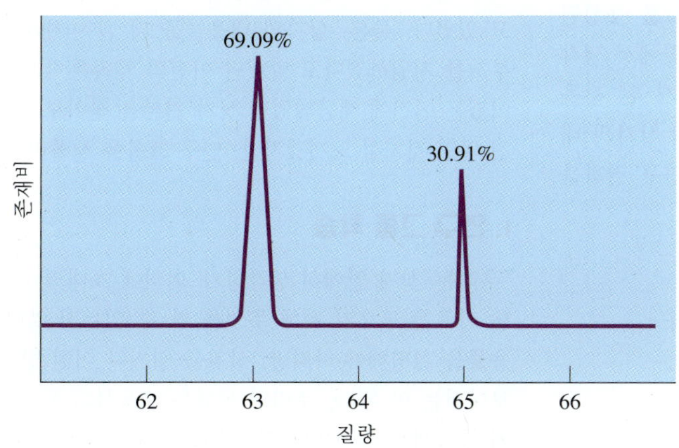

그림 5.9 질량 스펙트럼 분석. 구리의 주된 두 가지 동위 원소의 존재비(%)를 알 수 있다.

동위 원소	동위 원소 질량(u)	존재비(%)	평균 원자 질량(u)
${}^{63}_{29}Cu$	62.9298	69.09	63.55
${}^{65}_{29}Cu$	64.9278	30.91	

각 동위 원소의 원자 질량에 그 동위 원소의 존재 분율을 곱한 것을 모두 더해 주면 평균 원자 질량을 계산할 수 있다. 구리의 경우는 다음과 같이 계산한다.

$$\begin{aligned}(62.9298\ \mathrm{u})(0.6909) &= 43.48\ \mathrm{u}\\ (64.9278\ \mathrm{u})(0.3091) &= \underline{20.07\ \mathrm{u}}\\ &= 63.55\ \mathrm{u}\end{aligned}$$

참고 평균 원자 질량은 시료에 존재하는 모든 동위 원소 질량의 가중 평균이다.

어떤 원소의 **원자 질량(atomic mass)**은 탄소-12의 원자 질량(정확히 12.0000...u)을 기준으로 비교한 그 원소의 동위 원소의 평균 상대 질량이다(참고 참조).

예제 5.6

자연에서 발견되는 염소의 두 가지 동위 원소는 ${}^{37}_{17}Cl$(24.47%)과 ${}^{35}_{17}Cl$(75.53%)이다. 이들의 원자 질량은 각각 36.96590 u와 34.96885 u이다. 염소의 평균 원자 질량을 구하시오.

풀이

각 질량에 백분율을 곱하고, 그 결과를 더해 주면 평균 원자 질량을 구할 수 있다.

$$\begin{aligned}&(0.2447)(36.96590\ \mathrm{u}) + (0.7553)(34.96885\ \mathrm{u})\\ &= 35.4575\ \mathrm{u}\\ &= 35.46\ \mathrm{u}\ (\text{유효 숫자 네 개})\end{aligned}$$

실습 문제 5.7

은(Ag)의 경우 원자 질량이 각각 106.9041 u와 108.9047 u인 두 가지 동위 원소가 발견된다. 이들 동위 원소의 백분율은 각각 51.82%와 48.18%이다. 은의 평균 원자 질량을 구하시오.

사례 연구 상자 안에서 생각하기

alexmillos/Shutterstock

친애하는 상자 연구회 회원 연구자에게:

귀하와 귀하의 연구 그룹 구성원을 제1회 연례 "상자 안에서 생각하기" 회의에 초대하게 된 것을 기쁘게 생각합니다. 이 상자의 내용물들에 대한 조사 연구 결과를 발표해 주시기 바랍니다.

연구의 기본 규칙을 상기시켜 드립니다.

1. 연구자는 최선을 다해 상자의 내용들을 설명해야 합니다.
2. 상자는 절대로 열 수 없으며 내용을 봐서도 안 됩니다.

이번 회의에서 귀하의 발표를 기대해 봅니다.

감사합니다.

회장 Chester Intrados 배상

위의 편지가 도착한 날 당신은 GenChemCo 회사 사무실에서 일하고 있었다. 물론, 상자의 내용물을 더 잘 이해하기 위해 상자 연구 부서를 지원하겠다고 말했던 이전의 약속은 잊어버린 채로 말이다. 어쨌든 이전에 제공되었던 상자 견본을 찾아보고 (당장은 너무 오래 전 일인 것처럼 느끼겠지만) 연구 그룹을 재빨리 구성해야 한다.

I. 연구 그룹 학습

"우리는 '상자 안에서 생각하기' 회의에 초대 받았다. 회의에서 발표할 자료를 모으기 위해 무엇을 할 수 있는지 알아 보자. 상자의 내용물을 설명해야 하지만, 상자를 열거나 어떤 방법으로도 내용물을 보아서는 안 된다. 우리의 목표는 내용물의 특징을 보여 주는 것이지 추측하는 것이 아니다."라고 그룹 구성원에게 말한다. 기록자를 정하고, 상자를 연구팀의 각 구성원에게 전달하고, 관찰 사항을 적고 정리한다. 당신은 연구 그룹의 리더로서 이 대화를 이끌어 나가야 한다.

II. 회의

그룹의 학습 결과에 대해 각 연구 그룹의 구성원(리더나 기록자가 아님)에게 회의에서 공식 발표를 하도록 요청한다. 단순한 관찰 목록이 아닌 조사 결과를 잘 요약해서 발표해야 한다. 의장은 기록자 역할을 한다.

5장 복습

5.1 Dalton의 원자 모형

중요 용어: Dalton의 원자 모형

- 고대 그리스 시대의 물질 모형
  - 네 가지 원소 – 흙, 공기, 물, 불
  - Democritus – 원자 (더 이상 나눌 수 없는 입자) 로 이루어져 있다.
  - Aristotle – 원자 개념을 반박하였다.
- Dalton의 원자 모형의 요약
  - 원소는 원자라고 부르는 더 이상 나눌 수 없는 작은 입자로 구성되어 있다.
  - 같은 원소의 원자는 질량과 크기가 같다.
  - 다른 원소의 원자는 질량과 크기가 다르다.
  - 두 개 이상의 서로 다른 원자들이 결합하여 화합물을 만든다.
  - 원자가 화합물을 형성할 때는 간단한 정수비로 결합한다.
  - 두 원소의 원자들은 다른 비율로 결합하여 두 가지 이상의 화합물을 형성할 수 있다.

5.2 전하

- 전하의 성질
  - 전하는 양전하와 음전하의 두 가지 유형이 있다.
  - 다른 전하끼리는 서로 끌어당기고, 같은 전하끼리는 반발한다.
  - 전하는 접촉이나 유도를 통하여 한 물체에서 다른 물체로 이동할 수 있다.
  - 두 전하 사이에 작용하는 인력 (F) 은 다음 식을 사용하여 나타낼 수 있다.

$$F = \frac{kq_1q_2}{r^2}$$

- Michael Faraday는 하전된 이온을 발견하였다.
- Svante Arrhenius는 전도성은 화합물이 이온으로 해리되기 때문에 생긴다고 설명하였다.
  - 양전하를 띤 양이온은 음극(cathode) 쪽으로 이동한다.
  - 음전하를 띤 음이온은 양극(anode) 쪽으로 이동한다.

5.3 원자의 아원자 입자

중요 용어: 아원자 입자 | 전자 | 양성자 | Thomson의 원자 모형 | 중성자

- 원자는 더 작은 아원자 입자로 구성되어 있다.
  - 전자 – 음전하, 수소 원자 질량의 1/1837
  - 양성자 – 양전하, 1.673×10^{-24} g

- 중성자 − 전하 없음, 1.675×10^{-24} g
- Thomson의 원자 모형
  - 음전하의 전자는 양전하의 원자구 속에 박혀 있다.
- 중성 원자에서 양성자의 수와 전자의 수는 같다.
- 중성 원자는 전자를 잃거나 얻으면 이온이 생긴다.

5.4 원자핵

중요 용어: 핵 | 원자 번호

- Rutherford는 금속 박막 실험을 통해 Thomson의 원자 모형을 원자의 핵 모형으로 다음과 같이 수정하였다.
  - 원자는 양성자와 중성자가 들어 있는 핵과 이를 둘러싸고 있는 대부분의 빈 공간을 차지하는 전자로 구성되어 있다.
  - 중성 원자에는 같은 수의 양성자와 전자가 있다.

5.5 원소의 동위 원소

중요 용어: 동위 원소 | 질량수

- 어떤 원소의 질량수는 핵 속에 있는 양성자와 중성자 수의 합이다.

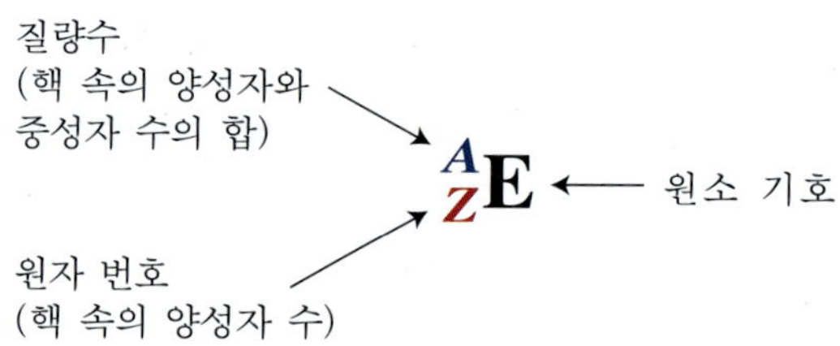

- 원자 속에 있는 중성자 수는 질량수(A) − 원자 번호(Z) = 중성자 수로 구할 수 있다.

5.6 원자 질량

중요 용어: 원자 질량 단위(u) | 원자 질량

- 평균 원자 질량은 각 동위 원소의 원자 질량에 그 동위 원소의 존재 분율을 곱한 것을 모두 더해 주면 계산할 수 있다.

복습 질문

1. Dalton이 제안한 원자 모형을 설명하시오.
2. Democritus의 이론에서 어떤 요소가 Dalton의 원자 모형에 부합되는가?
3. Dalton의 이론에서는 화학식을 항상 정수로 적어야 하는 이유를 어떻게 설명하는가?
4. 원자와 양이온을 구별하시오.
5. 반대 전하를 띤 두 입자가 서로 가까이 접근함에 따라 인력이 증가하는지, 감소하는지 아니면 같은 상태로 있는지를 설명하시오.
6. 양이온과 음이온은 어떻게 다른가?
7. 양성자는 전자보다 약 몇 배 더 무거운가?
8. 화학자의 관점에서 볼 때 양성자, 중성자, 전자의 중요한 차이점은 무엇인가?
9. (a) 구리, (b) 질소, (c) 인, (d) 라듐, (e) 아연의 원자 번호를 쓰시오.
10. 원자의 동위 원소 표기법에서 원자 번호와 질량수는 어떤 문자를 사용하여 나타내는가?
11. 동위 원소 사이에서 아원자 입자들의 차이를 설명하시오.
12. 원소의 질량수가 항상 정수인 이유를 설명하시오.

짝으로 된 연습 문제

푸른색 숫자로 되어 있는 모든 연습 문제의 답은 부록 5에 있다.

1. Co^{3+}, O^{2-}, Cr^{2+}, Ni^{2+}, Se^{2-}, K^{+}, Li^{+}, Cl^{-}, I^{-} 이온이 들어 있는 혼합물 중에서 전기장의 양극 쪽에 끌리는 이온을 확인하시오.

2. Mn^{2+}, Mg^{2+}, Zn^{2+}, Au^{+}, S^{2-}, O^{2-}, N^{3-}, Fe^{2+} 이온이 들어 있는 혼합물에서 축전지의 음극 쪽에 끌리는 이온을 확인하시오.

3. Rutherford 실험의 어떠한 관측으로부터 원자핵이 양전하를 띤다고 결론을 내릴 수 있었는가?

4. Rutherford는 어떤 실험 증거를 바탕으로 다음의 결론을 내렸는가?
   (a) 원자핵이 대부분의 원자 질량을 차지한다.
   (b) 원자핵은 양으로 하전되어 있다.
   (c) 원자는 대부분 빈 공간으로 이루어져 있다.

5. 원자에 있는 아원자 입자의 일반적인 배열을 설명하시오.

6. 세 가지 아원자 입자 중에 어떤 아원자 입자들에 의해서 원자의 질량이 결정되는가?

7. 다음의 각 과학자는 원자 모형에 어떻게 기여했는가?
   (a) Dalton
   (b) Thomson
   (c) Rutherford

8. 다음의 각 원자 모형에 대한 물음에 답하시오.
   (a) Dalton의 원자 모형, (b) Thomson의 원자 모형, (c) Rutherford의 원자 모형.
   원자 속에서 전자의 위치는 어떻게 변하는가? 원자의 양전하를 띤 물질의 위치는 어떻게 비교되는가?

9. 원소의 원자 질량을 평균 원자 질량으로 사용하는 이유는 무엇인가?

10. 동위 원소의 질량이 정확히 정수가 되는 것이 있는가? 항상 이것이 성립하는가? ($^{12}_{6}C$와 $^{63}_{29}Cu$의 질량을 고려하여 답하시오.)

11. 수소의 동위 원소에 붙여진 특별한 이름은 무엇인가?

12. 수소의 세 가지 동위 원소에 대해 같은 점과 다른 점을 나열하시오.

13. 자연에 존재하는 질량수가 46, 47, 48, 49, 50인 타이타늄의 다섯 가지 동위 원소에 대해 핵의 조성을 구하시오.

14. 자연에 존재하는 질량수가 58, 60, 61, 62, 64인 니켈의 다섯 가지 동위 원소에 대해 핵의 조성을 구하시오.

15. 다음 그림이 나타내는 원소를 확인하고 동위 원소 표기법으로 나타내시오.

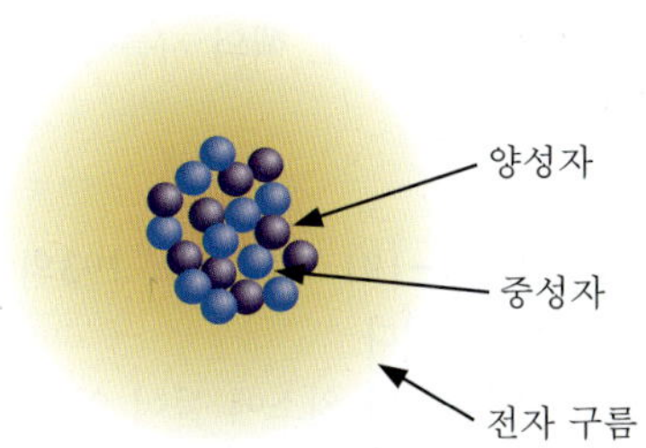

16. 다음 그림이 나타내는 원소를 확인하고 동위 원소 표기법으로 나타내시오.

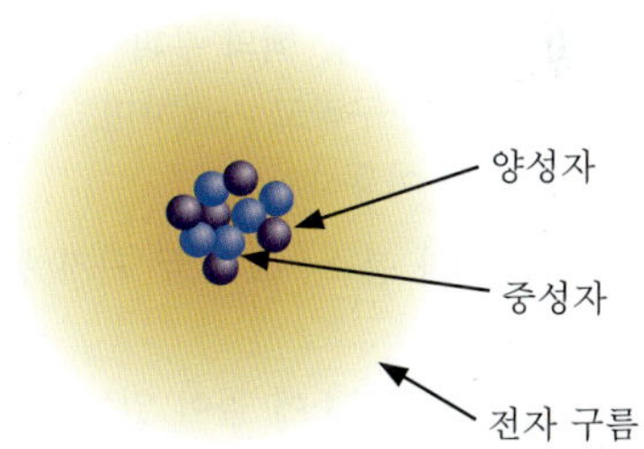

17. 산소-16 원자의 구조에 대한 그림을 Rutherford의 원자 모형으로 그리시오. 양성자, 중성자, 전자 구름의 위치를 나타내시오.

18. 질소-14 원자의 구조에 대한 그림을 Rutherford의 원자 모형으로 그리시오. 양성자, 중성자, 전자 구름의 위치를 나타내시오.

19. 다음 각 원자를 동위 원소 표기법으로 나타내시오.
   (a) $Z = 28, A = 58$
   (b) $Z = 12, A = 25$
   (c) $Z = 10, A = 20$

20. 다음 각 원자를 동위 원소 표기법으로 나타내시오.
   (a) $Z = 27, A = 59$
   (b) $Z = 16, A = 32$
   (c) $Z = 24, A = 52$

21. 다음 동위 원소에 있는 양성자, 중성자, 전자의 수를 구하시오.
   (a) ^{13}C
   (b) ^{235}U
   (c) 몰리브데넘-96 (^{96}Mo)
   (d) 루비듐-85 (^{85}Rb)

22. 다음 동위 원소에 있는 양성자, 중성자, 전자의 수를 구하시오.
   (a) ^{48}Ti
   (b) ^{137}Ba
   (c) 안티모니-122 (^{122}Sb)
   (d) 규소-28 (^{28}Si)

23. 미지 원소에 양성자 13개, 전자 10개가 있고 질량수가 27이다. 다음 질문에 답하시오.
(a) 이 원소의 원자 번호를 쓰시오.
(b) 이 원소의 이름과 기호를 쓰시오.
(c) 이 원소에 들어 있는 중성자 수를 구하시오.
(d) 이 이온의 전하를 구하시오. 이것은 양이온인가, 음이온인가?
(e) 이 원소를 동위 원소 표기법으로 나타내시오.

24. 미지 원소에 양성자 56개, 전자 54개가 있고 질량수가 135이다. 다음 질문에 답하시오.
(a) 이 원소의 원자 번호를 쓰시오.
(b) 이 원소의 이름과 기호를 쓰시오.
(c) 이 원소에 들어 있는 중성자 수를 구하시오.
(d) 이 이온의 전하를 구하시오. 이것은 양이온인가, 음이온인가?
(e) 이 원소를 동위 원소 표기법으로 나타내시오.

25. 질소 원자는 3개의 전자를 얻으면 질소화 음이온을 형성하게 된다.
(a) 질소화 음이온의 전하를 구하시오.
(b) 원자 질량 단위로 질소 원자의 평균 원자 질량을 구하시오.
(c) 원자 질량 단위로 질소화 음이온이 얻은 3개 전자의 질량을 계산하시오.
(d) 질소 원자가 전자를 얻어서 음이온이 되면 질량이 상당히 많이 변하는가?

26. 칼슘 원자는 2개의 전자를 잃으면 칼슘 양이온을 형성하게 된다.
(a) 칼슘 양이온의 전하를 구하시오.
(b) 원자 질량 단위로 칼슘 원자의 평균 원자 질량을 구하시오.
(c) 원자 질량 단위로 칼슘 양이온이 잃은 2개 전자의 질량을 계산하시오.
(d) 칼슘 원자가 전자를 잃어서 양이온이 되면 질량이 상당히 많이 변하는가?

27. 지르코늄은 다섯 가지 안정한 동위 원소가 자연에 존재한다. 동위 원소의 원자 질량과 존재비는 다음과 같다.
^{90}Zr, 89.905 u (51.45%) ; ^{91}Zr, 90.906 u (11.22%) ; ^{92}Zr, 91.905 u (17.15%) ; ^{94}Zr, 93.906 u (17.38%) ; ^{96}Zr, 95.908 u (2.80%).
지르코늄의 평균 원자 질량을 계산하시오.

28. 타이타늄은 다섯 가지 안정한 동위 원소가 자연에 존재한다. 그 중 네 가지 동위 원소의 원자 질량과 존재비는 다음과 같다.
^{46}Ti, 45.953 u (8.0%) ; ^{47}Ti, 46.952 u (7.3%) ; ^{48}Ti, 47.948 u (73.8%) ; ^{49}Ti, 48.948 u (5.5%).
타이타늄의 평균 원자 질량이 47.9 u일 때, 다섯 번째 타이타늄 동위 원소의 질량을 계산하시오.

29. 자연에 단지 두 가지의 안정한 동위 원소만 존재하는 어떤 원소가 있다. 원자 질량이 62.9296 u인 동위 원소가 69.17% 존재한다. 다른 동위 원소의 원자 질량이 64.9278 u일 때, 이 원소의 평균 원자 질량을 계산하고 어떤 원소인지 쓰시오.

30. 자연에 단지 두 가지의 안정한 동위 원소만 존재하는 어떤 원소가 있다. 원자 질량이 34.9689 u인 동위 원소가 75.77% 존재한다. 다른 동위 원소의 원자 질량이 36.9659 u일 때, 이 원소의 평균 원자 질량을 계산하고 어떤 원소인지 쓰시오.

31. 어떤 원자의 평균 반지름이 1.0×10^{-8} cm이고, 핵의 평균 반지름은 1.0×10^{-13} cm이다. 핵의 부피에 대한 원자의 부피의 비율을 구하시오. 원자는 구라고 가정하며, 구의 부피를 구하는 공식, $V = (4/3)\,\pi r^3$을 이용하시오.

32. 알루미늄 원자의 평균 지름이 약 3.0×10^{-8} cm이고, 핵의 지름은 약 2.0×10^{-13} cm이다. 핵의 지름에 대한 원자의 지름의 비율을 구하시오.

33. 붕소 원소는 붕소-10과 붕소-11의 두 가지 동위 원소로 이루어져 있다.
(a) 붕소의 두 가지 동위 원소에 들어 있는 양성자와 중성자의 수를 구하시오.
(b) 붕소의 두 가지 동위 원소를 각각 동위 원소 표기법으로 나타내시오.
(c) 각 동위 원소의 핵 속에 들어 있는 양성자의 질량 백분율을 계산하시오.

34. 이리듐 원소는 이리듐-191과 이리듐-193의 두 가지 안정한 동위 원소로 이루어져 있다.
(a) 이리듐의 두 가지 동위 원소에 들어 있는 양성자와 중성자의 수를 구하시오.
(b) 이리듐의 두 가지 동위 원소를 각각 동위 원소 표기법으로 나타내시오.
(c) 각 동위 원소의 핵 속에 들어 있는 양성자의 질량 백분율을 계산하시오.

추가 연습 문제

35. 다음 각 사항을 발견하거나 고안한 과학자는 누구인가?

1. 자발적인 방사성 방출을 발견하였다.
2. 원자의 아원자 구조를 발견하도록 하는 계기를 마련한 Crookes 관을 고안하였다.
3. 양의 하전을 띤 입자인 양성자를 발견하였다.
4. Dalton에 의해 제안되었던 원자 이론을 거부하였다.

(a) Goldstein　(c) Thomson
(b) Becquerel　(d) Sir William Crookes

36. 다음의 각 서술을 지지하는 실험 증거는 무엇인가?

(a) 원자핵은 작다.
(b) 원자는 양전하와 음전하로 구성되어 있다.
(c) 원자핵은 양전하를 띤다.

37. 다음 정보를 이용하여 이들 원소가 동위 원소인지를 확인하시오.

(a) 질량수 = 35; 중성자 수 = 18
(b) 질량수 = 32; 양성자 수 = 16
(c) 양성자 수 = 17; 중성자 수 = 20

38. 탄소의 세 동위 원소는 무엇인가? 일반명과 기호로 나타내시오.

39. 규소 원자의 지름은 2.34×10^{-8} cm이다. 만일 규소 원자를 넓이가 21.6 cm인 종이에 나란히 직선으로 나열하면 몇 개의 규소 원자가 들어갈 수 있겠는가?

40. 같은 원소이면서 원자의 종류가 두 가지 이상인 원자가 어떻게 존재하게 되는가?

41. 원소 ^{140}Ce, ^{173}Yb, ^{150}Sm, ^{139}La를 중성자의 수가 증가하는 순서로 나열하시오.

42. 다음 각 원소의 원자 속에 들어있는 중성자 수를 구하시오.

$^{23}_{11}$Na ______　$^{65}_{30}$Zn ______
$^{115}_{48}$Cd ______　$^{40}_{18}$Ar ______
$^{37}_{17}$Cl ______　$^{24}_{12}$Mg ______

43. 질소는 원자량 14.0067 u인 질소-14와 원자량 14.928 u인 질소-15의 두 가지 안정한 동위 원소를 갖고 있다. 주기율표에 있는 원자량을 보고 이 두 가지 중에서 어느 것이 더 많이 존재하는지를 예측하고 그 이유를 설명하시오.

44. 미지 원소 Y는 ^{39}Y와 ^{41}Y의 두 가지 동위 원소를 갖고 있다. 평균 원자 질량이 39.1 u라면 동위 원소의 상대 존재비는 각각 몇 %인가?

45. 어떤 원소의 원자 한 개의 실제 질량이 3.27×10^{-19} mg이다.

(a) 이 원소의 원자 질량을 계산하시오.
(b) 어떤 원소인지 확인하고, 원소 기호와 이름을 쓰시오 (이 원소는 한 가지 동위 원소만 존재한다).

46. 아래 동위 원소들의 원자에 대한 개략적인 원자 질량을 구하시오.

	원자 번호	중성자 수
H	1	2
C	6	7
C	6	8
O	8	10
Cl	17	20
Cu	29	36

47. 다음 각 원소의 동위 원소가 원자 질량 단위로 다음과 같이 주어질 때, 더 많이 존재하는 동위 원소를 결정하시오.

	동위 원소 A	동위 원소 B	동위 원소 C	평균 원자 질량
1.	62.93 u	64.93 u	______	63.55 u
2.	49.95 u	50.94 u	______	50.94 u
3.	31.97 u	32.97 u	33.97 u	32.065 u
4.	6.015 u	7.016 u	______	6.941 u

48. 은 원자 한 개의 질량이 1.79×10^{-22} g이다. 은 시료 471.7 g에 들어 있는 원자의 수를 구하시오.

49. 이 책의 앞표지 안쪽에 있는 주기율표를 이용하여 처음 20가지 원소 중에서 같은 수의 양성자, 중성자, 전자를 가질 것으로 예상되는 동위 원소를 갖는 원소를 결정하시오.

50. 태양풍이 지구 쪽으로 전하를 띤 입자를 보내면 북극광이 형성된다. 이러한 전하를 띤 입자가 지구의 상층권이나 이온층(이것은 이온의 플라스마나 안개층으로 구성되어 있으므로 이렇게 이름 붙였음)을 때리면, 이 영역에 있는 이온들과 충돌하게 된다. 이러한 고에너지의 이온들이 빛의 형태로 에너지를 잃으면서 남극이나 북극의 밤하늘에서 리본 모양의 빛으로 보이는 것이다. 이러한 색은 C^{+}, O^{+}, O^{2+} 이온들 때문에 나타나는 것이다. 이러한 이온들의 양성자와 전자의 수를 구하시오.

51. (a) 이온을 설명하시오.

(b) 칼슘 원자의 평균 원자 질량은 40.08 u이다. 칼슘 이온(Ca^{2+})의 평균 원자 질량으로도 40.08 u를 사용하는 이유를 설명하시오.

52. 다이어트에 필요한 무기질이 가끔 비타민 알약 속에 양이온으로 들어 있다. 다음 표는 비타민과 무기질 보충제의 성분을 나타낸 것이다. 각 무기질에서 공급되는 이온들을 확인하고 이들 이온에 들어 있는 양성자와 전자의 수를 쓰시오.

무기질 보충제	무기질의 용도	공급되는 이온	양성자 수	전자 수
탄산 칼슘	뼈와 치아	Ca^{2+}		
황산 철(II)	헤모글로빈	Fe^{2+}		
질산 크로뮴(III)	인슐린	Cr^{3+}		
황산 마그네슘	뼈	Mg^{2+}		
황산 아연	세포 물질대사	Zn^{2+}		
아이오딘화 포타슘	갑상선 기능	I^-		

53. 각 동위 원소에 대한 적절한 자료를 넣어 다음 표를 완성하시오(모두 중성 원자이다).

원소	기호	원자 번호	질량수	양성자 수	중성자 수	전자 수
	^{36}Cl					
금(Au)			197			
		56			79	
					20	18
			58	28		

54. 각 동위 원소에 대하여 적절한 자료를 넣어 다음 표를 완성하시오(모두 중성 원자이다).

원소	기호	원자 번호	질량수	양성자 수	중성자 수	전자 수
	^{134}Xe					
은(Ag)			107			
				9	10	
		92			143	92
			41	19		

55. 다음 이온에 대해 그림 5.5에 나타낸 것과 유사한 그림을 그리시오.
(a) O^{2-} (b) Na^+ (c) P^{3-} (d) Ca^{2+}

56. (a) 탄소-12 원자의 실제 질량은 1.9927×10^{-23} g이다. 질량이 4.0986×10^{-22} g인 잠슘 원소의 상대적 질량(즉 주기율표의 원소 기호 아래에 표시되는 질량)을 구하시오.
(b) 이 원소는 중성자 수가 한 개만 다른 두 가지 동위 원소로 구성되어 있다고 하자. 자연에 어떤 동위 원소가 더 많이 존재하고 어떤 것이 더 가볍거나 무거운지를 알 수 있는 방법을 설명하시오.

57. 칠산화 이염소(Cl_2O_7) 한 분자 속에 들어 있는 양성자 수를 구하시오. 칠산화 이염소 한 분자 속에 들어 있는 전자와 중성자의 수를 정확하게 알 수 있는지, 없는지 그 이유를 설명하시오.

58. 핵 속에 들어 있지 않은 아원자 입자는 무엇인가? Ca의 이온과 Ar 원자의 공통점은 무엇인가?

59. 다음 각 원소의 원자 한 개의 질량 중 몇 %가 전자의 질량인가?
(a) 알루미늄 (원자 한 개의 질량 = 4.480×10^{-23} g)
(b) 인 (원자 한 개의 질량 = 5.143×10^{-23} g)
(c) 크립톤 (원자 한 개의 질량 = 1.392×10^{-22} g)
(d) 백금 (원자 한 개의 질량 = 3.240×10^{-22} g)

60. 다음 각 원소의 원자 한 개의 질량 중 몇 %가 양성자의 질량인가?
(a) 셀레늄 (원자 한 개의 질량 = 1.311×10^{-22} g)
(b) 제논 (원자 한 개의 질량 = 2.180×10^{-22} g)
(c) 염소 (원자 한 개의 질량 = 5.887×10^{-23} g)
(d) 바륨 (원자 한 개의 질량 = 2.280×10^{-22} g)

61. 그림 5.7은 원자의 핵 모형을 나타낸다. 핵 주위를 둘러싼 부분을 전자 영역이라고 한다. 전자 영역이란 무엇인가?

도전 문제

62. 새로운 원소를 발견한 후 이 원소를 넣을 수 있는 주기율표상의 위치를 결정하려고 한다고 생각해 보자. 이 시료를 질량 분석해 보니 원자 질량이 270.51 u, 271.23 u, 269.14 u인 세 가지 동위 원소가 들어 있음을 알 수 있었고, 이들의 존재 비가 각각 34.07%, 55.12%, 10.81%이었다. 질량 스펙트럼을 대략 그린 다음, 이 원소의 평균 원자 질량을 구하고, 원자 번호를 추정해서 주기율표상의 대략적인 위치를 정하시오.

63. 새로운 원소를 발견해서 Wz으로 명명하였다고 하자. Wz의 평균 원자 질량은 303.001 u이었고, 원자 번호는 120이다.

(a) Wz의 두 가지 동위 원소의 원자 질량이 300.9326 u와 303.9303 u일 때, 각 동위 원소의 상대적인 존재 비를 구하시오.

(b) 두 동위 원소를 동위 원소 표기법($^{A}_{Z}Wz$)으로 나타내시오.

(c) 더 많이 존재하는 동위 원소의 원자에 들어 있는 중성자 수를 구하시오.

64. 미확인 원자의 원자 질량이 탄소-12 동위 원소의 7.18배이다.

(a) 미확인 원자의 원자 질량을 구하시오.

(b) 이 원자로 가능한 원자는 무엇인가?

(c) 원자 질량과 주기율표를 이용하여 원소를 명확하게 확정 할 수 없는 이유를 설명하시오.

(d) 미확인 원자를 M이라고 할 때 이 원소가 M_2O 화합물을 형성했다면, 이 원자 M을 동위 원소 표기법으로 나타내시오.

65. Dalton, Thomson, Rutherford와 같은 과학자들은 중요한 원자 모형을 제안하였다. 그러나 이후에 나온 기술에 의해 결국 이의가 제기되었다. Dalton 원자 모형의 오류에 대해 설명하시오. Thomson의 원자 모형에서 언급되지 않은 것이 무엇인지 설명하시오. 현재 원자 모형의 배경이 된 Rutherford의 실험에 대해 설명하시오.

실습 문제 정답

5.1 CH_4, C_2H_2, C_2H_4, C_2H_6

5.2 양이온: Li^+, NH_4^+, Ca^{2+}, Mg^{2+}, Cs^+, Au^+, Cu^+, Cu^{2+}
음이온: I^-, F^-, NO_3^-, PO_4^{3-}, BO_3^{3-}, O^{2-}

5.3 2.99×10^{24} 개의 원자

5.4 Fe, 26개의 양성자와 26개의 전자; Ne, 10개의 양성자와 10개의 전자

5.5

	양성자 수	중성자 수	전자 수
(a)	8	8	8
(b)	35	45	35
(c)	92	143	92
(d)	29	35	29

5.6 (a) 원자 번호 9, 질량수 19, 플루오린
(b) 원자 번호 24, 질량수 52, 크로뮴
(c) 원자 번호 79, 질량수 197, 금

5.7 107.9 u

nickgesell /Pixabay

6장
현대 원자론과 주기율표

너무 작아서 볼 수 없는 물체는 어떻게 연구할 수 있을까? 포장된 생일 선물을 받았다고 생각해 보자. 상자의 포장과 크기만으로 짐작하는 것은 별로 유용하지는 않지만, 이 상자를 흔들고, 돌리고, 들어 올리는 것 모두 내용물에 대한 간접적인 단서가 된다. 모든 실험을 마친 후에는 내용에 대해 나름 훌륭한 추측을 할 수 있다. 하지만 이 추측이 맞을까? 확실히 알 수 있는 유일한 방법은 선물 포장을 풀어보는 것이다.

화학자들은 원자를 연구할 때 같은 모순을 느꼈다. 원자는 너무 작아서 일반적인 감각으로는 설명할 수 없다. 우리는 본질적으로 원자라고 부르는 이 선물 상자를 가지고 어둠 속에서 작업하고 있다. 불꽃놀이에서 볼 수 있듯이 원자는 적절한 조건에서 빛을 발산할 수 있다. 방출된 빛은 원자의 전자 구조에 대한 단서를 제공할 수 있다. 또한 기기(X선 기계 및 주사 터널링 현미경) 및 측정 장치(분광 광도계 및 자기 공명 영상기, MRI)의 개선과 수학적 기술의 발달로 원자의 비밀을 밝히는 데 더 가까워지고 있다.

6장의 개요

6.1 전자기 복사

이 절의 학습 목표
전자기 복사의 세 가지 기본 특성을 말할 수 있다

지난 200년 동안 원자론을 뒷받침하기 위해 방대한 데이터가 축적되었다. 원자가 초기 그리스인에 의해 처음 제안되었을 때 그들의 아이디어를 뒷받침할 물리적 증거는 존재하지 않았다. 초기 화학자들은 다양한 실험을 했고 Dalton의 원자 모형에서 절정에 도달했다. Dalton 모형의 한계로 인해 Thomson이 먼저 수정을 제안한 다음 Rutherford가 그 수정을 개선하였으며 결국 현대의 핵 원자 개념으로 이어졌다. 이러한 초기의 원자 모형은 다양한 화학 개념을 시각화하는 데 잘 활용되고 있다. 원자 구조가 주기율표와 어떻게 관련되어 있는지에 대한 설명을 포함하여 이러한 모형이 대답할 수 없는 질문이 남아 있다. 이 장에서는 현대 원자 모형을 보여 줄 것이며, 이것이 초기 원자 모형에서 어떻게 달라지고 개선되었는지 공부하게 될 것이다.

전자기 복사

수 세기 동안 과학자들은 에너지와 빛을 연구해 왔으며, 에너지가 한 지점에서 다른 지점으로 어떻게 이동하는가를 설명하기 위하여 여러 모형을 제안해 오고 있다. 공간을 통하여 에너지가 전달되는 하나의 방법은 **전자기 복사**(electromagnetic radiation)이다. 전자기 복사의 예는 태양 광선을 포함해 치과 진료용으로 사용하는 X선, 가정의 전자레인지의 마이크로파, 라디오파와 텔레비전파, 벽난로에서 나오는 복사열 등이다. 이러한 예들은 매우 다르

파도타기 선수는 파도의 파장, 진동수, 속도를 판단하여 최고의 파도타기를 한다.

게 보일지 모르지만, 몇 가지 중요한 면에서는 매우 유사하다. 모두 파동과 같은 거동을 하며, 진공 속에서 같은 속도로 움직인다(3.00×10^8 m/s).

파동의 거동에 관한 연구는 다른 과목의 주제이지만, 원자를 이해하려면 몇 가지 기본 용어 정도는 알아야 한다. 파동은 세 가지 기본 특성을 가지고 있다. 파장, 진동수, 속도이다. 그림 6.1에서 볼 수 있듯이 **파장(wavelength**, 람다, λ)은 한 파동에서 연속적인 마루(혹은 골) 사이의 거리이다. **진동수(frequency**, 뉴, ν)는 초당 얼마나 많은 파동이 특정한 지점을 지나가는가를 말해 준다. **속도(speed**, υ)는 얼마나 빨리 파동이 공간을 통과하는가를 말해 준다.

빛은 전자기 복사의 한 형태로 그림 6.2에 나타낸 것처럼 보통 파장에 의해 분류된다. 그림에서 볼 수 있듯이 가시광선은 전자기 스펙트럼에서 매우 작은 영역에 불과하다는 것을 알 수 있다. 가시 영역 밖에서 에너지 전달에 관련된 전자기 복사의 몇 가지 예를 들면, 석쇠 밑에서 붉게 타는 석탄이 적외선을 방출하여 음식물을 데우는 것이나 전자레인지의 마이크로파가 에너지를 음식물 속의 물 분자로 전달하여 물 분자의 운동을 더 빠르게 함으로써 음식물의 온도를 높이는 것 등이 있다.

우리는 빛의 성질 중 파동성에 관한 많은 증거를 가지고 있다. 또한 광선이 **광자(photon)** 라고 부르는 에너지의 작은 다발의 흐름과 같다는 것도 알고 있다. 그렇다면 빛은 정확히 무엇일까? 입자인가? 파동인가? 과학자들은 이 파동성과 입자성을 같이 사용하여 전자기 복사의 성질을 설명하는 데 동의하였다. 두 가지 설명 중 어느 것도 이상적이라고는 할 수 없지만, 현재로서는 최선의 모형이다.

예제 6.1

파장이란 무엇인가?

풀이

파장은 파동의 연속적인 최고점(마루)−최고점(마루) 또는 최저점(골)−최저점(골) 사이의 거리이다. 파장에 사용되는 기호는 람다(λ)이다.

실습 문제 6.1

파동 함수를 그리고, 두 파장(2 람다)의 거리를 표시하시오.

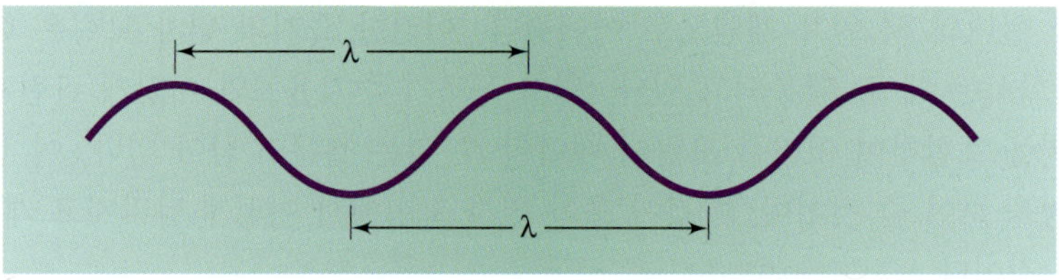

그림 6.1 이 파동의 파장은 λ로 표시된다. 최고점(마루)에서 최고점(마루)까지 또는 최저점(골)에서 최저점(골)까지의 거리로 측정할 수 있다.

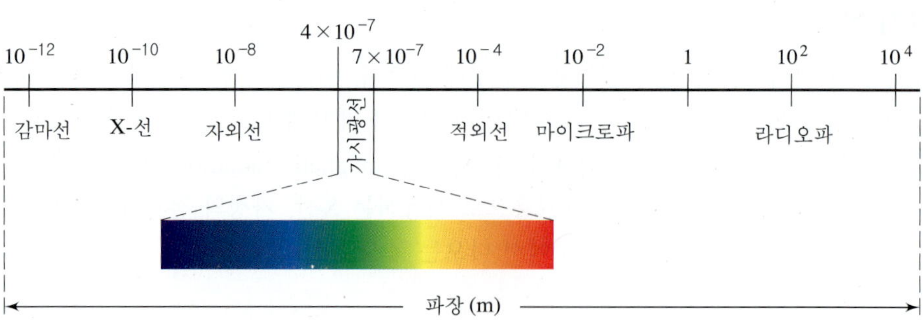

그림 6.2 전자기 스펙트럼

생활 속의 화학

내 삶을 밝히는 당신

앵무새과의 새들은 짝을 유혹하는 특이한 방법을 가지고 있다. 이 새들의 깃털은 어둠 속에서 빛난다! 이 현상을 형광이라고 한다. 형광은 자외선(UV)을 흡수한 다음 새와 사람이 모두 볼 수 있는 더 긴 파장의 빛이 방출되는 결과이다. 일상생활에서도 형광은 형광등이나 야광봉과 같은 많은 야광 제품에서 발생한다.

스코틀랜드 Glasgow 대학교의 Kathleen Arnold는 앵무새의 깃털이 보여 주기 용도로 사용되거나 구애 과정에서 과시하기 위해서만 형광을 발한다는 사실을 발견했다. 그녀는 자연스러운 색상을 가진 사랑앵무새를 이용하여 실험하였다. 연구원들은 앵무새들에게 바셀린을 바른 두 마리의 새 중 하나를 짝으로 선택하도록 기회를 주었다. 짝 후보 앵무새 중 한 마리는 바셀린에 자외선 차단제가 들어 있었다. 새들은 분명히 UV 차단제가 없는 짝을 선호했고, 연구원들은 앵무새가 빛나는 짝을 구애하는 것을 선호한다고 결론지었다. 연구원들은 또한 동성 앵무새에 대해서도 동일한 테스트를 했고 이 경우 그들이 빛나는 짝을 선호하지 않는다는 것을 발견하였다.

우리는 촛불의 빛이 정말로 낭만적인 색감을 더해 준다고 알고 있지만 앵무새에게는 확실히 자외선이 그런 효과가 있다!

Courtesy of NJ Marshall, University of Queensland

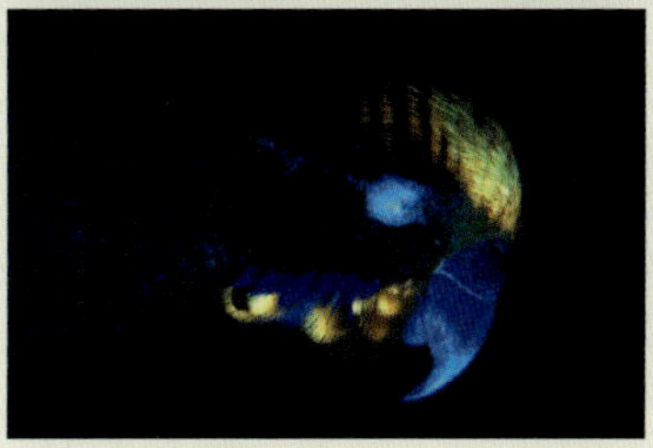

Courtesy of NJ Marshall, University of Queensland

일반 조명 아래에 있는 사랑앵무새와 자외선 조명 아래에서 짝을 유혹하기 위해 빛을 발하고 있는 사랑앵무새

6.2 Bohr 원자

이 절의 학습 목표
선 스펙트럼과 양자화된 원자 내 전자의 에너지 준위 사이의 관계를 설명할 수 있다.

과학자들은 전자기 복사의 성질들을 이해하려고 노력하면서 원자가 빛을 방출할 수 있다는 사실을 알게 되었다. 높은 온도에서, 또는 높은 전압하에 놓여 있을 때 기체 상태의 원소들은 색깔을 띤 빛을 방출한다. 밝은 색깔의 네온사인은 물질의 이러한 성질을 잘 설명해 준다. 기체에 의해서 방출되는 빛을 프리즘이나 회절 격자에 통과시키면 일련의 밝은색 선이 나타나는데, 이를 **선 스펙트럼(line spectrum**, 그림 6.3)이라고 한다. 이 색을 띤 선은 그 특정한 색에 상응하는 어떤 파장이나 진동수의 빛이 방출됨을 의미한다. 각각의 원소들은 다른 종류의 원소들과 구별되는 고유한 한 그룹의 선 스펙트럼을 가진다.

1912~1913년에 덴마크의 물리학자 Niels Bohr(1885~1962)는 수소의 선 스펙트럼을 연구하면서 원자 구조에 대한 지식이 빠르게 성장하는 데 크게 기여하였다. 그는 연구를 통해 전자가 핵에서 다양한 거리에 있는 특정 영역에 존재한다고 믿게 되었다. 그는 또한 그림 6.4에서 볼 수 있듯이 전자가 태양 주위를 회전하는 행성처럼 핵 주위의 궤도를 회전한다고 설명하였다.

이 분야에서 Bohr의 첫 번째 논문은 수소 원자를 다루었는데, 그는 수소 원자를 상대적으로 무거운 핵을 중심으로 궤도를 도는 단일 전자라고 설명하였다. 그는 독일 물리학자 Max

그림 6.3 수소의 선 스펙트럼. 각각의 선은 수소 원자의 전자가 에너지를 흡수한 후, 낮은 주에너지 준위로 내려올 때 방출하는 에너지의 파장에 해당한다.

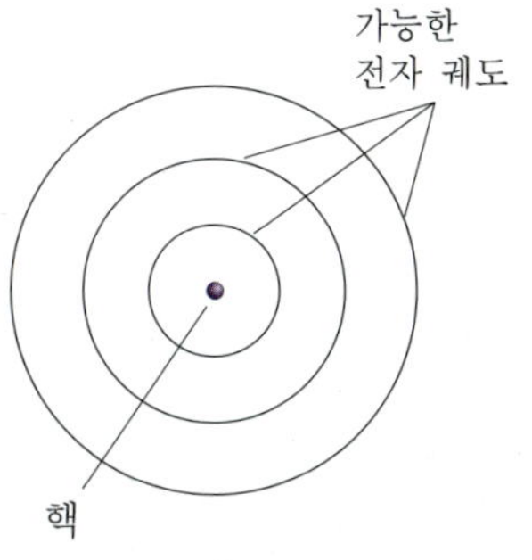

그림 6.4 Bohr의 수소 원자 모형은 핵 주위에 허용된 특정 원형 궤도를 따라 회전하는 전자를 설명한다.

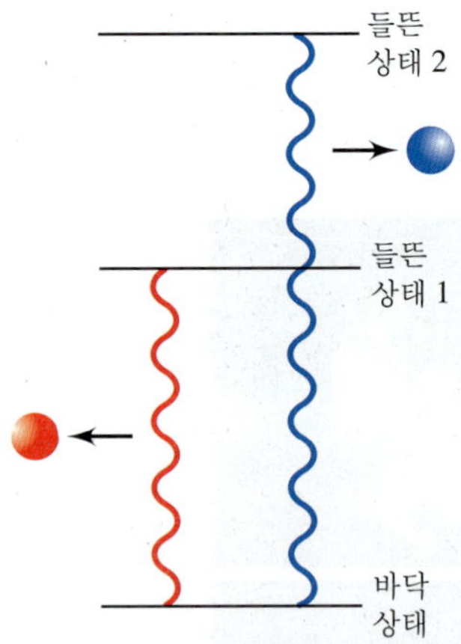

그림 6.5 들뜬 상태의 전자가 바닥 상태로 되돌아오면 광자의 형태로 에너지가 방출된다. 빛의 색상(파장)은 두 상태(들뜬 상태와 바닥 상태) 사이의 에너지 차이에 의해 결정된다.

Planck(1858~1947)가 1900년에 제안한 양자 에너지의 개념을 수소의 관측된 선 스펙트럼에 적용했다. Planck는 에너지가 연속적인 흐름으로 방출되지 않고 **양자**(**quanta**, 라틴어로 *quantus*, "얼마나")라고 하는 작고 불연속적인 다발로만 방출된다고 주장하였다. 이것으로부터 Bohr는 전자가 핵으로부터 서로 다른 거리에 있는 여러 가능한 궤도에 해당하는 여러 가지 가능한 에너지를 가지고 있다는 이론을 세웠다. 따라서 전자는 하나의 특정 에너지 준위에 있어야 하고, 에너지 준위와 준위 사이에는 존재할 수 없다. 즉, 전자의 에너지가 양자화되어 있다. Bohr는 또한 수소 원자가 하나 이상의 양자 에너지를 흡수하면 전자가 더 높은 에너지 준위로 "점프(도약)"한다고 설명하였다.

Bohr는 이런 방법으로 수소 스펙트럼의 선들을 설명할 수 있었다. 많은 에너지 준위가 가능하며, 이 중 가장 낮은 에너지 준위를 **바닥 상태**(**ground state**)라고 한다. 전자가 가장 낮은 에너지 궤도에 위치할 때, 원자는 바닥 상태에 있다고 한다. 이외의 다른 전자 배열은 원자의 들뜬 상태라고 한다. 전자가 높은 에너지 준위에서 낮은 에너지 준위로 떨어질 때(예를 들면 네 번째 준위에서 두 번째 준위로), 특정한 진동수나 파장을 갖는 빛으로 양자 에너지가 방출된다(**그림 6.5**). 이 빛은 수소 스펙트럼의 선 중의 하나와 일치한다(그림 6.3). 이 스펙트럼에서는 여러 선을 볼 수 있는데, 각 선은 수소 원자 내에서 특정 전자의 에너지 준위 이동으로 생긴 것이다.

예제 6.2

수소 원자의 선 스펙트럼은 무엇을 나타내는가?

풀이

각각의 선은 에너지를 흡수한 전자가 높은 에너지 준위에서 낮은 에너지 준위로 떨어질 때 방출되는 빛의 진동수를 보여 준다.

실습 문제 6.2

양자란 무엇인가?

원소의 화학적 성질과 주기율표에서의 위치는 원자 내 전자의 거동에 의존한다. 원자 안에 있는 전자들의 거동에 관한 여러 지식은 분광학에 근거한다. Bohr는 (1) 전자에 대한 양자화된 에너지 준위를 제안하였고, (2) 전자가 한 에너지 준위에서 다른 에너지 준위로 이동할 때 적은 양의 에너지 증가분(Planck의 양자)이 방출됨으로 인해 스펙트럼 선이 나타나는 것을 보여 줌으로써, 원자의 구조에 대한 지식을 많이 제공하였다. Bohr의 계산은 수소 원자의 전자 에너지 준위와 실험적으로 관측한 스펙트럼 선과의 상호 관계를 나타내는 데 매우 성공적이었다. 그러나 Bohr의 계산 방법은 무거운 원자에 대해서는 성공적이지 못하였다. 그리하여 원자 구조에 대한 좀 더 이론적인 연구가 필요하였다.

프랑스의 물리학자 Louis de Broglie(1892~1957)는 1924년에 모든 물체는 파동성을 갖는다는 놀랄만한 가설을 제안하였다. Louis de Broglie는 매우 복잡한 수학을 사용하여 야구공과 같은 보통 크기의 물체는 파동성이 너무나도 작은 값을 가지기 때문에 측정하기 어렵다는 것을 보여 주었다. 그러나 전자와 같이 작은 물체에서는 파동성이 중요해진다. 다른 과학자들도 전자가 파동성을 나타낸다는 것을 보여 줌으로써 de Broglie의 가설을 확신시켜 주었다. 오스트리아의 물리학자 Erwin Schrödinger(1887~1961)는 1926년에 전자를 파동으로 기술하는 수학적 모형을 만들어냈다. Schrödinger의 파동 역학을 사용함으로써 원자의 핵 주위 어떤 영역에서 전자를 발견할 **확률**(probability)을 계산하는 것이 가능하게 되었다.

원자를 다루는 새로운 물리학의 분야를 **파동 역학**(wave mechanics) 혹은 **양자 역학**(quantum mechanics)이라고 부르는데, 이는 현대적 원자 구조를 이해하는 기초가 된다. 비록 원자의 파동 역학적 표현이 수학적일지라도 부분적으로 가시적 모형으로 표현될 수 있다. 원자 내에서 정확하게 전자의 위치를 표현할 수 없음을 인식하는 것은 중요하다. 그러나 Bohr가 가정했던 것처럼 전자가 핵 주위의 궤도를 돌지 않는다는 것이 명백해졌다. 대신 전자들은 오비탈에서 발견된다. **오비탈(orbital)**은 그림 6.6에서 볼 수 있듯이 주어진 전자가 높은 확률로서 발견될 핵 주위의 공간 영역으로 묘사된다.

그림 6.6 수소 원자의 오비탈. 점의 밀도는 전자가 핵 근처에서 더 많은 시간을 보낸다는 것을 나타낸다.

6.3 전자의 에너지 준위

이 절의 학습 목표
원자의 주에너지 준위, 부준위, 오비탈을 설명할 수 있다.

원자에 대한 현대적 개념에 기여한 Bohr의 개념 중 하나는 전자의 에너지가 양자화되어 있다는 것, 즉 전자는 특정한 허용된 에너지만을 갖고 있다는 것이다. 원자의 파동 역학 모형 역시 원자 내의 불연속 **주에너지 준위(principal energy level)**들을 예측한다. 이러한 에너지 준위들은 n으로 나타내는데, 여기서 n은 양의 정수이다(그림 6.7). 가장 낮은 주에너지 준위는 $n = 1$일 때이며, 그다음은 $n = 2$, … 등이다. n이 증가하면 전자의 에너지는 증가하며, 전자는 평균적으로 핵에서 더 먼 곳에서 발견된다.

그림 6.8에서 보여 준 것처럼 각각의 주에너지 준위는 **부준위(sublevel)**로 나뉜다. 첫 번째 주에너지 준위는 한 개의 부준위를 가진다. 두 번째 주에너지 준위는 두 개의 부준위를 가진다. 세 번째 에너지 준위는 세 개의 부준위를 가지며, 네 번째는 네 개, … 등이다. 이러한 부준위는 각각 오비탈이라고 부르는 전자가 들어갈 공간을 포함한다.

각각의 부준위에서 전자는 특정한 오비탈(s, p, d, f) 내에서 발견된다. 이제 차례로 각 주에너지 준위에 대하여 생각해 보자. 첫 번째 주에너지 준위($n = 1$)는 하나의 부준위 또는 한 종류의 오비탈을 갖는다. 이 오비탈은 구형의 모양을 가졌으며, 1s로 표시된다. 1s 오비탈의 구형 모양이 무엇을 의미하는가를 이해하는 것이 중요하다. 전자가 구형의 표면을 따라 움직인다는 것이 아니라, 전자를 발견할 확률이 90%인 공간을 표면이 에워싸고 있다고 본다. 우리가 대기층을 생각하는 것과 같은 방법으로 오비탈의 모양을 생각하면 이해하는

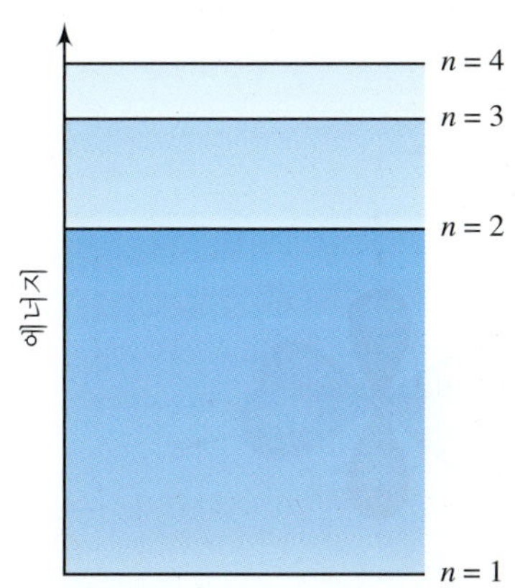

그림 6.7 수소 원자에서의 처음 네 개의 주에너지 준위. 각각의 에너지 준위는 주양자수 n에 의해 정해진다.

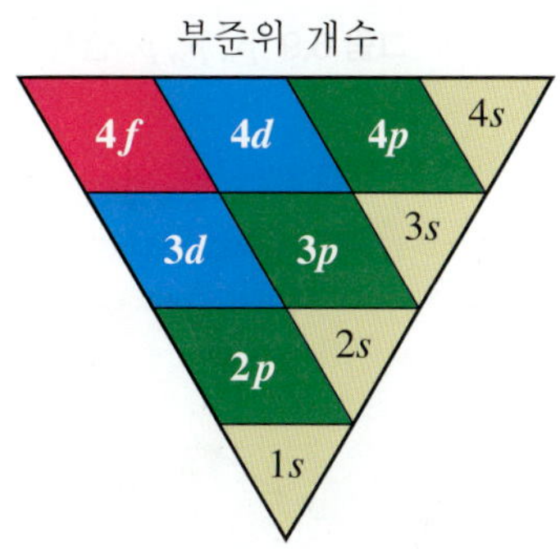

그림 6.8 처음 네 개의 주에너지 준위 각각에 있는 오비탈의 종류

데 도움이 될 것이다. '우주'와 대기층 사이의 명확한 구분은 없다. 이 경계는 매우 모호하다. 이는 원자 오비탈에 있어서도 동일하다. 각 원자 오비탈은 대략 그 모양에 해당하는 고밀도 영역을 가진다. 이 영역 밖에서 전자를 발견할 확률은 급속하게 떨어지지만 결코 영에 도달하지는 않는다. 과학자들은 이 경계의 모호성을 강조하기 위해서 오비탈을 종종 전자 '구름'이라고 말한다.

얼마나 많은 전자가 1*s* 오비탈에 채워질 수 있을까? 이 질문에 답하기 위하여 전자의 성질을 한 가지 더 고려해 볼 필요가 있다. 이 성질을 **스핀(spin)**이라고 한다. 각 전자는 지구처럼 축을 중심으로 자전하는 것처럼 보인다. 전자는 두 방향으로만 자전한다. 이 스핀(자전)을 화살표 ↑ 또는 ↓로 나타낸다. 같은 오비탈에 채워지기 위해서 전자는 반대 스핀을 가져야 한다. 다시 말하면, 같은 스핀의 두 전자는 같은 오비탈을 차지할 수 없다. 이것이 우리의 질문에 대해 답을 준다. 원자 오비탈은 최대로 두 개의 전자를 가질 수 있고, 스핀은 서로 반대이어야 한다. 이 규칙을 **Pauli 배타 원리(Pauli exclusion principle)**라고 한다. 첫 번째 주에너지 준위는 한 종류의 오비탈(1*s*)을 가지며, 이 오비탈은 최대 두 개의 전자를 가질 수 있다.

두 번째 주에너지 준위($n=2$)는 어떠할까? 여기에는 두 개의 부준위, 2*s*와 2*p*가 있다. 2*s* 오비탈은 첫 번째 주에너지 준위에 있는 1*s*처럼 구형이지만, 크기와 에너지는 1*s* 오비탈보다 크다. 2*s* 오비탈도 최대 두 개의 전자를 가지고 있다. 두 번째 종류의 오비탈은 2*p*로 나타낸다. 2*p* 부준위는 세 개의 오비탈, 즉 $2p_x$, $2p_y$, $2p_z$로 이루어져 있다. *p* 오비탈의 모양은 그림 6.9에서 볼 수 있듯이 *s* 오비탈과 매우 다르다.

참고 에너지 준위와 부준위의 개수는 일치함을 주목하라.

p 오비탈은 두 개의 '잎(lobe)'을 갖는다. 이들 표면에 의해서 둘러싸인 공간은 전자를 발견할 확률이 90%인 영역을 나타낸다는 것을 기억하라. 또한 분리된 세 개의 *p* 오비탈이 있으며, 각각 다른 배향을 갖고 있고, 각 *p* 오비탈은 최대 두 개의 전자를 가질 수 있다. 그러므로 세 개의 *p* 오비탈에 들어갈 수 있는 전자의 총수는 여섯 개이다. 요약하면, 원자의 첫 번째 주에너지 준위는 1*s* 오비탈을 갖는다. 두 번째 주에너지 준위는 2*s*와 세 개의 2*p* 오비탈을 갖는데, 그림 6.10에서 볼 수 있듯이 그 이름은 각각 $2p_x$, $2p_y$, $2p_z$이다.

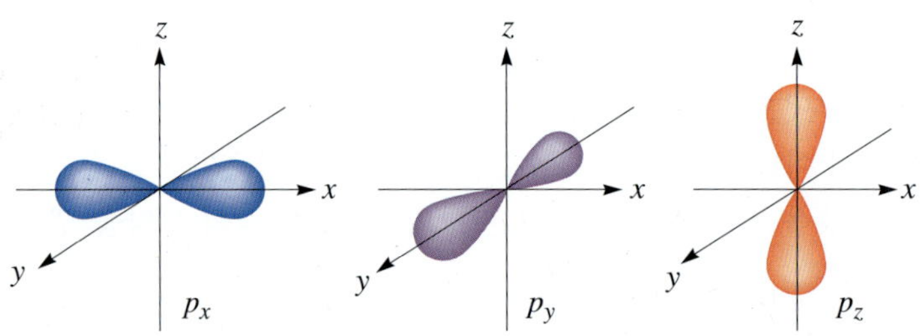

그림 6.9 p_x, p_y, p_z 원자 오비탈의 입체적 모양

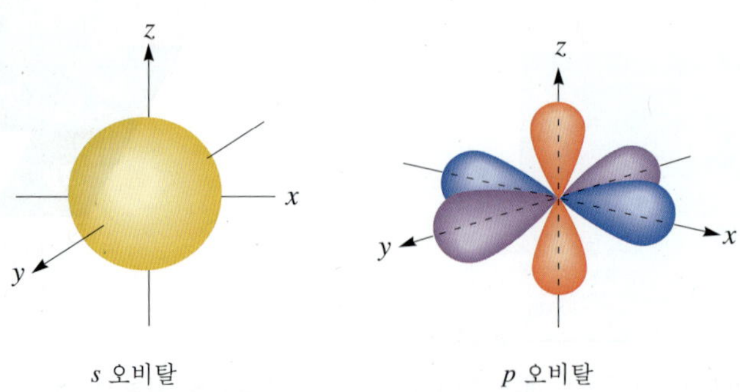

그림 6.10 두 번째 주에너지 준위에는 한 개의 2*s*와 세 개의 2*p* 오비탈이 있다.

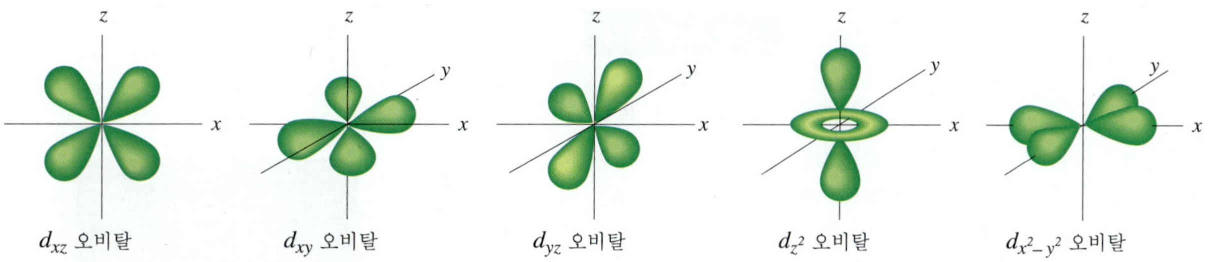

그림 6.11 세 번째 주에너지 준위에는 한 개의 3*s* 오비탈, 세 개의 3*p* 오비탈, 다섯 개의 3*d* 오비탈이 있다.

세 번째 주에너지 준위는 3*s*, 3*p*, 3*d*로 이름이 붙여진 세 개의 부준위를 갖는다. 3*s* 오비탈은 구형이고, 1*s*와 2*s* 오비탈보다 크다. $3p_x$, $3p_y$, $3p_z$ 오비탈은 두 번째 준위의 $2p_x$, $2p_y$, $2p_z$와 모양은 같고 단지 크기만 크다. **그림 6.11**에서 다섯 개의 3*d* 오비탈 모양을 볼 수 있다. 이 모양을 외울 필요는 없지만, 이들 모양이 *s*와 *p* 오비탈과는 다르다는 것을 알아두어야 한다.

우리는 새로운 주에너지 준위가 더해질 때마다 새로운 부준위를 더해 왔다. 새로운 에너지 준위는 핵으로부터 평균 거리가 더 멀어진다. 핵으로부터 멀어질수록 각 준위는 더 많은 오비탈을 갖는 새로운 부준위를 가질 수 있는 공간을 만들 수 있다.

이 논리는 네 번째 주에너지 준위에 대하여도 계속 적용되므로, 네 번째 준위는 4*s*, 4*p*, 4*d*, 4*f*의 오비탈을 갖는다. 여기에는 한 개의 4*s*, 세 개의 4*p*, 다섯 개의 4*d*, 일곱 개의 4*f* 오비탈이 있다. *s*, *p*, *d* 오비탈의 모양들은 이보다 낮은 에너지 준위의 것들과 같으며 단지 크기만 클 뿐이다. 여기서 우리는 *f* 오비탈의 모양에 대해서는 고려하지 않겠다. 모든 *s*, *p*, *d*, *f* 오비탈에 대해서, 각 오비탈이 가질 수 있는 최대 전자 수는 두 개라는 것을 기억하라. 각각의 주에너지 준위에 대하여 요약하면 다음과 같다.

$n = 1$ 1*s*
$n = 2$ 2*s* 2*p* 2*p* 2*p*
$n = 3$ 3*s* 3*p* 3*p* 3*p* 3*d* 3*d* 3*d* 3*d* 3*d*
$n = 4$ 4*s* 4*p* 4*p* 4*p* 4*d* 4*d* 4*d* 4*d* 4*d* 4*f* 4*f* 4*f* 4*f* 4*f* 4*f* 4*f*

수소 원자는 한 개의 핵(한 개의 양성자로 구성된)과 핵의 바깥 영역을 차지하는 한 개의 전자로 구성되어 있다. 바닥 상태에서 전자는 1*s* 오비탈에 채워진다. 그러나 전자가 에너지를 흡수하면 들뜨게 되어 더 높은 에너지 준위로 이동한다.

수소 원자는 **그림 6.12**와 같이 나타낼 수 있다. 핵의 지름은 약 10^{-13} cm이고, 전자 오비탈의 지름은 약 10^{-8} cm이다. 수소 원자에서 전자 구름의 지름은 핵의 지름보다 약 100,000배 크다.

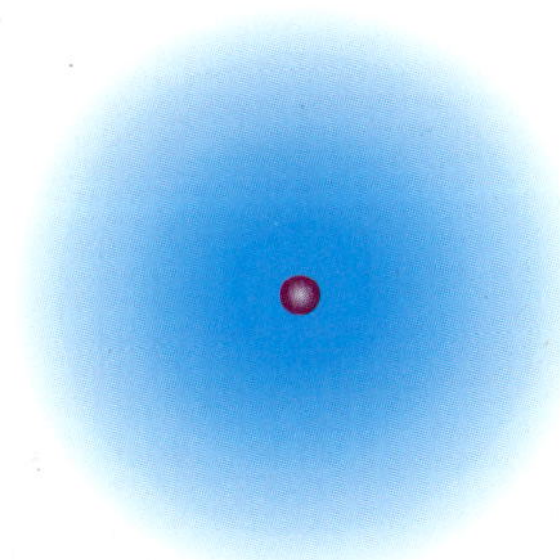

그림 6.12 현대적 개념에 의하면 수소 원자는 한 개의 양성자와 *s* 오비탈에 있는 한 개의 전자로 이루어져 있다. 어두운 부분은 전자를 발견할 수 있는 확률이 90%인 영역을 나타낸다.

예제 6.3

원자의 에너지 준위는 주에너지 준위와 부준위로 나타낸다.
(a) 이들 에너지 준위를 나타내는 데 어떤 문자가 사용되는가?
(b) 각 부준위에는 몇 개의 전자들이 있는가?

풀이

(a) 문자 *n*이 주에너지 준위를 나타내기 위해 사용되고, 문자 *s*, *p*, *d*, *f*는 부준위를 나타내기 위해 사용된다.
(b) *s*, *p*, *d*, *f* 부준위에는 각각 최대 2, 6, 10, 14개의 전자를 수용할 수 있다.

생활 속의 화학

원자시계

백만 년 동안 1초도 틀리지 않는 시계를 상상해 보라. 미국 Colorado Boulder 시에 있는 국립표준연구소에는 당신의 자명종 시계나 대형 괘종시계 또는 뻐꾸기시계보다 더 좋은 원자시계가 하나 있다. 이 시계는 시간과 진동수의 국제 표준 역할을 한다. 이 원자시계는 어떻게 작동될까? 시계 케이스 안에는 여러 층의 자기 차폐 장치가 있다. 시계의 중심부에는 조그만 오븐이 있는데, 이 오븐이 세슘 금속을 가열하여 세슘 원자가 방출되도록 하며, 이 원자가 1 mm 너비의 좁은 빔으로 모인다. 이 원자빔이 긴 진공관을 통과하면서 모든 세슘 원자가 동일한 전자 상태에 도달될 때까지 레이저에 의해 들뜨게 된다.

그 원자들은 반사 마이크로파로 채워진 다른 칸으로 들어가게 된다. 마이크로파의 진동수 (9,192,631,770/초)는 세슘 원자가 바닥 상태에서 그다음 높은 에너지 준위로 들뜨게 되는 데 필요한 진동수와 정확히 같다. 들뜬 세슘 원자들은 형광이라고 알려진 과정을 통해 전자기 복사파를 방출한다. 세슘 원자가 한 에너지 준위에서 다음 에너지 준위로 이동하는 것을 유지시켜 주기 위하여 전자 회로는 마이크로파의 진동수를 정확하게 유지시켜 준다. 1초는 이 진동이 9,192,631,770번 일어나는 시간과 같다. 이 원자시계는 이 진동수에 맞추어져 있어서 백만 년 동안 정확한 시간을 유지할 수 있다.

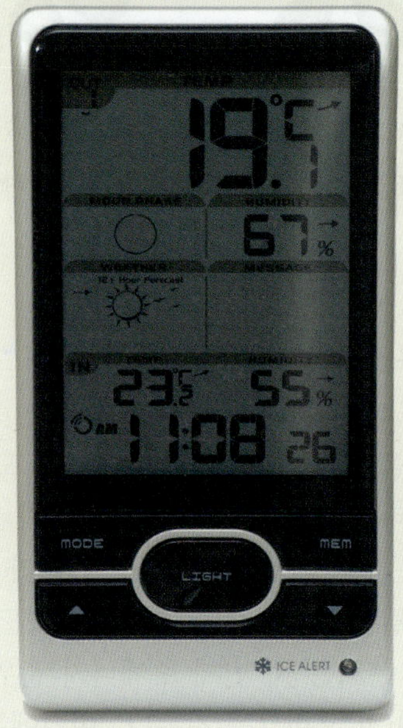

Mariusz Gwizdon/Shutterstock

이 시계는 무선 신호에 의해 원자시계와 시간을 비교함으로써 자동적으로 시간을 맞춘다.

실습 문제 6.3

(a) 얼마나 많은 전자가 한 개의 부준위에 들어갈 수 있는가?

(b) 세 번째 주에너지 준위를 채울 수 있는 최대 전자 수는 몇 개인가?

6.4 처음 18개 원소의 원자 구조

이 절의 학습 목표
전자 배치를 쓰는 지침을 사용할 수 있다.

우리는 수소가 다른 주에너지 준위에 있는 여러 오비탈에 들어갈 수 있는 한 개의 전자를 가진다는 것을 보았다. 이제 두 개 이상의 전자를 가진 원자의 구조를 고려해 보자. 모든 원자가 수소에서 발견할 수 있는 오비탈과 유사한 오비탈을 포함하므로, 이제 수소와 유사한 오비탈에 체계적으로 전자를 배치함으로써 수소 이후 원소의 원자 구조를 서술할 수 있다. 다음 지침을 따라야 한다.

1. 한 오비탈에 두 개보다 많은 전자가 채워질 수 없다.
2. 전자는 가능한 가장 낮은 에너지 오비탈을 채운다. 더 낮은 오비탈이 채워졌을 경우에만 더 높은 에너지의 오비탈로 들어간다. 수소 이후 원소의 원자에서, 주어진 n값에 대해 오비탈의 에너지는 다음과 같이 증가한다. $s < p < d < f$
3. 같은 부준위에 있는 모든 오비탈은 두 번째 전자가 들어오기 전에 한 개의 전자에 의해 각각 채워진다. 예를 들면 세 개의 p 오비탈 모두가 각 p 오비탈에 두 번째 전자가 들어오기 전에 한 개의 전자를 포함해야 한다.

보여 주고자 하는 것이 무엇이냐에 따라 원자의 원자 구조를 나타내는 방법은 여러 가지가

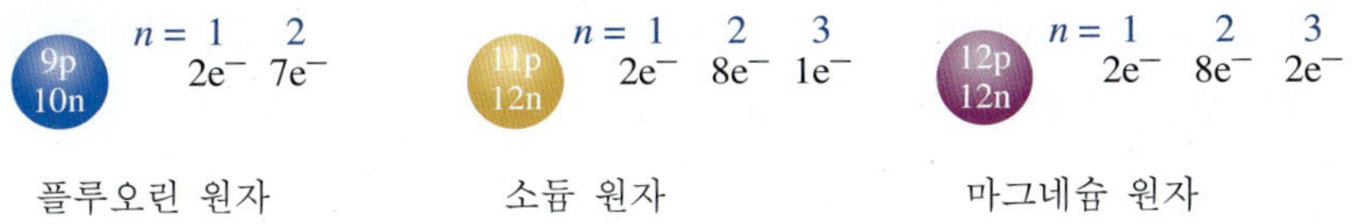

그림 6.13 플루오린, 소듐, 마그네슘 원자의 원자 구조 도표. 핵에는 양성자와 중성자의 개수가 적혀 있다. 전자의 개수는 핵 외부의 각 주에너지 준위에 적혀 있다.

있다. 원자의 핵의 구성과 각 주에너지 준위의 전자 구조(상세한 오비탈에 관한 정보가 없는)를 모두 보여 주고자 할 때는 **그림 6.13**과 같은 도표를 사용할 수 있다.

때론 원자 내의 전자들이 오비탈에 어떻게 배열되어 있는지를 나타내야 할 필요가 있을 것이다. 이것을 나타내기 위한 방법에는 두 가지가 있다. 첫 번째 방법은 **전자 배치(electron configuration)**이다. 이 방법은 각 종류의 오비탈을 나열하고, 그 안에 있는 전자의 수를 지수로 표시하는 것이다. 전자 배치는 다음과 같이 읽는다.:

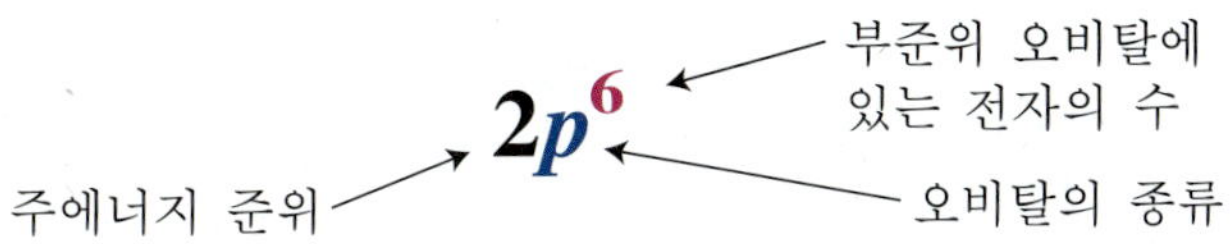

우리는 또한 **오비탈 도표(orbital diagram)**를 사용하여 전자 배치를 나타낼 수 있는데, 이 도표에서 상자는 전자를 표시하는 작은 화살표를 포함하는 오비탈을 나타낸다. 오비탈이 한 개의 전자를 포함할 때는 상자 속에 위로 향한(↑) 화살표를 그려넣는다. 아래로 향한(↓) 두 번째 화살표는 오비탈에 두 번째 전자가 채워진 것을 나타낸다.

주기율표상의 처음 18개의 원소를 차례대로 생각해 보자. 이 원소들의 오비탈이 채워지는 순서는 1*s*, 2*s*, 2*p*, 3*s*, 3*p*, 4*s* 순이다. 첫 번째 원소인 수소는 전자를 한 개만 가지고 있다. 이 전자는 핵에 대한 최대 인력을 가질 수 있는 가장 좋은 위치인 1*s* 오비탈에 있을 것이다. 두 가지 표현 방법은 다음과 같다.

H	[↑]	$1s^1$
	오비탈 도표	전자 배치

두 개의 전자를 가진 헬륨은 다음과 같이 나타낼 수 있다.

He	[↑↓]	$1s^2$
	오비탈 도표	전자 배치

최대 두 개의 전자를 가질 수 있는 첫 번째 에너지 준위는 완전히 채워졌다. 세 개의 전자를 가지는 원자의 세 번째 전자는 두 번째 에너지 준위에 있게 될 것이다. 따라서 원자 번호가 3인 리튬에서는 처음 두 개의 전자는 1*s* 오비탈에, 세 번째 전자는 두 번째 에너지 준위인 2*s* 오비탈에 있다.

리튬은 다음과 같은 구조를 가진다.

Li	[↑↓]	[↑]	$1s^2 2s^1$
	1*s*	2*s*	

베릴륨의 전자 4개는 모두 *s* 전자이다.

Be	[↑↓]	[↑↓]	$1s^2 2s^2$
	1*s*	2*s*	

다음 여섯 개의 원소는 p 오비탈이 채워지는 것을 보여 준다. 붕소는 첫 번째 p 전자를 가진다. 모든 p 오비탈은 같은 에너지를 가지기 때문에 어느 오비탈이 먼저 채워지느냐는 문제가 되지 않는다.

	1s	2s	2p			
B	↑↓	↑↓	↑			$1s^2 2s^2 2p^1$

탄소는 여섯 번째 원소이다. 탄소는 1s 오비탈과 2s 오비탈에 두 개씩의 전자를 가지고 있고, 두 개의 전자는 2p 오비탈에 놓인다. p 전자는 두 번째 p 오비탈에 들어가는 것보다 짝을 이루는 것이 어렵기 때문에 두 번째 p 전자는 다른 p 오비탈에 놓이게 된다. 이것을 $2p_x^1$ $2p_y^1$으로 표시할 수 있다. 그러나 보통 $2p^2$로 표시하고 전자가 다른 p 오비탈에 있다는 것으로 이해한다. 이들 전자의 스핀은 서로 같은 방향인데, 그 이유는 설명하지 않겠다.

	1s	2s	2p			
C	↑↓	↑↓	↑	↑		$1s^2 2s^2 2p^2$

질소에는 7개의 전자가 있다. 그들은 1s, 2s, 2p 궤도를 차지한다. 질소의 세 번째 p 전자는 여전히 짝을 이루지 않으며 $2p_z$ 오비탈에서 발견된다.

	1s	2s	2p			
N	↑↓	↑↓	↑	↑	↑	$1s^2 2s^2 2p^3$

산소는 여덟 번째 원소이다. 1s 및 2s 오비탈에는 2개의 전자가 있고 2p 오비탈에는 4개의 전자가 있다. 2p 오비탈 중 하나는 이미 해당 오비탈에 있는 전자와 반대 방향으로 회전하는 두 번째 전자가 차지한다.:

	1s	2s	2p			
O	↑↓	↑↓	↑↓	↑	↑	$1s^2 2s^2 2p^4$

다음 두 원소는 전자가 9개인 플루오린과 전자가 10개인 네온이다.

	1s	2s	2p			
F	↑↓	↑↓	↑↓	↑↓	↑	$1s^2 2s^2 2p^5$
Ne	↑↓	↑↓	↑↓	↑↓	↑↓	$1s^2 2s^2 2p^6$

네온의 경우 **표 6.1**과 같이 첫 번째와 두 번째 에너지 준위가 채워진다. 두 번째 에너지 준위는 최대 8개의 전자($2s^2 2p^6$)를 보유할 수 있다.

열한 번째 원소인 소듐 원소는 첫 번째 에너지 준위에 두 개의 전자가 있고, 두 번째 에너지 준위에 여덟 개의 전자가 채워지며, 나머지 전자는 세 번째 에너지 준위인 3s 오비탈에 채워진다.

	1s	2s	2p			3s	
Na	↑↓	↑↓	↑↓	↑↓	↑↓	↑	$1s^2 2s^2 2p^6 3s^1$

마그네슘(12), 알루미늄(13), 규소(14), 인(15), 황(16), 염소(17), 아르곤(18)이 순서대로 다음에 온다. **표 6.2**에 11~18번 원소들의 오비탈이 채워지는 것을 요약해 놓았다.

표 6.1 처음 10개 원소에 대한 오비탈 채우기*

원자 번호	원소	오비탈			전자 배치
		1*s*	2*s*	2*p*	
1	H	↑			$1s^1$
2	He	↑↓			$1s^2$
3	Li	↑↓	↑		$1s^22s^1$
4	Be	↑↓	↑↓		$1s^22s^2$
5	B	↑↓	↑↓	↑ | |	$1s^22s^22p^1$
6	C	↑↓	↑↓	↑ | ↑ |	$1s^22s^22p^2$
7	N	↑↓	↑↓	↑ | ↑ | ↑	$1s^22s^22p^3$
8	O	↑↓	↑↓	↑↓ | ↑ | ↑	$1s^22s^22p^4$
9	F	↑↓	↑↓	↑↓ | ↑↓ | ↑	$1s^22s^22p^5$
10	Ne	↑↓	↑↓	↑↓ | ↑↓ | ↑↓	$1s^22s^22p^6$

*상자는 부준위로 그룹화된 궤도를 나타낸다. 전자는 화살표로 표시된다.

표 6.2 11~18번 원소의 오비탈 도표 및 전자 배치

원자 번호	원소	오비탈					전자 배치
		1*s*	2*s*	2*p*	3*s*	3*p*	
11	Na	↑↓	↑↓	↑↓ | ↑↓ | ↑↓	↑		$1s^22s^22p^63s^1$
12	Mg	↑↓	↑↓	↑↓ | ↑↓ | ↑↓	↑↓		$1s^22s^22p^63s^2$
13	Al	↑↓	↑↓	↑↓ | ↑↓ | ↑↓	↑↓	↑ | |	$1s^22s^22p^63s^23p^1$
14	Si	↑↓	↑↓	↑↓ | ↑↓ | ↑↓	↑↓	↑ | ↑ |	$1s^22s^22p^63s^23p^2$
15	P	↑↓	↑↓	↑↓ | ↑↓ | ↑↓	↑↓	↑ | ↑ | ↑	$1s^22s^22p^63s^23p^3$
16	S	↑↓	↑↓	↑↓ | ↑↓ | ↑↓	↑↓	↑↓ | ↑ | ↑	$1s^22s^22p^63s^23p^4$
17	Cl	↑↓	↑↓	↑↓ | ↑↓ | ↑↓	↑↓	↑↓ | ↑↓ | ↑	$1s^22s^22p^63s^23p^5$
18	Ar	↑↓	↑↓	↑↓ | ↑↓ | ↑↓	↑↓	↑↓ | ↑↓ | ↑↓	$1s^22s^22p^63s^23p^6$

원자의 가장 바깥쪽(높은) 에너지 준위에 있는 전자를 **원자가 전자(valence electron)**라고 부른다. 예를 들면 $1s^22s^22p^4$의 전자 배치를 가진 산소는 첫 번째와 두 번째 에너지 준위에 전자를 가진다. 그러므로 두 번째 주에너지 준위가 산소의 원자가 준위이다. 2*s*와 2*p* 전자가 원자가 전자이다. 9장에서 보게 되겠지만 원자가 전자는 화합물을 형성하기 위해 원자들을 결합시키는 데 관련되어 있고, 화학자들이 특별히 관심을 갖는다.

예제 6.4

마그네슘의 원자가 전자의 전자 배치는 어떠한가?

풀이

마그네슘은 $1s^2 2s^2 2p^6 3s^2$의 전자 배치를 가진다. 그 전자들은 첫 번째, 두 번째, 세 번째 에너지 준위에 있다. 이것은 원자가 전자들이 세 번째 에너지 준위에 있다는 것을 의미한다. 3s 전자들이 마그네슘의 원자가 전자이다. 원자가 전자의 전자 배치는 $3s^2$이다.

실습 문제 6.4

다음 원소의 원자가 전자에 대한 전자 배치를 쓰시오.

(a) B (b) N (c) Mg (d) S

6.5 전자 구조와 주기율표

이 절의 학습 목표
원자들의 전자 배치가 주기율표 상의 위치와 어떻게 관련되는지 설명하고, 주기율표 상의 위치에 기초하여 원소들의 전자 배치를 쓸 수 있다.

1~18번 원소의 원자에 대하여 전자가 어떻게 배치되었는지 살펴보았다. 이들 원자의 전자 구조와 주기율표에서 차지하는 위치는 어떠한 관계가 있는가? 이 물음에 답하기 위해 보다 자세하게 주기율표를 살펴볼 필요가 있다.

주기율표는 원소들을 논리적으로 배열하기 위한 화학자들의 노력을 나타낸다. 19세기 초 화학자들은 원소들의 성질을 충분히 알고 있었으므로 원소들 사이의 유사성을 찾아낼 수 있었다. 1869년에 러시아의 Dmitri Mendeleev(1834~1907)와 독일의 Lothar Meyer(1830~1895)는 각각 독자적으로 원자 질량 증가에 기초를 둔 원소의 주기적 배열을 발표하였다. Mendeleev의 배열은 현대적 주기율표의 선구였고, 그의 이름은 주기율표와 관련되어 있다. 현대적 주기율표는 이 책의 앞표지 안쪽에 나타나 있다.

그림 6.14에서 볼 수 있듯이 주기율표에서 각 가로줄을 **주기(period)**라고 부른다. 주기율표에는 원소의 7주기가 있다. 각 주기의 번호는 그 주기에 속한 원소의 전자를 포함하는 가장 바깥쪽 에너지 준위와 일치한다. 1주기의 원소는 첫 번째 에너지 준위에 있는 전자만을 포함하는 반면, 2주기의 원소는 첫 번째와 두 번째 준위에 있는 전자를 포함한다. 3주기에서는 첫 번째, 두 번째, 세 번째 준위에서 전자를 발견할 수 있으며, 나머지 주기도 이와 같다.

유사한 거동을 하는 원소는 **그룹(group)** 또는 **족(family)**에서 발견된다. 이 원소들은 주기율표에서 세로 방향의 열을 형성한다. 족에 번호를 붙이는 방법에는 두 가지 체계가 있다. 그중 한 가지는 세로열을 왼쪽에서 오른쪽으로 1~18의 숫자를 사용하여 차례대로 번호를 붙이는 것이다. 다른 한 가지는 숫자와 A, B 문자로 족의 번호를 붙이는 것이다. A족은 **주족 원소(representative element)**로 알려져 있다. B족은 **전이 원소(transition element)**라고 부른다. 이 책에서 우리는 주족 원소에 초점을 맞출 것이다. 주기율표의 족(세로열)은 흔히 족 이름을 가진다. 예를 들면 주기율표에서 맨 오른쪽 끝의 족(He, Ne, Ar, Kr, Xe, Rn)은 **비활성 기체**(noble gas)라고 한다. 1A(1)족은 **알칼리 금속**(alkali metal)이라고 부르고, 2A(2)족은 **알칼리 토금속**(alkaline earth metal), 7A(17)족은 **할로젠**(halogen)이라고 부른다.

참고 이 책에서는 족에 번호를 매기는 방식 두 가지를 모두 보여 준다. 먼저 A/B를 지정하여 번호를 붙이고 괄호 안에 1~18의 숫자를 쓴다.
예) 5A(15), 5B(5)

주기율표의 구조는 원소의 원자 구조와 어떤 관계가 있는가? 우리는 주기율표에서의 주기는 그 주기에 있는 원자의 가장 바깥쪽 전자의 에너지 준위와 관계가 있다는 것을 보아왔다. 우리가 지금까지 살펴본 원소의 원자가 전자 배치를 보자(그림 6.15). 어떤 패턴이 보이는가?

족 번호 / 비활성 기체

(9 — 원자 번호, F — 기호)

주기	1 1A	2 2A	3 3B	4 4B	5 5B	6 6B	7 7B	8 8B	9 8B	10 8B	11 1B	12 2B	13 3A	14 4A	15 5A	16 6A	17 7A	18 8A
1	1 H																	2 He
2	3 Li	4 Be											5 B	6 C	7 N	8 O	9 F	10 Ne
3	11 Na	12 Mg											13 Al	14 Si	15 P	16 S	17 Cl	18 Ar
4	19 K	20 Ca	21 Sc	22 Ti	23 V	24 Cr	25 Mn	26 Fe	27 Co	28 Ni	29 Cu	30 Zn	31 Ga	32 Ge	33 As	34 Se	35 Br	36 Kr
5	37 Rb	38 Sr	39 Y	40 Zr	41 Nb	42 Mo	43 Tc	44 Ru	45 Rh	46 Pd	47 Ag	48 Cd	49 In	50 Sn	51 Sb	52 Te	53 I	54 Xe
6	55 Cs	56 Ba	57–71 La–Lu	72 Hf	73 Ta	74 W	75 Re	76 Os	77 Ir	78 Pt	79 Au	80 Hg	81 Tl	82 Pb	83 Bi	84 Po	85 At	86 Rn
7	87 Fr	88 Ra	89–103 Ac–Lr	104 Rf	105 Db	106 Sg	107 Bh	108 Hs	109 Mt	110 Ds	111 Rg	112 Cn	113 Nh	114 Fl	115 Mc	116 Lv	117 Ts	118 Og

그림 6.14 원소 주기율표

생활 속의 화학

원소 수집

Theodore Gray는 원소들의 표본 수집을 즐긴다. 그는 몇 년 전 Illinois 주 Champaign 시에 위치한 그의 회사, Wolfram Research에서 회의 탁자의 설계에 대한 아이디어를 고안해 냈다. 그는 주기율표 모양으로 탁자를 만들었고, 원소의 표본을 보관하기 위해 각 원소 아래쪽에 작은 상자들을 만들었다. 그는 원소 표본들을 수집하면서, 잊어버리기 전에 각 표본이 어디에서 생산되는지 추적할 필요가 있다는 것을 깨달았다. 그래서 그는 각 원소 표본을 얻은 장소와 표본이 무엇인지, 왜 표본이 그곳에 있었는지 등을 기록하기 시작하였다. 그는 "한때 저는 그러한 기록 사항들을 30~40여 개 수집하였고, 여러분이 요즘 어떤 것을 가지고 있을 때 여러분의 홈페이지에 게재하듯이, 제가 수집한 내용을 홈페이지에 게재하는 것이 더 나을 것이라고 생각하였습니다."라고 하였다. 그의 원소 수집은 계속 확대되는 중이며, 1,400여 개 이상의 표본들이 포함되어 있다.

Theodore Gray의 홈페이지인 http://www.theodoregray.com/PeriodicTable and periodictable.com은 원소 자료뿐만 아니라 재미있으면서도 흥미로운 이야기들을 포함하고 있다. Gray는 또한 고감도 사진술로 다양한 각도에서 각 원소에 대한 비디오를 만들었다. 예전에 그는 모든 원소 사진들을 혼자 찍곤 하였지만, 프로젝트가 커져서, 현재는 조교와 함께 Wolfram Research에서 개발한 컴퓨터 프로그램인 Mathematica를 활용하여 작업을 수행하고 있다. 또한 원소 영상을 이용하여 아름다운 주기율표 포스터를 제작하기도 하였다.

잠시 시간을 내서 Gray의 홈페이지에서 원소들의 사진과 원소에 대한 다양한 이야기를 즐겨보라. 몇몇 원소는 정말로 놀라운 예를 보여 주고 있다.

Mike Walker Photography

Theodore Gray와 각 원소의 표본이 들어 있는 주기율표 회의 탁자

같은 족에 있는 원소들의 원자가 전자 배치는 똑같다. 그러므로 특정한 족에 있는 원소의 화학적 거동과 성질은 원소의 전자 배치와 관계가 있어야만 한다. 주에너지 준위의 숫자는 다르다. 이것은 각각의 새로운 주기는 원자가 전자가 다른 에너지 준위에 있다는 것과 관계가 있기 때문에 예상된 것이다.

그림 6.15 처음 18개 원소에 대한 원자가 전자 배치

1 1A	2 2A	13 3A	14 4A	15 5A	16 6A	17 7A	비활성 기체 18 8A
1 **H** $1s^1$							2 **He** $1s^2$
3 **Li** $2s^1$	4 **Be** $2s^2$	5 **B** $2s^22p^1$	6 **C** $2s^22p^2$	7 **N** $2s^22p^3$	8 **O** $2s^22p^4$	9 **F** $2s^22p^5$	10 **Ne** $2s^22p^6$
11 **Na** $3s^1$	12 **Mg** $3s^2$	13 **Al** $3s^23p^1$	14 **Si** $3s^23p^2$	15 **P** $3s^23p^3$	16 **S** $3s^23p^4$	17 **Cl** $3s^23p^5$	18 **Ar** $3s^23p^6$

이들 처음 18개 이후의 원소들은 원소의 전자 배치가 길어서 쓰기가 지루할 것이다. 우리는 흔히 다음과 같은 표시법을 사용함으로써 전자 배치를 간략히 쓴다.

$$\text{Na} \quad [\text{Ne}]3s^1$$

그림 6.15를 주의 깊게 살펴보면 모든 비활성 기체의 p 오비탈은 완전히 채워져 있음을 알게 될 것이다. 각괄호 안에 비활성 기체의 기호를 적음으로써 완전한 전자 배치를 간략히 쓸 수 있고, 원자가 전자(9장에서 결합에 관해서 이야기할 때 우리가 관심을 가지게 될 전자)에 우리의 주의를 집중할 수 있다. 어떤 원소에 대하여 간략한 전자 배치를 쓰려면, 바로 전의 비활성 기체의 기호를 각괄호 안에 쓴다. 그런 다음 원자가 전자를 열거한다. 다음은 몇 가지 예이다.

B	$1s^22s^22p^1$	$[\text{He}]\ 2s^22p^1$
Cl	$1s^22s^22p^63s^23p^5$	$[\text{Ne}]\ 3s^23p^5$
Na	$1s^22s^22p^63s^1$	$[\text{Ne}]\ 3s^1$

오비탈이 채워지는 순서는 $3p$ 오비탈까지는 예상한 것과 같다. 세 번째 에너지 준위는 $4s$ 오비탈에 전자가 들어가기 전에 $3d$ 전자가 채워지는 것으로 예상하게 된다. 그러나 그렇지 않다. 18개 이후의 두 원소, 포타슘(19)과 칼슘(20)의 거동과 성질은 1A(1)족과 2A(2)족 원소와 매우 유사하다. 포타슘과 칼슘은 명백히 1A(1)족과 2A(2)족에 속한다. 1A(1)족과 2A(2)족에 있는 다른 원소들은 원자가 전자가 s 오비탈에 있는 전자 배치를 가진다. 예를 들면 전자 배치는 원소의 성질과 관계가 있기 때문에 포타슘과 칼슘의 마지막 전자는 $4s$ 오비탈에 배치되어야 한다. 포타슘과 칼슘의 전자 배치는 다음과 같다.

K	$1s^22s^22p^63s^23p^64s^1$	또는	$[\text{Ar}]4s^1$
Ca	$1s^22s^22p^63s^23p^64s^2$	또는	$[\text{Ar}]4s^2$

실습 문제 6.5

다음 원소에 대한 간략한 전자 배치를 작성하시오.

(a) Se (b) Rb (c) Ba (d) Te

21~30번 원소들은 **전이 원소**(transition element)로 알려진 원소들에 속한다. 전자는 이들 각 원소의 $3d$ 오비탈에 놓이게 된다. $3d$ 오비탈이 완전히 채워지면 전자는 네 번째 주기를 완성하기 위해 $4p$ 오비탈을 채운다. 오비탈의 채워짐과 주기율표의 전체 관계를 고려해 보자. **그림 6.16**은 채워지는 오비탈의 종류와 주기율표상의 위치를 보여 준다. 주기율표에서

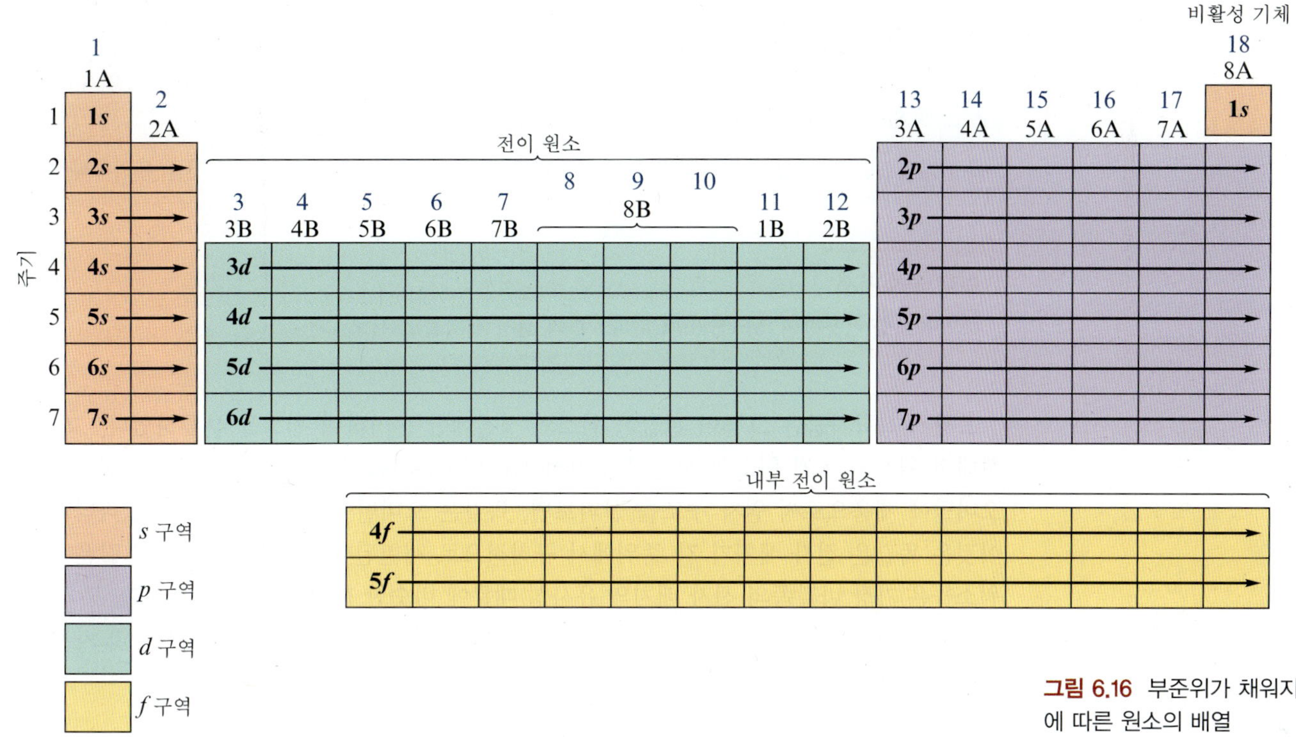

그림 6.16 부준위가 채워지는 순서에 따른 원소의 배열

긴 세로열(1A(1)~7A(17)와 비활성 기체)을 흔히 **주족 원소(representative element)**라고 부른다. 이 원소들의 원자가 전자는 *s*와 *p* 오비탈을 채운다. 주기의 번호는 원자가 전자의 에너지 준위와 일치한다. 주기율표의 중앙에 있는 원소들(■ 안에 있는)은 *d* 오비탈이 채워진 전이 원소이다. *d* 오비탈의 주에너지 준위는 주기의 번호보다 하나 적다는 것에 유의하라. 그림 6.16에서 표의 밑부분에 있는 두 가로줄은 **내부 전이 원소**(inner transition element) 또는 **란타넘족 원소**(lanthanide series)와 **악티늄족 원소**(actinide series)라고 한다. 이 원소들의 마지막 전자는 *f* 오비탈에 놓인다. *f* 오비탈의 주에너지 준위는 *s*와 *p* 오비탈의 주에너지 준위보다 항상 두 개 적다. 주기율표는 거의 언제든지 쉽게 구할 수 있으므로 오비탈과 주기율표 사이의 관계를 이해하고 있다면 어떠한 원소에 대해서도 전자 배치를 쓸 수 있을 것이다. 위에서 다룬 규칙에 약간의 예외가 있지만, 이 교과 과정에서는 다루지 않을 것이다.

예제 6.5

주기율표를 사용하여 인과 주석 원자의 완벽한 전자 배치를 쓰시오.

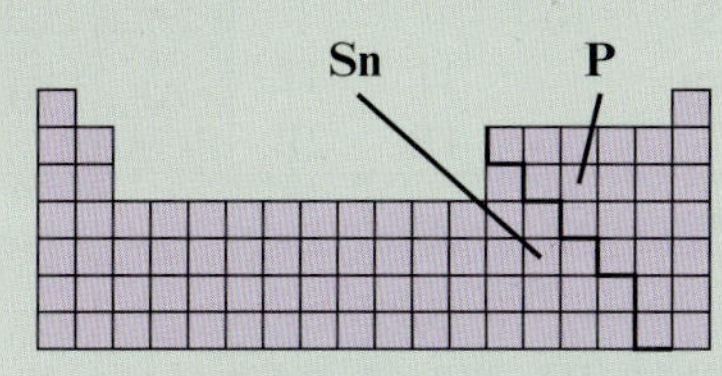

풀이

인은 15번 원소이고 3주기, 5A(15)족에 위치해 있다. 전자 배치는 첫 번째와 두 번째 에너지 준위가 완전히 채워져야만 한다.

P $1s^2 2s^2 2p^6 3s^2 3p^3$ 또는 $[\mathrm{Ne}]3s^2 3p^3$

주기를 가로질러 보고, 원소 구역을 세어서 전자 배치를 결정할 수 있다.

주석은 원자 번호 50번이고 5주기, 4A(14)족에서 전이 금속 뒤 두 번째에 놓여 있다. 이것은 $5p$ 구역에 두 개의 전자를 가져야만 한다. 주석의 전자 배치는 다음과 같다.

$$\text{Sn} \quad 1s^2 2s^2 2p^6 3s^2 3p^6 4s^2 3d^{10} 4p^6 5s^2 4d^{10} 5p^2 \text{ 또는 } [\text{Kr}]5s^2 4d^{10} 5p^2$$

d 구역의 전자들은 항상 주기의 번호보다 하나 적은 주에너지 준위를 갖는다는 것을 유의하라.

실습 문제 6.6

주기율표를 이용하여 (a) O, (b) Ca, (c) Ti의 전자 배치를 쓰시오.

초창기 화학자들은 그들이 관찰한 원소의 성질에만 근거하여 원소를 분류하였다. 그러나 현대적 원자론은 왜 원소의 성질이 주기적으로 변하는가를 설명해 준다. 예를 들면 전자를 오비탈에 채움으로써 원자 구조를 살펴보면, 똑같은 오비탈이 각 에너지 준위에 나타난다. 이것은 똑같은 전자 배치가 각 준위에서 규칙적으로 재현된다는 것을 의미한다. 같은 족의 원소들은 가장 바깥쪽의 전자 배치의 유사성 때문에 비슷한 화학적 성질을 보인다.

그림 6.17에는 가장 바깥쪽 전자의 전자 배치만 주어졌다. 이 주기율표는 다음 몇 가지 중요한 점을 설명하고 있다.

1. 주기의 번호는 그 주기에서 전자가 채워진 가장 높은 에너지 준위와 일치한다.
2. 주족 원소의 족 번호는 그 족에 있는 원자의 가장 바깥쪽 전자의 총수와 같다. 예를 들면 7A(17)족 원소는 항상 ns^2np^5 전자 배치를 갖는다. d와 f 전자는 가장 높은 에너지 준위보다 항상 더 낮은 에너지 준위에 있기 때문에 가장 바깥쪽 전자(원자가 전자)로 고려하지 않는다.
3. 같은 족의 원소는 가장 바깥쪽 전자 배치가 같다. 그러나 가장 바깥쪽 전자들이 위치한 주에너지 준위는 다르다.
4. 각 s, p, d, f 구역의 원소들은 그림 6.17에서 보는 것처럼 s, p, d, f 오비탈을 채운다.
5. 전이 원소에서는 채워지는 순서에 약간의 불일치가 생긴다(전이 원소와 내부 전이 원소에서 생기는 불일치에 대한 설명은 이 책의 범위 밖이다).

족 번호 / 비활성 기체

주기	1 1A	2 2A	3 3B	4 4B	5 5B	6 6B	7 7B	8 8B	9 8B	10 8B	11 1B	12 2B	13 3A	14 4A	15 5A	16 6A	17 7A	18 8A
1	1 **H** $1s^1$																	2 **He** $1s^2$
2	3 **Li** $2s^1$	4 **Be** $2s^2$											5 **B** $2s^22p^1$	6 **C** $2s^22p^2$	7 **N** $2s^22p^3$	8 **O** $2s^22p^4$	9 **F** $2s^22p^5$	10 **Ne** $2s^22p^6$
3	11 **Na** $3s^1$	12 **Mg** $3s^2$											13 **Al** $3s^23p^1$	14 **Si** $3s^23p^2$	15 **P** $3s^23p^3$	16 **S** $3s^23p^4$	17 **Cl** $3s^23p^5$	18 **Ar** $3s^23p^6$
4	19 **K** $4s^1$	20 **Ca** $4s^2$	21 **Sc** $4s^23d^1$	22 **Ti** $4s^23d^2$	23 **V** $4s^23d^3$	24 **Cr** $4s^13d^5$	25 **Mn** $4s^23d^5$	26 **Fe** $4s^23d^6$	27 **Co** $4s^23d^7$	28 **Ni** $4s^23d^8$	29 **Cu** $4s^13d^{10}$	30 **Zn** $4s^23d^{10}$	31 **Ga** $4s^24p^1$	32 **Ge** $4s^24p^2$	33 **As** $4s^24p^3$	34 **Se** $4s^24p^4$	35 **Br** $4s^24p^5$	36 **Kr** $4s^24p^6$
5	37 **Rb** $5s^1$	38 **Sr** $5s^2$	39 **Y** $5s^24d^1$	40 **Zr** $5s^24d^2$	41 **Nb** $5s^14d^4$	42 **Mo** $5s^14d^5$	43 **Tc** $5s^14d^6$	44 **Ru** $5s^14d^7$	45 **Rh** $5s^14d^8$	46 **Pd** $5s^04d^{10}$	47 **Ag** $5s^14d^{10}$	48 **Cd** $5s^24d^{10}$	49 **In** $5s^25p^1$	50 **Sn** $5s^25p^2$	51 **Sb** $5s^25p^3$	52 **Te** $5s^25p^4$	53 **I** $5s^25p^5$	54 **Xe** $5s^25p^6$
6	55 **Cs** $6s^1$	56 **Ba** $6s^2$	57 **La** $6s^25d^1$	72 **Hf** $6s^25d^2$	73 **Ta** $6s^25d^3$	74 **W** $6s^25d^4$	75 **Re** $6s^25d^5$	76 **Os** $6s^25d^6$	77 **Ir** $6s^25d^7$	78 **Pt** $6s^15d^9$	79 **Au** $6s^15d^{10}$	80 **Hg** $6s^25d^{10}$	81 **Tl** $6s^26p^1$	82 **Pb** $6s^26p^2$	83 **Bi** $6s^26p^3$	84 **Po** $6s^26p^4$	85 **At** $6s^26p^5$	86 **Rn** $6s^26p^6$
7	87 **Fr** $7s^1$	88 **Ra** $7s^2$	89 **Ac** $7s^26d^1$	104 **Rf** $7s^26d^2$	105 **Db** $7s^26d^3$	106 **Sg** $7s^26d^4$	107 **Bh** $7s^26d^5$	108 **Hs** $7s^26d^6$	109 **Mt** $7s^26d^7$	110 **Ds** $7s^16d^9$	111 **Rg** $7s^16d^{10}$	112 **Cn** $7s^25d^{10}$	113 **Nh** $7s^27p^1$	114 **Fl** $7s^27p^2$	115 **Mc** $7s^27p^3$	116 **Lv** $7s^27p^4$	117 **Ts** $7s^27p^5$	118 **Og** $7s^27p^6$

그림 6.17 최외각 전자 배치

예제 6.6

아연 원자와 스트론튬 원자의 완전한 전자 배치를 쓰시오.

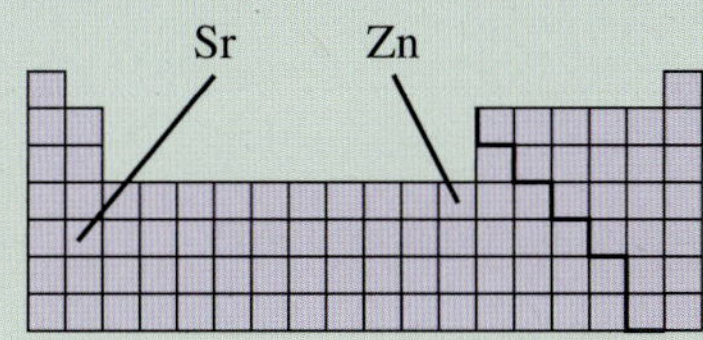

풀이

아연의 원자 번호는 30이다. 따라서 중성 원자에 30개의 양성자와 30개의 전자가 있다. 그림 6.14를 사용하여 아연 원자의 전자 배치가 $1s^22s^22p^63s^23p^64s^23d^{10}$임을 알 수 있다. 위 첨자를 모두 더하면 30이 되는지 확인하라.

스트론튬의 원자 번호는 38이다. 따라서 중성 원자에 38개의 양성자와 38개의 전자가 있다. 주기율표를 사용하여 약간의 연습을 하면 전자 배치를 직접 작성할 수 있다. 스트론튬 원자의 전자 배치는 $1s^22s^22p^63s^23p^64s^23d^{10}4p^65s^2$이다. 위 첨자를 모두 더하면 38이 되는지 확인하라.

실습 문제 6.7

갈륨 원자와 납 원자의 완전한 전자 배치를 쓰시오.

6장 복습

6.1 전자기 복사

중요 용어: 파장 | 진동수 | 속도 | 광자

- 원자론은 지난 200년 동안 변해 왔다.
  - 초기 그리스인의 원자 개념
  - Dalton의 원자 모형
  - Thomson의 원자 모형
  - Rutherford의 원자 모형
  - 현대적 원자론
- 파동의 기본 특성
  - 파장(λ) ◦ 진동수(ν) ◦ 속도(υ)
- 빛은 전자기 복사의 한 형태이다.
- 빛은 또한 입자처럼 거동하는 광자라고 불리는 에너지의 작은 다발로 구성되어 있다고 간주할 수 있다.

6.2 Bohr 원자

중요 용어: 선 스펙트럼 | 양자 | 바닥 상태 | 오비탈

- 원자의 스펙트럼 연구를 통하여 Bohr는 다음과 같이 제안하였다.
  - 전자는 원자 속의 양자화된 에너지 준위에서 발견된다.
  - 스펙트럼 선은 전자가 높은 에너지 준위에서 낮은 에너지 준위로 이동할 때, 양자 에너지의 방출에 의해 나타난 것이다.
- 원소의 화학적인 특성과 주기율표에서의 위치는 원자 내 전자의 거동에 의존한다.

- Louis de Broglie는 모든 물체가 파동성을 갖는다는 가설을 제안하였다.
- Schrödinger는 전자를 파동으로 기술하는 수학적 모형을 만들었다.
  - 전자는 원자핵 주위의 오비탈 또는 전자를 발견할 확률이 높은 어떤 영역에 존재한다.

6.3 전자의 에너지 준위

중요 용어: 주에너지 준위 | 부준위 | 스핀 | Pauli 배타 원리

- 현대적 원자론은 다음과 같은 것들을 예측한다.
  - 전자들은 불연속적인 주에너지 준위에서 발견된다(n = 1, 2, 3...).
  - 에너지 준위는 부준위들을 포함한다.

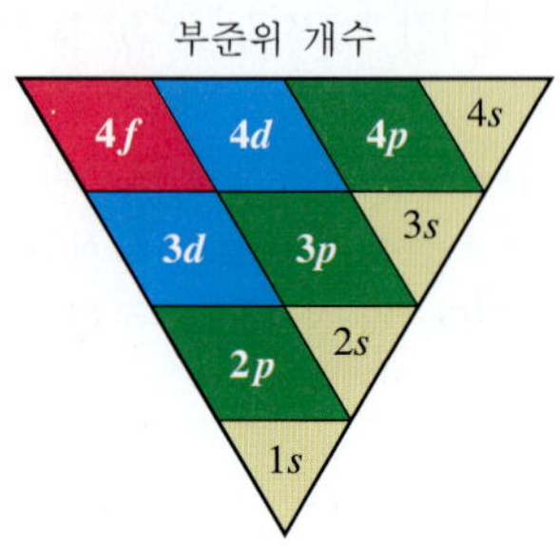

  - 각 오비탈은 두 개의 전자를 가지는데, 두 전자의 스핀은 서로 반대이어야 한다.

6.4 처음 18개 원소의 원자 구조

중요 용어: 전자 배치 | 오비탈 도표 | 원자가 전자

- 전자 배치는 다음과 같은 지침을 따른다.
  - 한 오비탈에 두 개보다 많은 전자가 채워질 수 없다.
  - 전자는 가능한 가장 낮은 에너지 오비탈을 채운다.
  - $s < p < d < f$ (주어진 n 값에 대해)
  - 같은 부준위에 있는 모든 오비탈은 두 번째 전자가 들어오기 전에 한 개의 전자에 의해 각각 채워진다.
- 주족 원소는 가장 바깥쪽 에너지 준위에 있는 전자(원자가 전자)만이 결합에 관여한다.

6.5 전자 구조와 주기율표

중요 용어: 주기 | 원소의 족 | 주족 원소 | 전이 원소

- 주기율표에서 같은 가로줄에 속한 원소들의 원자가 전자(s와 p)는 가로줄의 번호와 같은 에너지 준위에 있다.
- 화학적으로 유사한 원소들은 주기율표에서 같은 세로열(족)에 배치된다.
- 같은 그룹이나 족에 있는 원소들의 원자가 전자 배치는 같지만, 그들은 다른 주에너지 준위에 위치한다.

복습 질문

1. **파장**과 **진동수**를 정의하시오. 화학자들은 일반적으로 이러한 양을 나타내기 위해 어떤 기호를 사용하는가?
2. 가시광선의 파장 범위는 무엇인가? 적색광과 청색광 중 파장이 더 짧은 것은 무엇인가?
3. 에너지 다발(energy package)에 붙은 이름은 무엇인가?
4. 오비탈이란 무엇인가?
5. 원자의 전자 구조가 첫 번째 들뜬 상태에 있다는 것은 무엇을 의미하는가?

6. 수소 원자의 Bohr 모델에 따르면,
(a) 전자가 에너지를 흡수하면 어떻게 되는가?
(b) 전자가 에너지를 잃으면 초과 에너지는 어떻게 되는가?

7. 오비탈과 Bohr 궤도의 주요 차이점은 무엇인가?

8. Bohr의 원자 모델이 원자의 구름 모델을 포함하도록 수정된 방법과 이유를 설명하시오.

9. 2*s*와 3*s* 오비탈은 어떻게 다른가? 그들은 어떻게 비슷한가?

10. 오비탈 유형을 지정하는 데 사용되는 문자들은 무엇인가?

11. 다음 오비탈을 에너지가 증가하는 순서대로 나열하시오: 2*s*, 2*p*, 4*s*, 1*s*, 3*d*, 3*p*, 4*p*, 3*s*.

12. 각 에너지 준위에서 존재할 수 있는 *s* 전자, *p* 전자, *d* 전자는 몇 개인가?

13. d_{xy}, d_{yz}, d_{zx} 궤도를 그리시오.

14. 이미 하나의 전자를 포함하고 있는 오비탈에 두 번째 전자가 들어갈 수 있는 조건은 무엇인가?

15. 원자가 껍질이란 무엇인가?

16. 원자가 전자란 무엇이며 왜 중요한가?

17. 한 란타넘족 원소는 전자 구조에서 $4f^5$로 지정된다. 4, *f*, 5의 의미는 무엇인가?

18. 원소 Ir, Pb, Kr, Zr, Au 중 주족 원소에 포함되지 않는 것은 무엇인가?

19. 전자 구조의 관점에서 볼 때, *s* 블록 원소들의 공통점은 무엇인가?

20. 원자 번호가 7, 8, 9, 16, 34인 원소의 기호를 쓰시오. 그리고 이 원소들의 공통점을 설명하시오.

21. 가장 바깥쪽 에너지 준위에서 5개의 전자를 갖는 처음 세 원소의 기호를 쓰시오.

22. 한 주기에서 발견되는 원소의 최대 개수와 최소 개수는 무엇인가? 어느 주기에 이 숫자가 있는가?

23. 에너지 준위의 관점에서 A족 원소의 마지막 전자 배치는 B족 원소와 어떻게 다른가?

24. 주기율표에서 원소들이 원자량에 따라 적절한 순서로 배열되어 있지 않은 곳을 찾으시오(앞표지 안쪽의 주기율표 참고).

25. 주기율표를 확립하게 된 결과를 독립적으로 발표한 두 과학자의 이름은 무엇인가?

26. 현대 주기율표의 창시자로 여겨지는 과학자는 누구인가?

짝으로 된 연습 문제

푸른색 숫자로 되어 있는 모든 연습 문제의 답은 부록 5에 있다.

1. 다음 중성 원자 각각에 총 몇 개의 전자와 몇 개의 원자가 전자가 있는가?
(a) 베릴륨 (b) 마그네슘 (c) 염소 (d) 소듐

2. 다음 중성 원자 각각에 총 몇 개의 전자와 몇 개의 원자가 전자가 있는가?
(a) 리튬 (b) 질소 (c) 플루오린 (d) 붕소

3. 다음 각 원소에 대한 완전한 전자 배치를 작성하시오.
(a) 타이타늄 (b) 루비듐 (c) 포타슘 (d) 황

4. 다음 각 원소에 대한 완전한 전자 배치를 작성하시오.
(a) 망가니즈 (b) 아르곤 (c) 갈륨 (d) 알루미늄

5. 수소의 스펙트럼선이 어떻게 발생하는지 설명하시오.

6. Bohr가 자신의 원자 모형을 뒷받침하기 위해 수소 스펙트럼 자료를 어떻게 사용했는지 설명하시오.

7. 세 번째 주요 에너지 준위에는 몇 개의 궤도가 존재하는가? 그 원소들은 무엇이며 어느 주기에서 찾을 수 있는가?

8. 얼마나 많은 전자가 네 번째 주에너지 준위에서 존재할 수 있는가? 이 전자들은 어떤 오비탈에서 발견되는가?

9. 다음 원소의 오비탈 도표를 작성하시오.
(a) P (b) F (c) Ni (d) Zr (e) I

10. 다음 원소의 오비탈 도표를 작성하시오.
(a) C (b) Cl (c) Ar (d) V (e) N

11. 다음 각 오비탈 도표에 해당하는 전자 배치를 쓰시오.

(a) O [↑↓] [↑↓] [↑↓|↑|↑]

(b) Mg [↑↓] [↑↓] [↑↓|↑↓|↑↓] [↑↓]

(c) Ar [↑↓] [↑↓] [↑↓|↑↓|↑↓] [↑↓] [↑↓|↑↓|↑↓]

(d) Br [↑↓] [↑↓] [↑↓|↑↓|↑↓] [↑↓] [↑↓|↑↓|↑↓] [↑↓] [↑↓|↑↓|↑↓|↑↓|↑↓] [↑↓|↑↓|↑]

(e) Co [↑↓] [↑↓] [↑↓|↑↓|↑↓] [↑↓] [↑↓|↑↓|↑↓] [↑↓] [↑↓|↑↓|↑|↑|↑]

12. 다음 각 오비탈 도표에 해당하는 전자 배치를 쓰시오.

(a) Li [↑↓] [↑]

(b) P [↑↓] [↑↓] [↑↓ | ↑↓ | ↑↓] [↑↓] [↑ | ↑ | ↑]

(c) Ni [↑↓] [↑↓] [↑↓ | ↑↓ | ↑↓] [↑↓] [↑↓ | ↑↓ | ↑↓] [↑↓] [↑↓ | ↑↓ | ↑↓ | ↑ | ↑]

(d) Ca [↑↓] [↑↓] [↑↓ | ↑↓ | ↑↓] [↑↓] [↑↓ | ↑↓ | ↑↓] [↑↓]

(e) K [↑↓] [↑↓] [↑↓ | ↑↓ | ↑↓] [↑↓] [↑↓ | ↑↓ | ↑↓] [↑]

13. 다음 각 오비탈 도표가 올바른지 확인하고, 잘못된 도표를 올바른 오비탈 도표로 수정하시오.

	1*s*	2*s*	2*p*	3*s*	3*p*	4*s*	3*d*	4*p*
(a)	[↑↓]	[↑↓]	[↑↓ | ↑ | ↑]	[↑]				
(b)	[↑↓]	[↑↓]	[↑↓ | ↑↓ | ↑↓]	[↑↓]	[↑ | ↑ |]			
(c)	[↑↓]	[↑↓]	[↑↓ | ↑↓ | ↑↓]	[↑↓]	[↑↓ | ↑↓ | ↑↓]	[↑↓]	[↑↓ | ↑↓ | ↑↓ | ↑↓ | ↑↓]	[↑ | |]
(d)	[↑↓]	[↑↓]	[↑↓ | ↑↓ | ↑↓]	[↑↓]	[↑↓ | ↑↓ | ↑↓]	[↑↓]	[↑↓ | ↑↓ | ↑ | |]	

14. 다음 각 오비탈 도표가 올바른지 확인하고, 잘못된 도표를 올바른 오비탈 도표로 수정하시오.

	1*s*	2*s*	2*p*	3*s*	3*p*	4*s*	4*p*	3*d*
(a)	[↑↓]	[↑↓]	[↑ | ↑ | ↑]					
(b)	[↑↓]	[↑↓]	[↑↓ | ↑↓ | ↑↓]	[↑↓]	[↑↓ | ↑↓ | ↑↓]	[↑↓]	[↑↓ | ↑↓ | ↑↓]	[↑ | ↑ | | |]
(c)	[↑↓]	[↑↓]	[↑↓ | ↑↓ | ↑↓]	[↑↓]	[↑↓ | ↑↓ | ↑↓]	[↑↑]		
(d)	[↑↓]	[↑↓]	[↑↓ | ↑↓ | ↑↓]	[↑↓]	[↑↓ | ↑ | ↑]			

15. 문제 13의 각 오비탈 도표가 나타내는 원소를 확인하시오.

16. 문제 14의 각 오비탈 도표가 나타내는 원소를 확인하시오.

17. *p* 부준위에 4개의 전자가 있는 경우 전자는 어떤 오비탈에 채워지는가? 전자를 나타내는 화살표를 사용하여 오비탈을 그리고 화살표 방향에 따라 스핀을 표시하시오.

18. *d* 부준위에 6개의 전자가 있는 경우 전자는 어떤 오비탈에 채워지는가? 전자를 나타내는 화살표를 사용하여 오비탈을 그리고 화살표 방향에 따라 스핀을 표시하시오.

19. 다음 전자 배치를 갖는 원소는 무엇인가? 기호와 이름을 모두 표기하시오.

(a) $1s^22s^22p^5$ (c) $[Ne]3s^23p^5$

(b) $1s^22s^22p^63s^2$ (d) $[Ar]4s^23d^4$

20. 다음 전자 배치를 갖는 원소는 무엇인가? 기호와 이름을 모두 표기하시오.

(a) $1s^22s^22p^3$ (c) $[Xe]6s^24f^{14}5d^{10}6p^6$

(b) $1s^22s^22p^63s^23p^2$ (d) $[Kr]5s^24d^{10}5p^2$

21. 다음 원자 번호를 가진 원소를 찾고 그 원소에 대한 오비탈 도표를 그리시오.

(a) 21 (b) 10 (c) 32 (d) 35 (e) 25

22. 다음 원자 번호를 가진 원소를 찾고 그 원소에 대한 오비탈 도표를 그리시오.

(a) 15 (b) 33 (c) 20 (d) 36 (e) 20

23. 다음 각 전자 배치에 대해 해당하는 오비탈 도표를 그리시오.

(a) O $1s^22s^22p^4$

(b) P $1s^22s^22p^63s^23p^3$

(c) Fe $1s^22s^22p^63s^23p^64s^23d^6$

(d) Kr $1s^22s^22p^63s^23p^64s^23d^{10}4p^6$

(e) Ru $1s^22s^22p^63s^23p^64s^23d^{10}4p^65s^24d^6$

24. 다음 각 전자 배치에 대해 해당하는 오비탈 도표를 그리시오.

(a) Cl $1s^22s^22p^63s^23p^5$

(b) Mg $1s^22s^22p^63s^2$

(c) Ni $1s^22s^22p^63s^23p^64s^23d^8$

(d) Cu $1s^22s^22p^63s^23p^64s^23d^9$

(e) Ba $1s^22s^22p^63s^23p^64s^23d^{10}4p^65s^24d^{10}5p^66s^2$

25. 다음의 전자 배치 도표를 보고 어떤 원소인지 맞추시오.

(a) (15p 16n) $2e^-$ $8e^-$ $5e^-$ (b) (28p 32n) $2e^-$ $8e^-$ $16e^-$ $2e^-$

26. 문제 25에서 보여 준 형식으로 다음 원소의 원자 구조 도표를 그리시오.

(a) $^{28}_{14}Si$ (b) $^{48}_{22}Ti$

27. 소듐 원자의 열한 번째 전자가 두 번째 에너지 준위가 아닌 세 번째 에너지 준위에 위치하는 이유는 무엇인가?

28. 포타슘 원자의 마지막 전자가 세 번째 에너지 준위가 아닌 네 번째 에너지 준위에 위치하는 이유는 무엇인가?

29. 비활성 기체는 공통적으로 어떤 전자 배치를 가지고 있는가?

30. 전자 관점에서 비활성 기체 원소의 독특한 점이 무엇인가?

31. 같은 주기에 있는 원소들은 서로 어떻게 관련되어 있는가?

32. 같은 족에 있는 원소들은 서로 어떻게 관련되어 있는가?

33. 다음 원소들은 각각 몇 개의 원자가 전자를 가지고 있는가?
(a) C (b) S (c) Si (d) Br (e) Ga

34. 다음 원소들은 각각 몇 개의 원자가 전자를 가지고 있는가?
(a) N (b) As (c) O (d) Sr (e) Sb

35. 알칼리 금속의 전자 배치는 어떤 공통점이 있는가?

36. 아연, 카드뮴, 수은 원소가 동일한 화학 족에 속하는 이유는 무엇인가?

37. 같은 족의 원소를 나타내는 전자 배치를 선택하시오.
(a) $1s^22s^1$
(b) $1s^22s^22p^4$
(c) $1s^22s^22p^2$
(d) $1s^22s^22p^63s^23p^4$
(e) $1s^22s^22p^63s^23p^6$
(f) $1s^22s^22p^63s^23p^64s^2$
(g) $1s^22s^22p^63s^23p^64s^1$
(h) $1s^22s^22p^63s^23p^64s^23d^1$

38. 같은 족의 원소를 나타내는 전자 배치를 선택하시오.
(a) $[He]2s^22p^6$
(b) $[Ne]3s^1$
(c) $[Ne]3s^2$
(d) $[Ne]3s^23p^3$
(e) $[Ar]4s^23d^{10}$
(f) $[Ar]4s^23d^{10}4p^6$
(g) $[Ar]4s^23d^5$
(h) $[Kr]5s^24d^{10}$

39. 주기율표에서 20번 원소인 칼슘은 12, 19, 21, 38번 원소로 둘러싸여 있다. 이들 중 칼슘과 가장 유사한 물리 화학적 성질을 가진 것은 무엇인가?

40. 주기율표에서 15번 원소인 인은 14, 7, 16, 33번 원소로 둘러싸여 있다. 이들 중 인과 가장 유사한 물리 화학적 성질을 가진 것은 무엇인가?

41. 다음 원소를 금속, 비금속 또는 준금속으로 분류하시오(도움이 필요한 경우 3장 참조).
(a) 소듐
(b) 백금
(c) 황
(d) 비소

42. 다음 원소를 금속, 비금속 또는 준금속으로 분류하시오(도움이 필요한 경우 3장 참조).
(a) 아이오딘
(b) 지르코늄
(c) 몰리브데넘
(d) 갈륨

43. 주기율표에서 텔루륨을 보고 답하시오.
(a) 텔루륨 원자에 대한 완전한 전자 배치를 쓰시오.
(b) 텔루륨 원자의 간략한 전자 배치를 쓰시오.
(c) 텔루륨에는 몇 개의 원자가 전자가 있는가?
(d) 간략한 전자 배치에서 원자가 전자에 밑줄을 그어 표시하시오.

44. 주기율표에서 비소를 보고 답하시오.
(a) 비소 원자의 완전한 전자 배치를 쓰시오.
(b) 비소 원자의 간략한 전자 배치를 쓰시오.
(c) 비소에는 몇 개의 원자가 전자가 있는가?
(d) 간략한 전자 배치에서 원자가 전자에 밑줄을 그어 표시하시오.

45. *f* 오비탈에서 전자가 처음 나타나는 주기와 족은 무엇인가?

46. *d* 오비탈에서 전자가 처음 나타나는 주기와 족은 무엇인가?

47. 7A(17)족 및 7B(7)족 원소의 원자가 준위에는 각각 얼마나 많은 전자가 존재하는가? 왜 차이가 나는가?

48. 3A(13)족 및 3B(3)족 원소의 원자가 준위에는 각각 얼마나 많은 전자가 존재하는가? 왜 차이가 나는가?

49. 다음의 조건을 정확하게 만족하는 원소가 무엇인지 밝히시오.
(a) 바닥 상태에서 세 개의 $4p$ 전자
(b) 바닥 상태에서 일곱 개의 $3d$ 전자
(c) 바닥 상태에서 하나의 $2s$ 전자
(d) 바닥 상태에서 다섯 개의 $3p$ 전자

50. 다음의 조건을 정확하게 만족하는 원소가 무엇인지 밝히시오.
(a) 바닥 상태에서 두 개의 $6p$ 전자
(b) 바닥 상태에서 다섯 개의 $4f$ 전자
(c) 바닥 상태에서 하나의 $4p$ 전자
(d) 바닥 상태에서 일곱 개의 $5d$ 전자

추가 연습 문제

51. 주기율표만 참고하여 원자가 에너지 준위와 원자가 전자 수를 어떻게 결정할 수 있는지 설명하시오.

52. 주기율표만 참고하여 다음 원소의 전자 배치를 쓰시오. 원자가 전자를 원으로 표시하시오.
(a) Mg (b) P (c) Li (d) Cl (e) Se (f) N

53. 다음 중 원자가 전자 수가 같은 것은?
(a) Mg^{2+} (b) O (c) Be (d) O^{2-} (e) Ne

54. 다음 전자 배치로 나타낸 각 원소가 포함되는 족이 몇 족인지 쓰시오.
(a) $1s^22s^22p^4$
(b) $1s^22s^22p^63s^23p^64s^1$
(c) $1s^22s^22p^63s^2$
(d) $1s^22s^22p^63s^23p^64s^23d^{10}4p^6$
(e) $1s^2$
(f) $1s^22s^22p^63s^23p^64s^23d^{10}4p^65s^1$

55. 다음 각 원자의 전자 배치를 쓰시오. 원자가 전자를 포함하는 오비탈(들)에 동그라미 치시오.

(a) Si (b) Ar (c) Sc (d) V (e) As (f) Cl

56. 다음 전자배치로 나타낸 각 원소의 원자 번호를 쓰시오.

(a) $1s^22s^22p^63s^23p^2$
(b) $1s^22s^22p^4$
(c) $1s^22s^22p^63s^23p^64s^23d^6$
(d) $1s^22s^22p^63s^23p^64s^23d^2$
(e) $1s^22s^22p^63s^23p^5$

57. 크로뮴은 수세기 동안 부식을 방지하기 위해 사용된 광택성의 은색 금속이다. 진나라 왕조의 무덤에서 발견된 청동검과 다른 무기들은 크로뮴으로 도금되었으며 매장된 이후로 전혀 부식되지 않았다. 오늘날 많은 물품들은 장식과 보호 덮개용의 크로뮴 층으로 도금되어 있다.

(a) 원소의 실제 전자 배치는 때로 주기율표에 의해 예측되는 것과는 다르다. 실험적으로 결정된 크로뮴의 전자 배치는 $1s^22s^22p^63s^23p^64s^13d^5$이다. 이것은 주기율표에 의해 예측되는 전자 배치인가? 만약 아니라면, 주기율표에 의해 예측되는 크로뮴의 전자 배치는 무엇인가?

(b) 크로뮴의 밀도는 7.19 g/cm^{3}이다. 5.00 cm^3 크로뮴 시료에 얼마나 많은 크로뮴 원자가 들어 있는가?

(c) 크로뮴 원자의 반지름이 1.40×10^{-8} cm일 경우, 크로뮴 원자 1개의 부피 $\left(V = \frac{4}{3}\pi r^3\right)$는 얼마인가?

(d) 부피 5.00 cm^{3}에는 얼마나 많은 크로뮴 원자가 들어가는가?

58. 불꽃놀이를 보는 사람은 불꽃이 만들어 내는 아름다운 색을 즐긴다. 그 색은 불꽃놀이의 연료 혼합물에 여러 가지 원소들을 첨가해서 만드는데, 붉은색은 칼슘, 노란색은 소듐, 파란색은 구리를 첨가해서 만든다. 여러 가지 원소들을 첨가해서 그것들이 고유한 색을 만들어 내는 이유를 설명하시오.

59. Wolfgang Amadeus Mozart가 경쟁자에 의해 독살되었다는 오랜 추측이 있었다. 그가 안티모니 화합물에 의해 독살되었다는 몇 가지 증거가 있다. 이 화합물은 그의 의사에 의해 처방되었지만, 그것은 살인이 아니라고 한다. 안티모니의 전자 배치는 무엇인가?

60. 개가 공원에서 달리고 있던 사람을 공격한 것으로 의심받고 있다. 당시 그 사람은 하이포염소산 비스무트를 함유한 립글로스를 바르고 있었는데, 이것은 진주 광택 효과를 내기 위해 화장품에 자주 사용되는 화합물이다. 개털의 잔류 성분을 분석하였더니 이 화합물이 검출되어 희생자의 주장을 뒷받침해 주었다. 비스무트에 대한 완전한 전자 배치와 간략한 전자 배치를 쓰시오.

61. 다음 중성 원자들의 전자 배치를 쓰시오(표 3.1, 표 3.2 참조).

(a) 지각, 해수, 공기에서 가장 풍부한 네 가지 원소
(b) 인체에서 가장 풍부한 다섯 가지 원소

62. 다음에 존재하는 최대 전자 수는 얼마인가?

(a) *p* 오비탈
(b) *d* 부준위
(c) 세 번째 주에너지 준위
(d) *s* 오비탈
(e) *f* 부준위

63. 주어진 정보에 근거하여 다음 원소의 이름을 쓰시오.

(a) 세 번째 주기에 있는 세 번째 원소
(b) [Ne]$3s^23p^4$
(c) [↑↓] $1s$ [↑↓] $2s$ [↑↓][↑↓][↑↓] $2p$ [↑↓] $3s$ [↑↓][↑↓][↑↓] $3p$

64. 왜 질소의 방출 스펙트럼이 수소의 방출 스펙트럼보다 더 많은 스펙트럼 선을 나타내는가?

65. 주기율표에서 다음 각 조건을 처음으로 만족하는 원소를 쓰시오.

(a) 완전히 채워진 *p* 오비탈
(b) 두 개의 4*p* 전자
(c) 다섯 개의 원자가 전자
(d) 세 개의 홀전자

66. 7A(17)족의 첫 번째 두 원소는 기체이며, 다음은 액체, 네 번째는 고체이다. 이들이 같은 족에 속할 수 있도록 만든, 공통적으로 갖고 있는 것은 무엇인가?

67. *p* 부준위에 대한 다음과 같은 전자 배치가 왜 허용되지 않는지 설명하시오.

(a) [↓↓] [↑] [↓] (b) [↓↑] [↓↑] [ ]

68. 원자의 선 스펙트럼은 어떻게 생성되는가? (원자의 준위에 관련하여 설명하시오.)

69. '바닥 상태'는 무엇을 의미하는가? 바닥 상태에서 탄소 원자의 전자 배치를 쓰시오. 또 들뜬 상태에 있는 탄소 원자의 가능한 전자 배치를 쓰시오.

70. 전이 원소들은 어느 족에 위치하는가?

71. 전이 원소의 전자 구조는 주족 원소와 어떻게 다른가?

72. 주기율표를 사용하여 다음 각 원소에 대해서 빈칸을 채우시오.

	기호	원자 번호	원자량	원자가 전자의 수
(a) 질소	_____	_____	_____	_____
(b) 플루오린	_____	_____	_____	_____
(c) 수은	_____	_____	_____	_____
(d) 루비듐	_____	_____	_____	_____

73. 비활성 기체의 원자 번호는 2, 10, 18, 36, 54, 86이다. 주기율표를 보지 않고, 원자가 전자가 4개인 원소들의 원자 번호를 쓰시오.

74. 다음 족의 이름은 무엇인가?

(a) 1A(1)족
(b) 2A(2)족
(c) 6A(16)족

75. 다음 원소들은 어느 부준위가 채워지는가?

(a) 4주기, 전이 원소들
(b) 5주기, 전이 원소들
(c) 악티늄족 원소들

76. 다음 각 원소를 비활성 기체, 주족 원소, 전이 금속으로 분류하시오. 또한 금속인지, 비금속인지, 준금속인지 나타내시오.

(a) Mg (b) P (c) W (d) Ra (e) As (f) Ne

77. 원자 번호가 18인 원소가 비활성 기체라면, 17번 원소와 19번 원소는 어떤 족에서 발견될 것으로 예상하는가?

78. 주기율표의 일반적인 특징을 설명하시오.

79. 다음에서 설명하는 두 원소 사이의 관계는 각각 무엇인가?

(a) 한 원소는 10개의 전자, 10개의 양성자, 10개의 중성자를 가지고 있고, 다른 원소는 10개의 전자, 10개의 양성자, 12개의 중성자를 가지고 있다.

(b) 한 원소는 23개의 전자, 23개의 양성자, 27개의 중성자를 가지고 있고, 다른 원소는 24개의 전자, 24개의 양성자, 26개의 중성자를 가지고 있다.

80. 주기율표에서 기체, 액체, 고체의 위치에는 각각 어떤 규칙이 있는가?

도전 문제

81. 황 시료를 가열하여 원자의 원자가 전자가 들뜬 상태가 되었다. 전자는 s 오비탈에서 p 오비탈로 점프하였다. 들뜬 황 원자의 전자 배치는 어떻게 되고, 오비탈 도표는 어떻게 생겼는가?

82. 86번 원소는 8A족, 6주기에 속한다. 전자는 몇 개의 주에너지 준위에 있는가? 가장 바깥쪽 에너지 준위를 설명하시오.

83. 금속은 전자를 잃는 경향이 있고 비금속은 전자를 얻는 경향이 있는 이유를 주기율표를 사용하여 설명하시오.

84. 어떤 원소에 대해 예상되는 전자 배치를 결정하는 데 주기율표가 어떻게 도움이 되는지 설명하시오.

85. 알칼리 토금속 M은 할로젠화물 X와 결합한다. 생성된 화합물은 이온성인가, 공유성인가? 그 이유는 무엇인가? 화합물의 Lewis 구조는 무엇인가?

86. "원자 번호가 짝수인 원자의 모든 전자는 쌍을 이룬다." 이 진술은 참인가, 거짓인가? 예를 들어 설명하시오.

실습 문제 정답

6.1

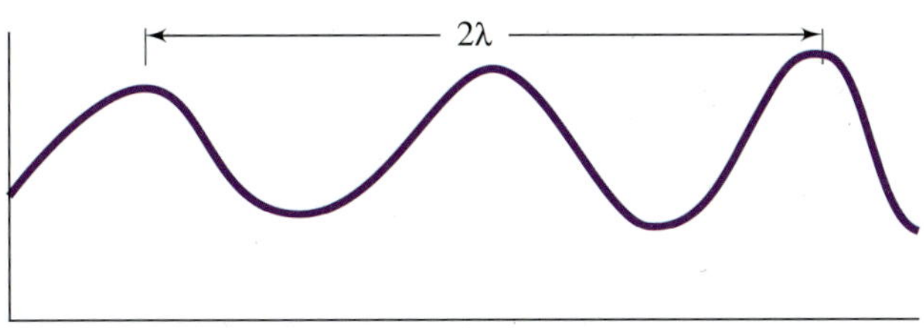

6.2 Planck는 에너지가 연속적인 흐름으로 방출되지 않고 양자라고 하는 작고 개별적인 구간에서만 방출된다고 말했다.

6.3 (a) 두 개의 전자. Pauli 배타 원리.

(b) 총 18개의 전자에 대해 $1s^22s^22p^63s^23p^6$.

6.4 (a) $2s^12p^1$ (b) $2s^22p^3$ (c) $3s^1$ (d) $3s^23p^5$

6.5 (a) $[Ar]4s^24p^5$ (b) $[Kr]5s^2$ (c) $[Xe]6s^2$ (d) $[Kr]5s^25p^4$

6.6 (a) O $1s^22s^22p^4$

(b) Ca $1s^22s^22p^63s^23p^64s^2$

(c) Ti $1s^22s^22p^63s^23p^64s^23d^2$

6.7 Ga, $1s^22s^22p^63s^23p^64s^23d^{10}4p^1$

Pb, $1s^22s^22p^63s^23p^64s^23d^{10}4p^65s^24d^{10}5p^66s^24f^{14}5d^{10}6p^2$

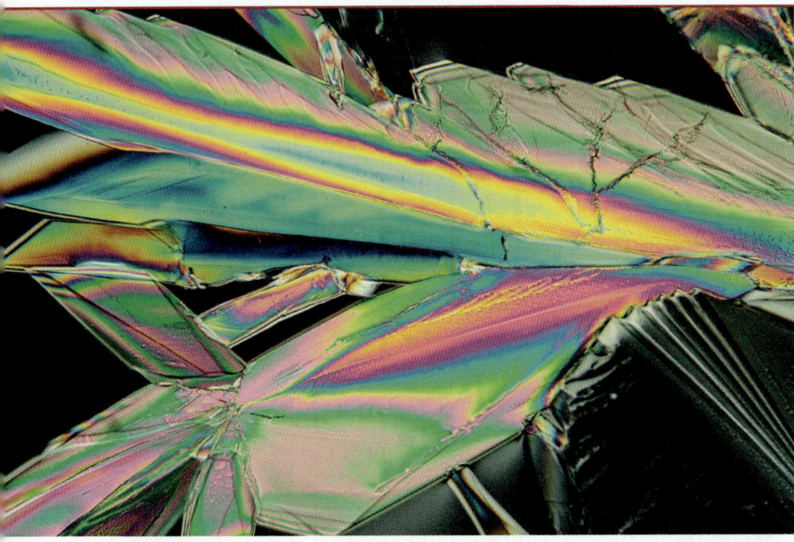

Nataliia Korzhenevska/Shutterstock

7장

화학 결합: 원자로부터 화합물의 형성

수 세기 동안 우리는 어떤 금속들은 자석에 달라붙는다는 것을 알고 있었다. 고속 공중 부양 열차가 미래에는 많아질 것으로 예상된다. 그것들은 어떻게 작동하는가? 각 경우에 인력과 반발력이 작용한다. 인간의 상호작용 또한 "반대 성향의 사람들은 끌어당기며, 비슷한 성향의 사람들은 배척하고" 있음을 암시한다. 인력은 우리를 친구로 만들고 소중한 관계를 이끌어 내는 반면, 반발력은 논쟁과 적개심을 유발시킬 수 있다. 우리는 살아가면서 사람 사이의 관계를 끊기도 하고 형성하기도 한다.

화학에서도 이러한 현상을 볼 수 있다. 물질들은 전기적 인력의 결과로써 화학 결합을 형성한다. 이러한 결합 때문에 자연에서 발견되는 화합물은 매우 다양하다. 위 사진은 베이킹 파우더나 음식 첨가제로 사용되는 주석산 분자로 형성된 결정을 보여 준다. 주석산의 원자들은 매우 독특한 배향으로 서로 결합하여 분자의 모양을 형성하고 이와 같이 아름다운 무늬 형태를 만들어낸다. 이번 장은 이 교재에서 매우 중요하고 유용한 내용 중의 하나인 **원자들 사이의 화학 결합**을 다루고 있다. 화학 결합은 화학이 진정 무엇에 관한 것인가를 알려 준다. 화학 결합에 대해 자세히 공부해 보자.

7장의 개요

7.1 원자 성질의 주기적 경향

비록 원자론과 전자 배치가 원소들의 배열과 거동을 이해하는 데에 도움을 주었더라도, 주기율표는 원소들의 특성을 관측한 것에 기초하여 작성되었다는 것을 기억하는 것이 중요하다. 화합물을 형성하는 데 원자들이 결합하는 이유와 방법을 설명하기 위하여 원자 구조의 개념을 사용하기 전에, 우리는 원소들의 특징적인 성질과 주기율표에 나타나는 이런 성질의 경향을 이해할 필요가 있다. 이러한 경향을 먼저 파악함으로써 우리는 주기율표를 사용하여 다양한 물질의 성질과 반응들을 정확히 예측할 수 있을 것이다.

이 절의 학습 목표
금속과 비금속, 원자 반지름, 이온화 에너지에 관한 원자의 경향을 논의할 수 있다.

금속과 비금속

표 3.5에서 우리는 원소들을 금속, 비금속, 준금속으로 분류하였다. 붕소에서 시작해서 주기율표를 대각선으로 내려 그은 굵은 계단 모양의 선은 원소들을 금속과 비금속으로 나눈다. 금속은 일반적으로 광택이 있으며, 전성이 있고, 열과 전기의 좋은 전도체이다. 비금속은 그와 반대로 광택이 없으며, 부서지기 쉽고, 열과 전기의 전도도가 좋지 않다. 준금속은 그 굵은 대각선에 접해 있으며, 금속과 비금속의 중간적 성질을 나타낸다.

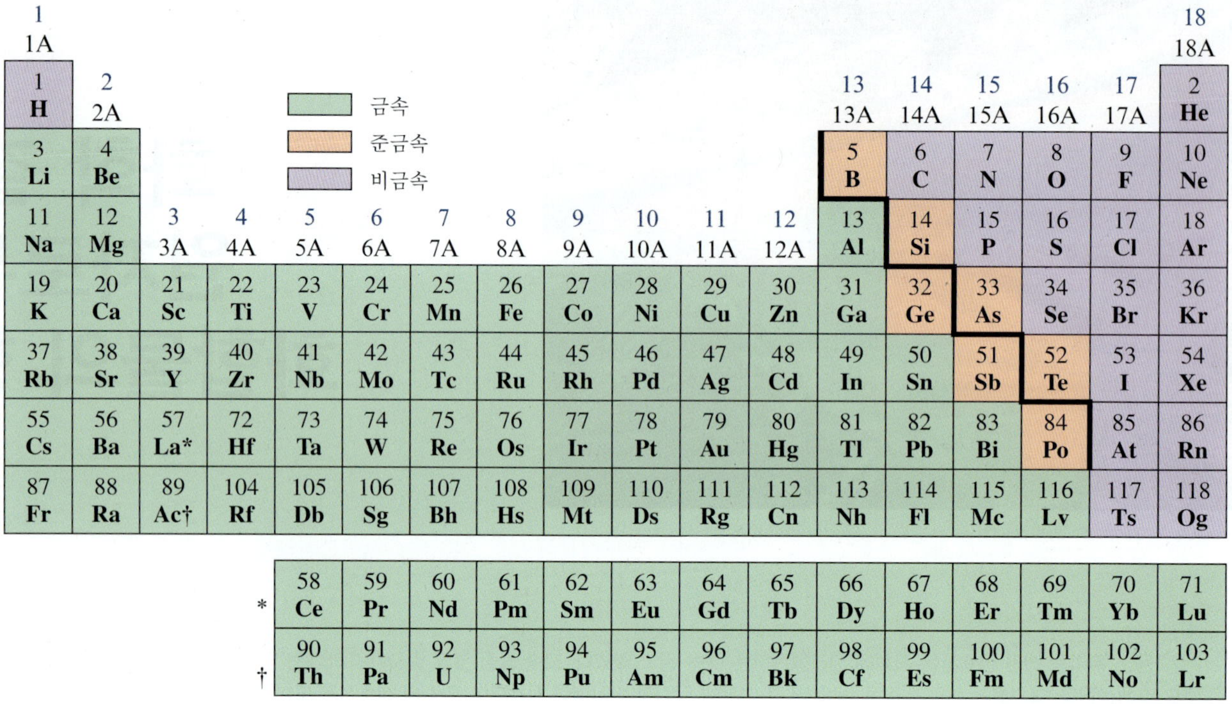

그림 7.1 원소는 금속, 비금속, 준금속으로 분류된다.

대부분의 원소들은 금속으로 분류된다(**그림 7.1**). 금속은 계단 모양 선의 왼쪽에서 발견되는 반면, 비금속은 주기율표의 오른쪽 상단 쪽에 위치해 있다. 수소는 이와 같은 금속과 비금속의 분류에 맞지 않음을 주목하라. 수소는 알칼리 금속들과 같이 가장 바깥쪽 전자가 1개임에도 불구하고 정상 조건하에서 비금속의 성질을 나타낸다. 수소는 특이한 원소로 간주된다.

가장 흥미로운 것은 바로 금속과 비금속의 화학적 성질이다. 금속은 전자를 잃어 양이온이 되려는 경향이 있는 반면, 비금속은 전자를 얻어 음이온이 되려는 경향이 있다. 금속과 비금속이 반응할 때, 흔히 금속에서 비금속으로 전자가 이동한다.

원자 반지름

주족 원소들의 상대적 반지름을 **그림 7.2**에 나타내었다. 원자들의 반지름이 각 족에서 아래로 내려갈수록 증가하고, 한 주기에서는 왼쪽에서 오른쪽으로 갈수록 감소한다.

족의 아래로 내려갈수록 원자 반지름이 증가하는 것은 원자들의 전자 구조를 고려하면 이해할 수 있다. 족의 아래로 한 단계씩 내려갈수록 원자에 새로운 에너지 준위가 더해진다. 각각의 새로운 에너지 준위가 더해질 때마다 원자의 핵에서 바깥쪽 끝까지의 평균 거리가 증가한다. 새로운 더 높은 에너지 준위에 전자가 놓여질 때마다 원자는 커진다.

그러나 한 주기를 가로지르는 원자 반지름의 감소를 이해하기 위해서는 좀 더 많은 생각을 해야 한다. 주기를 왼쪽에서 오른쪽으로 가로지름에 따라, 같은 구역 내의 전자들이 동일한 주에너지 준위에 더해진다. 주어진 에너지 준위에서 오비탈의 크기는 거의 같다고 예상한다. 그렇다면 한 주기를 가로지르는 원자들은 크기가 거의 같은 것이라고 예상할 수 있다. 그러나 한 개의 전자가 더해질 때마다 동시에 핵에서는 양성자가 한 개씩 늘어난다. 따라서 핵 안에서 양전하가 증가함에 따라 핵은 전자들을 핵 쪽으로 더 가깝게 끌어당긴다. 그 결과 주기를 가로지를 때 원자 반지름이 점차적으로 감소한다.

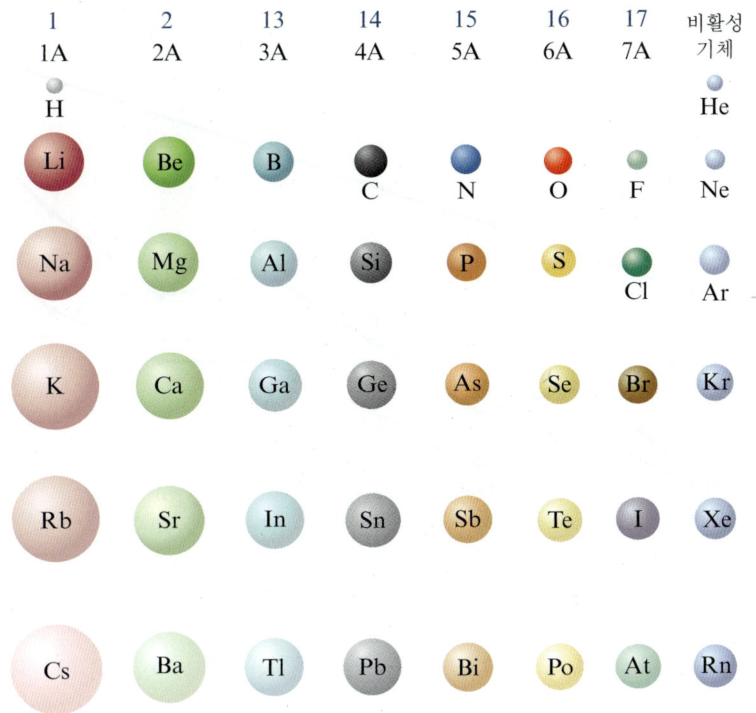

그림 7.2 주족 원소들의 상대적 원자 반지름. 주기율표에서 원자 반지름은 한 주기를 가로지르며 감소하고, 각 족에서는 아래로 내려갈수록 증가한다.

이온화 에너지

원자의 **이온화 에너지(ionization energy)**는 원자에서 한 개의 전자를 제거하는 데 필요한 에너지이다. 예를 들면 다음과 같다.

$$\text{Na} + \text{이온화 에너지} \rightarrow \text{Na}^{+} + e^{-}$$

일차 이온화 에너지는 원자로부터 첫 번째 전자를 제거하는 데 필요한 에너지의 양이고, 이차 이온화 에너지는 그 원자의 두 번째 전자를 제거하는 데 필요한 에너지의 양이다.

표 7.1에 몇몇 원소에서 다섯 개의 전자를 한 개씩 제거할 때의 이온화 에너지를 나타내었다. 이 표로부터 두 번째, 세 번째, 네 번째, 다섯 번째 전자를 제거할 때마다 점점 더 많은 에너지가 필요함을 알 수 있다. 전자를 제거하면 더 적은 수로 남아 있는 전자가 핵 속에 있

표 7.1 몇 가지 원소의 이온화 에너지*

원소	필요한 에너지의 양 (kJ/mol)				
	첫 번째 e^-	두 번째 e^-	세 번째 e^-	네 번째 e^-	다섯 번째 e^-
H	1,314				
He	2,372	5,247			
Li	520	7,297	11,810		
Be	900	1,757	14,845	21,000	
B	800	2,430	3,659	25,020	32,810
C	1,088	2,352	4,619	6,222	37,800
Ne	2,080	3,962	6,276	9,376	12,190
Na	496	4,565	6,912	9,540	13,355

*값은 몰당 킬로줄로 표현되었으며, 한 개의 원자당 1~5개의 전자를 제거하는 데 필요한 에너지이다. 푸른색 수치는 비활성 기체 전자 구조에서 1개의 전자를 제거하는 데 필요한 에너지를 나타낸다.

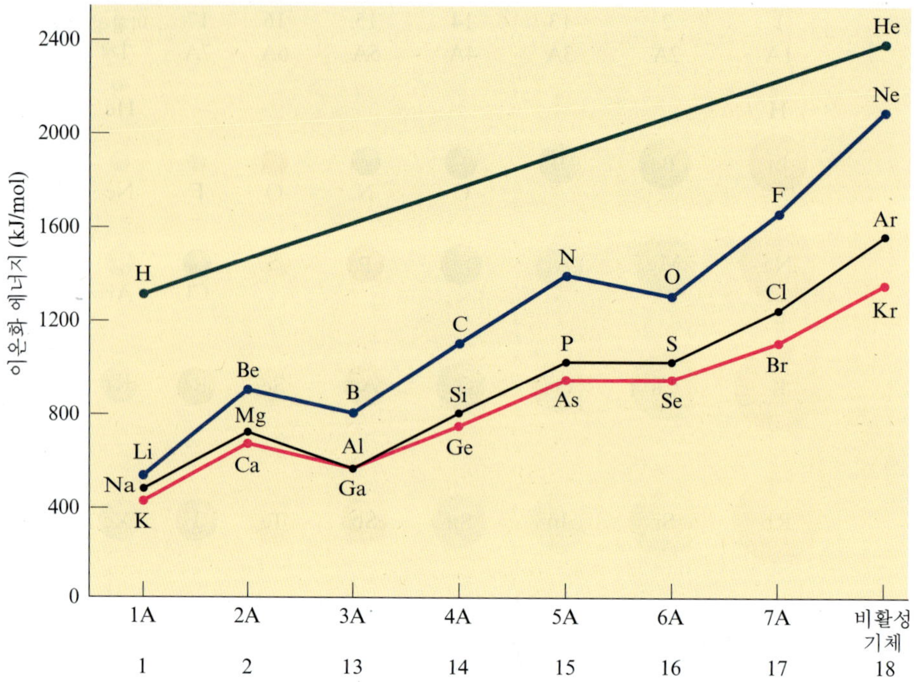

그림 7.3 처음 네 주기에 있는 주족 원소들에 대한 일차 이온화 에너지의 주기적 관계

는 처음과 같은 수의 양전하 쪽으로 끌리기 때문에 이것은 당연하다. 또한 표 7.1의 자료로부터 비활성 기체와 같은 전자 구조에서 전자가 제거될 때, 특별히 큰 이온화 에너지(푸른색)가 필요하다는 것을 알 수 있다. 이것은 비활성 기체의 전자 배치가 안정하다는 것을 명확하게 보여 주는 것이다.

대부분 원소들의 일차 이온화 에너지 값은 실험을 통해 결정되었다. **그림 7.3**에 처음 네 주기에 있는 주족 원소들에 대한 일차 이온화 에너지를 그래프로 나타내었다. 다음의 요점을 주지하라.

1. A족 원소들의 이온화 에너지는 한 족의 위에서 아래로 내려갈수록 감소한다. 예를 들면 1A(1)족에서 이온화 에너지는 Li일 때 520 kJ/mol에서 K일 때 419 kJ/mol로 변화한다.
2. 이온화 에너지는 왼쪽에서 오른쪽으로 한 주기를 가로질러 갈수록 점차적으로 증가한다. 비활성 기체들은 그 원소들의 비활성에 부합하는 상대적으로 높은 값을 갖는다.

금속들은 완전히 똑같은 방식으로 거동하지는 않는다. 어떤 금속들은 다른 금속들보다 더 쉽게 전자를 내놓는다. 알칼리 금속 족에서 세슘은 리튬 금속이 2*s* 전자를 내놓는 것보다 더 쉽게 6*s* 전자를 내놓는다. 족의 아래쪽으로 갈수록 원자들의 크기가 증가한다는 것을 고려하면 이것은 당연하다. 핵과 바깥쪽 전자들 간의 거리가 증가하면 이온화 에너지는 감소한다. 화학적으로 가장 활성이 큰 금속들은 주기율표의 왼쪽 하단에 위치해 있다.

비금속은 금속에 비해 상대적으로 큰 이온화 에너지를 갖는다. 비금속은 전자를 얻어 음이온을 형성하려는 경향이 있다. 비금속은 주기율표의 오른쪽 부분에 위치하기 때문에, 주기를 가로질러 왼쪽에서 오른쪽으로 갈수록 이온화 에너지가 증가하는 경향을 보이는 것은 당연하다. 가장 활성이 큰 비금속은 (비활성 기체를 제외한) 주기율표의 오른쪽 상단에 위치해 있다.

7.2 이온 결합: 한 원자에서 다른 원자로의 전자 이동

이 절의 학습 목표
이온 결합의 형성과 그에 따른 화학적 변화를 논의할 수 있다.

안정한 원자가 전자 구조를 이루기 위해 금속은 양이온(양전하를 띤 이온)을, 비금속은 음이온(음전하를 띤 이온)을 형성하려는 경향이 있다. 많은 원소들의 경우에서 이 안정한 원자가 준위는 여덟 개의 전자(2개의 *s* 전자와 6개의 *p* 전자)를 가지며, 이는 비활성 기체의 원자가 전자 배치와 같다. 원자들은 화학적 퍼텐셜 에너지를 낮추기 위해(또는 더 안정화되기 위하여) 전자 구조를 재배열한다. 이런 재배열은 전자를 잃거나, 얻거나 또는 다른 원자와 전자를 공유함으로써 이루어진다. 예를 들면 수소 원자는 두 번째 전자를 얻어서 비활성 기체인 헬륨과 같은 전자 구조를 이룰 수 있다. 플루오린 원자는 한 개의 전자를 얻어 네온과 같은 전자 구조를 이룰 수 있다. 소듐 원자는 네온과 같은 전자 구조를 얻기 위해 한 개의 전자를 잃을 수 있다.

많은 원소들, 특히 주족 원소들은 화학적으로 안정한 비활성 기체들과 같은 바깥쪽 전자 구조를 얻고자 한다. 헬륨을 제외하면, 이 안정한 구조는 가장 바깥쪽 에너지 준위에 여덟 개의 전자를 갖는다(**표 7.2**).

소듐과 염소가 어떻게 각 원소의 가장 바깥쪽 에너지 준위에 여덟 개의 전자 구조를 가질 수 있는지 살펴보도록 하자. 소듐 원자는 11개의 전자를 갖고 있다. 2개의 전자는 첫 번째 에너지 준위에, 8개의 전자는 두 번째 에너지 준위에, 1개의 전자는 세 번째 에너지 준위에 있다. 염소는 17개의 전자를 가지고 있다. 2개의 전자는 첫 번째 에너지 준위에, 8개의 전자는 두 번째 에너지 준위에, 7개의 전자는 세 번째 에너지 준위에 있다. 소듐 원자가 3*s* 전자를 이동시키거나 잃는다면 세 번째 에너지 준위는 비게 되고, 비활성 기체 네온과 동일한 전자 배치를 갖는 소듐 이온이 된다. 이 과정은 에너지를 필요로 한다.

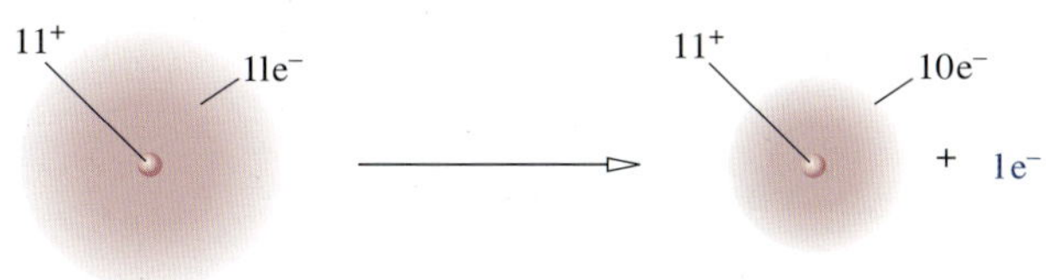

Na 원자 ($1s^22s^22p^63s^1$)

Na^+ 이온 ($1s^22s^22p^6$)

전자를 잃거나 얻은 원자는 양성자 또는 전자 중 어떤 입자가 더 많이 존재하느냐에 따라서 양전하 또는 음전하를 띠게 될 것이다. 전하를 띤 입자 또는 입자단을 **이온**(ion)이라고 부르는 것을 기억하라.

표 7.2 비활성 기체의 전자 배열*

비활성 기체	전자 구조						
	기호	$n=1$	$n=2$	$n=3$	$n=4$	$n=5$	$n=6$
헬륨	He	$1s^2$					
네온	Ne	$1s^2$	$2s^22p^6$				
아르곤	Ar	$1s^2$	$2s^22p^6$	$3s^23p^6$			
크립톤	Kr	$1s^2$	$2s^22p^6$	$3s^23p^63d^{10}$	$4s^24p^6$		
제논	Xe	$1s^2$	$2s^22p^6$	$3s^23p^63d^{10}$	$4s^24p^64d^{10}$	$5s^25p^6$	
라돈	Rn	$1s^2$	$2s^22p^6$	$3s^23p^63d^{10}$	$4s^24p^64d^{10}4f^{14}$	$5s^25p^65d^{10}$	$6s^26p^6$

*헬륨을 제외한 각 기체는 가장 바깥쪽 에너지 준위에 여덟 개의 전자를 갖고 있다.

소듐 원자는 음전하를 띤 전자를 잃음으로써, 소듐 이온이라는 양전하를 띤 입자가 된다. 핵은 여전히 11개의 양전하를 띤 양성자들을 가지고 있는 반면, 전자 오비탈은 단지 10개의 음전하를 띤 전자들을 갖고 있기 때문에 전하는 +1이 된다. 이 전하는 더하기 기호 (+)로 나타내고, 원소 기호 뒤에 위 첨자로 표기한다(Na^+).

세 번째 에너지 준위에 7개의 전자를 가지고 있는 염소 원자들은 아르곤의 안정한 바깥쪽 전자 구조를 이루기 위해 1개의 3*p* 홀전자와 짝을 이룰 1개의 전자를 필요로 한다. 염소 원자는 전자를 하나 얻음으로써 17개의 양성자와 18개의 전자를 갖는 음전하를 띤 입자, 염화 이온(Cl^-)이 된다. 이 과정은 에너지를 방출한다.

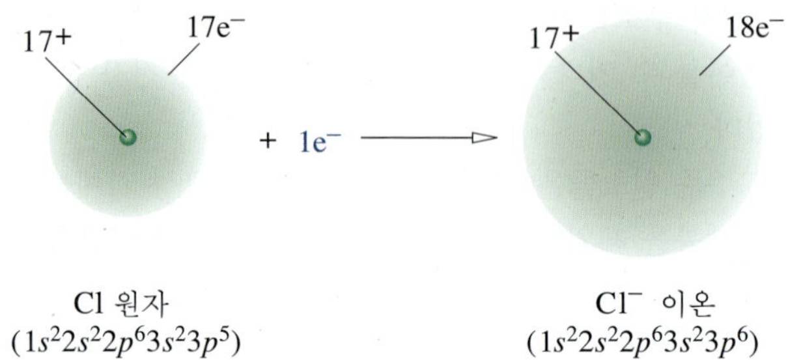

소듐 원자와 염소 원자가 서로 반응하는 것을 생각해 보자. 소듐 원자의 3*s* 전자가 절반이 채워진 염소 원자의 3*p* 오비탈로 이동하여, 양전하를 띤 소듐 이온과 음전하를 띤 염화 이온을 형성한다. 정전기적으로 반대 전하를 띠는 Na^+ 이온과 Cl^- 이온이 서로 강하게 끌리기 때문에 염화 소듐이 생성된다. 반대 전하를 띤 이온들이 함께 붙드는 힘을 이온 결합이라고 한다.

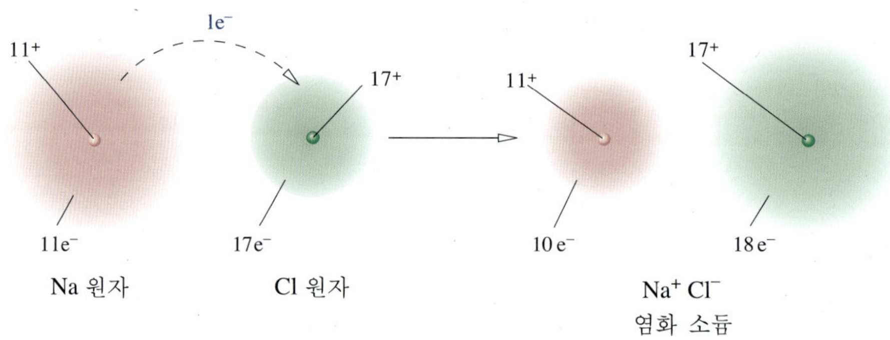

yuliaff/123 RF

이 조그마한 NaCl 결정들은 그림 7.4에 예시된 입방 구조를 보여 준다.

소듐과 염소 사이의 화학 반응은 매우 격렬하여 소금이 형성되면서 상당량의 열이 발생한다. 화학 반응에서 에너지가 방출될 때 생성물이 반응물보다 더 안정하다. NaCl에서 두 원자 모두 비활성 기체의 전자 구조를 이루는 것에 주목하라.

염화 소듐은 입방 결정으로 이루어져 있는데, 결정 표면에 있는 이온을 제외하고 각 소듐 이온은 여섯 개의 염화 이온으로, 각 염화 이온은 여섯 개의 소듐 이온으로 둘러싸여 있다(사진 참조). 눈에 보이는 결정은 이 이온들 수백만 개가 규칙적으로 배열된 집합체이다. 그러나 소듐과 염소의 비가 1 : 1이므로 화학식은 NaCl이다. **그림 7.4**는 염화 소듐의 입방 결정 격자 배열을 보여 준다.

그림 7.5는 소듐과 염소 원자와 함께 그 이온들의 상대적 크기를 대조시켜 주고 있다. 소듐 이온은 크게 두 가지 요인에 의해 소듐 원자보다 작다. (1) 소듐 원자는 가장 바깥쪽 에너지 준위에 있는 1개의 전자를 잃어버리므로 그 크기가 줄어든다. 그리고 (2) 10개의 남은 전자는 11개의 양성자에 의해 잡아당겨지므로 핵에 더 가깝게 끌리게 된다. 이와는 반대로, 염화 이온은 염소 원자보다 크다. 왜냐하면 (1) 18개의 전자를 갖고 있지만 핵에 단지 17개의

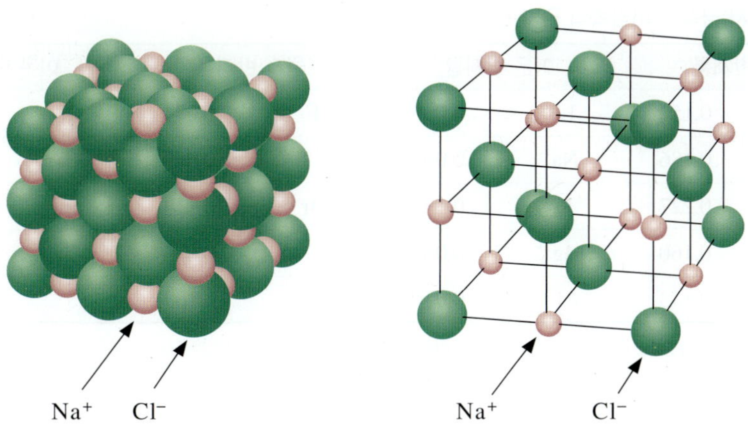

그림 7.4 염화 소듐 결정. 그림은 입방 결정을 형성한 염화 소듐의 작은 조각을 보여 준다. 각 소듐 이온은 6개의 염화 이온에 둘러싸여 있으며, 각 염화 이온은 6개의 소듐 이온에 둘러싸여 있다. 조그마한 NaCl 결정은 소금의 입방 결정 구조를 보여 준다.

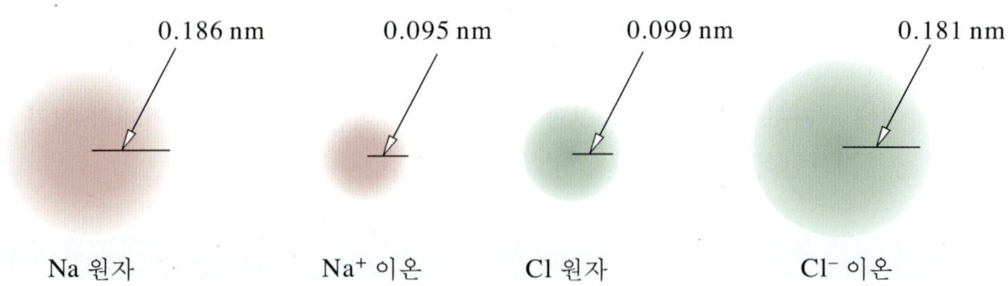

그림 7.5 소듐과 염소 원자와 그 이온의 상대적인 반지름

양성자만을 가지고 있고 (2) 따라서 각각의 전자에 대한 핵 인력이 감소하게 되어, 염소 원자가 염화 이온을 형성할 때 그 크기가 커질 수밖에 없다(참고 참조).

참고 양이온은 항상 어미 원자보다 작고, 음이온은 항상 어미 원자보다 크다는 점을 기억하라.

소듐과 염소가 반응할 때 각 원자가 이온이 되는 것을 보았다. 염화 소듐은 다른 모든 이온 결합 화합물과 같이 양전하와 음전하 사이에 존재하는 인력에 의해 결합한다. **이온 결합(ionic bond)**은 반대의 전하를 띤 이온 간의 인력이다.

이온 결합은 하나 이상의 전자가 한 원자에서 다른 원자로 이동될 때마다 형성된다. 원자가 전자에 대한 인력이 비교적 작은 금속은 비금속과 결합할 때 이온 결합을 형성하려는 경향이 있다.

이온 결합을 한 물질들이 분자로 존재하지 않음을 인식하는 것은 중요하다. 예를 들면 염화 소듐에서, 결합은 하나의 소듐 이온과 하나의 염화 이온 사이에만 존재하지는 않는다. 결정 내의 각 소듐 이온은 가장 인접한 음전하를 띤 염화 이온 6개를 끌어당긴다. 마찬가지로 음전하를 띤 염화 이온은 가장 인접한 양전하를 띤 소듐 이온 6개를 끌어당긴다(그림 7.4 참조).

금속은 일반적으로 바깥쪽 에너지 준위에 하나, 둘, 세 개의 전자를 가질 것이다. 반응을 할 때 금속 원자들은 특징적으로 전자를 잃어서 비활성 기체의 전자 구조를 이루고 양이온이 된다. 반면에 비금속은 바깥쪽 에너지 준위에 비활성 기체의 전자 구조에 약간 못 미치는 전자 수를 갖고 있으므로 전자를 얻으려는 경향이 있다. 금속과의 반응에 있어서 비금속 원자들은 특징적으로 1~4개까지의 전자를 얻어 비활성 기체의 전자 구조를 이루며 음이온이 된다. 전자를 잃음으로써 형성된 이온은 그에 상응하는 금속 원자보다 상당히 작다. 전자를 얻음으로써 형성된 이온은 그에 상응하는 비금속 원자보다 크다. 몇몇 금속들과 비금속들의 원자, 이온 반지름의 크기가 표 7.3에 정리되어 있다.

표 7.3 몇 가지 금속과 비금속의 원자 반지름(nm)의 변화*

원자 반지름		이온 반지름		원자 반지름		이온 반지름	
Li	0.152	Li^+	0.060	F	0.071	F^-	0.136
Na	0.186	Na^+	0.095	Cl	0.099	Cl-	0.181
K	0.227	K^+	0.133	Br	0.114	Br^-	0.195
Mg	0.160	Mg^{2+}	0.065	O	0.074	O^{2-}	0.140
Al	0.143	Al^{3+}	0.050	S	0.103	S^{2-}	0.184

*금속은 전자를 잃고 양이온이 된다. 비금속은 전자를 얻어 음이온이 된다.

실습 문제 7.1

다음의 금속 원자가 모든 원자가 전자를 잃을 때, 어떤 비활성 기체의 전자 구조를 갖겠는가? 형성된 금속 이온의 화학식을 쓰시오.

(a) Na (b) Mg (c) Sr (d) Ba

원자들 사이에 전자를 잃거나 얻는 것과 각 화합물의 이온들이 비활성 기체의 전자 구조를 갖는 것을 주지하면서 다음 예제들을 공부해 보자.

예제 7.1

마그네슘과 염소가 염화 마그네슘($MgCl_2$)을 형성하기 위해 어떻게 결합하는지를 설명하시오.

풀이

마그네슘 원자의 전자 구조 $1s^22s^22p^63s^2$는 안정한 전자 구조에 도달하기 위하여 두 개의 전자를 잃거나 여섯 개의 전자를 받아야 한다. 만약 마그네슘이 염소와 반응하고 각 염소 원자가 오직 한 개의 전자만 받아들일 수 있다면, 각 마그네슘 원자가 내놓은 두 개의 전자들에 대해 두 개의 염소 원자가 필요할 것이다. 형성된 화합물은 한 개의 마그네슘 이온과 두 개의 염화 이온을 갖는다. 두 개의 전자를 잃은 마그네슘 원자는 +2의 전하를 가진 마그네슘 이온이 된다. 각각의 염화 이온은 −1의 전하를 가질 것이다. 한 개의 마그네슘 원자에서 두 개의 염소 원자로 전자가 이동한 것을 다음 그림으로 나타내었다.

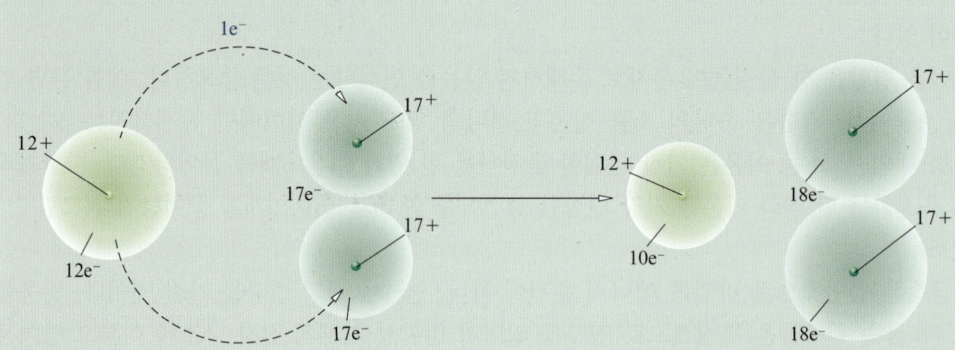

예제 7.2

염화 소듐(NaCl)의 형성을 그 원소들로부터 설명하시오.

풀이

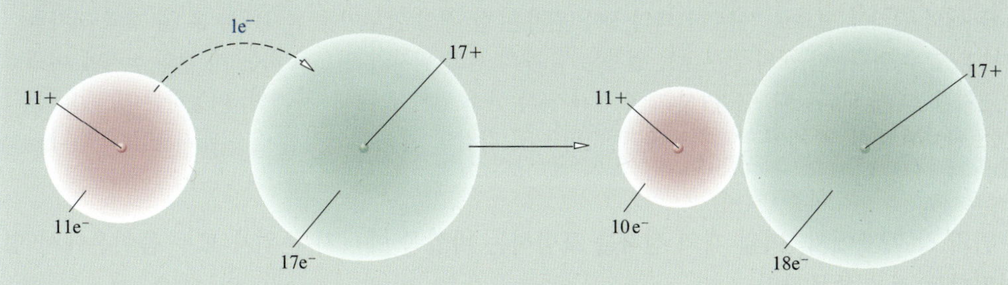

예제 7.3

플루오린화 알루미늄(AlF_3)의 형성을 그 원소들로부터 설명하시오.

풀이

각 플루오린 원자는 한 개의 전자만 받아들일 수 있다. 따라서 한 개의 알루미늄 원자에 있는 세 개의 원자가 전자와 결합하기 위해 세 개의 플루오린 원자가 필요하다. 알루미늄 원자는 세 개의 전자를 잃고 +3의 전하를 갖는 알루미늄 이온(Al^{3+})이 된다.

예제 7.4

산화 마그네슘(MgO)의 형성을 그 원소들로부터 설명하시오.

풀이

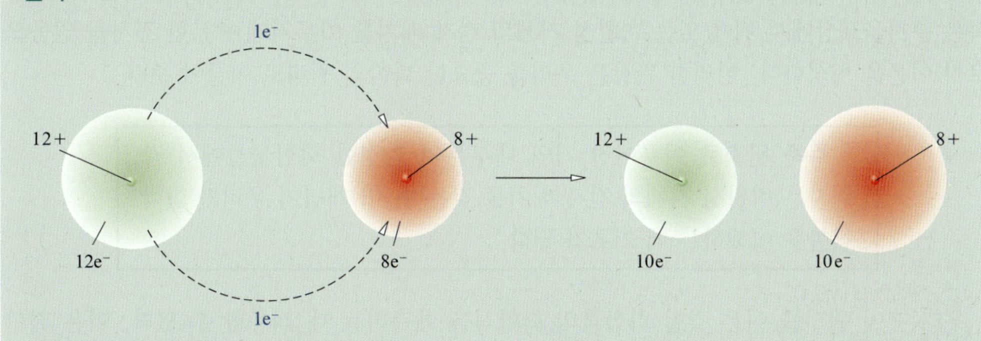

바깥쪽 에너지 준위에 두 개의 전자가 있는 마그네슘 원자는 두 개의 전자를 받아들일 수 있는 산소 원자 한 개가 필요하다. 생성된 화합물은 한 개의 산소 원자에 대해 한 개의 마그네슘 원자의 비율을 가진다. 산소(산화) 이온은 두 개의 전자를 얻어 −2의 전하를 가진다. 산소와의 결합에 있어서 마그네슘은 염소와 결합할 때와 같은 방식으로 두 개의 전자를 잃는다.

예제 7.5

산화 소듐(Na_2O)의 형성을 그 원소들로부터 설명하시오.

풀이

두 개의 소듐 원자들은 한 개의 산소 원자가 그 바깥쪽 에너지 준위에 여덟 개의 전자를 갖추기 위해 필요로 하는 전자들을 공급한다.

예제 7.6

산화 알루미늄(Al_2O_3)의 형성을 그 원소들로부터 설명하시오.

풀이

두 개의 전자를 필요로 하는 한 개의 산소 원자는 한 개의 알루미늄 원자에서 온 세 개의 전자를 수용할 수 없다. 한 개의 알루미늄 원자는 두 개의 산소 원자가 필요로 하는 네 개의 전자에 비해 전자가 한 개 모자란다. 총 여섯 개의 전자가(각 산소 원자에 대해 두 개씩) 이동하는 세 개의 산소 원자에 대한 두 개의 알루미늄 원자의 비율은, 각각의 원자에 안정한 전자 배치를 갖게 한다.

위의 각 예제에서, 여덟 개의 전자를 포함하는 바깥쪽 에너지 준위가 모두 음이온에서 형성된다는 것을 주목하라.

7.3 이온 결합 화합물의 화학식 예측

이 절의 학습 목표
주기율표상의 위치로부터 이온 결합 화합물의 화학식을 예측할 수 있다.

앞의 예제에서 우리는 금속과 비금속이 이온 결합 화합물을 형성하기 위하여 반응할 때, 금속이 하나 이상의 전자를 비금속에 빼앗기는 것을 보았다. 이후 8장에서 화합물을 명명하고 화학식을 쓰는 방법을 배울 것이다. 1A(1)족 금속들은 항상 +1 양이온을 형성하는 반면, 2A(2)족 원소들은 항상 +2 양이온을 형성한다. 또 7A(17)족 원소들은 −1 음이온을 형성하고, 6A(16)족 원소들은 −2 음이온을 형성한다.

이런 경향이 비활성 기체의 전자 배치와 직접적으로 연관되어 있음을 알 수 있다. 금속은 주기율표상에서 앞에 있는 비활성 기체의 전자 배치를 이루기 위하여 전자를 잃는다. 비금속은 주기율표상에서 뒤에 있는 비활성 기체의 전자 배치를 이루기에 충분한 전자를 얻음으로써 이온을 형성한다. 이러한 관찰은 우리를 중요한 화학의 원리로 이끌어 준다.

> 주족 원소로 이루어진 거의 대부분의 안정한 화합물들에서 각 원자는 비활성 기체의 전자 배치를 갖는다. 이 개념이 우리가 화학 결합을 이해하는 데 기초가 된다.

우리는 이 원리를 이온 결합 화합물의 화학식을 예측하는 데 적용할 수 있다. 이온 결합 화합물의 화학식을 예측하기 위하여 우리는 화합물이 언제나 전기적으로 중성이라는 것을 인지해야 한다. 게다가 금속은 비활성 기체의 전자 배치를 이루기 위하여 전자를 잃고, 비금속은 비활성 기체의 전자 배치를 이루기 위하여 전자를 얻는다. 바륨과 황 사이에 형성된 화합물을 생각해 보자. 바륨은 2개의 원자가 전자를 가지고 있는 반면, 황은 6개의 원자가 전자를 가지고 있다.

Ba [Xe]$6s^2$ S [Ne]$3s^23p^4$

만약 바륨이 2개의 전자를 잃는다면 제논의 전자 배치를 이룰 것이다. 황은 2개의 전자를 얻음으로써 아르곤의 전자 배치를 이룰 것이다. 결과적으로 한 쌍의 전자가 원자들 사이에서 이동하게 되고, Ba^{2+}와 S^{2-}가 얻어진다. 화합물은 전기적으로 중성이기 때문에 1개의 Ba와 1개의 S의 비로 존재해야 하며, 따라서 화학식은 BaS이다.

이와 같은 원리가 다른 많은 경우에도 적용된다. 이 원리의 핵심은 전자 배치에 있기 때문에 주기율표는 예측을 한층 더 확장하는 데 쓰일 수 있다. 유사한 전자 구조 때문에 같은 족

표 7.4 알칼리 금속으로부터 형성된 화합물의 화학식

Lewis 구조	산화물	염화물	브로민화물	황산 화합물
Li·	Li_2O	LiCl	LiBr	Li_2SO_4
Na·	Na_2O	NaCl	NaBr	Na_2SO_4
K·	K_2O	KCl	KBr	K_2SO_4
Rb·	Rb_2O	RbCl	RbBr	Rb_2SO_4
Cs·	Cs_2O	CsCl	CsBr	Cs_2SO_4

의 원소들은 일반적으로 같은 원자비를 가지는 화합물을 형성한다. 일반적으로 특정한 화합물(예를 들어 NaCl)의 원자비를 알고 있다면, 다른 알칼리 금속 염화물들의 원자비와 화학식을 예측할 수 있다. 그 화학식들은 LiCl, KCl, RbCl, CsCl, FrCl이다(표 7.4).

비슷한 방법으로 수소 산화물의 화학식이 H_2O임을 알고 있다면 수소 황화물의 화학식을 H_2S라고 예측할 수 있다. 왜냐하면 황은 산소와 같은 원자가 전자 구조를 가지고 있기 때문이다. 그러나 이러한 것들은 오직 예측일 뿐임을 인지해야 한다. 하나의 족에 있는 모든 원소들이 모두 똑같이 행동하지 않을 수 있으며, 또는 예측된 화합물일지라도 실제로 존재하지 않을 수도 있다. 예를 들어, 염소산 포타슘, 브로민산 포타슘, 아이오딘산 포타슘에 대한 화학식이 $KClO_3$, $KBrO_3$, KIO_3임을 알고 있다면, 그에 상응하는 소듐 화합물이 $NaClO_3$, $NaBrO_3$, $NaIO_3$의 화학식을 가진다는 것을 정확하게 예측할 수 있다. 플루오린은 염소, 브로민, 아이오딘과 같은 원소들과 동일한 족[7A(17)족]에 속한다. 따라서 플루오린은 포타슘 및 소듐과 결합하여 KFO_3와 $NaFO_3$의 화학식을 갖는 플루오린산 포타슘과 플루오린산 소듐을 형성할 것이다. 그러나 플루오린산 포타슘과 플루오린산 소듐은 존재하지 않는 것으로 알려져 있다.

이 절의 논의에 있어서 우리는 단지 주족 금속[1A(1)족, 2A(2)족, 3A(13)족]만 언급했을 뿐이다. 전이 금속(B족)은 더 복잡한 거동을 보이기 (다중 이온을 형성한다) 때문에 그 화학식들은 쉽게 예측되지 않는다.

예제 7.7

황화 칼슘의 화학식은 CaS이고, 인화 리튬의 화학식은 Li_3P이다. (a) 황화 마그네슘, (b) 인화 포타슘, (c) 셀레늄화 마그네슘, (d) 인화 마그네슘의 화학식을 예측하시오.

풀이

(a) 주기율표에서 칼슘과 마그네슘을 찾아보면, 모두 2A(2)족에 속한다. 황화 칼슘의 화학식이 CaS이므로, 황화 마그네슘의 화학식을 MgS라고 예측할 수 있다.

(b) 주기율표에서 리튬과 포타슘을 찾아보면 1A(1)족에 속한다. 인화 리튬의 화학식이 Li_3P이므로, K_3P를 인화 포타슘의 화학식으로 예측할 수 있다.

(c) 주기율표에서 셀레늄을 찾아보면, 6A(16)족에 속하며 황 바로 아래에 있다. 따라서 황이 황화물을 형성하는 방식과 같은 방법으로 셀레늄이 셀레늄화물을 형성한다고 가정하는 것은 타당하다. (a)에서 MgS가 황화 마그네슘의 화학식으로 예측되었기 때문에 셀레늄화 마그네슘의 화학식은 MgSe라고 예측할 수 있다.

(d) 주기율표에서 마그네슘과 인의 위치를 찾아 본다. Li_3P에서 인화물은 P^{3-}로 존재하고 마그네슘은 2A(2)족에 속하므로, 인화 마그네슘의 화학식은 Mg_3P_2라고 예측할 수 있다.

실습 문제 7.2

산화 소듐의 화학식은 Na_2O이다. 다음 화합물의 화학식을 예측하시오.

(a) 황화 소듐　　　(b) 산화 루비듐

실습 문제 7.3

인화 바륨의 화학식은 Ba_3P_2이다. 다음 화합물의 화학식을 예측하시오.

(a) 질소화 마그네슘　　　(b) 비소화 바륨

7.4 공유 결합: 전자 공유

이 절의 학습 목표
공유 결합의 전자 구조를 그릴 수 있다.

어떤 원자들은 이온을 형성하기 위해 한 원자로부터 다른 원자로 전자 이동을 하지 않는다. 대신에 그 원자들은 원자들 간에 전자쌍을 공유함으로써 화학 결합을 형성한다. **공유 결합 (covalent bond)**은 두 원자가 한 쌍의 전자를 공유하면서 이루어진다. 이러한 결합 개념은 1916년에 미국의 화학자 G. N. Lewis(1875~1946)에 의해 도입되었다. 수백만 개의 알려진 화합물에서 주된 화학 결합은 공유 결합이다. 화합물의 Lewis 구조는 그 원자의 원자가 전자를 나타내는 표현 방식이다. Lewis는 원소를 기호로, 전자를 점으로 표시할 것을 제안하였다.

진정한 분자는 원자들이 공유 결합한 물질에 존재한다. 수소, 염소, 염화 수소, 이산화 탄소, 물 또는 설탕 같은 물질들의 분자에 대해 언급하는 것은 적절하다(**그림 7.6**). 이런 물질들은 오직 공유 결합만을 가지고 있으며, 분자의 집합체로서 존재한다. 염화 소듐과 같은 이온 결합된 화합물에 대해 언급할 때에는 **분자**(molecule)라는 용어를 사용하지 않는다. 왜냐하면 이런 물질들은 분자가 아닌 양이온과 음이온의 거대한 집합체로 존재하기 때문이다(그림 7.6 참조).

수소 분자에 대하여 연구함으로써 우리는 공유 결합의 특성과 형성에 대하여 통찰력을 갖게 된다. 수소 분자(H_2)는 **그림 7.7**에서 보여 주는 것처럼, 2개의 수소 원자에서 나온 $1s$ 전자

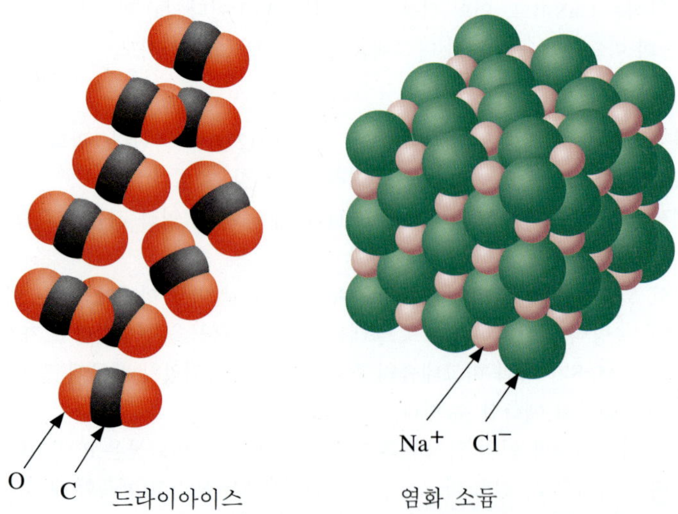

그림 7.6 고체 이산화 탄소(드라이아이스)는 공유 결합된 CO_2 분자들이 서로 촘촘히 쌓여 있는 것이다. 소금은 분자가 아닌 Na^+와 Cl^- 이온이 거대한 집합체를 이룬 것이다.

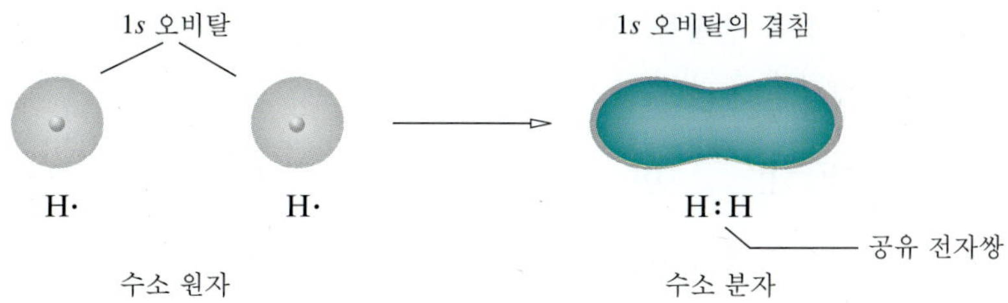

그림 7.7 2개의 수소 원자로부터 수소 분자의 형성. 두 1*s* 오비탈이 겹치면서 H_2 분자를 형성한다. 이 분자에서 두 전자는 두 원자에 의하여 공유되어 공유 결합을 형성한다.

오비탈이 겹쳐지고 짝을 지으면서 형성된다. 각각의 원자는 2개의 수소 원자핵에 의해 연결되어 공유되는 전자쌍에 1개씩 전자를 제공한다. 이제 전자들의 오비탈은 2개의 수소 핵을 모두 포함한다. 그러나 확률적 요소로 볼 때 전자를 발견할 확률이 제일 큰 위치(가장 높은 전자 밀도)는 두 핵의 사이에 있다. 2개의 핵이 서로 아주 가깝게 접근할 수 있도록 전자쌍에 의해 2개의 핵들은 서로 가려진다.

염소 기체의 화학식은 Cl_2이다. 2개의 염소 원자가 분자를 형성하기 위하여 결합할 때, 전자들은 수소의 예에서 보인 방식과 유사하게 상호작용해야 한다. 각각의 염소 원자는 바깥쪽 에너지 준위에 8개의 전자를 가지게 되면 더욱 안정해질 것이다. 그러나 염소 원자들은 동일하기 때문에 두 원자 중 어느 것도 다른 하나로부터 전자를 끌어올 수 없다. 따라서 다음과 같은 일이 발생한다. 짝짓지 않은 한 염소 원자의 3*p* 전자 오비탈이 짝짓지 않은 다른 염소 원자의 3*p* 전자 오비탈과 겹쳐져 두 원자 사이에 한 쌍의 전자를 서로 공유하게 된다. 각각의 원자는 공유 전자쌍에 1개씩 전자를 공급한다. 따라서 각각의 원자는 다른 원자와 전자쌍을 공유함으로써 안정한 8개 전자 구조를 이룬다. *p* 전자들의 짝지음과 염소 분자의 형성을 **그림 7.8**에 나타내었다. 염소 원자들 중 어느 것도 양전하 또는 음전하를 띠지 않는다. 왜냐하면 두 원자의 양성자 수가 같고, 공유된 전자쌍에 대한 인력이 같기 때문이다. 두 원자 사이에 전자를 동등하게 공유하고 있는 분자들의 다른 예들은 수소(H_2), 산소(O_2), 질소(N_2), 플루오린(F_2), 브로민(Br_2), 아이오딘(I_2)이다. 2개 이상의 전자쌍들이 원자들 사이에 공유되어 있을 수도 있음을 주지하라.

H:H	:F̤̈:F̤̈:	:B̤̈r:B̤̈r:	:Ï̤:Ï̤:	:Ö::Ö:	:N:::N:
수소	플루오린	브로민	아이오딘	산소	질소

산소에 대한 Lewis 구조는 산소 분자에 대한 모든 성질을 적절하게 설명하지는 않는다. 산소 분자의 결합을 설명하기 위해 다른 이론들이 발전되어 왔지만, 그 이론들은 복잡하기 때문에 이 책에서는 다루지 않는다.

Lewis 구조를 쓸 때 우리는 일반적으로 공유 전자쌍을 나타내기 위해 사용되는 점들의 쌍을 실선(—)으로 대치한다. 하나의 실선은 단일 결합을 나타내고, 두 개의 실선은 이중 결

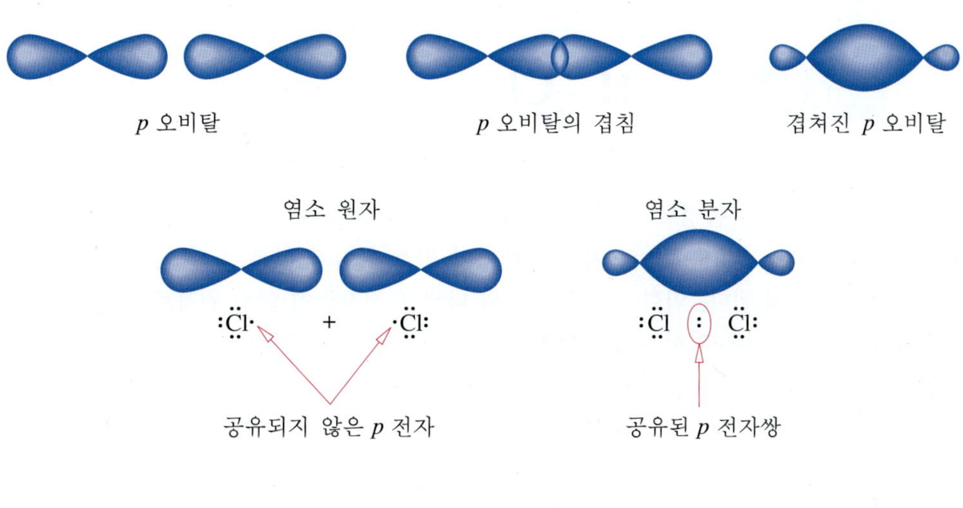

그림 7.8 염소 분자가 형성될 때 *p* 전자들의 짝지음

F_2(녹색, 단일 결합), O_2(검은색, 이중 결합), N_2(푸른색, 삼중 결합)의 분자 모형

참고 실선은 공유 전자쌍을 나타냄을 기억하라.

합을, 세 개의 실선은 삼중 결합을 나타낸다(사진 참조). 따라서 위에서 나타낸 여섯 개의 구조를 다음과 같이 나타낼 수 있다.

H—H　　:F—F:　　:Br—Br:　　:I—I:　　:O=O:　　:N≡N:

이온 결합과 공유 결합은 양극단을 보여 준다. 이온 결합에서 원자들은 매우 다르기 때문에 전자들이 원자 사이에서 이동하면서 전하를 띤 한 쌍의 이온을 형성한다. 공유 결합에서 두 개의 동일한 원자들은 전자들을 균등하게 공유한다(참고 참조). 이 결합은 공유한 전자에 대한 두 핵의 상호 인력이다. 이 양극단 사이에, 원자들이 전자를 이동시키기에 충분할 만큼 서로 다르지는 않지만 그 전자쌍이 균등하게 공유될 수 없을 만큼 서로 다른 경우가 많다. 이 불균등한 전자쌍 공유는 **극성 공유 결합(polar covalent bond)**의 형성을 유발한다.

예제 7.8

공유 결합의 기본 개념은 무엇인가?

풀이

두 원자 사이에 한 개 이상의 전자쌍을 공유해서 두 원자 사이에 공유 결합을 이루는 것이다.

실습 문제 7.4

두 개의 분자 HCl과 C_3H_8의 원자들은 공유 결합으로 연결되어 있다. 그 공유 결합을 나타내는 Lewis 구조를 그리시오.

7.5 전기 음성도

이 절의 학습 목표
분자 내 구성 원자들의 전기 음성도가 어떻게 그 분자의 극성을 결정하는지 설명할 수 있다.

두 개의 **다른** 종류의 원자들이 한 쌍의 전자들을 공유하면, 전자들이 동등하지 않게 공유되는 결합을 형성한다. 상대적으로 한 원자는 부분 양전하를 띠고 다른 한 원자는 부분 음전하를 띠게 된다. 전하의 이런 차이는 두 개의 원자가 공유한 전자쌍에 대해 인력을 동등하지 않게 작용하기 때문에 발생한다. 분자 또는 다원자 이온에서 공유된 전자들에 대해 한 원소의 원자가 가지는 인력을 **전기 음성도(electronegativity)**라고 한다. 원소들은 서로 다른 전기 음성도를 갖는다. 예를 들면 수소와 염소 모두 안정한 전자 배치를 이루기 위하여 한 개의 전자를 필요로 한다. 염화 수소(HCl)에서는 한 쌍의 전자를 공유한다.

염화 수소

HCl에서 공유된 전자쌍은 수소 원자보다 전기 음성도가 큰 염소 원자에 가까워서, 염소 원자가 부분 음전하를 띠게 된다.

염소는 수소보다 전기 음성도가 크므로 공유한 전자들에 대해 더 큰 인력을 갖는다. 그 결과로 전자쌍이 염소 원자 쪽으로 치우치게 되어 염소 원자가 부분 음전하를, 수소 원자가 부분 양전하를 띠게 된다. 염화 소듐의 경우와 다르게 전자들이 염소 원자로 완전히 이동하지도 않고, 어떠한 이온도 형성되지 않았다는 것에 주목하라. 전체 분자 HCl은 전기적으로는 중성이다. 부분 전하는 일반적으로 그리스 문자 델타(δ)로 표시한다. 따라서 부분 양전하는 δ+로, 부분 음전하는 δ−로 표시한다.

상대적인 전기 음성도의 척도는 1954년과 1962년에 노벨상을 수상한 Linus Pauling(1901~1994)에 의해 개발되었는데, 가장 전기 음성도가 큰 원소인 플루오린은 4.0의 값을 갖는다. **표 7.5**는 비금속의 상대적 전기 음성도는 크고, 금속은 작다는 것을 보여 준다. 이런 전기 음성도 양상은 금속 원자들이 비금속 원자들보다 전자를 잃으려는 경향이 더 크고, 비금속은 금속보다 전자를 얻으려는 경향이 더 크다는 것을 의미한다. 전기 음성도 값이 클수록 전자들에 대한 인력이 더 커진다. 전기 음성도는 일반적으로 주족 원소들의 경우, 한 주기를 왼쪽에서 오른쪽으로 가로지르면서 증가하고 한 족의 아래로 내려갈수록 감소한다는 것에 주목하라. 가장 큰 전기 음성도 값은 플루오린의 4.0이고, 가장 작은 전기 음성도 값은 프랑슘과 세슘의 0.7이다. 전기 음성도가 클수록 원자는 전자들을 더욱 강하게 잡아당긴다는 것을 기억하는 것은 중요하다.

결합의 극성은 결합을 형성하는 원자들의 전기 음성도 값의 차이에 의해 결정된다(**그림 7.9**). 전기 음성도가 같을 때 결합은 **비극성 공유 결합(nonpolar covalent bond)**이고 전자들은 균등하게 공유된다. 만약 원자들의 전기 음성도 차이가 매우 크다면 결합은 큰 **극성(polar)**을 띠게 될 것이다. 극단적인 경우에는, 하나 이상의 전자들이 실제로 이동하여 이온 결합을 형성한다.

표 7.5 전기 음성도의 삼차원적 표현

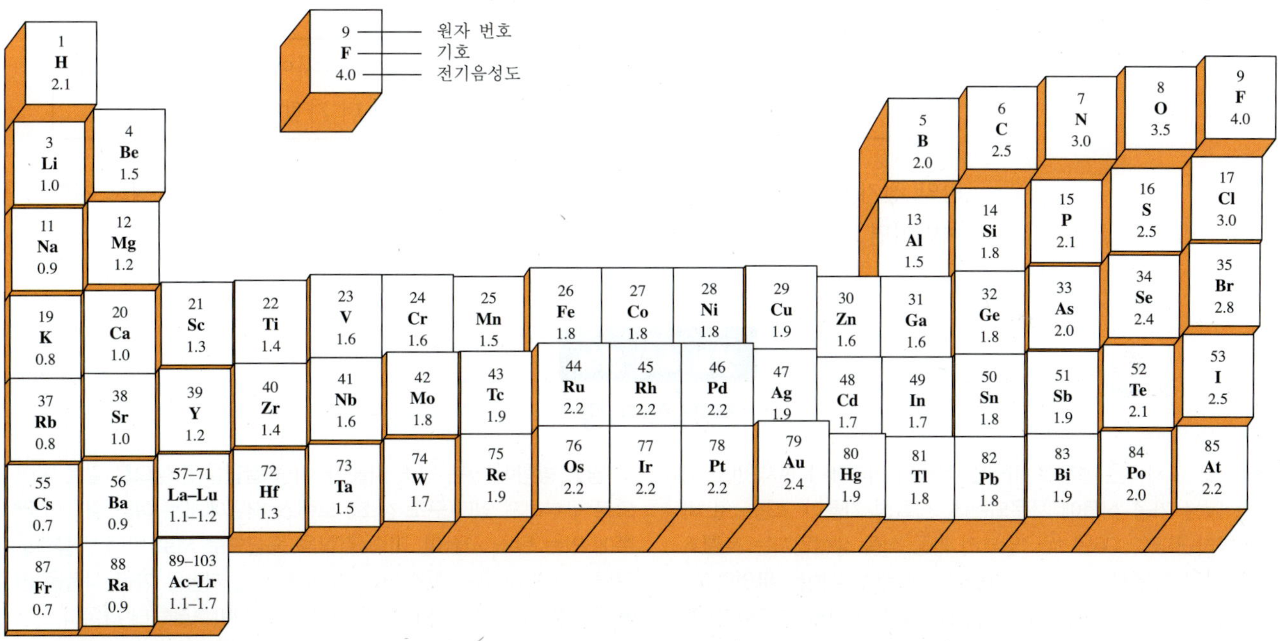

예제 7.9

주기율표 내 주족 원소들의 족과 주기에서 전기 음성도의 경향은 어떠한가?

풀이

일반적으로 주족 원소의 전기 음성도는 한 족의 위에서 아래로 내려갈수록 감소하고, 한 주기를 왼쪽에서 오른쪽으로 가로지르며 증가한다.

실습 문제 7.5

전기 음성도란 용어와 그것이 주기율표 내 원소들과 어떤 관련성이 있는지 설명하시오.

그림 7.9 비극성 분자, 극성 공유 결합 화합물, 이온 결합 화합물

쌍극자(dipole)는 전기적으로 비대칭이어서 분자 안에 있는 두 원자가 서로 반대의 전하를 띠도록 하는 분자이다. 쌍극자는 흔히 (+−)로 표시한다. 염화 수소 분자는 극성을 띠어서 작은 쌍극자처럼 거동한다. HCl 쌍극자는 H $+\!\!\longrightarrow$ Cl로 표시할 수 있다. 화살표의 끝은 쌍극자의 음전하 쪽을 향한다. H_2O, HBr, ICl과 같은 분자들은 극성을 띤다.

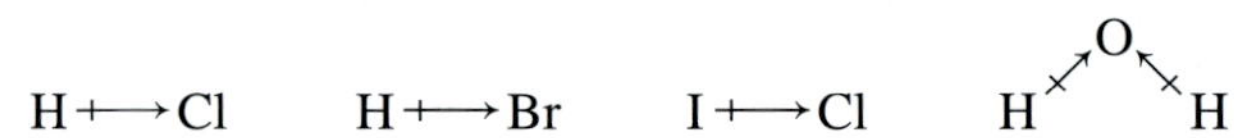

우리는 어떻게 두 원자 사이의 결합이 이온 결합인지 또는 공유 결합인지 알 수 있을까? 두 원자 사이의 전기 음성도 차이가 그들 간에 형성된 결합의 특성을 결정한다. 전기 음성도의 차이가 증가하면 결합의 극성(또는 이온 결합성 백분율)이 증가한다.

> 일반적으로 결합된 두 원자 사이의 전기 음성도 차이가 1.7 ~ 1.9보다 크면, 그 결합은 공유 결합보다는 이온 결합에 더 가깝다.

만약 전기 음성도 차이가 2.0보다 크면 그 결합은 이온 결합이다. 전기 음성도 차이가 1.5 미만이면 그 결합은 공유 결합이다.

생활 속의 화학

트랜스 지방

트랜스(trans) 지방은 실제로 미국인 식사의 어디에나 존재한다. 이 지방은 많은 가공 식품에 사용되는데, 식물성 기름이 고형으로 바뀔 때 나타난다. 2006년 1월 1일부터 가공 식품 생산업자는 트랜스 지방의 함량을 표시해야 한다. 그렇다면 트랜스 지방은 무엇인가? 지방은 분자 내에 존재하는 결합 형태나 수소 원자로 분류한다. 지방산은 지방의 한 구성 요소이며, 탄소 원자들의 긴 사슬 형태이고, 일부 또는 모든 탄소 원자에 수소 원자가 결합되어 있다. 옥수수유나 대두유와 같은 불포화 지방은 이 탄소 사슬에 몇 개의 이중 결합을 가지고 있다. 보통 이중 결합으로 연결된 탄소 역시 수소 원자와 결합하고 있다. 만일 지방산이 이중 결합을 한 개만 가지면 단일 불포화되었다(올리브 오일의 예처럼)고 하고, 두 개 이상의 이중 결합을 가지면 다중 불포화되었다고 한다. 이중 결합이 없는 모든 지방은 포화되었다(모든 탄소는 결합할 수 있는 최대한의 수소를 가지고 있다)고 한다.

트랜스 지방은 특별한 종류의 불포화 지방산을 포함하고 있다. 탄소 원자 사이에 이중 결합이 있을 때, 분자는 두 가지 방법(**시스**(cis)와 트랜스 방향) 중 하나로 구부러진다. 시스 배열에서는 이중 결합의 양쪽 방향에 있는 탄소 사슬이, 이중 결합을 중심으로 같은 방향으로 구부러져 있다(구조 참조). 트랜스 배열에서는 이중 결합의 양쪽에 있는 탄소 사슬이, 이중 결합을 중심으로 서로 반대 방향으로 구부러져 있다(구조 참조). 대부분의 트랜스 지방은 가공 식품을 만들 때 사용하는 기름과 마가린 같은 고체 지방으로부터 나온다.

기름이 고체 지방으로 전환될 때, 몇 개의 이중 결합은 첨가되는 수소에 의해 단일 결합으로 변환된다(수소 첨가 반응). 이 과정은 시스형의 이중 결합에서 잘 일어나므로, 남아 있는 이중 결합은 주로 트랜스형이다. 이 트랜스 지방산은 서로 응집하려는 성향이 있어서 시스형보다 쉽게 고형화된다. 연구 결과에 따르면, 트랜스 지방 함량

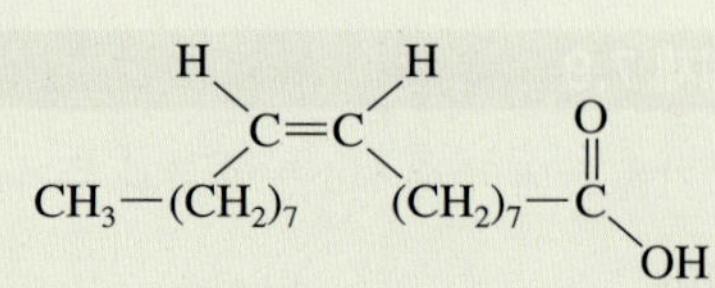

시스(cis) 지방산

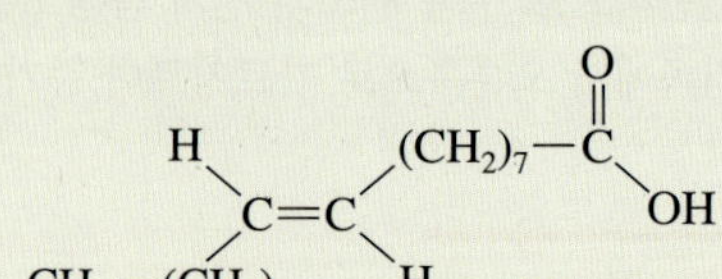

트랜스(trans) 지방산

이 높은 식사는 건강의 악화, 높은 콜레스테롤 수치, 심장 질환, 당뇨병과 관련이 있다. 식품 제조사는 식품에 트랜스 지방의 양을 줄이기 위해 노력하고 있다. 미국 Illinois 주 Peoria 시에 위치한 USDA의 Gary List는 대두유를 140∼170°C에서 고압으로 수소화시켜 5∼6%의 트랜스 지방을 함유한 부드러운 마가린을 생산하였다(일반적인 수소 첨가 반응 생산 기술에 따르면, ∼40%의 트랜스 지방을 함유한다). 우리는 여전히 0 g의 트랜스 지방이 표기된 고품질 제품을 더 많이 요구하고 있는 현실이다.

실습 문제 7.6

다음 화합물 중 이온 결합을 하는 것은 어느 것인가? 공유 결합을 하는 것은 어느 것인가?

(a) Na_2S (c) NH_3 (e) LiCl
(b) PCl_5 (d) MgO (f) CS_2

극성 결합과 극성 분자를 조심해서 구별해야 한다. 다른 종류의 원자들 간의 공유 결합은 항상 극성이다. 그러나 다른 종류의 원자들을 포함하는 분자는 분자의 모양이나 기하 구조에 따라 극성일 수도 또는 극성이 아닐 수도 있다. HF, HCl, HBr, HI, ICl 분자들은 오직 하나의 극성 결합만 가지고 있기 때문에 모두 극성이다. 그러나 CO_2, CH_4, CCl_4 분자들은 모두 극성 결합을 가지고 있음에도 불구하고 비극성 분자들이다(그림 참조). 이산화 탄소 분자, O=C=O는 탄소-산소 쌍극자가 서로 반대 방향으로 작용하여 쌍극자가 상쇄되기 때문에 비극성이다.

$$\overset{\longleftarrow\!+}{\ } \ \overset{+\!\longrightarrow}{\ }$$
$$O=C=O$$

같은 크기지만 서로 반대 방향의 쌍극자

CCl_4(위)와 메테인(CH_4)의 공간 채움 분자 모형

사염화 탄소(CCl_4)는 비극성인데, 이는 네 개의 C—Cl 극성 결합이 동일하고, 이 결합들이 분자의 정사면체 중심에서 각 꼭짓점으로 퍼져나가서 그 극성이 서로 상쇄되기 때문이다. 메테인도 같은 분자 구조를 가지고 있고 역시 비극성이다. 이 분자들의 모양은 이 장의 뒷부분에서 다룰 것이다.

우리는 물을 극성 분자라고 말한다. 만약 물 분자의 원자들이 이산화 탄소의 경우처럼 직선형이라면, 두 개의 O—H 쌍극자가 서로 상쇄될 것이고 분자는 비극성이 될 것이다. 그러나 물은 분명히 극성이고, 두 개의 O—H 결합 간에 105°의 각을 가진 비직선형(굽은형) 구조를 가진다.

결합 형태들 사이의 관계가 **그림 7.10**에 요약되어 있다. 결합은 연속적이며, 즉 이온 결합과 공유 결합 사이에서 그 차이가 점진적으로 변한다는 것을 인식하는 것은 중요하다.

그림 7.10 원자 간의 전기 음성도 차이와 연관된 결합 형태

7.6 편극력과 편극도-Fajans 규칙

이 절의 학습 목표
한 이온이 다른 이온에 미치는 영향을 설명하고 편극력과 편극도를 구분할 수 있다.

이온 결합과 공유 결합은 두 가지의 극단적인 결합 유형이고, 거의 대부분의 결합은 중간적인 유형이며, 이는 이온의 편극화(즉, 모양 변형)로 설명할 수 있다.

A^+와 B^- 사이의 결합 유형은 한 이온이 다른 이온에 미치는 영향에 따라 달라진다. 양이온은 음이온의 전자를 끌어당기는 동시에 핵을 밀어내어 음이온을 일그러트리거나 편극화한다. 음이온도 양이온을 편극화하지만, 일반적으로 음이온은 크고 양이온은 작기 때문에 큰 이온이 작은 이온에 미치는 영향은 훨씬 덜 두드러진다. 편극의 정도가 아주 작으면 결합은 대부분 이온 결합 상태로 유지된다. 그러나 편극의 정도가 크면 전자가 음이온에서 양이온 쪽으로 끌어당겨져, 두 핵 사이의 전자 농도가 높아짐에 따라 공유 결합적인 특성의 정도가 커진다.

이온 뒤틀림이 발생하는 정도는 이온이 다른 이온을 일그러트리려는 힘(즉, 편극력)과 이온이 뒤틀림에 얼마나 취약한지(즉, 편극도)에 따라 달라진다. 일반적으로 이온의 크기가 작아지고 전하가 높아질수록 편극력은 증가한다. 음이온의 편극도는 양이온보다 더 큰데, 이는 유효 핵전하의 차이로 인해 전자가 덜 단단히 결합되어 있기 때문이다. 큰 음이온은 작은 음이온보다 편극도가 더 크다.

Fajans는 편극화, 즉 공유 결합을 선호하는 요인을 정리한 네 가지 규칙을 제시하였다.

1. **작은 양이온은 공유 결합을 선호한다.** 작은 이온에서는 양전하가 좁은 영역에 집중되어 있다. 따라서 이온의 편극력이 높아, 음이온을 뒤틀리는 데 매우 효과적이다.
2. **큰 음이온은 공유 결합을 선호한다.** 큰 이온은 편극도가 높아 양이온에 의해 쉽게 뒤틀리는데, 이는 채워진 전자껍질에 의해 최외각 전자가 핵의 전하로부터 차폐되기 때문이다.
3. **두 이온 중 하나 또는 두 이온 모두의 전하가 크면 공유 결합을 선호한다.** 전하가 높으면 편극의 양이 증가하기 때문이다.
4. **양이온이 비활성 기체의 전자 배치를 갖지 못하는 경우 편극화, 즉 공유 결합을 선호한다.** 비활성 기체의 전자 배치는 핵 전하를 차폐하는 데 가장 효과적이므로, 비활성 기체의 전자 배치를 갖추지 못한 이온은 표면에 높은 전하를 가지게 되어 편극력이 높다.

반지름은 각 족에서 아래로 내려갈수록 증가하여, 편극력도 감소할 것으로 예상된다. 그러나 실제로는 증가하는데, 이는 낮은 차폐 전자의 수가 증가하는 만큼 유효 핵전하가 족 아래로 내려갈수록 증가하기 때문이다.

실습 문제 7.7

편극력과 편극도의 차이점을 설명하시오.

실습 문제 7.8

각 족에서 아래로 내려갈수록 편극력은 어떻게 달라지는가?

7.7 화합물의 Lewis 구조

이 절의 학습 목표
공유 결합 화합물의 Lewis 구조를 그릴 수 있다.

이제까지 살펴보았듯이 Lewis 구조는 주족 원소들이 만드는 많은 이온들이나 분자들의 공유 결합을 나타내는 데 편리한 방법이다. Lewis 구조를 쓸 때 안정한 화합물을 형성하기 위해 가장 중요하게 고려해야 할 사항은 원자들이 비활성 기체의 전자 배치를 이루어야 한다는 점이다.

Lewis 구조를 표시하는 데 가장 어려운 점은 분자 또는 이온의 원자 배열을 결정하는 것이다. 세 개 이상의 원자로 이루어진 간단한 분자에서 한 원자는 다른 원자들에 의해 둘러싸인 중심 원자가 된다. 따라서 Cl_2O는 두 개의 가능한 배열, Cl—Cl—O 또는 Cl—O—Cl을 갖는다. 항상 그렇지는 않지만, 일반적으로 화학식에서 단원자(H 제외)가 중심 원자가 된다.

많은 분자 또는 이온의 Lewis 구조는 분자식이나 이온식만을 보고 그냥 쓸 수도 있지만, 다음 절차에 따라 Lewis 구조를 쓰는 법을 배우는 것이 유용하다.

Lewis 구조 쓰기에 대한 문제 풀이 전략

1. 분자나 이온에 있는 모든 원자들의 원자가 전자 수를 합하여 Lewis 구조에 쓰이는 총 원자가 전자 수를 구한다(참고 참조). 만약 이온의 구조를 쓸 때는 각각의 음전하에 대해 전자를 하나씩 더하거나 각각의 양전하에 대해 전자를 하나씩 뺀다.

2. 원자들의 골격 배열을 표시하고, 그 원자들을 단일 공유 결합(두 개의 점 또는 하나의 실선)으로 연결한다. 하나의 결합 전자만을 갖는 수소는 오직 하나의 공유 결합을 형성한다. 산소 원자들은 과산화물로 알려진 화합물의 경우를 제외하고는 일반적으로 서로 결합하지 않는다. 산소 원자는 일반적으로 최대 두 개의 공유 결합(두 개의 단일 결합 또는 하나의 이중 결합)을 할 수 있다.

3. 단계 1에서 계산한 총 전자 수에서 단계 2에서 사용한 한 개의 단일 결합당 두 개의 전자를 뺀다. 이 과정에서 구조를 완성하는 데 사용할 수 있는 알짜 전자 수를 알 수 있다.

4. 각각의 원자가 비활성 기체의 전자 구조를 갖도록 전자쌍(점들의 쌍)들을 각각의 원자(수소 제외) 주위에 분배한다.

5. 이 원자들에 8개의 전자를 분배하기에 전자 수가 충분하지 않다면, 필요한 만큼 비결합 전자쌍을 이동시켜 원자들 간의 단일 결합을 이중 결합 또는 삼중 결합으로 바꾼다. 각각의 원자가 비활성 기체의 전자 구조(수소에 대해서는 2개의 전자, 그리고 다른 원자들에 대해서는 8개의 전자)를 갖는지 확인한다. 이중 결합은 결합된 각각의 원자에 대해 4개의 전자로 계산한다.

참고 A족 원소의 원자가 전자 수는 주기율표에서 족의 번호와 같음을 기억하라.

예제 7.10

다음 각 원자(Cl, H, C, O, N, S, P, I)는 몇 개의 원자가 전자를 갖고 있는가?

풀이

전자 구조를 결정하기 위하여 주기율표를 찾아본다. 그 원소가 주기율표의 A족에 속한다면 원자가 전자의 수는 A족의 번호와 같다.

원자	족	원자가 전자
Cl	7A(17)	7
H	1A(1)	1
C	4A(14)	4
O	6A(16)	6
N	5A(15)	5
S	6A(16)	6
P	5A(15)	5
I	7A(17)	7

예제 7.11

물(H_2O)에 대하여 Lewis 구조 쓰기에 대한 문제 풀이 전략을 이용하시오.

풀이

1. 원자가 전자의 총 개수는 여덟 개이며, 두 개는 수소 원자에서, 여섯 개는 산소 원자에서 왔다.

2. 두 개의 수소 원자는 산소 원자에 연결된다. 그 골격 구조를 쓴다.

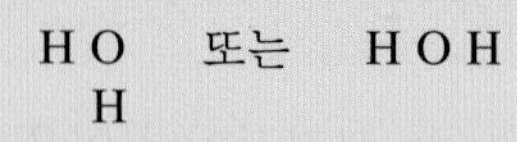

공유 결합을 형성하도록 수소 원자와 산소 원자 사이에 두 개씩의 점을 배치한다.

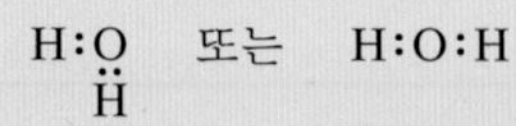

3. 단계 2에서 사용한 네 개의 전자를 여덟 개의 전자에서 빼면, 사용할 수 있는 네 개의 전자가 남는다.

4. 네 개의 전자를 산소 원자 주위에 전자쌍으로 분배한다. 수소 원자는 더 이상 전자를 수용할 수 없다.

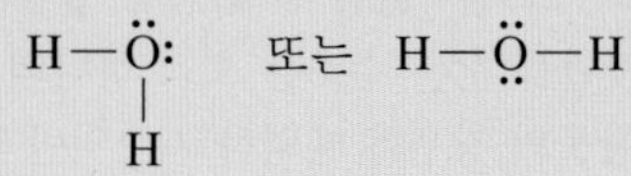

각각의 원자가 비활성 기체의 전자 구조를 가지므로 위의 배열은 완성된 Lewis 구조이다. Lewis 구조는 분자의 모양을 나타내지는 않음을 주지하라.

예제 7.12

메테인(CH_4) 분자에 대하여 Lewis 구조 쓰기에 대한 문제 풀이 전략을 이용하시오.

풀이

1. 원자가 전자의 총 개수는 여덟 개이며, 각각의 수소 원자에서 한 개씩, 그리고 탄소 원자에서 네 개의 전자가 왔다.

2. 골격 구조는 중심 탄소 원자 주위에 네 개의 수소 원자를 갖는다. C와 각각의 H 사이에 두 개씩의 전자를 배치한다.

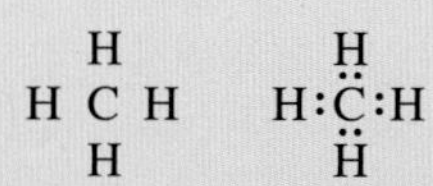

3. 단계 1에서 알아낸 여덟 개의 전자에서 단계 2에서 사용한 여덟 개의 전자를 빼면, 배치해야 할 전자의 개수는 0이 된다. 따라서 Lewis 구조는 단계 2에서 표시한 구조와 같아야 한다.

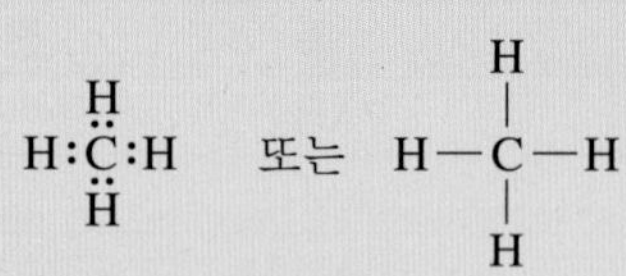

예제 7.13

사염화 탄소(CCl_4) 분자에 대하여 Lewis 구조 쓰기에 대한 문제 풀이 전략을 이용하시오.

풀이

1. 사용할 원자가 전자의 총 개수는 탄소 원자에서 4개, 네 개의 염소 원자에서 각각 7개씩 모두 32개이다.

2. 골격 구조는 중심 탄소 원자 주위에 네 개의 염소 원자를 갖는다. C와 각각의 Cl 사이에 두 개씩의 전자를 배치한다.

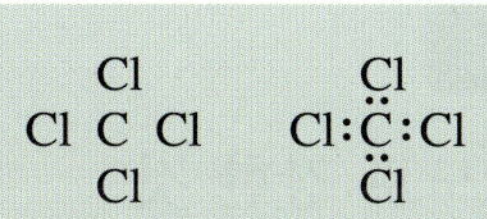

3. 단계 1에서 알아낸 32개의 전자에서 단계 2에서 사용한 8개의 전자를 빼면, 배치해야 할 전자의 개수는 24개이다.

4. 각각의 Cl 원자가 주위에 여덟 개의 전자를 갖도록 24개의 전자 (12개의 전자쌍)를 Cl 원자 주위에 분배한다.

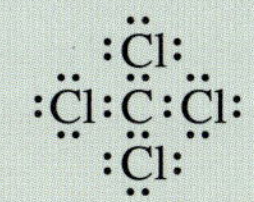 또는 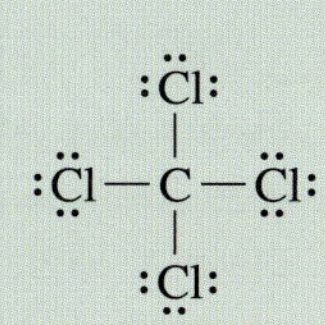

이 배열이 Lewis 구조이다. CCl_4는 네 개의 공유 결합을 갖는다.

예제 7.14

CO_2에 대하여 Lewis 구조 쓰기에 대한 문제 풀이 전략을 이용하시오.

풀이

1. 원자가 전자의 총 개수는 16개이며, C 원자에서 4개, 각각의 O 원자에서 6개씩의 전자가 왔다.

2. 두 개의 O 원자는 중심 C 원자에 결합된다. 골격 구조를 쓰고, C 원자와 각각의 O 원자 사이에 두 개씩의 전자를 배치한다.

O:C:O

3. 단계 1에서 알아낸 16개의 전자에서 단계 2에서 사용한 4개의 전자를 빼면, 배치해야 할 전자 12개가 남는다.

4. C 원자와 O 원자 주위에 12개의 전자 (6개의 전자쌍) 를 분배한다. 몇 가지 가능한 구조가 존재한다.

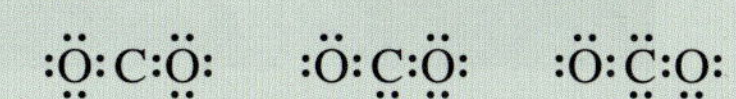

I II III

5. 모든 원자들이 주위에 8개의 전자 (비활성 기체 구조)를 갖고 있지는 않다. 구조 I의 각각의 O 원자에서 하나의 비결합 전자쌍을 제거하여 O 원자와 C 원자 사이에 배치하면, 두 개의 이중 결합이 형성된다.

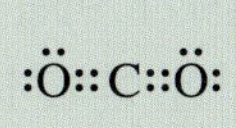 또는 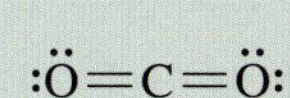

각 원자는 이제 그 주위에 8개의 전자를 갖는다. 탄소는 4개의 전자쌍을 공유하고 각 산소는 2개의 전자쌍을 공유한다. 각 원자가 두 개의 전자쌍을 공유하는 데 관여했기 때문에 이런 결합을 이중 결합이라고 한다.

실습 문제 7.9

다음 분자의 Lewis 구조를 쓰시오.

(a) PBr_3 (b) $CHCl_3$ (c) HCl (d) H_2CO (e) O_2

많은 화합물들은 공유 결합을 할 때 비활성 기체 구조를 이루지만 상당수의 예외가 있다. 가끔씩 각 원자 둘레에 8개의 전자를 가지는 구조를 표시하는 것이 불가능하다. 예를 들면 BF_3에서 붕소 원자는 주위에 겨우 6개의 전자를 갖고, SF_6에서 황 원자는 주위에 12개의 전자를 갖는다.

생활 속의 화학

총알을 막을 수 있을 정도로 강한 것

색이 변하는 펜, 방탄조끼, 계산기의 공통점은 무엇일까? 이 각각의 물품들을 작동하게 하는 화학 물질은 액정이다. 액정은 많은 곳에 응용되고 있다. 액정 디스플레이(LCD)와 색이 변하는 제품 등이 아마도 가장 보편적으로 알고 있는 응용 제품이지만, 액정은 초강력 합성 섬유를 만드는 데에도 쓰인다.

분자들은 일반적으로 결정 상태에서 규칙적인 배열을 유지하지만, 액정에서는 흘러 다닐 수 있는 동시에 규칙적인 배열을 유지할 수 있다. 액정 분자들은 선형이며 극성이다. 원자들은 비교적 일렬로 정렬하려는 경향이 있으므로, 일반적으로 분자들은 옆으로 넓게 퍼져 있기보다는 더 길게 배열한다. 이러한 극성 분자들은 서로 인력이 작용하여 고체화되지 않아도 규칙적인 형태로 줄지어 배열할 수 있다.

비틀린 분자 배열의 액정은 새로운 색–변환 제품에 쓰인다. 이러한 액정에서 분자들은 거의 평평한 층 안에서 옆으로 나란히 놓인다. 다음 층도 유사하나, 그 아래의 층과 다른 각도로 놓이게 된다. 이렇게 차곡차곡 쌓인 평평한 층들은 빛을 받으면 특별한 효과를 나타낸다. 빛이 표면을 때릴 때, 빛의 일부가 최상층에 의해 반사되고 어떤 빛은 그 아래의 층들에 의해 반사된다. 같은 파장의 빛이 많은 층들로부터 반사될 때 색깔이 관찰된다(이 현상은 길가의 진흙 웅덩이의 기름이나 또는 비눗방울 표면에서 보이는 무지개 색깔과 비슷한 원리이다). 온도가 상승하면 분자들은 빠르게 움직여서 층 사이의 각도와 간격을 변화시킨다. 이런 변화는 반사된 빛의 색깔 변화를 일으킨다. 다른 종류의 화합물들은 다른 온도 범위에서 색깔을 변화시키므로, 매우 실용적이고 재미있는 응용을 가능하게 한다.

분자들이 서로 평행하게 놓여 있는 액정 (네마틱) 분자들은 매우 강한 합성 섬유를 만드는 데 이용된다. 아마도 이러한 액정의 가장 좋은 예는 방탄조끼, 카누, 우주 왕복선의 부속품을 만드는 데 이용되는 합성 섬유인 케블라(Kevlar)일 것이다. 나일론 또는 폴리에스터와 같은 합성 고분자인 케블라는 제조과정 동안 액정 상태를 이룸으로써 강도를 얻는다.

전형적인 고분자에서는 긴 분자 사슬들이 스파게티처럼 함께 뒤엉켜져 있다. 그런 불규칙적인 배열 때문에 전형적인 고분자들은 높은 강도에 도달할 수 없다. 강도를 얻게 된 비결은 분자들을 서로 평행하게 배열하는 것이다. 일단 그 거대 분자들이 합성되면 황산에 용해된다. 적당한 농도에서 분자들이 정렬되고, 이어서 용액이 노즐의 미세한 구멍을 통해 밀려 나가면서 더욱 정렬된다. 물중탕에서 황산을 제거하면 거의 완벽히 정렬된 고체 섬유가 형성된다. 케블라 섬유 한 가닥은 같은 크기의 강철 한 가닥보다 강하다. 또한 밀도가 매우 낮으므로, 방탄조끼를 만드는 물질로 선택되었다(사진 참조)

© Haku Nellies/iStockphoto

케블라는 강철의 방탄조끼를 만드는 데 사용된다.

비록 예외가 있더라도 많은 분자들은 각각의 원자가 비활성 기체의 전자 배치를 갖는 Lewis 구조를 이용하여 표시할 수 있다. 이것은 화학을 이해하는 데 유용한 모형이다.

7.8 복잡한 Lewis 구조

이 절의 학습 목표
다원자 이온의 공명 구조를 그릴 수 있다.

대부분의 Lewis 구조는 결합 강도와 길이에 관한 실험 정보와 일치하는 결합 구조를 제공한다. 몇 가지 분자와 다원자 이온에 대해서는 한 개의 Lewis 구조로 모든 특성과 결합 정보를 나타낼 수 없다. 예를 들면 질산 이온(NO_3^-)을 생각해 보자. 이 다원자 이온에 대한 Lewis 구조를 쓰기 위하여 우리는 다음 단계들을 이용한다.

1. 원자가 전자의 총 개수는 24개로, 질소 원자에서 5개, 각각의 산소 원자에서 6개, −1의 전하에서 1개의 전자가 왔다.
2. 세 개의 O 원자는 중심 원자 N에 결합된다. 골격 구조를 쓰고 각각의 원자쌍 사이에

두 개의 전자를 배치한다. 이 이온은 전체 전하가 −1이므로 그림처럼 원자들을 각괄호로 묶고 − 전하 표시를 한다.

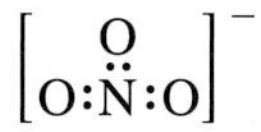

3. 단계 1에서 알아낸 24개의 전자에서 단계 2에서 사용한 6개의 전자를 빼면 18개의 전자가 남는다.
4. N과 O 원자 주위에 18개의 전자들을 분배한다.

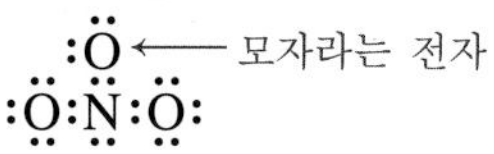

5. 모든 N과 O 원자들이 비활성 기체의 전자 구조를 갖게 하려면 아직도 한 쌍의 전자가 필요하다. N 원자에서 비결합 전자쌍을 이동시켜 N 원자와 전자가 모자라는 O 원자 사이에 배치하여 이중 결합을 만든다.

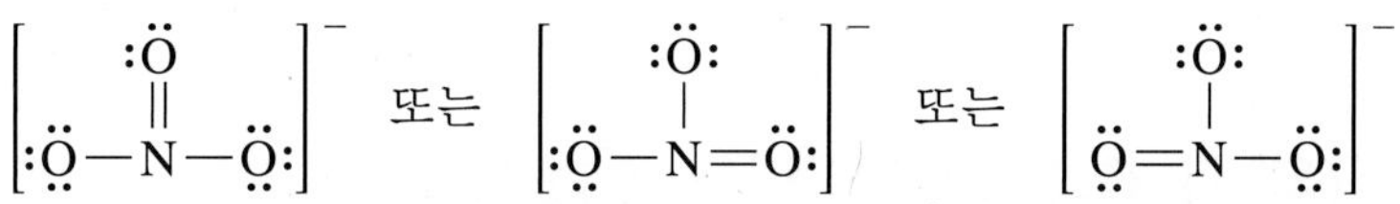

위 구조들은 모두 타당한 Lewis 구조인가? 그렇다. 따라서 NO_3^-에 대해 세 개의 가능한 Lewis 구조가 존재한다.

여러 개의 타당한 Lewis 구조를 갖는 분자나 이온은 **공명**(resonance)을 나타낸다고 한다. 이 각각의 Lewis 구조를 **공명 구조(resonance structure)**라고 한다. 그러나 이 책에서 우리는 한 분자 또는 이온에 대한 정확한 공명 구조를 선택하는 방법을 언급하지 않을 것이다. 따라서 가능한 공명 구조들 중 어떠한 구조도 그 이온 또는 분자를 나타내는 데 쓰일 수 있다.

예제 7.15

탄산 이온(CO_3^{2-}) 의 Lewis 구조를 쓰시오.

풀이

1. 네 개의 원자가 가지고 있는 22개의 원자가 전자와 −2 전하의 전자 2개를 합하여 모두 24개의 전자가 배치될 수 있다.

2. 탄산 이온에서 탄소는 세 개의 산소 원자에 둘러싸인 중심 원자이다. 그 골격 구조를 그리고 각각의 C와 O 사이에 두 개의 전자(또는 하나의 실선)를 배치한다.

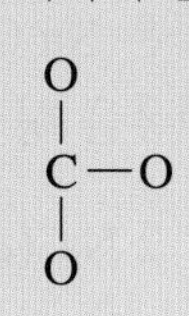

3. 단계 1에서 알아낸 24개의 전자에서 단계 2에서 사용한 6개의 전자를 빼면, 배치해야 할 18개의 전자가 남는다.

4. 세 개의 산소 원자 주위에 18개의 전자들을 분배하고, 탄산 이온이 −2 전하를 가짐을 표시한다.

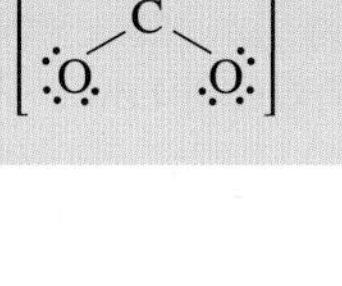

이 구조의 문제점은 탄소 원자가 비활성 기체의 8개 전자 구조를 갖는 대신에 겨우 6개의 전자를 갖는다는 것이다.

5. 하나의 산소 원자에서 한 개의 비결합 전자쌍을 이동시켜 탄소와 산소 사이에 배치한다. 세 개의 Lewis 구조가 가능하다.

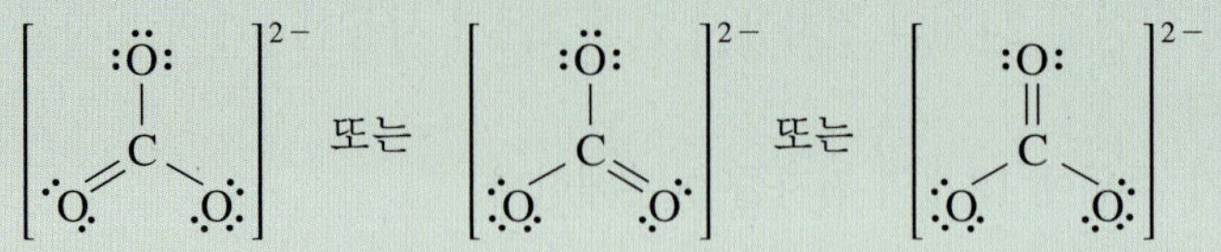

실습 문제 7.10

다음 각 분자 또는 이온의 Lewis 구조를 쓰시오.

(a) NH_3 (b) H_3O^+ (c) NH_4^+ (d) HCO_3^-

7.9 다원자 이온을 가지는 화합물

이 절의 학습 목표
이온 결합과 공유 결합을 모두 가지는 화합물을 설명할 수 있다.

다원자 이온은 양전하 또는 음전하를 띠며, 많은 화학 반응에서 단일 단위체처럼 거동하는 안정한 원자단이다. 탄산 소듐(Na_2CO_3)은 두 개의 소듐 이온과 하나의 탄산 이온을 갖는다. 탄산 이온(CO_3^{2-}) 은 하나의 탄소 원자와 세 개의 산소 원자로 구성되어 있는 다원자 이온이며, -2의 전하를 띤다. 하나의 탄소 원자와 세 개의 산소 원자는 그들의 바깥쪽 에너지 준위에 총 22개의 전자를 가진다. 탄산 이온은 24개의 바깥쪽 전자를 가지므로 -2의 전하를 띤다. 이 경우에 추가된 두 개의 전자는 두 개의 소듐 원자에서 오고, 소듐은 소듐 이온이 된다.

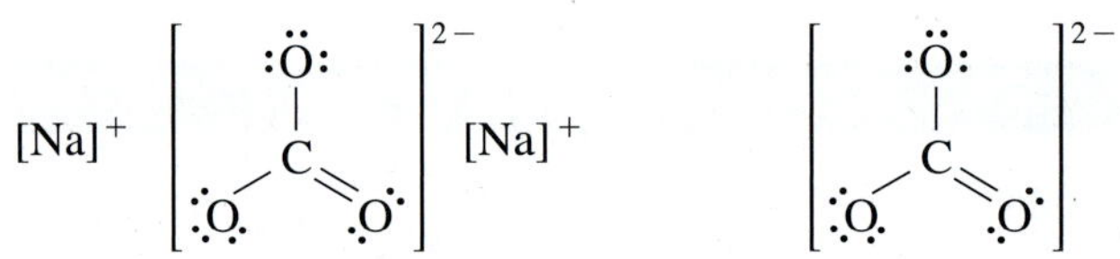

탄산 소듐 탄산 이온

탄산 소듐은 이온 결합과 공유 결합을 모두 갖고 있다. 이온 결합은 각 소듐 이온과 탄산 이온 사이에 존재한다. 공유 결합은 탄산 이온 안에서 탄소 원자와 산소 원자 사이에 존재한다. 이 화합물의 이온 결합과 공유 결합 간의 한 가지 중요한 차이점은 탄산 소듐을 물에 용해시킴으로써 설명할 수 있다. 이 화합물은 Na_2CO_3 화학식 단위당 세 개의 전하를 띤 입자, 즉 두 개의 소듐 이온과 하나의 탄산 이온을 형성하면서 물에 용해된다.

$$\underset{\text{탄산 소듐}}{Na_2CO_3(s)} \xrightarrow{\text{물}} \underset{\text{소듐 이온}}{2\,Na^+(aq)} + \underset{\text{탄산 이온}}{CO_3^{2-}(aq)}$$

CO_3^{2-} 이온은 공유 결합에 의해 함께 묶인 단위체로 남지만, 이온 결합한 부분에서는 이온의 해리가 일어난다. 그러나 다원자 이온들이 매우 안정하여 변하지 않는다고는 생각하지 마라. 다원자 이온들이 다른 물질로 변할 수 있는 화학 반응은 실제 존재한다.

실습 문제 7.11

질산과 탄산 음이온 각각에 대한 칼슘 화합물의 Lewis 구조를 그리시오.

7.10 분자의 모양

이 절의 학습 목표
VSEPR 방법을 이용하여 화합물의 모양을 결정할 수 있다.

지금까지의 결합에 대한 논의에서 우리는 분자와 이온의 원자가 전자를 나타내기 위하여 Lewis 구조를 이용해 왔다. 그러나 Lewis 구조는 분자의 기하학적 모양에 관해서는 어떠한 것도 나타내지 않는다. 분자 내 원자의 삼차원적 배열은 분자 간 상호작용을 이해하는 데 있어 중요한 요소가 된다. **그림 7.11**에 나와 있는 몇 가지 예들을 생각해 보자.

물은 "굽은형" 또는 "V자 모양"의 기하학적 모양을 갖는 것으로 알려져 있다. 이산화 탄소는 선형이다. BF_3는 모든 원자가 한 평면에서 삼각형으로 배열되어 있으므로 **삼각 평면**(trigonal planar) 모양이라고 불린다. 좀더 보편적인 분자 모양 중의 하나는 메테인(CH_4) 분자에서 볼 수 있는 사면체 모양이다.

어떻게 분자의 기하학적 모양을 예측할 수 있을까? 우리는 이제 Lewis 구조로부터 그런 예측을 하는 데 도움이 되도록 개발된 한 모형을 배울 것이다.

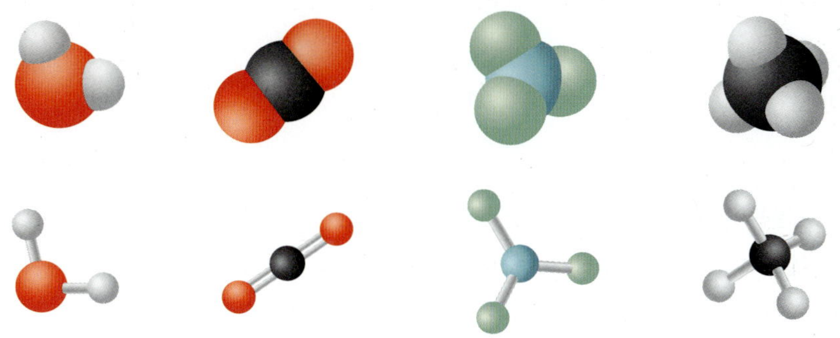

물 H_2O | 이산화 탄소 CO_2 | 트라이플루오린화 붕소 BF_3 | 메테인 CH_4

그림 7.11 일반적인 몇 가지 분자의 기하학적 구조. 각 분자는 결합을 나타내는 공–막대 모형과 분자의 모양을 나타내는 공간 채움 모형 두 가지로 나타내었다.

원자가 껍질 전자쌍 반발(VSEPR) 모형

물질의 화학적 성질은 그 분자의 구조와 밀접한 관계를 갖는다. 거대한 생체 분자의 자리한 곳을 바꾸면, 특정한 반응이 일어나거나 또는 일어나지 않거나 하는 차이를 만들 수 있다.

기기 분석으로부터 원자들의 정확한 공간 배열을 결정할 수 있다. 그렇지만 분자의 대략적인 구조만을 예측할 필요가 있는 경우가 많다. Lewis 구조로부터 분자 모양을 예측하는 비교적 간단한 모형이 화학자들에 의해 개발되어 왔다.

VSEPR 모형은 전자쌍들이 전기적으로 서로 반발하므로 전자쌍들이 그 반발을 최소화하려고 한다는 착상에 그 기초를 두고 있다. 전자쌍 반발을 최소화하기 위하여 전자쌍들은 중심 원자 주위에서 가능한 한 떨어져서 배열될 것이다. 중심 원자 주위에 단지 두 개의 전자쌍만을 가지는 분자 $BeCl_2$를 생각해 보자(참고 참조). 이 전자들이 최대로 멀리 떨어져 있기 위해 180°의 각을 이루며 배열된다.

참고 여기서는 비결합 전자쌍을 나타내지 않았으므로, 전자 배열보다는 그 모양에 관심을 가져라.

$$\overset{180^\circ}{\text{Cl—Be—Cl}}$$

이 분자 구조는 **선형 구조(linear structure)**라고 부를 수 있다. 두 개의 전자쌍만이 중심 원자를 둘러싸고 있을 때, 그 전자쌍들은 180°의 각을 이루며 떨어져 위치해야 하며, 선형 구조를 이룬다. 일반적으로 금속은 비금속과 결합하여 이온 결합 화합물을 형성하는 경향이 있다고 3장에서 배웠지만, 전기 음성도의 차이가 작다는 것은(3.0 − 1.5 = 1.5) 그 결합에 공유 결합적인 특성이 상당히 존재함을 의미한다.

중심 원자 주위에 세 개의 전자쌍만 있으면 어떻게 될 것인가? BF_3 분자를 생각해 보자. 원자들이 120°의 각을 이룰 때 전자쌍들이 가장 멀리 위치하게 된다.

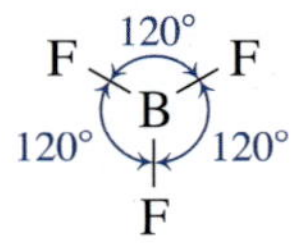

참고 베릴륨과 붕소는 각각의 분자를 형성함에 있어, 그 중심 원자에 첨가할 수 있는 여분의 전자가 없으므로 팔전자계를 이루지 못함에 주목하라.

이 원자들의 배열은 평평하여, 앞서 언급했듯이 **삼각 평면 구조(trigonal planar structure)**라고 부른다. 세 개의 전자쌍이 한 원자를 둘러싸면, 그 전자쌍은 120°의 각을 이루며 떨어져야 하며 삼각 평면 구조를 이룬다(참고 참조).

이제 중심 탄소 원자에 네 개의 전자쌍이 있는 가장 일반적인 형태인 CH_4를 생각해 보자. 이 경우 중심 원자는 비활성 기체의 전자 구조를 가진다. 어떤 배열이 전자쌍 반발을 최소화할 것인가? 처음에는 한 평면에서 모든 원자들이 90°의 각을 이루는 것이 현명한 선택인 것처럼 보인다.

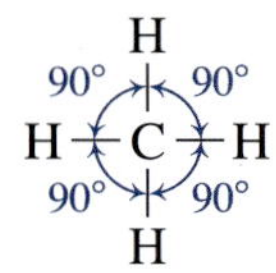

그러나 분자들은 삼차원적이라는 것을 생각해야만 한다. 이렇게 생각하면 전자쌍들이 실제로 109.5°의 각을 이루며 떨어져 있는 구조가 얻어진다.

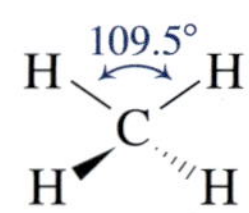

이 그림에서 쐐기 모양 선은 지면에서 돌출된 것처럼 보이는 반면, 점선은 지면 속으로 들어간 것처럼 보인다. **사면체 구조(tetrahedral structure)**로 알려진 이 배열을 표현하는 두 가지 방법이 **그림 7.12**에 예시되어 있다. 네 개의 전자쌍들이 중심 원자를 둘러싸면, 그 전자쌍들은 109.5°의 각을 이루며 떨어져 위치해야 하며 사면체 구조를 이룬다.

VSEPR 모형은 우리가 전자쌍의 수를 안다는 것을 전제로 한다. 이 전자쌍들 중에 하나 이상의 전자쌍이 비결합(고립) 전자쌍일 수 있다. 이 경우에 분자 구조는 어떻게 되겠는가?

암모니아 분자를 생각해 보자. 먼저 중심 원자 주위의 전자쌍의 수를 결정하기 위해 Lewis 구조를 그린다.

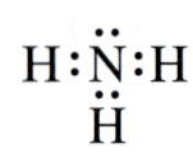

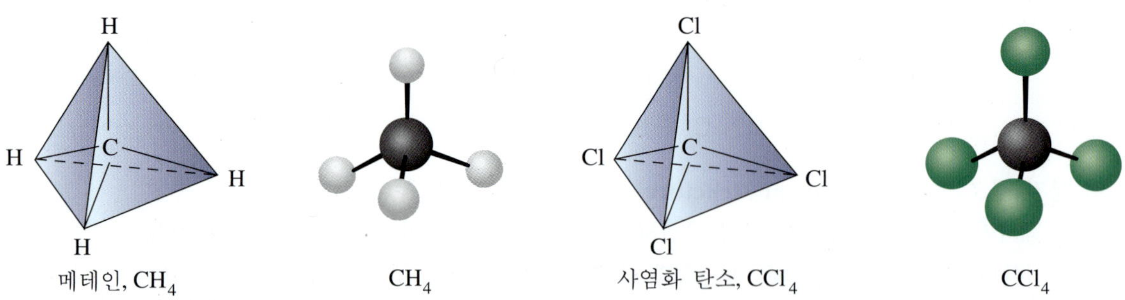

그림 7.12 메테인과 사염화 탄소의 공- 막대 모형. 메테인과 사염화 탄소는 사면체 배열을 하고 있는 원자들의 극성 결합들이 서로 상쇄되므로 비극성 분자이다. 탄소 원자가 사면체의 중심에 위치한다.

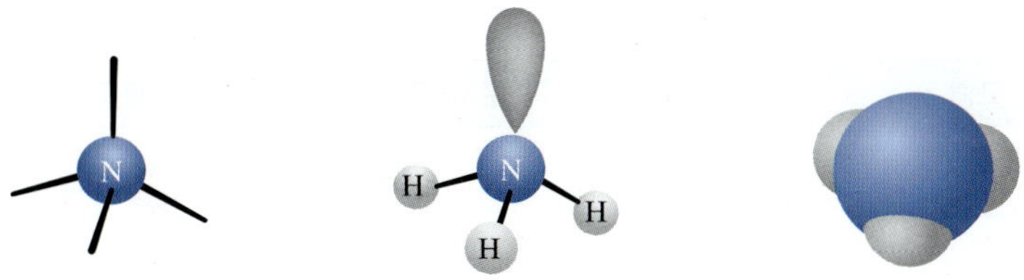

(a) (b) (c)

그림 7.13 (a) NH_3 분자에서 N 원자 주위에 전자쌍들이 사면체 배열을 한다. (b) 세 쌍은 공유하고, 한 쌍은 공유하지 않는다. (c) NH_3 분자는 삼각뿔 구조이다.

네 개의 전자쌍이 존재하기 때문에 중심 원자 주위의 전자들의 배열은 사면체 모양이 될 것이다(**그림 7.13(a)**). 그러나 세 개의 전자쌍만 다른 원자와 결합하므로, 분자 그 자체의 모양은 삼각뿔 구조가 된다. 전자쌍들의 위치가 그 분자 모양을 결정하지만, 분자 모양의 명칭은 원자들 자신의 위치에 의해 결정된다는 것을 이해하는 것은 중요하다. 따라서 암모니아는 삼각뿔 모양이다. **그림 7.13(c)**를 보라.

이제 물 분자에서 두 개의 비결합 전자쌍의 영향을 생각해 보자. 물 분자의 Lewis 구조는 다음과 같다.

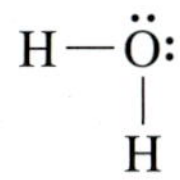

네 개의 전자쌍은 사면체 전자 배열이 필요함을 나타낸다(**그림 7.14(a)**). 두 개의 전자쌍이 비결합 전자쌍이기 때문에 이 분자는 사면체 모양이라고 하지 않는다. 물 분자는 **굽은형 구조(bent structure)**를 나타낸다.

굽은형 구조

VSEPR 모형을 요약해 보자.

VSEPR 모형을 이용한 분자 모양 결정하기에 대한 문제 풀이 전략

1. 분자의 Lewis 구조를 그린다.

2. 중심 원자 주위의 전자쌍의 개수를 세고 반발을 최소화할 수 있도록(가능한 멀리 떨어지도록) 전자쌍의 배열을 결정한다.

3. 원자들의 위치를 결정한다.

4. 원자들의 위치를 고려하여 분자의 구조를 명명한다.

전자쌍의 배치가 분자 구조를 결정하지만, 분자 구조의 명칭은 원자들의 위치에 의하여 결정된다는 것을 이해하는 것은 중요하다. **표 7.6**에 이러한 과정의 결과를 정리하였다. 전자쌍의 개수와 중심 원자와 결합한 원자의 수가 같은 경우, 전자쌍의 배열과 분자 구조의 명칭은 서로 일치한다는 것에 주목하라. 그러나 중심 원자와 결합한 원자의 수가 전자쌍의 개수와 같지 않을 경우, 분자 구조의 명칭은 전자쌍의 배열과 다르다. 이것은 네 개의 전자쌍(사면체 배열)을 가지는 경우로서, 그 예를 표 7.6에 나타내었다.

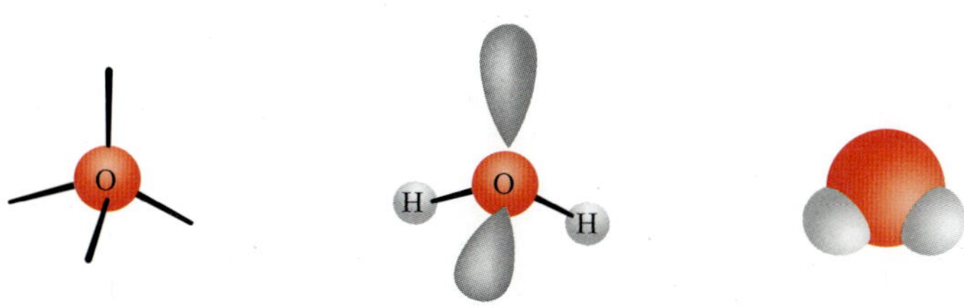

(a) (b) (c)

그림 7.14 (a) H_2O 분자에서 산소 원자 주위에 네 개의 전자쌍들이 사면체 배열을 한다. (b) 두 쌍은 공유하고 두 쌍은 공유하지 않는다. (c) H_2O 분자는 굽은형 구조이다.

표 7.6 전자쌍의 배열과 분자 구조

전자쌍의 수	전자쌍 배열	공-막대 모형	결합의 수	분자 구조	분자 구조 모형
2	선형	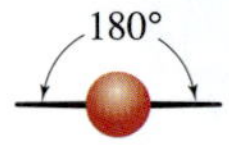	2	선형	
3	삼각 평면	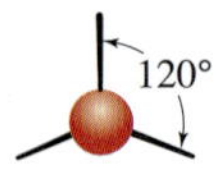	3	삼각 평면	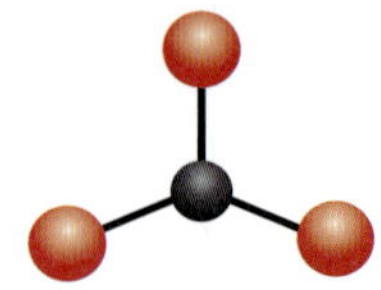
4	사면체	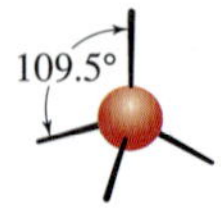	4	사면체	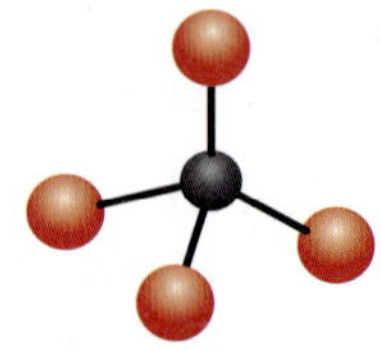
4	사면체	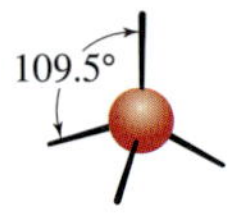	3	삼각뿔	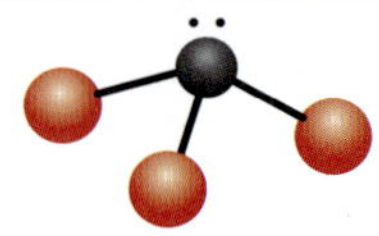
4	사면체	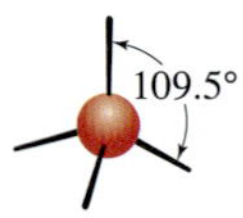	2	굽은형	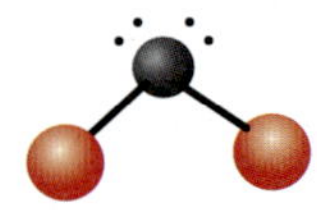

예제 7.16

H_2S, CCl_4, $AlCl_3$ 분자의 모양을 예측하시오.

풀이

1. Lewis 구조를 그린다.

2. 중심 원자 주위의 전자쌍의 개수를 세고 반발을 최소화하는 전자쌍 배열을 결정한다.

3. 원자들의 위치를 결정하고, 분자 모양을 명명한다.

분자	Lewis 구조	전자쌍의 수	전자쌍 배열	분자 모양
H_2S	H:S̤̈:H	4	사면체	굽은형
CCl_4	:C̈l: :C̤̈l:C:C̤̈l: :C̤l̤:	4	사면체	사면체
$AlCl_3$	:C̈l: :C̤̈l:Al:C̤̈l:	3	삼각 평면	삼각 평면

실습 문제 7.12

CH_4, NF_3, BeI_2 분자의 모양을 예측하시오.

사례 연구 화성 분자의 분석

2032년 4월 27일
Johnson 우주 센터
Houston, Texas

오전 5:53
Johnson 우주 센터의 주차장에는 아침 이슬이 막 증발하기 시작하여, 차에서 내리자마자 자욱한 안개가 감싸고 있다. 캠퍼스는 근처 목초지에서 들리는 뿔이 긴 소의 울음소리를 제외하고는 조용하다.

C동으로 가서 근무가 거의 끝나가는 경비원에게 인사를 건네고, 이중 유리문을 통해 연구동으로 들어간다. 일단 문을 통과하면, 정적은 사라진다. 복도는 활기찬 에너지와 오늘 하루의 일과에 대한 수다로 가득하다. 잠시 후면 아주 특별한 배달이 이루어질 것이고 인생에서 가장 중요한 일이 시작될 것이다. 이날은 초등학생 때부터 기다려온 날이기 때문이다.

클린룸 입구로 가서 멸균 처리된 흰색 정장, 신발 커버, 장갑을 착용하고 회전문을 통해 클린룸으로 들어간다. Sheila와 Marcus는 이미 안으로 들어가 기체 크로마토그래프를 준비하며 무엇을 발견할지 추측하고 있다. 필요한 모든 장비가 준비되어 있고 사용할 준비가 되어 있는지 다시 한번 확인한 다음 선반에서 실험실 노트를 꺼낸다. 새 페이지로 넘겨서 상단에 제목을 적는다. "샘플 분석–화성 Curiosity Mission 5호가 지구로 귀환한 물질."

오전 6:21
회전문이 열리더니 Alexa가 투명한 유리 원통을 들고 방으로 뛰어 들어온다. "여기 있어요!" 그녀가 외친다. "준비됐나요?" 이 실린더는 비어 있는 것처럼 보이지만, 실제로는 화성 Curiosity 5호 탐사선이 Gale Crater 내의 한 지역에서 채취한 귀중한 화성 대기 시료가 들어 있다. 여러분과 여러분의 팀은 GC–MS(기체 크로마토그래피–질량 분석법)를 사용하여 실린더 내부 공기의 분자 구성을 분석하는 임무를 부여받았다. 기체 크로마토그래피를 사용하면 시료의 화합물을 분리할 수 있고, 질량 분석법을 사용하면 개별 분자의 분자량을 감지할 수 있다. 대기 시료의 일부를 GC–MS 기기에 주입하고 결과를 초조하게 기다린다.

화성 표면을 탐사하는 화성 탐사선 Rover.

대기 시료의 데이터 분석

과제 1: 화성 대기에 존재하는 원자는 수소, 탄소, 질소, 산소, 아르곤으로 알려져 있다. 이 정보를 사용하여 **그림 1**에서 확인된 일곱 개의 피크에 해당하는 원자 또는 분자를 식별하시오. 각 분자를 나열하고 화학식과 몰질량을 구하시오.

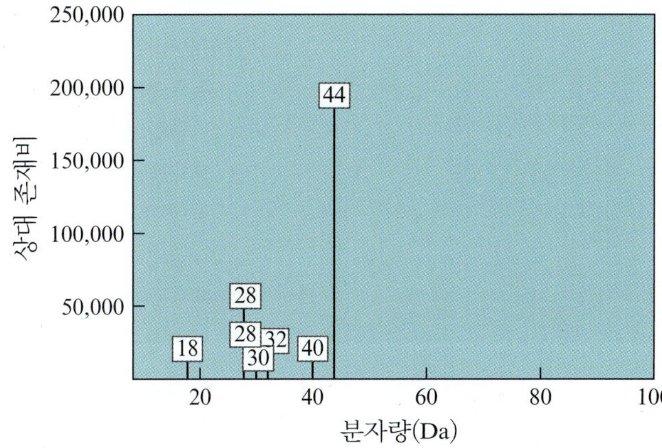

그림 1 Gale Crater 대기 시료의 기체 크로마토그래피–질량 분석 결과. (28 Da에 두 개의 피크가 있음에 유의하라. 중복되어 보이는 이 데이터를 어떻게 해석할 수 있을까?)

과제 2: 화성 대기 시료에서 확인한 각 분자의 분자 구조를 그리시오. 이를 위해서는 각 원자의 원자가 전자 수를 결정하여 원자 간의 결합이 단일 결합인지, 이중 결합인지, 삼중 결합인지 결정해야 한다. 그림에서 결합에 참여하지 않는 비공유 전자쌍도 표시해야 한다. 전기 음성도에 대한 지식을 활용하여 각 분자의 원자 사이에 형성될 결합이 극성인지 비극성인지 결정하고 각 분자 아래에 극성을 나타내시오. 부분 전하가 있으면 적절히 표시하시오.

Carly N. Jordan과 Elizabeth Flaherty 및 Jonathon Prather의 "A cruios Mission: An analysis of Martian Molecules"에서 발췌. 2014년 2월 10일 미국 국립 과학 사례 연구 교육 센터에서 출판되었으며, 허가를 받고 사용함.

7장 복습

7.1 원자 성질의 주기적 경향

중요 용어: 이온화 에너지

- 금속과 비금속
- 원자 반지름
  - 한 족에서는 위에서 아래로 내려갈수록 증가
  - 한 주기에서는 왼쪽에서 오른쪽으로 갈수록 감소
- 이온화 에너지
  - 원자에서 한 개의 전자를 제거하는 데 필요한 에너지
  - 한 족에서는 위에서 아래로 내려갈수록 감소
  - 한 주기에서는 왼쪽에서 오른쪽으로 갈수록 증가

7.2 이온 결합: 한 원자에서 다른 원자로의 전자 이동

중요 용어: 이온 결합

- 결합을 하는 목적은 안정성을 얻기 위해서이다.
  - 주족 원소는 비활성 기체의 원자가 전자 구조를 가짐으로써 안정될 수 있다.
- 이온 결합에서는 한 원자에서 다른 원자로 전자가 이동함으로써 안정된다.
  - 전자를 잃어버린 원자는 양이온이 된다.
    - 양이온은 어미 원자보다 크기가 작다.
    - 금속은 양이온이 되려는 경향이 있다.
  - 전자를 얻은 원자는 음이온이 된다.
    - 이온은 어미 원자보다 크기가 크다.
    - 비금속은 음이온이 되려는 경향이 있다.
  - 이온 결합 화합물은 분자로서 존재하지 못한다.
    - 이온은 반대 전하를 가진 다수의 이온들에 끌려 결정 구조를 이룬다.

7.3 이온 결합 화합물의 화학식 예측

- 화합물은 항상 전기적으로 중성이다.
- 금속은 전자를 잃고 비금속은 전자를 얻어서 화합물을 형성한다.
- 주족 원소들은 비활성 기체의 전자 배치를 가짐으로써 안정된다.

7.4 공유 결합: 전자 공유

중요 용어: 공유 결합 | Lewis 구조 | 극성 공유 결합

- 공유 결합은 두 원자가 한 쌍의 전자를 공유하면서 이루어진다.
  - 이것이 화합물들의 주된 결합 형태이다.
  - 진정한 분자는 원자들이 공유 결합한 물질에 존재한다.
  - 오비탈의 겹침이 공유 결합을 형성한다.
- 불균등한 전자쌍 공유에 의하여 극성 공유 결합이 생긴다.

7.5 전기 음성도

중요 용어: 전기 음성도 | 비극성 공유 결합 | 쌍극자

- 전기 음성도는 분자 또는 다원자 이온에서 공유된 전자들에 대해 한 원소의 원자가 가지는 인력이다.

- 극성 결합에서 전자는 전기 음성도가 더 큰 원자 근처에서 더 많은 시간을 보낸다.
- 결합의 극성은 결합에 관련된 원자들 간의 전기 음성도의 차이에 의해 결정된다.
  - 차이가 크면 클수록 결합은 더욱 극성이 된다.
  - 극단적인 경우:
    - 차이가 크면 이온 결합이 된다.
    - 차이가 아주 작으면 (또는 차이가 없으면) 비극성 공유 결합이 된다.
  - 전기적으로 비대칭인 분자는 쌍극자를 갖는데, 분자 안에서 부분 전하를 띤다.

염화 수소

- 일반적으로 결합된 두 원자 사이의 전기 음성도 차이가 1.7~1.9보다 크면, 그 결합은 공유 결합보다는 이온 결합에 더 가깝다.
- 극성 결합이 항상 극성 분자를 만드는 것은 아니다.

7.6 편극력과 편극도-Fajans 규칙

중요 용어: 편극화 | 편극도 | Fajans 규칙

- 이온 뒤틀림이 발생하는 정도는 이온이 다른 이온을 일그러트리려는 힘, 즉 편극력과 이온이 뒤틀림에 얼마나 취약한지, 즉 편극도에 따라 달라진다.
- 이온의 크기가 작아지고 전하가 높아질수록 편극력은 증가한다. 음이온의 편극도는 양이온보다 더 큰데, 이는 유효 핵 전하의 차이로 인해 전자가 덜 단단히 결합하기 때문이다. 큰 음이온은 작은 음이온보다 편극성이 더 크다.
- Fajans는 편극화, 즉 공유 결합을 선호하는 요인을 정리한 네 가지 규칙을 제시하였다.
  - 작은 양이온은 공유 결합을 선호한다.
  - 큰 음이온은 공유 결합을 선호한다.
  - 두 이온 중 하나 또는 두 이온 모두의 전하가 크면 공유 결합을 선호한다.
  - 양이온이 비활성 기체의 전자배치를 갖지 못하는 경우 편극화, 즉 공유 결합을 선호한다.

7.7 화합물의 Lewis 구조

Lewis 구조 쓰기에 대한 문제 풀이 전략

1. 분자나 이온에 있는 모든 원자들의 원자가 전자 수를 합하여 Lewis 구조에 쓰이는 총 원자가 전자 수를 구한다. 만약 이온의 구조를 쓸 때는 각각의 음전하에 대해 전자를 하나씩 더하거나 각각의 양전하에 대해 전자를 하나씩 뺀다.
2. 원자들의 골격 배열을 표시하고, 그 원자들을 단일 공유 결합(두 개의 점 또는 하나의 실선)으로 연결한다. 하나의 결합 전자만을 갖는 수소는 오직 하나의 공유 결합을 형성한다. 산소 원자들은 과산화물로 알려진 화합물의 경우를 제외하고는 일반적으로 서로 결합하지 않는다. 산소 원자는 일반적으로 최대 두 개의 공유 결합(두 개의 단일 결합 또는 하나의 이중 결합)을 할 수 있다.
3. 단계 1에서 계산한 총 전자 수에서 단계 2에서 사용한 한 개의 단일 결합당 두 개의 전자를 뺀다. 이 과정에서 구조를 완성하는 데 사용할 수 있는 알짜 전자 수를 알 수 있다.
4. 각각의 원자가 비활성 기체의 전자 구조를 갖도록 전자쌍(점들의 쌍)들을 각각의 원자(수소 제외) 주위에 분배한다.
5. 이 원자들에 8개의 전자를 분배하기에 전자 수가 충분하지 않다면, 필요한 만큼 비결합 전자쌍을 이동시켜 원자들 간의 단일 결합을 이중 결합 또는 삼중 결합으로 바꾼다. 각각의 원자가 비활성 기체의 전자 구조(수소에 대해서는 2개의 전자, 그리고 다른 원자들에 대해서는 8개의 전자)를 갖는지 확인한다. 이중 결합은 결합된 각각의 원자에 대해 4개의 전자로 계산한다.

7.8 복잡한 Lewis 구조

중요 용어: 공명 구조

- 한 분자에 대하여 여러 개의 Lewis 구조가 가능할 때, 공명 구조(다중 Lewis 구조)를 사용하여 나타낸다.

7.9 다원자 이온을 가지는 화합물

- 다원자 이온은 많은 화학 반응에서 단일 단위체처럼 거동한다.
- 다원자 이온 내의 결합은 공유 결합이다.

7.10 분자의 모양

중요 용어: 선형 구조 | 삼각 평면 구조 | 사면체 구조 | 굽은형 구조

- Lewis 구조가 분자의 모양을 알려 주지는 않는다.

VSEPR 모형을 이용한 분자 모양 결정하기에 대한 문제 풀이 전략

1. 분자의 Lewis 구조를 그린다.
2. 중심 원자 주위의 전자쌍의 개수를 세고 반발을 최소화할 수 있도록(가능한 멀리 떨어지도록) 전자쌍의 배열을 결정한다.
3. 원자들의 위치를 결정한다.
4. 원자들의 위치를 고려하여 분자의 구조를 명명한다.

복습 질문

1. 다음 원소들을 그 원자의 반지름이 가장 작은 것부터 가장 큰 것까지 순서대로 나열하시오: H, Cs, Li, Be, F. (그림 7.2)
2. 포타슘보다 크립톤에서 첫 번째 전자를 제거하는 데 훨씬 더 많은 이온화 에너지가 필요한 이유는 무엇인가? (표 7.1)
3. 마그네슘 원자에서 두 번째 전자보다 세 번째 전자를 제거하는 데 이온화 에너지가 크게 증가하는 이유를 설명하시오. (표 7.1)
4. 주기율표에서 알칼리 금속 족의 경우, 위에서 아래로 내려갈수록 일차 이온화 에너지가 증가하는가, 아니면 감소하는가? 설명하시오. (그림 7.3)
5. 주기율표에서 비활성 기체 족의 경우, 위에서 아래로 내려갈수록 일차 이온화 에너지가 증가하는가, 아니면 감소하는가? 설명하시오. (그림 7.3)
6. 헬륨 원자가 수소 원자보다 일차 이온화 에너지가 훨씬 더 큰 이유를 설명하시오. (표 7.1)
7. 리튬 원자에서 두 번째 전자를 제거하는 데 많은 에너지가 필요한 이유는 무엇인가? (표 7.1)
8. 어떤 원소의 반지름이 더 큰가?
   (a) Be 또는 Mg
   (b) Rb 또는 Sr
   (c) S 또는 Cl
   (d) Pb 또는 Sb
   (e) Se 또는 Kr
   (f) Ga 또는 As
9. 1A(1)~7A(17)족의 각 족에서 원자 반지름이 가장 작은 원소는? (그림 7.2)
10. 주기율표의 어느 족에서나 아래로 내려갈수록 원자의 크기가 증가하는 이유는 무엇인가?
11. NaCl은 쉽게 형성되지만, $NaCl_2$는 존재하지 않는 이유를 설명하시오.
12. 마그네슘 이온은 +2의 전하를 갖는다. 그 타당성을 설명하시오.
13. Lewis 구조에서 왜 원자가 전자만을 표시하는가?
14. 원자가 전자란 무엇인가?
15. 이온 결합을 형성할 때 금속은 전자를 잃기 쉽고, 비금속은 전자를 얻기 쉬운 이유는 무엇인가?
16. 다음 각 족의 원소들이 비활성 기체의 전자 배치를 이루기 위하여 전자를 얻는지, 잃는지를 쓰시오.
   (a) 1A(1)족
   (b) 2A(2)족
   (c) 6A(16)족
   (d) 7A(17)족

17. 이온 결합 화합물의 전체 전하는 무엇인가?

18. 어느 족의 원소들이 염화 이온과 1 : 1의 양이온 비율로 이온 결합 화합물을 이루는가?

19. 질산 칼슘의 화학식이 $Ca(NO_3)_2$라면, 질산 마그네슘, 질산 스트론튬, 질산 바륨의 화학식을 예측하시오.

20. 마그네슘이 이온 결합 화합물을 형성할 때, 두 개의 전자를 잃으려는 경향을 나타내는 이유를 설명하시오.

21. **분자**라는 용어가 공유 결합 화합물을 설명하는 데 사용되지만, 이온 결합 화합물에서는 사용될 수 없는 이유는?

22. 단일 공유 결합을 이루는 데 필요한 공유 전자는 몇 개인가? 두 원자 사이에 형성될 수 있는 최대 공유 결합의 수는 몇 개인가?

23. 화학자가 공유 결합의 형성을 어떻게 기술하는지 간단한 용어로 설명하시오.

24. 염소가 플루오린보다 일차 이온화 에너지가 낮은 이유를 설명하시오(그림 7.3 참조).

25. 극성 결합을 갖는 모든 분자들이 극성 분자인지 설명하시오.

26. 극성 공유 결합에서 어느 원자가 부분 음전하($\delta-$)를 띨지, 어느 원자가 부분 양전하($\delta+$)를 띨지를 어떻게 결정하는가?

27. (a) 전기 음성도가 가장 높은 원소와 (b) 전기 음성도가 가장 낮은 원소는 주기율표에서 대체로 어디에 위치하는가?

28. Lewis 구조를 그리는 이유는 무엇인가?

29. Lewis 구조에서 점은 무엇을 나타내는가? 선은 무엇을 나타내는가?

30. 한 가지 화합물에 대한 두 개 이상의 타당한 Lewis 구조가 가능할까? 오존을 예로 들어 설명하시오.

31. 한 분자가 두 개 이상의 타당한 Lewis 구조를 갖는다면, 그러한 구조를 기술하는 데 사용되는 용어는 무엇인가?

32. 이온 결합과 공유 결합을 모두 갖는 분자의 예 두 가지를 쓰시오.

33. 전자쌍 배열과 분자 모양의 차이점은 무엇인가? 이 두 가지가 다른 두 가지 예를 제시하시오.

34. Fajans 규칙을 설명하시오.

짝으로 된 연습 문제

푸른색 숫자로 되어 있는 모든 연습 문제의 답은 부록 5에 있다.

1. 다음 그림은 소듐 원자와 Na^+ 이온을 나타낸 것이다. 각각 해당하는 그림을 선택하고 그 이유를 설명하시오.

1 2

2. 다음 그림은 브로민 원자와 Br^- 이온을 나타낸 것이다. 각각 해당하는 그림을 선택하고 그 이유를 설명하시오.

1 2

3. 다음 중 어느 것의 반지름이 더 큰지를 설명하시오.

(a) 칼슘 원자 또는 칼슘 이온
(b) 염소 원자 또는 염화 이온
(c) 마그네슘 이온 또는 알루미늄 이온
(d) 소듐 원자 또는 인 원자
(e) 포타슘 이온 또는 브로민화 이온

4. 다음 중 어느 것의 반지름이 더 큰지를 설명하시오.

(a) Fe^{2+} 또는 Fe^{3+}
(b) 포타슘 원자 또는 포타슘 이온
(c) 칼슘 원자 또는 브로민 원자
(d) 스트론튬 원자 또는 아이오딘 원자
(e) 루비듐 이온 또는 세슘 이온

5. 한 원자가 양이온이 되면 그 크기는 변한다. 어떻게 왜 그 크기가 변하는지 설명하시오.

6. 한 원자가 음이온이 되면 그 크기는 변한다. 어떻게 왜 그 크기가 변하는지 설명하시오.

7. **이온화 에너지**를 정의하시오. 주기율표상에서 옆으로 또는 아래로 이동할 때, 원소의 이온화 에너지가 어떻게 변하는지 설명하시오.

8. **전기 음성도**를 정의하시오. 주기율표상에서 옆으로 또는 아래로 이동할 때, 원소의 전기 음성도가 어떻게 변하는지 설명하시오.

9. 전기 음성도 값(표 7.5)을 이용하여 다음 화합물 중 어느 원소가 부분 양전하를 띠고 어느 원소가 부분 음전하를 띠는지를 표시하시오.

(a) OF_2 (c) NH_3 (e) PCl_3
(b) CsCl (d) PbS (f) CCl_4

10. 전기 음성도 값(표 7.5)을 이용하여 다음 화합물 중 어느 원소가 부분 양전하를 띠고 어느 원소가 부분 음전하를 띠는지를 표시하시오.

(a) HCl (c) CCl_4 (e) CsI
(b) SO_2 (d) IBr (f) OF_2

11. 다음 한 쌍의 원소들 간의 결합이 주로 이온 결합인지, 공유 결합인지 분류하시오(표 7.5 참조).
(a) 셀레늄과 산소
(b) 스트론튬과 질소
(c) 포타슘과 브로민
(d) 탄소와 염소

12. 다음 한 쌍의 원소들 간의 결합이 주로 이온 결합인지, 공유 결합인지 분류하시오(표 7.5 참조).
(a) 소듐과 산소
(b) 질소와 수소
(c) 산소와 수소
(d) 인과 염소

13. 다음을 나타내는 화학 반응식을 쓰시오.
(a) 마그네슘 원자에서 마그네슘 이온으로의 변화
(b) 아이오딘 원자에서 아이오딘화 이온으로의 변화

14. 다음을 나타내는 화학 반응식을 쓰시오.
(a) 포타슘 원자에서 포타슘 이온으로의 변화
(b) 셀레늄 원자에서 셀레늄화 이온으로의 변화

15. 다음 원소의 원자에서 원자가 전자의 수는 몇 개인가?
(a) 셀레늄 (d) 산소
(b) 안티모니 (e) 갈륨
(c) 아이오딘 (f) 바륨

16. 다음 원소의 원자에서 원자가 전자의 수는 몇 개인가?
(a) 주석 (d) 베릴륨
(b) 비스무트 (e) 인듐
(c) 루비듐 (f) 브로민

17. 다음 원자나 이온이 비활성 기체의 전자 배치를 이루려면, 몇 개의 전자를 얻거나 잃어야 하는가?
(a) 루비듐 원자 (c) 브로민 원자
(b) 스트론튬 이온 (d) 텔루륨 원자

18. 다음 원자나 이온이 비활성 기체의 전자 구조를 이루려면, 몇 개의 전자를 얻거나 잃어야 하는가?
(a) 황 원자 (c) 질소 원자
(b) 칼슘 원자 (d) 아이오딘화 이온

19. 크로뮴 원자에 대한 다음의 질문에 답하시오.
(a) 완전한 전자 배치를 쓰시오.
(b) 오비탈 도표를 이용하여, 가장 높은 *d* 부준위에 채워진 전자들을 나타내시오.
(c) 크로뮴(III) 이온이 형성될 때 어떤 전자들을 잃게 되는가?
(d) Cr^{3+} 이온에 대한 완전한 전자 배치를 쓰시오.

20. 망가니즈 원자에 대한 다음의 질문에 답하시오.
(a) 완전한 전자 배치를 쓰시오.
(b) 오비탈 도표를 이용하여, 가장 높은 *d* 부준위에 채워진 전자들을 나타내시오.
(c) 망가니즈(II) 이온이 형성될 때 어떤 전자들을 잃게 되는가?
(d) Mn^{2+} 이온에 대한 완전한 전자 배치를 쓰시오.

21. 다음 원자들이 이온 결합 화합물을 형성할지, 분자 화합물을 형성할지 결정하고 화합물의 화학식을 쓰시오.
(a) 리튬과 염소
(b) 탄소와 네 개의 염소
(c) 마그네슘과 브로민
(d) 두 개의 아이오딘
(e) 탄소와 두 개의 산소

22. 다음 각각의 원자들이 비극성 공유 결합 화합물을 형성할지, 극성 공유 결합 화합물을 형성할지 결정하고 화합물의 화학식을 쓰시오.
(a) 두 개의 산소
(b) 수소와 브로민
(c) 산소와 두 개의 수소
(d) 두 개의 아이오딘

23. E를 임의의 주족 원소라고 하자. 표의 양상을 따를 때, 다음 원소의 수소 화합물과 산소 화합물의 화학식을 쓰시오.
(a) Na (c) Al
(b) Ca (d) Sn

족						
1A(1)	2A(2)	3A(13)	4A(14)	5A(15)	6A(16)	7A(17)
EH	EH_2	EH_3	EH_4	EH_3	H_2E	HE
E_2O	EO	E_2O_3	EO_2	E_2O_5	EO_3	E_2O_7

24. E를 임의의 주족 원소라고 하자. 표의 양상을 따를 때, 다음 원소의 수소 화합물과 산소 화합물의 화학식을 쓰시오.
(a) Sb (c) Cl
(b) Se (d) C

족						
1A(1)	2A(2)	3A(13)	4A(14)	5A(15)	6A(16)	7A(17)
EH	EH_2	EH_3	EH_4	EH_3	H_2E	HE
E_2O	EO	E_2O_3	EO_2	E_2O_5	EO_3	E_2O_7

25. 다음 각 화합물의 결합이 이온 결합인지, 공유 결합인지 분류하시오.
(a) H_2O (c) BaO
(b) KCl (d) Cl_2

26. 다음 각 화합물의 결합이 이온 결합인지, 공유 결합인지 분류하시오.
(a) HCl (b) $BaCl_2$
(c) NH_3 (d) SO_2

27. 다음 원자들 간에 형성된 결합의 형태를 예측하시오.
(a) P와 I (b) As와 S (c) Cl과 I

28. 다음 원자들 간에 형성된 결합의 형태를 예측하시오.
(a) H와 Si (b) O와 F (c) Si와 Br

29. 다음 분자의 Lewis 구조를 그리시오.
(a) H_2 (b) N_2 (c) Cl_2

30. 다음 분자의 Lewis 구조를 그리시오.
(a) O_2 (b) Br_2 (c) I_2

31. 다음 화합물의 Lewis 구조를 그리시오.
(a) NCl_2 (c) C_2H_6
(b) PH_3 (d) $NaNO_3$

32. 다음 화합물의 Lewis 구조를 그리시오.
(a) H_2S (c) NH_3
(b) CS_2 (d) NH_4Cl

33. 다음 화합물의 Lewis 구조를 그리시오.
(a) Ba^{2+} (d) CN^-
(b) Ga^{3+} (e) OCl^-
(c) BrO_4^-

34. 다음 화합물의 Lewis 구조를 그리시오.
(a) I^- (d) CO
(b) S^{2-} (e) NO_3^-
(c) CO_3^{2-}

35. 다음의 분자에 대한 가능한 공명 구조를 Lewis 구조로 모두 나타내시오.
(a) SO_2 (중심 원자: 황)
(b) N_2O (중심 원자: 질소)

36. 다음의 이온에 대한 가능한 공명 구조를 Lewis 구조로 모두 나타내시오.
(a) NO_2^- (중심 원자: 질소)
(b) HCO_2^- (중심 원자: 탄소)

37. 다음 분자가 극성인지, 비극성인지 분류하시오.
(a) $CHCl_3$ (c) BCl_3
(b) Br_2 (d) PCl_3

38. 다음 분자가 극성인지, 비극성인지 분류하시오.
(a) H_2 (c) CH_3OH
(b) NI_3 (d) CS_2

39. 중심 원자 주위의 전자쌍의 개수를 정하고 배열하시오.
(a) CCl_4의 C
(b) H_2Se의 Se
(c) AlH_3의 Al

40. 중심 원자 주위의 전자쌍의 개수를 정하고 배열하시오.
(a) $GaCl_3$의 Ga
(b) NF_3의 N
(c) ClO_3^-의 Cl

41. VSEPR 이론을 이용하여 다음 다원자 이온의 구조를 예측하시오.
(a) 황산 이온
(b) 탄산 이온
(c) 과아이오딘산 이온

42. VSEPR 이론을 이용하여 다음 다원자 이온의 구조를 예측하시오.
(a) 암모늄 이온
(b) 아황산 이온
(c) 인산 이온

43. 다음은 가상의 분자의 Lewis 구조이다. 표시된 원자의 전자쌍 배열과 분자 구조를 예측하시오. (주의: 구조는 부정확하게 그려질 수 있음.)

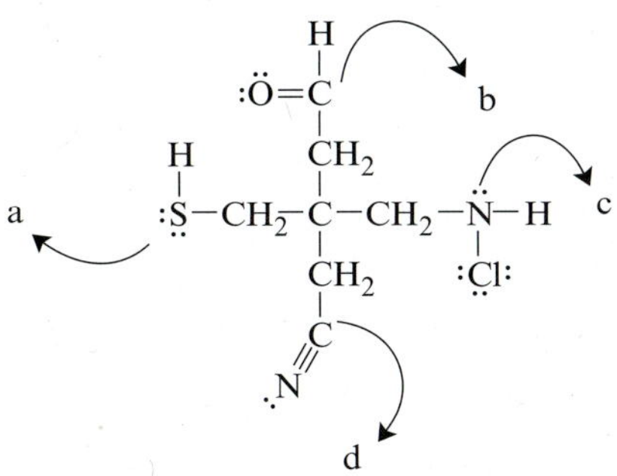

44. 다음은 가상의 분자의 Lewis 구조이다. 표시된 원자의 전자쌍 배열과 분자 구조를 예측하시오. (주의: 구조는 부정확하게 그려질 수 있음.)

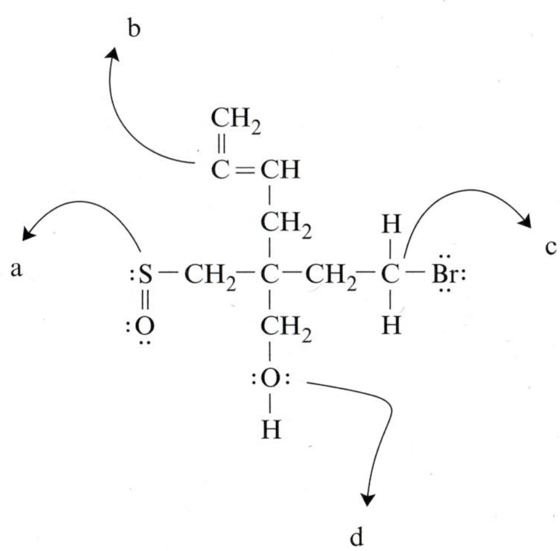

45. VSEPR 이론을 이용하여 다음 분자의 모양을 예측하시오.
(a) BF_3 (b) PH_3 (c) SeF_2

46. VSEPR 이론을 이용하여 다음 분자의 모양을 예측하시오.
(a) SiF_4 (b) OF_2 (c) Cl_2O

47. 원소 X는 소듐과 반응하여 화합물 Na_2X를 형성하며, 주기율표의 두 번째 주기에 존재한다. 이 원소는 무엇인가?

48. 원소 Y는 산소와 반응하여 화합물 Y_2O를 형성하며, 주기율표의 네 번째 주기의 원소 중 가장 낮은 이온화 에너지를 갖는다. 이 원소는 무엇인가?

추가 연습 문제

49. 포타슘, 세슘, 크립톤의 원자들이 아래에 그려져 있다. 각각 해당하는 그림을 선택하고 그 이유를 설명하시오.

1 2 3

50. Br^-, Se^{2-}, K^+, Ca^{2+}, Kr을 나타내는 구형 모양이 아래에 그려져 있다. 각각 해당하는 그림을 선택하고 그 이유를 설명하시오.

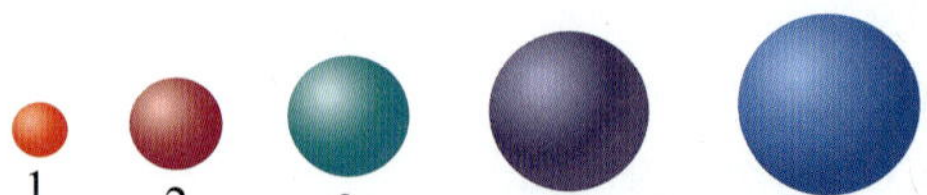

1 2 3 4 5

51. 다음 각 쌍 중 더 큰 것은 무엇인가?

(a) Br^-와 Br
(b) Al과 Al^{3+}
(c) K^+와 K
(d) Fe^{2+}와 Fe^{3+}

52. 소듐의 일차 이온화 에너지(IE)는 마그네슘의 일차 IE보다 작다. 그러나 마그네슘의 이차 IE는 소듐의 이차 IE보다 작다. 전자 배치 또는 크기 등을 이용하여 IE의 이러한 경향에 대해 설명하시오.

53. 브로민은 매우 큰 일차 이온화 에너지를 가지지만, 상대적으로 쉽게 브로민화 이온을 형성한다. 이에 대해 설명하시오.

54. 같은 전자 배치를 가지고 있는 세 가지 입자가 있다. 하나는 알칼리 금속의 양이온이고, 또 하나는 3주기에 있는 할로젠화물의 음이온이고, 세 번째는 비활성 기체 원자이다. 이 세 가지 입자를 전하를 포함하여 나타내시오. 어느 입자의 원자 또는 이온 반지름이 가장 작은가? 또 어느 것의 크기가 가장 큰가? 그리고 이유를 설명하시오.

55. 하이드라진(N_2H_4)과 하이드록실아민(NH_2OH)의 Lewis 구조를 그리시오.

56. 다음 화합물의 Lewis 구조를 그리고 모양을 결정하시오.

(a) I_3^-
(b) SO_4^{2-}
(c) $SOCl_2$
(d) Cl_2O

57. 다음 화합물의 Lewis 구조를 그리시오.

(a) 에테인(ethane, C_2H_6)
(b) 에틸렌(ethylene, C_2H_4)
(c) 아세틸렌(acetylene, C_2H_2)

58. 주기율표에서 다음의 서술에 맞는 각각의 원소를 쓰시오.

(a) 알칼리 토금속에서 전기 음성도가 가장 큰 원소
(b) 일차 이온화 에너지가 가장 큰 비활성 기체
(c) 일차 이온화 에너지가 가장 작은 네 번째 주기의 원소
(d) 전기 음성도가 가장 큰 원소
(e) 원자 반지름이 가장 큰 알칼리 금속
(f) 원자 반지름이 가장 작은 두 번째 주기의 원소

59. 다음 각각의 서술에 맞는 원소를 선택하시오.

(a) 전기 음성도가 더 큰 원소, Br 또는 I
(b) 일차 이온화 에너지가 더 큰 원소, S 또는 Se
(c) 전기 음성도가 더 작은 원소, Ca 또는 C

60. 표 7.5에서 비활성 기체에 대해서는 전기 음성도 값을 나타내지 않았다. 그 이유가 무엇이라고 생각하는가?

61. Na 원자에서 하나의 전자를 제거하면 열 개의 전자가 남는다. Ne 원자 또한 열 개의 전자를 갖고 있다. 왜 Ne에서 첫 번째 전자를 제거할 때보다 Na에서 두 번째 전자를 제거하는 데 더 많은 에너지가 필요한가?

62. 1B(11)족 원소들(책표지 안쪽의 주기율표 참조)은 1A(1)족 원소들처럼 바깥쪽 에너지 준위에 한 개의 전자를 갖는다. 그 원소들이 CuCl, AgCl, AuCl 같은 화합물들을 형성할 수 있다고 예측하는가? 설명하시오.

63. 염화 인(III)의 화학식은 PCl_3이다. 염화 비소(III), 염화 안티모니(III), 염화 비스무트(III)의 화학식을 예측하시오.

64. 왜 염화 소듐 분자라고 말하는 것이 적절하지 않은가?

65. 공유 결합은 무엇인가? 공유 결합은 이온 결합과 어떻게 다른가?

66. 화합물 Na_2O의 구조 Na:$\ddot{\underset{..}{O}}$:Na에 대해 간략히 설명하시오.

67. 전기 음성도가 가장 큰 네 개의 원소들은 무엇인가?

68. 다음 원소들을 전기 음성도가 가장 큰 것부터 순서대로 나열하시오.

Li, S, F, H, N, Cs

69. 어떤 분자가 극성 공유 결합을 가지고 있을지라도 비극성이 될 수 있는가? 설명하시오.

70. CO는 극성 분자인 반면에 CO_2는 비극성 분자인 이유는 무엇인가?

71. 극성이 증가하는 순서로 다음의 결합을 나열하시오.

(a) NaO, CO, NO
(b) CO, SiO, GeO
(c) BO, BS, BSe

72. 다음 각 분자의 원자들 간의 결합각을 추정하시오.

(a) H_9S
(b) NH_3
(c) PCl_4^+
(d) $SiCl_4$

73. AlF_3의 Lewis 구조가 아래와 같지 않은 이유는?

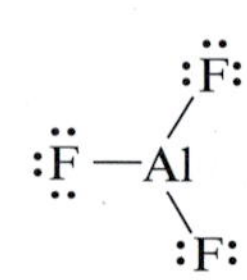

올바른 Lewis 구조는 무엇이며, 어떤 전자들이 Lewis 구조에 나타나는가?

74. 탄소가 최대 네 개의 공유 결합을 가지는 이유는?

75. 원자 X는 $1s^22s^22p^63s^23p^64s^23d^{10}4p^5$의 전자 배치를 갖는다. 이 원자는 인과 이온 결합, 비극성 공유 결합, 극성 공유 결합 중 어느 결합으로 화합물을 만들겠는가?

76. BF_3와 NF_3 두 분자들을 생각해 보자. 이 두 분자들을 아래 항들에 관해 비교하고 대조하시오.

(a) 결합에 쓰이는 중심 원자들의 원자가 준위 오비탈

(b) 분자의 모양

(c) 중심 원자의 고립 전자쌍 개수

(d) 분자 내 결합의 유형과 개수

77. 전기 음성도에 있어서 플루오린이 중요한 원자인 이유는 무엇인가? 주기율표상의 어떤 원자들의 결합이 가장 강한 이온 결합을 만드는가?

78. 황과 산소로 이루어진 공기 오염 물질 시료에서 1.40 g의 황과 2.10 g의 산소가 검출되었다. 이 화합물의 실험식은 무엇인가? 이 화합물을 나타내기 위한 Lewis 구조를 그리시오.

79. 탄소와 염소로 구성된 드라이클리닝 유체는 14.5% 탄소와 85.5% 염소의 조성을 갖는 것으로 알려졌다. 알려진 몰질량은 166 g/mol이다. 이 화합물을 나타내는 Lewis 구조를 그리시오.

80. 다음 그림이 이온 결합 화합물, 공유 결합 화합물, 또는 이온 결합과 공유 결합 모두를 부분적으로 가지고 있는 화합물 중 어느 것을 나타내는지 밝히시오.

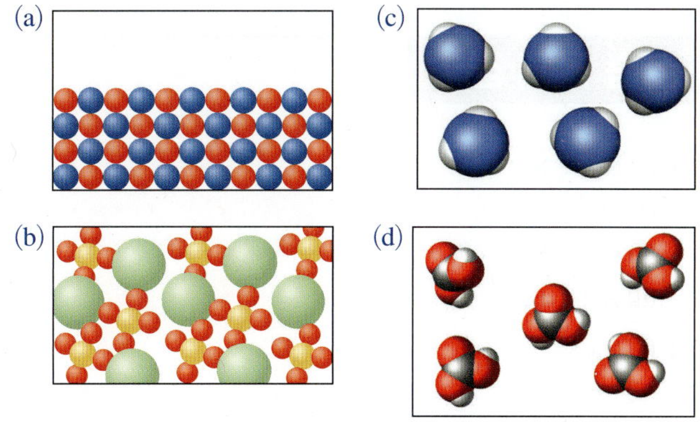

81. 다음 화합물이 이온 결합인지, 공유 결합인지, 아니면 둘 다인지를 밝히시오. 각 화합물에 대한 정확한 IUPAC 명을 쓰시오.

(a) Na_3P (d) H_2Se

(b) NH_4I (e) $Cu(NO3)_2$

(c) SO_2 (f) CaO

도전 문제

82. 다음 화합물의 Lewis 구조를 그리고, 각 이온의 전하를 모두 나타내시오.

(a) H_2SO_4 (c) K_2CO_3 (e) $Al_9(SO_4)_3$

(b) $NaNO_3$ (d) HCN (f) CH_3COOH

83. 소듐의 일차 이온화 에너지는 496 kJ/mol이다. 25 g의 소듐 원자를 소듐 이온으로 변화시키려면 얼마의 에너지가 필요한가? (표 7.1 참조)

84. 베릴륨 원자 15 mol에서 처음 두 개의 전자를 제거하는 데 필요한 총 에너지는 얼마인가? (표 7.1 참조)

85. 삼산화 황 기체는 물과 반응하여 황산을 형성한다. 반응을 나타내는 모든 물질의 Lewis 구조를 그리시오.

86. 마늘에 있는 화합물들은 면역계 향상, 항암 활성, 심장 혈관 활성에 중요한 생물학적인 효능을 나타내는 것으로 알려졌다. 마늘은 단지 스파게티 맛을 증진시키는 것 이상으로 훌륭한 가치를 가지고 있음이 분명하다. 현재 연구되고 있는 마늘의 일부 화합물을 다음 그림에 나타내었다.

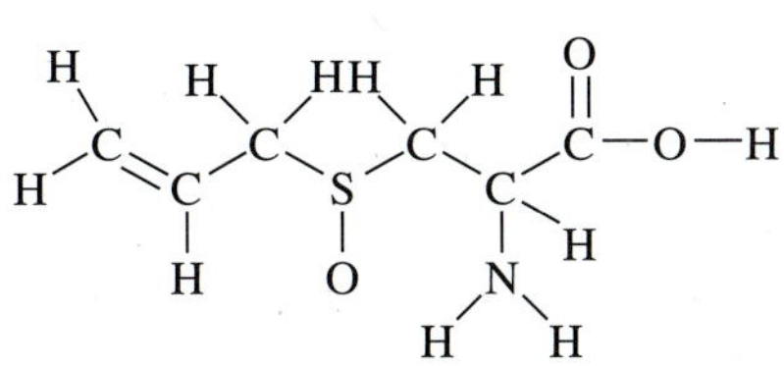
알리인(Alliin)

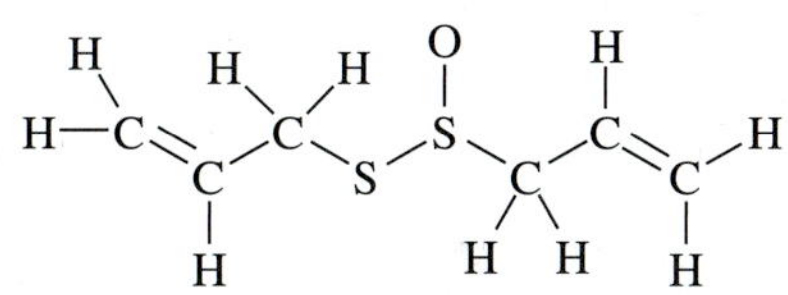
알리신(Allicin, 마늘의 독특한 향을 낸다)

원자에 존재하는 모든 비공유 전자쌍을 나타내는 점들을 부가하여 이 분자들을 다시 그리시오. 정사면체 구조를 갖는 원자 주위에는 원을, 삼각 평면 구조를 갖는 원자 주위에는 정사각형을, 삼각뿔 구조를 갖는 원자 주위에는 오각형을, 굽은형 구조를 갖는 원자 주위에는 육각형을 그리시오. 의외의 결합수를 갖는 모든 원자 주위에는 삼각형을 그리시오.

87. 우리의 태양계 밖에서 발견된 두 가지 가장 복잡한 유기 화합물이 은하수 중심 근처의 거대한 별-형성 지역인 Sagittarius B2라는 곳에서 발견되었다. 이들 두 화합물, 폼산 에틸(산딸기 맛을 내는 화합물)과 *n*-사이안화 프로필의 골격 구조가 아래에 그려져 있다. 이들 두 화합물에 대한 완벽한 Lewis 전자점 구조를 그리고, 각 원자 주위의 전자쌍과 분자의 구조를 확인하고 결합각을 예측하시오.

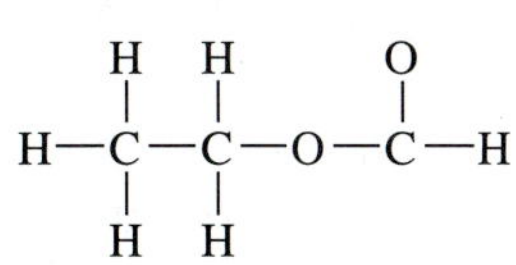
폼산 에틸

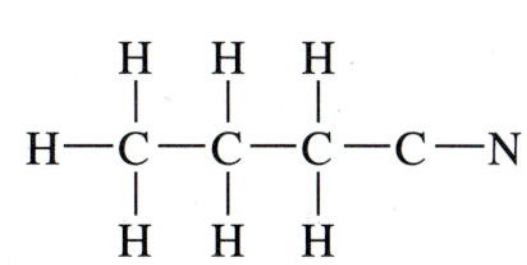
n-사이안화 프로필

88. CH_4와 SF_4는 모두 한 개의 중심 원자에 네 개의 다른 원자가 결합하지만, 하나는 사면체 모양이고 다른 하나는 시소 모양이다. 그 이유를 설명하시오.

실습 문제 정답

7.1 (a) Ne; Na^+
(b) Ne; Mg^{2+}
(c) Kr; Sr^{2+}
(d) Xe; Ba^{2+}

7.2 (a) Na_2S
(b) Rb_2O

7.3 (a) Mg_3N_2
(b) Ba_3AS_2

7.4 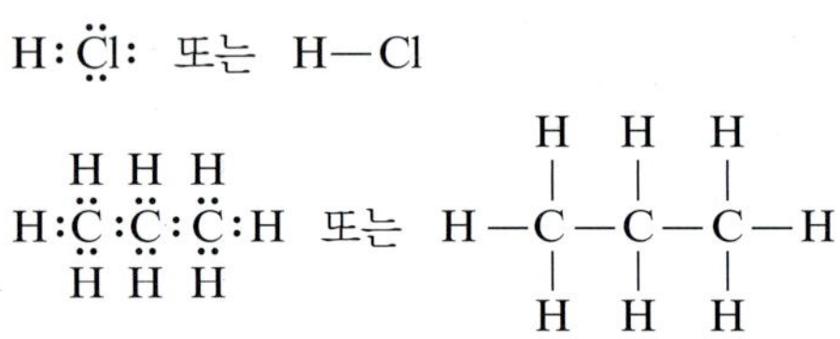

7.5 한 원소의 전기 음성도는 그 원소가 공유 결합에서 공유한 전자쌍을 끌어당기는 세기에 대한 정보를 제공한다. 전기 음성도가 클수록 공유한 전자쌍에 대한 인력이 커진다. 결론적으로 전기 음성도가 다른 두 원자가 한 쌍의 전자를 공유할 때, 그 전자쌍에 대한 인력 때문에 한 원자는 부분적으로 음전하를 띠고 다른 원자는 부분적으로 양전하를 띤다. 이렇게 형성된 결합을 극성 공유 결합이라고 한다.

7.6 이온 결합: (a), (d), (e)
공유 결합: (b), (c), (f)

7.7 이온 뒤틀림이 발생하는 정도는 이온이 다른 이온을 일그러트리려는 힘, 즉 편극력과 이온이 뒤틀림에 얼마나 취약한지, 즉 편극도에 따라 달라진다.

7.8 반지름은 각 족에서 아래로 내려갈수록 증가하여, 편극력도 감소할 것으로 예상된다. 그러나 실제로는 증가하는데, 이는 낮은 차폐 전자의 수가 증가하는 만큼 유효 핵 전하가 족 아래로 내려갈수록 증가하기 때문이다.

7.9 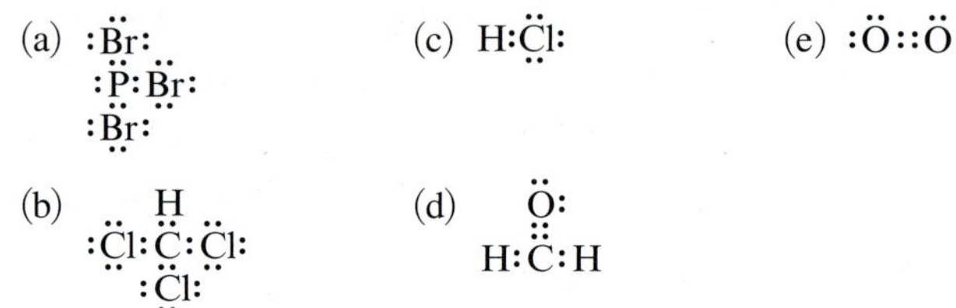

7.10 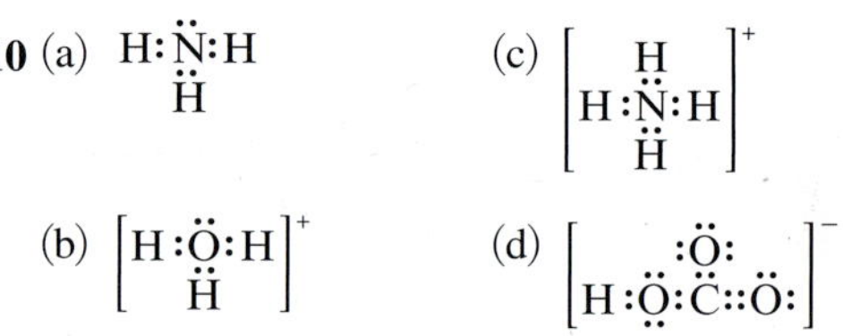

7.11 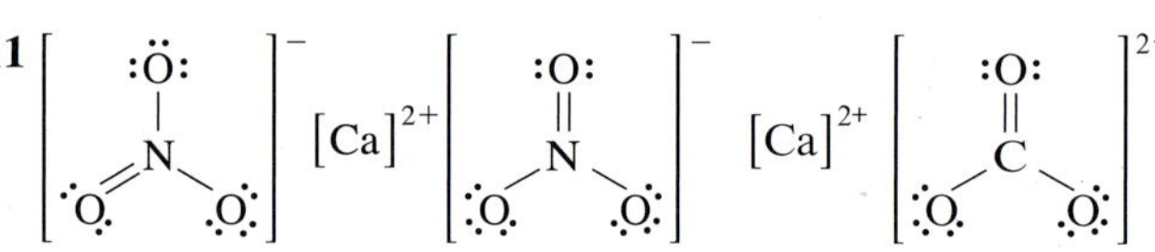

7.12 CH_4–사면체형, NF_3–삼각뿔형, BeI_2–선형

ALEAIMAGE/E+/Getty Images

8장 무기 화합물의 명명법

어릴 때는 주위 사물들의 이름을 배움으로써 일상생활에서 다른 사람들과 의사소통을 시작한다. 그리고 성장하면서 매우 다양한 일들을 수행하기 위하여 말하기와 언어를 사용하는 법을 배운다. 학교에 입학해서는 다른 언어, 즉 수학, 다른 문화, 컴퓨터의 언어들을 배우기 시작한다. 각각의 경우, 처음에는 기본 명칭 및 개념들을 배우고 나아가 더 추상적인 개념들을 배우게 된다. 화학은 일상생활에서 우리에게 너무나 친숙한 사물들을 완전히 새롭게 묘사하는 자신만의 언어를 가지고 있다. 예를 들어 조개껍데기는 보통 석회석이라 부르는 화학 물질인 탄산 칼슘으로부터 형성된다. 이것은 우리가 건강을 유지하기 위해 먹는 칼슘 보충제에 사용하는 것과 같은 화학 물질이다. 오직 그 언어를 배우고 나서야 화학의 미시적 세계와 거시적 세계를 이해할 수 있게 된다.

8장의 개요

8.1 관용명과 체계명

이 절의 학습 목표
화학 물질의 관용명과 체계명을 구분할 수 있다.

화학 명명법은 화학자들이 화합물들을 확인하기 위하여 사용하는 이름 체계이다. 새로운 화합물이 화학식으로 표현되면, 모든 다른 물질들과 그 화합물을 구별하기 위하여 이름을 지어야 한다(**그림 8.1**). 이 장에서는 무기 화합물(일반적으로 탄소를 포함하지 않는 화합물)의 명명법에 대해서만 논의할 것이다.

관용명은 화합물의 화학적 조성을 기반으로 하지 않은 임의의 이름이다. 화학이 체계화되기 전에는 보통 그 물질의 두드러진 물리적 또는 화학적 성질 중의 하나와 관련된 이름을 붙였다. 예를 들면 *quicksilver*는 수은의 관용명이고, 치과 의사들이 마취제로 사용하였던 일산화 이질소(N_2O)는 흡입 시에 웃음을 유발하기 때문에 **웃음 기체**(laughing gas)로 불리어 왔다. 물과 암모니아도 관용명이다. 왜냐하면, 그 이름에서 화합물들의 화학적 조성에

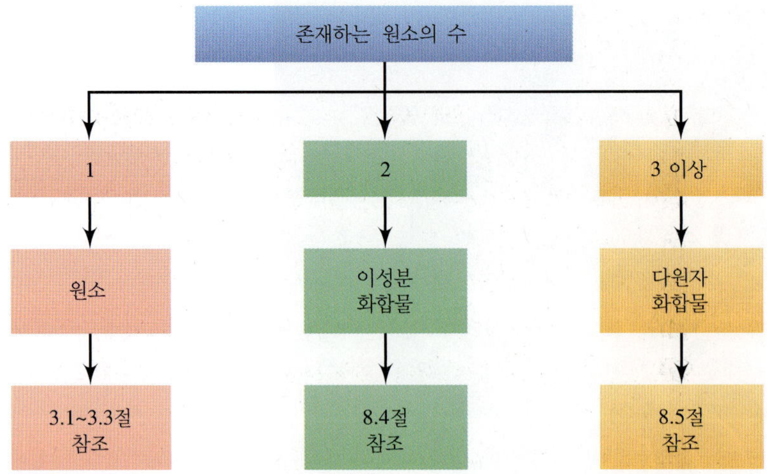

그림 8.1 이 책에서 무기물의 명명에 대한 규칙을 찾는 흐름도

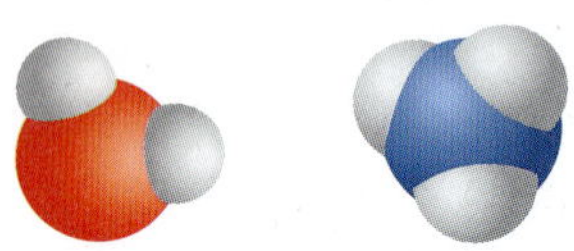

물 암모니아

참고 물(H_2O)과 암모니아(NH_3)는 거의 관용명으로 사용된다.

대한 어떤 정보도 얻을 수 없기 때문이다(참고와 그림 참조). 물질마다 관용명을 쓴다면, 5천만개가 넘는 이름들을 배우기 위하여 요구되는 기억의 양은 천문학적인 숫자가 될 것이다.

관용명은 명백한 한계를 가지고 있지만, 여전히 자주 사용되고 있다. 체계명을 일상생활에서 계속 사용하기에는 너무 길거나 전문적이기 때문에 관용명을 지속적으로 사용하는 것이다. 예를 들면 미장이들은 산화 칼슘(CaO)을 **석회**(lime)라고 부르고, 사진사들은 싸이오황산 소듐($Na_2S_2O_3$)보다는 **하이포**(hypo)라는 이름을 선호한다. 그리고 영양사들은 지모스테롤($C_{27}H_{44}O$) 대신에 **비타민 D_3**란 이름을 사용한다. **표 8.1**에 몇 가지 잘 알려진 물질들의 관용명, 화학식, 체계명들을 나타내었다.

표 8.1 잘 알려진 물질들의 관용명, 화학식, 화학명

관용명	화학식	화학명	관용명	화학식	화학명
아세틸렌	C_2H_2	에타인	석고	$CaSO_4 \cdot 2H_2O$	황산 칼슘 이수화물
석회	CaO	산화 칼슘	곡식에서 얻은 알코올	C_2H_5OH	에탄올, 에틸 알코올
소석회	$Ca(OH)_2$	수산화 칼슘	하이포	$Na_2S_2O_3$	싸이오황산 소듐
물	H_2O	물	웃음 기체	N_2O	일산화 이질소
방연석	PbS	황화 납(II)	잿물, 가성 소다	$NaOH$	수산화 소듐
알루미나	Al_2O_3	산화 알루미늄	마그네시아유	$Mg(OH)_2$	수산화 마그네슘
베이킹 소다	$NaHCO_3$	탄산 수소 소듐	염산(muriatic acid)	HCl	염화수소산
사탕수수 또는 사탕무 설탕	$C_{12}H_{22}O_{11}$	슈크로스	소석고	$CaSO_4 \cdot \frac{1}{2}H_2O$	황산 칼슘 반수화물
붕사	$Na_2B_4O_7 \cdot 10H_2O$	사붕산 소듐 십수화물	잿물	K_2CO_3	탄산 포타슘
			황철광	FeS_2	이황화 철(II)
유황	S	황	수은(quicksilver)	Hg	수은
방해석, 대리석, 석회석	$CaCO_3$	탄산 칼슘	칠레 초석	$NaNO_3$	질산 소듐
			소금	$NaCl$	염화 소듐
주석영	$KHC_4H_4O_6$	타타르산 수소 포타슘	식초	$HC_2H_3O_2$	아세트산
사리염(epson salt)	$MgSO_4 \cdot 7H_2O$	황산 마그네슘 칠수화물	세탁용 소다	$Na_2CO_3 \cdot 10H_2O$	탄산 소듐 십수화물
			목정	CH_3OH	메탄올, 메틸 알코올

화학자들은 화합물들의 화학적 조성을 정확히 식별하는 체계명을 선호한다. 무기 명명법에 관한 체계는 1921년에 설립된 국제 순수 및 응용화학 연맹(IUPAC, the International Union of Pure and Applied Chemistry)에 의하여 창안되었다. IUPAC은 체계명을 정기적으로, 지속적으로 재검토하여 갱신하고 있다. (무기 화합물의 한글 체계 명명법은 대한화학회에서 제정하였으며, http://new.kcsnet.or.kr을 참조하라.)

8.2 원소와 이온

이 절의 학습 목표
간단한 이온의 형성, 전하, 명명에 대해 토론할 수 있다.

3장에서 원소의 이름과 기호뿐만 아니라 주기율표에서의 위치도 배웠다. 5장에서는 원자의 구성에 대해 살펴보았으며, 모든 원자는 양성자, 전자, 중성자로 구성되어 있다는 것을 배웠다. 그리고 특정 원소는 그 원소가 가지고 있는 양성자 수에 의하여 정의되고, 원자는 같은 수의 양성자와 전자를 가지고 있기 때문에 전하를 띠고 있지 않다는 것도 배웠다.

대부분 원소들의 화학식은 단순히 원소 기호이다. 화학 반응이나 혼합물에서 원소들은 개개 입자들의 집합체인 것처럼 행동한다. 몇몇 원소들은 실온에서 단일 원자가 아닌 화학식을 갖는다. 일곱 가지 원소들은 두 원자가 서로 결합하여 한 분자를 형성하는 **이원자**(diatomic) 분자이다. 이들 이원자 원소는 수소(H_2), 산소(O_2), 질소(N_2), 플루오린(F_2), 염소(Cl_2), 브로민(Br_2), 아이오딘(I_2)이다. 주로 다원자로 존재하는 세 가지 원소는 황(S_8), 셀레늄(Se_8), 인(P_4)이다.

다원자 분자로 존재하는 원소					
수소	H_2	염소	Cl_2	황	S_8
산소	O_2	플루오린	F_2	셀레늄	P_4
질소	N_2	브로민	Br_2	인	Se_8
		아이오딘	I_2		

이온(ion)이라고 알려진 전하를 띤 입자는 중성 원자에 하나 이상의 전자를 더하거나 제거하여 만들 수 있다. 예를 들면 포타슘 원자는 19개의 양성자와 19개의 전자를 가지고 있다. 포타슘 이온을 만들기 위하여 전자 하나를 제거하면 19개의 양성자와 18개의 전자를 가지게 된다. 이것은 +1의 전하를 갖는 이온이 된다.

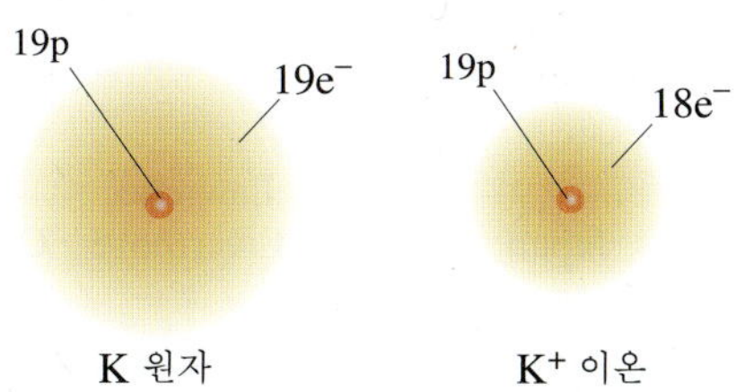

반응식의 형태로 쓰면, $K \rightarrow K^+ + e^-$이다. 양전하를 가진 이온을 **양이온**(cation)이라고 하며, 중성 원자가 전자를 잃으면 양이온이 된다. 포타슘의 예처럼 원자가 하나의 전자를 잃기도 하지만, 어떤 원자들은 둘 이상의 전자를 잃기도 한다.

$$Mg \rightarrow Mg^{2+} + 2e^-$$

또는

$$Al \rightarrow Al^{3+} + 3e^-$$

양이온들은 다음과 같이 그들의 어미 원자와 같은 이름을 가진다.

원자		이온	
K	포타슘	K^+	포타슘 이온
Mg	마그네슘	Mg^{2+}	마그네슘 이온
Al	알루미늄	Al^{3+}	알루미늄 이온

이온은 또한 중성 원자에 전자를 더해서 만들어질 수 있다. 예를 들면 염소 원자는 17개의 양성자와 17개의 전자를 가지고 있다. 같은 수의 양성자와 전자로 인해 원자의 알짜 전

생활 속의 화학

원소명은 어떻게 결정하는가?

화학의 초기 시대에는 과학자가 새로운 원소를 발견하면 그 원소의 이름을 짓는 명예를 가질 수 있었다. 요즈음에는 새로 발견한 원소의 이름이 주기율표에 넣어지기 전에 연구자들이 선택한 이름을 국제 순수 및 응용화학 연맹(The International Union of Pure and Applied Chemistry, IUPAC)이라는 국제 위원회에 제출해야 한다. 1997년 이후 IUPAC은 104번부터 118번까지의, 15개의 새로운 원소에 대한 이름을 결정하였다. 이들 원소는 이제 러더포듐(rutherfordium, Rf), 더브늄(dubnium, Db), 시보귬(seaborgium, Sg), 보륨(bohrium, Bh), 하슘(hassium, Hs), 마이트너륨(meitnerium, Mt), 다름슈타튬(darmstadtium, Ds), 뢴트게늄(roentgenium, Rg), 코페르니슘(copernicium, Cn), 니호늄(nihonium, Nh), 플레로븀(flerovium, Fv), 모스코븀(moscovium, Mc) 리버모륨(livermorium, Lv), 테네신(tennessine, Ts), 오가네손(oganesson, Og)이라고 불린다.

새로운 이름들은 각기 다른 연구팀에 의해서 제안된 이름들 가운데서 절충하여 선택한 것이다. 일부 이름들은 이들 원소를 발견하기 위하여 많은 연구가 행하여진 장소를 인정하여 주어졌다. 러시아 연구팀은 Dubna에 있는 연구소에서의 업적에 대하여 인정을 받았고, 독일 연구팀은 Darmstadt와 Hesse에 있는 연구소에서의 업적을, 미국 연구팀은 로렌스 리버모어 국립연구소(Lawrence Livermore National Laboratory, LLNL)에서의 업적을 인정받았다.

또한 다른 원소의 이름은 위대한 과학자나 연구자의 공로를 인정해 정하기도 한다. 미국의 과학자 Glenn Seaborg는 자신의 이름을 따서 명명한 원소를 갖는 최초의 살아 있는 과학자가 되었다. 영국 연구팀은 원자핵을 발견한 Ernest Rutherford를, 독일 연구팀은 원자 핵융합을 공동 발견한 Lise Meitner를 인정하였다. 독일과 러시아 연구팀은 원자 구조에 관한 현대적 개념을 끌어낸 원자 모형을 제안한 Niels Bohr를 인정하였다. Wilhelm Roentgen은 X-선의 발견과 첫 노벨 물리학상을 받은 공로를 인정받았다. 가장 최근에는 천문학자 Copernicus가 당시에 알고 있던 태양계의 모형을 태양을 중심으로 하는 모형으로 변화시켜, 천문학과 핵 과학 사이의 연결을 강조한 공로를 인정받았다. 러시아 연구팀은 소비에트 핵 프로그램을 발전시킨 Georgy Flerov의 공로를 인정하여 114번 원소의 이름을 정하였다. 가장 최근에는, 113번 원소를 발견한 Matastaka Ogawa를 기리기 위해 해당 원소를 Nh(니호늄)으로 명명하였으며, 115번 원소 Mc(모스코븀)와 117번 Ts(테네신)는 러시아 Dubna와 미국 Tennessee주에서 수행된 핵 연구를 기념하기 위해 명명되었다. 원소 118번은 transactinoid 원소를 연구한 Yuri Oganessian의 이름을 따서 명명하였다.

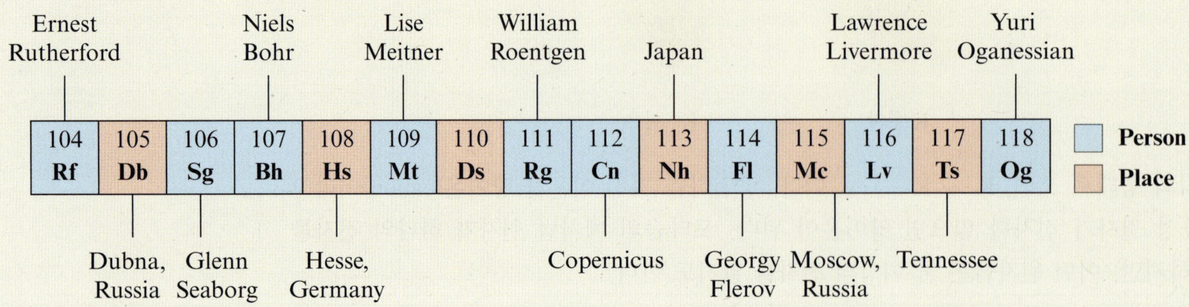

하는 영(0)이다. 만약 염소 원자에 전자 하나가 더해지면 17개의 양성자와 18개의 전자를 갖게 되고, 이온의 알짜 전하는 −1이 된다.

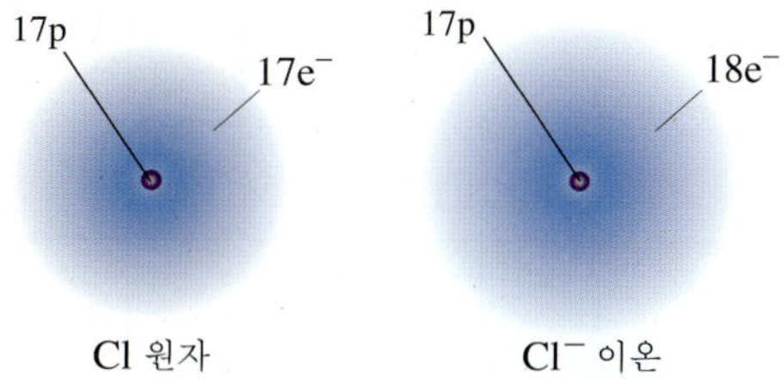

이 과정을 화학 반응식으로 요약하면 $Cl + e^- \rightarrow Cl^-$이 된다. 음전하를 가진 이온을 **음이온**(anion)이라고 하며, 중성 원자가 전자를 얻으면 음이온이 된다. 원자들은 다음과 같이 둘 이상의 전자를 얻어 다른 전하를 가지는 음이온들을 형성할 수 있다.

$$O + 2e^- \rightarrow O^{2-}$$
$$N + 3e^- \rightarrow N^{3-}$$

음이온의 명명은 양이온과는 다르다. 하나의 원소로만 이루어진 음이온을 명명하기 위하여 원소 이름의 어간을 사용하고 끝 부분을 **-화**(-ide)로 바꾼다. 예를 들어 Cl^- 이온은 염소(chlorine)로부터 염(chlor-)을 사용하고 화(-ide)를 붙여 염화 이온(chloride ion)이라고 명명한다. 다음 몇 가지 예가 있다.

기호	원자 이름	이온	이온 이름
F	플루오린(fluorine)	F^-	플루오린화 이온(fluoride ion)
Br	브로민(bromine)	Br^-	브로민화 이온(bromide ion)
Cl	염소(chlorine)	Cl^-	염화 이온(chloride ion)
I	아이오딘(iodine)	I^-	아이오딘화 이온(iodide ion)
O	산소(oxygen)	O^{2-}	산화 이온(oxide ion)
N	질소(nitrogen)	N^{3-}	질소화 이온(nitride ion)

이온들은 원자에 전자들을 더하거나 제거하여 형성된다. 원자들이 스스로 이온을 형성하지 않는다. 대부분 이온은 금속이 비금속과 결합할 때 형성된다.

이온의 전하는 주기율표의 원소 위치로부터 예측할 수 있다. **그림 8.2**는 주기율표의 몇몇 족에서 선택된 이온들의 전하를 나타낸 것이다. 가장 왼쪽 세로 열 1A(1)족에 있는 수소와 모든 금속들은 (1+), 다음 세로 열 2A(2)족의 모든 원소들은 (2+), 다음 긴 세로 열 3A(13)족의 금속들은 (3+) 이온을 형성한다. 주기율표의 아래쪽 가운데 부분의 원소들은 **전이 금속**(transition metal)이라고 한다. 이 원소들은 다양한 양전하를 가진 양이온들을 형성한다. 이 양이온들의 전하를 예측하기 위한 쉬운 방법은 없다. 모든 금속은 전자를 잃고 양이온을 형성한다.

대조적으로 비금속들은 전자들을 얻음으로써 음이온을 형성한다. 그림 8.2에서 주기율표의 오른쪽에 있는 7A(17)족 원자들은 (1−) 이온을 형성한다. 6A(16)족 비금속은 (2−) 이온을 형성한다. 그림 8.2에 나타낸 이온들의 전하와 세로 열의 맨 위에 표시된 족 번호와의 관계를 알아두는 것이 중요하다. 비전이 금속은 전하가 족 번호와 같다. 비금속의 전하는

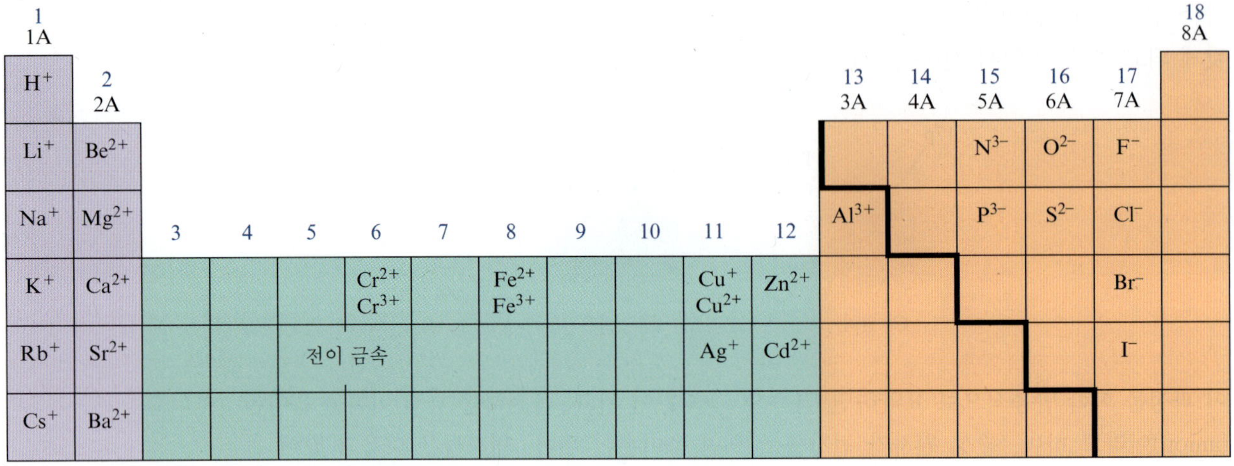

그림 8.2 주기율표에서 몇 가지 이온들의 전하

족 번호에서 8을 뺀 값과 같다. 이 이온들이 특정한 전하를 갖는 이유에 대해서는 나중에 더 배우게 될 것이다.

예제 8.1

이성분 화합물에서 음이온을 명명하는 일반적인 기준은 무엇인가?

풀이

음이온의 원소 이름으로부터 어간을 확인한다. 그 다음에 어간에 접미사 -화(-ide)를 붙인다. 예를 들면 염소(chlorine)의 어간은 염(chlor-)이다. 어미 화(-ide)를 붙이면 이온의 이름은 염화(chloride)가 된다. 산소의 어간은 산(ox-)이다. 어미 화(-ide)를 붙이면 이온의 이름은 산화(oxide)가 된다.

실습 문제 8.1

이성분 화합물에서 원소 F, Cl, Br, I가 음이온으로 사용될 때, 이 이온들의 이름을 쓰시오.

8.3 이온 결합 화합물의 이름으로부터 화학식 쓰기

이 절의 학습 목표
이온 결합 화합물의 이름으로부터 이온 결합 화합물의 화학식을 쓸 수 있다.

3장과 5장에서 화합물들이 이온들로 구성될 수 있다는 것을 배웠다. 이 물질들을 **이온 결합 화합물**(ionic compound)이라고 부르며, 물에 녹아 전기를 전도한다. 이온 결합 화합물의 좋은 예는 염화 소듐의 결정으로 구성된 소금이다. 염화 소듐은 물에 녹으면, 그림 8.3에서 볼 수 있는 것처럼 전기를 아주 잘 전도한다.

화합물의 알짜 전하는 0이 되어야 한다. 만일 화합물이 이온을 포함한다면, 화합물의 화학식에서는 이온들의 전하를 합하여 0이 되어야 한다. 염화 소듐의 경우에는 비교적 쉽다. 소듐 이온(1+)과 염화 이온(1−)의 합이 0이 되고, 그 결과 화학식은 NaCl이 된다. 이제 칼슘 이온(Ca^{2+})과 플루오린화 이온(F^-)을 포함하는 이온 결합 화합물을 생각해 보자. 어떻게 알짜 전하가 0인 화학식을 쓸 수 있을까? 그렇게 하기 위해서는 한 개의 Ca^{2+}와 두 개의 F^- 이온이 필요하다. 올바른 화학식은 CaF_2이다. 아래 첨자 2는 한 개의 칼슘 이온에 두 개의 플루오린화 이온이 필요하다는 것을 나타낸다. 산화 알루미늄은 Al^{3+}와 O^{2-}이온들로 구성되어 있기 때문에 약간 더 복잡하다. 6이 3과 2의 최소공배수이기 때문에 $2(3+) + 3(2-) = 0$, 즉 두 개의 Al^{3+}와 세 개의 O^{2-} 이온을 포함하는 화학식 Al_2O_3를 가진다. 다음은 이온 결합 화합물의 화학식을 쓰는 방법의 예를 나타낸 것이다.

화합물의 이름	이온	최소공배수	이온 전하의 합	화학식
브로민화 소듐	Na^+, Br^-	1	$(+1) + (-1) = 0$	NaBr
황화 포타슘	K^+, S^{2-}	2	$2(+1) + (-2) = 0$	K_2S
황산 아연	Zn^{2+}, SO_4^{2-}	2	$(+2) + (-2) = 0$	$ZnSO_4$
인산 암모늄	NH_4^+, PO_4^{3-}	3	$3(+1) + (-3) = 0$	$(NH_4)_3PO_4$
크로뮴산 알루미늄	Al^{3+}, CrO_4^{2-}	6	$2(+3) + 3(-2) = 0$	$Al_2(CrO_4)_3$

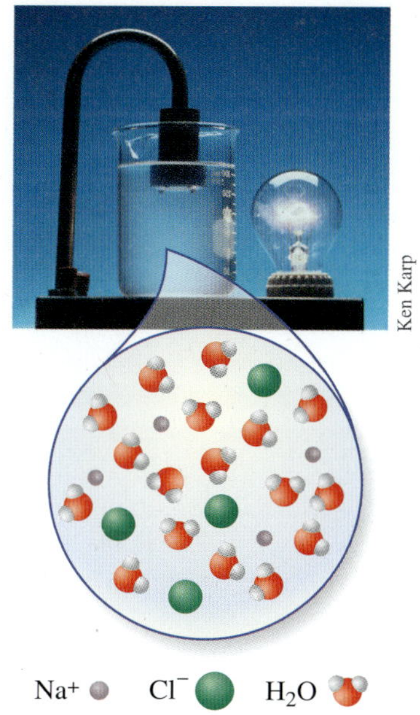

그림 8.3 소금물 용액에는 물 분자뿐만 아니라 Na^+와 Cl^- 이온이 포함되어 있다. 이온들은 용액에서 전기를 전도하고, 전구에 불이 켜지게 한다.

이온 결합 화합물의 화학식을 쓰는 규칙

1. 금속 이온의 화학식을 쓴 다음에 비금속 이온의 화학식을 쓴다.
2. 전하의 합이 0이 되도록 최소수의 이온을 결합한다.
3. 금속과 비금속의 기호와 각 기호 뒤에 **2.**에서 결정된 수를 아래 첨자로 써서 화합물에 대한 화학식을 쓴다.

예제 8.2

(a) 염화 칼슘, (b) 산화 마그네슘, (c) 인화 바륨의 화학식을 쓰시오.

풀이

(a) 염화 칼슘에 대해서 다음 단계를 사용한다.

1. 화합물의 이름으로부터 염화 칼슘은 칼슘 이온과 염화 이온으로 구성되어 있다는 것을 알 수 있다. 먼저 이들 이온의 화학식을 쓴다.

Ca^{2+} Cl^-

2. 화합물의 화학식을 쓰기 위하여 전하들의 합이 0이 되도록 최소의 Ca^{2+}와 최소의 Cl^-를 결합한다. 이 경우 전하들의 최소공배수는 2이다.

$(Ca^{2+}) + 2(Cl^-) = 0$
$(2+) + 2(1-) = 0$

3. 따라서 화학식은 $CaCl_2$이다.

(b) 산화 마그네슘에 대하여 같은 과정을 사용한다.

1. 화합물의 이름으로부터 산화 마그네슘은 마그네슘 이온과 산화 이온으로 구성되어 있다는 것을 알 수 있다. 먼저 이들 이온의 화학식을 쓴다.

Mg^{2+} O^{2-}

2. 화합물의 화학식을 쓰기 위하여 전하들의 합이 0이 되도록 최소의 Mg^{2+}와 최소의 O^{2-}를 결합한다.

$(Mg^{2+}) + (O^{2-}) = 0$
$(2+) + (2-) = 0$

3. 따라서 화학식은 MgO이다.

(c) 인화 바륨에 대해서도 같은 과정을 사용한다.

1. 화합물의 이름으로부터 인화 바륨은 바륨 이온과 인화 이온으로 구성되어 있다는 것을 알 수 있다. 먼저 이들 이온의 화학식을 쓴다.

Ba^{2+} P^{3-}

2. 화합물의 화학식을 쓰기 위하여 전하들의 합이 0이 되도록 최소의 Ba^{2+}와 최소의 P^{3-}를 결합한다. 이 경우 전하들의 최소공배수는 6이다.

$$3(Ba^{2+}) + 2(P^{3-}) = 0$$
$$3(2+) + 2(3-) = 0$$

3. 따라서 화학식은 Ba_3P_2이다.

실습 문제 8.2

다음 이온을 포함하는 화합물의 화학식을 쓰시오.

(a) Na^+와 I^-
(b) Mg^{2+}와 F^-
(c) Ca^{2+}와 P^{3-}
(d) K^+와 S^{2-}
(e) Ca^{2+}와 O^{2-}
(f) Mg^{2+}와 CO_3^{2-}

8.4 이성분 화합물의 명명

이 절의 학습 목표
이성분 이온 결합 화합물과 이성분 분자 화합물을 명명할 수 있다.

이성분 화합물(binary compound)은 두 가지의 원소만을 포함한다. 많은 이성분 화합물들은 금속이 비금속과 결합할 때 만들어지며, **이성분 이온 결합 화합물**(binary ionic compound)을 만든다. 금속은 양이온이 되기 위해 한 개 이상의 전자를 잃지만, 비금속은 음이온이 되기 위해 한 개 이상의 전자를 얻는다. 화학식에서는 양이온을 먼저 쓰고 이어서 음이온을 쓴다.

한 가지 양이온만을 형성하는 금속을 포함한 이성분 이온 결합 화합물

화학명은 어간에 접미사 **-화**(-ide)를 더한 비금속의 음이온 이름과 뒤이어 금속의 이름으로 구성된다(영어명에서는 금속을 먼저, 비금속을 나중에 명명한다).

예를 들면 염화 소듐(sodium chloride, NaCl)은 소듐과 염소 각각 한 원자로 구성된다. 이름의 첫 번째 부분은 비금속인 염소(chlorine)에서 얻어지는데, 어간 염(chlor-)에 어미 -화(-ide)를 붙여서 만든다. 즉, 염화(chloride)이다. 그다음에 금속의 이름, 소듐을 변형 없이 쓴다. 따라서 이 화합물의 이름은 염화 소듐(sodium chloride)이 된다.

	NaCl
원소:	소듐(금속)
	염소(비금속) 어간 염(chlor-) + 화(-ide)로 변형된 이름
화합물의 이름:	염화 소듐(sodium chloride)

일반적인 음이온을 형성하는 원소들의 어간을 **표 8.2**에 나타내었다.

표 8.2 음이온을 형성하는 원소들의 예

기호	원소	한글 어간(영문 어간)	음이온 이름
Br	브로민(bromine)	브로민(brom)	브로민화(bromide)
Cl	염소(chlorine)	염(chlor)	염화(chloride)
F	플루오린(fluorine)	플루오린(fluor)	플루오린화(fluoride)
H	수소(hydrogen)	수소(hydr)	수소화(hydride)
I	아이오딘(iodine)	아이오딘(iod)	아이오딘화(iodide)
N	질소(nitrogen)	질소(nitr)	질소화(nitride)
O	산소(oxygen)	산(ox)	산화(oxide)
P	인(phosphorus)	인(phosph)	인화(phosphide)
S	황(sulfur)	황(sulf)	황화(sulfide)

한 가지 양이온만을 형성하는 금속을 포함한 이성분 이온 결합 화합물을 명명하는 규칙

1. 음이온 이름의 어간에 어미 -화(-ide)를 붙여서 쓴다.

2. 양이온의 이름을 쓴다.

화합물들은 같은 원소의 원자를 두 개 이상 포함하기도 하지만, 두 가지의 원소만으로 단 하나의 화합물을 형성할 때 그 이름은 이성분 화합물에 관한 규칙을 따른다.

예: $CaBr_2$ 브로민화 칼슘 Mg_3N_2 질소화 마그네슘 Li_2O 산화 리튬

표 8.3에 -화(-ide)로 끝나는 음이온을 가진 몇 가지 화합물들을 나타내었다.

표 8.3 -화(-ide)로 끝나는 음이온을 가진 화합물의 예

화학식	이름	화학식	이름
$AlCl_3$	염화 알루미늄(aluminum chloride)	BaS	황화 바륨(barium sulfide)
Al_2O_3	산화 알루미늄(aluminum oxide)	LiI	아이오딘화 리튬 lithium iodide)
CaC_2	탄소화 칼슘(calcium carbide)	$MgBr_2$	브로민화 마그네슘(magnesium bromide)
HCl	염화 수소(hydrogen chloride)	NaH	수소화 소듐(sodium hydride)
HI	아이오딘화 수소(hydrogen iodide)	Na_2O	산화 소듐(sodium oxide)

예제 8.3

화합물 MgF_2를 명명하시오.

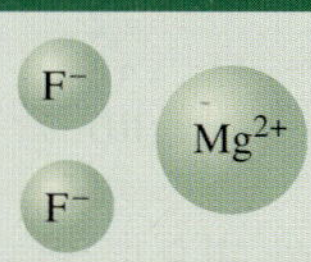

풀이

화학식으로부터 두 가지의 원소로 된 화합물임을 알 수 있으므로 이성분 화합물의 규칙을 따른다.

1. 화합물은 금속 Mg와 비금속 F로 이루어져 있다. 주기율표의 2A(2)족에 있는 원소는 오직 한 가지의 양이온을 형성한다. 그러므로 화합물의 양이온은 마그네슘(magnesium)으로 명명한다.

2. 둘째 원소 이름의 어간 플루오린(fluor-)에 어미 -화(-ide)를 붙여서 음이온의 이름, 플루오린화(fluoride)를 만든다.

그러므로 화합물의 이름은 플루오린화 마그네슘(magnesium fluoride)이 된다.

실습 문제 8.3

다음 화합물의 화학식을 쓰시오.

(a) 탄산 스트론튬(strontium carbonate)
(b) 산화 리튬(lithium oxide)
(c) 질소화 소듐(sodium nitride)
(d) 산화 포타슘(potassium oxide)
(e) 황화 카드뮴(cadmium sulfide)

두 가지 이상의 양이온을 형성하는 금속을 포함한 이성분 이온 결합 화합물

주기율표의 가운데에 있는 금속(전이 금속 포함)들은 흔히 두 가지 이상의 양이온을 형성한다. 예를 들면 철은 Fe^{2+}와 Fe^{3+} 이온들을 형성하고, 구리는 Cu^{+}와 Cu^{2+} 이온들을 형성한다. 이것은 화합물을 명명할 때 혼란을 일으킬 수 있다. 예를 들면 염화 구리는 $CuCl_2$ 또는 CuCl 중 어느 것일 수 있다. 이런 어려움을 해결하기 위하여 IUPAC은 이와 같은 화합물들을 명명하는 **Stock 명명법(Stock system)**이라는 체계를 창안하였다. 비록 다른 고전적 명명법이 때때로 사용되기도 하지만, Stock 명명법은 최근에 화합물들을 명명하는 공식적인 체계로서 인식되고 있다. Stock 명명법에서 화합물이 두 가지 이상의 양이온을 형성하는 금속을 포함할 때, 금속 양이온의 전하를 금속의 이름 바로 뒤에 있는 괄호 안에 로마 숫자로 표시한다. 음이온은 이성분 화합물에 관한 규칙을 따른다.

양이온 전하	+1	+2	+3	+4	+5
로마 숫자	(I)	(II)	(III)	(IV)	(V)

예:			
	$FeCl_2$	염화 철(II) (iron(II) chloride)	Fe^{2+}
	$FeCl_3$	염화 철(III) (iron(III) chloride)	Fe^{3+}
	CuCl	염화 구리(I) (copper(I) chloride)	Cu^{+}
	$CuCl_2$	염화 구리(II) (copper(II) chloride)	Cu^{2+}

$FeCl_2$가 −1의 전하를 띤 염화 이온을 두 개 가진다는 것은 Fe의 전하가 +2라는 것을 나타낸다. 두 가지의 염화 철을 구별하기 위하여 $FeCl_2$는 염화 철(II)로, $FeCl_3$는 염화 철(III)로 명명한다.

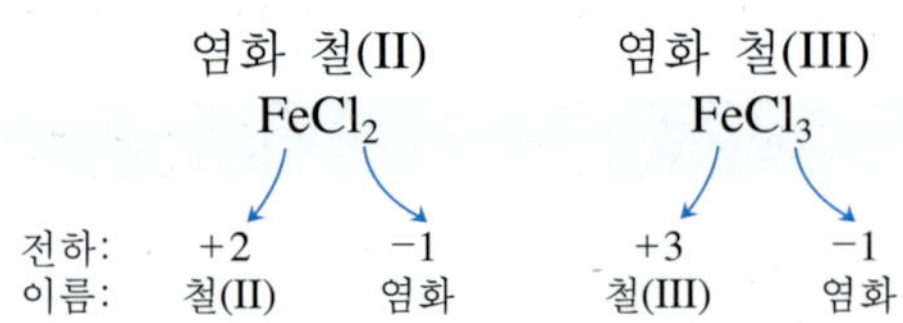

금속이 하나의 양이온만을 형성할 때는 구별할 필요도 없고 로마 숫자도 필요하지 않다. 따라서 $CaCl_2$을 명명할 때는, 칼슘의 전하가 +2인 것을 알고 있기 때문에 염화 칼슘(II)이라고 하지 않고, 염화 칼슘(calcium chloride)이라고 하면 된다.

두 가지 이상의 양이온을 형성하는 금속을 포함한 이성분 이온 결합 화합물을 명명하는 규칙 (Stock 명명법)

1. 음이온 이름의 어간에 어미 -화(-ide)를 붙여서 쓴다.
2. 양이온의 이름을 쓴다.
3. 괄호 안에 양이온의 전하를 로마 숫자로 쓴다.

고전적인 명명법에서는 금속 이온이 두 가지 양이온만을 가질 때, 금속의 이름(보통 라틴 이름) 두 가지를 서로 구별하기 위하여 **제일**(-ous) 과 **제이**(-ic)를 사용한다. 낮은 전하의 양이온에 제일(-ous), 높은 전하의 양이온에 제이(-ic)를 붙인다.

예:				
	$FeCl_2$	염화 제일철(ferrous chloride)	Fe^{2+}	(낮은 전하의 양이온)
	$FeCl_3$	염화 제이철(ferric chloride)	Fe^{3+}	(높은 전하의 양이온)
	CuCl	염화 제일구리(cuprous chloride)	Cu^{+}	(낮은 전하의 양이온)
	$CuCl_2$	염화 제이구리(cupric chloride)	Cu^{2+}	(높은 전하의 양이온)

표 8.4에 두 가지 이상의 양이온을 갖는 몇몇 금속들을 나타내었다.

표 8.4 두가지 이상의 양이온을 갖는 금속 이온들의 이름과 전하

화학식	Stock 명명법 이름	고전적 이름	화학식	Stock 명명법 이름	고전적 이름
Cu^{1+}	구리(I)(copper(I))	제일구리(cuprous)	Sn^{4+}	주석(IV)(tiv(IV))	제이주석(stannic)
Cu^{2+}	구리(II)(copper(II))	제이구리(cupric)	Pb^{2+}	납(II)(lead(II))	제일납(plumbous)
Hg^{1+} $(Hg_2)^{2+}$	수은(I)(mercury(I))	제일수은(mercurous)	Pb^{4+}	납(IV)(lead(IV))	제이납(plumbic)
Hg^{2+}	수은(II)(mercury(II))	제이수은(mercuric)	As^{3+}	비소(III)(arsenic(III))	제일비소(arsenous)
Fe^{2+}	철(II)(iron(II))	제일철(ferrous)	As^{5+}	비소(V)(arsenic(V))	제이비소(arsenic)
Fe^{3+}	철(III)(iron(III))	제이철(ferric)	Ti^{3+}	타이타늄(III)(titanium(III))	제일타이타늄(titanous)
Sn^{2+}	주석(II)(tin(II))	제일주석(stannous)	Ti^{4+}	타이타늄(IV)(titanium(IV))	제이타이타늄(titanic)

제일, 제이(-ous, -ic) 명명 체계는 원소의 양이온의 전하를 나타내지 않으며, 적어도 두 가지 양이온이 존재한다는 것만 알려줄 뿐이다. 주로 사용하는 Stock 명명법은 양이온의 전하를 확실하게 나타냄으로써 불확실성을 피할 수 있다.

예제 8.4

화합물 FeS를 명명하시오.

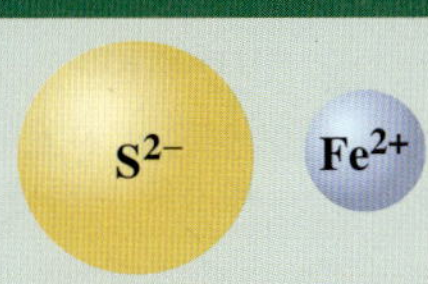

풀이

이 화합물은 이성분 화합물에 대한 규칙을 따른다.

1,2. 이 화합물은 금속 Fe와 비금속 S로 이루어져 있으며, Fe는 두 가지 이상의 양이온을 갖는 전이 금속이다. 황화물에서 S의 전하는 −2이다. 따라서 철의 전하는 +2이며, 화합물의 양이온의 이름은 철(II)(iron(II))이다.

3. 화합물의 음이온의 이름은 황화(sulfide)이다.

FeS의 이름은 황화 철(II)(iron(II) sulfide)이다.

실습 문제 8.4

Stock 명명법을 이용하여 다음 화합물의 이름을 쓰시오.

(a) $PbCl_2$ (b) SnF_2 (c) FeO (d) Cu_2O

실습 문제 8.5

다음 화합물의 화학식을 쓰시오.

(a) 크로뮴산 주석(IV)(tin(IV) chromate)

(b) 브로민화 크로뮴(III)(chromium(III) bromide)

(c) 플루오린화 주석(III)(tin(II) fluoride)

(d) 산화 구리(I)(copper(I) oxide)

두 가지 비금속을 포함한 이성분 화합물

비금속으로만 이루어진 화합물은 이온 결합 화합물이 아닌 분자 화합물이다. 따라서 이들을 명명하기 위해서는 다른 체계가 사용된다. 두 가지 비금속으로 형성되는 화합물에서는 두 번째 원소의 이름을 먼저 명명하고, 첫 번째 원소의 이름을 나중에 명명한다(영어명에서는 나오는 순서대로 명명한다).

Si, B, P, H, C, S, I, Br, N, Cl, O, F

두 번째 원소의 이름은 그것이 음이온인 것처럼 어미 -화(-ide)를 붙인다. 접두사(일, 이, 삼 등)가 분자에서 그 원소의 원자 수를 나타내도록 각 원소의 이름 앞에 붙여진다(영어명에서는 라틴어 또는 그리스어의 접두사(*mono-*, *di-*, *tri-* 등)가 사용된다). 접두사 일(mono-)은 첫 원소에는 사용되지 않는다(표 참조). 다만 원소의 이름이 한글이 아닌 경우(예: 플루오린, 브로민 등)에는 접두사로 라틴어, 그리스어를 사용한다.

접두사	숫자
일(mono)	1
이(di)	2
삼(tri)	3
사(tetra)	4
오(penta)	5
육(hexa)	6
칠(hepta)	7
팔(octa)	8
구(nona)	9
십(deca)	10

두 가지 비금속을 포함한 이성분 화합물을 명명하는 규칙

1. 두 번째 원소 이름의 어간을 쓰고 접미사 화(-ide)를 붙여서 쓴다. 원자의 수를 나타내기 위해 접두사를 사용한다.

2. 첫 번째 원소의 이름을 쓴다. 이 원소의 원자 수가 두 개 이상이면 접두사를 사용한다.

이 체계를 설명하는 화합물의 예를 들어 보자.

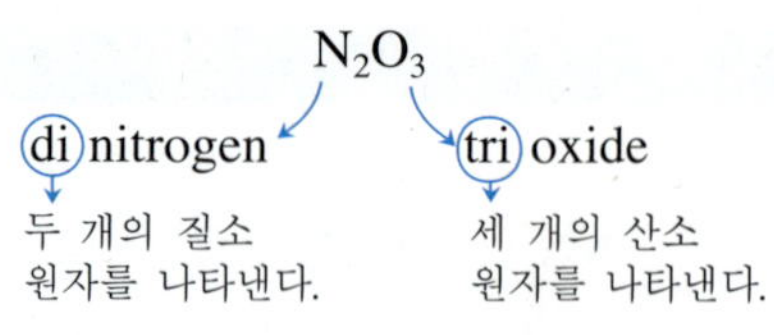

CO	일산화 탄소(carbon monoxide)	N_2O	일산화 이질소(dinitrogen monoxide)
CO_2	이산화 탄소(carbon dioxide)	N_2O_4	사산화 이질소(dinitrogen tetroxide)
PCl_3	삼염화 인(phosphorus trichloride)	NO	일산화 질소(nitrogen monoxide)
SO_2	이산화 황(sulfur dioxide)	N_2O_3	삼산화 이질소(dinitrogen trioxide)
P_2O_5	오산화 이인(diphosphorus pentoxide)	S_2Cl_2	이염화 이황(disulfur dichloride)
CCl_4	사염화 탄소(carbon tetrachloride)	S_2F_{10}	데카플루오린화 이황(disulfur decafluoride)

위의 예에서 영어로 명명할 때 둘째 원소가 산소인 경우, 접두사 끝의 *o*(mono) 또는 *a*(penta)가 생략되는 것을 확인할 수 있다. 이것은 발음이 어색한 이름을 피하기 위해서이다. 예를 들면 CO는 carbon monooxide가 아니라 carbon monoxide이다.

예제 8.5

화합물 PCl_5를 명명하시오.

오염화 인

풀이

1. 인과 염소는 비금속이므로 두 가지 비금속을 포함하는 이성분 화합물을 명명하는 규칙을 적용한다. 인(phosphorus)은 나중에 명명한다. 따라서 화합물은 염화물(chloride)이다.

2. 각 분자가 인 원자를 한 개만 가지고 있기 때문에 인에는 접두사가 필요 없다. 다섯 개의 염소 원자를 나타내기 위하여 접두사 오(penta)가 염화(chloride)와 함께 사용된다(PCl_3 또한 알려진 화합물이다).

PCl_5에 대한 이름은 오염화 인(phosphorus pentachloride)이다.

실습 문제 8.6

다음 화합물을 명명하시오.

(a) ClO_2 (b) SO_2 (c) CBr_4 (d) NO_2 (e) NH_3 (f) ICl_5

실습 문제 8.7

다음 화합물을 명명하시오.

(a) KBr (b) Ca_3N_2 (c) SO_3 (d) SnF_2 (e) $CuCl_2$ (f) N_2O_4

8.5 다원자 이온을 포함하는 화합물의 명명

다원자 이온(**polyatomic ion**)은 두 가지 이상의 원소를 포함하는 이온이다. 다원자 이온을 포함하는 화합물은 세 가지 이상의 원소들로 구성되고, 보통 다원자 음이온과 결합된 하나 이상의 양이온으로 구성된다. 일반적으로 다원자 이온을 포함하는 화합물을 명명하는 것은 이성분 화합물을 명명하는 것과 유사하다. 다원자 음이온을 먼저 명명하고 이어서 양이온을 명명한다(영어명은 역순).

이 화합물들을 명명하기 위해서는 흔히 쓰이는 다원자 이온(**표 8.5**)과 전하를 알아야만 한다(참고 참조). 화학식 $KMnO_4$를 생각해 보자. $KMnO_4$는 K와 MnO_4 두 부분으로 이루어져 있다는 것을 알 수 있다. 이 부분들은 K^+ 이온과 MnO_4^- 이온으로 이루어져 있다. 이 화합물에 대한 올바른 이름은 과망가니즈산 포타슘(potassium permanganate)이다(사진 참조). 산소를 포함하는 많은 다원자 이온을 **산소 음이온**(oxy-anion)이라고 하고, 일반적으로 접미사 **-산**(-ate) 또는 **아-산**(-ite)을 붙인다. 불행하게도 접미사를 통해, 존재하는 산소 원자의 수를 알 수는 없다. -산(-ate) 형태는 아-산(-ite) 형태보다 더 많은 산소를 가지고 있다. 그 예로 황산 이온(SO_4^{2-}), 아황산 이온 (SO_3^{2-}), 질산 이온(NO_3^-), 아질산 이온(NO_2^-) 등이 있다.

이 절의 학습 목표
다원자 이온의 이름, 화학식과 전하를 알고 다원자 이온을 포함하는 화합물을 명명할 수 있으며, 다원자 이온을 포함하는 화합물의 이름으로부터 화학식을 쓸 수 있다.

참고 더 많은 이온들의 이름이 뒤표지 안쪽에 나열되어 있다.

과망가니즈산 포타슘 결정은 짙은 자주색을 띤다.

표 8.5 다원자 이온의 이름, 화학식, 전하

이름	화학식	전하	이름	화학식	전하
아세트산 이온	$C_2H_3O_2^-$	−1	사이안화 이온	CN^-	−1
암모늄 이온	NH_4^+	+1	다이크로뮴산 이온	$Cr_2O_7^{2-}$	−2
비소산 이온	AsO_4^{3-}	−3	수산화 이온	OH^-	−1
탄산수소 이온	HCO_3^-	−1	질산 이온	NO_3^-	−1
황산수소 이온	HSO_4^-	−1	아질산 이온	NO_2^-	−1
브로민산 이온	BrO_3^-	−1	과망가니즈산 이온	MnO_4^-	−1
탄산 이온	CO_3^{2-}	−2	인산 이온	PO_4^{3-}	−3
염소산 이온	ClO_3^-	−1	황산 이온	SO_4^{2-}	−2
크로뮴산 이온	CrO_4^{2-}	−2	아황산 이온	SO_3^{2-}	−2

다원자 이온을 포함하는 화합물을 명명하는 규칙

1. 음이온의 이름을 쓴다.
2. 양이온의 이름을 쓴다.

흔히 쓰이는 다원자 음이온 중 -산(-ate)/아-산(-ite) 체계를 사용하지 않는 네 가지 이온들이 있다. 이 예외적인 이온들은 수산화 이온(OH^-), 황화수소 이온(HS^-), 과산화 이온(O_2^{2-}), 사이안화 이온(CN^-)이다. 이 이온의 어미가 이성분 화합물의 음이온의 어미인 -화(-ide)와 쉽게 혼동될 수 있으므로 주의해야 한다(8.4절).

흔히 쓰이는 세 가지 다원자 양이온은 암모늄 이온(NH_4^+), 수은(I) 이온(Hg_2^{2+}), 하이드로늄 이온(H_3O^+)이다. 암모늄 이온은 자주 다원자 화합물에서 발견되는 반면, 하이드로늄 이온은 보통 산의 수용액에서 나타난다(15장).

예제 8.6

다원자 이온을 포함하는 화합물에는 최소 몇 가지의 다른 원소가 있는가?

풀이

대부분의 다원자 이온은 음이온이고 두 가지 이상의 다른 원소를 포함하고 있다. 다원자 이온에 양이온을 더하여 화합물을 형성한다는 것은 다원자 화합물에 최소 세 가지의 다른 원소가 있다는 것을 의미한다.

실습 문제 8.8

다음 화합물을 명명하시오.

(a) $NaNO_3$ (b) $Ca_3(PO_4)_2$ (c) NaOH (d) $MgCO_3$ (e) $NaClO_3$

또한 무기 화합물들은 세 가지 이상의 원소로부터 형성되기도 한다(**표 8.6**). 이 경우에 하나 이상의 이온이 종종 다원자 이온이다. 다원자 이온이 확인만 되면, 이들을 명명하는 것은 이미 배운 방법을 따라서 하면 된다. 먼저 이온들을 확인한다. 주어진 순서에 따라 음이온을, 이어서 양이온을 명명하면 된다. 다음 예들을 공부해 보자.

화합물	이온	이름
$NaHCO_3$	Na^+; HCO_3^-	탄산수소 소듐(sodium hydrogen carbonate)
NaHS	Na^+; HS^-	황화수소 소듐(sodium hydrogen sulfide)
$MgNH_4PO_4$	Mg^{2+}; NH_4^+; PO_4^{3-}	인산 암모늄 마그네슘(magnesium ammonium phosphate)
$NaKSO_4$	Na^+; K^+; SO_4^{2-}	황산 포타슘 소듐(sodium potassium sulfate)

표 8.6 두 종류 이상의 양이온을 포함하는 화합물의 이름

화학식	화합물의 이름
$KHSO_4$	황산수소 포타슘(potassium hydrogen sulfate)
$Ca(HSO_3)_2$	아황산수소 칼슘(calcium hydrogen sulfite)
NH_4HS	황화수소 암모늄(ammonium hydrogen sulfide)
$MgNH_4PO_4$	인산 암모늄 마그네슘(magnesium ammonium phosphate)
NaH_2PO_4	인산이수소 소듐(sodium dihydrogen phosphate)
Na_2HPO_4	인산수소 소듐(sodium hydrogen phosphate)
KHC_2O_4	옥살산수소 포타슘(potassium hydrogen oxalate)
$KAl(SO_4)_2$	황산 알루미늄 포타슘(potassium aluminum sulfate)
$Al(HCO_3)_3$	탄산수소 알루미늄(aluminum hydrogen carbonate)

실습 문제 8.9

다음 화합물을 명명하시오.

(a) $KHCO_3$ (b) $NaHC_2O_4$ (c) $BaNH_4PO_4$ (d) $NaAl(SO_4)_2$

8.6 산

산에 관하여 나중에 더 많은 것을 배우겠지만(15장 참조), 실험과 강의에서 흔히 언급되는 산의 이름을 알아두는 것이 도움이 된다. 여러 가지 산을 알아보는 가장 간단한 방법은, 산의 화학식이 흔히 수소로 시작하는 것을 아는 것이다.

이 절의 학습 목표
명명법의 규칙을 사용하여 산의 화학식으로부터 이름을 쓰고, 산의 이름으로부터 화학식을 쓸 수 있다.

이성분 산

어떤 이성분 수소 화합물들은 물에 용해되면 **산**(acid)의 성질을 갖는 용액이 된다. 이 성질 때문에 이 화합물들은 일반적인 이름(−ide) 외에 산의 이름(−acid)을 갖는다. 예를 들면, HCl은 기체이고 **염화 수소**(hydrogen chloride)라고 부르지만, 수용액은 염산(**염화수소산**, hydrochloric acid)으로 알려져 있다. 이성분 산은 수소와 또 다른 비금속 원소로 구성된다. 그러나 이성분 수소 화합물들이 모두 산은 아니다. 이성분 산의 화학식은 수소의 기호를 먼저 쓰고 이어서 두 번째 원소의 기호를 쓰는 것이 관례이다(예를 들면 HCl, HBr, H_2S). CH_4나 NH_3와 같은 화학식을 보면, 이 화합물들은 일반적으로 산이 아님을 알 수 있다.

이성분 산을 명명하기 위하여 이성분 화합물의 이름 끝에 산(acid)을 붙인다. 영어로는 비

금속 이름의 어간 앞에 접두사 *hydro*-를 쓰고, 비금속의 이름 어간 다음에 접미사 -*ic*를 붙인다. 그리고 나서 *acid*를 더한다.

예:	HCl	H_2S
	염화수소산	황화수소산
	(*hydro-chlor-ic acid*)	(*hydro-sulfur-ic acid*)
	(*hydrochloric acid*)	(*hydrosulfuric acid*)

이성분 산을 명명하는 규칙

1. 두 번째 원소 이름의 어간에 접미사 화(-ic)를 붙이고, 수소(hydro-)를 쓴다.
2. 산(acid)을 더한다.

예제 8.7

산 HI를 명명하시오.

풀이

이 화합물은 이성분 산에 대한 명명 규칙을 따른다.

1. 두 번째 원소의 어간(iod-)에 접미사 화(-ic)를 붙인 다음, 수소(hydro-)를 쓴다. 아이오딘화수소(hydroiodic)
2. 산(acid)을 더한다: 아이오딘화수소산(hydroiodic acid)

실습 문제 8.10

이성분 산 두 가지를 명명하시오.

산은 물에 녹을 때 수소 이온을 내놓는 수소를 포함하는 물질들이다. 물에 녹아 있는 상태이거나 그렇지 않거나 관계없이 이성분 수소 화합물을 나타내기 위하여 HCl과 같은 화학식이 종종 사용된다. **표 8.7**에 몇 가지 이성분 산을 나타내었다.

표 8.7 이성분 산의 이름과 화학식

화학식	산 이름	화학식	산 이름
HF	플루오린화수소산(hydrofluoric acid)	HI	아이오딘화수소산(hydroiodic acid)
HCl	염화수소산(염산)(hydrochloric acid)	H_2S	황화수소산(hydrosulfuric acid)
HBr	브로민화수소산(hydrobromic acid)	H_2Se	셀레늄화수소산(hydroselenic acid)

이성분 화합물의 명명 과정을 요약하여 **그림 8.4**에 나타내었다.

산소산의 명명

수소, 산소와 또 다른 한 원소를 포함하는 무기 화합물을 **산소산**(oxy-acid)이라고 부른다. 이 산들을 명명하는 첫 단계는 문제의 화합물이 정말 산소산인지 결정하는 것이다. 확인 방법은 (1) 수소가 화합물의 화학식에서 첫 번째 원소이고, (2) 화학식의 두 번째 부분이 산소를 포함하는 다원자 이온으로 이루어져 있는지 알아보는 것이다.

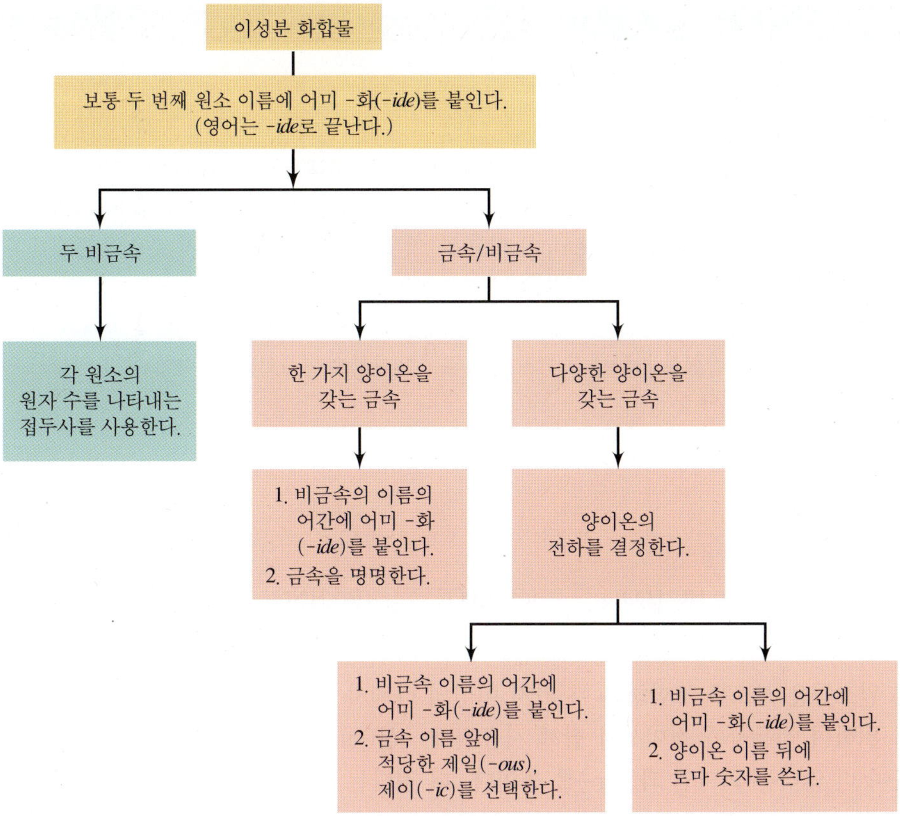

그림 8.4 이성분 화합물을 명명하는 흐름도

산소산에서 수소는 산 이름에 특별히 명시되어 있지 않다. 화합물에서 수소의 존재는 물질의 이름에 **산**(acid)이라는 단어를 사용하여 나타난다. 산의 특별한 형태를 결정하기 위하여 수소 이온 뒤의 다원자 이온을 알아야 한다. 영어 명명법에서는 산을 명명하기 위해 다원자 이온의 이름이 다음 방법과 같이 변형된다. (1) 접미사 -**산**(-ate)을 -**산**(-ic)으로 바꾼다. (2) 접미사 **아-산**(-ite) 을 **아-산**(-ous)으로 바꾼다(**표 8.8**). -**산**(-ic) 어미를 가진 화합물은 **아-산**(-ous) 어미를 가진 것보다 더 많은 산소를 포함한다(한글 명명법에서는 단순히 '-산 이온'을 '-산'으로 변형시키기만 하면 된다).

표 8.8 산소산의 이름과 그 음이온의 이름

산	음이온	산	음이온	산	음이온
H_2SO_4 황산	SO_4^{2-} 황산 이온	H_2CO_3 탄산	CO_3^{2-} 탄산 이온	HIO_3 아이오딘산	IO_3^- 아이오딘산 이온
Sulfuric acid	Sulfate ion	Carbonic acid	Carbonate ion	Iodic acid	Iodate ion
H_2SO_3 아황산	SO_3^{2-} 아황산 이온	H_3BO_3 붕산	BO_3^{3-} 붕산 이온	$HC_2H_3O_2$ 아세트산	$C_2H_3O_2^-$ 아세트산 이온
Sulfurous acid	Sulfite ion	Boric acid	Borate ion	Acetic acid	Acetate ion
HNO_3 질산	NO_3^- 질산 이온	H_3PO_4 인산	PO_4^{3-} 인산 이온	$H_2C_2O_4$ 옥살산	$C_2O_4^{2-}$ 옥살산 이온
Nitric acid	Nitrate ion	Phosphoric acid	Phosphate ion	Oxalic acid	Oxalate ion
HNO_2 아질산	NO_2^- 아질산 이온	H_3PO_3 아인산	PO_3^{3-} 아인산 이온	$HBrO_3$ 브로민산	BrO_3^- 브로민산 이온
Nitrous acid	Nitrite ion	Phosphorous acid	Phosphite ion	Bromic acid	Bromate ion

예제 8.8

산 H_2SO_4와 H_2SO_3를 명명하시오.

풀이

산의 이름은 산에 포함되어 있는 다원자 이온의 이름을 변형해서 쓴다. H_2SO_4의 경우 다원자 이온은 SO_4^{2-} 황산 이온(sulfate)이다. 끝에 있는 -ate를 -ic로 바꾼다. 황산 이온(sulfate)의 어간은 sulfur이므로 화합물의 이름은 sulfuric이 되고, 단어 산(acid)은 화합물에서 수소의 존재를 나타내기 위하여 첨가한다. 따라서 산의 이름은 황산(sulfuric acid)이다.

H_2SO_3의 경우 다원자 이온은 SO_3^{2-} 아황산 이온(sulfite)이다. 끝에 있는 -ite를 -ous로 바꾸고, 화합물에서 수소의 존재를 나타내기 위하여 단어 산(acid)을 첨가한다. 따라서 산의 이름은 아황산(sulfurous acid)이다.

실습 문제 8.11

다음 다원자 산을 명명하시오.

(a) H_3BO_3 (b) $HC_2H_3O_2$ (c) H_3PO_3 (d) HNO_2

몇몇 원소들은 산소를 포함하는 두 가지 이상의 다원자 이온을 형성한다. 이 이온들을 명명하기 위하여 접두사가 접미사와 함께 사용된다. **-산**(-ate) 형보다 더 많은 산소를 나타내기 위하여 더 많다는 의미인 **과**(per-)를 붙인다. 더 적다는 의미의 접두사 **하이포**-(hypo-)는 **아**(-ite) 형보다 더 적은 수의 산소를 포함한 이온에 사용된다. 이 체계의 예로 염소와 산소를 포함하는 산소산을 **표 8.9**에 수록하여 놓았다. 이 접두사들은 아이오딘산 이온(IO_3^-), 브로민산 이온(BrO_3^-)처럼 다른 유사한 이온에도 사용된다.

표 8.9 염소의 산소산

산의 화학식	음이온의 화학식	음이온의 이름	산의 이름
$HClO$	ClO^-	하이포염소산 이온(*hypo*chlor*ite*)	하이포염소산(*hypo*chlor*ous* acid)
$HClO_2$	ClO_2^-	아염소산 이온(chlor*ite*)	아염소산(chlor*ous acid*)
$HClO_3$	ClO_3^-	염소산 이온(chlor*ate*)	염소산(chlor*ic acid*)
$HClO_4$	ClO_4^-	과염소산 이온(*per*chlor*ate*)	과염소산(*per*chlor*ic* acid)

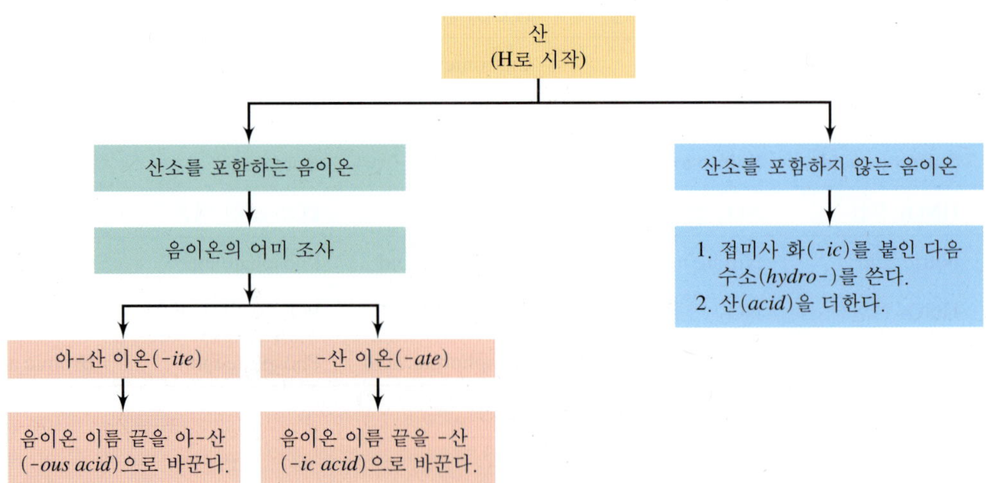

그림 8.5 산을 명명하는 흐름도

지금까지 다양한 무기 화합물, 즉 금속과 비금속, 두 비금속으로 이루어진 이성분 화합물, 산 그리고 다원자 이온을 포함한 화합물을 명명하는 방법을 알아보았다(**그림 8.5**). 이 화합물들은 전체 화합물의 분류 중 일부이다. 남은 화합물의 대부분은 탄화수소, 알코올, 에터, 알데하이드, 케톤, 페놀, 카복실산 같은 범주의 유기 화학 분야에 있다.

8장 복습

8.1 관용명과 체계명

- 관용명은 화합물의 화학적 조성을 기초로 하지 않은 임의의 이름이다.
  - 예 – 암모니아, 물
- 명명법의 표준 체계는 IUPAC에 의해서 고안되었고, 유지되고 있다.

8.2 원소와 이온

- 이원자 원소 – H_2, O_2, N_2, F_2, Cl_2, Br_2, I_2
- 다원자 원소 – P_4, S_8
- 이온은 중성 원자에 하나 이상의 전자를 더하거나 제거하여 얻을 수 있다.
- 이온의 전하는 주기율표의 원소 위치로부터 예측할 수 있다.

8.3 이온 결합 화합물의 이름으로부터 화학식 쓰기

- 화합물의 알짜 전하는 0이 되어야 한다.
- 이름으로부터 화학식 쓰기
  - 화합물에 포함된 원소를 확인하고 기호로 표시한다.
  - 알짜 전하가 0이 되도록 최소수의 이온을 결합한다.

8.4 이성분 화합물의 명명

중요 용어: 이성분 화합물 | Stock 명명법

- 이성분 화합물의 명명에 대한 규칙은 오른쪽 도표에 요약되어 있다.

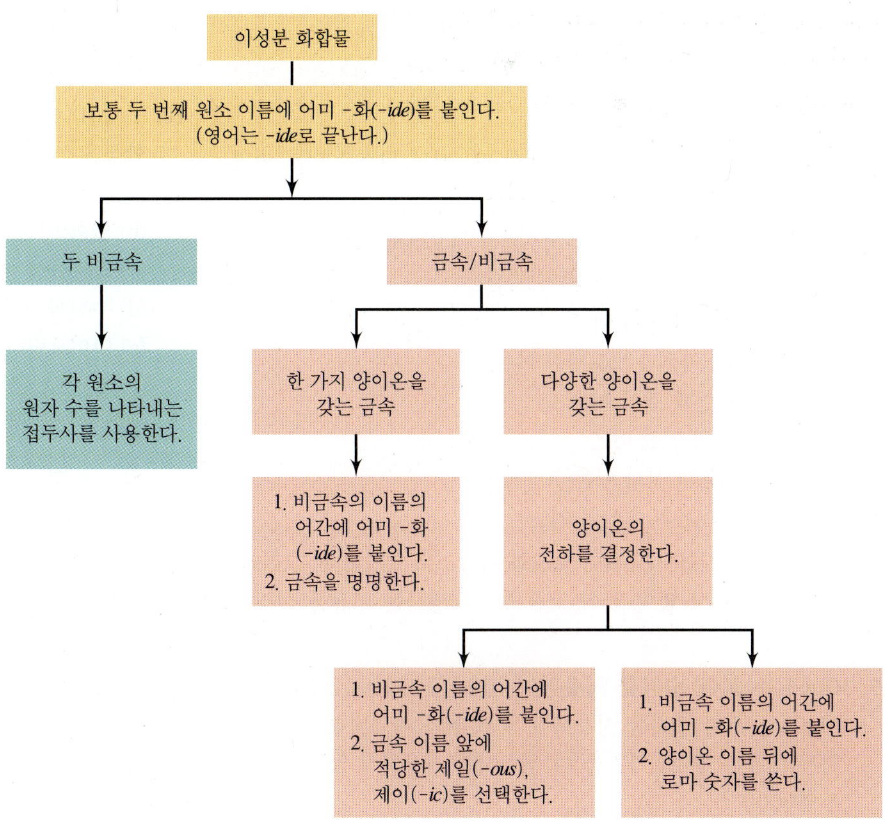

8.5 다원자 이온을 포함하는 화합물의 명명

중요 용어: 다원자 이온

- 이들 화합물의 명명에 대한 규칙은
  1. 음이온의 이름을 쓴다.
  2. 양이온의 이름을 쓴다.

8.6 산

산의 명명에 대한 규칙은 아래 도표에 요약되어 있다.

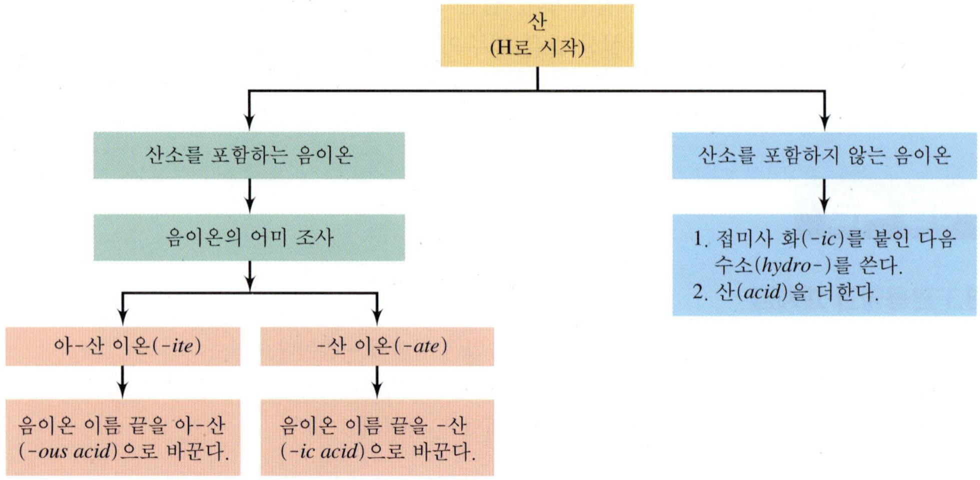

복습 질문

1. 다음 화합물의 관용명과 체계명을 쓰시오.
   (a) H_2O　　(b) NH_3
2. 중성 원자에서 양이온과 음이온이 어떻게 형성되는가?
3. 화합물에서 1:1의 원자비로 존재하는 두 원소에 대해 그 이온들의 전하가 항상 모두 1을 갖는 것이 아니라는 사실을 설명하시오.
4. 이성분 이온 결합 화합물을 명명할 때, 어느 원소를 먼저 명명하는지 어떻게 결정하는가?
5. 이 책의 뒤표지 안쪽에 있는 이온표를 사용하여, 다음 이온들로 구성된 화합물의 화학식을 결정하시오.
   (a) 포타슘 이온과 황화 이온
   (b) 코발트(II) 이온과 브로민산 이온
   (c) 암모늄 이온과 질산 이온
   (d) 수소 이온과 인산 이온
   (e) 철(III) 이온과 산화 이온
   (f) 마그네슘 이온과 수산화 이온
6. N_2O_5는 접두사를 사용하여 오산화 이질소로 명명한다. 그런데, Na_2O는 접두사 없이 산화 소듐으로 명명하는 이유를 설명하시오.
7. $CuCl_2$는 로마 숫자를 사용하여 염화 구리(II)로 명명하고, $MgCl_2$는 로마 숫자를 사용하지 않고 염화 마그네슘으로 명명하는 이유는 무엇인가? 둘 다 접두사를 사용하지 않는 이유는 무엇인가?
8. 질소 산화물의 이름에는 이산화 질소(nitrogen dioxide, NO_2)와 일산화 이질소(dinitrogen monoxide, N_2O)가 있다. 두 번째 화합물에서만 접두사 **일**(mono-)을 사용하는 이유는 무엇인가?
9. 다양한 전하를 갖는 금속을 명명할 때, 고전적 명명법 대신 Stock 명명법을 사용할 때의 장점은 무엇인가?
10. 구리(II) 이온이 다음 음이온과 결합할 때 형성되는 화합물의 화학식을 쓰시오.
    (a) 황산 이온
    (b) 인화 이온
    (c) 크로뮴산 이온
    (d) 수산화 이온
    (e) 아이오딘산 이온
    (f) 아세트산 이온
    (g) 다이크로뮴산 이온
    (h) 브로민화 이온
    (i) 질산 이온
    (j) 하이포염소산 이온
    (뒤표지 안쪽에 있는 이온 목록을 이용하시오.)
11. (a) 브로민, (b) 아이오딘을 포함하는 네 가지 산소산들의 이름과 화학식을 쓰시오.
12. 다양성자산으로부터 형성되는 음이온들을 어떻게 구별할 수 있는가?

짝으로 된 연습 문제

푸른색 숫자로 되어 있는 모든 연습 문제의 답은 부록 5에 있다.

1. 다음 원소들로 형성된 화합물의 화학식을 쓰시오.
(a) Ca와 Cl (b) Li와 Cl (c) Ca와 S (d) Ca와 N (e) Mg와 S (f) Ca와 O

2. 다음 원소들로 형성된 화합물의 화학식을 쓰시오.
(a) Al과 O (b) Li와 I (c) Na와 N (d) Ca와 Br (e) Na와 O (f) K와 S

3. 다음 양이온에 대한 화학식을 쓰시오.
(a) 소듐 (b) 암모늄 (c) 안티모니(III) (d) 주석(IV) (e) 구리(II) (f) 칼슘 (g) 코발트(III)

4. 다음 음이온에 대한 화학식을 쓰시오.
(a) 수산화 (b) 염소산 (c) 인산 (d) 브로민화 (e) 황산 (f) 아질산 (g) 산화

5. 다음 물질에 대한 체계명을 쓰시오.
(a) 베이킹소다($NaHCO_3$)
(b) 수은(guicksilver, Hg)
(c) 석회(CaO)
(d) 식초($HC_2H_3O_2$)
(e) 사리염($MgSO_4 \cdot 7H_2O$)
(f) 잿물(NaOH)

6. 다음 물질에 대한 체계명을 쓰시오.
(a) 하이포($Na_2S_2O_3$)
(b) 웃음 기체(N_2O)
(c) 알루미나(Al_2O_3)
(d) 소금(NaCl)
(e) 마그네시아유($Mg(OH)_2$)
(f) 방연석(PbS)

7. 빈칸에 적당한 화학식을 써서 다음 표를 완성하시오.

		음이온				
		Br^-	O^{2-}	NO_3^-	PO_4^{3-}	CO_3^{2-}
양이온	K^+	KBr				
	Mg^{2+}					
	Al^{3+}					
	Zn^{2+}				$Zn_3(PO_4)_2$	
	H^+					

8. 빈칸에 적당한 화학식을 써서 다음 표를 완성하시오.

		음이온				
		SO_4^{2-}	OH^-	AsO_4^{3-}	$C_2H_3O_2^-$	CrO_4^{2-}
양이온	NH_4^+			$(NH_4)_3AsO_4$		
	Ca^{2+}					
	Fe^{3+}	$Fe_2(SO_4)_3$				
	Ag^+					
	Cu^{2+}					

9. 7번 문제에서 만들어진 각 화합물의 이름을 쓰시오.

10. 8번 문제에서 만들어진 각 화합물의 이름을 쓰시오.

11. 모두 비금속으로 이루어진 다음 이성분 화합물의 화학식을 쓰시오.
(a) 오산화 이인 (b) 이산화 탄소 (c) 팔산화 트라이브로민 (d) 육염화 황 (e) 사염화 탄소 (f) 칠산화 이염소 (g) 트라이플루오린화 붕소 (h) 육황화 사질소

12. 금속과 비금속으로 이루어진 다음 이성분 화합물의 화학식을 쓰시오.
(a) 질소화 포타슘 (b) 산화 바륨 (c) 산화 철(II) (d) 인화 스트론튬 (e) 질소화 칼슘 (f) 브로민화 세슘 (g) 아이오딘화 망가니즈(III) (h) 셀레늄화 소듐

13. 금속과 비금속으로 이루어진 다음의 이성분 화합물의 이름을 쓰시오.
(a) BaO (b) K_2S (c) $CaCl_2$ (d) Cs_2S (e) Al_2O_3 (f) $CaBr_2$ (g) SrI_2 (h) Mg_3N_2

14. 모두 비금속으로 이루어진 다음 이성분 화합물의 이름을 쓰시오.
(a) PBr_5 (b) I_4O_9 (c) N_2S_5 (d) S_2F_{10} (e) $SiCl_4$ (f) ClO_2 (g) P_4S_7 (h) IF_6

15. Stock(IUPAC) 명명법으로 다음 화합물의 이름을 쓰시오.
(a) Fe_2O_3 (b) $SnCl_2$ (c) $SnCl_4$ (d) $MnCl_2$ (e) CuCl (f) HgCl

16. 다음 화합물의 화학식을 쓰시오.
(a) 브로민화 주석(II) (b) 황산 구리(II) (c) 붕산 납(IV) (d) 염화 타이타늄(III) (e) 탄산 코발트(II) (f) 아세트산 납(II)

17. 다음 산의 화학식을 쓰시오.

(a) 염화수소산 (b) 염소산 (c) 질산 (d) 탄산 (e) 아황산 (f) 인산

18. 다음 산의 화학식을 쓰시오.

(a) 아세트산 (b) 플루오린화수소산 (c) 황화수소산 (d) 붕산 (e) 아질산 (f) 하이포염소산

19. 다음 산의 이름을 쓰시오.

(a) HNO_2 (b) H_2SO_4 (c) $H_2C_2O_4$ (d) HBr (e) H_3PO_3 (f) $HC_2H_3O_2$ (g) HF (h) $HBrO_3$ (i) HIO_4

20. 다음 산의 이름을 쓰시오.

(a) H_3PO_4 (b) H_2CO_3 (c) HIO_3 (d) HCl (e) HClO (f) HNO_3 (g) HI (h) $HClO_4$ (i) H_2SO_3

21. 다음 화합물의 화학식을 쓰시오.

(a) 아황산 은 (b) 브로민화 코발트(II) (c) 수산화 주석(II) (d) 황산 알루미늄 (e) 염화 납(II) (f) 탄산 암모늄 (g) 산화 크로뮴(III) (h) 염화 구리(II)

22. 다음 화합물의 화학식을 쓰시오.

(a) 크로뮴산 소듐 (b) 수소화 마그네슘 (c) 아세트산 니켈(II) (d) 염소산 칼슘 (e) 브로민산 마그네슘 (f) 인산이수소 포타슘 (g) 수산화 망가니즈(II) (h) 탄산수소 코발트(II)

23. 다음 화합물의 이름을 쓰시오.

(a) $ZnSO_4$ (b) Hg_2S (c) $CuCO_3$ (d) $Cd(NO_3)_2$ (e) $Al(C_2H_3O_2)_3$ (f) CoF_2 (g) $Cr(ClO_3)_3$ (h) Ag_3PO_4 (i) MnS (j) $BaCrO_4$

24. 다음 화합물의 이름을 쓰시오.

(a) $Ca(HSO_4)_2$ (b) $As_2(SO_3)_3$ (c) $Sn(NO_2)_2$ (d) CuI (e) $KHCO_3$ (f) $BiAsO_4$ (g) $(NH_4)_2CO_3$ (h) $(NH_4)_2HPO_4$ (i) NaClO (j) $KMnO_4$

추가 연습 문제

25. 8.2절에서 배운 대로, 다음 이온의 형성 과정을 반응식으로 쓰시오.

(a) 포타슘 이온 (b) 아이오딘화 이온 (c) 브로민화 이온 (d) 철(II) 이온 (e) 칼슘 이온 (f) 산화 이온

26. 다음 다원자 이온의 이름을 쓰시오.

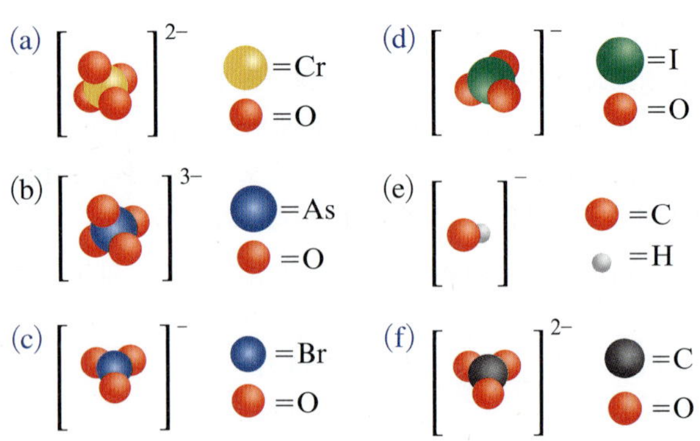

27. 칼슘 이온과 문제 26에 제시된 음이온이 만들 수 있는 화합물의 화학식을 모두 쓰시오.

28. 포타슘 이온과 문제 26에 표시된 음이온이 만들 수 있는 화합물의 화학식을 모두 쓰시오.

29. 다음 화합물의 화학식과 이름을 쓰시오.

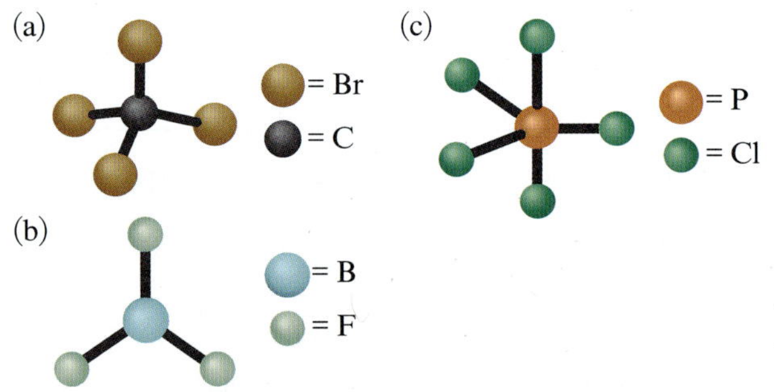

30. 다음 화합물의 화학식과 이름을 쓰시오.

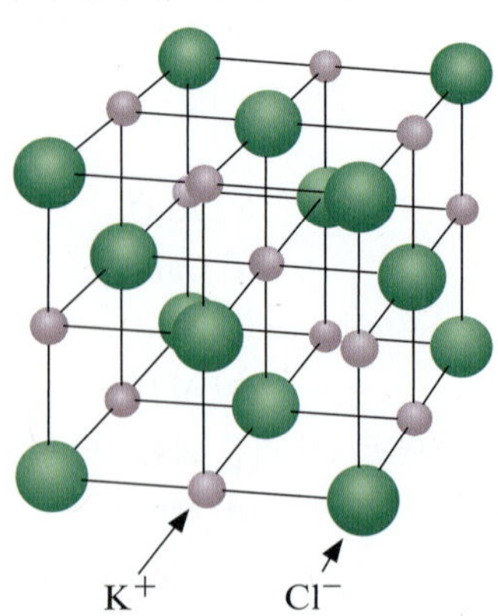

31. 하나 이상의 양이온을 포함하는 다음 염의 화학식을 쓰시오.

(a) 아황산수소 칼슘
(b) 황산수소 포타슘
(c) 황화수소 소듐
(d) 옥살산수소 포타슘
(e) 탄산수소 알루미늄
(f) 인산이수소 포타슘

32. 소듐 이온은 다음 중 어떤 이온과 결합하여 화학식 NaX의 화합물을 형성할 수 있는가?

(a) 염화 이온
(b) 황산 이온
(c) 아이오딘화 이온
(d) 인산 이온
(e) 붕산 이온
(f) 아황산 이온

33. 다음의 화합물의 이름 중 빠졌거나 잘못된 것은 무엇인가?

(a) 산화 황(sulfur oxide)
(b) 염화 주석(tin chloride)
(c) 사산화 일황화 바륨(barium monosulfide tetroxide)

34. 무기 화합물을 명명하는 데 다음이 각각 어떻게 사용되는지 설명하시오: -화(-ide), 제일(-ous), 제이(-ic), 하이포-(hypo-), 과-(per-), 아-산(-ite), -산(-ate), 로마 숫자

35. 다음은 신문 기사에서 발췌한 내용이다. 유출된 화학 물질의 화학식을 쓰고, 이 유출 사건이 그 지역에서 문제를 초래할지 아닐지를 예측하시오.

(a) 어제 새벽에 Columbia Water and Light Department의 West Ash Street 양수장에서 실수로 탄산 칼슘이 함유된 물 7200갤런을 Harmony Creek에 방류하였고, 사고 수습 반원이 몇 시간 동안 처리하였다.
(b) 아세트산 6000갤런을 운반하던 대형 트럭이 California주의 San Diego에 있는 I−5 고속도로에서 전복되었다.
(c) New Hampshire에 있는 한 대학이 지역 하수 시스템으로 산화 이수소를 투기하는 것이 발견되었다.

36. 다음 입자 안에는 얼마나 많은 아원자 입자(양성자와 전자)가 있는가?

(a) 철 원자 한 개
(b) Fe^{3+} 이온 한 개
(c) Fe^{2+} 이온 한 개

37. 화합물 A_3X_2는 안정한 고체이다. A와 X의 전하가 얼마인지 설명하시오.

38. 황산 이온의 화학식은 SO_4^{2-}이다. 황산이 이온이 원자 번호 3, 13, 30인 원소의 양이온과 만들 수 있는 화합물의 화학식을 쓰시오.

39. 다음의 화학식을 비교 및 대조하시오.

(a) 황화 이온(sulfide)과 아황산 이온(sulfite)
(b) 아황산 이온(sulfite)과 황산 이온(sulfate)
(c) 황산(sulfuric acid)과 아황산(sulfurous acid)

40. 다음 각 화합물의 이름에서 틀린 부분을 찾고, 틀린 이유를 쓰시오.

(a) 염화 구리(copper chloride)
(b) 칠산화 다이크로뮴 다이포타슘(dipotassium dichromium heptoxide)
(c) 산화 탄소(carbon oxide)

41. 이산화 황은 석탄을 태울 때 부산물로 생성되는 기체이다. 삼산화 황은 산성비의 주요 원인이다. 이들 두 물질의 존재가 배수비율의 법칙을 위반하는가? 답에 대하여 설명하시오.

42. 다음 중 추가 정보 없이 화학식을 쓸 수 있는 이름은 무엇인가? 간략하게 설명하시오.

(a) 염화 은
(b) 브로민화 수은
(c) 산화 아연
(d) 황화 구리

43. 다음 각 화합물을 산과 비금속 이성분 화합물로 분류하시오.

HCl	CO	SnO_2	Al_2O_3	PBr_3	$PbCl_2$
P_2O_5	H_2CO_3	NaCl	$MgCl_2$	H_2SO_4	N_2O_3

도전 문제

44. 미확인 금속과 인산 이온이 결합하여 이온 결합 화합물을 형성한다. 금속은 (2+) 양이온을 형성한다. 금속의 양성자 대 인의 양성자 최소 비율이 6:5라면 이 금속은 무엇인가? (**힌트:** 먼저 인산 음이온으로 형성된 이온 결합 화합물의 화학식을 써 보자.)

45. 화학을 공부한 후에, 제품 목록에 있는 더 많은 물질을 알아볼 수 있어야 한다. 개 사료에 대한 성분 목록은 다음과 같다:

닭고기 부산물 건조분(황산 콘드로이틴과 글루코사민의 천연 재료), 옥수수 가루, 정백하지 않은 수수, 통보리, 어분(생선 기름의 원료), 닭고기, 닭 지방(혼합 토코페롤로 보존된 비타민 E의 원료), 분말 사탕무우, 닭고기 향, 말린 달걀 제품, 염화 포타슘, 말린 맥주 효모, 소금, 헥사메타인산 소듐, 프락토올리고당, 생선 기름(혼합 토코페롤로 보존된 비타민 E의 원료), 탄산 칼슘, 아마 가루, 염화 콜린, 미네랄(황산 제일철, 산화 아연, 황산 망가니즈, 황산 구리, 산화 망가니즈, 아이오딘화 포타슘, 탄산 코발트), 비타민 E 보충제, 말린 닭고기 연골(황산 콘드로이틴과 글루코사민의 천연 재료), DL−메싸이오닌, 비타민들[아스코브산, 비타민 A 아세트산염, 판토텐산 칼슘, 비오틴, 질산 티아민(비타민 B1의 원료), 비타민 B12 보충제, 나이아신, 리보플라빈 보충제(비타민 B2의 원료), 이노시톨 염산피리독신(비타민 B6의 원료), 비타민 D3 보충제, 엽산], 베타카로틴, L−카르니틴, 마리골드, 시트르산, 로즈메리 농축액.

개 사료의 포대 속에 들어 있는 많은 물질은 여러분이 알 수 있는 이온 결합 화합물들이다. 개 사료의 제조업체들은 몇 가지

화합물은 정확하게 명시하지 않았다. 이 성분 목록에서 발견되는 화합물의 화학식을 쓰시오.

(a) 염화 포타슘
(b) 탄산 칼슘
(c) 황산 제일철
(d) 산화 아연
(e) 황산 망가니즈
(f) 황산 구리
(g) 산화 망가니즈
(h) 아이오딘화 포타슘
(i) 탄산 코발트
(j) 염화 소듐

실습 문제 정답

8.1 플루오린 어간은 플루오린- + -화 = 플루오린화, 염소 어간은 염- + -화 = 염화, 브로민 어간은 브로민- + -화 = 브로민화, 아이오딘 어간은 아이오딘- + -화 = 아이오딘화

8.2 (a) NaI (b) MgF_2 (c) Ca_3P_2 (d) K_2S (e) CaO (f) $MgCO_3$

8.3 (a) $SrCO_3$ (b) Li_2O (c) Na_3N (d) K_2O (e) CdS

8.4 (a) 염화 납(II)(lead(II) chloride)
(b) 플루오린화 주석(II)(tin(II) fluoride)
(c) 산화 철(II)(iron(II) oxide)
(d) 산화 구리(I)(copper(I) oxide)

8.5 (a) $Sn(CrO_4)_2$ (b) $CrBr_3$ (c) SnF_2 (d) Cu_2O

8.6 (a) 이산화 염소(chlorine dioxide)
(b) 이산화 황(sulfur dioxide)
(c) 테트라브로민화 탄소(carbon tetrabromide)
(d) 이산화 질소(nitrogen dioxide)
(e) 암모니아(ammonia)
(f) 오염화 아이오딘(iodine pentachloride)

8.7 (a) 브로민화 포타슘(potassium bromide)
(b) 질소화 칼슘(calcium nitride)
(c) 삼산화 황(sulfur trioxide)
(d) 플루오린화 주석(II)(tin(II) fluoride)
(e) 염화 구리(II)(copper(II) chloride)
(f) 사산화 이질소(dinitrogen tetroxide)

8.8 (a) 질산 소듐(sodium nitrate)
(b) 인산 칼슘(calcium phosphate)
(c) 수산화 소듐(sodium hydroxide)
(d) 탄산 마그네슘(magnesium carbonate)
(e) 염소산 소듐(sodium chlorate)

8.9 (a) 탄산수소 포타슘(potassium hydrogen carbonate)
(b) 옥살산수소 소듐(sodium hydrogen oxalate)
(c) 인산 암모늄 바륨(barium ammonium phosphate)
(d) 황산 알루미늄 소듐(sodium aluminum sulfate)

8.10 (a) 염화수소산 (b) 브로민화수소산

8.11 (a) 붕산 (b) 아세트산 (c) 아인산 (d) 아질산

Solitaire/Shutterstock

9장
화합물의 정량적 조성

곡물 가공품, 청소용품, 의약품들의 포장 라벨에는 모두 성분이 적혀 있다. 그 성분들은 많은 것부터 적은 것 순으로 나열되는데, 양은 대개 표시되지 않는다. 그러나 제품의 성질을 나타나게 하고, 다른 경쟁 제품과 구별되게 하는 것이 바로 각 성분의 양이다. 그러므로 생산자들은 제품의 질을 유지하고, 고객의 기호에 맞추기 위해 성분의 양을 조심스럽게 조절한다. 위 사진에 있는 사탕은 달콤한 중심부에 설탕을 덮어 만든 것으로 개수나 무게로 측정될 수 있다.

화합물의 조성은 화학에서 중요한 개념이다. 화합물에서 원소들 사이의 수적인 관계를 결정하고, 그 입자들의 정확한 양을 측정하는 것은 화학자들이 일상적으로 수행하는 기본적인 일이다.

9장의 개요

9.1 몰

이 절의 학습 목표
화학 문제들을 풀 때 몰, 몰질량, Avogadro 수의 개념을 적용할 수 있다.

원자는 믿을 수 없을 정도로 아주 작은 물체이다. 그 질량은 너무 작아서 일반 저울로는 측정할 수 없다. 5장(5.6절)에서 원자 질량 단위 표를 사용하여 원자를 비교하는 법을 배웠다. 이 단위는 각각의 원자들의 질량을 비교하는 데는 유용하지만, 실험실에서는 실제로 사용할 수 없다. '평균' 탄소 원자(원자 질량 12.01 u) 한 개의 질량은 2.00×10^{-23} g으로 너무 작아서 실험실에 있는 가장 좋은 저울로도 측정할 수 없다.

그러면 어떻게 우리는 이렇게 작은 원자들의 질량을 측정할 수 있을까? 실험실에 있는 저울로 측정 가능한 충분한 양이 될 때까지 시료에 있는 원자의 수를 증가시키면 된다. 그러나 문제는 이 시료에 있는 원자들의 수를 어떻게 셀 수 있는가이다(사진 참고).

잠시 마트에 있는 과일을 생각해 보자. 보통 사과와 오렌지는 크기에 따라 분류되어 있고, 개수로 팔지 않고 무게로 판다. 판매원은 무게를 재어서 개수를 센다. 이렇게 하기 위해서는 사과 한 개의 '평균' 질량(235 g)과 오렌지 한 개의 '평균' 질량(186 g)을 알 필요가 있다. 사과 275개와 오렌지 350개를 주문받았다고 하자. 이것들을 하나씩 세어서 포장하는 데는 시간이 오래 걸릴 것이다. 그러나 판매원은 무게를 잼으로써 매우 빠르게 셀 수 있다. 즉,

$$(275\text{개의 사과})\left(\frac{235\text{ g}}{\text{사과}}\right) = 6.46 \times 10^4\text{ g} = 64.6\text{ kg}$$

$$(350\text{개의 오렌지})\left(\frac{186\text{ g}}{\text{오렌지}}\right) = 6.51 \times 10^4\text{ g} = 65.1\text{ kg}$$

Rom Chek/Shutterstock

상점에서는 사과의 무게를 잼으로써 그 개수를 셀 수 있다.

판매원은 일일이 셀 필요 없이 사과 64.6 kg과 오렌지 65.1 kg을 잰 후 포장하면 된다. 생산자와 공급자들은 종종 무게를 측정함으로써 일일이 세는 것을 대신한다. 유사한 예로는 볼트, 너트, 사탕 등이 있다.

화학자 또한 무게를 달아서 원자들을 센다. 우리는 원자들의 평균 질량을 알고 있으므로 많은 수의 원자를 나타내는 단위를 정의함으로써 원자들을 셀 수 있다. 화학자들은 원자들을 세는 단위로 몰(mol)을 선택했다. 몰은 다스, 연, 그로스와 같이 수를 세는 단위이다.

1다스 = 12개
1그로스 = 144개
1연 = 500개
1몰 = 6.022×10^{23}개

단위는 적절히 사용되어야 한다. 1다스의 달걀은 부엌에서 실제로 사용되고, 1그로스의 달걀은 레스토랑에서 사용되지만, 1연의 달걀은 실용적인 단위가 아니다. 화학자들은 다스, 그로스, 연은 사용할 수 없는데, 왜냐하면 원자들이 너무 작아서 원자 1다스, 1그로스, 1연은 여전히 실험실에서 측정할 수 없기 때문이다.

측정되는 물체에 적절한 측정 단위.

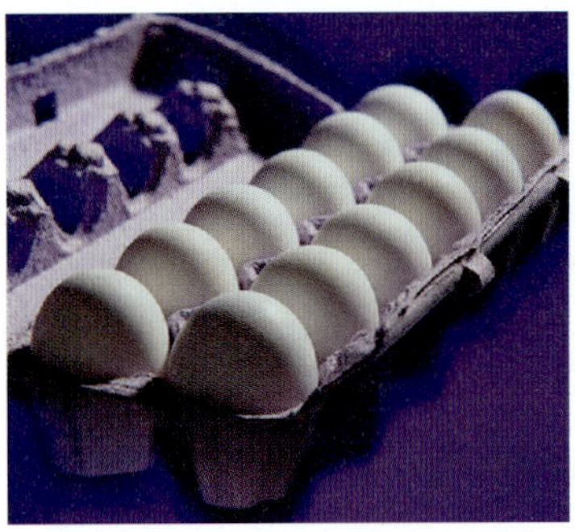
Royalty-Free/Corbis Images
달걀은 다스(12개)로 측정된다.

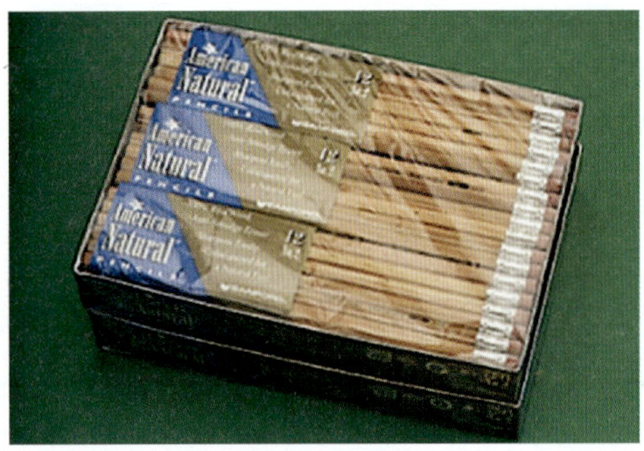
Tom Pantages
연필은 그로스(144개)로 측정된다.

Copyright John Wiley & Sons, Inc.
종이는 연(500장)으로 측정된다.

1 mol을 나타내는 6.022×10^{23}이란 수를 Avogadro 수(**Avogadro's number**)라 하는데, 이는 화학에서 여러 정량적인 면을 연구한 Amadeo Avogadro(1776~1856)를 기념해서 만든 것이다. Avogadro 수가 실제로 얼마나 큰 수인지 상상하기는 어려우나, 다음과 같은 비유는 Avogadro 수를 이해하는 데 도움이 될 것이다. 만약 만 명의 사람이 Avogadro 수를 셀 경우, 한 사람이 분당 100개의 수를 센다고 하면 Avogadro 수를 다 세는 데 걸리는 시간

기호(이름)	C(탄소)	Al(알루미늄)	Pb(납)
원소	 Richard Megna/Fundamental Photographs	 Richard Megna/Fundamental Photographs	 Richard Megna/Fundamental Photographs
평균 원자 질량	12.01 u	26.98 u	207.2 u
시료의 질량	12.01 g	26.98 g	207.2 g
시료에 있는 원자 수	6.022×10^{23}개	6.022×10^{23}개	6.022×10^{23}개

은 총 1조(10^{12})년이 넘는다. 그러므로 아주 적은 양의 물질도 지극히 많은 개수의 원자를 갖고 있다.

Avogadro 수는 여러 가지 방법에 의해 실험적으로 결정되었다. Avogadro 수는 원자 질량 단위와 어떻게 관련되어 있을까? 어떤 원소의 원자 질량은 그 원소의 모든 동위 원소의 평균 상대 질량이다. 어떤 원소 1 mol의 원자 질량(g으로 표시된)은 정확히 12 g의 ^{12}C 속에 있는 개수와 똑같은 수(Avogadro 수)의 입자를 포함하고 있다(참고 참조). 그러므로 어떤 물질 **1몰(mole)**은 12 g의 ^{12}C 속에 있는 원자들의 수와 정확히 똑같은 수의 물질을 포함하는 물질의 양이다.

참고 ^{12}C 원자 질량의 기준이 되는 동위 원소이다.

$$1 \text{ mol} = 6.022 \times 10^{23}\text{개}$$

몰의 정의로부터, 어떤 원소의 그램으로 표시된 원자 질량은 원자 1 mol을 함유한다는 것을 알 수 있다. **몰**(mole)이란 단어는 화학에서 **원자**(atom)나 **분자**(molecule)라는 단어처럼 흔히 사용된다. 1 mol의 원자, 분자, 이온, 전자란 이들 입자가 Avogadro 수만큼 있음을 의미한다(참고 참조). 만약 우리가 1 mol의 원자를 이야기할 수 있다면 우리는 또한 1 mol의 분자, 1 mol의 전자, 1 mol의 이온을 이야기할 수 있고, 이는 각각 6.022×10^{23}개의 입자를 뜻하는 것이다.

참고 몰의 약어는 단수와 복수 모두 mol이다.

$$1 \text{ mol의 원자} = 6.022 \times 10^{23} \text{ 개의 원자}$$
$$1 \text{ mol의 분자} = 6.022 \times 10^{23} \text{ 개의 분자}$$
$$1 \text{ mol의 이온} = 6.022 \times 10^{23} \text{ 개의 이온}$$

실습 문제 9.1

다음 물질 1.000 mol에는 몇 개의 원자가 있는가?

(a) Cu (b) O_2 (c) HCl

그램으로 표시된 어떤 원소의 원자 질량은 Avogadro 수의 원자를 포함하고 있으며, 이를 그 원소의 **몰질량(molar mass)**이라고 정의한다. 어떤 원소의 몰질량을 결정하기 위해 주기율표에 있는 원자 질량의 단위를 원자 질량 단위(u)에서 그램(g)으로 바꾼다. 예를 들면 황은 32.07 u의 원자 질량을 갖고 있으므로 1 mol의 황의 질량은 32.07 g이다. 32.07 g을 황의 몰질량이라고 하며, 여기에는 6.022×10^{23}개의 황 원자가 함유되어 있다. 다음은 몇 가지 예이다.

원소	원자 질량	몰질량	원자 개수
H	1.008 u	1.008 g	6.022×10^{23}
Mg	24.31 u	24.31 g	6.022×10^{23}
Na	22.99 u	22.99 g	6.022×10^{23}

요약하면 다음과 같다.

1. 그램으로 표시된 원자 질량은 그 원소의 **몰질량**(molar mass)이다. 이 값은 각각의 원소마다 다르다. 이 교재에서 몰질량은 네 개의 유효 숫자로 주어진다.

$$\text{몰질량} = \text{그램으로 표시된 원소의 원자 질량}$$

2. 어떤 원소 1 mol은 Avogadro 수만큼의 원자를 포함한다.

$$1\ \text{mol의 원자} = 6.022 \times 10^{23}\text{개의 원자}$$

다음의 예제들에서 볼 수 있듯이 이러한 관계식은 원자 수, 질량, 몰수 사이를 변환하는 데 사용될 수 있다.

황	아이오딘	철	수은
 Richard Megna/Fundamental Photographs	 Richard Megna/Fundamental Photographs	 Richard Megna/Fundamental Photographs	 Richard Megna/Fundamental Photographs
32.07 g	126.9 g	55.85 g	200.6 g
6.022×10^{23}개의 원자	6.022×10^{23}개의 원자	6.022×10^{23}개의 원자	6.022×10^{23}개의 원자

예제 9.1

철(Fe) 25.0 g에는 몇 몰의 철이 들어 있는가?

풀이

계획 **풀이의 요점:** g Fe → Fe의 몰수

$$1\ \text{mol Fe} = 55.85\ \text{g Fe (주기율표에서)}$$

$$\text{필요한 변환 인자: } \frac{1\ \text{mol Fe}}{55.85\ \text{g Fe}} \quad \text{또는} \quad \frac{55.85\ \text{g Fe}}{1\ \text{mol Fe}}$$

계산 $$(25.0\ \cancel{\text{g Fe}})\left(\frac{1\ \text{mol Fe}}{55.85\ \cancel{\text{g Fe}}}\right) = 0.448\ \text{mol Fe}$$

확인 문제에서 25.0 g은 세 개의 유효 숫자를 가지므로 정답에서 허용되는 유효 숫자는 세 개이다. 0.448 mol이 약 1/2 mol이고, 25.0 g이 55.85 g(1 mol Fe)의 약 1/2이므로 정답은 적절하다.

예제 9.2

마그네슘(Mg) 5.00 g에는 몇 개의 마그네슘 원자가 있는가?

풀이

계획 **풀이의 요점:** g Mg → Mg 원자 수

$$1\ \text{mol Mg} = 24.31\ \text{g Mg (주기율표에서)}$$

$$\text{필요한 변환 인자: } \frac{6.022 \times 10^{23}\text{개의 Mg 원자}}{24.31\ \text{g Mg}} \quad \text{또는} \quad \frac{24.31\ \text{g Mg}}{6.022 \times 10^{23}\text{개의 Mg 원자}}$$

계산 $$(5.00\ \cancel{\text{g Mg}})\left(\frac{6.022 \times 10^{23}\text{개의 Mg 원자}}{24.31\ \cancel{\text{g Mg}}}\right) = 1.24 \times 10^{23}\text{개의 Mg 원자}$$

확인 문제에서 5.00 g은 세 개의 유효 숫자를 가지므로 정답에서 허용되는 유효 숫자는 세 개이다.

예제 9.3

탄소(C) 원자 한 개의 질량은 몇 그램인가?

풀이

계획 **풀이의 요점:** C 원자 수 → C 그램 수

1 mol C = 12.01 g C (주기율표에서)

필요한 변환 인자: $\frac{6.022 \times 10^{23}\text{개의 C 원자}}{12.01\text{ g C}}$ 또는 $\frac{12.01\text{ g C}}{6.022 \times 10^{23}\text{개의 C 원자}}$

계산 $(1\text{개의 C 원자})\left(\frac{12.01\text{ g C}}{6.022 \times 10^{23}\text{개의 C 원자}}\right) = 1.994 \times 10^{-23}\text{ g C}$

확인 한 개의 원자는 정확한 수이므로, C의 몰질량의 유효 숫자의 개수를 근거로 정답에서 허용되는 유효 숫자는 네 개다.

예제 9.4

소듐 (Na) 원자 3.01×10^{23}개의 질량은 얼마인가?

풀이

계획 **풀이의 요점:** Na 원자 수 → Na 그램 수

1 mol Na = 22.99 g (주기율표에서)

필요한 변환 인자: $\frac{6.022 \times 10^{23}\text{개의 Na 원자}}{22.99\text{ g Na}}$ 또는 $\frac{22.99\text{ g Na}}{6.022 \times 10^{23}\text{개의 Na 원자}}$

계산 $(3.01 \times 10^{23}\text{개의 Na 원자})\left(\frac{22.99\text{ g Na}}{6.022 \times 10^{23}\text{개의 Na 원자}}\right) = 11.5\text{ g Na}$

확인 문제에서 3.01×10^{23}은 세 개의 유효 숫자를 가지므로 정답(질량)은 세 개의 유효 숫자를 가져야 한다.

예제 9.5

구리(Cu) 0.252 mol의 질량은 얼마인가?

풀이

계획 **풀이의 요점:** Cu 몰수 → Cu 그램 수

1 mol Cu = 63.55 g (주기율표에서)

필요한 변환 인자: $\frac{1\text{ mol Cu}}{63.55\text{ g Cu}}$ 또는 $\frac{63.55\text{ g Cu}}{1\text{ mol Cu}}$

계산 $(0.252\text{ mol Cu})\left(\frac{63.55\text{ g Cu}}{1\text{ mol Cu}}\right) = 16.0\text{ g Cu}$

확인 문제와 정답의 유효 숫자는 모두 세 개이다.

예제 9.6

1.00 mol의 산소 분자에는 몇 개의 산소 원자가 있는가?

풀이

계획 산소는 화학식이 O_2인 이원자 분자이다. 그러므로 한 개의 산소 분자는 두 개의 산소 원자를 갖고 있다: $\frac{2\text{개의 O 원자}}{1\text{개의 }O_2\text{ 분자}}$

풀이의 요점: O_2 몰수 → O_2 분자 수 → O 원자 수

필요한 두 개의 변환 인자: $\dfrac{6.022 \times 10^{23}\text{개의 } O_2\text{ 분자}}{1\text{ mol } O_2}$ 와 $\dfrac{2\text{개의 O 원자}}{1\text{개의 } O_2\text{ 분자}}$

계산 $(1.00\ \cancel{\text{mol } O_2})\left(\dfrac{6.022 \times 10^{23}\ \cancel{\text{개의 } O_2\text{ 분자}}}{1\ \cancel{\text{mol } O_2}}\right)\left(\dfrac{2\text{개의 O 원자}}{1\ \cancel{\text{개의 } O_2\text{ 분자}}}\right)$

$= 1.20 \times 10^{24}$ 개의 O 원자

실습 문제 9.2

헬륨(He) 2.50 mol의 질량은 얼마인가?

실습 문제 9.3

금(Au) 0.052 mol에는 몇 개의 원자가 있는가?

9.2 화합물의 몰질량

이 절의 학습 목표
화합물의 몰질량을 계산할 수 있다.

화합물 1 mol에는 그 화합물의 **화학식 단위**(formula unit)가 Avogadro 수만큼 존재한다(참고 참조). **분자량**(molecular weight), **분자 질량**(molecular mass), **화학식량**(formula weight), **화학식 질량**(formula mass)과 같은 용어들이 지금까지 화합물 1 mol의 질량을 나타내는 데 사용되었다. 그러나 몰질량이란 용어가 좀 더 포괄적이다. 왜냐하면 이 단어는 모든 형태의 화합물에 사용할 수 있기 때문이다.

참고 화학식 단위는 화학식, 예를 들면 Mg, MgS, H_2O, NaCl로 나타낸다.

만약 화합물의 화학식을 알고 있다면, 이 화합물의 몰질량은 화학식에 있는 모든 원자의 몰질량을 더함으로써 결정할 수 있다. 만약 어떤 원소의 원자가 두 개 이상 존재하면 그 몰질량은 화학식에 나타난 만큼 여러 번 더해져야 한다.

예제 9.7

소금의 화학식은 NaCl이다. 소금의 몰질량은 얼마인가?

풀이

읽기 **알려진 값:** NaCl

계획 화학식에는 한 개의 Na 원자와 한 개의 Cl 원자가 있다. 원자 질량은 주기율표에서 알 수 있다.

계산 Na = 22.99 g
Cl = 35.45 g
58.44 g = NaCl의 몰질량

예제 9.8

수산화 칼슘 ($Ca(OH)_2$)의 몰질량을 계산하시오.

풀이

읽기 **알려진 값:** $Ca(OH)_2$

계획 화학식에는 한 개의 Ca 원자와 두 개의 O 원자 및 두 개의 H 원자가 있다. 원자 질량은 주기율표에서 알 수 있다.

계산
$$\begin{aligned} 1\ \text{Ca} &= 1(40.08\ \text{g}) = 40.08\ \text{g} \\ 2\ \text{O} &= 2(16.00\ \text{g}) = 32.00\ \text{g} \\ 2\ \text{H} &= 2(1.008\ \text{g}) = \underline{2.016\ \text{g}} \\ & \qquad 74.10\ \text{g} = Ca(OH)_2 \text{ 의 몰질량} \end{aligned}$$

실습 문제 9.4

$CaCO_3$의 몰질량을 계산하시오.

참고 다른 작업에서는 유효 숫자의 개수를 다르게 사용할 필요가 있겠지만, 이 교재에서는 모든 몰질량을 유효 숫자가 네 개가 되도록 반올림한다.

화합물 1 mol의 질량은 Avogadro 수만큼의 화학식 단위를 포함한다. 염화수소(HCl) 화합물을 생각해 보자. 한 개의 H 원자가 한 개의 Cl 원자와 결합하여 HCl을 형성한다. 1 mol의 H(1.008 g의 H 또는 6.022×10^{23}개의 H 원자)와 1 mol의 Cl(35.45 g의 Cl 또는 6.022×10^{23}개의 Cl 원자)이 결합하면 1 mol의 HCl(36.46 g의 HCl 또는 6.022×10^{23}개 HCl 분자)이 생성된다. 이러한 관계들이 다음 표에 요약되어 있다.

H	Cl	HCl
6.022×10^{23}개의 H **원자**	6.022×10^{23}개의 Cl **원자**	6.022×10^{23}개의 HCl **분자**
1 mol의 H **원자**	1 mol의 Cl **원자**	1 mol의 HCl **분자**
1.008 g의 H	35.45 g의 Cl	36.46 g의 HCl
1 몰질량의 H **원자**	1 몰질량의 Cl **원자**	1 몰질량의 HCl **분자**

소금통 앞에 있는 1 mol의 소금과 필름통 안에 있는 1 mol의 물은 서로 크기는 다르지만 둘 다 Avogadro 수만큼의 화학식 단위를 포함하고 있다.

이원자 원소(H_2, O_2, N_2, F_2, Cl_2, Br_2, I_2)를 다룰 때, 1 mol의 원자와 1 mol의 분자를 구별하는 데 각별한 주의를 해야 한다. 예를 들어, 32.00 g의 질량을 가진 1 mol의 산소 분자를 생각해 보자. 이 양은 2 mol의 산소 원자의 질량과 같다(사진 참조). 1 mol은 고려 대상인 특정한 화학적 개체의 Avogadro 수를 나타낸다는 것을 기억하라(참고 참조).

참고 화학식 단위는 이온을 포함한 물질의 경우에 분자를 대신하여 종종 사용된다.

$$1\ \text{mol}\ H_2O = 18.02\ \text{g}\ H_2O = 6.022 \times 10^{23}\text{개의 분자}$$
$$1\ \text{mol NaCl} = 58.44\ \text{g NaCl} = 6.022 \times 10^{23}\text{개의 화학식 단위}$$
$$1\ \text{mol}\ H_2 = 2.016\ \text{g}\ H_2 = 6.022 \times 10^{23}\text{개의 분자}$$
$$1\ \text{mol}\ HNO_3 = 63.02\ \text{g}\ HNO_3 = 6.022 \times 10^{23}\text{개의 분자}$$
$$1\ \text{mol}\ K_2SO_4 = 174.3\ \text{g}\ K_2SO_4 = 6.022 \times 10^{23}\text{개의 화학식 단위}$$
$$1\ \text{mol} = 6.022 \times 10^{23}\text{개의 화학식 단위 또는 분자} = 1\text{몰질량의 화합물}$$

예제 9.9

황산(H_2SO_4) 1 mol의 질량은 얼마인가?

풀이

읽기 **알려진 값:** H_2SO_4

계획 원자 질량은 주기율표에서 알 수 있다.

계산
$$\begin{aligned} 2\ \text{mol H} &= 2\,(1.008\ \text{g}) = 2.016\ \text{g} \\ 1\ \text{mol S} &= 32.07\ \text{g} = 32.07\ \text{g} \\ 4\ \text{mol O} &= 4(16.00\ \text{g}) = \underline{64.00\ \text{g}} \\ & \qquad 98.09\ \text{g} = H_2SO_4\ 1\ \text{mol의 질량} \end{aligned}$$

예제 9.10

수산화 포타슘 (KOH) 1.00 kg에는 몇 몰의 KOH가 들어 있는가?

풀이

읽기 **알려진 값:** 1.00 kg KOH

계획 KOH의 몰질량을 계산하기 위해서는 주기율표에 있는 원소들의 원자 질량을 사용한다.

풀이의 요점: kg KOH → g KOH → mol KOH

필요한 변환 인자: $\frac{1000\ g}{1\ kg}$ 과 $\frac{1\ mol\ KOH}{56.18\ g\ KOH}$ (참고 참조)

참고 원하는 단위를 분자에 놓고 소거될 단위를 분모에 놓음으로써 적절한 변환 인자를 고안하라

계산 $(1.00\ \cancel{kg\ KOH})\left(\frac{1000\ \cancel{g\ KOH}}{1\ \cancel{kg\ KOH}}\right)\left(\frac{1\ mol\ KOH}{56.18\ \cancel{g\ KOH}}\right) = 17.8\ mol\ KOH$

그러므로 1.00 kg KOH = 17.8 mol KOH

예제 9.11

물 12.00 mol의 질량은 얼마인가?

풀이

읽기 **알려진 값:** 12.00 mol H_2O

계획 H_2O의 몰질량을 계산하기 위해서는 주기율표에 있는 원소들의 원자 질량을 사용한다.

풀이의 요점: mol H_2O → g H_2O

$\frac{18.02\ g\ H_2O}{1\ mol\ H_2O}$ (변환 인자)

계산 $(12.00\ \cancel{mol\ H_2O})\left(\frac{18.02\ g\ H_2O}{1\ \cancel{mol\ H_2O}}\right) = 216.2\ g\ H_2O$

그러므로 12.00 mol = 216.2 g H_2O

예제 9.12

염화 수소(HCl) 25.0 g에는 몇 개의 HCl 분자가 있는가?

풀이

읽기 **알려진 값:** 25.0 g HCl

계획 HCl의 몰질량을 계산하기 위해서는 주기율표에 있는 원소들의 원자 질량을 사용한다.

$\underset{H}{1.008\ g} + \underset{Cl}{35.45\ g} = 36.46\ g$ = HCl의 몰질량

풀이의 요점: g HCl → mol HCl → HCl 분자 수

$\frac{1\ mol\ HCl}{36.46\ g\ HCl}$ 과 $\frac{6.022 \times 10^{23}\ 개의\ HCl\ 분자}{1\ mol\ HCl}$ (변환 인자)

계산 $(25.0\ \cancel{g\ HCl})\left(\frac{1\ \cancel{mol\ HCl}}{36.46\ \cancel{g\ HCl}}\right)\left(\frac{6.022 \times 10^{23}\ 개의\ HCl\ 분자}{1\ \cancel{mol\ HCl}}\right)$

$= 4.13 \times 10^{23}$ 개의 HCl 분자

실습 문제 9.5

$FeSO_4$ 0.325 mol의 질량은 얼마인가?

실습 문제 9.6

$HC_2H_3O_2$ 500.0 g에 들어 있는 몰수와 분자 수는 얼마인가?

9.3 화합물의 조성 백분율

백분율(퍼센트, percent)은 100 부분 중의 몇 부분인지를 의미한다. 파이 조각이 전체 파이의 몇 퍼센트(%)인 것과 같이, 화합물에 들어 있는 각 원소는 전체 화합물의 몇 퍼센트(%)이다. **화합물의 조성 백분율(percent composition of a compound)**은 화합물에서 각 원소의 **질량 백분율**(mass percent)이다. 몰질량은 화합물의 총 질량 또는 100%의 화합물을 나타낸다. 물(H_2O)의 조성 백분율은 11.19%의 H와 88.79%의 O의 질량비로 구성되어 있다. 일정 성분비 법칙에 의하면 조성 백분율은 시료의 크기가 어떠하든지 동일해야만 한다.

화합물의 조성 백분율은 (1) 화학식과 (2) 실험 자료로부터 구할 수 있다.

이 절의 학습 목표
화학식과 실험 자료로부터 화합물의 조성 백분율을 계산할 수 있다.

화학식으로부터 조성 백분율 구하기

만약 화합물의 화학식을 안다면 조성 백분율을 구하기 위해 두 단계를 거쳐야 한다.

화학식으로부터 조성 백분율을 계산하기 위한 문제 풀이 전략

1. 몰질량을 계산한다(9.2절).

2. 화학식에 있는 각 원소의 총 질량을 몰질량으로 나눈 다음 100을 곱한다. 이로써 조성 백분율을 구할 수 있다.

$$\frac{\text{원소의 총 질량}}{\text{화합물의 몰질량}} \times 100 = \text{원소의 백분율}$$

예제 9.13

염화 소듐(NaCl)의 조성 백분율을 계산하시오.

풀이

읽기 **알려진 값:** NaCl

계획 화학식으로부터 조성 백분율을 계산하기 위한 문제 풀이 전략을 이용한다.

계산 **1.** NaCl의 몰질량을 계산하기 위해서는 주기율표에 있는 원소들의 원자 질량을 사용한다.

$$\overset{\text{Na}}{22.99\text{ g}} + \overset{\text{Cl}}{35.45\text{ g}} = 58.44\text{ g} = \text{NaCl의 몰질량}$$

2. 각 원소에 대한 조성 백분율을 계산한다.

$$\text{Na:}\quad \left(\frac{22.99\text{ g Na}}{58.44\text{ g}}\right)(100) = 39.34\%\text{ Na}$$

$$\text{Cl:}\quad \left(\frac{35.45\text{ g Cl}}{58.44\text{ g}}\right)(100) = \frac{60.66\%\text{ Cl}}{100.00\%\text{ 합계}}$$

참고 이성분계 내에서 만약 한 성분의 백분율이 알려지면 다른 구성 성분의 백분율은 그 차에 의해 자동으로 정해진다. 만약 Na가 39.34%이면 Cl은 100% − 39.34% = 60.66%이다. 그러나 각 성분의 백분율은 각각 계산되어야만 한다. 왜냐하면 있을 수 있는 계산 착오를 방지하기 위해서이다. 조성 백분율의 합계는 100±0.2%이어야 한다.

예제 9.14

염화 포타슘(KCl)의 조성 백분율을 계산하시오.

풀이

읽기 **알려진 값:** KCl

계획 화학식으로부터 조성 백분율을 계산하기 위한 문제 풀이 전략을 이용한다.

계산 **1.** KCl의 몰질량을 계산하기 위해서는 주기율표에 있는 원소들의 원자 질량을 사용한다.

$$\overset{\text{K}}{39.10\ \text{g}} + \overset{\text{Cl}}{35.45\ \text{g}} = 74.55\ \text{g} = \text{KCl의 몰질량}$$

2. 각 원소에 대한 조성 백분율을 계산한다.

$$\text{K:}\quad \left(\frac{39.10\ \cancel{\text{g}}\ \text{K}}{74.55\ \cancel{\text{g}}}\right)(100) = 52.45\%\ \text{K}$$

$$\text{Cl:}\quad \left(\frac{35.45\ \cancel{\text{g}}\ \text{Cl}}{74.55\ \cancel{\text{g}}}\right)(100) = \underline{47.55\%\ \text{Cl}}$$

$$100.00\%\ \text{합계}$$

NaCl과 KCl의 계산 결과를 비교해 보면, 각 화합물에서 Cl과 Na, Cl과 K가 1 : 1의 원자비로 결합되어 있지만, NaCl이 KCl보다 Cl의 질량 백분율이 더 높다. 질량 백분율이 다른 이유는 Na와 K의 원자 질량이 다르기 때문이다.

1 mol의 NaCl과 1 mol의 KCl을 비교할 때, 각 물질 1 mol에는 같은 수의 Cl 원자, 즉 1 mol의 Cl 원자가 들어 있음을 인식하는 것은 매우 중요하다. 그러나 같은 질량의 NaCl과 KCl을 비교하면 KCl보다 NaCl 속에 더 많은 Cl 원자가 들어 있는데, 그 이유는 NaCl에서 Cl의 질량 백분율이 더 크기 때문이다.

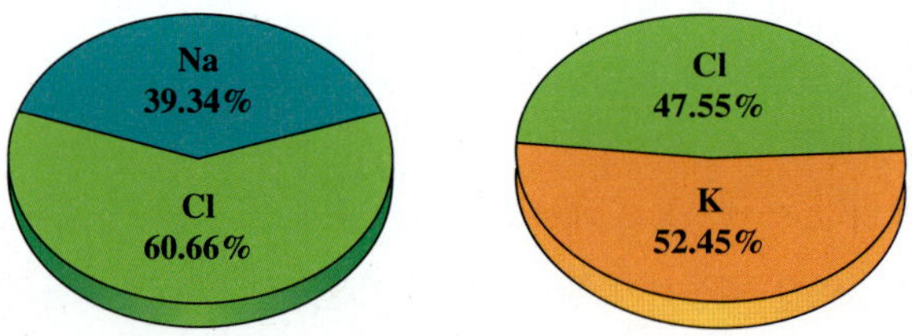

1 mol NaCl에 들어 있는 양	100.0g NaCl에 들어 있는 양	1 mol KCl에 들어 있는 양	100.0g KCl에 들어 있는 양
1 mol Na	39.34 g Na	1 mol K	52.45 g K
1 mol Cl	60.66 g Cl	1 mol Cl	47.55 g Cl
	60.66 % Cl		47.55 % Cl

예제 9.15

황산 포타슘(K_2SO_4)의 조성 백분율을 계산하시오.

풀이

읽기 **알려진 값:** K_2SO_4

계획 화학식으로부터 조성 백분율을 계산하기 위한 문제 풀이 전략을 이용한다.

계산 **1.** K_2SO_4의 몰질량을 계산하기 위해서는 주기율표에 있는 원소들의 원자 질량을 사용한다.

$$\overset{\text{K}}{2(39.10)\,g} + \overset{\text{S}}{32.07\,g} + \overset{\text{O}}{4(16.00)\,g} = 174.3\,g = K_2SO_4\text{의 몰질량}$$

2. 각 원소에 대한 조성 백분율을 계산한다.

$$\text{K:}\quad \left(\frac{78.20\,\cancel{g}\,K}{174.3\,\cancel{g}}\right)(100) = 44.87\%\ K$$

$$\text{S:}\quad \left(\frac{32.07\,\cancel{g}\,S}{174.3\,\cancel{g}}\right)(100) = 18.40\%\ S$$

$$\text{O:}\quad \left(\frac{64.00\,\cancel{g}\,O}{174.3\,\cancel{g}}\right)(100) = 36.72\%\ O$$

99.99% 합계

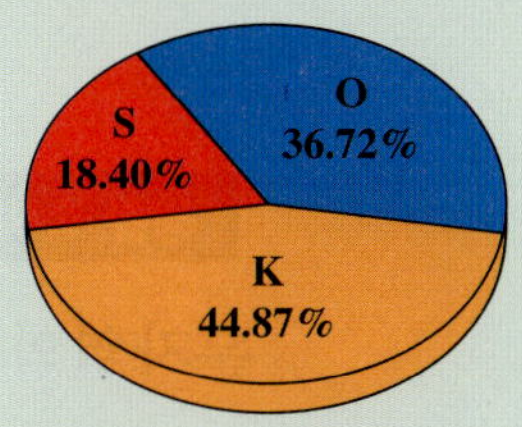

실습 문제 9.7

$Ca(NO_3)_2$의 조성 백분율을 계산하시오.

실습 문제 9.8

Na_2CrO_4의 조성 백분율을 계산하시오.

실험 자료로부터 조성 백분율 구하기

만약 실험 자료가 주어졌다면, 조성 백분율을 구하기 위해 두 단계를 거쳐야 한다.

실험 자료로부터 조성 백분율을 계산하기 위한 문제 풀이 전략

1. 생성된 화합물의 질량을 계산한다.

2. 각 원소의 질량을 화합물의 총 질량으로 나눈 다음, 100을 곱한다.

예제 9.16

산화 아연은 일광 화상 방지제에서부터 흰색 페인트의 안료로까지 널리 사용되는 화합물이다. 공기 중에서 가열하면 아연(Zn) 1.63 g과 산소(O_2) 0.40 g이 결합하여 산화 아연이 생성된다. 생성된 화합물의 조성 백분율을 계산하시오.

풀이

읽기 **알려진 값:** 1.63 g Zn

0.40 g O_2

계획 실험 자료로부터 조성 백분율을 계산하기 위한 문제 풀이 전략을 이용한다.

계산 **1.** 생성물의 질량을 계산한다.

$$1.63\ g\ Zn + 0.40\ g\ O_2 = 2.03\ g\ \text{생성물}$$

2. 각 원소에 대한 조성 백분율을 계산한다.

$$\text{Zn:}\quad \left(\frac{1.63\ \cancel{g}\ \text{Zn}}{2.03\ \cancel{g}}\right)(100) = 80.3\%\ \text{Zn}$$

$$\text{O:}\quad \left(\frac{0.40\ \cancel{g}\ \text{O}}{2.03\ \cancel{g}}\right)(100) = \underline{20.\%\ \ \text{O}}$$

$$100.\%\ \ \text{합계}$$

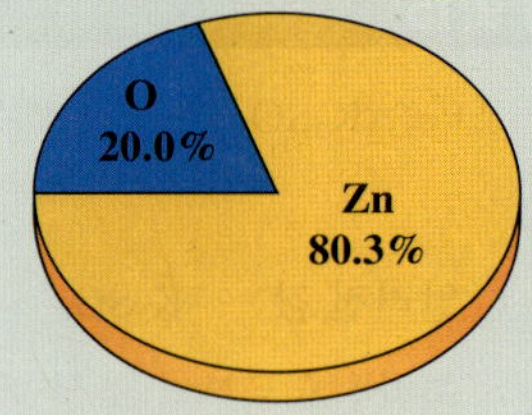

실습 문제 9.9

염화 리튬은 리튬 1.74 g과 염소 8.86 g이 반응하여 생성된다. 이 화합물의 조성 백분율을 계산하시오.

생활 속의 화학

분자열의 감지?

Heike Richter, New Zealand/Moment/Getty Images

하바네로 고추는 고농도의 캡사이신을 함유하고 있어 매우 맵다.

인간은 매우 낮은 농도의 분자도 감지할 수 있다. 고추를 먹어 본 사람이라면 확실히 알 수 있다. 고추로 요리를 할 때, 피부나 눈이 불타는 듯한 느낌을 받을 것이다. 이 불타는 듯한 느낌의 원인이 되는 분자는 캡사이신이며, 매우 적은 양이어도 감지할 수 있다. 어떻게 낮은 농도의 양의 캡사이신을 감지할 수 있을까? 답은 이 물질의 아주 적은 질량에도 많은 분자가 포함되어 있다는 사실에서 찾을 수 있다. 1피코그램(picogram) 캡사이신 시료에는 1조 개 이상의 분자가 있다!

어떻게 낮은 분자량의 분자를 정확하게 감지할 수 있을까? UCSF의 생물학자 David Julius는 20년 이상 이 문제를 연구하였고, 사람이 열로 인식하는 캡사이신의 존재를 감지할 수 있는 단백질 수용체를 발견하였다. 이 단백질은 피부와 혀에 있는 대부분의 신경 섬유에서 발견되고 있다. 이 단백질은 고추의 캡사이신과 접촉할 때 채널이나 게이트를 여는 역할을 하고 채널을 통해 흐르는 전하를 띤 입자나 이온은 뇌로 메시지를 전달하는 전기 신호를 보낸다. 흥미롭게도 이 단백질은 고온과 고추를 감지한다. 뜨거운 방에 있을 때나 고추를 먹을 때의 생리적 반응이 같은 것은 이런 이유 때문일 것이다. 또한, 일단 피부나 혀가 캡사이신에 노출이 되면 다른 열 자극에 더 민감해진다. 왜냐하면, 이 단백질은 추가적인 열이나 고추를 감지할 때, 뇌로 보내는 신호를 증폭시키는 경향이 있기 때문이다. 그렇기 때문에 고추를 먹은 후에 뜨거운 음료를 마시면, 평소보다 더 많이 혀가 불타는 것 같을 것이다.

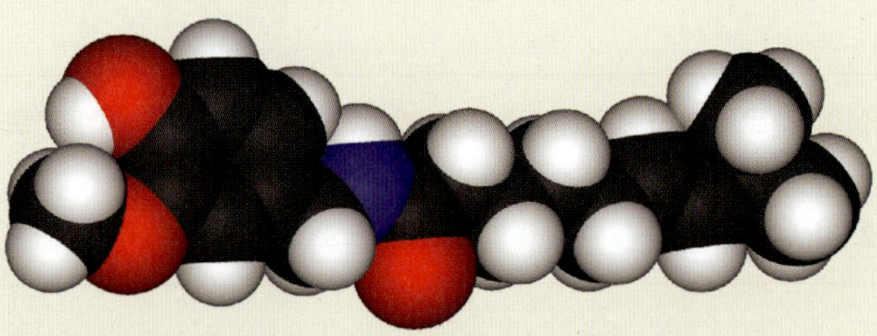

캡사이신은 고추에서 열의 원인이 되는 분자이다

9.4 실험식의 계산

이 절의 학습 목표
조성 백분율로부터 화합물의 실험식을 구할 수 있다.

실험식(**empirical formula**) 또는 **가장 간단한 화학식**(simplest formula)은 화합물에 존재하는 원자 수를 가장 작은 정수비로 나타낸다. 이러한 화학식은 화합물에 들어 있는 각 원소의 상대적인 원자 수를 나타낸다.

실험식을 구하는 것은 가능하다. 왜냐하면 (1) 화합물의 각각의 원자는 정수비로 결합하고 있고, (2)각 원소는 특정한 원자 질량을 갖기 때문이다.

실험식을 계산하기 위해서는 (1) 결합하는 원소, (2) 각 원소의 원자 질량, (3) 각 원소의 질량비 또는 백분율을 알아야 한다. 원소 A와 B가 화합물을 생성한다면 실험식을 A_xB_y로 나타낼 수 있을 것이다. x와 y는 A와 B의 원자 수를 나타내는 작은 정수이다. 실험식을 쓰기 위해서는 x와 y를 구해야 한다.

실험식을 구하기 위한 문제 풀이 전략

1. 만약 화합물의 양이 주어지지 않았다면 100.0 g으로 가정하고, 각 원소의 질량을 그램으로 나타낸다.
2. 각 원소의 그램 수를 각 원소의 몰질량을 사용하여 몰수로 변환한다. 이러한 변환은 단계 1에서 가정한 양에 들어 있는 각 원소의 원자의 몰수를 나타낸다. 이때 이 수들은 대개 정수가 되지 않는다.
3. 단계 2에서 얻은 각각의 값들을 가장 작은 값으로 나눈다. 이 과정에서 얻어진 수가 정수이면, 이 정수를 실험식의 아래 첨자로 사용한다. 정수가 얻어지지 않았다면 단계 4를 진행한다.
4. 단계 3에서 얻은 값에 정수로 변환시킬 수 있는 가장 작은 정수를 곱한다. 얻은 정수를 실험식의 아래 첨자로 사용한다. 예를 들면 A : B의 비가 1.0 : 1.5라면, 두 수에 2를 곱함으로써 2:3의 비를 얻는다. 따라서 실험식은 A_2B_3이다.

많은 계산에서 계산값은 정확한 정수에서 벗어날 수 있다. 이것은 자료를 얻는 과정에서 생긴 실험적 오차나 수를 반올림하는 데서 생길 수 있다. 정수에서 ±0.1 이하로 벗어나는 계산값은 가장 가까운 정수로 반올림한다. 약 0.1보다 큰 편차는 계산해서 얻은 비를 모두 정수로 만들기 위해서 어떤 인자를 곱해야 함을 의미한다(참고 참조). 예를 들면 1 : 1.33인 원자의 비를 3:4로 만들기 위해 3을 곱해야만 한다. 다음 예제를 풀어 보자.

참고
흔히 쓰이는 분수와 그의 소수값이다.

¼ = 0.25
⅓ = 0.333...
⅔ = 0.666...
½ = 0.5
¾ = 0.75

소수값에 분수의 분모에 있는 수를 곱하면 정수가 된다.
4(0.75) = 3

예제 9.17

수소(H) 11.19%, 산소(O) 88.79%를 함유하는 화합물의 실험식을 구하시오.

풀이

읽기 **알려진 값:** 11.19% H
88.79% O

계획 실험식을 구하기 위한 문제 풀이 전략을 이용한다.

계산 **1.** 물질이 100.0 g이라고 가정하면, 각 원소의 백분율은 각 원소의 그램 수와 동일하다.
11.19 g H
88.79 g O

2. 각 원소의 그램 수를 몰수로 변환한다.

$$\text{H:}\ (11.19\ \cancel{\text{g H}})\left(\frac{1\ \text{mol H 원자}}{1.008\ \cancel{\text{g H}}}\right) = 11.10\ \text{mol H 원자}$$

$$\text{O:}\ (88.79\ \cancel{\text{g O}})\left(\frac{1\ \text{mol O 원자}}{16.00\ \cancel{\text{g O}}}\right) = 5.549\ \text{mol O 원자}$$

화학식은 $H_{11.10}O_{5.549}$로 나타낼 수 있다. 그러나 원자의 가장 작은 정수비를 사용하는 것이 관례이다.

3. 각 몰수를 가장 작은 몰수로 나누어 정수로 만든다.

$$H = \frac{11.10 \text{ mol}}{5.549 \text{ mol}} = 2.000$$

$$O = \frac{5.549 \text{ mol}}{5.549 \text{ mol}} = 1.000$$

H : O의 가장 간단한 비는 2 : 1이다.

실험식 = H_2O

예제 9.18

어떤 염을 분석한 결과, 이 염은 포타슘(K) 56.58%, 탄소(C) 8.68%, 산소(O) 34.73%를 함유하고 있다. 이 물질의 실험식을 구하시오.

풀이

읽기 **알려진 값:** 56.58% K
8.68% C
34.73% O

계획 실험식을 구하기 위한 문제 풀이 전략을 이용한다.

계산 **1.** 물질이 100.0 g이라고 가정하면, 각 원소의 백분율은 각 원소의 그램 수와 동일하다.

56.58 g K
8.68 g C
34.73 g O

2. 각 원소의 그램 수를 몰수로 변환한다.

$$K: \quad (56.58 \text{ g }\cancel{K})\left(\frac{1 \text{ mol K 원자}}{39.10 \text{ g }\cancel{K}}\right) = 1.447 \text{ mol K 원자}$$

$$C: \quad (8.68 \text{ g }\cancel{C})\left(\frac{1 \text{ mol C 원자}}{12.01 \text{ g }\cancel{C}}\right) = 0.723 \text{ mol C 원자}$$

$$O: \quad (34.73 \text{ g }\cancel{O})\left(\frac{1 \text{ mol O 원자}}{16.00 \text{ g }\cancel{O}}\right) = 2.171 \text{ mol O 원자}$$

3. 각 몰수를 가장 작은 몰수로 나누어 정수로 만든다.

$$K = \frac{1.447 \text{ mol}}{0.723 \text{ mol}} = 2.00$$

$$C = \frac{0.723 \text{ mol}}{0.723 \text{ mol}} = 1.00$$

$$O = \frac{2.171 \text{ mol}}{0.723 \text{ mol}} = 3.00$$

K : C : O의 가장 간단한 비는 2 : 1 : 3이다.

실험식 = K_2CO_3

예제 9.19

철 (Fe) 2.233 g과 황(S) 1.926 g을 결합하여 철 황화물을 생성하였다. 이 화합물의 실험식은 무엇인가?

풀이

읽기 **알려진 값:** 2.233 g Fe
1.926 g S

계획 실험식을 구하기 위한 문제 풀이 전략을 이용한다.

계산 **1.** 각 원소의 질량이 주어지면 계산에 직접 사용한다.

2. 각 원소의 그램 수를 몰수로 변환한다.

$$\text{Fe:} \quad (2.233\ \cancel{\text{g Fe}})\left(\frac{1\ \text{mol Fe 원자}}{55.85\ \cancel{\text{g Fe}}}\right) = 0.03998\ \text{mol Fe 원자}$$

$$\text{S:} \quad (1.926\ \cancel{\text{g S}})\left(\frac{1\ \text{mol S 원자}}{32.07\ \cancel{\text{g S}}}\right) = 0.06006\ \text{mol S 원자}$$

3. 각 몰수를 가장 작은 몰수로 나누어 정수로 만든다.

$$\text{Fe} = \frac{0.03998\ \text{mol}}{0.03998\ \text{mol}} = 1.000$$

$$\text{S} = \frac{0.06006\ \text{mol}}{0.03998\ \text{mol}} = 1.502$$

4. 아직도 실험에 사용할 수 있는 정수비를 얻지 못했으므로 정수가 될 수 있도록 적절한 수를 곱한다.

Fe : (1.000) 2 = 2.000

S : (1.502) 2 = 3.004

실험식 = Fe_2S_3이다.

실습 문제 9.10

C 52.14%, H 13.12%, O 34.73%를 함유하는 화합물의 실험식을 구하시오.

실습 문제 9.11

43.7%의 P와 56.3%의 O를 함유하는 화합물의 실험식을 구하시오.

9.5 실험식으로부터 분자식을 구하는 방법

이 절의 학습 목표
실험식과 분자식을 비교하고, 화합물의 실험식과 몰질량으로부터 분자식을 구할 수 있다

분자식(molecular formula)은 화합물의 분자 한 개에 존재하는 각 원소의 원자 총수를 나타내는 진정한 화학식이다. 둘 이상의 물질이 서로 다른 화합물이더라도 같은 조성 백분율을 가질 수 있다. 예를 들면 아세틸렌(C_2H_2)은 용접에 사용하는 보편적인 기체이며, 벤젠(C_6H_6)은 콜타르에서 얻은 중요한 용매로서 스타이렌과 나일론 합성에 사용한다. 아세틸렌과 벤젠은 모두 92.3%의 C와 7.7%의 H를 함유하고 있다. 이러한 백분율에 해당하는 C와 H의 가장 작은 비율은 1 : 1인 CH이다. 그러므로 아세틸렌과 벤젠의 분자식은 각각 C_2H_2와 C_6H_6이지만, 실험식은 모두 CH이다. 간혹 분자식이 실험식과 동일한 경우가 있다. 만약 분자식이 실험식과 동일하지 않다면, 실험식의 정수배일 것이다. 예를 들면

$$\text{CH} = \text{실험식}$$
$$(\text{CH})_2 = \text{C}_2\text{H}_2 = \text{아세틸렌 (분자식)}$$
$$(\text{CH})_6 = \text{C}_6\text{H}_6 = \text{벤젠 (분자식)}$$

표 9.1에서 이 물질들의 화학식을 비교하였다. **표 9.2**는 다른 화합물의 실험식과 분자식의 관계를 보여 준다.

표 9.1 탄소와 수소의 비가 1 : 1인 실험식을 가진 두 화합물의 분자식

화학식	조성		몰질량
	% C	% H	
CH(실험식)	92.3	7.7	13.02(실험식)
C_2H_2(아세틸렌)	92.3	7.7	26.04(2 × 13.02)
C_6H_6(벤젠)	92.3	7.7	78.12(6 × 13.02)

표 9.2 몇 가지 실험식과 분자식

물질	실험식	분자식	물질	실험식	분자식
아세틸렌	CH	C_2H_2	다이보레인	BH_3	B_2H_6
벤젠	CH	C_6H_6	하이드라진	NH_2	N_2H_4
에틸렌	CH_2	C_2H_4	수소	H	H_2
폼알데하이드	CH_2O	CH_2O	염소	Cl	Cl_2
아세트산	CH_2O	$C_2H_4O_2$	브로민	Br	Br_2
글루코스	CH_2O	$C_6H_{12}O_6$	산소	O	O_2
염화 수소	HCl	HCl	질소	N	N_2
이산화 탄소	CO_2	CO_2	아이오딘	I	I_2

몰질량을 알면 분자식은 실험식으로부터 구할 수 있다. 분자식은 실험식과 같거나 몇 배일 것이다. 예를 들면, 수소와 플루오린의 화합물의 실험식이 HF라면 분자식은 $(HF)_n$, n = 1, 2, 3, 4, ...로 나타낼 수 있다. 여기에서 n은 분자식이 HF, H_2F_2, H_3F_3, H_4F_4 등일 수 있다는 것을 의미한다. 분자식을 결정하기 위해서는 n값을 구해야 한다.

$$n = \frac{\text{분자식의 몰질량}}{\text{실험식의 몰질량}} = \text{실험식 단위의 수}$$

실제로 계산하는 것은 분자식에 포함된 실험식 단위의 수이다.

예제 9.20

몰질량이 27.68 g인 붕소와 수소의 화합물의 실험식이 BH_3이다. 이 화합물의 분자식을 구하시오.

풀이

읽기 **알려진 값:** BH_3 = 실험식
몰질량 = 27.68 g

계획 한 분자 안의 BH_3 단위의 수를 n이라 놓으면 분자식은 $(BH_3)_n$이다. 화합물의 몰질량을 계산하는 데 필요한 BH_3 단위의 몰질량과 단위 수를 구한다.

계산 BH_3의 몰질량: 10.81 g + 3(1.008 g) = 13.84 g

$$n = \frac{27.68\text{ g}}{13.84\text{ g}} = 2 \quad \text{(실험식 단위)}$$

분자식은 $(BH_3)_2$ 또는 B_2H_6이다.

예제 9.21

프로필렌은 밧줄, 빨래 주머니, 담요, 카펫, 직물 섬유 등에 사용되는 폴리프로필렌을 만들기 위해 자주 중합되는 화합물이다(사진 참조). 프로필렌은 몰질량이 42.08 g이며, H 14.3%와 C 85.7%를 포함한다. 이 화합물의 분자식을 구하시오.

프로필렌이 폴리프로필렌으로 중합되면, 따뜻하고 부드러운 담요나 기타 유용한 제품을 만드는 데 사용될 수 있다.

풀이

읽기 **알려진 값:** 몰질량 = 42.08 g

14.3% H

85.7% C

계획 먼저 실험식을 구하기 위한 문제 풀이 전략을 이용하여 실험식을 구한다. 이어 실험식으로부터 분자식을 구하기 위해 *n* 값을 이용한다.

계산 **1.** 물질이 100.0 g이라고 가정하면, 각 원소의 백분율은 각 원소의 그램 수와 동일하다.

14.3 g H

85.7 g C

2. 각 원소의 그램 수를 몰수로 변환한다.

$$\text{H:}\quad (14.3\ \text{g}\,\cancel{\text{H}})\left(\frac{1\ \text{mol H 원자}}{1.008\ \text{g}\,\cancel{\text{H}}}\right) = 14.2\ \text{mol H 원자}$$

$$\text{C:}\quad (85.7\ \text{g}\,\cancel{\text{C}})\left(\frac{1\ \text{mol C 원자}}{12.01\ \text{g}\,\cancel{\text{C}}}\right) = 7.14\ \text{mol C 원자}$$

3. 각 몰수를 가장 작은 몰수로 나누어 정수로 만든다.

$$\text{H} = \frac{14.2\ \text{mol}}{7.14\ \text{mol}} = 1.99$$

$$\text{C} = \frac{7.14\ \text{mol}}{7.14\ \text{mol}} = 1.00$$

실험식 = CH_2

실험식과 몰질량으로부터 분자식을 구한다.

분자식 = $(CH_2)_n$

CH_2의 몰질량 = 12.01 g + 2(1.008 g) = 14.03 g

$$n = \frac{42.08\ \text{g}}{14.03\ \text{g}} = 3 \quad \text{(실험식 단위)}$$

분자식은 $(CH_2)_3$ = C_3H_6이다.

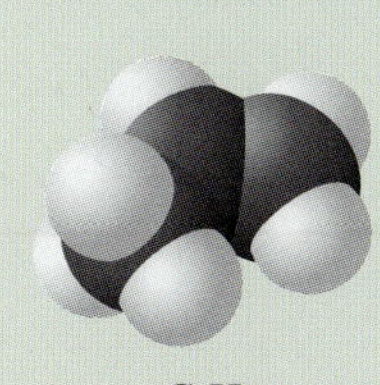

C_3H_6

실습 문제 9.12

몰질량이 78.12 g이며, C 92.25%와 H 7.75%를 포함하는 화합물의 실험식과 분자식을 구하시오.

사례 연구 Avogadro가 법정에 가다.

화창한 수요일 아침, Schroeder 교수는 강의를 시작하기 전 학생들에게 말했다.

"오늘은 여러분에게 새로운 유형의 과제를 주도록 하겠습니다. 즐겁게 과제를 수행하여 유익한 결과를 도출하길 바랍니다. 여러분의 과제는 오늘 제가 구입한 알루미늄 포일의 원자 한 개의 비용을 계산하는 것입니다. 유효 숫자 세 자리까지 계산하여야 하며, 과학적 표기법으로 나타내야 합니다. 알루미늄 포일의 비용과 규격을 알려드리겠습니다. 알루미늄 포일의 가격은 7.99달러이며, 포일의 면적은 6.96 m^2입니다. 여러분에게는 12 inch × 12 inch의 포일 조각을 사용할 수 있도록 나눠주겠습니다. 측정법은 여러분이 직접 찾아서

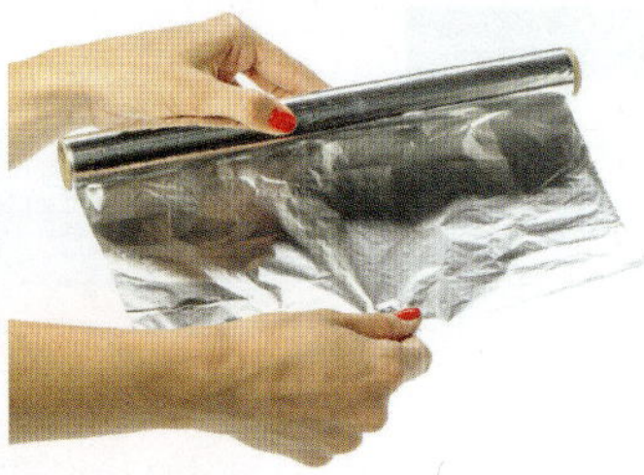
FabrikaSimf/Shutterstock

해 보기 바랍니다."

한 여학생이 말하였다.

"그것이 전부입니까?"

또 다른 한 학생이 말하였다.

"포일 한 롤에 알루미늄이 얼마나 들어있습니까?"

"그건 여러분이 찾아내야 합니다. Avogadro 수를 이용하여 알아내야 합니다."

학생들은 Avogadro 수, 유효 숫자 등에 대해 질문했지만, 교수는 이렇게 답했다.

"모든 정보는 교재에 있으며, 여러분이 계산하면서 알게 될 것입니다. 과제는 조별로 진행하며, 제출 기한은 일주일입니다."

과제에 대한 공지가 끝나자 학생들은 하나같이 불평하였다. Schroeder 교수는 불평을 무시하고, 강의를 계속하였다. Schroeder 교수의 다음 강의에서도 학생들은 알루미늄 포일의 원자 문제에 대한 질문들을 쏟아냈다. 하지만 교수는 학생들이 타당한 과정을 통해 질문에 대한 답을 스스로 찾도록 하였다. 학생들은 문제해결에 약간의 진전만 있었을 뿐 시간이 지남에 따라 혼란스럽고 화가 나기까지 하였다. 한 학생은 화학과 학장인 Sullivan 교수를 찾아가 Schroeder 교수로부터 충분한 도움을 받지 못하고 있다고 항의하기도 하였다.

항의를 들은 Sullivan 교수는 그 학생에게 이렇게 말했다.

"Schroeder 교수로부터 과제의 의도에 대해 들었고, 학생들이 이에 대해 불공평하다고 생각하는 것도 충분히 이해합니다. 하지만 모든 정보는 학생들에게 있으며, Schroeder 교수가 잘못되었다는 것은 동의할 수 없습니다. 그리고 한 가지 조언하자면 다른 학생들과 조금 더 협력하여 문제에 매달려야 할 겁니다."

학장에게 Schroeder 교수를 탄원하는 학생들의 몇 번의 시도가 있었지만, 결국 아무 성과를 얻지 못한 학생들은 마지막 수단으로 법제도를 이용해야 한다고 결론지었다. 이것은 과격한 해결방안처럼 보였지만, 소송이 빈번했던 시기이고, 언론에서 읽은 비슷한 사건을 통해 대담해진 몇몇 학생들은 Schroeder 교수와 대학교를 고소하기 위해 모였다. 그러나 그 사건이 법정에서 심리되었을 때, 상황은 학생들의 예상과는 매우 다르게 진행되었다. 판사는 양측의 주장을 주의 깊게 경청한 후, 약간의 숙고 끝에 그는 교수와 대학교에 잘못이 없으며, 학생들에게는 정당한 사건이 아니라고 하였다. 또한, 그는 Schroeder 교수가 부여한 문제는 조별 학습의 좋은 예이며, 합리적인 과제라고 판결하였다.

사례 분석

1. 이 과제의 결과를 측정하기 위해 실험을 계획하시오.
2. 측정값은 최소 유효 숫자 세 자리 이상으로 하시오.
3. 실험 도구로 미터 막대와 실험 저울을 사용하시오.
4. 실험 결과를 학생들끼리 공유하시오.

9장 복습

9.1 몰

중요 용어: Avogadro 수 | 몰 | 몰질량

- 원자는 너무 작기 때문에 무게를 달아서 원자들을 센다.
- 1 mol = 6.022×10^{23}개.
- Avogadro 수는 6.022×10^{23}이다.

9.2 화합물의 몰질량

- 화합물 1 mol에는 그 화합물의 화학식 단위가 Avogadro 수만큼 존재한다.
- 화합물 1 mol의 질량(그램으로 표시된)은 몰질량이다.
- 몰질량은 화학식에 있는 모든 원자의 몰질량을 더함으로써 결정할 수 있다.
- 이 교재에서 몰질량은 네 개의 유효 숫자를 갖도록 주어진다.

9.3 화합물의 조성 백분율

중요 용어: 화합물의 조성 백분율

- 화학식으로부터 조성 백분율을 구할 수 있다.
    - 화합물의 몰질량을 계산한다.
    - 화학식에 있는 각 원소의 백분율을 구한다.

$$\frac{\text{원소의 총 질량}}{\text{화합물의 몰질량}} \times 100 = \text{원소의 백분율}$$

- 실험 자료로부터 조성 백분율을 구할 수 있다.
    - 생성된 화합물의 질량을 계산한다.
    - 각 원소의 질량을 화합물의 질량으로 나눈 다음 100을 곱한다.

$$\frac{\text{원소의 질량}}{\text{생성된 화합물의 질량}} \times 100 = \text{원소의 백분율}$$

9.4 실험식의 계산

중요 용어: 실험식

- 실험식 또는 가장 간단한 화학식은 화합물에 존재하는 원자 수를 가장 작은 정수비로 나타낸다.
- 화합물의 실험식을 구하기 위해서 알아야 할 사항은 다음과 같다.
    - 결합하는 원소
    - 각 원소의 원자 질량
    - 각 원소의 질량비 또는 백분율
- 실험식은 A_xB_y로 나타낼 수 있다. 화합물의 실험식을 구하기 위해서는 다음과 같이 한다.
    - 화합물의 양을 100.0 g으로 가정한다.
    - 각 원소의 질량(g)을 몰수로 변환한다.
    - 각 원소의 몰수를 가장 작은 몰수로 나눈다.
    - 만약 몰비가 정수이면, 이 정수를 실험식의 아래 첨자로 사용한다.
    - 만약 몰비가 정수로 얻어지지 않으면, 정수로 변환시킬 수 있는 가장 작은 정수를 곱한다.
    - 얻은 정수를 실험식의 아래 첨자로 사용한다.

9.5 실험식으로부터 분자식을 구하는 방법

중요 용어: 분자식

- 분자식은 화합물 분자 한 개에 존재하는 각 원소의 원자 총수를 나타낸 화학식이다.
- 둘 이상의 물질이 서로 다른 분자식을 가지더라도 동일한 실험식을 가질 수 있다.
- 몰질량을 알면 분자식은 실험식으로부터 구할 수 있다.

$$n = \frac{\text{분자식의 몰질량}}{\text{실험식의 몰질량}} = \text{실험식 단위의 수}$$

- 분자식은 $(A_xB_y)_n$이다.

복습 질문

1. 몰이란 무엇인가?
2. Mg 원자 1 mol과 Cu 원자 1 mol 중 질량이 더 큰 것은?
3. Mg 원자 1 mol과 Cu 원자 1 mol 중 더 많은 원자를 포함하는 것은?
4. Mg 원자 1 mol과 Cu 원자 1 mol 중 더 많은 전자를 포함하는 것은?
5. Avogadro 수의 수치는 얼마인가?
6. Avogadro 수와 몰의 관계는 무엇인가?
7. 일산화 탄소(CO) 기체 1 mol과 이산화 탄소(CO_2) 기체 1 mol 중 산소 원자의 수가 더 많은 것은?
8. 몰질량이란 무엇인가?
9. 만약 원자 질량 척도가 다르게 정의되어 $^{12}_{6}C$ 원자의 원자 질량

이 50 u로 정의된다면, 이 사실이 Avogadro 수의 값에 영향을 미치는가? 설명하시오.

10. 다음 문장을 적절한 값을 사용하여 완성하시오.
(a) N 원자 1 mol은 _____ 개의 원자를 포함한다.
(b) N_2 분자 1 mol은 _____ 개의 분자를 포함한다.
(c) N_2 분자 1 mol은 _____ 개의 원자를 포함한다.
(d) N 원자 1 mol은 _____ g의 질량을 가진다.
(e) N_2 분자 1 mol은 _____ g의 질량을 가진다.

11. 질산(HNO_3) 1몰질량에는 몇 개의 분자가 존재하는가? 또 몇 개의 원자가 존재하는가?

12. 화합물의 조성 백분율을 계산하는 데 이용할 수 있는 두 가지 정보는 무엇인가?

13. 산소와 탄소로만 이루어진 화합물이 27.3%의 탄소를 함유하고 있다면, 산소의 조성 백분율은 얼마인가?

14. 화합물에서 구성 원소의 조성 백분율을 계산하는 과정을 쓰시오.

15. 조성 백분율로부터 화합물의 실험식을 계산할 때, 화합물의 양을 100.0 g으로 시작하는 이유를 설명하시오.

16. 다음 화합물 중에서 실험식이 같은 화합물은 어느 것인가? 실험식은 무엇인가?

C_2H_2, C_2H_8, C_7H_8, C_8H_{18}, C_8H_{16}, $C_{10}H_{20}$

17. 실험식과 분자식의 차이점은 무엇인가?

18. 화합물의 분자식을 구하기 위해서 조성 백분율 외에 어떤 자료가 이용되는가?

19. $\frac{\text{분자식의 몰질량}}{\text{실험식의 몰질량}}$의 비는 어떤 정보를 제공하는가?

짝으로 된 연습 문제

푸른색 숫자로 되어 있는 모든 연습 문제의 답은 부록 5에 있다.

1. 다음 화합물의 몰질량을 구하시오.
(a) KCl
(b) $NaNO_3$
(c) $PbSO_4$
(d) CH_3OH
(e) C_2H_4O
(f) Fe_2O_3
(g) $C_6H_{12}O_6$
(h) $Al(OH)_3$
(i) $(NH_4)_2SO_4$

2. 다음 화합물의 몰질량을 구하시오.
(a) NaBr
(b) K_2CO_3
(c) N_2O_5
(d) $Ca(NO_3)_2$
(e) $Mg_3(PO_4)_2$
(f) $C_6H_5CH_2COOH$
(g) C_2H_5I
(h) $K_3Fe(CN)_6$

3. 다음 시료는 몇 몰의 원자를 포함하는가?
(a) 61.2 g Zn
(b) 0.355 g Na
(c) 4.8×10^{24}개의 Ag 원자
(d) 176 g Co
(e) 0.904 g Fe
(f) 7.4×10^{24}개의 O_2 분자

4. 다음 시료는 몇 몰인가?
(a) 15.0 g NaOH
(b) 27.0 g O_2
(c) 0.484 g $Mg(HCO_3)_2$
(d) 25.8 g C_2H_5OH
(e) 1.44 g KBr
(f) 4.20 kg Ag_2CO_3

5. 다음 시료의 그램 수를 계산하시오.
(a) 0.255 mol Ag
(b) 47.4 mol H_2O
(c) 24.5 mol Br_2
(d) 3.70 mol $Ca(NO_3)_2$

6. 다음 시료의 그램 수를 계산하시오.
(a) 2.12×10^{-4} mol NaOH
(b) 2.2×10^{22} molecules $CHCl_3$
(c) 0.00344 mol Mg
(d) 4.8×10^{16} atoms S

7. 다음 시료 중에 포함된 분자의 개수는 얼마인가?
(a) 5.0 mol P_4
(b) 22.8 mol NH_3
(c) 56.5 g C_2H_5OH
(d) 220 g N_2

8. 다음 시료 중에 포함된 분자의 개수는 얼마인가?
(a) 8.3 mol C_2H_4
(b) 3.78 mol SO_2
(c) 25.2 g CH_3COOH
(d) 12.6 g CCl_4

9. 오른쪽 사진의 '原子'라는 글자는 99개의 철 원자를 이용하여 구리 금속 조각에 작성된 것이다. 이 글자를 만들기 위하여 사용된 철의 질량을 계산하시오.

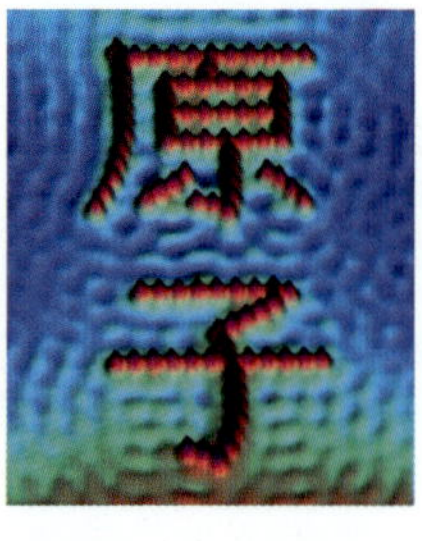

IBM

10. 오른쪽의 우주선 '엔터프라이즈' 이미지는 69개의 일산화 탄소 분자를 이용하여 구리 금속 조각에 그려진 것이다. 이 이미지를 만드는 데 사용된 일산화 탄소의 질량을 계산하시오.

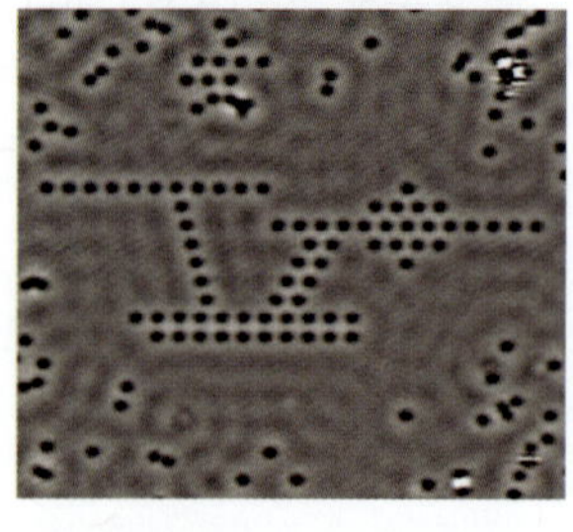
IBM

11. 다음 시료에 들어 있는 원자의 개수는 얼마인가?
(a) 45개의 P_2O_5 분자
(b) 1.46 mol Cl_2
(c) 28.4 mol NH_3
(d) 4.15 g Na
(e) 12.7 g CO
(f) 0.82 g C_6H_6

12. 다음 시료에 들어 있는 원자의 개수는 얼마인가?
(a) 5개의 C_6H_5COOH 분자
(b) 0.88 mol C_2H_6
(c) 50 mol H_2O_2
(d) 32.6 g Ag
(e) 125 g ZnI_2
(f) 29 g $C_6H_{12}O_6$

13. 많은 회사들은 사람의 의사 결정 능력을 손상시킬 수 있는 다양한 약물을 검출할 수 있는 컵, 빨대 및 심지어 매니큐어를 개발하기 위해 노력하고 있다. 데이트 강간 약물로 알려진 로힙놀(rohypnol)은 이런 약물 중 하나이다. 이 분자는 불안 장애, 발작 및 기타 의학적 상태를 치료하기 위해 처방되는 약물인 바륨에서 발견되는 것과 유사하다. 만약 로힙놀($C_{16}H_{12}FN_3O_3$) 80.0 mg과 접촉했을 때 매니큐어의 색이 바뀐다면, 매니큐어의 색을 바꾸는 데 필요한 로힙놀 분자는 몇 개인가?

14. 우리가 열을 감지할 수 있게 해 주는 단백질 수용체는 고추나 고추냉이 같은, 우리가 열을 감지하게 만드는 분자들과 마찬가지로 잘 격리되어 왔다. 고추가 매운맛을 내는 주요 화학 물질인 캡사이신이 적어도 20.0 μg 있을 때 이 단백질들은 캡사이신을 검출할 수 있다. 혀가 검출하기 전에 캡사이신을 감지하려면, 얼마나 많은 캡사이신($C_{18}H_{27}NO_3$) 분자들이 필요한가?

15. 다음의 질량을 그램으로 계산하시오.
(a) 1개의 H 원자
(b) 25개의 O 원자
(c) 12개의 Fe_3O_4 분자
(d) 77개의 CH_3NH_2 분

16. 다음의 질량을 그램으로 계산하시오.
(a) 1개의 Cr 원자
(b) 21개의 F 원자
(c) 11개의 CH_3OH 분자
(d) 18개의 C_5H_5N 분자

17. 다음을 변환하시오.
(a) SO_2 45 kg을 SO_2 몰수로
(b) 15개의 Fe 원자를 Fe 몰수로
(c) N_2 30 mol을 N 원자 수로
(d) 64개의 P_4 분자를 P_4 그램 수로

18. 다음을 변환하시오.
(a) 2719개의 Ti 원자를 Ti 몰수로
(b) 25 mol H_2O_2를 H_2O_2 킬로그램 수로
(c) 10개의 NO_2 분자를 NO_2 그램 수로
(d) 35 mol Br_2를 Br 원자 수로

19. 십산화 사인(P_4O_{10}) 1분자에 포함된
(a) 몰수는 얼마인가?
(b) 그램 수는 얼마인가?
(c) 인 원자의 수는 몇 개인가?
(d) 산소 원자의 수는 몇 개인가?
(e) 원자의 총수는 몇 개인가?

20. 데카플루오린화 이황(S_2F_{10}) 125 g에 포함된
(a) 몰수는 얼마인가?
(b) 분자 수는 몇 개인가?
(c) 원자의 총수는 몇 개인가?
(d) 황 원자의 수는 몇 개인가?
(e) 플루오린 원자의 수는 몇 개인가?

21. 다음 시료 중에 포함된 탄소 원자의 개수는 얼마인가?
(a) 16개의 C_6H_5CHO 분자
(b) 4.8 mol H_2CO_3
(c) 72 g CH_3COOH

22. 다음 시료 중에 포함된 탄소 원자의 개수는 얼마인가?
(a) 65개의 C_6H_5COOH 분자
(b) 3.4 mol H_2SO_4
(c) 27 g NH_2CONH_2

23. 코스몬(Cosmone)은 많은 향수에 풍부하고 우아한 사향 에센스를 더하기 위해 향수 제조업체에서 사용하는 분자이다. 코스몬의 분자식은 $C_{15}H_{26}O$이다.
(a) 코스몬의 몰질량을 구하시오.
(b) 코스몬 5.95 mol의 질량을 구하시오.
(c) 7.61×10^{-4} mol의 코스몬 시료에 있는 코스몬 분자의 수를 구하시오.
(d) 7.11 mol의 코스몬 시료에 있는 탄소의 몰수를 구하시오.
(e) 4.29 g의 코스몬 시료에 있는 산소의 질량을 구하시오.
(f) 8.64×10^{19}개의 수소 원자를 포함하는 코스몬 시료의 질량을 구하시오.
(g) 코스몬 한 분자의 질량을 구하시오.
(h) 코스몬 8.00 g에 있는 탄소 원자의 수를 구하시오.

Mary Evans/Library of Congress/Age Fotostock

24. 4-Unadecanolide는 많은 개인위생 제품에 강력한 복숭아 에센스를 제공하기 위해 향수 제조업체에서 사용하는 분자이다. 이것의 분자식은 $C_{11}H_{20}O_2$이다.
(a) 4-unadecanolide의 몰질량을 구하시오.
(b) 4-unadecanolide 8.13 mol의 질량을 구하시오.
(c) 5.77×10^{-12} mol의 4-unadecanolide 시료에 있는 4-unadecanolide 분자의 수를 구하시오.
(d) 35.7 mol의 4-unadecanolide 시료에 있는 수소의 몰수를 구하시오.
(e) 85.1 g의 4-unadecanolide 시료에 있는 탄소의 질량을 구하시오.
(f) 9.47×10^{19}개의 산소 원자를 포함하는 4-unadecanolide 시료의 질량을 구하시오.
(g) 4-unadecanolide 한 분자의 질량을 구하시오.
(h) 4-unadecanolide 4.50 g에 있는 탄소 원자의 수를 구하시오.

Mediablitzimages/Alamy Stock Photo

25. 다음을 계산하시오.
(a) AgCl 50.0 g 중의 Ag의 그램 수
(b) $Pb(NO_3)_2$ 7.43 mol 중의 N의 그램 수
(c) 9.76×10^{22}개의 SO_2 분자 중의 O의 그램 수

26. 다음을 계산하시오.
(a) $ZnCl_2$ 4.0 g 중의 Cl의 그램 수
(b) H_3PO_4 3.50 mol 중의 H의 그램 수
(c) 4.35×10^{22}개의 CH_4 분자 중의 H의 그램 수

27. 다음 화합물의 조성 백분율을 계산하시오.
(a) NaCl (c) $PbCl_2$ (e) Ag_2CO_3
(b) $NaHCO_3$ (d) $TiCl_4$ (f) Cr_2O_3

28. 다음 화합물의 조성 백분율을 계산하시오.
(a) $ZnBr_2$ (c) $Pb(NO_3)_2$ (e) CaP_2O_7
(b) $(NH_4)_2CO_3$ (d) Na_2SO_4 (f) ClF_3

29. 다음 화합물에 들어 있는 Zn의 백분율을 계산하시오.
(a) ZnO (c) $ZnCl_2$
(b) $ZnSO_4$ (d) $ZnCO_3$

30. 다음 염화물 중에서 염소의 질량 백분율이 가장 높은 것과 가장 낮은 것은 어느 것인가?
(a) CsCl (c) $AlCl_3$
(b) $MgCl_2$ (d) $TiCl_4$

31. 초전도체 성질을 가진 규소화 바륨 73.16 g은 33.62 g의 바륨과 나머지 규소로 되어 있다. 이 화합물의 조성 백분율을 계산하시오.

32. 아조엔은 마늘의 특징적인 냄새가 나게 하는 화합물 중의 하나이다. 이 화합물 7.52 g의 조성은 황 3.09 g, 수소 0.453 g, 산소 0.513 g과 나머지 탄소이다. 아조엔의 조성 백분율을 계산하시오.

33. 다음 화학식을 살펴보고 물음에 답하시오.
(a) H_2O와 H_2O_2 중 산소의 질량 백분율이 더 큰 것은?
(b) CO와 CO_2 중 탄소의 질량 백분율이 더 작은 것은?
(c) NO_2와 N_2O_4 중 질소의 질량 백분율이 더 큰 것은?

34. 다음 화학식을 살펴보고 물음에 답하시오.
(a) NaCl과 KCl 중에 염소의 질량 백분율이 더 낮은 것은?
(b) $NaHSO_4$와 Na_2SO_4 중에 황의 질량 백분율이 더 높은 것은?
(c) K_2CrO_4와 $K_2Cr_2O_7$ 중에 크로뮴의 질량 백분율이 더 낮은 것은?

35. 다음 조성 백분율로부터 각 화합물의 실험식을 계산하시오.
(a) 63.6% N, 36.4% O
(b) 46.7% N, 53.3% O
(c) 25.9% N, 74.1% O
(d) 43.4% Na, 11.3% C, 45.3% O
(e) 18.8% Na, 29.0% Cl, 52.3% O
(f) 72.02% Mn, 27.98% O

36. 다음 조성 백분율로부터 각 화합물의 실험식을 계산하시오.
(a) 64.1% Cu, 35.9% Cl
(b) 47.2% Cu, 52.8% Cl
(c) 51.9% Cr, 48.1% S
(d) 55.3% Ka, 14.6% P, 30.1% O
(e) 38.9% Ba, 29.4% Cr, 31.7% O
(f) 3.99% P, 82.3% Br, 13.7% Cl

37. 다음에 주어진 질량으로부터 각 화합물의 실험식을 계산하시오.
(a) Zn 26.08 g, C 4.79 g, O 19.14 g이 포함된 화합물
(b) C 57.66 g, H 7.26과 Cl가 포함된 150.0 g의 화합물
(c) 바나듐(V) 42.0 g과 그 외에 O가 포함된 75.0 g의 산화 바나듐
(d) Ni 67.35 g, O 43.46, P 23.69 g이 포함된 화합물

38. 다음에 주어진 질량으로부터 각 화합물의 실험식을 계산하시오.
(a) C 55.08 g, H 3.85 g, Br 61.07 g이 포함된 화합물
(b) Ag 36.8 g, Cl 12.1 g과 그 외에 O가 포함된 65.2 g의 화합물
(c) V 12.99 g과 그 외에 S이 포함된 25.25 g의 황화 바나듐
(d) Zn 38.0 g과 P 12.0 g이 포함된 화합물

39. 금 황화물 15.267 g은 12.272 g의 금과 그 외에 황으로 조성되어 있다. 금 황화물의 실험식을 계산하시오.

40. 타이타늄 산화물 10.724 g은 7.143 g의 타이타늄과 그 외에 산소로 조성되어 있다. 이 타이타늄 산화물의 실험식을 계산하시오.

41. 렌티오닌은 표고버섯에 들어 있는 향기 성분인 황 화합물이다. 이 화합물은 탄소, 황, 수소로 조성되어 있다. 렌티오닌 5.000 g의 조성은 탄소 0.6375 g, 수소 0.1070 g, 나머지는 황이다. 렌티오닌의 몰질량은 188.4 g/mol이다. 렌티오닌의 실험식을 계산하시오.

42. 어떤 화합물 5.276 g 중에는 3.989 g의 수은과 그 외에 염소로 조성되어 있다. 이 염화 수은의 실험식을 계산하시오.

43. 트라우마틴산은 상처 난 조직에서 세포 분열이나 치유를 유도하는 식물성 호르몬이다. 트라우마틴산은 탄소 63.13%, 수소 8.830%, 산소 28.03%로 조성되어 있다. 트라우마틴산의 몰질량은 228 g/mol이다. 트라우마틴산의 실험식과 분자식을 계산하시오.

44. 제초제인 다이잔토젠은 C 29.73%, H 4.16%, O 13.20%, S 52.91%로 조성되어 있다. 이 화합물의 몰질량은 242.4 g/mol이다. 이 화합물의 실험식과 분자식을 계산하시오.

45. 식품산업에서 사용되는 신선한 천연향을 내는 분자인 바닐린의 실험식을 구하시오. 이 화합물은 C 78.89%, H 10.60%, O 10.51%로 조성되어 있다.

46. 종교의식에 자주 사용되는 강한 향기를 지닌 향기 분자인 장뇌의 실험식을 구하시오. 이 화합물은 C 63.15%, H 5.30%, O 31.55%로 조성되어 있다.

47. 에테인다이오산(옥살산)은 여러 가지 채소에 들어 있는 화합물이다. 몰질량은 90.04 g/mol이며, C 26.7%, H 2.2%, O 71.1%로 조성되어 있다. 이 화합물의 분자식은 무엇인가?

48. 뷰티르산은 버터에 들어 있는 화합물이다. 몰질량은 88.11 g/mol이며, C 54.5%, H 9.2%, O 36.3%로 조성되어 있다. 이 화합물의 분자식은 무엇인가?

49. 12.04 g의 질소는 충분한 양의 산소와 반응하면, 39.54 g의 질소−산소 화합물이 생성된다. 이 화합물의 조성 백분율을 계산하고, 분자식과 실험식을 구하시오. 이 화합물의 몰질량은 92.02 g이다.

50. 30.21 g의 탄소, 40.24 g의 산소, 5.08 g의 수소가 반응하면, 몰질량이 180.18 g인 탄소−수소−산소 화합물이 생성된다. 이 화합물의 조성 백분율을 계산하고, 분자식과 실험식을 구하시오.

51. XYZ_3 화합물의 몰질량은 100.09 g이며, 조성 백분율은 X 40.04%, Y 12.00%, Z 47.96%이다. 이 화합물의 분자식은 무엇인가?

52. $X_2(YZ_3)_3$ 화합물의 몰질량은 282.23 g이며, 조성 백분율은 X 19.12%, Y 29.86%, Z 51.02%이다. 이 화합물의 분자식은 무엇인가?

추가 연습 문제

53. 흰 인은 인 원자로 이루어진 몇 가지 형태 중의 하나이며, P_4 분자로 구성된 왁스형 고체로 존재한다. P_4 0.525 mol에 존재하는 원자의 수는 몇 개인가?

54. 포타슘 12.0 g에 들어 있는 원자의 수와 같은 수의 원자를 함유하는 소듐은 몇 그램인가?

55. 어떤 화합물 한 개의 분자는 7.97×10^{-22} g의 질량을 가진다. 이 화합물의 몰질량은 얼마인가?

56. 설탕 7 kg에 들어 있는 설탕 분자의 수는 몇 개인가? 설탕의 분자식은 $C_{12}H_{22}O_{11}$이다.

57. 농부가 10.0제곱미터의 과수원에 한 그루의 사과나무를 심는다면, 아보가드로 수만큼의 사과나무를 심는 데 몇 제곱미터가 필요한가?

58. 70억(7.0×10^9)의 사람들이 지구상에 산다. 만약 정확히 1 mol의 달러를 이 사람들에게 똑같이 나누어 준다면, 한 사람당 몇 달러씩 받겠는가?

59. 20.개의 물방울이 1.0 mL(1.0 cm^3)와 동일하다면,
(a) 1세제곱마일의 물에는 몇 개의 물방울이 존재하는가?
(b) 물방울 1 mol이 차지하는 부피는 몇 세제곱마일인가?

60. 철의 밀도는 7.87 g/cm^3이다. 철 1.00 mol이 정육면체로 되어 있다면,
(a) 정육면체의 부피는 얼마인가?
(b) 정육면체의 한 변의 길이는 얼마인가?

61. 각각 1.00 g의 CO_2, NO_2, SO_2, H_2O 시료에 대해 다음의 질문에 답하시오.
(a) 가장 많은 분자 수를 포함하는 시료는 어느 것인가?
(b) 가장 많은 원자 수를 포함하는 시료는 어느 것인가?
답에 대한 증거를 보이시오.

62. Avogadro 수와 같은 원자의 총수를 포함하는 $ZnSO_4$는 몇 그램인가?

63. Mg_3B_2를 생성하기 위해 1 g의 붕소와 결합하는 Mg의 그램 수는 얼마인가?

64. 철광석은 5%의 $FeSO_4$를 포함한다. 철광석 1.0 kg으로부터 몇 그램의 철을 얻을 수 있는가?

65. Li_2S를 생성하기 위해 44.0 g의 황과 결합하는 Li의 그램 수는 얼마인가?

66. 다음 각 원소의 백분율을 계산하시오.
(a) $HgCO_3$ 중의 Hg
(b) $Ca(ClO_3)_2$ 중의 O
(c) 니코틴($C_{10}H_{14}N_2$) 중의 N
(d) 클로로필($C_{55}H_{72}MgN_4O_5$) 중의 Mg

67. 아연(Zn)과 황(S)은 반응하여 황화 아연(ZnS)을 형성한다. Zn 19.5 g과 S 9.40 g을 혼합하였다면, Zn이 완전히 반응하기에 충분할 만큼의 S을 넣은 것인가? 답에 대한 이유를 설명하시오.

68. 보미톡신은 밀과 보리에 생기는 곰팡이에 의해 생성된다. 그 이름은 오염된 밀을 먹은 돼지가 구토를 한 것에서 유래되었다. 보미톡신의 화학식은 $C_{15}H_{20}O_6$이다. 이 화합물의 조성 백분율을 계산하시오.

69. 항히스타민제로 이용되고 있는 디펜히드라민 염산염의 분자식은 $C_{17}H_{21}NO \cdot HCl$이다. 이 화합물의 각 원소의 조성 백분율을 계산하시오.

70. 시트르산의 화학식은 $HOC(CO_2H)(CH_2CO_2H)_2$이다. 각 원소의 조성 백분율을 계산하시오.

71. 아스피린은 진통제와 해열제로 잘 알려져 있다. 아스피린의 몰질량은 180.2 g/mol이며, C 60.0%, H 4.48%, O 35.5%로 조

성되어 있다. 아스피린의 분자식을 구하시오.

72. $Al_2(SO_4)_3$ 4.14 g에 포함되어 있는 산소는 몇 g인가?

73. 서로 다른 조성을 가진 탄소와 염소의 화합물 네 가지를 아래에 나열하였다. 각 화합물의 실험식과 분자식을 구하시오.

	% C	% Cl	몰질량(g)
(a)	7.79	92.21	153.8
(b)	10.13	89.87	236.7
(c)	25.26	74.74	284.8
(d)	11.25	88.75	319.6

74. 1 mol 초(second)는 몇 년인가?

75. 1센트 동전은 약 2.5 g이다. 만약 1센트 동전이 순수한 구리로 되어 있다면, 몇 개의 구리 원자를 포함하는가?

76. 글루코스($C_6H_{12}O_6$) 분자 1000조(1.0×10^{15}) 개의 질량은 몇 g인가?

77. 지구상에 70억(7.0×10^9)의 인구가 있다면, 이것은 몇 몰의 인구인가?

78. 브로민과 아이오딘의 화합물은 두 원소 사이의 직접적인 반응에 의해 생성된다. 5.40g의 브로민과 8.58g의 아이오딘이 반응한다. 이 화합물의 실험식은 무엇이며, 몰질량이 206.8 g/mol이라면 분자식은 무엇인가? 이 화합물의 조성 백분율은 얼마인가?

79. 중합체를 만들기 위해 사용되는 촉매가 다음과 같은 조성을 가진다. Co 23.3%, Mo 25.3%, Cl 51.4%이다. 이 화합물의 실험식을 구하시오.

80. 한 학생이 알루미늄 18 g의 무게를 측정하였다. 그 알루미늄에 들어있는 원자 수의 두 배 만큼의 마그네슘(Mg) 원자가 필요하다면, 그 학생은 몇 그램의 Mg이 필요한가?

81. 어떤 화합물 10.0 g은 C, H, N로 조성되어 있고, N 17.7%와 3.8×10^{23}개의 H 원자를 함유하고 있다. 이 화합물의 실험식을 구하시오.

82. A_2O의 화학식을 가지는 물질의 조성이 A 60.0%와 O 40.0%이다. 원소 A를 밝히시오.

83. 분자식이 주어진 다음 화합물의 실험식을 나타내시오.

(a) $C_6H_{12}O_6$ 글루코스
(b) C_8H_{18} 옥테인
(c) $C_3H_6O_3$ 락트산
(d) $C_{25}H_{52}$ 파라핀
(e) $C_{12}H_4C_{14}O_2$ 다이옥신(강한 독극물)

84. 구리는 선체에 해양 생물이 부착되는 것을 방지하기 위해 운항 선박 및 보트의 페인트에 종종 첨가되고 있다. 그러나 구리는 물에 용해되므로 보트가 정박하는 항구에 있는 해양 생물에 독성을 끼친다. 구리(II) 이온이 9.0 μg/L 농도에 도달하면, 일부 해양 생물의 성장 속도가 느려진다. 9.0 μg Cu^{2+}/L를 함유하고 있는 1 L의 물에 존재하는 구리 이온(Cu^{2+})은 몇 개인가?

85. 산소 분자는 우주에서 발견되기가 매우 어려웠다. 최근 유럽 우주국의 허셜 우주 전망대는 오리온 별자리에서 산소 분자를 발견하였다. 매우 낮은 농도로 존재하였는데 수소 100만(1.0×10^6) 분자당 한 분자의 산소가 존재한다. 3.0 g 수소 기체 시료에 존재하는 산소 분자는 몇 개인가?

86. 비소(As) 120.0 g과 같은 원자의 수를 포함하고 있는 Ca은 몇 g인가?

87. 유럽 우주국 과학자들은 토성의 위성 중 하나의 남극 주위에 있는 간헐천을 연구해 왔다. 이들 간헐천들은 초당 물 250.0 kg을 대기로 보낸다. 이 물로 인해 무슨 일이 생기는지 연구해 온 과학자들은 토성의 주위에 매우 얇은 수증기 고리를 형성하는 것을 발견하였다. 토성이 하루에 대기로 분출하는 물의 몰수는 얼마인가? (토성의 하루는 10시간 45분이다.)

88. 남아프리카 공화국 Cape town 대학의 연구진은 물고기의 먹이로 소비되는 플랑크톤에 의해 유출된 화학 물질을 펭귄들이 감지할 수 있다는 것을 발견하였다. 이 냄새를 따라 펭귄들은 물고기 떼를 찾을 수 있다. 이 화학 물질은 38.65% 탄소, 9.74% 수소, 51.61% 황으로 구성되어 있다. 이 화합물의 실험식을 구하시오.

도전 문제

89. 화합물 A_2BC_4의 몰질량은 142.1 g이며, A 32.37%, B 22.58%, C 45.05%의 조성 백분율을 가진다. A, B, C의 원소가 무엇인지를 밝히시오. 화합물 A_2B_2의 조성 백분율을 구하시오.

90. 원소 C, H, O만을 포함하고 있는 어떤 화합물 4.500 g을 과량의 산소로 연소시켜 CO_2 6.602 g과 H_2O 2.703 g을 얻었다.

(a) 연소되기 전 화합물의 조성 백분율을 구하시오.
(b) 이 화합물의 실험식을 구하시오.

91. Cincinnati 대학의 Anna Gudmundsdottir의 연구실에서 연구원들은 라디칼이라는, 매우 반응성이 높은 화학 물질을 연구해 왔다. 그들이 발견한 흥미로운 현상 중 하나는 이러한 라디칼이 향기 분자에 화학적으로 결합하여 용액에 향기 분자를 효율적으로 잡아 놓을 수 있다는 것이다. 이렇게 결합된 분자들이 빛에 노출되면 향기가 방출된다. 이러한 특성은 빛에 노출하는 경우에만 향기를 내는 향수, 세제 등 다양한 제품의 생산에 이용할 수 있다. 감귤류의 향기 성분인 리모넨($C_{10}H_{16}$)은 라디칼 하나에 결합될 수 있으며, 빛의 모든 광자는 리모넨 한 분자를 방

출시킬 수 있다. 만약 빛이 2.64×10^{18} 광자/초로 방출된다면, 리모넨 1.00 pg을 방출시키는 데 필요한 시간(초)을 구하시오.

92. 호주 서부에서 발견된 새로운 광물인 putnisite는 독특한 화학적 성질을 보이며, $SrCa_4Cr_8(CO_3)_8(SO_4)(OH)_{16} \cdot 25H_2O$의 실험식을 갖는 것으로 밝혀졌다. 이 물질은 오팔과 같은 수화물이며, $\cdot 25H_2O$는 물질 1몰당 25몰의 물이 결정 구조에 포함됨을 의미한다.

(a) 이 수화물의 몰질량을 구하시오.

(b) 1.00몰 putnisite에 있는 탄소 원자의 수는 몇 개인가?

(c) 1.00몰 putnisite에 있는 산소 원자의 수는 몇 개인가?

(d) 1.00 mol의 칼슘이 함유되어 있는 putnisite의 질량은 얼마인가?

(e) Putnisite 1 kg에는 몇 그램의 황이 함유되어 있는가?

Dr. Peter Elliott, University of Adelaide

93. 초코칩 쿠키를 만들기 위한 재료는 다음과 같다.

- 다목적용 밀가루 2.0컵
- 베이킹소다 1.0티스푼
- 소금 1.0티스푼
- 버터 1.0컵
- 설탕 0.25컵
- 갈색 설탕 1.3컵
- 바닐라 추출물 1.0티스푼
- 큰 달걀 2개
- 초코칩 2.0컵

(a) 밀가루 한 컵의 질량은 125 g이며, 32%의 전분이 함유되어 있다. 이 밀가루에 있는 전분 분자(몰질량 1.8×10^5g/mol)의 수를 구하시오.

(b) 베이킹소다 한 티스푼에는 $NaHCO_3$ 11 g이 함유되어 있다. 조리법에서 베이킹소다의 화학식 단위의 수를 구하시오.

(c) 갈색 설탕 한 컵은 220 g의 슈크로스($C_{12}H_{22}O_{11}$)를 함유하고 있다. 한 번에 구워낸 쿠키 전부에 함유되어 있는 슈크로스 분자의 수를 구하시오.

(d) 큰 달걀 한 개에는 6.3 g의 단백질(주로 오브알부민)이 함유되어 있다. 오브알부민의 몰질량은 4.5×10^3 g/mol이다. 한 번에 구워낸 초코칩 쿠키 전부에 함유되어 있는 오브알부민의 질량을 구하시오.

(e) 한 티스푼의 바닐라 추출물에는 23 mg의 바닐린($C_8H_8O_3$)이 함유되어 있다. 한 티스푼의 바닐라 추출물의 질량을 구하시오.

(f) 버터는 81%가 지방이며, 버터 1컵은 227 g이다. 지방의 분자량은 8.0×10^2 g/mol이다. 한 번에 구워내는 쿠키에 사용된 버터에 들어 있는 지방의 질량을 구하시오.

© miir/iStockphoto

94. 화합물 X는 2.5 mol의 CO_2와 5.0 mol의 H_2O를 생성하기 위해 160 g의 O_2가 필요하다.

(a) X의 실험식은 무엇인가?

(b) X에 대한 분자식을 결정하는 데 필요한 추가 정보는 무엇인가?

실습 문제 정답

9.1 (a) 6.022×10^{23}개의 Cu 원자
(b) 1.204×10^{24}개의 O 원자
(c) 1.204×10^{24}개의 원자

9.2 10.0 g의 헬륨

9.3 3.13×10^{22}개의 원자

9.4 100.1 g의 $CaCO_3$

9.5 49.37 g의 $FeSO_4$

9.6 8.326 mol, 5.014×10^{24}개의 $HC_2H_3O_2$ 분자

9.7 24.42% Ca, 17.07% N, 58.50% O

9.8 28.39% Na, 32.10% Cr, 39.51% O

9.9 16.42% Li, 83.58% Cl

9.10 C_2H_6O

9.11 P_2O_5

9.12 실험식은 CH이고, 분자식은 C_6H_6이다.

Nataliia Korzhenevska/Shutterstock

10장
화학 반응식

요즘은 정보를 간결하고, 사용하기 편한 방식으로 표현하기 위해 많은 노력을 하고 있다. 우리는 어렸을 때부터 우리들이 가지고 있는 생각이나 바람을 문장으로 표현하도록 배워왔다. 수학에서는 숫자들 사이의 관계와 상황을 수학적인 표현과 방정식으로 나타내는 법을 배웠다. 역사학자는 수천 년의 역사를 500쪽짜리 교과서에 옮겨 놓는다. 영화 제작자들은 올림픽과 같은 큰 행사 전체를 불과 몇 시간짜리 볼거리로 편집해 놓는다.

화학자는 실험실이나 자연에서 관찰한 반응들을 나타내기 위해 화학 반응식을 이용한다. 예를 들면, 위 사진에서 볼 수 있듯이 알루미늄박을 브로민 액체에 떨어뜨리면 불꽃과 스파크가 생긴다. 화학 반응식은 (1) 반응을 요약하여 나타내며, (2) 반응하는 물질이 무엇인지 보여 주고, (3) 반응 생성물이 무엇인지 알려 주며, (4) 반응에 참여하는 모든 성분 물질의 양을 알려 준다.

10장의 개요

10.1 화학 반응식

이 절의 학습 목표
화학 반응식에 있는 정보를 설명할 수 있다.

화학 반응은 항상 변화를 수반한다. 원자, 분자, 이온들은 자신들을 다시 배열하여 다른 물질을 만들어 내며, 가끔 볼만한 구경거리를 제공하기도 한다. 예를 들어 테르밋 반응은 알루미늄 금속과 산화 철(III) 사이에 일어나는 반응으로, 용융된 철과 산화 알루미늄을 생성한다. 화학 반응에서 반응에 들어가는 물질을 **반응물(reactant)**이라고 하고, 반응에 의해 형성되는 물질을 **생성물(product)**이라고 한다. 알루미늄 금속과 산화 철(III)의 반응에서 반응물과 생성물은 다음과 같다.

반응물	알루미늄
	산화 철(III)
생성물	철
	산화 알루미늄

반응이 일어나는 동안 화학 결합들이 끊어지고 새로운 결합들이 생긴다. 반응물이나 생성물은 고체, 액체, 기체 또는 용액 상태로 존재한다.

> 화학 반응에서 원자들은 창조되거나 소멸되지 않는다. 반응물에 존재하는 모든 원자들은 생성물에도 존재해야 한다.

테르밋 반응(thermite)이 일어나는 동안 용융된 철이 반응 용기에서 흘러내린다.

화학 반응식(chemical equation)은 화학 변화나 화학 반응을 요약하여 나타낸 것이다. 화학 반응식은 화학 반응을 표현하기 위하여 반응물과 생성물을 화학 기호와 화학식으로 나타내며, 다른 상징적인 용어들도 사용한다. 반응식은 다음과 같은 일반적인 형식에 따라 쓴다.

1. 반응물과 생성물은 반응의 진행 방향을 나타내는 화살표($\longrightarrow$)에 의해 분리되어 있다. 반응물은 화살표의 왼쪽에, 생성물은 화살표의 오른쪽에 놓는다. 더하기 기호(+)는 필요할 때마다 반응물들 사이, 그리고 생성물들 사이에 쓴다.

$$\underbrace{Al + Fe_2O_3}_{\text{반응물}} \longrightarrow \underbrace{Fe + Al_2O_3}_{\text{생성물}}$$

2. 계수(정수)는 물질들 앞에 쓰는데, 이것은 반응식의 균형을 맞추고 반응물이나 생성물의 단위(원자, 분자, 몰, 이온) 수를 나타낸다. 계수가 없을 때는 한 단위의 물질을 나타내는 것으로 간주한다.

$$2\,Al + Fe_2O_3 \longrightarrow 2\,Fe + Al_2O_3$$

3. 반응이 진행되기 위해 요구되는 조건이 있다면, 화살표나 등호의 위나 아래에 표시한다. 예를 들어 화살표 위에 델타 기호가 있으면($\xrightarrow{\Delta}$) 반응을 일으키기 위해 열의 공급이 필요하다는 것을 나타낸다.

$$2\,Al + Fe_2O_3 \xrightarrow{\Delta} 2\,Fe + Al_2O_3$$

4. 물질의 물리적 상태는 다음과 같은 기호로 표시한다. (*s*)는 고체 상태, (*l*)은 액체 상태, (*g*)는 기체 상태, (*aq*)는 수용액임을 나타낸다. 물리적 상태 표시가 항상 화학 반응식에 나타나는 것은 아니다.

$$2\,Al(s) + Fe_2O_3(s) \xrightarrow{\Delta} 2\,Fe(l) + Al_2O_3(s)$$

화학 반응식에서 흔히 사용되는 기호를 **표 10.1**에 나타내었다.

표 10.1 화학 반응식에 흔히 사용되는 기호들

기호	의미
+	더하기 또는 첨가하기 (물질들 사이에 쓴다)
→	생성하다, 생산하다. (화살표 끝이 생성물 쪽을 향한다)
(*s*)	고체 상태 (물질 뒤에 쓴다)
(*l*)	액체 상태 (물질 뒤에 쓴다)
(*g*)	기체 상태 (물질 뒤에 쓴다)
(*aq*)	수용액 (물에 녹아 있는 물질이다)
Δ	가열한다 (화살표 위나 아래에 쓰였을 경우)

예제 10.1

다음 화학 반응식에 포함된 화학식을 반응물과 생성물로 각각 분류하시오.

(a) $MnO_2 + 4\,HCl \longrightarrow MnCl_2 + Cl_2 + 2\,H_2O$

(b) $Na_2SO_3 + H_2SO_4 \longrightarrow Na_2SO_4 + SO_2 + H_2O$

풀이

(a) 반응물: MnO_2, HCl, 생성물: $MnCl_2$, Cl_2, H_2O

(b) 반응물: Na_2SO_3, H_2SO_4, 생성물: Na_2SO_4, SO_2, H_2O

실습 문제 10.1

균형 맞춘 반응식에서 화학식 앞쪽에 쓰인 숫자(계수)는 무엇을 나타내는가?

질량 보존

질량 보존 법칙(law of conservation of mass)은 화학적 변화에 관여한 물질들의 총질량은 변하지 않는다는 것을 말한다. 이 법칙은 다방면에 걸친 실험으로 검증되었으며, 반응물과 생성물 사이의 정량적인 질량 관계의 근거가 된다.

물이 수소와 산소로 분해되는 반응을 이용하여 질량 보존 법칙을 설명해 보자. 물 100.0 g이 분해되면 수소 11.2 g과 산소 88.8 g이 생성된다.

물	⟶	수소	+	산소
100.0 g	⟶	11.2 g		88.8 g
100.0 g	⟶		100.0 g	
반응물			생성물	

위 화학 반응에서 **반응물의 총질량 = 생성물의 총질량**

10.2 화학 반응식 쓰기와 균형 맞추기

반응의 정량적인 관계를 표현하기 위해서 화학 반응식의 균형을 맞추어야 한다. **균형 맞춘 반응식(balanced equation)**에서 식의 양쪽에 있는 각 원소의 원자 수는 같다. 그러므로 균형 맞춘 반응식은 질량 보존 법칙을 만족시킨다.

화학을 공부하는 모든 학생들은 반응식의 균형을 맞추는 방법을 꼭 배워야만 한다. 많은 반응식들은 시행착오를 통해 균형을 맞출 수 있지만, 조심스럽게 주의를 기울여 자세히 살펴보아야 한다. 반응식의 균형을 맞추는 방법은 각 원소의 원자 수를 조정하여 반응식 양쪽에 같은 수의 원자가 존재하도록 만들면 된다. 하지만 반응식의 균형을 맞추기 위해 올바른 화학식을 변형시키는 일은 없어야 한다(참고 참조). 반응식의 균형을 맞추기 위한 일반적인 과정은 다음과 같다.

이 절의 학습 목표
화학 반응식을 쓰고 균형을 맞출 수 있다

참고 반응식의 균형을 맞추기 위해 올바른 화학식을 변형시키지 않아야 한다.

화학 반응식 쓰기와 균형 맞추기에 대한 문제 풀이 전략

1. 무슨 반응인지 알아낸다. 반응을 서술하거나 단어로 된 반응식을 쓴다. 예를 들어 산화 수은(II)이 분해되어 수은과 산소를 만드는 반응을 살펴보자.

$$\text{산화 수은(II)} \xrightarrow{\Delta} \text{수은} + \text{산소}$$

2. 균형이 맞지 않은 반응식(골격 반응식)을 쓴다. 각 물질의 화학식이 맞는지 확인하고, 반응물은 화살표의 왼쪽에, 생성물은 오른쪽에 적었는지 확인한다. 예를 들면 다음과 같다.

$$HgO \xrightarrow{\Delta} Hg + O_2$$

올바른 화학식은 알려져 있거나 주기율표나 이온들의 목록, 또는 실험 자료들을 활용하여 결정한다.

3. 반응식의 균형을 맞춘다. 필요하면 다음의 과정을 이용한다.

(a) 양쪽에 있는 각각의 원소들의 원자 수를 비교한다. 균형을 맞추어야 할 원소를 정한다.
수은(Hg)은 균형이 맞는다. (양쪽에 한 개씩 존재)
산소(O)는 균형을 맞추어야 한다. (반응물 쪽에 한 개, 생성물 쪽에 두 개 존재)

(b) 균형이 맞지 않는 원소를 포함하고 있는 화학식 앞에 정수(계수)를 써서 원소별로 한 번에 하나씩 균형을 맞춘다. 보통 금속을 먼저 맞추고, 그 다음은 비금속, 그 다음은 수소와 산소의 순서로 맞추는 것이 가장 좋다(참고 참조). 양쪽에 있는 원소의 원자 수가 같아지게 만드는 가장 작은 계수를 고른다. 화학식 앞에 오는 계수는 화학식 안에 있는 각 원자를 그 숫자로 곱하게 한다(예를 들면 2 H_2SO_4는 황산이 두 단위 있다는 뜻도 되고, H 원자가 네 개, S 원자가 두 개, O 원자가 여덟 개 있다는 뜻도 된다). 산소(O)의 균형을 맞추기 위해서 HgO 앞에 계수 2를 붙인다.

$$2\ HgO \xrightarrow{\Delta} Hg + O_2$$

참고 반응식의 같은 쪽에 두 개 이상의 화학식에 포함되어 있는 원소가 있으면, 수소와 산소의 균형을 맞추기 바로 직전까지 유보해 둔다.

(c) 각각의 원소의 균형을 맞추었으면, 다른 모든 원소들의 균형이 맞는지 확인해 보아야 한다. 이것은 한 원소의 균형을 맞출 때 다른 원소의 균형이 깨질 수 있기 때문이다. 필요하면 다시 조정한다. 이제 Hg의 균형이 깨졌다. 이를 조정하기 위해서 Hg 앞에 계수 2를 붙인다.

$$2\ HgO \xrightarrow{\Delta} 2\ Hg + O_2 \text{ (균형이 맞음)}$$

(d) 마지막으로, 각각의 원소나 다원자 이온의 균형이 잘 맞는지, 가장 작은 정수들로 계수를 사용하였는지 검토한다.

$$2\ HgO \xrightarrow{\Delta} 2\ Hg + O_2 \text{ (옳은 형태)}$$

$$4\ HgO \xrightarrow{\Delta} 4\ Hg + 2\ O_2 \text{ (옳지 않은 형태)}$$

모든 화학 반응식을 위에서 설명한 간단한 방법으로 균형을 맞출 수 있는 것은 아니다. 다음의 예제들은 균형 맞춘 반응식을 만드는 단계적 순서를 보여 주고 있다. 하나씩 차근차근 공부해 보자.

예제 10.2

마그네슘 금속이 공기 중에서 연소하여 산화 마그네슘을 생성하는 반응에 대하여 균형 맞춘 반응식을 쓰시오.

풀이

화학 반응식 쓰기와 균형 맞추기에 대한 문제 풀이 전략을 이용한다.

1. 단어로 된 반응식

마그네슘 + 산소 ⟶ 산화 마그네슘

반응물(R)　　　　생성물(P)

2. 골격 반응식

$$Mg + O_2 \longrightarrow MgO \text{ (균형이 맞지 않음)}$$

3. 균형 맞추기

(a) Mg는 균형이 맞는다.

산소는 균형이 맞지 않는다. 두 개의 산소 원자가 왼쪽에 있고, 오른쪽에는 한 개의 산소 원자가 있다.

(b) 산소의 균형을 맞추기 위해 MgO 앞에 계수 2를 붙인다.

$$Mg + O_2 \longrightarrow 2\ MgO \text{ (균형이 맞지 않음)}$$

(c) 이제 Mg가 균형이 맞지 않는다. 왼쪽에는 한 개의 Mg 원자가 있는데, 오른쪽에는 두 개가 있다. Mg 앞에 계수 2를 붙인다.

$$2\ Mg + O_2 \longrightarrow 2\ MgO \text{ (균형이 맞음)}$$

(d) **확인**: 양쪽 모두 두 개의 Mg 원자와 두 개의 O 원자가 있다.

예제 10.3

메테인(CH_4)이 완전 연소를 하면, 산소와 반응하여 이산화 탄소와 물을 생성한다. 이 반응에 대하여 균형 맞춘 반응식을 쓰시오.

풀이

화학 반응식 쓰기와 균형 맞추기에 대한 문제 풀이 전략을 이용한다.

1. 단어로 된 반응식

메테인 + 산소 ⟶ 이산화 탄소 + 물

2. 골격 반응식

$$CH_4 + O_2 \longrightarrow CO_2 + H_2O \text{ (균형이 맞지 않음)}$$

3. 균형 맞추기

(a) 탄소(C)는 균형이 맞는다. 수소(H)와 산소(O)는 균형이 맞지 않는다.

(b) H_2O 앞에 계수 2를 붙여서 H 원자의 균형을 맞춘다.

$$CH_4 + O_2 \longrightarrow CO_2 + 2\ H_2O \text{ (균형이 맞지 않음)}$$

(c) 양쪽에 네 개의 H 원자가 있다. 산소는 아직도 균형이 맞지 않는다. O_2 앞에 계수 2를 붙여서 산소 원자의 균형을 맞춘다.

$$CH_4 + 2\ O_2 \longrightarrow CO_2 + 2\ H_2O \text{ (균형이 맞음)}$$

(d) 다른 원자들은 균형이 맞추어진 상태로 남아 있다.

(e) **확인**: 반응식은 정확하게 균형이 맞는다. 양쪽 모두 한 개의 C 원자, 네 개의 O 원자, 네 개의 H 원자가 있다.

예제 10.4

염소산 소듐을 가열하였더니 염화 소듐과 산소가 생성되었다. 이 반응에 대하여 균형 맞춘 반응식을 쓰시오.

풀이

화학 반응식 쓰기와 균형 맞추기에 대한 문제 풀이 전략을 이용한다.

1. 단어로 된 반응식

$$\text{염소산 소듐} \xrightarrow{\Delta} \text{염화 소듐} + \text{산소}$$

2. 골격 반응식

$$NaClO_3 \xrightarrow{\Delta} NaCl + O_2 \text{ (균형이 맞지 않음)}$$

3. 균형 맞추기

(a) 소듐과 염소는 균형이 맞는다.
산소는 균형이 맞지 않는다(O 원자가 왼쪽에는 세 개 있고, 오른쪽에는 두 개가 있다).

(b) 얼마나 많은 산소 원자가 필요한가? $NaClO_3$와 O_2에서 산소의 아래 첨자(3과 2)는 최소공배수 6을 갖는다. 그러므로 양쪽에 여섯 개의 O 원자가 있도록 $NaClO_3$와 O_2에 계수를 붙여야 한다. $NaClO_3$ 앞에는 2, O_2 앞에는 3을 붙인다.

$$2\ NaClO_3 \xrightarrow{\Delta} NaCl + 3\ O_2 \text{ (균형이 맞지 않음)}$$

(c) 이제 Na와 Cl의 균형이 맞지 않는다. NaCl 앞에 2를 붙이면 Na와 Cl이 동시에 균형이 맞는다.

$$2\ NaClO_3 \xrightarrow{\Delta} 2\ NaCl + 3\ O_2 \text{ (균형이 맞음)}$$

(d) **확인**: 양쪽 모두 두 개의 Na 원자, 두 개의 Cl 원자, 여섯 개의 O 원자가 있다.

예제 10.5

질산 은이 황화 수소와 반응하여 황화 은과 질산을 생성하였다. 이 반응에 대하여 균형 맞춘 반응식을 쓰시오.

풀이

화학 반응식 쓰기와 균형 맞추기에 대한 문제 풀이 전략을 이용한다.

1. 단어로 된 반응식

$$\text{질산 은} + \text{황화 수소} \longrightarrow \text{황화 은} + \text{질산}$$

2. 골격 반응식

$$AgNO_3 + H_2S \longrightarrow Ag_2S + HNO_3 \text{ (균형이 맞지 않음)}$$

3. 균형 맞추기

(a) Ag와 H는 균형이 맞지 않는다.

(b) Ag의 균형을 맞추기 위해 $AgNO_3$ 앞에 2를 붙인다.

$$2\ AgNO_3 + H_2S \longrightarrow Ag_2S + HNO_3 \text{ (균형이 맞지 않음)}$$

(c) H와 NO_3^-는 여전히 균형이 맞지 않는다. HNO_3 앞에 2를 붙인다

$$2\ AgNO_3 + H_2S \longrightarrow Ag_2S + 2\ HNO_3 \text{ (균형이 맞음)}$$

이 예제에서는 NO_3^-를 한 단위로 하여 균형을 맞춤으로써 N과 O 원자는 균형이 맞추어진다.

(d) 다른 원자들은 균형이 맞추어진 상태로 남아 있다.

(e) **확인**: 양쪽 모두 두 개의 Ag 원자, 두 개의 H 원자, 한 개의 S 원자가 있다. 또한 양쪽에 두 개의 NO_3^-가 있다.

예제 10.6

수산화 알루미늄이 황산과 섞이면 생성물은 황산 알루미늄과 물이 된다. 이 반응에 대하여 균형 맞춘 반응식을 쓰시오.

풀이

화학 반응식 쓰기와 균형 맞추기에 대한 문제 풀이 전략을 이용한다.

1. 단어로 된 반응식

수산화 알루미늄 + 황산 ⟶ 황산 알루미늄 + 물

2. 골격 반응식

$$Al(OH)_3 + H_2SO_4 \longrightarrow Al_2(SO_4)_3 + H_2O \text{ (균형이 맞지 않음)}$$

3. 균형 맞추기

(a) 모든 원소가 균형이 맞지 않는다.

(b) Al의 균형을 맞추기 위해 $Al(OH)_3$ 앞에 2를 붙인다. SO_4^{2-}를 하나의 단위로 보고 H_2SO_4 앞에 3을 붙여 균형을 맞춘다.

$$2\ Al(OH)_3 + 3\ H_2SO_4 \longrightarrow Al_2(SO_4)_3 + H_2O \text{ (균형이 맞지 않음)}$$

H_2O 앞에 6을 붙여서 H와 O의 균형을 맞춘다.

$$2\ Al(OH)_3 + 3\ H_2SO_4 \longrightarrow Al_2(SO_4)_3 + 6\ H_2O \text{ (균형이 맞음)}$$

(c) 다른 원자들은 균형이 맞추어진 상태로 남아 있다.

(d) **확인**: 양쪽 모두 2개의 Al 원자, 12개의 H 원자, 3개의 S 원자, 18개의 O 원자가 있다.

예제 10.7

뷰테인 가스 스토브에 있는 연료가 완전 연소를 하면, 이 연료는 산소와 반응하여 이산화 탄소와 물을 생성한다. 이 반응에 대하여 균형 맞춘 반응식을 쓰시오.

뷰테인
C_4H_{10}

풀이

화학 반응식 쓰기와 균형 맞추기에 대한 문제 풀이 전략을 이용한다.

1. 단어로 된 반응식

뷰테인 + 산소 ⟶ 이산화 탄소 + 물

2. 골격 반응식

$C_4H_{10} + O_2 \longrightarrow CO_2 + H_2O$ (균형이 맞지 않음)

3. 균형 맞추기

(a) 모든 원소가 균형이 맞지 않는다.

(b) C의 균형을 맞추기 위해 CO_2 앞에 4를 붙인다.

$C_4H_{10} + O_2 \longrightarrow 4\ CO_2 + H_2O$ (균형이 맞지 않음)

H_2O 앞에 5를 붙여서 H의 균형을 맞춘다.

$C_4H_{10} + O_2 \longrightarrow 4\ CO_2 + 5\ H_2O$ (균형이 맞지 않음)

산소는 균형이 맞지 않는다. 오른쪽에 있는 산소 원자는 고정되어 있다. 왜냐하면 4 CO_2와 5 H_2O는 왼쪽에 있는 한 개의 C_4H_{10} 분자에서 나온 것이기 때문이다. O 원자의 균형을 맞추기 위해 O_2 앞에 붙일 정수가 존재하지 않는다. 따라서 각 물질의 계수에 2를 곱해서 산소의 균형을 맞춘다.

$2\ C_4H_{10} + 13\ O_2 \longrightarrow 8\ CO_2 + 10\ H_2O$ (균형이 맞음)

(d) 다른 원자들은 균형이 맞추어진 상태로 남아 있다.

(e) **확인**: 양쪽 모두 8개의 C 원자, 20개의 H 원자, 26개의 O 원자가 있다.

실습 문제 10.2

다음 반응에 대한 균형 맞춘 화학 반응식을 쓰시오.

칼슘 + 산소 ⟶ 산화 칼슘

실습 문제 10.3

다음 반응에 대한 균형 맞춘 화학 반응식을 쓰시오.

수산화 칼슘 + 인산 ⟶ 인산 칼슘 + 물

화학 반응식이 주는 정보

화학식은 그것이 사용되는 특정 맥락에 따라 다른 의미를 가질 수 있다. 화학식은 화학적 개체(원자, 이온, 분자, 화학식 단위) 한 개를 나타내거나 또는 1 mol을 나타낼 수 있다. 예를 들면 화학식 H_2O는 다음 중 그 어떤 의미로도 사용될 수 있다.

- 두 개의 H 원자와 한 개의 O 원자
- 한 개의 물 분자
- 1 mol의 물
- 6.022×10^{23}개의 물 분자
- 18.02 g의 물

화학 반응식에서 사용되는 화학식은 화학적 개체의 개수를 나타내기도 하고, 몰수를 나타내기도 하는데, 후자의 의미로 더 많이 사용한다. 예를 들어 수소와 산소가 물을 형성하는 반응에서 각 화학식의 의미는 다음과 같다.

$2\ H_2$	+	O_2	$\longrightarrow$	$2\ H_2O$
수소 2분자		산소 1분자		물 2분자
수소 2 mol		산소 1 mol		물 2 mol

앞에서 설명한 것처럼 화학 반응식은 화학 반응을 요약해서 보여 주는 것이다. 균형 맞춘 반응식은 다음과 같은 정보를 준다.

1. 반응물은 무엇이고, 생성물은 무엇인가?
2. 반응물과 생성물의 화학식
3. 반응물과 생성물의 분자 수나 화학식 단위의 수
4. 반응에 관여하는 각 원소의 원자 수
5. 각 물질의 몰수

프로페인(C_3H_8) 기체가 공기 중에서 연소될 때 일어나는 반응을 살펴보자. 생성물은 이산화 탄소(CO_2)와 물(H_2O)이다. 균형 맞춘 반응식과 그 해석은 다음과 같다.

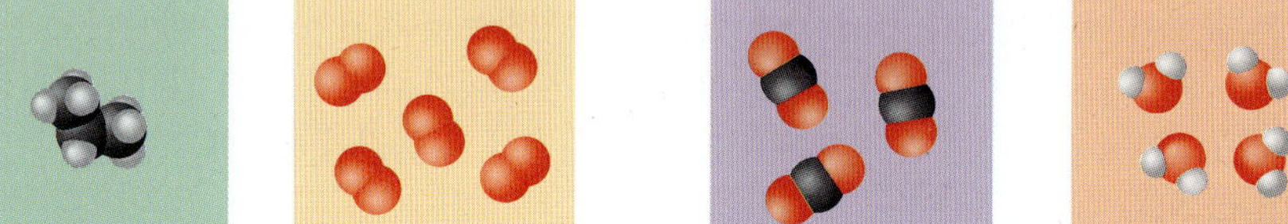

프로페인		산소		이산화 탄소		물
$C_3H_8(g)$	+	$5\ O_2(g)$	⟶	$3\ CO_2(g)$	+	$4\ H_2O(g)$
1 분자		5 분자		3 분자		4 분자
3개의 C 원자 8개의 H 원자		10개의 O 원자		3개의 C 원자 6개의 O 원자		8개의 H 원자 4개의 O 원자
1 mol		5 mol		3 mol		4 mol
44.09 g		5(32.00 g) = (160.0 g)		3(44.01 g) = (132.0 g)		4(18.02 g) = (72.08 g)

실습 문제 10.4

수소 기체가 염소 기체와 반응하여 기체 상태의 염화 수소가 생성되는 반응을 살펴보자.
(a) 이 반응을 단어로 된 반응식으로 쓰시오.
(b) 균형 맞춘 화학 반응식을 쓰시오. 각 물질의 물리적 상태도 표시하시오.
(c) 각 물질의 상대적인 양이 얼마인지 알 수 있도록 각각의 반응물과 생성물에 표시하시오.
1. 분자의 개수 2. 원자의 개수 3. 몰수 4. 질량
(d) 수소 기체 2 mol과 염소 기체 2mol이 반응하면 생성되는 HCl의 질량은 얼마인가?

실험실이나 산업체에서 작업을 할 때, 화학 반응에 관련된 물질의 양은 매우 중요하다. 다음 장에서 반응물과 생성물의 양에 관한 관계를 공부할 것이다.

10.3 화학 반응은 왜 일어날까?

이 절의 학습 목표
화학 반응이 일어나는 요인들에 대하여 알 수 있다.

화학 반응식은 화학적 변화나 반응을 나타낸다. 그러나 화학 반응이 진행될 것인지 또는 진행되지 않을 것인지를 어떻게 예측할 수 있을까? 화학자들은 반응물이 어떤 생성물로 될 것인지를 예측할 수 있을 만한 반응물들을 관찰함으로써, 많은 시간을 들여서 화학 반응의 추진력(driving force)을 알아내었다. 반응물이 생성물로 변하게 될 것을 알려주는 이러한 추

진력은 다음의 요소들을 포함한다.

• 고체의 생성 • 기체의 생성 • 물의 생성 • 전자의 이동

화학 물질들이 함께 존재할 때 이러한 추진력 중의 어느 하나라도 포함한다면 화학 반응이 일어날 것이다. 따라서, 어떤 반응이 진행할 것인지를 예측하기 위해서는 이러한 '추진력'이 발생할 것인지를 알 필요가 있다. 좀 더 많은 화학 반응에 대해서 배우면 반응 생성물을 예측하는 데 훨씬 더 용이하기 때문에 이러한 추진력을 나타내는 반응들을 공부해 보자.

10.4 화학 반응식의 유형

화학 반응은 몇 가지 유형으로 분류할 수 있는데, 이렇게 하면 화학 반응식을 쓰거나 다른 반응을 예측하는 데 도움이 된다. 대부분의 화학 반응은 이제부터 논의하게 될 네 가지 기본 반응 유형 중의 하나에 속한다. 반응은 또한 산화와 환원으로 분류될 수도 있다. 복잡한 산화-환원 반응식의 균형을 맞추기 위해서는 특별한 방법을 사용한다(17장 참조).

이 절의 학습 목표
합성 반응, 분해 반응, 단일 치환 반응 및 이중 치환 반응의 실례를 들 수 있다.

합성(결합) 반응

합성 반응(synthesis reaction)에서는 두 가지 반응물이 결합하여 한 가지 생성물을 만든다. 합성은 가장 중요한 화학 반응 중 하나이다. 신약과 같은 새로운 화합물을 생성하거나 플라스틱 같은 합성 화합물을 생성함으로써 우리의 생활에 지대한 영향을 미치고 있다. 반응식의 일반적인 형태는 다음과 같다.

$$A + B \longrightarrow AB$$

여기서 A와 B는 원소나 화합물이고, AB는 화합물이다. 많은 경우에 결합된 상태에서의 반응물의 이온 전하를 알고 있으면 화합물의 화학식을 결정할 수 있다. 원소들로부터 시작하는 몇 가지 반응들은 다음과 같다.

$$2\,Mg(s) + O_2(g) \longrightarrow 2\,MgO(s) \text{ (사진 참조)}$$
$$S(s) + O_2(g) \longrightarrow SO_2(g)$$
$$N_2(g) + O_2(g) \longrightarrow 2\,NO(g)$$
$$2\,Na(s) + Cl_2(g) \longrightarrow 2\,NaCl(s)$$

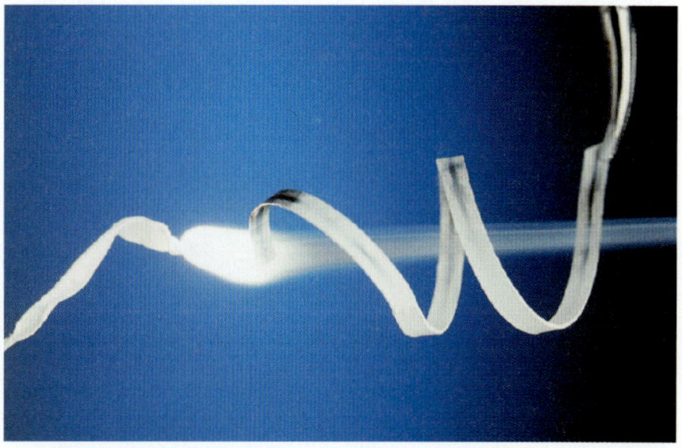

Charles D. Winters/Science Source

가느다란 마그네슘 조각을 공기 속에서 연소시키면 산화 마그네슘이 생성된다(불꽃의 왼쪽).

다음과 같은 반응에서는 화합물들이 반응하여 새로운 화합물로 변한다.

$$Na_2O(s) + H_2O(l) \longrightarrow 2\,NaOH(aq)$$
$$SO_3(g) + H_2O(l) \longrightarrow H_2SO_4(aq)$$

또한 이 중 많은 반응들은 나중 장에서 다루어질 산화-환원 반응으로 분류될 수도 있다.

연소 반응

연소 반응(combustion reaction)에서는 어떤 물질이 산소와 반응하여 산화물을 형성한다. 대부분의 일반적인 연소 반응은 탄화수소(수소와 탄소로만 이루어진 화합물)와 산소 사이에 일어나는 반응으로, 이산화 탄소와 물을 생성한다. 이러한 반응은 주로 화석 연료에서 에너지를 얻는 데 사용된다. 다음은 친숙한 탄화수소의 연소 반응에 대한 몇 가지 사례들이다.

메테인(CH_4)은 가스 오븐이나 가스 스토브에 가장 흔히 사용되고 있는 연료이다. 또한 화학 실험실에서 사용하는 Bunsen 버너의 에너지원을 공급하기 위해 주로 쓰이는 연료이기도 하다.

$$CH_4(g) + 2\,O_2(g) \longrightarrow CO_2(g) + 2\,H_2O(g)$$

(물은 대부분 수증기로 증발된다.)

옥테인(C_8H_{18})은 자동차에서 쓰이는 휘발유의 주요 성분 중 하나이다.

$$2\,C_8H_{18}(l) + 25\,O_2(g) \longrightarrow 16\,CO_2(g) + 18\,H_2O(g)$$

에탄올(C_2H_5OH)은 화석 연료의 대체 연료로서 때때로 휘발유에 첨가하기도 한다. 에탄올은 탄화수소보다 더 깨끗하게 연소한다.

생활 속의 화학

일산화 탄소 중독 – 침묵의 킬러

일산화 탄소는 석탄, 천연가스, 프로페인 가스, 난방유, 가솔린 등 탄소가 포함된 연료가 연소될 때 생성될 수 있는 기체이다. 예를 들어 천연 가스의 주성분인 메테인이 연소되는 반응식은 다음과 같다.

$$CH_4(g) + 2\,O_2(g) \rightarrow 2\,H_2O(g) + CO_2(g)$$

그러나 산소가 충분히 공급되지 않는다면 이산화 탄소 대신에 일산화 탄소가 발생할 것이다.

$$2\,CH_4(g) + 3\,O_2(g) \rightarrow 4\,H_2O(g) + 2\,CO(g)$$

일산화 탄소는 시각과 후각으로 탐지하기 어려운 무색무취의 기체이다. 따라서 일산화 탄소는 밀폐된 공간에 있는 여러 사람을 한순간에 중독시킬 수 있다. 일산화 탄소에 중독되었다는 것을 사람이 사전에 인지하기는 매우 어렵다. 일산화 탄소 중독 증상은 보통 두통, 귀울림 현상, 메스꺼움, 현기증, 정신심약, 의식장애, 졸음 현상 등이다. 공기 중에 일산화 탄소의 농도가 낮더라도 모르는 사이에 혈중 일산화 탄소의 농도를 위험 수위에 도달하게 할 수도 있다.

혈액 속에 녹아든 일산화 탄소는 헤모글로빈 분자에 달라 붙어 인체에 매우 치명적인 타격을 가한다. 산소와 일산화 탄소는 헤모글로빈 분자의 같은 위치에 붙으며, 일산화 탄소의 결합력이 산소보다 더 강하다. 헤모글로빈의 역할은 산소를 허파로부터 인체 내 각 조직까지 운반하는 것이다. 불행하게도 일산화 탄소는 헤모글로빈과 결합하여 카복시헤모글로빈이라 불리는 분자를 형성한다. 실제로 헤모글로빈은 산소보다 일산화 탄소를 더 선호한다. 일단 헤모글로빈이 일산화 탄소와 결합하면 그 결합이 깨질 때까지 헤모글로빈의 인체 내 산소 운반자로서의 역할은 중단된다. 인간이 일산화 탄소가 0.1% 포함된 공기(약 20%의 산소 포함)를 한 시간 동안 마시면 헤모글로빈 분자의 50%가 일산화 탄소와 결합한다. 일산화 탄소 중독에 의한 사망을 방지하기 위해서는 다음의 세 가지 대응법이 있다.

1. 일산화 탄소와 결합된 헤모글로빈을 원상 회복시키기 위한 응급 처치
2. 일산화 탄소에 중독되는 일이 발생하기 전에 일산화 탄소의 위험 수위를 감지함.
3. 일산화 탄소를 무해한 이산화 탄소로 전환시킴.

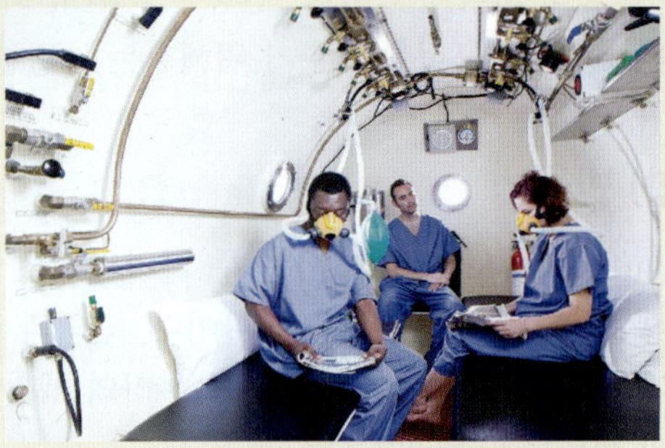
SCIENCE PHOTO LIBRARY/Science Source

고압 산소실 속의 사람들

사람이 이미 일산화 탄소에 중독되었다면, 처치의 초점은 헤모글로빈으로부터 일산화 탄소를 떼어놓는 것이다. 이를 위해 일산화 탄소 중독자를 약 3 atm 정도의 고압 산소실에 넣어서 산소를 직접 공급한다. 이 대응법은 헤모글로빈에 붙어 있는 일산화 탄소를 떼어놓기 위해 필요한 시간을, 4~6시간에서 30~90분으로 단축시킨다. 또한 중독자의 뇌기능을 완전 회복시키기 위해서는 더 많은 산소를 공급해야 한다.

일산화 탄소 감지기는 공기 중 일산화 탄소 함량이 위험 수위에 이르면 경보음을 울린다. 현재 유통되고 있는 일산화 탄소 감지기는 일산화 탄소의 양이 급격히 증가할 때나, 낮은 농도의 일산화 탄소가 오랜 시간에 걸쳐 잔류할 때 경보음을 울린다. 일산화 탄소 감지기 대신에 적외선빔 장치가 이용되기도 한다. 적외선빔이 크로모포어(일산화 탄소가 증가하면 어두운색으로 변하는 물질)를 비출 때, 통과하는 적외선의 양이 줄어들면 경보음이 울린다. 보통 일산화 탄소의 공기 중 함량이 70 ppm 이상일 때, 또는 30일 동안 30 ppm의 농도가 지속될 때 경보음을 울린다.

마지막으로 일산화 탄소를 이산화 탄소로 전환시키는 방법이 있다. NASA의 연구원 David Schreyer는 일산화 탄소를 이산화 탄소로 전환시키는 촉매를 개발했다. 이 촉매는 수산화 주석에 소량의 팔라듐(Pd)을 섞어서 만든 것이다. 그와 그의 동료들은 가정집의 통풍 시스템에 자신들이 개발한 촉매를 장착하였다. 그 결과 아주 적은 양의 일산화 탄소도 제거할 수 있었다. 지금까지 살펴본 세 가지 대응법을 잘 활용한다면, 매해 500~10,000건에 이르는 일산화 탄소 중독 사건을 사라지게 할 수 있을 것이다.

$$C_2H_5OH(l) + 3\ O_2(g) \longrightarrow 2\ CO_2(g) + 3\ H_2O(g)$$

(반응식의 균형을 맞출 때 에탄올에 포함된 산소의 수도 세어야 한다.)

이산화 탄소는 탄소를 골격으로 하는 연료의 연소 생성물 중의 한 가지로서 10.6절에서 다루어질 기후 변화에 영향을 준다.

연소 반응이 수소 화합물이나 탄소 화합물만을 생성하는 것은 아니다. 화석 연료의 두 가지 연소 부산물에는 질소 산화물과 황 산화물이 있다. 화석 연료는 대체로 황을 포함하고 있는데, 내연 기관에서의 고온에서 휘발유가 연소될 때 황도 산소와 반응한다. 이와 같은 반응 조건에서 공기 중에 포함된 질소도 산화물을 생성하게 된다. 다음과 같은 반응을 합성 반응 또는 연소 반응으로 분류한다.

$$S(s) + O_2(g) \longrightarrow SO_2(g)$$

$$N_2(g) + 2\ O_2(g) \longrightarrow 2\ NO(g)$$

분해 반응

분해 반응(decomposition reaction)에서는 단일 물질이 분해되어 두 가지 이상의 다른 물질을 만든다. 이 반응은 합성 반응의 역반응으로 볼 수 있다. 출발 물질은 화합물이어야 하고, 생성물은 원소나 화합물이다. 반응식의 일반적인 형태는 다음과 같다.

$$AB \longrightarrow A + B$$

분해 반응의 생성물을 예측한다는 것은 쉬운 일이 아니며, 각각의 개별적인 반응에 대한 이해가 있어야 한다. 산소가 포함된 화합물을 가열하면 흔히 분해가 일어난다. 이 유형에 속하는 몇 가지 반응들은 다음과 같다.

$$2\ HgO(s) \xrightarrow{\Delta} 2\ Hg(l) + O_2(g)$$

$$2\ PbO_2(s) \xrightarrow{\Delta} 2\ PbO(s) + O_2(g)$$

$$CaCO_3(s) \xrightarrow{\Delta} CaO(s) + CO_2(g)$$

$$2\ NaHCO_3(s) \xrightarrow{\Delta} Na_2CO_3(s) + H_2O(g) + CO_2(g)$$

$$2\ KClO_3(s) \xrightarrow{\Delta} 2\ KCl(s) + 3\ O_2(g)$$

$$2\ NaNO_3(s) \xrightarrow{\Delta} 2\ NaNO_2(s) + O_2(g)$$

$$2\ H_2O_2(l) \xrightarrow{\Delta} 2\ H_2O(l) + O_2(g)$$

이러한 많은 반응들의 추진력은 기체를 생성하는 데 있음을 기억하라.

표 10.2 활동도 서열

	금속	할로젠
↑ 활동도 증가	K	F_2
	Ca	Cl_2
	Na	Br_2
	Mg	I_2
	Al	
	Zn	
	Fe	
	Ni	
	Sn	
	Pb	
	H	
	Cu	
	Ag	
	Hg	
	Au	

단일 치환 반응

단일 치환 반응(single displacement reaction)에서 한 원소는 화합물과 반응하여 그 화합물의 한 원소를 치환하고 다른 원소와 다른 화합물을 생성한다. 반응식의 일반적인 형태는 다음과 같다.

만일 A가 **금속**이고 B보다 반응성이 크면, A는 B를 치환하여 AC를 형성한다.

$$A + BC \longrightarrow B + AC$$

만일 A가 **할로젠**이고 C보다 반응성이 크면, A는 C를 치환하여 BA를 형성한다.

$$A + BC \longrightarrow C + BA$$

몇 가지 금속들과 수소, 그리고 할로젠들에 대한 간단한 활동도 서열(activity series)을 표 10.2에 나타내었다. 이 서열은 가장 활동도가 큰 금속과 할로젠을 위에 놓고 화학적 활동도가 감소하는 순서로 열거한 것이다. 활동도 서열에 있는 원소의 원자들은 자신보다 밑에 위

Charles D. Winters/Science Source

아연 금속 조각을 염산에 넣으면, 즉시 수소 기포가 발생한다.

치한 원소의 원자를 치환할 수 있으므로, 이 서열을 이용하면 많은 화학 반응을 예측할 수 있게 된다. 예를 들면 아연 금속은 염산 용액에서 수소를 치환할 수 있다(사진 참조). 그러나 구리 금속은 목록에서 보면 수소의 아래에 있기 때문에 수소보다는 활동도가 떨어진다. 따라서 구리 금속은 염산 용액에서 수소를 치환하지 못한다.

이 유형에 속하는 몇 가지 반응들은 다음과 같다.

1. 반응물 A가 금속인 경우의 반응:

$$Zn(s) + 2\ HCl(aq) \longrightarrow H_2(g) + ZnCl_2(aq)$$
$$2\ Al(s) + 3\ H_2SO_4(aq) \longrightarrow 3H_2(g) + Al_2(SO_4)_3(aq)$$
$$2\ Na(s) + 2\ H_2O(l) \longrightarrow H_2(g) + 2\ NaOH(aq)$$
$$Ca(s) + 2\ H_2O(l) \longrightarrow H_2(g) + Ca(OH)_2(aq)$$
$$3\ Fe(s) + 4\ \underset{\text{수증기}}{H_2O(g)} \longrightarrow 4\ H_2(g) + Fe_3O_4(s)$$
$$Fe(s) + CuSO_4(aq) \longrightarrow Cu(s) + FeSO_4(aq)$$
$$Cu(s) + 2\ AgNO_3(aq) \longrightarrow 2\ Ag(s) + Cu(NO_3)_2(aq)$$

2. 반응물 A가 할로젠인 경우의 반응:

$$Cl_2(g) + 2\ NaBr(aq) \longrightarrow Br_2(l) + 2\ NaCl(aq)$$
$$Cl_2(g) + 2\ KI(aq) \longrightarrow I_2(s) + 2\ KCl(aq)$$

흔히 보는 화학 반응으로 물이나 산에서 수소를 치환하는 반응이 있다. 이 반응은 금속의 상대적인 반응성을 보여 주고, 활동도 서열을 이용하는 법을 보여 주는 좋은 예이다. 예를 들어,

- K, Ca, Na는 차가운 물, 수증기, 산에서 수소를 치환한다.
- Mg, Al, Zn, Fe는 수증기와 산에서 수소를 치환한다.
- Ni, Sn, Pb는 산에서만 수소를 치환한다.
- Cu, Ag, Hg, Au는 수소를 치환할 수 없다.

예제 10.8

(a) 마그네슘 금속과 염산 사이에서, (b) 니켈 금속과 염화 알루미늄 용액 사이에서 반응이 일어날 수 있는가? 이 반응들에 대하여 균형 맞춘 반응식을 쓰시오.

풀이

(a) 마그네슘은 수소보다 반응성이 훨씬 크기 때문에 염산에서 수소를 치환할 것이다. 생성물은 수소 기체와 Mg^{2+}와 Cl^- 이온의 염이다.

$$Mg(s) + 2\ HCl(aq) \longrightarrow H_2(g) + MgCl_2(aq)$$

(b) 활동도 서열에 의하면, 니켈은 알루미늄보다 반응성이 약하다. 따라서 반응이 일어나지 않을 것이다.

$$Ni(s) + AlCl_3(aq) \longrightarrow \text{무반응}$$

실습 문제 10.5

다음 반응에 대하여 균형 맞춘 반응식을 쓰시오.

(a) 철 금속과 염화 마그네슘 용액

(b) 아연 금속과 질산 구리(II) 용액

이중 치환 반응

이중 치환 반응(double displacement reaction)에서 두 화합물은 서로 간에 짝을 바꾸어서 두 개의 다른 화합물을 만든다. 반응식의 일반적인 형태는 다음과 같다.

$$AB + CD \longrightarrow AD + CB$$

이 반응은 양이온들과 음이온들이 상호 교환되는 것으로 생각하면 된다. 그래서 A는 D와 결합하고, C는 B와 결합한다. 생성물에 대한 화학식을 쓸 때 결합하는 이온들의 전하를 고려해야만 한다.

반응이 일어나지 않았을 때도 이중 치환 반응의 형태로 반응식을 쓸 수 있다. 예를 들어, 염화 소듐 용액과 질산 포타슘 용액이 혼합되면 다음과 같이 반응식을 쓸 수 있다.

$$NaCl(aq) + KNO_3(aq) \longrightarrow NaNO_3(aq) + KCl(aq)$$

이 과정이 진행될 때 물리적 변화가 관측되지 않는다. 이는 화학 반응이 일어나지 않았음을 나타낸다.

> 이중 치환 반응은 다음과 같이 반응의 증거를 수반한다.
> 1. 열이 발생한다.
> 2. 불용성 침전물이 형성된다.
> 3. 기포를 생성한다.

이런 종류의 반응들을 좀 더 자세히 살펴보자. H^+와 OH^- 이온으로부터 물 분자가 생성되는 반응에서는 **열이 발생**한다. 이러한 현상은 반응 용기를 만져 보거나 온도계를 이용하여 확인할 수 있다.

$$HCl(aq) + NaOH(aq) \longrightarrow NaCl(aq) + H_2O(l) + \text{열}$$
$$H_2SO_4(aq) + Ba(OH)_2(aq) \longrightarrow BaSO_4(s) + 2\,H_2O(l) + \text{열}$$
$$CuO(s) + 2\,HNO_3(aq) \longrightarrow Cu(NO_3)_2(aq) + H_2O(l) + \text{열}$$
$$CaO(s) + 2\,HCl(aq) \longrightarrow CaCl_2(aq) + H_2O(l) + \text{열}$$

고체의 형성(formation of a solid)　생성물의 용해도는 부록 4에 있는 용해도 표를 참조하여 구할 수 있으며, 이로써 생성물들이 물에 녹는지를 알아볼 수 있다. 생성된 고체는 반응식에서 화학식 뒤에 (*s*)를 붙여서 표시한다.

$$BaCl_2(aq) + 2\,AgNO_3(aq) \longrightarrow 2\,AgCl(s) + Ba(NO_3)_2(aq)$$
$$Pb(NO_3)_2(aq) + 2\,KI(aq) \longrightarrow PbI_2(s) + 2\,KNO_3(aq) \quad \text{(사진 참조)}$$

Richard Megna/Fundamental Photographs

투명하고 무색인 $Pb(NO_3)_2$ 용액을 투명하고 무색인 KI 용액에 넣으면, 이중 치환 반응이 일어나 노란색 고체 PbI_2가 형성된다.

$Pb(NO_3)_2 + 2\,KI \rightarrow PbI_2 + 2\,KNO_3$

기체의 형성(formation of a gas)　다음 두 가지 예와 같이 HCl이나 H_2S 같은 기체들이 직접 생성된다.

$$H_2SO_4(aq) + NaCl(s) \longrightarrow NaHSO_4(s) + HCl(g)$$
$$2\,HCl(aq) + ZnS(s) \longrightarrow ZnCl_2(aq) + H_2S(g)$$

간접적으로 기체가 생성될 수도 있다. H_2CO_3, H_2SO_3, NH_4OH 등과 같이 이중 치환 반응에서 형성된 불안정한 화합물들은 분해되어 물과 기체를 생성한다.

$$2\,HCl(aq) + Na_2CO_3(aq) \longrightarrow 2\,NaCl(aq) + H_2CO_3(aq) \longrightarrow 2\,NaCl(aq) + H_2O(l) + CO_2(g)$$
$$2\,HNO_3(aq) + K_2SO_3(aq) \longrightarrow 2\,KNO_3(aq) + H_2SO_3(aq) \longrightarrow 2\,KNO_3(aq) + H_2O(l) + SO_2(g)$$
$$NH_4Cl(aq) + NaOH(aq) \longrightarrow NaCl(aq) + NH_4OH(aq) \longrightarrow NaCl(aq) + H_2O(l) + NH_3(g)$$

예제 10.9

브로민화수소산과 수산화 포타슘의 수용액 사이에서 일어나는 반응에 대한 반응식을 쓰시오.

풀이

먼저 반응물에 대한 화학식을 적는다. 화학식은 HBr과 KOH이다. 그 다음 알고 있는 물질의 화학식으로 반응식을 다시 적는다.

$$HBr(aq) + KOH(aq) \longrightarrow$$

이 반응은 이중 치환 반응으로, 산에서 나온 H^+는 염기에서 나온 OH^-와 결합하여 물을 만든다. 이온 결합 화합물은 나머지 두 이온인 K^+와 Br^-로 이루어져야 한다. K^+는 +1가 양이온이고, Br^-는 −1가 음이온이라는 사실로부터 이 이온 결합 화합물의 화학식을 KBr로 정한다. 마지막으로 균형 맞춘 반응식은 다음과 같다.

$$HBr(aq) + KOH(aq) \longrightarrow KBr(aq) + H_2O(l)$$

Richard Megna/Fundamental Photographs

염화 바륨을 황산 소듐 용액에 부으면 흰색의 황산 바륨 침전이 형성된다.

예제 10.10

염화 바륨과 황산 소듐의 수용액 사이에서 일어나는 반응에 대한 반응식을 균형을 맞추어 완결하시오(사진 참조).

풀이

먼저 반응물에 대한 화학식을 적는다. 화학식은 $BaCl_2$와 Na_2SO_4이다. 두 물질은 모두 이온 결합 화합물이다. 두 물질 모두 화합물이므로, 반응은 이중 치환 반응 유형일 것이다. 반응물을 가지고 반응식을 적기 시작한다.

$$BaCl_2(aq) + Na_2SO_4(aq) \longrightarrow$$

만일 이 반응이 이중 치환 반응이면 Ba^{2+}는 SO_4^{2-}와 결합하고, Na^+는 Cl^-와 결합하여 생성물을 만들 것이다. 균형 맞춘 반응식은 다음과 같다.

$$BaCl_2(aq) + Na_2SO_4(aq) \longrightarrow BaSO_4(s) + 2\ NaCl(aq)$$

마지막 단계는 생성물의 성질을 규명하는 것이다. 이것으로 반응이 일어날 것인지 아닌지의 여부를 조사할 수 있다. 만일 생성물이 모두 가용성이면 모든 이온이 용액 속에 녹아 있는 혼합물을 얻게 된다. 그러나 만일 불용성 침전물이 생성되면, 반응은 확실히 일어난 것이다. NaCl이 물에 잘 녹는다는 것은 경험을 통해서 이미 알고 있다. 그러나 $BaSO_4$는 어떤가? 부록 4에 있는 용해도 표에 의하면 $BaSO_4$가 물에 녹지 않는다는 것을 알 수 있다. 그러므로 반응에서 침전물이 될 것이다. 따라서 이 반응은 일어나고 반응 결과 침전물이 형성될 것이다. 반응식은 다음과 같다.

$$BaCl_2(aq) + Na_2SO_4(aq) \longrightarrow BaSO_4(s) + 2\ NaCl(aq)$$

실습 문제 10.6

물속에서 일어나는 다음 반응에 대한 반응식을 균형을 맞추어 완결하시오.

(a) 인산 포타슘 + 염화 바륨

(b) 염산 + 탄산 니켈

(c) 염화 암모늄 + 질산 소듐

우리가 시도해 보는 몇 가지 반응들은 물질이 반응성이 없거나, 반응이 일어날 적절한 조건이 만족되지 않아서 실패할지도 모른다. 예를 들어 산화 수은(II)는 열을 가하기 전에는 분해되지 않는다. 마그네슘은 온도가 어떤 점에 도달하기 전에는 공기나 산소 중에서 연소하지 않는다. 은을 황산 구리(II) 용액에 담그면 반응이 일어나지 않는다. 그러나 구리선을

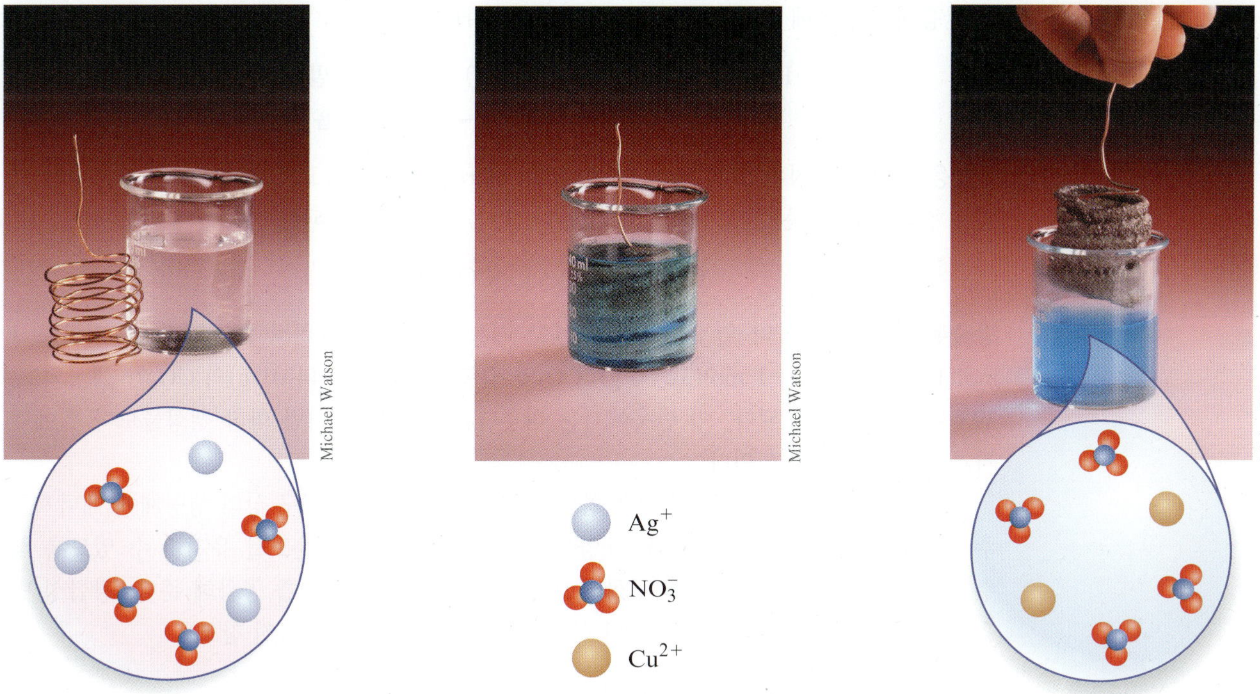

질산 은 용액은 Ag^+ 이온과 NO_3^- 이온을 포함한다.

구리선이 질산 은 용액에 담겨 있다. 24시간이 지나면 은 결정이 구리선에 매달려 있는 것을 볼 수 있다. 용액은 푸른색으로 변하는데, 이는 이 용액 안에 구리 이온이 존재함을 알려 주는 것이다.

은 금속은 구리선에 매달려 있고 푸른색 용액 속에는 Cu^{2+} 이온과 NO_3^- 이온이 포함되어 있다.

그림 10.1 구리선과 질산 은 용액의 반응

질산 은 용액에 담그면, 구리는 은보다 반응성이 큰 금속이기 때문에 단일 치환 반응이 일어난다(**그림 10.1**).

$$Cu(s) + 2\ AgNO_3(aq) \longrightarrow 2\ Ag(s) + Cu(NO_3)_2(aq)$$

반응 생성물을 항상 성공적으로 예측하기는 쉽지 않다. 생성물을 정확하게 예측하는 능력은 지식과 경험에서 온다. 이 시점에서 여러분은 많은 반응을 예측할 수 없을지 모르지만, 계속 경험을 쌓아 가면 반응을 유형별로 나눌 수 있게 된다. 그리고 항상 정확하지는 않겠지만 생성물의 예측도 가능해질 것이다.

10.5 화학 반응에서의 열

화학 반응에는 항상 에너지 변화가 동반된다. 반응이 일어나는 한 가지 이유는 생성물이 반응물보다 더 낮고, 더 안정한 에너지 상태를 이루기 때문이다. 반응에 의해 좀 더 안정한 상태에 도달하게 되면, 에너지는 열(또는 일)의 형태로 주위에 방출된다. 염기 용액에 산을 첨가하여 중화 반응이 일어날 때, 열에너지가 방출된다는 것은 용액의 온도가 즉시 올라가는 것으로 알 수 있다. 자동차 엔진이 가솔린을 연소할 때, 확실히 열이 방출된다. 이와 동시에 방출된 에너지의 일부는 자동차를 움직이는 일을 하게 된다.

> **이 절의 학습 목표**
> 다음 용어들이 화학 반응과 어떻게 연관되는지를 설명할 수 있다: 발열 반응, 흡열 반응, 반응열, 활성화 에너지.

반응은 발열 반응이거나 흡열 반응, 둘 중 하나이다. **발열 반응(exothermic reaction)**은 열을 방출하고, **흡열 반응(endothermic reaction)**은 열을 흡수한다. 발열 반응에서 열은 생성물이므로 반응식의 오른쪽에 쓸 수 있다. 흡열 반응에서는 열이 반응물로 간주될 수 있으므로 반응식의 왼쪽에 쓴다. 다음은 두 가지 예를 나타낸 것이다.

$$H_2(g) + Cl_2(g) \longrightarrow 2\ HCl(g) + 185\ kJ$$ (**발열 반응**)

$$N_2(g) + O_2(g) + 181\ kJ \longrightarrow 2\ NO(g)$$ (**흡열 반응**)

반응에 의해 생성된 열의 양은 **반응열(heat of reaction)**이라고 알려져 있다. 사용되는 단위는 킬로줄(kJ) 또는 킬로칼로리(kcal)이다. 다음과 같이 표현되는 반응을 살펴보자.

$$C(s) + O_2(g) \longrightarrow CO_2(g) + 393\ kJ$$

방출된 열을 반응식의 일부분으로 표현할 때, 물질은 몰 단위로 표현된다. 그러므로 1 mol(12.01 g)의 C가 1 mol(32.00 g)의 O_2와 결합하면 1 mol(44.01 g)의 CO_2가 생성되고, 393 kJ의 열이 방출된다. 이 반응에서는 다른 많은 반응에서처럼 화학 생성물보다 열에너지가 더욱 유용하게 쓰인다.

핵반응에서 얻는 상대적으로 적은 양의 에너지를 제외하면, 지구 상의 생명체에 에너지를 주로 공급해 주는 것은 태양이다. 태양은 생명 유지에 필요한 온도를 유지할 수 있도록 해 주고, 또한 녹색 식물들의 흡열 광합성 반응에 필요한 빛 에너지를 공급해 준다. 광합성 반응에서는 이산화 탄소와 물이 유리된 산소와 글루코스로 바뀐다(사진 참조).

$$6\ CO_2 + 6\ H_2O + 2519\ kJ \longrightarrow \underset{\text{글루코스}}{C_6H_{12}O_6} + 6\ O_2$$

살아 있는 유기체가 사용하는 화학 에너지의 거의 대부분은 글루코스 또는 글루코스 유도체 화합물에서 얻어진다.

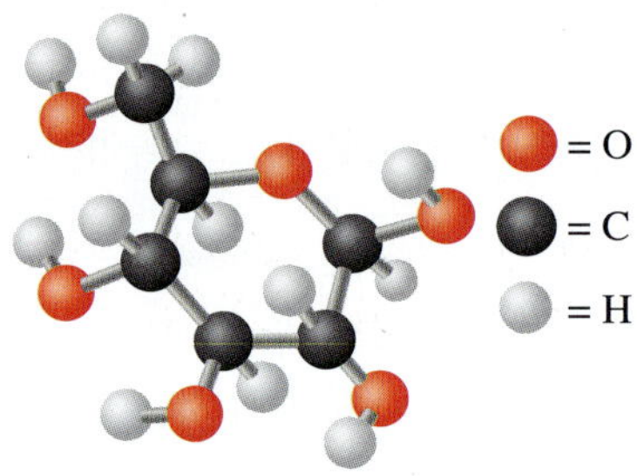

글루코스
$C_6H_{12}O_6$

이 옥수수 밭은 식물의 광합성에 의해 일어나는 흡열 반응의 좋은 예이다.

현대 기술의 주요 에너지원은 석탄이나 석유, 천연 가스와 같은 화석 연료이다. 이들 연료를 연소하면 에너지를 얻게 되는데, 이때 이 연료들은 이산화 탄소와 물로 바뀐다. 화석 연료는 단지 수소와 탄소만으로 이루어진 화합물인 **탄화수소(hydrocarbon)**의 혼합물이다.

천연가스는 주로 메테인(CH_4)으로 되어 있다. 석유는 탄화수소(탄소와 수소의 화합물)들의 혼합물이다. 액화 석유 가스(liquefied petroleum gas, LPG)는 프로페인(C_3H_8)과 뷰테인(C_4H_{10})의 혼합물이다.

몇 가지 예는 다음과 같다.

$$CH_4(g) + 2\,O_2(g) \longrightarrow CO_2(g) + 2\,H_2O(g) + 890\text{ kJ}$$
$$C_3H_8(g) + 5\,O_2(g) \longrightarrow 3CO_2(g) + 4\,H_2O(g) + 2200\text{ kJ}$$

이들 연료를 연소시키면 엄청난 양의 에너지가 방출된다. 그러나 보통 온도에서는 반응이 잘 일어나지 않는다. 불티나 불꽃이 있어야만 메테인이 점화가 될 것이다. 화학 반응을 시작하기 위해 공급되어야 하는 에너지의 양을 **활성화 에너지(activation energy)**라고 한다. 발열 반응에서는 일단 이 활성화 에너지만 있으면 그 다음부터는 반응을 계속 진행시킬 수 있는 충분한 에너지가 만들어진다.

Richard Megna/Fundamental Photographs

드라이아이스(CO_2) 속에서 마그네슘(Mg)이 연소 하면서 빛을 발한다.

반응이 진행되기 위해 에너지가 계속 요구되는 흡열 반응과 초기에 반응을 시작하기 위한 열(활성화 에너지)만 필요한 발열 반응을 혼돈하지 않도록 조심하기 바란다. 예를 들어 마그네슘의 연소 반응은 굉장한 발열 반응이다. 하지만 연소 반응이 시작되기 전에 마그네슘을 공기 중에서 아주 높은 온도가 되도록 가열해야 한다(사진 참조). 그러나 한번 시작이 되면, 이 연소 반응은 마그네슘이나 공급된 산소가 다 소진될 때까지 아주 격렬히 진행된다. 물을 전기 분해하여 수소와 산소를 만드는 반응은, 많은 열이 필요한 흡열 반응이다. 이 반응이 진행되고 있는데 전류를 차단하면 반응은 그 즉시 멈춘다. 발열 반응과 흡열 반응의 반응 과정에서 반응물과 생성물의 상대적인 에너지 준위를 그림 10.2와 그림 10.3에 도표화하였다.

흡열 반응과 발열 반응의 예는 쉽게 설명될 수 있다. 그림 10.2의 반응에서 생성물은 반응물보다 높은 퍼텐셜 에너지를 갖는다. 그러므로 에너지는 흡수되고, 반응은 흡열 반응이 된다. 부상당한 곳에 냉찜질 습포를 가져다 댈 때 흡열 반응이 일어난다. 냉찜질 습포가 활성화되면 염화 암모늄(NH_4Cl)이 물에 용해된다. 예를 들어 10 g의 NH_4Cl을 물 100 mL에 첨가하면, 온도가 24.5°C에서 18.1°C로 변한다. 반응에 필요한 에너지를 바로 주위(물)에서 열의 형태로 가져오기 때문에 염 용액은 차가워지는 것이다.

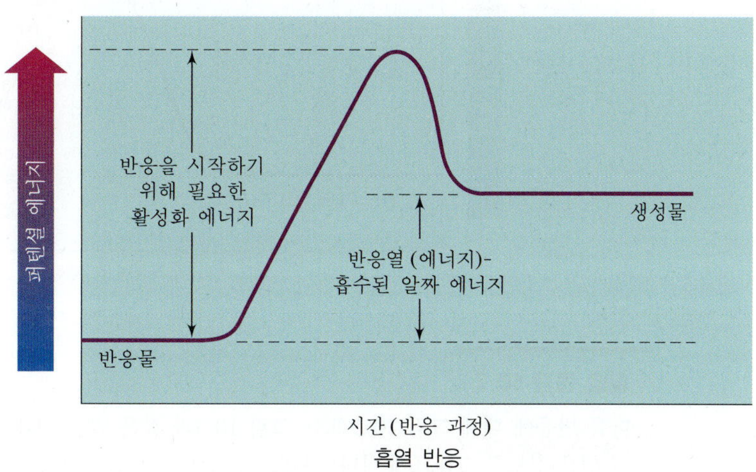

그림 10.2 NH_4Cl 고체를 넣은 작은 병으로 채워진 냉찜질 습포에서, 작은 병이 깨어지면서 NH_4Cl 결정이 팩 안의 물 속으로 방출될 때 흡열 반응이 일어난다. NH_4Cl이 물에 녹는 과정은 흡열 반응이므로 주위보다 차가운 염 용액이 생성된다. 반응물과 생성물 사이의 에너지 변화를 보여 주기 위해 이 과정을 도식화하여 나타내었다.

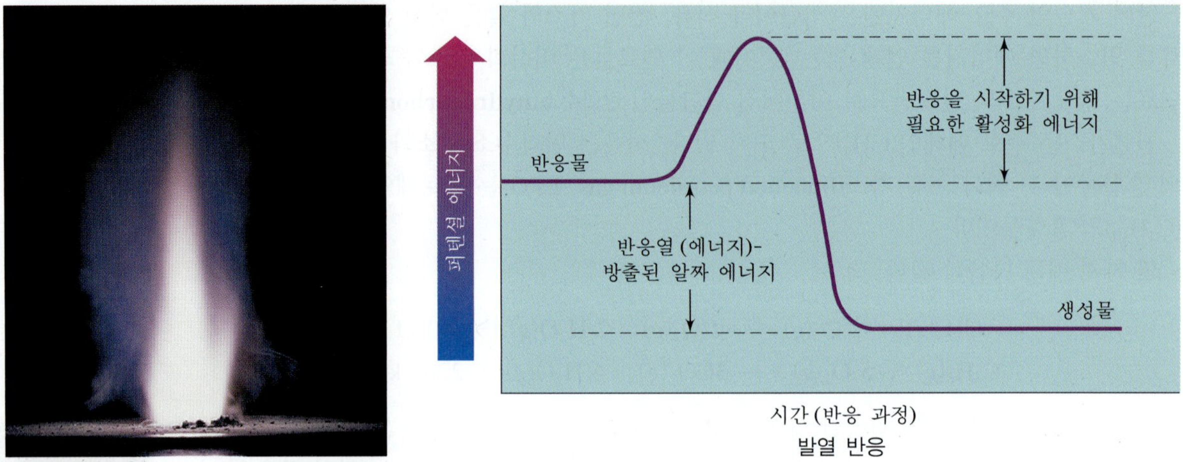

그림 10.3 $KClO_3$와 설탕 사이에서 일어나는 발열 반응. $KClO_3$와 설탕을 잘 섞은 후, 불연성의 판 위에 올려놓는다. 혼합물을 점화시키기 위해 몇 방울의 진한 황산을 가한다.

그림 10.3의 반응에서 생성물은 반응물보다 더 낮은 퍼텐셜 에너지를 갖는다. 그러므로 에너지(열)가 방출되는 발열 반응이 된다. 이 반응에서는 염소산 포타슘($KClO_3$)과 설탕을 섞어서 더미로 쌓아 놓는다. 한두 방울의 진한 황산이 가해지면 굉장한 발열 반응이 일어난다.

예제 10.11

그림 10.2의 반응에 대한 반응물, 생성물, 반응열을 그래프에 직접 나타내시오.

풀이

그림 10.2에 대한 화학 반응식은 $NH_4Cl(s) + H_2O(l) \rightarrow NH_4^+(aq) + Cl^-(aq) + H_2O(l)$이다. 반응물은 $NH_4Cl(s)$, $H_2O(l)$이고, 생성물은 $NH_4^+(aq)$, $Cl^-(aq)$, $H_2O(l)$이다. 반응물과 생성물을 써 넣은 그래프는 다음과 같다.

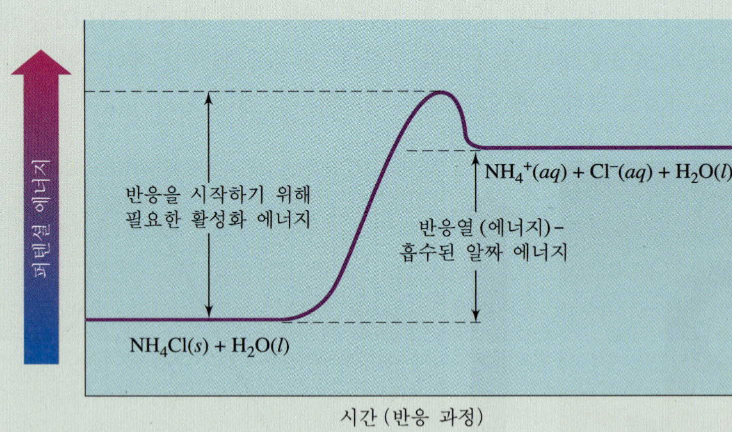

실습 문제 10.7

다음 반응에 대해 그림 10.2 또는 그림 10.3과 같은 반응 그래프를 그리고, 화학 반응식으로부터 얻은 정보를 그래프에 나타내시오.

(a) $2\ Na + Cl_2 \longrightarrow 2\ NaCl + 822\ kJ$

(b) $2\ BrF_3 + 300.8\ kJ/mol \longrightarrow Br_2 + 3\ F_2$

10.6 온실 효과로 인한 기후 변화

> **이 절의 학습 목표**
> 온실 효과를 유발하는 실제 원인과 결과에 대하여 이야기할 수 있다.

산업 분야에서는 동력으로 사용되고, 집과 일터에서는 열과 빛으로 쓰이며, 자동차를 달리게 하는 에너지는 석탄, 석유와 같은 화석 연료가 제공해 주고 있다. 이들 연료는 연소될 때 이산화 탄소와 물을 생성하며, 매년 우리 주변의 대기에 이산화 탄소를 500억 톤씩 방출한다.

이산화 탄소의 농도는 1958년부터 과학자들에 의해서 측정되고 있다. 한 주간 동안 과학자들은 야외 특정 장소에서 조심스럽게 숨을 참아가며 농구공만한 둥근 유리 용기에 5리터 정도의 대기를 채취한다. 이와 동일한 방법으로 전 세계에 수십 개의 다른 위치에 흩어진 유리 용기에 채취된 대기를 더 많이 측정하여 자료로 첨부시킨다. 그 결과는 **그림 10.4**에 제시되어 있으며, 그 경향을 분석하면 다음과 같다.

1. 북반구에서 이산화 탄소 농도의 연간 변동량은 7 ppm이다. 5월에 최고 농도를 기록하고, 이후 10월까지 서서히 이산화 탄소의 농도는 줄어든다. 그 이유는 5월에서 10월까지 식물들이 성장하면서 이산화 탄소를 소모하기 때문이다. 또한 10월에 두 번째 최고 농도를 기록하는데, 그 이유는 낙엽이 부패하면서 이산화 탄소를 방출하기 때문이다.
2. 이산화 탄소의 연간 변동량 7 ppm은 연평균 증가량을 능가한다. 현재 이산화 탄소 농도는 380 ppm보다 크다. 지난 50년 동안 65 ppm이 증가하였으며, 이는 해마다 평균 2 ppm이 늘어나고 있다는 것을 말해 주고 있다.

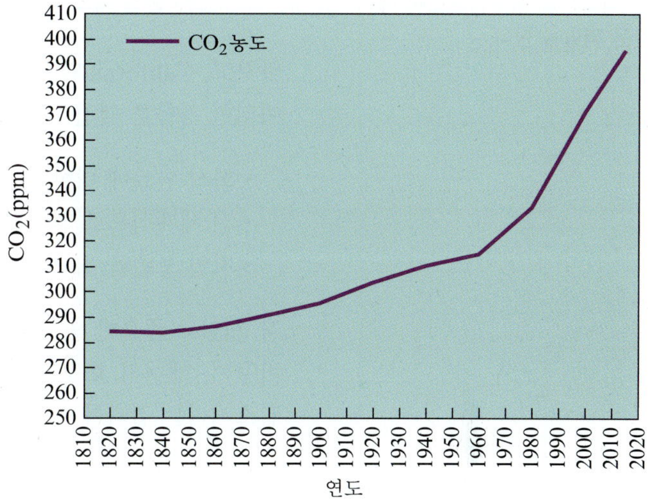

그림 10.4 대기 속 이산화 탄소(CO_2) 농도의 연도별 변화.
출처: Data from the National Oceanic and Atmospheric Administration, http://www.esrl.noaa.gov/gmd/ccgg/trends/#mol-full, February 28, 2012.

이산화 탄소는 우리의 대기에서 중요 성분도 아니고, 보통은 공해 물질로 간주하지도 않는다. 과학자들이 우려하는 이유는 이산화 탄소가 지구의 대기 속에서 급격한 증가세를 보이기 때문이다. 주변 환경에 대한 사람의 영향력이 없었다면, 식물과 동물 사이의 이산화 탄소 교환은 비교적 균형이 맞았을 것이다. 우리들이 계속해서 화석 연료를 사용했기 때문에 1900년에서 1970년 사이에 이산화 탄소는 7.4% 증가하였고, 1980년대에는 추가로 3.5%가 더 증가하였다. 1990년대와 2000년대 초반까지도 꾸준히 증가하였다. 태양열이나 풍력 같은 새로운 에너지 자원의 도입으로 마침내 2019년부터 CO_2 배출이 감소세로 전환하였다.

화석 연료의 소비가 증가하는 것 외에도 대기 속에 이산화 탄소의 양을 늘리는 다른 요인들이 있다. 늘어나는 인구의 주택난과 식량난을 해소하기 위해 열대우림이 벌목되고, 불태워져 파괴되고 있는 것이다. 불태워지는 동안 대기에는 이산화 탄소가 더해지고, 벌목 때문에 식물에 의한 이산화 탄소의 소모량이 줄어든다.

매년 방출되는 이산화 탄소의 반 정도가 그대로 대기 중에 남아 있기 때문에 이산화 탄소의 농도가 증가하는 것이다. 나머지 반 정도의 양은 광합성을 할 때 식물에 의해 흡수되거나 대양에 용해되어 탄산 수소염이나 탄산염을 형성한다.

메테인은 두 번째로 중요한 온실 기체이다. 대기 속 메테인의 농도는 **그림 10.5**에서 알 수 있듯이, 1850년 이후부터 지속

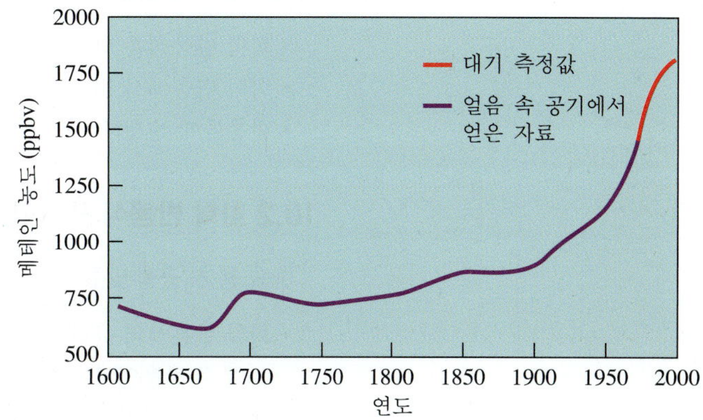

그림 10.5 대기 속 메테인의 농도

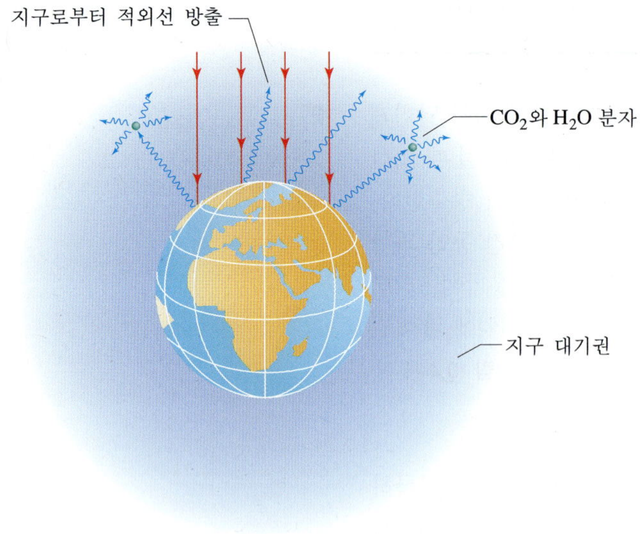

그림 10.6 태양빛(붉은색 화살표)은 지구 대기권을 통과해 지구에 도달한다. 이 빛 중 일부는 적외선으로 바뀐다. 대기권에 있는 CO_2와 H_2O는 적외선을 흡수함으로써 에너지를 보존하고 있는 온실 속의 유리와 같은 역할을 한다.

적으로 증가해 왔다. 메테인은 소, 흰개미, 농작물, 혐기성 박테리아에 의해 발생한다. 또한 탄광과 유전에서도 메테인을 대기에 방출한다. 메테인의 온실 효과는 이산화 탄소의 20배에 해당하지만, 대기 속 농도가 이산화 탄소에 비해 훨씬 낮다.

이산화 탄소와 다른 온실 기체들(메테인이나 물)이 지표면 가까이에 있는 열을 잡아두기 때문에 대기가 더워지게 된다. 태양 빛이 지구에 도달하면 지표가 더워진다. 덥혀진 지표는 이 에너지를 열로 다시 방출하게 된다. 이 열에너지의 일부를 온실 기체가 지표에서 흡수하여 대기를 덥힌다(**그림 10.6**). 비슷한 원리를 온실에서 찾아볼 수 있다. 태양 빛이 유리를 통해 들어오지만 열은 달아날 수 없다. 온실의 공기는 더워져서 자연 상태와는 상당히 다른 기후를 만들어 낸다.

기후 변화의 장기적 영향에 대해서는 아직도 논란의 여지가 있다. 한 가지 고려 사항은 극지방의 만년설이 녹을 것인가 하는 것이다. 이는 해수면을 증가시켜 대륙의 해안 지방이 대규모로 침수되게 만들 것이다. 더 나아가 강우량의 유형을 바꾸고, California와 같은 대규모 농업 지역에 가뭄과 극심한 계절 변화를 가져올 것이다. 이러한 경향을 역전시키기 위해서는 다음과 같은 사항에 대해 지대한 노력을 해야 한다.

- 화석 연료에 대한 의존도를 낮추기 위해 새로운 에너지 자원 개발
- 전 세계적으로 일어나는 삼림의 벌채 중단
- 자연 보존을 위한 지대한 노력

각 개인도 중요한 역할을 담당할 수 있다. 에너지 재활용, 연료 효율이 보다 좋은 자동차로 바꾸기, 에너지 효율이 보다 좋은 가전제품, 난방 장치, 냉방 장치의 사용은 에너지 소비를 감소시키는 결과를 가져온다.

10장 복습

10.1 화학 반응식

중요 용어: 반응물 | 생성물 | 화학 반응식 | 질량 보존 법칙

- 화학 반응식은 화학 변화나 화학 반응을 요약하여 나타낸다.
- 화학 반응에서 원자들은 창조되거나 소멸되지 않는다.
- 반응물에 존재하는 모든 원자들은 생성물에도 존재해야 한다.

10.2 화학 반응식 쓰기와 균형 맞추기

중요 용어: 균형 맞춘 반응식

- 화학 반응식의 균형을 맞추기
  - 무슨 반응인지 알아낸다.
  - 균형이 맞지 않은 반응식(골격 반응식)을 쓴다.
  - 반응식의 균형을 맞춘다.

- 양쪽에 있는 각각의 원소들의 원자 수를 비교한다. 균형을 맞추어야 할 원소를 정한다.
- 균형이 맞지 않는 원소를 포함하고 있는 화학식 앞에 정수(계수)를 써서 원소별로 한 번에 하나씩 균형을 맞춘다.
  - 금속을 먼저 맞추고, 비금속, 수소와 산소 순으로 맞춘다.
- 각각의 원소의 균형을 맞추었으면, 다른 모든 원소들의 균형이 맞는지 확인해 보아야 한다. 이것은 한 원소의 균형을 맞출 때 다른 원소의 균형이 깨질 수 있기 때문이다. 필요하면 다시 조정한다.
- 마지막으로 모든 원소의 균형이 맞았는지, 가장 작은 정수들로 계수를 사용하였는지 검토한다.

- 화학 반응식에서 다음과 같은 정보를 얻을 수 있다.
  - 반응물과 생성물의 확인
  - 반응물과 생성물의 화학식
  - 반응물과 생성물의 분자 수나 화학식 단위의 수
  - 반응에 관여하는 각 원소의 원자 수
  - 각 물질의 몰수

10.3 화학 반응은 왜 일어날까?

- 고체의 생성
- 기체의 생성
- 물의 생성
- 전자의 이동

10.4 화학 반응식의 유형

중요 용어: 합성 반응 | 연소 반응 | 분해 반응 | 단일 치환 반응 | 이중 치환 반응

- 합성(결합) 반응 $A + B \longrightarrow AB$
- 분해 반응 $AB \longrightarrow A + B$
- 단일 치환 반응
  - A가 금속 원소일 때 $A + BC \longrightarrow B + AC$
  - A가 할로젠 원소일 때 $A + BC \longrightarrow C + BA$
- 이중 치환 반응 $AB + CD \longrightarrow AD + CB$
- 화학 반응의 증거
  - 열의 방출
  - 고체의 형성
  - 기체의 형성

10.5 화학 반응에서의 열

중요 용어: 발열 반응 | 흡열 반응 | 반응열 | 탄화수소 | 활성화 에너지

- 발열 반응은 열을 방출한다.

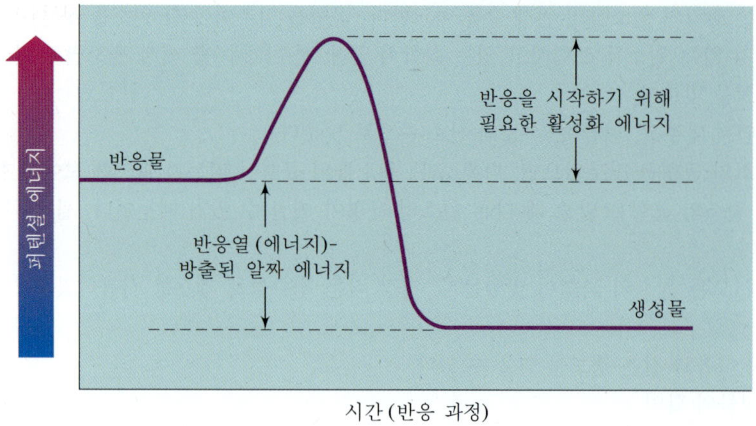

- 흡열 반응은 열을 흡수한다.

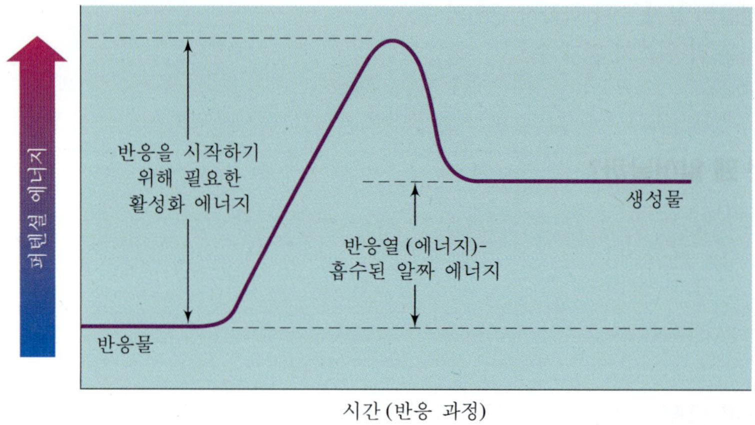

- 화학 반응에서 방출되거나 흡수된 열의 양을 반응열이라고 부른다.
  - 반응열은 화학 반응식에서 반응물 또는 생성물로 쓸 수 있다.
  - 단위는 줄(J) 또는 킬로줄(kJ)이다.
- 현대 기술의 주요 에너지원은 탄화수소를 연소시켜 얻는다.
- 화학 반응이 시작되기 위해서는 활성화 에너지가 필요하다.
  - 발열 반응에서, 활성화 에너지는 회수되며 반응이 계속 진행되도록 도와준다.
  - 흡열 반응에서, 화학 반응을 계속 유지시키려면 처음부터 에너지가 계속 공급되어야 한다.

10.6 온실 효과로 인한 기후 변화

- 이산화 탄소의 대기 속 농도가 매년 증가하고 있다.
- 이산화 탄소를 포함한 온실 기체들은 지구 밖으로 배출되는 일부의 열에너지를 흡수함으로써 대기 온도를 상승시킨다.

복습 질문

1. 화학 반응이나 수용액에서 고체나 기체와 같은 물질들을 어떻게 확인할 수 있을까?
2. 물질의 물리적 상태가 의미하는 것은 무엇인가? 어떤 기호가 물리적 상태를 나타내는 데 사용되는가? 각 기호는 무엇을 의미하는가?
3. 화학 반응식의 균형을 맞추는 것은 어떤 법칙을 따르는 것인가?
4. 균형 맞춘 화학 반응식에서
   (a) 원자는 보존되는가?
   (b) 분자는 보존되는가?
   (c) 몰은 보존되는가?
   답에 대하여 간략히 설명하시오.

5. 반응물과 생성물에 붙여진 아래 첨자를 바꾸면 화학 반응식의 균형이 맞지 않는 이유는 무엇인가?

6. 다음 반응식에서 사용된 아래 첨자, 반응물, 계수, 생성물은 어떤 정보를 담고 있는가?

$$Mg(OH)_2 + H_2SO_4 \longrightarrow MgSO_4 + 2H_2O$$

7. 연소 반응이란 무엇인가? 어떤 반응이 연소 반응인지를 어떻게 확인할 수 있는가?

8. 표 10.2에 열거된 활동도 서열은 무슨 정보를 나타내는가?

9. 10장에서 공부한 화학 반응의 주요한 반응 유형에는 어떤 것이 있는가?

10. 화학 반응이 진행되었다는 것을 나타내는 세 가지 현상은 무엇인가?

11. 흡열 반응은 발열 반응과 어떻게 다른지를 설명하시오.

12. 활성화 에너지를 정의하시오.

13. 온실 기체의 종류를 쓰시오.

14. 이산화 탄소의 농도가 매년 오르는 요인은 무엇이고, 또한 내리는 요인은 무엇 때문인가?

짝으로 된 연습 문제

푸른색 숫자로 되어 있는 모든 연습 문제의 답은 부록 5에 있다.

1. 다음의 변화 과정이 흡열 반응인지, 발열 반응인지를 분류하시오.
   (a) 물이 얼음이 됨
   (b) 아이스 팩 안에서의 반응
   (c) 설탕이 연소됨
   (d) 구름 속에서 눈이 생성됨
   (e) 얼음이 녹음
   (f) $N_2(g) + O_2(g) + 181\ \text{kJ} \longrightarrow 2\ NO(g)$

2. 다음의 변화 과정이 흡열 반응인지, 발열 반응인지를 분류하시오.
   (a) 전기오븐 안에서의 팝콘 제조
   (b) 빵을 굽는다.
   (c) 물이 끓음
   (d) 계란을 요리함
   (e) 서리가 수증기로 변함
   (f) $C(s) + O_2(g) \longrightarrow CO_2(g) + 94.0\ \text{kcal}$

3. 다음 반응식의 균형을 맞추시오. 또한 각 반응을 합성 반응, 분해 반응, 단일 치환 반응, 이중 치환 반응으로 분류하시오.
   (a) $K_2CrO_4 + Pb(NO_3)_2 \longrightarrow 2\ KNO_3 + PbCrO_4$
   (b) $H_2 + Br_2 \longrightarrow 2\ HBr$
   (c) $Ca + NiBr_2 \longrightarrow Ni + CaBr_2$
   (d) $2\ Ag_2O \longrightarrow 4\ Ag + O$

4. 다음 반응식의 균형을 맞추시오. 또한 각 반응을 합성 반응, 분해 반응, 단일 치환 반응, 이중 치환 반응으로 분류하시오.
   (a) $Ca + H_2SO_4 \longrightarrow CaSO_4 + H_2$
   (b) $2\ HgO \longrightarrow 2\ Hg + O_2$
   (c) $NaCl + H_2SO_4 \longrightarrow NaHSO_4 + HCl$
   (d) $MgO + CO_2 \longrightarrow MgCO_3$

5. 다음 반응식의 균형을 맞추고, 각 반응이 합성 반응, 분해 반응, 단일 치환 반응, 이중 치환 반응인지를 밝히시오.
   (a) $H_2SO_4 + KOH \longrightarrow H_2O + K_2SO_4$
   (b) $N_2H_4(l) \longrightarrow NH_3(g) + N_2(g)$
   (c) $H_2 + N_2 \longrightarrow NH_3$
   (d) $ZnCO_3 \xrightarrow{\Delta} ZnO + CO_2$
   (e) $NH_4I + Cl_2 \longrightarrow NH_4Cl + I_2$

6. 다음 반응식의 균형을 맞추고, 각 반응이 합성 반응, 분해 반응, 단일 치환 반응, 이중 치환 반응인지를 밝히시오.
   (a) $H_2 + Cl_2 \longrightarrow HCl$
   (b) $BaO_2(s) + H_2SO_4(aq) \longrightarrow BaSO_4(s) + H_2O_2(aq)$
   (c) $KClO_3 \xrightarrow{\Delta} KCl + O_2$
   (d) $CrCl_3 + AgNO_3 \longrightarrow Cr(NO_3)_3 + AgCl$
   (e) $H_2O_2 \longrightarrow H_2O + O_2$

7. 다음 반응식의 균형을 맞추고, 각 반응이 합성 반응, 분해 반응, 단일 치환 반응, 이중 치환 반응인지를 밝히시오.
   (a) $Na_2CrO_4 + CaCl_2 \longrightarrow CaCrO_4 + NaCl$
   (b) $Al + CuCl_2 \longrightarrow Cu + AlCl_3$
   (c)
   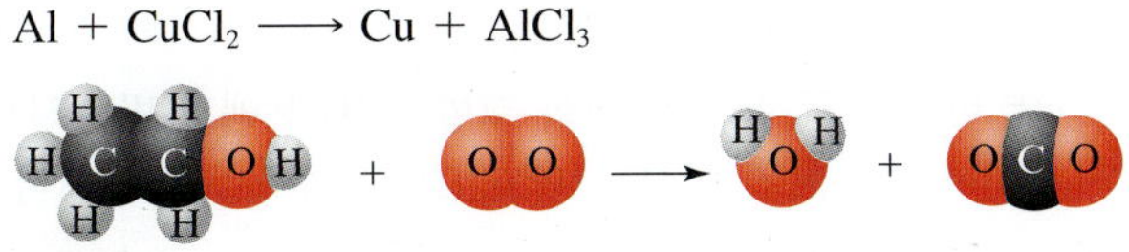

   (d)

   (e)
   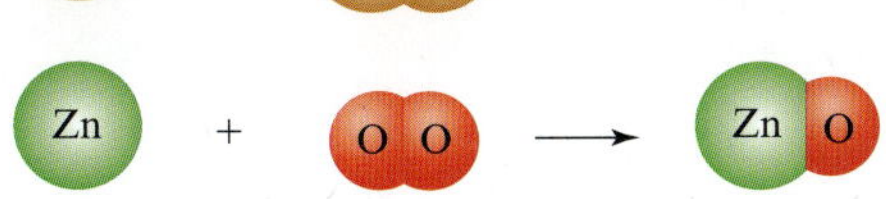

8. 다음 반응식의 균형을 맞추고, 각 반응이 합성 반응, 분해 반응, 단일 치환 반응, 이중 치환 반응인지를 밝히시오.

(a) $FeCl_3 + Li_2CO_3 \longrightarrow LiCl + Fe_2(CO_3)_3$

(b) $CdCl_2 + TiCl_3 \longrightarrow Ti + CdCl_2$

(c) 

(d) 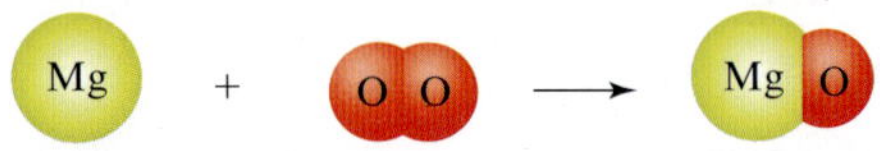

(e) 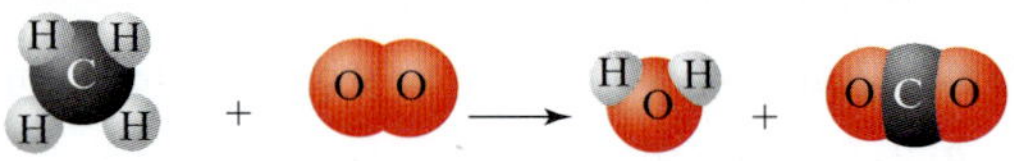

9. 다음 연료의 완전 연소 반응에 대한 균형 맞춘 반응식을 쓰시오.

(a) 프로페인, C_3H_8

(b) 데케인, $C_{10}H_{22}$

(c) 헵테인, C_7H_{16}

(d) 뷰틸 알코올, C_4H_9OH

10. 다음 연료의 완전 연소 반응에 대한 균형 맞춘 반응식을 쓰시오.

(a) 헥세인, C_6H_{12}

(b) 파라핀, $C_{34}H_{64}$

(c) 프로파인, C_3H_4

(d) 메탄올, CH_3OH

11. 다음 반응식의 균형을 맞추시오.

(a) $MnO_2 + CO \longrightarrow Mn_2O_3 + CO_2$

(b) $Cu_2O(s) + C(s) \longrightarrow Cu(s) + CO(g)$

(c) $C_3H_5(NO_3)_3 \longrightarrow CO_2 + H_2O + N_2 + O_2$

(d) $FeS + O_2 \longrightarrow Fe_2O_3 + SO_2$

(e) $Cu(NO_3)_2 \longrightarrow CuO + NO_2 + O_2$

(f) $NO_2 + H_2O \longrightarrow HNO_3 + NO$

(g) $Fe(s) + S(l) \longrightarrow Fe_2S_3(s)$

(h) $HCN + O_2 \longrightarrow N_2 + CO_2 + H_2O$

(i) $B_5H_9 + O_2 \longrightarrow B_2O_3 + H_2O$

12. 다음 반응식의 균형을 맞추시오.

(a) $SO_2 + O_2 \longrightarrow SO_3$

(b) $Na_2O(s) + H2O(l) \longrightarrow NaOH(aq)$

(c) $K + H_2O \longrightarrow KOH + H_2$

(d) $AgNO_3 + Ni \longrightarrow Ni(NO_3)_2 + Ag$

(e) $Bi_2S_3 + HCl \longrightarrow Bi_2Cl_3 + H_2S$

(f) $PbO_2 \xrightarrow{\Delta} PbO + O_2$

(g) $Hg_2(C_2H_3O_2)_2(aq) + KCl(aq) \longrightarrow Hg_2Cl_2(s) + KC_2H_3O_2(aq)$

(h) $KBr + Cl_2 \longrightarrow KCl + Br_2$

(i) $Na_3PO_4 + BaCl_2 \longrightarrow NaCl + Ba_3(PO_4)_2$

13. 다음의 단어로 된 반응식을 화학식으로 된 반응식으로 바꾸고 균형을 맞추시오. 각 물질의 상태를 나타내기 위해 적절한 기호를 사용하시오.

(a) 마그네슘 금속과 브로민화수소산 용액을 반응시켰다. 생성물은 수소 기체와 브로민화 마그네슘 수용액이었다.

(b) 고체 염소산 포타슘에 열을 가했더니, 고체 염화 포타슘과 산소 기체가 생성되었다.

(c) 소듐 금속을 산소 기체와 반응시켰더니, 고체 산화 소듐이 생성되었다.

(d) 질산 은 용액과 아이오딘화 소듐 용액을 반응시켰더니, 고체 아이오딘화 은과 질산 소듐 수용액이 생성되었다.

(e) 아세트산 용액과 탄산 소듐 용액을 반응시켰다. 생성물로 아세트산 소듐 용액, 이산화 탄소 기체, 물이 생성되었다.

(f) 질산 은 용액과 아이오딘화 알루미늄 용액을 반응시켰다. 생성물로 고체 아이오딘화 은과 질산 알루미늄 수용액이 생성되었다.

14. 다음의 단어로 된 반응식을 화학식으로 된 반응식으로 바꾸고 균형을 맞추시오. 각 물질의 상태를 나타내기 위해 적절한 기호를 사용하시오.

(a) 고체 탄산 아연에 열을 가했더니, 고체 산화 아연과 이산화 탄소 기체가 생성되었다.

(b) 고체 수산화 칼슘을 브로민산 수용액과 반응시켰다. 생성물로 브로민산 칼슘 용액과 물이 생성되었다.

(c) 황산 철(III) 용액과 수산화 소듐 용액을 반응시켰더니, 고체 수산화 철(III)과 황산 소듐 용액이 생성되었다.

(d) 아연 금속을 아세트산 용액과 반응시켰더니, 수소 기체와 아세트산 아연 수용액이 생성되었다.

(e) 삼산화 황 기체를 물과 반응시켰다. 생성물로 황산 용액이 생성되었다.

(f) 탄산 소듐 용액을 염화 코발트(II) 용액과 반응시켰다. 생성물로 고체 탄산 코발트(II)와 염화 소듐 용액이 생성되었다.

15. 다음 반응식의 균형을 맞추시오. 단어로 된 반응식이라면 화학식으로 변환하여 반응을 맞추시오. 단어로 된 식을 바꾸는 첫 두 문항에서는 푸는 과정을 자세히 나타내시오. 이후에 반응식의 균형을 맞추는 모든 문제에서 이러한 과정을 적용하시오.

(a) $H_2O_2 \longrightarrow H_2O + O_2$

(b) 질산 포타슘 $\longrightarrow$ 아질산 포타슘 + 산소

(c) 브로민 + 황화 수소 $\longrightarrow$ 브로민화 수소 + 황

(d) $K + H_2O \longrightarrow KOH + H_2$

(e) $Fe + H_2O \longrightarrow Fe_3O_4 + H_2$

(f) 탄산수소 소듐 + 황산 $\longrightarrow$ 황산 소듐 + 물 + 이산화 탄소

16. 다음 반응식의 균형을 맞추시오. 단어로 된 반응식이라면 화학식으로 변환하여 반응을 맞추시오. 단어로 된 식을 바꾸는 첫 두 문항에서는 푸는 과정을 자세히 나타내시오. 이후에 반응식의 균형을 맞추는 모든 문제에서 이러한 과정을 적용하시오.

(a) $NH_4NO_2 \longrightarrow N_2 + H_2O$

(b) 황화 철(III) + 산소 $\longrightarrow$ 산화 철(III) + 이산화 황

(c) 아연 금속 + 황산 $\longrightarrow$ 황산 아연(II) + 물 + 이산화 황

(d) $N_2 + H_2 \longrightarrow NH_3$

(e) $C_5H_{12} + O_2 \longrightarrow CO_2 + H_2O$

(f) 황화 철(III) + 산소 $\longrightarrow$ 산화 철(III) + 이산화 황

17. 다음 반응의 생성물을 예측하고, 각 반응을 균형 맞춘 화학 반응식으로 나타내시오.

(a) 황산 수용액과 수산화 소듐 수용액을 반응시켰다(반응 도중 열이 방출되었다).

(b) 질산 납(II) 수용액과 브로민화 포타슘 수용액을 반응시켰다(반응 도중 용액의 색깔이 탁한 흰색으로 변하였다).

(c) 염화 암모늄 수용액과 질산 은 수용액을 반응시켰다(반응 도중 용액의 색깔이 탁한 흰색으로 변하였다).

(d) 고체 탄산 칼슘을 아세트산과 반응시켰다(반응 도중 기포가 발생하였다).

18. 다음 반응의 생성물을 예측하고, 각 반응을 균형 맞춘 화학 반응식으로 나타내시오.

(a) 황산 구리(II) 수용액과 수산화 포타슘 수용액을 반응시켰다(반응 도중 용액의 색깔이 탁하고 흐릿한 청색으로 변하였다).

(b) 인산 수용액과 수산화 소듐 수용액을 반응시켰다(반응 도중 열이 방출되었다).

(c) 탄산수소 소듐 고체를 인산과 반응시켰다(반응 도중 기포가 발생하였다).

(d) 염화 알루미늄 수용액과 질산 납(II) 수용액을 반응시켰다(반응 도중 용액의 색깔이 탁한 흰색으로 변하였다).

19. 활동도 서열을 이용하여 다음 반응 중에서 어느 것이 일어날지 예측하고, 균형 맞춘 반응식을 쓰시오. 반응이 일어나지 않을 경우에는 생성물에 "무반응"이라고 쓰시오.

(a) $Ca(s) + H_2O(l) \longrightarrow$

(b) $Cl_2(l) + KBr(aq) \longrightarrow$

(c) $Cu(s) + HBr(aq) \longrightarrow$

(d) $Al(s) + H_2SO_4(aq) \longrightarrow$

20. 활동도 서열을 이용하여 다음 반응 중에서 어느 것이 일어날지 예측하고, 균형 맞춘 반응식을 쓰시오. 반응이 일어나지 않을 경우에는 생성물에 "무반응"이라고 쓰시오.

(a) $Cu(s) + NiCl_2(aq) \longrightarrow$

(b) $Rb(s) + H_2O(l) \longrightarrow$

(c) $I_2(s) + CaCl_2(aq) \longrightarrow$

(d) $Mg(s) + Al(NO_3)_3(aq) \longrightarrow$

21. 염화 납(II) 용액에 망가니즈 시료를 넣었더니, 망가니즈가 용해되었고 납 원소의 침전물이 형성되는 것이 관찰되었다. 염화 바륨 용액 속에 다른 망가니즈 시료를 넣었더니 아무런 반응이 없었다.

(a) 염화 납(II)와 망가니즈 사이에서 일어나는 반응에 대한 화학 반응식을 쓰시오. (망가니즈는 +2의 전하를 띤 이온을 생성한다.)

(b) 납과 망가니즈 중 어떤 원소의 활동도가 더 큰가?

(c) 망가니즈와 바륨 중 어떤 원소의 활동도가 더 큰가?

(d) 염화 바륨 용액에 금속 납을 넣으면 반응이 일어날 것으로 예상하는가? 반응이 일어날지 또는 안 일어날지를 판단하고 그 이유를 쓰시오. 반응이 일어날 것으로 예측한다면 반응에 대한 균형 맞춘 반응식을 쓰고, 반응 혼합물 속에서 어떤 현상이 나타날 것으로 예상하는지를 쓰시오.

22. 염화 니켈(II) 용액에 알루미늄 시료를 넣었더니, 알루미늄이 용해되고 니켈 원소의 침전물이 형성되는 것이 관찰되었다. 수은 용액 한 방울을 염화 니켈(II) 용액 속으로 떨어뜨렸더니 아무런 반응이 없었다.

(a) 염화 니켈(II)와 알루미늄 사이에서 일어나는 반응에 대한 화학 반응식을 쓰시오.

(b) 니켈과 알루미늄 중 어떤 원소의 활동도가 더 큰가?

(c) 수은과 니켈 중 어떤 원소의 활동도가 더 큰가?

(d) 염화 수은(II) 용액에 니켈 금속을 넣으면 반응이 일어날 것으로 예상하는가? 반응이 일어날지 또는 안 일어날지를 판단하고 그 이유를 쓰시오. 반응이 일어날 것으로 예상한다면 균형 맞춘 화학 반응식을 쓰고, 반응 혼합물 속에서 어떤 현상이 나타날 것으로 예상하는지를 쓰시오.

23. 다음 반응에 대한 반응식을 균형을 맞추어 완결하시오. 모든 반응에서 생성물이 형성된다.

(a) $Sr(s) + H_2O(l) \longrightarrow$

(b) $BaCl_2(aq) + AgNO_3(aq) \longrightarrow$

(c) $Mg(s) + ZnBr_2(aq) \longrightarrow$

(d) $K(s) + Cl_2(g) \longrightarrow$

24. 다음 반응에 대한 반응식을 균형을 맞추어 완결하시오. 모든 반응에서 생성물이 형성된다.

(a) $Li_2O(s) + H_2O(l) \longrightarrow$

(b) $Na_2SO_4(aq) + Pb(NO_3)_2(aq) \longrightarrow$

(c) $Zn(s) + CuSO_4(aq) \longrightarrow$

(d) $Al(s) + O_2(g) \longrightarrow$

25. 다음 반응에 대한 반응식을 균형을 맞추어 완결하시오. 모든 반응에서 생성물이 형성된다.

(a) $Ba + O_2 \longrightarrow$

(b) $NaHCO_3 \xrightarrow{\Delta} Na_2CO_3 +$

(c) $Ni + CuSO_4 \longrightarrow$

(d) $MgO + HCl \longrightarrow$

(e) $H_3PO_4 + KOH \longrightarrow$

26. 다음 반응에 대한 반응식을 균형을 맞추어 완결하시오. 모든 반응에서 생성물이 형성된다.

(a) $C + O_2 \longrightarrow$

(b) $Al(ClO_3)_3 \xrightarrow{\Delta} O_2 +$

(c) $CuBr_2 + Cl_2 \longrightarrow$

(d) $SbCl_3 + (NH_4)_2S \longrightarrow$

(e) $NaNO_3 \xrightarrow{\Delta} NaNO_2 +$

27. 다음 화학 반응을 각 반응물과 생성물의 몰수로 설명하시오.

(a) $MgBr_2 + 2\ AgNO_3 \longrightarrow Mg(NO_3)_2 + 2\ AgBr$

(b) $N_2 + 3\ H_2 \longrightarrow 2\ NH_3$

(c) $2\ C_3H7OH + 9\ O_2 \longrightarrow 6\ CO_2 + 8\ H_2O$

28. 다음 화학 반응을 각 물질의 상대적 몰수로 설명하고, 흡열 반응인지 발열 반응인지를 나타내시오.

(a) $2\ Na + Cl_2 \longrightarrow 2\ NaCl + 822\ kJ$

(b) $PCl_5 + 92.9\ kJ \longrightarrow PCl_3 + Cl_2$

(c) $S(s) + 2\ CO(g) \longrightarrow SO_2(g) + 2\ C(s) + 76\ kJ$

29. 다음 반응에 대하여 열에 관한 항을 포함하여 균형 맞춘 반응식을 쓰시오.

(a) 고체 산화 수은(II)는 액체 수은과 산소 기체로 분해된다. 1 mol의 산화 수은(II)가 분해될 때마다 90.8 kJ의 열이 필요하다.

(b) 수소 기체와 산소 기체가 반응하여 물을 형성한다. 1 mol의 물이 형성될 때마다 285.8 kJ의 열이 발생한다.

30. 다음 반응에 대하여 열에 관한 항을 포함하여 균형 맞춘 반응식을 쓰시오.

(a) 칼슘 금속과 물이 반응하여 수산화 칼슘과 수소 기체를 생성한다. 1 mol의 칼슘이 반응할 때마다 635.1 kJ의 열이 발생한다.

(b) 트라이플루오린화 브로민이 브로민과 플루오린으로 분해된다. 1 mol의 트라이플루오린화 브로민이 분해될 때마다 300.8 kJ의 열이 필요하다.

31. 다음의 생성물이 형성되기 위해서 필요한 반응물을 쓰고, 각 반응에 대하여 균형 맞춘 반응식을 쓰시오. 또한 각 반응을 합성 반응, 분해 반응, 단일 치환 반응, 이중 치환 반응으로 분류하시오.

(a) $AgCl(s) + O_2(g)$

(b) $H_2(g) + FeSO_4(aq)$

(c) $ZnCl_2(s)$

(d) $KBr(aq) + H_2O(l)$

32. 다음의 생성물이 형성되기 위해서 필요한 반응물을 쓰고, 각 반응에 대하여 균형 맞춘 반응식을 쓰시오. 또한 각 반응을 합성 반응, 분해 반응, 단일 치환 반응, 이중 치환 반응으로 분류하시오.

(a) $Pb(s) + Ni(NO_3)_2(aq)$

(b) $Mg(OH)_2(s)$

(c) $Hg(l) + O_2(g)$

(d) $PbCO_3(s) + NH_4Cl(aq)$

추가 연습 문제

33. 질산 소듐, 질산 칼슘, 질산 은을 물에 녹인 혼합물이 있다. 이 혼합물에 염화 암모늄, 황산 암모늄, 탄산 암모늄을 넣었다. 이때 침전물을 형성하는 모든 반응을 찾고, 그 반응에 대하여 균형 맞춘 반응식을 쓰시오.

34. 가능한 한 가장 작은 정수를 이용하여 다음 반응식의 균형을 맞추시오. 그 다음 반응식의 양쪽에 얼마나 많은 산소 원자가 있는지 쓰시오.

$$P_4O_{10} + HClO_4 \longrightarrow Cl_2O_7 + H_3PO_4$$

35. 균형 맞춘 반응식에 $5\ Ni_3(PO_4)_2$라는 항이 있다고 가정하자.

(a) 니켈 원자는 몇 개인가?

(b) 인 원자는 몇 개인가?

(c) 산소 원자는 몇 개인가?

(d) 원자는 모두 몇 개인가?

36. 실험실에서 한 학생이 주성분이 탄산 칼슘인 돌을 비커 속에 넣었다. 그 비커 속에 아세트산을 넣었더니 즉시 거품이 나는 것을 관찰하였다. 이 반응에 대한 균형 맞춘 화학 반응식을 쓰시오.

37. 1분자의 에테인(C_2H_6)이 연소되는 반응을 보여 줄 수 있는 그림을 그리시오.

38. 다양한 종류의 철광석이 용광로에서 순철이나 강철로 변환된다. 이때 일어나는 반응을 아래에 열거하였다. 각각의 반응에 대한 균형 맞춘 화학 반응식을 쓰시오.

(a) 순수한 탄소가 산소 기체와 반응하여 이산화 탄소를 발생시킨다.

(b) 이산화 탄소가 더 많은 양의 탄소와 반응하여 일산화 탄소를 생성한다.

(c) 일산화 탄소는 철광석과 반응하여 순철과 이산화 탄소를 생성한다. 두 가지 형태의 철광석은 적철광(hematite, Fe_2O_3)과 자철광(magnetite, Fe_3O_4)이다.

39. 왼쪽 상자는 푸른색으로 표시된 반응물 원자(B)와 녹색으로 표시된 반응물 분자(G_2)를 보여 준다. 오른쪽 상자는 반응 후 생성물을 보여 준다. 이 반응에 대하여 균형 맞춘 화학 반응식을 쓰시오.

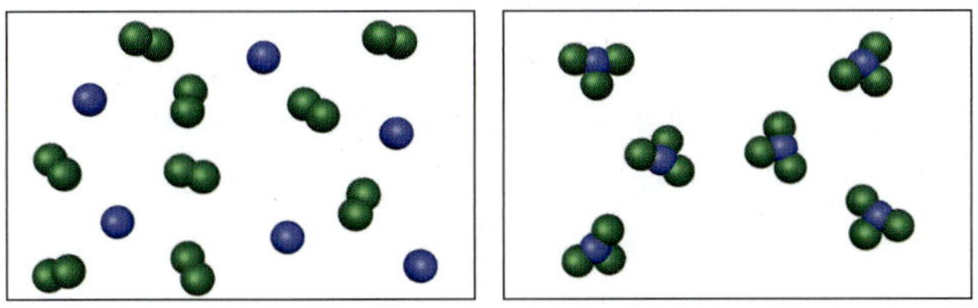

40. 다음 금속 중 어느 것이 염화 니켈(II) 용액과 반응하는가? 반응이 일어나는 모든 금속에 대해 균형 맞춘 반응식을 쓰시오. 각 금속에 대해 반응이 일어나거나 일어나지 않는 이유를 설명하시오.

(a) 은 (c) 철 (e) 마그네슘

(b) 아연 (d) 납

41. 어떤 학생이 타이타늄 금속이 활동도 서열의 어느 위치에 있는지 확인하기 위해 실험을 하였다. 이 학생은 타이타늄 조각을 깨끗하게 닦은 후, 질산 니켈(II), 질산 납(II), 질산 마그네슘 용액에 담가 보았다. 이 학생은 타이타늄이 질산 니켈(II) 용액과 질산 납(II) 용액에서는 반응하지만, 질산 마그네슘 용액에서는 반응하지 않는다는 것을 알았다. 이 정보를 가지고 타이타늄이 활동도 서열의 어느 위치에 있는지를, 실험한 이온들과의 상대적 위치를 토대로 설명하시오.

42. 다음의 단어로 된 결합 반응의 생성물을 예측하고, 각 반응식을 균형 맞춘 반응식으로 바꾸시오.

(a) 루비듐은 산소와 반응한다.

(b) 알루미늄 금속은 황과 반응한다.

(c) 삼산화 황은 물과 반응한다.

(d) 산화 포타슘은 물과 반응한다.

43. 자동차 디자이너들은 요즈음 수소로 달리는 자동차를 연구하고 있다. 수소–연료 자동차는 배기가스로 물만 배출한다는 장점이 있다. 이 자동차에서는 수소 기체가 산소 기체와 반응하여 수증기를 생성한다.

(a) 이 반응에 대하여 균형 맞춘 화학 반응식을 쓰시오.

(b) 수소–연료 자동차의 연료인 수소를 생산하는 데 여러 가지 방법이 있다. 수소 기체를 생산하기 위한 가장 일반적인 방법은 메테인(CH_4) 기체를 1000°C에서 수증기와 반응시켜 일산화 탄소 기체와 수소 기체를 얻는 방법이다. 생성된 일산화 탄소 기체를 수증기와 반응시켜 수소 기체와 이산화 탄소 기체를 생성한다. 이와 같은 두 가지 화학 반응에 대하여 균형 맞춘 화학 반응식을 쓰시오.

(c) 화석 연료가 연소하여 에너지를 공급하고 형성하는 생성물 중의 하나가 이산화 탄소이다. 이러한 이산화 탄소가 지구의 온도를 증가시킨다. 메테인도 산소 기체와 반응하여 에너지를 공급하고 이산화 탄소와 물을 형성한다. 이 반응에 대한 균형 맞춘 화학 반응식을 쓰시오.

(d) 메테인 한 분자가 직접 연소하여 에너지를 생산하는 데 배출되는 이산화 탄소의 분자 수와 메테인을 수소 기체로 변환하고 이렇게 변환된 수소가 연소되어 배출되는 이산화 탄소의 분자 수를 비교하시오. 수소 기체를 연료 자원으로 쓰는 것이 이로운가? 설명하시오.

44. 많은 페인트 안료는 이온 결합 화합물들이다. 다음 각각의 안료들을 괄호 안의 시약들을 이용하여 합성하는 반응의 균형 맞춘 화학 반응식을 쓰시오. 각각의 안료에 대한 올바른 IUPAC 명을 쓰시오.

(a) 크로뮴 옐로우(chrome yellow), $PbCrO_4$ ($Pb(NO_3)_2(aq)$ + $K_2CrO_4(aq)$)

(b) 카드뮴 옐로우(cadmium yellow), CdS ($CdCl_2(aq)$ + $Li_2S(aq)$)

(c) 화이트 래드(white lead), $PbCO_3$ ($Pb(C_2H_3O_2)_2(aq)$ + $H_2CO_3(aq)$)

(d) 주황색(vermillion), HgS ($Hg(NO_3)_2(aq)$ + $Na_2S(aq)$)

(e) 타이타늄 블랙(titanium black), Ti_2O_3 ($Ti(s)$ + $O_2(g)$)

(f) 철단(iron oxide red), Fe_2O_3 ($Fe(s)$ + $O_2(g)$)

45. 다음의 단어로 된 분해 반응의 생성물을 예측하고, 각 반응식을 균형 맞춘 화학 반응식으로 바꾸시오.

(a) 산화 아연은 강하게 가열하면 분해된다.

(b) 산화 주석(IV)은 가열하면 두 개의 생성물로 분해된다.

(c) 탄산 포타슘은 가열하면 분해된다.

(d) 염소산 칼슘은 가열하면 분해된다.

46. 다음의 단어로 된 단일 치환 반응의 생성물을 예측하고, 각 반응식을 균형 맞춘 화학 반응식으로 바꾸시오. 모든 반응은 수용액에서 일어난다.

(a) 칼슘 금속은 염산과 반응한다.

(b) 아이오딘화 소듐은 염소와 반응한다.

(c) 아연 금속은 질산 철(III)와 반응한다.

(d) 알루미늄은 황산 구리(II)와 반응한다.

47. 다음의 단어로 된 이중 치환 반응의 생성물을 예측하고, 각 반응식을 균형 맞춘 화학 반응식으로 바꾸시오. 모든 반응물은 수용액 상태이다.

(a) 인산 암모늄은 질산 바륨과 반응한다.

(b) 황화 소듐은 아세트산 납(II)와 반응한다.

(c) 황산 구리(II)는 염소산 칼슘과 반응한다.

(d) 수산화 바륨은 옥살산과 반응한다.

(e) 인산은 수산화 포타슘과 반응한다.

(f) 황산은 탄산 소듐과 반응한다.

48. 다음 중 어느 것이 이중 치환 반응이 일어날지 예측하시오. 반응이 일어나면 균형 맞춘 화학 반응식을 쓰시오. 반응이 일어나지 않으면 생성물에 "무반응"이라고 쓰시오. 모든 반응물은 수용액 상태이다.

(a) 황산 포타슘과 아세트산 바륨의 반응

(b) 황산과 수산화 리튬의 반응

(c) 인산 암모늄과 브로민화 소듐의 반응

(d) 아이오딘화 칼슘과 질산 은의 반응

(e) 질산과 수산화 스트론튬의 반응

(f) 질산 세슘과 수산화 칼슘의 반응

49. 다음 연소 반응에 대하여 균형 맞춘 반응식을 쓰시오.

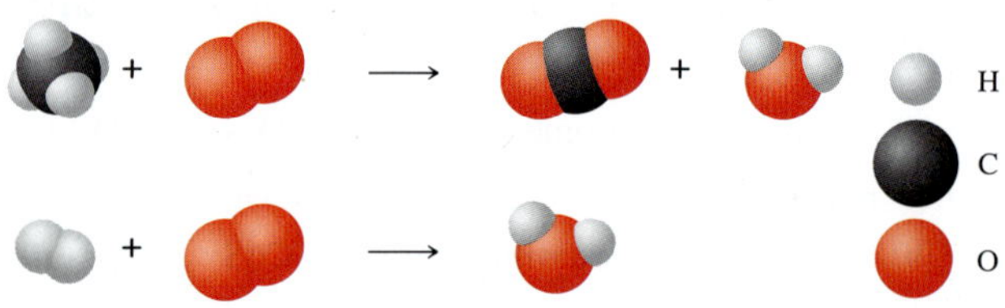

50. 다음 탄화수소의 완전 연소 반응에 대하여 균형 맞춘 반응식을 쓰시오.

(a) CH_4 (b) C_6H_6 (c) C_2H_2

51. 대기 중의 이산화 탄소를 증가시키는 요인을 쓰시오.

52. 온실 기체라고 생각되는 기체 세 가지를 쓰시오. 왜 이들 기체를 온실 기체라고 부르는지 설명하시오.

53. 어떻게 하면 기후 변화의 영향을 줄일 수 있는가?

54. 대기에 이산화 탄소를 배출하면 어떤 일이 벌어지는가?

55. 북반구에서는 1년에 두 번, 대기 속의 이산화 탄소 농도가 최고조에 달한다. 최고조에 도달하는 때와 그 이유를 설명하시오.

56. 다음과 같은 에너지 도표를 나타내는 수용액 반응이 비커 내에서 진행되었다. 비커에 손을 대었을 때 비커는 뜨겁겠는가, 차갑겠는가? 그 이유는 무엇인가? 이러한 반응에서는 반응물 쪽과 생성물 쪽 중 어디에 열을 표시해야 하는가?

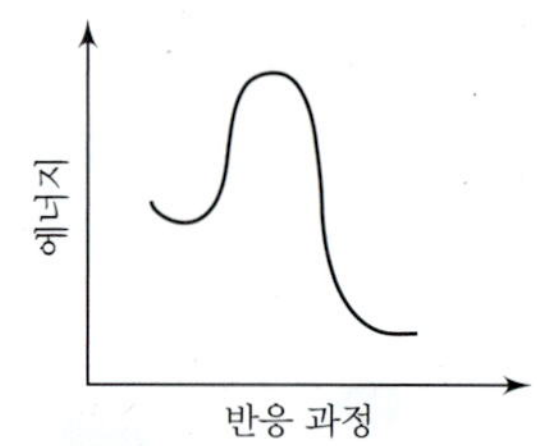

57. (a) 다음의 퍼텐셜 에너지 도표는 발열 반응을 나타내는가, 흡열 반응을 나타내는가?

(b) 화학 반응식에서 에너지 항은 반응물과 생성물 쪽 어디에 표시해야 하는가?

(c) 반응이 일어나기 위한 활성화 에너지를 도표위에 직접 나타내시오.

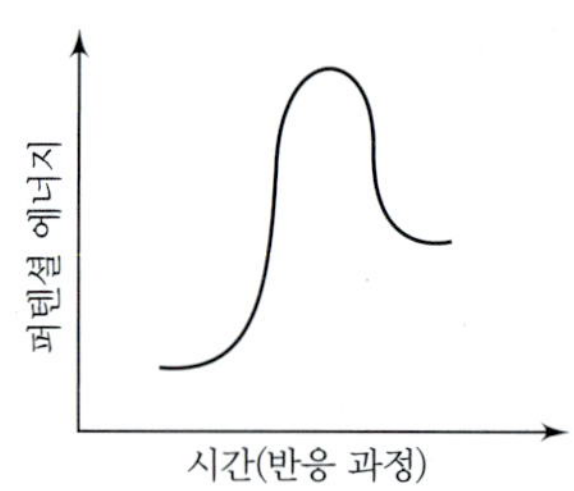

도전 문제

58. 다섯 가지 양이온(Ag^+, Co^{2+}, Ba^{2+}, Zn^{2+}, Sn^{2+})이 녹아 있는 수용액이 있다. 네 가지 시약(NaF, NaI, Na_2SO_4, NaCl)을 이용하여 침전법으로 한 번에 하나씩 각 이온을 분리하려고 한다.

(a) 한 번에 오직 한 가지의 양이온만 침전되도록 하려면, 이 시약을 어떤 순서로 첨가해야 할까? 부록 4에 있는 용해도 표를 참조하시오(**참고**: 물에 약간 녹는 침전은 불용성 침전으로 간주하라).

(b) 열거한 음이온성 시약은 왜 모두 소듐염인지 설명하시오.

59. 화합물 A는 발열 반응으로 실온에서 분해되는 반면, 화합물 B는 흡열 반응으로 분해되기 위해 열이 필요하다.

(a) 두 반응에 대하여 반응 과정과 퍼텐셜 에너지의 관계를 보여 주는 반응 그래프를 그리시오.

(b) 0.500 mol의 $NaHCO_3$가 분해되어 탄산 소듐, 물, 이산화 탄소가 형성되는 데 85.5 kJ의 열이 필요하다. CO_2 24.0 g이 생성되었을 때, 물 몇 g이 생성되었나? 그리고 흡수된 열은 몇 kJ인가?

(c) $NaHCO_3$는 화합물 A 또는 화합물 B 중 어디에 속하겠는가? 그 이유를 설명하시오.

60. 질산 수은(II) 용액과 아이오딘화 포타슘 용액을 혼합하였더니, 붉은색을 띠는 주황색 침전이 생성되었다.

(a) 어떤 유형의 반응이 일어나는가?

(b) 고체 생성물의 이름과 화학식을 쓰시오.

61. 다음 각 반응들을 결합 반응, 분해 반응, 단일 치환 반응, 이중 치환 반응으로 분류하시오. 각 반응을 완결시키거나 균형을 맞추시오. 아울러 필요하다면 화학명으로 쓰인 화학 반응식을 화학식으로 바꾸어 표현하시오.

(a) 수산화 알루미늄 + 황산 $\longrightarrow$

(b) $Na + H_2O \longrightarrow$

(c) $HCl + K_2CO_3 \longrightarrow$

(d) 탄산 칼슘 $\xrightarrow{\Delta}$

(e) $Zn + Pb(NO_3)_2 \longrightarrow$

(f) $Cl_2 + KBr \longrightarrow$

(g) $Ba(NO_3)_2 + Na_2SO_4 \longrightarrow$

(h) $K + O_2 \longrightarrow$

(i) 질산 + 수산화 소듐 $\longrightarrow$

(j) 질산 은 + 염화 소듐 $\longrightarrow$

실습 문제 정답

10.1 균형 맞춘 화학 반응식에서의 계수는 반응에 참여한 화학종 각각의 몰수(분자식 또는 화학식량 단위)를 의미한다.

10.2 $2\ Ca + O_2 \longrightarrow 2CaO$

10.3 $3\ Ca(OH)_2 + 2\ H_3PO_4 \longrightarrow Ca_3(PO_4)_2 + 6\ H_2O$

10.4 (a) 수소 기체 + 염소 기체 $\longrightarrow$ 염화 수소 기체

(b) $H_2(g) + Cl_2(g) \longrightarrow 2\ HCl(g)$

(c)

$H_2(g)$	+	$Cl_2(g)$	$\longrightarrow$	$2\ HCl(g)$
1 분자		1 분자		2 분자
2개의 H 원자		2개의 Cl 원자		2개의 H 원자 2개의 Cl 원자
1 mol 2.016 g		1 mol 70.90 g		2 mol 2 (36.46 g) (72.92 g)

(d) $2\ mol\ H_2 + 2\ mol\ Cl_2 \longrightarrow 4\ mol\ HCl$ (145.8 g)

10.5 (a) $Fe + MgCl_2 \longrightarrow$ 무반응

(b) $Zn(s) + Pb(NO_3)_2(aq) \longrightarrow Pb(s) + Zn(NO_3)_2(aq)$

10.6 (a) $2\ K_3PO_4(aq) + 3\ BaCl_2(aq) \longrightarrow Ba_3(PO_4)_2(s) + 6\ KCl(aq)$

(b) $2\ HCl(aq) + NiCO_3(aq) \longrightarrow NiCl_2(aq) + H_2O(l) + CO_2(g)$

(c) $NH_4Cl(aq) + NaNO_3(aq) \longrightarrow$ 무반응

10.7 (a)

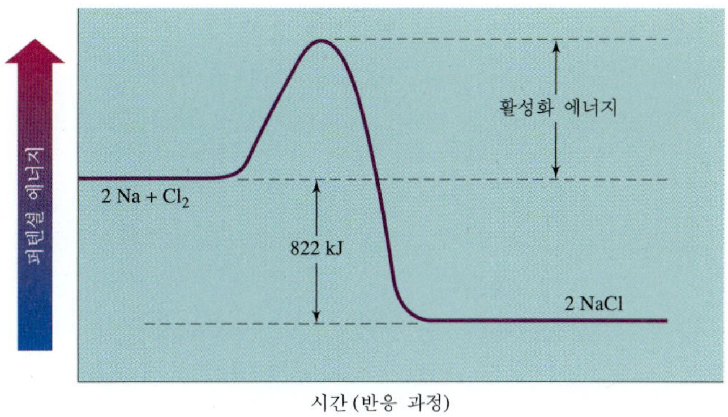

(b)

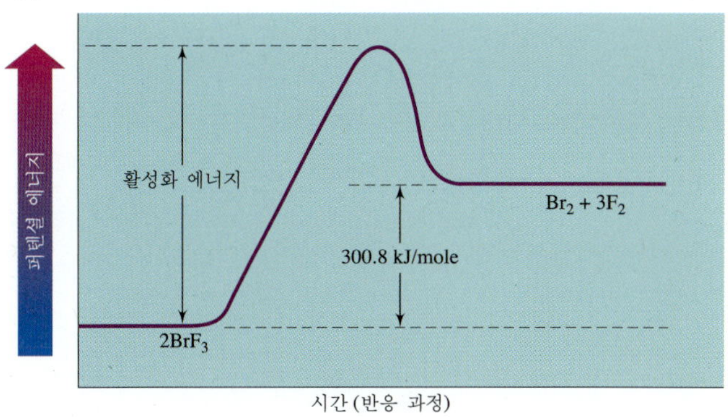

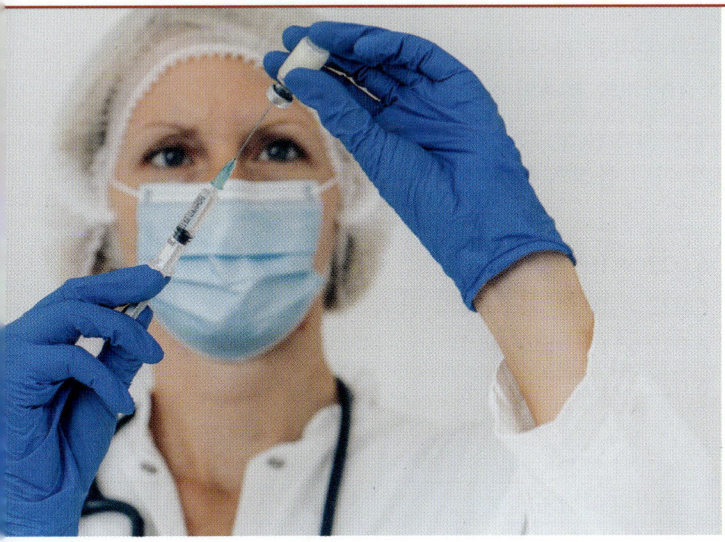

Pyrosky/iStock/Getty Images

11장
화학 반응식을 이용한 계산

“낭비하지 않으면 부족한 것이 없다”라는 옛 속담은 우리의 일상생활과 실험실에 적절한 말이다. 정확한 양을 결정하는 것은 거의 모든 직업에 중요한 일이다. 재봉사는 고객의 가운을 만드는 데 필요한 원단, 안감, 장식의 양을 패턴이나 자신의 경험으로 결정한다. 양탄자를 까는 사람은 고객의 집 바닥 면적을 계산하여 필요한 양탄자와 패딩의 정확한 양을 결정한다. 국세청은 당신의 예상 연간 소득에 근거하여 급여에서 소득세에 대한 정확한 공제를 결정한다.

화학에서는 화학 반응식을 이용한 계산도 중요하다. 이와 같은 계산과 양은 병원과 약국에서도 자주 사용된다. 약사나 간호사가 환자에게 정확한 복용량의 약을 투여하기 위해서는 정확한 복용량 계산과 화학물질의 정확한 측정이 필요하다.

11장의 개요

11.1 화학량론 입문

이 절의 학습 목표
화학량론에 대해 정의하고 화학 반응식을 기반으로 문제를 해결하는 데 필요한 전략을 설명할 수 있다.

우리는 종종 주어진 양의 다른 물질과 반응하는 데 필요한 물질의 양이나 그로부터 생성되는 물질의 양을 계산해야 할 때가 있다. 이와 같이, 반응물과 생성물 간의 정량적 관계를 다루는 화학 분야를 **화학량론(stoichiometry)**이라 한다. 화학량론에 관한 문제를 풀기 위해서는 **몰비**(molar ratio)의 형식으로 **몰**(mole)을 사용해야 한다.

화학자는 또한 균형 맞춘 화학 반응식을 사용하여 생성물과 반응물의 양을 계산해야 한다. 이러한 계산을 통해, 화학자는 실험실에서 필요한 양에 따라 반응물의 양을 늘리거나 줄여서 생성물의 양을 조절할 수 있고, 반응이 일어나는 동안 생성되는 폐기물이나 과잉 물질을 최소화할 수 있다.

짧은 복습

몰질량(molar mass) 원소나 화합물에 있는 모든 원자의 원자 질량을 합한 것을 **몰질량(molar mass)**이라 한다. 또한 몰질량이라는 용어는 원자, 분자 또는 이온과 같은 어떤 화학식 단위 1몰의 질량이다. 그램으로 표시된 몰 질량은 원자의 질량 또는 분자나 이온에 들어 있는 원자 질량의 합이다.

분자와 몰의 관계 분자 한 개는 분자 물질(예, Br_2)의 가장 작은 단위이고, 1몰은 Avogadro 수(6.022×10^{23})만큼의 분자를 말한다. 브로민(Br_2) 1몰은 이산화 탄소 1몰, 물 1몰, 또는

Richard Megna/Fundamental Photographs

물, 소금과 모든 기체 1 mol은 모두 같은 수의 입자(6.022×10^{23})를 가진다.

어떤 다른 분자 물질 1몰과도 같은 수의 분자를 가진다(사진 참조). 분자를 몰 질량과 연관시키면, 1몰질량은 1몰 또는 6.022×10^{23}개의 분자의 질량과 같다.

몰(mole)이란 용어는 어떤 화학종에도 사용할 수 있다. 몰은 양(6.022×10^{23} 개의 입자)을 나타내며 원자, 이온, 전자, 분자가 아닌 물질의 화학식 단위에도 적용될 수 있다. 다시 말하면 다음과 같다.

$$1 \text{ mole} = \begin{cases} 6.022 \times 10^{23}\text{개의 분자} \\ 6.022 \times 10^{23}\text{개의 화학식 단위} \\ 6.022 \times 10^{23}\text{개의 원자} \\ 6.022 \times 10^{23}\text{개의 이온} \end{cases}$$

다른 유용한 몰 관계는 다음과 같다.

$$\text{몰질량} = \frac{\text{물질의 그램 수}}{\text{물질의 몰 수}}$$

$$\text{몰질량} = \frac{\text{일원자 원소의 그램 수}}{\text{원자의 몰수}}$$

$$\text{몰수} = \frac{\text{분자 수}}{6.022 \times 10^{23}\text{개의 분자/몰}}$$

균형 맞춘 반응식 반응물과 생성물 사이의 몰–질량–부피 관계를 계산하기 위해서 화학 반응식을 사용할 때는 그 반응식의 균형을 맞춰야 한다. 균형 맞춘 화학 반응식에서 화학식 앞에 있는 숫자는 화학 반응에서 그 물질의 몰수임을 기억하라.

몰비(**mole ratio**)는 화학 반응에 관련된 어떤 두 화학물질의 몰수 사이의 비이다. 예를 들어, 다음 반응에서

$$\underset{2\text{ mol}}{2\ H_2} + \underset{1\text{ mol}}{O_2} \longrightarrow \underset{2\text{ mol}}{2\ H_2O}$$

여섯 개의 몰비를 쓸 수 있다.

$$\frac{2\text{ mol } H_2}{1\text{ mol } O_2} \quad \frac{2\text{ mol } H_2}{2\text{ mol } H_2O} \quad \frac{1\text{ mol } O_2}{2\text{ mol } H_2O}$$

$$\frac{1\text{ mol } O_2}{2\text{ mol } H_2} \quad \frac{2\text{ mol } H_2O}{2\text{ mol } H_2} \quad \frac{2\text{ mol } H_2O}{1\text{ mol } O_2}$$

우리는 몰비를 사용하여 화학 반응에서 한 물질의 몰수를 다른 물질에 상응하는 몰수로 변환할 수 있다. 예를 들어 4.0 mol의 O_2로부터 얻을 수 있는 H_2O의 몰수를 계산하려 한다면, 2 mol H_2O/1 mol O_2의 몰비를 사용한다.

$$(4.0\ \cancel{\text{mol } O_2})\left(\frac{2\text{ mol } H_2O}{1\ \cancel{\text{mol } O_2}}\right) = 8.0\text{ mol } H_2O$$

예제 11.1

화학 반응식 $CO_2 + 4\ H_2 \longrightarrow CH_4 + 2\ H_2O$를 이용하여 다음을 계산하기 위한 몰비를 쓰시오.

(a) CO_2 3 mol로부터 생성될 수 있는 물의 몰수

(b) 물 3 mol을 만드는 데 필요한 수소의 몰수

풀이

몰비를 알기 위해서는 구하고자 하는 물질과 출발 물질 사이의 관계를 알아야 한다.

(a) 이 경우에 구하고자 하는 물질은 물이다. 그러므로 물의 몰수는 몰비에서 분자에 적는다. 출발 물질인 이산화 탄소의 몰수는 몰비에서 분모에 적는다. 균형 맞춘 반응식의 계수를 몰비에 사용한다. 따라서, 몰비는 $\frac{2\ \text{mol}\ H_2O}{1\ \text{mol}\ CO_2}$이다.

(b) 이 경우에 구하고자 하는 물질은 수소이다. 그러므로 수소의 몰수는 몰비에서 분자에 적는다. 출발 물질인 물의 몰수는 몰비에서 분모에 적는다. 균형 맞춘 반응식의 계수를 몰비에 사용한다. 따라서 몰비는 $\frac{4\ \text{mol}\ H_2}{2\ \text{mol}\ H_2O}$이다.

실습 문제 11.1

반응식 $2\ KClO_3 \longrightarrow 2\ KCl + 3\ O_2$를 이용하여 다음을 계산하기 위한 몰비를 쓰시오.
(a) 5 mol의 $KClO_3$로부터 생성되는 KCl의 몰수
(b) O_2 9 mol이 생성되었을 때 생성되는 KCl의 몰수

화학 반응식의 균형 맞추기와 마찬가지로 화학량론 계산은 연습이 필요하다(참고 참조). 다음의 몇몇 수행 예시를 공부하고 이 장 끝에 있는 문제들을 풀어보며 연습하라.

참고 문제 풀기 전에 반응식을 쓰고 균형을 맞춘다.

문제 풀이 전략

화학량론 문제

균형 맞춘 반응식을 사용한다.

1. 출발 물질의 몰수를 결정한다. 문제에서 주어진 정보로부터 출발 물질을 확인한다. 출발 물질의 양을 몰수로 변환한다(몰수로 주어지지 않은 경우).

$$\text{몰수} = (\text{그램 수})\left(\frac{1\text{몰}}{\text{몰질량}}\right)$$

2. 출발 물질에 대한 구하고자 하는 물질의 몰비를 결정한다. 균형 맞춘 반응식에서 각 물질의 몰수는 각 물질 앞의 계수로 표시된다. 몰비를 구하기 위해 이 계수를 사용한다.

$$\text{몰비} = \frac{\text{구하고자 하는 물질의 몰수}}{\text{출발 물질의 몰수}} \quad (\text{참고 참조})$$

출발 물질의 몰수(단계 1로부터)에 몰비를 곱하여 구하고자 하는 물질의 몰수를 구한다.

$$\text{구하고자 하는 물질의 몰수} = \underset{\text{단계 1로부터}}{\left(\text{출발 물질의 몰수}\right)}\left(\frac{\text{균형 맞춘 화학식에서 구하고자 하는 물질의 몰수}}{\text{균형 맞춘 화학식에서 출발 물질의 몰수}}\right)$$

(참고 참조)

3. 문제에서 지정한 단위로 물질을 계산한다. 만약 답이 몰로 구해져야 한다면 계산은 끝난다. 그러나 몰이 아닌 다른 단위가 요구된다면, 구하고자 하는 물질의 몰수(단계 2로부터)에 적절한 인자를 곱하여 몰을 요구되는 단위로 변환한다. 예를 들어, 구하고자 하는 물질의 그램 수가 요구된다면:

$$\text{그램 수} = \underset{\text{단계 2로부터}}{(\text{몰수})}\left(\frac{\text{몰질량}}{1\text{몰}}\right)$$

만약 몰수 ⟶ 원자 수이면, $\frac{6.022 \times 10^{23}\ \text{개의 원자}}{1\ \text{mol}}$를 이용한다.

만약 몰수 ⟶ 분자 수이면, $\frac{6.022 \times 10^{23}\ \text{개의 분자}}{1\ \text{mol}}$를 이용한다.

참고 모든 단위 변환 문제와 같이, 구하려는 양은 분자에 쓰고 소거될 양은 분모에 쓴다.

참고 출발 물질의 몰 단위는 분자 및 분모에서 상쇄된다.

출발 물질 A의 질량을 구하고자 하는 물질 B의 질량, 원자 수 또는 분자 수로 변환하는 단계는 **그림 11.1**에 요약되어 있다.

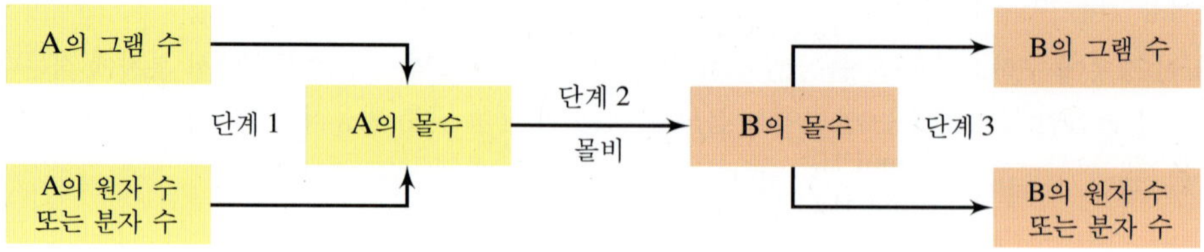

그림 11.1 출발 물질 A를 구하고자 하는 물질 B의 질량, 원자 수, 분자 수로 변환하는 단계

11.2 몰-몰 계산

이 절의 학습 목표
반응물과 생성물 모두 몰로 주어진 문제를 풀 수 있다.

몰–몰 계산에 관한 화학량론 문제를 풀어보자. 출발 물질의 양이 몰로 주어지고, 구하고자 하는 물질의 양도 몰로 요구한 경우이다.

예제 11.2

다음 반응식에 따라 글루코스($C_6H_{12}O_6$) 2.0 mol이 완전히 반응하면, 몇 몰의 이산화 탄소가 생성되는가?

$$\underset{1\ \text{mol}}{C_6H_{12}O_6} + \underset{6\ \text{mol}}{6\ O_2} \longrightarrow \underset{6\ \text{mol}}{6\ CO_2} + \underset{6\ \text{mol}}{6\ H_2O}$$

풀이

읽기 **알려진 값:** 2.0 mol의 글루코스

$C_6H_{12}O_6 + 6\ O_2 \longrightarrow 6\ CO_2 + 6\ H_2O$

구하는 값: 이산화 탄소의 몰수

계획 균형 맞춘 반응식은 1 mol의 $C_6H_{12}O_6$가 반응하여 6 mol의 CO_2가 생성됨을 알려 준다. 따라서 우리는 12 mol의 CO_2가 생성된다는 것을 쉽게 알 수 있지만, 화학량론 문제에 대한 문제 풀이 전략을 이용한다.

풀이의 요점 : $C_6H_{12}O_6$의 몰수 ⟶ CO_2의 몰수

균형 맞춘 반응식으로부터 몰비는 $\dfrac{6\ \text{mol}\ CO_2}{1\ \text{mol}\ C_6H_{12}O_6}$이다(참고 참조).

참고 몰비는 정확한 수이기 때문에 답의 유효 숫자의 개수에는 영향을 주지 않는다.

계산 $(2.0\ \cancel{\text{mol}\ C_6H_{12}O_6})\left(\dfrac{6\ \text{mol}\ CO_2}{1\ \cancel{\text{mol}\ C_6H_{12}O_6}}\right) = 12\ \text{mol}\ CO_2$

확인 $C_6H_{12}O_6$의 몰수는 상쇄되고 구한 답은 타당하다.

예제 11.3

질소 5.00 mol이 수소와 반응하여 생성될 수 있는 암모니아는 몇 몰인가? 균형 맞춘 반응식은 다음과 같다.

$$3\ H_2 + N_2 \longrightarrow 2\ NH_3$$

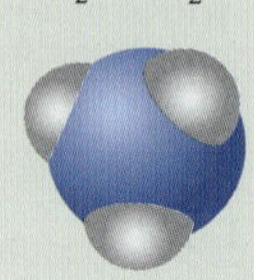

암모니아
NH_3

풀이

읽기 **알려진 값:** 질소 5.00 mol

$3\ H_2 + N_2 \longrightarrow 2\ NH_3$

구하는 값: 암모니아의 몰수

계획 균형 맞춘 반응식은 1 mol의 N_2로부터 2 mol의 NH_3를 얻는다고 말하고 있다. 화학량론 문제에 대한 문제 풀이 전략을 사용한다.

풀이의 요점: N_2의 몰수 ⟶ NH_3의 몰수

균형 맞춘 반응식으로부터 몰비는 $\dfrac{2\ \text{mol NH}_3}{1\ \text{mol N}_2}$이다.

계산 $(5.00\ \cancel{\text{mol N}_2})\left(\dfrac{2\ \text{mol NH}_3}{1\ \cancel{\text{mol N}_2}}\right) = 10\ \text{mol NH}_3$

확인 N_2의 몰수가 상쇄되고, 답은 출발 물질의 양인 5.00 mol의 두 배이다. 몰비가 2 : 1이므로 이 답은 타당하다.

예제 11.4

균형 맞춘 반응식은 다음과 같다.

$$\underset{1\ \text{mol}}{K_2Cr_2O_7} + \underset{6\ \text{mol}}{6\ KI} + 7\ H_2SO_4 \rightarrow Cr_2(SO_4)_3 + 4\ K_2SO_4 + \underset{3\ \text{mol}}{3\ I_2} + 7\ H_2O$$

(a) 2.0 mol의 아이오딘화 포타슘(KI)과 반응하는 다이크로뮴산 포타슘($K_2Cr_2O_7$)의 몰수를 계산하시오.

(b) 2.0 mol의 아이오딘화 포타슘(KI)으로부터 생성되는 아이오딘(I_2)의 몰수를 계산하시오.

풀이

읽기 **알려진 값:** $K_2Cr_2O_7 + 6\ KI + 7\ H_2SO_4 \longrightarrow Cr_2(SO_4)_3 + 4\ K_2SO_4 + 3\ I_2 + 7\ H_2O$

(a) 2.0 mol KI

(b) 2.0 mol KI

(a) **구하는 값:** $K_2Cr_2O_7$의 몰수

계획 화학량론 문제에 대한 문제 풀이 전략을 이용한다.

풀이의 요점: KI의 몰수 ⟶ $K_2Cr_2O_7$의 몰수

균형 맞춘 반응식으로부터 몰비는 $\dfrac{1\ \text{mol K}_2\text{Cr}_2\text{O}_7}{6\ \text{mol KI}}$이다.

계산 $(2.0\ \cancel{\text{mol KI}})\left(\dfrac{1\ \text{mol K}_2\text{Cr}_2\text{O}_7}{6\ \cancel{\text{mol KI}}}\right) = 0.33\ \text{mol K}_2\text{Cr}_2\text{O}_7$

확인 KI의 몰수가 상쇄되고, 답은 출발 물질의 양 2.0 mol보다 적다. 몰비가 1 : 6이므로 이 답은 타당하다.

(b) **구하는 값:** I_2의 몰수

계획 화학량론 문제에 대한 문제 풀이 전략을 이용한다.

풀이의 요점: KI의 몰수 ⟶ I_2의 몰수

균형 맞춘 반응식으로부터 몰비는 $\dfrac{3\ \text{mol I}_2}{6\ \text{mol KI}}$이다.

계산 $(2.0\ \cancel{\text{mol KI}})\left(\dfrac{3\ \text{mol I}_2}{6\ \cancel{\text{mol KI}}}\right) = 1.0\ \text{mol I}_2$

확인 KI의 몰수가 상쇄되고, 답은 출발 물질의 양 2.0 mol의 반이다. 몰비가 1 : 2이므로 이 답은 타당하다.

예제 11.5

0.010 mol의 산소를 수소와 반응시켜서 생성될 수 있는 물 분자의 수는 몇 개인가? 균형 맞춘 반응식은 $2\ H_2 + O_2 \longrightarrow 2\ H_2O$ 이다.

풀이

읽기 **알려진 값:** $0.010\ mol\ O_2$

$2\ H_2 + O_2 \longrightarrow 2\ H_2O$

구하는 값: H_2O의 분자 수

계획 화학량론 문제에 대한 문제 풀이 전략을 이용한다.

풀이의 요점: O_2의 몰수 ⟶ H_2O의 몰수 ⟶ H_2O의 분자 수

균형 맞춘 반응식으로부터 몰비는 $\dfrac{2\ mol\ H_2O}{1\ mol\ O_2}$이다.

계산 $(0.010\ \cancel{mol\ O_2})\left(\dfrac{2\ mol\ H_2O}{1\ \cancel{mol\ O_2}}\right) = 0.020\ mol\ H_2O$

H_2O의 몰수 ⟶ H_2O의 분자 수에 필요한 변환 인자: $\dfrac{6.022 \times 10^{23}\text{개의 분자}}{1\ mol}$

$(0.020\ \cancel{mol}\ H_2O)\left(\dfrac{6.022 \times 10^{23}\text{개의 분자}}{1\ \cancel{mol}}\right) = 1.2 \times 10^{22}$개의 H_2O 분자

참고: 비록 0.020 mol이지만 물 분자의 수는 크다.

실습 문제 11.2

일산화 이질소 8 mol의 분해로 생성되는 산소의 몰수는 얼마인가?

$$2\ N_2O \longrightarrow 2\ N_2 + O_2$$

실습 문제 11.3

물 30.0 mol을 얻는 데 필요한 수산화 알루미늄은 몇 몰인가?

$$2\ Al(OH)_3 + 3\ H_2SO_4 \longrightarrow Al_2(SO_4)_3 + 6\ H_2O$$

11.3 몰-질량 계산

이 절의 학습 목표

질량이 주어지고 몰수를 구하는 문제나 몰수가 주어지고 질량을 구하는 문제를 풀 수 있다.

이 유형의 문제는 화학 반응에서 어떠한 물질의 주어진 몰수를 이용해 그 물질과 반응할 물질 또는 그 물질에서 생성될 물질의 질량을 계산하는 것이다. 출발 물질의 질량이 주어지면, 그것을 몰수로 변환해야 한다. 출발 물질의 몰수를 구하고자 하는 물질의 몰수로 변환하는데 몰비를 사용한다. 그런 다음 구하고자 하는 물질의 몰수를 질량으로 바꿀 수 있다.

예제 11.6

6.0 mol의 알루미늄이 염산과 반응하여 생성되는 수소의 질량은 얼마인가? 균형 맞춘 반응식은 $2\ Al(s) + 6\ HCl(aq) \longrightarrow 2\ AlCl_3(aq) + 3\ H_2(g)$이다.

풀이

읽기 **알려진 값:** 6.0 mol Al

$$2\ \mathrm{Al}(s) + 6\ \mathrm{HCl}(aq) \longrightarrow 2\ \mathrm{AlCl_3}(aq) + 3\ \mathrm{H_2}(g)$$

구하는 값: H_2의 질량

계획 화학량론 문제에 대한 문제 풀이 전략을 이용한다.

풀이의 요점: Al의 몰수 ⟶ H_2의 몰수 ⟶ H_2의 그램 수

균형 맞춘 반응식으로부터 몰비는 $\dfrac{3\ \mathrm{mol\ H}}{2\ \mathrm{mol\ Al}}$이다.

계산 $(6.0\ \cancel{\mathrm{mol\ Al}})\left(\dfrac{3\ \mathrm{mol\ H_2}}{2\ \cancel{\mathrm{mol\ Al}}}\right) = 9.0\ \mathrm{mol\ H_2}$

H_2의 몰수 ⟶ H_2의 그램 수에 필요한 변환 인자: $\dfrac{2.016\ \mathrm{g\ H_2}}{1\ \mathrm{mol\ H_2}}$

$$(9.0\ \cancel{\mathrm{mol\ H_2}})\left(\frac{2.016\ \mathrm{g\ H_2}}{1\ \cancel{\mathrm{mol\ H_2}}}\right) = 18\ \mathrm{g\ H_2}$$

참고: 다음처럼 연속 계산법으로 첫 번째 계산의 답(9.0 mol H_2)을 계산기에 저장한 다음 계속 계산하면 아래와 같은 18 g H_2라는 답을 얻을 수 있다.

Al의 몰수 ⟶ H_2의 몰수 ⟶ H_2의 그램 수

$$(6.0\ \cancel{\mathrm{mol\ Al}})\left(\frac{3\ \cancel{\mathrm{mol\ H_2}}}{2\ \cancel{\mathrm{mol\ Al}}}\right)\left(\frac{2.016\ \mathrm{g\ H_2}}{1\ \cancel{\mathrm{mol\ H_2}}}\right) = 18\ \mathrm{g\ H_2}$$

예제 11.7

325 g의 옥테인(C_8H_{18})을 연소시키면 몇 몰의 물이 생성되는가? 균형 맞춘 반응식은 $2\ \mathrm{C_8H_{18}}(l) + 25\ \mathrm{O_2}(g) \longrightarrow 16\ \mathrm{CO_2}(g) + 18\ \mathrm{H_2O}(g)$이다.

옥테인
C_8H_{18}

풀이

읽기 **알려진 값:** 325 g C_8H_{18}

$$2\ \mathrm{C_8H_{18}}(l) + 25\ \mathrm{O_2}(g) \longrightarrow 16\ \mathrm{CO_2}(g) + 18\ \mathrm{H_2O}(g)$$

구하는 값: H_2O의 몰수

계획 화학량론 문제에 대한 문제 풀이 전략을 이용한다.

풀이의 요점: C_8H_{18}의 그램 수 ⟶ C_8H_{18}의 몰수 ⟶ H_2O의 몰수

C_8H_{18}의 그램 수 ⟶ C_8H_{18}의 몰수에 필요한 변환 인자: $\dfrac{1\ \mathrm{mol\ C_8H_{18}}}{114.2\ \mathrm{g\ C_8H_{18}}}$

균형 맞춘 반응식으로부터 몰비는 $\dfrac{18\ \mathrm{mol\ H_2O}}{2\ \mathrm{mol\ C_8H_{18}}}$이다.

계산 $(325\ \cancel{\mathrm{g\ C_8H_{18}}})\left(\dfrac{1\ \mathrm{mol\ C_8H_{18}}}{114.2\ \cancel{\mathrm{g\ C_8H_{18}}}}\right) = 2.85\ \mathrm{mol\ C_8H_{18}}$

$$(2.85\ \cancel{\mathrm{mol\ C_8H_{18}}})\left(\frac{18\ \mathrm{mol\ H_2O}}{2\ \cancel{\mathrm{mol\ C_8H_{18}}}}\right) = 25.7\ \mathrm{mol\ H_2O}$$

확인 연이은 계산을 하면 계산기에 답이 25.6 mol H_2O로 얻어질 것이다. 마지막 숫자가 다른 이유는 계산할 때 서로 다른 단계에서 반올림하였기 때문이다. 각 교과 과정에 따라 적절한 반올림 규칙을 적용해야 한다. 이 책의 예제에서는 각 계산에 대한 적절한 유효 숫자의 개수를 보여 주기 위하여 단계마다 반올림한다.

실습 문제 11.4

100.0 g의 염소산 포타슘으로부터 몇 몰의 염화 포타슘과 산소를 얻을 수 있는가? 균형 맞춘 반응식은 $2\ KClO_3 \longrightarrow 2\ KCl + 3\ O_2$이다.

실습 문제 11.5

0.8 mol의 황화 은을 생성하기 위해 필요한 질산 은은 몇 그램인가? 균형 맞춘 반응식은 $2\ AgNO_3 + H_2S \longrightarrow Ag_2S + 2\ HNO_3$이다.

11.4 질량-질량 계산

이 절의 학습 목표
문제가 질량으로 주어지고 답도 질량으로 구하는 문제를 풀 수 있다.

질량-질량 화학량론 문제를 푸는 데는 몰비 방법의 모든 단계가 필요하다. 먼저 출발 물질의 질량을 몰수로 변환한다. 그다음 몰비는 구하고자 하는 물질의 몰수를 결정하는 데 사용하며, 이 몰수를 구하고자 하는 물질의 질량으로 변환한다.

예제 11.8

탄화수소인 펜테인(C_5H_{12}) 100. g의 완전 연소에 의해 생성되는 이산화 탄소의 질량은 얼마인가? 균형 맞춘 반응식은 $C_5H_{12}(l) + 8\ O_2(g) \longrightarrow 5\ CO_2(g) + 6\ H_2O(g)$이다.

펜테인
C_5H_{12}

풀이

읽기 **알려진 값:** 100. g C_5H_{12}

$C_5H_{12}\ (l) + 8\ O_2\ (g) \longrightarrow 5\ CO_2\ (g) + 6\ H_2O\ (g)$

구하는 값: CO_2의 질량

계획 화학량론 문제에 대한 문제 풀이 전략을 이용한다.

풀이의 요점: C_5H_{12}의 그램 수 ⟶ C_5H_{12}의 몰수 ⟶ CO_2의 몰수 ⟶ CO_2의 그램 수

C_5H_{12}의 그램 수 ⟶ C_5H_{12}의 몰수에 필요한 변환 인자: $\dfrac{1\ \text{mol}\ C_5H_{12}}{72.15\ \text{g}\ C_5H_{12}}$

균형 맞춘 반응식으로부터 몰비는 $\dfrac{5\ \text{mol}\ CO_2}{1\ \text{mol}\ C_5H_{12}}$이다.

CO_2의 몰수 ⟶ CO_2의 그램 수에 필요한 변환 인자: $\dfrac{44.01\ \text{g}\ CO_2}{1\ \text{mol}\ CO_2}$

계산 C_5H_{12}의 그램 수 ⟶ C_5H_{12}의 몰수

$$(100.\ \cancel{\text{g}\ C_5H_{12}})\left(\frac{1\ \text{mol}\ C_5H_{12}}{72.15\ \cancel{\text{g}\ C_5H_{12}}}\right) = 1.39\ \text{mol}\ C_5H_{12}$$

C_5H_{12}의 몰수 ⟶ CO_2의 몰수

$$(1.39\ \cancel{\text{mol}\ C_5H_{12}})\left(\frac{5\ \text{mol}\ CO_2}{1\ \cancel{\text{mol}\ C_5H_{12}}}\right) = 6.95\ \text{mol}\ CO_2$$

CO_2의 몰수 ⟶ CO_2의 그램 수

$$(6.95\ \cancel{\text{mol } CO_2})\left(\frac{44.01\text{ g } CO_2}{1\ \cancel{\text{mol } CO_2}}\right) = 306\text{ g } CO_2$$

예제 11.9

다음 반응식에 의하면 8.75 g의 일산화 이질소(N_2O)를 생성하는 데 필요한 질산(HNO_3)은 몇 그램인가?

$$4\text{ Zn}(s) + 10\text{ HNO}_3(aq) \longrightarrow 4\text{ Zn(NO}_3)_2(aq) + \text{N}_2\text{O}(g) + 5\text{ H}_2\text{O}(l)$$

풀이

읽기 **알려진 값:** 8.75 g N_2O

$4\text{ Zn}(s) + 10\text{ HNO}_3(aq) \longrightarrow 4\text{ Zn(NO}_3)_2(aq) + \text{N}_2\text{O}(g) + 5\text{ H}_2\text{O}(l)$

구하는 값: HNO_3의 그램 수

계획 화학량론 문제에 대한 문제 풀이 전략을 이용한다.

풀이의 요점: N_2O의 그램 수 ⟶ N_2O의 몰수 ⟶ HNO_3의 몰수 ⟶ HNO_3의 그램 수

N_2O의 그램 수 ⟶ N_2O의 몰수에 필요한 변환 인자: $\dfrac{1\text{ mol } N_2O}{44.02\text{ g } N_2O}$

균형 맞춘 반응식으로부터 몰비는 $\dfrac{10\text{ mol } HNO_3}{1\text{ mol } N_2O}$이다.

HNO_3의 몰수 ⟶ HNO_3의 그램수에 필요한 변환 인자: $\dfrac{63.02\text{ g } HNO_3}{1\text{ mol } HNO_3}$

계산 N_2O의 그램 수 ⟶ N_2O의 몰수

$$(8.75\ \cancel{\text{g } N_2O})\left(\frac{1\text{ mol } N_2O}{44.02\ \cancel{\text{g } N_2O}}\right) = 0.199\text{ mol } N_2O$$

N_2O의 몰수 ⟶ HNO_3의 몰수

$$(0.199\ \cancel{\text{mol } N_2O})\left(\frac{10\text{ mol } HNO_3}{1\ \cancel{\text{mol } N_2O}}\right) = 1.99\text{ mol } HNO_3$$

HNO_3의 몰수 ⟶ HNO_3의 그램 수

$$(1.99\ \cancel{\text{mol } HNO_3})\left(\frac{63.02\text{ g } HNO_3}{1\ \cancel{\text{mol } HNO_3}}\right) = 125\text{ g } HNO_3$$

실습 문제 11.6

60.0 g의 염화 은을 생성하는 데 필요한 염화 크로뮴(III)는 몇 그램인가? 균형 맞춘 반응식은 $CrCl_3 + 3\ AgNO_3 \longrightarrow Cr(NO_3)_3 + 3\ AgCl$이다.

실습 문제 11.7

150.0 g의 펜테인(C_5H_{12})이 완전 연소할 때 생성되는 물의 질량은 얼마인가? 균형 맞춘 반응식은 $C_5H_{12} + 8\ O_2 \longrightarrow 5\ CO_2 + 6\ H_2O$이다.

생활 속의 화학

소형화 기술

마이크로칩은 전자 분야에 혁명을 일으켰다. Bell 연구소, Massachusetts 공과대학(MIT), California 대학, Stanford 대학의 기술자들은 작은 기계와 부품을 생산하기 위해 경쟁하고 있다. 새로운 기술은 이제 모래알보다 작은 기어와 먼지보다 가벼운 모터를 생산한다.

더 작은 컴퓨터, 계산기, 심지어 초소형 로봇을 생산하기 위해서는 정확한 양과 비율의 화학 물질이 필요하다. 이러한 미세 회로를 만드는 비결은 전체 회로 또는 청사진을 한 번에 인쇄하는 것이다.

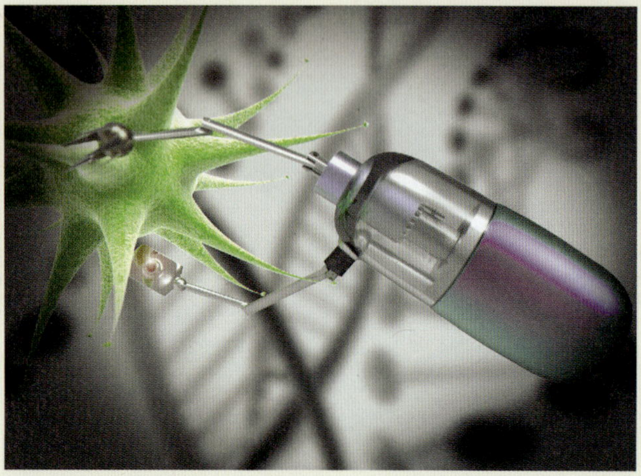
Giovanni Cancemi/Shutterstock

로봇 알약이 바이러스에 붙는다.

칩을 도안하기 위해 컴퓨터를 사용한다. 그 다음 이 이미지는 인간의 머리카락보다 더 미세한 형태로 도안되어 패턴이나 마스크에 전이된다. 이 과정은 사진술과 유사하게 마스크를 통해 실리콘으로 코팅된 표면에 빛을 비춰 준다. 그러면 실리콘 위에 형성된 영역에 화학적 식각에 대해 높거나 낮은 저항을 보이는 부분이 생긴다. 그 때 화학 물질로 실리콘을 식각한다.

소형 기계는 이와 동일한 방법으로 생산된다. 먼저 SiO_2를 얇게 도포한 후(희생 물질) 폴리실리콘을 조심스럽게 도포한다(구조 물질). 그런 다음, 마스크를 씌우고 전체 구조물을 플라스마(들뜬 기체)로 덮는다. 플라스마는 마스크가 보호하지 않는 모든 것을 제거하는 분사기 역할을 한다. 이 과정은 기계가 완전히 조립될 때까지 반복된다. 조립이 전부 완료되면, 기계 전체를 플루오린화수소산에 넣는다. 이는 모든 희생 물질을 녹이고 기계의 다양한 부분들이 움직일 수 있게 한다.

이런 초소형 기계들을 초소형 로봇으로 만들기 위해, 현재의 연구는 이동 및 감지 영상 시스템에 초점을 맞추고 있다. 초소형 로봇의 가능한 용도는 센서나 약물 저장소를 포함할 수 있는 '스마트 필(smart pill)'에 사용할 수 있다(현재 피임에 사용됨). 아주 작은 펌프는 일단 체내에 들어가면 정확한 부위에 적절한 양의 약물을 제공할 것이다. 이러한 초소형 로봇은 현재 당뇨병의 치료(인슐린 방출)를 위해 생산되고 있다.

11.5 한계 반응물과 수득량 계산

이 절의 학습 목표
한계 반응물과 수득량을 포함한 문제를 풀 수 있다.

많은 화학 반응에서 사용되는 반응물의 양 중 적어도 하나의 반응물은 과량이다. 이 경우 생성물의 양은 과량이 아닌 반응물의 양에 의존한다. 이 반응물을 **한계 반응물(limiting reactant)**이라고 하는데, 이 반응물이 형성되는 생성물의 양을 제한한다.

그림 11.2에 예시된 경우를 고려해 보자. 제시된 부품으로 몇 대의 자전거를 조립할 수 있는가? 이 경우에 한계 부품은 페달 조립품이다. 페달 조립품은 세 개밖에 없으므로 세 개의 자전거만 조립할 수 있다. 바퀴와 프레임은 과량으로 존재하는 부품이다.

일곱 개의 H_2 분자와 네 개의 Cl_2 분자가 결합하는 예를 분자 수준에서 생각해보자(그림 11.3 반응 전). 다음 반응식에 의하면 몇 개의 HCl 분자가 생성되겠는가?

$$H_2 + Cl_2 \longrightarrow 2\ HCl$$

만약 H_2와 Cl_2 분자가 나누어진 후 HCl로 재결합한다면(그림 11.3 반응 후), Cl_2는 모두 반응에 소모되어 여덟 개의 HCl 분자가 만들어질 수 있음을 알 수 있다. 따라서 Cl_2는 한계 반응물이고, H_2는 세 개의 분자가 반응하지 않고 남아 있는 과량 반응물이다.

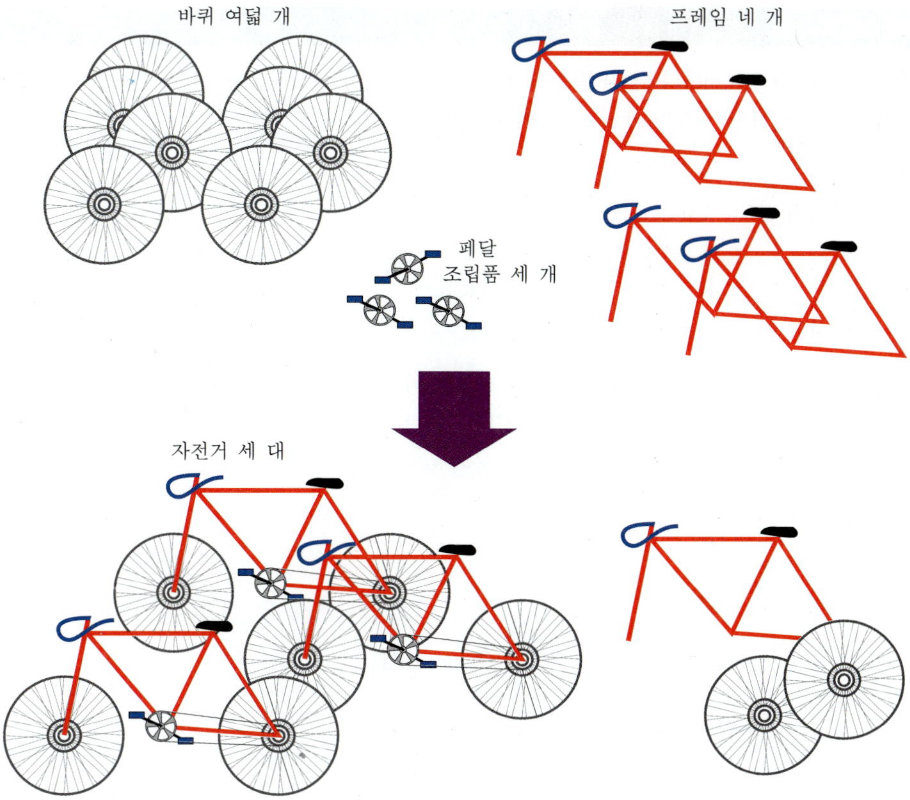

그림 11.2 이 부품들로 조립될 수 있는 자전거의 수는 '한계 반응물'(페달 조립품)에 의해 결정된다.

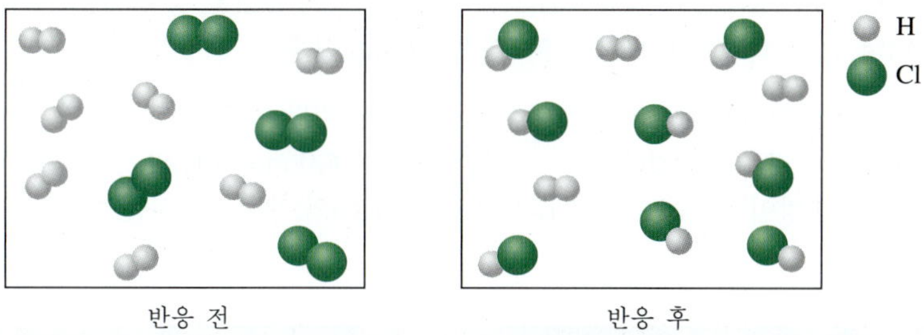

그림 11.3 H_2와 Cl_2의 반응. 여덟 개의 HCl 분자가 생성되고, 세 개의 H_2 분자가 남는다. 한계 반응물은 Cl_2이다.

문제에서 두 반응물의 양이 주어지면, 보통 그중 하나는 한계 반응물이다. 다음 방법을 사용하여 한계 반응물을 알아낼 수 있다.

문제 풀이 전략

한계 반응물 문제 풀이

1. 각 반응물로부터 생성되는 생성물의 양(필요에 따라 몰수 또는 그램 수)을 계산한다.
2. 어떤 반응물이 한계 반응물인지 결정한다(생성물을 가장 적게 만드는 반응물이 한계 반응물이며, 다른 반응물은 과량으로 존재한다).
3. 일단 한계 반응물을 알면 생성물의 양을 결정할 수 있다. 그것은 한계 반응물에 의해 결정되는 양이다.
4. 만약 반응 후 남아 있는 과량 반응물의 양을 알아야 할 경우라면, 한계 반응물과 반응하는 데 필요한 과량 반응물의 양을 계산하고, 반응물의 처음 양에서 이 양을 뺀다. 그러면 반응하지 않고 남아 있는 물질의 양을 구할 수 있다.

예제 11.10

4.0 mol의 H_2와 3.5 mol의 Cl_2가 반응할 때 몇 몰의 HCl이 생성되는가? 한계 반응물은 어느 것인가? 반응식은 $H_2(g) + Cl_2(g) \longrightarrow 2\ HCl(g)$이다.

풀이

읽기 **알려진 값:** 4.0 mol H_2
3.5 mol Cl_2
$H_2(g) + Cl_2(g) \longrightarrow 2\ HCl(g)$

구하는 값: HCl의 몰수

계획 한계 반응물 문제에 대한 문제 풀이 전략을 이용한다.
각 반응물로부터 생성될 수 있는 HCl의 몰수를 계산한다.
균형 맞춘 반응식으로부터 몰비는 다음과 같다.

$$\frac{2\ \text{mol HCl}}{1\ \text{mol } H_2} \qquad \frac{2\ \text{mol HCl}}{1\ \text{mol } Cl_2}$$

계산 H_2의 몰수 ⟶ HCl의 몰수

$$(4.0\ \cancel{\text{mol } H_2})\left(\frac{2\ \text{mol HCl}}{1\ \cancel{\text{mol } H_2}}\right) = 8.0\ \text{mol HCl}$$

Cl_2의 몰수 ⟶ HCl의 몰수

$$(3.5\ \cancel{\text{mol } Cl_2})\left(\frac{2\ \text{mol HCl}}{1\ \cancel{\text{mol } Cl_2}}\right) = 7.0\ \text{mol HCl}$$

한계 반응물을 결정한다. Cl_2가 H_2보다 더 적은 양의 HCl을 생성하므로 한계 반응물은 Cl_2이며, H_2는 과량이다. HCl의 수득량은 7.0 mol이다.

확인 이 반응에서 한계 반응물을 직관적으로 결정할 수 있다. 반응식으로부터 1 mol의 H_2와 1 mol의 Cl_2가 반응하는 것을 알 수 있다. 그러므로 4.0 mol의 H_2와 3.5 mol의 Cl_2가 반응할 때 Cl_2의 양이 더 적으므로, Cl_2가 생성되는 HCl의 양을 제한하는 반응물이다.

예제 11.11

16.8 g의 Fe를 10.0 g의 H_2O와 반응시킬 때, 몇 몰의 Fe_3O_4를 얻을 수 있는가? 어느 물질이 한계 반응물인가? 과량으로 들어 있는 물질은 무엇인가?

$$3\ Fe(s) + 4\ H_2O(g) \xrightarrow{\Delta} Fe_3O_4(s) + 4\ H_2(g)$$

풀이

읽기 **알려진 값:** 16.8 g Fe
10.0 g H_2O
$3\ Fe(s) + 4\ H_2O(g) \xrightarrow{\Delta} Fe_3O_4(s) + 4\ H_2(g)$

구하는 값: Fe_3O_4의 몰수

계획 한계 반응물 문제에 대한 문제 풀이 전략을 이용한다.
각 반응물로부터 생성될 수 있는 Fe_3O_4의 몰수를 계산한다.

반응물의 그램 수 ⟶ 반응물의 몰수 ⟶ Fe_3O_4의 몰수

계산 Fe를 기준

$$(16.8\ \cancel{\text{g Fe}})\left(\frac{1\ \cancel{\text{mol Fe}}}{55.85\ \cancel{\text{g Fe}}}\right)\left(\frac{1\ \text{mol } Fe_3O_4}{3\ \cancel{\text{mol Fe}}}\right) = 0.100\ \text{mol } Fe_3O_4$$

H_2O를 기준

$$(10.0\ \cancel{g\ H_2O})\left(\frac{1\ \cancel{mol\ H_2O}}{18.02\ \cancel{g\ H_2O}}\right)\left(\frac{1\ mol\ Fe_3O_4}{4\ \cancel{mol\ H_2O}}\right) = 0.139\ mol\ Fe_3O_4$$

한계 반응물을 결정한다. Fe가 H_2O보다 더 적은 양의 Fe_3O_4를 생성하므로 Fe가 한계 반응물이며, H_2O는 과량이다. Fe_3O_4의 수득량은 0.100 mol이다.

예제 11.12

50.0 g의 $MgBr_2$와 100.0 g의 $AgNO_3$가 들어 있는 용액을 혼합하면, 몇 그램의 브로민화 은(AgBr)이 생성되는가? 반응하지 않고 남아 있는 과량 반응물은 몇 그램인가?

풀이

읽기 **알려진 값:** 50.0 g $MgBr_2$

100.0 g $AgNO_3$

$$MgBr_2(aq) + 2\ AgNO_3(aq) \longrightarrow 2\ AgBr(s) + Mg(NO_3)_2(aq)$$

구하는 값: AgBr의 그램 수

계획 한계 반응물 문제에 대한 문제 풀이 전략을 이용한다.

각 반응물로부터 생성될 수 있는 AgBr의 그램 수를 계산한다.

반응물의 그램 수 ⟶ 반응물의 몰수 ⟶ AgBr의 몰수 ⟶ AgBr의 그램 수

계산 $MgBr_2$를 기준

$$(50.0\ \cancel{g\ MgBr_2})\left(\frac{1\ \cancel{mol\ MgBr_2}}{184.1\ \cancel{g\ MgBr_2}}\right)\left(\frac{2\ \cancel{mol\ AgBr}}{1\ \cancel{mol\ MgBr_2}}\right)\left(\frac{187.8\ g\ AgBr}{1\ \cancel{mol\ AgBr}}\right)$$

$$= 102\ g\ AgBr$$

$AgNO_3$를 기준

$$(100.0\ \cancel{g\ AgNO_3})\left(\frac{1\ \cancel{mol\ AgNO_3}}{169.9\ \cancel{g\ AgNO_3}}\right)\left(\frac{2\ \cancel{mol\ AgBr}}{2\ \cancel{mol\ AgNO_3}}\right)\left(\frac{187.8\ g\ AgBr}{1\ \cancel{mol\ AgBr}}\right)$$

$$= 110.5\ g\ AgBr$$

한계 반응물을 결정한다. $MgBr_2$가 $AgNO_3$보다 더 적은 양의 AgBr을 생성하므로 한계 반응물은 $MgBr_2$이며, $AgNO_3$는 과량이다. AgBr의 수득량은 102 g이다.

반응하지 않은 $AgNO_3$의 질량을 계산한다. 먼저 50.0 g의 $MgBr_2$와 반응하는 $AgNO_3$의 그램 수를 계산한다.

$MgBr_2$의 그램 수 ⟶ $MgBr_2$의 몰수 ⟶ $AgNO_3$의 몰수 ⟶ $AgNO_3$의 그램 수

$$(50.0\ \cancel{g\ MgBr_2})\left(\frac{1\ \cancel{mol\ MgBr_2}}{184.1\ \cancel{g\ MgBr_2}}\right)\left(\frac{2\ \cancel{mol\ AgNO_3}}{1\ \cancel{mol\ MgBr_2}}\right)\left(\frac{169.9\ g\ AgNO_3}{1\ \cancel{mol\ AgNO_3}}\right)$$

$$= 92.3\ g\ AgNO_3$$

반응하지 않은 $AgNO_3$ = 100.0 g $AgNO_3$ − 92.3 g $AgNO_3$ = 7.7 g $AgNO_3$

최종 혼합물에는 102 g의 AgBr(s)와 7.7 g의 $AgNO_3$가 포함되어 있을 것이다.

실습 문제 11.8

4.0 g의 수소와 160 g의 염소로부터 얻을 수 있는 염화 수소는 몇 그램인가? 균형 맞춘 반응식은 다음과 같다.

$$H_2(g) + Cl_2(g) \longrightarrow 2\ HCl(g)$$

실습 문제 11.9

300.0 g의 질산 바륨과 145.0 g의 황산 소듐으로부터 생성되는 황산 바륨은 몇 그램인가? 균형 맞춘 반응식은 다음과 같다.

$$Ba(NO_3)_2(aq) + Na_2SO_4(aq) \longrightarrow BaSO_4(s) + 2\ NaNO_3(aq)$$

화학 반응식으로부터 계산한 생성물의 양은 반응식으로 나타낸 반응에서 얻을 수 있는 생성물의 최대 수득량(100%)을 나타낸다. 많은 반응, 특히 유기물을 포함하는 반응들은 생성물을 100%의 수득량으로 제공하지 못한다. 주 생성물 이외에 다른 생성물을 만드는 부반응과 많은 반응이 가역적이기 때문이다. 또한 일부 생성물은 취급 과정 및 한 용기에서 다른 용기로 이송하는 과정에서 손실될 수 있다. 반응물의 **이론적 수득량(theoretical yield)**은 화학 반응식에 따라 주어진 양의 반응물로부터 얻을 수 있는 생성물의 계산된 양이다. **실제 수득량(actual yield)**은 최종적으로 얻는 생성물의 양이다.

백분율 수득률(percent yield)은 이론적 수득량에 대한 실제 수득량의 비에 100을 곱한 값이다. 백분율을 얻기 위해서는 이론적 수득량과 실제 수득량의 단위가 같아야 한다.

$$\frac{\text{실제 수득량}}{\text{이론적 수득량}} \times 100 = \text{백분율 수득률}$$

예를 들어, 반응에 대한 이론적 수득량이 14.8 g이고, 얻은 생성물의 양이 9.25 g이라면, 백분율 수득률은 다음과 같다.

$$\text{백분율 수득률} = \left(\frac{9.25\ \cancel{g}}{14.8\ \cancel{g}}\right)(100) = 62.5\%\ \text{수득률}$$

교과 과정에 따라 적절하게 반올림하라.

예제 11.13

100. g의 이황화 탄소를 100. g의 염소와 반응시켜 사염화 탄소(CCl_4)를 만들었다. 다음 반응식을 이용하여 사염화 탄소 65.0 g을 얻었을 때 백분율 수득률을 계산하시오.

$$CS_2 + 3\ Cl_2 \longrightarrow CCl_4 + S_2Cl_2$$

풀이

읽기 **알려진 값:** 100. g CS_2

100. g Cl_2

CCl_4 65.0 g을 얻었음

$CS_2 + 3\ Cl_2 \longrightarrow CCl_4 + S_2Cl_2$

구하는 값: CCl_4의 백분율 수득률

계획 백분율 수득률 계산식을 사용한다.

$$\frac{\text{실제 수득량}}{\text{이론적 수득량}} \times 100 = \text{백분율 수득률}$$

이론적 수득량을 결정한다. 각 반응물로부터 생성되는 CCl_4의 그램 수를 계산한다.

반응물의 그램 수 ⟶ 반응물의 몰수 ⟶ CCl_4의 몰수 ⟶ CCl_4의 그램 수

계산 CS_2를 기준

$$(100.\ \cancel{g\ CS_2})\left(\frac{1\ \cancel{mol\ CS_2}}{76.15\ \cancel{g\ CS_2}}\right)\left(\frac{1\ \cancel{mol\ CCl_4}}{1\ \cancel{mol\ CS_2}}\right)\left(\frac{153.8\ g\ CCl_4}{1\ \cancel{mol\ CCl_4}}\right) = 202\ g\ CCl_4$$

Cl_2를 기준

$$(100.\ \cancel{g\ Cl_2})\left(\frac{1\ \cancel{mol\ Cl_2}}{70.90\ \cancel{g\ Cl_2}}\right)\left(\frac{1\ \cancel{mol\ CCl_4}}{3\ \cancel{mol\ Cl_2}}\right)\left(\frac{153.8\ g\ CCl_4}{1\ \cancel{mol\ CCl_4}}\right) = 72.3\ g\ CCl_4$$

한계 반응물을 결정한다. Cl_2가 CS_2보다 더 적은 양의 CCl_4를 생성하므로 한계 반응물은 Cl_2이며, CS_2는 과량이다. CCl_4의 이론적 수득률은 72.3 g이다. 백분율 수득률을 계산한다.

$$\frac{\text{실제 수득량}}{\text{이론적 수득량}} \times 100 = \left(\frac{65.0\ \cancel{g}}{72.3\ \cancel{g}}\right)(100) = 89.9\%\ \text{수득률}$$

예제 11.14

100.0 g의 염화 마그네슘과 적당한 양의 질산 은을 반응시켜 염화 은을 만들었다. 다음 반응식을 이용하여 275.0 g의 염화 은을 얻었을 때의 백분율 수득률을 계산하시오.

$$MgCl_2 + 2\ AgNO_3 \longrightarrow Mg(NO_3)_2 + 2\ AgCl$$

풀이

읽기 **알려진 값:** 100.0 g $MgCl_2$

275.0 g AgCl

$MgCl_2 + 2\ AgNO_3 \longrightarrow Mg(NO_3)_2 + 2\ AgCl$

구하는 값: AgCl의 백분율 수득률

계획 백분율 수득률 계산식을 사용한다.

$$\frac{\text{실제 수득량}}{\text{이론적 수득량}} \times 100 = \text{백분율 수득률}$$

이론적 수득량을 계산한다. 생성되는 AgCl의 그램 수를 계산한다.

$MgCl_2$의 그램 수 ⟶ $MgCl_2$의 몰수 ⟶ AgCl의 몰수 ⟶ AgCl의 그램 수

계산 균형 맞춘 반응식의 몰비는 다음과 같다.

$$(100.0\ \cancel{g\ MgCl_2})\left(\frac{1\ \cancel{mol\ MgCl_2}}{95.2\ \cancel{g\ MgCl_2}}\right)\left(\frac{2\ \cancel{mol\ AgCl}}{1\ \cancel{mol\ MgCl_2}}\right)\left(\frac{143.3\ g\ AgCl}{1\ \cancel{mol\ AgCl}}\right)$$

$$= 301.0\ g\ AgCl$$

AgCl의 이론적 수득량은 301.0 g이다.

백분율 수득률을 계산한다.

$$\frac{\text{실제 수득량}}{\text{이론적 수득량}} \times 100 = \left(\frac{275.0\ g}{301.0\ g}\right)(100) = 91.36\%\ \text{수득률}$$

실습 문제 11.10

225 g의 산화 크로뮴(II)를 125 g의 알루미늄과 가열하여 산화 알루미늄을 생성하였다. 100.0 g의 산화 알루미늄을 얻었을 때의 백분율 수득률을 계산하시오. 균형 맞춘 반응식은 다음과 같다.

$$2\ Al + 3\ CrO \longrightarrow Al_2O_3 + 3\ Cr$$

11장 복습

11.1 화학량론 소개

중요 용어: 화학량론 | 몰질량 | 몰비

- 화학량론에 관한 문제에서는 몰과 몰비의 사용이 요구된다.
- 화학량론 문제 풀기:
  - 출발 물질의 양을 몰수로 변환한다.
  - 출발 물질의 몰수를 구하고자 하는 물질의 몰수로 변환한다.
  - 구하고자 하는 물질의 몰수를 문제에서 명시한 단위로 변환한다.

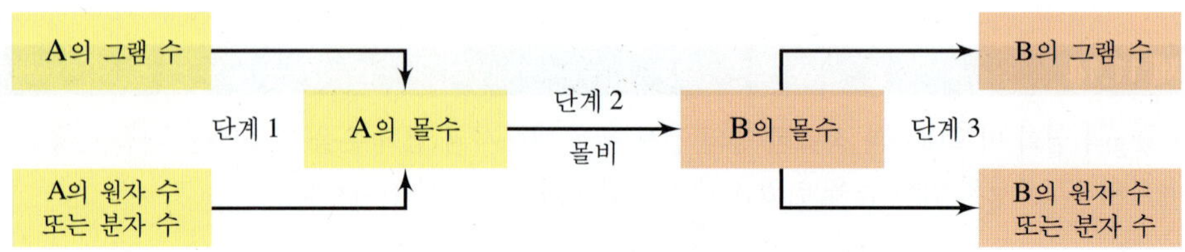

11.2 몰-몰 계산

- 출발 물질이 몰로 주어지고 답에서 요구되는 단위가 몰인 경우:
  - 출발 물질의 몰수를 구하고자 하는 물질의 몰수로 변환한다.

11.3 몰-질량 계산

- 출발 물질이 몰로 주어지고 답에서 요구되는 단위가 그램인 경우:
  - 출발 물질의 몰수를 구하고자 하는 물질의 몰수로 변환한다.
  - 구하고자 하는 물질의 몰수를 그램 수로 변환한다.

11.4 질량-질량 계산

- 출발 물질이 그램으로 주어지고 정답에서 요구되는 단위가 그램일 때:
  - 출발 물질의 양을 몰수로 변환한다.
  - 출발 물질의 몰수를 구하고자 하는 물질의 몰수로 변환한다.
  - 구하고자 하는 물질의 몰수를 그램 수로 변환한다.

11.5 한계 반응물과 수득량 계산

중요 용어: 한계 반응물 | 이론적 수득량 | 실제 수득량 | 백분율 수득률

- 반응에서 한계 반응물 확인하기
  - 각 반응물로부터 생성된 생성물의 양을 계산한다.
  - 가장 적은 양의 생성물을 만드는 반응물을 한계 반응물로 결정한다.
- 한계 반응물이 존재하는 상황에서 생성된 생성물의 실제 양 결정하기
  - 계산된 생성물의 양 중 가장 적은 것을 선택한다.
- 한계 반응물과 반응하는 데 필요한 다른 반응물들의 양 결정하기
  - 한계 반응물과 반응하는 데 필요한 다른 반응물의 양을 계산한다.
  - 반응하지 않고 남아 있는 과량 반응물의 양을 구하기 위해 원래 양에서 이 양을 뺀다.
- 화학적 반응의 이론적 수득량은 주어진 반응물(한계 반응물)의 양으로부터 얻을 수 있는 생성물의 계산된 양이다.
- 실제 수득량은 실제로 실험적으로 얻은 생성물의 양이다.
- 백분율 수득률은 다음과 같다.

$$\frac{\text{실제 수득량}}{\text{이론적 수득량}} \times 100 = \text{백분율 수득률}$$

복습 질문

1. 몰질량이란 무엇인가?
2. 화학 반응에서 몰비를 계산하는 데 필요한 정보는 무엇인가?
3. 포스핀(PH_3)은 인화 칼슘(Ca_3P_2)의 반응을 통해 얻을 수 있다:

$$Ca_3P_2 + 6\ H_2O \longrightarrow 3\ Ca(OH)_2 + 2\ PH_3$$

이 반응식에 의해 다음 중 옳은 설명을 고르고 답을 뒷받침할 근거를 제시하시오.
(a) 1 mol의 Ca_3P_2는 2 mol의 PH_3를 생성한다.
(b) 1 g의 Ca_3P_2는 2 g의 PH_3를 생성한다.
(c) 2 mol의 PH_3가 생성될 때마다 $Ca(OH)_2$는 3 mol 생성된다.
(d) 포스핀과 인화 칼슘의 몰비는 $\frac{2\ \text{mol}\ PH_3}{1\ \text{mol}\ Ca_3P_2}$이다.
(e) 2.0 mol의 Ca_3P_2와 3.0 mol의 H_2O가 반응할 때, 4.0 mol의 PH_3가 생성된다.
(f) 2.0 mol의 Ca_3P_2와 15.0 mol의 H_2O가 반응할 때, 6.0 mol의 $Ca(OH)_2$가 생성된다.
(g) 200. g의 Ca_3P_2와 100. g의 H_2O가 반응할 때, Ca_3P_2가 한계 반응물이다.
(h) 200. g의 Ca_3P_2와 100. g의 H_2O가 반응할 때, PH_3의 이론적 수득량은 57.4 g이다.
4. 사이안화 수소의 상업적인 제조에 사용되는 반응을 반응식으로 나타내면 다음과 같다.

$$2\ CH_4 + 3\ O_2 + 2\ NH_3 \longrightarrow 2\ HCN + 6\ H_2O$$

이 반응식에 의해 다음 중 옳은 설명을 고르고 설명이 틀린 부분을 바르게 고쳐 쓰시오.
(a) 2 mol의 NH_3가 반응하는 데 3 mol의 O_2가 필요하다.
(b) 16 mol의 O_2가 반응할 때마다 12 mol의 HCN이 생성된다.
(c) H_2O와 CH_4의 몰비는 $\frac{6\ \text{mol}\ H_2O}{2\ \text{mol}\ CH_4}$이다.
(d) 12 mol의 HCN이 생성될 때, 4mol의 H_2O가 생성된다.
(e) 10 mol의 CH_4와 10 mol의 O_2 그리고 10mol의 NH_3가 혼합하여 반응할 때, O_2가 한계 반응물이다.
(f) CH_4와 O_2 그리고 NH_3 각 3 mol이 혼합하여 반응할 때 3 mol의 HCN이 생성된다.
5. 반응물이 몰로 주어지고 생성물을 그램으로 나타내야 할 때 몰비 이외에 필요한 정보는 무엇인가?
6. 다음의 각 반응에 대해 필요한 단계의 순서를 선택하라. 그러면 질문에 주어진 정보에 따라 필요한 단계를 인식하는 데 도움이 될 것이다.
(a) $HgS + O_2 \longrightarrow Hg + SO_2$

한 화학자가 HgS를 100. g의 무게를 달고 적절한 조건에서 연소시켰다. 그렇다면 이산화 황의 이론적 수득량은 몇 몰인가?
1) HgS의 그램 수 ⟶ HgS의 몰수 ⟶ SO_2의 그램 수 ⟶ SO_2의 몰수
2) HgS의 그램 수 ⟶ HgS의 몰수 ⟶ SO_2의 몰수
3) HgS의 그램 수 ⟶ SO_2의 그램 수 ⟶ SO_2의 몰수
4) HgS의 그램 수 ⟶ O_2의 그램 수 ⟶ O_2의 몰수 ⟶ SO_2의 몰수

(b) $K_2O + H_2O \longrightarrow 2\ KOH$

반응 조건에서 과량의 물이 25.0 g의 K_2O와 혼합되었을 때 생성물의 이론적 질량은 얼마인가?
1) K_2O의 그램 수 × 2 ⟶ KOH의 그램 수
2) K_2O의 그램 수 ⟶ KOH의 몰수 ⟶ KOH의 그램 수
3) K_2O의 그램 수 ⟶ K_2O의 몰수 ⟶ KOH의 그램 수
4) K_2O의 그램 수 ⟶ K_2O의 몰수 ⟶ KOH의 몰수 ⟶ KOH의 그램 수

(c) 5.00 g의 마그네슘 스트립을 H_2SO_4가 들어있는 비커에 넣었다. 마그네슘 스트립을 완전히 반응시키고 5.97 g의 $MgSO_4$를 회수하였다. 회수된 황산마그네슘의 백분율 수득률은 얼마인가?
1) Mg의 그램 수 ⟶ $MgSO_4$의 이론적 그램 수 ⟶ 백분율 수득률
2) Mg의 그램 수 ⟶ Mg의 몰수 ⟶ 회수된 $MgSO_4$의 그램 수 ⟶ 백분율 수득률
3) Mg의 그램 수 ⟶ Mg의 몰수 ⟶ $MgSO_4$의 몰수 ⟶ $MgSO_4$의 이론적 그램 수 ⟶ 백분율 수득률
4) 회수된 $MgSO_4$의 그램 수 ⟶ $MgSO_4$의 몰수 ⟶ Mg의 몰수 ⟶ 백분율 수득률

7. 인산 칼슘 10 g으로부터 생성되는 포스핀의 그램을 계산하는 데 필요한 변환을 나타내는 흐름도를 그리시오.

$$Ca_3P_2 + 6\ H_2O \longrightarrow 2\ PH_3 + 3\ Ca(OH)_2$$

8. 화학 반응의 이론적 수득량과 실제 수득량의 차이점은 무엇인가?
9. 반응의 백분율 수득률은 어떻게 계산하는가?

짝으로 된 연습 문제

푸른색 숫자로 되어 있는 모든 연습 문제의 답은 부록 5에 있다.

1. 다음 각 양에 대한 몰수를 계산하시오.
(a) 25.0 g $CuSO_4$
(b) 15 millimol NaOH
(c) 5.4×10^2 g $K_2C_2O_4$
(d) 49 mL H_2SO_4 용액
(d = 1.727 g/mL, 질량비로 80.0% H_2SO_4)

2. 다음 각 양에 대한 몰수를 계산하시오.
(a) 2.10 kg $Mg(HCO_3)_2$
(b) 410 mg $ZnCl_2$
(c) 9.8×10^{24}개의 O_2 분자
(d) 25 mL 메틸알코올(CH_3OH) (d = 0.792 g/mL)

3. 다음 각 양에 대한 그램 수를 계산하시오.
(a) 1.84 mol $Fe(OH)_3$
(b) 125 kg $CaCO_3$
(c) 13.7 mol NH_3
(d) 72 millimol HCl
(e) 400.0 mL의 액체 Br_2 (d = 3.119 g/mL)

4. 다음 각 양에 대한 그램 수를 계산하시오.
(a) 0.00844 mol $NiSO_4$
(b) 0.0600 mol $HC_2H_3O_2$
(c) 0.725 mol Bi_2S_3
(d) 4.50×10^{21}개의 글루코스($C_6H_{12}O_6$) 분자
(e) 75 mL K_2CrO_4 용액
(d = 1.175 g/mL, 질량비로 20.0% K_2CrO_4)

5. 10.0 g의 NaCl과 10.0 g의 NaOH 중 어느 것이 더 많은 분자 수를 포함하는가? 답에 대한 근거를 제시하시오.

6. 10.0 g의 HCl과 8.0 g의 $C_6H_{12}O_6$ 중 어느 것이 더 많은 분자 수를 포함하는가? 답에 대한 근거를 제시하시오.

7. 슈크로스 합성에 대한 다음 반응식의 균형을 맞추시오.

$$CO_2 + H_2O \longrightarrow C_{12}H_{22}O_{11} + O_2$$

다음의 몰비를 쓰시오.
(a) CO_2 대 H_2O
(b) H_2O 대 $C_{12}H_{22}O_{11}$
(c) O_2 대 CO_2
(d) $C_{12}H_{22}O_{11}$ 대 CO_2
(e) H_2O 대 O_2
(f) O_2 대 $C_{12}H_{22}O_{11}$

8. 뷰탄올 연소에 대한 다음 반응식의 균형을 맞추시오.

$$C_4H_9OH + O_2 \longrightarrow CO_2 + H_2O$$

다음의 몰비를 쓰시오.
(a) O_2 대 C_4H_9OH
(b) H_2O 대 O_2
(c) CO_2 대 H_2O
(d) C_4H_9OH 대 CO_2
(e) H_2O 대 C_4H_9OH
(f) CO_2 대 O_2

9. 다음과 같이 균형이 맞지 않은 반응식이 있다.

$$CO_2 + H_2 \longrightarrow CH_4 + H_2O$$

(a) 5 mol의 이산화 탄소로부터 생성되는 물은 몇 몰인가?
(b) 12 mol의 물이 생성되면 CH_4는 몇 몰 생성되는가?

10. 다음과 같이 균형이 맞지 않은 반응식이 있다.

$$Na_2CO_3 + HCl \longrightarrow NaCl + CO_2 + H_2O$$

(a) 10 mol의 HCl과 반응하는 Na_2CO_3는 몇 몰인가?
(b) 11 mol의 Na_2CO_3가 반응할 때 생성되는 NaCl은 몇 몰인가?

11. 다음 반응식을 보고 질문에 답하시오.

$$MnO_2\ (s) + HCl\ (aq) \longrightarrow Cl_2\ (g) + MnCl_2\ (aq) + H_2O\ (l)$$

(균형 맞지 않음)

(a) 1.33 mol의 MnO_2와 반응하여 생성되는 HCl은 몇 몰인가?
(b) 1.25 mol의 H_2O가 생성될 때 $MnCl_2$는 몇 몰이 생성되는가?
(c) 2.63 mol의 MnO_2가 과량의 HCl과 반응할 때 Cl_2 몇 그램이 생성되는가?
(d) 20.0 kg의 $MnCl_2$를 만들기 위해서 필요한 HCl은 몇 몰인가?

12. 다음 반응식을 보고 질문에 답하시오.

$$Al_4C_3 + 12\ H_2O \longrightarrow 4\ Al(OH)_3 + 3\ CH_4$$

(a) 100. g의 Al_4C_3와 반응하는 데 필요한 물은 몇 몰인가?
(b) 0.600 mol의 CH_4가 생성될 때 $Al(OH)_3$는 몇 몰이 생성되는가?
(c) 275 g의 Al_4C_3가 과량의 물과 반응할 때 생성되는 CH_4는 몇 몰인가?
(d) 4.22 mol의 $Al(OH)_3$를 만드는 데 필요한 물은 몇 그램인가?

13. 탄산염은 산과 반응하여 소금, 물, 이산화 탄소 가스를 형성한다. 80.0 g의 탄산 칼슘이 염산과 충분히 반응하면 염화 칼슘은 몇 그램이 생성되는가? (먼저 균형 맞춘 반응식을 쓰시오.)

14. 특정 금속은 수소 기체와 염을 생성하기 위해 산으로부터 수소를 대체할 수 있다. 브로민화수소산에 53.9 g의 알루미늄 금속을 넣으면 몇 그램의 브로민화 알루미늄이 생성되는가? (먼저 균형 맞춘 반응식을 쓰시오.)

15. 용광로에서 산화 철(III)은 코크스(탄소)와 반응하여 녹은 철과 일산화 탄소를 생성한다.

$$Fe_2O_3 + 3\ C \xrightarrow{\Delta} 2\ Fe + 3\ CO$$

112 kg의 Fe_2O_3로부터 몇 kg의 철이 생성되는가?

16. 산화 철(Fe_3O_4) 375 g을 생성하기 위해 수증기와 철이 몇 그램 반응해야 하는가?

$$3\ Fe\ (s) + 4\ H_2O \xrightarrow{\Delta} Fe_3O_4\ (s) + 4\ H_2\ (g)$$

17. 전기 변압기의 대량 생산에 주로 사용되는 폴리염소화 바이페닐(PCBs)은 환경과 건강에 해로운 물질이다. PCBs는 환경에서 매우 천천히 분해하며, 분해하는 반응식은 다음과 같다.

$$2\ C_{12}H_4Cl_{16} + 23\ O_2 + 2\ H_2O \longrightarrow 24\ CO_2 + 12\ HCl$$

(a) 10.0 mol의 O_2와 모두 반응하는 데 필요한 물은 몇 몰인가?
(b) 21.6 mol의 H_2O가 반응할 때 HCl은 몇 그램이 생성되는가?
(c) 76.5 g의 HCl이 생성될 때 CO_2는 몇 몰이 생성되는가?
(d) 115.27 g의 CO_2가 생성될 때 $C_{12}H_4Cl_{16}$은 몇 그램이 반응하는가?
(e) 2.5 kg의 $C_{12}H_4Cl_{16}$가 반응할 때 HCl은 몇 그램이 생성되는가?

18. 수은은 다음 반응에 의해 광석으로부터 분리될 수 있다.

$$4\ HgS + 4\ CaO \longrightarrow 4\ Hg + 3\ CaS + CaSO_4$$

(a) 1.6 mol의 CaO로부터 몇 몰의 CaS가 생성되는가?
(b) 4.25 mol의 $CaSO_4$와 함께 생성되는 Hg는 몇 그램인가?
(c) 42.5 g의 HgS와 반응하는데 필요한 CaO는 몇 몰인가?
(d) 35.5 g의 HgS로부터 생성되는 Hg는 몇 그램인가?
(e) 4.75 kg의 Hg와 함께 생성되는 CaS는 몇 그램인가?

19. 다음 각 반응에서 생성되는 생성물 분자들을 그림으로 나타내고, 어떤 물질이 한계 반응물인지 결정하시오.

(a)

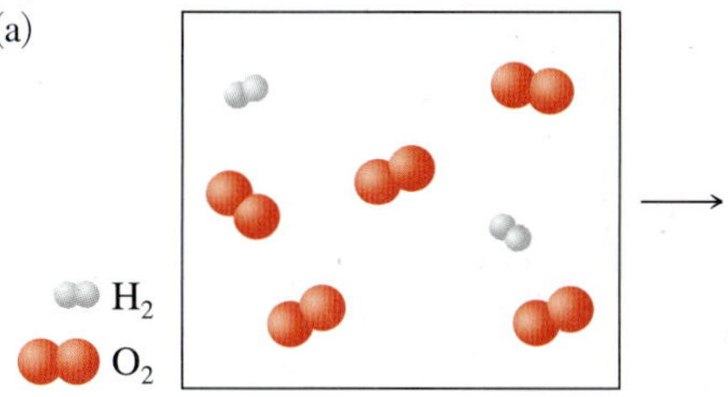

(b)

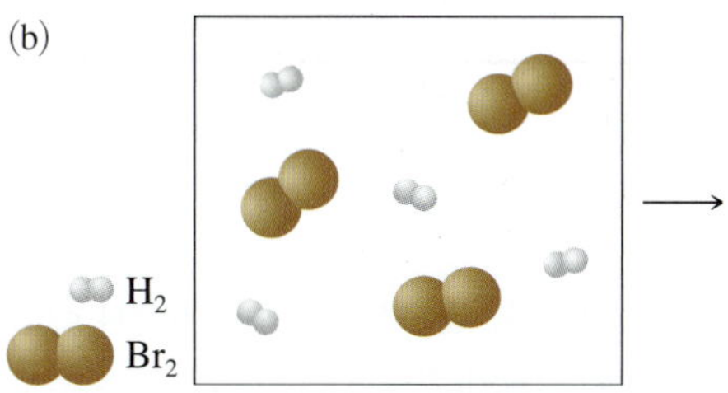

20. 다음 각 반응에서 생성되는 생성물 분자들을 그림으로 나타내고, 어떤 물질이 한계 반응물인지 결정하시오.

(a)

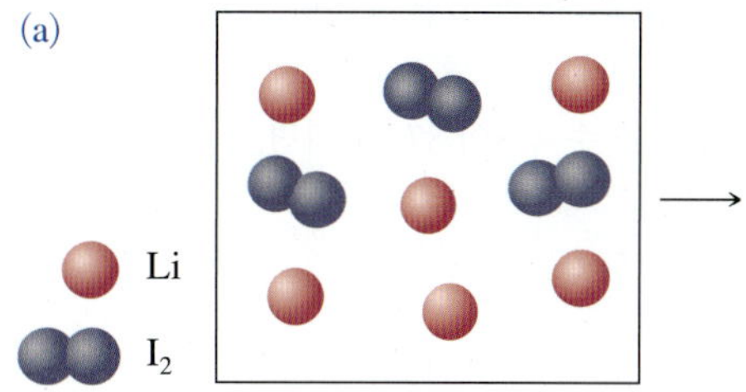

(b)

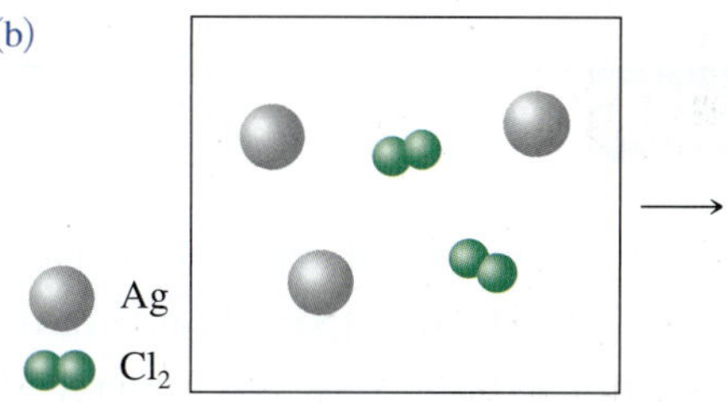

21. 다음 반응에 대하여 문제 19와 유사한 그림을 그리고, 한계 반응물은 어느 것인지 결정하시오.

(a) 8개의 포타슘 원자가 5개의 염소 분자와 반응하여 염화 포타슘을 생성한다.
(b) 10개의 알루미늄 원자가 3개의 산소 문자와 반응하여 산화 알루미늄을 생성한다.

22. 다음 반응에 대하여 문제 20과 유사한 그림을 그리고, 한계 반응물은 어느 것인지 결정하시오.

(a) 8개의 질소 분자와 6개의 산소 분자가 반응하여 이산화 질소를 생성한다.
(b) 15개의 철 원가와 12개의 물 분자가 반응하여 산화 철(Fe_3O_4)과 수소를 생성한다.

23. 다음 각 반응식에서 어느 반응물이 한계 반응물이고, 어느 반응물이 과량인지 결정하시오. 각 반응물의 양은 화학식 아래에 나타내었다. 그 이유도 제시하시오.

(a) $\underset{45.0\ g}{KOH} + \underset{47.0\ g}{HNO_3} \longrightarrow KNO_3 + H_2O$

(b) $\underset{100.0\ g}{2\ NaOH} + \underset{100.0\ g}{H_2SO_4} \longrightarrow Na_2SO_4 + H_2O$

24. 다음 반응식에서 어느 반응물이 한계 반응물이고, 어느 반응물이 과량인지 결정하시오. 각 반응물의 양은 화학식 아래에 나타내었다. 그 이유도 제시하시오.

(a) $\underset{40.0\ g}{2\ Bi(NO_3)_3} + \underset{7.00\ g}{2\ H_2S} \longrightarrow Bi_2S_3 + 6\ HNO_3$

(b) $\underset{20.0\ g}{3\ Fe} + \underset{8.0\ g}{4\ H_2O} \longrightarrow Fe_3O_4 + 4\ H_2$

25. 산업체에서 많이 사용되는 황산 알루미늄은 수산화 알루미늄과 황산과의 반응에 의해 만들어진다.

$$2\ Al(OH)_3 + 3\ H_2SO_4 \longrightarrow Al_2(SO_4)_3 + 6\ H_2O$$

(a) $Al(OH)_3$ 45.0 g과 H_2SO_4 45.0 g을 반응시킬 때, $Al_2(SO_4)_3$는 몇 몰이 생성되는가? 한계 반응물은 어느 것인가?
(b) H_2SO_4 50.0 g과 $Al(OH)_3$ 30.0 g을 반응시킬 때, $Al_2(SO_4)_3$는 몇 그램이 생성되는가? 과량 반응물은 어느 것인가?
(c) 반응 용기에서 $Al(OH)_3$ 2.5 mol과 H_2SO_4 5.5 mol이 반응하고 있다. 반응이 완전히 끝난 후 용기 속에는 어떤 물질이 존재하고 있는가? 각 물질의 몰수를 구하시오.

26. 살충제와 제초제의 대량 생산을 위한 전구체인 삼염화 인은 인과 염소의 반응에 의해 생성된다.

$$P_4 + 6\ Cl_2 \longrightarrow 4\ PCl_3$$

(a) P_4 20.5 g과 Cl_2 20.5 g이 반응할 때, PCl_3은 몇 몰이 생성되는가?
(b) Cl_2 55 g이 P_4 25 g과 반응할 때, PCl_3은 몇 그램이 생성되는가? 과량 반응물은 어느 것인가?
(c) 반응 용기에서 P_4 15 mol과 Cl_2 35 mol이 반응하고 있다. 반응이 완전히 끝난 후 용기 속에는 어떤 물질이 존재하고 있는가? 각 물질의 몰수를 구하시오.

27. 분자식이 X_4인 어떤 비금속 물질이 공기 중에서 연소하여 X_4O_{10}이 생성되었다. 이 반응에 대하여 균형 맞춘 반응식을 쓰시오. 만약 X_4 4.5 g이 산소 기체 12.0 g과 완전 연소된다면, 원소 X는 무엇인가?

28. 어떤 금속 X가 HCl과 반응한 결과 XCl_2와 H_2가 생성되었다. 이 반응의 균형 맞춘 반응식을 쓰시오. 이 금속 78.5 g이 완전히 반응하여 2.42 g의 수소 기체를 얻었다면, 원소 X는 무엇인가?

29. 이산화 규소 또는 모래를 탄소로 환원하면 원소인 규소가 생성될 수 있다.

$$SiO_2 + 2\ C \longrightarrow Si + 2\ CO$$

SiO_2 25.0 kg을 탄소 15.2 kg과 반응시켜서 규소 9.8 kg을 회수하였다면, 이 반응의 백분율 수득률은 얼마인가?

30. 크로뮴 금속은 Cr_2O_3를 규소로 환원하여 얻는다.

$$2\ Cr_2O_3 + 3\ Si \longrightarrow 4\ Cr + 3\ SiO_2$$

만약 Cr_2O_3 480.0 g이 규소 276.0 g과 반응하여 크로뮴 금속 301.6 g을 얻었다면, 백분율 수득률은 얼마인가?

31. 실험실에서 Cu 27.5 g을 HNO_3 125 g과 반응시켰다.

$$3\ Cu + 8\ HNO_3 \longrightarrow 3\ Cu(NO_3)_2 + 4\ H_2O + 2\ NO$$

(a) 이론적으로 $Cu(NO_3)_2$가 몇 그램 생성되는가?

(b) 남아 있는 과량의 반응물은 몇 그램인가?

(c) $Cu(NO_3)_2$의 백분율 수득률이 87.3%라면, 실제 수득량은 몇 그램인가?

32. 수용액에서 금속 산화물은 산과 반응하여 염과 물을 생성한다.

$$Fe_2O_3(s) + 6\ HCl(aq) \longrightarrow 2\ FeCl_3(aq) + 3\ H_2O(l)$$

(a) Fe_2O_3 35 g이 HCl 35 g과 반응할 때 얻어지는 각 생성물은 몇 몰인가?

(b) (a)와 같은 조건에서 남아있는 과량의 반응물은 몇 그램인가?

(c) $FeCl_3$의 백분율 수득률이 92.5%라면, 실제 수득량은 몇 그램인가?

추가 연습 문제

33. 한 개의 문구 세트에는 펜 2자루, 연필 4자루, 지우개 1개, 연필깎이 1개가 들어 있다. 제조사에서 펜 1200자루, 연필 1800자루, 지우개 600개, 연필깎이 500개를 재고로 가지고 있다면, 500개의 문구 세트 주문을 준비할 수 있겠는가? 간단히 설명하시오.

34. 글루코스($C_6H_{12}O_6$)를 에틸 알코올(C_2H_5OH)과 CO_2로 발효시키는 균형 맞춘 반응식을 쓰시오. 360 kg의 포도당으로 몇 리터의 에틸 알코올(d = 0.789 g/mL)을 생성할 수 있는가?

35. 질량–질량 계산에서 출발 물질의 그램 수를 출발 물질의 몰수로 변환한 수, 출발 물질의 몰수로부터 생성물의 몰수를 결정하고, 생성물의 몰수를 생성물의 그램으로 변환할 필요가 있는 이유는 무엇인가? 왜 출발 물질의 그램 수로부터 생성물의 그램 수를 직접 계산할 수 없는가?

36. 응급 상황에서 O_2를 생성하기 위한 산소마스크에는 과산화 포타슘이 포함되어 있다. 이것은 다음 반응식에 의하여 반응한다.

$$4\ KO_2 + 2\ H_2O + 4\ CO_2 \longrightarrow 4\ KHCO_3 + 3\ O_2$$

(a) 산소마스크를 쓰고 있는 사람이 숨을 내쉴 때 분당 0.85 g의 CO_2가 배출된다면, 10.0분간 소모되는 KO_2의 몰수는 얼마인가?

(b) 1.0시간 동안 생성되는 산소는 몇 그램인가?

37. 슈크로스($C_{12}H_{22}O_{11}$)는 농축된 H_2SO_4가 존재할 때 탈수 과정을 거치며 탄소와 물을 생성한다.

$$C_{12}H_{22}O_{11} \xrightarrow{H_2SO_4} 12\ C + 11\ H_2O$$

(a) 680.0 g의 슈크로스로부터 생성될 수 있는 탄소와 물은 각각 몇 그램인가?

(b) 만약 35.0 g의 슈크로스를 탈수시키면 밀도 0.994 g/mL인 액체 상태의 물은 몇 그램이 얻어지는가?

38. Alfred Nobel은 나이트로글리세린에 대한 Sobrero의 연구를 확장하여 나이트로글리세린이 규조토와 섞이면 안정적인 혼합물이 형성된다는 것을 발견했다. 이 혼합물이 오늘날 알려진 다이너마이트이다. 나이트로글리세린의 반응은 다음과 같다.

$$4\ C_3H_5(NO_3)_3(l) \longrightarrow 12\ CO_2(g) + 10\ H_2O(g) + 6\ N_2(g) + O_2(g)$$

(a) 나이트로글리세린 65.0 g의 분해에 의해 생성되는 각 생성물의 그램 수를 계산하시오.

(b) 생성되는 기체의 총 몰수를 계산하시오.

39. 에틸 알코올(CH_3CH_2OH)은 산소 기체와 결합하여 이산화 탄소와 물을 생성한다. 50 mL의 에틸 알코올(d = 0.789 g/mL)이 모두 연소하는 데 필요한 산소는 몇 그램인가?

40. 하이드라진(N_2H_4)과 과산화 수소(H_2O_2)는 로켓의 추진체로 사용된다. 이들은 다음 반응식에 의하여 반응한다.

$$7\ H_2O_2 + N_2H_4 \longrightarrow 2\ HNO_3 + 8\ H_2O$$

(a) 75 kg의 하이드라진이 반응할 때 질산 몇 그램이 생성되는가?

(b) 250 L의 과산화 수소(d = 1.41 g/mL)가 반응할 때 물 몇 그램이 생성되는가?

(c) 과산화 수소 725 g과 반응하기 위해 필요한 하이드라진은 몇 그램인가?

(d) 하이드라진 750 g이 과산화 수소 125 g과 결합할 때 생성되

는 물은 몇 그램인가?

(e) (d)와 같은 조건에서 반응하지 않고 남아 있는 과량의 반응물은 몇 그램인가?

41. 염소 기체는 다음 반응에 의해 만들 수 있다.

$$16\ HCl + 2\ KMnO_4 \longrightarrow 5\ Cl_2 + 2\ KCl + 2\ MnCl_2 + 8\ H_2O$$

(a) $KMnO_4$ 25 g이 HCl 85 g과 혼합되었을 때 생성되는 $MnCl_2$는 몇 몰인가?

(b) 75 g의 KCl이 만들어질 때 생성되는 물은 몇 그램인가?

(c) 만약 150 g의 HCl이 반응하여 75 g의 Cl_2가 생성되었다면, Cl_2의 백분율 수득률은 얼마인가?

(d) HCl 25 g이 $KMnO_4$ 25 g과 반응할 때, Cl_2는 몇 그램 생성되는가?

(e) (d)와 같은 조건에서 반응하지 않고 남아 있는 과량의 반응물은 몇 그램인가?

42. 황화 수소(썩은 달걀 냄새)와 산소가 존재할 때 은이 변색되어 황화 은이 되는 반응은 다음과 같다.

$$4\ Ag + 2\ H_2S + O_2 \longrightarrow 2\ Ag_2S + 2\ H_2O$$

(a) Ag 3.2 g, H_2S 0.34 g, O_2 0.2 g 혼합물로부터 생성될 수 있는 황화 은은 몇 그램인가?

(b) Ag가 완전히 반응하기 위해 더 필요한 H_2S는 몇 그램인가?

43. 인간은 오래전에 불에서 나온 재로 요리 후에 남은 지방을 요리함으로써 비누를 만들 수 있다는 것을 발견했다. 이것은 재가 함유하고 있는 수산화 포타슘이 지방에 들어 있는 트라이글리세라이드와 반응하기 때문이다. 이 과정의 화학 반응은 다음과 같다.

$$\underset{\text{(트라이글리세라이드)}}{C_3H_5(C_{15}H_{31}CO_2)_3} + 3\ KOH \longrightarrow C_3H_5(OH)_3 + 3\ \underset{\text{(비누)}}{C_{15}H_{31}CO_2K}$$

만약 300.0 g의 트라이글리세라이드가 300.0 g의 수산화 포타슘과 반응하여 203.7 g의 비누가 만들어졌다면, 이 반응의 백분율 수득률은 얼마인가?

44. 2A족 금속 산화물은 물과 반응하여 수산화물을 생성한다. CaO 46.34 g을 물(d = 1.000 g/mL) 125 mL에 넣었을 때 몇 그램의 $Ca(OH)_2$가 생성되는가?

45. 질산 납(II) 용액과 크로뮴산 소듐 용액을 혼합하면 노란색 침전물이 형성된다.

(a) 이 반응에 대한 균형 맞춘 반응식을 쓰고, 모든 물질의 상태도 함께 나타내시오.

(b) 질산 납(II) 26.41 g을 크로뮴산 소듐 18.33 g과 혼합하여 21.23. g의 고체를 얻었다면, 백분율 수득률은 얼마인가?

46. 에틸 알코올이 연소하면 이산화 탄소와 물이 생긴다.

$$C_2H_5OH + 3\ O_2 \longrightarrow 2\ CO_2 + 3\ H_2O$$

(a) 밀폐 용기 속에서 C_2H_5OH 2.5 mol이 O_2 7.5 mol과 완전히 반응했을 때, 용기 속에는 어떤 물질이 각각 몇 몰씩 존재하는가?

(b) C_2H_5OH 225 g이 연소하였을 때 생성되는 CO_2와 H_2O는 각각 몇 그램인가?

47. 염산이 들어있는 비커에 아연 180.0 g을 떨어트렸다. 반응이 멈춘 후 반응하지 않은 아연 35 g이 비커에 남아 있었다.

$$Zn + HCl \longrightarrow ZnCl_2 + H_2$$

(a) 생성된 수소 기체는 몇 그램인가?

(b) 반응한 HCl은 몇 그램인가?

(c) 원래의 아연 시료가 완전히 반응하기 위해 더 필요한 HCl은 몇 그램인가?

48. 다음 반응식을 이용하여 (a)와 (b)에 답하시오.

$$Fe(s) + CuSO_4(aq) \longrightarrow Cu(s) + FeSO_4(aq)$$

(a) Fe 2.0 mol과 $CuSO_4$ 3.0 mol이 반응할 때, 반응이 끝난 후 남아 있는 물질은 무엇인가? 그 물질은 각각 몇 몰씩 존재하는가?

(b) Fe 20.0 g과 $CuSO_4$ 40.0 g이 반응할 때, 반응이 끝난 후 남아 있는 물질은 무엇인가? 그 물질은 각각 몇 그램씩 존재하는가?

49. 메틸 알코올(CH_3OH)은 특정 금속 산화물 촉매의 존재 하에서 일산화 탄소와 수소를 반응시켜 만들어진다. CO 70.0 g과 H_2 24.0 g을 반응시키면 알코올을 얼마나 얻을 수 있는가? 미반응 상태의 과량 반응물은 몇 그램인가?

$$CO(g) + 2\ H_2(g) \longrightarrow CH_3OH(l)$$

50. 곡물 알코올로도 불리는 에틸 알코올(C_2H_5OH)은 글루코스를 발표시켜 얻을 수 있다.

$$\underset{\text{글루코스}}{C_6H_{12}O_6} \longrightarrow 2\ \underset{\text{에틸 알코올}}{C_2H_5OH} + 2\ CO_2$$

만약 에틸 알코올이 84.6%의 수득률로 얻어졌다면,

(a) 575 g의 글루코스로부터 생성될 수 있는 에틸 알코올의 질량은 얼마인가?

(b) 225 g의 C_2H_5OH를 얻는 데 필요한 글루코스의 질량은 얼마인가?

51. 다음 반응 $2\ MX_2 + X_2 \longrightarrow 2\ MX_3$을 보자.

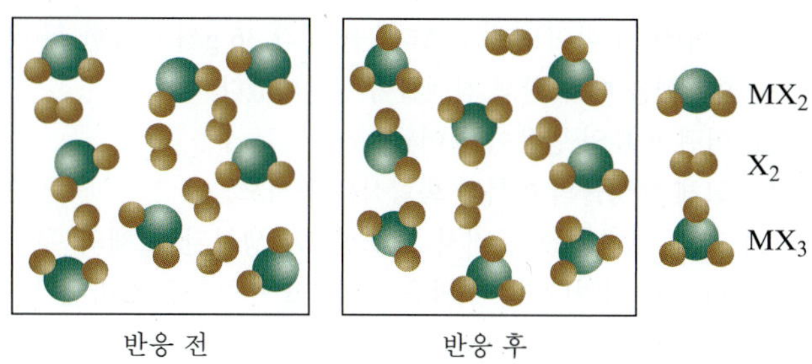

(a) 한계 반응물은 어느 것인가? (**힌트:** 앞의 그림만 고려하시오.)

(b) 만약 X_2가 0.342 mol 사용된다면, 반응이 완료되는 데 필요한 MX_2의 최소량은 얼마인가?

(c) 그림에 나타낸 반응의 실제 수득량은 얼마인가?

52. $CaCl_2$와 $MgCl_2$는 각각 $AgNO_3$와 반응하면 모두 AgCl 침전물을 생성한다. 같은 질량의 $CaCl_2$와 $MgCl_2$가 각각 들어 있는 용액이 $AgNO_3$와 반응할 때, 더 많은 양의 AgCl을 생성할 수 있

는 염은 어느 것인가? 증명해보시오.

53. 우주 비행사는 하루에 약 2500 g의 물을 배출한다. 만약 우주선에서 배출한 이 물을 흡수하기 위해 산화 리튬(LiO_2)이 사용된다면, 세 명의 우주 비행사가 30일 동안 우주 비행을 수행하기 위해 반드시 가져가야 하는 LiO_2는 몇 kg인가?

$$LiO_2 + H_2O \longrightarrow 2\ LiOH$$

54. 대부분의 상업용 염산은 농축 황산을 염화 소듐과 반응시켜 만든다.

$$H_2SO_4 + 2\ NaCl \longrightarrow Na_2SO_4 + 2\ HCl$$

농축 염산(d = 1.20 g/mL, 질량비로 42.0%) 25.0 L를 만드는데 필요한 농축 H_2SO_4(질량비로 96%)는 몇 kg인가?

55. 탄화 규소 또는 카보런덤은 견고성 때문에 자동차 브레이크 및 방탄 조끼에 널리 사용되는 세라믹 물질이다. 카보런덤은 광물 모이사나이트에서 자연적으로 발견되지만, 수요가 공급을 초과한다. 이러한 이유 때문에 일반적으로 실험실에서 합성하여 만들며, 그 반응은 다음과 같다.

$$SiO_2 + 3\ C \longrightarrow SiC + 2\ CO$$

과량의 탄소와 11.5 kg의 모래(SiO_2)를 반응시키면 생성될 수 있는 탄화 규소는 몇 kg인가?

56. 황산을 만들기 위한 세 가지 화학 반응은 다음과 같다.

$$S + O_2 \longrightarrow SO_2$$
$$2\ SO_2 + O_2 \longrightarrow 2\ SO_3$$
$$SO_3 + H_2O \longrightarrow H_2SO_4$$

단계마다 10%의 손실이 있다고 가정했을 때, 100.0 g의 황으로부터 시작하여 생성되는 황산은 몇 그램인가? H_2SO_4의 백분율 수득률은 얼마인가?

57. $NaHCO_3$와 Na_2CO_3의 혼합물 15.00 g을 가열하여 H_2O 0.0536 mol과 CO_2 0.1608 mol을 산출하였다. 혼합물의 백분율 조성을 계산하시오.

$$NaHCO_3 \longrightarrow Na_2O + CO_2 + H_2O$$
$$Na_2CO_3 \longrightarrow Na_2O + CO_2$$

58. CH_4 2분자가 O_2 3분자와 반응하여 물과 이산화 탄소 기체를 생성하는 반응을 그림으로 나타내시오. 또한, 반응하지 않은 CH_4와 O_2도 그리시오. 생성물의 양을 제한하는 반응물이 있는가? 있다면 어느 것인가?

도전 문제

59. 설탕은 다음 반응에 의해 분해될 수 있다.

$$C_6H_{12}O_6 \longrightarrow 2\ C_2H_5OH + 2\ CO_2(g)$$

(a) $C_6H_{12}O_6$ 25.0 g을 반응시켰을 때 C_2H_5OH가 11.2 g만 생성되었다면, 분해되고 않고 남은 반응물의 양은 얼마이며, 생성된 기체의 부피는 얼마인가? (참고: 상온에서 기체 1 mol의 부피는 24.0 L이다.)

(b) 이 반응의 백분율 수득률은 얼마인가?

(c) 어떤 종류의 반응이 일어나는가?

60. 질산 납(II)과 아이오딘화 포타슘을 각각 36 g씩 함유한 두 용액을 혼합했을 때 노란색 침전물이 형성되었다.

(a) 어떤 종류의 반응이 일어났는가?

(b) 고체 생성물의 이름과 화학식을 쓰시오.

(c) 고체 생성물을 걸러서 건조한 후 생성된 고체의 무게가 11.50 g이었다면, 이 반응의 백분율 수득률은 얼마인가?

61. 다음은 균형이 맞지 않은 반응식이다.

$$XNO_3 + CaCl_2 \longrightarrow XCl + Ca(NO_3)_2$$

(a) $CaCl_2$ 33.3 g이 XCl 44.7 g을 생성한다면, X는 무엇인가?

(b) X는 산으로부터 수소를 대체할 수 있는가?

62. $KClO_3$와 NaCl 혼합물 28.5 g을 강하게 가열하면, $KClO_3$는 다음 반응식과 같이 반응한다.

$$2\ KClO_3(s) \longrightarrow 2\ KCl(s) + 3\ O_2(g)$$

NaCl은 어떤 반응도 일으키지 않는다. 가열 후 잔류물(KCl과 NaCl)의 질량은 23.0 g이다. 모든 질량 손실이 산소 기체의 손실을 나타낸다고 가정하고, 처음 혼합물에 포함되어 있던 $KClO_3$의 비율을 계산하시오.

63. 위액은 리터당 약 3.0 g의 HCl을 함유하고 있다. 만약 한 사람이 하루에 약 2.5 L의 위액을 생성한다면, 하루에 생성되는 모든 HCl을 중화시키기 위해 각각 400 mg의 $Al(OH)_3$가 함유된 제산제 몇 알이 필요한가?

$$Al(OH)_3(s) + 3\ HCl(aq) \longrightarrow AlCl_3(aq) + 3\ H_2O(l)$$

64. 인산(H_3PO_4)은 다음과 같은 두 가지 반응에 따라 인, 산소, 물로부터 합성된다.

$$4\ P + 5\ O_2 \longrightarrow P_4O_{10}$$
$$P_4O_{10} + 6\ H_2O \longrightarrow 4\ H_3PO_4$$

P 12.0 g, O_2 15.0 g, H_2O 8.0 g

으로 시작해서 형성될 수 있는 인산의 질량은 얼마인가?

65. 활성 금속인 아연 분말을 사용하여 이미 사용한 사진 정착제로부터 은을 회수할 수 있다. 아연은 용액 속의 은을 대체하고, 그 후에 은 산화물로 전환한다. 여과 작업 후, 은 산화물은 탄소에 의해 금속성 은으로 변한다. 이 일련의 반응은 다음과 같다.

(a) $2\ AgBr + Zn \longrightarrow ZnBr_2 + 2\ Ag$

(b) $4\ Ag + O_2 \longrightarrow 2\ Ag_2O$

(c) $2\ Ag_2O + C \longrightarrow CO_2 + 4\ Ag$

은 농도가 300 ppm($\frac{300}{1,000,000}$)일 경우 사용된 정착제 8.00 L(밀

도 1.018 g/mL)에서 회수할 수 있는 은은 얼마나 되는가? Part per million은 다양한 단위를 취할 수 있는 범용 집중 용어이다. 예를 들어, 1 g당 1 μg, 1 L당 1 μL, 1 kg당 1 mg이 1 ppm 농도의 예이다.

실습 문제 정답

11.1 (a) $\frac{2\text{ mol KCl}}{2\text{ mol KClO}_3}$ (b) $\frac{2\text{ mol KCl}}{3\text{ mol O}_2}$

11.2 4.0 mol O_2

11.3 10.0 mol $Al(OH)_3$

11.4 1.22 mol KCl, 1.83 mol O_2

11.5 272 g $AgNO_3$

11.6 22.1 g $CrCl_3$

11.7 224.8 g H_2O

11.8 114.7 HCl

11.9 238.24 g $BaSO_4$

11.10 89.1%

arak7/123 RF

12장
물질의 기체 상태

대기는 질소, 산소, 아르곤, 이산화 탄소, 오존 및 미량의 다른 기체들로 구성되어 있다. 이러한 기체들은 생명체에 필수적이지만 우리에게 해를 끼칠 수도 있다. 예를 들어 오존은 높은 고도에서 지구를 감싸고 있으며 자외선의 위험으로부터 우리를 보호하고 있지만, 고무나 플라스틱을 분해하기도 한다. 우리는 생존을 위해 공기가 절대적으로 필요하지만, 스쿠버 다이버들은 산소 중독이나 잠수병을 걱정해야 한다. 열기구 안의 공기는 가열되면 팽창하여 떠오르게 되고, 우리는 비행의 자유로움을 경험하게 된다.

화학에서의 기체 거동에 관한 연구는 우리 생활에 미치는 기체의 영향과 대기에 대한 이해를 돕는다.

12장의 개요

12.1 기체의 성질

이 절의 학습 목표
대기압을 설명하고 이것이 어떻게 측정되는지 설명할 수 있다. 압력을 여러 단위로 변환할 수 있다.

기체는 물질의 세 가지 상태 중 밀도가 가장 작고 유동성이 가장 크다(**그림 12.1**). 고체는 단단한 구조를 가지고 있으며 그 입자들은 고정된 자리를 차지하고 있다. 고체가 충분한 열을 흡수하면 녹아서 액체로 바뀐다. 분자나 이온이 충분한 에너지를 흡수하면 고체의 단단한 구조가 무너지면서 녹게 된다. 고체 상태보다 액체 상태에서의 분자나 이온들이 더 활동적인데 이는 유동성이 증가하는 것으로 알 수 있다. 액체 상태의 분자들은 서로 가까이 붙어 있다. 액체가 열을 더 흡수하게 되면, 보다 더 활동적인 일부 분자들이 액체의 표면에서 이탈하여 유동성이 가장 큰 상태인 기체 상태로 바뀌게 된다. 기체 분자들은 매우 빠른 속도로 운동하며 높은 운동 에너지를 갖는다. 수소 분자의 평균 속도는 0°C에서 초당 1600 m (1 mile)가 넘는다. 기체 혼합물은 그들이 들어 있는 용기 안에 균일하게 분포되어 있다.

고체나 액체가 차지하는 부피보다 같은 양의 기체가 차지하는 부피가 훨씬 더 크다(**그림 12.2**). 예를 들어 1 mol의 물(18.02 g)은 4°C에서 18 mL의 부피를 갖는다. 같은 양의 물은 기체 상태에서 약 22,400 mL의 부피, 즉 1200배 더 큰 부피를 차지한다. 우리는 이와 같은 부피의 차이에서 다음과 같은 사실을 추정할 수 있다. (1) 기체 분자들은 비교적 멀리 떨어져 있고, (2) 기체 분자들은 상당히 압축될 수 있으며, (3) 기체에 의해 채워진 부피는 대부분이 빈 공간이다.

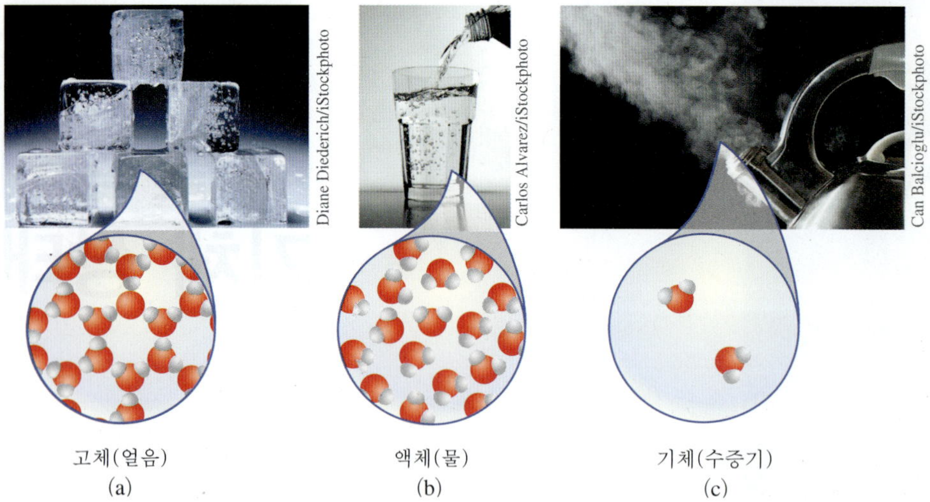

그림 12.1 물질의 세 가지 상태. (a) 고체–물 분자가 서로 단단히 달라붙어 서로 근접해 있다. (b) 액체–물 분자가 서로 인접해 있다. 그러나 서로 미끄러져 주위를 자유롭게 움직인다. (c) 기체–물 분자들은 서로 멀리 떨어져 불규칙하고 자유롭게 움직인다.

그림 12.2 물 1 mol이 액체일 때는 18 mL에 불과하지만, 기체일 때는 같은 온도에서 부피가 22.4 L인 상자를 가득 채운다.

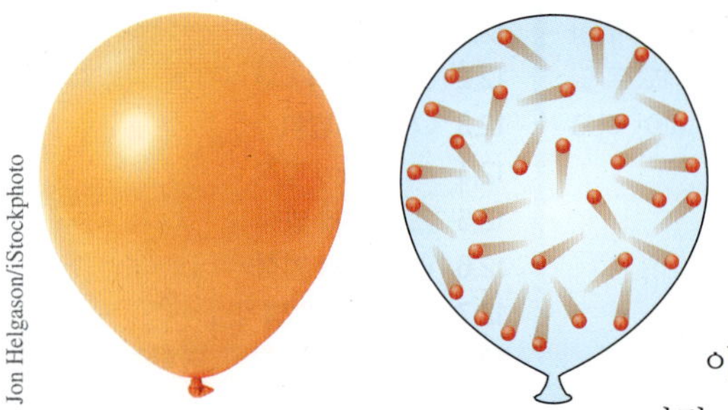

그림 12.3 기체 분자가 풍선의 벽과 충돌하여 생긴 압력은 풍선이 부풀어 그 모양을 유지할 수 있도록 해준다.

기체의 압력 측정

압력(pressure)은 단위 면적당 힘으로 정의된다. 고무풍선을 공기로 부풀릴 때 풍선 안쪽의 압력이 바깥쪽의 압력보다 크기 때문에 풍선이 커지고 또한 커진 상태를 유지하게 된다. 압력은 기체 분자들이 풍선의 벽과 충돌하여 생긴 결과이다(그림 12.3). 기체가 방출되면 풍선의 작은 입구를 통해 빠져나오는 공기의 힘이나 압력이 풍선을 빠른 속도로 불규칙하게 앞으로 나아가게 한다. 만약 풍선이 터질 때까지 팽창시키면 폭발음과 함께 기체는 한꺼번에 빠져나온다.

압력의 효과는 지구를 감싸고 있는 기체 혼합물, 즉 대기 중에서도 관찰된다. 대기는 부피비로 약 78%의 질소와 21%의 산소, 1%의 아르곤 및 미량의 다른 성분으로 구성되어 있다(표 12.1). 대기의 바깥쪽 경계는 정확히 알려져 있지 않지만, 대기의 99% 이상은 고도 32 km(20마일) 이내에 존재한다. 따라서 대기 중 기체 분자의 밀도는 고도에 따라 감소하며, 산소의 경우 약 6.4 km(4마일) 이상 되면 인간이 생존하기에 불충분할 정도로 희박해진다. 대기 중의 기체는 **대기압(atmospheric pressure)**으로 알려진 압력을 가한다. 기체에 의한 압력은 기체 분자의 수, 온도 및 기체를 담고 있는 용기의 부피에 의존한다. 중력은 대기를 지구에 어느 정도 가깝게 붙잡고 있으며, 공기 분자들이 우주로 날아가는 것을 방지한다. 따라서 어떤 지점에서의 대기압은 그 지점에서 아래로 누르는 대기의 질량에 기인한다.

대기 중 기체의 압력은 **기압계(barometer)**로 측정할 수 있다. 수은 기압계는 수분이 제거

표 12.1 건조한 공기의 평균 성분비

기체	부피 백분율(%)	기체	부피 백분율(%)
N_2	78.08	He	0.0005
O_2	20.95	CH_4	0.0002
Ar	0.93	Kr	0.0001
CO_2	0.033	Xe, H_2, N_2O	미량
Ne	0.0018		

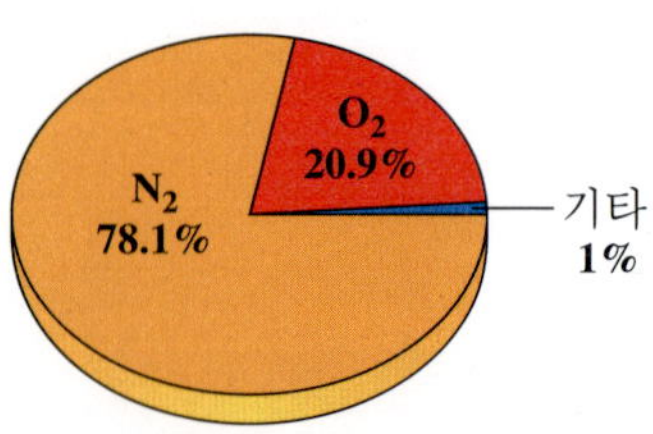

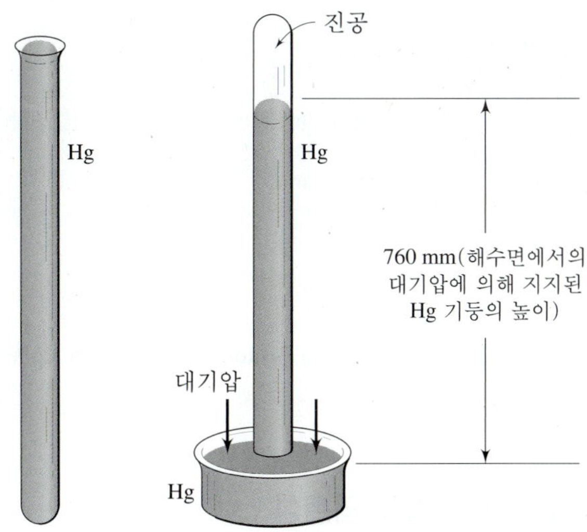

그림 12.4 수은 기압계 만들기. 왼쪽의 수은이 가득 채워진 관을 수은이 담긴 그릇에 거꾸로 세운다.

된 순수한 수은으로 채워진 기다란 관의 열린 한쪽 끝을 수은이 채워진 그릇에 거꾸로 담가서 만들 수 있다. 만약 이 관의 길이가 760 mm보다 길면, 대기압에 의해 지탱될 수 있는 지점까지 수은 기둥은 내려가게 될 것이다. 만약 이 관이 적절하게 잘 준비된 것이라면, 수은 기둥의 윗부분은 진공 상태가 될 것이다. 단위 면적당 수은의 무게는 대기의 압력과 같다. 수은 기둥은 대기압에 의해 지탱되며 기둥의 높이는 대기의 압력을 나타낸다(**그림 12.4**). 수은 기압계는 1643년 이탈리아의 물리학자인 E. Torricelli(1608~1647)에 의해 발명되었으며, 이를 기리기 위해 그의 이름을 딴 torr라는 압력 단위가 사용되기도 한다.

공기 압력은 여러 단위로 측정되고 표현된다. 표준 대기압, 또는 간단히 **1기압(1 atmosphere, atm)**은 0°C에서 760 mm 높이의 수은 기둥에 의해 가해지는 압력이다. 해수면에서의 정상적인 대기압은 1 atm, 760 torr 또는 760 mm Hg이다. 압력의 SI 단위는 파스칼(Pa)이며, 1 atm은 101,325 Pa 또는 101.3 kPa이다. 압력을 나타내는 다른 단위로 수은 기둥의 높이(인치, 센티미터), 밀리바(mbar) 혹은 제곱인치당 파운드(lb/in.^{2} 또는 psi)가 있다. 1 atm과 동등한 이런 단위들의 값을 **표 12.2**에 요약하였다.

표 12.2 1기압과 동등한 압력 단위

1기압(atm)
760 torr
760 mm Hg
76 cmHg
101.325 kPa
1013 mbar
29.9 in.Hg
14.7 lb/in.^{2}

압력은 흔히 기압계의 수은 기둥 높이를 밀리미터 단위로 읽어 측정한다. 따라서 압력은 mm Hg(torr)의 단위로 기록한다. 기체를 다루는 문제를 풀 때, 여러 가지 압력 단위 간의 상호변환을 꼭 알아두어야 한다. atm, torr, mm Hg는 흔히 사용하는 압력의 단위이므로 이 세 단위를 모두 다루는 예제를 풀어 보도록 하자.

$$1 \text{ atm} = 760 \text{ torr} = 760 \text{ mm Hg}$$

예제 12.1

미국 California 주 Walnut의 평균 대기압은 740. mm Hg이다. 이 압력을 (a) torr 단위와 (b) atm 단위로 계산하시오.

풀이

이 문제는 한 압력 단위와 다른 압력 단위 사이의 관계를 보여주는 변환 인자를 사용하여 풀 수 있다.

(a) mm Hg를 torr로 변환하기 위해 변환 인자 760 torr / 760 mm Hg (1 torr / 1 mm Hg)를 이용한다.

$$(740.\ \cancel{mmHg})\left(\frac{1\ torr}{1\ \cancel{mmHg}}\right) = 740.\ torr$$

(b) mm Hg를 atm으로 변환하기 위해 변환 인자 1 atm / 760. mm Hg를 이용한다.

$$(740.\ \cancel{mmHg})\left(\frac{1\ atm}{760.\ \cancel{mmHg}}\right) = 0.974\ atm$$

실습 문제 12.1

기압계가 1.20 atm을 나타내고 있다. 이 압력을 (a) torr 단위, (b) mm Hg 단위, (c) kPa 단위로 계산하시오.

분자의 수와 온도에 대한 압력의 의존성

압력은 기체 분자들이 용기의 벽면과 충돌하여 생긴다. 특정 온도와 부피에서의 충돌수는 기체 분자의 수에 의존한다. 충돌수는 존재하는 기체 분자의 수가 많아짐에 따라 증가한다. 만약 분자의 수가 두 배가 되면 충돌 횟수와 압력도 두 배가 된다. 이상 기체에서는 이와 같이 두 배가 되는 현상이 실제로 일어난다. 온도와 부피가 일정할 경우, 압력은 존재하는 기체의 분자 수 또는 기체의 몰수에 정비례한다. **그림 12.5**에 이 개념을 나타내었다.

이러한 분자–압력 관계를 알 수 있는 좋은 예로서, 압력계가 장착된 압축 기체가 들어 있는 평범한 실린더를 들 수 있다. 밸브를 열면 실린더에서 기체가 빠져나간다. 실린더의 부피는 일정하므로, 기체 양(몰수)의 감소는 압력계의 눈금이 떨어지는 것으로부터 알 수 있다.

일정한 부피를 갖는 기체의 압력은 온도에 따라 변한다. 온도가 높아지면 분자들의 운동 에너지가 증가하고, 용기의 벽과 충돌하는 기체 분자들의 운동이 더 활발해지며, 충돌 횟수 역시 증가하게 된다. 이러한 충돌 에너지와 횟수의 증가는 결과적으로 압력의 증가를 가져온다(**그림 12.6**).

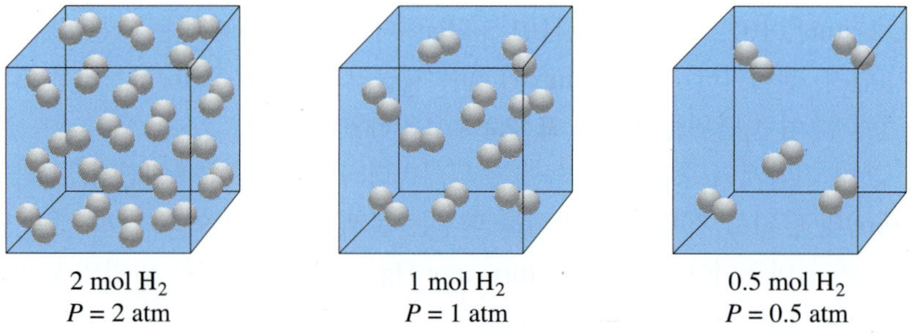

그림 12.5 기체에 의해 나타나는 압력은 존재하는 분자 수에 정비례한다. 이 그림이 보여 주는 모든 경우에 있어, 부피는 22.4 L이고 온도는 0℃이다.

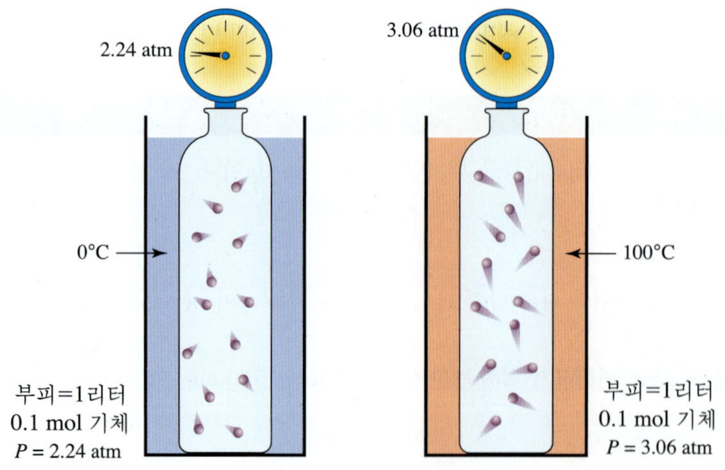

그림 12.6 부피가 고정되어 있으면 온도가 높아짐에 따라 기체의 압력은 증가한다. 온도가 높아지면 기체 분자는 용기의 벽과 더욱 빈번하고 강하게 충돌하므로 압력이 증가한다.

생활 속의 화학

코가 아는 것

후각은 가장 호기심을 자극하는 동물의 감각 중의 하나이다. 우리 주위의 공기는 우리들의 세계를 구성하는 화학 물질들의 흔적들로 채워져 있다. 여러 연구가 공기 중에 존재하는 화학 물질들을 규명하는 방법들을 찾는 데 노력해 왔다. 낮은 농도의 화학 물질들을 검증하는 방법의 개발은 엄청난 이익을 가져다준다.

더 좋은 커피? 미국 Urbana–Champaign에 있는 Illinois 대학의 Kenneth Suslick과 그의 동료들은 전자코를 개발하였다. 전자코의 고분자 필름의 분자들은 커피에서 발견한 방향족 화합물에 노출되면 색깔을 바꾼다. 커피에서 검출된 이들 화합물의 상대적인 양을 최상의 커피에서 검출된 결과와 비교함으로써, 커피 굽는 사람들은 그들의 커피콩의 문제를 쉽게 알아내고 결과적으로 좋은 커피를 지속적으로 만들 수 있다.

냄새나는 발은 이제 그만? 최근에 비행기를 탔다면 검색대에서 신발을 벗어야 했을 것이다. 만일 Illinois 대학의 연구원들이 성공한다면, 공항에서 더 이상 신발을 벗지 않아도 될 것이다. 손바닥만 한 센서가 신발폭탄 제조에 흔히 쓰이는 물질의 존재를 빠르고 정확하게 감지할 수 있을 것이기 때문이다.

의사는 당신이 아픈지 냄새를 맡는다! 인간의 많은 질병은 환자의 호흡을 통해 휘발성 화합물을 발산한다. 의사들은 가끔 환자의 호흡에서 나오는 아세톤 냄새로 당뇨병을 진단할 수 있다. 많은 질병이 감지하기 쉬운 냄새를 생성하지는 않지만, 의사들은 질병이 생성한 미량의 화합물을 감지할 수 있는 기술을 활용할 수 있다.

과학자들은 호흡의 성분을 분석하여 많은 수의 질병과 관련된 화합물을 분석할 수 있다. 질병을 확인하기 위한 몇몇 테스트들은 이미 승인되어 시판되고 있다(표 참고). 폐암, 간암, 유방암, 심부전, 비만과 같은 다양한 질병에 대한 호흡 함유율 분석법들이 개발 중이다.

호흡 성분 분석은 진단 기술로써 적용하기에 어려운 점들을 가지고 있다. 호흡으로 나오는 몇몇 분자들은, 공기로부터 너무 쉽게 들어오고 나간다. 몇몇 다른 물질들은 피부, 음식 또는 대사과정 물질로부터 나온다. 그리고 일부분은 우리 몸속에 존재하는 박테리아에서부터 나온다. 이러한 혼합물을 분석하기 위해서는 건강한 사람과 건강하지 못한 사람의 호흡 성분의 차이에 대해서 알아야 한다. 연구자들이 특정 질병을 찾아내고, 그 결과의 정확성이 검증된다면, 호흡 성분 분석법은 보다 일반적인 진단법이 될 것이다.

진단 기기들은 이미 값이 싸면서 소형화되어 있고, 이러한 기기들은 비침습성으로 빠른 결과의 확인에 이용된다. 가까운 미래에 여러분은 엄지손가락 크기의 기기에 숨을 불어 넣으면, 많은 장기의 건강에 대해 컴퓨터로 알 수 있을 것이다.

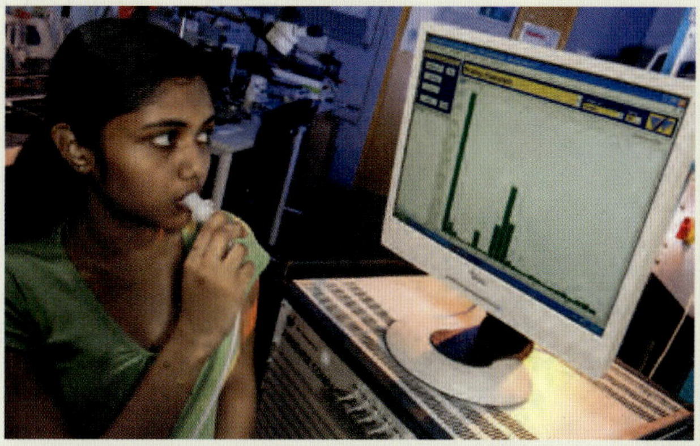

www.siemens.com/press

상태	진단에 이용하는 분자
심장 이식 거부 반응	알케인, 메틸알케인
과민성 대장 증후군	수소
당뇨병	아세톤
천식	일산화 질소
위궤양	이산화 탄소의 탄소 동위 원소
간 질환	이산화 탄소 농도

12.2 Boyle 법칙

Robert Boyle(1627~1691)은 일련의 실험을 통하여 일정량의 기체의 부피(V)와 압력(P) 사이의 관계를 규명하였다. 일정한 온도에서 일정량의 기체의 P와 V 사이의 관계를 Boyle 법칙(**Boyle's law**)이라고 한다.

이 절의 학습 목표
Boyle 법칙을 이용하여 일정한 온도에서 기체의 압력이나 부피의 변화를 계산할 수 있다.

일정한 온도(T)에서 일정한 질량을 갖는 기체의 부피(V)는 압력(P)에 반비례하며, 이를 식으로 나타내면 다음과 같다.

$$V \propto \frac{1}{P} \quad \text{또는} \quad P_1V_1 = P_2V_2$$

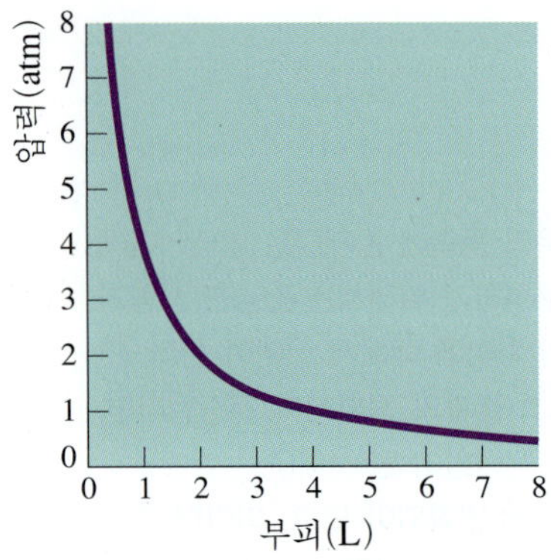

그림 12.7 부피에 대한 압력의 그래프는 이상 기체의 P와 V 사이의 반비례 관계를 보여 주고 있다.

이 법칙은 일정한 질량과 온도에서 부피가 압력에 반비례함을 나타낸다. 기체의 압력이 증가하면 부피는 감소할 것이며, 반대로 압력이 감소하면 부피는 증가한다. 압력과 부피 사이의 반비례 관계를 **그림 12.7**에 그래프로 나타내었다.

Boyle은 온도를 일정하게 유지한 상태에서, 특정한 양의 기체에 두 배의 압력을 가하면 기체의 부피가 원래 부피의 절반으로 줄어들고, 세 배의 압력을 가하면 부피가 1/3로 감소한다는 것을 알아냈다. 그의 실험 결과는 온도가 변하지 않는 경우 기체의 부피와 압력의 곱이 일정하다는 것을 보여 주었다.

$$PV = \text{일정} \quad \text{또는} \quad PV = k \quad (\text{이때, 질량과 온도는 일정하다})$$

실린더 내부의 기체 부피가 외부 압력의 변화에 의해 변할 수 있도록 움직일 수 있는 피스톤이 있는 실린더를 사용하여 이 법칙을 증명해 보자(**그림 12.8**). 온도와 기체 분자 수는 변하지 않는다고 가정하고, 1 atm의 압력과 1000 mL의 부피로 시작해 보자. 압력을 2 atm으로 변화시키면 기체 분자들이 서로 가까워져 부피는 500 mL로 감소한다. 압력을 4 atm으로 증가시키면 부피는 250 mL가 된다.

부피와 압력의 곱은 각각의 경우 모두 같은 값을 가지기 때문에 Boyle 법칙을 만족시킨다. 이를 다음과 같이 나타낼 수 있다.

$$P_1V_1 = P_2V_2$$

여기서 P_1V_1은 어느 한 실험 조건에서의 부피와 압력의 곱이며, P_2V_2는 다른 조건에서의 부피와 압력의 곱이다. 이 경우 새로운 부피는 처음 부피에 두 압력의 비를 곱하여 계산할 수 있다.

$$V_2 = V_1\left(\frac{P_1}{P_2}\right)$$

물론 압력의 비는 부피가 변하는 방향을 반영해야 한다. 압력이 1 atm에서 2 atm으로 변할 때 사용해야 할 압력의 비는 1 atm/2 atm이다. 그림 12.8에서 주어진 결과를 확인할 수 있다.

1. 처음 부피 1000 mL; 압력 변화 1 atm ⟶ 2 atm (P_1 → P_2)

$$(1000\text{ mL})\left(\frac{1\text{ atm}}{2\text{ atm}}\right) = 500\text{ mL}$$

2. 처음 부피 1000 mL; 압력 변화 1 atm ⟶ 4 atm (P_1 → P_2)

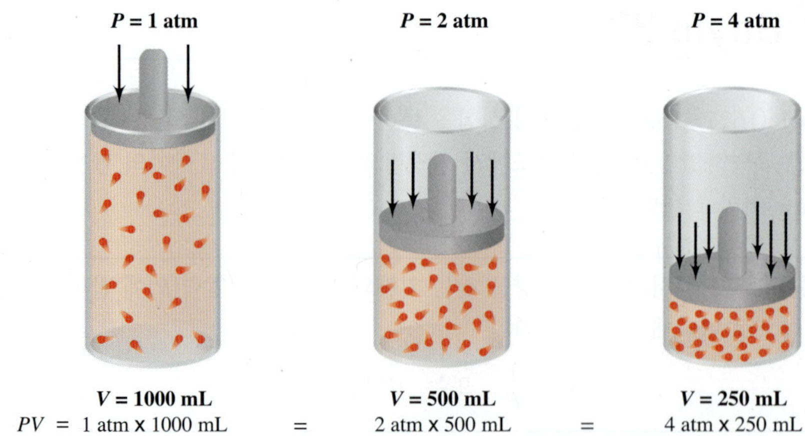

그림 12.8 기체 부피에 미치는 압력의 영향

$$(1000\ \text{mL})\left(\frac{1\ \cancel{\text{atm}}}{4\ \cancel{\text{atm}}}\right) = 250\ \text{mL}$$

3. 처음 부피 500 mL; 압력 변화 2 atm ⟶ 4 atm
P_1 P_2

$$(500\ \text{mL})\left(\frac{2\ \cancel{\text{atm}}}{4\ \cancel{\text{atm}}}\right) = 250\ \text{mL}$$

요약하면 압력의 변화에 의한 기체의 부피 변화는 처음 부피에 두 압력의 비를 곱하여 얻을 수 있다. 만약 압력이 증가하면 그 비는 분자에 작은 압력을, 분모에 큰 압력을 가진 것이어야 한다. 또한 압력이 감소하는 경우에는 큰 압력을 분자에, 작은 압력을 분모에 놓아야 한다.

$$\text{새로운 부피} = \text{원래 부피} \times \text{압력의 비} = V_1\left(\frac{P_1}{P_2}\right)$$

다음의 예제들은 Boyle 법칙을 이용하는 문제들이다. 만약 온도에 대한 언급이 없다면 온도는 일정한 것으로 간주한다.

예제 12.2

만약 압력이 760. mm Hg에서 630. mm Hg로 변한다면 2.50 L인 기체의 부피는 어떻게 변하겠는가?

풀이

읽기 **알려진 값:** $V_1 = 2.50\ \text{L}$

$P_1 = 760.\ \text{mm Hg}$ $P_2 = 630.\ \text{mm Hg}$

구하는 값: 새로운 부피(V_2)

계획 문제가 기체의 압력과 부피만 다루고 있으므로 Boyle 법칙을 사용한다.

$P_1V_1 = P_2V_2$

풀이의 요점: 압력 감소 ⟶ 부피 증가

$P_1V_1 = P_2V_2$를 V_2에 대해 풀면 $V_2 = \dfrac{P_1V_1}{P_2}$

계산 $$V_2 = \frac{(2.50\ \text{L})(760.\ \cancel{\text{mmHg}})}{630.\ \cancel{\text{mmHg}}} = 3.02\ \text{L}$$

이 문제를 푸는 다른 방법은 부피가 증가하도록 처음 부피에 압력의 비를 곱하는 것이다.

$$V_2 = (2.50\ \text{L})\left(\frac{760.\ \cancel{\text{mmHg}}}{630.\ \cancel{\text{mmHg}}}\right) = 3.02\ \text{L}$$

이 방법에서도 문제를 풀기 위해 우리가 위에서 사용한 식과 결국 같은 식을 만들게 됨을 기억하라.

확인 Boyle 법칙과 풀이의 요점에 의해 예측한 대로 최종 부피가 처음 부피보다 더 크다.

예제 12.3

주어진 질량의 수소 기체가 700. torr에서 40.0 L의 부피를 가지고 있다. 5.00 atm의 압력하에서는 부피가 어떻게 되겠는가?

풀이

읽기 **알려진 값:** $P_1 = 700.\text{ torr} = 700.\,\cancel{\text{torr}}\left(\dfrac{1\text{ atm}}{760\,\cancel{\text{torr}}}\right) = 0.921\text{ atm}$

$P_2 = 5.00\text{ atm}$

$V_1 = 40.0\text{ L}$

구하는 값: 새로운 부피(V_2)

계획 문제에서 압력과 부피만 취급하고 있으므로 Boyle 법칙을 사용한다.

$P_1V_1 = P_2V_2$

풀이의 요점: 압력 증가 ⟶ 부피 감소

$P_1V_1 = P_2V_2$를 V_2에 대해 풀면 $V_2 = \dfrac{P_1V_1}{P_2}$

계산 $V_2 = \dfrac{(0.921\,\cancel{\text{atm}})(40.0\text{ L})}{5.00\,\cancel{\text{atm}}} = 7.37\text{ L}$

이 문제를 풀기 위해 압력의 비를 사용할 수도 있다.

$$V_2 = (40.0\text{ L})\left(\frac{0.921\,\cancel{\text{atm}}}{5.00\,\cancel{\text{atm}}}\right) = 7.37\text{ L}$$

확인 Boyle 법칙과 풀이의 요점에 의해 예측한 대로 최종 부피가 처음 부피보다 더 작다.

예제 12.4

500. torr의 압력에서 300. mL의 부피를 갖는 기체가 있다. 이 기체의 부피를 75.0 mL가 되도록 하려면 압력을 얼마로 하여야 하는가?

풀이

읽기 **알려진 값:** $P_1 = 500.\text{ torr}$ $V_1 = 300.\text{ mL}$

$V_2 = 75.0\text{ mL}$

구하는 값: 새로운 압력(P_2)

계획 문제가 압력과 부피에만 관련되어 있으므로 Boyle 법칙을 사용한다.

$P_1V_1 = P_2V_2$

풀이의 요점: 부피 감소 ⟶ 압력 증가

$P_1V_1 = P_2V_2$를 P_2에 대해 풀면 $P_2 = \dfrac{P_1V_1}{V_2}$

계산 $P_2 = \dfrac{(500.\text{ torr})(300.\,\cancel{\text{mL}})}{75.0\,\cancel{\text{mL}}} = 2.0 \times 10^3\text{ torr}$

이 문제를 푸는 다른 방법은 압력이 증가하도록 처음 압력에 부피비를 곱하는 것이다.

$$P_2 = (500.\text{ torr})\left(\frac{300.\,\cancel{\text{mL}}}{75.0\,\cancel{\text{mL}}}\right) = 2.0 \times 10^3\text{ torr}$$

이 결과는 문제를 풀기 위해서 위에서 사용한 방법으로부터 얻은 결과와 같다.

확인 Boyle 법칙과 풀이의 요점에 의해 예측한 대로 최종 압력이 처음 압력보다 더 크다.

실습 문제 12.2

0.750 atm에서 부피가 2.28 L인 기체가 있다. 부피가 3.90 L가 되기 위해서는 압력이 얼마가 되어야 하는가?

12.3 Charles 법칙

이 절의 학습 목표
Charles 법칙을 이용하여 일정한 압력에서 기체의 온도나 부피의 변화를 계산할 수 있다.

기체의 부피에 미치는 온도의 영향은 프랑스 물리학자인 J. A. C. Charles(1746~1823)에 의해 1787년에 관측되었다. Charles은 여러 종류의 기체들이 같은 온도 변화를 겪을 때 같은 분율로 팽창한다는 것을 발견하였다. 그 후 일정 부피의 기체를 0°C에서 1°C 낮추면 그 부피는 $\frac{1}{273}$만큼 감소하고, 2°C 낮추면 $\frac{2}{273}$만큼 감소하며, 20°C 낮추면 $\frac{20}{273}$만큼 감소한다는 사실을 발견하였다. 1°C 냉각하는 데 따라 기체의 부피는 $\frac{1}{273}$만큼씩 감소하므로, 어떤 기체이건 −273°C로 냉각시키면 부피가 0이 될 수밖에 없다. 물론 실제 기체는 −273°C로 냉각되기 전에 액화되기 때문에 기체 상태로 이 온도까지 냉각시킬 수는 없다. −273°C(정확히 −273.15°C)를 **절대 영도(absolute zero)**라고 하며, 이 온도는 켈빈(절대) 온도 척도로 0도이다. 이상적 또는 완전한 기체의 경우 이 온도에서 부피는 0이 된다.

메테인에 대한 부피−온도 관계를 그림 12.9에 나타내었다. 그래프의 직선을 연장하여 온도축과 만나는 점이 바로 −273.15°C인 절대 0도이다. 이것은 모든 기체의 특징이다.
오늘날 **Charles 법칙(Charles's law)**은 다음과 같은 형태로 표현된다.

> 일정한 압력(P)에서 일정한 질량을 갖는 기체의 부피(V)는 절대 온도(T)에 정비례하며, 이를 식으로 나타내면 다음과 같다.
>
> $$V \propto T \qquad \text{또는} \qquad \frac{V_1}{T_1} = \frac{V_2}{T_2}$$

수학적으로 위 식은 압력이 일정할 경우 기체의 부피가 절대 온도에 정비례함을 나타낸다. 대문자 T는 흔히 절대 온도(K)를, 소문자 t는 섭씨 온도(°C)를 나타낼 때 사용된다. Charles 법칙을 방정식의 형태로 나타내면 다음과 같다.

$$V = kT \qquad \text{또는} \qquad \frac{V}{T} = k \qquad \text{(일정한 압력에서)}$$

여기서 k는 일정한 질량의 기체에 대한 상수이다. 절대 온도가 두 배가 되면 기체의 부피 역시 두 배가 된다.

이를 이해하기 위해 자유롭게 움직일 수 있는 피스톤이 있는 기체 실린더를 생각해 보자(그림 12.10). 실린더 (a)에 일정량의 기체가 들어 있고 1 atm의 압력이 가해진다고 가정하자. 이 기체가 가열되면 분자들은 더 빠르게 움직이게 되고, 운동 에너지가 증가하게 된다. 이와 같은 가열에 의해 단위 시간당 충돌수가 증가하므로 결국은 압력이 증가한다. 그러나 증

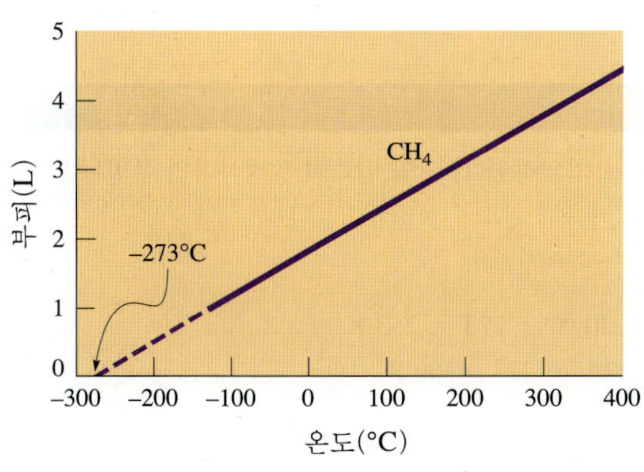

그림 12.9 메테인(CH_4)의 부피와 온도 사이의 관계. 그래프의 외삽 부분은 점선으로 나타내었다.

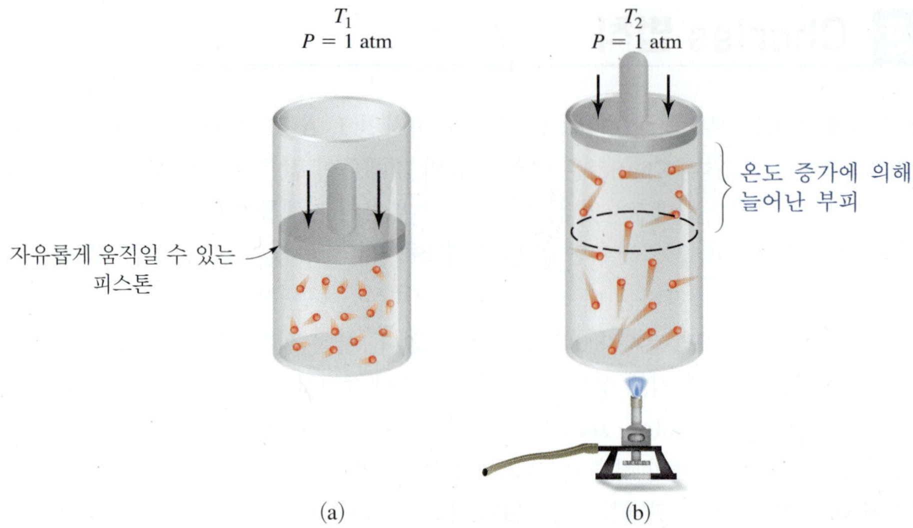

그림 12.10 기체 부피에 미치는 온도의 영향. 실린더 (a)의 기체는 T_1에서 T_2로 가열되었다. 외부 압력이 1 atm으로 일정하면 실린더 (b)에서와 같이 피스톤이 밀려 올라가기 때문에 결과적으로 기체의 부피가 증가한다.

가한 내부 압력은 실린더 (b)에 나타낸 바와 같이 내부 압력과 외부 압력이 모두 1 atm이 될 때까지 피스톤을 밀어 올린다. 결과적으로 온도의 상승은 기체의 부피 증가를 가져온다.

서로 다른 두 온도에서 기체의 부피와 관련된 또 다른 식은 다음과 같다.

$$\frac{V_1}{T_1} = \frac{V_2}{T_2} \quad \text{(일정한 압력에서)}$$

여기에서 V_1과 T_1은 한 조건에서의 값이며, V_2와 T_2는 다른 조건에서의 값이다.

온도에 의해 기체의 부피가 변하는 것을 보여 주는 간단한 실험을 **그림 12.11**에 소개하였다. 액체 질소가 들어 있는 비커에 공기가 채워진 풍선을 넣으면 풍선의 모양이 찌그러져 부피가 감소하는 것을 확인할 수 있다. 풍선을 액체 질소가 들어있는 비커에서 꺼내면 실온으로 되돌아감에 따라, 풍선의 부피가 다시 증가하는 것을 볼 수 있다.

(a) (b) (c)

그림 12.11 (a) 공기가 채워진 풍선들을 액체 질소가 들어 있는 비커에 넣는다. (b) (a) 사진의 비커 왼쪽에 있던 빨간색 풍선과 파란색 풍선이 아주 조그맣게 되어 비커 안에 들어 있다. (c) 모든 풍선이 비커 안에 들어 있다.

예제 12.5

온도가 −20.℃인 3.00 L의 수소 기체를 27℃로 가열하였다. 만약 압력이 일정하다면 부피는 얼마가 되겠는가?

풀이

읽기 **알려진 값:** V_1 = 3.00 L T_1 = −20.℃ + 273 = 253 K

T_2 = 27℃ + 273 = 300 K

구하는 값: 새로운 부피(V_2)

참고 기체 법칙 문제에서는 섭씨 온도를 반드시 켈빈 온도로 바꾸어야 한다. 흔히 이 온도 변환에 273.15 대신 273을 사용하는데, 그 이유는 온도가 일의 자리까지 측정되기 때문이다.

계획 문제가 온도와 부피에만 관련되어 있으므로 Charles 법칙을 사용한다.

$$\frac{V_1}{T_1} = \frac{V_2}{T_2}$$

풀이의 요점: 온도 증가 ⟶ 부피 증가

$\frac{V_1}{T_1} = \frac{V_2}{T_2}$ 이므로 $V_2 = \frac{V_1 T_2}{T_1}$

계산 $V_2 = \frac{(3.00\ \text{L})(300\ \cancel{\text{K}})}{253\ \cancel{\text{K}}} = 3.56\ \text{L}$

이 문제를 푸는 다른 방법은 풀이의 요점을 이용하는 것인데, 부피가 증가하도록 처음 부피에 온도의 비를 곱하는 것이다.

$$V_2 = (3.00\ \text{L})\left(\frac{300.\ \cancel{\text{K}}}{253\ \cancel{\text{K}}}\right) = 3.56\ \text{L}$$

확인 Charles 법칙과 풀이의 요점에 의해 예측한 대로 최종 부피가 처음 부피보다 더 크다.

예제 12.6

12.0 L의 산소 기체를 92.°C에서 0.°C로 냉각시키면 부피는 얼마가 되겠는가?

풀이

읽기 압력에 대한 언급이 없으므로 압력은 변화가 없다고 가정한다. 계산을 할 때에는 켈빈 온도를 사용한다는 것에 유의한다.

알려진 값: $V_1 = 12.0\ \text{L}$ $T_1 = 92.°\text{C} = 365\ \text{K}$

$T_2 = 0.°\text{C} = 273\ \text{K}$

구하는 값: 새로운 부피(V_2)

계획 문제가 온도와 부피에만 관련되어 있으므로 Charles 법칙을 사용한다.

$$\frac{V_1}{T_1} = \frac{V_2}{T_2}$$

풀이의 요점: 온도 감소 ⟶ 부피 감소

$\frac{V_1}{T_1} = \frac{V_2}{T_2}$ 이므로 $V_2 = \frac{V_1 T_2}{T_1}$

계산 $V_2 = \frac{(12.0\ \text{L})(273\ \cancel{\text{K}})}{365\ \cancel{\text{K}}} = 8.98\ \text{L}$

이 문제를 푸는 다른 방법은 풀이의 요점을 이용하는 것인데, 부피가 감소하도록 처음 부피에 온도의 비를 곱하는 것이다.

$$V_2 = (12.0\ \text{L})\left(\frac{273\ \cancel{\text{K}}}{365\ \cancel{\text{K}}}\right) = 8.98\ \text{L}$$

확인 Charles 법칙과 풀이의 요점에 의해 예측한 대로 최종 부피가 처음 부피보다 더 작다.

실습 문제 12.3

질소가 들어 있는 4.50 L의 용기를 28.0°C에서 48.0°C로 가열하였다. 용기의 부피가 변할 수 있다고 가정하면, 기체의 부피는 얼마가 되겠는가?

12.4 Avogadro 법칙

이 절의 학습 목표
기체의 몰, 질량, 부피 사이의 관계를 이용하여 문제를 풀 수 있다.

19세기 초반 J. L. Gay-Lussac(1778~1850)은 반응하는 기체들의 부피 관계를 연구하였다. 그의 연구 결과는 1809년에 출판되었고, **Gay-Lussac 부피 결합 법칙(Gay-Lussac's law of combining volumes)**으로 알려진 내용에 요약되어 있다.

> 같은 온도와 압력에서 반응하는 기체들의 부피비는 간단한 정수비이다.

따라서 H_2와 O_2는 2 : 1의 부피비로 결합하여 수증기를 형성한다(그림 12.12). H_2와 Cl_2는 1 : 1의 부피비로 반응하여 HCl을 형성하고, H_2와 N_2는 3 : 1의 부피비로 반응하여 NH_3를 형성한다.

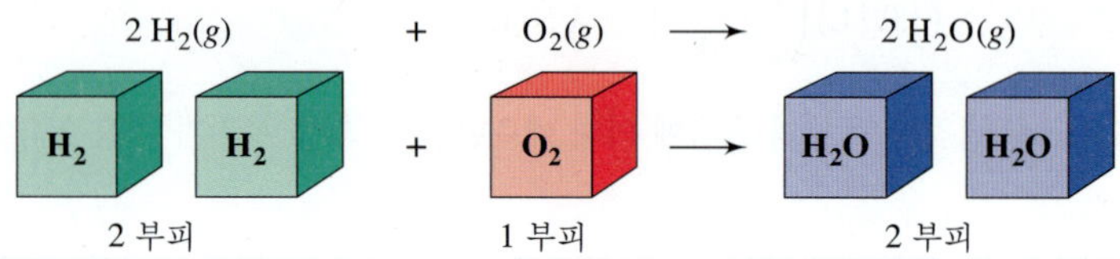

그림 12.12 산소와 수소의 반응에 적용된 기체의 Gay-Lussac 부피 결합 법칙. 같은 온도와 압력에서 수소와 산소는 2 : 1의 부피비로 반응한다.

2년 후인 1811년에 Amedeo Avogadro(1776~1856)는 기체의 부피 결합 법칙을 이용하여 간단하지만 중요하고 더 일반적으로 적용되는 기체에 관한 법칙을 발표하였다. **Avogadro 법칙(Avogadro's law)**은 다음과 같다.

> 같은 온도와 압력에서 부피가 같으면 모든 기체는 동일한 분자 수를 갖는다.

이 법칙은 기체의 성질을 이해하는 데 매우 큰 도움이 되었다.

1. Gay-Lussac의 기체 부피 결합 법칙을 합리적으로 설명하였으며, 기본적인 기체인 수소, 염소, 산소 기체 등이 2개의 원자로 구성되어 있다는 것을 제안하였다.
2. 기체의 몰질량을 측정하는 방법을 제시하였고, 몰질량이 알려진 기체들의 밀도를 비교하는 방법 역시 제시하였다(12.8절 참조).
3. 분자 운동론을 발전시키는 데 필요한 확고한 기초를 제공하였다.

Avogadro 법칙에 의하면 같은 온도와 압력에서 같은 부피의 수소와 염소 기체는 같은 분자 수를 갖는다. 부피를 기준으로 하면 수소와 염소의 반응은 다음과 같다(그림 12.13).

수소	+	염소	⟶	염화 수소
1 부피		1 부피		2 부피

수소 분자와 염소 분자가 1 : 1의 비로 반응하여 2 부피의 염화 수소가 생성된다. 따라서 수

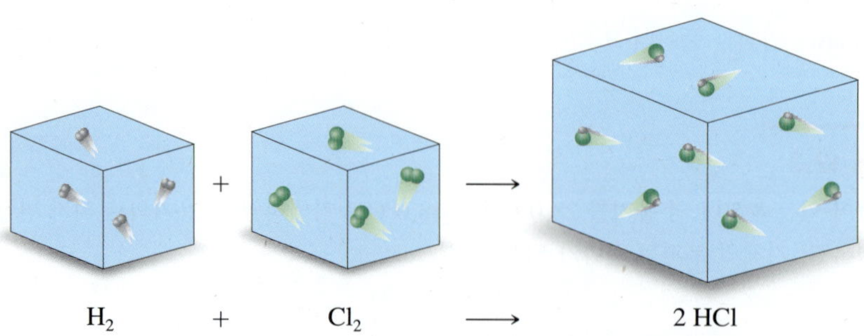

그림 12.13 Avogadro 법칙은 수소와 염소가 이원자 분자임을 증명하였다.

소 한 분자와 염소 한 분자가 염화 수소 두 분자를 생성한다. 그러므로 수소 분자와 염소 분자는 각각 두 원자로 구성되어야 한다. 균형 맞추어진 반응식의 계수는 반응물과 생성물의 부피, 분자 수, 몰수에 관한 정확한 비를 나타낸다.

H_2	+	Cl_2	$\longrightarrow$	2 HCl
1 부피		1 부피		2 부피
1 분자		1 분자		2 분자
1 mol		1 mol		2 mol

같은 이유로 1 부피의 산소가 2 부피의 수소와 반응하여 2 부피의 수증기를 형성하기 때문에, 산소 분자는 최소한 두 개의 원자를 포함하고 있어야 한다.

기체의 부피는 온도, 압력 및 기체의 분자 수에 의존한다. 서로 다른 종류의 기체들이라고 하더라도, 온도가 같으면 평균 운동 에너지는 동일하다. 그러므로 만약 서로 다른 두 기체의 온도와 부피가 같고 압력도 동일하다면, 이들 두 기체는 같은 수의 분자를 가지고 있어야 한다. 동일한 PVT 성질을 지닌 계는 동일한 평균 운동 에너지를 갖는 같은 수의 분자들에 의해 만들어지기 때문에 위와 같은 서술은 옳은 것이라고 할 수 있다.

12.5 통합 기체 법칙

> **이 절의 학습 목표**
> 통합 기체 법칙을 이용하여 기체의 압력, 온도, 부피의 변화를 계산할 수 있다.

기체들의 부피를 비교하기 위해서는, 온도와 압력의 공통 기준점을 정해야 하는데 이러한 공통 기준점을 **표준 상태(standard condition)** 또는 **표준 온도와 압력(standard temperature and pressure**, 약어로 **STP**)이라고 한다. 표준 온도는 273.15 K(0°C), 표준 압력은 1 atm(760 torr, 760 mm Hg 또는 101.325 kPa)이다. 기체의 부피를 비교하기 위해서 흔히 표준 온도와 압력(STP) 상태에서의 부피로 바꾼다.

> **참고** 이 교재에서 우리는 온도 변환과 계산에 273 K를 사용할 것이다. 여러분의 수업에서는 어떻게 할 것인지 교수님께 확인하라.

표준 온도 = 273.15 K 또는 0.00°C
표준 압력 = 1 atm 또는 760 torr, 760 mm Hg 또는 101.325 kPa

온도와 압력을 동시에 변화시킬 경우, 다음과 같이 최종 부피는 처음 부피에 압력의 비와 온도의 비를 곱해서 구할 수 있다.

최종 부피 = (처음 부피) (압력의 비) (온도의 비)

> **참고** 최종 결과를 고려하여 정확한 비를 결정할 수 있다. 예를 들어 압력이 높아지면 부피는 감소해야 한다.

어떤 기체의 질량이 주어지면 P, V, T의 관계는 사실상 하나의 식인 $PV/T=k$로 나타낼 수 있다. 문제를 풀기 위해서 이 방정식은 흔히 다음과 같은 형태로 바꾸어 쓴다.

$$\frac{P_1V_1}{T_1} = \frac{P_2V_2}{T_2}$$

여기서 P_1, V_1, T_1은 처음 조건이며, P_2, V_2, T_2는 최종 조건이다.

이 방정식은 여섯 개의 변수 중 하나를 모르는 경우에 풀 수 있으며, 기체의 압력-부피-온도의 관계를 다루는 데 유용하다. 하나의 변수가 일정할 때 통합 기체 법칙이 다음과 같이 표현될 수 있다는 것에 유의하자.

- T 일정 $\longrightarrow$ $P_1V_1 = P_2V_2$ Boyle 법칙
- P 일정 $\longrightarrow$ $\dfrac{V_1}{T_1} = \dfrac{V_2}{T_2}$ Charles 법칙

예제 12.7

5°C, 730. torr에서 부피가 20.0 L인 암모니아 기체가 있다. 50.°C, 800. torr에서의 부피를 계산하시오.

풀이

읽기 켈빈 온도를 사용한다는 것에 유의하라.

알려진 값: $P_1 = 730.\ \text{torr}$ $P_2 = 800.\ \text{torr}$
$T_1 = 5°\text{C} = 278\ \text{K}$ $T_2 = 50.°\text{C} = 323\ \text{K}$
$V_1 = 20.0\ \text{L}$

구하는 값: 최종 부피(V_2)

계획 P, V, T가 모두 변하므로 통합 기체 법칙을 이용한다.

$$\frac{P_1V_1}{T_1} = \frac{P_2V_2}{T_2}$$

$$V_2 = \frac{V_1P_1T_2}{P_2T_1}$$

계산 $V_2 = \dfrac{(20.0\ \text{L})(730.\ \cancel{\text{torr}})(323\ \cancel{\text{K}})}{(800.\ \cancel{\text{torr}})(278\ \cancel{\text{K}})} = 21.2\ \text{L}$

확인 알려진 값과 마찬가지로 세 개의 유효 숫자를 가져야 한다.

예제 12.8

25°C, 700. torr에서 부피가 10.0 L인 질소 기체가 있다. 이 기체가 760. torr에서 15.0 L의 부피를 갖기 위해서는 몇 도(°C)까지 가열해야 하는가?

풀이

읽기 켈빈 온도를 사용해야 한다는 것에 유의하라.

알려진 값: $P_1 = 700.\ \text{torr}$ $P_2 = 760.\ \text{torr}$
$V_1 = 10.0\ \text{L}$ $V_2 = 15.0\ \text{L}$
$T_1 = 25°\text{C} = 298\ \text{K}$

구하는 값: 최종 온도(T_2)

계획 P, V, T가 모두 변하므로 통합 기체 법칙을 이용한다.

$$\frac{P_1V_1}{T_1} = \frac{P_2V_2}{T_2}$$

$$T_2 = \frac{T_1P_2V_2}{P_1V_1}$$

계산 $T_2 = \dfrac{(298\ \text{K})(760.\ \cancel{\text{torr}})(15.0\ \cancel{\text{L}})}{(700.\ \cancel{\text{torr}})(10.0\ \cancel{\text{L}})} = 485\ \text{K}$

문제에서 요구한 대로 섭씨 온도(°C)로 변환한다.

$485\ \text{K} - 273 = 212°\text{C}$

예제 12.9

기체로 가득 채워진 풍선의 부피가 20.°C, 570 torr에서 75.0 L이다. 표준 온도와 압력(760. torr, 273 K)에서 이 풍선의 부피는 얼마가 되겠는가?

풀이

읽기 켈빈 온도를 사용한다는 것에 유의하라.

알려진 값: $P_1 = 570$ torr　　$P_2 = 760.$ torr(표준 압력)
$T_1 = 20.°C = 293$ K　　$T_2 = 273$ K(표준 온도)
$V_1 = 75.0$ L

구하는 값: 새로운 부피(V_2)

계획 P, V, T가 모두 변하므로 통합 기체 법칙을 이용한다.

$$\frac{P_1V_1}{T_1} = \frac{P_2V_2}{T_2}$$

$$V_2 = \frac{P_1V_1T_2}{P_2T_1}$$

계산 $$V_2 = \frac{(570\ \cancel{\text{torr}})(75.0\ \text{L})(273\ \cancel{\text{K}})}{(760.\ \cancel{\text{torr}})(293\ \cancel{\text{K}})} = 52.4\ \text{L}$$

실습 문제 12.4

45.0°C, 800. torr에서 15.00 L의 부피를 갖는 기체를 400.°C로 가열하고 압력을 300. torr로 변화시키면 부피는 어떻게 되겠는가?

실습 문제 12.5

50.°C, 600. torr에서 8.00 L의 부피를 갖는 산소 기체를 12.0 L, 800. torr로 변화시키기 위해서 가열한다면 어느 온도까지 가열해야 하는가?

기체의 몰–질량–부피 상관관계

1 mol은 6.022×10^{23}개의 분자(Avogadro 수)를 나타내기 때문에, 같은 온도와 압력에서 어떤 기체 1 mol의 부피는 다른 기체 1 mol의 부피와 같을 것이다. 실험을 통해 STP에서 기체 1 mol이 차지하는 부피가 22.4 L임이 밝혀졌다. 이 부피, 22.4 L를 기체의 **몰부피(molar volume)**라고 한다. 몰부피는 한 변의 길이가 28.2 cm(11.1 in.)인 정육면체의 부피와 같다. STP에서 22.4 L의 부피를 갖는 몇 가지 기체들의 몰질량을 **표 12.3**과 **그림 12.14**에 나타내었다.

표 12.3 몇 가지 기체의 몰부피(22.4 L)의 질량

기체	22.4 L의 질량
Xe	131.3 g
O_2	32.00 g
CO_2	44.01 g
N_2	28.02 g
NH_3	17.03 g
Ar	39.95 g
H_2S	34.09 g
H_2	2.016 g
SO_2	64.07 g
HCl	36.46 g
CH_4	16.04 g
Cl_2	71.90 g

STP에서 기체 1몰의 부피는 22.4 L이다.

몰부피는 기체 또는 쉽게 증발하는 물질의 몰질량을 측정하는 데 유용하다. 만약 STP에서 기체의 질량과 부피가 알려져 있으면, 몰질량을 쉽게 계산할 수 있다. 예를 들어 STP에서 순수한 산소 1.00 L는 1.429 g의 질량을 갖는다. 산소 1.00 L의 질량에 22.4 L/mol을 곱하여 산소의 몰질량을 구할 수 있다.

$$\left(\frac{1.429\ \text{g}}{1.00\ \cancel{\text{L}}}\right)\left(\frac{22.4\ \cancel{\text{L}}}{1\ \text{mol}}\right) = 32.0\ \text{g/mol} \qquad \text{(몰질량)}$$

만약 질량과 부피가 표준 상태가 아닌 다른 상태에 있다면, STP에서의 부피로 바꾼 다음에 몰질량을 계산해야 한다. 표준 상태는 단지 압력, 온도, 부피에만 적용된다. 질량은 영향을 받지 않는다.

몰부피 22.4 L/mol은 g/L를 g/mol(몰질량)로 바꾸거나, L를 mol로 바꾸는 변환 인자로 사용된다. 두 개의 변환 인자는 다음과 같다.

그림 12.14 STP에서 기체 1 mol의 부피는 22.4 L이다.

$$\frac{22.4\ \text{L}}{1\ \text{mol}} \quad \text{그리고} \quad \frac{1\ \text{mol}}{22.4\ \text{L}}$$

이러한 변환은 어떤 특별한 경우를 제외하고는 STP에서 행해져야 한다.

예제 12.10

만일 STP에서 부피가 2.00 L인 기체의 질량이 3.23 g이라면, 이 기체의 몰질량은 얼마인가?

풀이

읽기 **알려진 값:** $V = 2.00\ \text{L}$
$T = 273\ \text{K}$
$P = 1.00\ \text{atm}$
$m = 3.23\ \text{g}$

계획 물질량의 단위는 g/mol이다.

풀이의 요점: g/L ⟶ g/mol

1 mol = 22.4 L이므로 변환 인자는 22.4 L/1 mol이다.

계산 $\left(\frac{3.23\ \text{g}}{2.00\ \cancel{\text{L}}}\right)\left(\frac{22.4\ \cancel{\text{L}}}{1\ \text{mol}}\right) = 36.2\ \text{g/mol}$ (몰질량)

예제 12.11

40.°C, 630. torr에서 691 mL의 다이에틸 에터의 질량은 1.65 g이다. 다이에틸 에터의 몰질량을 계산하시오.

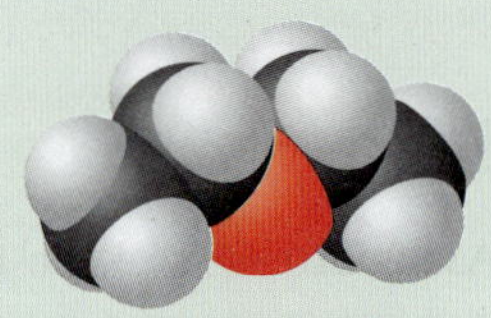

다이에틸 에터

풀이

읽기 몰질량을 구하기 위해서는 우선 STP 상태로 변환시켜야 한다.

알려진 값: $P_1 = 630.\ \text{torr}$ $P_2 = 760.\ \text{torr}$
$T_1 = 40.°\text{C} = 313\ \text{K}$ $T_2 = 273\ \text{K}$
$V_1 = 691\ \text{mL}$

계획 P, V, T가 모두 변화하기 때문에 통합 기체 법칙을 이용해야 한다.

$$\frac{P_1V_1}{T_1} = \frac{P_2V_2}{T_2}$$

$$V_2 = \frac{V_1P_1T_2}{P_2T_1}$$

계산 $V_2 = \frac{(691\ \text{mL})(630.\ \cancel{\text{torr}})(273\ \cancel{\text{K}})}{(760.\ \cancel{\text{torr}})(313\ \cancel{\text{K}})} = 500.\ \text{mL} = 0.500\ \text{L}$ (STP 에서)

$$\left(\frac{1.65\ \text{g}}{0.500\ \cancel{\text{L}}}\right)\left(\frac{22.4\ \cancel{\text{L}}}{1\ \text{mol}}\right) = 73.9\ \text{g/mol}$$

실습 문제 12.6

25°C, 5.00 atm에서 93 g의 질량을 갖는 기체의 부피가 5.00 L이었다. 이 기체의 몰질량은 얼마인가?

12.6 이상 기체 법칙

> **이 절의 학습 목표**
> 이상 기체 법칙을 이용하여 압력, 부피, 온도, 몰수가 관련된 문제를 풀 수 있다.

이제까지 기체에 관련된 계산에 쓰이는 모든 상관관계를 고려해 보았다. 이 모든 상관관계를 통합하면 기체를 서술하는 하나의 방정식으로 단순화할 수 있다. 기체를 특징짓는 네 개의 변수는 다음과 같다.

- 부피(V)
- 압력(P)
- 절대 온도(T)
- 분자의 몰수(n)

이러한 변수들을 통합하여 다음과 같은 식을 얻을 수 있다.

$$V \propto \frac{nT}{P} \quad \text{또는} \quad V = \frac{nRT}{P}$$

여기서 R은 비례 상수로서 **이상 기체 상수**(ideal gas constant)라고 알려져 있다. 이 방정식은 일반적으로 다음과 같이 쓴다.

$$PV = nRT$$

이 법칙을 **이상 기체 법칙**(**ideal gas law**)이라고 한다. 우리가 앞에서 논의하고 고려하였던 내용들을 단 하나의 식으로 요약하여 나타낸 것이다. R의 단위와 값은 P, V, T의 단위에 따라 달라진다.

표준 상태에서 기체 1 mol에 대한 것을 고려하여 R 값을 계산할 수 있다. 식을 R에 대해 풀면 다음과 같다.

$$R = \frac{PV}{nT} = \frac{(1\ \text{atm})(22.4\ \text{L})}{(1\ \text{mol})(273\ \text{K})} = 0.0821\,\frac{\text{L}\cdot\text{atm}}{\text{mol}\cdot\text{K}}$$

이 경우 R의 단위는 L·atm/mol·K이다. P의 단위가 기압(atm), n의 단위가 몰(mol), V의 단위가 리터(L), T의 단위가 켈빈(K)일 때, R = 0.0821 L·atm/mol·K이다.

네 개의 변수 중 세 개의 값을 알고 있을 경우, 이상 기체 방정식을 이용하여 나머지 한 개의 값을 계산할 수 있다.

예제 12.12

17°C에서, 5.00 L의 용기 안에 들어 있는 0.400 mol의 기체가 나타내는 압력은 얼마인가?

풀이

읽기 **알려진 값:** V = 5.00 L
T = 17°C = 290. K
n = 0.400 mol

계획 이상 기체 법칙을 이용한다.

$$PV = nRT$$
$$P = \frac{nRT}{V}$$

계산

$$P = \frac{(0.400\ \cancel{\text{mol}})\left(0.0821\,\frac{\cancel{\text{L}}\cdot\text{atm}}{\cancel{\text{mol}}\cdot\cancel{\text{K}}}\right)(290.\ \cancel{\text{K}})}{5.00\ \cancel{\text{L}}} = 1.90\ \text{atm}$$

예제 12.13

22°C에서 39.0 L의 용기에 들어 있는 산소의 압력이 84 atm이라면, 이 용기에는 몇 mol의 산소 기체가 들어 있겠는가?

풀이

읽기 **알려진 값:** $P = 84\ \text{atm}$
$V = 39.0\ \text{L}$
$T = 22°\text{C} = 295\ \text{K}$

계획 이상 기체 법칙을 이용한다.

$$PV = nRT$$

$$n = \frac{PV}{RT}$$

계산
$$n = \frac{(84\ \cancel{\text{atm}})(39.0\ \cancel{\text{L}})}{\left(0.0821\ \frac{\cancel{\text{L}}\cdot\cancel{\text{atm}}}{\text{mol}\cdot\cancel{\text{K}}}\right)(295\ \cancel{\text{K}})} = 135\ \text{mol}\ O_2$$

실습 문제 12.7

20.0°C, 750 torr에서 18 L의 실린더에 산소 기체가 들어 있다. 실린더에는 몇 mol의 산소 기체가 들어 있는가?

기체 상태에 있는 물질의 몰질량은 이상 기체 법칙으로 결정될 수 있다. 몰질량 = g/mol 이므로 mol = g/몰질량이다. 기체의 몰질량으로서 M을, 기체의 질량으로서 g를 사용하여 이상 기체 법칙에 n(몰수) 대신 g/M를 대입하면 다음과 같은 식이 얻어진다.

$$PV = \frac{g}{M}RT \quad \text{또는} \quad M = \frac{gRT}{PV} \quad \text{(변형된 이상 기체 법칙)}$$

이것은 기체 상태에 있는 모든 물질의 몰질량, 즉 M의 계산을 가능하게 한다. 이런 형태의 이상 기체 법칙은 몰 대신에 질량이 포함된 문제를 다룰 때 매우 유용하다.

예제 12.14

20.°C, 1.00 atm에서 3.69 g의 뷰테인 기체(사진 참조)의 부피는 1.53 L이다. 뷰테인의 몰질량을 계산하시오.

풀이

읽기 **알려진 값:** $P = 1.00\ \text{atm}$
$V = 1.53\ \text{L}$
$T = 20.°\text{C} = 293\ \text{K}$
$m = 3.69\ \text{g}$ (질량)

계획 기체의 몰수(n) 대신에 질량 m을 알고 있으므로, 변형된 이상 기체 법칙을 사용한다.
$n = g/M$이고, M은 기체의 몰질량이다.

$$PV = \frac{g}{M}RT$$

$$M = \frac{gRT}{PV}$$

계산
$$M = \frac{(3.69\ \text{g})\left(0.0821\ \frac{\cancel{\text{L}}\cdot\cancel{\text{atm}}}{\text{mol}\cdot\cancel{\text{K}}}\right)(293\ \cancel{\text{K}})}{(1.00\ \cancel{\text{atm}})(1.53\ \cancel{\text{L}})} = 58.0\ \text{g/mol}$$

Yanns/85 images/Pixabay

확인 뷰테인의 화학식을 찾아보면 C_4H_{10}이므로 몰질량은 58.0 g/mol이 맞다.

뷰테인

실습 문제 12.8

표준 온도, 76.0 cm Hg에서 어떤 기체 0.286 g의 부피가 50.0 mL이었다. 이 기체의 몰질량을 구하시오.

분자 운동론

기체 법칙들로부터 축적된 자료를 종합하여 과학자들은 기체의 성질이나 거동에 관한 일반적인 이론을 정립하였다. 이 이론을 **분자 운동론(kinetic molecular theory, KMT)**이라고 한다. 그 이후 이 KMT는 부분적으로 액체나 고체의 거동을 다루는 데까지 확장되기도 하였다.

KMT는 입자, 특히 기체 분자의 운동에 기초를 두고 있다. 이 이론이 설명하는 것과 똑같이 거동하는 기체를 **이상 기체(ideal gas)**라고 한다. 실제로 이상 기체는 존재하지 않는다. 그러나 특정한 온도나 압력의 조건하에서는 실제 기체의 거동이 이상 기체의 거동과 매우 유사하거나 아주 근소한 차이만을 보인다.

분자 운동론의 주요 가정은 다음과 같다.

1. 기체는 아주 작은 입자들로 구성되어 있다.
2. 입자들 사이의 거리는 입자 자신의 크기보다 크다. 기체에 의해 채워지는 부피는 대부분이 빈 공간이다.
3. 기체 입자들 사이에는 상호 인력이 존재하지 않는다.
4. 기체 입자는 용기의 벽이나 다른 기체 분자와 빈번히 충돌하면서 모든 방향으로 직선 운동을 한다.
5. 용기의 벽이나 다른 기체 입자와의 충돌로 인한 에너지의 손실은 없으며, 모든 충돌은 완전 탄성 충돌이다.
6. 온도가 같으면 기체 입자의 평균 운동 에너지는 모두 같으며, 그 값은 켈빈 온도에 정비례한다.

입자의 운동 에너지(KE)는 다음 방정식으로 표현된다.

$$\text{KE} = \frac{1}{2}mv^2$$

여기서 m은 입자의 질량이며, v는 입자의 속도이다.

모든 기체 분자는 같은 온도에서 같은 운동 에너지를 갖는다. 따라서 운동 에너지 방정식으로부터 가벼운 분자가 무거운 분자보다 더 빠른 속도를 갖는다는 것을 알 수 있다. 예를 들면 계산상으로 수소 분자의 속도는 산소 분자의 속도보다 네 배 빠르다.

주어진 온도에서, 기체 분자들이 서로 다른 속도로 운동하고 있다고 하자. 이 가운데 n_1개는 v_1의 속도로, n_2개는 v_2의 속도로, n_3개는 v_3의 속도로, … 운동하고 있다고 하면 기체 분자들의 전체 운동 에너지는 다음과 같이 주어진다.

$$\text{K.E.} = \frac{1}{2}m(n_1v_1 + n_2v_2 + n_3v_3 + \cdots)^2$$

여기서 m은 기체 분자 하나의 질량이다. 그러면 평균 운동 에너지($\overline{\text{K.E.}}$)는 다음과 같이 주어진다.

$$\overline{\text{K.E.}} = \frac{1}{2}\frac{m(n_1v_1^2 + n_2v_2^2 + n_3v_3^2 + \cdots)}{(n_1 + n_2 + n_3 + \cdots)}$$

$$\overline{\text{K.E.}} = \frac{1}{2}mv_{\text{rms}}^2$$

여기서 v_{rms}는 기체 분자들의 속도의 제곱의 평균을 구한 후, 다시 제곱근을 취한 것이다.

이 v_{rms}는 온도와 다음과 같은 관계를 갖는다.

$$v_{\text{rms}} = \sqrt{\frac{3RT}{M}}$$

평균 속도, v_{avg}는 온도와 다음과 같은 관계를 갖는다.

$$v_{\text{avg}} = \sqrt{\frac{8RT}{\pi M}}$$

기체 분자들의 속도의 최빈값, 즉 최빈속도(v_{mp})는 주어진 온도에서 가장 많은 수의 분자들이 갖는 속도인데 다음과 같이 주어진다.

$$v_{\text{mp}} = \sqrt{\frac{2RT}{M}}$$

이 세 가지 종류의 속도는 서로 다음과 같은 관계를 갖는다.

$$v_{\text{mp}} : v_{\text{avg}} : v_{\text{rms}} = \sqrt{\frac{2RT}{M}} : \sqrt{\frac{8RT}{\pi M}} : \sqrt{\frac{3RT}{M}} = \sqrt{2} : \sqrt{\frac{8}{\pi}} : \sqrt{3} = 1.414 : 1.596 : 1.732 = 1 : 1.128 : 1.224$$

주어진 온도에서 이 세 가지 속도를 크기순으로 나열하면 다음과 같다.

$$v_{\text{mp}} > v_{\text{avg}} > v_{\text{rms}}.$$

실제 기체

모든 기체 법칙들은 이상 기체–즉 P, V, T의 모든 값에 대하여 이상 기체 법칙에 꼭 들어맞게 거동하는 기체–의 거동에 기초를 둔다. 대부분의 실제 기체는 실제로 상당히 넓은 온도와 압력 범위에서 이상 기체 법칙으로 예상한 것과 매우 유사하게 거동한다. 그러나 기체 분자들이 서로 가까워지게 되는 조건(고압 또는 저온)이 되면, 이상 기체와 상당히 다른 결과를 보인다. 그 편차는 분자 자체의 부피가 존재하고 분자 간에 인력이 작용하는 것에 기인한다. 그러므로 실제 기체는 기체 법칙에 의해 예상되는 것보다 고압에서는 덜 압축되고, 낮은 온도에서는 더 많이 압축된다고 할 수 있다. 대부분의 기체들은 고압과 저온에서 액체가 된다.

12.7 Dalton 분압 법칙

이 절의 학습 목표
Dalton 분압 법칙을 이용하여 기체 혼합물에서 전체 압력 또는 단일 기체의 압력을 계산할 수 있다.

만약 기체들의 거동이 분자 운동론을 따른다면, 모든 기체 분자가 한 종류의 분자로 구성되어 있든지, 서로 다른 분자들로 구성되어 있든지 관계없이 압력–부피–온도 사이의 관계에는 차이가 없을 것이다. 이와 같은 기체 거동의 유사성이 Dalton **분압 법칙**(**Dalton's law of partial pressure**)을 이해하는 바탕이 된다.

> 기체 혼합물의 전체 압력은 혼합물을 이루는 각 기체의 분압의 합이다.

기체 혼합물 내의 각 기체는 각자 독립적으로 압력을 나타낸다. 이 압력을 **분압**(**partial pressure**)이라고 한다(그림 12.15). 만일 수소와 산소 기체 혼합물(H_2와 O_2)에서 각각의 분압이 0.5 atm과 0.5 atm이라면 전체 압력은 1.0 atm이 된다.

$$P_{전체} = P_{H_2} + P_{O_2}$$
$$P_{전체} = 0.5\ \text{atm} + 0.5\ \text{atm} = 1.0\ \text{atm}$$

물에 녹지 않는 기체를 수상 치환으로 포집할 때 Dalton 분압 법칙을 적용할 수 있다. 실험실에서 산소 기체를 제조할 때, 흔히 집기병을 물속에 거꾸로 세우고 수상 치환으로 포집한다. 그러므로 포집된 산소는 순수한 상태가 아니라 수증기와 혼합된 상태이다(그림 12.16). 병의 외부와 내부의 수면을 일치시키면, 병 안의 산소의 압력과 수증기의 압력의 합은 대기압과 같아지게 된다.

$$P_{atm} = P_{O_2} + P_{H_2O}$$

물속에서 포집한 O_2 또는 다른 종류의 기체의 양을 측정하기 위해서는, 기체의 전체 압력에서 수증기의 압력(증기압)을 빼야 한다.

$$P_{O_2} = P_{atm} - P_{H_2O}$$

여러 온도에서 물의 증기압은 부록 4에 수록되어 있다.

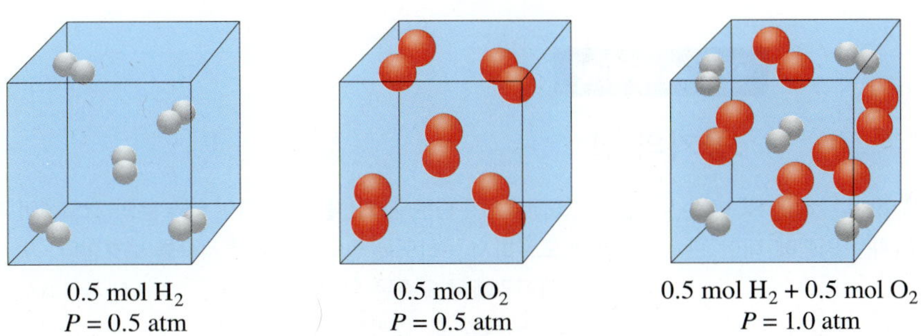

그림 12.15 기체 혼합물(H_2와 O_2)에서 각 기체는 용기에 단독으로 있을 때와 같은 분압을 가진다.

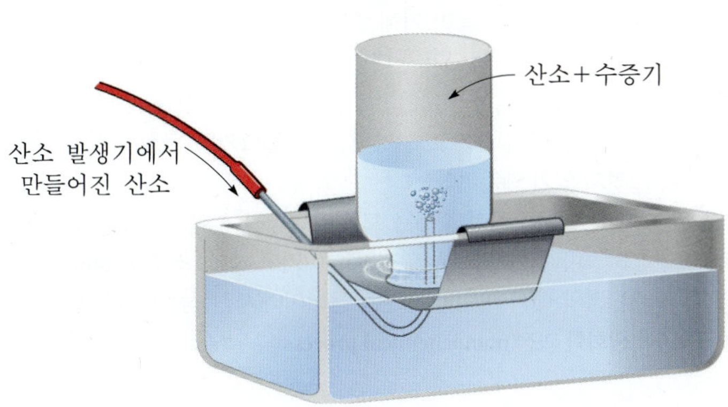

그림 12.16 수상 치환으로 포집된 산소

예제 12.15

500. mL의 산소를 23°C, 760. torr에서 수상 치환으로 포집하였다. 23°C, 760. torr에서 건조한 O_2의 부피는 얼마일까? 물의 증기압은 23°C에서 21.2 torr이다.

풀이

읽기 알려진 값: $V_{\text{산소와 수증기}} = 500.\ \text{mL}$

$P_{\text{산소와 수증기}} = 760.\ \text{torr}$

$P_{\text{수증기}} = 21.2\ \text{torr}$

온도는 23°C로 일정함.

구하는 값: $V_{\text{건조한 산소}}$ (760. torr에서)

계획 우선 건조한 산소의 압력을 구한 다음, Boyle 법칙을 사용(온도가 일정하므로)하여 건조한 산소의 부피를 구해야 한다.

$$P_1V_1 = P_2V_2$$

$$P_{\text{건조한 산소}} = P_{\text{산소와 수증기}} - P_{\text{수증기}}$$

$$= 760.\ \text{torr} - 21.2\ \text{torr} = 739\ \text{torr}$$

$$P_1 = 739\ \text{torr} \quad P_2 = 760.\ \text{torr}$$

$$V_1 = 500.\ \text{mL}$$

풀이의 요점: 압력 증가 ⟶ 부피 감소

$$P_1V_1 = P_2V_2, \quad V_2 = \frac{P_1V_1}{P_2}$$

계산 $$V_2 = \frac{(739\ \text{torr})(500.\ \text{mL})}{760.\ \text{torr}} = 486\ \text{mL 건조한 산소}$$

확인 최종 부피는 Dalton 법칙으로 예측한 것과 같이 처음 부피보다 작다.

실습 문제 12.9

수상 치환으로 수소 기체 600.0 mL가 25.0°C, 740.0 torr에서 포집되었다. 건조한 수소 기체의 부피는 STP에서 얼마이겠는가?

생활 속의 화학

공기의 질

대기로 배출된 기체들 사이에 화학 반응이 일어난다. 최근 몇 년간 이와 같은 반응들이 우리의 환경과 생존에 미치는 영향에 대한 관심이 고조되어 왔다.

대기의 바깥 부분(성층권)은 지구 표면에 사는 생물체가 생존하기 위한 조건들을 결정하는 데 특별한 역할을 한다. 이 성층권은 지구를 공격하는 강한 복사선이나 입자들로부터 지구 표면을 보호한다. 태양에서 오는 강한 에너지를 갖는 복사선은, 성층권에 존재하는 산소(O_2)에 작용하여 이를 오존(O_3)으로 변화시킨다.

$$O_2 \xrightarrow{\text{햇빛}} \underset{\text{산소 원자}}{O + O}$$

$$O_2 + O \longrightarrow \underset{\text{오존}}{O_3}$$

태양에서 오는 자외선은 살아 있는 동식물의 조직에 큰 해를 끼친다. 그러나 오존층은 자외선을 흡수하여 대부분의 자외선이 지구 표면에 도달하지 못하도록 막아줌으로써 지구를 보호한다.

낮은 대기권에서 오존은 유해한 공해 물질이다. 대기권에서 오존은 뇌우가 발생할 때, 그리고 산소와 이산화 질소 혼합물에 자외선의 광화학적 작용이 가해질 때 형성된다. 대기 오염이 높은 지역은 대기 중 오존 농도가 높다. 낮은 고도에서 오존의 존재는 바람직하지 않다. 왜냐하면 오존이 식물에게 심각한 해를 끼치며, 고무의 노화를 쉽게 일으키고, 눈에 자극을 일으키는 물질을 형성한다고 알려져 있기 때문이다.

대도시의 공기 중에는 오존뿐 아니라 산화 질소도 포함되어 있으며, 이들은 스모그의 구성 성분이기도 하다. **스모그(smog)**는 대도시 환경의 대기 오염을 일컫는 용어이다(사진 참조). 화학 반응은 종종 **광화학 과정(photochemical process)**의 일부로 일어난다. 일산화 질소

(NO)는 공기 중에서나 자동차 엔진에서 산화되어 이산화 질소(NO_2)로 된다. 화석 연료의 연소에 의해 산화 질소뿐만 아니라 이산화 탄소, 일산화 탄소 및 산화 황과 같은 물질 역시 방출된다. 불완전한 연소는 연소되지 않았거나 또는 부분적으로 연소된 탄화수소를 발생시킨다. 사회는 대기화학에 영향을 미치는 이런 종류의 배출물을 발견하고, 이해하며, 조절하기 위한 노력을 지속적으로 기울여야 한다.

SHENG LI/REUTERS/Alamy Stock Photo

홍콩의 스카이라인에서 나쁜 공기와 좋은 공기의 질 비교

12.8 기체의 밀도

> **이 절의 학습 목표**
> 기체의 밀도를 계산할 수 있다.

기체의 밀도 d는 단위 부피당 질량으로, 흔히 다음과 같이 g/L로 나타낸다.

$$d = \frac{\text{질량}}{\text{부피}} = \frac{\text{g}}{\text{L}}$$

기체의 부피는 온도와 압력에 따라 변화하기 때문에 기체의 밀도를 표기할 때는 이 두 인자, 즉 온도와 압력이 주어져야 한다. 고체나 액체의 부피는 압력의 변화에 거의 영향을 받지 않으며, 단지 온도가 변할 때만 아주 약간의 영향을 받는다. 만약 팽창이 가능한 조건에서 기체의 온도를 0°C에서 50°C로 증가시키면 기체의 밀도는 약 18% 감소하지만, 액체인 물의 경우에는 온도가 50°C 상승하더라도(0°C → 50°C) 밀도의 변화는 0.2% 이하이다.

어떤 온도와 압력에서의 기체의 밀도는 1 L 안에 있는 기체의 질량을 계산함으로써 결정할 수 있다. 특히 표준 상태에서의 밀도는 기체의 몰질량에 1 mol/22.4 L를 곱함으로써 계산할 수 있다.

$$d_{\text{STP}} = (\text{몰질량})\left(\frac{1\ \text{mol}}{22.4\ \text{L}}\right)$$

$$\text{몰질량} = (d_{\text{STP}})\left(\frac{22.4\ \text{L}}{1\ \text{mol}}\right)$$

표 12.4에 몇 가지 일반 기체들의 STP에서의 밀도를 수록해 놓았다.

표 12.4 STP에서 몇 가지 일반 기체들의 밀도

기체	몰질량 (g/mol)	밀도 (STP에서 g/L)
H_2	2.016	0.0900
CH_4	16.04	0.716
NH_3	17.03	0.760
C_2H_2	26.04	1.16
HCN	27.03	1.21
CO	28.01	1.25
N_2	28.02	1.25
공기	**(28.9)**	**(1.29)**
O_2	32.00	1.43
H_2S	34.09	1.52
HCl	36.46	1.63
F_2	38.00	1.70
CO_2	44.01	1.96
C_3H_8	44.09	1.97
O_3	48.00	2.14
SO_2	64.07	2.86
Cl_2	70.90	3.17

예제 12.16

STP에서 Cl_2의 밀도를 계산하시오.

풀이

읽기 밀도를 구하기 위해서는 Cl_2의 몰질량이 필요하다. 주기율표로부터 몰질량을 구할 수 있으며, Cl_2의 몰질량은 70.90 g/mol이다.

계획 기체 밀도의 단위는 g/L이다.

풀이의 요점: g/mol ⟶ g/L

1 mol = 22.4 L이므로 변환 인자는 1 mol/22.4 L이다.

계산 $\left(\dfrac{70.90\ \text{g}}{1\ \cancel{\text{mol}}}\right)\left(\dfrac{1\ \cancel{\text{mol}}}{22.4\ \text{L}}\right) = 3.165\ \text{g/L}$

확인 계산 값 3.165 g/L를 표 12.4에 나와 있는 Cl_2의 밀도와 비교해 본다.

실습 문제 12.10

어떤 기체의 몰질량이 16 g/mol이다. STP에서 이 기체의 밀도를 계산하시오.

실습 문제 12.11

같은 온도와 압력에서 다음 기체들을 밀도가 증가하는 순으로 나열하시오.

H_2, CO, C_3H_8, NO_2, O_2, N_2O, POF_3, B_2H_6

12.9 기체의 화학량론

이 절의 학습 목표
기체와 관련된 화학량론 문제를 풀 수 있다.

몰–부피와 질량–부피의 계산

기체 부피에 관련된 화학량론 문제들은 일반적으로 7장에서 언급한 바 있는 몰비법(**그림 12.17**에 요약)을 사용하여 해결할 수 있다. 두 변환 인자 1 mol/22.4 L와 22.4 L/1 mol이 기체의 부피를 몰수로, 몰수를 부피로 변환하는 데 각각 사용된다. 이와 같은 변환 인자들은 기체들이 STP에 있고, 이상 기체처럼 행동한다는 가정하에서만 사용할 수 있다. 실제에 있어 흔히 기체는 STP가 아닌 조건에서 측정되므로, 화학량론적 계산을 위해서는 측정된 부피를 STP 조건의 부피로 바꾸어야 한다. 다음 예제들은 화학 반응에 기체가 관련된 전형적인 문제들이다.

예제 12.17

STP에서 0.500 mol의 염소산 포타슘으로부터 생성될 수 있는 산소 기체의 부피는 얼마인가?

풀이

읽기 **알려진 값:** $P = 1.00\ \text{atm}$
$T = 273\ \text{K}$
$n = 0.500\ \text{mol}\ KClO_3$

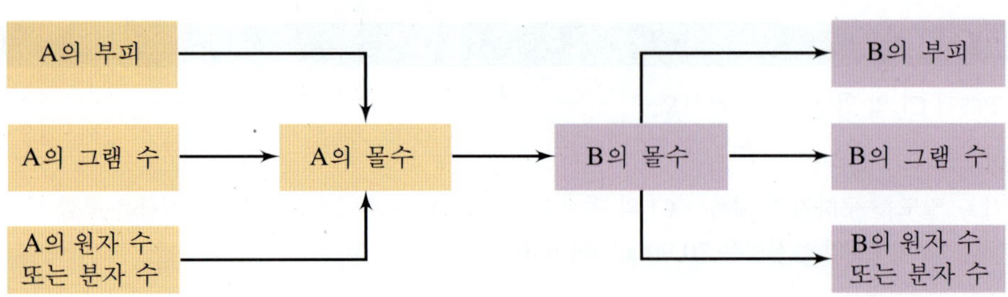

그림 12.17 화학량론에 관여하는 변환 과정을 요약한 도표. 기체의 부피에 관한 변환도 포함되어 있다.

계획 기체의 몰수는 STP에서의 부피(L)로 바로 환산될 수 있기 때문에 이 문제를 풀기 위해서는 균형 맞춘 반응식을 이용해야 한다.

$$2\ KClO_3(s) \longrightarrow 2\ KCl(s) + 3\ O_2(g)$$

풀이의 요점: mol $KClO_3$ ⟶ mol O_2 ⟶ L O_2

생성되는 산소의 몰수를 구하기 위해 화학량론 문제에 대한 문제 풀이 전략을 이용한다.

$$(0.500\ \cancel{mol\ KClO_3})\left(\frac{3\ mol\ O_2}{2\ \cancel{mol\ KClO_3}}\right) = 0.750\ mol\ O_2$$

계산 O_2의 몰수를 O_2의 리터 수로 바꾼다.

$$(0.750\ \cancel{mol}\ O_2)\left(\frac{22.4\ L}{1\ \cancel{mol}}\right) = 16.8\ L\ O_2$$

예제 12.18

STP에서 1.25 L의 수소 기체를 발생시키기 위해서는 몇 그램의 알루미늄이 황산과 반응해야 하는가?

풀이

읽기 **알려진 값:** $V = 1.25\ L\ H_2$
$T = 273\ K$
$P = 1.00\ atm$

계획 기체의 몰수는 STP에서의 부피(L)로 바로 환산될 수 있기 때문에 이 문제를 풀기 위해서는 균형 맞춘 반응식을 이용해야 한다.

$$2\ Al(s) + 3\ H_2SO_4(aq) \longrightarrow Al_2(SO_4)_3(aq) + 3\ H_2(g)$$

풀이의 요점: L H_2 ⟶ mol H_2 ⟶ mol Al ⟶ g Al

우선 변환 인자 1 mol/22.4 L를 사용하여 H_2의 부피(L)를 mol로 변환시킨다. 알루미늄의 몰수를 구하기 위해 화학량론 문제에 대한 문제 풀이 전략을 이용한다.

$$(1.25\ \cancel{L}\ \cancel{H_2})\left(\frac{1\ \cancel{mol}}{22.4\ \cancel{L}}\right)\left(\frac{2\ mol\ Al}{3\ \cancel{mol}\ \cancel{H_2}}\right) = 0.0372\ mol\ Al$$

계산 Al의 몰수를 Al의 그램 수로 바꾼다.

$$(0.0372\ \cancel{mol\ Al})\left(\frac{26.98\ g\ Al}{\cancel{mol\ Al}}\right) = 1.00\ g\ Al$$

예제 12.19

30.°C, 700. torr에서 50.0 g의 알루미늄과 염산이 반응하였을 때 생성되는 수소 기체의 부피는 얼마나 되겠는가?

풀이

읽기 **알려진 값:** $T = 30.°C = 303\ K$
$P = 700.\ torr = 0.921\ atm$
$m = 50.0\ g$

계획 Al의 몰수를 구한 후 H_2의 몰수를 구하기 위해서는 균형 맞춘 반응식이 필요하다.

$$2\ Al(s) + 6\ HCl(aq) \longrightarrow 2\ AlCl_3(aq) + 3\ H_2(g)$$

풀이의 요점: g Al ⟶ mol Al ⟶ mol H_2

우선 Al의 몰질량을 사용하여 Al의 그램 수를 몰수로 변환시킨다. 생성되는 H_2의 몰수를 구하기 위해 균형 맞춘 반응식으로부터 얻어진 몰비를 이용한다.

$$(50.0\ \cancel{g\ Al})\left(\frac{1\ \cancel{mol\ Al}}{26.98\ \cancel{g\ Al}}\right)\left(\frac{3\ mol\ H_2}{2\ \cancel{mol\ Al}}\right) = 2.78\ mol\ H_2$$

이상 기체 법칙을 이용하여 계산을 마무리한다.

$$PV = nRT$$

계산

$$V = \frac{(2.78\ \cancel{mol}\ H_2)\left(0.0821\frac{L \cdot \cancel{atm}}{\cancel{mol} \cdot \cancel{K}}\right)(303\ \cancel{K})}{(0.921\ \cancel{atm})} = 75.1\ L\ H_2$$

실습 문제 12.12

과산화 소듐(Na_2O_2) 10.0 g이 물과 반응하여 수산화 소듐과 산소가 발생된다면, 20.°C, 750. torr에서 몇 리터의 산소가 생성되겠는가?

$$2\ Na_2O_2(s) + 2\ H_2O(l) \longrightarrow 4\ NaOH(aq) + O_2(g)$$

부피–부피 계산

반응에 참여하는 모든 물질이 기체 상태일 때는 계산을 간단히 할 수 있다. 이것은 동일한 온도와 압력 조건에 있는 기체는 같은 분자 수, 같은 부피를 갖는다는 Avogadro 법칙에 근거한 것이다. 표준 온도와 압력 조건에서 반응에 참여하는 기체의 부피는 균형 맞춘 반응식에서의 기체의 몰수에 비례한다(참고 참조). 다음 반응을 생각해 보자.

참고 같은 온도와 압력에서 같은 부피의 기체들은 같은 수의 입자를 포함한다.

$H_2(g)$	+	$Cl_2(g)$	$\longrightarrow$	$2\ HCl(g)$
1 mol		1 mol		2 mol
1 부피		1 부피		2 부피
Y 부피		*Y* 부피		2*Y* 부피

이 부피들은 방정식에서의 반응 몰수에 상응하므로 위에 기술한 내용이 옳다고 할 수 있다. 따라서 *Y* 부피의 수소 기체는 *Y* 부피의 염소 기체와 반응하여 2*Y* 부피의 염화 수소 기체를 발생시킨다. 예를 들면 100 L의 수소 기체는 100 L의 염소 기체와 반응하여 200 L의 염화 수소 기체를 발생시킨다.

온도와 압력이 일정할 때 반응하는 기체들의 부피–부피 관계는 몰–몰 관계와 동일하다.

예제 12.20

150. L의 수소 기체와 산소 기체가 반응하여 수증기가 생성될 때, 필요한 산소 기체의 부피는 얼마인가? 또 생성되는 수증기의 부피는 얼마인가?

풀이

생성물과 반응물 모두 표준 상태에서 측정되었다고 가정하고, 반응 부피를 이용하여 계산한다.

$2\ H_2(g)$	+	$O_2(g)$	$\longrightarrow$	$2\ H_2O(g)$
2 mol		1 mol		2 mol
2 부피		1 부피		2 부피
150. L		75 L		150. L

H_2 2 부피당 1 부피의 O_2가 반응하여 2 부피의 $H_2O(g)$가 생성된다.

$$(150.\ L\ H_2)\left(\frac{1\ 부피\ O_2}{2\ 부피\ H_2}\right) = 75.0\ L\ O_2$$

$$(150.\ L\ H_2)\left(\frac{2\ 부피\ H_2O}{2\ 부피\ H_2}\right) = 150.\ L\ H_2O$$

예제 12.21

암모니아의 제조 반응식은 다음과 같다.

$$3\ H_2(g) + N_2(g) \xrightarrow{400℃} 2\ NH_3(g)$$

반응이 완전히 진행된다고 가정하고 다음에 대하여 답하시오.

(a) N_2 50.0 L와 반응하는 H_2의 부피는 얼마인가?

(b) N_2 50.0 L로부터 생성되는 NH_3의 부피는 얼마인가?

(c) H_2 100. mL와 반응하는 N_2의 부피는 얼마인가?

(d) H_2 100. mL로부터 생성되는 NH_3의 부피는 얼마인가?

(e) 만약 600. mL의 H_2와 400. mL의 N_2를 밀폐된 플라스크 안에서 반응시킨다면, 반응이 완료되고 난 후 플라스크 안에 존재하는 H_2, N_2 및 NH_3의 양은 얼마인가?

풀이

(a)~(d)에 대한 답은 네모 안에 있다. 반응 부피의 원리를 이용하여 반응식으로부터 직관적으로 이들의 값을 구할 수 있다.

	$3\ H_2(g)$	+ $N_2(g)$	$\longrightarrow$ $2\ NH_3(g)$
	3 부피	1 부피	2 부피
(a)	150. L	50.0 L	
(b)		50.0 L	100. L
(c)	100. mL	33.3 mL	
(d)	100. mL		66.7 mL

(e) 반응식으로부터의 부피비 $= \dfrac{3\text{ 부피 } H_2}{1\text{ 부피 } N_2}$

실제로 사용된 부피피 $= \dfrac{600.\text{ mL } H_2}{400.\text{ mL } N_2} = \dfrac{3\text{ 부피 } H_2}{2\text{ 부피 } N_2}$

위 두 비를 비교해 보면, 과량의 N_2가 기체 혼합물에 존재함을 알 수 있다. 따라서 생성될 수 있는 NH_3의 양을 제한하는 반응물은 H_2이다.

$3\ H_2(g)$	+ $N_2(g)$	$\longrightarrow$ $2\ NH_3(g)$
600. mL	200. mL	400. mL

반응 부피비가 3 : 1이므로 600. mL의 H_2는 200. mL의 N_2와 반응하여 400. mL의 NH_3를 생성하고, 200. mL의 N_2는 반응하지 않고 그대로 남아 있게 된다. 결국 반응이 완결된 후 플라스크 안에는 400. mL의 NH_3와 200. mL의 N_2가 남게 된다.

실습 문제 12.13

15.0 L의 프로페인(C_3H_8)이 산소와 반응하여 이산화 탄소와 물을 생성할 때 몇 리터의 산소가 필요하겠는가? 몇 리터의 이산화 탄소와 물이 생성되겠는가?

$$C_3H_8(g) + 5\ O_2(g) \longrightarrow 3\ CO_2(g) + 4\ H_2O(g)$$

사례 연구 2015 AFC 챔피언십 게임 조작 스캔들, 일명 디플레이트게이트: 이상 기체 법칙의 실제 적용 사례

문제

다음 정보는 미국 프로 미식축구 연맹(NFL)이 수행한 조사의 일부로 얻어진 것이다. 이 조사는 New England Patriots가 2015년 1월 18일에 Massachusetts 주 Foxboro에서 Indianapolis Colts와의 콘퍼런스 타이틀 경기 도중 의도적으로 미식축구공 내부의 공기를 뺐는지 판정하기 위해 NFL이 실시한 것이다. 제공된 정보는 직접 NFL에서 의뢰한 "2015년 1월 18일 AFC 챔피언십 게임 중 사용된 미식축구공에 관한 조사 보고서"에서 나온 것이다. 당신의 역할은 수집된 데이터를 분석하여 과학적으로 Patriots가 경쟁 우위를 위해 고의로 미식축구공의 바람을 뺐다는 것을 시사하는지를 판단하는 것이다. NFL의 각 팀은 공격 중일 때 사용할 12개의 미식축구공을 제공한다. 담당관들은 경기 시작 전에 미식축구공을 점검하고 승인한다. 담당관들이 미식축구공을 점검한 후 경기가 시작되기 전에 Patriots가 미식축구공에 몰래 손을 대었다는 혐의가 제기되고 있다.

공기를 조금 빼낸 미식축구공

경기에 사용되는 미식축구공의 압력에 대한 규정

1. 각 팀은 공격 시 사용할 열두 개의 미식축구공을 제공한다. 이 공들은 경기 시작 두 시간 반 전에 담당관들에게 승인을 받아야 한다.
2. 각각의 미식축구공 내부 공기의 압력은 86.2에서 93.1 kPa이 되어야 한다.

경기 시작 전 공식 미식축구공 점검

경기 시작 전 수석 담당관이 New England Patriots와 Indianapolis Colts의 미식축구공을 점검하였다. 그 담당관은 미식축구공 점검에 사용할 두 개의 압력 측정기를 가지고 있었는데, 경기 전에 두 압력 측정기 가운데 하나를 이용해서 미식축구공들의 압력을 측정하였다. 그런데 이후에 그 담당관에게 압력 측정기 둘 중 어느 것을 실제로 사용했는지 물었을 때 그가 사용한 것을 기억하지 못했다. 게다가 그 담당관은 미식축구공의 압력을 확인하면서 자세한 측정값을 기록하지도 않았다. 그러나 기억에 따르면 Patriots 측에서 제공한 미식축구공들의 내부 공기 압력은 대부분 0.851 atm 정도였고 Colts 측에서 제공한 것들은 0.884 atm 정도였다. 측정값에 대한 담당관의 이러한 진술은 양 팀의 진술과 일치하였다. Patriots은 그들이 공격에 사용할 미식축구공의 내부 공기 압력을 0.851 atm으로 맞추려고 하였고 Colts는 그들의 공의 내부 압력을 0.884 atm으로 맞추려고 하였다. 미식축구공에 대한 검사에는 약 25분이 소요되었다.

경기 시작과 전반전의 상황

경기 시작 20분 전에 담당관들은 미식축구공들을 찾을 수 없었다. Patriots의 볼 보이가 담당관의 허락 없이 미식축구공들을 경기장 안으로 가져간 것이다. 보안 카메라에 기록된 영상을 보면 이 볼 보이가 미식축구공을 가지고 화장실로 들어가 1분 40초간 머물렀다는 것을 알 수 있다. 이로부터 그 볼 보이가 화장실에 머무른 시간 동안 Patriots가 제공한 공들에서 공기를 빼내었을 것이라는 혐의가 제기되었다. 경기는 Massachusetts 주 Foxboro에서 저녁 시간에 진행되었는데 이때 기온은 9°C였다. 전반전 경기에서 Patriots의 쿼터백이 던진 공을 상대팀에서 가로챘는데, 그 Colts 선수는 공이 비정상적으로 공기가 빠져있는 것을 감지하고 이것을 팀에 보고하였다. Colts의 코치들이 담당관들에게 Patriots의 공이 공기가 부적절한 수준으로 빠져있어서 규칙에 어긋난다고 알렸다.

하프타임에 이루어진 조사

하프타임이 되자 담당관들이 즉시 Patriots의 라커룸에 가서 미식축구공의 내부 공기 압력을 측정하기 시작했다. 일반적인 라커룸의 온도는 22°C이다. 담당관들은 Patriots의 공의 내부 공기 압력을 먼저 측정하였는데 이 작업에 4분이 걸렸다. 공의 압력은 두 개의 압력 측정기를 이용해서 각각 측정하였다. Patriots의 미식축구공들의 압력을 측정한 결과가 **표 1**에 제시되어 있다.

표 1 하프타임에 측정한 Patriots의 미식축구공의 압력

Patriots 공의 번호	1번 압력계로 측정된 압력 값(atm)	2번 압력계로 측정된 압력 값(atm)
1	0.78	0.803
2	0.738	0.762
3	0.759	0.783
4	0.728	0.748
5	0.755	0.779
6	0.789	0.813
7	0.806	0.837
8	0.755	0.786
9	0.745	0.772
10	0.714	0.810
11	0.742	0.772

Colts의 미식축구공들의 압력은 Patriots 공에 대한 측정이 끝난 후 하프타임이 거의 끝나갈 때쯤 측정되었다. 하프타임이 13분밖에 주어지지 않기 때문에 시간이 충분하지 않아서 Colts의 공 네 개에 대해서만 측정을 수행하였다. Colts의 공의 내부 공기 압력에 대한 측정결과가 **표 2**에 제시되어 있다.

표 2 하프 타임에 측정한 Colts의 미식축구공의 압력

Colts 공의 번호	1번 압력계로 측정된 압력 값(atm)	2번 압력계로 측정된 압력 값(atm)
1	0.84	0.863
2	0.837	0.867
3	0.88	0.85
4	0.83	0.853

유용한 정보

- 표에 제시된 압력은 모두 대기압에 대해서 측정된 상대적인 값이다. 따라서 이상 기체 법칙을 적용하기 위해서는 이 압력 값들을 먼저 절대 압력으로 변환시켜 주어야 한다. 절대 압력은 압력이 0인 상태를 기준으로 값을 매긴다. 압력이 0인 상태란 완전한 진공, 또는 분자가 하나도 없는 상태를 말한다. 미식축구공 내부의 절대 압력을 구하기 위해서는 측정값에 대기압(0.99 atm)을 더해 주어야 한다. 예를 들면, 미식축구공 내부 공기의 압력이 0.884 atm으로 측정되었다면, 이 값에 0.99 atm을 더해 절대 압력은 1.88 atm임을 알 수 있다.
- 계산상의 편의를 위해, 미식축구공의 부피는 측정된 압력 값의 범위 내에서는 일정하다고 가정한다.

Patriots은 미식축구공의 내부 공기를 빼내어 게임에 영향을 미치려 했는가?

아래 질문에 답을 하고, 제기된 혐의에 대해서 NFL에 보낼 의견을 데이터에 근거해서 정리해 보시오.

질문

1. 온도 변화가 압력 측정값에 영향을 미칠 수 있겠는가? 만약 그렇다면, 분자 운동론을 이용하여 압력과 온도의 관계를 수식을 이용하여 정량적으로 설명하시오.
2. 처음에 22°C에서 미식축구공의 내부 공기 압력을 측정하였을 때 0.85 atm이었다면, 나중에 온도가 9°C가 되었을 때 측정되는 압력은 얼마이겠는가?
3. 측정에 사용된 두 압력계는 동일한 공에 대해서 같은 압력이 측정되도록 잘 검정이 되어있다고 할 수 있는가? 표 1과 2에 제시된 값을 이용하여 설명하시오.
4. 측정에 사용된 두 압력계에서 측정된 값은 서로 일정한 차이를 보이는가? 표 1과 2에 제시된 값을 이용하여 설명하시오.
5. 표 1과 2에 제시된 측정값과 위의 질문들에 대한 답, 이상 기체 법칙을 이용해서 Patriots이 미식축구공의 내부 공기를 빼내었는지 판단해 보시오. 가능한 모든 시나리오를 고려하고, 데이터 분석 방법을 자세히 제시하며, 결론에 이르는 과정을 논리적으로 설명하시오.
6. 결론을 내리는 데 우리는 이상 기체 법칙만을 고려하였다. 미식축구공의 내부 공기 압력에 영향을 미칠 수 있는 다른 인자들에는 어떤 것들이 있을까? 이 인자들은 어떤 방식으로 데이터에 영향을 미칠 것인가?
7. 담당관들이 데이터를 수집하는 데 무엇을 더 했더라면 또는 다른 어떤 방식을 따랐더라면 결론을 내리는 데 더 도움이 되었을까?

참고자료

T. V. Wells, Jr., B. S. Karp, and L.L. Reisner. 2015. Investigative report concerning footballs used during the AFC championship game on January 18, 2015. May 6, 2015. http:/a.espncdn.com/pdf/2015/0506/PatriotsWellsReport.pdf (accessed August 27, 2015).

12장 복습

12.1 기체의 성질

중요 용어: 압력 | 대기압 | 기압계 | 1기압

- 기체:
  - 입자들은 비교적 떨어져 있다.
    - 입자들은 매우 유동적이다.
    - 기체의 모양과 부피는 용기의 모양과 부피와 같다.
    - 기체는 쉽게 압축된다.

- 압력은 단위 면적당 힘이다.
- 대기의 압력은 기압계로 측정한다.
  - 압력의 단위는 다음과 같다.
    - 기압(atm) = 760 mm Hg
    - Pascal, 1 atm = 101,325 Pa = 101.3 kPa
    - Torr, 1 atm = 760 torr
- 압력은 기체 분자의 수에 정비례한다.
- 압력은 시료의 켈빈 온도에 정비례한다.

12.2 Boyle 법칙

중요 용어: Boyle 법칙

- 일정한 온도에서 일정한 질량을 갖는 기체의 부피는 압력에 반비례한다.

$$V \propto \frac{1}{P} \quad \text{또는} \quad P_1V_1 = P_2V_2$$

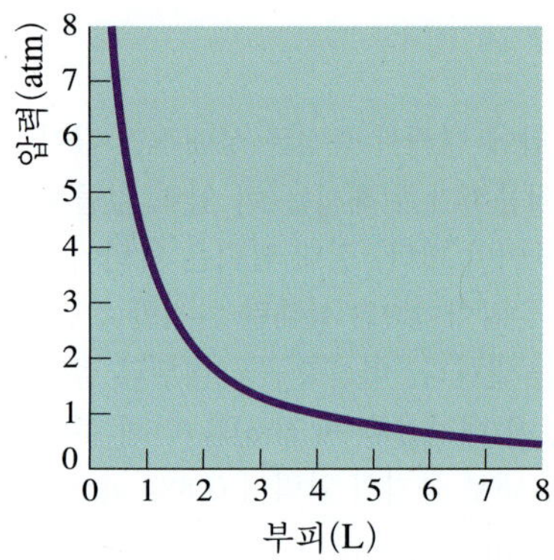

12.3 Charles 법칙

중요 용어: 절대 영도 | Charles 법칙

- 일정한 압력에서 일정한 질량을 갖는 기체의 부피는 절대 온도에 정비례한다.

$$V \propto T \quad \text{또는} \quad \frac{V_1}{T_1} = \frac{V_2}{T_2}$$

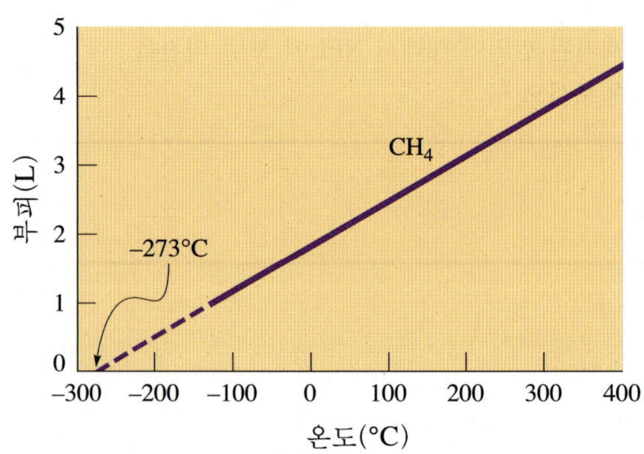

12.4 Avogadro 법칙

중요 용어: Gay–Lussac 부피 결합 법칙 | Avogadro 법칙

- Gay–Lussac 부피 결합 법칙은 같은 온도와 압력에서 반응하는 기체들의 부피비는 간단한 정수들의 비로 나타난다는 것이다.

- Avogadro 법칙은 같은 온도와 압력에서 부피가 같으면 모든 기체는 동일한 분자 수를 갖는다는 것이다.

12.5 통합 기체 법칙

중요 용어: 표준 상태 | 표준 온도와 압력(STP) | 몰부피

- 기체의 P, V, T 사이의 관계는 통합 기체 법칙이라는 하나의 식으로 표현된다.

$$\frac{P_1V_1}{T_1} = \frac{P_2V_2}{T_2}$$

- STP에서 기체 1몰의 부피는 22.4 L이다.

12.6 이상 기체 법칙

중요 용어: 이상 기체 법칙 | 분자 운동론(KMT) | 이상 기체

- 이상 기체 법칙은 기체와 관련된 여러 변수를 통합하여 하나의 식으로 표현한 것이다.

$$PV = nRT$$

- R은 이상 기체 상수이고 다음과 같다.

$$R = 0.0821\frac{\text{L}\cdot\text{atm}}{\text{mol}\cdot\text{K}}$$

- 분자 운동론의 가정:
    - 기체는 상호 인력이 존재하지 않는 아주 작은 입자들로 구성되어 있다.
    - 입자들 사이의 거리는 입자 자신의 크기보다 매우 크다.
    - 기체 입자는 모든 방향으로 직선 운동을 한다.
    - 용기의 벽이나 다른 기체 입자와의 충돌로 인한 에너지의 손실은 없으며, 모든 충돌은 완전 탄성 충돌이다.
    - 온도와 압력이 같으면 기체들의 입자 평균 운동 에너지는 모두 같다.
- 분자 운동론을 따르는 기체는 이상 기체이다.
- 입자의 운동 에너지는 $\text{KE} = \frac{1}{2}mv^2$으로 표현된다.
- 실제 기체는 이상 기체 법칙으로부터 편차를 보인다.
    - 이 편차는 다음 조건에서 발생한다.
        - 높은 압력
        - 낮은 온도
    - 이 편차는 다음과 같은 이유로 발생한다.
        - 분자들은 유한한 부피를 갖는다.
        - 분자들 사이에 인력이 작용한다.

12.7 Dalton 분압 법칙

중요 용어: Dalton 분압 법칙 | 분압

- 기체 혼합물의 전체 압력은 이 혼합물 기체를 이루는 각 성분 기체의 분압의 합이다.
- 기체를 수상치환으로 포집할 때, 표집된 기체의 압력은 대기압과 그 온도에서의 수증기압과의 차이이다.

12.8 기체의 밀도

- 기체의 밀도는 일반적으로 g/L 단위로 나타낸다.

- 기체의 부피는 온도와 압력에 따라 변하기 때문에 기체의 밀도를 제시할 때 이 두 인자가 함께 주어져야 한다.

12.9 기체의 화학량론

- 기체가 관련된 화학량론 문제는 다른 화학량론 문제들과 마찬가지 방법으로 풀 수 있다(아래 도표 참조).

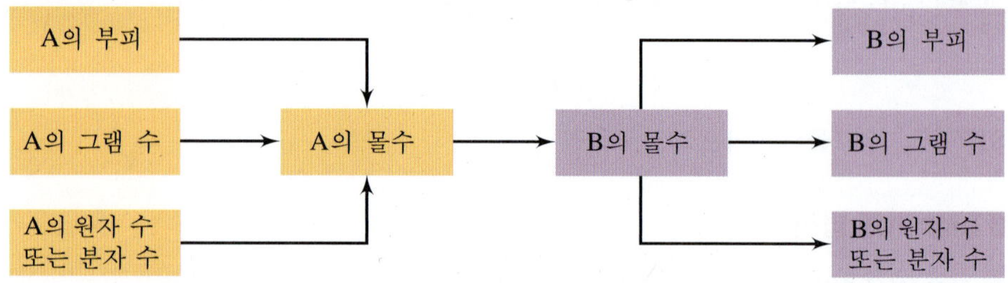

- 일정한 온도와 압력에서 반응하는 기체들 사이의 부피–부피 관계는 몰–몰 관계와 같다.

복습 질문

1. 단위 면적당 작용하는 힘을 나타내는 물리량은 무엇인가?

2. 그림 12.3에서 풍선 안팎의 공기 압력을 비교하고 그 이유를 설명하시오.

3. 표 12.1을 보고 건조한 공기에 포함되어 있는 가장 농도가 낮은 세 기체를 고르시오.

4. 1 atm과 760 mm Hg 압력의 크기를 비교하시오(표 12.2 참고).

5. 그림 12.6에 제시된 용기들 안에는 수소 기체가 채워져 있다고 가정하자. 둘 중 어느 용기의 기체가 더 천천히 운동하고 있는가?

6. 그림 12.7의 그래프를 보고 부피 3 L에 해당하는 압력은 얼마인지 찾아보시오.

7. 그림 12.7에 주어진 데이터를 이용하여 Boyle 법칙을 검증해 보시오.

8. 그림 12.10에 주어진 상황을 보고 온도 T_2가 T_1보다 높다면 어떤 효과를 관찰하게 될 것인지 설명하시오.

9. 다음 화학 반응으로부터 수소와 아이오딘 기체가 이원자 분자로 이루어져 있음을 어떻게 알 수 있는지 설명하시오.

$$H_2(g) + I_2(g) \xrightarrow{\Delta} 2\,HI(g)$$

10. 기체의 성질을 STP에서 비교하는 이유가 무엇인가?

11. 기체의 거동을 설명하는 데 사용되는 네 개의 인자들은 무엇인가?

12. 이상 기체란 무엇인가? 분자간 힘을 이용해서 어떤 조건에서 실제 기체가 이상 기체처럼 되는지 설명하시오.

13. Boyle 법칙과 이상 기체 법칙 사이의 관계를 설명하시오.

14. Charles 법칙과 이상 기체 법칙 사이의 관계를 설명하시오.

15. 분자 운동론의 기본 가정은 무엇인가?

16. H_2, C_2H_6, Ne, O_2, Cl_2, He 기체들이 모두 표준 상태 온도 조건에 있다고 할 때, 분자의 운동 속도가 증가하는 순으로 다시 나열하시오. 이 순서를 결정하는 데 중요하게 고려해야 할 것은 무엇인가?

17. 16번 문제에 제시된 기체들을 평균 운동 에너지가 증가하는 순으로 다시 나열하시오.

18. 기체가 이상 기체처럼 행동하게 될 때는 온도가 높을 때인가 아니면 낮을 때인가? 이유와 함께 설명하시오.

19. 기체가 이상 기체처럼 행동하게 될 때는 압력이 높을 때인가 아니면 낮을 때인가? 이유와 함께 설명하시오.

20. 다음 법칙들에 의해 표현되는 기체의 거동을 분자 운동론으로 설명하시오.
(a) Boyle 법칙
(b) Charles 법칙
(c) Dalton 분압 법칙

21. 그림 12.16에서 보여 준 그림에서 집기병 안의 산소와 수증기의 압력의 합은, 집기병 밖의 대기압에 비해 더 높은가, 같은가, 더 낮은가? 설명하시오.

22. 표 12.4에서 공기보다 밀도가 낮은 기체 다섯 가지를 선택하고 선택한 이유를 쓰시오.

23. 같은 온도와 압력에서 같은 부피를 갖는 N_2와 F_2 기체에 대해 다음 성질을 비교하시오.
(a) 분자 수
(b) 질량
(c) 몰수
(d) 분자들의 평균 운동 에너지
(e) 밀도

24. 일정한 압력을 유지하면서 1 mol의 N_2 기체를 가열시킬 때, 다음에 열거한 각각의 사항에 어떤 영향을 미치겠는가?
(a) 밀도
(b) 질량
(c) 분자들의 평균 운동 에너지
(d) 분자들의 평균 속도
(e) N_2 분자 수

짝으로 된 연습 문제

푸른색 숫자로 되어 있는 모든 연습 문제의 답은 부록 5에 있다.

1. 아래 표의 빈칸을 채우시오.

	torr	mm Hg	킬로파스칼(kPa)
(a)		28.2	
(b)	660		
(c)			93.0

2. 아래 표의 빈칸을 채우시오.

	mm Hg	torr	기압(atm)
(a)	750		
(b)		39	
(c)			1.2

3. 다음 압력 변환을 하시오.
(a) 930 torr를 kPa로
(b) 2.98 kPa을 atm으로
(c) 2.28 atm을 mm Hg로
(d) 372 torr를 atm으로
(e) 2.81 atm을 cmHg로

4. 다음 압력 변환을 하시오.
(a) 660 torr를 kPa로
(b) 5.07 kPa을 atm으로
(c) 3.64 atm을 mm Hg로
(d) 804 torr를 atm으로
(e) 1.08 atm을 cmHg로

5. 스쿠버 다이버 시계에 다이버의 스쿠버 탱크의 공기 압력이 1520 mm Hg로 표시되어 있다고 하자. 이 압력을 다음 단위의 값으로 변환하시오.
(a) atm (b) torr (c) kPa

6. 압력 센서가 타이어의 공기 압력이 750 torr임을 나타내고 있다. 이 압력을 다음 단위의 값으로 환산하시오.
(a) atm (b) mm Hg (c) kPa

7. 탄산음료 병의 내부 압력이 5250 torr이다. 병뚜껑은 7.0 atm까지 견딜 수 있도록 만들어졌다.
(a) 현재의 내부 압력을 atm 단위의 값으로 변환하시오.
(b) 현재의 내부 압력을 psi 단위의 값으로 변환하시오.
(c) 현재의 내부 압력을 kPa 단위의 값으로 변환하시오.
(d) 현재의 조건에서 병뚜껑이 열리거나 기체가 샐 위험은 없는가?

8. 전투기 내의 압력이 570 torr로 측정되었다. 전투기 내의 압력이 0.840 atm 이하로 떨어지면 조종사는 산소마스크를 착용해야 한다.
(a) 현재의 전투기 내의 압력을 atm 단위의 값으로 변환하시오.
(b) 현재의 전투기 내의 압력을 psi 단위의 값으로 변환하시오.
(c) 현재의 전투기 내의 압력을 kPa 단위의 값으로 변환하시오.
(d) 현재의 전투기 내의 압력하에서 조종사는 산소마스크를 써야 하는가?

9. 어떤 기체가 800 torr의 압력에서 725 mL의 부피를 차지한다. 일정 온도에서 다음에 주어진 부피로 변화된다면 압력은 torr 단위로 표시했을 때 얼마가 되겠는가?
(a) 283 mL (b) 2.87 L

10. 어떤 기체가 570 torr의 압력에서 486 mL의 부피를 차지한다. 일정 온도에서 다음에 주어진 부피로 변화된다면 압력은 torr 단위로 표시했을 때 얼마가 되겠는가?
(a) 180 mL (b) 6.60 L

11. 피스톤에 들어 있는 기체의 압력이 1200 torr이다. 피스톤 내부의 부피는 처음에 1.00 L였는데 압력을 480 torr로 줄인다면 최종 부피는 얼마가 되겠는가?

12. 부피가 3.00 L인 용기에 담겨있는 기체의 압력이 800 torr이다. 이 기체를 압축하여 부피가 250. mL인 용기에 넣었다면 압력은 얼마가 되겠는가?

13. CO_2 기체가 21°C에서 125 mL의 부피를 차지하고 있다. 압력이 일정할 때, 온도를 다음과 같이 바꾸면 부피는?
(a) −5°C (b) 95°F (c) 1095 K

14. CH_4 기체가 −25°C에서 575 mL의 부피를 차지하고 있다. 압력이 일정할 때, 온도를 다음과 같이 바꾸면 부피는?
(a) 298 K (b) 32°F (c) 45°C

15. 75°C, 0.75 atm에서 부피가 1025 mL인 어떤 기체가 있다. 압력이 1.25 atm으로 증가하고 온도가 35°C로 낮아진다면, 이 기체의 부피는 얼마가 되겠는가?

16. 19°C, 678 torr에서 부피가 25.6 L인 어떤 기체가 있다. 온도가 35°C로 높아지고 압력이 595 torr로 낮아진다면, 이 기체의 부피는 얼마가 되겠는가?

17. 0.950 atm, 18°C에서 1400. L의 He이 팽창되는 풍선 속에 들어 있다. 고도 22 mile(2.0°C, 4.0 torr)에서 풍선의 부피는 얼마가 되겠는가?

18. 19°C, 1.5 atm에서 SO_3 기체 2.5 L가 있다. 부피를 1.5 L로, 압력을 765 torr로 바꾸면 온도(°C)는 얼마가 되겠는가?

19. 23°C와 772 torr에서 수상 치환으로 O_2 기체가 포집되었다. O_2의 분압은 얼마인가? (물의 증기압은 부록 5를 참조하라.)

20. 29°C와 749 mm Hg에서 수상 치환으로 CH_4 기체가 포집되었다. CH_4의 분압은 얼마인가? (물의 증기압은 부록 5를 참조하라.)

21. 어떤 혼합물이 600. torr의 H_2, 200. torr의 N_2, 300. torr의 O_2를 포함하고 있다. 이 계에서 기체들의 전체 압력은 얼마인가?

22. 어떤 혼합물이 325 torr의 H_2, 475 torr의 N_2, 650. torr의 O_2를 포함하고 있다. 이 계에서 기체들의 전체 압력은 얼마인가?

23. 에테인(C_2H_6) 기체 시료를 25.0°C와 750. torr에서 수상 치환으로 포집하였다. 건조되지 않은 기체의 부피는 2.50 L이었다. 표준 압력에서 건조한 메테인의 부피는 얼마가 되겠는가?

24. 프로페인(C_3H_8) 기체 시료를 22.5°C와 745 torr에서 수상 치환으로 포집하였다. 건조되지 않은 기체의 부피는 1.25 L이었다. 표준 압력에서 건조한 프로페인의 부피는 얼마가 되겠는가?

25. 압력이 760 torr이고, 온도가 27°C인 지표면에서 프레츨 과자 한 봉지에 들어 있는 공기는 0.129 L이다. 비행기가 운항 고도에 올라갔을 때 온도와 압력이 18°C, 660 torr로 떨어진다면, 이 과자 봉지의 부피는 얼마가 되겠는가?

26. 물고기는 부피 조절이 가능하고 공기가 포함된 부레를 가지고 있기 때문에 부력을 유지하면서 가라앉거나 뜨지 않고 자유롭게 수영을 할 수 있다. 황새치는 해수면(755 torr, 28°C)에서 32.7 L의 부레 부피를 가지고 있다. 황새치가 고등어를 잡기 위해서 바닷속으로 잠수할 때, 압력이 2577 torr, 온도가 12°C라면 부레의 부피는 얼마가 되겠는가?

27. 밀봉된 과자 봉지를 높은 고도로 가지고 가면 부풀어 오르는 이유를 설명하시오.

28. 날씨가 추운 겨울이 되면 타이어의 공기를 더 넣어 줄 필요가 있다. 그 이유를 설명하시오.

29. STP에서 다음이 차지하는 부피는 얼마인가?
(a) 6.02×10^{23}개의 CO_2 분자
(b) 2.5 mol의 CH_4
(c) 12.5 g의 산소

30. STP에서 다음이 차지하는 부피는 얼마인가?
(a) 1.80×10^{24}개의 SO_3 분자
(b) 7.5 mol의 C_2H_6
(c) 25.2 g의 염소

31. STP에서 725 mL의 NH_3 기체는 몇 g인가?

32. STP에서 945 mL의 C_3H_6 기체는 몇 g인가?

33. STP에서 CO_2 기체 분자 1025개의 부피는 몇 L인가?

34. STP에서 CO_2 기체 10.5 L에는 몇 개의 CO_2 분자가 들어 있는가?

35. STP에서 10.0 g의 염소 기체를 채운 풍선의 부피는 얼마인가?

36. STP에서 3.0 L의 풍선을 채우는 데 필요한 메테인은 몇 g인가?

37. 22°C, 700 torr에서 NH_3 기체 75 mol의 부피는?

38. 39°C, 1.5 atm에서 C_6H_6 기체 120 mol의 부피는?

39. 30°C, 1.2 atm에서 부피가 2.0 L인 용기에 들어 있는 I_2 분자의 몰수는?

40. 65°C, 5.5 torr에서 부피가 10.45 L인 용기에 들어 있는 CH_4 분자의 몰수는?

41. 제논(Xe) 25.2 mol이 732 torr에서 645 L의 부피를 가질 때, 켈빈 온도(K)는 얼마인가?

42. 아르곤(Ar) 37.5 mol이 675 torr에서 725 L의 부피를 가질 때, 켈빈 온도(K)는 얼마인가?

43. STP에서 다음 기체의 밀도를 계산하시오.
(a) He (b) HF (c) C_3H_6 (d) CCl_2F_2

44. STP에서 다음 기체의 밀도를 계산하시오.
(a) Rn (b) NO_2 (c) SO_3 (d) C_2H_4

45. 다음 기체의 밀도를 계산하시오.
(a) 25°C, 1.2 atm의 NH_3
(b) 75°C, 745 torr의 Ar

46. 다음 기체의 밀도를 계산하시오.
(a) 32°C, 0.75 atm의 C_2H_4
(b) 57°C, 791 torr의 Ne

47. 실험실에서 Bunsen 버너로 탄산 칼슘을 가열, 분해하여 이산화 탄소 기체를 포집하였다.

$$CaCO_3(s) \longrightarrow CaO(s) + CO_2(g)$$

(a) STP에서 5.70 g의 탄산 칼슘으로부터 몇 mL의 이산화 탄소 기체가 생성되는가?
(b) STP에서 60.6 L의 이산화 탄소를 얻기 위해서는 몇 mol의 탄산 칼슘이 필요하겠는가?

48. 실험실에서 다음의 반응으로 수소 기체를 발생시켜 포집하였다.

$$Mg(s) + 2\,HCl(aq) \longrightarrow MgCl_2(aq) + H_2(g)$$

(a) STP에서 39.0 g의 금속 마그네슘으로부터 생성되는 수소 기체는 몇 mL인가?
(b) STP에서 840 mL의 수소를 얻기 위해서는 몇 mol의 HCl이 필요하겠는가?

49. 다음과 같은 반응이 있다.

$$4\ NH_3(g) + 5\ O_2(g) \longrightarrow 4\ NO(g) + 6\ H_2O(g)$$

(a) 2.1 L의 NH_3와 반응시키는 데 필요한 산소는 몇 L인가? 두 기체 모두 STP 조건에 있다.

(b) 21 L의 NH_3로부터 생성되는 수증기는 몇 g인가? 두 기체 모두 STP 조건에 있다.

(c) 25 L의 NH_3와 25 L의 O_2가 반응할 때 몇 리터의 NO가 생성되는가? 모든 기체는 같은 온도와 압력에 있다.

50. 다음과 같은 반응이 있다.

$$C_3H_8(g) + 5\ O_2(g) \longrightarrow 3\ CO_2(g) + 4\ H_2O(g)$$

(a) 7.2 L의 C_3H_8을 반응시키는 데 필요한 산소는 몇 L인가? 두 기체 모두 STP 조건에 있다.

(b) STP에서 35 L의 C_3H_8으로부터 생성되는 CO_2는 몇 g인가?

(c) 15 L의 C_3H_8과 15 L의 O_2가 반응할 때 생성되는 수증기의 부피는 몇 L인가? 모든 기체는 같은 온도와 압력에 있다.

51. 다음 반응식에서와 같이 $KClO_3$가 분해되어 산소가 생성된다.

$$2\ KClO_3(s) \longrightarrow 2\ KCl(s) + 3\ O_2(g)$$

KCl이 0.444 kg 생성된다면, STP에서 산소는 몇 L가 생성되겠는가?

52. 글루코스가 밀폐된 용기에서 연소될 때, 다음 반응식에서와 같이 이산화 탄소와 물이 생성된다.

$$C_6H_{12}O_6(s) + 6\ O_2(g) \longrightarrow 6CO_2(g) + 6\ H_2O(l)$$

1.50 kg의 글루코스로부터 생성되는 CO_2의 부피는 STP에서 몇 L인가?

추가 연습 문제

53. 기체 상태의 물 1 mol의 부피가 22.4 L인 데 비해 액체 상태의 물 1 mol의 부피가 18 mL인 것을 어떻게 설명할 수 있는가? (그림 12.2 참조)

54. 기체를 액체보다 더 쉽게 압축할 수 있는 이유는 무엇인가?

55. 다음 세 개의 그림을 보자. 이 그림들이 92°C의 기체를 나타낸다면, 가장 압력이 높은 기체는?

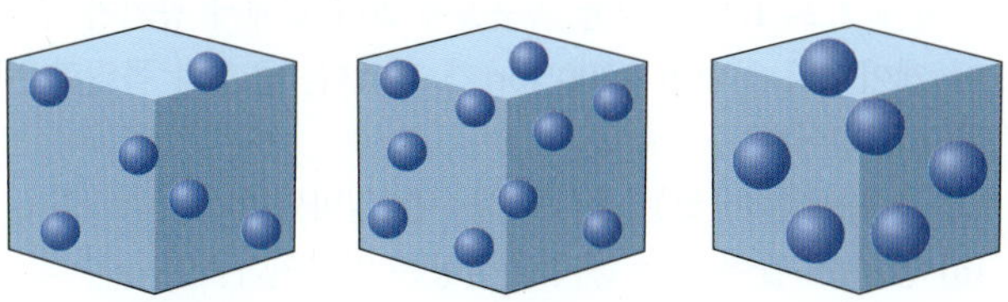

(a) (b) (c)

56. 아래 풍선에는 37°C의 헬륨 기체가 채워져 있다. 만일 이 풍선을 −20°C 냉장고에 넣어둔다면, 풍선 내 분자를 가장 잘 표현한 것은?

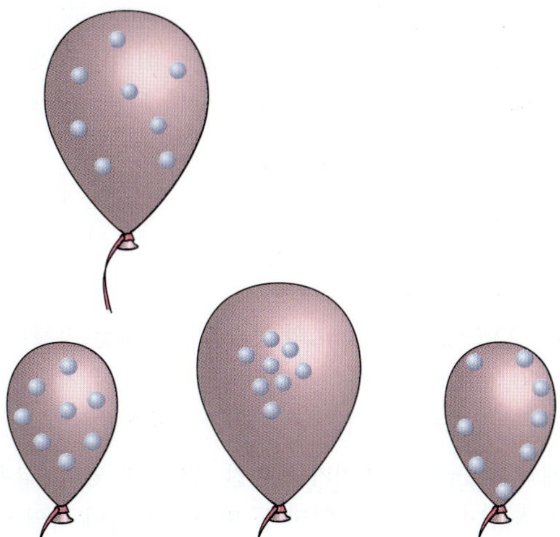

(a) (b) (c)

57. 30.°C, 840 torr에서 0.5 mol의 O_2 기체가 채워진 12 L의 용기가 있다.

(a) 온도와 몰수를 일정하게 유지한 상태에서 용기의 크기를 두 배로 늘린다면 압력은 어떻게 되겠는가?

(b) 용기의 크기와 몰수를 일정하게 유지한 상태에서 온도를 두 배로 높인다면 압력은 어떻게 되겠는가?

(c) 용기의 크기와 온도를 일정하게 유지한 상태에서 O_2 기체의 양을 절반으로 줄이면 압력은 어떻게 되겠는가?

(d) 온도와 용기의 크기를 일정하게 유지한 상태에서 1 mol의 N_2 기체를 용기에 넣으면 압력은 어떻게 되겠는가?

58. 이상 기체 분자 운동론의 기본 가정들은 아래와 같다.

(a) 기체는 작은 입자들로 이루어져 있다.

(b) 기체가 차지하는 공간은 대부분 비어 있다.

(c) 기체 분자들 사이에 인력은 존재하지 않는다.

(d) 기체 분자들은 직선 운동을 하며 서로 충돌하기도 한다.

(e) 기체 분자들이 충돌할 때 에너지 손실은 없다.

(f) 같은 온도에서 기체 분자들의 평균 운동 에너지는 기체의 종류에 상관없이 모두 같다.

위의 가정들 가운데 아래 제시된 기체의 성질을 설명하는 데 필요한 것들을 고르시오.

1. 압축률
2. 압력
3. 팽창
4. 온도와 부피가 같은 기체의 압력

59. 다음 각각의 관계를 나타내기 위한 그래프를 그리시오.

(a) 일정 온도와 몰수에서 V에 대한 P

(b) 일정 압력과 몰수에서 V에 대한 T

(c) 일정 온도와 압력에서 V에 대한 n

60. 기체에서 P, V, T, n 인자 사이의 상관관계는 여러 문제들을 해결하는 데 사용할 수 있다. 각 인자와 다음 그래프를 이용하여 표를 완성하시오.

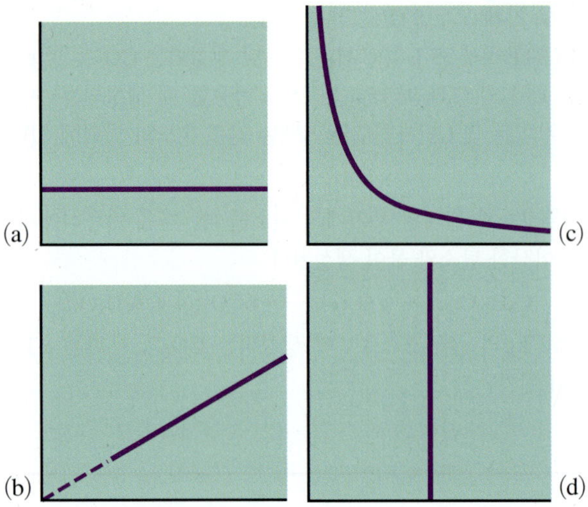

법칙	불변 인자	가변 인자	가변 인자들 사이의 상관관계를 보여 주는 그래프
Boyle 법칙			
Charles 법칙			
Avogadro 법칙			

61. 에어로졸 캔을 소각하는 것이 위험한 이유는 무엇인가?

62. 이상 기체 방정식을 이용하여 12 g의 H_2 기체가 21°C, 1.2 atm에서 차지하는 부피를 구하시오.

63. 이상 기체 1 mol이 STP에서 차지하는 압력은 얼마인가?

64. 다음 중 가장 큰 부피를 차지하는 것은 어느 것인가?
(a) 48°C, 80 cm Hg에서 0.4 mol의 플루오린 기체
(b) 0.65 atm, −11°C에서 4.2 g의 암모니아
(c) 48°C, 110 kPa에서 18 g의 삼산화 황

65. 다음 중 분자 수가 가장 많은 것은 어느 것인가?
(a) STP에서 CH_4 1.00 L
(b) 952 torr, 235°F에서 N_2 3.29 L
(c) 0.624 atm, 0°C에서 Cl_2 5.05 L

66. 다음 중 밀도가 가장 큰 것은 어느 것인가?
(a) STP에 있는 SF_6
(b) 실내에 있는 C_2H_6
(c) −80°C, 2.15 atm에 있는 He

67. 다음 각 쌍에서 어떤 시료의 밀도가 크겠는가?

(a)
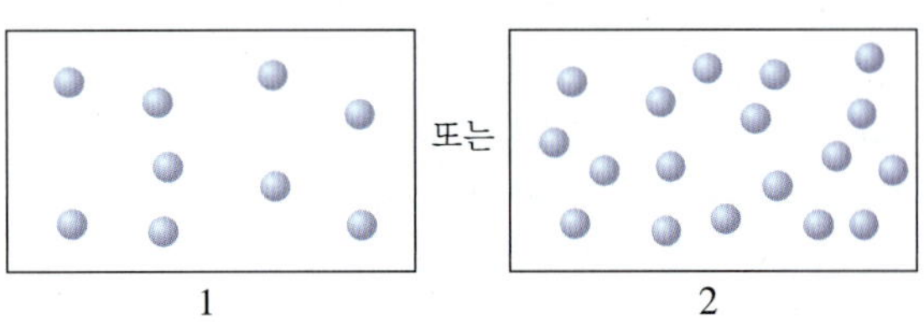

(b)
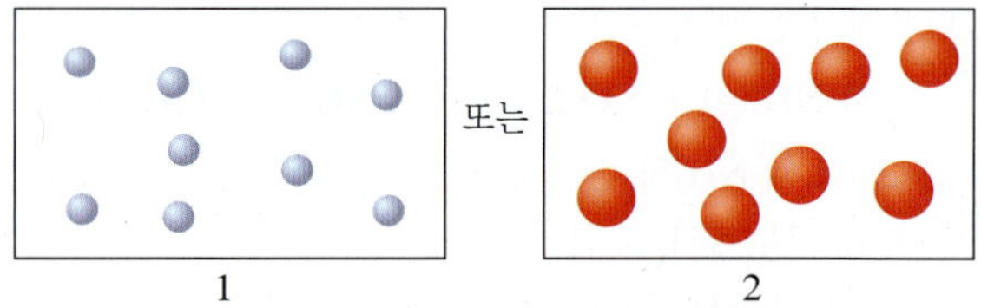

68. 어떤 화학자가 어떤 기체를 생성하는 화학 반응을 수행하였다. 이 기체는 80.0%의 탄소와 20.0%의 수소를 포함하고 있다는 것이 밝혀졌다. 또한 STP에서 1500 mL의 이 기체의 질량이 2.01 g임이 확인되었다.
(a) 이 화합물의 실험식은?
(b) 이 화합물의 분자식은?
(c) 이 화합물에 적합한 Lewis 구조는?

69. 부피가 3.0 L인 용기에 세 가지 기체가 들어 있다. 기체 혼합물의 전체 압력은 실온(25.0°C)에서 804 torr이었다. 혼합물이 0.65 g의 O_2와 0.58 g의 CO_2, 그리고 알 수 없는 양의 N_2를 포함하고 있다면, 다음 각각의 값은 얼마인가?
(a) 용기 내의 기체의 전체 몰수
(b) 용기 내의 N_2의 g수
(c) 혼합물에 들어 있는 각 기체의 분압

70. 태양의 중심 온도를 측정하기 위한 방법 중 하나는 이상 기체 법칙에 기초를 두고 있다. 만약에 태양 중심에 있는 기체 혼합물의 평균 몰질량이 2.0 g/mol이고 밀도와 압력이 각각 1.4 g/cm^3 및 1.3×10^9 atm이라면, 태양 중심의 온도는 얼마인가?

71. 부피가 2.24 L로 일정한 축구공에 20.0°C에서 공기가 주입되어 게이지의 압력이 1200 torr가 되었다. 공기의 몰질량은 약 29 g/mol이다.
(a) 공 속에 들어 있는 공기의 몰수는 얼마인가?
(b) 공 속에 들어 있는 공기의 질량은 얼마인가?
(c) 시합을 하는 동안 온도가 28.0°C로 올랐다. 원래의 게이지 압력값으로 돌아가려면, 몇 g의 공기가 방출되어야만 하는가?

72. 부피가 2.00 L가 되면 터지는 풍선이 있다. 20.0°C, 65 cm Hg에서의 부피가 1.75 L이었다면, 압력이 정확히 1 atm일때 몇 °C에서 풍선이 터지겠는가?

73. 27°C에서 어떤 기체 시료가 주어져 있다. 압력이 일정하게 유지된 상태에서 기체 시료의 부피가 2배로 되는 온도는 몇 °C인가?

74. 22°C, 740 torr인 기체 시료를 부피가 두 배로 될 때까지 가열하였다. 시료의 부피를 원래의 상태로 되돌리는 데 필요한 압력은 얼마인가?

75. 660. torr, 22°C에서 250. mL의 부피를 차지하는 기체가 있다. 압력을 570. torr로 변화시킬 때, 부피를 그대로 유지하는 데 필요한 온도는 몇 도(°C)인가?

76. 295 K에서 2 atm으로 공기가 채워진 타이어가 있다. 고속으로 운행하게 되면 타이어는 가열된다. 만일 타이어의 파열 압력이 3 atm이라면 몇 도(°C)에서 타이어가 터지겠는가?

77. STP에서 NO(일산화 질소) 기체의 밀도는 얼마인가?

78. STP에서 SO_2 기체 8.40 g의 부피는 몇 L인가?

79. 40°C, 400. torr에서 N_2O 기체 600. mL에는 몇 개의 기체 분자가 존재하는가? 몇 개의 원자가 존재하는가? STP에서 시료의 부피는?

80. 상용 우주선을 안전하게 이용할 수 있는 미래의 어느 날, 웃음기체(N_2O)가 많은 멀리 떨어진 행성으로 여행을 가기로 결정하였다. 이 행성의 대기는 산소 기체(346 atm)와 웃음 기체(93 atm), 질소 기체로 이루어져 있다. 만약 이 행성의 전체 압력이 950 atm이라면, 질소 기체의 압력은 얼마인가?

81. 파열 압력이 4.0 atm인 자동차 타이어가 있다. 타이어의 정상 압력은 2.4 atm이다. 고속 주행은 타이어를 뜨겁게 만든다. 주행 전 타이어의 온도를 25°C라고 가정하고, 타이어의 내부 온도가 100°C까지 도달할 경우 타이어의 파열 여부를 밝히시오. 계산 과정을 나타내시오.

82. 수은 대신 물을 사용하여 기압계를 만들었다면, 1 atm에서 물기둥의 높이는 얼마가 되겠는가? (물의 증기압은 무시한다.)

83. 27°C, 2.20×10^3 1b/in.^{2}에서 55 L 실린더에 들어 있는 산소의 몰수는 얼마인가?

84. STP에서 어떤 기체 560. mL의 질량이 1.08 g이라면, 이 기체의 몰질량은 얼마인가?

85. STP에서 어떤 기체의 밀도가 1.78 g/L라면, 이 기체의 몰질량은 얼마인가?

86. 이상 기체 법칙, $PV = nRT$를 이용하여 다음을 계산하시오.

(a) 47°C, 1.6 atm에서 H_2 0.510 mol의 부피

(b) 27°C, 600. torr에서 CH_4 16.0 L의 g 수

(c) 4.00 atm, 20.0°C에서 CO_2의 밀도

(d) 27°C, 1.00 atm에서 2.58 g/L의 밀도를 가지는 어떤 기체의 몰질량

87. C_2H_2(아세틸렌)과 HF(플루오린화 수소)가 반응하여 다이플루오로에테인을 생성한다.

$$C_2H_2(g) + 2\ HF(g) \longrightarrow C_2H_4F_2(g)$$

C_2H_2 1.0 mol과 HF 5.0 mol을 10.0 L 플라스크에서 반응시켰다. 반응이 종결되었을 때의 온도가 0°C라면, 플라스크 내의 압력은 얼마가 되겠는가?

88. 8.30 mol의 Al과 황산의 반응에 의해 생성될 수 있는 수소의 부피는 STP에서 얼마인가? 반응식은 다음과 같다.

$$2\ Al(s) + 3\ H_2SO_4(aq) \longrightarrow Al_2(SO_4)_3(aq) + 3\ H_2(g)$$

89. 어떤 기체가 질량 백분율로 나타냈을 때 85.7%의 탄소와 14.3%의 수소를 가진다. STP에서 이 기체의 밀도는 2.50 g/L이다. 이 기체의 분자식은 무엇인가?

90. 다음 반응이 완전하게 일어난다고 가정하자.

$$2\ CO(g) + O_2(g) \longrightarrow 2CO_2(g)$$

10 mol의 CO와 8.0 mol의 O_2가 10. L의 밀폐된 용기에서 반응할 때,

(a) 반응이 끝난 후에 존재하는 CO, O_2, CO_2의 몰수는 각각 얼마인가?

(b) 0°C에서 플라스크 내부의 전체 압력은 얼마가 되겠는가?

91. KCl과 $KClO_3$의 혼합물 1.20 g 속에 들어 있는 $KClO_3$의 분해에 의해 STP에서 250 mL의 O_2가 얻어졌다면, 혼합물 속에 들어 있는 $KClO_3$의 질량 백분율은 얼마인가? 반응식은 다음과 같다.

$$2\ KClO_3(s) \longrightarrow 2\ KCl(s) + 3\ O_2(g)$$

도전 문제

92. 부엌 조리대 위의 유리컵 속에 345 mL의 탄산음료가 놓여있다. 상온(25°C), 1 atm 압력에서 빠져나온 CO_2가 최소 1.40 L라고 한다면, 처음 탄산음료 속에 들어 있었던 CO_2의 농도(ppm)는 얼마인가? (처음 탄산음료의 밀도를 0.965 g/mL로 가정하시오.)

93. (a) 같은 온도와 압력에서 세 개의 풍선에 각각 같은 부피의 수소, 아르곤, 이산화 탄소 기체를 채운다면, 가장 무거운 풍선과 가장 가벼운 풍선은 어느 것인가? 이유를 설명하시오.

(b) 같은 부피와 온도에서 세 개의 풍선에 각각 같은 질량의 질소, 산소, 네온을 채운다면, 가장 압력이 낮은 풍선은 무엇인가?

94. 공기의 밀도는 STP에서 1.29 g/L이다. 압력이 480 torr이고, 온도가 15°C인 산봉우리에서의 공기의 밀도를 계산하시오.

95. 기체가 들어 있는 아래와 같은 장치가 있다. 온도가 일정하게 유지된 상태에서 기체 사이의 밸브가 열렸을 때를 가정하여 다음 물음에 답하시오.

(a) 각 기체의 압력은 얼마인가?

(b) 계 내의 전체 압력은 얼마인가?

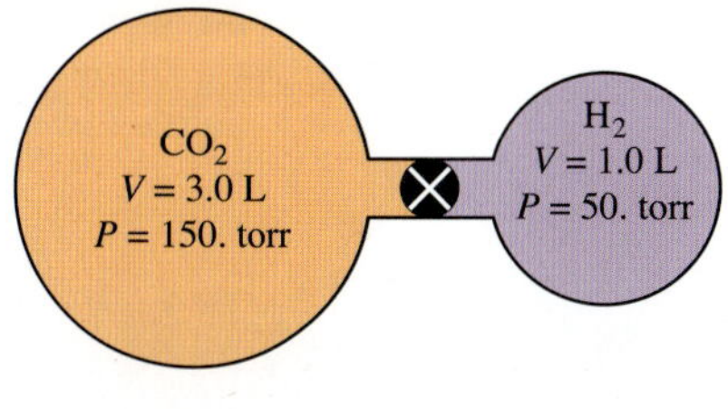

96. 40.0 atm, 25°C에서 50.0 L의 O_2 기체가 강철 실린더에 들어 있다. 저장실의 화재로 인해 온도가 152°C까지 올라갔다면 실린더 내부의 압력은 얼마가 되었겠는가?

97. 기체가 완전히 빠진 상태에서 질량이 0.5 g인 풍선이 있다. 종류를 알 수 없는 어떤 기체를 이 풍선에 채우면 질량이 1.7 g으로 증가한다. 이 기체가 들어 있던 통을 관찰하여 50°C에서 이 기체의 부피가 0.4478 L라는 사실을 알아냈다. 실내 기온이 25°C라면 이 기체는 무엇인가?

98. 당신은 지역 재향 군인의 날 행사에서 거대 대머리수리 풍선을 계속 부풀어진 상태로 유지하는 책임을 맡았다. 기온이 12°C인 아침에 5.0×10^5 mol의 헬륨을 이용하여 900 torr의 압력으로 풍선을 부풀렸다. 저녁에 기온이 27°C까지 오르고 15.0%의 헬륨이 풍선에서 빠져나갔다.

(a) 15.0%가 빠져나간 저녁에 풍선 속에 남아 있는 기체의 몰수는 얼마인가?

(b) 만약 부피가 변하지 않았다면, 저녁에 풍선의 압력은 얼마인가?

99. 딸기 컵케이크를 만드는 제빵사가 컵케이크가 매우 가볍다는 것을 보증하려 한다. 이를 위해 컵케이크의 부피를 55.0% 증가시켜야 하고, 그는 충분한 양의 베이킹소다를 사용해야만 한다. 베이킹소다가 분해되어 생성된 이산화 탄소는 모두 컵케이크 내부에 머문다. 베이킹소다나 탄산 수소 소듐은 반죽 속에서 시트르산과 다음 반응식에 따라 반응하며, 63.7%의 수율을 얻는다.

$$3\ NaHCO_3 + H_3C_6H_5O_7 \longrightarrow Na_3C_6H_5O_7 + 3\ H_2O + 3\ CO_2$$

제빵사가 원하는 가벼운 컵케이크를 얻으려면, 325°F, 738 torr에서 빵을 구울 때 1.32 L 컵케이크 반죽에 몇 g의 베이킹 소다를 첨가해야 하는가?

실습 문제 정답

12.1 (a) 912 torr (b) 912 mm Hg (c) 121.6 kPa

12.2 0.438 atm

12.3 4.80 L

12.4 84.7 L

12.5 646 K (373°C)

12.6 91 g/mol

12.7 0.739 mol

12.8 128 g/mol

12.9 518 mL

12.10 0.714 g/L

12.11 $H_2 < B_2H_6 < CO < O_2 < N_2O < C_3H_8 < NO_2 < POF_3$

12.12 1.55 L O_2

12.13 75.0 L O_2, 45.0 L CO_2, 60.0 L H_2O

JChristophe_Andre/31 images/Pixabay

13장 액체

우주에서 보이는 거대한 푸른 행성 지구는 매우 아름답다. 지구는 75% 이상 물로 덮여 있다. 우리는 물에서 태어나고, 물을 마시고 살며, 물로 목욕하고, 요리한다. 또한 폭포와 무지개의 아름다움을 감상하며, 거대한 빙산의 위용에 감탄한다. 물은 생명을 지탱해 주고 삶을 향상시켜 준다.

물은 수많은 화학 반응의 매질이다. 물 분자의 모양은 수소 결합의 기본이 되고, 이 결합은 물의 독특한 성질과 반응을 결정한다. 작은 물 분자에 수많은 화학 반응의 신비에 대한 답이 숨어 있다.

13장의 개요

13.1 물질의 상태: 복습

앞 장에서 기체는 서로 멀리 떨어져 사실상 독립적으로 존재하는 무질서하고 빠르게 움직이는 입자들로 구성되어 있다는 것을 배웠다. 비교적 높은 온도와 낮은 압력에서 대부분의 기체의 거동은 분자 운동론과 이상 기체 법칙으로 설명될 수 있다.

고체는 기체와 매우 다르다. 고체를 이루는 입자들은 아주 가까이 뭉쳐 있다. 그래서 잘 압축되지 않고 밀도가 크며 담긴 용기와 관계없이 일정한 모양을 유지한다. 이런 특성들은 고체 입자들 사이의 인력이 크다는 점을 보여 주며, 따라서 고체의 모형은 기체의 모형과 크게 다르다.

한편 액체는 고체와 기체라는 양극단 사이의 어딘가에 자리 잡고 있다. 액체도 입자들 사이의 거리가 가까워서 잘 압축되지 않으므로 사실상 일정한 부피를 가지며, 이런 성질은 고체에 가깝다. 반면 액체의 모양은 담긴 용기에 따라 변하는데, 이런 성질은 기체에 가깝다.

액체와 고체의 성질은 비슷해 보일지라도 기체와는 크게 다르다(그림 13.1). 액체와 고체에 대해서는 이상 기체 법칙과 같은 간단한 수학적 법칙이 적용되지 않는다. 대신 이들 모형에서는 분자 사이의 인력이 중요한 요소가 된다. 이 일반적 사실을 염두에 두고 액체의 독특한 몇 가지 성질들을 살펴보자.

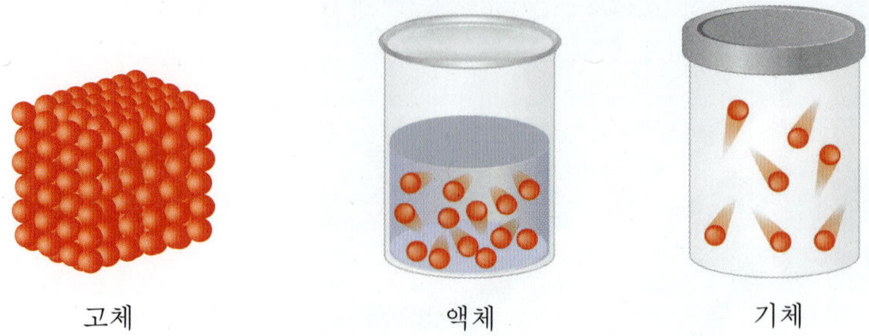

그림 13.1 물질의 세 가지 상태. 고체 — 물 분자들은 서로 가까이 단단하게 뭉쳐 있다. 액체 — 물 분자들은 가까이 있지만 서로 미끄러지면서 자유롭게 움직인다. 기체 — 물 분자들은 서로 멀리 떨어져서 자유롭고 무질서하게 움직인다.

13.2 액체의 성질

이 절의 학습 목표
왜 액체가 방울 모양을 형성하는지 설명하고 증발 과정, 증발과 증기압의 관계를 설명할 수 있다.

표면 장력

물이나 수은의 작은 방울을 관찰한 적이 있는가? 이러한 액체는 **표면 장력**(surface tension) 때문에 방울 모양을 유지한다. 낙하하지 않거나 중력의 영향을 받지 않는(우주 정거장에서와 같이) 액체 방울은 구형을 이룬다. 구는 부피에 대한 표면적의 비가 최소로 되는 모양이다. 액체 내부에 있는 분자들은 주위를 둘러싸고 있는 액체 분자들에 끌린다. 그러나 액체의 표면에서의 인력은 거의 대부분 안쪽을 향하고 있으므로, 표면을 공 모양이 되도록 끌어당긴다. 이와 같이 표면적이 증가하는 것에 대한 액체의 저항을 액체의 **표면 장력(surface tension)**이라고 부른다. 분자들 사이의 인력이 큰 물질일수록 표면 장력이 크다(사진 참고). 물의 표면 장력 효과의 예로, 잔잔한 물의 표면에 바늘이 뜨는 현상을 들 수 있다. 또 다른 예는 조용한 연못의 물 위로 소금쟁이가 미끄러지듯 이동하는 것(그림 13.2)과 새로 왁스를 칠한 자동차의 표면에 물방울이 맺히는 것 등이다. 표면 장력은 온도에 따라 달라지는데, 온도가 올라갈수록 감소한다.

수은 방울

액체는 또한 **모세관 현상(capillary action)**을 나타내는데, 이는 가느다란 관 속으로 액체가 자발적으로 올라가는 현상을 말한다. 이 현상은 액체 내부의 **응집력**(cohesive forces)과 액체와 용기의 벽 사이에 작용하는 **접착력**(adhesive forces) 때문에 생기는 것이다. 만약 액체와 용기 사이의 힘이 액체 자체의 내부 인력보다 크다면 액체는 용기의 벽을 타고 올라갈 것이다. 예를 들어 높이가 61 m 이상 되는 California 세쿼이아 나무를 생각해 보자. 대기압하에서 물은 유리관 속에서는 10 m밖에 올라가지 못하지만, 모세관 현상 때문에 물은 세쿼이아 나무의 뿌리로부터 나무의 모든 부분까지 올라갈 수 있다.

그림 13.2 표면 장력이 작용하여 소금쟁이가 물 표면을 미끄러지듯이 이동한다. 분자 수준에서 표면 장력은 아래쪽 액체로 향하는 물 분자의 알짜 인력에 기인한다. 물 내부에서 그 힘은 모든 방향에서 균형을 이루고 있다.

액체의 메니스커스에서는 이 응집력과 접착력을 보다 확실하게 볼 수 있다. 액체가 유리관 속에 들어 있을 때, 액체의 표면은 **메니스커스(meniscus)**(그림 13.3)라고 부르는 곡면을 나타낸다. 물의 메니스커스가 오목한 것은 유리와 물 사이의 접착력이 물 내부의 응집력보다 강하다는 것을 보여 준다. 수은과 같은 비극성 물질에서 메니스커스는 볼록한데, 이것은 수은 내부의 응집력이 유리벽과 수은 사이의 접착력보다 크다는 것을 의미한다.

그림 13.3 수은(왼쪽)과 물(오른쪽)의 메니스커스. 메니스커스는 가느다란 관 속에 있는 액체 표면이 보여 주는 독특한 곡선이다.

증발

상온에서 액체인 물, 에틸 에터(ethyl ether), 에틸 알코올(ethyl alcohol)이 담긴 비커를 뚜껑을 덮지 않고 방치하면 부피가 서서히 줄어든다. 이런 변화가 일어나는 과정을 **증발**(evaporation)이라고 한다.

액체 상태의 분자들 사이에는 인력이 존재한다. 그러나 이 분자들의 운동 에너지가 모두 같지는 않다. 평균 운동 에너지보다 더 큰 에너지를 갖는 분자들은 이러한 인력을 이겨낼 수 있기 때문에 액체의 표면으로부터 떨어져 나와 기체가 된다(그림 13.4). 이처럼 액체 상태의 분자들이 떨어져 나가 증기나 기체가 되는 현상을 **증발(evaporation)** 또는 **기화(vaporization)**라고 한다.

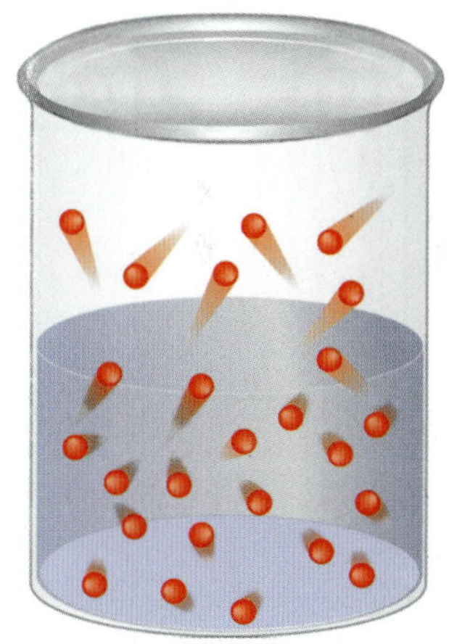

그림 13.4 증발은 높은 에너지를 가진 분자들이 액체의 표면에서 떨어져 나가는 현상이다.

증발 과정에서 평균 운동 에너지보다 큰 에너지를 가진 분자들이 액체에서 떨어져 나가므로 남은 액체의 온도는 낮아진다. 이러한 이유 때문에 땀이 증발하는 것은 사람의 몸을 식히는 한 방법으로 몸을 일정한 온도로 유지할 수 있게 해 준다. 같은 이치로 휘발성 액체인 염화 에틸(C_2H_5Cl)을 피부에 분사하면 빠르게 증발하여 열을 빼앗아가므로 시원하게 느껴진다. 염화 에틸이 증발할 때 닿은 곳의 체온이 많이 낮아지면 감각이 무뎌지는 마취 현상이 일어난다. 이에 따라 염화 에틸은 간단한 수술에서 국소 마취제로 사용된다.

아이오딘, 장뇌, 나프탈렌(좀약), 얼음(약간이지만)과 같은 고체는 액체 상태를 거치지 않고 곧바로 기체가 된다. 이러한 변화는 증발의 한 형태로 **승화(sublimation)**라고 한다.

$$\text{액체} \xrightarrow{\text{증발}} \text{기체}$$

$$\text{고체} \xrightarrow{\text{승화}} \text{기체}$$

예제 13.1

지름 5 cm의 비커에 담겨 있는 50 mL의 물과 지름 15 cm의 얕은 접시에 담겨 있는 50 mL의 물 중 어느 것이 더 빨리 증발할까? 그 이유는?

풀이

표면적이 증가할수록 더 많은 분자가 액체로부터 탈출할 수 있다. 비커보다 접시에 있는 물의 표면적이 더 넓기 때문에 얕은 접시에 있는 물이 더 빨리 증발한다.

증기압

그림 13.5(b)에서 볼 수 있듯이 액체가 닫힌 계(system)에서 증발하면 기체 상태에 있는 분자들의 일부는 액체 표면에 부딪혀 다시 액체 상태가 되며, 이를 **응축(condensation)**이라고 한다. 응축 속도는 증발 속도와 같아질 때까지 증가한다. 이 시점에서, 액체 위의 공간은 증기로 포화되었다고 말한다. 이는 액체와 증기 사이에 평형 상태 또는 정류 상태가 이루어진 것이며, 평형식으로 쓰면 다음과 같다.

$$\text{액체} \underset{\text{응축}}{\overset{\text{증발}}{\rightleftharpoons}} \text{증기}$$

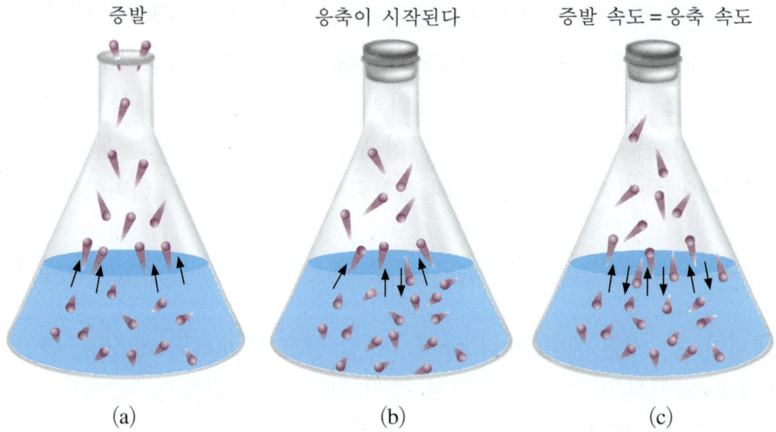

그림 13.5 (a) 뚜껑이 열린 플라스크 안의 액체는 증발하여 공기 중으로 흩어진다. (b) 뚜껑을 막으면 플라스크 안에 기체 상태의 분자들이 많아지며, 일부 기체 분자들은 액체의 표면에 충돌하고 응축하여 액체로 돌아온다. (c) 증발과 응축 속도가 같아지면 액체와 증기는 평형을 이룬다.

비록 우리 눈에 보이거나 변화를 측정할 수는 없어도 증발과 응축이 동시에 진행되므로 평형은 동적인 과정이다. 일정한 시간 동안 액체를 떠나는 분자의 수와 기체에서 액체로 돌아오는 분자의 수가 같다.

평형에서 증기 상태에 있는 분자들은 다른 기체들과 마찬가지로 압력을 가하며, 이 압력을 해당 액체의 **증기압(vapor pressure)**이라고 부른다. 증기압은 액체 분자들이 기체 상태로 "탈출하려는" 경향성의 척도라고 생각할 수 있다. 액체의 증기압은 주어진 공간에 존재하는 액체나 증기의 양에 무관하며, 온도가 증가함에 따라 증가한다. 액체의 증기압은 **그림 13.6**에 나타낸 것처럼 간단한 기압계로 측정할 수 있다.

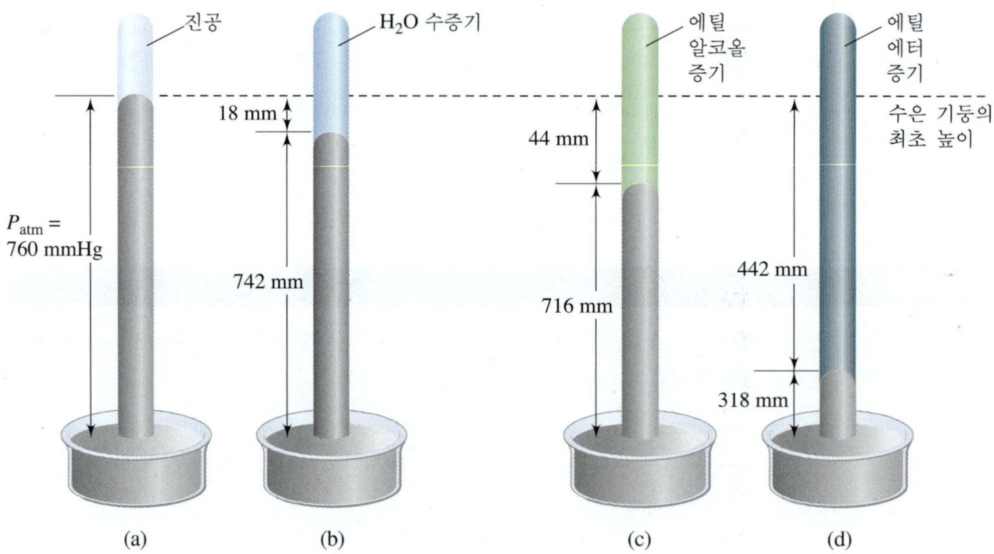

그림 13.6 (a) 기압은 기압계로 측정한다(20℃에서의 값). 액체의 증기압을 측정하려면 소량의 액체를 기압계에 넣는다. (b) 수증기는 수은 기둥을 18 mm 밀어낸다(증기압 = 18 mm Hg). (c) 에틸 알코올의 증기는 수은 기둥을 44 mm 밀어낸다(증기압 = 44 mm Hg). (d) 에틸 에터는 442 mm Hg의 증기압을 가진다.

수은은 밀도가 아주 높은 편이어서 수은이 채워진 관을 거꾸로 세우고 아래의 입구로 액체 시료를 넣으면, 시료는 수은 관 꼭대기로 올라간다. 그런 뒤 액체는 밀폐된 공간에서 잡혀 증발하고, 생성된 증기는 수은 기둥을 아래로 밀어낸다. 액체와 증기 사이에 평형이 이루어지면 수은 기둥의 높이 변화를 읽어 증기압을 측정한다.

같은 부피의 물, 에틸 에터, 에틸 알코올을 비커에 담아 같은 온도에서 증발시키면 에틸 에터 > 에틸 알코올 > 물의 순서로 빠르게 증발한다. 이러한 증발 순서는 어떤 온도에서 에틸 에터가 에틸 알코올 또는 물의 증기압보다 높은 증기압을 갖는다는 사실과 일치한다.

에틸 에터가 이렇게 높은 증기압을 갖는 한 가지 이유는 에터 분자들 사이의 인력이 알코올 분자들 사이의 인력이나 물 분자들 사이의 인력보다 작기 때문이다.

쉽게 증발하는 물질을 **휘발성(volatile)**이 있다고 말한다. 휘발성 액체는 상온에서 비교적 큰 증기압을 보인다. 에틸 에터는 휘발성이 아주 강한 액체이며 물은 휘발성이 약한 편이다. 증기압이 20°C에서 0.0012 torr에 불과한 수은은 근본적으로 비휘발성 액체이다. 일상 상태에서 고체인 대부분의 물질들은 비휘발성이다(승화하는 고체들은 예외이다).

실습 문제 13.1

증기압이란 무엇인가? 계의 온도가 변하면 증기압은 어떻게 될 것인가?

실습 문제 13.2

닫힌 용기 안의 액체는 일정한 증기압을 가진다. 이 용기 안의 계가 동적이라 말할 수 있겠는가? 그 이유를 설명하시오.

13.3 끓는점과 녹는점

이 절의 학습 목표
끓는점과 녹는점을 정의하고 온도와 증기압 관계 그래프를 이용하여 액체의 끓는점을 결정할 수 있다.

액체의 끓는 온도는 액체의 증기압과 관련 있다. 우리는 액체의 온도가 증가함에 따라 증기압이 증가한다는 것을 알고 있다. 액체의 내부 압력 또는 증기압이 외부 압력과 같아지게 되면 액체는 끓는다. (외부 압력이란 액체 위의 대기 압력을 말한다.) 순수한 액체의 끓는 온도는 외부 압력이 변하지 않는 한 일정하다.

물의 끓는점(bp)은 1 atm의 압력에서 100°C이다. 100°C에서 물의 증기압은 760 torr이다(그림 13.7 참조). 여기서 중요한 사실은 물이나 다른 액체의 증기압이 표준 압력, 즉 해수면에서의 대기압과 같아지는 온도를 끓는점이라고 한다는 것이다. **끓는점(boiling point)**은 액체의 증기압이 액체 위의 외부 압력과 같아지는 온도이다.

액체의 끓는점은 무수히 많다는 것을 쉽게 알 수 있다. 액체의 끓는점을 이야기할 때는 압력을 같이 말해야 한다. 압력에 대한 언급 없이 끓는점을 나타내면 이것은 표준 압력(760 torr)에서의 **정상 끓는점(normal boiling point)**을 뜻한다. 그림 13.7을 다시 보면, 에틸 에터의 정상 끓는점은 30°C와 40°C 사이에 있고, 에틸 알코올의 끓는점은 70°C와 80°C 사이에 있는 것을 알 수 있다. 이것은 이들 화합물에 대해서 760 torr라는 압력이 이들 온도 범위에 놓이기 때문이다. 정상 끓는점에서 1 g의 액체가 증기(기체)로 바뀌기 위해서는 이 액체의 기화열에 해당하는 에너지를 흡수해야만 한다(**표 13.1**).

표 13.1 염화 에틸, 에틸 에터, 에틸 알코올, 물의 물리적 성질

물질	끓는점(℃)	녹는점(℃)	기화열 J/g(cal/g)	용융열 J/g(cal/g)
염화 에틸	12.3	−139	387(92.5)	–
에틸 에터	34.6	−116	351(83.9)	–
에틸 알코올	78.4	−112	855(204.3)	104(24.9)
물	100.0	0	2259(539.9)	335(80.1)

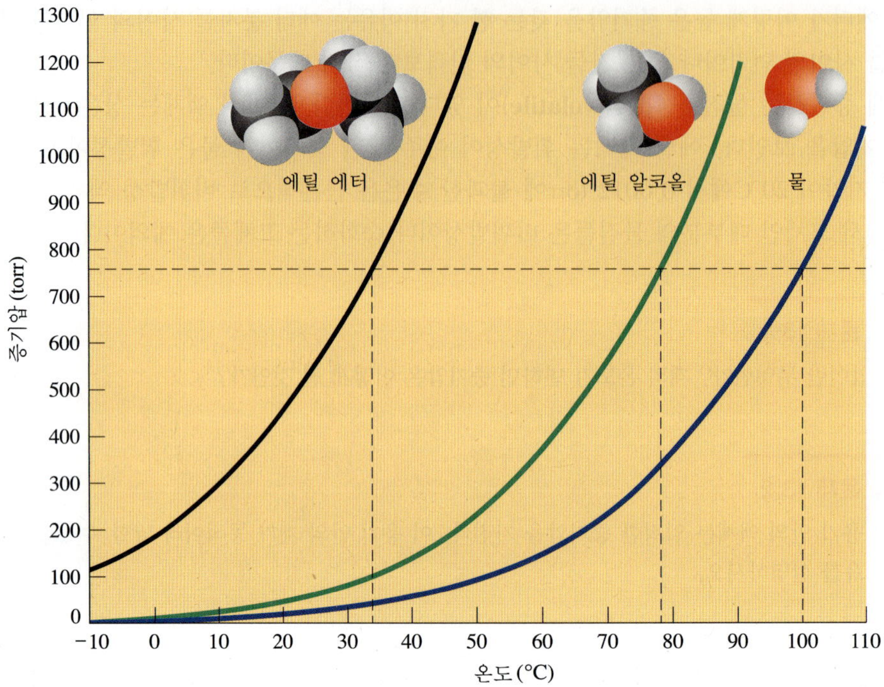

그림 13.7 에틸 에터, 에틸 알코올, 물에 대한 증기압–온도 곡선

여러 압력에서의 끓는점은 **그림 13.7**의 그래프에 각 물질의 증기압을 표시해서 구할 수 있는데, 온도는 수평선인 x축을 따라 표시하고, 증기압은 수직선인 y축을 따라 표시한다. 이렇게 얻어진 곡선을 **증기압 곡선(vapor pressure curve)**이라고 한다. 이 곡선상의 임의의 점은 해당하는 특정 온도와 압력에서 증기–액체 평형을 나타낸다. 특정 압력에서의 끓는점은 주어진 압력에서 증기압 곡선과 만날 때까지 수평선을 그려서 구할 수 있다. 이 점에서 수직선을 그려 온도 축과 만나는 점에서 읽는 온도가 끓는점이다. 그러한 점 세 개를 그림 13.7에 나타내었다. 그 점들은 760 torr에서 세 화합물의 정상 끓는점을 나타낸다. 이러한 과정을 거꾸로 시행하면 어떤 특정 온도에서 어떤 화합물이 끓을 때의 압력을 구할 수 있다. 끓는점은 어떤 물질의 성질을 알아보고 확인하기 위해 가장 흔히 사용되는 물리적 성질 중의 하나이다.

예제 13.2

증기압 500 torr에서 에틸 알코올의 끓는점을 구하시오.

풀이

그림 13.7을 사용한다. 500 torr에서 초록색 에틸 알코올의 증기압 곡선까지 수평선을 그리고, 그 점에서부터 x축까지 수직선을 그린다. 끓는점은 69°C이다.

실습 문제 13.3

그림 13.7의 그래프를 사용하여 600 torr에서 에틸 에터, 에틸 알코올, 물의 끓는점을 구하시오.

실습 문제 13.4

Denver의 평균 대기압은 0.83 atm이다. Denver에서 물의 끓는점은 얼마인가?

액체에서 열을 제거하면, 액체가 응고되기 시작할 때까지 온도가 계속 내려간다. 액체가 고체로 바뀌는 것을 **결빙**(freezing) 또는 **응고**(solidifying)라고 한다. 고체에 계속 열을 가해 주면, 고체가 액화되기 시작하는 온도에 도달하게 된다. 고체가 액체로 변하는 것을 **용융**(melting)이라고 한다. 어떤 물질의 고체상과 액체상이 평형에 있을 때의 온도를 그 물질의 **녹는점(melting point)** 또는 **어는점(freezing point)**이라고 한다. 평형 반응식은 다음과 같다.

$$\text{고체} \underset{\text{결빙}}{\overset{\text{용융}}{\rightleftharpoons}} \text{액체}$$

고체를 서서히 조심스럽게 가열하여 고체–액체 평형이 이루어지면서 이 상태가 유지된다면, 두 개의 상이 함께 존재하는 한 온도는 변하지 않을 것이다. 가해진 에너지는 고체를 액체로 바꾸는 데에만 사용된다. 녹는점은 물질의 성질을 알아보는 데 흔히 쓰이는 또 다른 물리적 성질이다.

고체–액체 평형의 가장 흔한 예는 얼음과 물이다. 얼음과 물이 잘 섞여 있을 때, 두 개의 상이 존재하는 한 온도는 0°C를 유지한다. 압력이 크게 변하지 않는 한 압력에 따른 녹는점의 변화는 아주 작다.

생활 속의 화학

화학의 눈으로 본 사탕

멘토스(사탕의 한 종류)와 다이어트 콜라의 화학 반응은 화학 강의실에서 유튜브에 이르기까지 여러 곳에서 시연되고 있다. 멘토스에서 거품이 일면서 다이어트 콜라가 분수처럼 높이 솟구치는 걸 보며 사람들은 즐거워한다. 이 현상이 일어나는 동안 대체 무슨 반응이 일어나는 걸까? 미국 화학회 소식지인 Chemical and Engineering News에 실린 글과 Discovery Channel에서 방송하는 "MythBusters"등에서 이에 대하여 많은 비공식적인 설명들이 시도되었다. 하지만 이런 시도들은 반응의 상세한 내용을 알아내기에는 체계적이지 못하였다. 최근에 이르러 Appalachian 주립 대학의 Tonya Coffey와 그녀의 학생들이 이 반응에 관계하는 변수들을 자세히 설명하였다.

Coffey와 그녀의 학생들은 반응에 사용되는 멘토스의 종류와, 다이어트 콜라의 카페인의 함유 유무에 따른 차이가 없다는 것을 밝혔다. 또한, 이들은 이 반응이 간단한 산–염기 반응이 아니라는 것을 알아냈는데, 반응 전후에 걸쳐 콜라의 산도는 변하지 않으며 멘토스 사탕은 염기성이 아니라는 것을 알아내었다. 반응의 핵심은 반응물의 일부가 콜라의 표면 장력을 감소시켜, 이산화 탄소가 더 빨리 탈출하여 분수를 만들어내는 능력이다. 멘토스의 껍질에 포함된 아라비아검이 우수한 계면 활성제(surfactant, 액체의 표면 장력을 감소시키는 물질)임이 밝혀졌다. 또한, 다이어트 콜라에 포함된 두 가지 화학 물질(아스파탐과 벤조산 포타슘)도 표면 장력을 감소시켜 기포 생성을 돕는다. Coffey와 그녀의 학생들은 주사 전자 현미경(scanning electron microscope)으로 관찰한 멘토스 사탕의 표면이 울퉁불퉁하기 때문에 이산화 탄소 기포가 많이 생성될 수 있다는 결론을 얻었다. Appalachian 주립 대학 학생들은 모래, 세탁용 세제, 소금과 같은 다른 물질들을 사용하여 이들이 분수를 생성시키는지를 시험하였다. 이들은 멘토스를 사용하였을 때보다는 덜 화려하지만, 분수를 만들 수 있다는 것을 알아냈다.

이 흥미로운 반응에 기여하는 몇 가지 다른 요인도 있다. 즉, 멘토스 사탕은 묵직하기 때문에 콜라 용기의 바닥으로 신속히 가라앉을 수 있다. 학생들은 온도도 영향을 미친다는 것을 알아냈는데, 따뜻한 콜라가 분수를 더 높게 만들었다.

TOLBERT PHOTO/Alamy Stock Photo

다이어트 콜라와 멘토스의 반응

13.4 상태의 변화

이 절의 학습 목표
상태 변화와 관련되는 에너지의 양을 계산할 수 있다.

대부분의 고체는 가열하면 상태 변화가 두 번 일어난다. 녹는점에서 고체는 액체로 변하고 끓는점에서 액체는 기체로 변한다. 이런 가열하는 과정을 **가열 곡선**(heating curve)이라고 부르는 그래프로 나타낼 수 있다(**그림 13.8**). 이 그림은 얼음을 일정한 속도로 가열하는 것을 보여 준다. 에너지가 얼음 속으로 흘러 들어감에 따라 결정 내에서 진동이 증가하고 온도가 올라간다($A \longrightarrow B$). 결국 분자들은 결정으로부터 떨어져 나오고 녹기 시작한다($B \longrightarrow C$). 녹는 동안 가해진 모든 에너지는 결정 구조를 깨는 데에만 사용되므로 온도는 변하지 않는다.

녹는점에서 정확히 1 g의 고체가 액체로 변하는 데 필요한 에너지를 **용융열**(**heat of fusion**)이라고 한다. 고체가 완전히 녹고 나면 온도는 다시 상승한다($C \longrightarrow D$). 가해진 에너지는 물 내부의 분자 운동을 증가시킨다. 물의 끓는점인 100°C에 도달하면 가해진 에너지는 물을 수증기로 변화시키는 데 쓰이기 때문에 온도는 일정하게 된다($D \longrightarrow E$). 정상 끓는점에서 정확히 1 g의 액체가 기체로 변하는 데 필요한 에너지를 **기화열**(**heat of vaporization**)이라고 한다. 액체가 끓는 동안에 액체 분자 사이에 작용하는 인력이 소멸된다. 이 온도 이상에서, 모든 물은 수증기로 존재하고, 온도는 더욱 상승하게 된다($E \longrightarrow F$).

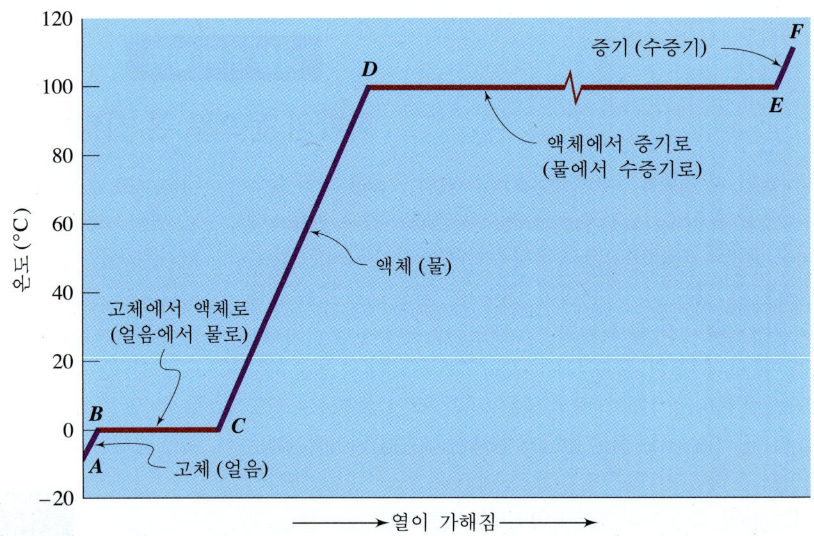

그림 13.8 순수한 물질에 대한 가열 곡선-고체 상태에서부터 기체 상태까지 물질에 의한 열의 흡수. 예를 들어 물에 대해 생각해 보면, *AB* 구간 사이에서는 얼음이고, *BC* 구간에서는 얼음이 물로 녹으며, *CD* 구간에서는 물의 온도가 0℃에서 100℃까지 상승하고, *DE* 구간에서는 물이 끓어서 수증기로 변하며, *EF* 구간에서는 수증기의 온도가 상승한다.

예제 13.3

0.00°C의 얼음 10.0 g을 20.0°C의 물로 바꾸는 데 몇 J의 에너지가 필요한가?

풀이

읽기 **알려진 값:** $m = 10.0$ g 얼음
$t_{최초} = 0.00°C$
$t_{최종} = 20.0°C$

구하는 값: 에너지

계획 다음 두 단계로 계산한다.

1. 얼음을 녹이는 단계(335 J/g 흡수)

2. 물을 0.00°C에서 20.0°C로 가열하는 단계(4.184 J/g°C가 필요)

구성 **1.** 얼음을 녹이는 데 필요한 에너지

$$(10.0\ \text{g})\left(\frac{335\ \text{J}}{1\ \text{g}}\right) = 3350\ \text{J} = 3.35 \times 10^3\ \text{J}$$

2. 물의 온도를 올리는 데 필요한 에너지: (질량)(비열)(Δt) = 에너지

$$(10.0\ \text{g})\left(\frac{4.184\ \text{J}}{1\ \text{g}^\circ\text{C}}\right)(20.0\ ^\circ\text{C}) = 837\ \text{J}$$

계산 이 과정에 필요한 전체 에너지는 두 단계 에너지의 합이다.

$$3350\ \text{J} + 837\ \text{J} = 4.19 \times 10^3\ \text{J}$$

예제 13.4

20.0°C의 물 18.0 g을 100.°C의 수증기로 바꾸는 데 필요한 에너지는 몇 kJ인가?

풀이

읽기 **알려진 값:** m = 18.0 g 물

$t_{최초}$ = 20.°C

$t_{최종}$ = 100.°C

구하는 값: 에너지

계획 다음 두 단계로 계산한다.

1. 물을 20.°C에서 100.°C로 가열하는 단계(4.184 J/g°C가 필요)

2. 물을 수증기로 바꾸는 단계(2.26 kJ/g 흡수)

구성 **1.** 물의 온도를 올리는 데 필요한 에너지: (질량)(비열)(Δt)= 에너지

$$(18.0\ \text{g})\left(\frac{4.184\ \text{J}}{1\ \text{g}^\circ\text{C}}\right)(80.\ ^\circ\text{C}) = 6.0 \times 10^3\ \text{J} = 6.0\ \text{kJ}$$

2. 물을 수증기로 기화시키는 데 필요한 에너지

$$(18.0\ \text{g})\left(\frac{2.26\ \text{kJ}}{1\ \text{g}}\right) = 40.7\ \text{kJ}$$

계산 이 과정에 필요한 전체 에너지는 두 단계 에너지의 합이다.

$$6.0\ \text{kJ} + 40.7\ \text{kJ} = 46.7\ \text{kJ}$$

실습 문제 13.5

60.0°C의 에틸 알코올 57.0 g을 78.4°C의 증기로 바꾸는 데 필요한 에너지는 몇 kJ인가? 단, 에틸 알코올의 비열은 2.138 J/g°C이다.

13.5 분자간 힘

이 절의 학습 목표
세 종류의 분자간 힘을 서술하고 액체에서 이들의 중요성을 설명할 수 있다.

왜 액체 분자들은 기체와 같이 떨어져 있지 않고 서로 붙어 있을까? **분자간 힘(intermolecular forces)**은 분자들 사이의 인력이다. 이 힘으로 인해 분자가 서로 가깝게 붙어 있어 액체와 고체를 형성하게 된다. 또한 이 분자간 힘들은 액체의 성질을 예측하는 데 도움이 된다. 예를 들면 액체 분자들이 서로 강하게 붙어 있으면 서로 떨어지기 힘들기 때문에 낮은 증기압과 높은 끓는점을 갖게 된다. 강한 분자 간 인력을 지닌 분자들은 응집력이 커서 표면 장력 역시 크다.

분자들은 결합에 의해 붙어 있는데, 이를 **분자내 힘(intramolecular forces)**이라고도 하며,

이 힘들은 분자 내에 존재한다. 이 공유 결합 힘은 원자들이 전자를 공유하는 데에 기인한다. 분자간 힘은 분자들 사이에 있다. 어떻게 이런 힘들이 생기는가? 분자간 힘에는 여러 가지가 있다. 가장 흔한 것이 쌍극자–쌍극자 인력, 수소 결합, London 분산력이다. 이 힘들에 대해 자세히 살펴보자.

쌍극자–쌍극자 인력

7장에서 배웠듯이, 분자 내 결합 원자들의 전기 음성도가 다르면 원자 간 공유 결합에서 전자가 균등하게 공유되지 않는다. 이와 같은 일이 생기면 극성 결합이 형성되며, 따라서 양극, 음극을 지닌 극성 분자가 된다. 대표적 극성 분자로는 HF, CO, ICl 등이 있으며, 이원자 분자이므로 쉽게 알 수 있다. 분자 구조가 복잡한 다른 분자들은 극성 여부를 판단하기가 쉽지 않다.

예제 13.5

HCl, CO_2, NBr_3 분자의 극성 여부를 결정하시오.

풀이

각 분자의 Lewis 구조와 3차원 기하 구조는 다음과 같다. 화살표는 각 결합 간 쌍극자 모멘트를 나타낸다.

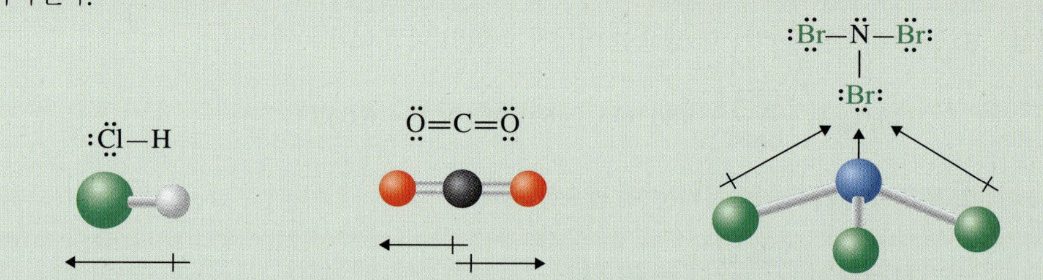

염소 원자는 수소보다 전기 음성도가 크다. 따라서 H—Cl 결합과 분자가 모두 극성이다.

이산화 탄소 분자는 비극성이다. 탄소-산소 결합에 있는 쌍극자가 서로 같은 크기에 반대 방향으로 작용하여 상쇄되기 때문이다.

질소-브로민 간 결합은 모두 극성이고, 세 개의 쌍극자가 모두 질소 원자를 향하므로 알짜 쌍극자는 증가한다. 따라서 극성 분자이다.

실습 문제 13.6

SO_2, H_2, $CHCl_3$ 분자들의 극성 여부를 결정하시오.

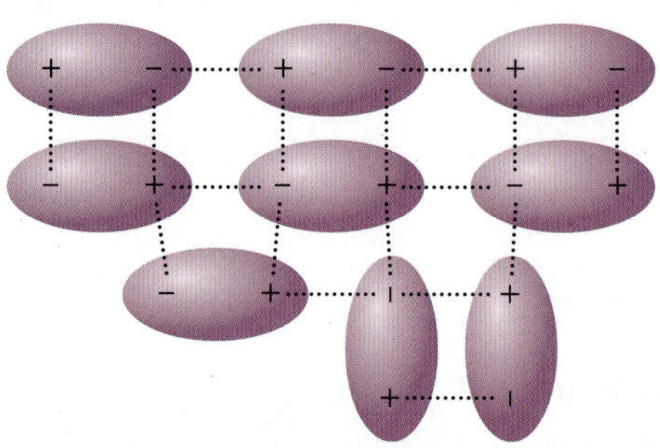

7장에서 보았듯이 물은 극성 분자이다. 즉 쌍극자 모멘트가 있다. 쌍극자 모멘트가 있는 분자들이 가까이 있으면 전하 분포에 따라 자리를 정렬한다. 즉 한 분자의 양극은 다른 분자의 음극을 향하게 된다. 이들 사이의 인력으로 인해 분자들이 서로 붙어 있게 되며, 이 사이에 **쌍극자–쌍극자 인력**(**dipole-dipole attraction**)이 생성된다(그림 참고).

수소 결합

표 13.2는 H_2O, H_2S, H_2Se, H_2Te의 물리적 성질들을 비교하여 보여 준다. 비교해 보면, 물의 네 가지 물리적 성질, 즉 녹는점, 끓는점, 용융열, 기화열이 매우 높고, 이 네 가지 화합물의 몰질량에 따른 일반적 경향과 맞지 않는다는 것을 알 수 있다. 만일 물의 성질이 나머지 세 가지의 화합물에서 나타난 것과 같은 경향을 따른다면, 물의 녹는점은 −85°C 이하일 것이고 끓는점은 −60°C 이하가 되어야 할 것이다.

표 13.2 물과 다른 6A족 원소들의 수소 화합물의 물리적 성질

화학식	색	몰질량 (g/mol)	녹는점 (℃)	끓는점, 1 atm(℃)	용융열 J/g(cal/g)	기화열 J/g(cal/g)
H_2O	무색	18.02	0.00	100.0	335(80.1)	2.26×10^3(540)
H_2S	무색	34.09	−85.5	−60.3	69.9(16.7)	548(131)
H_2Se	무색	80.98	−65.7	−41.3	31(7.4)	238(57.0)
H_2Te	무색	129.6	−49	−2	−	179(42.8)

왜 물은 이와 같이 비정상적인 물리적 성질을 갖는가? 그 이유는 액체 물 분자가 같은 부류의 다른 분자에 비해 훨씬 강한 힘으로 서로 붙들고 있기 때문이다. 물 분자들 사이에 작용하는 분자간 힘을 **수소 결합(hydrogen bond)**이라고 부르는데, 이것은 두 극성 분자들 사이에서 매우 약한 결합처럼 행동한다. 수소 결합은 플루오린, 산소, 질소와 같이 전기 음성도가 매우 크고 크기가 작은 원자와 공유 결합으로 결합된 수소 원자를 가진 극성 분자들 사이에서 형성된다(F — H, O— H, N — H). 수소 결합은 결국 이런 세 가지 형태의 극성 결합을 갖고 있는 극성 분자들 사이의 쌍극자–쌍극자 인력이다.

수소 결합을 형성하는 화합물은 F, O, N에 공유 결합으로 결합된 수소 원자를 포함한다.

수소 원자는 한 개의 전자만을 갖기 때문에 공유 결합을 한 개만 만들 수 있다. 수소 원자가 산소와 같이 전기 음성도가 큰 원자에 결합되어 있으면, 이 원자는 다른 분자의 산소 원자에도 이끌릴 것이고, 이 두 분자 사이에는 쌍극자–쌍극자 인력(수소 결합)이 만들어진다. 물은 두 가지 형태의 결합을 갖고 있다. 즉 분자 내의 수소 원자와 산소 원자 사이에 존재하는 공유 결합과 **다른** 물 분자에 있는 수소 원자와 산소 원자 사이의 수소 결합이 그것이다.

수소 결합은 **분자간**(intermolecular) 결합이다. 즉, 이 결합은 서로 다른 분자의 원자들 사이에서 만들어진다. 이 결합은 정전기적 인력에 의해 만들어지므로 어느 정도 이온 결합성을 갖는다. 수소 결합은 화합물을 만들기 위해 원자들을 결합시키는 이온 결합이나 공유 결합보다는 매우 약하다. 이 결합은 이렇게 약함에도 불구하고 화학적으로 대단히 중요하다.

물 분자에 있는 산소 원자는 비결합 전자쌍 한 개당 하나씩 모두 두 개의 수소 결합을 만들 수 있다. **그림 13.9**에서 두 개의 물 분자가 수소 결합으로 연결된 것과 여덟 개의 물 분자가 수소 결합에 의해 연결된 것을 보여 주고 있다. 실선(–)은 공유 결합을 나타내고 점선(····)은 수소 결합을 나타낸다. 물에서 각 분자는 수소 결합을 통해 서로 연결되어 물 분자

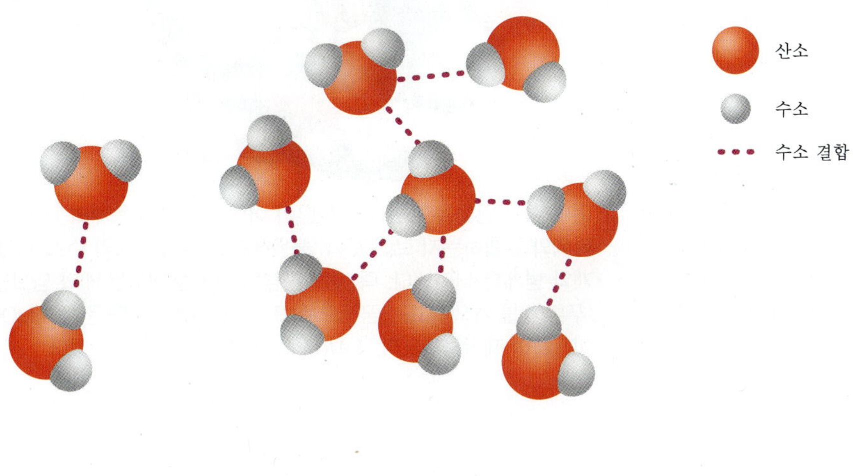

그림 13.9 수소 결합. 물은 액체와 고체 상태에서 물 분자들이 수소 결합에 의해 서로 연결된 집합체로 존재한다.

의 삼차원 집합체를 이룬다. 이러한 분자 간 수소 결합은 물 분자 사이의 인력을 효율적으로 증가시켜 물의 비교적 높은 녹는점, 끓는점, 용융열, 기화열을 부분적으로 설명해 준다. 물이 가열됨에 따라 에너지를 흡수하고 100°C가 될 때까지 수소 결합은 계속 깨어진다. 2.26 kJ/g의 에너지를 더 흡수하면 물은 개개의 분자로 떨어져서 기체 상태로 변한다. 황, 셀레늄, 텔루륨과 같은 원소는 전기 음성도가 크지 않아 이들의 수소 화합물은 물과 같이 거동하지는 않는다. 이렇게 수소 결합을 만들지 못한다는 사실은 왜 H_2S가 상온에서 액체가 아니고 기체인가를 설명해 준다.

전기 음성도가 가장 큰 원소인 플루오린은 가장 강한 수소 결합을 만든다. 이 수소 결합은 매우 강해서 플루오린화 수소 분자를 H_2F_2 같은 **이합체**(dimers) 또는 더욱 큰 $(HF)_n$ 분자 단위로 묶는다. 이합체의 구조는 다음과 같이 나타낼 수 있다.

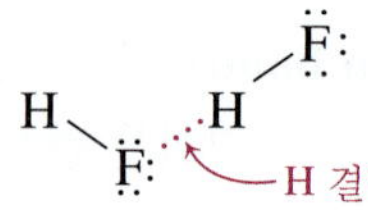

수소 결합은 H 결합을 만들 수 있는 다른 두 원자 사이에서도 생길 수 있다. 그러므로 산소 원자와 질소 원자 사이에 있는 수소 원자가 수소 결합을 할 때, O····H—N 또는 O—H····N 결합이 될 것이다. 이러한 형태의 수소 결합은 단백질 분자나 많은 생물학적으로 활성인 물질에 존재한다.

생활 속의 화학

정말 달다!

인공 감미료가 제2차 세계 대전 이후에 화학 산업의 생성물이라 생각하는가? 그렇게 많지 않은 인공 감미료가 오래전부터 우리 주변에 있었고, 몇몇 주요 인공 감미료는 우연히 발견되었다. 1878년 Ira Remsen은 늦은 밤 그의 실험실에서 일을 하다가, 친구들과의 저녁 식사 약속을 깜빡했다는 것을 알았다. 서둘러 실험실을 나오면서 그는 손을 씻는 것을 잊어버렸다. 그 후 저녁 만찬에서 그는 빵 한 조각을 떼어 맛을 보게 되었는데, 그때 그 빵이 대단히 달다는 것을 알았다. 그는 그 단맛이 실험실에서 일하던 약품에 의해 생긴 것이라는 사실을 깨닫고, 서둘러 실험실에 되돌아와서는 사카린을 분리했는데, 이것이 최초의 인공 감미료이다.

1965년 James Schlatter는 제약 회사 G. D. Searle에서 항궤양 치료제를 연구하고 있었다. 일을 하던 중에 그가 만든 소량의 시약을 맛보았는데, 그 엄청난 단맛 때문에 깜짝 놀랐다. 그는 두 개의 아미노산이 서로 결합하여 이루어진 아스파탐(aspartame)을 발견하였다. 아스파탐은 소량으로 단맛을 낼 수 있으므로 아주 우수한 저칼로리 인공 감미료라는 것이 판명되었다. 50가지 이상의 분자들이 단맛을 가지고 있는데, 그들 모두와 다 상호작용할 수 있는 단 하나의 결합 자리를 찾는 것은 어렵다.

우리 몸의 맛 수용체는 다른 분자와 수소 결합을 형성할 수 있는 단백질로 구성되어 있다. 단백질들은 —NH기와 —OH기(수소 결합에 필요한 수소를 갖고 있다)뿐만 아니라 C=O기(수소 결합을 위해 산소를 제공한다)도 갖고 있다. "단맛을 내는 분자들"도 역시 —OH, $—NH_2$와 같은 수소 결합을 할 수 있는 기와 O 또는 N을 갖고 있다. 이와 같은 분자들은 수소 결합을 만들기에 적합한 원자들을 갖고 있을 뿐만 아니라 소수성(H_2O를 배척한다)인 영역을 지니고 있어야 한다. 감미료 수용체의 결합에 대한 새로운 모형은 California 주의 La Jolla에 있는 Senomyx에서 개발되었다. 이 모형은 독립적으로 작용하는 네 개의 결합 자리를 나타낸다. 모형에서 나타낸 것처럼 작은 분자는 하위 단위의 오목한 부분에 결합한다. 단백질과 같은 큰 분자는 오목한 부분 위의 다른 자리에 결합한다.

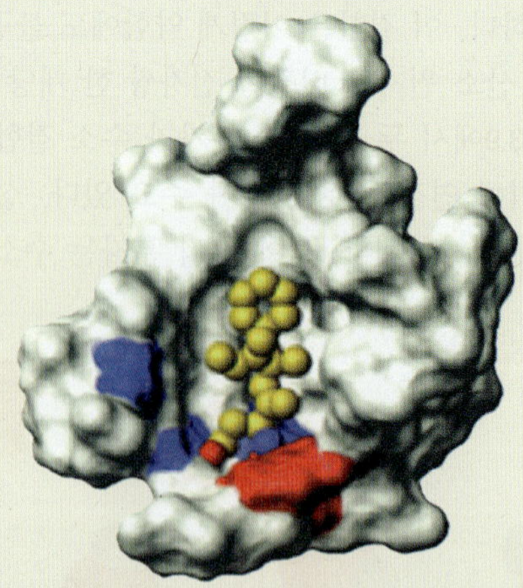

Adapted from Koradi, R., Billeter, M., & Wüthrich, K. (1996). MOLMOL: A program for display and analysis of macromolecular structures. Journal of Molecular Graphics, 14(1), 51–55.

이 모형은 단맛을 내는 아스파탐이 어떻게 단맛 수용체의 T1R3 하위 단위와 결합하는지 보여 준다. 붉은색과 푸른색은 각각 수소 결합 주개와 받개를 나타낸다. 즉, 아스파탐은 카복실기(붉은색)와 암모늄기(푸른색)를 제외하고는 금색으로 표시되어 있다. 모형은 MOLMOL을 이용하여 제작하였으며, *J. Med. Chem.*으로부터 채택되었다.

예제 13.6

다음 물질의 분자들 사이에 수소 결합이 형성될 수 있는가?

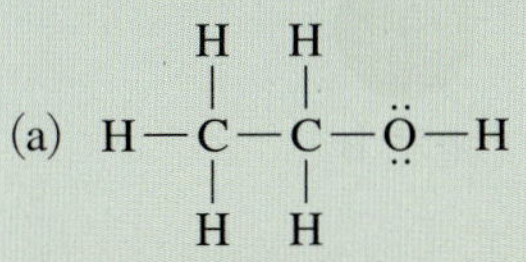

에틸 알코올

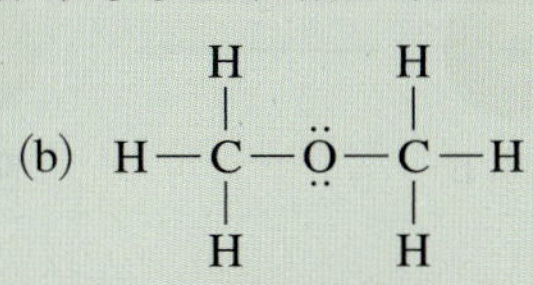

다이메틸 에테르

풀이

(a) 에틸 알코올은 하나의 수소 원자가 산소 원자와 결합하고 있기 때문에 수소 결합이 다음과 같이 형성될 것이다.

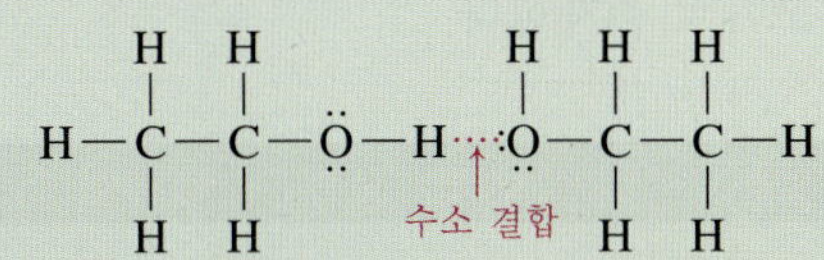

(b) 다이메틸 에테르에서는 모든 수소 원자가 탄소 원자하고만 결합을 하고 있으므로 수소 결합이 형성되지 않는다.

에틸 알코올과 다이메틸 에테르는 몰질량이 46.07 g/mol로 같고, 같은 분자식, C_2H_6O를 갖는다. 그러나 에틸 알코올은 알코올 분자들 사이에 수소 결합이 형성되기 때문에 끓는점(78.4℃)이 다이메틸 에테르(−23.7℃)보다 높다.

실습 문제 13.7

다음 물질의 분자들 사이에 수소 결합이 형성될 수 있는가?

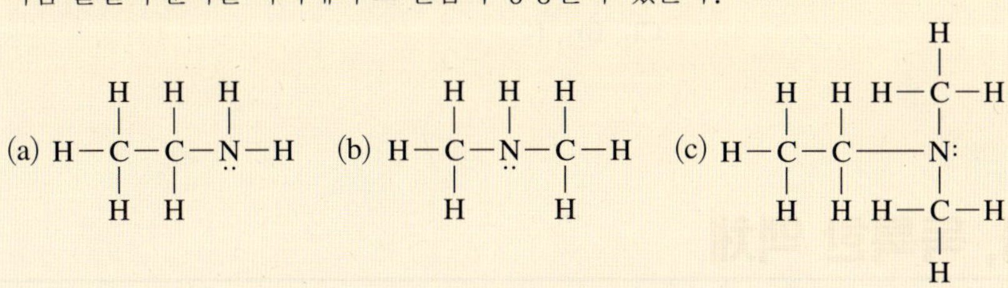

London 분산력

비록 분자에 쌍극자 모멘트가 없어도 서로를 끌어당길 수 있다. 우리는 이를 모든 물질, 심지어 비활성 기체들도 매우 낮은 온도에서 액체와 고체 상태로 존재할 수 있다는 것으로 알 수 있다. 비극성 분자들 사이에 존재하는 힘 그리고 비활성 기체 분자 사이에도 존재하는 힘을 London **분산력(London dispersion forces)**이라고 한다. 비활성 기체 원자를 생각해 보자. 원자에는 전자들이 핵 주위에 균일하게 분포되어 있다고 가정한다.

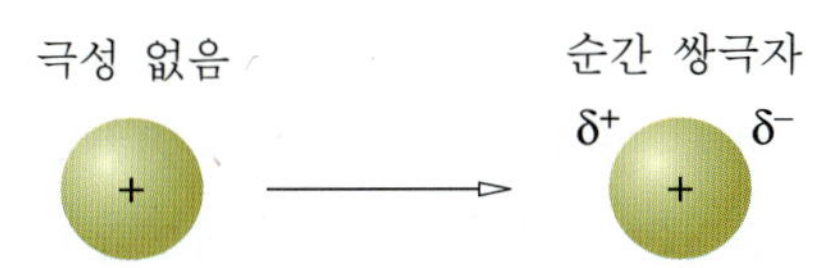

그러나 전자들은 핵 주위에서 계속 움직이고 있으며 전자 분포가 항상 일정한 것은 아니다. 즉 원자는 순간적으로 쌍극자를 가질 수 있다. 이 순간적으로 유도된 쌍극자는 근처 원자에 비슷한 쌍극자를 유도할 수 있다.

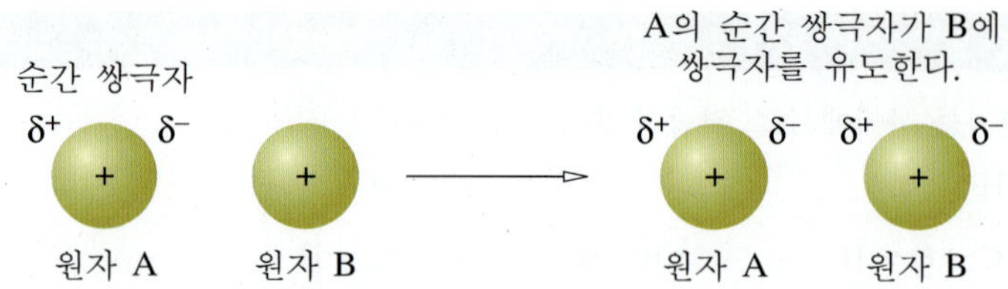

이 상호작용은 약하고 짧은 시간에 발생하지만 크기가 큰 원자나 분자에서 매우 중요한 역할을 한다. 즉 London 분산력은 원자나 분자의 크기가 클수록 더 중요해진다. 크기가 크다는 것은 쌍극자를 생성할 수 있는 전자들이 더 많다는 것을 의미하기 때문이다.

이 인력의 세기는 물질의 몰질량에 의존한다. 파라핀 왁스($C_{25}H_{52}$)같이 몰질량이 매우 큰 비극성 분자는 강한 분자 간 인력 때문에 연질 고체로 존재한다.

예제 13.7

다음 화합물 중 어느 것이 가장 강한 London 분산력을 가질지 예측하시오.

$$C_4H_{10},\ C_{15}H_{32},\ C_8H_{18}.$$

풀이

London 분산력은 몰질량에 의존한다. 각 화합물의 몰질량은 58.12 u, 212.4 u, 114.2 u이다. 따라서 $C_{15}H_{32}$가 가장 강한 London 분산력을 가질 것이다.

실습 문제 13.8

다음 화합물 중 어느 것이 가장 강한 London 분산력을 가질지 예측하시오.

$$Cl_2,\ Br_2,\ I_2$$

13.6 물, 독특한 액체

이 절의 학습 목표
물의 특징을 구조적 관점에서 서술하고 마시는 물의 원천을 나열할 수 있다.

물은 가장 흔한 천연자원이다. 물은 지구 표면의 약 75%를 덮고 있다. 물은 대양, 바다, 호수, 강, 개울, 빙하 등에서만 발견되는 것이 아니라 대기와 구름에도 존재한다.

지구상에 존재하는 물의 약 97%는 대양에 있다. 이 **염수**(saline water)에는 광대한 양의 무기질들이 녹아 있다. 바닷물에 포함된 무기질에서 70여 종 이상의 원소들이 발견되었다. 이들 중 오직 4종(염소, 소듐, 마그네슘, 브로민)만을 바닷물에서 상업적으로 얻는다. **담수**(fresh water)는 지구상에 존재하는 물의 3% 정도 되는데, 이들 중 약 2/3는 극지방의 만년설이나 빙하로 되어 있다. 나머지 담수는 지하수, 호수, 강, 대기에서 발견된다.

물은 모든 생명체의 필수 성분이다. 물은 사람의 몸에 가장 많이 존재하는 화합물로서, 전체 체중의 약 70%가 물로 되어 있다. 혈장의 약 92%, 근육 조직의 약 80%, 적혈구의 약 60%가 물로 되어 있다. 사람이 물 없이 생존할 수 있는 기간보다 음식을 먹지 않고 물만으로 생존할 수 있는 기간이 더 길다는 사실에서 물이 음식보다 더 중요하다고 말할 수 있다.

물의 물리적 성질

물은 색깔, 냄새, 맛이 없는 액체로서 1 atm에서 녹는점은 0°C이고 끓는점은 100°C이다. 물의 용융열은 335 J/g(80 cal/g)이고, 기화열은 2.26 kJ/g(540 cal/g)이다. 물의 용융열과

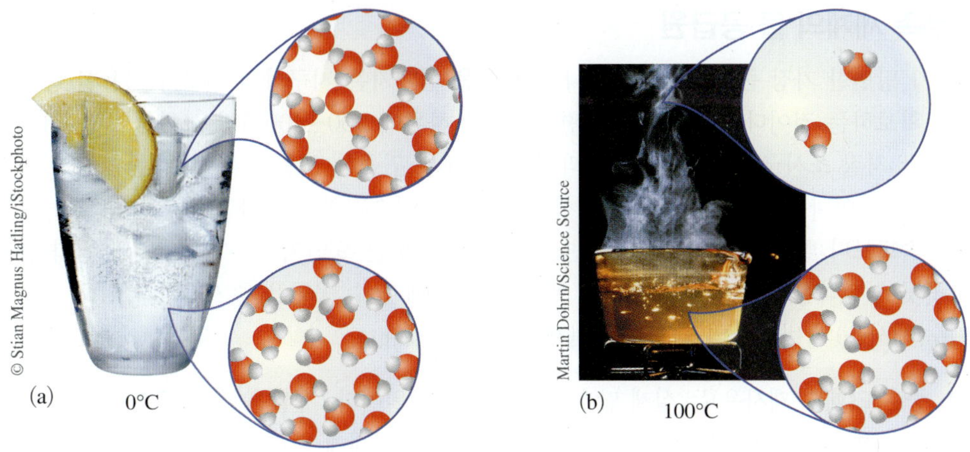

그림 13.10 (a) 0℃에서 평형을 이루고 있는 얼음과 물. 얼음이 녹을 때, 고체에서 액체로 변화시키는 데 335 J/g이 필요하다. 물이 얼 때는 같은 양이 방출된다. (b) 100℃에서 평형을 이루고 있는 끓는 물과 수증기. 물이 수증기로 변화하는 데 2.26 kJ/g이 필요하다.

기화열이 다른 물질에 비해 높은데, 이러한 사실은 물 분자들 사이에 강한 인력이 작용한다는 것을 말해 준다.

그림 13.10에서 보여 주는 바와 같이, 0°C에서 얼음과 물은 평형을 이루며 함께 존재한다. 0°C에서 얼음이 녹을 때 335 J/g의 열을 흡수하여 액체로 바뀌며 온도는 그대로 0°C로 유지된다. 물이 다시 얼려면 0°C의 물로부터 335 J/g의 열이 제거되어야 한다.

그림 13.10은 끓는 물과 수증기가 모두 100°C임을 보여 주고 있다. 1 g의 물을 0°C에서 100°C까지 가열하는 데 418 J의 에너지가 사용되지만, 끓는점에서 물은 수증기로 바뀌는 데 2.26 kJ/g의 에너지를 흡수한다. 끓는 물과 수증기는 같은 온도에 있지만, 수증기가 단위 g당 훨씬 더 많은 열을 갖고 있으므로 뜨거운 물보다 더욱 심각한 화상을 입힐 수가 있다.

물의 최대 밀도는 4°C에서 1.000 g/mL이다. 물은 4°C로 냉각됨에 따라 부피가 줄어들고, 4°C에서 0°C로 냉각될 때는 부피가 늘어나는 특이한 성질을 갖고 있다. 그러므로 4°C 이외의 모든 온도에서 물 1 g이 차지하는 부피는 1 mL보다 크다. 대부분의 액체들은 어는점까지 냉각시키면 부피가 줄어들지만, 물은 0°C의 액체에서 0°C의 고체(얼음)으로 바뀔 때 부피가 크게 증가(약 9%)한다. 0°C에서 얼음의 밀도는 0.917 g/mL로, 얼음이 물보다 밀도가 작기 때문에 물 위에 뜨게 된다(그림 참조).

푸른 빙하 얼음이 얼음 중 가장 밀도가 높은 얼음으로 알려져 있지만, 이것 역시 물 위에 뜬다.

물 분자의 구조

한 개의 물 분자는 두 개의 수소 원자와 한 개의 산소 원자로 구성되어 있다. 각 수소 원자는 단일 공유 결합으로 산소 원자와 결합되어 있다. 이 결합은 수소의 1*s* 오비탈과 산소의 홀전자 2*p* 오비탈이 겹쳐져서 만들어진다. 두 핵 사이의 평균 거리를 **결합 길이**(bond length)라고 한다. 물에서 O—H 결합 길이는 0.096 nm이다. 물 분자는 비선형이며, 두 결합 사이의 각도가 약 105°로 굽은 구조를 갖는다(**그림 13.11**).

산소는 전기 음성도가 두 번째로 큰 원소이다. 그 결과로, 물의 두 개의 O—H 공유 결합은 극성이다. 만약 물 분자에서 세 개의 원자가 H ⟶ O ⟵ H처럼 선형 구조를 갖는다면, 두 개의 극성 결합은 크기는 같으면서 서로 반대 방향으로 작용하므로 분자는 비극성이 될 것이다. 하지만, 물은 매우 극성이 큰 분자이다. 그러므로 물 분자는 선형 구조를 갖지 않는다. 원자들이 비선형 방식으로 서로 결합할 때, 결합들에 의해 형성된 각을 **결합각**(bond angle)이라고 한다. 물에서 HOH 결합각은 105°이며, 두 개의 극성 공유 결합과 굽은 구조는 산소 원자에는 부분 음전하를, 각 수소 원자에는 부분 양전하를 띠게 한다. 용매로서의 거동을 포함하여 물의 여러 가지 성질들이 물의 극성과 관련이 있다.

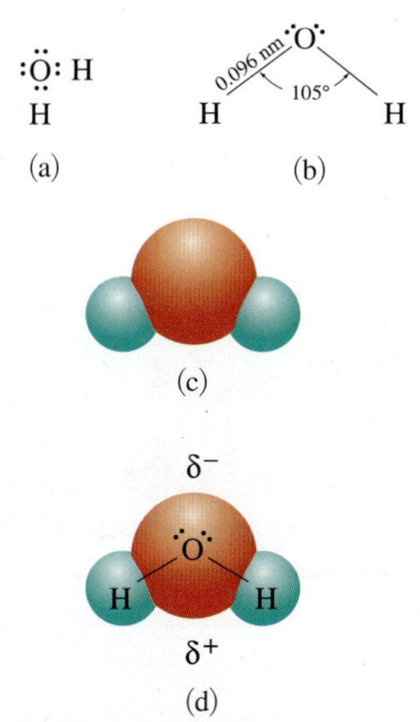

그림 13.11 물 분자 그림. (a) 전자 분포, (b) 결합각과 O—H 결합 길이, (c) 분자 구조, (d) 쌍극자 표시.

JGI/Tom Grill/Tetra images/Getty Images

재사용 병에 든 물은 쉴새 없이 활동하는 사람들에게 편리한 수분 공급원이다.

물부족 세계의 물 공급원

인류가 당면한 가장 큰 문제 중의 하나는 70억을 넘어가는 지구상의 인구가 사용할 충분한 물을 확보하는 것이다. 미국 시민은 평균적으로 하루에 300~400리터 사이의 물을 사용한다(미국 지질 조사국)(그림 참조). 따라서 물이 매우 귀중한 자원이 된 이유를 찾기가 어렵지 않다. 늘어나는 물의 수요로 인해 시내, 대수층, 저수지의 담수가 고갈되는 속도가 보충되는 속도보다 빨라지고 있다. 기후 변화도 물 문제의 큰 요인이다. 기후 패턴의 변화가 세계 곳곳에 심각한 가뭄을 초래한다고 예측한다. 이에 담수 공급을 증가시키기 위해 중수도(폐수 재사용)와 바닷물의 담수화를 현재 고려하고 있다.

1. 중수도(폐수 재사용)는 실제 담수의 훌륭한 공급원이다. 재활용 폐수(중수)를 마신다는 것이 편안하게 느껴지지 않을 수 있지만, 지방 자치제에 의해 공급되는 대부분의 물이 중수이다. 많은 도시는 관개와 산업 용도로 중수를 사용한다. 몇몇 도시에서는 부족한 물을 보충하기 위해 중수를 사용한다. 예를 들면 싱가포르는 중수 사용 측면에서 독보적이다. NEWater(싱가포르 물 처리 기관에서 사용하는 상징)는 여과되고 역삼투(생활 속의 화학 '역삼투 현상?' 참조)로 처리되어 농사와 산업에 재사용되는 물이다. 이 물은 자외선으로 더 처리하여 마시는 물로 사용되기도 한다. 싱가포르 물의 약 30%가 현재 중수이며, 2060년까지 50%로 확장될 계획이다. 미국(California 주) Orange County에서는 중수를 지하수 저장소인 대수층에 넣어 보관하고 재사용한다. San Diego County에서는 중수를 상류 저수지(상수도)에 넣어 천연수와 섞어 재사용하기도 한다. 이와 같이 여러 도시에서 시행되는 방법들은 부족한 담수를 보충하기 위한 좋은 모델들이다.
2. 바닷물의 담수화는 해안 지역에 사는 사람들에게 담수를 공급하는 좋은 방법이다(그림 참조). 하지만 담수화 비용이 매우 비싸고 바다에서 담수를 추출하는 것이 그리 효과적이지는 않다. 평균적으로 4리터의 바닷물에서 1리터의 담수를 만들 수 있다. 또한 이때 남은 폐수는 높은 염 농도로 환경에 좋지 않은 영향을 끼칠 수 있다. 일반적으로 담수는 역삼투 현상을 이용하여 얻는다. 즉 반투막이 있는 용기에 바닷물을 넣어 압력을 가해 담수를 얻는다. 이와 같은 물 정화 방법은 바닷물은 얻기 쉽지만 담수를 얻기 어려운 이스라엘에서 많이 시행된다. 이스라엘은 물의 40%를 담수화에 의해 공급하고 있으며, 2016년까지 이 방법으로 물의 공급을 50% 이상 확장할 것이다.

저온 증류와 수소 연소 방법은 담수를 공급하기 위하여 연구되고 있는 장래가 촉망되는 다른 두 가지 기술이다.

Shine-a-light / Alamy Stock Photo

Arrecife, Lanzarote의 Canary 섬에 있는 담수 공장

- 저온 증류에서 물은 낮은 압력하에 놓인다. 압력이 낮으면 끓는점이 낮아져 낮은 온도에서 증류를 생성하게 되고 증류에 적은 에너지가 소모된다.
- 수소 연소에서는 연소를 위한 수소 기체를 생산하기 위해 물에 전류를 통과시켜 물을 각 구성 원소들로 분해한다. 햇빛이 많은 지역에서는 태양 전지의 전기를 이용하여 물을 분해할 수 있다. 물 분해로 얻어진 산소와 수소 기체를 모은 후에 재조합하여 전기와 순수한 물을 생산할 수 있다. 이 방법은 태양으로부터 에너지를 저장하고 담수를 공급하는 방법이다.

위에서 언급한 기술들은 현재 실험 단계이지만 미래에 담수를 공급하는 중요한 방법으로 사용될 것이다.

생활 속의 화학

역삼투 현상?

샐러드를 만들 때 상추가 축 늘어지거나 드레싱에 물이 많아져서 실망한 일이 있다면 당신은 삼투 현상을 경험한 것이다. **삼투 현상**(osmosis)은 물이 막을 통하여 이동하는 현상으로, 좀 더 순수한 물에서 덜 순수한 물로 물이 이동한다(14.6절 참조). 샐러드의 경우에는 상추가 자기 세포 안에 물을 많이 함유하고 있다. 이 상추가 샐러드드레싱으로 둘러싸이면(드레싱에는 많은 것이 함유된 물이 있다), 상춧잎의 물이 세포막을 통하여 드레싱으로 이동하게 된다. 결과적으로 희석된 드레싱과 축 늘어진 상추가 된다.

이와 같은 현상이 강제적으로 반대로 일어날 수도 있다. 예를 들면 건포도를 물에 잠기게 해 보자. 물이 건포도로 이동하여 건포도 안의 설탕 농도를 낮게 희석시키고, 결과적으로 건포도가 통통해진다. 만약에 건포도를 상자 안에 두고 전체적으로 압력을 가해 건포도가 팽창하지 못하도록 하면 어떤 일이 생기겠는가? 물이 건포도 안으로 들어가지 못할 것이다. 심지어 압력을 증가시키면 건포도 안의 물이 밖으로 나올 것이다. 이것을 **역삼투 현상**(reverse osmosis)이라고 한다.

역삼투 현상은 물을 정화하는 데 이용할 수 있다. 오염된 분자와 이온을 포함한 물(바닷물 등)을 반투막이 있는 용기 안에 넣어 둔다. **반투막(semiperme-able membrane)**은 물(용매) 분자는 통과시키지만 다른 큰 용질 분자나 이온들은 통과하지 못하게 막는다. 용기에 압력을 가하면 물이 반투막을 통과하게 되어 순수한 물을 분리할 수 있다.

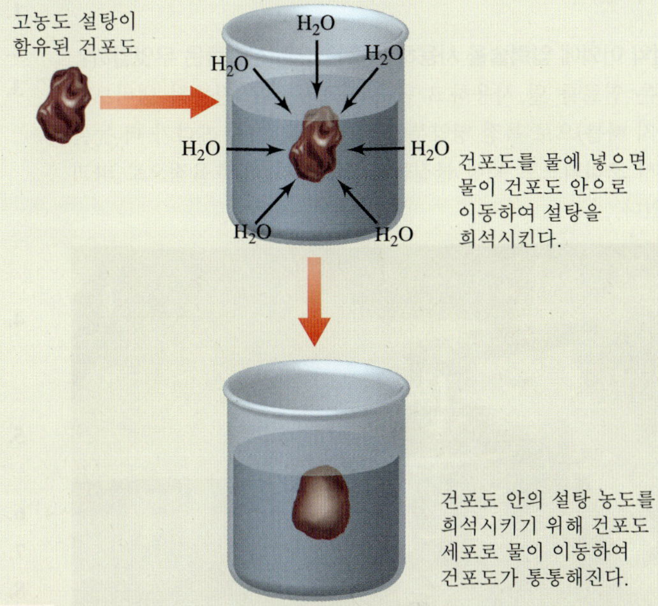

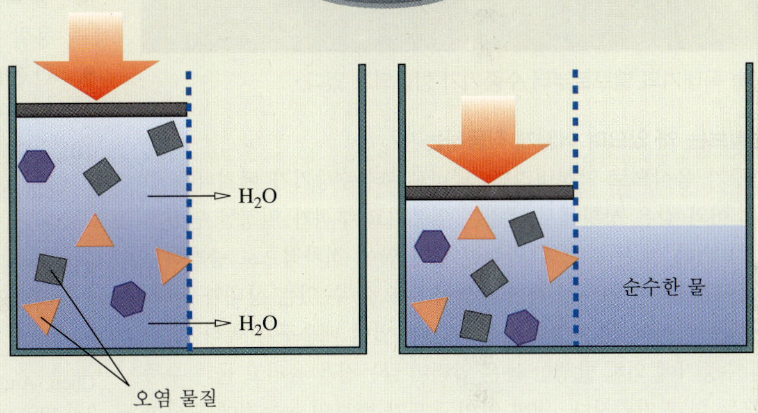

사례 연구 고압에서 요리하기

저녁 6시에 Clarksons 부부는 친구인 Carol과 Steve를 위해 저녁을 준비하고 있었다. Ben은 트럭 운전사이고 자기 계발을 위해 지역 전문대학에서 야간 수업을 수강하고 있다. Ann 역시 두 가지 직업을 가진 바쁜 삶을 살고 있다. 그녀는 그날 저녁 시간을 절약하기 위해, 최근 그녀의 생일에 받은 새 압력솥을 사용하기로 결심하였다. 이의 작동 방법은 다음과 같다.

물은 일반적으로 100°C에서 끓는다. 따라서 물의 온도는 전통적인 요리에 사용하는 뚜껑 없는 냄비에서는 100°C를 넘을 수 없다. 정상 조건(해수면에서 1기압 외부 압력)하에서는 물에 있는 어떠한 음식이라도 100°C보다 더 높은 온도에서 요리될 수 없다. 하지만 물의 끓는점은 외부 압력에 따라 달라질 수 있다. 즉, 외부 압력이 증가하면 물이 더 높은 온도에서 끓는다. 결과적으로 압력솥 내부의 높은 압력이 물을 100°C보다 높은 온도에서 끓게 한다. 압력솥은 높은 온도에서 음식을 요리하여 요리가 더 빨리 될 수 있도록 고안되었다.

배출구 마개(vent stopper)가 온도와 무슨 관련이 있는가?

압력솥은 주로 알루미늄 혹은 스테인리스스틸 같은 금속으로 이루어진 냄비와 뚜껑으로 구성되어 있다. 뚜껑에는 뚜껑과 냄비 사이의 공간을 막기 위해 고무 링이 있고, 녹는점이 낮은 합금으로 된 안전밸브, 수증기가 빠져 나갈 수 있는 배출구(vent)가 있다. 그리고 요리 과정 동안 배출구의 꼭대기에 놓여 있는 분리 가능한 배출구 마개(vent stopper) 또는 압력 조절기(pressure regulator)가 있다. 이 압력 조절기는 대기압(1atm)보다 높은 압력을 만들어낸다. 이는 냄비 안의 물을 더 높은 압력에서 끓도록 하여 물의 정상 끓는점(100°C)보다 더 높은 온도에서 끓도록 한다. 따라서 음식은 더 높은 온도(대부분의 압력솥은 일반적으로 125°C)에서 요리되고 더 빨리 조리될 수 있다.

시간 절약 이외에 압력솥을 사용하면 좋은 다른 장점들은 무엇일까?

압력솥은 연료를 덜 사용하고 단축된 요리 시간(전통적 냄비보다 70%까지 빠름)으로 특정 영양분을 더 잘 보존한다. 게다가 더 높은 온도에서 조리되므로 독성 물질들과 세균들이 더 효율적으로 파괴될 수 있다.

DeStefano/Shutterstock

압력솥 꼭대기의 밸브로부터 수증기가 방출되고 있다.

안전밸브는 왜 있으며 어떻게 작동하는가?

배출구가 음식으로 막혀버리면, 냄비로부터 수증기가 빠져나올 수 없다. 이와 같은 상황에서 냄비는 밀봉되고 부피가 일정한 단단한 용기가 된다. 이는 수증기 압력이 냄비 안에 점차적으로 증가하는 상황을 초래하여 매우 위험한 폭발을 일으킬 수 있는 상태가 된다. 안전밸브는 이와 같은 상황을 방지한다. 일단 배출구가 막히면, 축적된 수증기에 의해 발생한 높은 압력이 끓는점을 올리고 물과 수증기 모두 더 뜨거워진다. 냄비 안의 온도가 밸브의 녹는점에 도달하면, 밸브는 녹아 수증기를 방출(n 감소)하고 압력(P)을 감소시켜 폭발을 방지한다. 몇몇 압력솥은 음식물 막힘을 방지하기 위해 배출구 밑에 안전장치가 달려 있기도 하다.

질문

1. 어떻게 외부 압력이 물의 끓는점에 영향을 미치는가?
2. 압력솥이 어떻게 요리를 빠르게 진행시키는가?
3. 요리사 Robert Sevaly에 따르면 압력솥은 “당신의 요리 시간을 3/4으로 줄여주는 진정한 시간 절약 장치”라고 하였다. 만약 매일 음식을 준비할 때 압력솥이 사용된다면, 한 사람이 일주일에 요리하는 데 평균적으로 10시간을 사용한다면, 한 달에 얼마나 많은 요리 시간을 절약할 수 있겠는가? 일 년에는 얼마나 많은 요리 시간을 절약할 수 있겠는가? 각각 대답하시오.
4. 보통의 가정집에서 한 달 동안 요리하는 데 천연가스 요금으로 16달러를 지불한다면, 압력솥을 사용하여 일 년에 절약할 수 있는 돈은 얼마나 되겠는가?
5. Everest 산과 같은 높은 고도에서 요리하는 데 오랜 시간이 걸리는 이유를 설명하시오.
6. 압력솥이 Everest 산에서 유용하겠는가? 설명하시오.
7. 시간 절약 외에 압력솥의 다른 좋은 점들은 무엇일까?
8. 빵 혹은 팬케이크 같은 건조된 음식을 요리하는 데 압력솥을 사용할 수 있겠는가? 그 이유를 설명하시오.
9. 안전밸브가 녹은 후 냄비 안의 공기압은 얼마나 되겠는가? 설명하시오.
10. 수술 기구들을 간단히 물에 끓이는 것보다 오토클레이브(autoclave; 높은 압력과 온도에서 수증기를 발생시킴)를 사용하여 수술 기구들을 소독하는 장점은 무엇일까?
11. 끓는 과정에서 비록 에너지가 계속 공급될지라도 물의 온도는 일정하다. 에너지가 어디에 사용되는지 설명하시오.

Chen, Anderson, & Wang의 “Cooking Under Pressure”에서 발췌. 2009년 7월 19일 미국 국립 과학 사례 연구 교육 센터에서 출판되었으며, 허가를 받고 사용함.

13장 복습

13.1 물질의 상태: 복습

- 고체
  - 입자들이 가까이 뭉쳐 있다.
  - 밀도가 크다.
  - 잘 압축되지 않는다.
  - 담긴 용기와 관계없이 일정한 모양을 유지한다.
- 액체
  - 입자들 사이의 거리가 가깝지만 자유롭게 움직인다.
  - 잘 압축되지 않는다.
  - 일정한 부피를 갖지만 모양은 담긴 용기에 따라 변한다.

- 기체
  - 입자들이 서로 멀리 떨어져 있다.
  - 밀도가 작다.
  - 압축이 된다.
  - 부피와 모양이 담겨진 용기에 따라 변한다.

13.2 액체의 성질

중요 용어: 표면 장력 | 모세관 현상 | 메니스커스 | 증발 | 기화 | 승화 | 응축 | 증기압 | 휘발성

- 표면적이 증가하는 것에 대한 액체의 저항을 액체의 표면 장력이라고 한다.
- 모세관 현상은 액체 내부의 응집력과 액체와 용기의 벽 사이에 작용하는 접착력 때문에 생긴다.
  - 만약 액체와 용기 사이의 힘이 액체 자체의 내부 인력보다 크다면 액체는 용기의 벽을 타고 올라갈 것이다.
- 메니스커스는 응집력과 접착력의 증거이다.
  - 만약 접착력이 응집력보다 크면 오목해진다.
  - 만약 응집력이 접착력보다 크면 볼록해진다.
- 증발하는 동안 평균 운동 에너지보다 큰 분자들은 액체로부터 떨어져 나간다.
- 승화는 고체가 액체 상태를 거치지 않고 기체로 직접 증발하는 것이다.
- 기체 분자는 응축을 통해 액체로 되돌아간다.
- 평형에서 증발 속도와 응축 속도는 같다.
- 밀폐된 용기에서 액체와 평형에 있는 기체가 갖는 압력을 이 액체의 증기압이라고 한다.
- 쉽게 증발하는 물질을 휘발성이 있다고 한다.

13.3 끓는점과 녹는점

중요 용어: 끓는점 | 정상 끓는점 | 증기압 곡선 | 녹는점(또는 어는점)

- 액체의 증기압이 대기압과 같아지는 온도가 끓는점이다.
  - 1atm 압력에서의 끓는점을 액체의 정상 끓는점이라고 한다.
- 어떤 물질의 고체상과 액체상이 평형에 있을 때의 온도를 어는점 또는 녹는점이라고 한다.

13.4 상태의 변화

중요 용어: 용융열 | 기화열

- 액체를 가열하면서 그린 그래프를 가열 곡선이라고 한다.
  - 가열 곡선에서 수평선은 상태 변화를 나타낸다.
  - 녹는점에서 1 g의 고체가 액체로 변하는 데 필요한 에너지를 용융열이라고 한다.
  - 정상 끓는점에서 1 g의 액체가 기체로 변하는 데 필요한 에너지를 기화열이라고 한다.
  - 녹는점(또는 끓는점)에서 어떤 시료의 상태 변화에 필요한 에너지=(질량) (용융열(또는 기화열))
  - 어떤 분자를 상태 변화 없이 가열하는 데 필요한 에너지 = (질량)(비열)(Δt)

13.5 분자간 힘

중요 용어: 분자간 힘 | 분자내 힘 | 쌍극자-쌍극자 인력 | 수소 결합 | London 분산력

- 쌍극자-쌍극자 인력은 극성 분자 사이에서 발생한다.
- 수소 결합이란 다음과 같은 형태의 결합을 갖는 극성 분자들 사이의 쌍극자-쌍극자 인력이다:
  F — H, O — H, N — H
- London 분산력은 비극성 원자와 분자들 사이에 존재하는 인력이다.

13.6 물, 독특한 액체

중요 용어: 반투막

- 물은 지구 표면의 75%를 차지하는 가장 흔한 자원이다.
- 물은 무색, 무취, 무미의 액체이며, 1 atm에서 녹는점은 0°C, 끓는점은 100°C이다.
- 물 분자는 두 개의 H 원자가 한 개의 O 원자에 결합되어 있고 결합각이 105°인 극성 분자이다.
- 물은 다음을 포함한 여러 가지 방법으로 만들어진다.
  - 증수도
  - 저온 증류
  - 역삼투 현상
  - 수소 연소
  - 담수화

복습 질문

1. H_2O, H_2S, H_2Se가 0°C에서 어떤 상태(고체, 액체, 기체)에 있을지 답하시오(표 13.2).
2. 이들의 물리적 성질에 있어 액체와 고체의 특성 중 비슷한 것은 무엇인가?
3. 이들의 물리적 성질에 있어 액체와 기체의 특성 중 비슷한 것은 무엇인가?
4. 그림 13.5에 있는 용기들에 물이 들어 있다면, 같은 온도에서 이들 모두 같은 증기압을 갖는가? 설명하시오.
5. 액체의 증기압이 존재하는 액체와 증기의 양에 의존하겠는가? 그 이유를 설명하시오.
6. 그림 13.5의 (a), (b), (c) 중 어느 경우에 액체 위의 기압이 포화점에 도달할까?
7. 에틸 에터와 에틸 알코올 용액을 그림 13.5와 같이 밀폐된 병 속에 넣어 두었다고 가정해 보자(물질들에 대한 필요한 정보는 그림 13.7을 이용하라).
   (a) 두 물질 모두 기체 상태로 존재하는가?
   (b) 위 (a)의 답이 "예"라면, 어느 분자가 기체 상태에 더 많이 있겠는가?
8. 체온까지 데워진 알코올을 몸에 문질렀을 때 여전히 차갑게 느껴지는 이유를 설명하시오.
9. 다음 화합물의 증기압은 20°C에서 다음과 같다.

메틸 알코올	96 torr
아세트산	11.7 torr
벤젠	74.7 torr
브로민	173 torr
물	17.5 torr
사염화 탄소	91 torr
수은	0.0012 torr
톨루엔	23 torr

   (a) 증발 속도가 감소하는 순서로 위 화합물들을 나열하시오.
   (b) 위의 화합물 중 끓는점이 가장 높은 것은 어느 것이며, 끓는점이 가장 낮은 것은 어느 것인가?
10. 온도가 감소함에 따라 증기압이 감소하는 이유를 분자 운동론을 이용하여 설명하시오.
11. 그림 13.10에서 버너 위의 냄비 안에 있는 물의 온도가 100°C이다. 이때 대기압은 얼마인가?
12. 에틸 알코올이 플라스크 안에서 끓고 증기압이 543 torr이면, 끓는점은 몇 °C인가?
13. 압력이 30 torr일 때, 그림 13.7에 나타난 각 물질은 대략 몇 °C에서 끓겠는가?
14. 그림 13.7의 그래프를 사용하여 다음에 답하시오.
   (a) 압력 500 torr에서 물의 끓는점
   (b) 에틸 알코올의 정상 끓는점
   (c) 0.50 atm에서 에틸 에터의 끓는점
15. 에틸 알코올을 39°C에서 끓이는 방법을 제안하시오.
16. 보통 조리용 냄비보다 압력 냄비가 더 높은 온도에서 조리되는 이유를 설명하시오.
17. 증기압과 끓는점 사이의 관계를 설명하시오.
18. 암모니아(NH_3)의 끓는점은 −33.4°C이고, 이산화 황(SO_2)의 끓는점은 −10.0°C이다. −40°C에서 증기압이 더 높은 것은?
19. H−결합을 형성할 수 있는 화합물이 되는 데 필요한 화합물의 구조적인 특징은 무엇인가?
20. 에틸 에터의 증기압이 760 torr가 되는 온도는 몇 °C인가?
21. 그림 13.10에서 보여 준 물의 세 가지 상태에 대한 퍼텐셜 에너지를 비교하시오.
22. 그림 13.8을 보고 질문에 답하시오.
   (a) 왜 선 *BC*는 수평한가? 이 영역에서 어떤 일들이 일어나고 있는가?
   (b) 영역 *BC*에는 어떤 상들이 존재하는가?
   (c) 점 *C*를 지나 계속 가열하면 더 높은 온도에서 또 다른 수평선 *DE*에 도달한다. 이 선은 무엇을 나타내는가?

23. 100°C에서 물과 증기의 혼합물에 열을 가하더라도 모든 물 분자가 기화될 때까지 온도가 변하지 않는 이유를 설명하시오.

24. 0°C의 얼음과 0°C의 물은 어느 것이 열을 더 적게 포함하고 있는가? 설명하시오.

25. 끓고 있는 액체는 계속 열을 가하더라도 온도가 일정한 이유는 무엇인가?

26. 분자간 힘과 분자내 힘을 정의하시오.

27. 비극성 분자들끼리 서로 인력을 가지겠는가? 그 이유를 설명하시오.

28. 순간 쌍극자를 형성하는 분자의 성질은 무엇인가?

29. SO_2 분자의 모양이 굽은형이 아니라 선형이라면, 기화열이 올라가겠는가 아니면 내려가겠는가? 설명하시오.

30. 염화 에틸 혹은 에틸 알코올 중 수소 결합을 형성할 수 있는 화합물은 무엇인가? 표 13.1의 기화열 데이터를 사용하시오.

31. 물 분자의 모양이 굽은 형이 아니라 선형이라면 수소 결합은 더 많아지겠는가, 적어지겠는가? 설명하시오.

32. 40°C와 80°C의 물 중 분자들 사이에 수소 결합의 수가 더 적은 것은 무엇인가? 설명하시오.

33. CH_3CH_2OH(에틸 알코올)와 $HOCH_2CH_2OH$(에틸렌 글라이콜) 중 어느 화합물의 끓는점이 더 높겠는가? 설명하시오(이 두 화합물은 −OH 기를 가진다).

34. −OH 기를 가진 화합물이 상대적으로 높은 끓는점을 가지는 이유를 설명하시오.

35. HF(끓는점 = 19.4°C)는 HCl(끓는점 = −85°C)보다 끓는점이 높은 반면에, F_2(끓는점 = −188°C)는 Cl_2(끓는점 =−34°C)보다 끓는점이 낮은 이유를 설명하시오.

36. 물 분자의 모양을 그리고, 쌍극자의 음전하 부분과 양전하 부분을 표시하시오.

37. 다음 화합물 중 가장 높은 끓는점을 가지는 화합물은 무엇인가? 이유를 설명하시오.

CH_3OH, CH_3OCH_3, CH_4

38. 물의 여섯 가지 물리적 성질을 나열하시오.

39. 물이 최대 밀도를 갖기 위해 필요한 조건은 무엇인가? 또 물의 최대 밀도는 얼마인가?

40. 얼음은 왜 물 위에 뜨는가? 얼음은 에틸 알코올(d = 0.789 g/mL) 위에 뜨겠는가? 설명하시오.

41. 매우 깊은 호수의 밑바닥에서의 물의 온도를 이론적으로 몇 °C라고 예측하는가? 설명하시오.

42. 물로부터 수소와 산소가 형성되는 반응은 발열 반응인가 또는 흡열 반응인가? 어떻게 알 수 있는가?

짝으로 된 연습 문제

푸른색 숫자로 되어 있는 모든 연습 문제의 답은 부록 5에 있다.

1. 다음 분자들을 극성이 증가하는 순서로 나열하시오.

CH_3Cl, CH_3F, CH_3Br

2. 다음 분자들을 극성이 증가하는 순서로 나열하시오.

H_2S, H_2Se, H_2O

3. 다음 분자들을 London 분산력이 감소하는 순서로 나열하시오.

CCl_4, CI_4, CBr_4

4. 다음 분자들을 London 분산력이 증가하는 순서로 나열하시오.

CO_2, SO_2, CS_2

5. 다음 중 수소 결합을 하는 물질은?

(a) C_3H_7OH (b) H_2O_2 (c) $CHCl_3$ (d) NH_3 (e) HF

6. 다음 중 수소 결합을 하는 물질은?

(a) HI (b) NH_3 (c) CH_2F_2 (d) C_2H_5OH (e) H_2S

7. 표면 장력이란 무엇인가? 이는 분자간 힘에 의해 어떻게 좌우되는가?

8. 끓는점이란 무엇인가? 액체의 끓는점이 분자간 힘에 의해 어떻게 달라지는가?

9. 5번 문제에서 수소 결합을 하는 화합물 각각에 대해 두 분자 간에 수소 결합이 일어나는 곳을 점선을 이용하여 표시하는 그림을 그리시오.

10. 6번 문제에서 수소 결합을 하는 화합물 각각에 대해 두 분자 간에 수소 결합이 일어나는 곳을 점선을 이용하여 표시하는 그림을 그리시오.

11. 면 티셔츠를 입고 외출했다가 비바람을 만났다. 비옷에서는 빗물이 방울지어 있는 반면에 면 티셔츠에는 빗물이 스며드는 것을 발견하였다. 이 예에서 물과 면 티셔츠 사이에서는 접착력과 응집력 중 어느 것이 더 큰가? 또한 물과 비옷 사이에서는 접착력과 응집력 중 어느 것이 더 큰가? 설명하시오.

12. Rainex는 차 앞 유리에 물이 뿌려질 때 퍼지는 대신에 '구슬 모양'이 되도록 하는 상품이다. 물이 물방울을 형성할 때 접착력이 더 강한가, 응집력이 더 강한가? 설명하시오.

13. 에터는 물보다 증기압이 더 높다. 이 두 가지 액체 중 분자간 힘이 더 강한 것은? 어떤 액체의 끓는점이 더 높은가?

14. 글리세롤은 물보다 표면 장력이 더 크다. 이 두 화합물의 분자간 힘의 상대적인 세기에 대해 설명하시오. 이 두 화합물 중 끓는점이 더 높은 것은?

금과 구리에 대한 증기압-온도 곡선

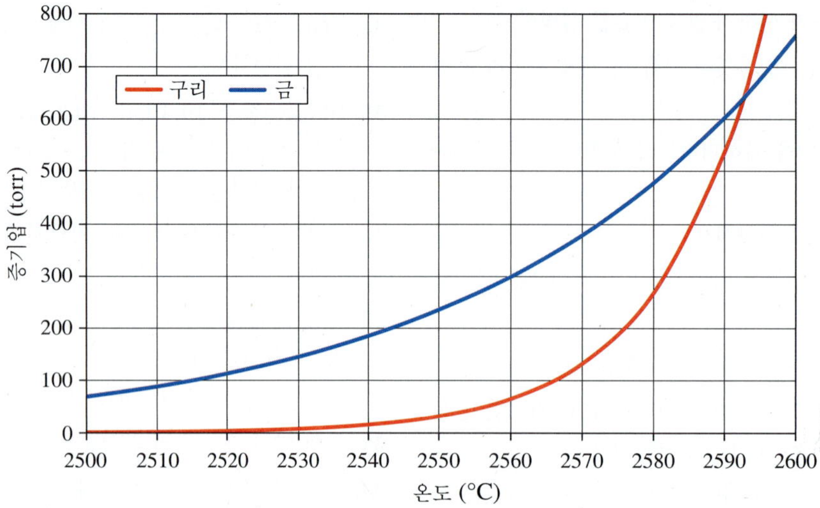

15. 위의 그래프를 사용하여 다음 값을 결정하시오.
(a) 구리의 정상 끓는점
(b) 금의 정상 끓는점
(c) 400 torr 압력에서 구리의 끓는점
(d) 300 torr 압력에서 금의 끓는점

16. 위의 그래프를 사용하여 다음 값을 결정하시오.
(a) 2560°C에서 금의 증기압
(b) 2575°C에서 구리의 증기압
(c) 구리의 정상 끓는점에서 금의 증기압
(d) 금의 증기압이 400 torr일 때 구리의 증기압

17. 15°C의 물 282 g을 100.°C의 수증기로 바꾸는 데 몇 J의 에너지가 필요한가?

18. 35°C의 물 318 g을 0°C의 얼음으로 바꾸려면 몇 J의 에너지를 제거해야 하는가?

19. 25°C의 물 300. g에 0°C의 얼음 98. g을 첨가하였다. 이 얼음은 계의 온도를 0°C로 낮추는 데 충분한 양인가? 여전히 얼음이 일부 남아 있을까? 답에 대한 증거를 보이시오.

20. 100.°C의 수증기 35.0 g을 25°C의 물 300. g에 첨가하였다. 이 수증기는 모든 물을 100°C까지 가열하는 데 충분한 양인가? 여전히 수증기가 일부 남아 있을까? 답에 대한 증거를 보이시오.

21. 0.0°C의 얼음 75 g을 75°C의 물 1.5 L에 첨가하면, 혼합물의 최종 온도는 몇 °C가 되겠는가?

22. 0.0°C의 얼음 480. g이 9178 J의 에너지를 흡수하였다면, 최종 온도는 몇 °C가 되겠는가?

23. 분자간 힘은 무엇이고, 이는 공유 결합과 어떻게 다른가?

24. 비극성 분자의 예를 한 가지 제시하시오. 어떤 종류의 분자간 힘이 이 분자에서 가장 중요한가?

추가 연습 문제

25. 이른 아침 정원을 거닐다 보면, 꽃잎 위에 아름다운 이슬방울들을 보게 된다. 어떻게 물이 이러한 이슬방울을 형성할 수 있는지 설명하시오.

26. 100°C의 물과 100°C의 수증기 중 어느 것이 더 심한 화상을 일으킬 수 있는가? 그 이유는 무엇인가?

27. 알코올이 담긴 얕은 접시를 물이 들어 있는 큰 쟁반에 넣어 두었다. 쟁반 위에 바람을 불어 보내면 알코올이 증발하면서 물은 냉각되어 결국에는 얼게 된다. 그 이유를 설명하시오.

28. 바깥 온도가 아무리 따뜻해도 수영장이나 바다 또는 샤워를 하고 나올 때는 항상 서늘함을 느끼게 된다. 그 이유는 무엇인가?

29. 다음 냉각 곡선에서, 점 A의 기체 상태의 물질이 점 E에 이를 때까지 냉각된다. 곡선을 따라가면서 여러 가지 단계를 나타내시오.

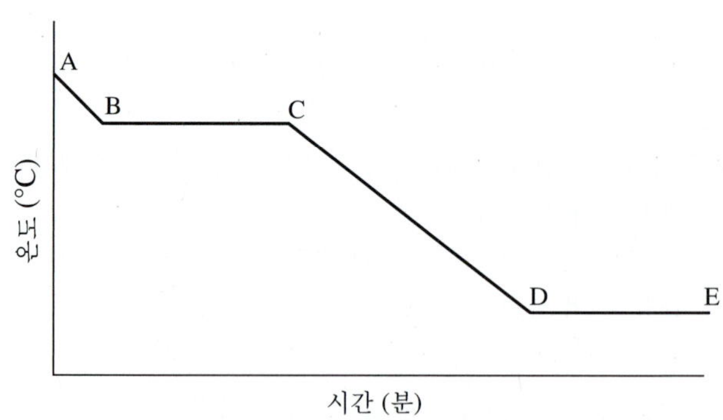

과정 설명 혹은 상태

(a) 점 B ______________________

(b) 선 BC ______________________

(c) 선 CD ______________________

(d) 점 D ______________________

(e) 선 DE ______________________

30. 녹는점은 40°C이고, 끓는점은 65°C인 어떤 물질 X의 가열 곡선을 그리시오.

(a) 시료 X 60. g을 0°C에서 100°C까지 가열하였을 때 일어나는 현상을 기술하시오.

(b) X의 용융열이 80. J/g이고, 기화열이 190. J/g이다. X 1 g의 온도를 1°C 올리는 데 3.5 J의 에너지가 필요하다면, (a)와 같은 변화가 일어나는 데 얼마의 에너지가 필요한가?

31. 물의 가열 곡선에서(그림 13.8) 얼음이 액체 물로 녹을 때와 액체 물이 증기로 바뀔 때 왜 온도가 증가하지 않는가?

32. 온도가 감소함에 따라 액체의 증기압이 감소하는 이유는 무엇인가?

33. Alaska에 있는 Mount McKinley는 북미에서 가장 높은 산이며, 정상이 해발 20,320 ft(6194 m)이다. 그곳 언어(Koyukon Athabaskan어)로 '높은 곳'이라는 의미인 Denali라고 알려져 있기도 하다. Denali 정상에서의 평균 대기압은 대략 330 torr이다. 그림 13.7을 이용하여 Denali에서 물의 끓는점을 구하시오.

34. 아래 그래프를 분석하여 적절한 결론을 얻으시오. 이 그래프는 비활성 기체의 몰질량과 끓는점을 나타내었다. 이 그래프의 데이터로부터 얻을 수 있는 결론은 무엇인가?

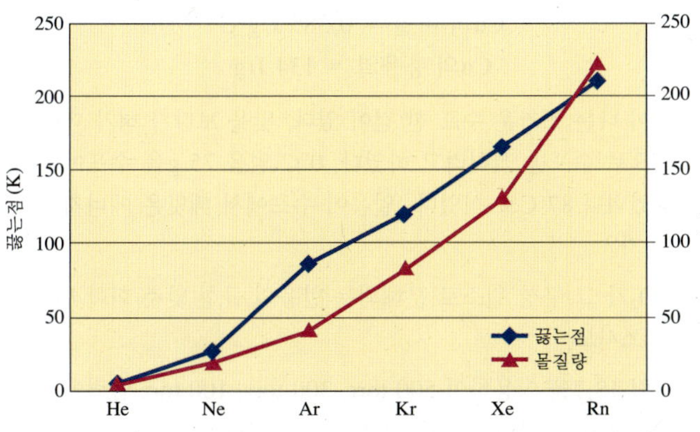

35. 어느 봄날 New Mexico에 있는 Santa Fe라는 산(해발 7200 ft)으로 소풍을 갔다. 가자마자 해야 할 중요한 일은 달걀을 삶아 색깔을 입힌 다음, 숨겨서 놀이를 준비하는 것이었다. California Santa Barbara의 해변에 있는 집에서 정확히 8분 동안 끓이면 달걀이 완숙이 된다는 것을 기억하고, 8분 동안 달걀을 삶고 놀이를 준비하였다. 그런데 놀이가 끝난 다음 달걀을 깨보니 완전히 익혀지지 않았다. 그 이유를 설명하시오.

36. 유리 눈금 실린더와 플라스틱 눈금 실린더에 담겨 있는 물을 보면, 메니스커스 모양에 어떤 차이가 있는가? 플라스틱은 긴 사슬의 탄화수소이고 유리는 산화 규소로 이루어져 있다. 이 자료를 근거로 하여 메니스커스 모양의 차이를 설명하시오.

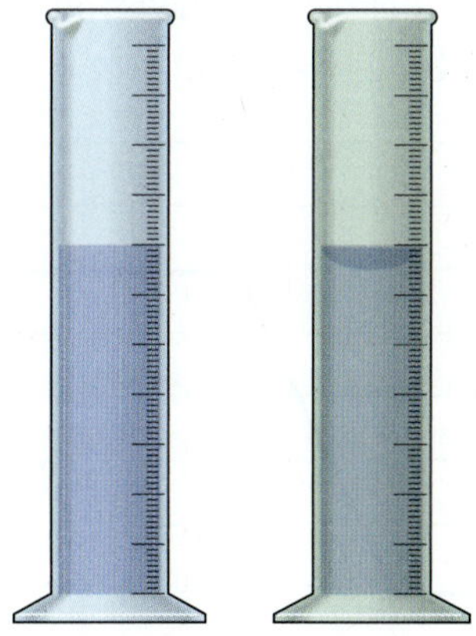

플라스틱 실린더　　유리 실린더

37. 액체의 흐르는 속도는 분자 간 응집력의 세기와 관련이 있다. 응집력이 강할수록 분자들이 다른 분자를 지나치는 것이 힘들다. 예를 들면 꿀은 걸쭉한 액체로 상온에서 천천히 부을 수 있다. 한 학생이 다섯 개의 스포이트에 꿀을 채우고 다른 온도에서 각각 떨어지는 속도를 측정하였다(아래에 제시한 표 참조). 다음 자료로 그래프를 그리고, 온도와 액체가 흐르는 속도와의 관계를 설명하시오. 관찰되는 경향에 대해 설명하시오.

온도(℃)	방울 수/분
10	3
20	17
30	52
50	87
70	104

38. 철물점에서 일할 때, 왁스가 칠해진 바닥에 물이 떨어지면 방울로 맺히고 그 상태로 잘 유지되는 것을 볼 수 있다. 그러나 헥세인을 떨어뜨리면 바닥에 잘 퍼지기 때문에 청소하는 데 어려움이 있다. 접착력과 응집력에 근거하여 이와 같은 차이를 설명하시오.

39. 럼의 향을 책임지는 에스터인 프로피온산 아이소뷰틸의 끓는점은 137°C이며, 오렌지 향이 나는 에스터인 아세트산 옥틸의 끓는점은 210°C이다. 이러한 정보를 근거로, 프로피온산 아이소뷰틸과 아세트산 옥틸 중 어떤 화합물의 증기압이 더 높을 것으로 예상하는가? 답에 대한 이유를 설명하시오.

40. **끓는점**(boiling point)을 정의하시오. 액체의 끓는점은 분자간 힘이 강해짐에 따라 어떻게 변화하는가? 분자 운동론(KMT)을 사용하여 분자간 힘의 차이가 끓는점에 어떤 영향을 미치는지 설명하시오.

41. 분산력이란 무엇인가? C_5H_{12}과 C_8H_{18} 중 분산력이 더 큰 것은 어느 것인가? 답에 대한 이유를 설명하시오.

42. 빙초산으로 알려진 순수한 아세트산이 있다. 이 이름은 유럽의 오래된 실험실에서 종종 아세트산이 얼기 때문에 붙여졌다. 아세트산이 얼 때 빙하의 모습을 닮아서 이름 붙여진 것이다. 빙초산의 가열 곡선은 다음과 같다.

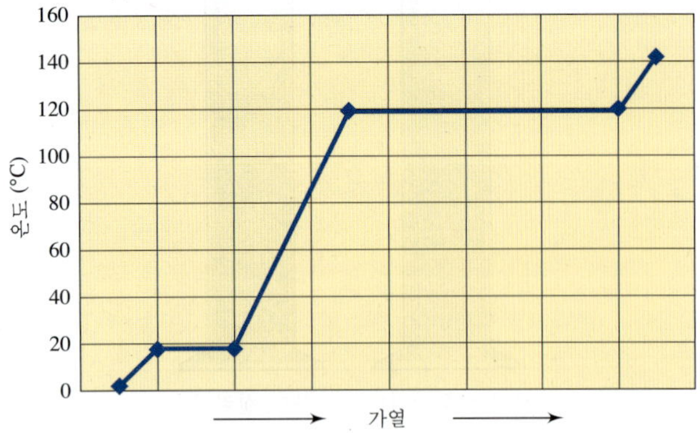

(a) 위 그래프를 이용하여 아세트산의 녹는점과 끓는점을 결정하시오.

(b) 이 그래프를 다시 그리고 고체, 액체, 기체상이 존재하는 영역을 표시하시오.

(c) 상태 변화가 일어나는 곳을 표시하고 어떤 상들이 존재하는지 설명하시오.

43. 0°C의 얼음 220 g을 100.°C의 수증기로 바꾸는 데 몇 칼로리의 열량이 필요한가?

44. 몰 기화열은 액체인 어떤 물질 1 mol이 끓는점에서 액체에서 기체로 변화하는 데 필요한 에너지(J)이다. 물의 몰 기화열은 얼마인가?

45. 아연의 비열은 0.096 cal/g°C이다. 255. g의 아연을 20.0°C에서 150.°C까지 올리는 데 필요한 에너지를 구하시오.

46. 100.0°C의 수증기 48.0 mol을 응축시키고 그 액체를 30.0°C까지 냉각시킨다면 몇 J의 에너지가 방출되겠는가?

47. −10.0°C의 얼음 98. g을 20.0°C의 물로 바꾸는 데 필요한 에너지는 몇 kJ인가? (얼음의 비열은 −10.0°C에서 2.01 J/g°C이다.)

48. 표준 상태에서 물을 분해하여 산소 25.0 L를 만드는 데 필요한 물의 질량은 얼마인가?

49. 하루에 물 1.10 mol이 증발한다고 가정하면, 평균적으로 초당 몇 개의 물 분자들이 증발하는가?

50. 0°C의 물 1.00 mol과 표준 상태에서 수증기 1.00 mol이 차지하는 부피를 비교하시오.

51. 산소 60.0 mL와 수소 75.0 mL를 섞은 혼합 기체를 연소시켜 물을 생성하였다.

(a) 반응하지 않고 남아 있는 기체가 있는가? H_2 또는 O_2 중 어느 기체인가?

(b) 반응하지 않고 남아 있는 기체가 있다면, 이 기체의 부피는 얼마인가? (반응 전후의 조건은 같다고 가정한다.)

52. 반사 신경이 둔한 어떤 학생이 1.2 g의 물이 응축될 때까지 100.°C의 수증기 속에 손을 넣은 채로 있었다. 이 물이 20.0°C까지 냉각되었다면 이 학생의 손에 의해 흡수된 열은 몇 J인가?

53. 다음 분자 중 어느 것이 그것과 유사한 다른 분자들과 수소 결합을 하는지 밝히시오. 그리고 수소 결합을 하지 않는 분자에 대해서는 그 이유를 설명하시오. 수소 결합을 하는 화합물에 대해서는 두 분자 간에 수소 결합이 일어나는 곳을 점선을 이용하여 표시하는 구조식을 그리시오.

(a) Br_2

(b) $CH_3—O—H$

(c) $CH_3—O—CH_3$

(d) H_2O

(e) H_2S

54. 물질의 용융열의 단위는 J/g이고, 비열의 단위는 J/g°C이다. 왜 용융열의 단위에는 온도의 단위가 필요 없는가?

55. 48.0 g의 Cu가 25.0°C에서 녹는점인 1083°C의 액체로 변하는 데 필요한 에너지는 몇 J인가?

Cu의 비열 = 0.385 J/g°C
Cu의 용융열 = 134 J/g

56. 김이 나는 뜨거운 수프 한 컵이 있다. 맛을 보다가 혀가 데어 얼음으로 수프를 식히려고 하였다. 0°C 얼음 75 g을 수프에 넣어 섞었더니 87°C로 식었다. 얼음이 수프에서 빼앗은 에너지는 몇 J인가?

57. NO_2가 그 구성 원소로 분해되는 반응의 균형 맞춘 화학 반응식을 쓰시오.

58. 그림 13.7을 이용하여 500 torr, 300 torr, 100 torr 압력에서 물을 증류하여 정제하는 데 필요한 온도를 화씨 온도로 쓰시오.

도전 문제

59. 호수는 왜 위에서부터 아래로 어는가? 지구상의 생명에 대해 이것이 중요한 이유는 무엇인가?

60. 0.0°C 147. g의 얼음을 45°C, 0.120 L의 물에 첨가한다고 가정하자. 혼합물을 저어서 0.0°C로 냉각하면, 몇 g의 얼음이 남아 있을까?

61. Jamston 고등학교 학생인 Zack, Gaye, Lamont는 각자 봄 방학 동안 여행을 떠났다. 과제의 일환으로 각자 방학을 보낸 장소에서 순수한 물의 끓는점을 측정하였다. Zack은 93.9°C, Gaye는 101.1°C, Lamont는 100.°C의 끓는점을 측정하였다. 누가 Nevada의 Ely 근처로 눈 스키를 타러 갔을까? 누가 Honolulu에 수상 스키를 타러 갔을까? 끓는점 정보로부터 세 번째 학생의

여행지인 사해 지역에 대해 무엇을 추측할 수 있겠는가? 설명하시오.

62. 고체 또는 액체는 압력의 변화가 이들의 각 부피에 크게 영향을 미치지 못하는 반면, 기체는 압력의 변화가 기체의 부피에 상당히 큰 영향을 미치는 이유는 무엇인가? 오른쪽 그림이 액체를 분자 수준에서 나타낸 것이라면 고체와 기체는 어떻게 나타낼지 그려 보시오.

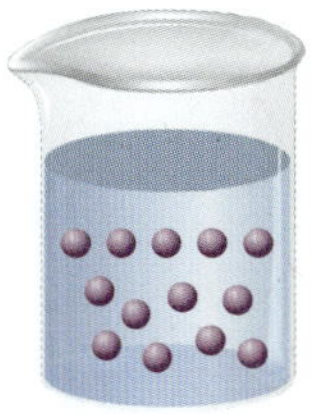

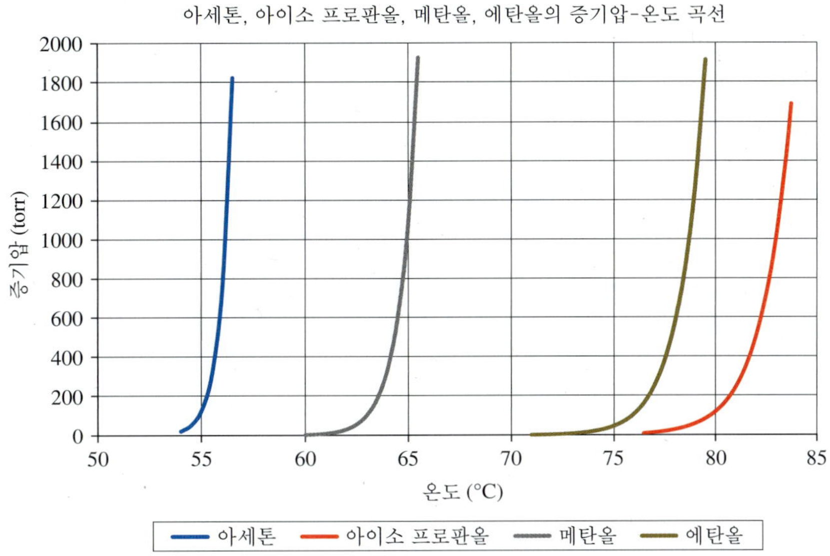

63. 위의 그래프를 사용하여 다음을 결정하시오.

(a) 아세톤, 아이소 프로판올, 메탄올, 에탄올의 정상 끓는점을 결정하시오.

(b) 아세톤(CH_3COCH_3), 아이소 프로판올($(CH_3)_2CH_2OH$), 메탄올(CH_3OH), 에탄올(CH_3CH_2OH)의 Lewis 구조를 그리시오.

(c) 아세톤이 가장 낮은 끓는점을 갖는 이유를 설명하시오.

(d) 아이소 프로판올, 메탄올, 에탄올의 끓는점 경향을 설명하시오.

실습 문제 정답

13.1 증기압은 증기와 액체 간의 평형 상태에서 증기에 의한 압력이다. 액체의 온도가 증가함에 따라 액체의 증기압은 증가한다.

13.2 예, 기화 속도와 응축 속도가 같기 때문이다.

13.3 28°C, 73°C, 93°C

13.4 약 95°C

13.5 51.2 kJ

13.6 SO_2와 $CHCl_3$는 극성이다.

13.7 (a) 예 (b) 예 (c) 아니오

13.8 I_2는 가장 큰 몰질량을 가지므로 가장 강한 London 분산력을 가질 것이다.

Nataliia Korzhenevska/Shutterstock

14장
용액

일상생활에서 접하는 대부분의 물질은 혼합물이다. 그들은 균일 혼합물인 경우가 많고, 이런 균일 혼합물을 **용액**이라고 부른다. 흔히 접하게 되는 용액으로는 샴푸, 청량음료, 포도주 등이 있다. 혈장은 물에 용해된 화합물과 이온 및 용액 속에 부유하는 단백질로 이루어진 복잡한 혼합물이다. 이들 용액은 모두 물을 주성분으로 하지만, 공기, 가솔린 및 철강과 같은 많은 일반적인 품목들은 물이 들어 있지 않은 용액이다. 아연과 구리의 고체 용액인 놋쇠는 위 사진의 트럼펫과 같은 악기를 만드는 데 사용된다. 용액의 필수적인 성분은 무엇일까? 왜 어떤 물질은 녹는 반면, 어떤 물질은 녹지 않을까? 녹아 있는 물질은 그 용액의 성질에 어떤 영향을 미칠까? 이들 질문의 답을 찾는 것이 일상생활에서 접하는 용액을 이해하는 첫 번째 단계이다.

14장의 개요

14.1 용액의 일반적 성질

이 절의 학습 목표
참용액의 성질을 열거할 수 있다.

용액(solution)은 두 가지 이상의 물질이 균일하게 섞여 있거나 한 가지 이상의 물질이 다른 물질 속에 녹아 있는 계를 설명하기 위하여 사용되는 화학적인 용어이다. 간단한 용액은 한 가지의 용질과 한 가지의 용매인 두 가지의 성분으로 이루어진다. **용질(solute)**은 녹는 성분이거나 용액 중에 가장 적게 들어 있는 성분이다. **용매(solvent)**는 녹이는 물질이거나 용액 중에 가장 많이 들어 있는 성분이다. 예를 들면 소금을 물에 녹여 용액을 만들면 소금은 용질, 물은 용매가 된다. 두 가지 이상의 용질이나 두 가지 이상의 용매로 이루어진 복잡한 용액도 흔하다.

물질의 세 가지 상태, 즉 고체, 액체 및 기체로부터, 고체에 용해된 고체, 액체에 용해된 고체, 기체에 용해된 고체, 액체에 용해된 액체 등과 같은 아홉 가지 유형의 다른 용액을 만들 수 있다. 이들 중에서 가장 흔한 용액은 액체에 용해된 고체, 액체에 용해된 액체, 액체에 용해된 기체 및 기체에 용해된 기체 용액이다. 몇 가지 유형의 일반적인 용액을 표 14.1에 실어 놓았다.

참용액이란 용액 속에 녹아 있는 용질 입자가 일반적으로 0.1~1 nm(10^{-8}~10^{-7} cm)의 크기인 분자나 이온인 용액이다. 참용액의 성질은 다음과 같다.

1. 두 가지 이상의 성분(용질과 용매)으로 이루어진 혼합물은 균일하며 조성이 가변적이다. 즉, 용질과 용매의 혼합비는 변화될 수 있다.

표 14.1 용액의 일반적인 유형

상	용질	용매	예
기체	기체	기체	공기
액체	기체	액체	청량음료
액체	액체	액체	부동액
액체	고체	액체	소금물
고체	기체	고체	백금 속의 수소
고체	고체	고체	놋쇠

2. 용해된 용질은 분자나 이온의 크기를 가진다.
3. 용액은 유색이나 무색이며, 일반적으로 투명하다.
4. 용질은 용액 전체에 골고루 퍼져 있으며, 시간이 지나도 가라앉지 않는다.
5. 간단한 물리적 방법(예를 들어 증발)으로 용질을 용매로부터 분리할 수 있다.

이들 성질을 설탕과 과망가니즈산 포타슘 수용액으로 설명해 보자.

예제 14.1

두 설탕 용액을 생각해 보자. A 용액은 물 100 mL에 설탕 10 g을 녹이고, B 용액은 물 100 mL에 설탕 20 g을 녹인 용액이다. 설탕이 녹을 때까지 각 용액을 저어 준다. 이 용액들이 참용액으로 간주되는 이유를 설명하시오.

풀이

1. 각 용액에서 설탕이 모두 녹으면 조성이 서로 다른 설탕 용액을 얻게 된다.
2. 설탕 분자들이 균일하게 퍼져 있으므로 용액은 각 부분마다 동일한 단맛을 띤다.
3. 용매가 유실되지 않게 잘 보관하면 일주일 또는 그 이상의 시간이 지나도 용액의 맛은 똑같을 것이다.
4. 이 용액은 거름으로써 분리될 수 없다.
5. 물을 조심스럽게 증발시키면 용액을 그 구성 성분인 물과 설탕으로 분리할 수 있다.

실습 문제 14.1

다음의 각 용액에서 용질과 용매를 쓰시오.
(a) 공기 (b) 바닷물 (c) 탄산수

Richard Megna/Fundamental Photographs

결정이 녹음에 따라 과망가니즈산 포타슘의 아름다운 자줏빛 흐름이 나타남을 볼 수 있다.

과망가니즈산 포타슘($KMnO_4$)의 용해 과정을 살펴보기 위해 비커에 담긴 물에 소량의 과망가니즈산 포타슘 결정을 넣는다. 결정이 녹으면서 용해된 과망가니즈산 이온(MnO_4^-)의 아름다운 자줏빛 색깔이 거의 즉시 나타나고, 흘러내리듯이 비커의 바닥으로 연결된다(사진 참조). 잠시 후에 자줏빛 색깔은 분산되어 용액 전체로 골고루 퍼져나간다. 이러한 분산은 분자와 이온이 액체나 용액 속에서 자유롭게 자발적으로 움직인다(확산한다)는 증거가 된다.

용액의 지속성은 분자 운동론(12.6절 참조)으로 설명된다. 분자 운동론에 의하면 용질과 용매 입자(분자나 이온)는 지속적으로 무질서하게 운동하고 있다. 이러한 운동 때문에 용질 입자가 중력에 의해 가라앉지 않는다.

14.2 용해도

이 절의 학습 목표
용해도를 정의하고 용해도에 영향을 미치는 인자를 설명할 수 있다.

용해도(solubility)는 주어진 조건에서 일정한 양의 어떤 물질 (용매) 속에 용해되는 한 물질(용질)의 양을 나타낸다. 예를 들어 염화 소듐 36.0 g이 20°C의 물 100 g 속에 녹으면, 물에 대한 NaCl의 용해도는 20°C에서 36.0 g/100 g H_2O가 된다. 용해도는 종종 상대적인 방법으로 표현된다. 예를 들면 어떤 물질이 매우 잘 녹거나, 적절히 녹거나, 조금 녹거나 또는 녹지 않는다고 한다. 이들 용어는 용질이 얼마나 녹는지를 정확하게 나타내지는 못하지만, 물질의 용해도를 정성적으로 표현하는 데 사용된다.

용해도를 표현하는 또 다른 용어는 **섞일 수 있는**과 **섞일 수 없는**의 두 가지이다. 혼합하여 균일한 용액을 만들 수 있는 액체들은 **섞일 수 있는(miscible)** 관계라고 하며, 용액을 만들지 못하거나 일반적으로 서로 용해되지 않는 액체들은 **섞일 수 없는(immiscible)** 관계라고 한다. 메틸 알코올과 물은 서로 모든 비율로 섞인다. 기름과 물은 혼합하면 섞이지 않고, 그림 14.1에서 보는 바와 같이 두 개의 분리된 층을 이룬다.

보통의 이온 결합 화합물(염)의 용해도에 대한 일반적인 지침을 그림 14.2에 제시하였다. 이들 지침에는 몇 가지 예외가 있지만, 이 교과 과정에서 다루는 화합물들에 대하여 확실한 기반을 제공한다. 200여 가지 화합물에 대한 용해도를 부록 4의 용해도 표에 수록하였다. 수천 가지의 화합물에 대한 용해도 자료는 표준 참고 자료에서 찾을 수 있다.*

일정한 양의 용액 속에 녹아 있는 용질의 양을 정량적으로 나타낸 것이 **용액의 농도(concentration of a solution)**이다. 농도를 표시하는 몇 가지 방법은 14.4절에서 다룬다.

Kip Peticolas/Fundamental Photographs

그림 14.1 섞이지 않는 기름과 물의 혼합물

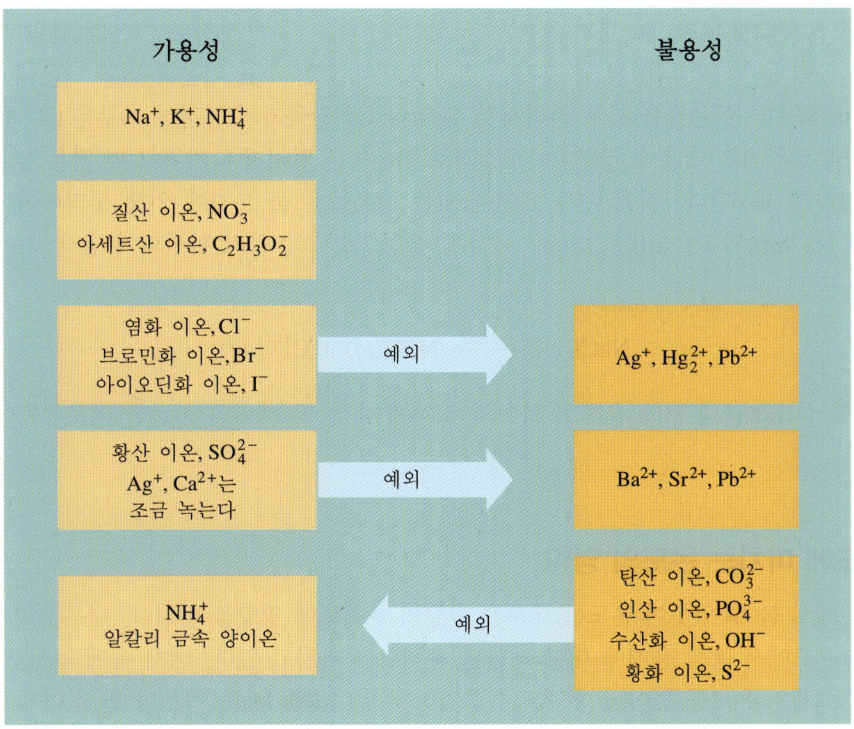

그림 14.2 여러 가지 일반적인 이온의 용해도. 왼쪽에 있는 이온을 가진 물질들은 보통 찬물에 녹는 반면, 오른쪽에 있는 이온을 가진 물질들은 찬물에 녹지 않는다. 화살표는 예외를 나타낸다.

---

* 흔히 사용되는 두 가지의 편람은 *Lange's Handbook of Chemistry, 17th ed.(2016)*과 *CRC Handbook of Chemistry and Physics*, 100th ed.(2019)이다.

용해도를 예측하는 일은 복잡하고 어렵다. 이온의 크기, 이온의 전하량, 이온의 상호작용, 용질과 용매의 상호작용 및 온도와 같은 많은 변수가 그 문제를 복잡하게 한다. 관련된 인자들 때문에 그림 14.2에 제시한 용해도에 대한 일반적인 규칙에 많은 예외가 있다. 그러나 이 규칙은 화학을 공부할 때 접하게 되는 많은 일반적인 화합물에 적용할 수 있으므로 매우 유용하다. 이들은 법칙이 아니라 규칙이므로 예외를 인정해야 한다. 다행히도 어떤 용질의 용해도는 실험적으로 비교적 쉽게 결정할 수 있다. 이제 용해도와 관련된 인자들을 살펴보기로 하자.

용질과 용매의 성질

"유유상종(like dissolves like)"이라는 옛 격언은 일반적인 면에서 유용하다. 극성이나 이온성 물질은 다른 극성 물질과 더 잘 섞이는 경향이 있다. 비극성 물질은 다른 비극성 물질과 섞이지만, 극성 물질과는 덜 섞이는 경향이 있다. 따라서 극성인 이온 결합 화합물은 에터, 헥세인, 벤젠과 같이 본질적으로 비극성인 용매보다 극성인 물에 훨씬 잘 녹는 성질이 있다. 이온성 물질인 염화 소듐은 물에 녹고, 에틸 알코올(물보다 덜 극성)에 조금 녹으며, 에터와 벤젠에는 녹지 않는다. 비극성 물질인 펜테인(C_5H_{12})은 물에 아주 조금 녹지만, 벤젠과 에터에는 매우 잘 녹는다.

분자의 수준에서 볼 때, 헥세인과 벤젠 같은 두 종류의 비극성 물질을 이용하여 용액을 만드는 것은 단순한 혼합 과정으로 생각될 수 있다. 서로 당기거나 또는 미는 경향이 거의 없는 비극성 분자들은 쉽게 섞여서 균일 혼합물을 만든다.

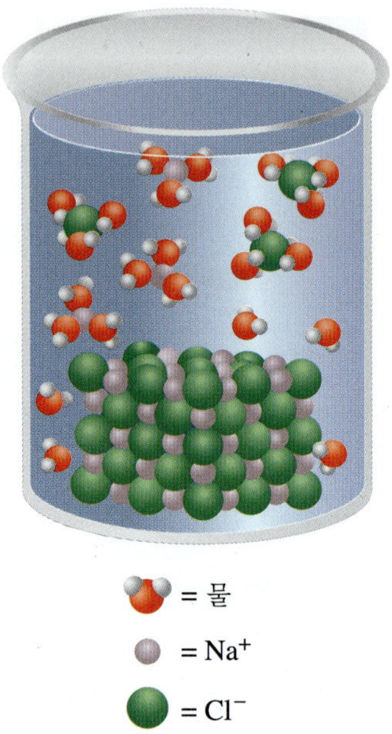

그림 14.3 물에서 염화 소듐이 녹는 과정. 극성인 물 분자가 염 결정을 이루고 있는 Na^+와 Cl^- 이온에 끌려간다. 이 결과로 이온들은 서로 떨어지고 물 분자의 쌍극자에 의해 둘러싸인다. 수화된 이온은 서서히 결정으로부터 멀리 확산되어 나가 용액 속에 용해된다.

극성 물질들 간의 용액을 만드는 것은 훨씬 더 복잡하다. 염화 소듐이 물에 용해되는 과정의 예를 보자(**그림 14.3**). 물 분자는 매우 극성이며, 다른 극성 분자나 이온에 끌린다. 소금 결정이 물에 들어가면 극성의 물 분자는 결정 표면에 있는 소듐 이온과 염화 이온에 끌리게 되며 Na^+와 Cl^- 이온들을 서로 분리시킬 수 있다. 물 쌍극자의 양전하 부분은 Cl^- 이온에, 음전하 부분은 Na^+ 이온에 끌린다. 이 결과로 이온들은 떨어져 나가면서 더 많은 물 쌍극자에게 자리를 제공한다. 이에 따라 표면에 있는 이온들은 물 분자에 의해 둘러싸여 수화된 이온인 $Na^+(aq)$와 $Cl^-(aq)$로 되고, 서서히 결정으로부터 멀리 확산되어 용액 속에 용해된다.

$$\text{NaCl(결정)} \xrightarrow{H_2O} Na^+(aq) + Cl^-(aq)$$

표 14.2를 살펴보면 온도와 용해도 사이의 관계에 대한 몇 가지의 복잡한 의문점들이 제기된다.

용해도에 미치는 온도의 영향

표 14.2에서 볼 수 있듯이 온도는 대부분 물질의 용해도에 영향을 미친다. 대부분의 용질은 일정한 온도에서 특정 용매에 대한 제한된 용해도를 가지고 있다. 액체 속에 녹아 있는 대부분의 고체는 온도를 높이면 용해도가 증가하게 된다(**그림 14.4**). 그러나 단 하나의 규칙으로 온도 변화에 따른 액체에 대한 고체의 용해도를 모두 설명할 수는 없다. 일부 고체의 용해도는 온도가 증가함에 따라 아주 조금씩 증가하고(그림 14.4의 NaCl 참조), 어떤 고체는 온도가 증가함에 따라 용해도가 감소한다(그림 14.4의 Li_2SO_4 참조).

표 14.2 알칼리 금속의 할로젠화물의 물에 대한 용해도

염	용해도(g 염/100 g H_2O)	
	0℃	100℃
LiF	0.12	0.14(35℃에서)
LiCl	63.7	127.5
LiBr	143	266
LiI	151	481
NaF	4	5
NaCl	35.7	39.8
NaBr	79.5	121
NaI	158.7	302
KF	92.3(18℃에서)	매우 잘 녹음
KCl	27.6	57.6
KBr	53.5	56.7
KI	127.5	102

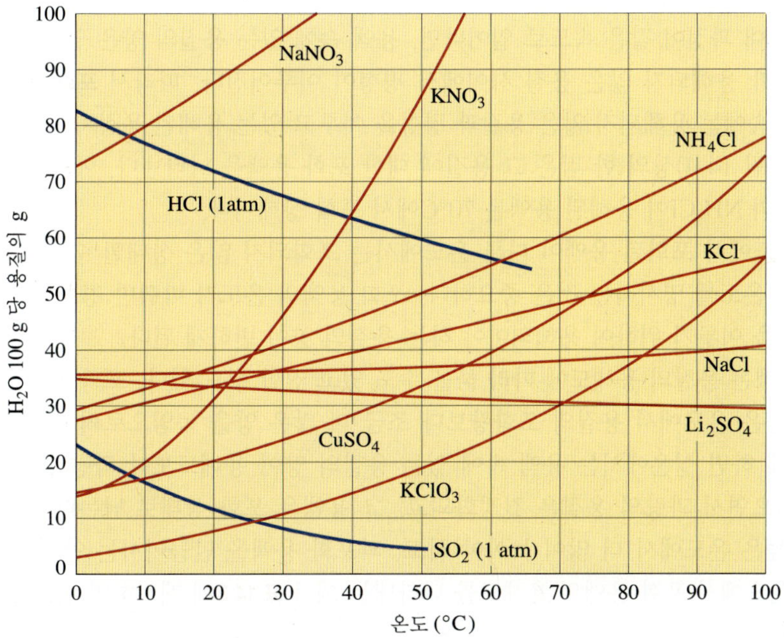

그림 14.4 여러 가지 화합물의 물에 대한 용해도. 고체는 붉은선, 기체는 푸른선으로 나타내었다.

한편, 물에 대한 기체의 용해도는 온도가 증가하면 일반적으로 감소한다(그림 14.4의 HCl과 SO_2 참조). 물을 가열할 때 조그마한 기포가 생기는 것은 온도가 상승하면 공기의 용해도가 감소하기 때문이다. 기체 분자가 녹기 위해서는 어느 정도 액체 분자와 결합해야 한다고 가정함으로써, 보다 높은 온도에서 기체의 용해도가 감소하는 현상을 분자 운동론(KMT)으로 설명할 수 있다. 온도를 높이면 기체 분자의 운동 에너지(속도)가 증가하고, 그렇게 되면 액체 분자와 상호작용할 수 있는 능력이 줄어들게 되어 기체의 용해도가 감소하게 된다.

탄산음료를 유리잔에 따르면 용해도에 미치는 압력의 효과를 볼 수 있다. CO_2가 빠져나가면서 거품을 생성한다.

용해도에 미치는 압력의 영향

조그만 압력 변화는 액체 속에 녹아 있는 고체나 액체 속에 녹아 있는 액체의 용해도에는 거의 영향을 미치지 못하지만, 액체 속에 녹아 있는 기체의 용해도에는 큰 영향을 미친다. 액체 속에 녹아 있는 기체의 용해도는 용액 위에 작용하는 기체의 압력에 정비례한다. 따라서 용액 위에 작용하는 기체의 압력을 두 배로 늘리면 용액 속에 녹는 기체의 양도 두 배로 늘어난다. 예를 들면 탄산음료는 대기압보다 더 큰 압력 하에서 용해된 이산화 탄소를 함유한다. 탄산음료 캔을 따면 압력이 금방 대기압으로 감소하므로 과량으로 용해된 이산화 탄소는 거품으로 용액에서 빠져나간다(사진 참조).

포화, 불포화 및 과포화 용액

특정한 온도에서 일정한 양의 용매 속에 녹는 용질의 양은 한계가 있다. 이러한 한계에 이르렀을 때 용액은 **포화되었다**(saturated)라고 한다. 예를 들면 20°C의 물 100 g에 KCl 40.0 g을 넣으면 KCl 34.0 g은 녹고, 6.0 g은 녹지 않고 남는다. 이렇게 만들어진 용액은 KCl의 포화 용액이다.

포화 용액 속에서는 두 가지 과정이 동시에 일어난다. 고체가 용액 속으로 녹는 동시에 용해된 용질이 용액으로부터 결정화되어서 나온다. 이 과정을 다음과 같이 나타낼 수 있다.

$$\text{용질 (용해되지 않은)} \rightleftharpoons \text{용질 (용해된)}$$

이들 두 반대 과정이 같은 속도로 일어나면, 용액 속에 있는 용질의 양은 일정하게 되고, 용해된 용질과 용해되지 않은 용질 사이에서 평형이 이루어진다. 따라서 **포화 용액(saturated solution)** 속에는 용해되지 않은 용질과 평형을 이루고 있는 용해된 용질이 들어 있다. 용해도 곡선(그림 14.4)상의 한 점은 그 용질에 대한 포화 용액을 나타낸다. 예를 들어 100 g의 물에 60 g의 NH_4Cl이 용해된 용액은 70°C에서 포화 상태이다.

어떤 온도에서 포화된 용액이 다른 온도에서는 포화되지 않은 상태일 수 있기 때문에 포화 용액의 온도를 명시하는 것은 중요하다. 포화 용액의 온도가 바뀌면 평형이 흐트러지고, 다시 평형을 이루기 위하여 용해되어야 하는 용질의 양이 변하게 된다.

포화 용액은 용질의 용해도에 따라 묽을 수도 있고 진할 수도 있다. 포화 용액은 실온보다 약간 더 높은 온도에서 용질의 포화량보다 조금 더 많은 양을 녹임으로써 쉽게 만들 수 있다. 이렇게 하면 실온에서는 용액 속에 있는 용질의 양이 용해도보다 과량 들어 있게 되어 용액이 식으면서 과량의 용질은 결정화되고, 그 용액은 포화 상태로 남는다(이 경우, 용질은 보다 높은 온도에서 더 많이 녹아야 하고, 과포화 용액을 만들어서는 안 된다). 두 가지의 다른 온도에서 포화 용액의 용해도를 나타내는 예를 **표 14.3**에 제시하였다.

표 14.3 20℃와 50℃에서의 포화 용액

용질	용해도(g 용질/100 g H_2O) 20℃	50℃
$NaCl$	36.0	37.0
KCl	34.0	42.6
$NaNO_3$	88.0	114.0
$KClO_3$	7.4	19.3
$AgNO_3$	222.0	455.0
$C_{12}H_{22}O_{11}$	203.9	260.4

불포화 용액(**unsaturated solution**)은 포화 용액보다 단위 부피당 용질의 양을 적게 함유하고 있다. 바꾸어 말하면, 다른 조건의 변화 없이도 용질이 추가적으로 불포화 용액에 녹을 수 있다. 20°C의 H_2O 100 g에 KCl 40 g을 넣어서 만든 용액을 생각해 보자(표 14.3 참조) . 20°C의 H_2O 100 g 속에 녹을 수 있는 KCl의 최대량은 34 g이기 때문에 그 용액은 포화되고, 약 6 g의 녹지 않은 염을 포함하게 된다. 이제 그 용액을 가열하여 50°C로 유지하면 모든 염은 녹게 되고, 조금 더 넣어도 녹을 수 있다. 50°C에서 용액은 불포화 상태이다.

Editorial Image, LLC/Alamy Stock Photo

온습포(hot pack)에서 방출되는 열은 과포화된 아세트산 소듐 용액의 결정화에 의해 발생한다.

어떤 조건에서는 용액이 특정한 온도의 포화 용액에서 필요한 용질의 양보다 더 많은 용질을 함유하고 있도록 만들 수 있다. 이러한 용액을 **과포화 용액**(**supersaturated solution**)이라고 한다. 그러나 과포화 용액이 불안정하다는 사실에 주목하면서 이 정의를 내려야 한다. 진동시키거나, 저어주거나, 용기 벽면을 긁어주거나, 또는 '씨앗' 결정을 넣어주는 것과 같은 교란을 가하면 과포화 상태가 포화 상태로 바뀌면서 열을 방출한다(사진 참조). 과포화 용액이 교란을 받으면 과량의 용질은 빨리 결정화되어 나오고, 그 용액은 포화 상태로 된다.

과포화 용액을 만들기 쉽지는 않지만, 실온에서의 포화 용액에 필요한 양보다 더 많은 용질을 따뜻한 용매에 녹임으로써 만들 수 있다. 그런 다음, 따뜻한 용액을 매우 천천히 식히면 된다. 적당한 용질과 조심스러운 냉각으로 과포화 용액이 얻어진다.

예제 14.2

H_2O 10 g에 $CuSO_4$ 2.5 g을 넣어서 용액을 만들면 20°C에서 포화 상태인지 아니면 불포화 상태인지 설명하시오.

풀이

먼저 20°C에서 $CuSO_4$의 용해도를 알아야 한다. 그림 14.4로부터 20°C에서 $CuSO_4$의 용해도는 H_2O 100 g당 약 20 g이다. 이 양은 H_2O 10 g당 $CuSO_4$ 2.0 g과 같다.

H_2O 10 g당 2.5 g은 H_2O 10 g당 2.0 g보다 더 많으므로 용액은 포화 용액이고, $CuSO_4$ 0.5 g은 녹지 않는다.

실습 문제 14.2

H_2O 20 g에 NH_4Cl 8.0 g을 넣어서 용액을 만들면 50°C에서 포화 상태인지 아니면 불포화 상태인지 설명하시오.

14.3 고체의 용해 속도

이 절의 학습 목표
고체의 용해 속도에 영향을 미치는 인자를 서술할 수 있다.

고체의 용해 속도는 (1) 용질 입자의 크기, (2) 온도, (3) 용액의 농도, (4) 교반 또는 젓기에 의해 좌우된다. 이들 각 조건을 살펴보자.

1. **입자의 크기**(particle size). 고체는 용매와 접하고 있는 표면에서만 녹을 수 있다. 입자의 크기가 감소할수록 표면적 대 부피비가 증가하므로 큰 결정보다 작은 결정이 더 빨리 녹는다. 예를 들면 한 변의 길이가 1 cm인 염 결정(표면적이 6 cm^2)을 한 변의 길이가 각각 0.1 cm인 입방체 1000개로 나누면, 작은 입방체들의 전체 표면적은 열 배가 증가한 60 cm^2가 된다(**그림 14.5**).

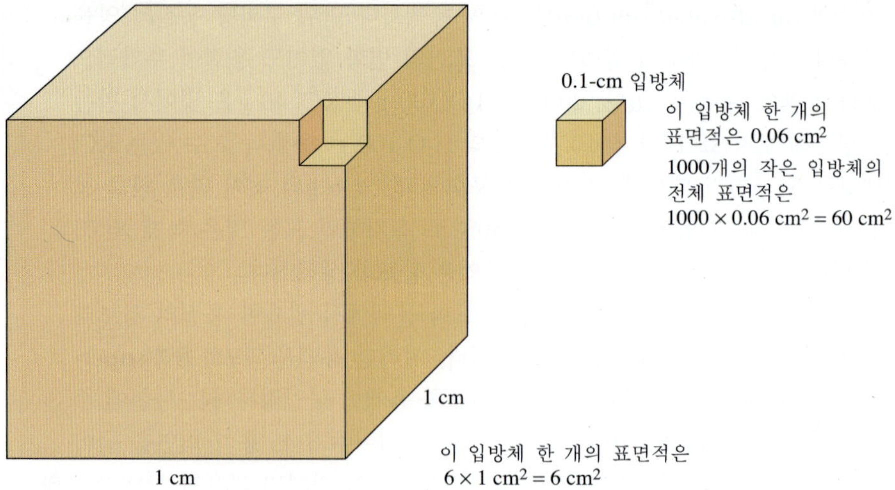

그림 14.5 결정의 표면적. 한 변의 길이가 1 cm인 결정의 표면적은 6 cm^2이다. 그 결정을 한 변의 길이가 각각 0.1 cm인 입방체 1000개로 나누면, 작은 입방체들의 전체 표면적은 60 cm^2로 증가한다.

2. **온도**(temperature). 대부분의 경우, 고체의 용해 속도는 온도 상승과 함께 증가한다. 이러한 증가는 운동 효과에 기인한다. 용매 분자는 보다 높은 온도에서 더 빨리 움직이고, 고체 표면에 훨씬 자주 부딪히므로 용해 속도가 증가하게 된다.

3. **용액의 농도**(concentration of the solution). 용질과 용매가 처음 혼합될 때, 용해 속도는 최고이다. 용액의 농도가 증가하고, 용액이 용질로 거의 포화되면 용해 속도는 크게 감소한다. 용해 속도를 **그림 14.6**에 그래프로 나타내었다. 처음 5분 동안에는 약 17 g이 녹지만, 15분에서 20분 사이의 5분 동안에는 약 1 g밖에 녹지 않음을 알 수 있다. 용질이 다르면 용해 속도도 다르겠지만, 농도가 포화점에 이르게 되면 용해 속도는 매우 느리게 된다.

4. **교반 또는 젓기**(agitation or stirring). 교반이나 젓기의 효과는 운동 효과이다. 고체를 물속에 처음 넣으면 그 고체와 바로 인접한 용매하고만 접촉하게 된다. 고체가 녹음에 따라 그 고체 주위에 있는 용해된 용질의 양은 점점 더 많아지고, 모여 있게 되어서 용해 속도는 느려진다. 혼합물을 젓지 않으면 용해된 용질은 매우 느리게 용액 속으로 확산되고, 고체가 완전히 녹을 때까지는 몇 주일이 걸릴 수도 있다. 저어줌으로써 용해된 용질을 빨리 용액 속으로 분산시키고, 더 많은 용매가 고체와 접촉하도록 하여 그 고체를 빨리 녹일 수 있다.

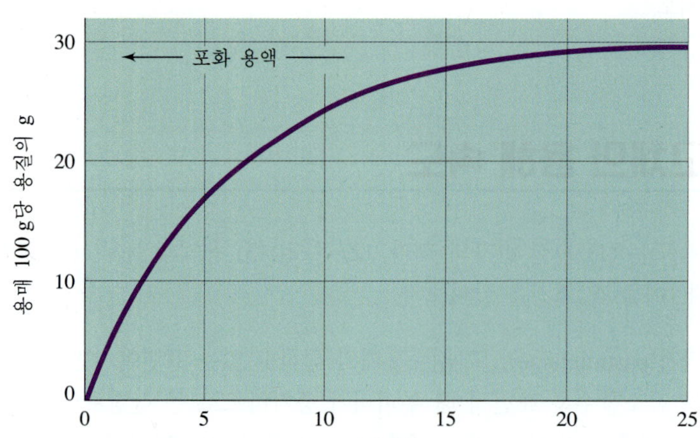

그림 14.6 용매에서 고체 용질의 용해 속도. 용해 속도는 초기에는 최고였다가 농도가 포화 상태에 가까워짐에 따라 감소한다.

예제 14.3

1 g의 순수한 설탕 분말은 1 g의 순수한 설탕 결정보다 100 g의 물에서 매우 빠르게 녹는다. 그 이유는 무엇인가?

풀이

표면적을 증가시킨다는 것은 고체를 깨뜨려 작은 입자로 만들어 총 표면적을 넓게 하는 것이다. 표면적이 증가하면 더 많은 고체 입자들이 더 빨리 용매와 접촉하게 되므로 용해 속도가 빨라진다. 설탕 분말은 설탕 결정보다 표면적이 더 넓다.

실습 문제 14.3

용액의 온도를 증가시키면 고체의 용해 속도가 빨라지는 이유를 분자적 관점에서 설명하시오.

14.4 용액의 농도

이 절의 학습 목표
질량 백분율, 부피 백분율, 몰농도, 희석에 관련된 문제를 풀 수 있다.

눈에 띨 만한 화학 반응이 일어나게 하기 위해서는 수많은 고체를 용액 속에 넣어 반응시켜야 한다. 염화 소듐과 질산 은 사이에서 일어나는 이중 치환 반응을 반응식으로 나타내면 다음과 같다.

$$\mathrm{NaCl} + \mathrm{AgNO_3} \longrightarrow \mathrm{AgCl} + \mathrm{NaNO_3}$$

그러나 고체 NaCl과 고체 $AgNO_3$를 혼합하고 화학적 변화를 관찰한다고 가정하자. 어떤 반응이 일어난다 해도 그것은 속도가 느리고 실제로 감지되지 않는다. 사실, NaCl과 $AgNO_3$의 결정 구조는 그 혼합물에서 각각의 결정을 일일이 골라내어 분리할 수 있을 정도로 다르다. 그러나 NaCl과 $AgNO_3$를 물에 각각 녹인 후에 두 용액을 혼합하면 염화 은의 흰색 침전이 즉시 발생하는 것을 관찰할 수 있다.

반응이 일어나기 위해서는 분자나 이온이 서로 충돌해야 한다. 앞의 예에서는 이온이 고체의 결정 구조 속에 단단하게 묶여 있기 때문에 두 고체는 반응하지 않는다. 그러나 NaCl과 $AgNO_3$가 녹으면, 그들의 결정 격자는 깨어지고 이온은 움직이게 된다. 두 용액을 섞으면 움직이는 Ag^+와 Cl^- 이온이 접촉하고 반응하여 불용성 AgCl을 형성하고 이는 용액으로부터 침전되어 나오게 된다. 가용성인 Na^+와 NO_3^- 이온은 용액 속에서는 움직이지만, 물을 증발시키면 결정성 $NaNO_3$ 염을 만든다.

$$\mathrm{NaCl}(aq) + \mathrm{AgNO_3}(aq) \longrightarrow \mathrm{AgCl}(s) + \mathrm{NaNO_3}(aq)$$

$$\underbrace{\mathrm{Na^+}(aq) + \mathrm{Cl^-}(aq)}_{\text{염화 소듐 용액}} + \underbrace{\mathrm{Ag^+}(aq) + \mathrm{NO_3^-}(aq)}_{\text{질산 은 용액}} \longrightarrow \underbrace{\mathrm{AgCl}(s)}_{\text{염화 은}} + \underbrace{\mathrm{Na^+}(aq) + \mathrm{NO_3^-}(aq)}_{\text{용액 속의 질산 소듐}}$$

두 용액의 혼합물은 Ag^+와 Cl^- 이온이 반응할 수 있는 매질 또는 공간을 제공하게 된다(이온 반응에 대한 추가 논의는 15장 참조).

희석되지 않은 반응물이 아주 격렬하게 서로 결합하는 반응에서 용액은 희석제 역할도 한다. 또한 농도를 알고 있는 용액은 특정한 양의 반응물을 전달하기 위한 편리한 방법이 되기도 한다.

용액의 농도는 일정한 양의 용매 또는 용액 속에 녹아 있는 용질의 양을 나타낸다. 반응은 종종 용액 속에서 진행되므로, 용액의 농도를 나타내는 방법을 이해하고, 특정 농도를 가진 용액을 만드는 방법을 아는 것은 중요하다. 용액의 농도는 정성적으로 또는 정량적으로 표현될 수 있다. 이제 용액의 농도를 표현하는 정성적인 방법을 살펴보도록 하자.

묽은 용액과 진한 용액

용액이 **묽은**(dilute) 또는 **진한**(concentrated)이라는 표현은 용액 속에 존재하는 용질의 양을 상대적으로 나타낸다. 어떤 화합물 1 g이 녹아 있는 용액과 2 g이 녹아 있는 용액은 둘 다 20 g이 녹아 있는 같은 부피의 용액에 비하여 묽다. 일반적으로 진한 염산에는 용액 1 L 당 12 mol의 HCl이 들어 있다. 일부 실험실에서는 물과 진한 산을 같은 부피로 섞어서 묽은 산을 만든다. 또 어떤 실험실에서는 용도에 따라 진한 산의 두 배 또는 세 배 부피의 물로 희석시킨다. 그러면 이때 **묽은 용액(dilute solution)**이란 상대적으로 적은 양의 용해된 용질을 포함한 용액을 말한다. 반대로 **진한 용액(concentrated solution)**은 상대적으로 많은 양의 용해된 용질을 포함한 용액이다.

질량 백분율 용액

질량 백분율은 일정한 질량의 용액 속에 녹아 있는 용질의 백분율로, 용액의 농도를 나타내는 방법이다. 주어진 용액의 질량에서 그 질량의 백분율이 용질의 질량이라는 의미이다. "수산화 소듐(NaOH) 10%"라고 적혀 있는 약병을 시약 선반에서 꺼냈다고 생각하자. 이 말은 이 용액 100 g당 NaOH 10 g과 물 90 g이 들어 있다는 것을 의미한다(이 용액의 양은 100 mL가 아니고 100 g이다). 또한, 물 18 g에 NaOH 2.0 g을 녹여서 같은 농도의 용액을 만들 수 있다. 일반적으로 질량 백분율 농도는 액체에 용해된 고체의 농도를 표시하는 데 주로 사용된다.

참고 질량 백분율은 용질의 화학식과 무관함을 주목하라.

$$\text{질량 백분율} = \frac{\text{용질의 g}}{\text{용질의 g} + \text{용매의 g}} \times 100 = \frac{\text{용질의 g}}{\text{용액의 g}} \times 100$$

화학 기기의 발달과 함께 묽은 용액의 농도를 측정하는 기술도 향상되고 있다. 요즈음은 질량 백분율 외에도 **백만분율(parts per million, ppm)**이 흔히 사용된다.

$$\text{백만분율(ppm)} = \frac{\text{용질의 g}}{\text{용질의 g} + \text{용매의 g}} \times 1{,}000{,}000$$

최근, 대기와 수질 오염물, 인체 속의 의약품 및 살충제 잔류물은 ppm 농도로 측정된다.

예제 14.4

H_2O 50.0 g에 NaOH 8.00 g을 녹여 만든 용액에서 수산화 소듐의 질량 백분율을 구하시오.

풀이

읽기 **알려진 값:** 8.00 g NaOH
50.0 g H_2O
구하는 값: 질량 백분율

계산 $$\left(\frac{8.00\text{ g NaOH}}{8.00\text{ g NaOH} + 50.0\text{ g }H_2O}\right) = 13.8\%\text{ NaOH 용액}$$

예제 14.5

4.8% 용액 250. g을 만드는 데 필요한 염화 포타슘과 물의 질량은 얼마인가?

풀이

읽기 **알려진 값:** 250. g 용액

4.8% 용액

구하는 값: KCl과 물의 질량

계획 250. g의 4.8% = (0.048)(250. g) = 12 g KCl(용질)

계산 250. g − 12 g = 238 g H_2O

H_2O 238 g에 KCl 12 g을 녹이면 4.8% KCl 용액이 된다.

예제 14.6

34.0% 황산 용액의 밀도는 1.25 g/mL이다. 이 용액 1.00 L 속에는 H_2SO_4 몇 그램이 들어 있는가?

풀이

읽기 **알려진 값:** d = 1.25 g/mL

V = 1.00 L

34.0% H_2SO_4 용액

구하는 값: H_2SO_4의 질량

계획 밀도로부터 용액의 질량을 알아내고, 그 다음에 질량 백분율을 이용하여 H_2SO_4의 질량을 결정한다.

계산 d =질량/V

$$\text{용액의 질량} = \left(\frac{1.25\ \text{g}}{\cancel{\text{mL}}}\right)(1.00 \times 10^3\ \cancel{\text{mL}}) = 1250\ \text{g(용액)}$$

$$\text{질량 백분율} = \left(\frac{\text{용질의 g}}{\text{용액의 g}}\right)100$$

$$\text{용질의 g} = \frac{(\text{질량 백분율})(\text{용액의 g})}{100}$$

$$\text{용질의 g} = \frac{(34.0)(1250\ \text{g})}{100} = 425\ \text{g}\ H_2SO_4$$

따라서 34.0% H_2SO_4 용액 1.00 L에는 H_2SO_4 425 g이 들어 있다.

실습 문제 14.4

물 250.0 g에 Na_2SO_4 25.0 g을 녹여서 만든 용액에서 Na_2SO_4의 질량 백분율은 얼마인가?

질량/부피 백분율(m/v)

이 농도 표시법은 용액 100 mL당 들어 있는 용질의 그램으로 나타낸다. 이 농도 표시법에서 말하는 10.0% m/v 글루코스 용액은 글루코스 10.0 g을 물에 녹이고 부피가 100 mL가 되도록 묽힌 다음 골고루 섞어줌으로써 만들 수 있다. 10.0% m/v 용액은 20.0 g을 200 mL로 묽혀서, 50.0 g을 500 mL로 묽혀서 만들 수도 있다. 물론, 다른 적당한 묽힘비를 사용할 수도 있다.

$$\text{질량/부피 백분율} = \frac{\text{용질의 g}}{\text{용액의 mL}} \times 100$$

예제 14.7

3.0%(m/v) H_2O_2 용액은 감염을 막기 위한 국소용 소독제로 주로 사용된다. 12 g의 H_2O_2를 포함하고 있는 이 용액의 부피는 얼마인가?

풀이

먼저 질량/부피 백분율 식을 용액의 mL에 대해 풀어야 한다.

$$\text{용액의 mL} = \frac{(\text{용질의 g})}{(\text{m/v 백분율})}(100)$$

$$\text{용액의 mL} = \frac{(12\ \text{g의 용질})}{(3.0\ \text{m/v 백분율})}(100) = 400\ \text{mL}$$

부피 백분율

두 종류의 액체로 이루어진 용액은 종종 용질의 **부피 백분율**(volume percent)로 나타낸다. 부피 백분율은 용액 100 mL 속에 들어 있는 한 액체의 부피이다. 보통 사용하는 소독용 알코올 병에 붙어 있는 표지에는 "아이소프로필 알코올, 70% 부피비"라고 적혀 있다. 이 용액은 알코올 70 mL와 물 30 mL를 섞어서 만드는 것이 아니고, 알코올 70 mL와 적당량의 물을 섞어서 전체의 부피가 100 mL가 되도록 하여 만든다. 왜냐하면 두 액체의 부피의 합이 반드시 전체 용액의 부피가 되는 것은 아니기 때문이다.

$$\text{부피 백분율} = \frac{\text{해당되는 액체의 부피}}{\text{용액의 전체 부피}} \times 100$$

부피 백분율은 음료 속에 들어 있는 알코올의 농도를 나타내는 데 사용된다. 일반적으로 포도주 속에는 부피비로 알코올 12%가 들어 있다. 이는 포도주 각 100 mL 속에 알코올 12 mL가 들어 있다는 의미이다. 음료 산업에서는 **도**(proof, 부피 백분율의 두 배)라는 농도 단위를 사용한다. 순수한 에탄올은 100%이므로 200도이다. 스카치위스키는 86도 또는 부피비로 43% 알코올이다.

몰농도

질량 백분율은 용액에서 용질의 몰수에 대한 어떤 정보도 주지 않는다. 예를 들어 10.0% NaOH 용액 1000. g 속에는 100. g의 NaOH가 들어 있고, 10.0% KOH 용액 1000. g 속에는 100. g의 KOH가 들어 있다. 이들 용액 속에 들어 있는 NaOH와 KOH를 몰로 환산하면 다음과 같다.

$$\text{NaOH의 mol} = (100.\ \text{g의 NaOH})\left(\frac{1\ \text{mol의 NaOH}}{40.00\ \text{g의 NaOH}}\right) = 2.50\ \text{mol의 NaOH}$$

$$\text{KOH의 mol} = (100.\ \text{g의 KOH})\left(\frac{1\ \text{mol의 KOH}}{56.11\ \text{g의 KOH}}\right) = 1.78\ \text{mol의 KOH}$$

이들 값으로부터 두 가지의 10.0% 용액이 같은 몰수의 NaOH와 KOH를 포함하는 것은 아니라는 사실을 알 수 있다. 결과적으로 10.0% NaOH 용액이 10.0% KOH 용액보다 더 많은 반응성 염기를 함유하고 있다.

용액의 단위 부피당 존재하는 용질의 몰수를 쉽게 나타내는 농도 표시법이 필요하다. 화학 반응을 포함하는 계산에는 몰농도로 알려진 농도 단위가 사용된다.

(a)
1 mol의 용질을 1리터의 부피 플라스크에 넣는다.

(b)
용매에 녹인다.

(c)
용매를 1리터 눈금 표시까지 더 넣고 잘 섞는다.

그림 14.7 1 M 용액을 만드는 방법

1몰농도의 용액은 용액 1리터당 1 mol의 용질을 포함하고 있다. 예를 들면 1몰농도의 수산화 소듐(NaOH) 용액을 만들려면, NaOH 40.00 g(1 mol)을 물에 녹인 다음에 물을 더 넣어 묽혀서 부피가 1 L가 되도록 한다. 그 용액은 1 L의 용액 속에 1 mol의 용질이 들어 있으므로 1몰농도라고 한다. 그림 14.7은 1몰농도의 용액을 만드는 방법을 보여 준다. 용질과 용매를 합한 부피가 1 L임에 유의하라.

물론, 다소의 용질이나 용매를 사용하여 용액의 농도를 바꿀 수 있지만, 아무튼 용액의 **몰농도(molarity, *M*)**는 용액 1 L당 들어 있는 용질의 몰수이다. 몰농도의 약자는 M이다. 몰농도의 단위는 리터당 몰수이다. "2.0 M NaOH"라는 표현은 2.0 몰농도의 NaOH 용액(1.0 L의 용액 속에 NaOH 2.0 mol 또는 80. g이 녹아 있는)을 의미한다.

$$\text{몰농도} = M = \frac{\text{용질의 몰수}}{\text{용액의 리터}} = \frac{\text{몰}}{\text{리터}}$$

원하는 농도의 용액을 만들기 위해서 특정한 온도에서 특정 부피를 갖도록 눈금이 표시된 플라스크를 사용할 수 있다(참고 참조). 이런 **부피 플라스크**(volumetric flask)에는 정확한 부피를 나타내는 눈금이 목 부위에 표시되어 있다. 몰농도는 용액의 특정 부피를 기준으로 하고 있으며, 부피는 온도에 따라 변하므로 몰농도도 온도에 따라 조금씩 바뀔 수 있다. (20°C에서의 H_2O 1000 mL = 25°C에서의 H_2O 1001 mL).

1 M 용액 500 mL를 만든다고 하자. 이 용액은 용질 0.5 mol의 질량을 정확하게 측정하여 500 mL(0.5 L)의 부피 플라스크에 넣고 물로 희석해서 만든다. 몰농도는 다음과 같다.

$$M = \frac{0.5\ \text{mol의 용질}}{0.5\ \text{L의 용액}} = 1\text{몰농도}$$

몰농도를 나타낼 때 용액이 반드시 1 L일 필요는 없다는 것을 알 수 있다. 용해된 용질의 몰수와 용액의 부피만 알면 된다. 이를테면, 0.001 mol의 NaOH가 10 mL의 용액 속에 녹아 있으면 0.1 M이 된다.

$$\left(\frac{0.001\ \text{moL}}{10\ \cancel{\text{mL}}}\right)\left(\frac{1000\ \cancel{\text{mL}}}{10\ \text{mL}}\right) = 0.1M$$

저울이 몰이 아닌 그램으로 눈금이 매겨져 있다는 사실을 생각하여 그램을 몰농도의 식에 포함시킬 수 있다. 다음 관계를 이용하자.

$$\text{몰수} = \frac{\text{용질의 g}}{\text{몰질량}}$$

이 관계식을 몰농도의 식에 넣어 정리하면 다음의 식을 얻는다.

$$M = \frac{\text{mol}}{\text{L}} = \frac{\text{용질의 g}}{\text{용질의 몰질량} \times \text{용액의 L}}$$

이제 화학식을 알고 있는 어떤 용질의 질량을 측정해서 일정한 부피로 묽힌 다음, 이 관계식을 이용하여 그 용액의 몰농도를 계산할 수 있다.

예제 14.8

1.2 mol의 아세트산($HC_2H_3O_2$)이 들어 있는 용액 250. mL의 몰농도를 구하시오.

풀이

단위 변환 방법에 의해 문제에서 주어진 농도는 250. mL당 1.2 mol (mol/mL)이다. 몰농도 = mol/L이므로 다음과 같이 변환할 필요가 있다.

풀이의 요점: $\frac{\text{mol}}{\text{mL}} \longrightarrow \frac{\text{mol}}{\text{L}} = M$

계산 $\left(\frac{1.2\text{ mol}}{250.\text{ mL}}\right)\left(\frac{1000\text{ mL}}{\text{L}}\right) = \frac{4.8\text{ mol}}{\text{L}} = 4.8\,M$

예제 14.9

2.00 g의 염소산 포타슘을 충분한 양의 물에 녹여 150. mL의 용액을 만들었다. 이 용액의 몰농도는 얼마인가?

풀이

알려진 값: $KClO_3$의 질량 = 2.00 g
부피 = 150. mL
$KClO_3$의 몰질량 = 122.6 g/mol

풀이의 요점: $\frac{\text{g }KClO_3}{\text{mL}} \longrightarrow \frac{\text{g }KClO_3}{\text{L}} \longrightarrow \frac{\text{mol }KClO_3}{\text{L}} = M$

계산 $\left(\frac{2.00\text{ g }KClO_3}{150.\text{ mL}}\right)\left(\frac{1000\text{ mL}}{\text{L}}\right)\left(\frac{1\text{ mol }KClO_3}{122.6\text{ g }KClO_3}\right) = \frac{0.109\text{ mol }KClO_3}{\text{L}}$

$= 0.109\ M\ KClO_3$

예제 14.10

0.450 *M* KOH 용액 570. mL를 만들려면 몇 g의 수산화 포타슘이 필요한가?

풀이

풀이의 요점: 밀리리터 ⟶ 리터 ⟶ 몰 ⟶ 그램

계획 부피 = 570. mL $\quad M = \frac{0.450\text{ mol}}{\text{L}}$

KOH의 몰질량 = $\frac{56.11\text{ g}}{\text{mol}}$

계산 $(570.\ \cancel{mL})\left(\dfrac{1\ \cancel{L}}{1000\ \cancel{mL}}\right)\left(\dfrac{0.450\ \cancel{mol}}{\cancel{L}}\right)\left(\dfrac{56.11\ g\ KOH}{\cancel{mol}}\right) = 14.4\ g\ KOH$

실습 문제 14.5

7.50 g의 질산 마그네슘[$Mg(NO_3)_2$]을 충분한 양의 물에 녹여 30.0 mL의 용액을 만들었을 때, 이 용액의 몰농도는 얼마인가?

실습 문제 14.6

0.037 *M* NaCl 용액 125 mL를 만들려면 몇 g의 염화 소듐이 필요한가?

예제 14.11

16 *M* HNO_3 용액 325 mL 속에 들어 있는 질산의 몰수를 계산하시오.

풀이

읽기 **알려진 값:** $V = 325$ mL
16 *M* HNO_3 용액

계획 다음 식을 이용한다. 몰수 = 리터 수 × *M*

계산 몰수 $= (0.325\ \cancel{L})\left(\dfrac{16\ mol\ HNO_3}{1\ \cancel{L}}\right) = 5.2\ mol\ HNO_3$

예제 14.12

탄산 포타슘 16.0 g으로 만들 수 있는 0.250 *M* 용액의 부피는 얼마인가?

풀이

읽기 **알려진 값:** 질량 = 16.0 g K_2CO_3
M = 0.250 mol/L
K_2CO_3의 몰질량 = 138.2 g/mol

계획 16.0 g K_2CO_3로부터 만들 수 있는 부피를 계산한다.

풀이의 요점: K_2CO_3의 g ⟶ K_2CO_3의 mol ⟶ 용액의 L

계산 $(16.0\ \cancel{g\ K_2CO_3})\left(\dfrac{1\ \cancel{mol\ K_2CO_3}}{138.2\ \cancel{g\ K_2CO_3}}\right)\left(\dfrac{1\ L}{0.250\ \cancel{mol\ K_2CO_3}}\right) = 0.463\ L$
$= 463\ mL$

예제 14.13

NaOH 28.0 g과 반응하려면 2.00 *M* HCl 몇 mL가 필요한가?

풀이

읽기 **알려진 값:** 질량 = 28.0 g NaOH
M = 2.00 mol/L HCl

계획 반응에 대한 균형 맞춘 반응식을 쓴다.

$HCl(aq) + NaOH(aq) \longrightarrow NaCl(aq) + H_2O(l)$

28.0 g의 NaOH로부터 NaOH의 몰수를 구한다.

풀이의 요점: NaOH의 g ⟶ NaOH의 mol

$$(28.0 \text{ g NaOH})\left(\frac{1 \text{ mol}}{40.00 \text{ g NaOH}}\right) = 0.700 \text{ mol NaOH}$$

구성 **풀이의 요점:** NaOH의 mol ⟶ HCl의 mol ⟶ HCl의 L ⟶ HCl의 mL

계산
$$(0.700 \text{ mol NaOH})\left(\frac{1 \text{ mol HCl}}{1 \text{ mol NaOH}}\right)\left(\frac{1 \text{ L HCl}}{2.00 \text{ mol HCl}}\right) = 0.350 \text{ L HCl}$$
$$= 350. \text{ mL HCl}$$

실습 문제 14.7

4.8 g의 $AgNO_3$로 만들 수 있는 0.035 *M* $AgNO_3$ 용액의 부피는 얼마인가?

실습 문제 14.8

1.2 *M* HCl 용액 25.00 mL와 반응하기 위해서 0.50 *M* NaOH 용액은 몇 mL가 필요한가?

이제까지 용액의 농도를 정량적으로 측정하는 여러 가지 방법을 알아보았다. 이들 농도의 단위를 **표 14.4**에 나타내었다.

희석 문제

용액에 용매를 더 넣어줌으로써 원래의 농도로부터 다른 농도로 용액을 희석할 필요가 종종 있다. 만일 어떤 용액에 순수한 용매를 넣어서 희석하면 그 용액의 부피는 늘어나지만, 그 용액 속에 들어 있는 용질의 몰수는 변하지 않는다. 따라서 그 용액의 리터당 몰수(몰농도)는 감소한다. (1) 어떤 용액을 특정 농도로 희석하기 위하여 용매를 얼마나 첨가해야 하는지, (2) 특정 농도의 용액을 만들기 위하여 어느 부피까지 용액을 희석해야 하는지를 구별하기 위해서는 주의 깊게 문제를 읽어야 한다.

표 14.4 용액의 농도 단위

단위	기호	정의
질량 백분율	% m/m	$\frac{\text{용질의 질량}}{\text{용액의 질량}} \times 100$
백만분율	ppm	$\frac{\text{용질의 질량}}{\text{용액의 질량}} \times 1,000,000$
질량/부피 백분율	% m/v	$\frac{\text{용질의 질량}}{\text{용액의 mL}} \times 100$
부피 백분율	% v/v	$\frac{\text{용질의 mL}}{\text{용액의 mL}} \times 100$
몰농도	*M*	$\frac{\text{용질의 몰수}}{\text{용액의 L}}$
몰랄 농도	*m*	$\frac{\text{용질의 몰수}}{\text{용매의 kg}}$

(참고 참조)

참고 몰랄 농도는 14.5절에서 설명한다.

예제 14.14

0.20 M NaOH 용액 100. mL와 물 150. mL를 섞어서 만든 수산화 소듐 용액의 몰농도를 구하시오. 두 액체의 부피의 합은 최종 용액의 부피와 같다고 가정한다.

풀이

읽기 **알려진 값:** V_1 = 100. mL NaOH
V_2 = 150. mL 물
$V_{용액}$ = 250.mL
$M_{최초}$ = 0.20 M

계획 희석하면 NaOH의 몰수는 일정하고 몰농도와 부피는 변한다.

1. 최초 용액에서 NaOH의 몰수를 계산한다.

$$\text{mol} = (0.100\ \cancel{L})\left(\frac{0.20\ \text{mol NaOH}}{1\ \cancel{L}}\right) = 0.020\ \text{mol NaOH}$$

2. NaOH의 몰수를 용액의 최종 부피로 나누어서 새로운 몰농도를 구한다.

계산 $$M = \frac{0.020\ \text{mol NaOH}}{0.250\ \text{L}} = 0.080\ M\ \text{NaOH}$$

확인 만일 어떤 용액의 부피를 두 배로 늘리면 농도는 반으로 줄어든다. 따라서 새로운 용액의 농도는 0.10 M보다 작아야 한다.

실습 문제 14.9

0.400 M $K_2Cr_2O_7$ 용액 125 mL를 물 875 mL로 묽혀서 만든 용액의 몰농도를 계산하시오.

예제 14.15

0.400 M 염화 바륨 용액 1500. mL에 충분한 양의 질산 은을 넣어 반응시키면 몇 g의 염화 은이 침전되겠는가?

$$2\ AgNO_3(aq) + BaCl_2(aq) \longrightarrow 2\ AgCl(s) + Ba(NO_3)_2(aq)$$

풀이

읽기 **알려진 값:** V = 1500. mL $BaCl_2$
M = 0.400 M $BaCl_2$

계획 화학량론 문제처럼 푼다.
0.400 M 용액 1500. mL에 들어 있는 $BaCl_2$의 몰수를 결정한다.

$$\text{mol} = M \times V = (1.500\ \cancel{L})\left(\frac{0.400\ \text{mol}\ BaCl_2}{\cancel{L}}\right) = 0.600\ \text{mol}\ BaCl_2$$

풀이의 요점: $BaCl_2$의 몰수 ⟶ AgCl의 몰수 ⟶ AgCl의 그램 수

계산 $$(0.600\ \cancel{\text{mol}\ BaCl_2})\left(\frac{2\ \cancel{\text{mol AgCl}}}{1\ \cancel{\text{mol}\ BaCl_2}}\right)\left(\frac{143.4\ \text{g AgCl}}{\cancel{\text{mol AgCl}}}\right) = 172\ \text{g AgCl}$$

실습 문제 14.10

0.255 M KI 용액 750 mL에 충분한 양의 $Pb(NO_3)_2$를 넣어 반응시키면 몇 g의 아이오딘화 납(II)이 침전되겠는가?

$$2\ KI(aq) + Pb(NO_3)_2(aq) \longrightarrow PbI_2(s) + 2\ KNO_3(aq)$$

14.5 용액의 총괄성

이 절의 학습 목표
용액의 총괄성 개념을 이용하여 다양한 용액의 몰랄 농도, 어는점, 끓는점, 어는점 내림, 끓는점 오름을 계산할 수 있다.

두 용액—하나는 물 1 kg 속에 요소(NH_2CONH_2) 1 mol(60.06 g)이, 다른 하나는 슈크로스($C_{12}H_{22}O_{11}$) 1 mol(342.3 g)이 녹아 있는 용액—은 모두 순수한 물이 0°C의 어는점을 가지는 것과는 달리 −1.86°C의 어는점을 갖는다. 요소와 슈크로스는 분명히 다른 물질임에도 불구하고 물의 어는점을 같은 양만큼 낮춘다. 이들 두 용액에 명백히 공통되는 사실은 각 용액이 1 mol(6.022×10^{23}개의 분자)의 용질과 1 kg의 용매를 포함하고 있다는 것이다. 실제로 물 1 kg에 어떤 비이온성 용질 1 mol을 녹여서 만든 용액의 어는점은 −1.86°C가 된다.

이러한 결과로 6.022×10^{23}개의 용질 분자(입자)와 물 1 kg이 들어 있는 용액의 어는점 내림은 상수, 즉 1.86°C임을 알 수 있다. 어는점 내림은 용액의 일반적인 성질이다. 또한 어는점이 내려가는 양은 일정한 용매로 된 모든 용액에 대해서 같다. 즉, 각 용매는 고유의 **어는점 내림 상수**(freezing point depression constant)를 갖는다. 몇 가지 용매에 대한 어는점 내림 상수를 **표 14.5**에 나타내었다.

용매에 비휘발성 용질을 녹여 만든 용액은 순수한 용매보다 더 낮은 어는점, 더 높은 끓는점, 더 낮은 증기압을 가진다. 이들 효과는 서로 연관되어 있으며, 총괄성으로 알려져 있다. **총괄성(colligative property)**은 용액 속에 녹아 있는 용질 입자의 수에만 의존하며, 용질 입자의 특성과는 무관한 성질이다. 어는점 내림, 끓는점 오름, 증기압 내림은 용액의 총괄성이다.

용액의 총괄성은 증기압으로 설명될 수 있다. 순수한 액체의 증기압은 분자가 그 표면으로부터 달아나려는 경향에 의존한다. 만일 어떤 용액 속에 들어 있는 분자의 10%가 비휘발성 용질 분자이면, 그 용액의 증기압은 순수한 용매의 증기압보다 10% 낮아진다. 그 용액의 표면이 비휘발성 분자 10%와 휘발성 용매 분자 90%로 되어 있기 때문에 증기압이 낮아지는 것이다. 액체는 그것의 증기압과 대기의 압력이 같아질 때 끓는다고 한다. 따라서 보다 낮은 증기압을 가지는 용액은 순수한 용매보다 더 높은 끓는점을 가진다. 낮아진 증기압을 가진 용액은 용매의 끓는점 이상으로 가열해야 끓는다(**그림 14.8(a)**). 각 용매는 자신의 고유한 끓는점 오름 상수(표 14.5)를 가지고 있다. 끓는점 오름 상수는 용매 1 kg당 1 mol의 용질 입자를 포함하고 있는 용액을 기준으로 하고 있다. 예를 들면 물 1 kg당 1 mol의 용질 입자를 포함하고 있는 용액의 끓는점 오름 상수는 0.512°C이다. 이것은 이 수용액이 100.512°C에서 끓음을 의미한다.

표 14.5 몇 가지 용매의 어는점 내림 및 끓는점 오름 상수

용매	순수한 용매의 어는점(°C)	어는점 내림 상수, K_f $\left(\frac{°C\ 용매의\ kg}{용질의\ mol}\right)$	순수한 용매의 끓는점(°C)	끓는점 오름 상수, K_b $\left(\frac{°C\ 용매의\ kg}{용질의\ mol}\right)$
물	0.00	1.86	100.0	0.512
아세트산	16.6	3.90	118.5	3.07
벤젠	5.5	5.1	80.1	2.53
장뇌	178	40	208.2	5.95

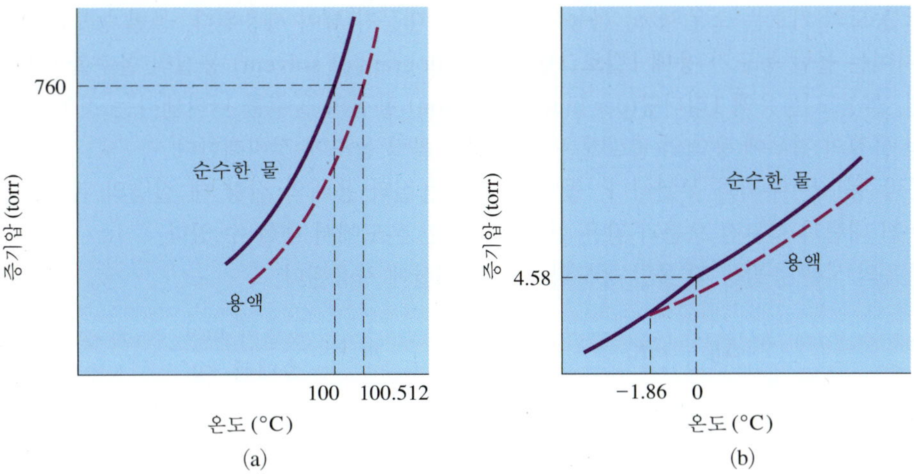

그림 14.8 (a) 끓는점 오름, (b) 어는점 내림 효과를 보여 주는 순수한 물과 수용액의 증기압 곡선 (농도: 1 mol 용질/1 kg 물)

용액이 어는 현상도 증기압 내림으로 설명할 수 있다. **그림 14.8(b)**는 얼음, 물 그리고 물 1 kg당 1 mol의 용질을 포함하는 용액의 증기압 관계를 보여 준다. 물의 어는점은 액체와 고체 증기압 곡선의 교차점(즉, 물과 얼음이 같은 증기압을 가지는 점)에 있다. 액체의 증기압이 용질에 의해 낮아지기 때문에, 용액의 증기압 곡선은 그 용액이 순수한 물의 어는점 이하로 냉각될 때까지 고체의 증기압 곡선과 교차하지 않는다. 따라서 용액을 얼리려면 그 용액을 0°C 이하로 냉각시켜야만 한다.

엔진 냉각수는 총괄성을 적용한 한 예이다. 라디에이터의 물에 냉각수를 넣으면 끓는점이 올라가고 어는점이 낮아진다.

어는점 내림을 다루는 앞의 논의는 **비이온성**(unionized) 물질에 한정되어 있다. 끓는점 오름에 대한 논의는 **비휘발성**(nonvolatile) 및 비이온성 물질로 제한된다.

총괄성과 관련된 몇 가지의 실제적인 적용은 (1) 집에서 만드는 아이스크림의 냉동 온도를 낮추기 위하여 소금–얼음 혼합물을 사용하는 것(사진 참조), (2) 도로의 얼음을 녹이기 위하여 염화 소듐이나 염화 칼슘을 사용하는 것, (3) 자동차 라디에이터의 부동액으로 에틸렌 글리콜–물 혼합물을 사용하는 것(사진 참조, 에틸렌 글리콜은 또한 라디에이터 유체의 끓는점을 높이므로 엔진이 보다 높은 온도에서도 작동하도록 한다) 등이 있다.

어는점 내림과 끓는점 오름은 모두 용매 1 kg당 용질의 몰수에 정비례한다. 용액의 총괄성을 논의할 때는 다른 농도 표시법, 즉 **몰랄 농도**가 사용된다. 용액의 **몰랄 농도(molality, *m*)**는 용매 1 kg당 용질의 몰수이다.

$$m = \frac{\text{용질의 mol}}{\text{용매의 kg}}$$

염화 소듐이나 염화 칼슘은 눈이 내린 길이나 고속도로의 얼음을 녹이는 데 사용된다.

몰랄 농도의 기호는 소문자 m, 몰농도의 기호는 대문자 M이 사용된다. 몰랄 농도와 몰농도의 차이는 몰랄 농도가 **용매 1킬로그램당**(per kilogram of solvent) 용질의 몰수를 나타내는 반면, 몰농도는 **용액 1리터당**(per liter of solution) 용질의 몰수를 나타낸다는 것이다. 비이온성 물질의 경우에 용액의 총괄성은 그 물질의 몰랄 농도에 정비례한다.

몰랄 농도는 부피와 무관하다. 몰랄 농도는 용질과 용매의 질량 대 질량의 관계이므로, 어는점 내림과 끓는점 오름과 같은 실험을 다양한 온도에서 행할 수 있다.

다음의 식은 총괄성 및 몰랄 농도와 관련된 계산에 사용된다.

$$\Delta t_f = mK_f \qquad \Delta t_b = mK_b \qquad m = \frac{\text{용질의 mol}}{\text{용매의 kg}}$$

m = 몰랄 농도; 용질의 mol/용매의 kg
Δt_f = 어는점 내림; ℃
Δt_b = 끓는점 오름; ℃
K_f = 어는점 내림 상수; ℃ 용매의 kg/용질의 mol
K_b = 끓는점 오름 상수; ℃ 용매의 kg/용질의 mol

비정상 몰질량과 van't Hoff 인자

이온 결합 화합물은 용매(물)에 용질로 녹을 때 이온들로 해리된다.

예를 들면, 염화 포타슘은 $K^+(aq)$ 이온과 $Cl^-(aq)$ 이온으로 해리된다.

$$KCl(s) + \text{물} \longrightarrow K^+(aq) + Cl^-(aq)$$

그래서 용액에서 입자의 수는 고체 상태에서 입자의 수보다 더 많다. 총괄성은 물질의 성질이 아니라 용액에서의 입자의 수에만 좌우되기 때문에, 관찰되는 용액의 총괄성은 Raoult 법칙(Raoult's law)이나 이상적 거동에 근거하여 예측되는 것보다 더 크다.

용질이 용매에서 용해 시 회합 과정을 겪을 때, 용질의 입자 수는 감소한다. 결과적으로, 실험적으로 측정된 총괄성은 Raoult 법칙과 이상적 거동으로부터 예상되는 것보다 더 낮다. 예를 들면, 아세트산은 벤젠에서 수소 결합에 의해 회합하여 이량체를 형성한다.

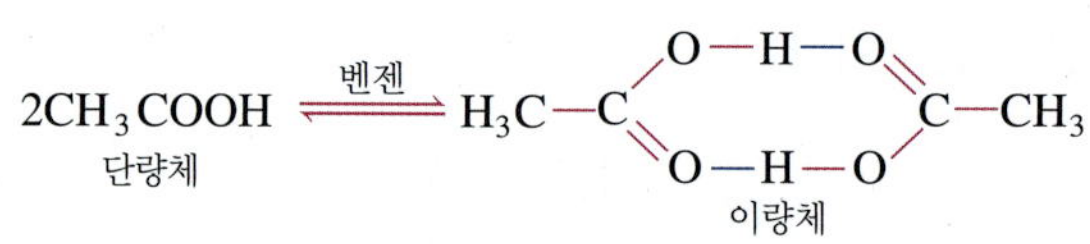

용액에서 용질의 해리 또는 회합의 정도는 van't Hoff **인자(van't Hoff factor, *i*)**로 나타낸다.

$$i = \frac{\text{총괄성에 대한 측정값}}{\text{총괄성에 대한 계산값}}$$

용질 입자의 회합/해리의 관점에서는 다음과 같이 나타낼 수 있다.

$$i = \frac{\text{회합/해리 후 용질의 몰수}}{\text{용해 전 용질의 몰수}}$$

총괄성과 실제 질량으로부터 얻어진 몰질량의 관점에서는 다음과 같이 나타낼 수 있다.

$$i = \frac{\text{정상 몰질량}}{\text{비정상 몰질량}}$$

결론적으로 다음과 같이 van't Hoff 인자를 기술할 수 있다.

1. 용질이 용액에서 회합하거나 해리되지 않을 때, van't Hoff 인자값 $i = 1$이다. 이 경우에 총괄성에 대한 측정값과 계산값은 같다. 총괄성에 의해서 측정된 몰질량값은 정상 질량값과 같다.
2. 용질이 용액에서 해리될 때, $i > 1$이다. 총괄성의 측정값들은 계산값들보다 크며, 화학식량은 총괄성의 측정에 의해 얻어진 값보다 작다.
3. 용질이 용액에서 회합될 때, $i < 1$이다. 총괄성의 측정값들은 계산값들보다 작으며, 화학식량은 총괄성의 측정에 의해 얻어진 값보다 크다.

용액 내에서 회합하거나 해리되는 용질에 대하여, 총괄성의 식은 van't Hoff 인자를 포함하여 수정할 필요가 있다.

끓는점 오름 $\Delta t_b = iK_b m$

어는점 내림 $\Delta t_f = iK_f m$

예제 14.16

H_2O 25.0 g에 CH_3OH 2.70 g을 녹여서 만든 용액의 몰랄 농도(m)는 얼마인가?

풀이

$m = \dfrac{\text{용질의 mol}}{\text{용매의 kg}}$ 이므로 다음과 같이 변환한다.

$$\frac{2.70\ \text{g } CH_3OH}{25.0\ \text{g } H_2O} \longrightarrow \frac{\text{mol } CH_3OH}{25.0\ \text{g } H_2O} \longrightarrow \frac{\text{mol } CH_3OH}{1\ \text{kg } H_2O}$$

CH_3OH의 몰질량은 (12.01 + 4.032 + 16.00) 또는 32.04 g/mol이다.

$$\left(\frac{2.70\ \cancel{\text{g } CH_3OH}}{25.0\ \cancel{\text{g } H_2O}}\right)\left(\frac{1\ \text{mol } CH_3OH}{32.04\ \cancel{\text{g } CH_3OH}}\right)\left(\frac{1000\ \cancel{\text{g } H_2O}}{1\ \text{kg } H_2O}\right) = \frac{3.37\ \text{mol } CH_3OH}{1\ \text{kg } H_2O}$$

몰랄 농도는 3.37 m이다.

실습 문제 14.11

H_2O 600.0 g에 $C_6H1_2O_6$ 147.0 g을 녹여서 만든 용액의 몰랄 농도(m)는 얼마인가?

예제 14.17

물 200. g에 에틸렌 글리콜($C_2H_6O_2$) 100. g을 녹여 용액을 만들었다. 이 용액의 어는점은 얼마인가?

풀이

용액의 어는점을 계산하려면 먼저 어는점의 변화값(Δt_f)을 구할 필요가 있다. 다음의 식을 이용하여 구한다.

$$\Delta t_f = mK_f = \frac{\text{용질의 mol}}{\text{용매의 kg}} \times K_f$$

물의 K_f: $\dfrac{1.86°\text{C 용매의 kg}}{\text{용질의 mol}}$ (표 14.5로부터)

용질의 mol: $(100.\ \cancel{\text{g } C_2H_6O_2})\left(\dfrac{1\ \text{mol } C_2H_6O_2}{62.07\ \cancel{\text{g } C_2H_6O_2}}\right) = 1.61\ \text{mol } C_2H_6O_2$

용매의 kg: $(200.\ \cancel{\text{g}}\ H_2O)\left(\dfrac{1\ \text{kg}}{1000\ \cancel{\text{g}}}\right) = 0.200\ \text{kg } H_2O$

$$\Delta t_f = \left(\frac{1.61\ \cancel{\text{mol } C_2H_6O_2}}{0.200\ \cancel{\text{kg } H_2O}}\right)\left(\frac{1.86°\text{C}\ \cancel{\text{kg } H_2O}}{1\ \cancel{\text{mol } C_2H_6O_2}}\right) = 15.0°\text{C}$$

어는점 내림(15.0°C)을 순수한 용매(물)의 어는점인 0°C에서 빼야 한다.

$$\text{용액의 어는점} = \text{용매의 어는점} - \Delta t_f = 0.0°\text{C} - 15.0°\text{C} = -15.0°\text{C}$$

따라서 용액의 어는점은 −15.0°C이다. 이 용액은 자동차의 라디에이터를 −15.0°C(5°F)가 될 때까지 보호할 수 있다.

예제 14.18

몰질량을 모르는 화합물 4.71 g을 물 100.0 g에 녹여 만든 용액의 어는점은 −1.46°C이다. 이 화합물의 몰질량은 얼마인가?

풀이

먼저, 자료를 $\Delta t_f = mK_f$ 식에 대입한 후 m에 대하여 푼다.

$$\Delta t_f = +1.46 \text{(용매인 물이 0°C에서 얼기 때문에)}$$

$$K_f = \frac{1.86°\text{C kg } H_2O}{\text{용질의 mol}}$$

$$1.46°\text{C} = mK_f = m \times \frac{1.86°\text{C kg } H_2O}{\text{용질의 mol}}$$

$$m = \frac{1.46\cancel{°\text{C}} \times \text{용질의 mol}}{1.86\cancel{°\text{C}} \times \text{kg } H_2O} = \frac{0.785 \text{ mol 용질}}{\text{kg } H_2O}$$

이제 자료 4.71 g 용질/100.0 g H_2O를 g/mol로 변환한다.

$$\left(\frac{4.71 \text{ g } \cancel{\text{용질}}}{100.0 \cancel{\text{ g } H_2O}}\right)\left(\frac{1000 \cancel{\text{ g } H_2O}}{1 \cancel{\text{ kg } H_2O}}\right)\left(\frac{1 \cancel{\text{ kg } H_2O}}{0.785 \text{ mol } \cancel{\text{용질}}}\right) = 60.0 \text{ g/mol}$$

화합물의 몰질량은 60.0 g/mol이다.

실습 문제 14.12

물 750 g에 CH_4N_2O 48 g을 녹여 만든 용액의 끓는점은 얼마인가?

예제 14.19

다음 물질의 0.1 M 수용액 중 어느 것이 가장 낮은 어는점을 가지는가?
황산 칼륨, 염화 소듐, 요소, 포도당

풀이

$\Delta t_f = i \times K_f \times m$이라는 것을 알고 있다. K_2SO_4의 i 값이 가장 크기 때문에(i = 3), 어는점 내림은 최대가 되고, 어는점은 최소가 된다.

생활 속의 화학

아이스크림

아이스크림의 주성분은 물(우유와 크림에서 나온), 고형 우유, 유지방이지만, 많은 경우 시럽이나 설탕과 같은 다양한 감미료, 조미료, 유화제, 안정화제 등을 포함한다. 하지만 아이스크림의 부드럽고 크림과 같은 깊은 향과 감촉은 이들 성분들의 혼합과 냉동 과정에서 일어나는 화학의 산물이다. 맛있는 아이스크림의 풍부하고 부드러운 맛은 유지방 때문이다. 포장 겉면에 '아이스크림'이라고 표기하여 상품을 팔고 싶다면, 최소 10%의 유지방을 함유해야 한다고 법으로 규정되어 있다. 또한 아이스크림에는 초기 혼합 공정에서 20~50%의 공기가 주입된다.

캐나다 Ontario 출신의 식품과학 및 아이스크림 전문가인 H. Douglas Goff 교수는 "제조 시 진짜로 일어나는 화학 반응이 없다고 해서 아이스크림 제조 공정에 화학이 없다고 말하는 것은 옳지 않다"라고 말했다. 아이스크림의 맛은 아이스크림의 구조에 큰 영향을 받는다. 작은 공기 방울이 초기의 거품 발생 공정에서 형성된다. 생성된 공기 방울들은 구형의 지방과 액체인 물의 네트워크에 걸쳐 두루 퍼지게 된다. 유지방은 우유 안에서 작은 방울로 있고 그 표면에 단백질을 가지고 있어서, 지방이 용액 안에 녹은 상태로 유지된다. 아이스크림 제조업자들은 유화제(달걀 노른자나 모노-또는 다이-글리세라이드)를 이용하여 이들 구형의 지방들을 불안정화시켜서 포도송이 같이 큰 네트워크를 갖도록 한다.

혼합물이 충분히 거품이 나도록 혼합되면 냉동 과정이 시작되도록 온도를 낮춘다. 아이스크림 속에 수분이 55~64% 정도 있음에도 불구하고 아이스크림은 0℃에서 얼지 않는다. 아이스크림 용액의 총괄성 때문에 어는점이 내려가는 것이다. 일단 물이 얼기 시작하면, 용액의 농도는 증가하게 되고 결국 어는점을 낮추는 효과가 계속된다. Goff 교수는 보통의 아이스크림 보관 온도(대부분 −16℃)에서는 아이스크림 속의 수분 중 72%만이 얼어 있다고 말한다. 얼지 않고 남은 수분 때문에 아이스크림을 숟가락으로 쉽게 뜰 수 있는 것이다.

아이스크림의 질에 영향을 주는 마지막 요인은 얼음 결정의 크기이다. 매우 부드러운 아이스크림을 만들기 위해서는 결정이 아주 작아야 하고, 이 작은 결정들을 생산하기 위해서는 아이스크림을 매우 천천히 얼려야 한다. 얼음 결정이 크면 거칠고 알갱이가 큰 구조의 아이스크림이 된다. 그럼 이제 여러분은 아주 맛있는 고급 아이스크림을 먹을 때 총괄성과 냉동 과정의 화학이 이런 훌륭한 맛을 만들어 낸다는 것을 알게 될 것이다.

Grafissimo/E+/Getty Images

14.6 삼투 현상과 삼투압

이 절의 학습 목표
삼투 현상과 삼투압을 설명하고 생물체에서 삼투 현상과 삼투압의 중요성을 논의할 수 있다.

적혈구를 증류수에 넣으면 서서히 부풀고 때가 지나면 터진다. 적혈구를 5% 요소(또는 5% 소금) 용액에 넣으면 서서히 오그라들어 쭈글쭈글한 모양으로 된다(사진 참조). 세포는 반투막으로 싸여 있기 때문에 이런 식의 거동을 보인다. **반투막(semipermeable membrane)**은 그 막을 통하여 어느 방향으로든 물(용매) 분자는 통과할 수 있도록 하지만, 더 큰 용질 분자나 이온은 통과하지 못하게 한다. 농도가 다른 두 용액(또는 물과 수용액)을 반투막으로 분리해 두면 물은 그 막을 통하여 보다 낮은 농도의 용액에서 보다 높은 농도의 용액으로 확산된다. 물이 반투막을 통하여 묽은 용액이나 순수한 물로부터 보다 높은 농도의 용액 쪽으로 확산되는 것을 **삼투 현상(osmosis)**이라고 한다.

0.90%(0.15 *M*)의 염화 소듐 용액은 혈장과 **등장**(isotonic), 즉 혈장과 같은 농도의 NaCl을 가지므로 **생리 식염수**(physiological saline solution)로 알려져 있다. 1 mol의 NaCl은 용액 속에서 약 2 mol의 이온을 만들기 때문에 생리 식염수 속에 들어 있는 용질 입자의 농도는 거의 0.30 *M*이다. 5% 글루코스 용액(0.28 *M*)도 혈장과 거의 등장이다. 혈구는 등장 용액 속에서 부풀거나 쪼그라들지 않는다. 물은 혈장보다 **저장**(hypotonic)이므로, 앞에서 설명한 것처럼 혈구는 물속에서 부푼다. 5% 요소 용액은 혈장보다 **고장**(hypertonic)이므로 혈

구는 요소 용액 속에서 쪼그라든다. 삼투 현상에 의해 생길 수 있는 혈구의 손상을 막기 위하여 정맥 주사용 유체는 보통 거의 등장 농도로 만든다.

모든 용액은 **삼투압**을 보이는데, 이것은 또 하나의 총괄성이다. 삼투압은 계의 압력과 대기압 사이의 압력 차이다. 계의 삼투압은 계 내의 삼투 현상으로 인한 물의 이동을 막기에 충분한 압력을 가함으로써 측정할 수 있다. 가해진 압력과 대기압과의 차이가 **삼투압**(**osmotic pressure**)이다. 계에 가해진 압력이 삼투압보다 크면 물은 삼투 현상의 반대 방향으로 이동하게 된다. 이러한 과정은 해수로부터 식수를 얻는 데 유용하게 사용되며, 이를 **역삼투 현상**(reverse osmosis)이라고 한다. 삼투압은 용질 입자의 농도에만 의존하고, 그 입자의 성질과는 무관하다. 삼투 현상을 막는 데 필요한 반대 압력의 크기를 결정함으로써 어떤 용액의 삼투압을 측정할 수 있고, 이 압력은 매우 클 수도 있다. 물 1 kg 속에 1 mol의 용질 입자를 포함하는 용액의 삼투압은 약 22.4 atm이다. 이것은 0°C에서 1 L의 부피 속에 갇혀 있는 1 mol의 기체가 발휘하는 압력과 거의 같다.

삼투 현상은 많은 생물학적 과정에서 중요한 역할을 하고 있으며, 반투막은 생체에 흔히 존재한다. 한 예로서 식물의 뿌리가 있다. 이것은 뿌리털이라고 부르는 작은 조직으로 싸여 있으며, 토양수는 삼투 현상에 의해 뿌리털을 감싸고 있는 반투막을 거쳐 식물 속으로 들어간다. 인공 또는 합성막도 만들 수 있다.

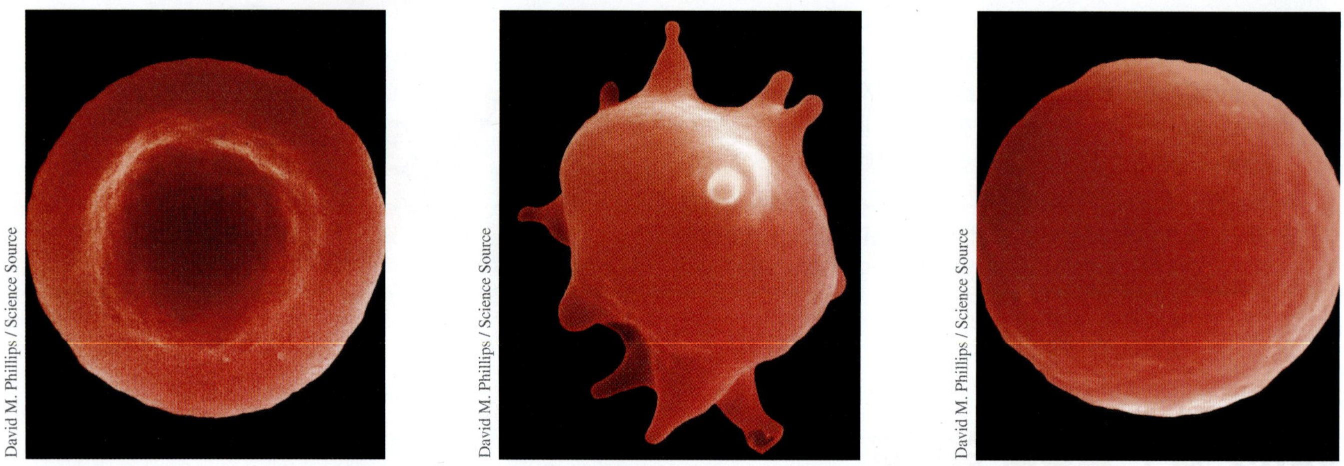

사람의 적혈구 세포. 왼쪽: 등장 용액(0.9% 식염수)에서 혈구 세포의 안과 밖의 농도는 같다. 중앙: 고장 용액(1.6% 식염수) 속에서 혈구 세포로부터 물이 빠져나가므로 세포는 둥근 톱날 모양으로 된다(쪼그라든다). 오른쪽: 저장 용액(0.2% 식염수) 속에서 물이 혈구 중심으로 들어오므로 세포는 부푼다. 배율은 260,000 × 이다.

그림 14.9에서와 같은 간단한 실험 장치로 삼투 현상을 설명할 수 있다. 삼투압 때문에 물이 셀로판막을 통과하여 씨슬 튜브로 들어가게 되고 용액의 수위를 높인다. 삼투 현상에서 물의 알짜 이동은 항상 묽은 용액에서 더 진한 용액으로 진행되고, 결과적으로 막 양쪽의 농도가 균등하게 된다. 삼투 현상에서 물의 효과적인 이동은 항상 **물의 농도가 더 높은** 영역에서 **물의 농도가 더 낮은** 영역으로 일어남을 주목하라.

삼투 현상은 반투막이 물 분자와 다른 작은 분자를 양쪽 방향으로 통과시킨다고 가정함으로써 설명된다. 물 분자는 무질서한 운동으로 막의 양쪽 면에 끊임없이 부딪치고 있다. 그 막을 지나는 물 분자의 수는 단위 시간당 막에 충돌하는 물 분자의 수에 비례한다. 용질 분자나 이온은 물의 농도를 감소시키므로, 용질의 농도가 낮은 용액(보다 묽은 용액) 쪽은 물 분자가 더 많고 보다 많은 물 분자가 충돌하게 된다. 따라서 묽은 용액 쪽에서 막에 충돌하는 물 분자의 수가 많으면 많을수록 보다 진한 용액으로 알짜 이동하는 물 분자의 수가 늘어난다. 전체 과정은 물 분자가 막을 통하여 물의 농도가 더 높은 영역(묽은 용액)에서 물의

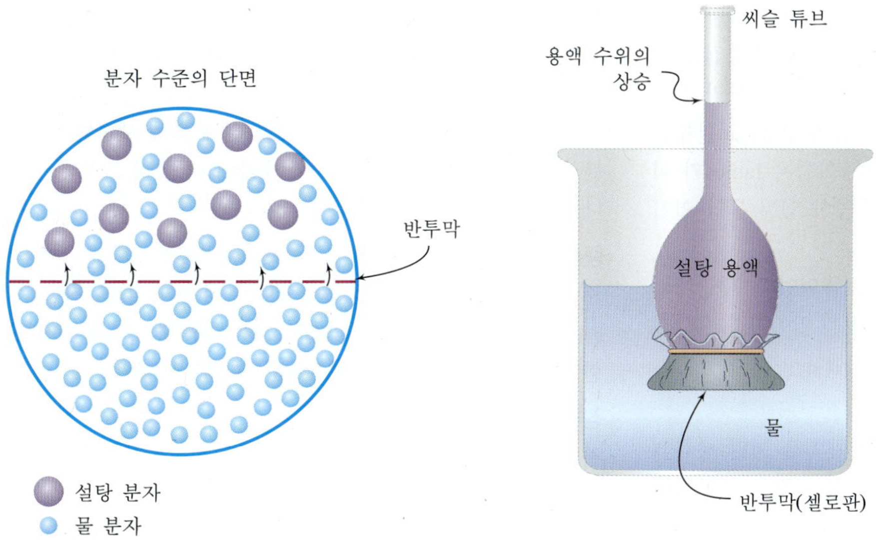

그림 14.9 삼투 현상의 실험 실연: 삼투 현상으로 물이 막을 거쳐 씨슬(thistle) 튜브로 들어감으로써 용액의 수위가 높아진다.

농도가 더 낮은 영역(보다 진한 용액)으로 확산되는 알짜 이동을 포함함을 주목하라.

이것은 삼투 현상을 간단하게 묘사한 것이다. 아무도 물 분자와 다른 작은 분자나 이온을 통과시키는 가상의 통로를 본 적은 없다. 다른 설명들도 제안되고 있지만, 이 책에서는 수용액에 한하여 논의하였다. 그러나 삼투압은 일반적인 총괄성이고, 비수용액계에서도 존재한다고 알려져 있다.

사례 연구 물이 사람을 죽일 수 있을까? 삼투 현상의 효과들 살펴보기

Michael Simons/123 RF

제1부-실제 사연

사례 1: Jennifer Strange

28세의 Jennifer Strange는 세 아이의 엄마로 아이들을 위하여 Nintendo Wii 게임에서 우승하기 위해 라디오 콘테스트에 참가했다. KDND의 "Hold your wee for a Wii" 콘테스트의 일환으로 Jennifer는 몇 시간 동안 소변을 보지 않고 물을 한 병씩 마셨다.

처음에 Jennifer는 라디오 진행자들과 가벼운 농담을 주고 받으며, 의무적으로 15분마다 0.2 L의 생수를 마시면서 즐겁게 노는 것 같았다. 그러나 시간이 지날수록 그녀는 깨질듯한 두통과 현기증이 생겼다. 마침내 그녀는 더 이상 참지 못하고 화장실로 달려가 토했다.

Jennifer는 상사에게 전화를 걸어 두통이 극심하고 너무 아파 일을 할 수 없어서 그날은 집으로 간다고 말했다. Jennifer는 그날 오후 집에서 사망한 채로 그녀의 어머니에 의해 발견되었다.

사례 2: Cassandra Killpack

3주 반의 재판 끝에 배심원단은 29세의 Jennete Killpack에게 유죄판결을 내렸다. 훈육이라는 명목으로 4살 된 수양딸 Cassandra에게 강제로 약 3.8 L의 물을 목으로 부어 넣어 살해한 혐의다. "물 훈육" 몇 시간 후, Killpacks는 Cassandra의 반응이 없자 구급대원을 불렀다. 그녀는 병원으로 이송되었으나 그날 늦게 사망했다. 의료 조사 결과 Cassandra의 뇌는 부어올랐고, 혈액과 조직의 소듐 농도는 정상보다 훨씬 낮았다.

사례 3: James McBride

25세 경찰관 James McBride는 훈련과정의 일부였던 19 km의 사이클 이후 죽었다. 자전거를 타는 동안 James는 그가 팩에 담아 가져온 약 3갤런의 물을 마셨다. 자전거에서 내리는 방법에 중점을 둔 훈련을 하는 동안 강사는 McBride가 아파 보여서 앉아 있으라고 했다. Mcbride는 현기증과 메스꺼움을 호소한 뒤 토했다. 교관들은 처음에는 열사병을 앓고 있는 것으로 생각했다. 그들은 James가 이미 상당히 많은 물을 마신 줄도 모르고, 그가 앉아 있는 동안 열기를 식히기 위해 더 많은 물을 주었다.

연습 중 다른 장교가 다쳤을 때, 구급차가 호출되었다. 구급대원들은 James가 경련을 일으키며 계속 토하는 것을 알아차리고 그를 병원으로 데려갔다. 그는 다음날 병원에서 사망했다.

질문

1. 과량으로 마신 순수한 물은 세포를 둘러싼 체액을 어떤 종류의 환경(고장액, 등장액, 저장액)으로 만드는가? 이것은 세포들에 어떤 영향을 미치는가?
2. Jennifer, Cassandra, James 에게는 공통적으로 어떤 형태의 증상이 있었는가? 어느 기관 또는 조직이 가장 영향을 받은 것 같은가?
3. 질문 1과 2에 대한 답변을 염두에 두고, Jennifer, Cassandra, James의 직접적인 사망 원인이 무엇이라고 생각하는가?
4. 어떤 환자의 증상이 Jennifer, Cassandra, James가 겪은 상태에서 기인되는 것으로 의심한다면, 확인을 위하여 어떤 종류의 검사를 진행해야 하는가?
5. 일단 그들의 증상의 원인을 알고, 그들의 담당 의사라면, Cassandra 또는 James와 같은 환자를 위하여 어떤 종류의 응급 치료를 시도할 수 있는가?
6. 의사가 탈수 환자에게 순수한 물 대신에 식염수를 투여하는 이유는 무엇이라고 생각하는가?

제2부-저나트륨혈증에 대한 사실

Jennifer, Cassandra, James는 체액과 세포에서의 소듐(나트륨) 불균형에 의한 저나트륨혈증으로 알려진 상태에서 사망했다.

저나트륨혈증은 세포를 둘러싸는 체액의 소듐(나트륨) 농도가 충분히 높지 않을 경우의 대사 상태이다.

원인

비록 세포 내부에 약간의 소듐이 존재하지만, 소듐(나트륨)은 주로 세포 외부의 체액에서 발견된다. 체액의 소듐 농도가 떨어지면 세포 외부에 저장성 환경이 만들어진다. 이 결과 물이 세포 내로 이동하여 세포가 부풀어 오른다. 대부분의 체세포들은 약간의 부기를 처리할 수 있지만, 뇌세포는 두개골 뼈에 의해 제한되기 때문에 이를 처리할 수 없다. 뇌의 부기(두개골에 대한 뇌 조직의 압박)는 저나트륨혈증 증상의 대부분을 초래한다.

증상

저나트륨혈증의 일반적인 증상으로는 다음과 같다: 착란, 의식 저하, 환각, 혼수 상태, 경련, 피로, 두통, 과민성, 식욕 부진, 근육 경련 또는 경련, 근육 약화, 메스꺼움, 안절부절, 구토.

징후 및 검사

저나트륨혈증 확인을 위해 다음과 같은 실험실적 검사를 수행할 수 있다:

- 소듐 농도를 포함한 혈액 검사(종합 대사 패널, CMP).
- 삼투압 혈액 검사(혈액 중 용질들의 농도 검사).
- 삼투압 소변 검사.
- 소변 소듐 검사.

치료

근본적인 상태가 소듐/수분 불균형에 의한 것이라면, 이를 교정하여 치료할 수 있다. 저나트륨혈증의 정확한 원인에 따라 주사용 IV bag의 등장액 식염수 투여, 일시적인 수분 섭취 제한, 선택적으로 증상을 완화하기 위한 약물 공급 등의 방법으로 치료할 수 있다.

질문

1. 격렬한 활동을 하는 동안 신체는 (오줌으로 배출되는 수분의 양을 줄임으로써) 수분을 유지하게 하는 바소프레신이라는 항이뇨 호르몬을 방출한다. 왜 이것이 저나트륨혈증에 특히 취약한 운동선수들을 견디게 하는가?
2. 사막 거주자들을 저나트륨혈증에 걸릴 위험에 빠지는 이유는 무엇인가? 그들은 어떻게 이 위험을 피할 수 있는가?
3. 저나트륨혈증의 발생은 성인보다 영유아에서 훨씬 더 위험하다. 그 이유는 무엇인가?

출처: Susan D. Hester의 "Water Can Kill?"에서 발췌. 2013년 12월 12일 미국 국립 과학 사례 연구 교육 센터에서 출판되었으며, 허가를 받고 사용함.

14장 복습

14.1 용액의 일반적 성질

중요 용어: 용액 | 용질 | 용매

- 용액은 두 가지 이상의 물질이 균일하게 섞여 있거나 한 가지 이상의 물질이 다른 물질 속에 녹아 있는 계를 설명하기 위하여 사용되는 화학적인 용어이다.

◦ 용해시키는 물질인 용매와 용매에 용해되는 성분인 용질로 구성되어 있다.
◦ 균일 혼합물이다.
◦ 용해된 용질은 분자나 이온의 크기를 가진다.
◦ 용액은 유색이나 무색이며, 일반적으로 투명하다.
◦ 간단한 물리적 방법으로 용질을 용매로부터 분리할 수 있다.

14.2 용해도

중요 용어: 용해도 | 섞일 수 있는 | 섞일 수 없는 | 용액의 농도 | 포화 용액 | 불포화 용액 | 과포화 용액

- 용해도란 일정한 양의 용매에 용해되는 용질의 양이다.
- 용해도는 정성적일 수도 있다.
- 이온 결합 화합물의 용해도에 대한 일반적인 규칙은 다음과 같다.

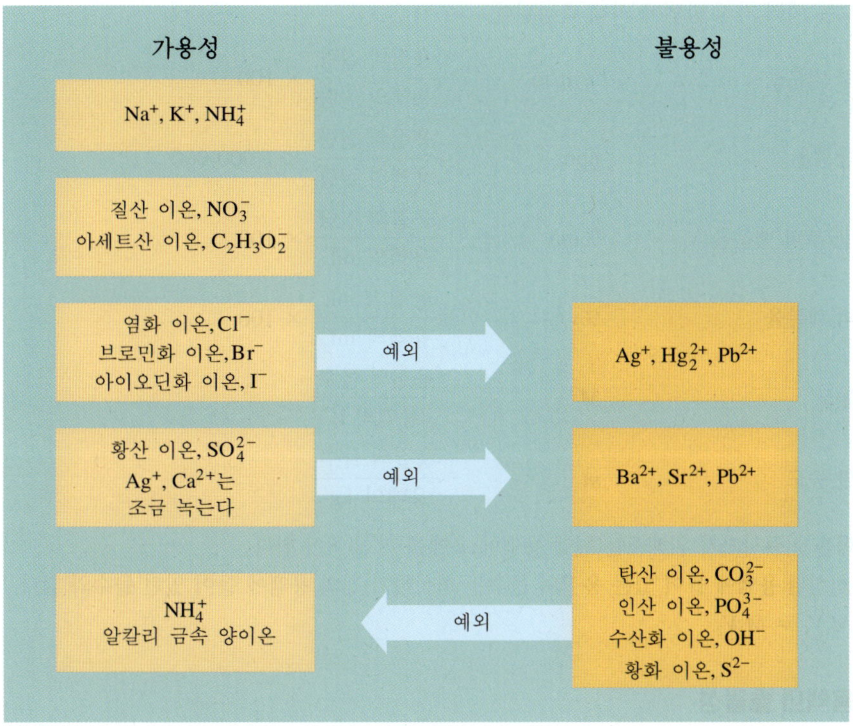

- 액체는 섞일 수 있는 것(서로 용해됨)과 섞일 수 없는 것(서로 용해되지 않음)으로 구분될 수도 있다.
- 용액의 농도는 일정한 양의 용액 속에 녹아 있는 용질의 양을 정량적으로 나타낸 것이다.
- 용매와 용질들의 경우에 비슷한 것끼리 서로 녹인다는 것이 일반적인 법칙이다.
- 온도가 증가하면,
  ◦ 액체에서의 고체의 용해도는 증가한다.
  ◦ 액체에서의 기체의 용해도는 감소한다.
- 압력이 증가하면,
  ◦ 액체에서의 고체의 용해도는 일정하다.
  ◦ 액체에서의 기체의 용해도는 증가한다.
- 특정한 온도에서 용매에 용해되는 용질의 양은 한계가 있다.
  ◦ 불포화 용액은 한계보다 적은 양의 용질을 함유한다.
  ◦ 포화 용액은 한계와 같은 양의 용질을 함유한다.
  ◦ 과포화 용액은 한계보다 많은 양의 용질을 함유하고 있어 불안정하다.
    ◦ 교란을 받으면, 과량의 용질은 결정으로 침전된다.

14.3 고체의 용해 속도

- 용질의 용해 속도는 다음의 인자에 의해 결정된다.
  - 입자의 크기
  - 온도
  - 용액의 농도
  - 교반

14.4 용액의 농도

중요 용어: 묽은 용액 | 진한 용액 | 백만분율(ppm) | 몰농도(M)

- 분자나 이온은 반응하기 위해 충돌한다.
- 용액은 분자나 이온이 충돌할 수 있는 매질을 제공한다.
- 농도는 여러 가지 방법에 의해 측정된다.

질량 백분율	%m/m	$\frac{\text{용질의 질량}}{\text{용액의 질량}} \times 100$
백만분율	ppm	$\frac{\text{용질의 질량}}{\text{용액의 질량}} \times 1,000,000$
질량/부피 백분율	%m/v	$\frac{\text{용질의 질량}}{\text{용액의 mL}} \times 100$
부피 백분율	%v/v	$\frac{\text{용질의 mL}}{\text{용액의 mL}} \times 100$
몰농도	M	$\frac{\text{용질의 몰수}}{\text{용액의 L}}$
몰랄 농도	m	$\frac{\text{용질의 몰수}}{\text{용매의 kg}}$

- 용액을 희석시키기 위해서는 원래 용액에 용매를 더 넣어야 한다.
  - 희석된 용액에 들어 있는 용질의 몰수는 희석하기 전의 용액에 들어 있던 몰수와 같다.
  - $M_1V_1 = M_2V_2$

14.5 용액의 총괄성

중요 용어: 총괄성 | 몰랄 농도(m) | van't Hoff 인자

- 용액 내의 용질 입자의 수에만 의존하는 용액의 성질을 총괄성이라고 한다.
  - 어는점 내림
    $\Delta t_f = mK_f$
  - 끓는점 오름
    $\Delta t_b = mK_b$
  - 삼투압
- 총괄성을 논의할 때는 몰랄 농도를 사용한다.
  - van't Hoff 인자
    $$i = \frac{\text{총괄성에 대한 측정값}}{\text{총괄성에 대한 계산값}}$$
  - 끓는점 오름
    $\Delta t_b = iK_bm$
  - 어는점 내림
    $\Delta t_f = iK_fm$

14.6 삼투 현상과 삼투압

중요 용어: 반투막 | 삼투 현상 | 삼투압

- 삼투 현상은 반투막을 통한 물의 확산이다.
  - 물은 낮은 농도의 용액에서 높은 농도의 용액 쪽으로 확산된다.
- 삼투 현상은 삼투압을 야기하는데, 이는 용액의 총괄성이다.

복습 질문

1. 참용액이란 무엇인가?

2. 용액을 이루는 두 성분을 명명하고 차이를 구분하시오.

3. 용액에서 어떤 성분이 용질인지를 항상 명백하게 밝힐 수 있는가? 예를 들어 액체에 액체를 녹여 만든 용액의 경우에는 어떠한가?

4. 용질이 용액에서 가라앉지 않는 이유를 설명하시오.

5. 한 고체를 다른 고체에 녹일 수 있는가? 설명하시오.

6. KCl 수용액은 무색, $KMnO_4$ 수용액은 자주색, $K_2Cr_2O_7$ 수용액은 오렌지색이다. $Na_2Cr_2O_7$ 수용액은 어떤 색이라고 예상되는가? 이유를 설명하시오.

7. 공기를 용액으로 간주하는 이유는 무엇인가?

8. 용액 속에서 (a) 단일 소듐 이온 주위에 있는 물 분자의 배향과 (b) 단일 염화 이온 주위에 있는 물 분자의 배향을 그리시오.

9. 표 14.2를 참조하여 0°C에서 48 g의 물에 녹을 수 있는 브로민화 포타슘의 그램 수를 계산하시오.

10. 그림 14.4를 참조하여 25°C에서 다음 물질의 용해도를 결정하시오.
(a) 염화 암모늄
(b) 황산 구리 (II)
(c) 질산 포타슘

11. 1A족의 리튬에서 포타슘으로 내려갈 때, 이들 금속의 염화물과 브로민화물의 용해도 경향은 어떠한가? (표 14.2)

12. 다음 경우에서 용해도(H_2O 100 g당 용질의 g)는 얼마인가? (그림 14.4)
(a) 35°C에서 KCl
(b) 60°C에서 $CuSO_4$
(c) 30°C에서 SO_2 기체
(d) 15°C에서 $NaNO_3$

13. 염의 용해도는 온도에 따라 크게 달라질 수 있다. 대부분의 물질의 용해도는 온도 증가에 따라 증가하는데 일부는 감소한다. 교재의 그림 14.4를 사용하여 10°C와 50°C에서 다음 용질들이 용해도가 증가하는 순서대로 나열하시오.

KCl, $CuSO_4$, HCl, Li_2SO_4, KNO_3 (전부 1기압에서)

14. 그림 14.4에서 온도가 증가함에 따라 용해도가 감소하는 경향을 보이는 고체 물질은 어느 것인가?

15. 45°C에서 H_2O 15.0 g에 6.6 g의 KNO_3를 녹이면 용액은 포화 상태인가, 불포화 상태인가? 이 용액에서 용질의 질량 백분율은 얼마인가? (그림 14.4)

16. Li_2SO_4 39. g을 40°C의 물 75.0 g에 녹이면 용액은 포화 상태인가 또는 불포화 상태인가? 이 용액에서 용질의 질량 백분율은 얼마인가? (그림 14.4)

17. $NaC_2H_3O_2$ 과포화 용액을 만드는 방법과 그 용액이 과포화 상태임을 입증하는 방법을 설명하시오.

18. 헥세인이 다이에틸 에터($C_2H_5OC_2H_5$)는 녹이지만 염화 소듐은 녹이지 못하는 이유를 설명하시오.

19. 차와 같은 음료는 뜨겁거나 차갑게 하여 마시는 반면, 코카콜라와 같은 음료는 항상 차갑게 하여 마신다. 이유는 무엇인가?

20. 액체에 대한 기체의 용해도에 미치는 압력의 효과는 무엇인가? 액체에 대한 고체의 용해도의 경우에는 어떠한가?

21. 고체 용질이 용해되는 속도 또는 속도에 영향을 미치는 네 가지 요소를 열거하시오.

22. 녹지 않은 용질을 포함하고 있는 포화 용액에서 용질은 계속 녹고 있지만, 용액의 농도는 변하지 않는다. 이유를 설명하시오.

23. 샴페인은 뚜껑을 열기 전에 보통 냉장고에서 냉각시킨다. 또한, 매우 조심스럽게 뚜껑을 연다. 따뜻한 샴페인 병을 흔들어서 빨리 힘차게 열면 어떻게 될까?

24. 고체 용질을 용매에 넣었을 때, 용해 과정이 진행됨에 따라 용해 속도는 증가하는지 또는 감소하는지 설명하시오(그림 14.6).

25. 차가운 차 150 mL와 뜨거운 커피 150 mL에서 설탕 한 숟가락을 각각 녹일 때 어느 쪽에서 더 빨리 녹겠는가? KMT로 설명하시오.

26. 분말 상태의 물질이 과립보다 더 빨리 녹는 이유는 무엇인가?

27. $AgNO_3$와 NaCl 결정을 혼합할 때는 겉보기에 반응이 일어나는지 분명하지 않다. 그러나 $AgNO_3$와 NaCl 용액을 혼합할 때는 반응이 즉시 일어나는 것이 분명한 이유를 설명하시오.

28. 1 L의 0.5 *M* NaCl 용액은 0.5 L의 1 *M* $MgCl_2$ 용액보다 더 많은 염화 이온을 함유하는가? 이유를 설명하시오.

29. 750 mL의 5.0 *M* NaCl 용액을 만드는 방법을 설명하시오.

30. 다음의 각 염기를 1 L의 1 *M* HCl과 반응하는 부피가 가장 큰 것부터 가장 작은 것의 순서대로(내림차순) 나열하시오.

(a) 1 *M* NaOH (c) 2 *M* KOH

(b) 1.2 *M* $Ca(OH)_2$ (d) 0.6 *M* $Ba(OH)_2$

31. 비휘발성 용질을 포함하는 용액의 끓는점이 순수한 용매의 끓는점보다 높은 이유를 증기압으로 설명하시오.

32. 용액의 어는점이 순수한 용매의 어는점보다 낮은 이유를 설명하시오.

33. 물과 얼음을 섞으면 그 혼합물의 온도는 0°C이다. 그러나 메틸 알코올과 얼음을 섞으면 −10°C의 온도를 쉽게 얻는다. 두 혼합물의 온도 거동이 다른 이유를 설명하시오.

34. 다음 각 경우에서 물 500. g의 어는점을 낮추는 데 더 효과적인 방법은 어떤 것인가?

(a) 93. g의 슈크로스($C_{12}H_{22}O_{11}$) 또는 93. g의 에틸 알코올 (C_2H_5OH)

(b) 100. g의 슈크로스 또는 20.0 g의 에틸 알코올

(c) 20.0 g의 에틸 알코올 또는 20.0 g의 메틸 알코올(CH_3OH)

35. 몰농도와 몰랄 농도의 차이는 무엇인가?

36. 4 *m* NaCl 수용액의 몰농도는 4 *M*보다 큰가 아니면 작은가? 이유를 설명하시오.

37. 겨울에 빙판길에 염을 뿌리는 이유는 무엇인가?

38. 그림 14.9의 씨슬 튜브에 1.2 *M* 설탕 용액을 넣고 비커의 물을 2.1 *M* 요소 용액으로 대체했다고 가정한다. 씨슬 튜브 속의 용액의 수위가 계속 올라가겠는가, 일정하게 머무르겠는가, 내려가겠는가? 이유를 설명하시오.

39. 반투막을 순수한 물과 12% 설탕 용액 사이에 놓았을 때, 그 반투막이 어떻게 작용하는지를 KMT 관점에서 설명하시오.

40. 1 kg의 H_2O에 90 g의 요소(NH_2CONH_2)를 녹인 용액과 1 kg의 H_2O에 140 g의 글루코스($C_6H_{12}O_6$)를 녹인 용액 중에 삼투압이 더 높은 용액은 어느 것인가?

41. 소금과 식초가 들어 있는 샐러드드레싱과 접촉하고 있는 상춧잎은 금방 시들어서 누글누글하게 되는 반면, 보통의 물이 묻어 있는 다른 상춧잎은 싱싱하게 남아 있는 이유를 설명하시오.

42. 한 무리의 난파선 생존자들이 구조되기 전에 며칠 동안 뗏목 위에서 표류하였다. 바닷물을 마신 사람들의 대부분이 탈수 현상을 겪었다. 이유를 설명하시오.

짝으로 된 연습 문제

푸른색 숫자로 되어 있는 모든 연습 문제의 답은 부록 5에 있다.

1. 아래에 나열한 물질 중에서 일반적으로 물에 녹는 것은 어느 것인가? (그림 14.2 또는 부록 4 참조)

(a) AgCl (c) Na_3PO_4 (e) PbI_2

(b) K_2SO_4 (d) NaOH (f) $(NH_4)_2CO_3$

2. 아래에 나열한 물질 중에서 일반적으로 물에 녹는 것은 어느 것인가? (그림 14.2 또는 부록 4 참조)

(a) $Ba_3(PO_4)_2$ (c) $Fe(OH)_3$ (e) ZnO

(b) $Cu(NO_3)_2$ (d) $NH_4C_2H3O_2$ (f) $AgNO_3$

3. 다음 물질들이 물, 헥세인 또는 두 가지 모두에 녹는지를 예측하시오. 그리고 그 이유를 설명하시오.

(a) CH_3CH_2—OH

(b)

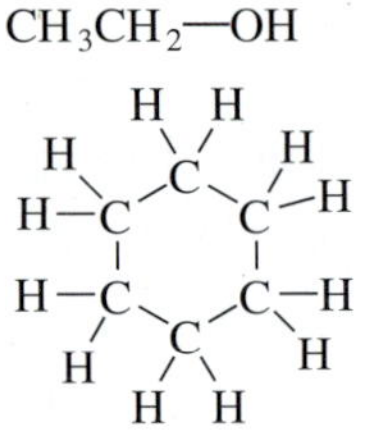

(c) KBr

4. 다음 물질들이 물, 헥세인 또는 두 가지 모두에 녹는지를 예측하시오. 그리고 그 이유를 설명하시오.

(a) CH_3—CH_2—CH_2—CH_2—CH_2—CH_2—CH_3

(b) Li_3PO_4

(c)

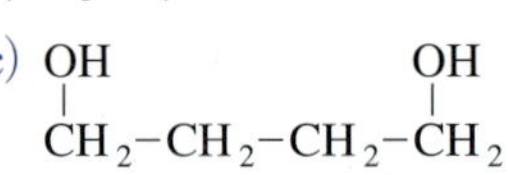

5. 다음 용액들은 20°C에서 포화될 것인지를 밝히시오. 표 14.3의 자료를 이용하여 답하시오.

(a) 물 100. g에 KCl 24.9 g을 녹인 용액

(b) 물 50.0 g에 $NaNO_3$ 44.0 g을 녹인 용액

(c) 물 400. g에 $KClO_3$ 29.1 g을 녹인 용액

(d) 물 115. g에 설탕($C_6H_{22}O_{11}$) 115 g을 녹인 용액

6. 다음 용액들은 50°C에서 포화될 것인지를 밝히시오. 표 14.3의 자료를 이용하여 답하시오.

(a) 물 200. g에 $KClO_3$ 38.6 g을 녹인 용액

(b) 물 300. g에 $AgNO_3$ 300. g을 녹인 용액

(c) 물 25.0 g에 NaCl 9.25 g을 녹인 용액

(d) 물 500. g에 $NaNO_3$ 492 g을 녹인 용액

7. 다음 용액의 질량 백분율을 계산하시오.
(a) 35.0 g KCl + 100.0 g H_2O
(b) 3.64 g Na_3PO_4 + 20.0 g H_2O
(c) 0.48 mol $NH_4C_2H_3O_2$ + 230. g H_2O
(d) 27 mol H_2O 속에 1.70 mol NaOH

8. 다음 용액의 질량 백분율을 계산하시오.
(a) 125.0 g H_2O 속에 25.0 g $NaNO_3$
(b) 35.0 g H_2O 속에 1.25 g $CaCl_2$
(c) 225 g H_2O 속에 0.75 mol K_2CrO_4
(d) 72.5 mol H_2O 속에 1.20 mol H_2SO_4

9. 표백제 용액은 5.23 g의 하이포염소산 소듐(NaClO)이 필요하다. 질량 백분율 21.5%인 하이포염소산 소듐 용액 몇 g이 사용되겠는가?

10. 미생물학 시간에 배양액을 만들고 있다. 57.0 g의 설탕을 함유하는 2.500 L의 배양을 만든다면, 35.0 %(질량 %) 설탕 용액은 몇 mL 필요한가? 설탕 용액의 밀도는 1.151 g/mL이다.

11. 질량 백분율 7.5%인 $FeSO_4$ 용액 25 g이 있다. 다음을 구하시오.
(a) 용질의 그램 수 (b) 용매의 그램 수

12. 질량 백분율 12.0%인 $CaCl_2$ 용액 75 g이 있다. 다음을 구하시오.
(a) 용질의 그램 수 (b) 용매의 그램 수

13. 용액의 질량/부피 백분율을 계산하시오.
(a) C_2H_5OH(에탄올) 15.0 g을 물에 녹여서 부피 150.0 mL가 되도록 만든 용액
(b) NaCl 25.2 g을 물에 녹여서 부피 125.5 mL가 되도록 만든 용액

14. 용액의 질량/부피 백분율을 계산하시오.
(a) $C_{12}H_{22}O_{11}$(설탕) 175.2 g을 물에 녹여서 부피 275.5 mL가 되도록 만든 용액
(b) CH_3OH(메탄올) 35.5 g을 물에 녹여서 부피 75.0 mL가 되도록 만든 용액

15. 용액의 부피 백분율을 계산하시오.
(a) 헥산올 75.0 mL를 충분한 에탄올에 녹여서 부피 360. mL가 되도록 만든 용액
(b) 에탄올 2.0 mL를 충분한 메탄올에 녹여서 부피 12.0 mL가 되도록 만든 용액
(c) 아세톤 21.5 mL를 충분한 헥세인에 녹여서 부피 275 mL가 되도록 만든 용액

16. 용액의 부피 백분율을 계산하시오.
(a) 뷰탄올 37.2 mL를 충분한 에탄올에 녹여서 부피 275 mL가 되도록 만든 용액
(b) 메탄올 4.0 mL를 충분한 물에 녹여서 부피 25.0 mL가 되도록 만든 용액
(c) 아이소아밀 알코올 45.0 mL를 충분한 아세톤에 녹여서 부피 750. mL가 되도록 만든 용액

17. 다음 용액의 몰농도를 구하시오.
(a) 75.0 mL 용액 속에 용질 0.25 mol
(b) 0.75 L 용액 속에 KBr 1.75 mol
(c) 1.25 L 용액 속에 $NaC_2H_3O_2$ 35.0 g
(d) 1.2 L 용액 속에 $CuSO_4 \cdot 5\ H_2O$ 75 g

18. 다음 용액의 몰농도를 구하시오.
(a) 125 mL 용액 속에 용질 0.50 mol
(b) 1.50 L 용액 속에 $CaCl_2$ 2.28 mol
(c) 775 mL 용액 속에 $C_6H_{12}O_6$ 275 g
(d) 2.50 L 용액 속에 $MgSO_4 \cdot 7\ H_2O$ 125 g

19. 다음 용액 속의 용질의 몰수를 구하시오.
(a) 1.20 *M* H_2SO_4 2.6 L
(b) 0.002 *M* $BaCl_2$ 25.0 mL
(c) 0.35 *M* K_3PO_4 475 mL

20. 다음 용액 속의 용질의 몰수를 구하시오.
(a) 1.50 *M* HNO_3 0.75 L
(b) 0.75 *M* $NaClO_3$ 10.0 mL
(c) 0.50 *M* LiBr 175 mL

21. 다음 용액 속의 용질의 그램 수를 구하시오.
(a) 0.75 *M* K_2CrO_4 2.5 L
(b) 0.050 *M* $HC_2H_3O_2$ 75.2 mL
(c) 16 *M* HNO_3 250 mL

22. 다음 용액 속의 용질의 그램 수를 구하시오.
(a) 18 *M* H_2SO_4 1.20 L
(b) 1.50 *M* $KMnO_4$ 27.5 mL
(c) 0.025 *M* $Fe_2(SO_4)_3$ 120 mL

23. (a) 0.12% 소금 용액 525.0 g을 만드는 데 필요한 염화 소듐(NaCl)과 물의 질량은?
(b) 요리용 셰리주 1.5 L 한 병에는 부피 백분율로 18%의 알코올이 들어 있다. 병에 들어 있는 알코올의 양은 몇 mL인가?
(c) 250. mL 용액에는 3.8 mol의 H_2SO_4가 들어 있다. 이 용액의 몰농도는 얼마인가?
(d) 2.6 mol의 KCl을 사용하여 4.0 L 용액을 만들었다. 이 용액의 몰농도를 계산하시오.

24. (a) 0.2755 g의 아이오딘화 포타슘으로 만들 수 있는 0.1500% 용액의 질량은?
(b) 750. mL 메를로 와인 병에는 아황산 소듐이 185 ppm 들어 있다. 와인의 밀도가 0.992 g/mL이라면 메를로 와인 병에 아황산 소듐은 몇 g이 있는가?
(c) 375 mL 용액은 아세트산 소듐으로 0.486 M이다. 이 용액에는 몇 g의 아세트산 소듐이 있는가?
(d) 병원에서 정맥 주사로 사용되는 2.000%의 슈크로스(설탕) 용액 1500. g은 어떻게 조제하는가?

25. 다음과 같은 양이 들어 있으려면 0.750 M H_3PO_4 몇 mL가 있어야 하는가?
(a) 0.12 mol H_3PO_4
(b) 35.5 g H_3PO_4
(c) 7.34 × 10^{22}개의 H_3PO_4 분자

26. 다음과 같은 양이 들어 있으려면 0.250 M NH_4Cl 몇 mL가 있어야 하는가?
(a) 0.85 mol NH_4Cl
(b) 25.2 g NH4Cl
(c) 2.06 × 10^{20}개의 NH_4Cl 화학식 단위

27. 몇몇 사람들은 핸드크림을 구입하는 것보다 값이 싸고 좋아하는 향만 첨가할 수 있기 때문에 직접 만들어 쓰길 좋아한다. 물(H_2O) 327 g과 글리세린 ($C_3H_8O_3$) 311 g을 혼합하면 550. mL의 핸드크림을 만들 수 있다.
(a) 핸드크림에서 글리세린의 질량 백분율은 얼마인가?
(b) 핸드크림에서 글리세린의 몰농도는 얼마인가?

28. 몇몇 사람들은 가정에서 쉽게 얻을 수 있는 화학 약품을 이용하여 유리창 세정제를 만들어 왔다. 식초(희석된 아세트산, $HC_2H_3O_2$)에 약간의 세제(계면 활성제)와 물을 섞어서 만든다. 일반적으로 아세트산 14.3 g, 물 525.0 g, 세제 1.3 g을 혼합하면 540.0 mL의 용액을 만들 수 있다.
(a) 유리창 세정제에서 아세트산의 질량 백분율은 얼마인가?
(b) 유리창 세정제에서 아세트산의 몰농도는 얼마인가?

29. 다음을 혼합하여 만든 용액의 몰농도는 얼마인가? 두 액체의 부피의 합은 최종 용액의 부피와 같다고 가정한다.
(a) H_2O 775 mL + 4.0 M H_3PO_4 125 mL
(b) H_2O 750 mL + 0.25 M Na_2SO_4 250 mL
(c) 1.5 M HNO_3 75 mL + 0.50 M HNO_3 75 mL

30. 다음을 혼합하여 만든 용액의 몰농도는 얼마인가? 두 액체의 부피의 합은 최종 용액의 부피와 같다고 가정한다.
(a) H_2O 275 mL + 3.0 M H_2SO_4 175 mL
(b) H_2O 150 mL + 0.12 M $CuSO_4$ 350 mL
(c) 0.500 M HCl 25.0 mL + 0.250 M HCl 50.0 mL

31. 아래에 지시된 묽은 용액을 만드는 데 필요한 진한 시약의 부피를 계산하시오.
(a) 2.55 M H_3PO_4 750 mL를 만들기 위해 필요한 15 M H_3PO_4
(b) 0.50 M HNO_3 250 mL를 만들기 위해 필요한 16 M HNO_3

32. 아래에 지시된 묽은 용액을 만드는 데 필요한 진한 시약의 부피를 계산하시오.
(a) 2.0 M H_2SO_4 225 mL를 만들기 위해 필요한 18 M H_2SO_4
(b) 1.0 M NH_3 75 mL를 만들기 위해 필요한 15 M NH_3

33. Gingerone은 생강에서 발견되는 물질로, 조리할 때 진저론(zingerone)으로 전환된다. 이 물질은 생강으로 요리되는 음식에 향을 부여하는 분자이다. 여러분이 화채를 만들 때 완벽한 향을 얻으려면 최종적으로 6.05 × 10^{-5} M의 zingerone의 농도가 요구된다. 10.0 L의 화채를 만들기 위해서는 1.20 × 10^{-3} M의 zingerone 용액이 얼마나 필요한가?

34. 아네톨(anethole)은 아니스나 펜넬과 같은 채소로 요리되는 음식에 향을 부여하는 분자이다. 베트남 스프인 pho를 만들 때 7.15 × 10^{-6} M의 아네톨 농도가 최적의 향을 내게 된다. 2.50 L의 pho를 만들기 위해서는 3.81 × 10^{-3} M의 아네톨 용액이 얼마나 필요한가?

35. 주어진 식을 이용하여 다음을 계산하시오.

$$2\ KMnO_4(aq) + 16\ HCl(aq) \longrightarrow 2\ MnCl_2(aq) + 5\ Cl_2(g) + 8\ H_2O(l) + 2\ KCl(aq)$$

(a) 0.250 M HCl 15.0 mL로부터 얻을 수 있는 H_2O의 몰수
(b) 1.85 mol MnC_{l2}를 만들기 위해 필요한 0.150 M $KMnO_4$의 부피
(c) 0.525 M KCl 125 mL를 만들기 위해 필요한 2.50 M HCl의 부피
(d) HCl 22.20 mL를 0.250 M $KMnO_4$ 15.60 mL와 반응시킬 때 HCl의 몰농도(M)
(e) 2.5 M HCl 용액 125 mL를 반응시켜 생성된 Cl_2 기체의 STP에서의 부피(L)
(f) 0.750 M HCl 용액 15.0 mL와 0.550 M $KMnO_4$ 용액 12.0 mL를 반응시켜 얻은 Cl_2 기체의 STP에서의 부피(L)

36. 주어진 식을 이용하여 다음을 계산하시오.

$$K_2CO_3(aq) + 2\ HC_2H_3O_2(aq)) \longrightarrow 2\ KC_2H_3O_2(aq) + H_2O(l) + CO_2(g)$$

(a) 0.150 M $HC_2H_3O_2$ 25.0 mL로부터 얻을 수 있는 H_2O의 몰수
(b) 17.5 mol $KC_2H_3O_2$를 만들기 위해 필요한 0.210 M K_2CO_3의 부피
(c) 0.750 M K_2CO_3 75.2 mL와 반응하기 위해 필요한 1.25 M $HC_2H_3O_2$의 부피
(d) $HC_2H_3O_2$ 10.15 mL를 0.250 M K_2CO_3 18.50 mL와 반응시킬 때 $HC_2H_3O_2$의 몰농도(M)
(e) 1.5 M $HC_2H_3O_2$ 용액 105 mL를 반응시켜 생성된 CO_2 기체의 STP에서의 부피(L)
(f) 0.350 M K_2CO_3 용액 25.0 mL와 0.250 M $HC_2H_3O_2$ 용액 25.0 mL를 반응시켜 얻은 CO_2 기체의 STP에서의 부피(L)

37. 다음 각 용액의 몰랄 농도를 계산하시오.
(a) 175 g의 물속에 녹아 있는 2.1 mol의 HCl
(b) 550.0 g의 물속에 녹아 있는 14.5 g의 $C_{12}H_{22}O_{11}$
(c) 595 g의 에탄올(CH_3CH_2OH) 속에 녹아 있는 25.2 mL의 메탄올(CH_3OH) (d = 0.791 g/mL)

38. 다음 각 용액의 몰랄 농도를 계산하시오.
(a) 750.0 g의 물속에 녹아 있는 1.25 mol의 CaC_{l2}
(b) 525 g의 물속에 녹아 있는 2.5 g의 $C_6H_{12}O_6$
(c) 35.5 mL의 물(d = 1.00 g/mL)속에 녹아 있는 17.5 mL의 2-프로판올[$(CH_3)_2CHOH$] (d = 0.785 g/mL)

39. 38.4 g의 벤젠(C_6H_6) 속에 2.68 g의 나프탈렌($C_{10}H_8$)을 포함하고 있는 용액의 (a) 몰랄 농도, (b) 어는점, (c) 끓는점은 얼마인가?

40. 150.0 g의 물속에 100.0 g의 에틸렌 글리콜 ($C_2H_6O_2$)을 포함하고 있는 용액의 (a) 몰랄 농도, (b) 어는점, (c) 끓는점은 얼마인가?

41. 60.0 g의 아세트산에 미지 화합물 8.00 g을 녹인 용액의 어는점은 13.2°C이다. 이때 미지 화합물의 몰질량을 계산하시오.

42. 22.0 g의 H_2O에 어떤 화합물 4.80 g을 녹인 용액이 −2.50°C에서 얼면, 그 화합물의 몰질량은 얼마인가?

43. 다음 물질 중에서 참용액의 예를 고르시오.
(a) 재스민차
(b) 크로뮴 금속
(c) 흙탕물
(d) 가솔린

44. 다음 물질 중에서 참용액의 예를 고르시오.
(a) 붉은색 페인트
(b) 콩코드 포도 주스
(c) 오일과 식초가 첨가된 샐러드드레싱
(d) 스테인리스스틸

45. 문제 43의 물질 중에서 참용액이 아닌 것은 무엇이며, 그 이유를 설명하시오.

46. 문제 44의 물질 중에서 참용액이 아닌 것은 무엇이며, 그 이유를 설명하시오.

47. 다음의 각 짝에서 보다 빨리 녹는 것을 예측하고, 그 이유를 설명하시오.
(a) 뜨거운 커피에 녹는 설탕 한 숟가락 또는 큰 설탕 결정
(b) 물 100 mL 또는 15% 황산 구리(II) 용액 100 mL 속에서 45.0 g의 황산 구리(II)
(c) 냉차 또는 뜨거운 차 속에서 녹는 한 통의 인공 감미료
(d) 탁자 위에 놓인 1.5 L의 물 또는 달리는 차 안에서 이리저리 출렁거리는 1.5 L의 물속에서 20 g의 질산 은

48. 다음의 각 짝에서 보다 빨리 녹는 것을 예측하고, 그 이유를 설명하시오.
(a) 25°C의 50.0 g 아이소프로필 알코올 또는 75°C의 50.0 g 아이소프로필 알코올 속에서 0.424 g의 페닐알라닌
(b) 37°C의 물 300 g 속에서 1.42 g의 소듐 아세테이트 결정 또는 37°C의 물 300 g 속에서 1.42 g의 소듐 아세테이트 분말
(c) 35°C의 물 5.0 L 속에서 식염 (NaCl) 500 g 한 통 또는 21°C의 물 5.0 L 속에서 가축용 덩어리 소금 (NaCl) 500 g
(d) 15 mL당 160 mg의 아세트아미노펜을 함유하는 유아용 진통제 100 mL 또는 15 mL당 320 mg의 아세트아미노펜을 함유하는 성인용 진통제 100 mL 속에서 25 mg의 아세트아미노펜

49. 경찰에서는 불법 마약인 PCP의 존재를 확인하기 위하여, 아이오딘화 포타슘(KI)과 반응시키는 빠르고 쉬운 방법을 이용한다. PCP는 KI와 반응하여 긴 가지 모양의 침상구조를 가진 결정성 고체를 형성한다. KI 390 g을 녹여서 최종 부피를 750.0 mL로 만드는 저장 용액에서의 KI 몰농도는 얼마인가?

50. 마약관리국에서는 범죄 현장에서 발견되는 결정성 물질들을 확인하는 데 이용 가능한 다양한 화학적 방법들을 갖고 있다. 헤로인은 시료를 염화 수은(II) 용액과 반응시켜서 검출할 수 있다. 헤로인은 장미 모양의 침상형 결정을 형성할 것이다. $HgCl_2$ 74.15 g을 녹여서 최종 부피를 250.0 mL로 만드는 저장 용액에서 $HgCl_2$의 몰농도는 얼마인가?

추가 연습 문제

51. 소금(NaCl) 결정이 물에 녹을 때 어떤 일이 일어나는가?

52. 포도당 분자($C_6H_{12}O_6$)가 물에 녹을 때 어떤 일이 일어나는가?

53. 설탕과 소금은 물에 녹을 때 왜 다르게 거동하는가?

54. 용해도는 온도에 따라 어떻게 변하는가? 기체, 액체, 고체에 대한 온도 변화의 영향을 비교하시오.

55. 생리 식염수의 농도를 확인하기 위하여 분석하였다. 50.3 g의 질량을 가진 48 mL 용액 시료가 증발되어 건조되었다. 만약 고체 NaCl 잔류물의 질량이 3.84 g이라면, 원래 용액에서 NaCl의 질량 백분율은 얼마인가?

56. 왜 등장 염화 소듐 용액(0.9% 식염수)에서는 혈구가 쭈그러들거나 부풀지 않는가?

57. 14.1절에 있는 $KMnO_4$가 녹는 그림을 보면, 화합물이 녹으면서 보라색 줄무늬를 형성한다. 이유를 설명하시오.

58. 그림 14.4에서 KNO_3의 용해도 곡선을 보고, 왼쪽에서 오른쪽으로 갈수록 기울기가 커지는 이유를 설명하시오. 다른 물질들과 비교할 때 기울기가 어떠한가? 이것은 무엇을 의미하는가?

59. 정맥주사용 수액 1 L에는 염화 소듐(NaCl) 8.4 g이 함유되어 있다. 이 용액에 있는 염화 소듐의 몰농도는 얼마인가?

60. 설탕 시럽 용액에는 질량 백분율 15.0%의 설탕($C_{12}H_{22}O_{11}$)이 들어 있고, 밀도는 1.06 g/mL이다.
(a) 이 시럽 1.0 L에는 몇 그램의 설탕이 들어 있는가?
(b) 이 용액의 몰농도는 얼마인가?
(c) 이 용액의 몰랄 농도는 얼마인가?

61. 250.0 g의 벤젠 속에 3.84 g의 C_4H_2N(실험식)이 들어 있는 용액은 벤젠의 어는점을 0.614°C 낮게 한다. 그 화합물의 분자식은 무엇인가?

62. Great Salt Lake의 물의 염 농도는 3.42 *M*(NaCl로 표시됨)에 이른다고 한다. 고원지대 샘물의 염 농도는 0.00171 *M*로 매우 낮다. 음용수 또는 마실 수 있는 물에서 최대 권장량은 0.0171 *M* 또는 샘물 농도의 10배 수준이 된다. Great Salt Lake의 물 660. mL를 마실 수 있게 하려면 최소 어느 정도의 부피로 희석해야만 하는가? 샘물의 염 농도는 무시하시오.

63. 피부 수렴제로 쓰이는 풍년화 추출 용액에는 에틸 알코올(C_2H_5OH)이 부피당 14% 들어 있다. 이 용액 16 액량 온스(fl. oz)병 안에 몇 mL의 에틸 알코올이 들어 있는가?

64. 물 82.0 g에 $C_2H_6O_2$ 16.10 g을 녹인 용액은 101.62°C에서 끓는다. 물에 대한 끓는점 오름 상수(K_f)가 0.512°C kg H_2O/용질의 몰 임을 증명하시오.

65. 정맥주사에 사용되는 생리 식염수 용액은 0.90% (m/v) NaCl의 농도를 가진다.
(a) 이 용액 480.0 mL를 만드는 데 필요한 NaCl은 몇 g인가?
(b) 이 용액으로부터 9.0% (m/v)의 NaCl 용액을 얻기 위해서는 얼마의 물을 증발시켜야 하는가?

66. 시험 준비를 위해 공부할 때, 에너지 음료에 포함된 카페인의 농도를 계산하고 그 농도가 0.021 *M*임을 알게 되었다. 만약 커피 한 잔에 255 mg의 카페인이 함유되어 있다면, 에너지 음료 몇 mL가 이와 같은 양의 카페인을 공급하겠는가? 카페인의 분자식은 $C_8H_{10}N_4O_2$이다.

67. 여러분이 재스민 향을 좋아해서 재스민의 독특한 향을 내는 화합물의 하나인 메틸 자스모네이트 용액을 가지고 왔다. 만약 이 용액이 0.5298 *M* 메틸 자스모네이트 용액이라면 공기 중으로 0.414 mL의 용액을 분사할 때 얼마나 많은 분자가 방 안에 흩어지겠는가?

68. 1 g(1.00 g)의 포도당($C_6H_{12}O_6$)이 H_2O 1.10 mL에 용해된다. 농도를 질량 백분율과 몰랄 농도로 어떻게 되는가? 인간의 혈액에는 일반적으로 약 0.090%의 포도당(질량 백분율)이 포함되어 있다. 혈당의 몰랄 농도는 어떻게 되는가? 혈액 1000 g은 용매 1000 g과 같다고 가정한다.

69. 48.0 g의 KNO_3와 175 g의 H_2O로 용액을 만들었다. 몇 g의 물을 증발시켜야 20°C에서 KNO_3 포화 용액이 되겠는가? (그림 14.4)

70. 만약 7.50 mL의 윈터그린 오일을 갖고 있다면, 0.25% (v/v)의 윈터그린 오일 용액 몇 L를 만들 수 있는가?

71. 20°C에서 질량 백분율 35.0%인 HNO_3 수용액의 밀도는 1.21 g/mL이다.
(a) 이 용액 1.10 L 속에 존재하는 HNO_3는 몇 g인가?
(b) 500. g의 HNO_3를 포함하는 이 용액의 부피는 얼마인가?

72. 질량 백분율 85%인 인산(H_3PO_4) 수용액의 밀도가 1.7 g/mL이면, 그 인산 수용액의 몰농도는 얼마인가?

73. 80.0 g의 H_2SO_4가 들어 있는 500.0 mL의 용액을 얼마의 부피로 묽혀야 0.12 *M* 용액으로 되겠는가?

74. (a) 과량의 마그네슘과 3.00 *M* HCl 192.0 mL를 반응시키면 몇 mol의 수소가 발생하겠는가? 반응식은 다음과 같다.

$$Mg(s) + 2\ HCl(aq) \rightarrow MgCl_2(aq) + H_2(g)$$

(b) 27°C, 720 torr에서 측정할 때 몇 리터의 수소 기체(H_2)를 얻을 수 있는가? (**힌트**: 이상 기체 방정식을 이용하시오.)

75. 위산(HCl)을 중화시킬 때, 1.20 g의 $Mg(OH)_2$와 1.00 g의 $Al(OH)_3$가 들어 있는 정제 중에서 어느 것이 더 효과적인가? 그 이유를 설명하시오.

76. 자동차 라디에이터에 사용되는 부동액으로서 다음 중 어느 쪽이 더 효과적인가?
(a) 10 kg의 메탄올(CH_3OH)을 포함한 용액 또는 10 kg의 에탄올(C_2H_5OH)을 포함한 용액
(b) 10 *m*의 메탄올 용액 또는 10 *m*의 에탄올 용액

77. 자동차 축전지의 산은 38% H_2SO_4이고, 밀도는 1.29 g/mL이다. 이 용액의 몰랄 농도와 몰농도를 계산하시오.

78. −5.4°C에서 어는 설탕($C_{12}H_{22}O_{11}$) 수용액의 (a) 몰랄 농도와 (b) 끓는점은 얼마인가?

79. 물에 6.20 g의 $C_2H_6O_2$를 녹인 용액은 −0.372°C에서 언다. 이 용액에는 몇 g의 H_2O가 들어 있는가?

80. −20°C에서 얼지 않게 하기 위하여 자동차 라디에이터 속에 12.0 L의 물과 함께 넣어야 하는 에틸렌 글라이콜($C_2H_6O_2$, 밀도 = 1.11 g/mL)의 (a) 질량과 (b) 부피는 얼마인가? (c) 그 라디에이터는 화씨 온도로 얼마까지 보호될 수 있는가?

81. 불순한 1.48 g의 탄산수소 소듐(베이킹소다) 시료를 완전히 중화시키는 데 0.055 *M* HNO_3 150 mL가 필요하다면, 베이킹소다는 시료의 몇 %인가?

82. 차 한 주전자의 용량은 570. mL이고, 질량은 618. g이며 시나몬의 주성분인 신남알데하이드(C_9H_8O) 866 mg을 포함하고 있다.
(a) 차에서 신남알데하이드의 몰농도는 얼마인가?
(b) 차에서 신남알데하이드의 질량 백분율은 얼마인가?
(c) 차에서 신남알데하이드의 질량/부피 백분율은 얼마인가?

83. 만약 2.75 *M*의 아세트산 칼슘 용액 6.04 mL가 오렌지 주스에 첨가되어 1.50 L의 오렌지 주스가 만들어진다면, 칼슘이 강화된 오렌지 주스에서 아세트산 칼슘의 몰농도는 얼마인가?

84. (a) 진한 황산(H_2SO_4, 17.8 *M*)에 몇 L의 물을 넣어야 8.4 L의 1.2 *M* 황산 용액을 만들 수 있는가?

(b) 원래의 진한 황산 용액 1 mL에는 몇 mol의 H_2SO_4가 들어 있는가?

(c) 희석된 황산 용액 1 mL에는 몇 mol의 H_2SO_4가 들어 있는가?

85. 3.00 *M*과 12.0 *M* 질산(HNO_3) 용액만을 섞어서 6.00 *M* HNO_3 용액을 만드는 방법을 쓰시오.

86. 농도를 알 수 없는 HBr 용액 20.0 mL를 정확하게 240 mL가 되게 묽혔다. 88.4 mL의 0.37 *M* NaOH를 완전히 중화시키는데 묽힌 이 용액 100.0 mL가 필요하다면, 원래의 HBr 용액의 농도를 구하시오.

87. 0.642 *M* $Ba(NO_3)_2$ 80.5 mL를 0.743 *M* KOH 44.5 mL와 혼합하면 $Ba(OH)_2$ 침전이 생긴다. 몇 g의 $Ba(OH)_2$가 생길 것으로 예상하는가?

88. 조울증 치료에 사용되는 약인 0.25 *M* 탄산 리튬(Li_2CO_3) 용액을 만들었다.

(a) 이 용액 45.8 mL 속에 존재하는 Li_2CO_3는 몇 mol인가?

(b) 같은 용액 750 mL 속에 들어 있는 Li_2CO_3는 몇 g인가?

(c) 6.0 g의 용질을 공급하려면 이 용액 몇 mL가 필요한가?

(d) 이 용액의 밀도가 1.22 g/mL이면, 질량 백분율은 얼마인가?

89. 법화학자들은 범죄 현장에 남겨진 지문을 조사하기 위하여 Super Glue®를 사용한다. 만약 Super Glue®의 주성분인 사이아노아크릴레이트(cyanoacrylate)가 증발하면, 누군가 물체에 남긴 유지 자국에 흡착될 것이다. 그런 다음 수사관들은 자외선에 노출시켰을 때 형광을 내는 염화 유로퓸 육수화물($EuCl_3 \cdot 6H_2O$) 용액으로 자국을 씻어낸다. 만약 0.625 g 염화 유로퓸 육수화물을 물에 용해시켜 500.0 mL 용액을 만들면 이 용액의 최종 몰농도는 얼마인가?

90. 다음 그림들은 물에 용해된 인산 소듐, 염화 포타슘과 슈크로스 용액을 나타낸 것이다. 각 그림이 나타내는 용액은 무엇인가?

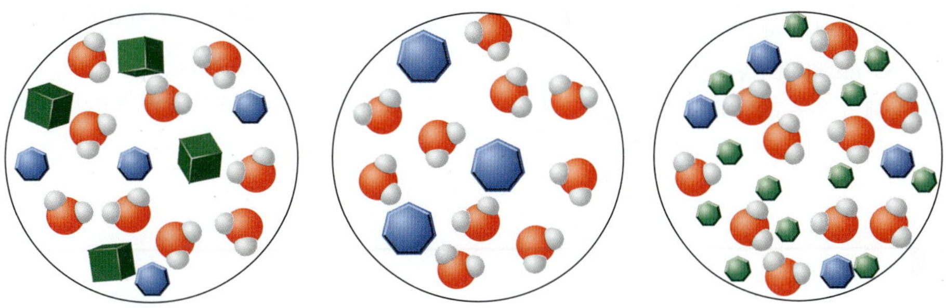

(a) (b) (c)

H_2O 분자를 나타낸다.

91. 화성 표면에 긴 줄 모양의 어두운 자국이 관측되어 왔다. 이 줄 모양의 기다란 자국은 가끔 흐르는 것 같기도 하고, 어떤 때는 멈추어 있는 것도 같다. 이 자국들은 때에 따라 녹아 흐르기도 하고, 얼어붙기도 하는 염(NaCl)수 하천으로 추정되어 왔다. 온도가 −12.7°C로 상승할 때 염수 혼합물이 녹는다면, 하천에 녹아 있는 염의 몰랄 농도는 얼마인가? (**힌트:** 어는점은 이온들의 몰랄 농도에 의해 결정된다. 이온들의 몰랄 농도와 관련된 염화 소듐(NaCl)의 몰랄 농도는 어떻게 되는가?)

(c) 묽은 용액 1 mL에는 몇 mol의 H_2SO_4가 들어 있는가?

92. 달팽이는 주변의 염 농도에 매우 민감하다. 달팽이의 피부는 반투막이기 때문에 물이 막을 통해 출입한다. 만약 염 성분이 달팽이의 피부 위에 쏟아지면, 체내의 수분이 빠르게 밖으로 흘러나올 것이다. 이 현상을 이 장에 기술된 화학적 용어를 사용하여 설명하시오.

93. 가지는 매우 쓴 식재료로 인식되기도 한다. 요리사의 비법 중 하나는 가지의 표면에 소금을 입히는 것이다. 그렇게 가지를 놔두면 촉촉해지며, 씻어서 닦아내면 쓴맛이 사라진다. 가지의 풍미를 향상시키기 위하여 어떤 일이 일어났는지를 설명하시오.

94. 태피(설탕을 녹여 만든 무른 사탕)를 만들기 위하여 설탕 용액을 끓는점인 127°C까지 가열하였다. 태피에서 설탕의 농도(*m*)는 얼마인가?

도전 문제

95. 염산과 아황산 소듐이 반응하면 염과 물, 이산화 황 기체가 발생한다. 2.50 *M* 염산 125 mL와 1.75 *M* 아황산 소듐 75.0 mL가 반응할 때 생성되는 이산화 황 기체의 부피는 22°C, 750 torr에서 몇 L인가?

96. 미지의 용질과 5.55 mol의 물로 이루어진 20°C 포화 용액이 있다. 용액을 담고 있는 용기의 무게는 563 g이고, 빈 용기의 무게는 375 g이다. 이 용질은 무엇인가?

97. Dina와 Murphy가 100. mL의 0.10 *M* HCl 용액을 KOH와 반응시키려고 했다. 10% KOH 용액을 만들어야 했는데, Dina는 10% (m/v) 용액을, Murphy는 10% (m/m) 용액을 만들었다(KOH가 용해되는 과정에서의 부피 변화는 없다고 가정한다). 100. mL의 HCl 용액과 완전히 반응하기 위해 필요한 용액의 부피가 작은 것은 어느 용액인가?

98. 0.350 mol의 $CuSO_4$가 녹아 있는 용액 825 mL가 담겨 있는 플라스크를 마개를 막지 않은 상태로 하룻밤을 방치하였다. 다음 날 아침 플라스크에는 755 mL의 용액만 남아 있었다. 플라스크에 남아 있는 $CuSO_4$ 용액의 몰농도는 얼마인가?

99. 다음에 나타낸 경로 중 어느 것이 물의 증발을 가장 잘 표현한 것인가? 다른 것은 왜 옳지 않은가?

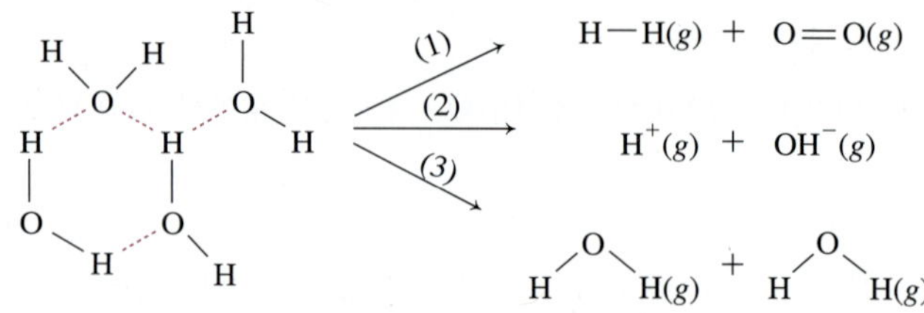

100. 두 가지의 고체를 섞는 것보다는 용액으로 만들어서 반응시키는 것이 보다 효과적이고, 필요한 이유는 무엇일까? 기체 상태에서 반응시키는 것은 용액으로 반응시키는 것과 비슷하겠는가 아니면 고체로 반응시키는 것과 비슷하겠는가? 이유는 무엇인가?

101. 벤젠(C_6H_6) 76.8 g에 분자 화합물 5.36 g을 녹인 용액은 81.48°C에서 끓는다. 이 화합물의 몰질량은 얼마인가?

벤젠의 끓는점 = 80.1°C

벤젠의 K_b = 2.53°C 용매의 kg/용질의 mol

실습 문제 정답

14.1 (a) 용질: 산소, CO_2, 기타 기체, 용매: 질소
(b) 용질: 소금, 용매: 물
(c) 용질: CO_2, 용매: 물

14.2 불포화

14.3 용해 속도는 온도가 증가함에 따라 증가한다. 용매 분자가 더 빠르게 움직여서 용질의 표면에 더 빈번하게 충돌하기 때문이다.

14.4 9.1% Na_2SO_4 용액

14.5 1.7 *M*

14.6 0.27 g NaCl

14.7 0.81 L

14.8 60 mL NaOH 용액

14.9 5.00×10^{-2} M

14.10 44 g

14.11 1.36 *m*

14.12 끓는점 = 100.55°C

ExplorerBob/287 images/Pixabay

15장
산, 염기 및 염

산은 중요한 화학 물질이다. 이것은 요리에서 레몬이나 라임처럼 시큼한 맛을 내려고 할 때와 빵을 구울 때 발효제로부터 CO_2 기체를 발생시킬 때 사용된다. 바이타민 C는 산으로서 식생활에 필수적인 영양소이다. 위에서 분비되는 산은 소화를 돕는다. 그러나 과다한 위산은 속 쓰림과 소화불량을 일으킬 수 있다. 입 안에 있는 박테리아는 산을 만들어 치아 에나멜을 녹이므로 충치를 생기게 한다. 수영장과 온천에서 휴가를 즐기려면 물의 산도에 대해 관심을 가져야 한다. 산은 세제, 플라스틱 및 축전지를 만들 때 필수적이다. 물질들의 산–염기 성질은 모든 생활환경에서 관찰된다. 이 장에서는 산, 염기 및 염의 성질에 대해 알아보기로 한다.

15장의 개요

15.1 산과 염기

이 절의 학습 목표
Arrhenius, Brønsted–Lowry, Lewis의 산과 염기의 정의를 비교할 수 있다.

산(acid)의 어원은 라틴어로 '신' 또는 '시큼한'이라는 뜻을 가진 *acidus*에서 유래되었으며, 이것은 또한 라틴어로 '식초'의 뜻을 가진 *acetum*과도 연관이 있다. 식초는 고대로부터 사과주나 포도주의 발효에 의한 생성물로 알려져 왔다. 식초의 신맛 성분은 아세트산($HC_2H_3O_2$)이다. 일반적인 산의 특성은 다음과 같다.

1. 신맛
2. 식물 염료인 리트머스를 푸른색에서 붉은색으로 변화시킨다(사진 참조).
3. 다음과 같이 반응할 수 있다.
   - 아연, 마그네슘 등의 금속과 반응하여 수소 기체를 발생시킨다.
   - 수산화 염기와 반응하여 물과 이온 결합 화합물(염)을 생성한다.
   - 탄산염과 반응하여 이산화 탄소를 발생시킨다.

이러한 성질들은 산이 수용액에서 수소 이온(H^+)을 내놓기 때문에 생긴다.

고전적으로, **염기**(base)는 수용액에서 수산화 이온(OH^-)을 내놓는 물질이다. LiOH, NaOH, KOH, $Mg(OH)_2$, $Ca(OH)_2$, $Ba(OH)_2$ 등과 같은 알칼리 금속[1A(1)족]과 알칼리 토금속[2A(2)족]의 수산화물들은 가장 일반적인 무기 염기들이다. 염기의 수용액을 **알칼리**

Air Images/Shutterstock

산의 특성은 레몬을 먹을 때 느끼는 신맛이다.

Photo Researchers/Science Source

산은 리트머스 종이를 푸른색에서 붉은색으로 변화시킨다.

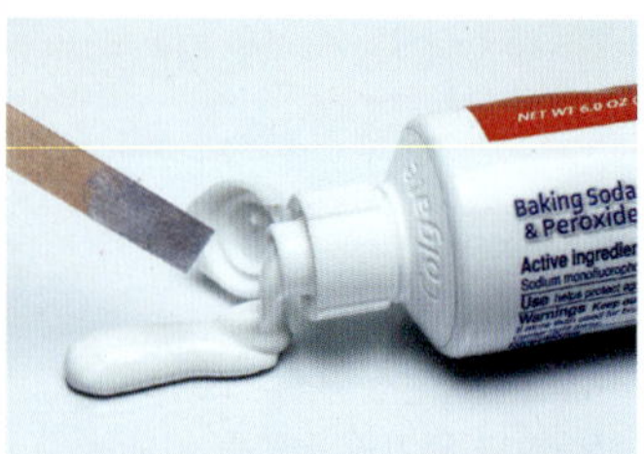

Turtle Rock Scientific/ Science Source

염기는 리트머스 종이를 붉은색에서 푸른색으로 변화시킨다.

용액(alkaline solution) 또는 **염기 용액**(base solution)이라고 한다. 염기와 관련된 일반적인 특성은 다음과 같다.

1. 쓴맛 또는 쏘는 맛
2. 비누의 미끌미끌한 느낌
3. 리트머스를 붉은색에서 푸른색으로 변화시킨다(사진 참조).
4. 산과 반응하여 물과 염을 생성한다.

"산과 염기란 무엇인가"란 질문에 대하여 몇 가지 이론들이 제안되었다. 이들 중 스웨덴의 과학자인 Svante Arrhenius(1859~1927)의 "산은 수소를 함유하며 수용액에서 수소 이온을 내놓는 물질이고, 염기는 수산화 이온을 함유하며 수용액에서 수산화 이온을 내놓는 물질"이라는 이론이 1884년에 가장 먼저 제안되었고, 가장 중요한 이론 중의 하나가 되었다. Arrhenius는 수용액 내에서 산은 해리되어 수소 이온을 생성하며, 염기는 해리되어 수산화 이온을 생성한다고 가정하였다.

$$\underset{\text{산}}{\mathrm{HA}} \xrightarrow{\mathrm{H_2O}} \mathrm{H^+}(aq) + \mathrm{A^-}(aq)$$

$$\underset{\text{염기}}{\mathrm{MOH}} \xrightarrow{\mathrm{H_2O}} \mathrm{M^+}(aq) + \mathrm{OH^-}(aq)$$

Arrhenius 산 용액은 다량의 H^+ 이온을 포함하고 있다.
Arrhenius 염기 용액은 다량의 OH^- 이온을 포함하고 있다.

1923년에 덴마크의 화학자인 J. N. Brønsted(1897~1947)와 영국의 화학자인 T. M. Lowry(1847~1936)는 Brønsted-Lowry의 양성자 이동 이론을 제안하였다. 이 이론에 의하면 산은 양성자 주개이며, 염기는 양성자 받개이다.

Brønsted-Lowry 산은 양성자(H^+) 주개이다.
Brønsted-Lowry 염기는 양성자(H^+) 받개이다.

염화 수소 기체와 물이 반응하여 염산(염화수소산)으로 되는 반응을 살펴보자.

$$\mathrm{HCl}(g) + \mathrm{H_2O}(l) \longrightarrow \mathrm{H_3O^+}(aq) + \mathrm{Cl^-}(aq) \quad (1)$$

반응 과정에서 HCl은 양성자를 내놓고 Cl^- 이온으로 되며, H_2O는 양성자를 받아 H_3O^+ 이온으로 된다. 따라서 Brønsted-Lowry 이론에 의하여 HCl은 산이며 H_2O는 염기이다.

수소 이온(H^+)은 그 자체가 양성자로서, 수소 이온 자체의 형태로는 수용액 중에 존재할 수 없다. 물속에서 H^+는 극성인 물 분자와 결합하여 일반적으로 **하이드로늄 이온(hydronium ion)**이라 부르는 수화된 수소 이온(H_3O^+)을 형성한다. H^+는 극성인 물 분자에 끌려가서 물 분자 중 산소의 두 비공유 전자쌍 중 하나와 결합한다.

$$\mathrm{H^+} + \mathrm{H}\!:\!\underset{\cdot\cdot}{\overset{\cdot\cdot}{\mathrm{O}}}\!:\!\!\underset{\mathrm{H}}{} \longrightarrow \left[\mathrm{H}\!:\!\underset{\cdot\cdot}{\overset{\cdot\cdot}{\mathrm{O}}}\!:\!\mathrm{H}\atop \mathrm{H}\right]^+$$

하이드로늄 이온

하이드로늄 이온의 전자 구조를 살펴보면, 반응식에서 종종 H_3O^+ 대신 간단하게 H^+를 사용하지만, H^+는 수용액 중에서 항상 수화되어 있다는 것을 알 수 있다.

아래의 반응식과 같이, Brønsted-Lowry 산이 양성자를 내놓을 때 이 산의 짝염기가 생성된다. 염기가 양성자를 받을 때는 이 염기의 짝산이 생성된다. 즉, 짝산과 짝염기는 반응에서의 생성물이다. 짝산–짝염기 쌍의 화학식은 양성자(H^+) 하나만큼 다르다. HCl 기체를 물 속으로 통과시킬 때 어떤 일이 일어나는지 반응식을 살펴보자.

짝산–짝염기쌍 (HCl, Cl^-)

$$HCl(g) + H_2O(l) \longrightarrow Cl^-(aq) + H_3O^+(aq)$$

짝산–짝염기쌍 (H_2O, H_3O^+)

산 염기 염기 산

여기서 짝산–짝염기쌍은 HCl—Cl^-와 H_3O^+—H_2O이다. HCl의 짝염기는 Cl^-이고, Cl^-의 짝산은 HCl이다. H_3O^+의 짝염기는 H_2O이고, H_2O의 짝산은 H_3O^+이다.

다음 반응식에서 짝산–짝염기쌍의 다른 예를 살펴보자.

$$NH_4^+ + H_2O \longrightarrow H_3O^+ + NH_3$$

산 염기 산 염기

이 반응식에서 짝산–짝염기쌍은 NH_4^+—NH_3와 H_3O^+—H_2O이다(그림 참조).

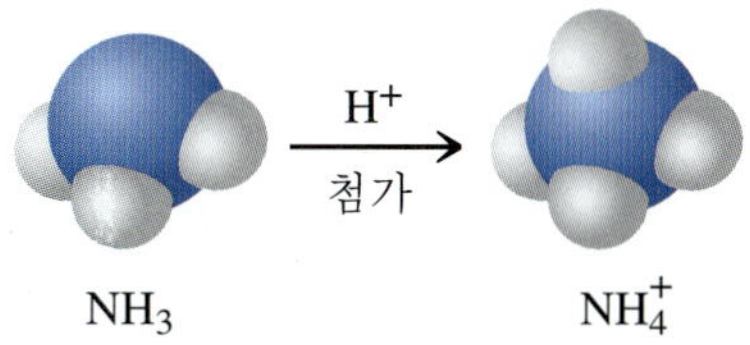

예제 15.1

(a) H_2O와 HNO_3의 짝염기, (b) SO_4^{2-}와 $C_2H_3O_2^-$의 짝산의 화학식을 쓰시오.

풀이

(a) 산의 짝염기는 산의 화학식에서 양성자를 하나 제거하면 된다.

$H_2O \xrightarrow{-H^+} OH^-$ (짝염기)

$HNO_3 \xrightarrow{-H^+} NO_3^-$ (짝염기)

산에서 H^+를 제거했기 때문에 짝염기는 산에 비해 −1만큼 더 음전하를 가진다(그림 참조).

(b) 염기의 짝산은 염기의 화학식에 양성자를 하나 더하면 된다.

$SO_4^{2-} \xrightarrow{+H^+} HSO_4^-$ (짝산)

$C_2H_3O_2^- \xrightarrow{+H^+} HC_2H_3O_2$ (짝산)

각각의 경우에 염기에 H^+가 첨가되어 생성된 짝산은 염기보다 +1만큼 더 양전하를 가진다(참고 참조).

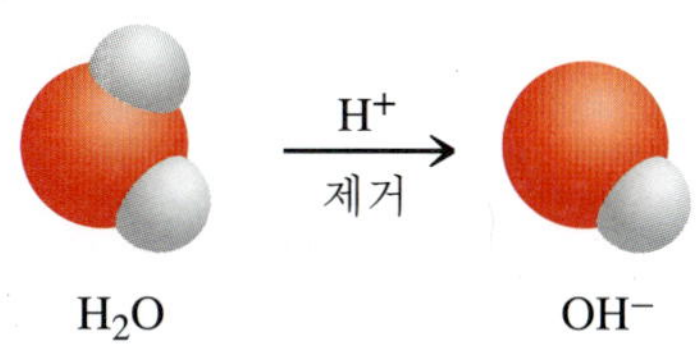

참고 산과 짝염기, 또는 염기와 짝산은 양성자(H^+) 하나 차이임을 기억하자.

실습 문제 15.1

다음 산의 짝염기의 화학식을 쓰시오.

(a) C_6H_5COOH (b) HNO_2 (c) $HC_2H_3O_2$

실습 문제 15.2

다음 염기의 짝산의 화학식을 쓰시오.

(a) $C_2H_5O^-$ (b) NH_3 (c) OH^-

좀 더 일반적인 산과 염기의 개념은 Gilbert N. Lewis에 의해 도입되었다. Lewis 이론은 산–염기 반응에서 비공유 전자쌍을 가지는 물질의 반응 방법을 다룬다. 이 이론에 따르면 염기는 비공유 전자쌍을 가지는 물질(전자쌍 주개)이며, 산은 전자쌍과 결합하거나 이를 받아들이는 물질이다.

> Lewis 산은 전자쌍 받개이다.
> Lewis 염기는 전자쌍 주개이다.

다음 반응을 생각해 보자.

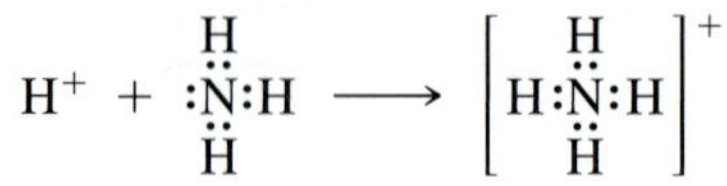

산 염기

H^+는 Lewis 산이고, $:NH_3$는 Lewis 염기이다. Lewis 이론에 의하면, 양성자 주개가 아닌 물질(즉, BF_3)은 산으로 작용한다.

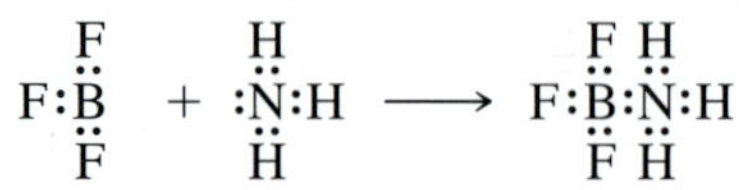

산 염기

산–염기 반응이 어떻게 일어나는지를 설명한 세 가지 이론을 **표 15.1**에 정리했다. 이 책에서는 반응에 따라 가장 잘 설명될 수 있는 이론을 사용할 것이다. 대부분의 반응은 수용액 내에서 일어난다. 산성 수용액에는 H^+ 이온의 농도가 OH^- 이온의 농도보다 항상 높으며, 반대로 염기성 수용액에는 OH^- 이온의 농도가 H^+ 이온의 농도보다 높다. H^+ 이온의 농도와 OH^- 이온의 농도가 같으면 용액은 산성이나 염기성이 아닌 **중성**(neutral)이다.

표 15.1 산–염기 정의에 대한 요약

이론	산	염기
Arrhenius	수소를 포함하고 수용액에서 수소 이온을 내놓는 물질	수산화 이온을 포함하고 수용액에서 수산화 이온을 내놓는 물질
Brønsted–Lowry	양성자(H^+) 주개	양성자(H^+) 받개
Lewis	비공유 전자쌍과 결합하는 모든 물질(전자쌍 받개)	비공유 전자쌍을 가지는 모든 물질(전자쌍 주개)

Charles D. Winters/Science Source

마그네슘 리본은 HCl 수용액과 반응하여 수소기체를 생성한다.

산의 반응

수용액 중에서 H^+ 또는 H_3O^+ 이온은 산이 특징적인 반응을 하도록 하는 이온이다. 다음은 수용성 매질에서 일어나는 반응들이다.

금속과의 반응 원소의 활동도 서열에서 수소보다 우선하는 금속과 산이 반응하면 수소와 이온 결합 화합물(염)을 생성한다(17.5절 참조).

산 + 금속 ⟶ 수소 + 이온 결합 화합물

$$2\,HCl(aq) + Mg(s) \longrightarrow H_2(g) + MgCl_2(aq)$$ (사진 참조)

$$H_2SO_4(aq) + Mg(s) \longrightarrow H_2(g) + MgSO_4(aq)$$

$$6HC_2H_3O_2(aq) + 2Al(s) \longrightarrow 3H_2(g) + 2Al(C_2H_3O_2)_3(aq)$$

질산(HNO_3)과 같은 산은 산화제(17장 참조)로서 금속과 반응하여 수소 대신 물을 생성한다. 예를 들면,

$$3\,Zn(s) + 8\,HNO_3(\text{묽은 질산}) \longrightarrow 3\,Zn(NO_3)_2(aq) + 2NO(g) + 4H_2O(l)$$

생활 속의 화학

약물 전달: 산–염기 문제

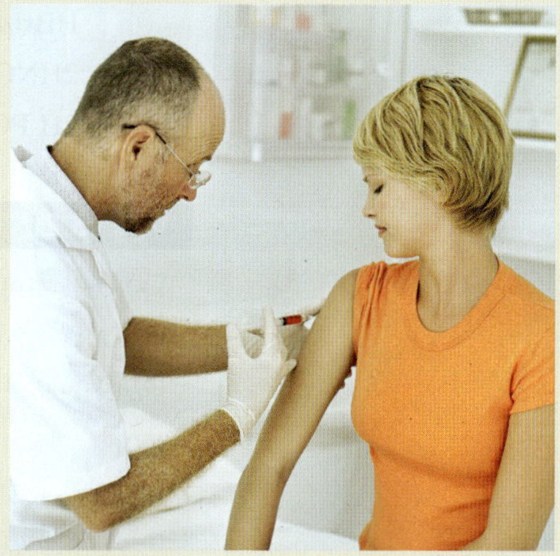

George Doyle/Stockbyte/Getty Images

병원에서 받은 주사액의 성분을 자세히 들여다본 적이 있는가? 치과에서 충치 치료를 받을 때 리도카인 염산염(lidocaine·HCl)을 받았거나, 눈 검사를 하는 동안 프로파라카인 염산염(proparacaine·HCl) 안약을 넣었거나 충혈 증상에 슈도에페드린 염산염(pseudoephedrine·HCl)을 처방받았을 것이다. 왜 이 모든 의약품은 HCl을 포함하고 있을까? 우리는 산을 복용하고 있는 것인가? 이 질문에 대한 답은 제한적으로 "예"이다. 이 의약품들은 우리가 실험실에서 사용하는 산과 같지 않고, 화학 법칙에 따르면 확실히 염에 해당한다. 시장에 나와 있는 많은 의약품은 암모니아와 매우 유사한 구조를 가진 분자들이다. 그것들은 아민이라 부르는데, 암모니아 분자에 있는 하나 이상의 수소 원자를 유기 그룹이나 탄소 그룹으로 치환하여 합성한다. 암모니아와 여러 가지 일반적인 아민의 구조는 아래와 같다.

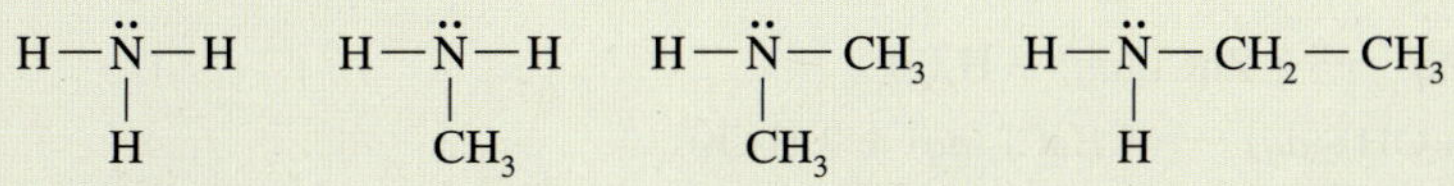

암모니아 아민

대부분의 의약품은 환자에게 투약하기 위해 물에 녹인다. 그러나 약리학상으로 활성이 있는 많은 아민 화합물들은 물에 녹지 않기 때문에, 아민류의 의약품에서 이것이 문제가 될 수 있다. 이러한 아민류의 약품들은 일반적으로 휘발성이 높아 쉽게 증발하여 기체화되고 흡입될 수 있지만, 이것은 약물 전달 방식으로는 편리하지 않다. 제약 화학자들은 암모니아와 아민의 화학적 특성을 이용하여 이러한 약품들을 전달하는 더 좋은 방법을 발견하였다. 이 분자들은 모두가 Lewis 염기이고, 다음과 같이 산과 반응하여 염을 만든다.

SelectStock/Vetta/Getty Images

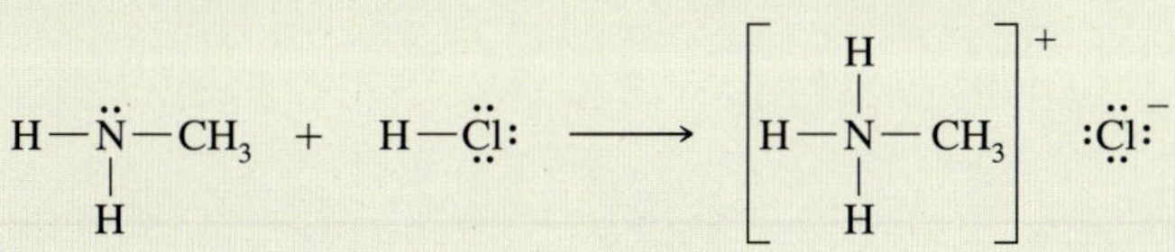

이러한 염은 본래의 아민류보다는 훨씬 물에 더 잘 녹으며, 그 때문에 약으로 복용하기 더욱 쉬워졌다. 이 의약품들은 물에 녹여 혈관에 주사할 수 있으며, 습기가 많은 상태의 눈이나 점액성 세포막에 떨어뜨릴 수 있으며, 또는 구강 투여를 위하여 수용성 용매에 녹일 수 있다. 그래서 많은 아민류 의약품의 염산염은 매우 유용하다. 다음에 주사액을 받거나 처방전을 받으면 그 성분을 잘 확인해 보기 바란다.

관련된 몇 가지 널리 사용되는 약물의 구조는 아래와 같다.

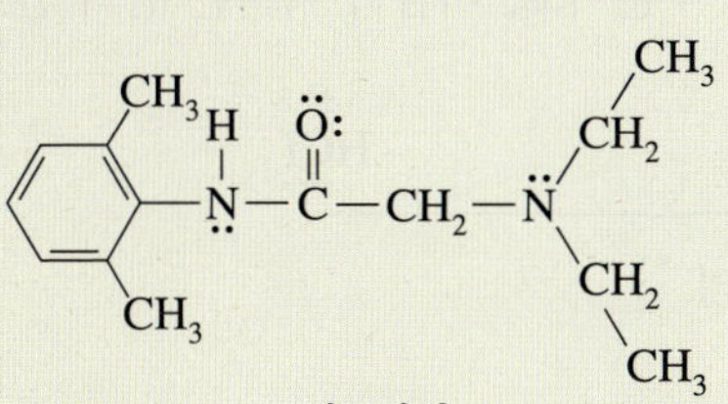

리도카인

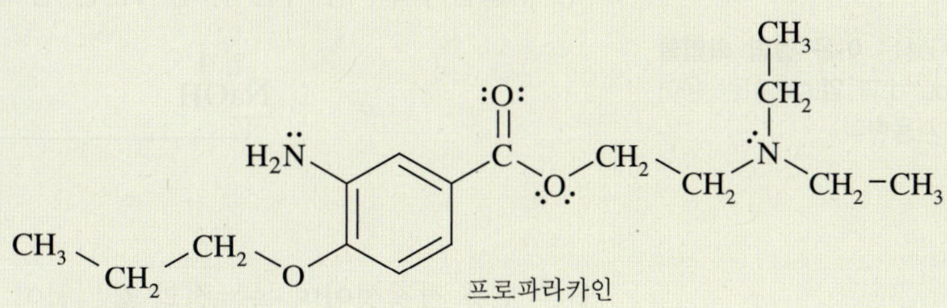

프로파라카인

국소 마취약으로 사용되는 아민

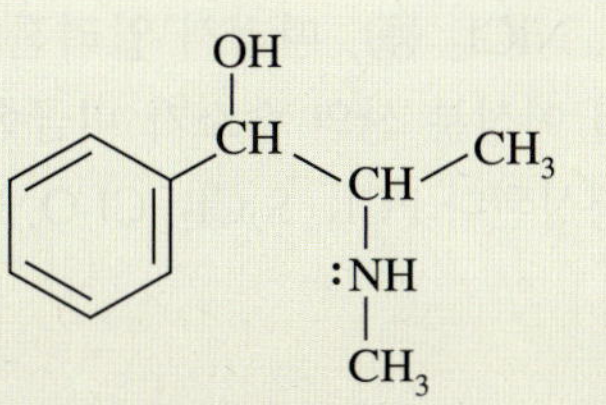

슈도에페드린

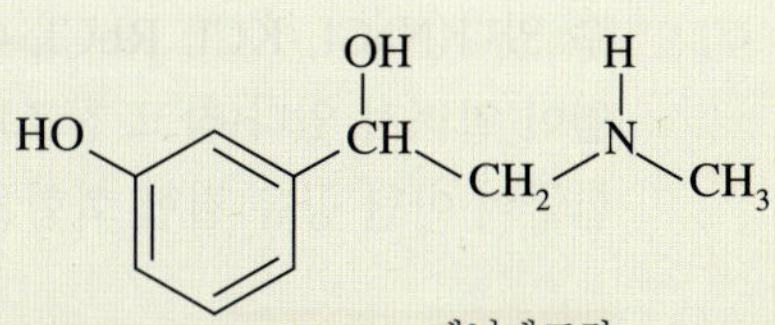

페닐에프린

충혈완화제로 사용되는 아민

염기와의 반응 산과 염기의 반응을 **중화 반응**(neutralization reaction)이라고 한다. 수용액 중에서 이 반응의 생성물은 염과 물이다.

$$\text{산} + \text{염기} \longrightarrow \text{염} + \text{물}$$

$$HBr(aq) + KOH(aq) \longrightarrow KBr(aq) + H_2O(l)$$

$$2HNO_3(aq) + Ca(OH)_2(aq) \longrightarrow Ca(NO_3)_2(aq) + 2H_2O(l)$$

$$2H_3PO_4(aq) + 3Ba(OH)_2(aq) \longrightarrow Ba_3(PO_4)_2(s) + 6\ H_2O(l)$$

예제 15.2

다음 반응식의 균형을 맞추어 완성하시오.

(a) $Zn(s) + 2\ HCl(aq) \longrightarrow$

(b) $HCl(aq) + Ba(OH)_2(aq) \longrightarrow$

(c) $H_3PO_4(aq) + NaOH(aq) \longrightarrow$

풀이

(a) $Zn(s) + 2\ HCl(aq) \longrightarrow ZnCl_2(aq) + H_2(g)$

(b) $2\ HCl(aq) + Ba(OH)_2(aq) \longrightarrow BaCl_2(aq) + 2\ H_2O(l)$

(c) $H_3PO_4(aq) + 3\ NaOH(aq) \longrightarrow Na_3PO_4(aq) + 3\ H_2O(l)$

염기의 반응

OH^- 이온은 염기의 특징적인 반응이 일어나도록 하는 이온이다. 염기는 산과 반응하여 염과 물을 생성한다. 앞에 나오는 산과 염기의 반응을 참조하라.

15.2 염

이 절의 학습 목표
주어진 산과 염기에서부터 염이 어떻게 생성되는지 설명하고, 그 염의 화학식을 예측할 수 있다.

염은 자연에 매우 풍부하다. 지구 맨틀에 존재하는 암반과 무기물의 대부분은 염의 일종이다. 바다에도 엄청난 양의 염이 녹아 있다(참고 참조). 염은 산과 염기로부터 생성된 화합물이라고 생각할 수 있다. 염은 금속 양이온 또는 암모늄 이온이 비금속 음이온(OH^-와 O^{2-}는 제외)과 결합하여 이루어진다. 양이온은 염기의 한 부분이고, 비금속 이온은 산의 한 부분이다.

참고 화학자들은 **이온 결합 화합물**(ionic compound)과 **염**(salt)이란 용어를 혼용하여 사용한다.

염기 NaOH   산 HCl

↓

NaCl 염

염은 보통 결정성이며 녹는점과 끓는점이 높다.

염산(HCl)과 같은 일양성자산에서 수소를 금속으로 치환하여 여러 가지 염화물을 만들 수 있다(NaCl, KCl, RbCl, $CaCl_2$, $NiCl_2$ 등). 따라서 알려진 많은 산과 염기보다 더 많은 염이 알려져 있다(참고 참조). 만일 이성분 산의 수소가 비금속으로 치환되면 이온 결합 화합물이 아닌 공유 결합 화합물이 생성된다(PCl_3, S_2Cl_2, Cl_2O, NCl_3, ICl 등).

참고 산과 염기, 염의 명명법을 복습하려면 10장을 참고하라.

실습 문제 15.3

다음 염을 생성할 수 있는 산과 염기들의 화학식을 쓰고 명명하시오.

(a) K_3PO_4 (b) $MgBr_2$ (c) LiCl (d) Na_2CO_3

예제 15.3

산보다 그 염의 개수가 더 많은 이유는 무엇인가? 황산으로부터 유도되는 염의 화학식 5개를 쓰시오.

풀이

어떤 특정한 산의 수소를 다양한 양이온으로 치환시키면 염의 화학식을 쓸 수 있다. Na_2SO_4, $MgSO_4$, $Fe_2(SO_4)_3$, $NaHCO_3$, $Sn(SO_4)_2$

실습 문제 15.4

주어진 3개의 산과 3개의 염기로부터 생성될 수 있는 모든 염의 화학식을 쓰시오. HCl, H_2SO_4, H_3PO_4, $NaOH$, $Mg(OH)_2$, $Fe(OH)_3$

생활 속의 화학

차가운 탄산음료

친구와 다음 실험을 해 보자. 유리컵에 차가운 탄산음료를 따른다. 혀를 내밀어 탄산음료에 담가 얼마나 오랫동안 견딜 수 있는지 시간을 측정해 보자.

입(또는 혀)이 따끔거리는 것은 무엇 때문인가? 많은 사람들이 이산화 탄소 기포 때문이라고 생각하지만, 과학자들은 그렇지 않다는 것을 밝혀냈다. 따끔거림의 원인은 'chemisthesis'로 볼 수 있다. Philadelphia 소재 Chemical Senses Center의 Bruce Bryant는 맛 또는 향 수용체와 무관하게 느껴지는 화학적 감응을 chemisthesis라고 설명한다. 혀가 따끔거리는 것은 탄산음료의 CO_2를 분해하는 효소(carbonic anhydrase)가 작용하여 양성자(H^+ 이온)를 생성하기 때문에 느껴지는 것이다. H^+ 이온은 말초신경을 산성화시켜 따끔거림을 느끼게 한다.

음료가 차가울 경우, 이산화 탄소는 다른 신경도 자극한다. 즉, CO_2의 압력이 일정할 때, 실온에서 마실 때보다 차게 마실 때 더 따끔거림을 느끼게 된다. 실온에서 음료를 마시면 CO_2가 시원한 느낌을 증대시킬 것이다. 차가운 탄산음료는 말초신경에 양성자 효과를 증대시킨다. 동시에 막 개봉한 탄산음료의 CO_2는 차가운 탄산음료를 더 차갑게 느끼도록 한다. 이러한 화학적인 효과가 차가운 탄산음료 속의 혀를 아프게 한다.

Chemisthesis는 친구들과 놀 때뿐만 아니라 생존에도 매우 중요하다. Bryant는 "chemisthesis는 몸의 조직이 심각하게 위험하다는 것을 알려준다. 굴을 파고 사는 동물은 이산화 탄소의 위험 수위를 감지할 수 있으므로 이 수위에 노출되면 아픔을 느끼게 된다."라고 말한다.

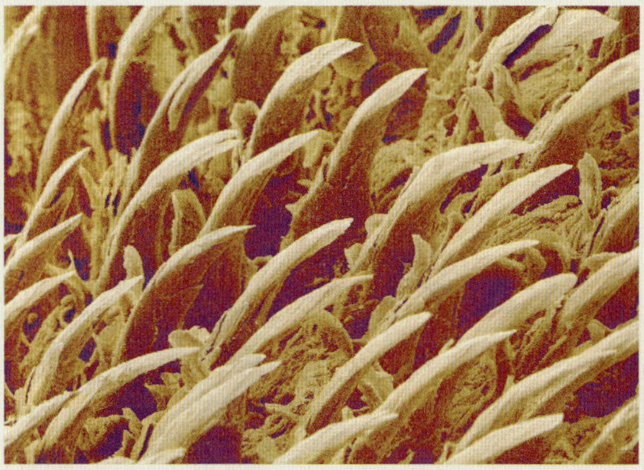

Susumu Nishinaga/Science Source

혀의 돌기에는 온도와 촉각 정보를 뇌에 전달하는 말초신경이 있다.

15.3 전해질과 비전해질

이 절의 학습 목표
전해질의 특성, 이온화, 해리, 세기를 설명하고, 전해질과 비전해질을 비교할 수 있다.

전구와 스위치를 통하여 전원에 연결된 한 쌍의 전극으로 이루어진 간단한 전도도 측정장치를 이용하여 어떤 물질의 용액이 전기 전도체인지를 알 수 있다(**그림 15.1**). 만일 전극 사이의 매질이 전기 전도체라면, 스위치를 연결할 때 전구에 불이 켜진다. 화학적으로 순수한 물을 비커에 넣고 스위치를 연결하면 전구가 켜지지 않는데, 이는 물이 실질적으로 부도체이기

(a) 증류수 (b) 비전해질 (c) 강전해질

그림 15.1 전도도 측정장치로 용액의 전도도 차이를 알 수 있다. (a) 증류수는 전기 전도성이 없다. (b) 설탕물은 비전해질이다. (c) 소금물은 강전해질이며, 전기전도성이 있다.

때문이다. 물에 약간의 설탕을 녹여도 전구는 켜지지 않는데, 이로부터 설탕 용액 또한 부도체임을 알 수 있다. 그러나 물에 소량의 소금(NaCl)을 녹이면 전구가 켜진다. 따라서 소금 용액은 전기 전도체이다. 설탕과 소금의 근본적인 차이는 화학 결합이다. 설탕은 공유결합 (분자) 화합물이지만, 소금은 이온 결합 화합물이다.

수용액이 전기 전도체인 물질을 **전해질(electrolyte)**이라고 하고, 수용액이 부도체인 물질을 **비전해질(nonelectrolyte)**이라고 한다. 전해질 화합물의 종류에는 산, 염기, 이온 결합 화합물(염)이 있다. 몇몇 산화물들은 물에 녹아 산이나 염기로 되기 때문에 이들의 용액도 전도체이다. 전해질과 비전해질의 가장 큰 차이는 전해질은 용액 내에서 이온을 생성할 수 있으나, 비전해질은 생성할 수 없다는 것이다. 충분한 수의 이온을 함유하는 용액은 전류가 흐른다. 순수한 물은 본질적으로 부도체이지만 수돗물에는 많은 양의 이온들이 녹아 있기 때문에 전도도 측정 장치로 시험하면 전구가 희미하게 켜진다. 표 15.2에 몇몇 전해질과 비전해질을 나열하였다.

표 15.2 대표적인 전해질과 비전해질

전해질		비전해질	
H_2SO_4	$HC_2H_3O_2$	$C_{12}H_{22}O_{11}$(설탕)	CH_3OH(메탄올)
HCl	NH_3	C_2H_5OH(에탄올)	$CO(NH_2)_2$(요소)
HNO_3	K_2SO_4	$C_2H_4(OH)_2$(에틸렌 글리콜)	O_2
$NaOH$	$NaNO_3$	$C_3H_5(OH)_3$(글리세롤)	H_2O

전해질의 해리와 이온화

Arrhenius는 전해질에 관한 연구로 1903년 노벨 화학상을 받았다. 그는 용질이 녹으면서 전기적으로 전하를 띤 입자들(이온들)로 즉시 해리되기 때문에, 용액이 전도성을 띤다는 것을 발견하였다. 이온들이 반대 전하를 띤 전극으로 이동하므로 용액은 전도체가 된다. 그의 이론에 따르면, 부분적으로만 해리되는 전해질 용액은 상대적으로 약한 전도체이다. 또한 Arrhenius는 전류의 흐름과 관계없이 용액 속에 이온이 존재한다고 믿었다. 즉, 이온은 전기의 흐름으로 생성되지 않는다는 것이다. 양의 이온을 양이온(cation)이라고 하고, 음의 이온을 음이온(anion)이라고 한다.

산, 염기, 염은 전해질이다

예제 15.4

전해질과 비전해질은 어떻게 다른가?

풀이

전해질은 용액에서 이온을 형성하고 그 용액에 전기가 통하는 물질이다. 반면 비전해질은 용액에서 전기가 통하도록 하는 이온을 형성하지 않는다.

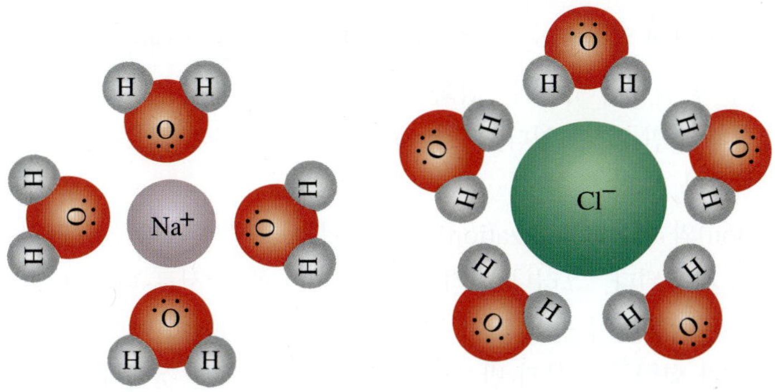

그림 15.2 수화된 소듐 이온과 염화 이온. 물 쌍극자의 음전하 부분은 Na^+ 이온에 끌리고, 양전하 부분은 Cl^- 이온에 끌리게 된다.

염화 소듐 결정은 소듐 이온과 염화 이온이 이온 결합하여 이루어져 있다. **해리(dissociation)**는 염이 용해되어 이온으로 분리되는 과정이다. 물속에서 염이 용해되면서 소듐 이온과 염화 이온은 각각 그들을 둘러싼 극성 물 분자 쪽으로 끌려간다. 물속에서 염은 해리되어 수화된 소듐 이온과 수화된 염화 이온을 생성한다(그림 15.2). 수용액 중에서 소듐 이온과 염화 이온은 일정한 수의 물 분자에 의해 둘러싸여 있어서 결정 상태일 때보다 서로 간의 인력이 작아진다. 이러한 해리를 반응식으로 나타내면 다음과 같다.

$$NaCl(s) + (x + y)H_2O \longrightarrow Na^+(H_2O)_x + Cl^-(H_2O)_y$$

물이 생략되었지만, 존재하고 있다고 여겨지는 간단한 해리 반응식은 다음과 같다.

$$NaCl(s) \longrightarrow Na^+(aq) + Cl^-(aq)$$

반응식에서 NaCl(또는 $Na^+ + Cl^-$)의 화학식으로 쓰여 있더라도, 수용액에서 염화 소듐은 NaCl의 단위체가 아닌 수화된 이온으로 존재한다는 것을 유의하라.

용액에서 염의 화학 반응은 염을 구성하는 이온들의 반응이다. 예를 들어 염화 소듐과 질산 은이 반응하면, Ag^+와 Cl^- 이온만 반응에 관여하여 염화 은 침전물을 생성한다. Na^+와 NO_3^- 이온은 용액 내에 남아 있다.

$$Ag^+(aq) + Cl^-(aq) \longrightarrow AgCl(s)$$

이온화(ionization)란 어떤 물질이 물과 반응하여 이온을 생성하는 현상이다. 빙초산(100% $HC_2H_3O_2$)은 액체이며, 앞에서 설명한 방법대로 실험해 보면 전구가 켜지지 않으므로 비전해질이다. 그러나 아세트산 수용액은 전류가 통한다(전도도 측정 장치의 전구가 약하게 켜지는 것으로 알 수 있다). 물과 반응하여 하이드로늄 이온과 아세트산 이온을 생성하는 반응식은 다음과 같다.

$$\underset{\text{산}}{HC_2H_3O_2} + \underset{\text{염기}}{H_2O} \rightleftharpoons \underset{\text{산}}{H_3O^+} + \underset{\text{염기}}{C_2H_3O_2^-}$$

또는 간단히 쓰면 다음과 같다.

$$HC_2H_3O_2 \rightleftharpoons H^+ + C_2H_3O_2^-$$

이 이온화 반응에서 물은 용매뿐 아니라 Brønsted−Lowry 염기로도 작용한다.

염화 수소는 주로 공유 결합되어 있으나, 물에 녹으면서 하이드로늄 이온과 염화 이온을 생성한다.

$$HCl(g) + H_2O(l) \longrightarrow H_3O^+(aq) + Cl^-(aq)$$

염화 수소 용액의 전도도를 측정하면 전구가 밝게 켜지는데, 이는 용액 내에 많은 이온이 생성되었음을 의미한다.

앞선 두 반응처럼 물과 반응하여 이온화가 일어나면, 수용액 내에 이온을 생성한다. 이온화 과정에는 물이 꼭 필요하며, 이는 염화 수소를 헥세인과 같은 비극성 용매에 녹인 용액의 전도도를 측정해 보면 알 수 있다. 이 용액은 전기를 통하지 않으며, 이는 이온이 생성되지 않았음을 의미한다.

해리(dissociation)와 **이온화**(ionization)라는 용어는 물에서 일어나는 과정을 설명하기 위해 자주 혼동되어 사용된다. 그러나 엄격히 말하면 이 둘은 서로 다르다. 염이 해리된다는 것은 이미 존재하는 이온들이 물에 녹아 서로 분해, 즉 해리되어 이동도가 증가한다는 것이다. 반면에 이온화란 화합물이 물과 반응하여 이온을 생성하는 것이다.

강전해질과 약전해질

전해질은 해리 또는 이온화 정도에 따라 강전해질 또는 약전해질로 분류된다. **강전해질**(**strong electrolyte**)이란 용액 내에서 100% 이온화되는 것이며, **약전해질**(**weak electrolyte**)은 매우 적은 양이 이온화되는(0.1 *M* 용액과 비교하여) 것이다. 대부분의 전해질은 강전해질이거나 약전해질이며, 일부가 중간 정도에 속한다. 대부분의 염은 강전해질이다. 강전해질(이온화가 잘 되는)에 속하는 산과 염기를 **강산**(strong acid)과 **강염기**(strong base)라고 하며, 약전해질(약간만 이온화되는)에 속하는 산과 염기를 **약산**(weak acid), **약염기**(weak base)라고 한다.

같은 농도일 때 강전해질 용액은 약전해질 용액에 비해 훨씬 많은 이온을 포함한다. 결과적으로 강전해질 용액이 더 좋은 전기 전도체이다. 1 *M* HCl 용액과 1 *M* $HC_2H_3O_2$ 용액을 비교해 보자. 염산은 거의 100% 이온화되지만, 아세트산은 약 1% 이온화된다(그림 15.3). 따라서 HCl은 강산이며 $HC_2H_3O_2$는 약산이다. 염산은 아세트산에 비하여 용액 중에 100배 이상 많은 하이드로늄 이온을 생성하므로 아세트산보다 훨씬 더 산성이 강하다.

앞에서 설명한 실험 기구를 통하여 강전해질과 약전해질을 실험적으로 구별할 수 있다. 1 *M* HCl 용액은 전구가 밝게 켜지지만, 1 *M* $HC_2H_3O_2$ 용액은 전구의 밝기가 희미하다. 같은 방법으로 강염기인 수산화 소듐(NaOH)과 약염기인 암모니아(NH_3)를 구별할 수 있다. 물 속에서 약전해질의 이온화는 이온화된 것과 이온화되지 않은 두 물질에 대한 평형 반응식으로 나타낼 수 있다. $HC_2H_3O_2$와 이온 간의 평형 반응식에서, 용액에 존재하는 수소 이온과 아세트산 이온의 수가 상대적으로 적기 때문에 '평형이 왼쪽으로 치우쳐 있다'고 말한다.

$$HC_2H_3O_2(aq) \rightleftharpoons H^+(aq) + C_2H_3O_2^-(aq)$$

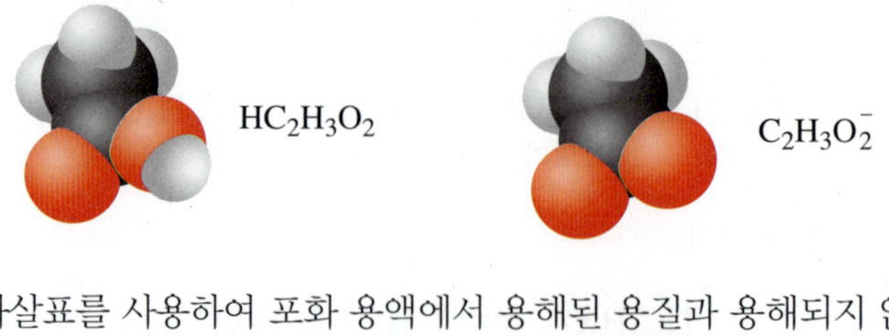

우리는 양방향 화살표를 사용하여 포화 용액에서 용해된 용질과 용해되지 않은 용질 사이의

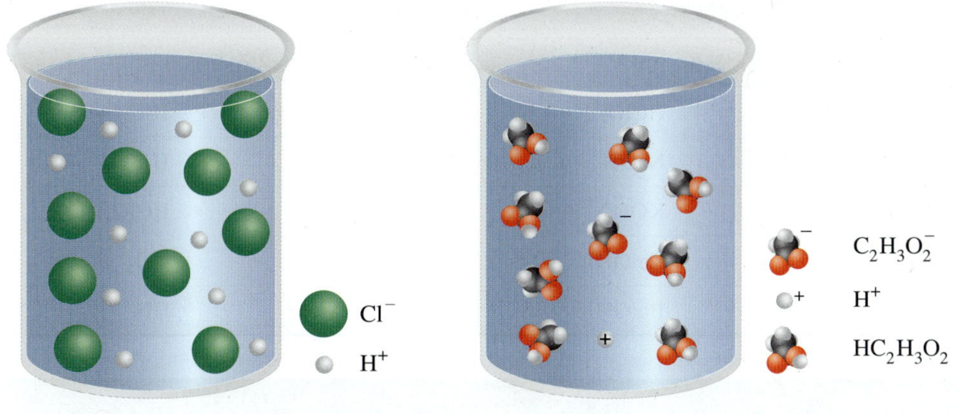

그림 15.3 HCl 용액(왼쪽)은 100% 이온화되는 반면에, $HC_2H_3O_2$ 용액(오른쪽)은 대부분의 용질이 분자 형태로 존재한다. HCl은 강산이지만 $HC_2H_3O_2$는 약산이다.

주의: 용액 내의 물 분자는 이 그림에 나타나 있지 않다.

평형이 가역 과정임을 나타낸 바 있다. 양방향 화살표($\rightleftharpoons$)는 또한 약전해질의 이온화 반응식에서 용액 내에 다량의 이온화되지 않은 화합물이 이온과 평형으로 존재하는 것을 나타내기 위해서도 사용된다(가역 반응에 대한 내용은 16.2절 참조). 단방향 화살표는 전해질이 용액 내에서 완전히 이온화되었음을 나타낸다. 그 예로, 강산인 질산과 약산인 아질산이 물 속에서 이온화되는 반응식을 살펴보자.

$$HNO_3(aq) \xrightarrow{H_2O} H^+(aq) + NO_3^-(aq)$$

$$HNO_2(aq) \underset{}{\overset{H_2O}{\rightleftharpoons}} H^+(aq) + NO_2^-(aq)$$

실제로 모든 가용성 염이나 황산, 질산, 염산과 같은 산 및 수산화 소듐, 수산화 포타슘, 수산화 칼슘, 수산화 바륨과 같은 염기는 강전해질이다. 아세트산, 아질산, 탄산, 암모니아와 같은 수많은 약산과 약염기는 약전해질에 포함된다. **강산**(strong acid), **강염기**(strong base), **약산**(weak acid), **약염기**(weak base)는 산과 염기가 강전해질 또는 약전해질인가에 따라 결정된다. 몇몇 강전해질과 약전해질을 **표 15.3**에 나타내었다.

전해질은 해리될 때 화합물의 종류에 따라 화학식 단위당 두 개 이상의 이온을 생성하며, 실제 이온 개수는 화합물마다 다르다. 표 15.3에 주어진 물에 잘 녹는 염이나 강전해질들은 대부분 완전히 또는 거의 완전히 해리된다. 강전해질의 해리 반응식을 보자. 여기서 모든 이온은 실제로는 수화되어 있다.

$NaOH \xrightarrow{H_2O} Na^+(aq) + OH^-(aq)$ 화학식 단위당 2개의 이온 생성

$Na_2SO_4 \xrightarrow{H_2O} 2\,Na^+(aq) + SO_4^{2-}(aq)$ 화학식 단위당 3개의 이온 생성

$Fe_2(SO_4)_3 \xrightarrow{H_2O} 2\,Fe^{3+}(aq) + 3\,SO_4^{2-}(aq)$ 화학식 단위당 5개의 이온 생성

1 mol의 NaCl이 완전히 해리된다고 가정하면, 용액 중에서 1 mol의 Na^+ 이온과 1 mol의 Cl^- 이온을 생성한다. 1 mol의 $CaCl_2$는 용액 중에서 1 mol의 Ca^{2+} 이온과 2 mol의 Cl^- 이온을 생성한다.

$$\underset{1\text{ mol}}{NaCl} \xrightarrow{H_2O} \underset{1\text{ mol}}{Na^+(aq)} + \underset{1\text{ mol}}{Cl^-(aq)}$$

$$\underset{1\text{ mol}}{CaCl_2} \xrightarrow{H_2O} \underset{1\text{ mol}}{Ca^{2+}(aq)} + \underset{2\text{ mol}}{2\,Cl^-(aq)}$$

표 15.3 강전해질과 약전해질

강전해질		약전해질	
대부분의 가용성 염	$HClO_4$	$HC_2H_3O_2$	$H_2C_2O_4$
H_2SO_4	NaOH	H_2CO_3	H_3BO_3
HNO_3	KOH	HNO_2	HClO
HCl	$Ca(OH)_2$	H_2SO_3	NH_3
HBr	$Ba(OH)_2$	H_2S	HF

예제 15.5

(a) 2.0 *M* NaCl과 (b) 0.40 *M* K_2SO_4 용액 내의 각 이온의 몰농도를 구하시오(완전 해리된다고 가정한다).

풀이

(a) 해리 반응식에 따라

$$\underset{1\ \text{mol}}{\text{NaCl}} \xrightarrow{H_2O} \underset{1\ \text{mol}}{Na^+(aq)} + \underset{1\ \text{mol}}{Cl^-(aq)}$$

Na^+ 이온의 농도는 NaCl의 농도와 같으며(1 mol NaCl $\longrightarrow$ 1 mol Na^+), Cl^- 이온의 농도도 NaCl의 농도와 같다. 따라서 2.0 *M* NaCl 용액 내의 Na^+와 Cl^- 이온의 농도는 모두 2.0 *M*이다.

(b) 해리 반응식에 따라

$$\underset{1\ \text{mol}}{K_2SO_4} \xrightarrow{H_2O} \underset{2\ \text{mol}}{2\ K^+(aq)} + \underset{1\ \text{mol}}{SO_4^{2-}(aq)}$$

K^+ 이온의 농도는 K_2SO_4 농도의 두 배이며, SO_4^{2-} 이온의 농도는 K_2SO_4 농도와 같다. 따라서 0.40 *M* K_2SO_4 용액 내의 K^+ 이온과 SO_4^{2-} 이온의 농도는 각각 0.80 *M*과 0.40 *M*이다.

실습 문제 15.5

(a) 0.48 *M* $CaCl_2$와 (b) 0.070 *M* $AlCl_3$ 용액 내의 각 이온의 몰농도를 구하시오.

물의 이온화

순수한 물은 매우 약한 전해질이지만 약간 이온화된다. 다음 두 반응식은 물이 어떻게 이온화되는지 보여 준다.

$$\underset{\text{산}}{H_2O} + \underset{\text{염기}}{H_2O} \rightleftharpoons \underset{\text{산}}{H_3O^+} + \underset{\text{염기}}{OH^-}$$

그리고

$$H_2O \rightleftharpoons H^+ + OH^-$$

첫 번째 반응식은 물이 Brønsted–Lowry 산과 염기로 작용하여 하이드로늄 이온과 수산화 이온을 생성하는 것을 나타낸다. 두 번째 반응식은 물이 이온화되어 수소 이온과 수산화 이온을 생성하는 것을 간단하게 나타낸다. 실제로 양성자(H^+)는 수화되어 하이드로늄 이온(H_3O^+)으로 존재한다. 어느 반응에서도 같은 몰수의 산과 염기가 생성되므로 물은 중성이며, 과량의 H^+ 또는 OH^- 이온은 존재하지 않는다. 25°C에서 물이 이온화되면 H^+ 농도는 1.0×10^{-7} mol/L, OH^- 농도는 1.0×10^{-7} mol/L이 된다. 대괄호 [ ]는 몰농도(mol/L)를 나타낸다. 따라서 $[H^+]$는 H^+의 농도를 리터 당 몰수(mol/L)로 나타낸 것이다. 이온들의 농도는 다음과 같이 표시된다.

$$[H^+] \text{ 또는 } [H_3O^+] = 1.0 \times 10^{-7} \text{ mol/L}$$
$$[OH^-] = 1.0 \times 10^{-7} \text{ mol/L}$$

이 숫자는 10억 개의 물 분자 중 두 개만이 이온화됨을 나타낸다. 이 양은 아주 적지만 많은 화학 반응에서 물의 거동에 중요한 영향을 미친다.

15.4 pH란 무엇인가?

> **이 절의 학습 목표**
> 수소 이온 농도로부터 용액의 pH를 계산할 수 있다.

수용액의 산도는 수소 이온 또는 하이드로늄 이온의 농도에 따른다. 용액의 산도를 간단하고 편리하게 숫자로 나타내기 위하여 pH 척도가 도입되었다. 아래의 식과 같이 H^+ 이온의 농도를 수학적으로 변환하여 나타낸 것이 pH 값이다.

$$pH = -\log[H^+]$$

여기서 $[H^+]$는 H^+ 또는 H_3O^+ 이온의 농도를 mol/L 단위로 표시한 것이다. **pH**란 mol/L로 표시된 H^+ 또는 H_3O^-의 몰농도에 대한 **음**의 로그값이다.

$$pH = -\log[H^+] = -\log(1 \times 10^{-7}) = -(-7) = 7$$

예를 들면, 25°C에서 순수한 물의 pH는 7로 H^+ 이온과 OH^- 이온의 농도가 같기 때문에 산도 아니고 염기도 아닌 중성이다. 용액 중에 H^+ 이온의 농도가 OH^- 이온의 농도보다 높으면 pH가 7보다 작으며, H^+ 이온의 농도가 OH^- 이온의 농도보다 낮으면 pH가 7보다 크다.

pH < 7.00 이면 산성 용액
pH = 7.00 이면 중성 용액
pH > 7.00 이면 염기성 용액

$[H^+] = 1 \times 10^{-5}$ mol/L일 때, pH = 5 (산성)
$[H^+] = 1 \times 10^{-9}$ mol/L일 때, pH = 9 (염기성)

일반적으로 용액 내의 수소 이온의 농도가 1×10^{-5} mol/L라고 하는 대신에 용액의 pH가 5라고 한다. pH 값이 작아질수록 용액의 산도는 커진다(**그림 15.4**).

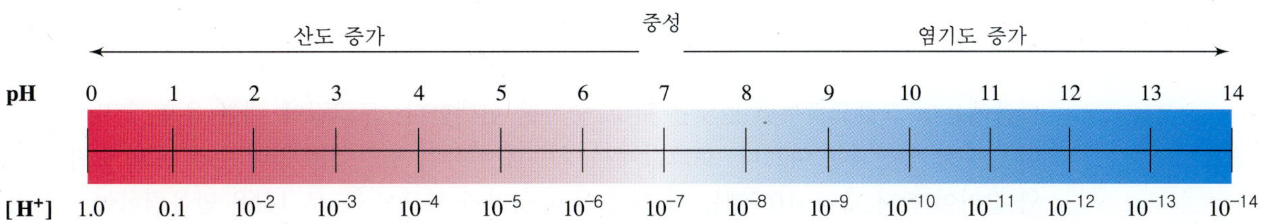

그림 15.4 산도와 염기도의 pH 척도

표 15.4 산도를 나타내는 pH 척도

$[H^+]$ (mol/L)	pH	
1×10^{-14}	14	↑
1×10^{-13}	13	
1×10^{-12}	12	염기도 증가
1×10^{-11}	11	
1×10^{-10}	10	
1×10^{-9}	9	
1×10^{-8}	8	
1×10^{-7}	7	중성
1×10^{-6}	6	
1×10^{-5}	5	
1×10^{-4}	4	
1×10^{-3}	3	산도 증가
1×10^{-2}	2	
1×10^{-1}	1	
1×10^{-0}	0	↓

표 15.5 일반 용액들의 pH

용액	pH
위액	1.0
0.1 *M* HCl	1.0
레몬 주스	2.3
식초	2.8
0.1 *M* $HC_2H_3O_2$	2.9
오렌지 주스	3.7
토마토 주스	4.1
블랙 커피	5.0
소변	6.0
우유	6.6
순수한 물 (25 ℃)	7.0
혈액	7.4
가정용 암모니아	11.0
1 *M* NaOH	14.0

표 15.4에 pH 척도를 설명과 함께 나열하였으며, **표 15.5**에 몇몇 일반 용액들의 pH를 나타내었다. pH가 1만큼 변하면 H^+ 이온의 농도는 10배로 변한다. 예를 들면 pH 3.0인 용액의 산도는 pH 4.0인 용액보다 10배 강하다. $[H^+]$로부터 pH를 결정하는 간단한 방법을 보자.

$[H^+] = 1 \times 10^{-5}$ ← pH = 이 숫자(5), pH = 5.0
(1: 이 숫자가 정확하게 1일 때)

$[H^+] = 2 \times 10^{-5}$ ← pH = 이 숫자와 이 숫자보다 하나 작은 숫자(4와 5) 사이의 값이다. pH = 4.7
(2: 이 숫자가 1과 10 사이일 때)

어떤 H^+ 이온 농도로부터 pH 값을 구하는 데는 로그 계산이 필요하다. 어떤 수의 **로그값(logarithm)**은 그 수를 얻기 위한 10의 지수이다. 따라서 100의 로그값은 2($100 = 10^2$)이며, 1000의 로그값은 3($1000 = 10^3$)이다. 500의 로그값은 2.70이지만, 이 경우에는 계산기 없이 값을 구하기는 어렵다.

참고 $pH = -\log[H^+]$이므로 계산기에 나타난 부호를 바꿔야 한다.

$[H^+] = 2 \times 10^{-5}$인 용액의 pH를 계산기를 사용하여 구해 보자. 로그값은 −4.69 …가 나온다. 따라서 pH는 다음과 같다.

$$\begin{aligned} pH &= -\log[H^+] \\ &= -(-4.69\ \cdots) \\ &= 4.7 \end{aligned}$$

다음에는 로그값으로부터 알맞은 유효 숫자를 선택한다. 로그값에 대한 유효 숫자 규칙은 다른 수학 연산과는 다르다. 로그값에서 소수점 이하의 자릿수는 원래 수의 유효 숫자 개수와 같아야 한다. 2×10^{-5}에는 한 개의 유효 숫자가 있으므로, 로그값은 반올림하여 소수점 이하의 숫자가 하나인(4.69 …) = 4.7로 나타내어야 한다.

예제 15.6

$[H^+]$가 다음과 같은 용액의 pH를 구하시오.

(a) 1.0×10^{-11}　　(b) 6.0×10^{-4}　　(c) 5.47×10^{-8}

풀이

(a) $[H^+] = 1.0 \times 10^{-11}$
(유효 숫자 2개)
$pH = -\log(1.0 \times 10^{-11})$
$pH = 11$
(소수점 이하 2자리)

(b) $[H^+] = 6.0 \times 10^{-4}$
(유효 숫자 2개)
$\log(6.0 \times 10^{-4}) = -3.22$
$pH = -\log[H^+]$
$pH = 3.22$
(소수점 이하 2자리)

(c) $[H^+] = 5.47 \times 10^{-8}$
(유효 숫자 2개)
$\log(5.47 \times 10^{-8}) = -7.262$
$pH = -\log[H^+]$
$pH = -(-7.262) = 7.262$
(소수점 이하 2자리)

실습 문제 15.6

$[H^+]$가 다음과 같은 용액의 pH를 구하시오.

(a) $3.9 \times 10^{-12}\ M$　　(b) $1.2 \times 10^{-3}\ M$　　(c) $3.72 \times 10^{-6}\ M$

여러 분야에서 pH의 측정과 조절은 매우 중요하다. 적당한 토양의 pH는 어떤 종류의 식물이 잘 자라기 위해서 반드시 필요하다. 어떤 음식의 pH는 일부 식이요법에 사용되기에는 산도가 너무 높다. 많은 생체 반응은 pH에 의해 조절된다. 사람의 혈액은 HCO_3^-, HPO_4^{2-}, $H_2PO_4^-$와 같은 무기 이온에서 H^+를 받거나 줌으로써 pH가 일정하게 조절된다. 만일 혈액의 pH가 0.4만큼이라도 변하면 사망을 초래한다.

특정한 pH 값에서 색이 변하는 물질은 산-염기 반응에서 지시약으로 사용된다. 판매되는 pH 시험지에는 지시약이 발라져 있다. 종이에 묻어 있는 지시약은 다른 pH의 용액이 닿으면 색이 변한다. 따라서 어떤 용액의 pH는 이 용액에 적셔진 시험지의 색을, 이미 각 pH에 따른 색의 변화를 표시해 놓은 도표의 색과 비교하여 알아낼 수 있다. pH 시험 지시약은 수영장이나 온천, 수족관의 pH를 측정하고 조절하는 데 이용된다. 전자 pH 미터는 빠르고 정확하게 pH를 측정하는 데 사용된다(**그림 15.5**).

SCIENCE PHOTO LIBRARY/Science

그림 15.5 물질(이 사진에서는 정원의 토양)의 pH는 pH 미터를 이용하여 측정할 수 있다.

15.5 중화

이 절의 학습 목표
중화 반응을 설명하고 적정에 관련된 계산을 할 수 있다.

산과 염기가 반응하여 염과 물을 생성하는 반응을 **중화(neutralization)**라고 한다. 이미 우리는 이 반응에 대하여 공부하였으나, 이온과 이온화의 지식을 가지고 중화 과정에 대하여 다시 살펴보자.

수산화 소듐 용액과 염산 용액이 혼합되었을 때의 반응을 보자. 처음에는 염기에서 나온 Na^+와 OH^- 이온과 산에서 나온 H^+와 Cl^- 이온이 존재한다. 생성물인 염화 소듐과 물은 Na^+, Cl^- 이온과 H_2O 분자로 존재한다. 이 반응을 나타내는 화학 반응식은 다음과 같다.

$$HCl(aq) + NaOH(aq) \longrightarrow NaCl(aq) + H_2O(l)$$

그러나 이 반응식은 HCl, NaOH, NaCl이 용액 내에 이온으로 존재하는 것을 나타내지 못한다. 다음의 전체 이온 반응식은 위 반응을 보다 더 잘 나타낸다.

$$(H^+ + Cl^-) + (Na^+ + OH^-) \longrightarrow Na^+ + Cl^- + H_2O(l)$$

이 반응식에서 Na^+와 Cl^- 이온은 반응하지 않는다는 것을 보여 준다. 이러한 이온들은 존재하지만 반응에 관여하지 않으므로 **구경꾼 이온(spectator ion)**이라고 한다. 실제 반응한 이온은 H^+와 OH^- 이온이다. 따라서 중화 반응의 알짜 이온 반응식은 다음과 같다.

$$\underset{\text{산}}{H^+(aq)} + \underset{\text{염기}}{OH^-(aq)} \longrightarrow \underset{\text{물}}{H_2O(l)}$$

이 간단한 알짜 이온 반응식은 단지 수산화 소듐과 염산의 반응만을 나타내는 것이 아니고, 수용액 중에서 가용성인 모든 수산화 염기와 강산의 반응도 나타낸다. 중화 반응의 추진력은 H^+ 이온과 OH^- 이온이 결합하여 물 분자를 생성하는 능력이다.

어떤 시료 안에 함유된 산, 염기 또는 다른 화학종의 양을 적정을 통해 확인할 수 있다. **적정(titration)**이란 어떤 시약의 일정 부피나 질량과 반응하는 데 필요한 다른 시약의 부피를 측정하는 과정이다. 그림 15.6에서처럼, 산을 염기로 적정해 보자. 농도를 모르는 일정 부피의 산을 플라스크에 넣고 지시약 몇 방울을 가한다. 농도를 아는 염기를 뷰렛에 넣고 지시약의 색깔이 변화할 때까지 천천히 가한다. 지시약은 (반응식에 따라) 화학량론에 알맞은 양의 염기를 산에 가했을 때 색깔이 변화하는 것을 택해야 한다. **적정의 종말점**(end point of titration)이라 부르는 이 점에서 적정 반응이 끝나며, 산을 중화시키기 위해 가해진 염기의 부피를 뷰렛으로부터 읽는다. 원래 용액 중 산의 농도 또는 양은 반응의 화학 반응식과 적정 결과를 통해 계산하여 얻을 수 있다. 예제를 통해 살펴 보자.

적정 전
무색 투명 | 종말점
엷은 분홍색 | 종말점 후
진한 분홍색(염기 과량)

그림 15.6 페놀프탈레인 지시약을 사용한 적정 과정. 페놀프탈레인은 유기 화합물로서, 산성 용액에서는 무색을 나타내며, pH 8.3에서 분홍색으로 변한다. 페놀프탈레인 용액이 포함된 염산 용액에 수산화 소듐 용액을 가할 때 무색에서 분홍색으로 변하는데, 이것은 산이 모두 중화되었다는 것을 의미한다.

예제 15.7

50.00 mL의 염산 용액을 중화하는 데 0.150 *M* NaOH 용액 42.00 mL가 소모되었다. 산 용액의 몰농도를 구하시오.

풀이

읽기 **알려진 값:** 0.150 M NaOH 용액 42.00 mL
염산 용액 50.00 mL

구하는 값: 염산 용액의 몰농도

계획 반응식은 다음과 같다.

$$NaOH(aq) + HCl(aq) \longrightarrow NaCl(aq) + H_2O(l)$$

중화 반응에 소모된 NaOH의 몰수를 구한다.

구성 $(0.04200\ \cancel{L})\left(\frac{0.150\ \text{mol NaOH}}{1\ \cancel{L}}\right) = 0.00630\ \text{mol NaOH}$

반응식에서 보듯이 산과 염기는 1:1 몰비로 반응하므로, 염기의 몰수는 산의 몰수와 같다.

계산 $M = \frac{\text{mol}}{\text{L}} = \frac{0.00630\ \text{mol HCl}}{0.05000\ \text{L}} = 0.126\ M\ \text{HCl}$

예제 15.8

50.00 mL의 H_2SO_4 용액을 중화하는 데에 0.150 M NaOH 용액 42.00 mL가 소모되었다. 산 용액의 몰농도를 구하시오.

풀이

읽기 **알려진 값:** 0.150 M NaOH 용액 42.00 mL
H_2SO_4 용액 50.00 mL

구하는 값: H_2SO_4 용액의 몰농도

계획 반응식은 다음과 같다.

$$2\ NaOH(aq) + H_2SO_4(aq) \longrightarrow Na_2SO_4(aq) + 2\ H_2O(l)$$

중화 반응에 소모된 NaOH의 몰수를 구한다.

구성 $(0.04200\ \cancel{L})\left(\frac{0.150\ \text{mol NaOH}}{1\ \cancel{L}}\right) = 0.00630\ \text{mol NaOH}$

반응식에서 보듯이 산과 염기는 1:2 몰비로 반응하므로, 염기의 몰수는 산의 몰수의 두 배이다.

$$(0.00630\ \cancel{\text{mol NaOH}})\left(\frac{1\ \text{mol}\ H_2SO_4}{2\ \cancel{\text{mol NaOH}}}\right) = 0.00315\ \text{mol}\ H_2SO_4$$

계산 $M = \frac{\text{mol}}{\text{L}} = \frac{0.00315\ \text{mol}\ H_2SO_4}{0.05000\ \text{L}} = 0.0630\ M\ H_2SO_4$

예제 15.9

25.00 mL의 H_2SO_4 용액을 중화하는 데 0.2240 M NaOH 용액 14.52 mL가 소모되었다. 황산 용액의 몰농도를 구하시오.

풀이

읽기 **알려진 값:** 0.2240 M NaOH 용액 14.52 mL
H_2SO_4 용액 25.00 mL

구하는 값: H_2SO_4 용액의 몰농도

계획 반응식은 다음과 같다.

$$2\ NaOH(aq) + H_2SO_4(aq) \longrightarrow Na_2SO_4(aq) + 2\ H_2O(l)$$

중화 반응에 소모된 NaOH의 몰수를 구한다.

구성 $(0.01452\,\cancel{L})\left(\frac{0.2240\text{ mol NaOH}}{1\,\cancel{L}}\right) = 0.003252\text{ mol NaOH}$

산과 염기의 몰비는 1 : 2이다.

$$(0.003252\text{ mol NaOH})\left(\frac{1\text{ mol }H_2SO_4}{2\text{ mol NaOH}}\right) = 0.001626\text{ mol }H_2SO_4$$

계산 $M = \frac{\text{mol}}{\text{L}} = \frac{0.001626\text{ mol }H_2SO_4}{0.02500\text{ L}} = 0.06504\ M\ H_2SO_4$

실습 문제 15.7

HCl 용액 50.0 mL를 중화하는 데 0.1250 *M* NaOH 용액 24.60 mL가 소모되었다. 산의 몰농도를 구하시오.

15.6 알짜 이온 반응식 쓰기

이 절의 학습 목표
정해진 규칙에 따라 알짜 이온 반응식을 쓸 수 있다.

15.5절에서 염산과 수산화 소듐의 세 가지 반응식을 살펴보았다.

1. $HCl(aq) + NaOH(aq) \longrightarrow NaCl(aq) + H_2O(l)$
2. $(H^+ + Cl^-) + (Na^+ + OH^-) \longrightarrow Na^+ + Cl^- + H_2O(l)$
3. $H^+ + OH^- \longrightarrow H_2O$

화학식으로 된 반응식(formula equation)(1)에서는 화합물을 분자식 또는 화학식으로 나타낸다. **전체 이온 반응식(total ionic equation)**(2)에서는 화합물들을 주로 존재하는 형태로 나타낸다. 즉, 강전해질은 이온 형태로, 비전해질이나 약전해질, 침전, 기체는 분자 형태로 나타낸다. **알짜 이온 반응식(net ionic equation)**(3)에는 반응하지 않은 이온이나 분자(구경꾼)는 생략하고, 반응한 이온이나 분자만 나타낸다.

지금까지 반응식의 균형을 맞출 때 각각 원소의 원자에만 중점을 두었다. 이온들은 전기적으로 하전되어 있기 때문에 종종 이온 반응식에 알짜 전하가 있을 수 있다. 균형 맞춘 반응식은 그 전하가 양전하이든 음전하이든, 또는 0이든 상관없이 양쪽이 같아야 한다. 따라서 이온 반응식의 균형을 맞출 때 양쪽이 원자 종류, 수뿐만 아니라 알짜 전하도 같도록 해야 한다.

이온 반응식을 쓰는 규칙

1. 용액 속의 강전해질은 이온 형태로 쓴다.
2. 약전해질은 분자 형태로 쓴다.
3. 비전해질은 분자 형태로 쓴다.
4. 불용성 물질, 침전, 기체는 분자 형태로 쓴다.
5. 알짜 이온 반응식에서는 화학적으로 변한 물질만 쓰며, 구경꾼 이온은 생략한다.
6. 반응식은 원자 종류, 수와 전하까지 양쪽이 같아야 한다.

다음의 예제들을 공부해보자. 예제마다 화학식으로 된 반응식이 주어져 있다. 전체 이온 반응식과 알짜 이온 반응식을 써보자.

예제 15.10

$HNO_3(aq) + KOH(aq) \longrightarrow KNO_3(aq) + H_2O(l)$
화학식으로 된 반응식

풀이

$(H^+ + NO_3^-) + (K^+ + OH^-) \longrightarrow K^+ + NO_3^- + H_2O$
전체 이온 반응식

$H^+ + OH^- \longrightarrow H_2O$
알짜 이온 반응식

HNO_3, KOH, KNO_3는 가용성이며 강전해질이다. K^+와 NO_3^- 이온은 변화되지 않은 구경꾼 이온이므로, 알짜 이온 반응식에서는 제외한다. 물은 비전해질이므로 분자 형태로 쓴다.

예제 15.11

$2\ AgNO_3(aq) + CaCl_2(aq) \longrightarrow 2\ AgCl(s) + Ca(NO_3)_2(aq)$
화학식으로 된 반응식

풀이

$(2\ Ag^+ + 2\ NO_3^-) + (Ca^{2+} + 2\ Cl^-) \longrightarrow 2\ AgCl(s) + Ca^{2+} + 2\ NO_3^-$
전체 이온 반응식

$Ag^+ + Cl^- \longrightarrow AgCl(s)$
알짜 이온 반응식

AgCl은 이온 결합 화합물이지만 대부분의 Ag^+와 Cl^- 이온은 용액 중에서 이온으로 존재하지 않고 AgCl로 침전되기 때문에 이들은 이온 반응식의 오른쪽에 이온화되지 않은 형태로 쓴다. Ca^{2+}와 NO_3^-는 구경꾼 이온이다.

예제 15.12

$Na_2CO_3(aq) + H_2SO_4(aq) \longrightarrow Na_2SO_4(aq) + H_2O(l) + CO_2(g)$
화학식으로 된 반응식

풀이

$(2\ Na^+ + CO_3^{2-}) + (2\ H^+ + SO_4^{2-}) \longrightarrow 2\ Na^+ + SO_4^{2-} + H_2O(l) + CO_2(g)$
전체 이온 반응식

$CO_3^{2-} + 2\ H^+ \longrightarrow H_2O(l) + CO_2(g)$
알짜 이온 반응식

이산화 탄소(CO_2)는 기체로 방출되며, Na^+와 SO_4^{2-}는 구경꾼 이온이다.

예제 15.13

$HC_2H_3O_2(aq) + KOH(aq) \longrightarrow KC_2H_3O_2(aq) + H_2O(l)$
화학식으로 된 반응식

풀이

$HC_2H_3O_2 + (K^+ + OH^-) \longrightarrow K^+ + C_2H_3O_2^- + H_2O(l)$
전체 이온 반응식

$HC_2H_3O_2 + OH^- \longrightarrow C_2H_3O_2^- + H_2O(l)$
알짜 이온 반응식

아세트산($HC_2H_3O_2$)은 약산이므로 분자 형태로 표현하지만, 아세트산 포타슘($KC_2H_3O_2$)은 물에 녹는 염이어서 이온 형태로 표현한다. 이 반응에서 K^+는 유일한 구경꾼 이온이며, 알짜 이온 반응식 양쪽의 전하는 −1이다.

예제 15.14

$$Sn(s) + 2\ HCl(aq) \longrightarrow SnCl_2(aq) + H_2(g)$$

화학식으로 된 반응식

풀이

$$Sn + (2\ H^+ + 2\ Cl^-) \longrightarrow Sn^{2+} + 2\ Cl^- + H_2(g)$$

전체 이온 반응식

$$Sn + 2\ H^+ \longrightarrow Sn^{2+} + H_2(g)$$

알짜 이온 반응식

알짜 이온 반응식 양쪽의 알짜 전하는 +2이다.

예제 15.15

$$H_2SO_4(aq) + Ba(OH)_2(aq) \longrightarrow BaSO_4(s) + 2\ H_2O(l)$$

화학식으로 된 반응식

풀이

$$(2\ H^+ + SO_4^{2-}) + (Ba^{2+} + 2\ OH^-) \longrightarrow BaSO_4(s) + 2\ H_2O(l)$$

전체 이온 반응식

$$2\ H^+ + SO_4^{2-} + Ba^{2+} + 2\ OH^- \longrightarrow BaSO_4(s) + 2\ H_2O(l)$$

알짜 이온 반응식

황산 바륨($BaSO_4$)은 거의 물에 녹지 않는 염이다. 만일 15.3절에서 설명한 전도도 측정장치를 이용하여 반응을 시키면 처음에는 전구의 불빛이 밝지만, 반응이 완결되면 용액 내에 남아 있는 이온이 거의 없기 때문에 전구의 불빛이 꺼진다. $BaSO_4$는 침전되고 물은 전기를 통과시키지 않은 부도체이다.

실습 문제 15.8

다음 반응의 알짜 이온 반응식을 쓰시오.

$$3\ H_2S(aq) + 2\ Bi(NO_3)_3(aq) \longrightarrow Bi_2S_3(s) + 6\ HNO_3(aq)$$

생활 속의 화학

대기 중 CO_2 농도의 증가로 위협받고 있는 해양 산호

우리가 계속해서 화석연료를 연소시키면, 대기 중 CO_2의 농도를 역사 이래 최고로 증가시키게 된다. 이 CO_2의 일부는 해수에 녹아 들어가며 제거될 수 있다. 그 화학 반응식은 다음과 같다.

$$CO_2(g) + H_2O(l) \longrightarrow H_2CO_3(aq) \longrightarrow H^+(aq) + HCO_3^-(aq)$$

해양에 미치는 영향을 살펴보기 전까지는 이 방법이 대기 중 과량의 CO_2를 제거하는 매우 우수한 방법으로 생각되었다. 초기 산업혁명 이후 해수의 pH는 8.2에서 8.05~8.1로 떨어졌다. 이것은 아주 작은 변화처럼 보일지 모르지만, 이 변화는 대양에 사는 산호에게는 치명적인 영향을 미친다. 2010년 11월 8일 PNAS에 게재된 한 논문에서 Miami 대학교의 Rebecca Albright는 해수의 pH가 떨어질수록 수정된 Elkhorn 산호알의 개수가 급격하게 줄어든다고 보고하였다. 게다가 수정된 알이 착상하여 성장을 시작하는 능력도 영향을 받는다. Albright는 대양의 산성화가 현재의 속도로 계속 진행된다면, 스스로 착상할 수 있는 새로운 산호의 수는 2100년까지 73% 감소할 것이라고 주장하였다. 대기 중의 CO_2는 명백하게 대양의 화학 작용에 중대한 영향을 준다(사진 참조).

Hans/23013 images/Pixabay

건강한 산호

Rainer von Brandis/iStock/Getty Images

건강하지 못한 산호

15장 복습

15.1 산과 염기

중요 용어: 하이드로늄 이온

- 산의 특성
  - 신맛이 난다
  - 리트머스를 푸른색에서 붉은색으로 변화시킨다.
  - 다음과 같이 반응한다
    - 금속과 반응하여 수소 기체를 발생시킨다.
    - 수산화 염기와 반응하여 물과 염을 생성한다.
- 염기의 특성
  - 쓴맛 또는 쏘는 맛이 난다.
  - 미끌거리는 특성이 있다.
  - 리트머스를 붉은색에서 푸른색으로 변화시킨다.
  - 산과 반응하여 물과 염을 생성한다.
- 산과 염기에 대한 Arrhenius 정의
  - 산은 수용액에서 H^+ 이온을 포함하고 있다.
  - 염기는 수용액에서 OH^- 이온을 포함하고 있다.
- 산과 염기에 대한 Brønsted–Lowry 정의
  - 산은 양성자 주개이다.
  - 염기는 양성자 받개이다.
- 산과 염기에 대한 Lewis 정의
  - 산은 전자쌍 받개이다.
  - 염기는 전자쌍 주개이다.
- 산은 원소의 활동도 서열에서 수소보다 우선하는 금속과 반응하여 수소 기체와 염을 생성한다.

- 산은 염기와 반응하여 물과 염을 생성한다(중화 반응).
- 염기는 산과 반응하여 물과 염을 생성한다(중화 반응).

15.2 염

- 염은 산과 염기의 반응을 통해 생성된다.
- 염은 결정성이며, 녹는점과 끓는점이 매우 높다.

15.3 전해질과 비전해질

중요 용어: 전해질 | 비전해질 | 해리 | 이온화 | 강전해질 | 약전해질

- 수용액이 전기를 통한다면, 이 물질을 전해질이라고 한다.
    - 수용액은 이온을 포함하고 있다.
- 수용액이 전기를 통하지 않는다면, 이 물질을 비전해질이라고 한다.
    - 수용액은 이온이 아닌 분자를 포함하고 있다.
- 해리는 염이 용해되어 이온으로 분리되는 과정이다.
- 이온화는 물질이 물과의 화학 반응을 통해 이온을 생성하는 과정이다.
- 강전해질은 용액에서 100% 이온화된다.
    - 강산과 강염기
- 약전해질은 용액에서 매우 적은 양이 이온화된다.
    - 약산과 약염기
- 물은 스스로 이온화하여 H^+와 OH^- 이온을 생성한다.
- 25 °C 물에서 이온의 농도
    - $[H^+]$ 또는 $[H_3O^+] = 1.0 \times 10^{-7}$ mol/L
    - $[OH^-] = 1.0 \times 10^{-7}$ mol/L

15.4 pH란 무엇인가?

중요 용어: pH | 로그값(log)

- $pH = -\log[H+]$:
    - $pH < 7$이면 산성 용액
    - $pH = 7$이면 중성 용액
    - $pH > 7$이면 염기성 용액
- 로그값에서 소수점 이하의 자릿수는 원래 수의 유효 숫자의 개수와 같다.

15.5 중화

중요 용어: 중화 | 구경꾼 이온 | 적정

- 산과 염기의 반응을 통해 물과 염이 생성되는 반응을 중화라고 한다.
    - 중화 반응의 일반식
      $H^+(aq) + OH^-(aq) \longrightarrow H_2O(l)$
- 중화 반응에 대한 정량적 고찰을 적정이라고 한다.

15.6 알짜 이온 반응식 쓰기

중요 용어: 화학식으로 된 반응식 | 전체 이온 반응식 | 알짜 이온 반응식

- 화학식으로 된 반응식에서는 화합물을 분자식 또는 화학식으로 나타낸다.
- 전체 이온 반응식에서는 강전해질은 이온 형태로 나타내며, 침전, 비전해질 및 약전해질은 분자

형태로 나타낸다.

- 알짜 이온 반응식은 분자나 이온이 반응하여 변화한 것만 나타낸다.
  - 구경꾼 이온(무반응물)은 생략한다.

복습 질문

1. 수소 이온과 양성자는 동일하다. 그렇다면 Arrhenius와 Brønsted-Lowry의 산의 정의에 대한 차이점은 무엇인가? (표 15.1 참조)

2. 세 가지 산-염기 정의(Arrhenius, Brønsted-Lowry, Lewis)를 이용하여 산과 염기를 정의하시오.

3. 문제 2에서의 산-염기 정의에 따른 산과 염기의 중화 반응식을 각각 쓰시오.

4. (a) 브로민화 이온, (b) 수산화 이온, (c) 사이안화 이온에 대한 Lewis 전자 구조를 쓰시오. 왜 이들 이온은 Brønsted-Lowry와 Lewis의 산-염기 정의에 따르면 염기인가?

5. 다음 특성은 산 또는 염기의 중 어느 물질의 특성인가?
(a) 리트머스를 푸른색으로 변화시킴
(b) 비누 느낌
(c) 신맛

6. 어떤 물질이 산과 반응했을 때 수소 기체를 만드는가?

7. 황산으로부터 만들어질 수 있는 염 세 가지를 제시하고 화학식과 이름을 각각 쓰시오.

8. 수산화 포타슘으로부터 만들어질 수 있는 염 세 가지를 제시하고 화학식과 이름을 각각 쓰시오.

9. 그림 15.1에서 전구에 불이 켜지기 위해서는 용액 안에 어떤 종류의 물질이 들어 있어야 하는가?

10. 산, 알코올, 염기, 염 가운데 전해질에 속하는 화합물은 무엇인가? (표 15.2 참조)

11. 다음 상황에서 어느 용액이 전해질(E)을 포함하고 어느 용액이 비전해질(NE)을 포함하는가?
(a) H_2SO_4와 같은 산을 포함한 용액
(b) 전기가 통하지 않는 용액
(c) 글루코스 분자만을 포함하는 용액
(d) 아세트산처럼 물과 반응하여 이온을 형성하는 용액
(e) 산소 기체를 포함하는 용액
(f) 전기가 통하는 용액
(g) 전기적으로 하전된 이온을 포함하는 용액

12. 그림 15.2에 나타난 수화된 이온들에서 물 분자의 배열 방법의 두 가지 차이점은 무엇인가?

13. 전해질을 일반적으로 전기 전도도에 따라 어떻게 구분할 수 있는가?

14. HCl 수용액은 전기가 통하지만, HCl을 헥세인에 녹인 용액은 전기가 통하지 않는다. 그 이유를 화학 결합과 이온화의 개념으로 설명하시오.

15. 이온 결합 화합물은 결정 구조 안에서 어떤 형태로 존재하는가? 그들이 물에 녹으면 어떤 일이 일어나는가?

16. 에틸렌 글리콜($HOCH_2CH_2OH$) 수용액은 전기가 통하지 않지만, 수산화 포타슘(KOH) 수용액은 전기가 잘 통한다. 이 정보는 알코올에 있는 OH기에 대해 무엇을 알려주는가?

17. 왜 용융된 NaCl은 전기가 통하는가?

18. 이온 결합 화합물들의 해리와 분자 화합물들의 이온화의 차이점을 설명하시오.

19. 강전해질과 약전해질을 구별하시오.

20. 다음 화합물을 강전해질(s)과 약전해질(w)로 구분하시오.

(a) CH_3COOH	(f) $HClO_4$
(b) HF	(g) $CaCl_2$
(c) HClO	(h) HCl
(d) NH_4OH	(i) H_3BO_3
(e) $Mg(NO_3)_2$	(j) HNO_2

21. 염은 왜 물에 잘 녹는가?

22. 강전해질과 약전해질의 수용액에서 주된 차이는 무엇인가?

23. 수소 이온 농도가 0.004 *M*인 용액의 pH는 어떤 두 정수 사이에 해당되는가? (표 15.4 참조)

24. 토마토 주스와 혈액 중 어느 것의 산성이 더 강한가? (표 15.5 참조)

25. (a) 중성 용액, (b) 산성 용액, (c) 염기성 용액에서 $H^+(aq)$와 $OH^-(aq)$ 의 상대적인 농도는 어떻게 되는가?

26. 순수한 물에서 산과 염기 이온이 같은 양이 존재하여 중성이다. 설명하시오.

27. pH 값을 통해 어떤 정보를 얻을 수 있는가?

28. 적정이란 무엇인가? 적정은 어떨 때 사용하는가?

29. 수용액에서 강산과 가용성 수산화 염기 반응의 알짜 이온 반응식을 쓰시오.

짝으로 된 연습 문제

푸른색 숫자로 되어 있는 모든 연습 문제의 답은 부록 5에 있다.

1. 다음 반응식에서 짝산–짝염기 쌍을 나타내시오.
(a) $NH_3 + H_2O \rightleftharpoons NH_4^+ + OH^-$
(b) $HC_2H_3O_2 + H_2O \rightleftharpoons C_2H_3O_2^- + H_3O^+$
(c) $H_2PO_4^- + OH^- \rightleftharpoons HPO_4^{2-} + H_2O$
(d) $H_3PO_4 + H_2O \longrightarrow H_2PO_4^- + H_3O^+$

2. 다음 반응식에서 짝산–짝염기 쌍을 나타내시오.
(a) $H_2S + NH_3 \rightleftharpoons NH_4^+ + HS^-$
(b) $HSO_4^- + NH_3 \rightleftharpoons SO_4^{2-} + NH_4^+$
(c) $HBr + CH_3O^- \rightleftharpoons Br^- + CH_3OH$
(d) $HClO_4 + H_2O \longrightarrow ClO_4^- + H_3O^+$

3. 다음 반응식을 완결하고 균형을 맞추시오.
(a) $Zn(s) + HCl(aq) \longrightarrow$
(b) $Al(OH)_3(s) + H_2SO_4(aq) \longrightarrow$
(c) $Ca(HCO_3)_2(s) + HBr(aq) \longrightarrow$
(d) $KOH(aq) + HClO_3(aq) \longrightarrow$

4. 다음 반응식을 완결하고 균형을 맞추시오.
(a) $Mg(s) + HClO_4(aq) \longrightarrow$
(b) $Al(s) + H_2SO_4(aq) \longrightarrow$
(c) $NaOH(aq) + H_2CO_3(aq) \longrightarrow$
(d) $Ba(OH)_2(s) + H_2SO_4(aq) \longrightarrow$

5. 문제 3의 각 반응식에 대해 전체 이온 반응식과 알짜 이온 반응식을 쓰시오.

6. 문제 4의 각 반응식에 대해 전체 이온 반응식과 알짜 이온 반응식을 쓰시오.

7. 프로피온산($HC_3H_5O_2$)과 암모니아(NH_3) 사이에서 일어날 산–염기 반응의 화학 반응식을 쓰시오. 이때 산과 염기, 그리고 각각의 짝산, 짝염기를 표시하시오.

8. 과염소산($HClO_4$)과 수산화 이온(HO^-) 사이에서 일어날 산–염기 반응의 화학 반응식을 쓰시오. 이때 산과 염기, 그리고 각각의 짝산, 짝염기를 표시하시오.

9. 각 쌍의 화합물들이 반응할 때의 화학 반응식을 쓰시오.
(a) H_2PO_3와 NaOH
(b) $HC_2H_3O_2$와 $Ba(OH)_2$
(c) $HClO_4$와 NH_4OH

10. 각 쌍의 화합물들이 반응할 때의 화학 반응식을 쓰시오.
(a) HCl과 $Ca(OH)_2$
(b) H_3PO_4와 KOH
(c) H_2SO_4와 NH_4OH

11. 황화수소 이온(HS^-)은 산과 염기로 모두 사용될 수 있다.
(a) HS^-의 짝산은 무엇인가?
(b) HS^-의 짝염기는 무엇인가?

12. 탄산수소 이온(HCO_3^-)은 산과 염기로 모두 사용될 수 있다.
(a) HCO_3^-의 짝산은 무엇인가?
(b) HCO_3^-의 짝염기는 무엇인가?

13. 다음 물질이 물과 섞였을 때 전해질 또는 비전해질인지 확인하시오.
(a) SO_3
(b) K_2CO_3
(c) CH_3OH(메탄올)
(d) O_2(불용성)
(e) $CuBr_2$
(f) CH_3COOH

14. 다음 물질이 물과 섞였을 때 전해질 또는 비전해질인지 확인하시오.
(a) $C_6H_{12}O_6$(글루코스)
(b) P_2O_5
(c) NaClO
(d) $Ba(OH)_2$
(e) C_2H_5OH(에탄올)
(f) $KMnO_4$

15. 다음 염이 100% 이온화된다고 가정할 때, 용액 내에 존재하는 이온들의 몰농도를 구하시오.
(a) 1.25 *M* $CuBr_2$
(b) 0.75 *M* $NaHCO_3$
(c) 3.50 *M* K_3AsO_4
(d) 0.66 *M* $(NH4)_2SO_4$

16. 다음 염이 100% 이온화된다고 가정할 때, 용액 내에 존재하는 이온들의 몰농도를 구하시오.
(a) 2.37 *M* $FeCl_3$
(b) 1.20 *M* $MgSO_4$
(c) 0.75 *M* NaH_2PO_4
(d) 0.35 *M* $Ca(ClO_3)_2$

17. 다음 각 경우의 $[H^+]$ 농도를 계산하시오.
(a) pH 5.0 블랙 커피
(b) pH 6.8 홍차
(c) pH 7.9 녹차
(d) pH 9.7 세탁 세제

18. 다음 각 경우의 $[H^+]$ 농도를 계산하시오.
(a) 순수한 물
(b) pH 4.3 레몬 라임 소다
(c) pH 5.8 루트 비어(root beer)
(d) pH 10.2 창문용 세제

19. 다음 용액들을 섞을 때 용액 내 모든 이온의 몰농도를 구하시오(물에서 발생하는 H^+와 OH^-의 농도는 무시하며, 용액의 최종 부피는 각 용액의 부피의 합과 같다).
(a) 84 mL의 0.50 *M* HCl과 75.0 mL의 1.25 *M* HCl
(b) 125 mL의 0.75 *M* $CaCl_2$와 125 mL의 0.25 *M* $CaCl_2$
(c) 65.0 mL의 0.333 *M* NaOH와 22.5 mL의 0.250 *M* HCl
(d) 12.5 mL의 0.500 *M* H_2SO_4와 23.7 mL의 0.175 *M* NaOH

20. 다음 용액들을 섞을 때 용액 내 모든 이온의 몰농도를 구하시오(물에서 발생하는 H^+와 OH^-의 농도는 무시하며, 용액의 최종 부피는 각 용액의 부피의 합과 같다).
(a) 45.3 mL의 0.10 *M* NaCl과 60.5 mL의 0.35 *M* NaCl
(b) 95.5 mL의 1.25 *M* HCl과 125.5 mL의 2.50 *M* HCl
(c) 15.5 mL의 0.10 *M* $Ba(NO_3)_2$와 10.2 mL의 0.20 *M* $AgNO_3$
(d) 25.5 mL의 0.25 *M* NaCl과 15.5 mL의 0.15 *M* $Ca(C_2H_3O_2)_2$

21. 과염소산($HClO_4$)이 물에서 해리되는 반응식을 쓰시오. 이 용액은 강전해질인가? 강산인가?

22. 사이안산이 물에서 해리되는 반응식을 쓰시오. 이 용액은 강전해질인가? 강산인가?

23. 주어진 각각의 적정 결과로부터 HCl 용액의 몰농도를 구하시오.

	HCl의 부피(mL)	HCl의 몰농도(M)	NaOH의 부피(mL)	NaOH의 몰농도(M)
(a)	24.87	M	37.70	0.728
(b)	19.00	M	25.77	0.306
(c)	41.52	M	18.00	0.555

24. 주어진 각각의 적정 결과로부터 NaOH 용액의 몰농도를 구하시오.

	HCl의 부피(mL)	HCl의 몰농도(M)	NaOH의 부피(mL)	NaOH의 몰농도(M)
(a)	37.19	0.126	31.91	M
(b)	48.04	0.482	24.02	M
(c)	13.13	1.425	39.39	M

25. 다음 반응식의 균형을 맞추고, 균형 맞춘 알짜 이온 반응식을 쓰시오.

(a) $K_3PO_4(aq) + Ca(NO_3)_2(aq) \longrightarrow Ca_3(PO_4)_2(s) + KNO_3(aq)$

(b) $Al(s) + H_2SO_4(aq) \longrightarrow H_2(g) + Al_2(SO_4)_3(aq)$

(c) $NaHCO_3(aq) + HCl(aq) \longrightarrow NaCl(aq) + H_2O(l) + CO_2(g)$

26. 다음 반응식의 균형을 맞추고, 균형 맞춘 알짜 이온 반응식을 쓰시오.

(a) $Zn(s) + Cu(NO_3)_2(aq) \longrightarrow Cu(s) + Zn(NO_3)_2(aq)$

(b) $H_2SO_4(aq) + NaOH(aq) \longrightarrow Na_2SO4(aq) + H_2O(l)$

(c) $K_2SO_3(aq) + HClO_4(aq) \longrightarrow KClO_4(aq) + H_2O(l) + SO_2(g)$

27. 다음 중 어느 용액의 산성이 더 강한가? 모든 용액은 수용액이다. 답에 대해 설명하시오.

(a) 1 M HCl 또는 1 M H_2SO_4

(b) 1 M HCl 또는 1 M HC_2H3O_2

28. 다음 중 어느 용액의 산성이 더 강한가? 모든 용액은 수용액이다. 답에 대해 설명하시오.

(a) 1 M H_3PO_4 또는 2 M H_3PO_4

(b) 1 M HNO_3 또는 1 M H_2SO_4?

29. 61.5 g $Ca(OH)_2$를 중화하는 데 필요한 0.525 M $HClO_4$의 부피는 몇 mL인가? 반응식은 다음과 같다.

$$2\ HClO_4(aq) + Ca(OH)_2(s) \longrightarrow Ca(ClO_4)_2(aq) + 2\ H_2O(l)$$

30. 0.125 M HCl 273 mL를 중화하는 데 필요한 $Al(OH)_3$의 질량은 몇 g인가? 반응식은 다음과 같다.

$$3\ HCl(aq) + Al(OH)_3(s) \longrightarrow AlCl_3(aq) + 3\ H_2O(l)$$

31. 불순물이 섞인 NaOH 시료 0.400 g을 중화하기 위하여 0.4311 M HCl 용액 18.25 mL가 소모되었다. 시료 중 NaOH는 몇 %가 포함되어 있는가?

32. 한 통의 NaOH에 NaCl이 불순물이 섞인 것을 알았다. 불순물의 양을 알기 위해 1.00 g 시료를 분석하기 위하여 0.466 M HCl 용액 48.0 mL가 필요하였다. 시료 중 NaCl은 몇 %가 포함되어 있는가?

33. 5.00 g의 아연 금속과 0.350 M HCl 93. mL를 반응시킬 때, 27°C, 650. torr에서 얻어지는 수소 기체의 부피를 구하시오. 반응식은 다음과 같다.

$$Zn(s) + 2\ HCl(aq) \longrightarrow ZnCl_2(aq) + H_2(g)$$

34. 5.00 g의 아연 금속과 0.350 M HCl 200. mL를 반응시킬 때, 27°C, 700. torr에서 얻어지는 수소 기체의 부피를 구하시오. 반응식은 다음과 같다.

$$Zn(s) + 2\ HCl(aq) \longrightarrow ZnCl_2(aq) + H_2(g)$$

35. $[H^+]$ 농도가 다음과 같을 때 pH를 계산하시오.

(a) 0.057 M (b) 1.42 M (c) 2.0×10^{-8} M

36. $[H^+]$ 농도가 다음과 같을 때 pH를 계산하시오.

(a) 0.0020 M (b) 7.0×10^{-8} M (c) 3.0 M

37. 다음의 pH를 계산하시오.

(a) 오렌지 주스, 3.7×10^{-4} M H^+

(b) 식초, 2.8×10^{-3} M H^+

(c) 샴푸 2.4×10^{-6} M H^+

(d) 설거지용 세제 3.6×10^{-8} M H^+

38. 다음의 pH를 계산하시오.

(a) 블랙 커피, 5.0×10^{-5} M H^+

(b) 석회수, 3.4×10^{-11} M H^+

(c) 과일 음료, 2.1×10^{-4} M H^+

(d) 크랜베리 애플 음료, 1.3×10^{-3} M H^+

39. 다음 화합물을 강산, 약산, 강염기, 약염기로 분류하시오. 그리고 물에 녹았을 때 일어나는 과정을 나타내는 반응식을 쓰시오.

(a) NH_3 (c) KOH

(b) HCl (d) HC_2H3O_2

40. 다음 화합물을 강산, 약산, 강염기, 약염기로 분류하시오. 그리고 물에 녹았을 때 일어나는 과정을 나타내는 반응식을 쓰시오.

(a) $H_2C_2O_4$ (c) $HClO_4$

(b) $Ba(OH)_2$ (d) HBr

추가 연습 문제

41. 다음 염기에 대한 짝산의 화학식을 쓰시오.
(a) NH_2CH_3 (b) HSO_4^- (c) HCO_3^-

42. 다음 산에 대한 짝염기의 화학식을 쓰시오.
(a) $HBrO_3$ (b) NH_4^+ (c) $H_2PO_4^-$

43. 산 $HC_2H_3O_2$과 염기 NH_3의 반응식을 쓰고, 짝산–짝염기쌍을 구분하시오.

44. 황화 이온(S^{2-})과 물의 반응식을 쓰고, 짝산–짝염기쌍을 구분하시오.

45. 염산과 아연 금속의 반응식을 쓰시오.

46. 알루미늄 황산이 물에서 해리되는 반응식을 쓰시오.

47. 인산(H_3PO_4)이 세 단계로 이온화되는 과정에서의 짝산–짝염기쌍을 구분하시오. 각 반응식을 쓰고 산과 염기 쌍을 나타내시오.

48. 다음 각 내용은 산성, 염기성, 중성 물질 중 어떤 것을 나타내는가?
(a) 붉은 리트머스 종이를 푸른색으로 변화시킴
(b) pH = 6
(c) $[H^+] = 1 \times 10^{-7}$
(d) $[OH^-] = 1 \times 10^{-8}$
(e) 푸른 리트머스 종이를 붉은색으로 변화시킴
(f) pH = 12

49. 다음 물질이 물에 용해될 때의 모습을 그림 15.2와 같이 그려보시오.
(a) $CaCl_2$ (b) KF (c) $AlBr_3$

50. 다음 반응이 해리(D)인지 이온화(I)인지 구분하시오.
(a) $KCl\ H_2O \xrightarrow{H_2O} K^+ + Cl^-$
(b) $HC_2H3O_2 + H_2O \longrightarrow H_3O^+ + C_2H_3O_2^-$
(c) $NH_3 + H_2O \longrightarrow NH_4^+ + OH^-$
(d) $Ba(OH)_2\ H_2O \xrightarrow{H_2O} Ba^{2+} + 2OH^-$
(e) $HCl + H_2O \longrightarrow H_3O^+ + Cl^-$

51. Br^- 이온 농도가 0.651 *M*인 $AlBr_3$ 수용액에서 Al^{3+} 이온의 농도를 구하시오.

52. 산–염기 적정에서 0.313 *M* NaOH 용액 35.22 mL를 중화하는 데 H_2SO_4 용액 25.50 mL가 소모되었다. H_2SO_4 용액의 몰농도를 구하시오.

$$H_2SO_4 + 2\ NaOH \longrightarrow Na_2SO_4 + 2\ H_2O$$

53. 하이드로늄 이온과 수소 이온의 차이점은 무엇인가?

54. 100°C의 순수한 물에서 H^+ 농도는 약 1×10^{-6} mol/L이며, 이는 25°C에서의 H^+ 농도의 10배이다. 이 두 온도 중에서
(a) 물의 pH가 더 큰 온도는?
(b) 수소 이온(하이드로늄 이온)의 농도가 더 높은 온도는?
(c) 물이 중성인 온도는?

55. pH 차이가 1일 때 두 용액의 H^+ 농도 차이는 얼마인가?

56. 6.38 g KOH를 중화시키는 데 필요한 0.4224 *M* H_2SO_4 용액의 부피는 몇 mL인가?

57. 0.264 *M* HNO_3 용액 50.00 mL를 중화시키는 데 필요한 KOH는 몇 g인가?

58. 1.0 *M* HCl 용액 두 방울(0.1 mL)을 물에 떨어뜨려 1.0 L의 용액을 제조하였다. HCl이 100% 이온화된다면 용액의 pH는 얼마인가?

59. 250 mL의 물을 12 *M* HCl 용액 12.0 mL과 섞으면 HCl의 몰농도는 얼마가 되겠는가?

60. 0.10 *M* HCl 용액 500. mL에 NaOH 3.0 g을 섞었을 때 이 용액은 산성인가 염기성인가? 이 답의 근거를 밝히시오.

61. 0.35 *M* $Ba(OH_2)$ 용액 390 mL와 0.65 *M* HCl 용액 500. mL를 섞었을 때 이 용액은 산성인가 염기성인가? 최종 용액의 pH를 계산하시오.

62. 0.2000 *M* HCl 용액 50.00 mL를 0.20000 *M* NaOH 용액으로 적정할 때 다음 양만큼의 염기 용액이 가해진 후 용액의 pH를 계산하시오.
(a) 0.000 mL (e) 49.90 mL
(b) 10.00 mL (f) 49.99 mL
(c) 25.00 mL (g) 50.00 mL
(d) 49.00 mL
얻어진 답에 대해 pH를 *y*축으로, NaOH 부피(mL)를 축으로 하여 그래프상에 답을 표시하시오.

63. 황산과 NaOH가 반응하였다.
(a) Na_2SO_4가 생성되는 반응에 대한 균형을 맞춘 반응식을 쓰시오.
(b) 0.0050 mol H_2SO_4과 반응하는 데 필요한 0.10 *M* NaOH 용액의 부피(mL)를 구하시오.
(c) 이때 생성된 Na_2SO_4의 질량(g)을 구하시오.

64. HNO_3 시료 12.0 mL를 묽혀서 100.00 mL 부피로 만들었다. 0.60 *M* KOH 용액 50.0 mL를 완전히 중화시키는 데 이 HNO_3 용액이 25 mL가 필요했다면 원래의 질산 시료의 농도는 얼마인가?

65. 어떤 강산 용액의 pH가 3이었다. 물을 가하여 이 용액을 희석시키면 pH가 변하는가? 또는 그렇지 않은가? 그 이유를 쓰시오. 물을 많이 가하여 산성 용액의 pH가 7보다 커지게 할 수 있는가?

66. 0.94 *M* H_2SO_4 435 mL를 0.83 *M* NaOH 750. mL에 가하면, 혼합 용액은 산성인가 염기성인가? 혼합 용액의 pH를 계산하시오.

67. 다음 화합물의 용액에서 각 이온/분자의 농도를 계산하시오.

(a) 1 M $CuSO_4$
(b) 1 M HNO_3
(c) 1 M H_2SO_4
(d) $CaS(s)$
(e) 1 M $HC_2H_3O_2$

68. 다음 반응에 대해 화학식으로 된 반응식, 전체 이온 반응식, 알짜 이온 반응식을 쓰시오.
(a) $HNO_3 + LiOH$
(b) $HBr + Ba(OH)_2$
(c) $HCN + NaOH$

69. 로디존화 소듐(sodium rhodizonate)은 총기류에 남아 있는 잔류물을 검출하기 위하여 자주 사용된다. 연소되거나 비연소된 화약 입자가 발사되어 방출될 것이다. 방출된 후 남은 잔류물은 pH 2.8에서 로디존화 소듐에 의해 붉게 착색된다. 중성의 로디존화 소듐 용액 500.0 mL를 pH 2.800의 용액으로 만들기 위해서 0.60 M 염산 몇 mL를 첨가해야 하는가?

70. Ehrlich 테스트는 환각 버섯에서 발견되는 실로시빈(psilocybin)류의 알칼로이드나 LSD의 존재를 탐지하는 여러 가지 테스트 가운데 하나이다. 이 테스트에서는 p-dimethylaminobenzaldehyde($C_9H_{11}NO$)을 3.25 M HCl 용액에 녹인 혼합물이 이러한 환각 물질을 탐지하는 데 사용된다. Ehrlich 시약 제조에 필요한 3.25 M HCl 5.00 L를 만드는 데 필요한 12.1 M 진한 염산은 몇 mL인가?

도전 문제

71. 지질학자들이 탄산 칼슘을 포함하는 석회석이나 대리석을 확인하는 데 사용하는 여러 가지 테스트 가운데 하나로, 암석 위에 묽은 염산을 떨어뜨리는 방법을 사용한다. 만일 암석에 탄산이 존재하면 피식 소리와 함께 거품이 생긴다. 탄산 칼슘과 염산 수용액 사이의 반응을 균형 맞춘 반응식으로 나타내시오.

72. 어떤 염산 용액의 pH는 0.318이다. 이 용액 200 mL에 몇 mL의 물을 더해야 용액의 pH를 0.150으로 만들 수 있을까?

73. 상한 우유에서 찾아볼 수 있는 젖산(lactic acid)의 실험식은 $HC_3H_5O_3$이다. 1.0 g의 젖산 시료를 적정하여 종말점에 이르기 위해서는 0.65 M NaOH 17.0 mL가 필요하다. 젖산의 분자식은 무엇인가?

74. 0.10 M HCl 50. mL가 두 개의 플라스크 A, B에 동일하게 담겨 있다.
(a) 이 HCl 용액의 pH를 계산하시오.
(b) 플라스크 A에는 0.050 mol Zn을, 플라스크 B에는 0.050 mol Cu를 첨가하였다. 대략 20분 후 각 용액의 pH를 계산하시오.

75. 0.13 M H_2SO_4 35 mL와 0.43 M $Ba(OH)_2$ 18 mL가 반응할 때 이론적으로 몇 g의 $BaSO_4$가 침전되는가? 둘 중 어느 물질이 한계 반응물(limiting reactant)인가? 실제 1.0 g의 $BaSO_4$가 얻어진다면 퍼센트 수율은 얼마인가

실습 문제 정답

15.1 (a) $C_6H_5COO^-$ (b) NO_2^- (c) $C_2H_3O_2^-$

15.2 (a) C_2H_5OH (b) NH_4^+ (c) H_2O

15.3 (a) KOH, 수산화 포타슘; H_3PO_4, 인산
(b) $Mg(OH)_2$, 수산화 마그네슘; HBr 브로민화수소산
(c) LiOH, 수산화 리튬; HCl 염산
(d) NaOH, 수산화 소듐; H_2CO_3, 탄산

15.4 염의 양이온은 염기의 양이온으로부터, 염의 음이온은 산의 음이온으로부터 온다.
NaCl, Na_2SO_4, Na_3PO_4,
$MgCl_2$, $MgSO_4$, $Mg_3(PO_4)_2$,
$FeCl_3$, $Fe_2(SO_4)_3$, $FePO_4$.

15.5 (a) 0.48 M Ca^{2+}, 0.96 M Cl^-
(b) 0.070 M Al^{3+}, 0.21 M Cl^-

15.6 (a) 11.41 (b) 2.92 (c) 5.429

15.7 0.0615 M HCl

15.8 $3\ H_2S(aq) + 2\ Bi^{3+}(aq) \longrightarrow Bi_2S_3(s) + 6\ H^+(aq)$

Nataliia Korzhenevska/Shutterstock

16장 화학 평형

지금까지 우리는 화학 변화를 반응물에서 생성물로 반응이 진행되는 것이라고 생각해왔다. 그렇다면 반응물과 생성물의 농도 변화가 더 이상 없으면 반응이 결국 멈춘다는 것을 의미하는가? 그렇지 않다. 다만 거시적인 관점에서는 그렇게 보일 때가 많다. 용질은 용액이 포화 상태가 될 때까지 녹는다. 고체가 녹지 않고 용기에 남아 있으면, 용해 과정은 종료된 것처럼 보인다. 인체는 놀라운 화학 공장이기는 하지만, 매일 특별한 변화가 없는 것처럼 보인다. 예를 들면 혈액에서는 다양한 화학 반응이 일어나고 있음에도, 일정한 pH를 유지하고 있다. 또 다른 예로 어항에서 물고기를 잘 기르기 위해서는 생명체와 물 사이의 평형이 잘 유지되도록 해야 한다. 제산제는 과다 분비된 위산을 중화시킨다. 이와 같은 모든 사례에서 가시적으로 볼 때는 화학적인 변화가 없는 것처럼 보이지만, 반응은 진행되고 있다. 마찬가지로 어떤 계가 평형에 도달하였더라도 분자 수준에서의 화학 반응은 활발하게 진행되고 있다. 이 장에서는 평형에 도달하는 화학계를 살펴볼 것이다.

16장의 개요

16.1 반응 속도

> **이 절의 학습 목표**
> 화학 반응 속도에 영향을 주는 인자들을 열거할 수 있다.

모든 반응은 고유한 반응 속도에 의하여 진행된다. 어떤 화학 반응은 빠르고, 또 다른 반응은 매우 느리게 진행될 수 있다. 반응 속도와 반응 메커니즘을 연구하는 화학 분야를 **화학 반응 속도론(chemical kinetics)**이라고 한다.

반응 속도는 반응물의 농도, 온도, 촉매의 존재 여부, 반응물의 성질에 따라 달라진다. 다음의 가상적인 반응을 생각해 보자.

$$A + B \longrightarrow C + D \text{ (정반응)}$$
$$C + D \longrightarrow A + B \text{ (역반응)}$$

이 반응이 일어나기 위해서는 분자 A와 B 간의 충돌이 필요하다. A와 B가 반응하는 속도는 A와 B의 농도 또는 분자 수의 영향을 받는다. 일정 조건에서 반응 속도는 A와 B가 섞인 직후에 가장 빠르다(그림 16.1의 붉은선의 높이로 알 수 있듯이). 반응이 진행됨에 따라 반응에 필요한 A와 B 분자의 수는 감소하고, 반응 속도도 감소한다(그림 16.1에서 붉은선의 기울기가 감소하는 것처럼). 만약 해당 반응이 가역 반응이라면, 초기에는 역반응의 속도가 0이었다가(그림 16.1의 푸른선) C와 D의 농도가 증가함에 따라 서서히 증가한다. A와 B 분자의 수가 감소함에 따라 정반응의 속도 역시 감소하는데, 이는 A와 B의 충돌 횟수가 감소

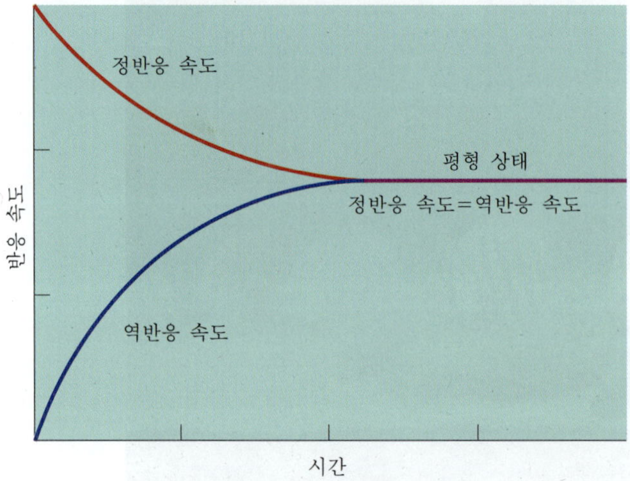

그림 16.1 정반응과 역반응의 속도는 일정 시간이 지나면 같아진다. 정반응의 속도(붉은색)는 반응물의 농도가 감소하면서 작아지고, 역반응의 속도(푸른색)는 초기에는 0이지만 생성물이 증가할수록 천천히 증가한다. 최종적으로는 평형 상태(보라색)에 이르러 정반응과 역반응의 속도가 같아진다.

하기 때문이다. 한 가지 반응물을 과량으로 사용하면 반응 속도가 느려지는 것을 방지할 수 있다. 분자들 간의 충돌은 비디오 게임에 비유할 수 있다. 화면에 많은 물체가 나타나면 충돌이 자주 일어난다. 그러나 물체의 수가 적으면 충돌을 피할 수 있다.

예제 16.1

두 가지 반응물이 혼합될 때, 가역 반응의 경우 반응이 진행됨에 따라 정반응과 역반응의 속도에는 어떤 변화가 있는가?

풀이

반응이 진행됨에 따라 정반응의 속도는 감소하고 역반응의 속도는 증가하며, 평형 상태에 이르면 두 반응의 속도는 같아진다.

실습 문제 16.1

평형에서 정반응과 역반응의 속도를 어떻게 비교할 수 있는가? (그림 16.1)

16.2 화학 평형

이 절의 학습 목표
가역 화학 반응을 정의하고 화학 평형에서 어떤 일이 일어나는지 설명할 수 있다.

가역 반응

앞 장에서 우리는 화학 반응을 반응물이 생성물로 변화하는 것으로 생각하였다. 그러나 대부분의 이런 반응은 완결되지 않는다. 일부 반응들은 가역 반응이므로 완결되지 않는다. 즉, 생성물이 형성되면 이 생성물은 다시 반응하여 출발 물질(반응물)로 전환된다.

우리는 이미 가역적인 계를 살펴본 적이 있는데, 그중 하나가 가열에 의한 액체의 기화와 냉각에 의한 응축 과정이다.

$$\text{액체} + \text{열} \longrightarrow \text{증기}$$
$$\text{증기} + \text{냉각} \longrightarrow \text{액체}$$

이산화 질소(NO_2)와 사산화 이질소(N_2O_4) 사이의 상호 변환은 가시적으로 확인할 수 있는 가역 반응의 예이다. 적갈색의 NO_2 기체를 냉각하면 무색의 N_2O_4 기체로 변화된다.

그림 16.2 NO_2와 N_2O_4의 가역 반응. 오른쪽의 가열된 용기가 왼쪽의 실온에 있는 용기보다 더 짙은 갈색을 나타낸다.

N_2O_4 기체를 가열하면 정반대의 반응이 일어난다.

$$2\ NO_2(g) \xrightarrow{\text{냉각}} N_2O_4(g)$$

$$N_2O_4(g) \xrightarrow{\text{가열}} 2\ NO_2(g)$$

이 두 반응은 양방향 화살표($\rightleftharpoons$)를 사용하여 하나의 반응식으로 나타낼 수 있는데, 이는 동시에 양방향으로 반응이 진행됨을 나타낸다.

$$2\ NO_2(g) \rightleftharpoons N_2O_4(g)$$

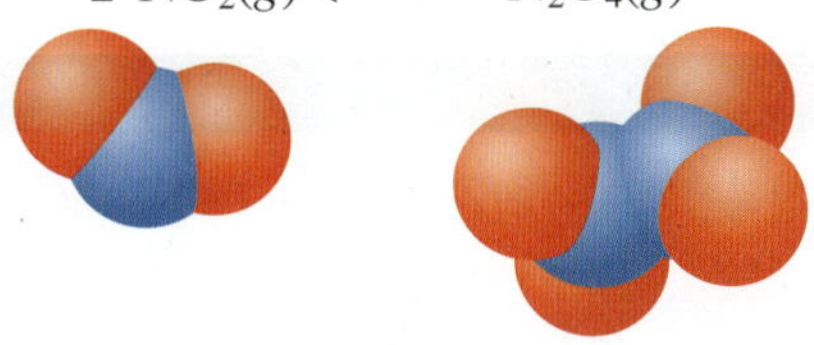

이 가역 반응은 NO_2 시료를 넣고, 밀봉한 두 개의 관을 각각 차가운 물과 뜨거운 물에 넣어보면 확인할 수 있다(그림 16.2).

가역 화학 반응(reversible chemical reaction)은 형성된 생성물이 다시 반응하여 원래의 반응물을 만들어 내는 반응이다. 정반응과 역반응은 동시에 일어난다. 정반응은 **오른쪽으로 진행되는 반응**(reaction to the right)을 말하며, 역반응은 **왼쪽으로 진행되는 반응**(reaction to the left)을 말한다. 반응식에서 양방향 화살표는 가역 반응임을 의미한다.

평형(equilibrium) 상태의 모든 계는 둘 이상의 반대 과정이 동시에 같은 속도로 일어나고 있는 동적 상태이다. 화학 평형이란 둘 이상의 상반되는 화학 반응이 동시에 같은 속도로 일어나고 있는 동적 계이다. 정반응의 속도가 역반응의 속도와 같을 때 **화학 평형(chemical equilibrium)** 상태가 이루어진다(그림 16.1의 보라색선 참조). 생성물과 반응물의 농도는 변하지 않으며 생성물은 형성되는 속도와 같은 속도로 반응하므로 계는 정지한 것처럼 보인다.

화학 평형: 정반응의 속도 = 역반응의 속도

소금의 포화 용액은 평형 상태에 있다.

$$NaCl(s) \rightleftharpoons Na^+(aq) + Cl^-(aq)$$

평형 상태에서 소금 결정은 끊임없이 녹고, Na^+와 Cl^- 이온은 끊임없이 결정이 된다. 두 과정은 같은 속도로 일어난다.

약전해질의 이온화는 또 다른 화학 평형계이다.

$$HC_2H_3O_2(aq) + H_2O(l) \rightleftharpoons H_3O^+(aq) + C_2H_3O_2^-(aq)$$

이 반응에서는 1 *M* 용액일 때 정반응이 약 1% 진행되면 평형에 도달한다. 즉, 용액 내에 단지 1%의 아세트산 분자가 이온화되면 평형이 되는 것이다. 따라서 상대적으로 매우 적은 양의 이온이 존재하게 되므로 아세트산은 약전해질이다.

다음 반응은 화학 평형의 또 다른 예이다.

$$H_2(g) + I_2(g) \xrightleftharpoons{700\ K} 2\ HI(g)$$

이론적으로는 1.00 mol의 수소는 1.00 mol의 아이오딘과 반응하여 2.00 mol의 아이오딘화 수소를 생성한다. 그러나 실제로는 700 K에서 1.00 mol의 H_2와 1.00 mol의 I_2가 반응하면 평형에 도달하였을 때 1.58 mol의 HI만 생성된다. HI 1.58 mol은 이론적 수득량인 2.00 mol의 79%이므로 정반응은 평형에서 79%만 완결된다. 평형 상태의 혼합물에는 또한 반응하지 않은 H_2와 I_2가 각각 0.21 씩 남아 있을 것이다(1.00 mol − 0.79 mol = 0.21 mol).

$$H_2(g) + I_2(g) \xrightarrow{700\ K} 2\ HI(g)$$

이 반응식은 반응이 100% 완결되었을 때의 상태를 나타낸다. 2.00 mol의 HI가 생성되고 반응하지 않고 남아 있는 H_2와 I_2는 없을 것이다.

$$\underset{0.21\ \text{mol}}{H_2(g)} + \underset{0.21\ \text{mol}}{I_2(g)} \xrightleftharpoons{700\ K} \underset{1.58\ \text{mol}}{2\ HI(g)}$$

이 반응식은 각각 1.0 mol의 H_2와 I_2에서 시작하여 실제로 도달한 평형을 나타낸다. 정반응이 79%만 완결됨을 보여 준다.

예제 16.2

평형에서 가역 화학 반응은 정적인가 동적인가? 설명하시오.

풀이

가역 화학 반응은 두 가지 반대 반응이 동시에 같은 속도로 일어나는 동적 상태이다.

실습 문제 16.2

화학 반응이 가역적이라는 것을 나타내기 위해 화학 반응식에 사용하는 기호는 무엇인가?

16.3 Le Châtelier 원리

이 절의 학습 목표
Le Châtelier 원리를 사용하여 평형에 있는 계에 농도, 온도, 압력에 변화를 주었을 때 일어나는 변화를 예측할 수 있다.

1888년에 프랑스 화학자 Henri Le Châtelier(1850~1936)는 Le Châtelier 원리(**Le Châtelier's principle**)라고 하는 평형계의 거동에 관한 간단하고 중요한 개념을 일반화시켰다.

> 평형 상태에 있는 계에 변화를 주면, 계는 가해진 변화를 없애는 방향으로 반응하여 새로운 조건하에서 평형 상태에 도달한다.

Le Châtelier 원리를 응용하면 화학 반응에서 조건 변화의 영향을 예측할 수 있다. 이제부터 농도, 온도, 부피 변화의 영향을 살펴보자.

평형에 미치는 농도의 영향

화학 반응 속도와 반응물의 농도와의 관계는 실험적으로 결정할 수 있다. 대부분의 간단한 단일 단계 반응들은 두 이온이나 분자 사이의 충돌에 의해 일어난다. 이러한 단일 단계 반응의 속도는 반응물이나 생성물의 농도를 변화시켜 조절할 수 있다. 반응물의 농도가 증가하면 반응물들 간의 충돌이 증가하므로 반응 속도가 증가한다.

평형은 그 구성 성분 하나 또는 그 이상의 농도가 변하면 영향을 받는다. 그 결과 모든 성분의 농도가 변화하게 되며 새로운 평형 혼합물이 형성된다. 다음의 가상적인 평형을 생각해 보자.

$$A + B \rightleftharpoons C + D$$

A와 B는 한 단계로 반응하여 C와 D를 형성한다. B의 농도가 증가하면 다음과 같은 변화가 생긴다.

1. 정반응의 속도가 증가한다. 이 속도는 A의 농도와 B의 농도의 곱에 비례한다.
2. 정반응의 속도가 역반응의 속도보다 커진다.
3. 반응물 A와 B는 생성되는 것보다 더 빨리 소모되고, C와 D는 소모되는 것보다 더 빨리 생성된다.
4. 시간이 지나면 정반응 속도와 역반응 속도가 같아지고, 계는 다시 평형을 이룬다.
5. 새로운 평형에서는 원래의 평형에서보다 A의 농도는 작아지고, B, C, D의 농도는 커진다. **결론**: 평형이 오른쪽으로 이동하였다.

16.2절의 H_2 1.00 mol과 I_2 1.00 mol의 평형 혼합물에 이러한 농도 변화를 적용해 보자.

$$\mathbf{H_2 + I_2 \rightleftharpoons 2\,HI}$$

농도	변화
$[H_2]$	?
$[I_2]$	증가
$[HI]$	?

0.20 mol의 I_2를 첨가하면, HI의 수득률(H_2를 기준으로)은 79%가 아닌 85%(1.70 mol)가 된다. 다음 표는 새로운 평형에 도달한 후의 두 계를 비교한 것이다.

원래의 평형	$H_2 + I_2 \rightleftharpoons 2\,HI$	새로운 평형
1.00 mol H_2 + 1.00 mol I_2		1.00 mol H_2 + 1.20 mol I_2
수득률: 79% HI		수득률: 85% HI (H_2를 기준)
평형 혼합물의 조성: 1.58 mol HI 0.21 mol H_2 0.21 mol I_2		평형 혼합물의 조성: 1.70 mol HI 0.15 mol H_2 0.35 mol I_2

새로운 계를 분석해 보면, I_2 0.20 mol이 첨가되면 증가된 I_2 농도를 감소시키기 위하여 평형은 오른쪽으로 이동함을 알 수 있다. H_2 중 일부가 첨가된 I_2와 반응하여 다시 새로운 평형 혼합물이 만들어질 때까지 더 많은 HI를 생성한다. I_2가 첨가되면 I_2의 농도는 증가하고, H_2의 농도는 감소하며, HI의 농도는 증가한다.

농도	변화
$[H_2]$	감소
$[I_2]$	증가
$[HI]$	증가

실습 문제 16.3

다음 평형에서 생성물의 농도를 두 배로 늘렸을 때, 각 물질의 농도는 어떻게 될 것인가?

$$H_2(g) + I_2(g) \rightleftharpoons 2\ HI(g)$$

다음 반응식은 평형을 나타낸다.

$$\underset{\text{연노란색}}{Fe^{3+}(aq)} + \underset{\text{무색}}{SCN^-(aq)} \rightleftharpoons \underset{\text{붉은색}}{Fe(SCN)^{2+}(aq)}$$

$Fe(SCN)^{2+}$ 착이온은 눈에 띄는 진한 붉은색 때문에, 평형의 분석 과정에서 지시약으로 사용된다. 철(III) 이온(Fe^{3+})과 싸이오사이안산 이온(SCN^-)의 매우 묽은 용액은 연한 붉은색이다. Fe^{3+} 또는 SCN^-의 농도를 증가시키면, 더 많은 $Fe(SCN)^{2+}$이 형성되어 색이 진해지므로 평형이 오른쪽으로 이동되는 것을 관찰할 수 있다.

만약 Fe^{3+} 또는 SCN^-가 용액으로부터 제거되면, 평형은 왼쪽으로 이동하고 용액의 색이 옅어질 것이다. 이 용액에 Ag^+을 첨가하면, 흰색의 싸이오사이안산 은 침전(AgSCN)이 형성되므로 SCN^- 이온이 제거된다.

$$Ag^+(aq) + SCN^-(aq) \rightleftharpoons AgSCN(s)$$

계는 이러한 SCN^-의 농도 변화에 대응하기 위해 평형을 왼쪽으로 이동시킨다. $Fe(SCN)^{2+}$의 농도 감소로 인하여 붉은색이 옅어지므로 평형의 이동을 알 수 있다.

이제 염소수의 평형 혼합물에서 농도 변화에 따른 영향을 생각해 보자. 평형 반응식은 다음과 같다.

$$Cl_2(aq) + 2\ H_2O(l) \rightleftharpoons HOCl\,(aq) + H_3O^+(aq) + Cl^-(aq)$$

농도 변화에 따른 평형의 이동을 다음 표에 나타내었다. 2열과 3열의 X는 시약이 증가되거나 감소된 것을 나타낸다. 4열은 평형 이동의 방향을 나타낸다.

시약	농도		
	증가	감소	평형 이동
Cl_2	–	X	왼쪽
H_2O	X	–	오른쪽
HOCl	X	–	왼쪽
H_3O^+	–	X	오른쪽
Cl^-	X	–	왼쪽

0.100 *M* 아세트산 용액의 평형을 생각해 보자.

$$HC_2H_3O_2(aq) + H_2O(l) \rightleftharpoons H_3O^+(aq) + C_2H_3O_2^-(aq)$$

이 용액에서 산도를 나타내는 하이드로늄 이온(H_3O^+)의 농도는 1.34×10^{-3} mol/L로 pH 2.87에 해당한다. 0.100 *M* 아세트산($HC_2H_3O_2$) 용액 1 L에 아세트산 소듐($NaC_2H_3O_2$) 0.100 mol을 가하면 산도에 어떤 변화가 일어날까? $NaC_2H_3O_2$가 녹으면 소듐 이온(Na^+)과 아세트산 이온($C_2H_3O_2^-$)으로 해리된다. 염에서 생긴 아세트산 이온은 아세트산 평형 계에서 공통 이온이고, 용액 내의 전체 아세트산 이온의 농도를 증가시킨다. 결과적으로 평형은 왼쪽으로 이동하여, 하이드로늄 이온의 농도를 감소시키므로 용액의 산도가 낮아진다.

$HC_2H_3O_2$와 $NaC_2H_3O_2$ 용액의 농도가 각각 0.100 *M*인 용액의 pH가 4.74라는 사실로부터 산도가 감소한 것을 알 수 있다. 다음 표에 여러 가지 다른 $HC_2H_3O_2$와 $NaC_2H_3O_2$ 용액의 pH를 나타내었다. 아세트산 이온이 증가할 때마다 pH는 상승하며, 이는 평형이 이온화되지 않은 아세트산 쪽으로 이동함을 나타낸다.

농도	변화
$[HC_2H_3O_2]$	증가
$[H_3O_2^+]$	감소
$[C_2H_3O_2^-]$	증가

용액	pH
1 L 1.00 *M* $HC_2H_3O_2$	2.87
1 L 1.00 *M* $HC_2H_3O_2$ + 0.100 mol $NaC_2H_3O_2$	4.74
1 L 1.00 *M* $HC_2H_3O_2$ + 0.200 mol $NaC_2H_3O_2$	5.05
1 L 1.00 *M* $HC_2H_3O_2$ + 0.300 mol $NaC_2H_3O_2$	5.23

요약하면, 반응식 왼쪽의 시약 농도가 증가하면, 평형은 오른쪽으로 이동한다고 할 수 있다. 또한 반응식 오른쪽의 시약 농도가 증가하면, 평형은 왼쪽으로 이동한다. Le Châtelier 원리에 따라, 항상 가해진 반응물의 농도를 감소시키려는 방향으로 평형은 이동한다.

실습 문제 16.4

산성 용액에서 크로뮴산 이온(CrO_4^{2-})과 다이크로뮴산 이온($Cr_2O_7^{2-}$)이 평형을 이루고 있다. (a) 다이크로뮴산 이온을 증가시켰을 때와 (b) HCl을 첨가하였을 때 평형에 어떠한 영향을 미치겠는가?

$$2\ CrO_4^{2-}(aq) + 2\ H^+(aq) \rightleftharpoons Cr_2O_7^{2-}(aq) + H_2O(l)$$

평형에 미치는 부피의 영향

반응물이나 생성물 중 하나 이상이 기체일 때, 반응이 밀폐된 용기에서 일어나면 부피의 변화는 반응 속도에 큰 영향을 미친다. 이때 반응 기체의 부피 감소는 그 기체의 농도 증가와 같은 영향을 미친다. 다음 반응식에서

$$CaCO_3(s) \overset{\Delta}{\rightleftharpoons} CaO(s) + CO_2(g)$$

탄산 칼슘을 약 825°C로 가열하면 산화 칼슘과 이산화 탄소로 분해된다. 용기의 부피를 줄이면, 역반응의 속도가 빨라져 평형이 왼쪽으로 이동하게 된다. 부피의 감소는 반응에서 유일한 기체 물질인 CO_2의 농도를 증가시킨다.

용기의 부피가 감소하면 기체의 압력은 증가한다. 기체로만 구성된 계에서 용기의 부피 감소는 반응과 평형을 더 적은 분자 수를 갖는 쪽으로 이동시킨다. 즉, 용기 부피가 감소하면 용기 내의 압력은 증가한다. 계는 분자의 수를 감소시킴으로써 이 압력을 낮추려고 한다. 이러한 효과를 보여 주는 예를 살펴보자.

제1차 세계대전이 일어나기 전에 Fritz Haber(1868~1934)는 질소를 고정하는 주요 공정을 처음으로 개발하였다. 이 공정은 높은 온도와 압력, 촉매의 존재 하에서 질소와 수소가 반응하여 암모니아를 만드는 것이다.

참고 Haber는 이 공정을 개발하여 1918년에 노벨 화학상을 수상하였다.

$$\begin{array}{lllll} N_2(g) & + & 3\ H_2(g) \rightleftharpoons & 2\ NH_3(g) & + \quad 92.5\ \text{kJ} \\ 1\ \text{mol} & & 3\ \text{mol} & 2\ \text{mol} & \\ 1\ \text{부피} & & 3\ \text{부피} & 2\ \text{부피} & \end{array}$$

Haber 공정에서 반응식의 왼쪽은 반응식의 오른쪽에 있는 2 mol의 기체를 생성하기 위해

Charles Brutlag/Shutterstock

작물을 심기 전이나 성장 초기에 질소를 공급하기 위해 종종 기체 상태의 암모니아를 토양에 주입하기도 한다.

결합하는 4 mol의 기체를 나타낸다. 용기의 부피 감소는 평형을 오른쪽으로 이동시킨다. 부피가 감소하면 반응물과 생성물 모두 농도가 증가하므로 평형은 더 적은 분자 수를 갖는 오른쪽으로 이동한다.

반응식의 양쪽에 있는 기체 분자의 수가 같을 경우, 부피 변화는 평형 이동에 영향을 미치지 않는다. 다음 반응이 그러한 예이다.

$N_2(g)$	+	$O_2(g)$	$\rightleftharpoons$	$2\ NO(g)$
1 mol		1 mol		2 mol
1 부피		1 부피		2 부피
6.022×10^{23}개의 분자		6.022×10^{23}개의 분자		$2(6.022 \times 10^{23})$개의 분자

용기의 부피를 줄이면 N_2와 O_2, NO의 농도가 증가하기 때문에 정반응과 역반응의 속도는 모두 증가한다. 그러나 평형은 이동하지 않는다. 그 이유는 반응식의 양쪽에 있는 분자의 수가 같으므로 정반응과 역반응의 속도에 미치는 농도의 영향도 같기 때문이다.

예제 16.3

다음 반응에서 용기의 부피 감소는 평형의 위치에 어떠한 영향을 미치는가?

(a) $2\ SO_2(g) + O_2(g) \rightleftharpoons 2\ SO_3(g)$

(b) $H_2(g) + Cl_2(g) \rightleftharpoons 2\ HCl(g)$

(c) $N_2O_4(g) \rightleftharpoons 2\ NO_2(g)$

풀이

(a) 반응식의 오른쪽 물질이 왼쪽 물질보다 몰수가 적으므로 평형은 오른쪽으로 이동한다.

(b) 반응식의 양쪽에 있는 기체의 몰수가 같으므로, 평형 위치는 영향을 받지 않는다.

(c) $N_2O_4(g)$의 몰수가 더 적으므로 평형은 왼쪽으로 이동한다.

실습 문제 16.5

다음 반응에서 용기의 부피 감소는 평형의 위치에 어떠한 영향을 미치는가?

(a) $2\ PCl_3(g) + O_2(g) \rightleftharpoons 2\ POCl_3(g)$　　(b) $2\ SO_3(g) \rightleftharpoons 2\ SO_2(g) + O_2(g)$

평형에 미치는 온도의 영향

계의 온도가 높아지면, 반응 물질의 운동 에너지와 충돌수가 증가하므로 반응 속도는 증가한다. 가역 반응에서는 온도의 증가에 따라 정반응과 역반응의 속도가 모두 증가하지만, 열을 흡수하는 반응의 속도가 더 많이 증가하여 결국 평형은 열을 흡수하는 반응에 유리한 쪽으로 이동한다.

일반적으로 온도의 증가는 반응 속도를 증가시킨다. 온도를 높이면 분자는 더 큰 운동 에너지를 가지므로 분자들 간의 충돌에 의해 반응이 일어나기가 더 쉬워진다.

참고 높은 온도는 반응물 또는 생성물을 파괴하거나 분해할 수 있다.

평형계에 열을 가하면 열을 흡수하는 반응이 더 잘 일어난다. 흡열 반응이면 정반응이, 발열 반응이면 역반응이 잘 일어난다. 이런 관점에서 열은 흡열 반응에서는 반응물로, 발열 반응에서는 생성물로 취급할 수 있다. 따라서 화학 반응에 미치는 열의 영향에 Le Châtelier 원리를 적용할 때, 온도는 농도와 비슷하게 생각할 수 있다.

뜨거운 코크스(C)는 반응성이 매우 크다. 다음 반응에서

$$C(s) + CO_2(g) + \text{열} \rightleftharpoons 2\ CO(g)$$

CO는 실온에서 매우 적게 생성된다. 1000℃의 평형 혼합물에서는 CO와 CO_2의 몰수가 거의 같다. 이 반응은 흡열 반응이므로, 온도를 높이면 평형은 오른쪽으로 이동한다.

삼염화 인이 염소 기체와 반응하여 오염화 인을 생성하는 반응은 발열 반응이다.

$$PCl_3(l) + Cl_2(g) \rightleftharpoons PCl_5(s) + 88\ \text{kJ}$$

생성물의 수득률을 높이기 위해서는 반응하는 동안 열을 계속적으로 제거해야 한다. Le Châtelier 원리에 따라 열은 생성물인 PCl_5를 분해하여 PCl_3와 Cl_2를 다시 형성하게 한다. 200℃에서의 평형 혼합물은 52% PCl_5를 함유하지만 300℃에서는 단지 3% PCl_5를 함유한다는 사실로부터, 열이 평형을 왼쪽으로 이동시킨다는 것을 알 수 있다.

예제 16.4

다음 반응에서 온도의 증가는 평형의 위치에 어떠한 영향을 미치는가?

$$4\ HCl(g) + O_2(g) \rightleftharpoons 2H_2O(g) + 2\ Cl_2(g) + 95.4\ \text{kJ} \quad (1)$$

$$H_2(g) + Cl_2(g) \rightleftharpoons 2\ HCl(g) + 185\ \text{kJ} \quad (2)$$

$$CH_4(g) + 2\ O_2(g) \rightleftharpoons CO_2(g) + 2\ H_2O(g) + 890\ \text{kJ} \quad (3)$$

$$N_2O_4(g) + 58.6\ \text{kJ} \rightleftharpoons 2\ NO_2(g) \quad (4)$$

$$2\ CO_2(g) + 566\ \text{kJ} \rightleftharpoons 2\ CO(g) + O_2(g) \quad (5)$$

$$H_2(g) + I_2(g) + 51.9\ \text{kJ} \rightleftharpoons 2\ HI(g) \quad (6)$$

풀이

반응 (1), (2), (3)은 발열 반응이므로 온도가 증가하면 평형은 왼쪽으로 이동하고, 반응 (4), (5), (6)은 흡열 반응이므로 온도가 증가하면 평형은 오른쪽으로 이동한다.

실습 문제 16.6

다음 반응에서 온도의 증가는 평형의 위치에 어떠한 영향을 미치는가?

(a) $2\ SO_2(g) + O_2(g) \rightleftharpoons 2\ SO_3(g) + 198\ \text{kJ}$

(b) $H_2(g) + CO_2(g) + 41\ \text{kJ} \rightleftharpoons H_2O(g) + CO(g)$

평형에 미치는 촉매의 영향

촉매(catalyst)는 반응 속도에 영향을 미치며, 반응이 끝난 후에는 원래의 상태로 회수될 수 있는 물질을 말한다. 촉매는 반응의 평형을 이동시키지 않으며, 단지 평형에 도달하는 속도에만 영향을 미친다. 이는 촉매가 반응의 활성화 에너지를 낮춰 주기 때문이다(그림 16.3). **활성화 에너지(activation energy)**는 반응이 일어나는 데 필요한 최소한의 에너지이다. 촉매는 반응물이나 생성물의 에너지는 변화시키지 않으면서 활성화 에너지를 낮춤으로써 반응을 촉진한다. 촉매가 평형에 영향을 미치지 않는다면, 촉매는 반드시 정반응과 역반응의 속도에 똑같이 영향을 미쳐야 한다.

삼염화 인과 황의 반응은 상당한 발열 반응이지만, 반응 속도가 매우 느려서 오랫동안 가열한 후에도 아주 적은 양의 염화 싸이오포스포릴($PSCl_3$)이 얻어진다. 그러나 염화 알루미늄과 같은 촉매를 첨가하면 몇 초 만에 반응이 완결된다.

$$PCl_3(l) + S(s) \xrightarrow{AlCl_3} PSCl_3(l)$$

실험실에서 산소를 제조할 때는 염소산 포타슘이나 과산화 수소의 분해를 촉진하기 위해 이산화 망가니즈를 촉매로 사용한다.

$$2\ KClO_3(s) \xrightarrow[\Delta]{MnO_2} 2\ KCl(s) + 3\ O_2(g)$$
$$2\ H_2O_2(aq) \xrightarrow{MnO_2} 2\ H_2O(l) + O_2(g)$$

촉매는 공업 화학에서 매우 중요하다. 일단 적당한 촉매를 발견하면 느린 반응 속도 때문에 상업적으로 이용할 수 없었던 수백 개의 화학 반응을 상용화할 수 있다. 모든 형태의 생명체에서 일어나는 모든 화학 반응은 **효소**(enzyme)라는 생화학적 촉매에 전적으로 의존하므로, 생화학 분야에서도 촉매는 매우 중요한 역할을 한다.

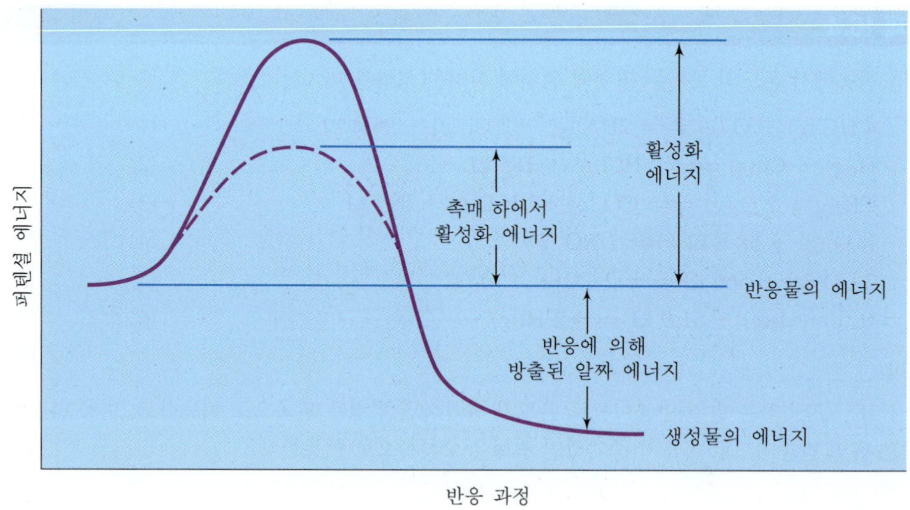

그림 16.3 발열 반응의 에너지 도표. 반응이 시작되도록 활성화 에너지를 가한다. 그림에 나타낸 반응의 경우, 반응이 진행되어 생성물이 만들어지면 활성화 에너지와 알짜 에너지가 모두 방출된다. 촉매는 활성화 에너지를 낮추지만, 반응물이나 생성물의 에너지는 변화시키지 않는다는 것을 주목하시오.

생활 속의 화학

드릴 없이 충치를 치료하는 새로운 방법

의사들은 지난 20년간 충치의 원인을 알고 있었지만 드릴 없이 치료하는 것에 한계가 있었다. 입안의 박테리아는 식사 후에 남아 있는 입안의 당을 분해한다. 분해 과정에서 생긴 유기산은 치아의 에나멜질을 뚫고 치아 표면 안의 미네랄을 녹인다. 이러한 과정을 탈염(demineralization)이라고 한다. 침은 칼슘과 인산을 치아에 다시 넣어 주는 재광화(remineralization)라는 과정을 통하여 치아를 복구시킨다. 이상적인 조건(식후에 매번 양치질을 했다고 가정)에서 이 두 과정은 평형을 이루게 된다.

불행하게도 치석(양치질을 하지 않아 생긴)에 있는 박테리아는 평형을 탈염 쪽으로 이동시키므로 충치가 생기기 시작한다(그림 참조). 과학자들은 플루오린화 이온이 인산 칼슘(수산화 인회석)의 수산화 이온을 치환함으로써 재광화를 돕는다는 것을 알게 되었다. 치환 결과 수산화 인회석이 산에 대한 저항력이 더 큰 플루오린화 인회석으로 전환된다.

한편 과학자들이 탈염과 재광화 사이의 평형을 재광화 쪽으로 이동시킬 수 있는 방안을 발견하였다. 그 결과 충치를 예방하고 충전재 없이도 평형을 유지해 주는 제품이 탄생되었다. 과학자들은 칼슘 이온과 인산 이온을 입안에 규칙적으로 투여시켜 주면 치아의 재광화가 빠르게 일어난다는 것을 발견하였다. 이 방법의 가장 큰 문제는 어떻게 칼슘 이온과 인산 이온을 에나멜 표층으로 서서히 투여할지를 해결해야 한다는 것이다. 만약 칼슘 이온과 인산 이온이 먼저 만나게 되면 침전을 형성하여 에나멜 층을 통과할 수 없다.

Trident Advantage나 Trident for Kids를 포함해서 여러 재광화 추잉껌이 현재 판매되고 있다. 이처럼 칼슘 이온과 인산 이온은 자연계를 모방하는 방법으로 안정화될 수 있다. 연구원들은 신생아가 어떻게 칼슘 이온과 인산 이온을 충분히 공급받는지를 관찰하였다. 호주의 Melbourne 대학의 Eric Reynolds는 "자연은 우유가 많은 양의 칼슘과 인산을 생물학적으로 이용 가능한 형태로 운반할 수 있도록 진화해왔다"라고 말한다. 연구원들은 카제인(유단백질)을 이용하여 치아 표면에 확산될 수 있는 안정화된 인산 칼슘의 미세 입자를 만들었다. 이 미세 입자를 넣은 껌을 만들어 씹었을 때의 결과는 기대 이상으로 좋았다. 일본 도쿄의 FAP Dental Institute의 연구원들은 50 μm보다 작은 충치를 치료할 수 있는 치약을 개발하였다. 이 치약은 충치 부위에 바로 플루오린으로 처리된 수산화 인회석의 나노 결정을 성장시킨다. 이 합성 에나멜은 칫솔질할 때 작은 충치를 치료할 뿐 아니라 천연 에나멜도 강화한다. 이제 칫솔질로 충치를 치료할 수 있을 뿐 아니라 동시에 예방도 할 수 있게 되었다. 새로운 연구 결과에 의하면, 약한 전류를 치아가 있는 부위에 흘려주면 전하를 띤 칼슘과 인산 이온이 이 부위로 끌려 와서 재광화 속도가 빨라진다고 한다. 이 과정을 전기적으로 가속화되고 향상된 재광화(Electrically Accelerated and Enhanced Remineralization) 또는 EAER이라고 부른다. 현재 London의 King's College 소속 연구원들은 이 방법을 일반 치과에 도입하는 방법을 모색하고 있다.

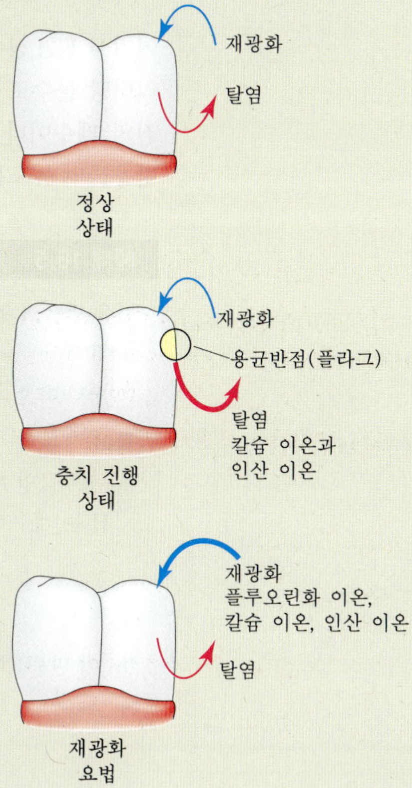

16.4 평형 상수

평형 상태의 가역 화학 반응에서 반응물과 생성물의 농도는 일정하다. 평형에서 정반응과 역반응의 속도는 같으므로, 반응물에 대한 생성물의 비로 평형 상수식을 쓸 수 있다. 다음과 같은 일반적인 반응을 살펴보자.

이 절의 학습 목표
일반적인 평형 상수 식을 쓰고, 평형 상수를 계산할 수 있다.

$$aA + bB \rightleftharpoons cC + dD$$

주어진 온도에서 평형 상수식은 다음과 같이 쓸 수 있다.

$$K_{eq} = \frac{[C]^c[D]^d}{[A]^a[B]^b}$$

여기서 **평형 상수(equilibrium constant, K_{eq})**는 특정 온도에서 상수이다. 각괄호 안의 양은 리터당 몰수로 나타낸 각 물질의 농도이다. 위첨자 a, b, c, d는 균형 맞춘 반응식에서 각 물질의 계수이다. 규약에 따라 생성물(반응식의 오른쪽에 있는 물질)의 농도는 분자에 쓰고 반응물의 농도는 분모에 쓴다.

예제 16.5

다음 반응의 평형 상수식을 쓰시오.

(a) $3\ H_2(g) + N_2(g) \rightleftharpoons 2\ NH_3(g)$

(b) $CO(g) + 2\ H_2(g) \rightleftharpoons CH_3OH(g)$

풀이

(a) 생성물인 NH_3의 계수는 2이다. 그러므로 평형 상수의 분자는 $[NH_3]^2$이다. 두 개의 반응물 중 H_2는 계수가 3이고 N_2는 계수가 1이므로 분모는 $[H_2]^3[N_2]$이다. 평형 상수식은 다음과 같다.

$$K_{eq} = \frac{[NH_3]^2}{[H_2]^3[N_2]}$$

(b) 이 반응식에 대해 분자는 $[CH_3OH]$이고 분모는 $[CO][H_2]^2$이다. 평형 상수식은 다음과 같다.

$$K_{eq} = \frac{[CH_3OH]}{[CO][H_2]^2}$$

실습 문제 16.7

다음 반응의 평형 상수식을 쓰시오.

(a) $MgCO_3(s) \rightleftharpoons MgO(s) + CO_2(g)$

(b) $2\ Bi^{3+}(aq) + 3\ H_2S(aq) \rightleftharpoons Bi_2S_3(s) + 6\ H^+(aq)$

평형 상수의 크기는 정반응과 역반응이 어느 정도까지 진행되는가를 나타낸다. K_{eq}가 1보다 크면 평형에서 반응물보다 생성물의 양이 많다. K_{eq}가 1보다 작으면 평형에서 생성물보다 반응물의 양이 많다. K_{eq}가 매우 크다는 것은 정반응이 거의 완결된다는 것을 의미한다. K_{eq}가 매우 작으면 역반응이 거의 완결되므로 평형이 왼쪽으로(반응물 쪽으로) 매우 치우쳐 있음을 의미한다. 다음의 두 가지 예를 살펴보자.

$$H_2(g) + I_2(g) \rightleftharpoons 2\ HI(g) \qquad K_{eq} = 54.8\ (425°C에서)$$

$$COCl_2(g) \rightleftharpoons CO(g) + Cl_2(g) \qquad K_{eq} = 7.6 \times 10^{-4}\ (400°C에서)$$

첫 번째 예에서, K_{eq}는 평형에서 반응물보다 생성물이 더 많음을 나타낸다. 두 번째 반응식에서, K_{eq}는 400°C에서 $COCl_2$가 안정하여 CO와 Cl_2로 거의 분해되지 않음을 알려준다. 이 경우 평형이 왼쪽으로 매우 치우쳐 있다.

평형 반응에서 모든 화학종의 몰농도를 알면 평형 상수식에 대입하여 K_{eq}를 계산할 수 있다(참고 참조).

참고 이 책이 다루는 범위를 넘어서므로, K_{eq}값에는 보통 단위를 포함시키지 않는다.

예제 16.6

300°C에서 다음의 농도들로부터 반응의 K_{eq}를 계산하시오.

$$[PCl_5] = 0.030\ mol/L,\ [PCl_3] = 0.97\ mol/L,\ [Cl_2] = 0.97\ mol/L$$

$$PCl_5(g) \rightleftharpoons PCl_3(g) + Cl_2(g)$$

풀이

우선 K_{eq} 식을 쓰고 각각의 농도를 식에 대입하여 푼다.

$$K_{eq} = \frac{[PCl_3][Cl_2]}{[PCl_5]} = \frac{(0.97)(0.97)}{(0.030)} = 31$$

얻어진 K_{eq}는 매우 큰 값이므로, 300°C에서 PCl_5의 분해 반응은 오른쪽으로 많이 진행됨을 알려 준다.

K_{eq}에는 단위가 포함되지 않는다는 것에 유의하라.

실습 문제 16.8

다음 반응은 530°C에서 기체의 평형 농도가 $[SO_3] = 11.0\ M$, $[SO_2] = 4.20\ M$, $[O_2] = 2.4 \times 10^{-4}\ M$이다. 반응의 K_{eq}를 구하시오.

$$SO_2(g) + O_2(g) \rightleftharpoons SO_3(g)$$

16.5 물의 이온곱 상수

이 절의 학습 목표
물의 이온곱 상수를 이용하여 용액 중의 H^+, OH^-의 농도와 pH, pOH를 계산할 수 있다.

물은 아주 소량 이온화한다. 이 이온화의 평형 반응식은 다음과 같다.

$$H_2O + H_2O \rightleftharpoons H_3O^+ + OH^- \quad (1)$$

$$H_2O \rightleftharpoons H^+ + OH^- \quad (2)$$

자유 양성자(H^+)는 물에 존재하지 않으므로, (1) 식이 더 정확한 표현이다. (2) 식은 물의 평형을 나타내는 데 자주 사용되는 간략한 표현이다. 실제로 25°C의 순수한 물에서 생성되는 H^+의 농도는 매우 낮아서 1.00×10^{-7} mol/L밖에 되지 않는다. (2) 식에서 알 수 있듯이, 순수한 물에서 생성되는 두 이온의 양은 같다.

$$[H^+] = [OH^-] = 1.00 \times 10^{-7}\ mol/L$$

$H_2O \rightleftharpoons H^+ + OH^-$의 평형은 물과 모든 수용액에 존재한다. 이런 평형에는 **물의 이온곱 상수(ion product constant for water, K_w)**라고 불리는 특별한 평형 상수가 적용된다. 상수 K_w는 리터당 몰수로 나타낸 H^+ 이온 농도와 OH^- 이온 농도의 곱으로 정의된다.

$$K_w = [H^+][OH^-]$$

25°C에서 순수한 물에 대해

$$K_w = [H^+][OH^-] = (1.00 \times 10^{-7})(1.00 \times 10^{-7}) = 1.00 \times 10^{-14}$$

이므로 K_w의 값은 1.00×10^{-14}이다. 25°C에서 모든 수용액의 K_w 값은 1.00×10^{-14}이다. 중요한 것은 두 이온 H^+ 또는 OH^- 중 어느 하나의 농도가 증가하면 다른 하나의 농도는 반드시 감소한다는 것이다. 하지만 $[H^+]$와 $[OH^-]$의 곱은 항상 일정하게 1.00×10^{-14}이다.

이런 관계의 예가 **표 16.1**에 나타나 있다. 한 이온의 농도를 알면 K_w 식으로부터 다른 이온의 농도를 계산할 수 있다.

표 16.1 수용액에서 H^+ 농도와 OH^- 농도의 관계

$[H^+]$	$[OH^-]$	K_w	pH	pOH
1.00×10^{-2}	1.00×10^{-12}	1.00×10^{-14}	2.00	12.00
1.00×10^{-4}	1.00×10^{-10}	1.00×10^{-14}	4.00	10.00
2.00×10^{-6}	5.00×10^{-9}	1.00×10^{-14}	5.70	8.30
1.00×10^{-7}	1.00×10^{-7}	1.00×10^{-14}	7.00	7.00
1.00×10^{-9}	1.00×10^{-5}	1.00×10^{-14}	9.00	5.00

$$K_w = [H^+][OH^-] \qquad [H^+] = \frac{K_w}{[OH^-]} \qquad [OH^-] = \frac{K_w}{[H^+]}$$

예제 16.7

0.001 M HCl 용액에서 (a) H^+, (b) OH^-의 농도는 얼마인가? HCl은 100% 이온화된다.

풀이

(a) HCl은 모두 이온화되므로, $[H^+] = 0.001$ mol/L 또는 1×10^{-3} mol/L이다.

$$\begin{array}{ccccc} HCl & \longrightarrow & H^+ & + & Cl^- \\ & & 0.001\ M & & 0.001\ M \end{array}$$

$$[H^+] = 1 \times 10^{-3}\ \text{mol/L}$$

(b) 위 용액의 $[OH^-]$는 다음 방정식에 K_w와 $[H^+]$의 값을 대입하여 계산할 수 있다.

$$[OH^-] = \frac{K_w}{[H^+]}$$

$$[OH^-] = \frac{1.00 \times 10^{-14}}{1 \times 10^{-3}} = 1 \times 10^{-11}\ \text{mol/L}$$

실습 문제 16.9

다음 용액에서 $[H^+]$와 $[OH^-]$를 결정하시오.

(a) 0.002 M HBr　　(b) 2.0×10^{-6} M KOH

예제 16.8

0.10 M NaOH 용액의 pH는 얼마인가? NaOH는 100% 이온화된다고 가정한다.

풀이

NaOH는 모두 이온화되므로, $[OH^-] = 0.10$ mol/L 또는 1.0×10^{-1} mol/L이다.

$$\begin{array}{ccccc} NaOH & \longrightarrow & Na^+ & + & OH^- \\ & & 0.10\ M & & 0.10\ M \end{array}$$

용액의 pH를 구하기 위해 먼저 H^+ 이온의 농도를 계산한다. 다음 방정식에 K_w와 $[OH^-]$ 값을 대입하여 H^+ 이온의 농도를 계산한다.

$$[H^+] = \frac{K_w}{[OH^-]} = \frac{1.00 \times 10^{-14}}{1.0 \times 10^{-1}} = 1.0 \times 10^{-13}\ \text{mol/L}$$

$$pH = -\log[H^+] = -\log(1.0 \times 10^{-13}) = 13.00$$

실습 문제 16.10

다음 용액의 pH를 구하시오.

(a) $5.0 \times 10^{-5}\ M\ HNO_3$ (b) $2.0 \times 10^{-6}\ M\ KOH$

pH가 용액의 산도를 나타내는 것과 같이, pOH는 수용액의 염기도를 나타낸다. pH가 H^+ 이온 농도와 관련된 것과 마찬가지로 pOH도 OH^- 이온 농도와 관련이 있다.

$$pOH = -\log[OH^-]$$

그러므로 예제 16.8에서와 같이 $[OH^-] = 1.0 \times 10^{-1}$인 용액의 pOH = 1.00이다.

순수한 물에서 $[H^+] = 1.00 \times 10^{-7}$, $[OH^-] = 1.00 \times 10^{-7}$이므로 pH와 pOH는 각각 7.0이다. pH와 pOH의 합은 항상 14.00이다.

$$pH + pOH = 14.00$$

예제 16.8에서 pH는 먼저 OH^- 이온의 농도로부터 pOH를 계산한 후, 14.00에서 pOH를 빼서도 구할 수 있다.

$$pH = 14.00 - pOH = 14.00 - 1.00 = 13.00$$

표 16.1은 수용액에서의 $[H^+]$와 $[OH^-]$의 관계를 요약한 것이다.

16.6 이온화 상수

이 절의 학습 목표

평형 반응식의 이온화 상수를 사용하여 용액 속 물질의 이온화 백분율과 약산의 pH를 구할 수 있다.

K_w 외에도 자주 사용되는 평형 상수가 몇 가지 더 있다. 강산은 100% 이온화되며, 약산은 매우 소량만 이온화된다. 용액 내에서 아세트산의 평형 상수를 생각해 보자. 아세트산은 약산이므로 용액 내에서 $HC_2H_3O_2$ 분자와 아세트산 이온 사이에 평형이 존재한다.

$$HC_2H_3O_2(aq) \rightleftharpoons H^+(aq) + C_2H_3O_2^-(aq)$$

이온화 상수식은 생성물의 농도를 반응물의 농도로 나누어 준 것이다.

$$K_a = \frac{[H^+][C_2H_3O_2^-]}{[HC_2H_3O_2]}$$

이 상수를 **산 이온화 상수(acid ionization constant, K_a)**라고 하며, 평형 상수의 특별한 유형의 하나이다. 용액에서 물의 농도는 다른 농도와 비교할 때 매우 크므로 별로 변하지 않는다. 따라서 물의 농도는 평형 상수 K_{eq}의 일부로 생각한다.

25℃에서 $0.100\ M\ HC_2H_3O_2$ 용액은 1.34% 이온화되며, $[H^+]$는 1.34×10^{-3} mol/L이다. 이로부터 아세트산의 이온화 상수를 계산할 수 있다.

처음 $0.100\ M$ 용액에는 리터당 아세트산이 0.100 mol 있었다. 0.100 mol 중에서 1.34% 또는 1.34×10^{-3} mol만이 이온화되었으므로 $[H^+] = 1.34 \times 10^{-3}$ mol/L이다. 아세트산

한 분자는 이온화하여 H^+ 하나와 $C_2H_3O_2^-$ 하나를 생성하므로 $C_2H_3O_2^-$ 이온의 농도도 1.34×10^{-3} mol/L이다. 따라서 이온화되지 않은 아세트산은 0.100 − 0.00134 = 0.099 mol/L가 남게 된다.

평형 상수식에 이 농도값들을 대입하면, K_a 값을 얻을 수 있다.

$$K_a = \frac{[H^+][C_2H_3O_2^-]}{[HC_2H_3O_2]} = \frac{(1.34 \times 10^{-3})(1.34 \times 10^{-3})}{(0.099)} = 1.8 \times 10^{-5}$$

산	초기 농도 (mol/L)	평형 농도 (mol/L)
$[HC_2H_3O_2]$	0.100	0.099
$[H^+]$	0	0.00134
$[C_2H_3O_2^-]$	0	0.00134

아세트산의 K_a 값은 1.8×10^{-5}로 매우 작으므로, 평형은 이온화되지 않은 아세트산 쪽으로 치우쳐 있다. 실제로 0.100 *M* 아세트산 용액은 99%가 이온화되지 않는다.

일단 아세트산의 K_a 값이 정해지면, 이 값은 25°C에서 평형을 이루는 H^+, $C_2H_3O_2^-$, $HC_2H_3O_2$를 포함하는 다른 계를 설명하는 데에도 사용될 수 있다. **표 16.2**에 몇몇 다른 약산에 대한 이온화 상수를 나열하였다.

표 16.2 25°C에서 약산의 이온화 상수(K_a)

산	화학식	K_a	산	화학식	K_a
아세트산	$HC_2H_3O_2$	1.8×10^{-5}	사이안화수소산	HCN	4.0×10^{-10}
벤조산	$HC_7H_5O_2$	6.3×10^{-5}	하이포염소산	HClO	3.5×10^{-8}
석탄산(페놀)	HC_6H_5O	1.3×10^{-10}	아질산	HNO_2	4.5×10^{-4}
사이안산	HCNO	2.0×10^{-4}	플루오린화수소산	HF	6.5×10^{-4}
폼산	$HCHO_2$	1.8×10^{-4}			

예제 16.9

0.50 *M* $HC_2H_3O_2$ 용액의 $[H^+]$는 얼마인가? $HC_2H_3O_2$의 이온화 상수, K_a는 1.8×10^{-5}이다.

풀이

이 문제를 풀기 위해 먼저 평형 반응식과 K_a 식을 쓴다.

$$HC_2H_3O_2 \rightleftharpoons H^+ + C_2H_3O_2^- \qquad K_a = \frac{[H^+][C_2H_3O_2^-]}{[HC_2H_3O_2]} = 1.8 \times 10^{-5}$$

$HC_2H_3O_2$의 초기 농도가 0.50 *M*임을 알고 있다. 이온화 반응식으로부터 $C_2H_3O_2^-$와 H^+는 같은 양이 형성됨을 알 수 있다. 즉, $[H^+]$와 $[C_2H_3O_2^-]$는 같다. $Y = [H^+]$라고 하면 이 값은 $[C_2H_3O_2^-]$와도 같다. 이온화되지 않고 남아 있는 $[HC_2H_3O_2]$는 $0.50 - Y$, 즉 초기 농도에서 이온화된 양을 뺀 값이다.

$$[H^+] = [C_2H_3O_2^-] = Y \qquad [HC_2H_3O_2] = 0.50 - Y$$

	초기	평형
$[H^+]$	0	Y
$[C_2H_3O_2^-]$	0	Y
$[HC_2H_3O_2]$	0.50	$0.5 - Y$

K_a 식에 이 값들을 대입하면 다음 식을 얻을 수 있다.

$$K_a = \frac{(Y)(Y)}{0.50 - Y} = \frac{Y^2}{0.50 - Y} = 1.8 \times 10^{-5}$$

이 식에서 Y 값을 정확히 구하기 위해서는 이차 방정식(quadratic equation)을 사용해야 한다. 그러나 Y 값이 0.50에 비해 매우 작으므로 무시할 수 있다고 가정하면 근사값을 얻을 수 있다. 그러면 0.50 − Y는 거의 0.50과 같으므로 방정식은 다음과 같이 된다.

$$\frac{Y^2}{0.50} = 1.8 \times 10^{-5}$$

$$Y^2 = 0.50 \times 1.8 \times 10^{-5} = 0.90 \times 10^{-5} = 9.0 \times 10^{-6}$$

양변에 제곱근을 취하면 다음 식을 얻는다.

$$Y = \sqrt{9.0 \times 10^{-6}} = 3.0 \times 10^{-3}\ \text{mol/L}$$

따라서 0.50 M $HC_2H_3O_2$ 용액 내의 $[H^+]$는 약 3.0×10^{-3} mol/L이다. 이차 방정식을 이용하여 얻은 정확한 값은 $[H^+] = 2.99 \times 10^{-3}$ mol/L로 Y 값이 0.50에 비해 작으므로, 무시할 수 있다는 것을 확인할 수 있다.

참고 이차 방정식이 $ay^2 + by + c = 0$일 때, $y = \dfrac{-b \pm \sqrt{b^2 - 4ac}}{2a}$ 가 된다.

실습 문제 16.11

다음 용액의 수소 이온 농도를 구하시오.

(a) 0.100 M 사이안화수소산(HCN) 용액 (b) 0.0250 M 석탄산(HC_6H_5O) 용액

예제 16.10

0.50 M $HC_2H_3O_2$ 용액의 이온화 백분율을 계산하시오.

풀이

약산의 이온화 과정, 즉 $HA(aq) \rightleftharpoons H^+(aq) + A^-(aq)$의 백분율은 평형 상태의 H^+ 또는 A^- 이온의 농도를 HA의 초기 농도로 나눈 후 100을 곱한 값이다. 아세트산을 예로 들면

$$\frac{[H^+]\ \text{또는}\ [C_2H_3O_2^-]}{[HC_2H_3O_2]\text{의 초기 농도}} \times 100 = \text{이온화 백분율}$$

이 문제를 풀기 위해 먼저 $[H^+]$를 계산한다. 이 계산은 이미 0.50 M $HC_2H_3O_2$ 용액에 대해 행해졌다.

$$0.50\ M\ \text{용액 내에서}\ [H^+] = 3.0 \times 10^{-3}\ \text{mol/L (예제 16.9)}$$

위의 $[H^+]$는 초기 0.50 M $HC_2H_3O_2$에서의 분율을 나타낸다. 그러므로

$$\frac{3.0 \times 10^{-3}\ \text{mol/L}}{0.50\ \text{mol/L}} \times 100 = 0.60\%\ \text{이온화}$$

0.50 M $HC_2H_3O_2$ 용액은 0.60% 이온화된다.

실습 문제 16.12

하이드라진 용액(N_2H_4)의 농도는 0.25 M이다. 용액의 pH와 하이드라진의 이온화 백분율을 구하시오. (하이드라진의 $K_b = 9.6 \times 10^{-7}$)

16.7 용해도곱 상수

이 절의 학습 목표
용해도곱 상수를 이용하여 난용성 염의 용해도를 계산하고 용액에서 침전이 형성될 것인지를 결정할 수 있다.

용해도곱 상수(solubility product constant, K_{sp})는 난용성 염의 평형 상수이다. 다음 예를 통해 K_{sp}가 어떻게 결정되는지를 알 수 있다. 25℃에서 물에 대한 AgCl의 용해도는 1.3×10^{-5} mol/L이다. 용액 내에서 AgCl과 이온들 간의 평형식은 다음과 같다.

$$AgCl(s) \rightleftharpoons Ag^+(aq) + Cl^-(aq)$$

평형 상수식은 다음과 같다.

$$K_{eq} = \frac{[Ag^+][Cl^-]}{[AgCl(s)]}$$

고체 AgCl의 양은 평형계에 영향을 미치지 않는다. 즉, 염의 양이 1 mg이건 10 g이건 상관없이 고체 AgCl의 농도는 일정하다. 따라서 두 개의 상수 K_{eq}와 $[AgCl(s)]$를 곱하여 얻은 값도 상수이다. 이 상수가 용해도곱 상수, K_{sp}이다.

$$K_{eq} \times [AgCl(s)] = [Ag^+][Cl^-] = K_{sp}$$
$$K_{sp} = [Ag^+][Cl^-]$$

K_{sp}는 각각 mol/L로 표시된 $[Ag^+]$와 $[Cl^-]$의 곱이다. 1.3×10^{-5} mol/L의 AgCl이 녹으면 각각 1.3×10^{-5} mol/L의 Ag^+와 Cl^-가 형성된다. 이 농도로부터 K_{sp}를 계산하면 다음과 같다.

$$[Ag^+] = 1.3 \times 10^{-5}\ \text{mol/L} \qquad [Cl^-] = 1.3 \times 10^{-5}\ \text{mol/L}$$
$$K_{sp} = [Ag^+][Cl^-] = (1.3 \times 10^{-5})(1.3 \times 10^{-5}) = 1.7 \times 10^{-10}$$

일단 AgCl의 K_{sp} 값이 정해지면, 이 값은 Ag^+와 Cl^-를 포함하는 다른 계를 설명하는 경우에도 이용할 수 있다.

K_{sp} 식에는 분모가 없다. 이 식은 오직 용액에 존재하는 이온들의 농도(mol/L)만으로 구성되어 있다. 다른 평형 상수식에서처럼 각각의 농도에 균형 맞춘 반응식에 있는 계수를 지수로 쓴다. 아래에 여러 가지 다른 물질에 대한 평형 반응식과 K_{sp} 식을 나타내었다.

$$AgBr(s) \rightleftharpoons Ag^+(aq) + Br^-(aq) \qquad K_{sp} = [Ag^+][Br^-]$$
$$BaSO_4(s) \rightleftharpoons Ba^{2+}(aq) + SO_4^{2-}(aq) \qquad K_{sp} = [Ba^{2+}][SO_4^{2-}]$$
$$Ag_2CrO_4(s) \rightleftharpoons 2\,Ag^+(aq) + CrO_4^{2-}(aq) \qquad K_{sp} = [Ag^+]^2[CrO_4^{2-}]$$
$$CuS(s) \rightleftharpoons Cu^{2+}(aq) + S^{2-}(aq) \qquad K_{sp} = [Cu^{2+}][S^{2-}]$$
$$Mn(OH)_2(s) \rightleftharpoons Mn^{2+}(aq) + 2\,OH^-(aq) \qquad K_{sp} = [Mn^{2+}][OH^-]^2$$
$$Fe(OH)_3(s) \rightleftharpoons Fe^{3+}(aq) + 3\,OH^-(aq) \qquad K_{sp} = [Fe^{3+}][OH^-]^3$$

표 16.3에 위의 물질을 포함하여 다른 여러 가지 물질들의 K_{sp} 값을 나열하였다.

> 용액 내 이온들의 몰농도의 곱(각 농도에 적정한 지수를 써야 한다)이 그 물질의 K_{sp}보다 크면 침전이 생긴다. 만약 이온곱이 K_{sp} 값보다 작으면 침전은 생기지 않는다.

표 16.3 25°C에서의 용해도곱 상수(K_{sp})

화합물	K_{sp}	화합물	K_{sp}
AgCl	1.7×10^{-10}	CaF_2	3.9×10^{-11}
AgBr	5.2×10^{-13}	CuS	8.5×10^{-45}
AgI	8.5×10^{-17}	$Fe(OH)_3$	6.17×10^{-38}
$AgC_2H_3O_2$	2.1×10^{-3}	PbS	3.4×10^{-28}
Ag_2CrO_4	1.9×10^{-12}	$PbSO_4$	1.3×10^{-8}
$BaCrO_4$	8.5×10^{-11}	$Mn(OH)_2$	2.0×10^{-13}
$BaSO_4$	1.5×10^{-9}		

예제 16.11

난용성 염인 AgI와 PbI_2에 대해 K_{sp} 식을 쓰시오.

풀이

먼저 평형 반응식을 쓴다.

$$AgI(s) \rightleftharpoons Ag^{+}(aq) + I^{-}(aq)$$
$$PbI_2(s) \rightleftharpoons Pb^{2+}(aq) + 2\,I^{-}(aq)$$

고체 결정의 농도는 일정하므로, K_{sp}는 용액 내 이온들의 몰농도의 곱이다. PbI_2의 경우 $[I^-]$는 반드시 제곱이 되어야 한다.

$$K_{sp} = [Ag^+][I^-] \qquad K_{sp} = [Pb^{2+}][I^-]^2$$

예제 16.12

황산 납의 K_{sp} 값은 1.3×10^{-8}이다. $PbSO_4$의 용해도를 g/L로 계산하시오.

풀이

먼저 평형 반응식과 K_{sp} 식을 쓴다.

$$PbSO_4(s) \rightleftharpoons Pb^{2+}(aq) + SO_4^{2-}(aq)$$
$$K_{sp} = [Pb^{2+}][SO_4^{2-}] = 1.3 \times 10^{-8}$$

용액에서 황산 납은 완전히 해리되므로 $[Pb^{2+}]$와 $[SO_4{}^{2-}]$는 mol/L로 나타낸 $PbSO_4$의 용해도와 같다.

$$Y = [Pb^{2+}] = [SO_4^{2-}]$$

라 하고 Y를 K_{sp} 식에 대입하여 푼다.

$$[Pb^{2+}][SO_4^{2-}] = (Y)(Y) = 1.3 \times 10^{-8}$$
$$Y^2 = 1.3 \times 10^{-8}$$
$$Y = 1.1 \times 10^{-4}\ \text{mol/L}$$

그러므로 $PbSO_4$의 용해도는 1.1×10^{-4} mol/L이다. 이제 mol/L를 g/L로 바꾼다.

$PbSO_4$ 1 mol의 질량은 (207.2 g + 32.07 g + 64.00 g) = 303.3 g이다.

$$\left(\frac{1.1 \times 10^{-4}\ \cancel{\text{mol}}}{\text{L}}\right)\left(\frac{303.3\ \text{g}}{\cancel{\text{mol}}}\right) = 3.3 \times 10^{-2}\ \text{g/L}$$

$PbSO_4$의 용해도는 3.3×10^{-2} g/L이다.

실습 문제 16.13

다음 물질에 대한 K_{sp} 식을 쓰시오.

(a) $Al(OH)_3$

(b) $SrSO_4$

실습 문제 16.14

25°C에서 Ag_2CrO_4 포화 용액의 $[Ag^+]$은 1.5×10^{-4} M이다. 25°C에서 Ag_2CrO_4의 K_{sp}는 얼마인가?

이미 용액에 포함되어 있는 이온을 용액에 가할 때 그 이온을 **공통 이온**(common ion)이라고 한다. 약전해질이나 난용성 염의 평형 용액에 공통 이온을 가하면 Le Châtelier 원리에 따라 평형이 이동한다. 예를 들어 AgCl의 포화 용액에 $AgNO_3$를 가하면

$$AgCl(s) \rightleftharpoons Ag^+(aq) + Cl^-(aq)$$

$[Ag^+]$가 증가하므로 평형이 왼쪽으로 이동한다. 결과적으로 $[Cl^-]$와 AgCl의 용해도는 감소하게 된다. AgCl과 $AgNO_3$는 공통 이온 Ag^+를 갖는다. 용액 중에 이미 포함되어 있는 이온을 용액에 가함으로써 평형의 위치가 이동되는 것을 **공통 이온 효과(common ion effect)** 라고 한다.

예제 16.13

25°C에서 AgCl의 용해도곱 상수는 1.8×10^{-10}이다.
(a) 순수한 물, (b) 0.1 *M* $AgNO_3$ 및 (c) 0.01 *M* NaCl에서 AgCl의 용해도는 얼마인가?

풀이

AgCl의 용해도를 *S* mol/L로 하자.

(a) 관련된 반응은 $AgCl(s) \rightleftharpoons Ag^+(aq) + Cl^-(aq)$이다. 용해도곱 상수는 다음과 같이 주어진다.

$$K_{sp} = [Ag^+][Cl^-] = S \times S$$

따라서

$$용해도 = S = (K_{sp})^{1/2} = (1.8 \times 10^{-10})^{1/2} = 1.34 \times 10^{-5}\ mol/L$$

(b) 관련된 반응은 다음과 같다.

$$\underset{}{AgCl(s)} \rightleftharpoons \underset{S}{Ag^+(aq)} + \underset{S}{Cl^-(aq)}$$

$$AgNO_3(s) \rightleftharpoons \underset{0.1}{Ag^+(aq)} + \underset{0.1}{NO_3^-(aq)}$$

따라서 용해도곱은 $K_{sp} = [Ag^+][Cl^-] = (0.1 + S)(S)$이다.
공통 이온의 존재는 용해도를 감소시키므로 $S \ll 0.1$이다. 따라서

$$S(0.1) = 1.8 \times 10^{-10} \Rightarrow S = 1.8 \times 10^{-9}\ mol/L$$

(c) 관련된 반응은 다음과 같다.

$$AgCl(s) \rightleftharpoons Ag^+(aq) + Cl^-(aq)$$
$$NaCl(s) \rightleftharpoons Na^+(aq) + Cl^-(aq)$$

용해도곱은 $K_{sp} = [Ag^+][Cl^-] = (S)(0.01 + S)$이다. 공통 이온의 존재는 용해도를 감소시키므로 $S \ll 0.01$이다. 따라서

$$S(0.01) = 1.8 \times 10^{-10} \Rightarrow S = 1.8 \times 10^{-8}\ mol/L$$

실습 문제 16.15

물에서의 SrF_2의 용해도곱 상수가 8×10^{-10}이면 0.1 *M* NaF 수용액에서의 용해도는 얼마인가?

16.8 완충 용액: pH의 조절

이 절의 학습 목표
완충 용액의 기능을 서술할 수 있다.

좁은 범위 내에서 pH를 조절하는 것은 화학적인 응용뿐만 아니라 생물학적 계에서도 매우 중요한 일이다. 예를 들어 사람의 혈액은 산소를 폐에서 세포로 원활히 운반하기 위해 pH가 7.35에서 7.45 사이에서 유지되어야만 한다. 이 좁은 pH 범위는 혈액 내의 완충계에 의해 유지된다.

완충 용액(buffer solution)은 소량의 산이나 염기가 가해지거나, 희석되어도 pH가 잘 변하지 않는다. 두 가지 일반적 유형의 완충 용액은 (1) 약산이 그 짝염기의 염과 혼합된 것, (2) 약염기가 그 짝산의 염과 혼합된 것이다.

Gistimages/Alamy Stock Photo

California주 San Diego에 있는 Birch Aquarium Visitors Center의 수족관은 완충 시스템을 사용하여 pH를 유지한다.

완충 용액의 작용은 아세트산과 아세트산 소듐 용액의 예로부터 이해할 수 있다. 약산인 $HC_2H_3O_2$는 대부분 이온화되지 않고 용액 내에서 그 이온과 평형을 이루고 있다. 아세트산 소듐은 완전히 이온화된다.

$$HC_2H_3O_2(aq) \rightleftharpoons H^+(aq) + C_2H_3O_2^-(aq)$$
$$NaC_2H_3O_2(aq) \longrightarrow Na^+(aq) + C_2H_3O_2^-(aq)$$

아세트산 소듐은 완전히 이온화되기 때문에, 용액은 아세트산만 존재할 때보다 훨씬 높은 아세트산 이온 농도를 갖게 된다. 아세트산 이온은 아세트산의 이온화를 억제하며, 물과 반응하여 용액의 pH를 아세트산 용액보다 높게(염기성이 강하게) 만든다(16.3절). 그러므로 0.1 *M* 아세트산 용액의 pH는 2.87이지만, 0.1 *M* 아세트산과 0.1 *M* 아세트산 소듐 혼합 용액의 pH는 4.74이다. 이러한 pH 차이는 공통 이온 효과 때문이다.

완충 용액은 첨가되는 산이나 염기를 중화하는 자동 조절 기능을 갖는다(사진 참고). 아세트산-아세트산 소듐 완충 용액에 HCl이나 NaOH를 가했을 때의 영향을 생각해 보자. 적은 양의 HCl이 첨가되면 완충 용액의 아세트산 이온은 HCl로부터 나온 H^+ 이온과 결합하여 이온화되지 않은 아세트산을 만듦으로써 가해진 산을 중화시켜 용액의 pH를 비슷하게 유지한다. NaOH가 가해지면 아세트산은 OH^- 이온과 반응하여 첨가된 염기를 중화함으로써 거의 같은 pH를 유지한다. 두 가지 반응에 대한 반응식은 다음과 같다.

$$H^+(aq) + C_2H_3O_2^-(aq) \rightleftharpoons HC_2H_3O_2(aq)$$
$$OH^-(aq) + HC_2H_3O_2(aq) \rightleftharpoons H_2O(l) + C_2H_3O_2^-(aq)$$

표 16.4는 순수한 물과 아세트산-아세트산 소듐 완충 용액에 HCl과 NaOH를 첨가하였을 때의 pH 변화 결과를 비교한 자료이다. 1000 mL의 물에 0.01 mol HCl 또는 0.01 mol NaOH를 첨가하였을 때, 용액의 pH가 5만큼 변화됨에 주목하라. 반면에 완충 용액에 같은 양의 HCl 또는 NaOH를 첨가하였을 때는 0.08이나 0.09 정도만의 pH 변화가 일어난다. 이처럼 완충 용액은 용액의 pH 변화를 강하게 억제한다.

그러나 완충 용액은 다량의 산 또는 염기가 첨가될 경우에는 완충 효과를 나타내지 못한다. 완충 용액의 완충 용량이 중화시켜야 하는 산 또는 염기의 양에 미치지 못하기 때문이다. 약산과 그 짝염기, 약염기와 그 짝산의 몰농도가 같을 때 완충 효과는 최대가 된다.

인체는 여러 가지 완충계를 가지고 있다. 그중 하나인 탄산수소 이온-탄산 완충 용액, HCO_3^-—H_2CO_3는 혈장의 pH를 7.4로 유지시킨다. 인산계인 HPO_4^{2-}—$H_2PO_4^-$는 적혈구뿐만 아니라 인체의 다른 부위에서도 중요한 완충계이다.

표 16.4 HCl과 NaOH를 첨가하였을 때의 pH 변화

용액	pH	pH 변화
H_2O(1000 mL)	7	–
H_2O + 0.010 mol HCl	2	5
H_2O + 0.010 mol NaOH	12	5
완충 용액(100 mL)		
0.10 M $HC_2H_3O_2$ + 0.10 M $NaC_2H_3O_2$	4.74	–
Buffer + 0.010 mol HCl	4.66	0.08
Buffer + 0.010 mol NaOH	4.83	0.09

예제 16.14

완충 용액의 사용 목적은 무엇인가?

풀이

완충 용액은 소량의 산 또는 염기의 첨가에도 pH의 변화가 없거나 매우 작다.

실습 문제 16.16

HF와 NaF를 이용하여 만들어진 완충 용액에 소량의 강산을 가하였을 때, 완충 용액이 어떻게 거동하는지 서술하시오.

$$HF \rightleftharpoons H^+ + F^-$$

생활 속의 화학

혈액 내에서 산소와 이산화 탄소의 교환

폐와 조직 간의 산소와 이산화 탄소의 운반은 몇 가지 가역 반응과 관계된 복잡한 과정으로, Le Châtelier 원리에 따라 일어난다.

산소와 헤모글로빈의 결합은 가역 반응이다. 산소는 헤모글로빈(Hb)과 결합한 후 나중에 떨어져 나가야 한다. 다음은 이 반응의 평형 반응식이다.

$$Hb + O_2 \rightleftharpoons HbO_2$$

폐에서는 산소의 농도가 높으며 정반응이 잘 일어난다. 산소로 포화될 때까지 산소는 헤모글로빈에 빠르게 결합한다.

조직에서는 산소의 농도가 낮으므로 Le Châtelier 원리에 따라 평형의 위치는 왼쪽으로 이동하고 헤모글로빈은 조직으로 산소를 방출한다. 약 45%의 산소가 모세혈관에서 조직으로 퍼져나가며, 그곳에서 또 다른 산소 운반자인 마이오글로빈에 전달된다.

마이오글로빈은 산소를 저장하는 분자로서 세포에서 에너지를 생산하는 부분이 산소를 필요로 할 때까지 산소를 저장한다. 마이오글로빈(Mb)과 산소 간의 평형 반응은 다음과 같이 쓸 수 있다.

$$Mb + O_2 \rightleftharpoons MbO_2$$

헤모글로빈과 마이오글로빈의 반응식은 매우 유사한데, 그렇다면 헤모글로빈으로부터 마이오글로빈으로 산소가 이동하는 이유는 무엇인가? 비록 두 가지 평형이 비슷한 상호작용과 관계되지만 산소와 헤모글로빈 간의 친화도는 마이오글로빈과 산소 간의 친화도와는 다르다. 조직 내에서 헤모글로빈 평형의 위치는 산소로 55% 포화되었을 때인 반면, 마이오글로빈은 산소로 90% 포화되었을 때 평형을 이룬다. 이러한 조건에서 헤모글로빈은 산소를 방출하지만 마이오글로빈은 산소와 결합할 것이다. 이렇게 해서 산소는 폐에서는 헤모글로빈에 결합되며, 조직 세포에서는 방출된다.

세포 내에서 생성된 이산화 탄소는 조직에서 제거되어야 한다. 이 경우 산소를 소진한 헤모글로빈이 이산화 탄소의 운반체가 된다. 이산화 탄소는 산소가 결합하는 헴(heme) 위치가 아닌 단백질 사슬의 한쪽 끝에 결합한다. 이산화 탄소가 물에 녹으면 약간의 CO_2는 반응하여 수소 이온을 방출한다.

$$CO_2 + H_2O \rightleftharpoons HCO_3^- + H^+$$

조직으로부터 CO_2 제거를 원활히 하기 위하여 평형은 오른쪽으로 이동해야 한다. 이러한 평형의 이동은 조직으로부터 헤모글로빈 분자가 H^+를 제거함으로써 이루어진다. 탈산소화된 헤모글로빈 분자는 CO_2뿐만 아니라 H^+ 이온과도 결합할 수 있다. 폐에서는 이 모든 과정들이 역으로 진행되어 헤모글로빈으로부터 CO_2가 제거되고 체

외로 방출된다.

산소 분자와 비슷한 구조를 갖는 분자는 경쟁적으로 이 평형에 개입할 수 있다. 헤모글로빈은 일산화 탄소(CO), 일산화 질소(NO) 및 사이안화 이온(CN^-) 등과 결합할 수 있다. 경쟁의 정도는 친화도에 따라 달라진다. 이 분자들은 헤모글로빈에 대한 친화도가 산소보다 훨씬 크므로 산소 대신 헤모글로빈과 결합한다. 예를 들면

$$HbO_2 + CO \rightleftharpoons HbCO + O_2$$

헤모글로빈의 CO에 대한 친화도는 산소에 대한 친화도보다 150배만큼이나 크므로 평형은 오른쪽으로 많이 치우친다. 이것이 CO가 독성 물질인 이유이며, CO에 중독된 사람에게 산소를 공급해야 하는 이유이다. CO가 방출되고 산소가 평형을 왼쪽으로 이동시켜야만 헤모글로빈 분자가 산소를 운반할 수 있다.

사례 연구 산, pH 및 완충액

제1부-사고

회계사인 Sarah Mathews는 남편 Tom과 고등학교 2학년인 아들 Paul과 함께 살고 있다. 단풍이 막 물들기 시작하던 어느 아름다운 가을 오후, Sarah는 늦은 오후 조깅을 즐기고 집에서 몇 블록 떨어진 곳을 지나고 있었다. 갑자기 울린 핸드폰 벨 소리는 그녀를 놀라게 하기에 충분했다.

"엄마, Paul이에요! 빨리 집에 오세요! 저는 아래층에서 컴퓨터를 하고 있어서 Molly가 화장실에서 넘어지는 소리를 듣지 못했는데, Molly가 겨우 3살인데도 변기에 올라갔다가 싱크대에 올라가고 약장까지 손을 뻗은 게 분명해요. 약장 안에 있는 약이 사탕인 줄 알고 넘어지기 전에 아스피린을 잔뜩 먹은 것 같아요! 어쨌든, 저는 Molly가 우는 소리를 듣고 위층으로 올라가 욕실 바닥에 웅크리고 아파하는 Molly를 발견했어요. 색이 있는 약과 깨진 병이 흩어져 있더라구요. Molly가 아무것도 깨뜨린 것 같지는 않지만 토한 것 같아요. 오, 안돼! 또 토했어, 이번엔 나한테! 서둘러요, 엄마!"

Sarah는 즉시 911에 신고하여 구급차를 부른 다음, Tom은 마을 건너편 직장에 다니기 때문에 달리는 속도를 높였다. 아드레날린에 힘입어 Sarah는 전력 질주하여 집으로 돌아왔다. Molly와 Paul을 혼자 두고 온 것, 최근에 고장 난 약장의 잠금장치를 고치지 않은 것, 차도 없이 집에서 너무 멀리 온 것에 대해 자책하면서 말이다. 그녀는 Molly가 아스피린을 몇 알이나 먹었는지 몰랐지만 최근 어린이에게 치명적인 복용량은 3 g(300 mg 10정)에 불과할 수 있다는 글을 읽은 것이 기억났다. 몇 분 후 집에 도착했을 때 Molly는 졸리고 거의 무기력해 보였고 Paul은 Molly가 여러 번 구토했다고 말했다. Sarah는 녹지 않은 정제가 조금 보였기 때문에 괜찮다고 생각했지만 바로 그때 구급차가 도착했고, Molly의 상태를 간단히 확인한 후 근처 병원 응급실로 급히 이송했다.

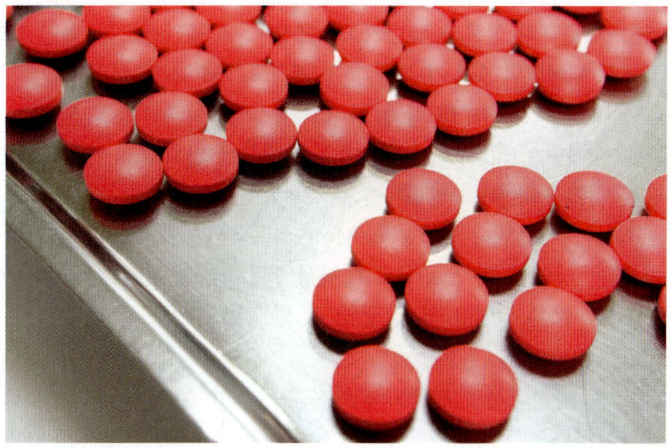

PETCHPIRUN/Shutterstock

제2부-증상 및 검사

Sarah Mathews는 딸 Molly와 함께 응급실에 도착했다. Molly는 즉시 의학적 검사를 받고 분석을 위해 검체를 채취했다. 이때 Molly의 상태는 거의 깨어 있지 않았고 호흡이 가쁘고 심호흡을 하고 있었다. 당직 의사인 Pedro Martinez는 기도를 보호하기 위해 Molly의 기도에 삽관을 하고 인공호흡을 실시했다. 그는 "저호흡과 대사성 산증의 악화를 피하기 위한 것"이라고 말했다.

"그게 아스피린과 무슨 관련이 있나요?" 사라가 걱정스럽게 물었다.

Martinez는 "아스피린은 원래 아세틸살리실산의 상표로, 염증을 유발하는 경로를 억제할 수 있지만 약한 유기산이기도 합니다. 즉, 아스피린 수치가 높으면 혈액의 pH가 정상 수치인 약 7.4에서 낮아질 수 있으며, 약 7 미만이면 위험해지기 시작합니다. 보세요. Molly의 위장에 남아 있는 아스피린이 흡수되어 혈류로 유입되는 것을 방지하기 위해 간호사가 비위관을 통해 활성탄을 투여하기 시작했습니다."

검사실 결과를 들고 들어온 다른 간호사가 이들의 대화를 방해했다. Martinez 박사는 결과를 살펴보면서 미간을 찌푸렸다. 검사 결과 pH 6.8과 혈장 살리실산염 수치가 100 mg/dL로 나타났으며, 다른 여러 전해질 이상도 발견되었다. 이렇게 낮은 pH는 한동안 본 적이 없었다. Molly의 빠르고 깊은 호흡의 확실한 원인이었다.

제3부- 치료

의사는 즉시 중탄산염 정맥 주사(전신 산증을 교정하기 위해), 수분 공급(Molly의 구토를 보완하기 위한 수액 보충), 혈액 투석(전해질 불균형을 교정하고 체내에 용해된 살리실산염(아스피린)을 제거하기 위해)을 통한 응급 처치를 지시했다.

그는 Sarah에게 "베이킹소다와 같은 성분인 중탄산염을 '완충제', 즉 '산' 이온과 결합하여 산도를 낮추고 pH를 높일 수 있는 물질로 사용합니다. 중탄산염의 좋은 점 중 하나는 천연 물질이라는 점이죠. 실제로 우리 몸에는 항상 적당한 양의 중탄산염이 존재하며, 이는 신진대사를 통해 조직에서 생성된 이산화 탄소가 폐로 운반되어 배출되는 방식이에요. 실제로 중탄산염은 이산화 탄소를 물에 녹일 때마다 생성되지만 수소 이온도 생성되어 용액을 더 산성으로 만듭니다."라고 설명하였다.

Molly의 호흡이 정상 속도로 돌아오는 것을 확인한 직원들은 안도의 한숨을 내쉬었다. Martinez는 Molly가 이제 위험에서 벗어났지만 당분간은 계속 지켜봐야 한다고 말했다.

제4부-설명

하지만 여전히 호기심이 많았던 Sarah는 "그럼 용액에서 CO_2를 제거하면 용액의 산도가 낮아지고 pH가 다시 올라간다는 뜻인가요? 그래서 Molly의 호흡이 그렇게 된 건가요? Molly의 몸은 CO_2를 최대한 많이 제거하여 pH를 높이려고 했지만, 실제로는 그 원인이 스스로 제거할 수 없는 아스피린이었기 때문에 별로 도움이 되지 않았다는 것이군요!"라고 말했다.

의사는 대답했다. "그렇죠. Molly의 문제인 혈류에 산성 화합물이 많은 상태를 의학 용어로 **대사성** 산증이라고 하는데, 용존 CO_2가 너무 많이 쌓였을 때 발생할 수 있는 **호흡성** 산증과는 다른 것이죠."

"그럼 신진대사가 진행되어 이산화 탄소와 수분이 생성되는 조직에서는 신체가 이산화 탄소를 제거하는 폐보다 pH가 낮다는 의미군요. 그래서 오늘 오후에 10분간 전력 질주한 후 다리 근육이 쑤신 건가요? 젖산 축적 때문이라고 들었는데요?"

Martinez 박사는 "첫 번째는 맞고, 두 번째는 CO_2가 아닌 젖산으로 인한 낮은 pH가 문제입니다. 오, 호출기가 울리는군요. 다른 환자를 확인하러 급히 가야 합니다. Molly는 괜찮을 테니 더 궁금한 점이 있으면 주저하지 말고 전화 주세요. 약장의 잠금장치 고치는 것도 잊지 마시고요!"

상황 분석

1. Molly의 혈중 pH 6.8이 정상 수치인 7.4와 달라지게 된 요인은 무엇인가?
2. Molly는 왜 그렇게 빠르고 깊게 숨을 쉬었는가? **힌트**: 숨을 내쉴 때마다 무엇이 "날아가고" 있는가?
3. 불행히도 Molly의 호흡은 별로 도움이 되지 않았다. 그 이유는 무엇인가?
   (**힌트**: Molly의 혈류에 있는 아스피린에 대해 그 산(해리되지 않은 상태)과 해리된 형태 사이의 평형을 생각해 보시오. 그녀의 심한 호흡으로 양성자가 용액에서 제거되면, 그 자리를 대신할 다른 양성자가 저장되어 있는가...?)
4. 다음 중 Molly의 혈액 pH를 높여 정상 범위로 되돌리기 위해 도움이 될 수 있는 것은?
   염산, 인산염, 중탄산염, 수산화 소듐, 아세틸살리실산
5. 이것이 Molly에게 어떻게 도움이 될 수 있는가?
6. 완충 용액이 Molly의 생명을 어떻게 구할 수 있는가?

16장 복습

16.1 반응 속도

중요 용어: 화학 반응 속도론

- 반응 속도는 일정하지 않으며 다음의 영향을 받는다.
  - 반응물의 농도
  - 온도
  - 촉매의 존재 여부
  - 반응물의 성질

16.2 화학 평형

중요 용어: 가역 화학 반응 | 평형 | 화학 평형

- 가역 화학 반응은 형성된 생성물이 다시 반응하여 원래의 반응물을 만들어 내는 반응이다.
- 정반응은 오른쪽으로 진행되는 반응이다.
- 역반응은 왼쪽으로 진행되는 반응이다.

- 평형 상태의 모든 계는 둘 이상의 반대 과정이 동시에 같은 속도로 일어나고 있는 동적 상태이다.
- 화학 평형 상태에서는 정반응의 속도와 역반응의 속도가 같다.

16.3 Le Châtelier 원리

중요 용어: Le Châtelier 원리 | 촉매 | 활성화 에너지

- 평형 상태에 있는 계에 변화를 주면, 계는 가해진 변화를 없애는 방향으로 반응하여 새로운 조건 하에서 평형 상태에 도달한다.
- 반응물의 농도가 증가하면 평형은 오른쪽으로 이동한다.
- 생성물의 농도가 증가하면 평형은 왼쪽으로 이동한다.
- 반응물의 농도가 감소하면 평형은 감소한 반응물이 생성되는 쪽으로 이동한다.
- 기체의 반응에서는
  - 용기의 부피가 감소하면 평형은 더 적은 분자 수를 갖는 쪽으로 이동한다.
  - 양쪽의 분자 수가 같으면 용기의 부피는 평형에 영향을 미치지 않는다.
- 평형계에 열을 가하면 평형은 열을 흡수하는 반응에 유리한 쪽으로 이동한다.
  - 흡열 반응이면 정반응이 촉진된다.
  - 발열 반응이면 역반응이 촉진된다.
- 촉매는 반응의 평형을 이동시키지 않으며, 단지 평형에 도달하는 속도에만 영향을 미친다.
- 반응의 활성화 에너지란 반응이 일어나는 데 필요한 최소한의 에너지이다.
  - 촉매는 반응물이나 생성물의 에너지는 변화시키지 않으면서 활성화 에너지를 낮춤으로써 반응을 촉진한다.

16.4 평형 상수

중요 용어: 평형 상수, K_{eq}

- 일반적인 반응 $aA + bB \rightleftharpoons cC + dD$에서

$$K_{eq} = \frac{[C]^c[D]^d}{[A]^a[B]^b}$$

- K_{eq}의 크기는 반응의 진행 정도를 가리킨다.
  - $K_{eq} > 1$: 평형 상태에서 생성물의 양이 반응물의 양보다 많다.
  - $K_{eq} < 1$: 평형 상태에서 반응물의 양이 생성물의 양보다 많다.

16.5 물의 이온곱 상수

중요 용어: 물의 이온곱 상수, K_w

- $K_w = [H^+][OH^-] = 1 \times 10^{-14}$
- $[H^+] = \dfrac{K_w}{[OH^-]}$
- $[OH^-] = \dfrac{K_w}{[H^+]}$

16.6 이온화 상수

중요 용어: 산 이온화 상수, K_w

- 이온화 상수는 평형에서의 반응물의 농도, 물질의 이온화 백분율 및 약산의 pH 등을 계산하는 데 이용될 수 있다.

16.7 용해도곱 상수

중요 용어: 용해도곱 상수, K_{sp} | 공통 이온 효과

- 용해도곱 상수는 난용성 염의 평형 상수이다.
- 용해도곱 상수는 용액 내에서 침전의 생성 여부를 판단하는 데 이용될 수 있다.
  - 용액 내 이온들의 몰농도의 곱이 그 물질의 K_{sp}보다 크면 침전이 생긴다.
- 용액 내에 이미 포함되어 있는 이온을 용액에 가함으로써 평형의 위치가 이동되는 것을 공통 이온 효과라고 한다.

16.8 완충 용액: pH의 조절

중요 용어: 완충 용액

- 완충 용액은 다음과 같은 것들을 포함할 수 있다.
  - 약산과 그 짝염기의 염
  - 약염기와 그 짝산의 염
- 완충 용액은 가해진 소량의 산이나 염기를 중화시킴으로써 pH 변화에 저항한다.

복습 질문

1. 두 시약을 섞었을 때, 왜 정반응의 속도는 점점 느려지는가?

2. 반응물 중 한 가지의 농도를 감소시키면 일반적으로 반응 속도가 감소하는 이유는?

3. 반응 온도를 증가시키면 반응 속도가 증가하는 이유는?

4. 그림 16.2의 용기를 25°C에 두면 어떤 결과가 나타나겠는가?

5. 자연에서 정반응이 발열 반응인 반응이 있다. 반응 혼합물을 가열했을 때 평형 이동의 방향을 예측하시오.

6. 순수한 HI를 700 K의 온도에서 용기에 둘 경우, 분해 반응이 일어날까? 설명하시오.

7. 표 16.2의 산 중, 다음 산들을 세기가 세지는 순으로 배열하시오. 아세트산, 석탄산, 폼산, 아질산.

8. 흡열 및 발열 반응에서 흡수 또는 생성되는 열에너지를 반응물 또는 생성물인 것처럼 나타내는 이유는?

9. 촉매는 평형에 영향을 주지 않는다. 설명하시오.

10. 평형 상수를 기술할 때, 온도를 나타내는 것이 중요한가? 왜 그런가, 혹은 왜 그렇지 않은가?

11. 매우 큰 평형 상수를 갖는 반응의 경우, 반응은 오른쪽 또는 왼쪽 중 어느 쪽으로 치우쳐 진행되는가?

12. 매우 작은 평형 상수를 갖는 반응의 경우, 반응은 오른쪽 또는 왼쪽 중 어느 쪽으로 치우쳐 진행되는가?

13. 평형 상수의 크기로부터 얻을 수 있는 정성적인 정보는 무엇인가?

14. 표 16.1의 각각의 용액에 대하여 pH와 pOH의 합은 얼마인가? pH가 −1인 용액의 pOH는 얼마인가?

15. 순수한 물 시료 두 개가 다소 다른 pH를 지니는 이유는 무엇인가?

16. pH와 pOH의 합은 14이다. pH = −1인 용액에서 수산화 이온(OH^-)의 농도는?

17. 아세트산($HC_2H_3O_2$)은 농도가 낮을수록 더 이온화된다. 예를 들면 1.0 *M* 아세트산은 0.42%가 이온화되는 반면에, 0.10 *M* 아세트산은 1.34%가 이온화된다. 이와 같은 현상을 이온화 상수식 및 평형 원리를 이용하여 설명하시오.

18. 1.0 *M* 아세트산 용액은 0.10 *M* 아세트산 용액보다 덜 이온화하지만 더 높은 H^+ 농도를 갖는다. 이 현상을 설명하시오(문제 17의 자료 참조).

19. 아세트산 은이 물보다는 질산에 잘 녹는 이유를 설명하시오(**힌트**: 먼저 평형 반응식을 쓰고 아세트산 이온에 대한 산의 효과를 고려하시오). 질산 대신 염산을 사용한다면 어떠한 현상이 발생하는가?

20. H_2S의 용해는 왜 용액의 pH에 의존하는가?

21. 다음 물질들의 상대적인 몰 용해도를 가장 잘 녹는 것부터 순서대로 쓰시오(표 16.3).

$AgCl$, $AgBr$, AgI, $AgC_2H_3O_2$, $PbSO_4$, $BaSO_4$, $BaCrO_4$, PbS

22. 다음 각 쌍의 화합물 중 어느 것이 더 큰 몰 용해도를 갖는가? (표 16.3)

(a) $Mn(OH)_2$ 또는 Ag_2CrO_4

(b) $BaCrO_4$ 또는 Ag_2CrO_4

23. HCl 기체가 NaCl 포화 수용액을 통과할 때 NaCl 침전이 생기는 이유를 설명하시오.

24. K_a, K_b, K_w, K_{sp}의 공통점과 차이점을 설명하시오.

25. 아세트산-아세트산 소듐 완충 용액 1 L에 염산 0.010 mol을 첨가한 경우, pH의 변화를 설명하시오.

26. 완충 용액에 소량의 산 또는 염기를 가한 경우 pH가 일정하게 유지되는 이유를 설명하시오.

27. A와 B를 혼합하여 아래의 반응을 진행한 경우 평형에 어떻게 도달하는지 설명하시오.

$$A + B \rightleftharpoons C + D$$

짝으로 된 연습 문제

푸른색 숫자로 되어 있는 모든 연습 문제의 답은 부록 5에 있다.

1. 다음의 가역계를 반응식의 형태로 나타내시오.
(a) 밀폐된 용기에서 드라이아이스의 석출
(b) 포화 NaCl 용액에서 NaCl의 용해

2. 다음의 가역계를 반응식의 형태로 나타내시오.
(a) 밀폐된 용기에서 탄산 칼슘이 이산화 탄소와 산화 칼슘으로 분해된다.
(b) 약간 녹는 염인 AgCl의 물에서의 용해

3. 평형 상태에 있는 다음의 계를 고려해 보자.

$$CH_4(g) + 2\ O_2(g) \rightleftharpoons CO_2(g) + 2\ H_2O(g) + 890\ kJ$$

(a) 이 반응은 흡열 반응인가, 발열 반응인가?
(b) 물의 생성을 촉진하려면 온도를 높여야 하는가, 낮춰야 하는가?
(c) 반응계의 부피를 늘리거나 줄였을 때 평형은 어떻게 되겠는가?

4. 평형 상태에 있는 다음의 계를 고려해 보자.

$$N_2O_4(g) + 58.6\ kJ \rightleftharpoons 2NO_2(g)$$

(a) 이 반응은 흡열 반응인가, 발열 반응인가?
(b) N_2O_4의 생선을 촉진하려면 온도를 높여야 하는가, 낮춰야 하는가?
(c) 반응계의 부피를 늘리거나 줄였을 때 평형은 어떻게 되겠는가?

5. 평형 상태에 있는 다음 계를 고려해 보자.

$$H_2(g) + I_2(g) + 5.19\ kJ \rightleftharpoons 2\ HI(g)$$

다음 표를 완성하시오. 몰수의 변화를 표 안에 I, D, N 또는 ?로 표시하시오(I = 증가, D = 감소, N = 변화 없음, ? = 정보가 적어 결정할 수 없음).

평형계에 가해진 변화	새로운 평형에 도달하기 위해 반응이 진행되는 방향(오른쪽 또는 왼쪽)	몰수의 변화		
		H_2	I_2	HI
(a) I_2 첨가				
(b) H_2 제거				
(c) 부피 증가				

6. 평형 상태에 있는 다음 계를 고려해 보자.

$$H_2(g) + I_2(g) + 5.19\ kJ \rightleftharpoons 2\ HI(g)$$

다음 표를 완성하시오. 몰수의 변화를 표 안에 I, D, N 또는 ?로 표시하시오(I = 증가, D = 감소, N = 변화 없음, ? = 정보가 적어 결정할 수 없음).

평형계에 가해진 변화	새로운 평형에 도달하기 위해 반응이 진행되는 방향(오른쪽 또는 왼쪽)	몰수의 변화		
		H_2	I_2	HI
(a) 온도 증가				
(b) 부피 감소				
(c) HI 제거				

7. Le Châtelier 원리를 이용하여 다음 평형계에 다양한 조건의 변화가 가해졌을 때 나타나는 변화를 예측하시오. 각 열에는 변화되는 조건이 적혀 있다. 그 변화가 일어났을 때의 계가 어떻게 반응할지 다른 열의 빈칸을 채우시오.

$$2\ SO_2(g) + O_2(g) \rightleftharpoons 2\ SO_3(g)$$

	평형의 이동 (오른쪽, 왼쪽, 이동 없음)	SO_2의 양	O_2의 양	SO_3의 양	기타
(a)		SO_2 첨가			
(b)					압력 증가
(c)					촉매 첨가
(d)					반응 용기의 부피 감소

8. Le Châtelier 원리를 이용하여 다음 평형계에 다양한 조건의 변화가 가해졌을 때 나타나는 변화를 예측하시오. 각 열에는 변화되는 조건이 적혀 있다. 그 변화가 일어났을 때의 계가 어떻게 반응할지 다른 열의 빈칸을 채우시오.

$$3\ O_2(g) + 열 \rightleftharpoons 2\ O_3(g)$$

	평형의 이동 (오른쪽, 왼쪽, 이동 없음)	O_2의 양	O_3의 양	기타
(a)		O_2 첨가		
(b)			오존 제거	
(c)				온도 감소
(d)				압력 감소

9. Le Châtelier 원리를 이용하여 평형의 이동 방향을 예측하시오.

$CH_4(g) + 2\ O_2(g) \rightleftharpoons CO_2(g) + 2\ H_2O(g) + 802.3\ kJ$

(a) 온도가 높아질 경우
(b) 촉매가 첨가될 경우
(c) CH_4가 첨가될 경우
(d) 반응 용기의 부피가 감소할 경우

10. Le Châtelier 원리를 이용하여 평형의 이동 방향을 예측하시오.

$2\ CO_2(g) + N_2(g) + 1095.9\ kJ \rightleftharpoons C_2N_2(g) + 2\ O_2(g)$

(a) 반응 용기의 부피가 증가할 경우
(b) O_2가 첨가될 경우
(c) 온도가 높아질 경우
(d) N_2의 농도가 증가할 경우

11. 다음 반응에 대해 평형 상수식을 쓰시오.

(a) $PbO_4(s) \rightleftharpoons Pb^{2+}(aq) + SO_4^{2-}(aq)$
(b) $H_2CO_3(aq) \rightleftharpoons 2\ H^+(aq) + CO_3^{2-}(aq)$
(c) $3\ O_2(g) \overset{\Delta}{\rightleftharpoons} 2\ O_3(g)$
(d) $2\ SO_3(g) \overset{\Delta}{\rightleftharpoons} 2\ SO_2(g) + O_2(g)$

12. 다음 반응에 대해 평형 상수식을 쓰시오.

(a) $2\ CO_2(g) + N_2(g) \rightleftharpoons C_2N_2(g) + 2\ O_2(g)$
(b) $HNO_2 \rightleftharpoons H^+ + NO_2^-$
(c) $2\ NO(g) + 2\ H_2(g) \rightleftharpoons N_2(g) + 2\ H_2O(g)$
(d) $2\ SO_2(g) + O_2(g) \rightleftharpoons 2\ SO_3(g)$

13. 다음 물질에 대해 용해도곱 상수, K_{sp} 식을 쓰시오.

(a) CaF_2 (c) $Ba(OH)_2$
(b) CoS (d) $Ca_3(PO_4)_2$

14. 다음 물질에 대해 용해도곱 상수, K_{sp} 식을 쓰시오.

(a) Ag_2S (c) $Fe(OH)_3$
(b) CaC_2O_4 (d) $PbCO_3$

15. 용액의 $[OH^-]$ 감소가 다음 요소들에 어떤 영향을 미치는가?

(a) pH (c) $[H^+]$
(b) pOH (d) K_w

16. 용액의 $[OH^-]$ 증가가 다음 요소들에 어떤 영향을 미치는가?

(a) pH (c) $[H^+]$
(b) pOH (d) K_w

17. 혈액 내 중요한 pH 조절계 중의 하나는 탄산-탄산수소 소듐 완충 용액이다.

$H_2CO_3(aq) \rightleftharpoons H^+(aq) + HCO_3^-(aq)$

$NaHCO_3(aq) \longrightarrow Na^+(aq) + HCO_3^-(aq)$

과량의 산, H^+가 혈액 속으로 유입될 때 이 완충 용액이 어떻게 pH를 일정하게 유지하는지 설명하시오.

18. 혈액 내 중요한 pH 조절계 중의 하나는 탄산-탄산수소 소듐 완충 용액이다.

$H_2CO_3(aq) \rightleftharpoons H^+(aq) + HCO_3^-(aq)$

$NaHCO_3(aq) \rightleftharpoons Na^+(aq) + HCO_3^-(aq)$

과량의 염기, OH^-가 혈액 속으로 유입될 때 이 완충 용액이 어떻게 pH를 일정하게 유지하는지 설명하시오.

19. 1.2 *M* H_2CO_3($K_a = 4.4 \times 10^{-7}$) 용액에 대하여 다음을 구하시오.

(a) $[H^+]$ (c) 이온화 백분율
(b) pH

20. 0.025 *M* 락트산($HC_3H_5O_3$)($K_a = 8.4 \times 10^{-4}$) 용액에 대하여 다음을 구하시오.

(a) $[H^+]$ (c) 이온화 백분율
(b) pH

21. 0.025 *M* 약산(HA)이 0.45% 이온화되었다. 이 산의 이온화 상수, K_a를 구하시오.

22. 0.500 *M* 약산(HA)이 0.68% 이온화되었다. 이 산의 이온화 상수, K_a를 구하시오.

23. 다음 몰농도를 갖는 폼산, HCOOH($K_a = 1.77 \times 10^{-4}$) 용액의 이온화 백분율과 pH를 구하시오.

(a) 0.5 *M* (b) 0.10 M (c) 0.010 *M*

24. 다음 몰농도를 갖는 벤조산, $HC_7H_5O_2$($K_a = 6.46 \times 10^{-5}$) 용액의 이온화 백분율과 pH를 구하시오.

(a) 1.0 *M* (b) 0.50 *M* (c) 0.10 *M*

25. 0.37 *M* 약산(HA)의 pH는 3.7이었다. 이 산의 K_a는?

26. 0.23 *M* 약산(HA)의 pH는 2.89이었다. 이 산의 K_a는?

27. 어떤 학생이 실험을 위해 0.5 *M* NaOH 수용액이 필요하다고 한다. 이 용액의 $[H^+]$, $[OH^-]$, pH, pOH를 구하시오.

28. 어떤 학생이 실험을 위해 0.2 *M* $HClO_4$ 수용액이 필요하다고 한다. 이 용액의 $[H^+]$, $[OH^-]$, pH, pOH를 구하시오.

29. 다음 용액의 pH와 pOH를 구하시오.

(a) 0.10 *M* HCl
(b) 0.333 *M* KOH
(c) 0.895 *M* $HC_2H_3O_2$($K_a = 1.8 \times 10^{-5}$)

30. 다음 용액의 pH와 pOH를 구하시오.

(a) 0.05 *M* HNO_3
(b) 0.125 *M* HCl
(c) 0.0250 *M* HC_6H_5O($K_a = 1.3 \times 10^{-10}$)

31. 다음 용액의 $[OH^-]$를 구하시오.

(a) $[H^+] = 1.0 \times 10^{-2}$ (c) 1.25 *M* KO
(b) $[H^+] = 3.2 \times 10^{-7}$H (d) 0.75 *M* $HC_2H_3O_2$

32. 다음 용액의 $[OH^-]$를 구하시오.

(a) $[H^+] = 4.0 \times 10^{-9}$ (c) 1.25 *M* HCN
(b) $[H^+] = 1.2 \times 10^{-5}$ (d) 0.333 *M* NaOH

33. 다음 용액의 $[H^+]$를 구하시오.

(a) $[OH^-] = 2.0 \times 10^{-8}$
(b) $[OH^-] = 0.5 \times 10^{-4}$

34. 다음 용액의 $[H^+]$를 구하시오.

(a) $[OH^-] = 4.5 \times 10^{-2}$
(b) $[OH^-] = 5.2 \times 10^{-9}$

35. 다음의 용해도 자료가 주어졌을 때, 각 물질의 용해도곱 상수를 구하시오.
(a) $BaSO_4$, 3.9×10^{-5} mol/L
(b) Ag_2CrO_4, 7.8×10^{-5} mol/L
(c) $CaSO_4$, 0.67 g/L
(d) AgCl, 0.0019 g/L

36. 다음의 용해도 자료가 주어졌을 때, 각 물질의 용해도곱 상수를 구하시오.
(a) ZnS, 3.5×10^{-12} mol/L
(b) $Pb(IO_3)_2$, 4.0×10^{-5} mol/L
(c) Ag_3PO_4, 6.73×10^{-3} g/L
(d) $Zn(OH)_2$, 2.33×10^{-4} g/L

37. 다음 물질의 몰 용해도를 계산하시오.
(a) $CaSO_4$, $K_{sp} = 2.4 \times 10^{-5}$
(b) $Fe(OH)_3$, $K_{sp} = 6.1 \times 10^{-38}$

38. 다음 물질의 몰 용해도를 계산하시오.
(a) SrF_2, $K_{sp} = 7.9 \times 10^{-10}$
(b) $BaCrO_4$, $K_{sp} = 8.5 \times 10^{-11}$

39. 탄산 주석(II)의 용해도는 5.73×10^{-3} g/L이다. 용해도 식을 작성하고 K_{sp}를 계산하시오.

40. 황화 아연의 한 형태인 ZnS의 용해도는 6.4×10^{-4} g/L이다. 용해도 식을 작성하고 K_{sp}를 계산하시오.

41. 0.010 *M* Na_2SO_4 100. mL와 0.001 *M* $Pb(NO_3)_2$ 100. mL를 섞었다. 침전이 생기는지 아닌지를 계산으로 보이시오. 부피는 가산적이라고 가정한다($PbSO_4$의 $K_{sp} = 1.3 \times 10^{-8}$).

42. 1.0×10^{-4} *M* $AgNO_3$ 50.0 mL와 1.0×10^{-4} *M* NaCl 100. mL를 섞었다. 침전이 생기는지 아닌지를 계산으로 보이시오. 부피는 가산적이라고 가정한다(AgCl의 $K_{sp} = 1.7 \times 10^{-10}$).

43. 0.10 *M* NaBr 1.0 L에는 AgBr 몇 mol이 녹을 수 있는가? (AgBr의 $K_{sp} = 5.2 \times 10^{-13}$)

44. 0.10 *M* $MgBr_2$ 1.0 L에는 AgBr 몇 mol이 녹을 수 있는가? (AgBr의 $K_{sp} = 5.2 \times 10^{-13}$)

45. $[C_2H_3O_2^-]$가 0.10 *M*이 되기에 충분한 아세트산 소듐과 0.20 *M* $HC_2H_3O_2$로 구성된 완충 용액의 $[H^+]$와 pH를 구하시오 ($HC_2H_3O_2$의 $K_a = 1.8 \times 10^{-5}$).

46. $[C_2H_3O_2^-]$가 0.20 *M*이 되기에 충분한 아세트산 소듐과 0.20 *M* $HC_2H_3O_2$로 구성된 완충 용액의 $[H^+]$와 pH를 구하시오 ($HC_2H_3O_2$의 $K_a = 1.8 \times 10^{-5}$).

47. 1.0 *M* HCl 1.0 mL를 1.0 *M* NaCl 50. mL에 가할 때, $[H^+]$는 1×10^{-7} *M*에서 2.0×10^{-2} *M*로 변한다. 이 용액의 초기 pH와 pH 변화를 구하시오.

48. 1.0 *M* HCl 1.0 mL를 1.0 *M* $HC_2H_3O_2$와 1.0 *M* $NaC_2H_3O_2$를 포함하는 완충 용액 50. mL에 가할 때, $[H^+]$는 1.8×10^{-5} *M*에서 1.9×10^{-5} *M*로 변한다. 이 용액의 초기 pH와 pH 변화를 구하시오.

추가 연습 문제

49. 평형 상수식을 쓸 때 순수한 고체와 액체를 포함하지 않는 이유는 무엇인가?

50. 그림 16.3의 에너지 도표가 발열 반응에 대한 것이라는 것을 알 수 있는 이유는 무엇인가?

51. 실선을 사용하여 흡열 반응의 에너지 도표를 그리시오. 촉매가 반응에 추가되었을 때 에너지 도표의 변화를 점선을 사용하여 그리시오.

52. 2.30 mol의 I_2와 2.10 mol의 H_2를 포함하는 반응 혼합물로부터 얻을 수 있는 HI의 최대 몰수는 얼마인가?

53. (a) 2.00 mol의 H_2와 2.00 mol의 I_2가 700 K에서 반응하면 몇 mol의 HI가 생성되는가? (반응은 79% 완결된다.)
(b) 0.27 mol의 I_2를 (a)의 평형계에 첨가하면 HI의 수득률이 85%로 증가한다. H_2, I_2, HI는 몇 mol이 존재하는가?
(c) (a)의 자료로부터 700 K에서 이 반응의 K_{eq}를 구하시오.

54. 500. K에서 6.00 g의 H_2와 200. g의 I_2가 반응하여 평형에 도달하였다. 분석한 결과 용기에는 64.0 g의 HI가 검출되었다. 이 평형 혼합물에 존재하는 H_2, I_2, HI는 각각 몇 몰인가?

55. 다음 반응의 평형 상수 값은 얼마인가?

$$PCl_3(g) + Cl_2(g) \rightleftharpoons PCl_5(g)$$

반응 용기(20 L)에는 0.10 mol PCl_3, 1.50 mol Cl_2, 0.22 mol PCl_5가 존재한다.

56. 만약 온도가 10°C 상승할 때마다 반응 속도가 두 배씩 증가한다면, 30°C에서보다 100°C에서는 반응이 몇 배 빨리 진행되겠는가?

57. NH_4Cl 용액이 산성이라고 생각하는가? 0.30 *M* NH_4Cl 용액의 pH를 구하시오.

$$NH_4^+(aq) \rightleftharpoons NH_3(g) + H^+(aq) \qquad K_{eq} = 5.6 \times 10^{-10}$$

58. 암모니아(0.05 *M*)와 염화 암모늄(0.10 *M*)으로 구성된 암모니아 완충 용액의 pH를 계산하시오. 암모니아의 pK_b는 4.75이다.

59. 0.10 *M* $BaCl_2$ 용액 50.0 mL와 0.15 *M* Na_2CrO_4 50.0 mL를 혼합하였더니 $BaCrO_4$ 침전이 형성되었다. 용액에 남아 있는 Ba^{2+} 이온의 농도를 구하시오.

60. 다음 산에 대하여 수소 이온의 농도와 pH를 구하시오. 각 산은 다음과 같이 이온화한다.

$$HA \rightleftharpoons H^+ + A^-$$

산	산 농도	K_a
락트산, $CH_3CH(OH)COOH$	0.1 M	1.38×10^{-4}
벤조산, C_6H_5COOH	0.25 M	6.46×10^{-5}
하이포아이오딘산, HIO	0.5 M	2.00×10^{-11}

61. $PbCO_3$의 $K_{sp} = 1.5 \times 10^{-15}$이다. (a) 포화 용액 중의 Pb^{2+}와 CO_3^{2-} 이온의 몰농도와 (b) 500. mL 물에 용해될 수 있는 $PbCO_3$의 그램 수를 구하시오.

62. 다음 용액의 혼합물에서 침전이 형성될 것인지 계산하시오.

(a) 100 mL 0.010 M Na_2SO_4와 100 mL 0.001 M $Pb(NO_3)_2$

(b) 50.0 mL 1.0×10^{-4} M $AgNO_3$와 100. mL 1.0×10^{-4} M NaCl

(c) 1.0g $Ca(NO_3)_2$ 수용액 150 mL와 0.01 M NaOH 수용액 250 mL

$$K_{sp}\ (PbSO_4) = 1.3 \times 10^{-8}$$
$$K_{sp}\ (AgCl) = 1.7 \times 10^{-10}$$
$$K_{sp}\ (Ca(OH)_2) = 1.3 \times 10^{-6}$$

63. $BaCl_2$를 포화 $BaSO_4$ 용액에 $[Ba^{2+}]$가 0.050 M이 될 때까지 가하면

(a) 용액 중에 남아 있는 SO_4^{2-}의 농도는?

(b) 100. mL 용액에 용해되어 있는 $BaSO_4$의 양은?
($BaSO_4$의 $K_{sp} = 1.5 \times 10^{-9}$)

64. AgOH의 K_{sp}는 2.0×10^{-8}이다. 1.0 L의 물에 0.010 mol의 $AgNO_3$와 0.010 mol의 NaOH를 녹이면 침전이 형성될까? 답에 대한 증거를 제시하시오.

65. 다음 화합물 중에서 완충 용액을 위한 쌍으로 활용할 수 있는 것들을 짝지으시오.

$HC_2H_3O_2$ Na_2HPO_4 H_2CO_3 $H_2PO_4^-$ $NaC_2H_3O_2$ $NaHCO_3$

66. 다음 반응의 K_{eq}를 계산하시오. 정반응과 역반응 중 어느 것이 더 선호되는 반응인가? 평형에서 [NO] = 0.050 M, $[O_2]$ = 0.75 M, $[NO_2]$ = 0.25 M이다.

$$2\ NO(g) + O_2(g) \rightleftharpoons 2\ NO_2(g)$$

67. 1000 mL 물에 0.093 g $NiCO_3$를 녹였더니 포화 용액이 얻어졌다. $NiCO_3$의 K_{sp}는?

68. PCl_5 기체로부터 PCl_3와 Cl_2를 만드는 반응의 K_{eq} = 11이다. PCl_3 기체와 Cl_2 기체의 평형 농도가 모두 3.0 M일 때 PCl_5 기체의 평형 농도는?

69. $SrSO_4$의 $K_{sp} = 7.6 \times 10^{-7}$이다. 1.0×10^{-3} M $SrCl_2$ 용액 25.0 mL와 2.0×10^{-3} M Na_2SO_4 용액 15.0 mL를 혼합하면 침전이 형성될 것인가? 증거를 제시하시오.

70. 물에 대한 Hg_2I_2의 용해도는 3.04×10^{-7} g/L이다. 반응식은 $Hg_2I_2(s) \rightleftharpoons Hg_2^{2+}(aq) + 2\ I^-(aq)$로 나타낼 수 있다. K_{sp}를 구하시오.

71. 일정한 조건에서 산소를 가열하면, 다음 반응식에 따라 오존을 만들 수 있다. 오존의 생성량을 증가시킬 수 있는 방법 세 가지를 제시하시오.

$$3\ O_2(g) + 열 \rightleftharpoons 2\ O_3(g)$$

72. 다음에 나타낸 화합물들의 구조식을 살펴보시오. 이 화합물들을 산의 세기가 약해지는 순서로 배열하고, 또 그 염이 물에 잘 녹는 것에서 잘 녹지 않는 순으로 배열하시오. 그리고 모든 화합물을 명명하시오.

HClO	$K_a = 3.5 \times 10^{-8}$
CaF_2	$K_{sp} = 3.9 \times 10^{-11}$
HCN	$K_a = 4.0 \times 10^{-10}$
$HC_2H_3O_2$	$K_a = 1.8 \times 10^{-5}$
$PbSO_4$	$K_{sp} = 1.3 \times 10^{-8}$
$BaSO_4$	$K_{sp} = 1.5 \times 10^{-9}$

73. 어느 날 실험실 탁자에 물이 조금 엎질러졌고 몇 분 후 기화되었다. 며칠 후 비슷한 양의 물이 다시 엎질러졌으나 그 물은 탁자 위에 7~8시간 남아 있었다. 이러한 차이를 일으킬 수 있는 실험실 내의 변화된 조건 세 가지를 쓰시오.

74. 특정 온도에서 다음 반응 $CO(g) + H_2O(g) \rightleftharpoons CO_2(g) + H_2(g)$의 K_{eq}는 1이다. 평형 상태에서 발견할 수 있는 것은? 설명하시오.

(a) 오직 CO와 H_2만 존재

(b) 대체로 CO_2와 H_2만 존재

(c) CO_2, H_2와 비슷한 농도의 CO와 H_2O가 존재

(d) 대체로 CO와 H_2O만 존재

(e) 오직 CO와 H_2O만 존재

75. 다음 반응들에 대한 평형 상수식을 쓰시오.

(a) $3\ O_2(g) \rightleftharpoons 2\ O_3(g)$

(b) $H_2O(g) \rightleftharpoons H_2O(l)$

(c) $2\ N_2O_5(g) \rightleftharpoons 4\ NO_2(g) + O_2(g)$

(d) $4\ NH_3(g) + 3\ O_2(g) \rightleftharpoons 2\ N_2(g) + 6\ H_2O(g)$

76. 반응물 A와 B를 혼합하였다(초기 농도는 각각 1.0 M). 이 반응은 아래의 반응식에 따라 C가 생성된다.

$$2A + B \rightleftharpoons C$$

평형 상태에서 C의 농도는 0.30 M이다. 이때 평형 상수 K_{eq}를 구하시오.

77. 특정 온도에서 다음 반응의 $K_{eq} = 2.2 \times 10^{-3}$이다.

$$2\ ICl(g) \rightleftharpoons I_2(g) + Cl_2(g)$$

이때 다음 반응의 평형 상수 K_{eq}는?

$$I_2(g) + Cl_2(g) \rightleftharpoons 2\ ICl(g)$$

78. 1 M HNO_2 용액에 1 M OH^- 이온 용액을 한 방울 가했다. 이와 같은 첨가가 다음에 미치는 영향은 무엇인가?

$$HNO_2(aq) \rightleftharpoons H^+(aq) + NO_2^-(aq)$$

(a) $[OH^-]$ (c) $[NO_2^-]$

(b) $[H^+]$ (d) $[HNO_2]$

79. 아래 그림은 $2\ A_3X \rightleftharpoons 2\ A_2X + A_2$ 반응이 평형에 도달하였을 때의 모습을 보여 준다.

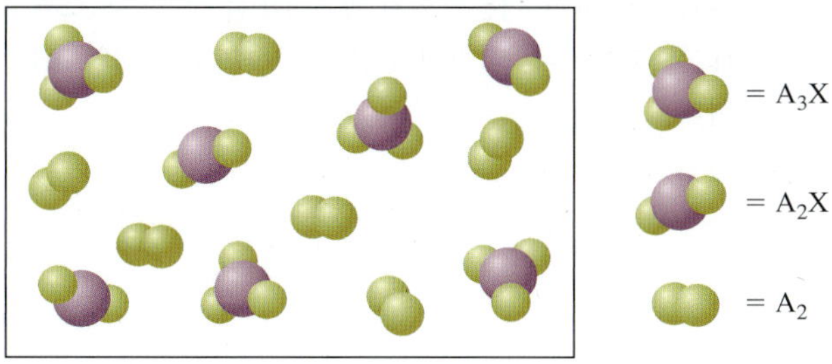

(a) 평형 상수는 얼마인가?
(b) 평형은 왼쪽으로 치우쳤는가, 오른쪽으로 치우쳤는가?

80. 아래 그림은 $X_2 + 2\ G \rightleftharpoons X_2G_2$ 반응이 평형에 도달하였을 때의 모습을 보여 준다.

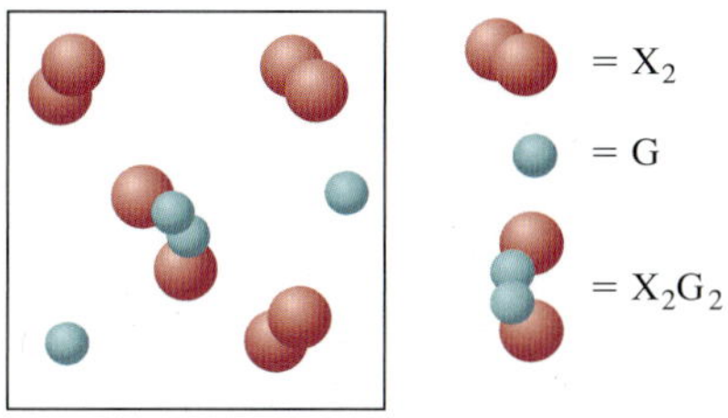

(a) 평형 상수는 얼마인가?
(b) 온도를 올렸을 때 생성물에 대한 반응물의 비가 증가했다면, 이 반응은 흡열 반응인가, 발열 반응인가?
(c) 일정한 온도에서 압력을 증가시켰을 때, 평형이 오른쪽으로 이동하게 되는 이유를 설명하시오.

81. 600. mL 물에 $PbCrO_4$는 몇 g 용해될 수 있는가? ($PbCrO_4$의 $K_{sp} = 2 \times 10^{-16}$)

82. 400. mL 물에 PbF_2는 0.098 g까지 용해된다. PbF_2의 K_{sp}는?

83. Le Châtelier 원리를 고려하여 다음과 같은 반응 조건의 변화가 있을 경우, 어떠한 변화가 나타날지 설명하시오.

$$HCHO_2(g) \rightleftharpoons CO(g) + H_2O(g)$$

(a) $HCHO_2(g)$ 농도 증가
(b) $CO(g)$ 농도 증가
(c) $H_2O(g)$ 농도 감소
(d) 반응 용기의 부피 감소

84. 혈액 중의 탄산–탄산수소 이온의 농도 조절은 혈액의 pH 조절에 매우 중요한 기능을 담당하고 있다.
(a) HCO_3^- 이온과 H^+ 이온의 반응을 쓰시오.
(b) HCO_3^- 이온과 OH^- 이온의 반응을 쓰시오.

도전 문제

85. 500℃에서 다음 반응의 K_{eq}는 81이다.

$$SO_2(g) + NO_2(g) \rightleftharpoons NO(g) + SO_3(g)$$

두 반응물이 같은 농도인 0.50 M로 시작하였다면, 평형 상태에서 네 기체의 농도는 각각 얼마인가?

86. (a) Na_2S를 생성하는 균형 맞춘 산–염기 반응식을 쓰시오.
(b) 만일 Na_2S를 H_2S($K_a = 9.1 \times 10^{-8}$) 수용액에 녹인다면, 이 수용액의 pH는 올라가겠는가, 내려가겠는가? 설명하시오.

87. (a) $HCN(aq)$과 $AgNO_3(aq)$ 사이에서 반응이 일어나겠는가? 이유와 함께 설명하시오. (AgCN의 $K_{sp} = 5.97 \times 10^{-17}$)
(b) NaCN을 증류수에 녹이면, 그 수용액은 산성, 염기성, 중성 중 어느 것이겠는가? 적당한 화학 반응식을 사용하여 설명하시오.

실습 문제 정답

16.1 평형에서 정반응의 속도와 역반응의 속도는 같다.

16.2 반응물과 생성물 사이에 양방향 화살표. $\rightleftharpoons$

16.3 증가된 HI의 농도를 감소시키기 위해 평형은 반응물 쪽(왼쪽)으로 이동하고, 더 많은 반응물(수소와 아이오딘)을 생성하면서 새로운 평형에 도달한다.

16.4 (a) 평형이 왼쪽으로 이동
(b) 평형이 오른쪽으로 이동

16.5 (a) 평형이 오른쪽으로 이동
(b) 평형이 왼쪽으로 이동

16.6 (a) 평형이 왼쪽으로 이동
(b) 평형이 오른쪽으로 이동

16.7 (a) $K_{eq} = [CO_2(g)]$
(b) $K_{eq} = \dfrac{[H^+]^6}{[Bi^{3+}]^2[H_2S]^3}$

16.8 $K_{eq} = 1.1 \times 10^4$, 정반응이 잘 일어남

16.9 (a) $[H^+] = 2 \times 10^{-3}$ $[OH^-] = 5 \times 10^{-12}$
(b) $[H^+] = 5.0 \times 10^{-9}$ $[OH^-] = 2.0 \times 10^{-6}$

16.10 (a) 4.30 (b) 8.30

16.11 (a) 6.3×10^{-6} (b) 1.8×10^{-6}

16.12 pH = 10.69, 0.20% 이온화

16.13 (a) $K_{sp} = [Al^{3+}][OH^-]^3$
(b) $K_{sp} = [Sr^{2+}][SO_4^{2-}]$

16.14 1.69×10^{-12}

16.15 8×10^{-8} mol/L

16.16 산을 첨가하면 용액의 산성도가 증가하며, 이때 산은 F^- 이온과 결합하여 이온화되지 않은 HF를 생성함으로써 가해진 H^+를 중화한다. 따라서 산을 첨가하여도 원래의 pH를 유지한다.

Marc Bruxelle/Shutterstock

17장 산화와 환원

산화–환원 반응은 매우 다양하며 우리의 일상생활에 놀라울 정도로 영향을 주고 있다. 계산기, 개인용 컴퓨터, 차, 장난감, 라디오, TV 등 주변의 많은 물품이 배터리로 작동된다. 위 사진에 보이는 자동차는 전기모터와 리튬 이온 배터리로 움직이며 가정집의 콘센트나 전기충전소에서 배터리를 충전할 수 있다. 이 배터리에 에너지를 공급하여 자동차가 움직일 수 있는 것도 산화–환원 반응 때문이다. 부식을 막기 위하여 철로 된 난간에 페인트를 칠하고 못을 도금한다. 또한 보석 장식과 컴퓨터 칩을 금이나 은으로 매우 얇게 도금한다. 옷감을 표백할 때도 전자 이동이 관련된 화학 반응을 이용한다. 소변 속의 글루코스양을 검사하거나 입김 속의 알코올양을 측정할 때 뚜렷한 색깔 변화를 보여 주는 반응을 이용하는데 이 역시 산화–환원 반응이다. 식물도 광합성(photosynthesis)이라고 하는 일련의 반응을 통해 에너지를 화학 물질로 변환시킨다. 이 모든 반응은 **산화–환원**(oxidation–reduction)이라 불리는 화학적 과정으로 물질 간의 전자 이동이 관련된다.

17장의 개요

17.1 산화수

원자의 산화수(**산화 상태**(oxidation state)라고도 한다)는 원자가 잃거나 얻은 전자의 수 또는 불균등하게 공유하는 전자의 수를 나타낸다. 산화수는 0, 양수 또는 음수가 될 수 있다. 산화수가 0이라는 것은 원자가 자유 중성 원자로 있을 때 갖는 전자의 수와 같은 수의 전자를 가지고 있음을 의미한다. 산화수가 양수이면 그 원자가 중성 원자일 때보다 적은 수의 전자를 가지며, 음수이면 더 많은 수의 전자를 가지고 있다는 것을 의미한다.

원자가 전자를 잃거나 얻어서 이온이 되면 원자의 산화수는 이온의 양전하나 음전하와 같다(표 17.1). 이온 결합 화합물인 NaCl에서 Na^+ 이온의 산화수는 분명히 +1이고 Cl^-이온의 산화수는 −1이다. Na^+ 이온은 중성 Na 원자보다 전자를 하나 적게 가지고 있고, Cl^- 이온은 중성 Cl 원자보다 전자를 하나 더 가지고 있다. $MgCl_2$에서는 Mg 원자로부터 두 개의 전자가 두 개의 Cl 원자 쪽으로 이동하므로 Mg의 산화수는 +2가 된다.

공유 결합 물질에서는 두 원자가 전자를 공유한다. 따라서 원자들의 산화수는 상대적인 전기 음성도에 따라 각기 다르게 결정된다. 대칭적인 공유 결합을 하는 H_2나 Cl_2의 경우에는 전기 음성도가 같은 두 개의 원자가 공유 전자들을 균등하게 공유하기 때문에 각 원자의 산화수는 0이 된다.

> **이 절의 학습 목표**
> 화합물을 이루는 원자들의 산화수를 정할 수 있다.

표 17.1 몇몇 이온들의 산화수

이온	산화수
H^+	+1
Na^+	+1
K^+	+1
Li^+	+1
Ag^+	+1
Cu^{2+}	+2
Ca^{2+}	+2
Ba^{2+}	+2
Fe^{2+}	+2
Mg^{2+}	+2
Zn^{2+}	+2
Al^{3+}	+3
Fe^{3+}	+3
Cl^-	−1
Br^-	−1
F^-	−1
I^-	−1
S^{2-}	−2
O^{2-}	−2

서로 다른 두 개의 원자가 공유 결합을 할 때는 그 중 전기 음성도가 큰 원자가 전자를 더 강하게 끌어당기므로 공유 결합 전자들이 균등하게 공유되지 않는다. 이런 경우에는 전기 음성도가 더 큰 원소 쪽으로 두 개의 전자를 할당함으로써 산화수를 결정한다.

따라서 NH_3나 H_2O와 같이 공유 결합을 하는 화합물의 경우에는 전자쌍은 원자들 간에 균등하게 공유되지 못하고 N이나 O와 같이 전기 음성도가 더 큰 원소 쪽으로 쏠리게 된다.

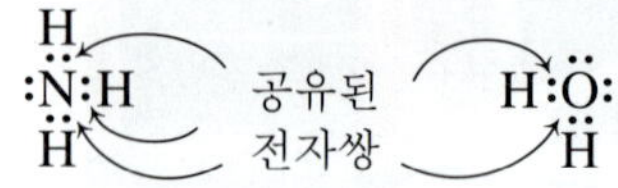

이는 N이나 O 원자가 H 원자보다 상대적으로 음전하를 띠게 하는 원인이며, H 원자가 N이나 O 원자보다 상대적으로 양전하를 띠게 한다. H_2O에 있는 두 개의 공유 전자쌍은 모두 O 원자에 할당되므로 중성 산소 원자보다 두 개의 전자를 더 가지게 되고, 각 H 원자는 중성 H 원자보다 하나의 전자를 덜 가지게 된다. 그러므로 O 원자의 산화수는 −2가 되고, 각 H 원자의 산화수는 +1이 된다. NH_3에서는 세 개의 공유 전자쌍이 N 원자에 할당되므로 N 원자는 중성 N 원자보다 세 개의 전자를 더 가지게 되고, 각 H 원자는 중성일 때보다 한 개의 전자를 덜 가지게 된다. 그러므로 N 원자의 산화수는−3이 되고, 각 H 원자의 산화수는 +1이 된다(그림 참고).

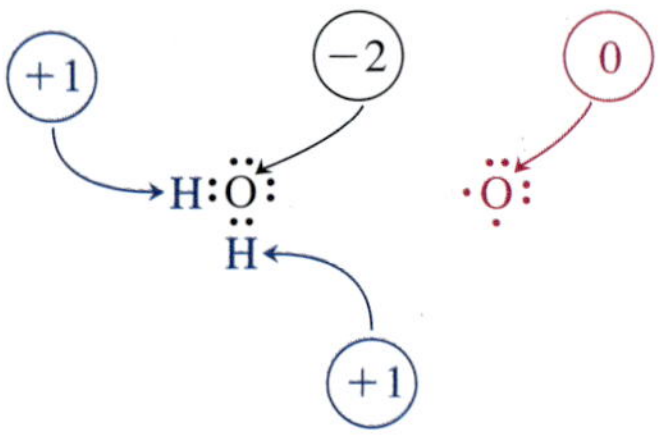

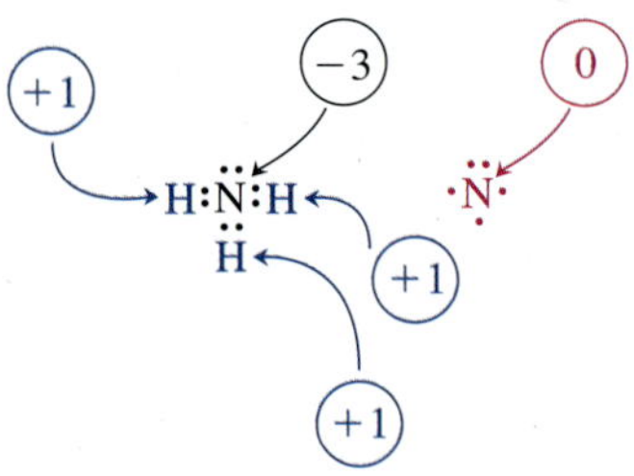

정확하게 원소의 산화수를 정하는 일은 산화−환원 반응식의 균형을 맞추는 데 매우 중요하다. 원소의 **산화수(oxidation number)** 또는 **산화 상태(oxidation state)**는 화합물이나 이온에 있는 각 원소에 할당된 정숫값으로, 산화−환원 반응에서 각각의 원자에 관계되는 전자들을 추적할 수 있도록 해준다. 화학에서 산화수는 화학식을 쓰는 것에서부터 화합물의 특성을 예측하는 데 이르기까지 다양하게 이용되며, 전자가 이동하는 산화−환원 반응의 균형을 맞추는 데도 활용된다(사진 참조).

우선 결합하지 않은 원소의 산화수는 일원자나 이원자의 여부와 관계없이 0이다(사진 참조). 산화수를 정하는 규칙을 다음과 같이 요약하여 나타내었다.

산화수를 정하는 규칙

1. 자유 상태의 모든 원소(다른 원소와 결합하지 않은)의 산화수는 0이다(예를 들면 Na, Cu, Mg, H_2, O_2, Cl_2, N_2).
2. H의 산화수는 +1이다. 금속 수소화물은 예외적으로 −1이다(예를 들면 NaH, CaH_2).
3. O의 산화수는 −2이다. 예외적으로 과산화물에서는 −1이고, OF_2에서는 +2이다.
4. 이온 결합 화합물에서 금속 원소의 산화수는 양수이다.
5. 공유 결합 화합물에서 전기 음성도가 가장 큰 원자의 산화수는 음수이다.
6. 화합물에 있는 각 원소의 산화수를 더하면 0이 된다.
7. 다원자 이온에 있는 각 원소의 산화수를 합한 것은 그 이온의 전하와 같다.

여러 개의 산화수를 갖는 원소들이 많다. 예를 들어 질소의 경우는 아래와 같이 화합물에 따라 다양한 산화수를 갖는다.

	N_2	N_2O	NO	N_2O_3	NO_2	N_2O_5	NO_3^-
산화수	0	+1	+2	+3	+4	+5	+5

Tom Pantages

금속 구리의 산화수는 0이고 결정 안의 Cu^{2+} 이온의 산화수는 +2이다.

문제 풀이 전략

화합물을 이루는 원소의 산화수 구하기

1. 화학식을 구성하는 각 원자 아래에 알려진 산화수를 적는다.
2. 각 산화수에 화합물에 있는 해당 원소의 원자 개수를 곱한다.
3. 화합물에 있는 모든 원소의 산화수의 합을 나타내는 식을 적는다. 한 화합물에서 산화수의 합은 0이어야 한다.

예제 17.1

이산화 탄소에서 탄소의 산화수를 구하시오.

풀이 CO_2

1. -2
2. $(-2)2$
3. $C + (-4) = 0$

$C = +4$ (탄소의 산화수)

예제 17.2

황산에서 황의 산화수를 구하시오.

풀이 H_2SO_4

1. $+1 \quad -2$
2. $2(+1) = +2 \qquad 4(-2) = -8$
3. $+2 + S + (-8) = 0$

$S = +6$ (황의 산화수)

실습 문제 17.1

다음 원소의 산화수를 구하시오.

(a) HNO_3의 N (b) $K_2Cr_2O_7$의 Cr (c) $HgCl_2$의 Hg

두 개 이상의 원자를 가진 다원자 이온에서 각 원자의 산화수도 비슷한 방법으로 결정할 수 있는데, 이 경우에는 다원자 이온을 이루는 각 원자의 산화수 합은 그 이온의 전하와 같다.

예제 17.3

과망가니즈산 이온 MnO_4^-에서 망가니즈의 산화수를 구하시오.

풀이 MnO_4^-

1. -2
2. $(-2)4$
3. $Mn + (-8) = -1$ (이온 전하)

$Mn = +7$ (망가니즈의 산화수)

예제 17.4

옥살산 이온 $C_2O_4^{2-}$에서 탄소의 산화수를 구하시오.

풀이 $C_2O_4^{2-}$

1. -2

2. $(-2)4$

3. $2C + (-8) = -2$ (이온 전하)

$2C = +6$

$C = +3$ (C의 산화수)

실습 문제 17.2

다음 원소의 산화수를 구하시오.

(a) NH_4^+의 N (b) $Cr_2O_7^{2-}$의 Cr (c) PO_4^{3-}의 P

예제 17.5

(a) KNO_3와 (b)SO_4^{2-}에 포함된 각 원소의 산화수를 구하시오.

풀이

(a) K는 1A(**1**) 족의 금속이므로 +1의 산화수를 갖는다. 각 O 원자의 산화수는 −2이다(산화수를 정하는 규칙 3 참조). 이 값과 화합물에 있는 모든 원자의 산화수를 합하면 0이 된다는 사실을 이용하면, N의 산화수를 다음과 같이 구할 수 있다.

$$KNO_3$$
$$+1 + N + 3(-2) = 0$$
$$N = +6 - 1 = +5$$

각 원소의 산화수는 다음과 같다. K = +1, N = +5, O = −2

(b) SO_4^{2-}는 이온이므로 S와 O 원자의 산화수를 모두 합하면 이 이온의 전하인 −2가 되어야 한다. 각 O 원자의 산화수는 −2이므로(산화수를 정하는 규칙 3) 다음과 같이 구할 수 있다.

$$SO_4^{2-}$$
$$S + 4(-2) = -2, \quad S - 8 = -2$$
$$S = -2 + 8 = +6$$

S의 산화수는 +6이고, O의 산화수는 −2이다.

실습 문제 17.3

다음 화학종에서 각 원소의 산화수를 구하시오.

(a) BrO^- (b) HClO (c) Na_2CO_3 (d) NH_4^+ (e) BrO_3^-

산화–환원

산화–환원(**oxidation-reduction** 또는 **redox**)은 어떤 원소의 산화수가 변하는 화학 과정을 말한다. 전자가 완전하게 이동해서 이온 결합을 형성하거나 전자가 부분적으로 이동하거나 치우쳐서 공유 결합을 형성하는 것들이 이러한 과정에 포함된다.

산화(oxidation)는 어떤 원소가 전자를 잃어서 산화수가 증가할 때 일어난다. 반대로 전자를 얻어서 원소의 산화수가 감소할 때 **환원(reduction)**이 일어난다. 예를 들어 산화수가 +2에서 +3, 또는 −1에서 0과 같이 변하면 산화이고(**그림 17.1**), 산화수가 +5에서 +2, 또는 −2에서 −4로 변하면 환원이다(**그림 17.2**). 화학 반응에서 산화와 환원은 동시에 일어나며 이 중에서 한 가지 반응만 일어날 수는 없다.

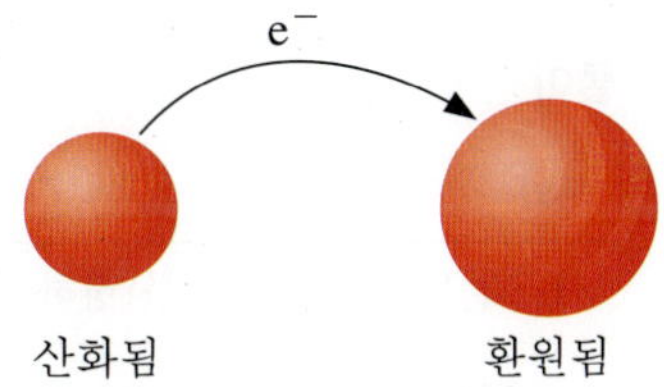

그림 17.1 산화–환원 반응에서 전자를 얻는 원소는 환원되는 반면에 전자를 잃는 원소는 산화된다.

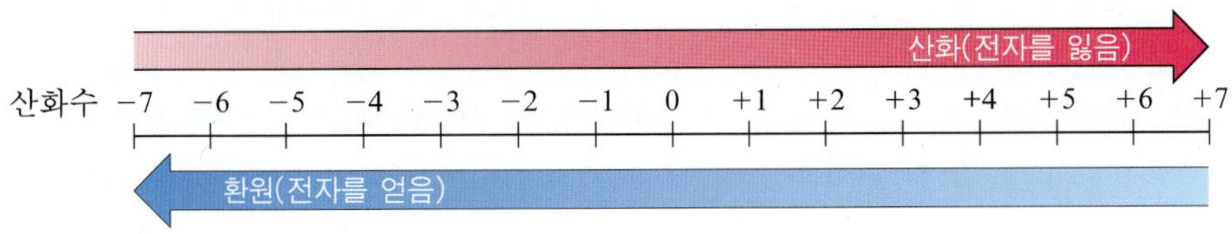

그림 17.2 산화와 환원. 산화는 산화수를 증가시키고 환원은 산화수를 감소시킨다.

많은 결합, 분해, 단일 치환 반응은 산화–환원을 포함한다. 이 관점에서 수소와 산소의 연소 반응을 살펴보자.

$$2\ H_2 + O_2 \longrightarrow 2\ H_2O$$

두 가지 반응물, 수소와 산소는 모두 자유 상태의 원소이므로 그 산화수는 0이다. 생성물(물)에서 수소는 산화되어 +1이 되었고, 산소는 환원되어 −2가 되었다. 다른 물질의 산화 상태를 증가시키는 물질을 **산화제(oxidizing agent)**, 그리고 다른 물질의 산화 상태를 감소시키는 물질을 **환원제(reducing agent)**라고 부른다. 위의 반응에서 산화제는 산소 원소이고 환원제는 수소 원소이다. 다음 반응에서 금속 아연은 산화되고 수소 이온은 환원된다(사진 참조).

아연과 황산이 반응하면 아연이 산화되고 수소는 환원된다.

$$Zn(s) + H_2SO_4(aq) \longrightarrow ZnSO_4(aq) + H_2(g)$$

아연은 환원제이고 수소 이온은 산화제이다. 전자는 아연 금속에서 황산으로부터 나온 수소 이온 쪽으로 이동한다. 전자 이동을 더 자세히 표현하면 다음 반응식과 같다.

$$Zn^0 + 2\ H^+ + SO_4^{2-} \longrightarrow Zn^{2+} + SO_4^{2-} + H_2^0$$

> 산화: 산화수의 증가, 전자를 잃음
> 환원: 산화수의 감소, 전자를 얻음

산화제는 환원되며 전자를 얻는다. 환원제는 산화되며 전자를 잃는다. 전자의 이동은 모든 산화–환원 반응의 특징이다.

예제 17.6

다음의 균형 맞춘 산화–환원 반응식을 분석하여 산화된 원소, 환원된 원소, 산화제 및 환원제를 쓰시오.

(a) $Mg(s) + CuSO_4(aq) \longrightarrow Cu(s) + MgSO_4(aq)$

(b) $C_6H_{12}(l) + 9\ O_2(g) \longrightarrow 6\ CO_2(g) + 6\ H_2O(g)$

풀이

(a)	(b)
1. 각 원소의 산화수를 정하고 원소 아래에 적는다.	
$Mg(s) + CuSO_4(aq) \longrightarrow Cu(s) + MgSO_4(aq)$ 0 +2 +6 −2 0 +2 +6 −2	$C_6H_{12}(l) + 9\,O_2(g) \longrightarrow 6\,CO_2(g) + 6\,H_2O(g)$ −2 +1 0 +4 −2 +1 −2
2. 전자를 잃은 원소가 산화된 원소이다.	
Mg^0는 Mg^{2+}로 되면서 2개의 전자를 잃는다. 산화된 원소는 Mg이다.	C^{2-}는 C^{4+}로 되면서 6개의 전자를 잃는다. 산화된 원소는 C이다.
3. 전자를 얻은 원소가 환원된 원소이다.	
Cu^{2+}는 Cu^0로 되면서 2개의 전자를 얻는다. 환원된 원소는 Cu이다.	O^0는 O^{2-}로 되면서 2개의 전자를 얻는다. 환원된 원소는 O이다.
4. 산화된 물질이 환원제이다(환원제는 원소 자체가 아니라 물질임을 주의하라).	
Mg이 산화되었으므로 환원제이다.	C가 산화되었으므로 C_6H_{12}는 환원제이다.
5. 환원된 물질이 산화제이다(산화제는 원소 자체가 아니라 물질임을 주의하라).	
Cu가 환원되었으므로 $CuSO_4$가 산화제이다.	O가 환원되었으므로 O_2가 산화제이다.

실습 문제 17.4

다음의 균형 맞춘 산화–환원 반응식을 분석하여 산화된 원소, 환원된 원소, 산화제 및 환원제를 쓰시오.

(a) $Zn(s) + CuCl_2(aq) \longrightarrow ZnCl_2(aq) + Cu(s)$

(b) $CH_4(g) + 2\,O_2(g) \longrightarrow CO_2(g) + 2\,H_2O(g)$

(c) $2\,C_2H_6(g) + 7\,O_2(g) \longrightarrow 4\,CO_2(g) + 6\,H_2O(g)$

17.2 산화-환원 반응식의 균형 맞추기

이 절의 학습 목표
산화–환원 반응식의 균형을 맞출 수 있다.

간단한 산화–환원 반응식은 직관 또는 시행착오에 의해 쉽게 균형을 맞출 수 있다.

$$Na + Cl_2 \longrightarrow NaCl \quad \text{(균형이 맞지 않음)}$$
$$2\,Na + Cl_2 \longrightarrow 2\,NaCl \quad \text{(균형이 맞음)}$$

이 반응식의 균형을 맞추는 것은 복잡하지 않다. 그러나 다음과 같이 좀 더 복잡한 반응식의 균형을 맞추기 위해 시행착오법을 이용하면 불필요하게 시간이 오래 걸린다.

$$P + HNO_3 + H_2O \longrightarrow NO + H_3PO_4 \quad \text{(균형이 맞지 않음)}$$
$$3\,P + 5\,HNO_3 + 2\,H_2O \longrightarrow 5\,NO + 3\,H_3PO_4 \quad \text{(균형이 맞음)}$$

산화–환원 반응식의 균형을 맞추는 체계적인 방법은 산화제와 환원제 사이의 전자 이동에 바탕을 둔다. 처음 반응식을 다시 살펴보자.

참고 위 첨자 0은 결합하지 않은 상태에서는 해당 원소의 산화수가 0이라는 것을 나타낸다.

$$Na^0 + Cl_2^0 \longrightarrow Na^+Cl^- \quad \text{(균형이 맞지 않음) (참고 참조)}$$

이 반응에서 소듐 금속은 한 원자당 한 개의 전자를 잃고 소듐 이온으로 변한다. 동시에 염소는 한 원자당 하나의 전자를 얻는다. 염소는 이원자 분자이기 때문에 각 원자로부터 염화 이온을 형성하려면 한 분자당 두 개의 전자가 필요하다. 필요한 두 개의 전자는 두 개의 소듐 원자가 제공한다. 단계별로 이 반응은 다음과 같이 두 개의 반쪽 반응, 즉 산화 반쪽 반응과 환원 반쪽 반응으로 나타낼 수 있다.

$$2\,Na^0 \longrightarrow 2\,Na^+ + \cancel{2e^-} \quad \text{산화 반쪽 반응}$$
$$Cl_2^0 + \cancel{2e^-} \longrightarrow 2\,Cl^- \quad \text{환원 반쪽 반응}$$
$$Cl_2^0 + 2\,Na^0 \longrightarrow 2\,Na^+ + 2\,Cl^-$$

같은 수의 전자를 포함하고 있는 두 개의 반쪽 반응식을 더하면 전자는 상쇄된다. 이 반응에서 과잉 전자는 없으며 두 소듐 원자가 내놓는 두 전자를 염소가 이용한다. 모든 산화–환원 반응에서 환원제가 잃는 전자의 수는 산화제가 얻는 전자의 수와 같아야만 한다. 여기서 소듐은 산화되고 염소는 환원된다. 그러므로 염소는 산화제이고 소듐은 환원제이다.

다음 예제에서는 산화수 변화법을 이용해서 좀 더 복잡한 산화–환원 반응식의 균형을 맞추는 체계적인 방법을 설명하고자 한다.

문제 풀이 전략

산화수 변화법을 이용한 산화–환원 반응식의 균형 맞추기

1. 산화되거나 환원되는 원소를 확인하기 위하여 각 원소의 산화수를 정한다. 산화수가 변한 원소를 찾는다.
2. 산화수가 변한 원소만으로 두 개의 반쪽 반응식을 적는다. 한 반쪽 반응은 전자를 생성해야 하고 다른 반쪽 반응은 전자를 소모해야 한다.
3. 두 반쪽 반응식에 가장 작은 정수를 곱해서 산화에 의해서 잃은 전자의 수와 환원에 의해서 얻은 전자의 수가 같아지게 한다.
4. 균형 맞춘 반쪽 반응식의 각 물질 앞에 있는 계수를 원래 반응식의 물질 앞에 그대로 옮겨 적는다.
5. 산화 또는 환원되지 않고 남아 있는 원소의 균형을 맞춘다.
6. 반응식의 화살표 양쪽에 있는 각 원소의 원자 수가 같은지를 확인한다.

예제 17.7

다음 반응식의 균형을 맞추시오.

$$Sn + HNO_3 \longrightarrow SnO_2 + NO_2 + H_2O \quad \text{(균형이 맞지 않음)}$$

풀이

산화수 변화 문제 풀이 전략을 이용한다.

1. 산화되거나 환원되는 원소를 확인하기 위하여 각 원소의 산화수를 정한다. 이온의 전하와 구분되도록 각 원소 아래에 산화수를 적는다. Sn과 N의 산화수가 변하였음에 유의하라.

$$\underset{0}{Sn} + \underset{+1\ +5\ -2}{HNO_3} \longrightarrow \underset{+4\ -2}{SnO_2} + \underset{+4\ -2}{NO_2} + \underset{+1\ -2}{H_2O}$$

2. 이제 산화수가 변한 원소만으로 두 개의 새로운 반응식(반쪽 반응식)을 쓴다. 이 식에 전하의 균형을 맞추기 위하여 전자를 첨가한다. 한 반응식은 산화 단계를 나타내고, 다른 반응식은 환원 단계를 나타낸다. 산화는 전자를 생성하고 환원은 전자를 소모한다는 것을 기억하라.

$$Sn^0 \longrightarrow Sn^{4+} + 4e^- \quad (\text{산화})$$
Sn^0은 4개의 전자를 잃는다.

$$N^{5+} + 1\,e^- \longrightarrow N^{4+} \quad (\text{환원})$$
N^{5+}는 1개의 전자를 얻는다.

3. 가장 작은 정수를 두 식에 곱해서 산화에 의해서 잃은 전자의 수와 환원에 의해서 얻은 전자의 수가 같아지도록 한다. 이 반응에서는 산화 단계에 1을 곱하고, 환원 단계에 4를 곱한다. 반응식은 다음과 같이 된다.

$$Sn^0 \longrightarrow Sn^{4+} + 4\,e^- \quad (\text{산화})$$
Sn^0은 4개의 전자를 잃는다.

$$4\,N^{5+} + 4\,e^- \longrightarrow 4\,N^{4+} \quad (\text{환원})$$
$4\,N^{5+}$는 4개의 전자를 얻는다.

이제 환원제에 대한 산화제의 비는 한 개의 Sn 원자에 대한 네 개의 N 원자가 된다.

4. 이렇게 균형을 맞춘 산화 반쪽 반응식과 환원 반쪽 반응식의 각 물질 앞에 있는 계수를 원래 반응식의 해당 물질 앞에 그대로 옮겨 적는다. Sn을 포함하는 물질(Sn, SnO_2) 앞에는 계수 1, N을 포함하는 물질(HNO_3, NO_2) 앞에는 계수 4를 쓴다.

$$Sn + 4\,HNO_3 \longrightarrow SnO_2 + 4\,NO_2 + H_2O \quad (\text{균형이 맞지 않음})$$

5. 산화 또는 환원되지 않고 남아 있는 원소의 균형을 맞추면, 다음과 같은 최종 균형 맞춘 반응식이 얻어진다(참고 참조).

참고 마지막 원소의 균형을 맞출 때, 산화된 원소와 환원된 원소의 비를 변화시키지 말아야 한다.

$$Sn + 4\,HNO_3 \longrightarrow SnO_2 + 4\,NO_2 + 2\,H_2O \ (\text{균형이 맞음})$$

6. 마지막으로, 반응식의 화살표 양쪽에 있는 각 원소의 원자 수가 같은지를 확인한다. 최종 균형 맞춘 반응식의 양변에는 Sn 원자 1개, N 원자 4개, H 원자 4개, O 원자 12개가 각각 들어 있다.

산화–환원 반응식의 균형 맞추기를 능숙하게 하려면 연습이 필요하며 예제마다 조금씩 다른 문제 상황을 보여 주므로 두 개의 예제를 더 다루어보자.

예제 17.8

다음 반응식의 균형을 맞추시오.

$$I_2 + Cl_2 + H_2O \longrightarrow HIO_3 + HCl \quad (\text{균형이 맞지 않음})$$

풀이

산화수 변화를 이용한 산화–환원 반응식의 균형 맞추기에 대한 문제 풀이 전략을 이용한다.

1. 다음과 같이 산화수를 정한다.

$$\underset{0}{I_2} + \underset{0}{Cl_2} + \underset{+1\ -2}{H_2O} \longrightarrow \underset{+1\ +5\ -2}{HIO_3} + \underset{+1\ -1}{HCl}$$

I_2의 산화수는 0에서 +5로, Cl_2의 산화수는 0에서 −1로 변하였다.

2. 산화와 환원 단계를 적는다. 원자 수의 균형을 맞추고 전자의 개수로 전하의 균형을 맞춘다.

$$I_2 \longrightarrow 2\,I^{5+} + 10\,e^- \quad (\text{산화})\ (+10\ \text{전하와 균형을 맞추기 위해}\ 10\,e^-\text{가 필요하다})$$
I_2는 10개의 전자를 잃는다.

$$Cl_2 + 2\,e^- \longrightarrow 2\,Cl^- \quad (\text{환원})\ (-2\ \text{전하와 균형을 맞추기 위해}\ 2\,e^-\text{가 필요하다})$$
Cl_2는 2개의 전자를 얻는다.

3. 잃은 전자의 수와 얻은 전자의 수가 같도록 조정한다. 산화 단계에 1, 환원 단계에 5를 곱한다.

$$I_2 \longrightarrow 2\,I^{5+} + 10\,e^- \quad (\text{산화})$$
I_2는 10개의 전자를 잃는다.

$$5\,Cl_2 + 10\,e^- \longrightarrow 10\,Cl^- \quad (\text{환원})$$
5 Cl_2는 10개의 전자를 얻는다.

4. 균형을 맞춘 산화 반쪽 반응식과 환원 반쪽 반응식의 계수를 원래의 반응식에 옮겨 적는다. 즉, I_2 앞에는 1, HIO_3 앞에는 2, Cl_2 앞에는 5, HCl 앞에는 10을 쓴다.

$$I_2 + 5\,Cl_2 + H_2O \longrightarrow 2\,HIO_3 + 10\,HCl \text{ (균형이 맞지 않음)}$$

5. 남아 있는 H와 O 원소의 균형을 맞춘다.

$$I_2 + 5\,Cl_2 + 6\,H_2O \longrightarrow 2\,HIO_3 + 10\,HCl \text{ (균형이 맞음)}$$

6. 확인: 최종 균형 맞춘 반응식의 화살표 양쪽에는 I 원자 2개, Cl 원자 10개, H 원자 12개, O 원자 6개가 각각 들어 있다.

예제 17.9

다음 반응식의 균형을 맞추시오.

$$K_2Cr_2O_7 + FeCl_2 + HCl \longrightarrow CrCl_3 + KCl + FeCl_3 + H_2O \quad \text{(균형이 맞지 않음)}$$

풀이

산화수 변화를 이용한 산화–환원 반응식의 균형 맞추기에 대한 문제 풀이 전략을 이용한다.

1. 다음과 같이 산화수를 정한다 (Cr과 Fe가 변하였다).

$$\underset{+1\ +6\ -2}{K_2Cr_2O_7} + \underset{+2\ -1}{FeCl_2} + \underset{+1\ -1}{HCl} \longrightarrow \underset{+3\ -1}{CrCl_3} + \underset{+1\ -1}{KCl} + \underset{+3\ -1}{FeCl_3} + \underset{+1\ -2}{H_2O}$$

2. 산화와 환원 단계를 적는다. 원자 수의 균형을 맞추고 전자의 개수로 전하의 균형을 맞춘다.

$$Fe^{2+} \longrightarrow Fe^{3+} + 1\,e^- \quad (\text{산화})$$
Fe^{2+}는 전자 1개를 잃는다.

$$2\,Cr^{6+} + 6\,e^- \longrightarrow 2\,Cr^{3+} \quad (\text{환원})$$
2 Cr^{6+}는 전자 6개를 얻는다.

3. 잃은 전자의 수와 얻은 전자의 수가 같도록 조정한다. 산화 단계에 6, 환원 단계에 1을 곱해서 이동하는 전자의 수를 같게 한다.

$$6\,Fe^{2+} \longrightarrow 6\,Fe^{3+} + 6\,e^- \quad (\text{산화})$$
6 Fe^{2+}는 전자 6개를 잃는다.

$$2\,Cr^{6+} + 6\,e^- \longrightarrow 2\,Cr^{3+} \quad (\text{환원})$$
2 Cr^{6+}는 전자 6개를 얻는다.

4. 균형을 맞춘 산화 반쪽 반응식과 환원 반쪽 반응식의 계수를 원래의 반응식에 옮겨 적는다(한 개의 $K_2Cr_2O_7$ 화학식 단위에 두 개의 Cr 원자가 들어 있음에 유의하라). 즉, $K_2Cr_2O_7$ 앞에는 1, $CrCl_3$ 앞에는 2, $FeCl_2$와 $FeCl_3$ 앞에는 6을 쓴다.

$$K_2Cr_2O_7 + 6\,FeCl_2 + HCl \longrightarrow 2\,CrCl_3 + KCl + 6\,FeCl_3 + H_2O \text{ (균형이 맞지 않음)}$$

5. 남아 있는 원소에 대하여 K, Cl, H, O의 순서로 균형을 맞춘다.

$$K_2Cr_2O_7 + 6\,FeCl_2 + 14\,HCl \longrightarrow 2\,CrCl_3 + 2\,KCl + 6\,FeCl_3 + 7\,H_2O \text{ (균형이 맞음)}$$

6. 확인: 최종 균형 맞춘 반응식의 화살표 양쪽에는 2개의 K 원자, 2개의 Cr 원자, 7개의 O 원자, 6개의 Fe 원자, 26개의 Cl 원자, 14개의 H 원자가 각각 들어 있다.

실습 문제 17.5

산화수 변화법을 이용하여 다음 반응식의 균형을 맞추시오.

(a) $Zn + AgNO_3 \longrightarrow Zn(NO_3)_2 + Ag$

(b) $HNO_3 + H_2S \longrightarrow NO + S + H_2O$

(c) $KMnO_4 + HCl + H_2S \longrightarrow KCl + MnCl_2 + S + H_2O$

17.3 이온 산화-환원 반응식의 균형 맞추기

이 절의 학습 목표
이온 산화-환원 반응식의 균형을 맞출 수 있다.

이온 산화-환원 반응식과 분자 산화-환원 반응식의 균형 맞추기 사이의 주된 차이점은 이온을 어떻게 취급하느냐에 있다. 이온 산화-환원 반응식에서는 최종 반응식의 화살표 양쪽에 있는 각 원소의 수뿐만 아니라 알짜 전하도 같아야 한다. 따라서, 산화수를 정할 때 이온의 전하를 고려해야 함을 기억해야 한다.

이온 산화-환원 반응식의 균형을 맞추는 데 여러 가지 방법을 이용할 수 있다. 이러한 방법에는 분자 반응식에서 설명했던 산화수 변화법을 약간 변형시키는 것도 있지만 가장 많이 사용하는 방법은 다음에서 설명하는 이온-전자법일 것이다.

이온-전자법에서는 이온 산화-환원 반응식의 균형을 맞추기 위하여 이온의 전하와 전자를 이용한다. 산화수는 정식으로 이용되지는 않지만 어떤 원소가 산화되고 환원되는지를 알아내는 데 필수적이다.

문제 풀이 전략

이온-전자법을 이용한 이온 산화-환원 반응식의 균형 맞추기

1. 이온이나 분자의 전체 화학식을 이용하여 산화되는 원소와 환원되는 원소를 포함하는 두 개의 반쪽 반응식을 적는다
2. 산소와 수소 이외의 다른 원소에 대하여 균형을 맞춘다.
3. 산소와 수소의 균형을 맞춘다.

   산성 용액: 산성 용액 내에서 일어나는 반응의 경우, 산소와 수소의 균형을 맞추기 위하여 H^+와 H_2O를 이용한다. 산소 원자 한 개가 필요할 때마다 한 개의 H_2O를 사용한 후 수소 원자의 균형을 맞추는 데 필요한 수만큼 H^+를 첨가한다.

   염기성 용액: 염기성 용액에서 일어나는 반응의 경우, 우선 산성 용액에서 일어나는 반응처럼 단계 1~3을 이용하여 균형을 맞춘다. 그런 다음, 반응식에 있는 H^+ 이온의 수만큼 양변에 OH^- 이온을 첨가한다. 그리고 H^+와 OH^- 이온을 결합시켜 물이 되게 한다(예를 들면 $4\,H^+$와 $4\,OH^-$는 $4\,H_2O$가 됨). 반응식의 반대편에 나타나는 같은 수의 물 분자를 삭제하고 반응식을 다시 적는다.
4. 전기적 균형을 이루도록 각 반쪽 반응식에 전자(e^-)를 첨가한다.
5. 잃은 전자와 얻은 전자의 수가 같아야 하므로 각 반쪽 반응식에 있는 전자 수가 같도록 각 반쪽 반응식에 적절한 수를 곱한다.
6. 두 반쪽 반응식을 더하고 반응식의 화살표 양쪽에 똑같이 있는 물질들이나 전자를 삭제한다.

예제 17.10

이온-전자법을 이용하여 다음 반응식의 균형을 맞추시오.

$$MnO_4^- + S^{2-} \longrightarrow Mn^{2+} + S^0 \quad \text{(산성 용액)}$$

풀이

1. 산화되는 원소와 환원되는 원소를 포함하는 두 개의 반쪽 반응식을 적는다(전체 분자 또는 이온을 이용한다).

$$S^{2-} \longrightarrow S^0 \qquad \text{(산화)}$$
$$MnO_4^- \longrightarrow Mn^{2+} \qquad \text{(환원)}$$

2. 산소와 수소 이외의 다른 원소에 대하여 균형을 맞춘다(화살표 양쪽에 1 S와 1 Mn이 있으므로 단계 1에서 이미 맞추어졌다).

3. O와 H의 균형을 맞춘다. 이 용액은 산성임을 기억하라. 산화 반응식에서는 O와 H가 필요 없지만, 환원 반응식에서는 화살표 오른쪽에 4 H_2O와 왼쪽에 8 H^+가 필요하다.

$$S^{2-} \longrightarrow S^0$$
$$8\ H^+ + MnO_4^- \longrightarrow Mn^{2+} + 4\ H_2O$$

4. 전자를 이용하여 각 반쪽 반응식의 전하 균형을 맞춘다.

$$S^{2-} \longrightarrow S^0 + 2\ e^-$$
알짜 전하는 화살표 양쪽에서 −2

$$5\ e^- + 8\ H^+ + MnO_4^- \longrightarrow Mn^{2+} + 4\ H_2O$$
알짜 전하는 화살표 양쪽에서 + 2

5. 얻은 전자와 잃은 전자의 수가 같도록 산화 반응식에 5, 환원 반응식에 2를 곱한다.

$$5\ S^{2-} \longrightarrow 5\ S^0 + 10\ e^-$$
$$10\ e^- + 16\ H^+ + 2\ MnO_4^- \longrightarrow 2\ Mn^{2+} + 8\ H_2O$$

6. 두 반쪽 반응식을 더하여 화살표 양쪽에서 10 e^-를 삭제하고 균형 맞춘 반응식을 얻는다.

$$5\ S^{2-} \longrightarrow 5\ S^0 + \cancel{10\ e^-}$$
$$\cancel{10\ e^-} + 16\ H^+ + 2\ MnO_4^- \longrightarrow 2\ Mn^{2+} + 8\ H_2O$$
$$\overline{16\ H^+ + 2\ MnO_4^- + 5\ S^{2-} \longrightarrow 2\ Mn^{2+} + 5\ S^0 + 8\ H_2O} \qquad \text{(균형이 맞음)}$$

확인: 반응식의 화살표 양쪽에는 +4의 전하를 가지고 있으며, 양쪽에 있는 각 원소의 원자수는 같다.

예제 17.11

다음 반응식의 균형을 맞추시오.

$$CrO_4^{2-} + Fe(OH)_2 \longrightarrow Cr(OH)_3 + Fe(OH)_3 \quad \text{(염기성 용액)}$$

풀이

이온–전자법 문제 풀이 전략을 이용한다.

1. 두 개의 반쪽 반응식을 적는다.

$$Fe(OH)_2 \longrightarrow Fe(OH)_3 \qquad \text{(산화)}$$
$$CrO_4^{2-} \longrightarrow Cr(OH)_3 \qquad \text{(환원)}$$

2. 산소와 수소 이외의 다른 원소에 대하여 균형을 맞춘다(단계 1에서 이미 맞추어졌다).

3. 이 용액은 염기성임을 기억하라. 산성 용액의 경우처럼 O와 H의 균형을 맞춘다. H_2O와 H^+를 사용한다. 산화 반응식에 있는 O와 H의 균형을 맞추기 위해 반응식의 화살표 왼쪽에 1 H_2O, 오른쪽에 1 H^+를 첨가한다.

$$Fe(OH)_2 + H_2O \longrightarrow Fe(OH)_3 + H^+$$

양쪽에 1 OH^-를 첨가한다.

$$Fe(OH)_2 + H_2O + OH^- \longrightarrow Fe(OH)_3 + H^+ + OH^-$$

H^+와 OH^-를 결합시켜 H_2O로 하고 각 변에 있는 H_2O를 삭제하여 다시 적는다.

$$Fe(OH)_2 + \cancel{H_2O} + OH^- \longrightarrow Fe(OH)_3 + \cancel{H_2O}$$

$$\boxed{Fe(OH)_2 + OH^- \longrightarrow Fe(OH)_3} \quad \text{(산화)}$$

환원 반응식에 있는 O와 H의 균형을 맞추기 위해 화살표 오른쪽에 1 H_2O, 왼쪽에 5 H^+를 첨가한다.

$$CrO_4^{2-} + 5\ H^+ \longrightarrow Cr(OH)_3 + H_2O$$

양쪽에 5 OH^-를 첨가한다.

$$CrO_4^{2-} + 5\ H^+ + 5\ OH^- \longrightarrow Cr(OH)_3 + H_2O + 5\ OH^-$$

5 H^+와 5 OH^-를 결합시키면 5 H_2O가 된다.

$$CrO_4^{2-} + 5\ H_2O \longrightarrow Cr(OH)_3 + H_2O + 5\ OH^-$$

화살표 양쪽에서 1 H_2O를 삭제하고 다시 적는다.

$$\boxed{CrO_4^{2-} + 4\ H_2O \longrightarrow Cr(OH)_3 + 5\ OH^-} \quad \text{(환원)}$$

4. 전자를 이용하여 각 반쪽 반응식의 전하 균형을 맞춘다.

$$Fe(OH)_2 + OH^- \longrightarrow Fe(OH)_3 + e^- \quad \text{(균형 맞춘 산화 반응식)}$$
$$CrO_4^{2-} + 4\ H_2O + 3\ e^- \longrightarrow Cr(OH)_3 + 5\ OH^- \quad \text{(균형 맞춘 환원 반응식)}$$

5. 얻은 전자와 잃은 전자의 수가 같도록 산화 반응식에 3을 곱한다.

$$3\ Fe(OH)_2 + 3\ OH^- \longrightarrow 3\ Fe(OH)_3 + 3\ e^-$$
$$CrO_4^{2-} + 4\ H_2O + 3\ e^- \longrightarrow Cr(OH)_3 + 5\ OH^-$$

6. 두 반쪽 반응식을 더하여 반응식의 화살표 양쪽에서 3 e^-와 3 OH^-를 삭제한다.

$$3\ Fe(OH)_2 + 3\ OH^- \longrightarrow 3\ Fe(OH)_3 + \cancel{3\ e^-}$$
$$CrO_4^{2-} + 4\ H_2O + \cancel{3\ e^-} \longrightarrow Cr(OH)_3 + 5\ OH^-$$
$$CrO_4^{2-} + 3\ Fe(OH)_2 + 4\ H_2O \longrightarrow Cr(OH)_3 + 3\ Fe(OH)_3 + 2\ OH^- \quad \text{(균형이 맞음)}$$

확인: 반응식의 화살표 양쪽에는 −2의 전하를 가지고 있으며, 양쪽에 있는 각 원소의 원자수는 같다.

실습 문제 17.6

이온−전자법을 사용하여 다음 반응식의 균형을 맞추시오.

(a) $I^- + NO_2^- \longrightarrow I_2 + NO$ (산성 용액)

(b) $Cl_2 + IO_3^- \longrightarrow IO_4^- + Cl^-$ (염기성 용액)

(c) $AuCl_4^- + Sn^{2+} \longrightarrow Sn^{4+} + AuCl + Cl^-$ (산성 용액)

이온 반응식은 예제 17.7에서 설명한 산화수 변화법으로도 균형을 맞출 수 있다. 이 방법을 설명하기 위하여 예제 17.11의 반응식을 다시 이용하자.

예제 17.12

산화수 변화법을 이용하여 다음 반응식의 균형을 맞추시오.

$$CrO_4^{2-} + Fe(OH)_2 \longrightarrow Cr(OH)_3 + Fe(OH)_3 \quad \text{(염기성 용액)}$$

풀이

1과 2. 산화수를 정하고 전자를 사용하여 전하의 균형을 맞춘다.

$$Cr^{6+} + 3\ e^- \longrightarrow Cr^{3+} \quad \text{(환원)}$$

Cr^{6+}는 3 e^-를 얻는다

$$Fe^{2+} \longrightarrow Fe^{3+} + e^- \quad \text{(산화)}$$

Fe^{2+}는 1 e^-를 잃는다

3. 잃은 전자의 수와 얻은 전자의 수를 같게 한다. 산화 단계에 3을 곱한다.

$$Cr^{6+} + 3\ e^- \longrightarrow Cr^{3+} \quad \text{(환원)}$$

Cr^{6+}는 3 e^-를 얻는다

$$3\ Fe^{2+} \longrightarrow 3\ Fe^{3+} + 3\ e^- \quad \text{(산화)}$$

3 Fe^{2+}는 3 e^-를 잃는다

4. 계수를 원래의 반응식에 옮겨 적는다.

$$CrO_4^{2-} + 3\ Fe(OH)_2 \longrightarrow Cr(OH)_3 + 3\ Fe(OH)_3$$

5. 전하의 균형을 맞춘다. 염기성 용액이므로 전하의 균형을 맞추기 위하여 OH^-를 사용한다. 반응식 화살표 왼쪽의 전하는 −2이고 오른쪽은 0이므로 오른쪽에 2 OH^- 이온을 첨가한다.

$$CrO_4^{2-} + 3\ Fe(OH)_2 \longrightarrow Cr(OH)_3 + 3\ Fe(OH)_3 + 2\ OH^-$$

반응식의 균형을 맞추기 위해 왼쪽에 4 H_2O를 첨가한다.

$$CrO_4^{2-} + 3\ Fe(OH)_2 + 4\ H_2O \longrightarrow Cr(OH)_3 + 3\ Fe(OH)_3 + 2\ OH^- \quad \text{(균형이 맞음)}$$

확인: 반응식의 화살표 양쪽에는 −2의 전하를 가지고 있으며, 양쪽에 있는 각 원소의 원자수는 같다.

실습 문제 17.7

산화수 변화법을 이용하여 다음 반응식의 균형을 맞추시오.

(a) $Zn \longrightarrow Zn(OH)_4^{2-} + H_2$ (염기성 용액)

(b) $H_2O_2 + Sn^{2+} \longrightarrow Sn^{4+}$ (산성 용액)

(c) $Cu + Cu^{2+} \longrightarrow Cu_2O$ (염기성 용액)

17.4 금속의 활동도 서열

원소의 상대적 화학 반응성을 알면 다양한 화학 반응의 경로를 예측하는 데 도움이 된다. 예를 들면 칼슘은 차가운 물과 반응하여 수소를 생성하고, 마그네슘은 수증기와 반응하여 수소를 생성한다. 따라서 칼슘이 마그네슘보다 반응성이 더 큰 금속으로 간주된다.

$$Ca(s) + 2\ H_2O(l) \longrightarrow Ca(OH)_2(aq) + H_2(g)$$

$$Mg(s) + \underset{\text{수증기}}{H_2O(g)} \longrightarrow MgO(s) + H_2(g)$$

이 절의 학습 목표

반응이 일어날지 안 일어날지를 예측하기 위해 금속의 활동도 서열을 활용할 수 있다.

이러한 반응성의 차이는 칼슘이 마그네슘보다 두 개의 원자가 전자를 더 쉽게 잃을 수 있기 때문에 마그네슘보다 반응성도 더 크고, 더 쉽게 산화되는 것에 기인한다.

구리 선을 질산 은($AgNO_3$) 용액 속에 담가 두면 구리 표면에서 은이 석출되기 시작한다(그림 17.3). 얼마간 반응이 진행되면 용액이 푸른색으로 변하는 것을 관찰할 수 있는데, 이것은 구리(II) 이온이 생기기 때문이다. 반응식은 다음과 같다.

Peticolas/Megna/Fundamental Photographs

그림 17.3 질산 은 용액에 구리 선을 담가 두면 구리 선 표면에 은 결정이 형성된다. 용액의 연한 푸른색은 구리 이온이 존재한다는 것을 나타낸다.

$$Cu^0(s) + 2\ AgNO_3(aq) \longrightarrow 2\ Ag^0(s) + Cu(NO_3)_2(aq)$$

$$Cu^0(s) + 2\ Ag^+(aq) \longrightarrow 2\ Ag^0(s) + Cu^{2+}(aq) \quad \text{(알짜 이온 반응식)}$$

$$Cu^0(s) \longrightarrow Cu^{2+}(aq) + 2\ e^- \quad (Cu^0\text{의 산화})$$

$$Ag^+(aq) + e^- \longrightarrow Ag^0(s) \quad (Ag^+\text{의 환원})$$

만일 은 선을 질산 구리(II), $Cu(NO_3)_2$ 용액 속에 넣어 두면 아무런 반응도 관찰할 수 없다.

$$Ag^0(s) + Cu(NO_3)_2(aq) \longrightarrow \text{무반응}$$

Cu와 $AgNO_3$ 반응에서 전자는 용액 속에서 Cu^0 원자에서 Ag^+ 이온으로 이동한다. 구리가 은보다 더 쉽게 전자를 잃기 때문에 전기화학적 힘은 은 이온이 구리 원자로부터 전자를 받아들이는 데 사용된다. Ag^+ 이온이 전자를 받으면 더 이상 용액에 녹지 않는 Ag^0 원자로 환원된다. 동시에 Cu^0는 산화되어 Cu^{2+} 이온으로 용액 속에 녹는다. 이 반응으로부터 구리는 은보다 반응성이 더 크다고 결론 내릴 수 있다.

산 용액과 반응하여 수소를 내놓는 소듐, 마그네슘, 아연, 철과 같은 금속은 수소보다 반응성이 크다. 산 용액과 반응하여 수소를 내놓지 못하는 구리, 은, 수은과 같은 금속은 수소보다 반응성이 작다. 이와 같은 일련의 반응을 연구해 보면 화학 반응성에 따라 반응성이 가장 큰 금속을 맨 위에, 그리고 반응성이 가장 작은 금속을 맨 아래에 나열할 수 있다. 이것을 **금속의 활동도 서열(activity series of metals)**이라고 한다. 표 17.2는 일반적인 금속의 활동도 서열을 나타낸다. 가장 먼저 나오는 것이 가장 쉽게 산화되는 원소이며, 이 배열은 원소가 산화되는, 즉 전자를 잃기 쉬운 정도와 일치한다. 다른 화학 참고 문헌들에서 좀 더 확장된 표를 찾아볼 수 있다.

표 17.2 금속의 활동도 서열

(↑ 산화의 용이성: K에서 Cu까지 위로 갈수록 증가)

K	$\longrightarrow$	K^+	+	e^-
Ba	$\longrightarrow$	Ba^{2+}	+	$2e^-$
Ca	$\longrightarrow$	Ca^{2+}	+	$2e^-$
Na	$\longrightarrow$	Na^+	+	e^-
Mg	$\longrightarrow$	Mg^{2+}	+	$2e^-$
Al	$\longrightarrow$	Al^{3+}	+	$3e^-$
Zn	$\longrightarrow$	Zn^{2+}	+	$2e^-$
Cr	$\longrightarrow$	Cr^{3+}	+	$3e^-$
Fe	$\longrightarrow$	Fe^{2+}	+	$2e^-$
Ni	$\longrightarrow$	Ni^{2+}	+	$2e^-$
Sn	$\longrightarrow$	Sn^{2+}	+	$2e^-$
Pb	$\longrightarrow$	Pb^{2+}	+	$2e^-$
H_2	$\longrightarrow$	**$2H^+$**	+	**$2e^-$**
Cu	$\longrightarrow$	Cu^{2+}	+	$2e^-$
As	$\longrightarrow$	As^{3+}	+	$3e^-$
Ag	$\longrightarrow$	Ag^+	+	e^-
Hg	$\longrightarrow$	Hg^{2+}	+	$2e^-$
Au	$\longrightarrow$	Au^{3+}	+	$3e^-$

문제 풀이 전략

반응을 예측하기 위한 활동도 서열의 활용

1. 나열된 금속의 반응성은 위에서 아래로 내려감에 따라 감소한다.
2. 어떤 자유 금속이 활동도 서열에서 다른 금속의 위에 있다면 그 자유 금속은 용액에서 그 다른 금속의 이온을 치환할 수 있다.
3. 수소보다 위에 있는 자유 금속은 용액 속에서 비산화성 산과 반응하여 수소를 내놓는다.
4. 수소보다 아래에 있는 자유 금속은 산과 반응시켜도 수소를 내놓지 않는다.
5. 온도나 농도와 같은 조건들이 몇몇 원소의 상대적 위치에 영향을 미칠 수 있다.

다음은 금속의 활동도 서열을 활용하는 두 가지 예이다.

예제 17.13

금속 마그네슘과 묽은 황산이 반응하면 어떤 일이 일어나겠는가?

풀이

표 17.2에서 마그네슘은 수소보다 위쪽에 위치한다. 따라서 마그네슘 원자는 수소 원자보다 더

쉽게 전자를 잃게 될 것이다. 그러므로 마그네슘 원자는 산의 수소 이온을 환원시켜 수소 기체와 마그네슘 이온을 생성할 것이다. 실제로 실험실에서 수소를 제조할 때 흔히 이러한 시약을 사용한다. 반응식은 다음과 같다.

$$Mg(s) + H_2SO_4(aq) \longrightarrow MgSO_4(aq) + H_2(g)$$
$$Mg(s) + 2\,H^+(aq) \longrightarrow Mg^{2+}(aq) + H_2(g) \quad \text{(알짜 이온 반응식)}$$

예제 17.14

금속 납을 황산 철(II) 용액에 담그면 반응이 일어나겠는가?

풀이

반응이 일어나지 않는다. 금속의 활동도 서열에서 납은 철 아래에 있으므로 철보다 쉽게 전자를 잃을 수 없다. 따라서 용액으로부터 철(II) 이온을 치환할 수 없다. 그러나 이와 반대의 반응은 일어난다. 철로 된 못을 황산 납(II) 용액에 담그면 납으로 도금된다. 이 반응식은 다음과 같다.

$$Pb(s) + FeSO_4(aq) \longrightarrow \text{무반응}$$
$$Fe(s) + PbSO_4(aq) \longrightarrow FeSO_4(aq) + Pb(s)$$

표 17.2로부터 서로의 상대적 위치를 고려하여 다음과 같은 한 쌍의 반쪽 반응식을 끌어낼 수 있다.

$$Fe \longrightarrow Fe^{2+} + 2e^-$$
$$Pb \longrightarrow Pb^{2+} + 2e^-$$

활동도 서열의 활용에 대한 문제 풀이 전략의 단계 2에 따르면, 자유 철은 용액 속의 납(II) 이온과 반응하여 자유 금속 납과 철(II) 이온을 생성할 것이다.

$$Fe(s) + Pb^{2+}(aq) \longrightarrow Fe^{2+}(aq) + Pb(s) \quad \text{(알짜 이온 반응식)}$$

실습 문제 17.8

다음 반응이 일어나겠는가?

(a) 묽은 염산 용액에 금속 소듐을 넣었을 때

(b) 질산 마그네슘 용액에 납 조각을 넣었을 때

(c) 질산 은 용액에 수은을 넣었을 때

17.5 전해 전지와 볼타 전지

이 절의 학습 목표
전해 전지와 볼타 전지의 반응과 기능을 비교할 수 있다.

전기 에너지에 의하여 화학적 변화가 일어나는 과정을 **전기 분해(electrolysis)**라고 부른다. **전해 전지(electrolytic cell)**는 전기 에너지를 사용하여 화학 반응을 일으킨다. 전기 에너지는 산업에서 많이 응용되고 있는데, 예를 들면 소듐, 수산화 소듐, 염소, 플루오린, 마그네슘, 알루미늄, 순수한 수소 및 산소의 제조와 금속의 전기도금 및 정제에 사용된다.

용액 속에 전류를 통과시키면 어떤 현상이 일어날까? 그림 17.4에 나타낸 것처럼 간단한 전해 전지에 있는 염산 용액을 생각해 보자. 이 전지는 염산 용액에 담근 두 전극에 직류 전원(배터리)을 연결한 것이다. 음의 전극은 양이온(cation)이 끌려오기 때문에 **환원 전극(cathode)**이라고 부르고, 양의 전극은 음이온(anion)이 끌려오기 때문에 **산화 전극(anode)**이라고 부른다. 환원 전극은 배터리의 −극, 산화 전극은 +극에 연결되어 있다. 배터리는 환원 전극

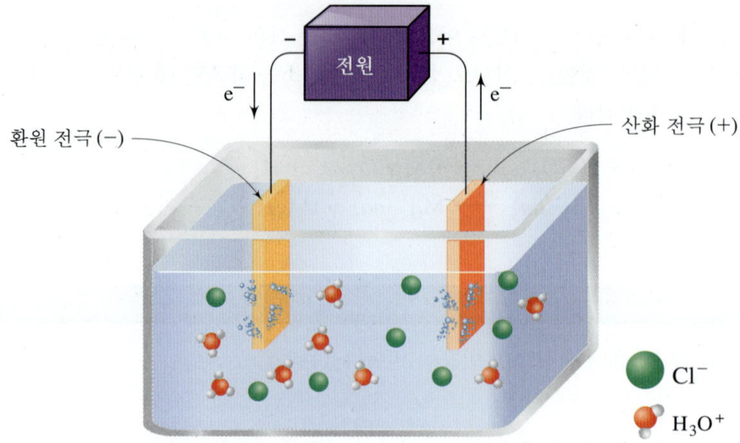

그림 17.4 염산 용액이 전기 분해되는 동안 H_3O^+ 이온은 환원 전극으로 끌려가서 전자를 얻어 수소 기체를 생성한다. 염화 이온은 산화 전극으로 이동하여 전자를 잃고 염소 기체를 생성한다. 이 과정의 반응식은 다음과 같다.

$$2HCl(aq) \longrightarrow H_2(g) + Cl_2(g)$$

에 전자를 제공한다.

전기 회로가 완성되면 하이드로늄 이온(H_3O^+)이 환원 전극 쪽으로 옮겨가서 전자를 얻어 수소 기체로 방출된다. 동시에 염화 이온(Cl^-)이 산화 전극으로 옮겨가서 전자를 잃고 염소 기체로 방출된다.

환원 전극에서의 반응:

$$H_3O^+ + 1\ e^- \longrightarrow H^0 + H_2O \qquad \text{(환원)}$$
$$H^0 + H^0 \longrightarrow H_2$$

산화 전극에서의 반응:

$$Cl^- \longrightarrow Cl^0 + 1\ e^- \qquad \text{(산화)}$$
$$Cl^0 + Cl^0 \longrightarrow Cl_2$$

$$2\ HCl(aq) \xrightarrow{\text{전기 분해}} H_2(g) + Cl_2(g) \qquad \text{(알짜 반응식)}$$

산화–환원이 일어났음을 유의하라. 산화 전극에서 Cl^- 이온은 전자를 잃었고(산화되었다), 환원 전극에서 H_3O^+ 이온은 전자를 얻었다(환원되었다).

산화는 항상 산화 전극에서 일어나고, 환원은 항상 환원 전극에서 일어난다.

진한 염화 소듐 수용액을 전기 분해하면 수산화 소듐, 수소, 염소가 생성되며 전체 반응은 다음과 같다.

$$2\ Na^+(aq) + 2\ Cl^-(aq) + 2\ H_2O(l) \xrightarrow{\text{전기 분해}} 2\ Na^+(aq) + 2\ OH^-(aq) + H_2(g) + Cl_2(g)$$

알짜 이온 반응식은 다음과 같다.

$$2\ Cl^-(aq) + 2\ H_2O(l) \longrightarrow 2\ OH^-(aq) + H_2(g) + Cl_2(g)$$

전기 분해가 일어나는 동안에 Na^+ 이온은 환원 전극 쪽으로 움직이고, Cl^- 이온은 산화 전극 쪽으로 움직인다. 산화 전극에서의 반응은 염산의 경우와 비슷하며 염소가 유리된다.

$$2\ Cl^-(aq) \longrightarrow Cl_2(g) + 2\ e^-$$

Na^+ 이온이 환원 전극에 이끌림에도 불구하고 반응 결과는 수소가 유리되는 것을 보여 준다. 금속 소듐은 발견되지 않는 반면에 환원 전극 주위에 OH^- 이온이 누적되어 알칼리성을 보인다. 환원 전극에서의 반응은 다음과 같다.

$$2\ H_2O(l) + 2\ e^- \longrightarrow H_2(g) + 2\ OH^-(aq)$$

모든 염화 이온이 반응할 때까지 전기 분해를 계속하면, 남아 있는 용액에는 수산화 소듐만 들어 있고 용액을 증발시키면 고체 NaOH를 얻을 수 있다. 이러한 공정으로 다량의 NaOH와 염소를 만든다.

물이 없이 용융된 NaCl을 전기 분해하면 금속 소듐과 염소 기체가 생긴다.

$$2\ Na^+(l) + 2\ Cl^-(l) \xrightarrow{\text{전기 분해}} 2\ Na(s) + Cl_2(g)$$

금속의 전기도금은 중요한 전기화학적 응용의 예이다. 전기도금이란 전기 석출을 이용하여 물체의 표면에 다른 금속을 얇게 입히는 기술을 말한다(사진 참조). 금속의 표면을 보호하거나 장식 효과를 얻기 위해 도금을 한다. 표면에 입히는 층의 두께는 놀라울 정도로 얇은데 5×10^{-5} cm 에서 2×10^{-3} cm 정도로 금속의 종류와 용도에 따라 다양하게 도금할 수 있다. 보통 도금하고자 하는 물체를 환원 전극으로 설정하여 도금하려는 금속의 이온이 들어 있는 용액에 담근다. 용액에 전류를 통해 주면 금속 이온이 환원 전극 쪽으로 이동하면서 환원되어 자유 금속으로 물체 위에 도금된다. 대부분의 경우, 물체에 도금되는 금속은 같은 금속을 산화 전극으로 사용하여 용액 속에 보충된다. 다음 반응식은 니켈 전기도금의 화학 변화를 나타내는 것이다.

UPI/Alamy Stock Photo

오스카상 트로피는 도금된 것이다.

환원 전극에서의 반응: $Ni^{2+}(aq) + 2\ e^- \longrightarrow Ni(s)$ (Ni이 물체에 도금된다.)

산화 전극에서의 반응: $Ni(s) \longrightarrow Ni^{2+}(aq) + 2\ e^-$ (Ni이 용액에 보충된다.)

상업용 전기도금에 흔히 사용되는 금속은 구리, 니켈, 아연, 납, 카드뮴, 크로뮴, 주석, 금, 은이다.

그림 17.4에 나타낸 전해 전지에서는 전원의 전기 에너지가 비자발적 산화–환원 반응을 일으키는 데 사용된다. 생성된 수소와 염소는 전기 분해되기 전에 염산에 있던 것보다 더 높은 퍼텐셜 에너지를 갖는다.

반대로, 일부 자발적 산화–환원 반응으로 유용한 전기 에너지를 얻을 수 있다. 아연 조각을 황산 구리(II) 용액에 넣으면 아연은 재빨리 금속 구리로 도금된다. 활동도 서열에서 아연이 구리보다 위쪽에 있으므로 이렇게 도금이 될 것으로 기대할 수 있으며, 구리(II) 이온은 아연 원자에 의하여 환원된다.

$$Zn^0(s) + Cu^{2+}(aq) \longrightarrow Zn^{2+}(aq) + Cu^0(s)$$

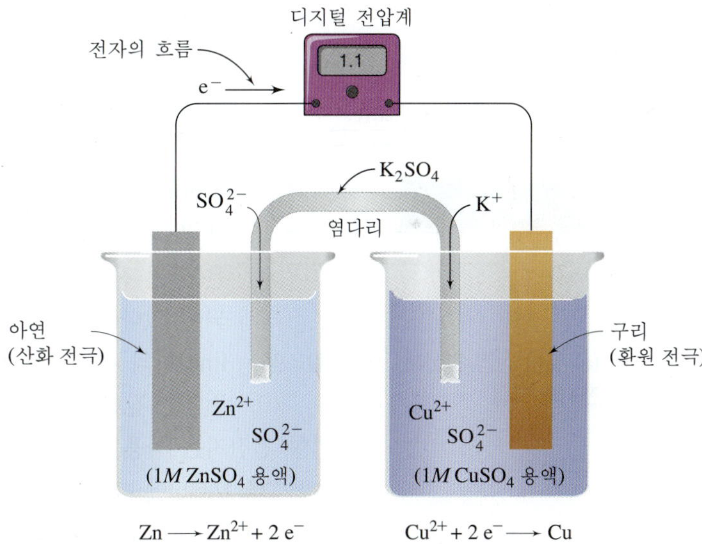

그림 17.5 아연–구리 볼타 전지. $ZnSO_4$와 $CuSO_4$ 용액의 농도가 1.0 M일 때 이 전지는 1.1볼트의 전압을 갖는다. 두 반쪽 전지는 염다리를 통하여 전기적인 접촉을 한다.

이것은 분명히 자발적인 산화–환원 반응이지만 단순히 아연 막대를 황산 구리(II) 용액에 담근다고 유용한 전류가 생기지는 않는다. 그러나 이러한 반응을 **그림 17.5**에 나타낸 것과 같은 전지 안에서 일어나게 하면 전류가 생긴다. 이 전지는 아연 조각을 황산 아연 용액에 담그고 구리 조각을 황산 구리(II) 용액에 담근 다음, 전압계를 통하여 전선으로 연결하고 두 용액은 염다리로 연결시켜서 구성한다. 이러한 전지는 전류를 발생시킬 수 있으며, 두 용액의 농도가 1.0 M 정도이면 약 1.1볼트의 전압이 생긴다. 자발적 화학 반응을 이용하여 전류를 발생시키는 이러한 전지를 **볼타 전지(voltaic cell)**라고 부른다. 볼타 전지는 **갈바니 전지**(galvanic cell)라는 명칭으로도 알려져 있다.

아연-구리 전지에서 전류가 생기는 추진력은 구리(II) 이온이 전자를 얻는 경향에 비해서 아연 원자가 전자를 잃는 경향이 더 크기 때문에 생긴다. 그림 17.5에 나타낸 전지에서 아연 원자는 전자를 잃고 아연 전극 표면에서 아연 이온으로 변환되고, 전자는 전선(외부 회로)을 통하여 구리 전극 쪽으로 흐른다. 여기서 구리(II) 이온이 전자를 받아 구리 원자로 환원되며 구리 전극에 석출된다. 황산 이온(SO_4^{2-})은 염다리(내부 회로)를 통하여 $CuSO_4$ 용액에서 $ZnSO_4$ 용액 쪽으로 흐르며 회로는 완성된다. 이 전지의 반응식은 다음과 같다.

산화 전극	$Zn^0(s) \longrightarrow Zn^{2+}(aq) + 2\ e^-$	(산화)
환원 전극	$Cu^{2+}(aq) + 2\ e^- \longrightarrow Cu^0(s)$	(환원)
알짜 이온 반응	$Zn^0(s) + Cu^{2+}(aq) \longrightarrow Zn^{2+}(aq) + Cu^0(s)$	
전체 반응	$Zn(s) + CuSO_4(aq) \longrightarrow ZnSO_4(aq) + Cu(s)$	

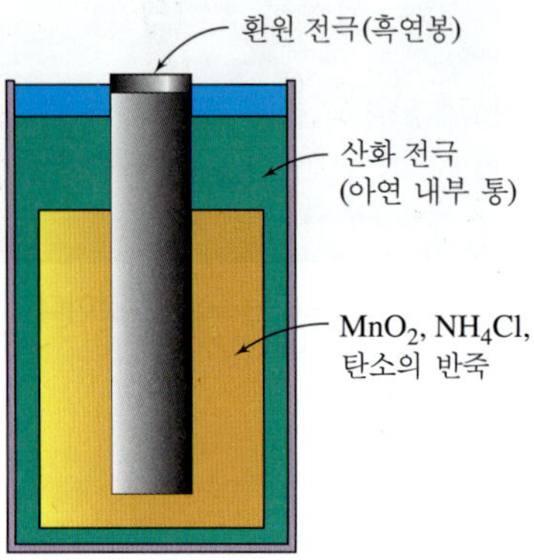

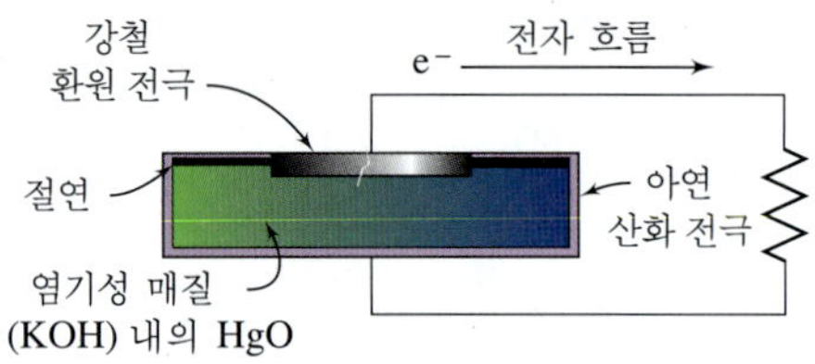

그림 17.6 (a) 일반 산형 건전지. (b) 알칼리형 아연-수은 전지의 그림.

아연-구리 전지에서의 산화-환원 반응, 즉, 금속이나 외부 회로를 통한 전자의 이동과 용액이나 내부 회로를 통한 이온의 이동은 그림 17.4의 전해 전지에서 일어나는 현상과 매우 비슷하다. 유일하게 중요한 차이점은 아연-구리 전지의 반응이 자발적이라는 것이다. 이러한 자발성이 모든 볼타 전지와 전해 전지 사이의 중요한 차이점이다.

> 볼타 전지는 화학 반응을 이용하여 전기 에너지를 발생시킨다.
> 전해 전지는 전기 에너지를 사용하여 화학 반응을 일으킨다.

계산기, 시계, 라디오, 휴대 전화, 휴대용 CD 플레이어는 **건전지**(dry cell battery)라고 부르는 작고 효율이 높은 볼타 전지를 전원으로 사용한다. 이 배터리는 액체 전해질(앞에서 살펴보았던 볼타 전지처럼)을 함유하지 않기 때문에 건전지라고 부르며, 변형된 다양한 형태로 생산되고 있다.

산(acid)형 건전지는 산화 전극 기능을 하는 아연 내부 통을 가지고 있다. 중앙에 자리 잡고 있는 탄소(흑연)봉의 한쪽 끝은 아연 통에 접촉되어 있고, 다른 한쪽은 환원 전극 기능을 하는 고체 MnO_2, NH_4Cl, 그리고 탄소의 젖은 반죽에 접촉되어 있다(**그림 17.6(a)**). 이 전지는 약 1.5볼트의 전압을 생산한다. **알칼리**(alkaline)형의 건전지는 NH_4Cl이 KOH나 NaOH로 대체되었다는 점 외에는 산형 건전지와 같다. 아연 산화 전극이 염기성 조건에서 더 천천히 부식되기 때문에 알칼리형 건전지는 사용 시간이 더 길어진다. 제3형 건전지는 **아연-수은**(zinc-mercury) 전지로서 **그림 17.6(b)**에 나타내었다. 이 전지에서 일어나는 반응은 다음과 같다.

산화 전극	$Zn^0 + 2\ OH^- \longrightarrow ZnO + H_2O + 2\ e^-$	(산화)
환원 전극	$HgO + H_2O + 2\ e^- \longrightarrow Hg^0 + 2\ OH^-$	(환원)
알짜 이온 반응	$Zn^0 + Hg^{2+} \longrightarrow Zn^{2+} + Hg^0$	
전체 반응	$Zn^0 + HgO \longrightarrow ZnO + Hg^0$	

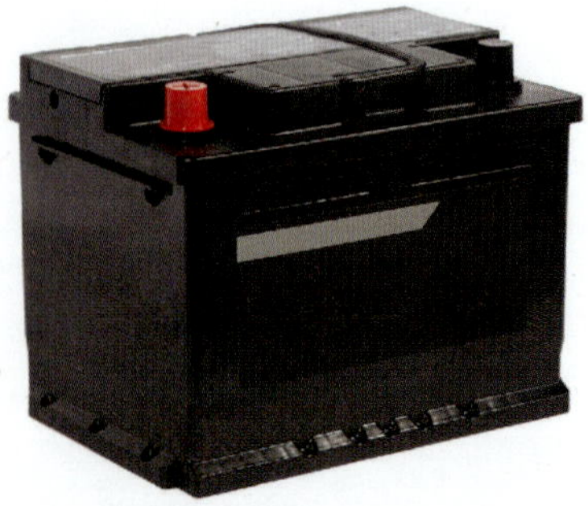

NEOS Design/Shutterstock

이 전지의 초기 비용은 비교적 비싸지만 (1) 약 1.5볼트의 일정한 전압의 전류를 공급하고, (2) 수명이 매우 길며, 즉 무게에 비하여 높은 에너지가 출력되고, (3) 완전하게 자급적이며, (4) 사용하지 않을 때 비교적 오랜 시간 저장할 수 있다는 장점이 있다.

자동차 축전지는 에너지 저장 용기이다(사진 참조). 충전된 배터리는 볼타 전지로 작용하여 화학 반응을 통하여 시동을 걸거나, 라이트, 라디오 등을 작동시키는 데 필요한 전기 에너지를 공급한다. 자동차를 운전하는 동안, 발전기나 교류기는 전류를 생산하고 배터리에 전류를 제공하여 전기 분해 반응으로 다시 충전된다.

단위 전지는 스펀지 납으로 채운 납 판과 산화 납(IV) 판으로 되어 있으며, 전해질로 작용하는 묽은 황산 용액에 담겨 있다(그림 17.7). 이 전지가 방전할 때, 즉 볼타 전지로 작용할 때는 다음 반응이 일어난다.

납 판(산화 전극): $Pb^0 \longrightarrow Pb^{2+} + 2\ e^-$ (산화)

산화 납 판(환원 전극): $PbO_2 + 4\ H^+ + 2\ e^- \longrightarrow Pb^{2+} + 2\ H_2O$ (환원)

알짜 이온 산화−환원 반응: $Pb^0 + PbO_2 + 4\ H^+ \longrightarrow 2\ Pb^{2+} + 2\ H_2O$

판 위의 침전 반응: $Pb^{2+}(aq) + SO_4^{2-}(aq) \longrightarrow PbSO_4(s)$

황산 납(II)은 불용성이므로 Pb^{2+} 이온은 SO_4^{2-} 이온과 결합하여 각 판에 $PbSO_4$의 코팅을 형성한다. 이 전지의 전체 화학 반응식은 다음과 같다.

$$Pb(s) + PbO_2(s) + 2\ H_2SO_4(aq) \xrightarrow[\text{사이클}]{\text{방전}} 2\ PbSO_4(s) + 2\ H_2O(l)$$

이 전지는 역반응에 의해 재충전된다. 전지에 반대 방향으로 전류를 가해 주면 역반응이 일어나 황산 납과 물은 납, 산화 납(IV), 황산으로 다시 변환된다.

$$2\ PbSO_4(s) + 2\ H_2O(l) \xrightarrow[\text{사이클}]{\text{재충전}} Pb(s) + PbO_2(s) + 2\ H_2SO_4(aq)$$

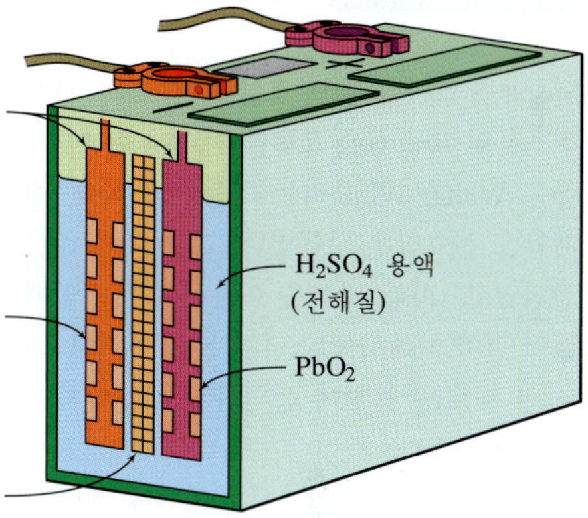

그림 17.7 납 축전지의 단면도

납 축전지의 전해질은 밀도가 1.29 g/mL인 38(w/w)% 황산 용액이다. 배터리가 방전되면 황산이 없어져서 전해질 용액의 밀도가 감소한다. 전지의 충전이나 방전 상태는 비중계로 전해질 용액의 밀도(또는 비중)를 측정해서 파악할 수 있다. 밀도가 약 1.05 g/mL로 떨어지면 이 배터리는 재충전이 필요하다.

시판용 배터리의 각 전지는 납과 산화 납(IV) 판이 나무, 유리솜 또는 유리 섬유에 의해 분리되고 지지되어 있는 일련의 단위 전지로 구성되어 있다. 전지 하나의 에너지 저장 용량은 제한되어 있으며 그 전위는 약 2볼트 정도이다. 따라서 여섯 개의 전지가 연결되면 보통 자동차용 배터리의 출력인 12볼트를 얻을 수 있다.

예제 17.15

(a) 볼타 전지와 전해 전지의 가장 큰 차이점은 무엇인가?

(b) 그림 17.5에 있는 염다리의 목적은 무엇인가?

풀이

(a) 볼타 전지는 화학 반응을 이용하여 전기 에너지를 생산하고, 전해 전지는 전기 에너지를 사용하여 화학 반응을 일으킨다.

(b) 염다리는 환원 전극과 산화 전극 반쪽 전지 사이에 완전한 전기 회로를 이루기 위해 사용된다.

실습 문제 17.9

다음 반응에 대하여 답하시오.

$$Sn^{2+}(aq) + Cu(s) \longrightarrow Sn(s) + Cu^{2+}(aq)$$

(a) 산화되는 금속과 환원되는 금속은 각각 무엇인가?

(b) 산화 전극과 환원 전극에서 일어나는 반응을 쓰시오.

사례 연구 브레이킹 배드: 실제 과학인가 할리우드 과학인가?

Susan은 팝콘을 들고 거실로 향했다. 그녀는 좋아하는 텔레비전 시리즈물인 *Breaking Bad*를 저녁에 한꺼번에 몰아보려고 했다. 주인공은 Walter White라는 고등학교 화학 선생님인데 회생 불가능한 폐암을 선고받은 상태였다. 그는 그가 죽은 후 남겨질 가족들이 걱정되었고, 화학 지식을 이용하여 메스암페타민(마약의 일종)을 만들어 팔아 가족들에게 남길 돈을 마련하고자 하였다. Susan은 Walter의 새로운 결정에 동의하지는 않았지만, 그 재미있는 드라마에 푹 빠져들었다.

Walter는 사업동업자이자 예전에 자신의 학생이었던 Jessie Pinkman과 함께 마약을 만들 실험실을 겸비한 캠핑카를 타고 뉴멕시코 사막으로 갔다. 그들이 사막을 떠나려 할 때 자동차 배터리가 다 되어서 차의 시동이 걸리지 않았다. 음식과 물도 다 떨어졌고, 핸드폰 기지국도 없었으며, 걸어서 도움을 요청하기에는 거리가 너무 멀었다. 그들은 머무르는 장소와 계획을 철저히 숨겼기 때문에 아무도 그들이 사라진 것을 눈치채지 못하였고 따라서 너무 늦기 전에 그들을 찾거나 구조하러 올 가능성은 없었다.

Album/Alamy Stock Photo

TV 시리즈 Breaking Bad에서 사용된 것과 비슷한 캠핑카

Pinkman과 Walter는 모든 가능성을 두고 토의했다. Pinkman은 사막을 주행할 수 있는 자동차를 만들자거나, 신호탄을 쏘아 올릴 로켓연료를 제조하자거나, 캠핑카의 여러 부품으로 로봇이나 배터리를 만들자는 등의 온갖 아이디어를 쏟아 내었다. Walter는 이 가운데 배터리를 만드는 아이디어에 주목하였다. 사실 캠핑카에는 배터리를 만드는 데 필요한 모든 것이 있었다. 그와 Pinkman은 아연이 도금된 너트와 볼트, 브레이크 패드, 수산화 포타슘, 구리 선을 가지고 6개의 전지를 만들어 캠핑카의 배터리에 연결하였다. 스파크가 일었고, Walter는 스파크가 일어난 것은 배터리가 전기를 만들어냈다는 뜻이니 좋은 신호라고 Pinkman에게 설명하였다. Walter와 Pinkman이 캠핑카의 시동을 걸었을 때 차가 탁탁거리다가 멈추었다. Walter는 잠시 쉬었다가 심호흡을 하고 캠핑카 계기판을 한번 다독인 뒤 다시 한번 시동을 걸었다. 이번엔 캠핑카의 시동이 걸렸다. Walter와 Pinkman은 미소를 지었다. Pinkman의 자신감과 Walter의 창의적이고 재빠른 생각 덕택에 그들은 이제 안전한 것 같았다.

다음날 Susan은 친구 Melissa와 이 TV 시리즈에 관해 이야기를 나누었다. Susan은 Walter와 Pinkman이 브레이크 패드를 환원 전극으로, 아연 금속을 산화 전극으로, 수산화 포타슘으로 적신 스펀지를 염다리로 사용하여 배터리를 만든 것을 설명하였는데 Melissa는 화학과 1학년생으로 Susan의 설명을 주의 깊게 들었다. Melissa는 '이 배터리는 전기화학 전지에 필요한 모든 부품을 가지고 있긴 한데 이것으로 실제 캠핑카의 시동이 걸릴까?'라는 의문이 들었다. 하지만, 어쩐지 약간 그냥 할리우드 과학 같은 생각이 들었다. Melissa는 이런 생각을 Susan과 나누었고, Susan도 말도 안 되는 것 같다고 동의하였다. 이 전지가 실제로 작동할지 Susan과 Melissa는 확인해보기로 하였다. 배터리에 필요한 모든 부품은 철물점에서 구할 수 있을 것이고, 중고 브레이크 패드는 Melissa가 아는 자동차 공업사에 부탁하기로 하였다.

필요한 모든 것을 구한 뒤 Susan과 Melissa는 자동차 배터리의 작동원리에 대해 좀 알아보는 것이 좋겠다고 생각하고 이와 관련된 몇몇 웹사이트를 뒤져보았다.

아래의 두 웹사이트에 있는 정보를 살펴본 후 다음 질문에 답하시오. 자동차 배터리의 작동원리와 다음 용어의 정의를 설명할 수 있도록 준비하시오.

전압, 전류, 환원 전극, 산화 전극, 전해질 용액, 직렬 회로, 병렬 회로, 저온 시동 전류.

- 도넛 미디어. 2018. 발전기와 베터리: 작동원리. [비디오]. 상영 시간: 7:17분. 〈https://youtube/nuLl_Z9_T9E〉.
- "전류와 전압" *n.d.* [웹페이지]. Difen.com. 〈http://www.diffen.com/difference/Current_vs_Voltage〉.

질문

1. Melissa는 '할리우드 과학'이라는 표현을 어떤 의미로 사용했다고 생각하는가?

2. 납-산 배터리에서 환원 전극과 산화 전극은 무엇인가? 각각의 전극에서는 어떤 반응이 일어나는가?
3. 납-산 배터리에서는 어떤 전해질 용액을 사용하며 이것을 사용하는 목적은 무엇인가?
4. 지금까지의 정보를 이용하여 아래 질문과 관련된 실험을 위한 가설을 세워보시오(두 개의 질문에 모두 답할 수 있는 하나의 가설을 쓰거나 각각의 질문에 각각의 가설을 쓰시오).
   (a) 전기화학 전지는 전류를 만들어낸다고 생각하는가? (전류량을 예측할 필요는 없다.)
   (b) 이 전류가 캠핑카의 시동을 걸기에 충분하다고 생각하는가?
5. 전압과 전류의 정의를 쓰시오. 각각의 단위는 무엇인가?

17장 복습

17.1 산화수

중요 용어: 산화수 | 산화 상태 | 산화-환원 | 산화 | 환원 | 산화제 | 환원제

- 산화수 정하기

산화수를 정하는 규칙

1. 자유 상태의 모든 원소(다른 원소와 결합하지 않은)의 산화수는 0이다(예를 들면 Na, Cu, Mg, H_2, O_2, Cl_2, N_2).
2. H의 산화수는 +1이다. 금속 수소화물은 예외적으로 −1이다(예를 들면 NaH, CaH_2).
3. O의 산화수는 −2이다. 예외적으로 과산화물에서는 −1이고, OF_2에서는 +2이다.
4. 이온 결합 화합물에서 금속 원소의 산화수는 양수이다.
5. 공유 결합 화합물에서 전기 음성도가 가장 큰 원자의 산화수는 음수이다.
6. 화합물에 있는 각 원소의 산화수를 더하면 0이 된다.
7. 다원자 이온에 있는 각 원소의 산화수를 합한 것은 그 이온의 전하와 같다.

- 산화-환원 반응은 한 원자에서 다른 원자로 전자가 이동해서 원자의 산화수가 변하는 화학 과정이다.
- 산화수가 증가하면 산화가 일어나고 전자를 잃는다.
- 산화수가 감소하면 환원이 일어나고 전자를 얻는다.

17.2 산화-환원 반응식의 균형 맞추기

- 시행착오법이나 직관법
- 전체 반응식의 반쪽 반응식을 적어서 균형을 맞추고 전체 균형을 맞출 수 있다.
- 산화수 변화법을 사용해서 균형을 맞출 수 있다.

문제 풀이 전략

산화수 변화법을 이용한 산화-환원 반응식의 균형 맞추기

1. 산화되거나 환원되는 원소를 확인하기 위하여 각 원소의 산화수를 정한다. 산화수가 변한 원소를 찾는다.
2. 산화수가 변한 원소만으로 두 개의 반쪽 반응식을 적는다. 한 반쪽 반응은 전자를 생성해야 하고 다른 반응은 전자를 소모해야 한다.
3. 두 반쪽 반응식에 가장 작은 정수를 곱해서 산화에 의해서 잃은 전자의 수와 환원으로 얻은 전자의 수를 서로 같게 한다.

4. 균형 맞춘 반쪽 반응식의 각 물질 앞에 있는 계수를 원래 반응식의 물질 앞에 그대로 옮겨적는다.
5. 산화 또는 환원되지 않고 남아 있는 원소의 균형을 맞춘다.
6. 반응식의 화살표 양쪽에 있는 각 원소의 원자 수가 같은지를 확인한다.

17.3 이온 산화-환원 반응식 균형 맞추기

- 이온 산화-환원 반응식의 균형을 맞추기 위해서는 원소나 이온의 수뿐만 아니라 전하도 균형을 맞추어야 한다.
- 이온-전자법으로 균형 맞추기는 다음과 같다.

문제 풀이 전략

이온-전자법을 이용한 이온 산화-환원 반응식의 균형 맞추기

1. 이온이나 분자의 전체 화학식을 이용하여 산화되는 원소와 환원되는 원소를 포함하는 두 개의 반쪽 반응식을 적는다.
2. 산소와 수소 이외의 다른 원소에 대하여 균형을 맞춘다.
3. 산소와 수소의 균형을 맞춘다.
   산성 용액: 산성 용액 내에서 일어나는 반응의 경우, 산소와 수소의 균형을 맞추기 위하여 H^+와 H_2O를 이용한다. 산소 원자 한 개가 필요할 때마다 한 개의 H_2O를 사용한다. 그리고 수소 원자의 균형을 맞추는 데 필요한 수만큼 H^+를 첨가한다.
   염기성 용액: 염기성 용액에서 일어나는 반응의 경우, 우선 산성 용액에서 일어나는 반응처럼 단계 1~3을 이용하여 균형을 맞춘다. 그다음 반응식에 있는 H^+ 이온의 수만큼 양변에 OH^- 이온을 첨가한다. 그리고 H^+와 OH^- 이온을 결합시켜 물이 되게 한다(예를 들면 4 H^+와 4 OH^-는 4 H_2O가 됨). 반응식의 반대편에 나타나는 같은 수의 물 분자를 소거하고 반응식을 다시 적는다.
4. 전기적 균형을 이루도록 각 반쪽 반응식에 전자(e^-)를 첨가한다.
5. 잃은 전자와 얻은 전자의 수가 같아야 하므로 각 반쪽 반응식에 있는 전자 수가 같도록 각 반쪽 반응식에 적절한 수를 곱한다.
6. 두 반쪽 반응식을 더하고 반응식의 화살표 양쪽에 똑같이 있는 물질들이나 전자를 삭제한다.

17.4 금속의 활동도 서열

중요 용어: 금속의 활동도 서열

- 금속의 활동도 서열은 반응성이 가장 큰 금속부터 작은 금속까지 낮아지는 순서대로 나열한 것이다.
- 자유 금속은 그것보다 활동도 서열이 낮은 물질을 치환할 수 있다.

문제 풀이 전략

반응을 예측하기 위한 활동도 서열의 활용

1. 나열된 금속의 반응성은 위에서 아래로 내려감에 따라 감소한다.
2. 자유 금속이 활동도 서열에서 다른 금속의 위에 있다면 자유 금속은 용액에서 그 다른 금속 이온을 치환할 수 있다.
3. 수소보다 위에 있는 자유 금속은 용액 속에서 비산화성 산과 반응하여 수소를 내놓는다.
4. 수소보다 아래에 있는 자유 금속은 산과 반응시켜도 수소를 내놓지 않는다.
5. 온도나 농도와 같은 조건들이 몇몇 원소의 상대적 위치에 영향을 미칠 수 있다.

17.5 전해 전지와 볼타 전지

중요 용어: 전기 분해 | 전해 전지 | 환원 전극 | 산화 전극 | 볼타 전지

- 전기 분해는 전기 에너지를 이용해 화학적 변화를 일으키는 과정이다.
- 산화는 항상 산화 전극에서 일어나고, 환원은 항상 환원 전극에서 일어난다.
- 자발적 화학 반응을 이용하여 전류를 발생시키는 전지를 볼타 전지 또는 갈바니 전지라고 한다.
- 다음 그림은 전형적인 전해 전지를 나타낸다.

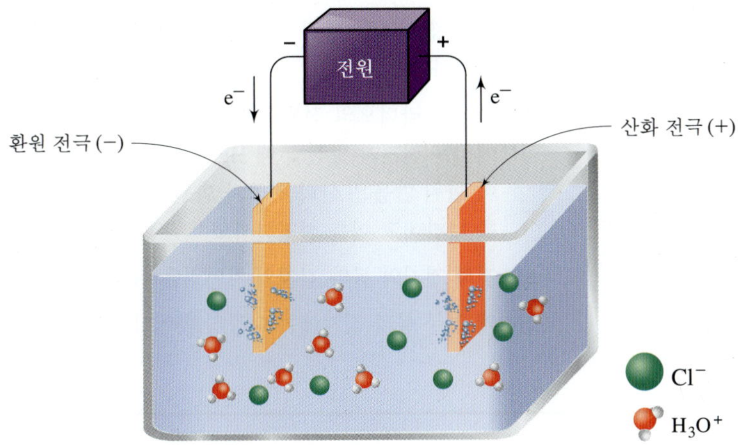

복습 질문

1. 다음과 같은 반응이 있다.

$$Sn + 4\ HNO_3 \longrightarrow SnO_2 + 4\ NO_2 + 2\ H_2O$$

(a) 주석은 산화되었는가, 환원되었는가?
(b) 질소는 산화되었는가, 환원되었는가? (그림 17.2 참조)

2. 우리 주변에서 관찰되는 산화–환원 반응을 설명하시오.

3. 산화와 환원을 상호보완 과정이라고 하는 이유는 무엇인가?

4. 산화–환원 반응식의 균형 맞추기를 직관법으로 하기 어려운 이유는 무엇인가?

5. 다음 반쪽 반응식의 균형을 맞추는 데 필요한 전자는 몇 개인가? 그 전자는 반응식의 화살표 왼쪽 또는 오른쪽 중 어느 쪽에 있어야 하는가?

$$Cr^{3+} \longrightarrow Cr$$

6. 다음 반쪽 반응식의 균형을 맞추는 데 필요한 전자는 몇 개인가? 그 전자는 반응식의 화살표 왼쪽 또는 오른쪽 중 어느 쪽에 있어야 하는가?

$$2\ I^- \longrightarrow I_2$$

7. 이온–전자법에 따라 산화–환원 반응식의 균형을 맞출 때 가장 중요한 첫 단계는 무엇인가?

8. 다음 균형 맞지 않은 반쪽 반응식을 염기성 용액에서 균형을 맞추려면 어떻게 해야 하는지 설명하시오. 산성 용액에서의 반응식도 쓰시오.

$$MnO_4^- + Fe^{2+} \longrightarrow Mn^{2+} + Fe^{3+}$$

9. 활동도가 큰 금속이 더 쉽게 산화되는 이유를 설명하시오.

10. 다음 각 쌍의 원소 중에서 반응성이 더 큰 원소는 어느 것인가? (표 17.2 참조)

(a) Ca 또는 Ni (b) Cu 또는 Hg (c) Al 또는 Ba

11. 다음 반응이 일어난다면 반응식의 균형을 맞추시오. 반응이 일어나지 않는다면 그 이유를 설명하시오(표 17.2 참조).

(a) $AgNO_3(aq) + Mg(s) \longrightarrow$
(b) $ZnSO_4(aq) + Cu(s) \longrightarrow$
(c) $Hg(l) + H_2O(l) \longrightarrow$
(d) $Fe(s) + H_2O(l) \longrightarrow$
(e) $Cu(s) + HCl(aq) \longrightarrow$
(f) $KOH(aq) + Ca(s) \longrightarrow$
(g) $Cu(s) + H^+(aq) \longrightarrow$
(h) $Ag(s) + Al^{3+}(aq) \longrightarrow$

12. 구리 선을 질산 납(II) 용액 속에 담갔을 때 일어나는 반응을 설명하시오.

13. 분말형의 알루미늄과 산화 철(III)을 반응시켜서 용융 철을 생성하는 과정(테르밋 과정)은 심한 발열 반응이다.

(a) 일어나는 화학 반응에 대한 반응식을 쓰시오.
(b) 이 반응이 일어나는 이유를 표 17.2를 이용하여 설명하시오.
(c) 분말형 철과 산화 알루미늄은 반응할 것으로 예상하는가?
(d) 분말형 알루미늄과 산화 크로뮴(III)은 반응할 것으로 예상하는가?

14. 알루미늄, 크로뮴, 금, 철, 구리, 마그네슘, 수은, 아연과 (a) 묽은 염산 용액, (b) 묽은 황산 용액의 반응에 대한 화학 반응식을 쓰시오. 화학 반응이 일어나지 않으면 생성물 쪽에 "무반응"이라고 적으시오(표 17.2 참조).

15. 전해 전지나 볼타 전지에서 환원 전극과 산화 전극의 전하와 목적을 설명하시오.

16. 그림 17.4에 나타낸 장치에서 HCl 용액 대신에 $CuCl_2$ 용액을 사용하였을 때, 다음 각 반응식을 쓰시오.
(a) 산화 전극 반응
(b) 환원 전극 반응
(c) 알짜 전기화학 반응

17. 그림 17.4와 17.5에서 일어나는 반응 사이의 중요한 차이점은 무엇인가?

18. 그림 17.5에서 보여 준 전지에 대해 답하시오.
(a) 전압계를 제거하고 전선을 연결하면 어떤 영향이 있는가?
(b) 염다리를 제거하면 어떤 영향이 있는가?

19. 용융 KCl을 전기 분해시키면 포타슘 금속과 염소 기체가 생긴다. 각 전극에서 일어나는 두 반쪽 반응의 반응식을 쓰시오. 산화 전극 반쪽 반응과 환원 전극 반쪽 반응을 표시하시오.

20. 화학 반응을 일으켜 전기 에너지를 얻는 전지를 (1) ______라고 부른다. 전기 에너지를 이용하여 화학 반응을 일으키는 전지를 (2) ______라고 부른다. 손전등에 사용하는 건전지는 (3) ______의 예이다.

21. 금속의 전기도금에서는 왜 교류 대신 직류를 사용하는가?

22. 납 축전지의 전지에서 염다리가 필요 없는 것은 산화 납(IV)과 황산 납(II)의 어떤 성질 때문인가?

23. 납 축전지에서 방전 중에는 왜 전해질의 밀도가 감소하는지를 설명하시오.

24. 휴대용 라디오의 전원으로 사용되는 알칼리 전지 중 어떤 유형에서는 전지가 방전될 때 Hg^{2+} 이온이 금속 수은으로 환원된다. 이 환원 반응은 산화 전극과 환원 전극 중 어디에서 일어나는지를 나타내고 이를 설명하시오.

25. 전해 전지와 볼타 전지의 차이점을 설명하시오.

26. 왜 일부 볼타 전지에는 다공성 막이나 염다리가 필요한가?

짝으로 된 연습 문제

푸른색 숫자로 되어 있는 모든 연습 문제의 답은 부록 5에 있다.

1. 다음 화합물에서 각 원소의 산화수를 구하시오.
(a) $CuCO_3$ (c) BrF_3 (e) SO_3
(b) P_2O_3 (d) PCl_5 (f) $(NH_4)_2CrO_4$

2. 다음 화합물에서 각 원소의 산화수를 구하시오.
(a) ClF_3 (c) IF_7 (e) CH_3OH
(b) P_2O_5 (d) $SnSO_4$ (f) HNO_2

3. 다음 화합물이나 이온에서 표기된 원소의 산화수를 구하시오.
(a) IO_3^-의 I ______ (e) SO_4^{2-}의 S ______
(b) P_2O_5의 P ______ (f) $C_2O_4^{2-}$의 C ______
(c) NO_2^-의 N ______ (g) H_3PO_4의 P ______
(d) $C_6H_{12}O_6$의 C ______

4. 다음 화합물이나 이온에서 표기된 원소의 산화수를 구하시오.
(a) $NaCrO_4$의 Cr ______ (e) IO_4^-의 I ______
(b) MnO_2의 Mn ______ (f) ZnO_2^{2-}의 Zn ______
(c) N_2O의 N ______ (g) $C_2O_4^{2-}$의 C ______
(d) MnO_4^-의 Mn ______

5. 금속을 포함하고 있는 많은 이온 결합 화합물은 밝은색을 띠고 있다. 다음은 몇 가지 화합물의 사진이다. 각각의 화합물에서 지정된 원소의 산화수를 구하시오.

(a) Na_2CrO_4
크로뮴의 산화수를 구하시오.

Courtesy Ondřej Mangl

(b) $K_3[Fe(CN)_6]$
철의 산화수를 구하시오.

luchschenF/Shutterstock

(c) $CoCl_2$
코발트와 염소의 산화수를 구하시오.

W. Oelen/SPL/Science Source

(d) $NiCl_2 \cdot 6\ H_2O$
니켈의 산화수를 구하시오.

Courtesy Benjahbmm27 via Wikimedia

6. 금속을 포함하고 있는 많은 이온 결합 화합물은 밝은색을 띠고 있다. 다음은 몇 가지 화합물의 사진이다. 각각의 화합물에서 지정된 원소의 산화수를 구하시오.

(a) $CuSO_4 \cdot 5\ H_2O$
구리와 황의 산화수를 구하시오.

Richard Megna/Fundamental Photographs

(b) $KMnO_4$
망가니즈의 산화수를 구하시오.
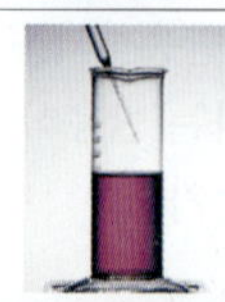
Richard Megna/Fundamental Photographs

(c) MnO_2
망가니즈의 산화수를 구하시오.

Walkerma via Wikimedia

(d) $K_2Cr_2O_7$
크로뮴의 산화수를 구하시오.

Courtesy Benjahbmm27 via Wikimedia

7. 다음의 반쪽 반응이 산화인지 환원인지를 결정하시오. 각 반응식의 균형을 맞추기 위하여 적절한 전자 수를 해당하는 쪽에 첨가하시오.

(a) $2\ Cl^- \longrightarrow Cl_2$
(b) $Ce^{4+} \longrightarrow Ce^{3+}$
(c) $AgCl \longrightarrow Ag + Cl^-$
(d) $MnO_4^- \longrightarrow MnO_4^{2-}$

8. 다음의 반쪽 반응이 산화인지 환원인지를 결정하시오. 각 반응식의 균형을 맞추기 위하여 적절한 전자 수를 해당하는 쪽에 첨가하시오.

(a) $SO_3^{2-} \longrightarrow SO_4^{2-}$
(b) $Al \longrightarrow Al^{3+}$
(c) $MnO_4^- \longrightarrow MnO_2$
(d) $O_2 + 4\ H^+ \longrightarrow 2\ H_2O$

9. 다음 균형 맞지 않은 반응식에서 산화되는 원소와 환원되는 원소를 밝히시오. 그리고 산화제와 환원제를 밝히시오.

(a) $In + Cl_2 \longrightarrow InCl_3$
(b) $Br_2 + Cl_2 \longrightarrow BrCl$

10. 다음 균형 맞지 않은 반응식에서 산화되는 원소와 환원되는 원소를 밝히시오. 그리고 산화제와 환원제를 밝히시오.

(a) $Fe_2O_3 + CO \longrightarrow Fe + CO_2$
(b) $Cr_2O_7^{2-} + SO_3^{2-} \longrightarrow Cr^{3+} + SO_4^{2-}$

11. 다음 산화–환원 반응식의 균형이 정확하게 맞추어졌는지를 판단하시오. 만약 그렇지 않다면 정확하게 균형 맞춘 반응식을 쓰시오.

(a) 균형이 맞지 않음:
$CH_4(g) + O_2(g) \longrightarrow CO_2(g) + H_2O(g)$
균형 맞추어짐:
$CH_4(g) + 2\ O_2(g) \longrightarrow CO_2(g) + 2\ H_2O(g)$

(b) 균형이 맞지 않음:
$NO_2^-(aq) + Al(s) \longrightarrow NH_3(g) + AlO_2^-(aq)$ (염기성 용액)
균형 맞추어짐:
$2\ H_2O(l) + Al(s) + NO_2^-(aq) \longrightarrow AlO_2^-(aq) + NH_3(g) + OH^-(aq)$

(c) 균형이 맞지 않음:
$Mg(s) + HCl(aq) \longrightarrow Mg^{2+}(aq) + Cl^-(aq) + H_2(g)$
균형 맞추어짐:
$Mg(s) + 2\ HCl(aq) \longrightarrow Mg^{2+}(aq) + Cl^-(aq) + H_2(g)$

(d) 균형이 맞지 않음:
$CH_3OH(aq) + Cr_2O_7^{2-}(aq) \longrightarrow CH_2O(aq) + Cr^{3+}(aq)$ (산성 용액)
균형 맞추어짐:
$3\ CH_3OH(aq) + 14\ H^+(aq) + Cr_2O_7^{2-}(aq) \longrightarrow 2\ Cr^{3+}(aq) + 3\ CH_2O(aq) + 7\ H_2O(l) + 6\ H^+(aq)$

12. 다음 산화–환원 반응식의 균형이 정확하게 맞추어졌는지를 판단하시오. 만약 그렇지 않다면 정확하게 균형 맞춘 반응식을 쓰시오.

(a) 균형이 맞지 않음:
$MnO_2(s) + Al(s) \longrightarrow Mn(s) + Al_2O_3(s)$
균형 맞추어짐:
$MnO_2(s) + 2\ Al(s) \longrightarrow Mn(s) + Al_2O_3(s)$

(b) 균형이 맞지 않음:
$Cu(s) + Ag^+(aq) \longrightarrow Cu^{2+}(aq) + Ag(s)$
균형 맞추어짐:
$Cu(s) + 2\ Ag^+(aq) \longrightarrow Cu^{2+}(aq) + 2\ Ag(s)$

(c) 균형이 맞지 않음:
$Br^-(aq) + MnO_4^-(aq) \longrightarrow Br_2(l) + Mn^{2+}(aq)$ (산성 용액)
균형 맞추어짐:
$16\ H^+(aq) + 10\ Br^-(aq) + 2\ MnO_4^-(aq) \longrightarrow 5\ Br_2(l) + 2\ Mn^{2+}(aq) + 8\ H_2O(l)$

(d) 균형이 맞지 않음:
$MnO_4^-(aq) + S^{2-}(aq) \longrightarrow MnS(s) + S(s)$ (염기성 용액)
균형 맞추어짐:
$8\ H^+(aq) + MnO_4^-(aq) + S^{2-}(aq) \longrightarrow S(s) + MnS(s) + 4\ H_2O(l)$

13. 산화수 변화법으로 다음 반응식의 균형을 맞추시오.

(a) $Cu + O_2 \longrightarrow CuO$
(b) $KClO_3 \longrightarrow KCl + O_2$
(c) $Ca + H_2O \longrightarrow Ca(OH)_2 + H_2$
(d) $PbS + H_2O_2 \longrightarrow PbSO_4 + H_2O$
(e) $CH_4 + NO_2 \longrightarrow N_2 + CO_2 + H_2O$

14. 산화수 변화법으로 다음 반응식의 균형을 맞추시오.

(a) $Cu + AgNO_3 \longrightarrow Ag + Cu(NO_3)_2$
(b) $MnO_2 + HCl \longrightarrow MnCl_2 + Cl_2 + H_2O$
(c) $HCl + O_2 \longrightarrow Cl_2 + H_2O$
(d) $Ag + H_2S + O_2 \longrightarrow Ag_2S + H_2O$
(e) $KMnO_4 + CaC_2O_4 + H_2SO_4 \longrightarrow K_2SO_4 + MnSO_4 + CaSO_4 + CO_2 + H_2O$

15. 이온–전자법을 사용하여 다음 이온 산화–환원 반응식의 균형을 맞추시오. 반응은 모두 산성 용액에서 일어난다.

(a) $Zn + NO_3^- \longrightarrow Zn^{2+} + NH_4^+$
(b) $NO_3^- + S \longrightarrow NO_2 + SO_4^{2-}$
(c) $PH_3 + I_2 \longrightarrow H_3PO_2 + I^-$
(d) $Cu + NO_3^- \longrightarrow Cu^{2+} + NO$
(e) $ClO_3^- + Cl^- \longrightarrow Cl_2$

16. 이온–전자법을 사용하여 다음 이온 산화–환원 반응식의 균형을 맞추시오. 반응은 모두 산성 용액에서 일어난다.

(a) $ClO_3^- + I^- \longrightarrow I_2 + Cl^-$
(b) $Cr_2O_7^{2-} + Fe^{2+} \longrightarrow Cr^{3+} + Fe^{3+}$
(c) $MnO_4^- + SO_2 \longrightarrow Mn^{2+} + SO_4^{2-}$
(d) $H_3AsO_3 + MnO_4^- \longrightarrow H_3AsO_4 + Mn^{2+}$
(e) $Cr_2O_7^{2-} + H_3AsO_3 \longrightarrow Cr^{3+} + H_3AsO_4$

17. 이온-전자법을 사용하여 다음 이온 산화-환원 반응식의 균형을 맞추시오. 반응은 모두 염기성 용액에서 일어난다.

(a) $Cl_2 + IO_3^- \longrightarrow Cl^- + IO_4^-$

(b) $MnO_4^- + ClO_2^- \longrightarrow MnO_2 + ClO_4^-$

(c) $Se \longrightarrow Se^{2-} + SeO_3^{2-}$

(d) $Fe_3O_4 + MnO_4^- \longrightarrow Fe_2O_3 + MnO_2$

(e) $BrO^- + Cr(OH)_4^- \longrightarrow Br^- + CrO_4^{2-}$

18. 이온-전자법을 사용하여 다음 이온 산화-환원 반응식의 균형을 맞추시오. 반응은 모두 염기성 용액에서 일어난다.

(a) $MnO_4^- + SO_3^{2-} \longrightarrow MnO_2 + SO_4^{2-}$

(b) $ClO_2 + SbO_2^- \longrightarrow ClO_2^- + Sb(OH)_6^-$

(c) $Al + NO_3^- \longrightarrow NH_3 + Al(OH)_4^-$

(d) $P_4 \longrightarrow HPO_3^{2-} + PH_3$

(e) $Al + OH^- \longrightarrow Al(OH)_4^- + H_2$

19. 다음 반응식의 균형을 맞추시오.

(a) $IO_3^-(aq) + I^-(aq) \longrightarrow I_2(aq)$ (산성 용액)

(b) $Mn^{2+}(aq) + S_2O_8^{2-}(aq) \longrightarrow MnO_4^-(aq) + SO_4^{2-}(aq)$ (산성 용액)

(c) $Co(NO_2)_6^{3-}(aq) + MnO_4^-(aq) \longrightarrow Co^{2+}(aq) + Mn^{2+}(aq) + NO_3^-(aq)$ (산성 용액)

20. 다음 반응식의 균형을 맞추시오.

(a) $Mo_2O_3(s) + MnO_4^-(aq) \longrightarrow MoO_3(s) + Mn^{2+}(aq)$ (산성 용액)

(b) $BrO^-(aq) + Cr(OH)_4^-(aq) \longrightarrow Br^-(aq) + CrO_4^{2-}(aq)$ (염기성 용액)

(c) $S_2O_3^{2-}(aq) + MnO_4^-(aq) \longrightarrow SO_4^{2-}(aq) + MnO_2(s)$ (염기성 용액)

21. 다음 중 어느 반응이 산화 전극에서 일어나고 어느 반응이 환원 전극에서 일어나는가?

$$Fe^0 \longrightarrow Fe^{2+} + 2\ e^-$$

$$Ni_2O_3 + 3\ H_2O + 2\ e^- \longrightarrow 2\ Ni(OH)_2 + 2\ OH^-$$

22. 다음 중 어느 반응이 산화 전극에서 일어나고 어느 반응이 환원 전극에서 일어나는가?

$$2\ H^+ + H_2O_2 + 2\ e^- \longrightarrow 2\ H_2O$$

$$2\ I^- \longrightarrow I_2 + 2\ e^-$$

23. 불활성 전극을 사용하여 용융 상태의 $NiBr_2$을 전기 분해할 때 환원 전극과 산화 전극에서 일어나는 반응을 쓰고 균형 맞춘 전체 반응을 쓰시오.

24. 불활성 전극을 사용하여 용융 상태의 LiCl를 전기 분해할 때 환원 전극과 산화 전극에서 일어나는 반응을 쓰고 전체 반응도 쓰시오.

추가 연습 문제

문제 25~27은 금속의 활동도 서열에 관한 문제이다.

K Ca Mg Al Zn Fe H Cu Ag

25. 다음 중 어떤 쌍이 수용액에서 반응하지 않는가?

(a) Mg, $ZnSO_4$

(b) Cu, HCl

(c) Ca, HCl

(d) Cu, $AgNO_3$

(e) Al, $MgCl_2$

(f) Fe, $Zn(NO_3)_2$

26. 원소 중 가장 좋은 환원제는 어느 것인가? 원소 중 가장 좋은 산화제는 어느 것인가?

27. Fe^{2+}를 Fe로 환원시키지만, Al^{3+}를 Al으로 환원시키지 못하는 원소는 어느 것인가?

28. 바이타민 C(아스코브산)는 항산화성 때문에 좋은 영양 보충제로 추천되고 있다. 바이타민 C는 매우 쉽게 산화되므로, 산화제의 존재하에서는 더욱 빠르게 산화된다. 세포액에 공존하고 있는 바이타민 C의 목적은 다른 중요한 생체분자들의 산화를 방지하는 것이다. 산소 기체에 의한 바이타민 C($C_6H_8O_6$)의 산화에 대한 균형 맞춘 반응식을 쓰시오. 이 반응의 생성물은 데하이드로아스코브산($C_6H_6O_6$)과 물이다.

29. 대부분의 폭발은 여러 단계의 산화와 환원이 발생하는 복잡한 산화-환원 반응이다. 다음은 화약의 반응식이다. 산화되는 원소와 환원되는 원소를 밝히시오.

$$4\ KNO_3(s) + 7\ C(s) + S(s) \longrightarrow 3\ CO_2(g) + 3\ CO(g) + 2\ N_2(g) + K_2CO_3(s) + K_2S(s)$$

30. HBr 수용액으로 만든 전해 전지의 그림을 그리시오.

31. 납 축전지에서 방전 중에 일어나는 화학 반응은 다음과 같다.

$$Pb + SO_4^{2-} \longrightarrow PbSO_4$$

$$PbO_2 + SO_4^{2-} + 4\ H^+ \longrightarrow PbSO_4 + 2\ H_2O$$

(a) 전자를 첨가하여 각 반쪽 반응을 완결하시오.

(b) 어느 것이 산화 반응이고 어느 것이 환원 반응인가?

(c) 배터리의 산화 전극에서 일어나는 반응은 어느 것인가?

32. 다음 균형이 맞지 않은 산화-환원 반응식을 이용하여 답하시오.

$$KMnO_4 + HCl \longrightarrow KCl + MnCl_2 + H_2 + Cl_2$$

(a) 산화제는?

(b) 환원제는?

(c) 산화제의 단위 몰당 이동하는 전자의 수는?

33. 청동은 아연과 구리의 합금이다. 청동이 소금물과 접촉하면 부식되어 아연은 녹고 구리만 남게 된다. 아연이 더 잘 녹는 이유를 설명하시오.

34. $K_2S_2O_8$ 135 g과 $H_2C_2O_4$ 126 g이 반응하면 STP에서 몇 L의 CO_2 기체가 생성되는가? 이때 어느 물질이 산화제고 어느 물질이 환원제인가?

$$K_2S_2O_8 + H_2C_2O_4 \longrightarrow K_2SO_4 + H_2SO_4 + CO_2$$

35. $K_2S_2O_8$ 25.5 g과 $H_2C_2O_4$ 35.5 g이 반응하면 STP에서 몇 L의 CO_2 기체가 생성되는가? 이때 어느 물질이 산화되고 어느 물질이 환원되는가?

$$K_2S_2O_8 + H_2C_2O_4 \longrightarrow K_2SO_4 + H_2SO_4 + CO_2$$

36. 바이타민 C(아스코브산)의 양은 적정 실험으로 알아낼 수 있다. 바이타민 C와 아이오딘 사이의 화학 반응식은 아래와 같다. 피망 100.0 g으로부터 추출한 바이타민 C를 적정하는 데 0.03741 *M* 트라이아이오딘화 포타슘(potassium triiodide) 용액 32.61 mL가 사용되었다면, 피망 1그램당 들어있는 바이타민 C의 질량을 밀리그램으로 계산하시오.

$$C_6H_8O_6(aq) + KI_3(aq) \longrightarrow C_6H_6O_6(aq) + KI(aq) + 2\ HI(aq)$$

37. 알코올은 다이크로뮴산 포타슘(potassium dichromate)에 의해 쉽게 산화된다. 음주 운전이 의심되는 운전자의 혈중알코올농도를 측정하기 위해 단속 경찰관이 사용하는 음주측정기는 이와 같은 반응을 이용하여 제작된다. 이 반응의 균형이 맞지 않은 반응식은 다음과 같다.

$$CH_3CH_2OH + Cr_2O_7^{2-} \longrightarrow CH_3COOH + Cr^{3+}$$

이 반응에서 다이크로뮴산 포타슘은 오렌지색을 나타내고, 크로뮴(III) 이온은 푸른색을 띤다. 날숨에 있는 알코올의 농도가 진해질수록 다이크로뮴산 포타슘 용액이 더 푸른색으로 변한다. 산성 용액 조건에서 이 반응의 균형 맞춘 이온 반응식을 완성하시오.

38. H_2O_2 용액(d = 1.031 g/mL, 질량비로 9.0% H_2O_2) 100. mL와 반응하는 데 필요한 $KMnO_4$의 질량을 구하시오.

$$H_2O_2 + KMnO_4 + H_2SO_4 \longrightarrow O_2 + MnSO_4 + K_2SO_4 + H_2O \text{ (산성 용액)}$$

39. 1.2 *M* $FeCl_3$ 25.0 mL 속에 있는 Fe^{3+} 이온을 환원시키는 데 필요한 아연의 질량을 구하시오.

$$Zn + Fe^{3+} \longrightarrow Zn^{2+} + Fe$$

40. 0.05 *M* $FeSO_4$ 200.0 mL 속에 있는 Fe^{2+} 이온을 산화시키는 데 필요한 0.05 *M* $K_2Cr_2O_7$의 부피를 구하시오.

$$Cr_2O_7^{2-} + Fe^{2+} \longrightarrow Cr^{3+} + Fe^{3+} \text{ (산성 용액)}$$

41. 다음 반응에 의하면 130.0 g Al에 의해 생성되는 H_2는 몇 mol인가?

$$Al + OH^- \longrightarrow Al(OH)_4^- + H_2 \text{ (염기성 용액)}$$

42. 다음 각 반쪽 반응식에서 잘못된 부분을 찾아 수정하시오.

(a) $Ce^{3+} + e^- \longrightarrow Ce^{4+}$ (b) $Ca^{2+} + e^- \longrightarrow Ca$

43. 산화가 환원 없이 절대 일어나지 않는 이유를 설명하시오.

44. 네 가지 다른 금속 A, B, C, D에 대하여 다음과 같은 사실이 관측되었다.

(a) 금속 A의 띠를 B^{2+} 이온의 용액에 넣었더니, 아무런 반응이 없었다.

(b) 마찬가지로 C^+ 이온이 들어 있는 용액에 A를 넣었더니 반응이 없었다.

(c) 금속 D의 띠를 C^+ 이온의 용액에 넣었더니, 검은색 금속 C가 D의 표면에 석출되고 용액에는 D^{2+} 이온이 녹아 있었다.

(d) 금속 B의 조각을 D^{2+} 이온의 용액에 넣었더니 금속 D가 B의 표면에 석출되고 용액에서는 B^{2+} 이온이 발견되었다.

전자를 끌어당기는 능력의 순서에 따라 A^+, B^{2+}, C^+, D^{2+} 이온을 배열하시오. 능력이 증가하는 순서대로 이들을 나열하시오.

45. 주석은 일반적으로 0, +2, +4의 산화수를 갖는다. 이들 중에서 어느 것이 산화제가 될 수 있는지, 어느 것이 환원제가 될 수 있는지, 두 가지 모두 될 수 있는 것은 어느 것인지 결정하시오. 각 경우에 주석이 반응함에 따라 어떤 생성물이 나올 것으로 예상하는가?

46. 망가니즈는 여러 가지 산화 상태로 존재할 수 있는 원소이다. 다음 각 화합물에서 망가니즈의 산화수를 쓰시오. 어느 화합물이 가장 좋은 산화제일 것으로 예상하는지 그 이유도 함께 설명하시오.

(a) $Mn(OH)_2$ (d) K_2MnO_4

(b) MnF_3 (e) $KMnO_4$

(c) MnO_2

47. 다음 반응식 중 산화를 나타내는 것은 어느 것인가?

(a) $\frac{1}{2} O_2 \longrightarrow O^{2-}$ (c) $Cr_2O_7^{2-} \longrightarrow Cr^{3+}$

(b) $SO_2 \longrightarrow SO_3$ (d) $Cl_2O_3 \longrightarrow Cl^-$

48. 다음 반응식은 산화 망가니즈(IV)와 브로민화 이온의 반응이다.

$$MnO_2 + Br^- \longrightarrow Br_2 + Mn^{2+}$$

(a) 산성 용액에서 이 산화–환원 반응의 균형을 맞추시오.

(b) 0.05 *M* Mn^{2+} 100.0 mL를 만드는 데 필요한 MnO_2는 몇 g인가?

(c) 50°C와 1.4 atm 조건에서 발생하는 브로민 증기의 부피는 몇 L인가?

49. 주어진 표를 이용하여 다음 반응을 완결시키시오. 반응이 일어나지 않으면 "무반응"이라고 쓰시오.

(a) $F_2 + I^- \longrightarrow$

(b) $Br_2 + I^- \longrightarrow$

(c) $I_2 + Br^- \longrightarrow$

(d) $Cl_2 + I^- \longrightarrow$

활동도	
환원의 용이성 ↑	F_2
	Cl_2
	Br_2
	I_2

50. 크로뮴을 염산과 반응시키면 수소 기체와 Cr^{3+} 이온이 생성된다. 이 반응에 대한 균형 맞춘 반응식을 쓰시오.

51. 아연을 묽은 질산과 반응시키면 아연은 2+ 이온으로 산화되고, 질산 이온은 암모늄 이온(NH_4^+)으로 환원된다. 산성 용액에서 이 반응에 대한 균형 맞춘 반응식을 쓰시오.

52. 다음 각 반응식에서 아래에 제시한 항목에 대하여 답하시오.

(a) 산화되는 원자나 이온

(b) 환원되는 원자나 이온
(c) 산화제
(d) 환원제
(e) 각 산화 과정과 관련된 산화수의 변화
(f) 각 환원 과정과 관련된 산화수의 변화

1. $Cu + HNO_3 \longrightarrow Cu(NO_3)_2 + NO_2 + H_2O$
2. $Mo + F_2 \longrightarrow MoF_6$
3. $Co_2O_3 + C \longrightarrow Co + CO$
4. $K_2MnO_4 + H_2O \longrightarrow KMnO_4 + H_2$

53. 알루미늄 금속은 거의 전적으로 Al_2O_3의 전기 분해로 생산된다. 간단한 반응식은 다음과 같다.

$$Al^{3+} + 3\ e^- \longrightarrow Al$$

$$O^{2-}(aq) + C(s) \longrightarrow CO(g) + 2\ e^-$$

아래 그림에, 이온의 이동 방향을 나타내고 전체 반응의 균형을 맞추시오.

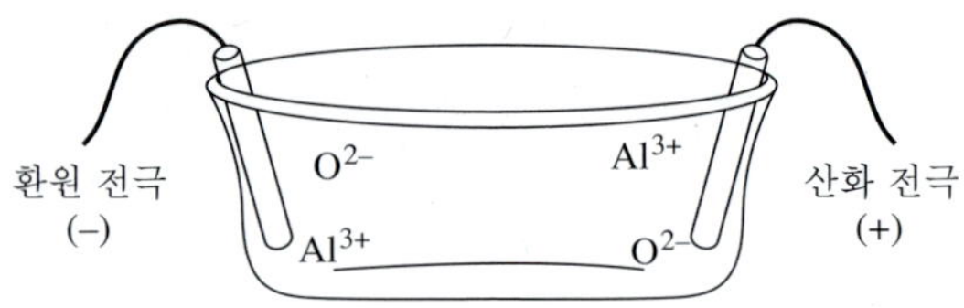

54. 다음 그림에 나타낸 갈바니 전지에서 은 막대를 질산 은 용액에 넣고, 납 막대는 질산 납 (II) 용액에 넣는다. 두 비커를 염다리로 연결한다. 다음을 결정하시오.
(a) 산화 전극
(b) 환원 전극
(c) 산화가 일어나는 곳
(d) 환원이 일어나는 곳
(e) 전선을 통하여 흐르는 전자의 방향
(f) 용액을 통하여 흐르는 이온의 방향

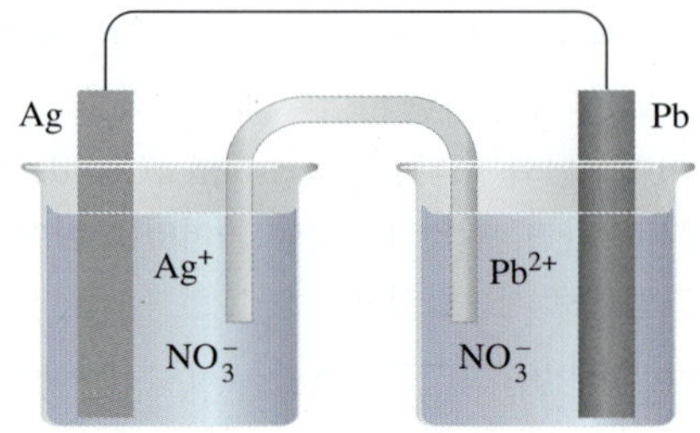

도전 문제

55. 아래에 있는 각 조의 비커의 내용물을 섞어서 반응이 일어나도록 하였을 때 관찰될 것으로 예상되는 것을 그리시오.

(a)

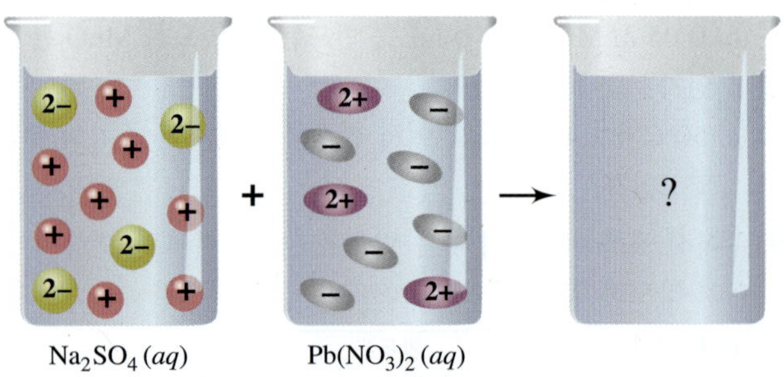

(b)

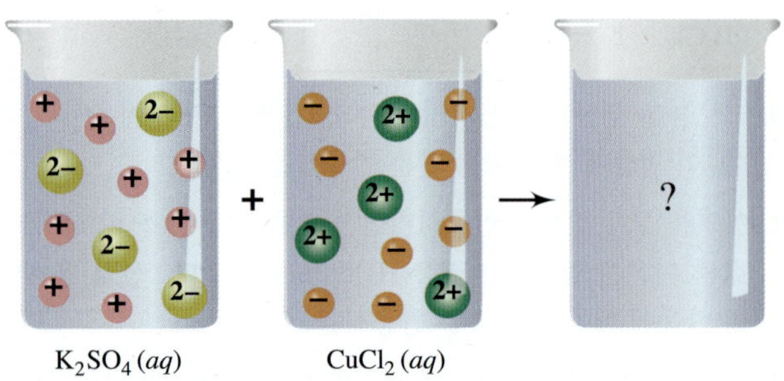

56. 용액 속의 수산화 이온의 농도는 $3.4 \times 10^{-10}\ M$이다. 다음 반응식의 균형을 맞추시오.

$$Fe^{2+}(aq) + MnO_4^-(aq) \longrightarrow Fe^{3+}(aq) + Mn^{2+}(aq)$$

57. 천연 아이오딘화 포타슘(KI) 시료를 다음 반응식(균형이 맞지 않음)을 이용하여 분석하였다.

$$I^- + SO_4^{2-} \longrightarrow I_2 + H_2S \text{ (산성 용액)}$$

천연 KI 10.00 g 시료에서 아이오딘이 5.66 g 나온다면, KI의 백분율 순도는 얼마인가?

58. Ag 0.30 mol을 과량의 질산과 반응시켰을 때, 28°C와 744 torr에서 생성되는 NO 기체의 부피는 얼마인가?

$$Ag + HNO_3 \longrightarrow AgNO_3 + NO + H_2O \text{ (산성 용액)}$$

59. 다음 산화–환원 반응의 균형을 맞추시오. 반응은 산성 조건이거나 염기성 조건이며 균형을 맞추기 위해서 H^+, OH^-, H_2O를 적절히 사용하시오.
(a) $MnO_4^- + VO^{2+} \longrightarrow VO_2^+ + Mn^{2+}$ (산성 용액)
(b) $P_4 \longrightarrow PH_3 + H_2PO_2^-$ (염기성 용액)
(c) $MnO_2 + SO_3^{2-} \longrightarrow SO_4^{2-} + Mn(OH)_2$ (염기성 용액)
(d) $MnO_4^- + H_2O_2 \longrightarrow Mn^{2+} + O_2$ (산성 용액)
(e) $Mn^{2+} + HBiO_3 \longrightarrow Bi^{3+} + MnO_4^-$ (산성 용액)
(f) $Zn \longrightarrow Zn(OH)_4^{2-} + H_2$ (염기성 용액)

실습 문제 정답

17.1 (a) N = +5 (b) Cr = +6 (c) Hg = +2

17.2 H가 화학식에서 뒤에 나오더라도 H의 산화수는 +1이고, N은 비금속이다.

(a) N = −3 (b) Cr = +6 (c) P = +5

17.3 (a) Br = +1, O = −2

(b) H = +1, Cl = +1, O = −2

(c) Na = +1, O = −2, C = +4

(d) N = −3, H = +1

(e) Br = +5, O = −2

17.4 (a) Zn은 2개의 전자를 잃었으므로 산화되었다. Cu는 2개의 전자를 얻었으므로 환원되었다. Zn은 환원제이고 $CuCl_2$는 산화제이다.

(b) C는 8개의 전자를 잃었으므로 산화되었다. O는 2개의 전자를 얻었으므로 환원되었다. CH_4는 환원제이고 O_2는 산화제이다.

(c) C는 7개의 전자를 잃었으므로 산화되었다. O는 2개의 전자를 얻었으므로 환원되었다. C_2H_6는 환원제이고 O_2는 산화제이다.

17.5 (a) $Zn + 2\ AgNO_3 \longrightarrow Zn(NO_3)_2 + 2\ Ag$

(b) $2\ HNO_3 + 3\ H_2S \longrightarrow 2\ NO + 3\ S + 4\ H_2O$

(c) $2\ KMnO_4 + 6\ HCl + 5\ H_2S \longrightarrow 2\ KCl + 2\ MnCl_2 + 5\ S + 8\ H_2O$

17.6 (a) $4\ H^+ + 2\ I^- + 2\ NO_2^- \longrightarrow I_2 + 2\ NO + 2\ H_2O$

(b) $2\ OH^- + Cl_2 + IO_3^- \longrightarrow IO_4^- + H_2O + 2\ Cl^-$

(c) $AuCl_4^- + Sn^{2+} \longrightarrow Sn^{4+} + AuCl + 3\ Cl^-$

17.7 (a) $Zn + 2\ H_2O + 2\ OH^- \longrightarrow Zn(OH)_4^{2-} + H_2$

(b) $H_2O_2 + Sn^{2+} + 2\ H^+ \longrightarrow Sn^{4+} + 2\ H_2O$

(c) $Cu + Cu^{2+} + 2\ OH^- \longrightarrow Cu_2O + H_2O$

17.8 (a) 예 (b) 아니오 (c) 아니오

17.9 (a) Cu는 산화되고 Sn은 환원된다.

(b) 산화 전극: $Cu(s) \longrightarrow Cu^{2+}(aq) + 2\ e^-$

환원 전극: $Sn^{2+}(aq) + 2\ e^- \longrightarrow Sn(s)$

Nikolay Antonov/123 RF

18장
유기 화학 개론

자연계의 수많은 물질의 구조에는 규소 또는 탄소가 포함되어 있다. 규소는 지질학자들의 주된 관심사이며, 산소와 다양한 방식으로 결합하여 실리카 및 규산염으로 알려진 화합물군을 생성한다. 이러한 화합물은 대부분의 모래, 바위, 토양의 화학적 기초를 형성한다. 생물계에서 탄소는 수소, 산소, 질소, 황과 결합하여 수백만 가지 화합물을 형성한다.

우리에게 없어서는 안 될 석유와 고분자 제품은 탄소 화학에 의존하는 많은 산업 중 두 가지 예이다. 합성 섬유(의류 및 카펫)와 플라스틱(용기, 콤팩트디스크, 컴퓨터 단말기, 볼펜)은 탄소 화합물로 만들어진다. 패러세일링에 사용되는 낙하산은 유기 화합물인 나일론으로 만들어진다. 감기약, 세정제, 우주여행용 영양제, 간편식, 그리고 합법적이든 불법적이든 수많은 약품은 모두 탄소 화학에 대한 이해에서 비롯된 것이다.

18장의 개요

18.1 유기 화학의 시작

이 절의 학습 목표
유기 화학을 정의할 수 있다.

18세기 말과 19세기 초, 동물과 식물에서 얻은 화합물이 무기 화합물에 대한 기존의 규칙을 어긴다는 사실은 화학자들을 당황하게 만들었다. 그들은 무기 화합물의 화합물 형성이 양전하를 띠는 원소와 음전하를 띠는 원소 사이의 단순한 인력에 의한 것이며, 일반적으로 주어진 두세 원소 그룹에서 하나 또는 기껏해야 몇 개의 화합물만 만들 수 있다는 것으로 알고 있었다. 하지만 탄소, 수소, 산소, 질소 등 네 가지 원소로 이루어진 그룹은 놀랍도록 안정적인 화합물을 대량으로 만들어 냈다.

무기 물질에서 유기 화합물을 합성한 사례는 전혀 없었고, 화학자들은 유기 화합물의 복잡성에 대해 다른 설명이 없었기 때문에 이러한 화합물이 "생명력(생기)"에 의해 형성된다고 믿었다. **생기론(vital-force theory)**은 유기 물질이 오직 살아있는 물질에서만 유래할 수 있다고 주장했다. 1828년 독일의 화학자 Friedrich Wöhler(1800~1882)의 간단한 실험 결과가 이 이론의 종말을 고했다. Wöhler는 사이안산(HCNO)과 암모니아(NH_3)를 가열하여 사이안산 암모늄(NH_4CNO)을 제조하려고 시도한 결과, 요소로 확인된 흰색 결정질 물질인 $H_2N-CO-NH_2$를 얻었다. 요소는 소변에서 추출되었기 때문에 Wöhler는 요소가 진정한 유기물이라는 것을 알고 있었다. Wöhler의 연구 결과가 갖는 의미는 즉각적으로 인식되지 않았지만, 무기 화합물에서 유기 화합물이 분리되었다는 사실은 화학의 국면을 영원히 바꿔

놓았다.

Wöhler의 연구를 통해 실험실에서 유기 화학 물질을 만드는 데 기술과 지식 외에 생명력이 필요하지 않다는 것이 분명해졌다. 오늘날 탄소 화합물을 다루는 화학 분야인 **유기 화학(organic chemistry)**은 이러한 화합물이 반드시 생명체에서 유래해야 한다는 것을 의미하지 않는다. 몇 가지 특수한 종류의 탄소 화합물(예: 탄소 산화물, 금속 탄화물, 금속 탄산염)은 무기 물질의 화학에 더 밀접하게 관련되어 있기 때문에 유기 화합물 분류에서 제외된다.

유기 화학 분야는 방대하며, 모든 생물체뿐만 아니라 우리가 매일 사용하는 수많은 다른 물질도 포함된다. 식품(지방, 단백질, 탄수화물), 연료, 직물, 목재와 종이 제품, 페인트 및 니스, 플라스틱, 염료, 비누와 세제, 화장품, 의약품, 고무 제품 등 많은 것이 유기 물질이다.

유기 화합물의 원천은 석유와 천연가스, 석탄, 탄수화물, 지방, 오일 등 탄소가 함유된 원료이다. 미국에서는 이러한 원천에서 2,500억 파운드 이상의 유기 화학 물질이 생산되며, 이는 모든 남성, 여성, 어린이에 대하여 연간 약 1,100파운드에 달하는 양이다. 이 2,500억 파운드 중 약 90%가 석유와 천연가스에서 나온다. 석유와 천연가스의 세계 매장량은 유한하기 때문에 언젠가는 우리가 의존하는 방대한 유기 물질을 만들기 위해 다른 자원에 의지해야 한다. 비록 훨씬 더 큰 비용이 소모되긴 하지만, 우리는 석유 이외의 자원에서 다양한 유기 화합물을 합성하는 방법을 알고 있다.

18.2 왜 탄소인가?

이 절의 학습 목표
탄소 원자의 전자 배치를 설명하고, 이 배치가 탄화수소의 화학 조성으로 이어지는 과정을 서술할 수 있다.

탄소 원자는 모든 유기 화합물의 중심이다. 탄소의 원자 번호는 6이며, 전자 구조는 $1s^22s^22p^2$이다. 탄소에는 C-12와 C-13의 두 가지 안정된 동위 원소가 존재한다. 또한 탄소에는 몇 가지 방사성 동위 원소가 있는데, 방사성 탄소 연대 측정에 사용되는 C-14가 가장 널리 알려져 있다.

탄소 원자는 일반적으로 4개의 공유 결합을 형성한다. 이러한 결합의 가장 일반적인 기하학적 배열은 사면체이다(그림 18.1). 이 구조에서 네 개의 공유 결합은 탄소 원자를 중심으로 평면이 아니라 정사면체의 모서리를 향하고 있다(사면체는 네 면을 가진 입체 도형이다). 이 사면체 결합 사이의 각도는 109.5°이다.

원자가 전자(valence electron)가 4개인 탄소 원자(·Ċ·)는 다른 원자와 전자를 공유하여 4개의 단일 공유 결합을 형성한다. 메테인과 사염화 탄소(carbon tetrachloride)의 구조가 이 점을 잘 설명한다.

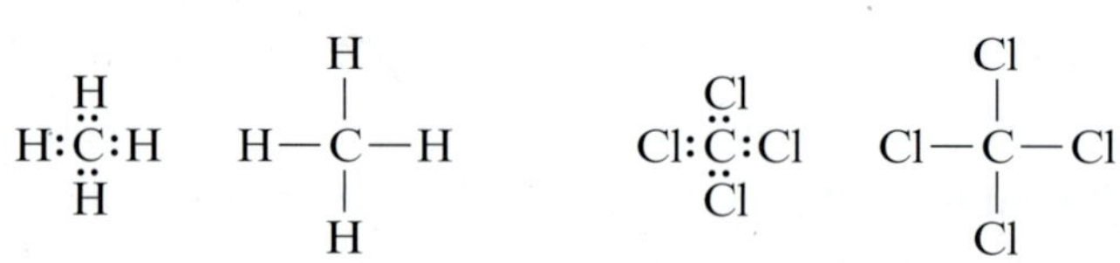

메테인 사염화 탄소

실제로 이러한 화합물은 결합 각도가 109.5°인 사면체 모양을 하고 있지만(그림 18.2), 결합은 종종 직각으로 그려진다. 메테인에서 각 결합은 탄소 원자와 수소 원자 사이의 전자 공유에 의해 형성된다.

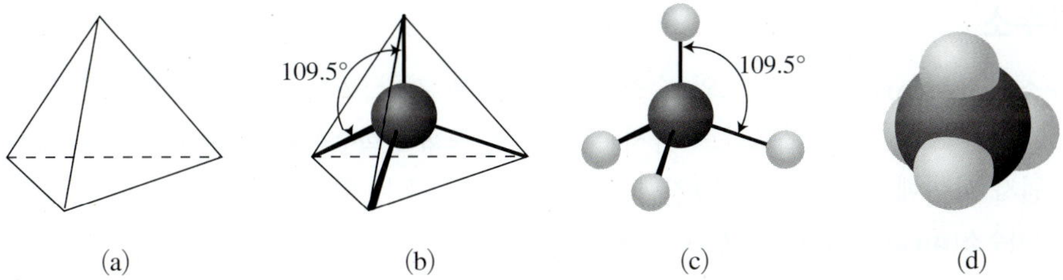

그림 18.1 탄소의 사면체 구조. (a) 정사면체, (b) 정사면체 속 탄소 원자, (c) 메테인 분자(CH_4), (d) 메테인(CH_4)의 공간 채움 모형

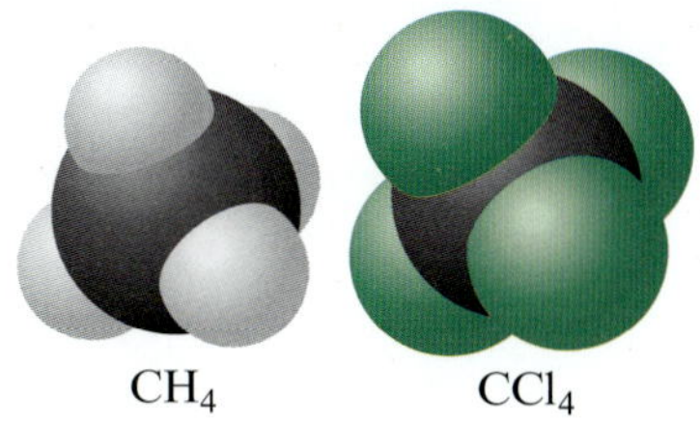

그림 18.2 CH_4와 CCl_4의 공간 채움 모형

탄소–탄소 결합은 탄소 원자가 다른 탄소 원자와 전자를 공유할 수 있기 때문에 형성된다. 두 탄소 원자 간에 각각 한 쌍, 두 쌍 또는 세 쌍의 전자를 공유하여 단일, 이중 또는 삼중 결합을 형성할 수 있다:

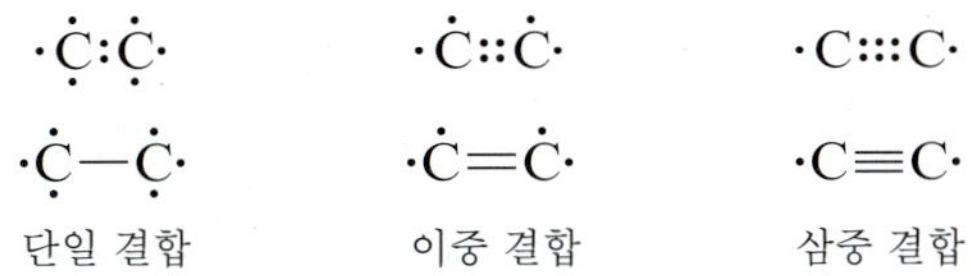

각 실선은 공유 결합을 나타낸다. 탄소는 다른 어떤 원소보다도 공유 결합된 원자 사슬을 형성하는 능력이 뛰어나다. 이러한 결합 능력이 유기 화합물이 많은 주된 이유이다. 세 가지 예가 여기에 나와 있다. 이 결합 능력을 통해 탄소 원자 하나가 다른 탄소 원자와 공유 결합으로 연결되어 긴 탄소 사슬이 어떻게 형성되는지 쉽게 알 수 있다:

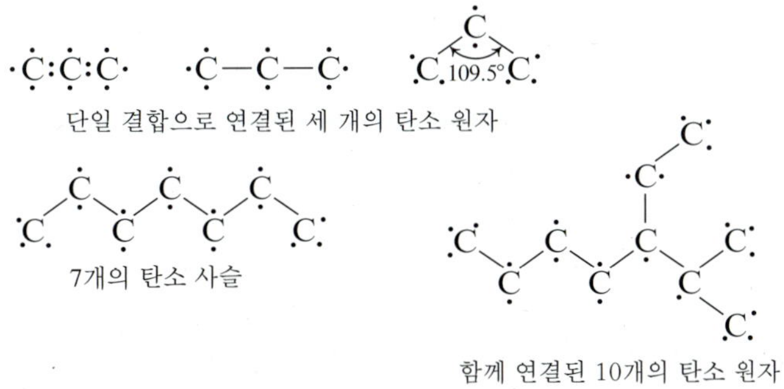

예제 18.1

탄소 원자는 다른 원자와 몇 개의 결합을 가질 수 있는가? 탄소와 탄소 사이의 결합을 사용하여 다양한 유형의 결합을 그리시오. 이 결합은 이온 결합인가, 공유 결합인가?

풀이

탄소는 다른 원자와 네 개의 결합을 할 수 있다.

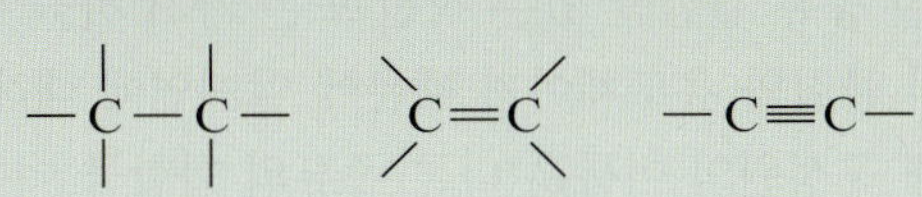

각 결합은 공유 결합이다.

탄소는 매우 다양한 화합물을 형성하기 때문에 유기 화합물을 그룹화하는 체계가 필요하다. 유기 분자는 구조적 특징에 따라 분류된다. 각 화합물 그룹의 구성원은 **작용기(functional group)**라고 하는 특징적인 원자 또는 원자 그룹을 포함한다. 같은 작용기를 가진 분자들은 구조가 유사하기 때문에 화학적 성질이 비슷하다. 따라서 특정 종류의 화합물 중 몇 개만 연구해도 해당 종류의 다른 분자의 거동을 예측할 수 있다. 유기 화학에 대한 간략한 소개에서는 탄화수소와 탄화수소 유도체라는 두 가지 화합물 범주를 다뤄볼 것이다.

탄화수소

탄화수소(hydrocarbon)는 탄소와 수소 원자가 공유 결합으로 서로 결합된 화합물이다. 이러한 분자는 포화 또는 불포화로 다시 분류된다. **포화 탄화수소(saturated hydrocarbon)**는 탄소 원자 사이에 단일 결합만 가진다. 이러한 탄화수소는 **알케인**(alkane)으로 분류된다. **불포화 탄화수소(unsaturated hydrocarbon)**는 두 개의 탄소 원자 사이에 이중 또는 삼중 결합을 포함하며 **알켄**(alkene), **알카인**(alkyne) 및 **방향족 화합물**(aromatic compound)을 포함한다. 이러한 분류는 그림 18.3에 요약되어 있다.

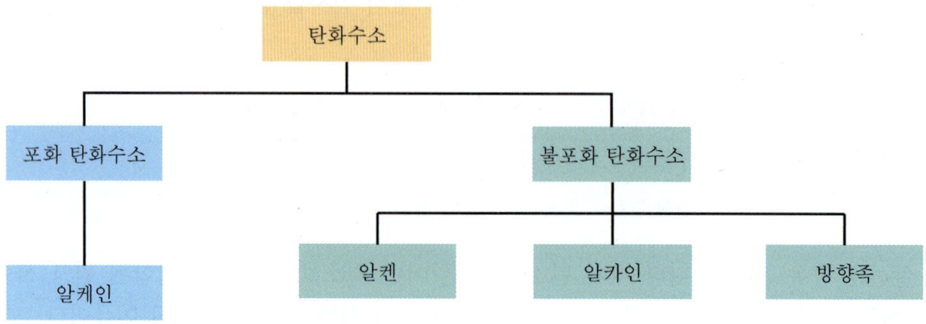

그림 18.3 탄화수소의 일반적 분류

천연가스, 석유, 석탄 등 화석 연료는 탄화수소의 주요 공급원이다. 천연가스는 주로 메테인이며 소량의 에테인, 프로페인, 뷰테인이 포함되어 있다. 석유는 탄화수소의 혼합물로 가솔린(휘발유), 등유, 연료유, 윤활유, 파라핀 왁스, 바셀린(그 자체도 탄화수소의 혼합물)이 분리된다. 철강 산업에서 석탄으로 코크스를 만드는 과정에서 발생하는 휘발성 부산물인 콜타르는 방향족 탄화수소인 벤젠, 톨루엔, 나프탈렌을 비롯한 많은 귀중한 화학 물질의 원료이다.

실습 문제 18.1

탄화수소는 탄소와 수소 원자만 포함된 화합물이다. 탄화수소의 다양한 범주를 나열하시오.

18.3 알케인

이 절의 학습 목표
알케인을 정의하고 구조식을 작성하고 명명할 수 있다.

파라핀(paraffin) 또는 **포화 탄화수소**(saturated hydrocarbon)라고도 알려진 **알케인(alkane)**은 탄소 원자 사이에 단일 공유 결합만 있는 직선 또는 가지 사슬 탄화수소이다. 다른 많은 종류의 유기 화합물이 이 물질의 유도체이기 때문에 알케인에 대해 자세히 공부할 것이다. 알케인 계열의 처음 10개 구성원의 이름은 다른 종류의 화합물 이름을 정하는 기초가 되므로 반드시 배워야 한다.

메테인(CH_4)은 알케인 계열의 첫 번째 구성원이다. 탄소 원자가 각각 2개, 3개, 4개인 구성원은 에테인, 프로페인, 뷰테인이다. 처음 네 개의 알케인은 일반적인 이름을 가지고 있으므로 외워야 하지만, 다음 여섯 개의 이름은 그리스 숫자에서 유래된 이름이다. 처음 10개의 알케인의 이름과 화학식은 표 18.1에 나와 있다.

표 18.1에서 알케인의 이름을 알아보자. 알케인은 다른 많은 이름의 어간을 이룬다.

알케인 계열의 연속적인 화합물은 탄소 1개와 수소 원자 2개(CH_2)만큼씩 구성이 서로 다르다. 한 계열의 각 구성원이 다음 구성원과 CH_2만큼 다를 때, 이 계열을 **동족 계열(homolo-**

표 18.1 곧은-사슬 알케인의 이름, 화학식과 물리적 성질

이름	화학식(C_nH_{2n+2})	축약 구조식	끓는점(℃)	녹는점(℃)
메테인	CH_4	CH_4	−161	−183
에테인	C_2H_6	CH_3CH_3	−88	−172
프로페인	C_3H_8	$CH_3CH_2CH_3$	−45	−187
뷰테인	C_4H_{10}	$CH_3CH_2CH_2CH_3$	−0.5	−138
펜테인	C_5H_{12}	$CH_3CH_2CH_2CH_2CH_3$	36	−130
헥세인	C_6H_{14}	$CH_3CH_2CH_2CH_2CH_2CH_3$	69	−95
헵테인	C_7H_{16}	$CH_3CH_2CH_2CH_2CH_2CH_2CH_3$	98	−90
옥테인	C_8H_{18}	$CH_3CH_2CH_2CH_2CH_2CH_2CH_2CH_3$	125	−57
노네인	C_9H_{20}	$CH_3CH_2CH_2CH_2CH_2CH_2CH_2CH_2CH_3$	151	−54
데케인	$C_{10}H_{22}$	$CH_3CH_2CH_2CH_2CH_2CH_2CH_2CH_2CH_2CH_3$	174	−30

gous series)이라고 한다. 동족 계열의 구조는 비슷하지만 화학식은 다르다. 일반적인 종류의 유기 화합물은 모두 동족 계열로 존재하며, 이는 일반식으로 나타낼 수 있다. 열린-사슬 알케인의 경우 일반식은 C_nH_{2n+2}이며, 여기서 n은 분자의 탄소 원자 수에 해당한다. 특정 알케인의 공식은 이 일반식으로부터 쉽게 결정된다. 예를 들어 펜테인의 경우 $n = 5$이고 $2n + 2 = 12$이므로 화학식은 C_5H_{12}이다. 16-탄소 알케인인 헥사데케인의 경우 화학식은 $C_{16}H_{34}$이다.

알케인의 한 가지 반응 덕분에 사람들은 적도 정글을 탐험하고, 아프리카와 중동 사막의 더위와 모래 폭풍을 견디고, 얼어붙은 북극을 횡단하고, 3만 피트 깊이의 지구에 구멍을 뚫을 수 있게 되었다! 이 물질이 바로 석유이며 그 반응은 산소를 이용하여 열에너지를 생성하는 연소 반응이다. 연소 반응은 경제적 중요성에서 알케인의 다른 모든 반응을 압도한다(사진 참조). 예를 들어 메테인이 산소와 반응할 때 발생하는 열에 주목하자.

우리는 일상 생활에서 천연 가스(탄화수소)를 태운다. 연소는 탄화수소의 가장 일반적인 반응이다.

$$CH_4(g) + 2\ O_2(g) \longrightarrow CO_2(g) + 2\ H_2O(g) + 802.5\ \text{kJ}(191.8\ \text{kcal})$$

열에너지는 전 세계에서 기계 및 전기 에너지로 변환된다. 그러나 완전한 연소 반응에서는 이산화 탄소와 물만이 유일한 생성물이기 때문에 유기 화학자들에게는 일반적으로 큰 관심사는 아니다. 연소 반응을 제외하면 알케인의 반응성은 제한적이다.

구조식과 이성질 현상

유기 물질의 특성은 분자 구조에 따라 달라진다. 분자 구조란 분자 내에서 원자가 결합하는 방식을 의미한다. 유기 화합물은 대부분 탄소, 수소, 산소, 질소, 할로젠 원소들 같은 비교적 적은 수의 원소로 구성된다. 이러한 화합물에서 탄소는 각 원자에 대해 4개의 결합, 질소는 3개의 결합, 산소는 2개의 결합, 수소와 할로젠 원소들은 1개의 결합을 이룬다.

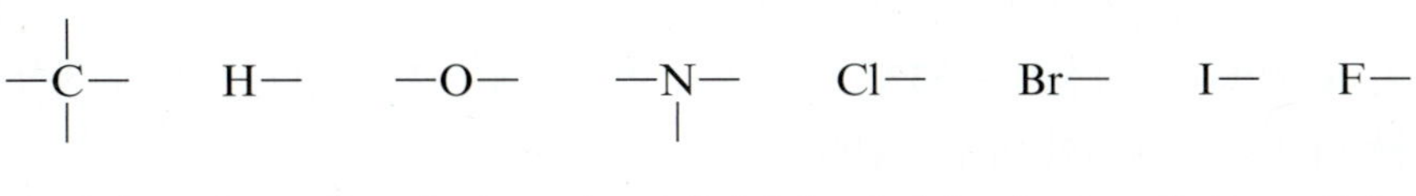

알케인 분자는 탄소-탄소 및 탄소-수소 결합만을 가진다. 각 탄소 원자는 4개의 단일 공유 결합으로 다른 4개의 원자와 결합되어 있다. 이러한 결합은 109.5°의 각도로 분리되어

있다(정사면체의 중심에서 모서리까지 그어진 선이 이루는 각도에 해당). 알케인 분자는 본질적으로 비극성이므로 분자간 인력이 매우 작아, 비슷한 몰질량을 가진 다른 유기 화합물보다 끓는점이 상대적으로 낮다.

원자와 분자의 3차원적 특성은 모델이나 컴퓨터로 생성된 도면 없이는 묘사하기 어렵다(참고 참조). 메테인과 에테인의 Lewis 구조와 선 구조 형태를 아래에 나타내었다.

참고 알케인의 경우 Lewis 구조를 그릴 수 있지만, 일반적으로 결합 전자쌍을 단일 선으로 대체하여 표현한다.

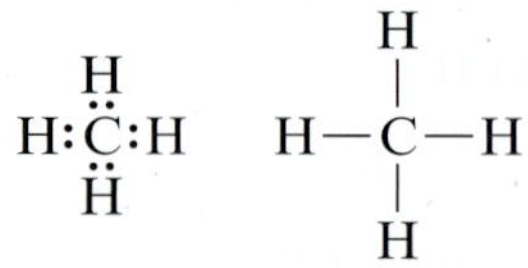

메테인

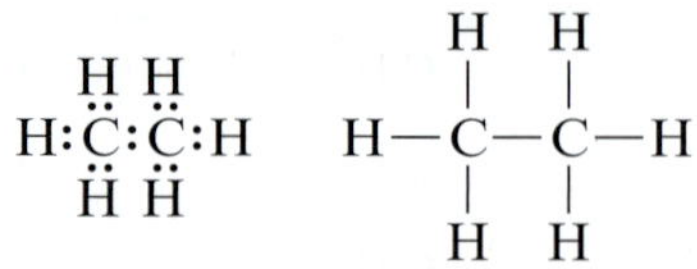

에테인

알케인 계열의 다음 구성원인 프로페인(C_3H_8)의 올바른 구조식을 쓰려면 분자의 각 원자를 배치해야 한다. 알케인은 단일 결합만 포함하므로 각 탄소 원자는 다른 네 개의 원자와 C−C 또는 C−H 결합으로 결합해야 한다. C−H−C 결합은 일어나지 않고 H−H 결합은 단순히 수소 분자를 나타내므로, 수소는 탄소 원자 하나에 C−H 공유 결합으로만 결합해야 한다. 따라서 프로페인의 가능한 구조는 유일하며 다음과 같다.

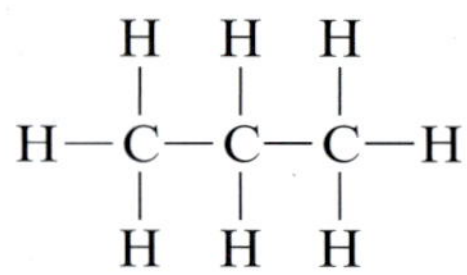

프로페인

그러나 분자식 C_4H_{10}(뷰테인)에 대해서는 해당하는 두 가지 구조식을 작성할 수 있다. 실제로 아래의 구조식을 가진 두 가지 C_4H_{10} 화합물이 존재한다.

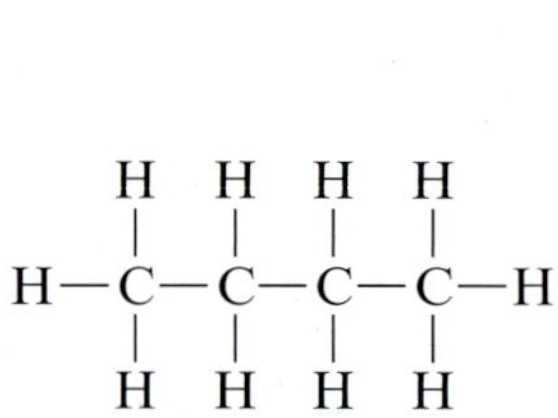

노말 뷰테인

그리고

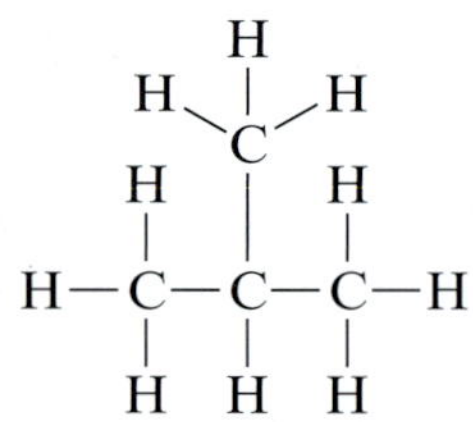

2-메틸프로페인

탄소 사슬 가지가 없는 뷰테인을 **노말 뷰테인**(normal butane, 약칭 *n*-뷰테인)이라고 하며, 0.5°C에서 끓고 −138.3°C에서 녹는다. 가지 사슬 뷰테인은 2-메틸프로페인이라고 하며 −11.7°C에서 끓고 −159.5°C에서 녹는다. 이러한 물리적 특성의 차이는 분자식은 같지만 두 화합물이 서로 다른 물질이라는 것을 입증하기에 충분하다. 메테인, 에테인, 프로페인, 뷰테인 및 2-메틸프로페인의 원자 구조 배열은 **그림 18.4**에 나와있다.

분자식은 같지만 구조 배열이 다른 두 개 이상의 화합물이 존재하는 현상을 **이성질 현상**(**isomerism**)이라고 한다. 이성질 현상을 나타내는 개별 화합물은 **이성질체**(**isomer**)라고 한다. 위에 표시된 뷰테인(C_4H_{10})은 두 개의 이성질체를 가지고 있다. 이성질 현상은 유기 화합물에서 흔히 볼 수 있으며 이는 알려진 화합물의 수가 많은 또 다른 이유이다. 펜테인의 이성질체는 3개, 헥세인의 이성질체는 5개, 헵테인의 이성질체는 9개, 옥테인의 이성질체는 18개, 노네인의 이성질체는 35개, 데케인의 이성질체는 75개이다. 이성질 현상은 구조식을 사용해야 하는 강력한 이유가 된다.

이성질체는 분자식은 같지만 구조식이 다른 화합물이다.

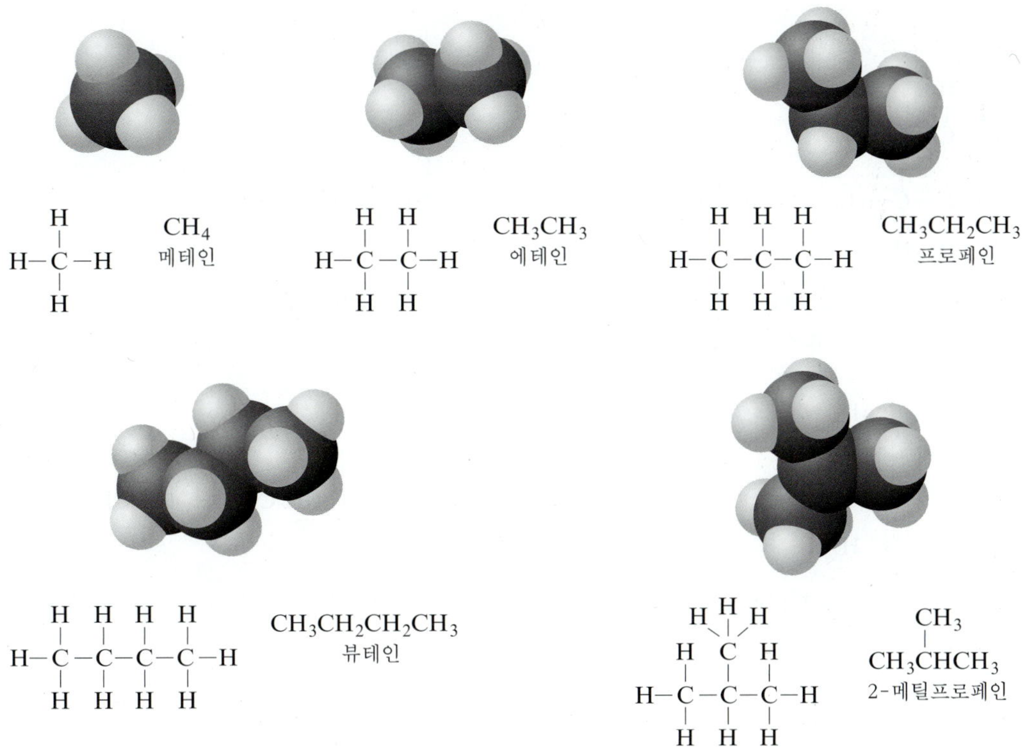

그림 18.4 메테인, 에테인, 프로페인, 뷰테인, 2-메틸프로페인의 구조식을 보여주는 공간 채움 모형. 축약 구조식은 이름 위에, 선 구조는 이름 왼쪽에 나타내었다.

시간과 공간을 절약하기 위해 탄소 원자에 붙은 원자와 그룹을 해당 탄소 원자의 오른쪽에 적는 축약 구조식을 자주 사용한다. 예를 들어, 펜테인의 축약 구조식은 $CH_3CH_2CH_2CH_2CH_3$ 또는 $CH_3(CH_2)_3CH_3$이다. 일부 축약 구조식은 그림 18.4에 나와 있다.

프로페인의 축약 구조식을 해석해 보자.

$$\overset{1}{C}H_3\overset{2}{C}H_2\overset{3}{C}H_3$$

탄소-1은 수소 원자 3개와 탄소-2와 결합하고 있다. 탄소-2는 수소 원자 2개와 탄소-3과 결합하고 있다. 탄소-3은 수소 원자 3개 및 탄소-2와 결합하고 있다.

예제 18.2

헥세인(C_6H_{14})은 5개의 이성질체를 가지고 있다. 이들의 구조식과 축약 구조식을 쓰시오.

풀이

이런 종류의 문제에서는 가장 긴 연속 탄소 사슬을 가진 탄소 골격(이 경우 탄소 원자가 6개)을 먼저 쓰는 것이 가장 좋은 방법이다. 각 탄소 원자가 4개의 결합을 하도록 각 탄소 원자 주위에 수소 원자를 연결하여 구조를 완성한다. 사슬 끝에 있는 탄소 원자들에는 수소 원자 3개가 필요하다. 네 개의 내부 탄소 원자는 네 개의 결합을 형성하기 위해 각각 두 개의 수소 원자가 필요하다.

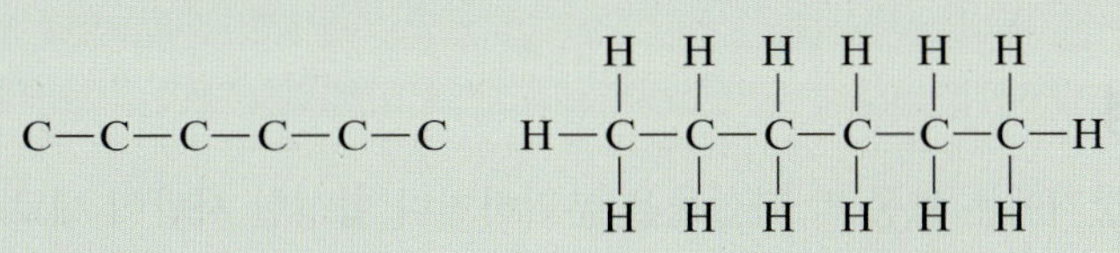

$CH_3CH_2CH_2CH_2CH_2CH_3$

다음 이성질체의 경우, 탄소 5개의 사슬을 그리고, 여섯 번째 탄소 원자를 중심 탄소 원자의 가까운 탄소 원자 중 하나에 연결한다(끝 탄소 원자는 사용하지 않음).

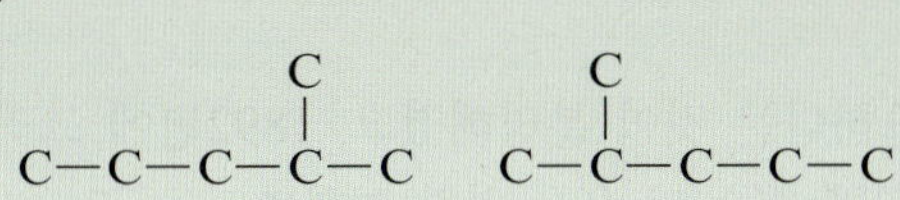

두 구조는 같은 화합물을 나타낸다.

여기에 14개의 수소 원자를 추가하여 구조를 완성한다.

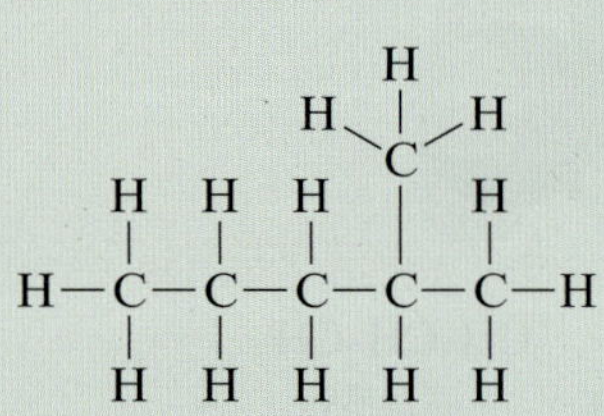 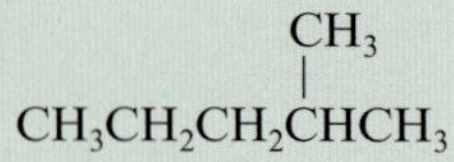 또는 $CH_3CH_2CH_2CH(CH_3)_2$

세 번째 이성질체의 경우, 탄소 5개의 사슬을 그리고, 여섯 번째 탄소 원자를 가운데 탄소 원자에 붙인 뒤 14개의 수소 원자를 추가하여 구조를 완성한다.

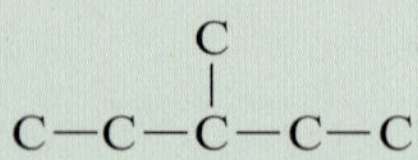 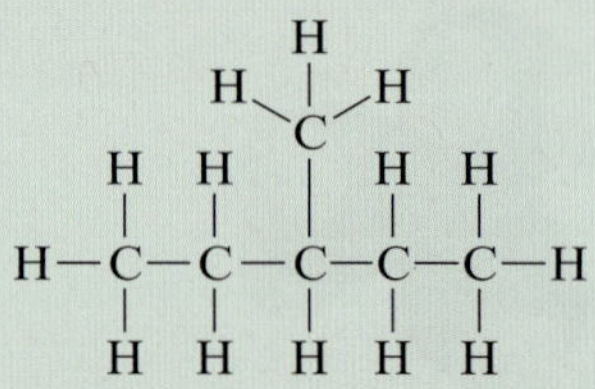 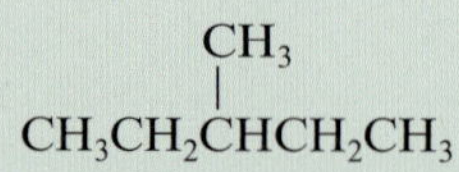 또는 $CH_3CH_2CH(CH_3)CH_2CH_3$

네 번째 이성질체의 경우, 탄소 4개의 사슬을 그리고, 나머지 탄소 원자 2개를 가운데 탄소 원자 중 하나에 붙인 뒤 수소 원자 14개를 추가하여 구조를 완성한다:

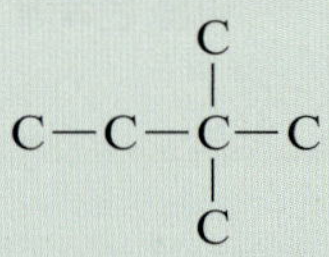 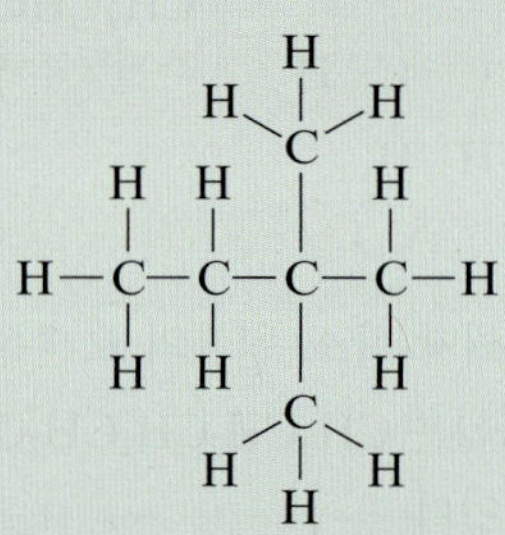 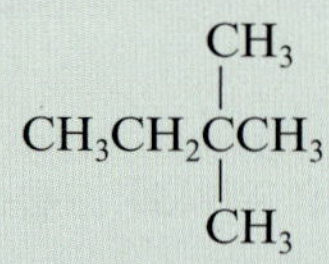 또는 $CH_3CH_2C(CH_3)_3$

다섯 번째 이성질체의 경우, 탄소 4개의 사슬을 그리고, 나머지 탄소 원자 2개를 가운데 탄소 원자 2개에 각각 연결한 후 수소 원자 14개를 추가하여 구조를 완성한다.

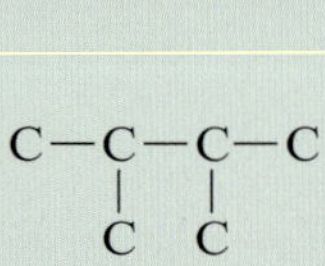 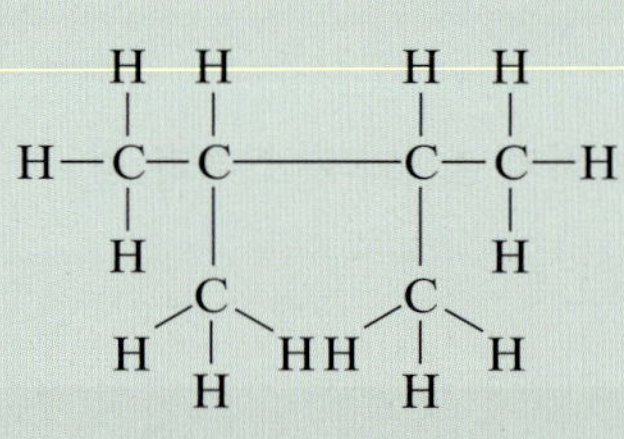 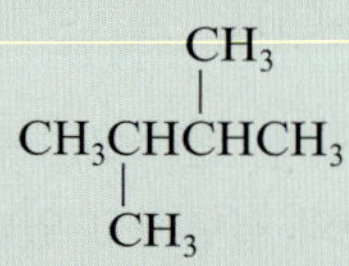 또는 $CH_3CH(CH_3)CH(CH_3)_2$

실습 문제 18.2

펜테인(C_5H_{12})의 이성질체에 대한 축약 구조식을 쓰시오.

알케인 명명

유기 화학 초창기에는 보통 각 화합물을 분리하거나 합성한 사람이 새로운 화합물에 이름을 붙였다. 이름은 체계적이지는 않았지만 종종 물질의 기원에 대한 정보를 담고 있었다. 예를 들어 나무를 파괴 증류하거나 열분해하여 메탄올을 얻었기 때문에 목정(wood alcohol)이라고 명명되었다.

곧 명명 체계가 필요하다는 것이 분명해졌고, 1892년에 그러한 체계가 제안되어 채택되었다. 현재의 형태인 국제 순수 및 응용 화학 연합(International Union of Pure and Applied

표 18.2 몇 가지 알킬기의 이름과 화학식

화학식	이름	화학식	이름
CH_3-	메틸	CH_3 | CH_3CH-	아이소프로필
CH_3CH_2-	에틸		
$CH_3CH_2CH_2-$	프로필	CH_3 | CH_3CHCH_2-	아이소뷰틸
$CH_3(CH_2)_2CH_2-$	뷰틸		
$CH_3(CH_2)_3CH_2-$	펜틸	CH_3 | CH_3CH_2CH-	*sec*-뷰틸 (2차 뷰틸)
$CH_3(CH_2)_4CH_2-$	헥실		
$CH_3(CH_2)_5CH_2-$	헵틸		
$CH_3(CH_2)_6CH_2-$	옥틸	CH_3 | CH_3C- | CH_3	*tert*-뷰틸(*t*-뷰틸) (3차 뷰틸)
$CH_3(CH_2)_7CH_2-$	노닐		
$CH_3(CH_2)_8CH_2-$	데실		

Chemistry, IUPAC) 체계는 일반적으로 모호하지 않고 국제적으로 통용되고 있다. 그러나 간결성 및/또는 편의성 때문에 많은 유명한 관용명과 약어(예: TNT 및 DDT)가 계속 사용되고 있다. 따라서 IUPAC 체계와 관용명 모두에 대한 지식이 필요하다.

IUPAC 체계를 사용하여 유기 화합물을 명명하려면 일부 일반적인 알킬기를 알고 있어야 한다. **알킬기(alkyl group)**는 대응하는 알케인보다 수소 원자가 하나 적은 일반식 C_nH_{2n+1}을 갖는다. 기의 이름은 대응하는 알케인의 이름에서 단순히 어미를 **-에인**(-ane)에서 **-일**(-yl)로 치환하여 붙인다. 몇 가지 선택된 알킬기의 이름과 화학식은 **표 18.2**에 나타내었다. 문자 "R"은 종종 화학식에서 가능한 알킬기를 나타내기 위해 사용된다.

$$R = C_nH_{2n+1} \text{ (알킬기의 일반식)}$$

수많은 알케인의 이름을 짓는 데 필요한 것은 다음 IUPAC 명명법뿐이다. 계속해서 이러한 규칙을 다른 종류의 화합물에도 적용하도록 확장할 것이다. 완전한 체계를 구축하기 위해서는 고급과목의 교재나 문헌을 참조해야 한다.

알케인 명명법

1. 가장 길고 연속적인 탄소 원자 사슬을 어미 화합물(기본 화합물)로 선택한다. 여기에 붙어 있는 모든 알킬기를 어미 화합물의 수소 원자를 대체한 가지 사슬 또는 치환기로 간주한다. 길이가 같은 사슬이 두 개 이상이라면, 더 많은 수의 치환기가 결합되어 있는 사슬을 어미 화합물로 사용한다. 어미 화합물의 이름 앞에 결합되어 있는 알킬기의 이름을 붙여서 알케인의 이름을 구성한다.
2. 수소 원자가 알킬기 또는 다른 기로 치환된 첫 번째 탄소 원자와 더 가까운 말단에서 시작하여 어미 탄소 사슬의 탄소 원자에 번호를 매긴다. 각 말단에서 첫 번째 치환기가 같은 수의 탄소 번호에 위치해 있는 경우, 다음 치환기로 이동하여 번호 매기기를 시작할 사슬의 끝을 결정한다.
3. 각 알킬기의 이름을 지정하고 어미 탄소 사슬에서 해당 알킬기의 위치를 숫자로 표시한다(예: 2-메틸은 C-2에 연결된 메틸기를 의미한다).
4. 동일한 알킬기 가지 사슬이 두 번 이상 나타나는 경우, 알킬기 이름 앞에 접두사(**다이**-(*di*-), **트라이**-(*tri*-), **테트라**-(*tetra*-) 등)를 붙여 이 반복을 표시한다(예: **다이메틸**(dimethyl)은 두 개의 메틸기를 나타냄). 알킬기 위치를 나타내는 숫자는 쉼표로 구분하고 그 뒤에 하이픈을 붙여 이름 앞에 배치한다(예: 2,3-다이메틸).

5. 어미 화합물에 몇 개의 다른 알킬기가 부착된 경우 알파벳 순서로 나열한다(예: 3-에틸-4-메틸옥테인(3-ethyl-4-methyloctane)에서 에틸(**e**thyl)이 메틸(**m**ethyl) 앞에 온다). 접두사는 알파벳 순서에 포함되지 않는다(예: 에틸(**e**thyl)은 다이메틸(di**m**ethyl) 앞에 온다).

IUPAC 명명법을 사용하여 다음 화합물을 명명해 보자.

2-메틸뷰테인

가장 긴 연속 사슬은 4개의 탄소 원자를 포함한다. 따라서 어미 화합물의 이름은 뷰테인이다. C-2에 부착된 메틸기(CH_3-)는 뷰테인의 접두사로 붙게 되며, "2-"는 뷰테인 사슬에 부착된 지점을 나타낸다.

2-메틸펜테인의 구조식은 어떻게 작성할까? 이름에서 그 방법을 알 수 있다. 어미 화합물인 펜테인은 5개의 탄소를 포함한다. 펜테인의 탄소 5개 골격에 번호를 매기고, 이름에 '2-메틸'이 있으므로 C-2에 메틸기를 붙인다. 수소를 추가하여 각 탄소가 4개의 결합을 갖도록 한다:

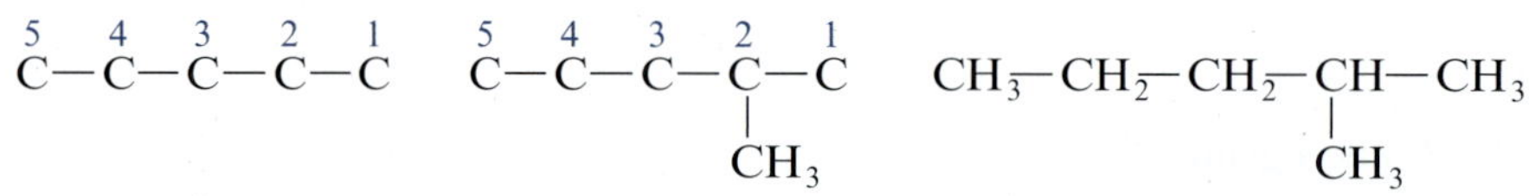

2-메틸펜테인

이 화합물을 4-메틸펜테인이라고 부를 수는 있을까? IUPAC 명명법에 따르면 어미 탄소 사슬은 가지 사슬에 가장 가까운 끝부터 번호가 매겨지기 때문에 그럴 수는 없다.

탄소 원자와 기의 **순서**(sequence) 자체가—그 순서가 쓰인 방식이 아니라—화합물의 이름을 결정한다는 것을 이해하는 것이 매우 중요하다. 아래의 구조식들은 모두 2-메틸펜테인을 나타낸다. 탄소 번호가 반드시 직선을 따를 필요는 없다는 점에 유의하자.

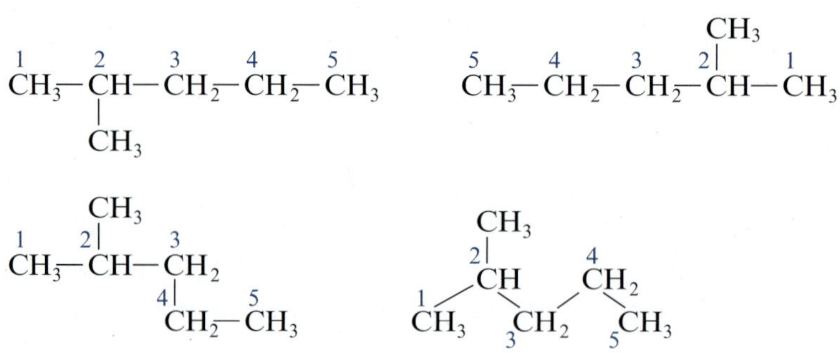

다음 구조식과 이름은 IUPAC 명명법의 다른 측면을 보여준다:

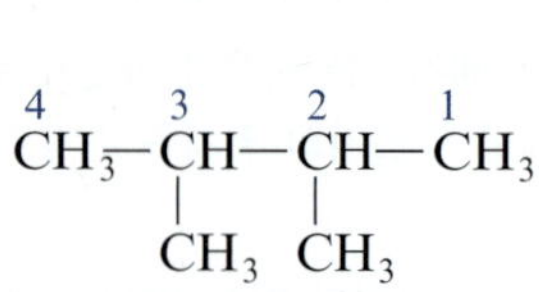

2,3-다이메틸뷰테인

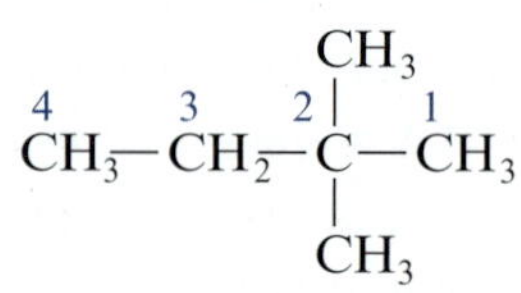

2,2-다이메틸뷰테인

2,3-다이메틸뷰테인에서 가장 긴 탄소 사슬은 4개로 뷰테인을 나타내며, "다이메틸"은 두 개의 메틸기를 나타낸다. "2,3-"는 하나의 CH_3가 C-2에 있고 하나는 C-3에 있음을 의미한

다. 2,2-다이메틸뷰테인에서는 두 메틸기가 모두 같은 탄소 원자에 있으며, 두 숫자가 모두 필요하다.

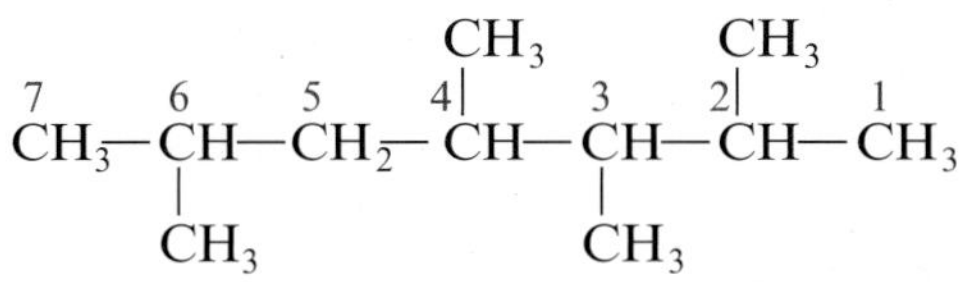

2,3,4,6-테트라메틸헵테인(2,4,5,6-이 아니다)

이 분자는 오른쪽에서 왼쪽으로 번호가 매겨져 있다.

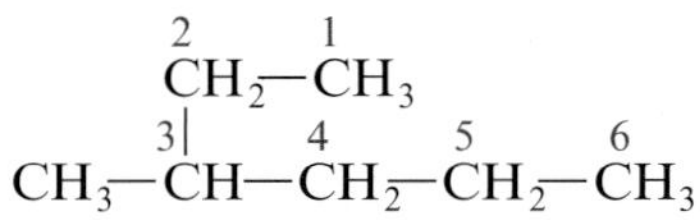

3-메틸헥세인

3-메틸헥세인에서 가장 긴 연속 사슬은 6개의 탄소로 이루어져 있다.

다음 구조에서 가장 긴 탄소 사슬은 8개이다. 옥테인 사슬에서 결합되거나 수소 대신 치환된 기는 알파벳 순서로 명명된다.

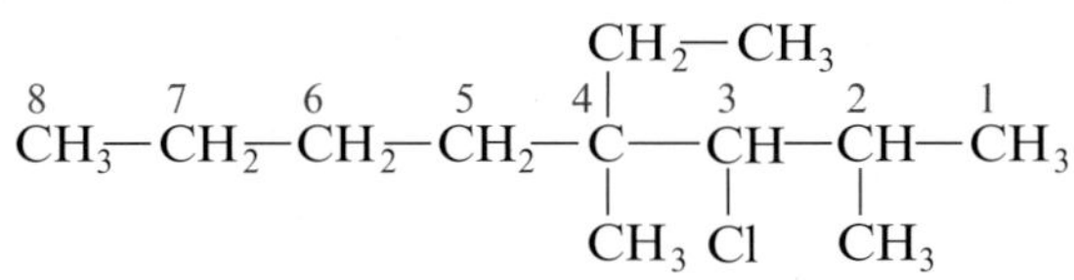

3-클로로-4-에틸-2,4-다이메틸옥테인

예제 18.3

(a) 3-에틸펜테인과 (b) 2,2,4-트라이메틸펜테인의 구조식을 그리시오.

풀이

(a) 펜테인이라는 이름은 탄소 사슬이 5개임을 나타낸다. 우선, 연결된 탄소 원자 다섯 개를 쓰고 번호를 매긴다. C-3에 에틸기인 CH_3CH_2-를 붙인다. 이제 수소 원자를 추가하여 각 탄소 원자에 4개의 결합을 부여한다. C-1과 C-5에는 각각 3개의 수소 원자가 필요하고, C-2와 C-4에는 각각 2개의 수소 원자가 필요하며, C-3에는 1개의 수소 원자가 필요하다.

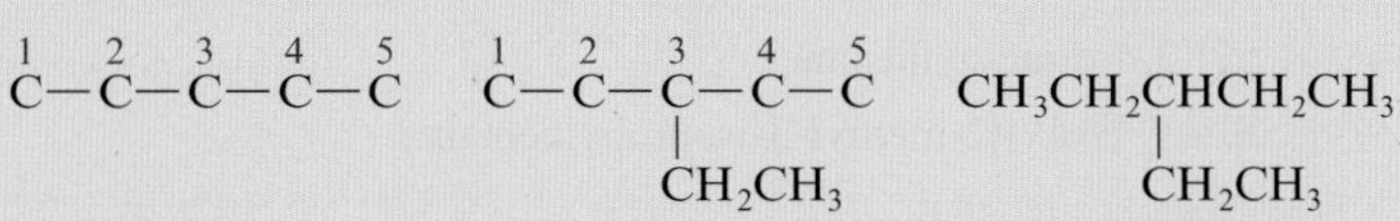

3-에틸펜테인

(b) 펜테인은 5개의 탄소 사슬을 나타낸다. 연결된 탄소 원자를 다섯 개 쓰고 번호를 매긴다. 화합물(트라이메틸)에는 세 개의 메틸기(CH_3-)가 있는데, 두 개는 C-2에 붙어 있고 하나는 C-4에 붙어 있다. 이 세 개의 메틸기를 각각의 탄소 원자에 붙인다. 이제 수소 원자를 추가하여 각 탄소 원자에 4개의 결합을 부여한다. 따라서 C-1과 C-5에는 각각 3개의 수소 원자가 필요하고, C-2에는 수소 원자가 필요하지 않으며, C-3에는 2개의 수소 원자가 필요하고, C-4에는 1개의 수소 원자가 필요하다. 구조식이 완성되었다.

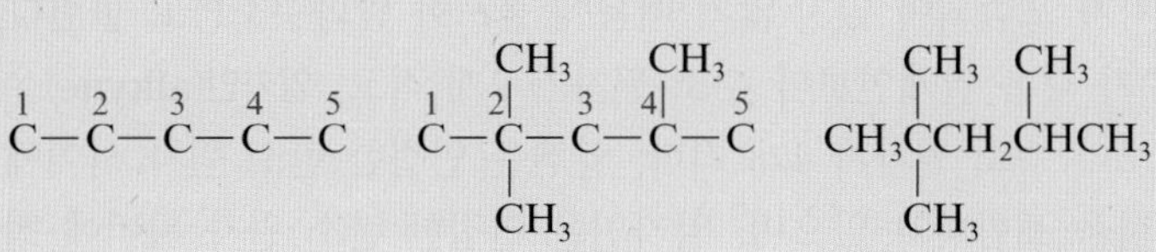

2,2,4-트라이메틸펜테인

예제 18.4

다음 각 화합물을 명명하시오.

(a) 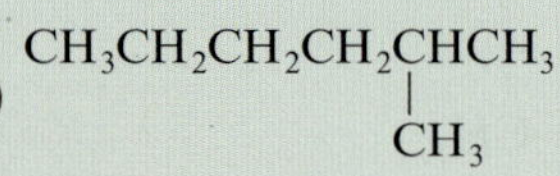

(b) 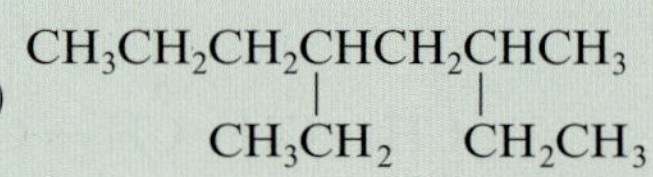

풀이

(a) 가장 긴 연속 탄소 사슬은 6개의 탄소 원자를 포함한다(규칙 1). 따라서 어미 화합물의 이름은 헥세인이다. 탄소 사슬에 오른쪽에서 왼쪽으로 번호를 매겨 C-2에 부착된 메틸기가 가능한 가장 낮은 번호를 갖도록 한다(규칙 2). C-2에 메틸기가 있는 화합물의 이름은 2-메틸헥세인이다(규칙 3).

(b) 가장 긴 연속 탄소 사슬은 8개의 탄소 원자를 포함한다:

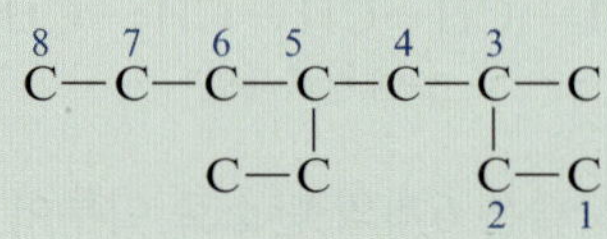

어미 화합물의 이름은 옥테인이다. 사슬에 번호가 매겨져 있는 것처럼 메틸기는 C-3에 있고 에틸기는 C-5에 있다. 화합물의 이름은 5-에틸-3-메틸옥테인이다. 에틸(**e**thyl)이 메틸(**m**ethyl) 앞에(알파벳 순서) 오도록 명명된다는 점에 유의하라(규칙 5).

실습 문제 18.3

다음 각 알케인을 명명하시오.

(a) 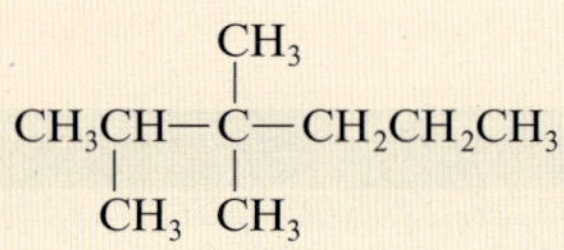

(b) 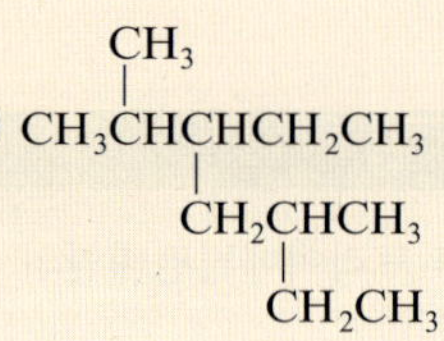

실습 문제 18.4

다음 화합물의 구조식을 그리시오.

(a) 3-에틸-4,4-다이메틸헵테인(3-ethyl-4,4-dimethylheptane)

(b) 3,4-다이메틸헥세인(3,4-dimethylhexane)

(c) 2-메틸-3-아이소프로필헵테인(2-methyl-3-isopropylheptane)

18.4 알켄과 알카인

이 절의 학습 목표
알켄과 알카인을 정의하고, 알켄과 알카인의 이름을 쓰고, 알켄과 알카인의 반응에 대해 논의할 수 있다.

참고 동족 계열에서 연속되는 구성원의 화학식은 CH_2의 증가만큼 차이가 난다.

알켄과 알카인은 불포화 탄화수소로 분류된다. 이들은 알케인과 달리 분자에 가능한 최대 숫자의 수소 원자가 포함되어 있지 않기 때문에 불포화 탄화수소라고 불린다. **알켄(alkene)**은 탄소 원자 수가 같은 알케인보다 수소 원자가 2개 적고, **알카인(alkyne)**은 탄소 원자 수가 같은 알케인보다 수소 원자가 4개 적다. 알켄은 인접한 탄소 원자 사이에 적어도 한 개 이상의 이중 결합을 포함하고 있으며, 알카인은 인접한 탄소 원자 사이에 적어도 한 개 이상의 삼중 결합을 포함한다(참고 참조).

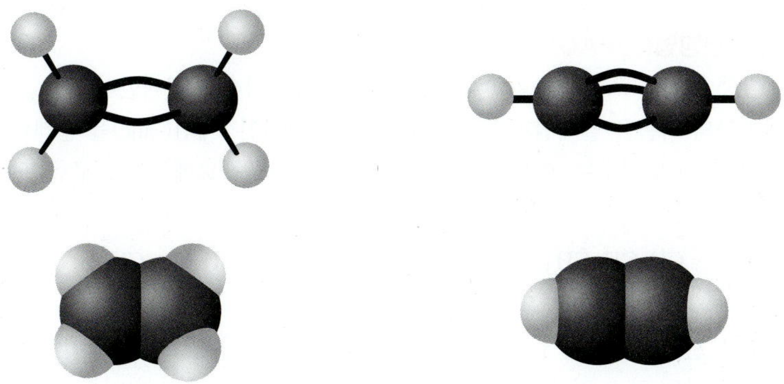

에틸렌(관용명)
에텐(IUPAC)

아세틸렌(관용명)
에타인(IUPAC)

그림 18.5 에틸렌(ethylene)과 아세틸렌(acetylene)의 공-막대 모형과 공간 채움 모형

M Rutherford/Shutterstock

에틸렌 기체는 바나나를 숙성시킨다.

Christopher PB/Shutterstock

아세틸렌은 강철 철골 용접에 사용된다.

> 알켄은 탄소–탄소 이중 결합을 포함한다.
> 알카인은 탄소–탄소 삼중 결합을 포함한다.

가장 간단한 알켄은 에틸렌(또는 에텐), $CH_2=CH_2$이고, 가장 간단한 알카인은 아세틸렌(또는 에타인), $CH\equiv CH$이다(**그림 18.5**). 에틸렌과 아세틸렌은 동족 계열의 첫 번째 구성원이다(예: $CH_2=CH_2$, $CH_3CH=CH_2$, $CH_3CH_2CH=CH_2$). 대량의 알켄은 원유를 처리하는 동안 알케인을 분해하고 탈수소화 반응을 통해 만들어진다. 이러한 알켄은 자동차 연료, 고분자 및 석유화학 제품을 제조하는 데 사용된다. 알켄 분자는 알케인 분자와 마찬가지로 극성이 거의 없다. 따라서 알켄의 물리적 특성은 대응하는 포화 탄화수소의 물리적 특성과 유사하다.

> 알켄의 일반식: C_nH_{2n}
> 알카인의 일반식: C_nH_{2n-2}

알켄과 알카인 명명법

알켄과 알카인의 이름은 대응하는 알케인에서 파생된다.

알켄 및 알카인 명명법(IUPAC)

1. 이중 또는 삼중 결합을 포함하는 가장 긴 연속 탄소-탄소 사슬을 선택한다.
2. 이 어미 화합물의 이름을 알케인과 동일하게 붙이되, 어미인 **-에인**(-ane)을 알켄의 경우는 **-엔**(-ene)으로, 알카인의 경우는 **-아인**(-yne)으로 변경한다. 즉 프로페인은 프로펜 또는 프로파인이 된다.

$$\underset{\text{프로페인}}{CH_3CH_2CH_3} \qquad \underset{\text{프로펜}}{CH_3CH{=}CH_2} \qquad \underset{\text{프로파인}}{CH_3C{\equiv}CH}$$

3. 이중 또는 삼중 결합에 가까운 끝부터 시작하여 어미 화합물의 탄소 사슬에 번호를 매긴다. 이중 또는 삼중 결합된 탄소 원자의 두 숫자 중 더 작은 숫자를 사용하여 이중 또는 삼중 결합의 위치를 나타낸다. 이 숫자를 알켄 또는 알카인 이름 앞에 붙인다. 2-뷰텐은 탄소-탄소 이중 결합이 C-2와 C-3 사이에 있음을 의미한다.
4. 가지 사슬 및 기타 치환기는 알케인 명명법에서와 같이 취급한다. 치환기의 이름을 짓고, 숫자로 어미 사슬에서 그 위치를 지정한다.

표 18.3에는 여러 알켄과 알카인의 이름과 화학식이 나와 있다. 알켄과 알카인의 이름을 붙인 다음의 예를 통해 명명법을 익혀 보자.

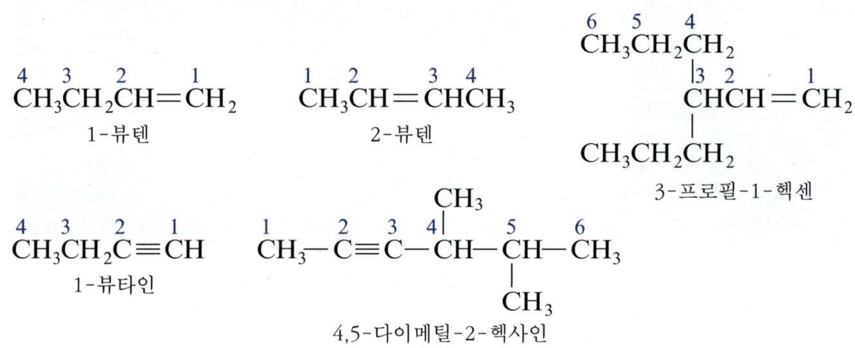

체계적 이름에서 구조식을 작성하려면 명명법을 반대로 진행하면 된다. 예를 들어 4-메틸-2-펜테인의 구조식은 어떻게 작성할까? 이 이름은 (1) 가장 긴 사슬의 탄소가 5개라는 것, (2) C-2와 C-3 사이의 이중 결합이 존재한다는 것, (3) C-4에 메틸기가 있다는 것을 나

표 18.3 몇 가지 알켄과 알카인의 이름과 화학식

화학식	IUPAC 이름
$CH_2{=}CH_2$	에텐
$CH_3CH{=}CH_2$	프로펜
$CH_3CH_2CH{=}CH_2$	1-뷰텐
$CH_3CH{=}CHCH_3$	2-뷰텐
$CH_3C{=}CH_2$ $\;\;\;\;\;|$ $\;\;\;\;CH_3$	2-메틸프로펜
$CH{\equiv}CH$	에타인
$CH_3C{\equiv}CH$	프로파인
$CH_3CH_2C{\equiv}CH$	1-뷰타인
$CH_3C{\equiv}CCH_3$	2-뷰타인

타낸다.

탄소 원자 다섯 개를 일렬로 적는다. C-2와 C-3 사이에 이중 결합을 배치하고 C-4에 메틸기를 배치한다. 이제 수소 원자를 추가하여 각 탄소 원자가 4개의 결합을 이루도록 한다. 탄소 1과 5에는 각각 3개의 수소 원자가 필요하고, C-2, C-3, C-4에는 각각 1개의 수소 원자가 필요하다.

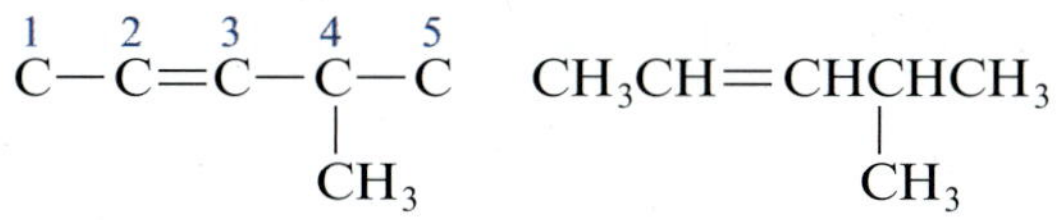

탄소 골격 4-메틸-2-펜텐

예제 18.5

(a) 7-메틸-2-옥텐(7-methyl-2-octene)과 (b) 3-헥사인(3-hexyne)에 대한 구조식을 그리시오.

풀이

(a) 옥테인과 마찬가지로 옥텐은 8개의 탄소 사슬을 나타낸다. 이 사슬은 C-2와 C-3 사이에 이중 결합이 있고 C-7에 메틸기가 있다. 탄소 원자 8개를 일렬로 쓰고, C-2와 C-3 사이에 이중 결합을 배치하고, C-7에 메틸기를 배치한다. 이제 수소 원자를 추가하여 각 탄소 원자가 4개의 결합을 이루도록 한다.

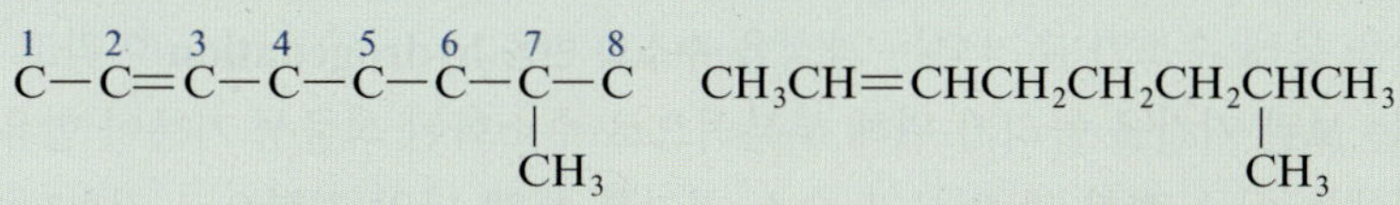

탄소 골격 7-메틸-2-옥텐

(b) 어간 **헥스**-(hex-)는 6개의 탄소 사슬을 나타내고, 접미사 **-아인**(-yne)은 탄소–탄소 삼중 결합을 나타내며; 숫자 3은 삼중 결합을 C-3과 C-4 사이에 위치시킨다. 탄소 원자 6개를 일렬로 쓰고 C-3과 C-4 사이에 삼중 결합을 배치한다. 이제 수소 원자를 추가하여 각 탄소 원자가 4개의 결합을 이루도록 한다(C-3과 C-4에는 추가적인 수소 원자가 필요하지 않다).

$$\overset{1}{C}-\overset{2}{C}-\overset{3}{C}\equiv\overset{4}{C}-\overset{5}{C}-\overset{6}{C} \qquad CH_3CH_2C\equiv CCH_2CH_3$$

3-헥사인

실습 문제 18.5

다음 각 화합물을 명명하시오.

(a) 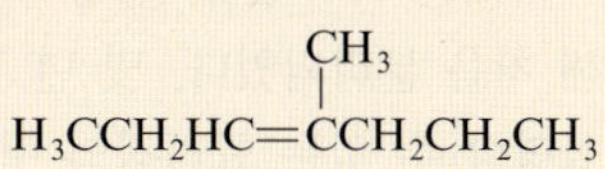

(b) 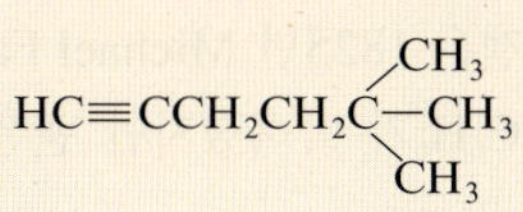

알켄의 반응

알켄은 대응하는 알케인보다 훨씬 더 반응성이 높다. 이렇게 반응성이 큰 이유는 탄소–탄소 이중 결합 때문이다. 여기서는 알켄의 가장 일반적인 반응만을 다루도록 하겠다.

첨가 반응

유기 화학에서 두 물질이 결합하여 하나의 화합물을 생성하는 반응을 **첨가 반응(addition reaction)**이라고 한다. 탄소–탄소 이중 결합에서의 첨가 반응은 알켄의 가장 일반적인 반응이다. 수소, 할로젠류(Cl_2 또는 Br_2), 할로젠화 수소(hydrogen halide), 물은 불포화 탄화수소에 첨가할 수 있는 시약 중 일부이다. 예를 들어 에틸렌은 다음과 같이 반응한다(참고 참조).

참고 $\xrightarrow[\text{1 atm}]{\text{Pt 25℃}}$은 촉매인 백금(Pt) 및 반응에 필요한 기타 조건을 나타낸 것이다.

$$\underset{\text{에틸렌}}{CH_2{=}CH_2} + H_2 \xrightarrow[\text{1 atm}]{\text{Pt 25°C}} \underset{\text{에테인}}{CH_3{-}CH_3}$$

$$CH_2{=}CH_2 + Br{-}Br \longrightarrow \underset{\text{1,2-다이브로모에테인}}{BrCH_2{-}CH_2Br}$$

Br_2 첨가 반응의 가시적인 증거는, 반응하면서 브로민의 적갈색이 사라지는 것이다.

참고 $\xrightarrow{H^+}$은 반응이 산성 조건에서 수행됨을 의미한다.

$$CH_2{=}CH_2 + HCl \longrightarrow \underset{\text{클로로에테인}}{CH_3CH_2Cl}$$

$$CH_2{=}CH_2 + HOH \xrightarrow{H^+} \underset{\text{에탄올(에틸 알코올)}}{CH_3CH_2OH}$$

ecco/Shutterstock

이제는 영양 성분 표시를 통해 트랜스 지방이 얼마나 함유되어 있는지 알려준다.

이중 결합이 끊어지고 불포화 알켄 분자는 첨가 반응에 의해 포화된다(참고 참조). 이러한 종류의 반응은 탄소–탄소 이중 결합을 포함하는 거의 모든 분자에서 발생할 수 있다.

이중 결합을 통해 수소가 추가되는 과정을 **수소화 반응(hydrogenation)**이라고 한다. 많은 가공식품에는 보관 기간을 늘리기 위해 부분적으로 수소화된 식물성 기름이 함유되어 있다. 이러한 오일에는 이중 결합 중 일부가 수소 첨가를 통해 단일 결합으로 전환되어 있다. 안타깝게도 이러한 일부 수소화된 오일은 건강에 해로운 것으로 알려져 있다. 흔히 트랜스 지방이라고 불리며 심장 질환의 위험을 높이는 것과 관련된다. 의사들은 건강을 개선하기 위해 트랜스 지방 섭취를 제한할 것을 권장하고 있다(사진 참조).

18.5 방향족 탄화수소

이 절의 학습 목표
방향족 탄화수소의 구조를 그리고 명명할 수 있다.

벤젠이나 벤젠과 유사한 구조와 화학적 성질을 가진 모든 물질은 **방향족 화합물(aromatic compound)**로 분류된다. **방향족**(aromatic)이라는 단어는 원래 이러한 물질 중 많은 물질이 가지고 있는 다소 기분 좋은 냄새를 의미했지만, 이 의미는 이제는 사라졌다. 방향족 탄화수소의 어미 물질인 벤젠은 1825년 Michael Faraday에 의해 처음 분리되었다. 몇 년 후 벤젠의 정확한 분자식인 C_6H_6가 밝혀졌지만 벤젠의 특성을 설명할 수 있는 합리적인 구조식을 찾는 것은 어려웠다.

마침내 1865년 August Kekulé는 벤젠 분자의 각 탄소 원자에 수소 원자 1개가 결합하고 있으며, 탄소–탄소 이중 결합이 3개인 6원자 고리 형태로 배열되어 있다고 제안했다.

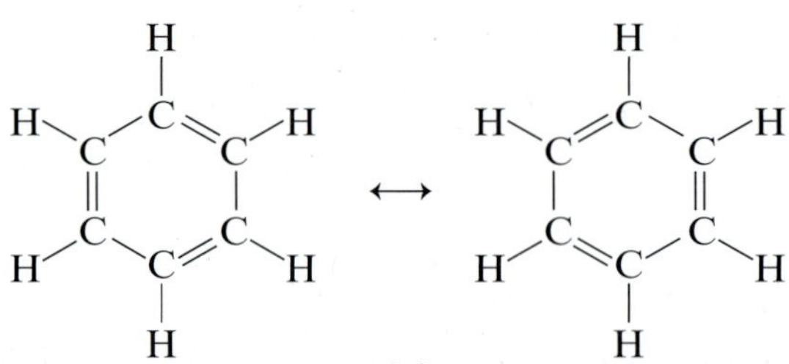
벤젠

화학 역사의 전환점이 된 Kekulé의 구조는 방향족 화합물의 구조에 대한 이해의 시작을 알렸다. 하지만 그의 구조에는 한 가지 심각한 단점이 있었다. 벤젠 및 관련 물질을 매우 불포화된 화합물로 표현한다는 점이다. 그러나 벤젠은 일반적인 알켄처럼 쉽게 첨가 반응을 일으키지 않는다. 예를 들어 벤젠은 브로민 용액을 빠르게 탈색하지 않는다. 벤젠의 화학적 거동은 오히려 알케인과 유사하다. 벤젠의 일반적인 반응은 수소 원자가 다른 기로 대체되는 치환 반응이다.

$$C_6H_6 + Cl_2 \xrightarrow{Fe} C_6H_5Cl + HCl$$

현대 이론에 따르면 벤젠 분자는 앞서 설명한 두 가지 Kekulé 구조의 혼합 형태라고 한다.

편의상 화학자들은 일반적으로 벤젠의 구조를 다음의 두 축약 형태 중 하나로 그린다.

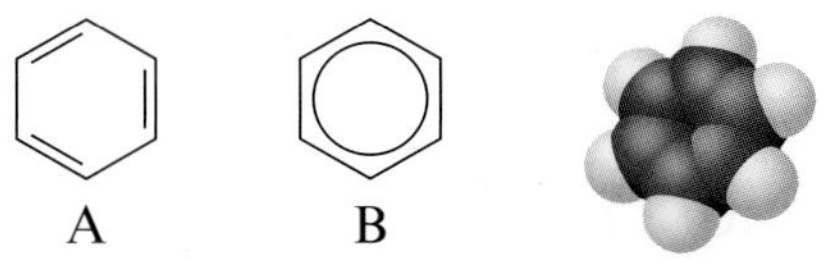
A B

두 표현 모두에서, 육각형의 각 모서리에 탄소 원자와 수소 원자가 있다는 것을 알 수 있다. 고전적인 Kekulé 구조는 A로 표시되고 현대 분자 오비탈 구조는 B로 표시된다. 이러한 육각 구조는 벤젠 유도체의 구조식—즉, 고리 내의 하나 이상의 수소 원자가 다른 원자 또는 기(group)로 치환된 물질을 나타내는 데에도 사용된다. 예를 들어 클로로벤젠(C_6H_5Cl)은 다음과 같이 나타낸다.

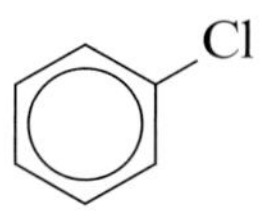
클로로벤젠, C_6H_5Cl

이 표기는 염소 원자가 수소 원자 하나를 치환하여 고리 안의 탄소 원자에 직접 결합되어 있음을 나타낸다. 따라서 클로로벤젠의 올바른 화학식은 C_6H_6Cl이 아니라 C_6H_5Cl이다.

방향족 화합물 명명법

벤젠의 수소 원자 중 하나 이상을 다른 원자나 기로 대체하면 치환된 벤젠을 얻을 수 있다. 따라서 일치환 벤젠은 화학식 C_6H_5G로 나타낸다. 여기서 G는 수소 원자를 치환하는 기이다. 벤젠의 모든 수소 원자는 동일하기 때문에 어떤 수소가 일치환기로 대체되었는지는 중요하지 않다.

일치환 벤젠

일부 일치환 벤젠은 **벤젠**(benzene)이라는 단어 앞에 치환기의 이름을 접두사로 추가하여 명명한다. 이름은 한 단어로 작성된다. 몇 가지 예는 다음과 같다.

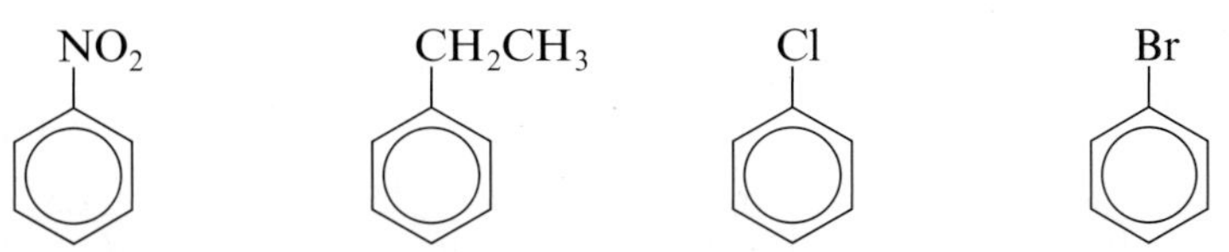

나이트로벤젠 에틸벤젠 클로로벤젠 브로모벤젠
—NO_2는 나이트로기

일부 특정 일치환 벤젠에는 알아두어야 할 특별한 이름이 있다. 이 화합물에서 치환이 더 어려워지면 이 화합물의 이름은 그 치환된 화합물의 어미 이름이 된다.

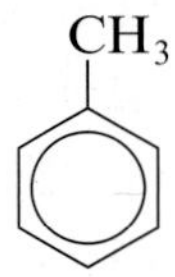

톨루엔
(메틸벤젠)

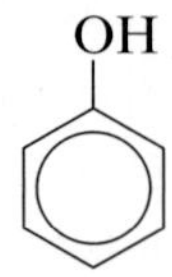

페놀
(하이드록시벤젠)

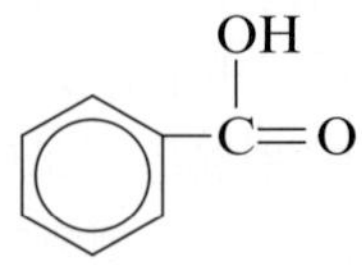

벤조산

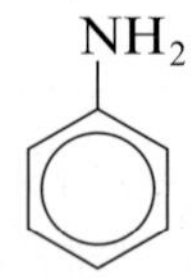

아닐린
(아미노벤젠)
—NH_2는 아미노기

C_6H_5—기는 **페닐기**(phenyl group)로 알려져 있다. **페닐**(phenyl)이라는 이름은 벤젠 유도체로 쉽게 명명할 수 없는 화합물에 사용된다. 예를 들어, 다음 화합물은 알케인의 유도체로 명명된다.

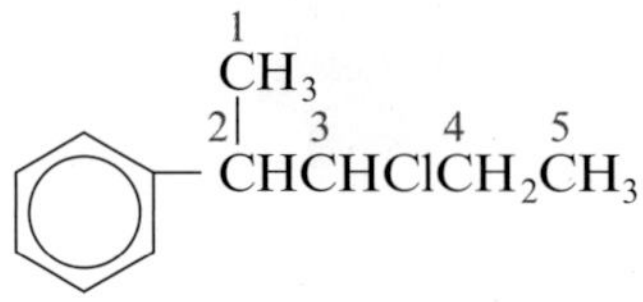

3-클로로-2-페닐펜테인

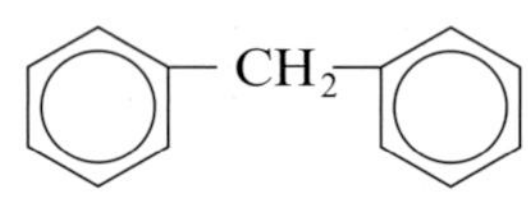

다이페닐메테인

이치환 벤젠

벤젠 분자의 두 수소 원자가 두 개의 치환기로 치환될 때는 세 가지 이성질체가 가능하다. 이러한 치환된 벤젠의 이름을 붙일 때 접두사 **오쏘**-(ortho-), **메타**-(meta-), **파라**-(para-)가 사용된다. 약칭으로 *o*-, *m*-, *p*-로도 쓴다. 오쏘 화합물에서 치환기는 바로 인접한 탄소 원자에 위치하며, 메타 화합물에서는 탄소 한 개만큼 떨어져 있고, 파라 화합물에서는 고리의 반대편에 있다. 두 치환기가 서로 다른 경우 알파벳 순으로 이름을 붙인 다음 **벤젠**(benzene)을 붙여 준다.

다이클로로벤젠($C_6H_4Cl_2$)은 이러한 명명법을 잘 보여준다. 세 가지 이성질체는 서로 다른 물리적 성질을 가지고 있어, 서로 다른 물질임이 확실하다. 상온에서 파라- 이성질체는 고체이고 나머지 두 이성질체는 액체로 존재한다.

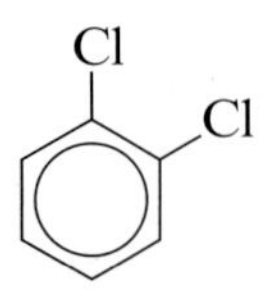

오쏘-다이클로로벤젠
(1,2-다이클로로벤젠)
녹는점 17.2℃, 끓는점 180.4℃

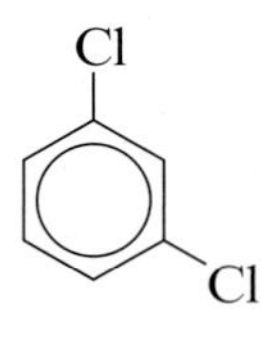

메타-다이클로로벤젠
(1,3-다이클로로벤젠)
녹는점 24.8℃, 끓는점 172℃

파라-다이클로로벤젠
(1,4-다이클로로벤젠)
녹는점 53.1℃, 끓는점 174.4℃

하나의 치환기가 특별한 이름을 가진 일치환 벤젠에 해당하는 경우, 그 일치환 화합물은 이치환 화합물의 어미 이름이 된다. 다음 예에서 어미 화합물은 페놀, 아닐린, 톨루엔, 벤조산이다.

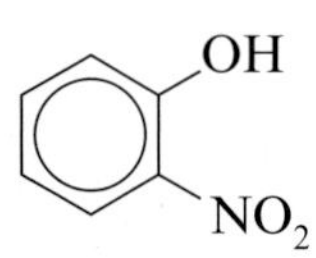

o-나이트로페놀

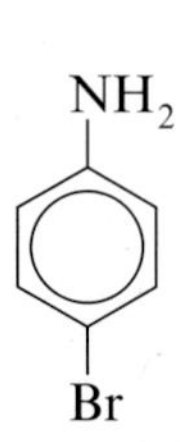

p-브로모아닐린

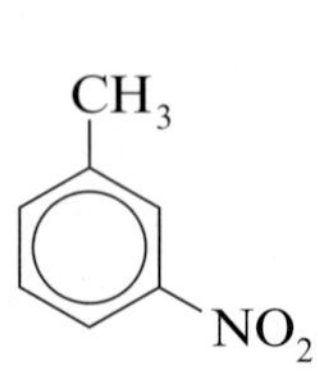

m-나이트로톨루엔

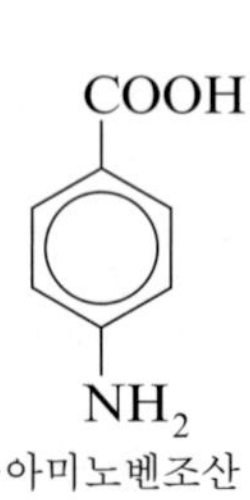

p-아미노벤조산

삼치환 벤젠과 다치환 벤젠

벤젠 고리에 두 개 이상의 치환기가 있는 경우, 고리 안의 탄소 원자에 번호를 매긴다. 번호는 치환기 중 하나에서 시작해 시계 방향 또는 반시계 방향으로 매기지만, 치환기에 가능한 한 가장 낮은 번호를 부여하는 방향으로 수행해야 한다. 화합물이 특별한 어미 화합물의 유도체로 명명된 경우, 어미 화합물의 치환기는 고리의 C-1 위치에 있는 것으로 간주된다(2,4,6-트라이나이트로톨루엔에서 CH_3기는 C-1에 있음)(사진 참조). 다음 예는 이 체계를 잘 보여준다.

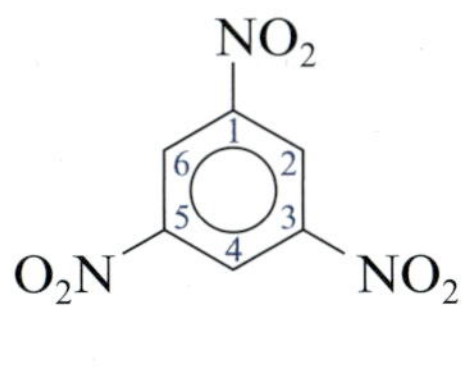

1,3,5-트라이나이트로벤젠

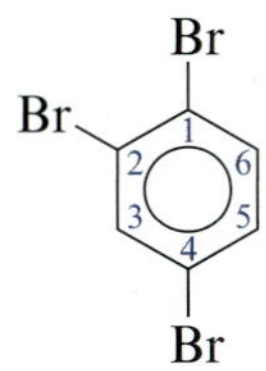

1,2,4-트라이브로모벤젠
(1,4,6-이 아님)

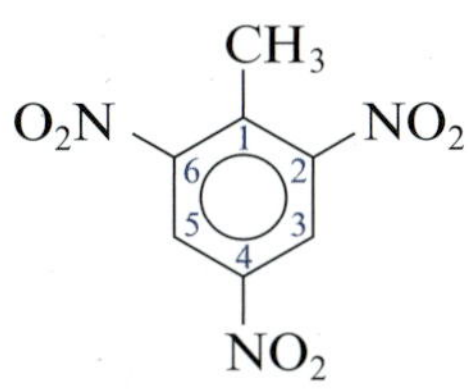

2,4,6-트라이나이트로톨루엔
(TNT)

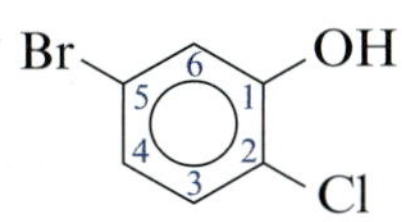

5-브로모-2-클로로페놀

냉각탑 철거에 TNT가 사용되었다.

AP Images/Dave Souza

AP Images/Dave Souza

AP Images/Dave Souza

예제 18.6

다음 화합물의 가능한 모든 이성질체의 구조식과 이름을 쓰시오.

(a) 클로로톨루엔(chlorotoluene), $C_6H_4Cl(CH_3)$ (b) 트라이클로로벤젠, $C_6H_3Cl_3$

풀이

(a) 이름과 화학식은 벤젠 고리에 연결된 클로로기(Cl)와 메틸기(CH_3)를 나타낸다. 이 두 기를 배치할 수 있는 위치는 6가지가 있다. 이들은 서로 오쏘-(ortho-), 메타-(meta-), 파라-(para-)가 될 수 있다.

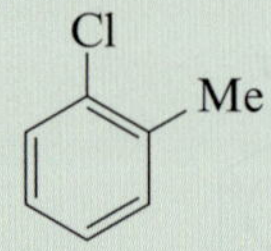

o-클로로톨루엔

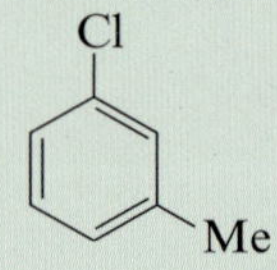

m-클로로톨루엔

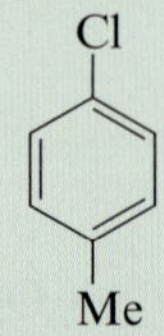

p-클로로톨루엔

(b) 트라이클로로벤젠의 경우, 세 개의 클로로기를 1, 2, 3 위치에 배치하는 것으로 시작하여, 가능한 모든 이성질체가 형성될 때까지 위치를 바꿔가면서(1, 2, 4 등) 배치한다. 각 이성질체에 이름을 붙이면서 중복된 구조식이 없는지 확인한다.

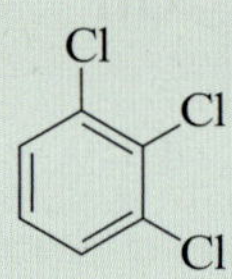

1,2,3-트라이클로로벤젠

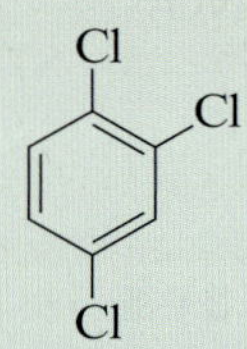

1,2,4-트라이클로로벤젠

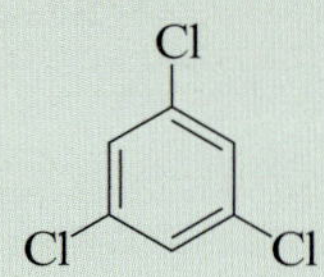

1,3,5-트라이클로로벤젠

트라이클로로벤젠은 이성질체가 3개뿐이다. 그러나 하나의 Cl이 Br로 대체되면 6개의 이성질체가 가능해진다.

실습 문제 18.6

다음 각 화합물을 명명하시오.

(a)

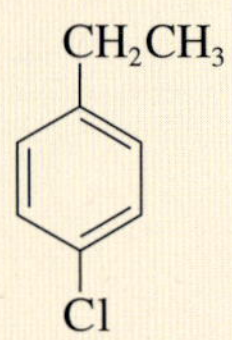

(b)

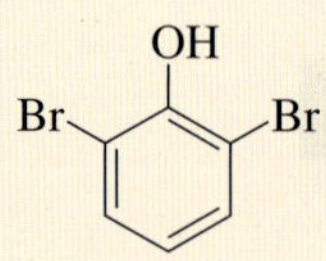

(c)

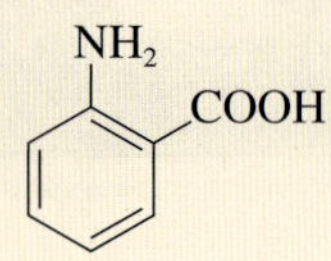

18.6 탄화수소 유도체

이 절의 학습 목표
표 18.4에 나와 있는 탄화수소 유도체들의 구조를 그릴 수 있다.

탄화수소 유도체는 탄화수소에서 합성될 수 있는 화합물이다. 이러한 유도체에는 탄소와 수소뿐만 아니라 산소, 질소 또는 할로젠과 같은 추가 원소도 포함되어 있다. 같은 종류의 화합물은 구조와 특성이 유사하다. **표 18.4**에 표시된 탄화수소 유도체 종류를 두 영역으로 나누어 살펴보겠다. 첫 번째 영역의 화합물은 분자에 C=O기가 포함되어 있지 않지만, 두 번째 영역의 화합물은 모두 C=O기가 포함되어 있다.

표 18.4 탄화수소 유도체의 종류

종류	일반식	작용기 구조	구조식 예시	이름	
				IUPAC	관용명
알킬 할라이드	R*X	—X X = F, Cl, Br, I	CH_3Cl CH_3CH_2Cl	클로로메테인 클로로에테인	메틸 클로라이드 에틸 클로라이드
알코올	ROH	—OH	CH_3OH CH_3CH_2OH	메탄올 에탄올	메틸 알코올 에틸 알코올
에터	R—O—R	R—O—R	CH_3OCH_3 $CH_3CH_2OCH_2CH_3$	메톡시메테인 에톡시에테인	다이메틸 에터 다이에틸 에터
알데하이드	$R-\overset{\overset{H}{\mid}}{C}=O$	$-\overset{\overset{H}{\mid}}{C}=O$	$H-\overset{\overset{H}{\mid}}{C}=O$ $CH_3-\underset{\underset{H}{\mid}}{C}=O$	메탄알 에탄알	폼알데하이드 아세트알데하이드
케톤	$R-\underset{\underset{O}{\Vert}}{C}-R$	$R-\underset{\underset{O}{\Vert}}{C}-R$	$CH_3-\underset{\underset{O}{\Vert}}{C}-CH_3$ $CH_3-\underset{\underset{O}{\Vert}}{C}-CH_2CH_3$	프로판온 2-뷰탄온	아세톤 메틸 에틸 케톤
카복실산	$R-C\begin{array}{l}{\nearrow}O\\{\searrow}OH\end{array}$	$-C\begin{array}{l}{\nearrow}O\\{\searrow}OH\end{array}$	HCOOH CH_3COOH	메탄산 에탄산	폼산 아세트산
에스터	$R-C\begin{array}{l}{\nearrow}O\\{\searrow}OR\end{array}$	$-C\begin{array}{l}{\nearrow}O\\{\searrow}OR\end{array}$	$HCOOCH_3$ CH_3COOCH_3	메탄산 메틸 에탄산 메틸	폼산 메틸 아세트산 메틸

*"R"은 모든 가능한 알킬기를 나타내는 데 사용되었다.

알킬 할라이드

알케인은 자외선 아래에서 할로젠과 반응하여 할로젠화 알킬 화합물인 R−X를 생성한다. **할로젠화**(halogenation) 반응은 수소 원자가 할로젠 원자로 치환되는 것을 일반적으로 일컫는 용어이다.

$$RH + X_2 \xrightarrow{\text{자외선}} RX + HX \quad (X = Cl \text{ 또는 } Br)$$

특정 할로젠이 사용되는 경우 이름에 이를 반영한다. 예를 들어 할로젠이 염소라면 이 공정을 **염소화**(chlorination) 반응이라고 한다.

$$CH_3CH_3 + Cl_2 \xrightarrow{\text{자외선}} \underset{\text{클로로에테인}}{CH_3CH_2Cl} + HCl$$

이 반응은 다른 물질의 제조를 위한 중간체로 유용한 알킬 할라이드, RX를 생성한다.

메테인과 염소의 잘 알려진 반응은 다음과 같은 반응식으로 쓸 수 있다.

$$CH_4 + Cl_2 \xrightarrow{\text{자외선}} \underset{\text{클로로메테인}}{CH_3Cl} + HCl$$

IUPAC 명명법에 따라 유기 할로젠화물은 할로젠 치환기를 어미 알케인의 접두사로 지정하여 명명된다(예: CH_3Cl은 클로로메테인이다).

예제 18.7

다음 각 화합물 대해 두 가지 이름을 쓰시오.

(a) CH_3CH_2Br
(b) $CH_3CH_2CH_2Br$
(c) CH_3CHBr (CH 아래에 CH_3)
(d) $CH_3CHClCH_2Br$
(e) CCl_4

풀이

(a) 브로민화 에틸(ethyl bromide), 브로모에테인(bromoethane)
(b) 브로민화 프로필(propyl bromide), 1-브로모프로페인(1-bromopropane)
(c) 브로민화 아이소프로필(isopropyl bromide), 2-브로모프로페인(2-bromopropane)
(d) 1-브로모-2-클로로프로페인(1-bromo-2-chloropropane)
(e) 사염화 탄소(carbon tetrachloride), 테트라클로로메테인(tetrachloromethane)

실습 문제 18.7

다이브로모프로페인의 모든 이성질체에 대한 축약 구조식을 쓰시오.

알킬 할라이드는 주로 산업용 용매로 사용된다. 사염화 탄소(CCl_4)는 한때 드라이클리닝 공정에 광범위하게 사용되었지만 독성과 발암성 때문에 대체되었다.

유기 할로젠화물도 마취제로 사용된다. 클로로폼($CHCl_3$)은 한때 인기 있는 마취제였다. 하지만 호흡기에 해롭다는 이유로 더 이상 사용되지 않는다. 대신 할로테인(halothane, $CF_3CHClBr$)과 같은 화합물이 사용되고 있다.

탄소, 수소, 플루오린, 염소로 구성된 염화 플루오로탄소(chlorinated fluorocarbons, CFCs)는 에어로졸 추진제 및 냉매에 사용되는 알킬 할라이드이다. CFCs는 상층 대기권에서 염소 원자를 생성하여 오존층을 고갈시키기 때문에 다른 화합물로 대체되었다. 이제 많은 에어로졸은 이산화 탄소에 의해 추진된다. 냉장고와 에어컨에는 수소 플루오로탄소(hydrofluorocarbons, HFC)라고 불리는 다른 냉매가 사용되고 있다.

18.7 알코올

이 절의 학습 목표
알코올의 구조를 그리고 명명할 수 있다.

알코올(alcohol)은 포화 탄소 원자에 공유 결합된 하이드록시기(hydroxyl group, −OH)를 포함하는 유기 화합물이다. 따라서 CH_4의 H를 −OH로 치환하면 메틸 알코올인 CH_3OH가 된다. 알코올의 작용기는 −OH이다. 알코올의 일반적인 화학식은 ROH이며, 여기서 R은 알킬 또는 치환된 알킬기이다.

알코올은 물에서 해리되거나 이온화되지 않는다는 점에서 금속 수산화물과 다르다. −OH기는 이온 결합이 아닌 공유 결합에 의해 탄소 원자에 붙어 있다. 알코올은 메탄올인 CH_3OH를 계열의 첫 번째 구성원으로 하는 동족 계열을 형성한다. 메탄올과 에탄올의 원자 구조 배열을 그림 18.6에 모형으로 나타내었다.

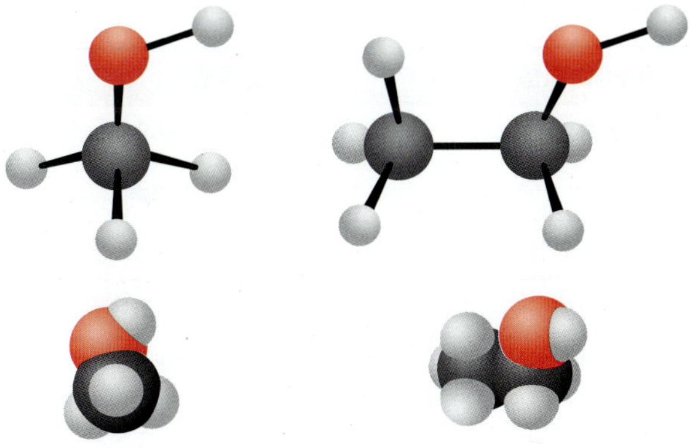

CH_3OH 메탄올　　CH_3CH_2OH 에탄올

그림 18.6 메탄올과 에탄올의 구조식 모형

알코올은 −OH기가 결합된 탄소 원자가 각각 하나, 둘 또는 세 개의 다른 탄소 원자에 결합되어 있는지에 따라 **일차(primary, 1°)**, **이차(secondary, 2°)**또는 **삼차(tertiary, 3°)**로 분류된다. 1°, 2°, 3° 알코올의 일반식은 다음과 같다.

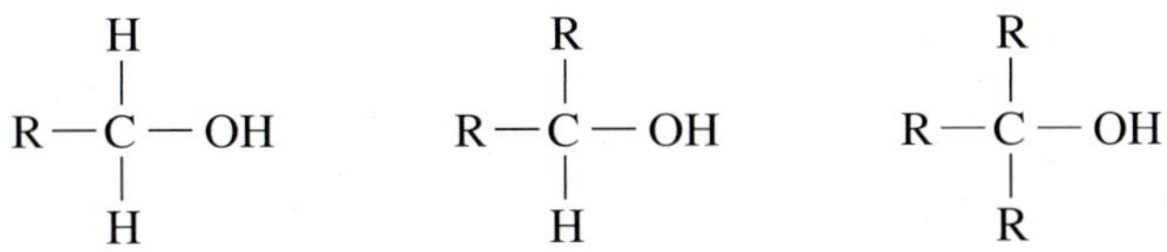

일차 알코올　　이차 알코올　　삼차 알코올

이러한 알코올의 예는 표 18.5에 나와 있다. 메탄올(CH_3OH)은 일차 알코올로 분류된다.

단일 탄소 원자에 하나 이상의 −OH기가 결합된 분자 구조는 일반적으로 안정적이지 않다. 그러나 각 −OH가 다른 탄소 원자에 결합된 경우 알코올 분자는 두 개 이상의 −OH기를 포함할 수 있다. 따라서 알코올은 분자당 하이드록시기의 개수에 따라 모노하이드록시(monohydroxy), 다이하이드록시(dihydroxy), 트라이하이드록시(trihydroxy) 등으로 분류하기도 한다. **폴리하이드록시 알코올(polyhydroxy alcohol)**은 분자당 −OH기가 두 개 이상인 알코올을 통칭하는 용어이다.

메탄올

메탄올은 휘발성이 크고(끓는점 65℃), 인화성도 높은 액체이다. 독성이 있어 섭취할 경우 실명하거나 사망을 초래할 수 있다. 단시간이라도 메탄올 증기에 노출되는 것은 위험하다. 이러한 위험성에도 불구하고 매년 80억 파운드(3.6×10^9 kg) 이상의 메탄올이 제조되어 다음과 같이 사용되고 있다.

- 고분자를 만드는 데 주로 사용되는 폼알데하이드로의 전환
- 다른 화학 물질, 특히 다양한 종류의 에스터 제조
- 에틸 알코올의 변성(음료로 부적합하게 함)
- 산업용 용매
- 라디에이터의 저렴한 임시 부동액(끓는점이 물보다 낮기 때문에 영구적인 부동액으로는 만족스럽지 못함)

표 18.5 알코올의 이름과 분류

종류	구조식	IUPAC 이름	관용명*	끓는점(℃)
일차	CH_3OH	메탄올	메틸 알코올	65.0
일차	CH_3CH_2OH	에탄올	에틸 알코올	78.5
일차	$CH_3CH_2CH_2OH$	1-프로판올	*n*-프로필 알코올	97.4
일차	$CH_3CH_2CH_2CH_2OH$	1-뷰탄올	*n*-뷰틸 알코올	118
일차	$CH_3(CH_2)_3CH_2OH$	1-펜탄올	*n*-펜틸 알코올	138
일차	$CH_3(CH_2)_6CH_2OH$	1-옥탄올	*n*-옥틸 알코올	195
일차	CH_3CHCH_2OH $\vert$ CH_3	2-메틸-1-프로판올	아이소뷰틸 알코올	108
이차	CH_3CHCH_3 $\vert$ OH	2-프로판올	아이소프로필 알코올	82.5
이차	$CH_3CH_2CHCH_3$ $\vert$ OH	2-뷰탄올	*sec*-뷰틸 알코올	91.5
삼차	CH_3 $\vert$ CH_3-C-OH $\vert$ CH_3	2-메틸-2-프로판올	*tert*-뷰틸 알코올	82.9
다이하이드록시	$HOCH_2CH_2OH$	1,2-에테인다이올	에틸렌 글라이콜	197
트라이하이드록시	$HOCH_2CHCH_2OH$ $\vert$ OH	1,2,3-프로페인트라이올	글리세롤 또는 글리세린	290

*줄임말인 *n*, *sec*, *tert*는 각각 노말, 이차, 삼차를 뜻한다.

에탄올

에탄올은 의심의 여지 없이 가장 널리 알려진 알코올이다. 이 물질은 전분과 설탕의 발효를 통해 엄청난 양이 제조된다. 효모 효소인 당류 발효 효소(zymase)에 의해 단순당이 에탄올로 전환된다.

$$\underset{\text{글루코스}}{C_6H_{12}O_6} \xrightarrow{\text{당류 발효 효소}} 2\ \underset{\text{에탄올}}{CH_3CH_2OH} + 2\ CO_2$$

에탄올은 다음과 같이 경제적으로 중요하다.

- 아세트알데하이드(acetaldehyde), 아세트산(acetic acid), 에틸 아세테이트(ethyl acetate), 다이에틸 에터(diethyl ether)와 같은 다른 화학 물질 제조의 중간체
- 많은 유기 물질의 용매(예: 의약품, 향수, 향료)
- 알코올성 음료의 성분
- 자동차 대체 연료(사진 참조)

fc1/picturesbyrob/Alamy Stock Photo

에탄올은 이제 플렉스 연료 차량의 대체 연료로 사용된다.

에탄올은 생리학적으로 식품, 약물, 독으로 작용한다. 이 물질은 제한된 의미에서만 음식이라고 볼 수 있는데, 우리 몸이 에탄올의 적은 양만 이산화 탄소와 물로 대사시키면서 에너지를 방출하기 때문이다. 적당량의 에탄올은 졸음을 유발하고 뇌 기능을 저하시켜 (자동차 운전과 같이) 기술과 판단력이 필

요한 활동에 장애를 일으킨다. 다량 섭취하면 메스꺼움, 구토, 지각 장애, 조정력 부족을 유발한다. 매우 많은 양을 섭취하면 의식을 잃고 최종적으로는 사망에 이를 수 있다.

산업용 에탄올은 대개 에탄올에 소량의 메탄올과 제거하기 매우 어려운 기타 변성제를 첨가하여 변성시킨 것이다(음용에 부적합하게 만든다). 변성은 음료용 알코올에 부과하는 세금원을 보호하기 위해 연방 정부에 의해 요구된다. 비음료 용도의 순수 에탄올이 필요한 과학 및 산업 분야 사용자에게는 특별 면세 사용 허가가 발급된다.

기타 널리 사용되는 알코올은 다음과 같다.

- 아이소프로필알코올(isopropyl alcohol, 혹은 2-프로판올(2-propanol))은 소독용 알코올의 주요 성분이다.
- 에틸렌 글리콜(ethylene glycol, 혹은 에테인다이올(ethanediol))은 부동액의 주요 화합물이며 합성 섬유 제조 및 페인트 산업에서도 사용된다.
- 글리세롤(glycerol, 혹은 1,2,3-프로페인트라이올(1,2,3-propanetriol))은 글리세린(glycerine)으로도 알려져 있으며, 시럽처럼 달콤한 맛이 나는 액체로 고분자와 폭발물 제조에 사용되며, 화장품의 연화제, 담배의 보습제 및 감미료로 사용된다.

알코올 명명법

알케인의 명명법을 알고 있다면 IUPAC 명명법에 따라 알코올의 이름을 쉽게 지을 수 있다. 안타깝게도 몇몇 알코올은 일반명으로도 알려져 있으므로 특정 알코올에 대해 두 가지 이름을 모두 알아야 하는 경우가 많다. 관용명은 일반적으로 −OH기에 붙어 있는 알킬기의 이름과 **알코올**이라는 단어로 구성된다(표 18.5).

알코올 명명법(IUPAC)

1. 하이드록시기를 포함하는 탄소 원자의 가장 긴 연속 사슬을 선택한다.
2. −OH기가 결합된 탄소 원자의 번호가 가장 낮도록 이 사슬의 탄소 원자에 번호를 매긴다.
3. 대응하는 알케인 이름의 마지막 -e를 -**올**(-ol)로 대체하여 어미 알코올 이름을 만든다. 이성질체가 가능한 경우, −OH와 결합한 탄소 원자의 번호를 어미 알코올 이름 바로 앞에 배치하여 (하이픈으로 연결) −OH의 위치를 나타낸다.
4. 각 알킬 가지 사슬(또는 다른 기)의 이름을 명명하고 그 위치를 번호로 지정한다.

다음 예와 표 18.5를 통해 알코올의 명명법을 익혀 보자.

$\overset{3}{CH_3}-\overset{2}{CH_2}-\overset{1}{CH_2}OH$

1-프로판올

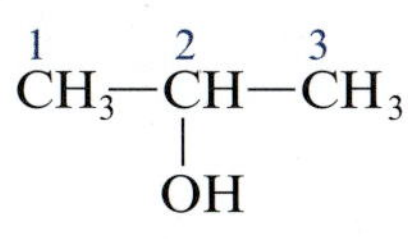

2-프로판올(아이소프로필 알코올)

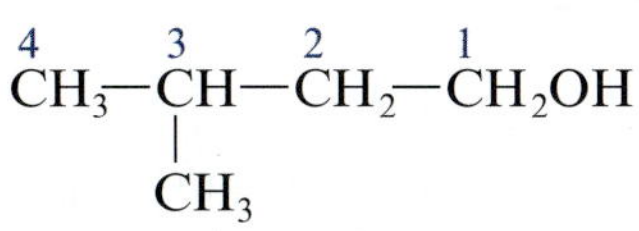

3-메틸-1-뷰탄올

$HO\overset{2}{CH_2}-\overset{1}{CH_2}OH$

1,2-에테인다이올(에틸렌 글리콜)

예제 18.8

다음 알코올을 IUPAC 체계로 명명하시오.

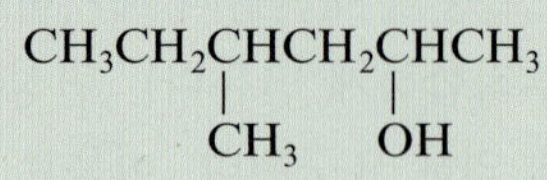

풀이

1. −OH기를 포함하는 가장 긴 연속 탄소 사슬은 6개의 탄소 원자를 가지고 있다.

2. 이 탄소 사슬은 오른쪽에서 왼쪽으로 번호가 매겨져 −OH기에 결합된 탄소가 가능한 가장 작은 수를 갖도록 한다. 이 경우 −OH는 C-2에 있다.

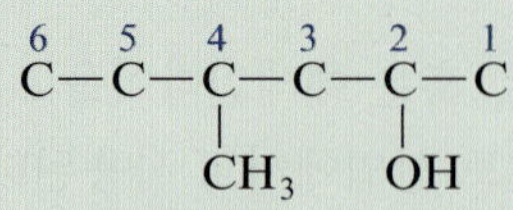

3. 6탄소 알케인의 이름은 헥세인이다. 헥세인(hexan**e**)에서 마지막 *-e*를 *-ol*로 바꾸면 헥산올(hexan**ol**)이라는 이름이 된다. −OH가 C-2에 있으므로, 헥산올 앞에 2-를 붙여 2-헥산올(2-hexanol)이라는 어미 알코올 이름을 붙인다.

4. 메틸기인 CH_3는 C-4에 위치한다. 따라서 화합물의 전체 이름은 4-메틸-2-헥산올(4-methyl-2-hexanol)이다.

예제 18.9

3,3-다이클로로-2-헥산올(3,3-dichloro-2-hexanol)의 구조식을 그리시오.

풀이

2-헥산올(2-hexanol)은 C-2에 −OH기가 있는 6개의 탄소 사슬을 말한다. C-2에 −OH가 있는 골격 구조를 그린다. 이제 두 개의 클로로기(3,3-다이클로로, 3,3-dichloro)를 C-3에 놓는다.

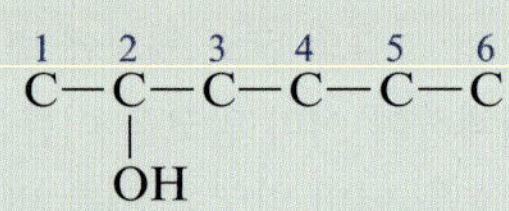

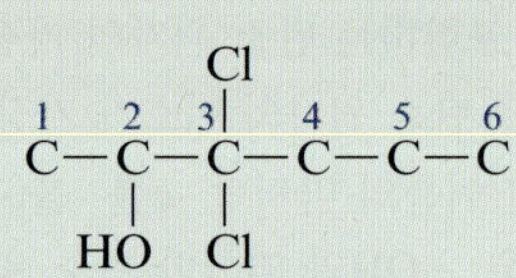

마지막으로 수소 원자를 추가하여 각 탄소 원자에 4개의 결합을 부여한다:

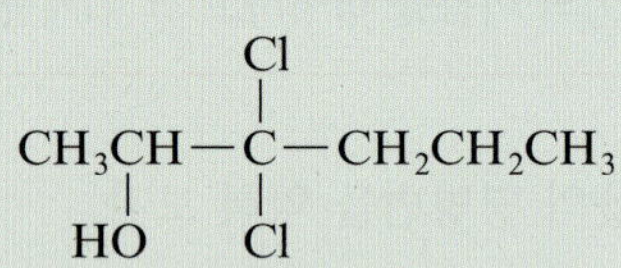

3,3-다이클로로-2-헥산올

실습 문제 18.8

다음 각 알코올을 명명하고 일차, 이차, 삼차 알코올로 분류하시오.

(a) 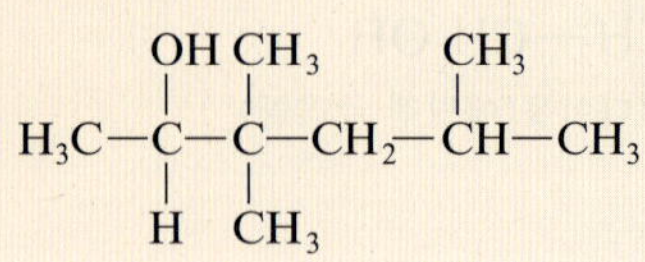

(b) 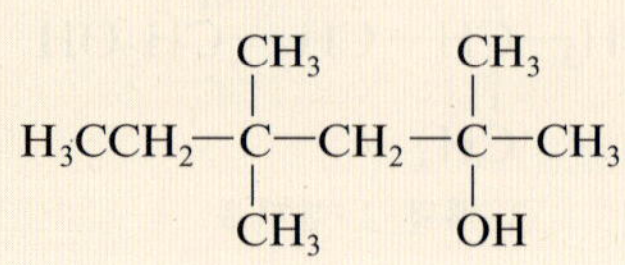

18.8 에터

> **이 절의 학습 목표**
> 에터의 구조를 그리고 명명할 수 있다.

에터(**ether**)의 일반식은 ROR′이다. 두 개의 기(group), R과 R′은 포화, 불포화 또는 방향족 탄화수소로부터 파생될 수 있으며, 한 에터 내에서 같을 수도, 다를 수도 있다. **표 18.6**에는 다양한 에터의 구조식과 이름이 나열되어 있다.

포화 에터는 화학 반응성이 거의 없지만 많은 유기 물질을 쉽게 녹이기 때문에 실험실과 제조 작업 모두에서 용매로 자주 사용된다.

알코올(ROH)과 에터(ROR′)는 이성질체로, 분자식은 같지만 구조식은 다르다. 예를 들어, 에탄올(ethanol)과 다이메틸 에터(dimethyl ether)의 분자식은 C_2H_6O이지만 구조식은 다음과 같다.

CH_3CH_2OH
에탄올

CH_3OCH_3
다이메틸 에터

이 두 분자는 물리적, 화학적 특성이 매우 다르다. 에탄올은 78.3°C에서 끓고, 다이메틸 에터는 −23.7°C에서 끓는다. 에탄올은 분자 간 수소 결합이 가능하므로 끓는점이 훨씬 높다. 또한 다이메틸 에터보다 물에 대한 용해도가 더 높다.

에터 명명법

알코올과 마찬가지로 개별 에터에는 여러 가지 이름이 있을 수 있다. 마취제로 널리 사용되던 화학식 $CH_3CH_2-O-CH_2CH_3$를 가지는 에터는 다이에틸 에터, 에틸 에터, 에톡시에테인 또는 간단히 에터라고 부른다. 에터의 관용명은 산소 원자에 붙은 기의 이름과 **에터**라는 단어로 구성된다.

표 18.6 에터의 이름과 구조식

이름*	구조식	끓는점(℃)
다이메틸 에터 (메톡시메테인)	CH_3-O-CH_3	−24
메틸 에틸 에터 (메톡시에테인)	$CH_3CH_2-O-CH_3$	8
다이에틸 에터 (에톡시 에테인)	$CH_3CH_2-O-CH_2CH_3$	35
에틸 아이소프로필 에터 (2-에톡시프로페인)	$CH_3CH_2-O-CH(CH_3)CH_3$	54
다이바이닐 에터	$CH_2{=}CH-O-CH{=}CH_2$	39
아니솔 (메톡시벤젠)	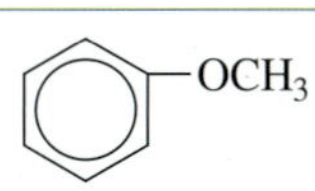	154

*괄호 속은 IUPAC 이름이다.

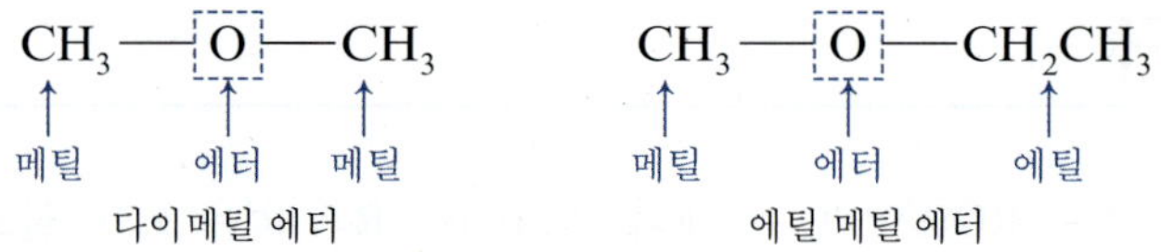

IUPAC 명명법에서 에터는 분자에서 가장 긴 탄소–탄소 사슬에 해당하는 알케인의 알콕시(alkoxy) 유도체(RO–)로 명명된다.

에터 명명법

1. 가장 긴 탄소–탄소 사슬을 선택하고 해당 알케인의 이름으로 명명한다.

2. 다른 탄화수소기의 **-일**(-yl) 어미를 **-옥시**(-oxy)로 변경하여 알콕시기의 이름을 얻는다. 예를 들어, CH_3O–는 메톡시(methoxy)라고 한다.

3. 1단계와 2단계에서 얻은 두 이름을 결합하여 알콕시 이름을 먼저 붙이면 다음과 같이 에터 이름이 만들어진다.

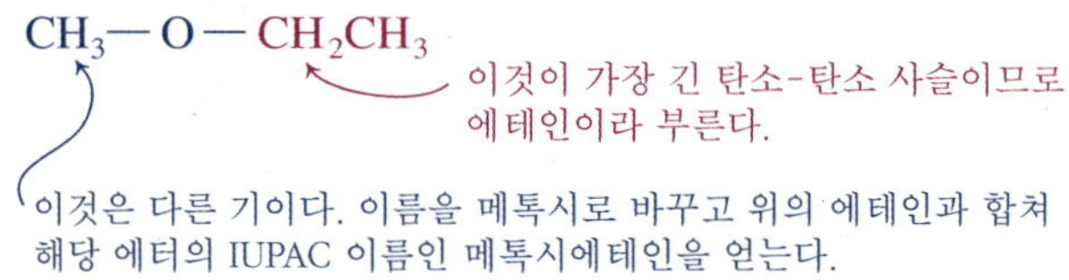

따라서,

CH_3CH_2—O—CH_2CH_3 은 에톡시에테인이다.

$CH_3CH_2CH_2$—O—$CH_2CH_2CH_2CH_3$ 은 프로폭시뷰테인이다.

예제 18.10

다음 각 에터를 명명하시오.

(a) $H_3CCH(CH_3)$—O—$CH_2CH_2CH_2CH_3$ (두 가지 이름)

(b) H_3CCH_2—O—$CH(CH_3)CH_3$ (두 가지 이름)

(c) 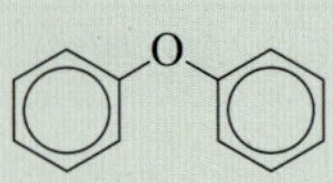 (한 가지 이름)

(d) CH_3CH_2—O—$CH_2CH_2CH_2CH_3$ (두 가지 이름)

풀이

(a) 1-아이소프로폭시뷰테인(1-isopropoxybutane), 뷰틸 아이소프로필 에터(butyl isopropyl ether)

(b) 2-에톡시프로페인(2-ethoxypropane), 에틸 아이소프로필 에터(ethyl isopropyl ether)

(c) 다이페닐 에터(diphenyl ether)

(d) 1-에톡시뷰테인(1-ethoxybutane), 뷰틸 에틸 에터(butyl ethyl ether)

실습 문제 18.9

다음 각 에터의 구조식을 그리시오.

(a) 다이아이소프로필 에터(diisopropyl ether)

(b) 페닐 프로필 에터(phenyl propyl ether)

(c) 1-에톡시-2,3-다이메틸뷰테인(1-ethoxy-2,3-dimethylbutane)

18.9 알데하이드와 케톤

> **이 절의 학습 목표**
> 알데하이드와 케톤의 구조를 그리고 명명할 수 있다.

알데하이드와 케톤은 서로 밀접하게 관련된 화합물이다. 이들의 구조는 산소에 이중 결합된 탄소인 **카보닐기(carbonyl group,** $\mathrm{>C{=}O}$)를 포함한다. **알데하이드(aldehyde)**는 카보닐기에 하나 이상의 수소 원자가 결합되어 있는 화합물이며, **케톤(ketone)**은 카보닐기에 두 개의 알킬(R) 또는 방향족(Ar)기가 결합되어 있는 화합물이다.

$$\mathrm{R-\overset{\overset{O}{\|}}{C}-H \qquad Ar-\overset{\overset{O}{\|}}{C}-H}$$

알데하이드

$$\mathrm{R-\overset{\overset{O}{\|}}{C}-R \qquad R-\overset{\overset{O}{\|}}{C}-Ar \qquad Ar-\overset{\overset{O}{\|}}{C}-Ar}$$

케톤

알데하이드기는 선형 구조식에서 CHO 또는 CH$=$O로 표기되기도 한다. 예를 들어

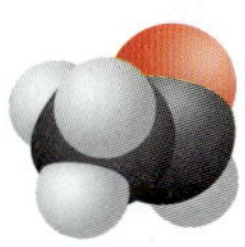

아세트알데하이드

$\mathrm{CH_3CHO}$는 $\mathrm{CH_3\overset{\overset{O}{\|}}{C}-H}$와 같다.

케톤은 선형 구조식에서 카보닐기를 CO로 표기한다. 그래서

아세톤

$\mathrm{CH_3COCH_3}$는 $\mathrm{CH_3\overset{\overset{O}{\|}}{C}CH_3}$와 같다.

폼알데하이드는 가장 널리 사용되는 알데하이드이다. 폼알데하이드는 물에 잘 녹으며, 유독하고 자극적이고, 상온에서 기체이다. 40% 폼알데하이드 수용액은 **포르말린**(formalin)이라는 이름으로 판매되며, 가장 큰 용도는 고분자 제조에 사용되는 것이다. 미국에서는 매년 약 21억 파운드(9.6×10^8 kg)의 폼알데하이드가 제조된다. 폼알데하이드 증기는 점막에 강한 자극을 주며, 섭취 시 심한 복통을 유발하여 혼수상태에 빠지거나 사망에 이를 수 있다.

아세톤과 메틸 에틸 케톤은 널리 사용되는 유기 용매이다. 특히 아세톤은 용매로 매우 대량으로 사용된다. 미국의 아세톤 생산량은 연간 약 19억 파운드(8.7×10^8 kg)이다. 아세톤은 약물, 화학 물질, 폭발물의 제조; 페인트, 광택제, 매니큐어의 제거; 플라스틱 산업에서의 용매로 사용된다(사진 참조). 메틸 에틸 케톤(methyl ethyl ketone, MEK)은 특히 래커용 용매로 널리 사용된다.

Turtle Rock Scientific/Science Source

아세톤 용매는 자연 손톱을 위한 매니큐어 제거제의 주요 성분이다.

알데하이드 명명법

알데하이드의 IUPAC 이름은 마지막 *-e*를 빼고 어미 탄화수소의 이름(즉, −CHO기를 갖는 가장 긴 탄소−탄소 사슬)에 **-알**(*-al*)을 추가하여 얻는다. 알데하이드 탄소는 항상 탄소 사슬의 시작 부분에 있으며, 탄소 번호 1로 해석되어 따로 번호를 매길 필요가 없다. 동족 계열의 첫 번째 멤버인 $H_2C{=}O$는 메탄알(methanal)이다. **메탄알**이라는 이름은 탄소 원자가 하나인 탄화수소 메테인에서 유래했다. 이 계열의 두 번째 구성원은 에탄알(ethanal), 세 번째 구성원은 프로판알(propanal)이다.

메테인 메탄알 (methane + -al) 에테인 에탄알 (ethane + -al)

알데하이드기를 포함하는 가장 긴 탄소 사슬이 어미 화합물이다. 이 사슬에 연결된 다른 기는 이전에 했던 것처럼 번호가 매겨지고 이름이 붙여진다. 예를 들어

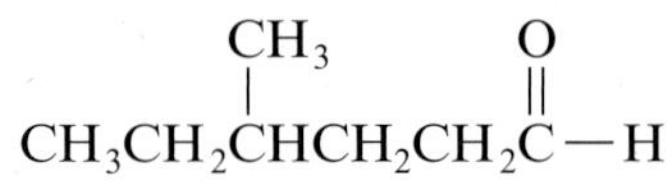

4-메틸헥산알

일부 알데하이드의 관용명은 널리 사용된다. 알데하이드의 관용명은 카복실산의 관용명에서 파생된다. 산 이름의 *-ic acid* 또는 *-oic acid* 끝을 삭제하고 접미사 -**알데하이드**(-aldehyde)로 대체한다(역주: 우리말에서는 -산을 -알데하이드로 대체하면 된다). 따라서 탄소가 1개인 알데하이드의 경우 탄소가 1개인 산의 이름인 폼산(formic acid)에서 비롯되어 폼알데하이드(formaldehyde)가 된다.

폼산 폼알데하이드 아세트산 아세트알데하이드

케톤 명명법

케톤의 IUPAC 이름은 케톤-카보닐기를 포함하는 가장 긴 탄소 사슬에 해당하는 알케인의 이름에서 유래한다. 어미 이름은 알케인에서 어미의 *-e*를 -**온**(*-one*)으로 변경하여 형성된다. 사슬이 탄소 4개보다 길면 카보닐 탄소가 가능한 한 가장 작은 수를 갖도록 번호가 매겨지며, 이 번호가 케톤의 이름 앞에 붙는다. 어미 사슬에 결합된 다른 기는 앞서 탄화수소 및 알코올 등에서와 같이 이름과 번호가 지정된다. 예를 들어

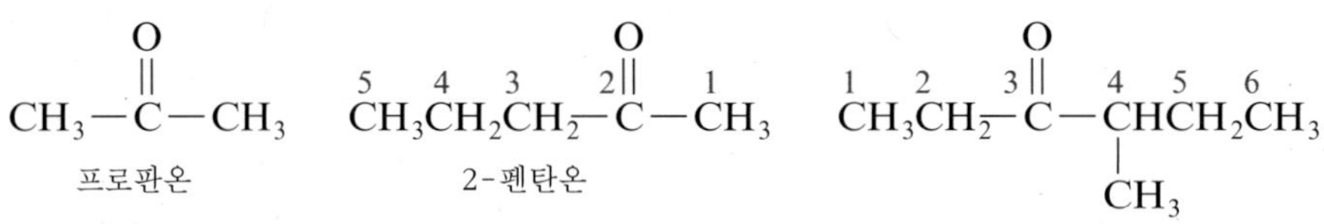

프로판온 2-펜탄온 4-메틸-3-헥산온

4-메틸-3-헥산온에서는 케톤기에 가능한 가장 낮은 번호를 부여하기 위해 탄소 사슬의 왼쪽에서 오른쪽으로 번호를 매겼다.

단순 케톤의 이름을 지정하는 데 일반적으로 사용되는 IUPAC 명명법이 아닌 방법은 **케톤**(ketone)이라는 단어와 함께 카보닐 탄소에 부착된 알킬기 또는 방향족기의 이름을 나열하는 것이다.

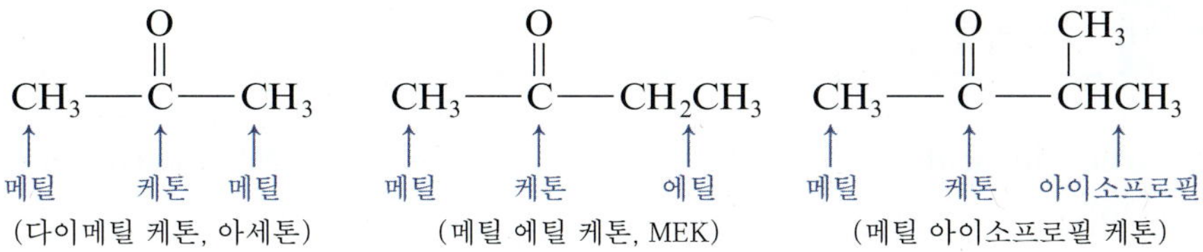

가장 널리 사용되는 두 가지 케톤은 일반적으로 IUPAC 명명법이 아닌 다른 이름으로 알려져 있다. 프로판온(propanone)은 아세톤(acetone)으로, 뷰탄온(butanone)은 메틸 에틸 케톤(methyl ethyl ketone, MEK)으로 알려져 있다.

예제 18.11

열린 사슬 5-탄소 및 6-탄소 알데하이드에 대한 화학식과 이름을 쓰시오.

풀이

IUPAC 이름은 5-탄소 및 6-탄소 알케인을 기반으로 한다. 알케인 이름에서 *-e*를 빼고 접미사 **-알**(*-al*)을 추가한다. 펜테인(C_5)은 펜탄알(pentanal)이 되고 헥세인(C_6)은 헥산알(hexanal)이 된다.

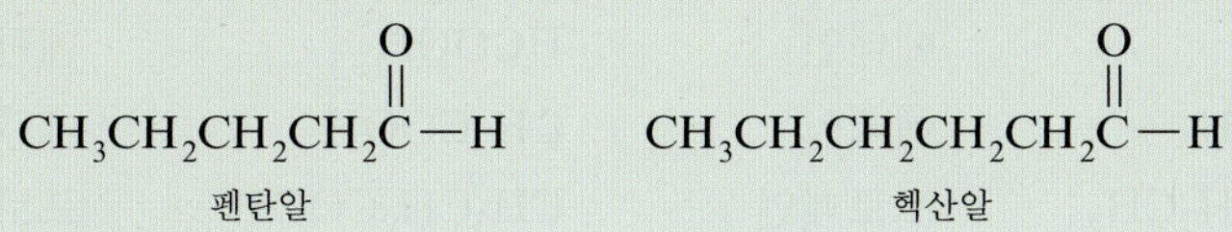

예제 18.12

다음 각 케톤의 두 가지 이름을 쓰시오.

(a) 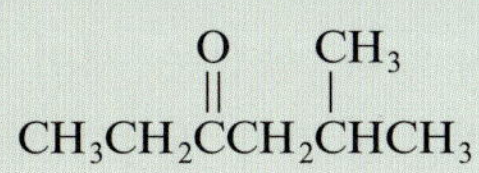

(b) 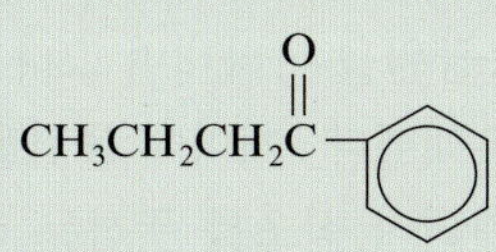

풀이

(a) 카보닐기를 포함하는 어미 탄소 사슬은 6개의 탄소로 이루어져 있다. 카보닐기에 가장 가까운 끝부터 이 사슬에 번호를 매긴다. 케톤기는 C-3에 있고 메틸기는 C-5에 있다. 탄소가 6개인 알케인은 헥세인이다. 헥세인(hexane)에서 *-e*를 **-온**(-one)으로 대체하여 헥산온(hexanone)이라는 어미 이름을 붙인다. 케톤기의 위치는 3-으로, 메틸기의 위치는 5-를 붙인다. 이렇게 결정되는 이름은 5-메틸-3-헥산온(5-methyl-3-hexanone)이다. 관용명은 에틸 아이소뷰틸 케톤(ethyl isobutyl ketone)으로, C=O기에 에틸기와 아이소뷰틸기가 결합되어 있기 때문이다.

(b) 가장 긴 사슬은 탄소가 4개이다. 어미 케톤 이름은 뷰테인(butane)의 *-e*를 **온**(-one)으로 대체하여 뷰탄온(butanone)이 된다. 뷰탄온의 C-1에 페닐(phenyl)기가 붙어 있으므로 IUPAC 이름은 1-페닐-1-뷰탄온(1-phenyl-1-butanone)이다. 관용명은 페닐 *n*-프로필 케톤(phenyl *n*-propyl ketone)인데, 이는 C=O에 페닐기와 *n*-프로필기가 결합되어 있기 때문이다.

실습 문제 18.10

다음 각 분자의 IUPAC 이름을 쓰시오.

(a) 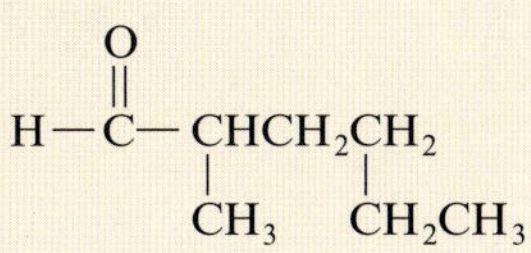

(b) 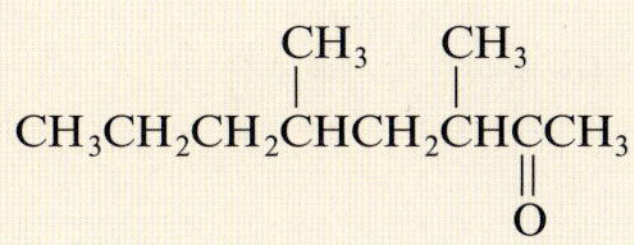

18.10 카복실산

> **이 절의 학습 목표**
> 카복실산의 구조를 그리고 명명할 수 있다.

카복실산(**carboxylic acid**)으로 알려진 유기산의 가장 큰 특징은 **카복실기**(**carboxyl group**)라는 작용기이다. 카복실기는 다음과 같은 방식으로 표시된다:

$$-\overset{\overset{\displaystyle O}{\|}}{C}-OH \quad \text{또는} \quad -COOH \quad \text{또는} \quad -CO_2H$$

열린 사슬 카복실산은 동족 계열을 형성한다. 카복실기는 항상 탄소 사슬의 시작 부분에 위치하며, 이 기의 탄소 원자는 화합물의 이름을 지을 때 C-1로 지정된다.

IUPAC 명명법에 따라 카복실산을 명명하려면 먼저 카복실기를 포함하는 가장 긴 탄소 사슬을 확인한다. 그런 다음 해당 어미 탄화수소 이름에서 -*e*를 -**산**(-*oic acid*)으로 대체하여 산 이름을 만든다. 따라서 C-1, C-2, C-3 산에 해당하는 이름은 각각 메탄산(methanoic acid), 에탄산(ethanoic acid), 프로판산(propanoic acid)이다. 물론 이러한 이름은 메테인(methane), 에테인(ethane), 프로페인(propane)에서 파생된 이름이다.

CH_4	메테인	$HCOOH$	메탄산
CH_3CH_3	에테인	CH_3COOH	에탄산
$CH_3CH_2CH_3$	프로페인	CH_3CH_2COOH	프로판산

IUPAC 명명법은 산을 명명하는 유일한 방법도 아니고 가장 일반적으로 사용되는 방법도 아니다. 유기산은 대부분 관용명으로 알려져 있다. 메탄산, 에탄산, 프로판산의 관용명은 각각 폼산(formic acid), 아세트산(acetic acid), 프로피온산(propionic acid)이다. 이러한 이름은 일반적으로 산의 천연 공급원을 나타내며 그다지 체계적이지 않다. 폼산은 '개미'를 의미하는 라틴어 *formica*에서 유래했다. 개미에 물렸을 때 따끔거리는 느낌이 개미산 때문이다. 아세트산은 식초에서 발견되며 식초를 뜻하는 라틴어에서 이름이 유래되었다. 뷰티르산(butyric acid)의 이름은 버터 지방의 구성 성분이기 때문에 버터를 뜻하는 라틴어에서 유래되었다. 대부분의 카복실산은 식물성 지방과 동물성 지방에 결합된 형태로 존재하는데, 주로 탄소 원자의 수가 4~20까지의 짝수이다. 이러한 산을 **포화 지방산**(saturated fatty acid)이라고 한다. **표 18.7**에 주요 포화 지방산의 IUPAC 이름 및 관용명을 나타내었다.

가장 간단한 방향족 산은 벤조산이다. 오쏘-하이드록시벤조산(*ortho*-hydroxybenzoic acid)은 살리실산(salicylic acid)으로 알려져 있으며, 아스피린과 같은 많은 살리실레이트(salicylate) 약물의 기초가 된다(사진 참조). 메틸벤조산(methylbenzoic acid)에는 *o*-, *m*-, *p*-톨루산(toluic acid)의 세 가지가 있다.

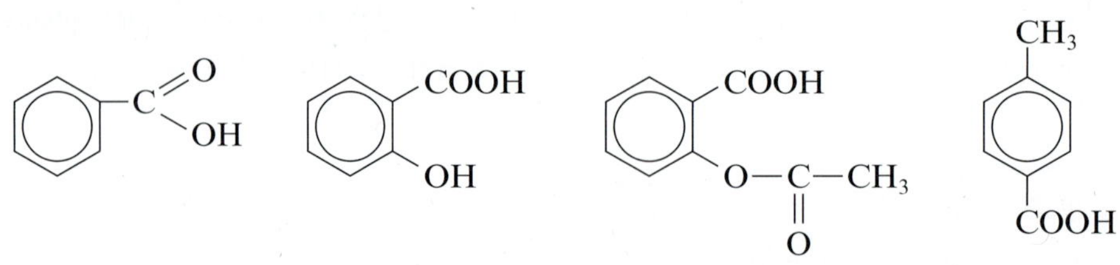

벤조산 | 살리실산 (*o*-하이드록시벤조산) | 아세틸살리실산 (아스피린) | *p*-톨루산

표 18.7 포화 카복실산의 구조식과 이름

구조식	IUPAC 이름	관용명
HCOOH	메탄산	폼산
CH_3COOH	에탄산	아세트산
CH_3CH_2COOH	프로판산	프로피온산
$CH_3(CH_2)_2COOH$	뷰탄산	뷰티르산
$CH_3(CH_2)_3COOH$	펜탄산	발레르산
$CH_3(CH_2)_4COOH$	헥산산	카프로산
$CH_3(CH_2)_6COOH$	옥탄산	카프릴산
$CH_3(CH_2)_8COOH$	데칸산	카프르산
$CH_3(CH_2)_{10}COOH$	도데칸산	라우르산
$CH_3(CH_2)_{12}COOH$	테트라데칸산	미리스트산
$CH_3(CH_2)_{14}COOH$	헥사데칸산	팔미트산
$CH_3(CH_2)_{16}COOH$	옥타데칸산	스테아르산
$CH_3(CH_2)_{18}COOH$	에이코산산	아라키드산

Candid_Shots/2283 images/Pixabay

버드나무 껍질은 살리실산의 천연 공급원이다.

예제 18.13

카복실산의 산성을 띠는 수소는 카복실기의 OH에 결합된 수소이다. 이 수소는 다른 산과 마찬가지로 산성 수소이다. 다음 중화 반응식을 완성하시오.

$$CH_3CH_2\overset{\overset{\displaystyle O}{\|}}{C}-OH + NaOH \longrightarrow$$

풀이

$$CH_3CH_2\overset{\overset{\displaystyle O}{\|}}{C}-OH + NaOH \longrightarrow CH_3CH_2\overset{\overset{\displaystyle O}{\|}}{C}-O^-Na^+ + H_2O$$

실습 문제 18.11

16-탄소와 18-탄소 카복실산의 이름과 화학식을 쓰시오.

18.11 에스터

이 절의 학습 목표
에스터의 구조를 그리고 명명할 수 있다.

카복실산은 산성 매질에서 알코올과 반응하여 에스터를 형성한다. **에스터(ester)**의 일반식은 RCOOR′이며, R′은 포화, 불포화, 방향족 탄화수소기의 모든 유형이 될 수 있다. 에스터의 작용기는 −COOR′이다.

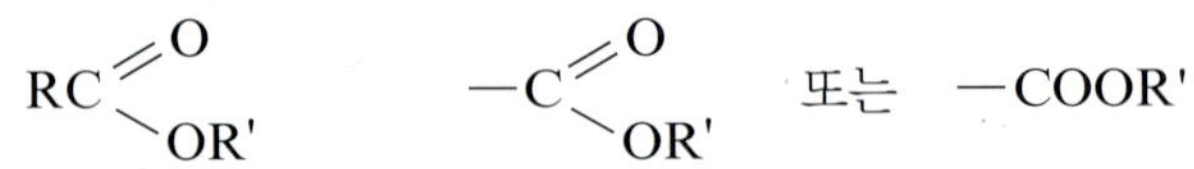

에스터 에스터의 작용기

아세트산과 에틸 알코올의 반응은 **에스터화**(esterification)라고 하는 반응의 예로 다음과 같다. 에스터 외에도 물 분자가 생성물로 형성된다.

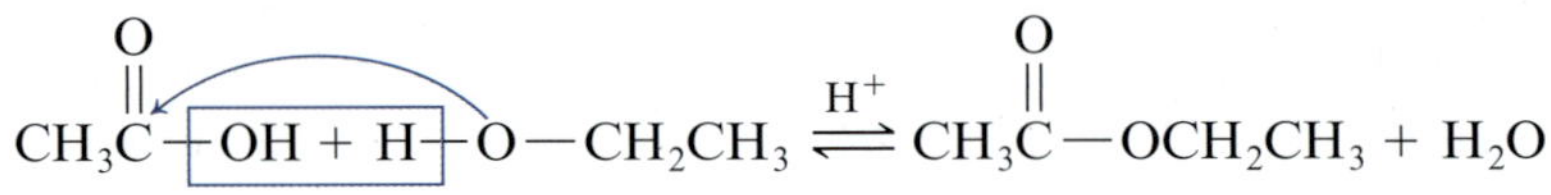

아세트산 (에탄산) 에틸 알코올 (에탄올) 아세트산 에틸 (에탄산 에틸)

에스터는 카복실산의 알코올 유도체로, 염과 거의 같은 방식으로 명명된다. 알코올 부분(OR′의 R′)이 먼저 명명되고, 그 뒤에 *-ate*로 끝나도록 변형된 산의 이름이 붙는다. 유기산 이름의 어미 *-ic acid*는 *-ate*로 대체된다. 따라서 IUPAC 명명법에서 ethanoic acid은 ethanoate가 된다. 관용명인 acetic acid는 acetate가 된다. 에스터의 이름을 지으려면 에스터 분자에서 산 부분과 알코올 부분을 인식해야 한다. 에스터의 일반식에서 RC=O는 산에서 나오고 R′O는 알코올에서 나온다. (역주: 우리말 명명법에서는 산의 이름 다음에 알코올의 알킬기에 해당하는 이름을 붙이면 된다.)

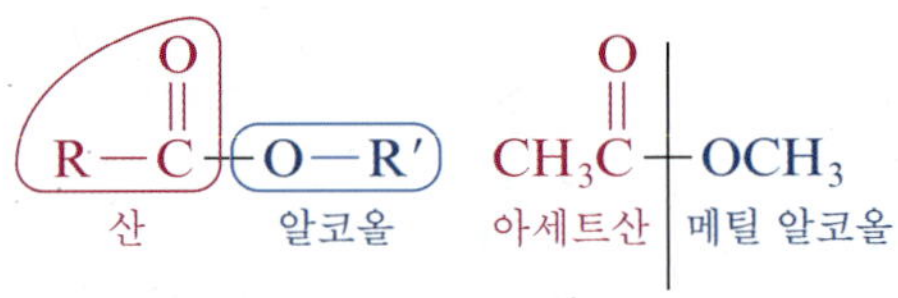

아세트산 메틸(에탄산 메틸)

에스터는 다양한 종류의 식물에서 자연적으로 발생한다. 상쾌한 향기나 과일의 향을 내기 때문에 향료로 사용되는 에스터 화합물도 있다(사진 참조). 에스터는 물에는 녹지 않지만 알코올에는 녹는다. **표 18.8**에 몇 가지 에스터를 나열하였다.

krungchingpixs/Shutterstock

잘 익은 파인애플의 향은 뷰탄산 에틸이라는 에스터 때문이다.

표 18.8 몇 가지 에스터의 향 또는 맛

구조식	IUPAC 이름	관용명	향 또는 맛
$CH_3COOCH_2CH_2CHCH_3$ (CH 위에 CH_3 결합)	에탄산 아이소펜틸	아세트산 아이소아밀	바나나, 배
$CH_3CH_2CH_2COOCH_2CH_3$	뷰탄산 에틸	뷰티르산 에틸	파인애플
$HCOOCH_2CHCH_3$ (CH 위에 CH_3 결합)	메탄산 아이소뷰틸	폼산 아이소뷰틸	라즈베리
$CH_3COOCH_2(CH_2)_6CH_3$	에탄산 옥틸	아세트산 *n*-옥틸	오렌지
	2-하이드록시 벤조산 메틸	살리실산 메틸	노루발(wintergreen)

실습 문제 18.12

다음 각 구조의 두 가지 이름을 쓰시오.

(a) $CH_3CH_2C(=O)-OCH_3$ (b) $CH_3CH_2CH_2C(=O)-OCH_2CH_3$ (c) $CH_3(CH_2)_{10}C(=O)-OCH_3$

생활 속의 화학

CO_2로 세탁하기!

드라이클리닝은 실크, 레이온, 모처럼 물에 넣을 수 없는 섬유가 사용된 옷을 심각한 손상이나 수축 없이 세탁하는 데 오랫동안 사용되어 왔다. 드라이클리닝 과정에는 물을 사용하지 않는다. 대신 옷의 얼룩을 처리한 다음 유기 액체인 퍼클로로에틸렌(perchloroethylene, 퍼클렌(perclene))으로 세탁한다. 그러나 안타깝게도 퍼클렌은 건강에 유해하며 대기 오염 물질이자 환경 오염 물질로 분류되어 있다. 이러한 사실은 퍼클렌을 유해 폐기물로 처리해야 하며 종업원의 건강 위험도 걱정해야 하는 소규모 세탁업자들에게 큰 골칫거리가 된다. 따라서 드라이클리닝에 퍼클렌을 대체할 수 있는 용매를 찾는 연구가 다양하게 진행 중이다.

한 가지 흥미로운 대안은 드라이클리닝에 이산화 탄소를 사용하는 것이다. 이산화 탄소는 호흡할 때 들이쉬고 내쉬는 온실기체 또는 드라이아이스라고 불리는 고체라고 생각할 수 있다. 한 가지 확실한 것은 일반적으로 이산화 탄소를 액체라고 생각하지는 않는다는 것이다. 과학자들은 이미 액체 CO_2를 드라이클리닝의 대안으로 고려하기 시작했다. 왜 그럴까? 전 세계에 이산화 탄소가 부족할 일은 없다. 이산화 탄소는 산업에서 발생하는 폐기물에서 수집할 수 있다. 재활용이 가능하고 소량으로 누출되더라도 인체와 환경에 무독성이기 때문에 특별한 폐기 절차가 필요하지 않다.

드라이클리닝 과정에서 가장 큰 장애물은 CO_2가 대부분의 고분자, 오일, 왁스 등 옷에 묻은 물질을 녹이지 못한다는 점이다. 물론 이 점은 물도 마찬가지이며 세제의 도움이 필요하다. 그래서 과학자들은 액체 CO_2에서 세제로 사용할 수 있는 고분자를 개발했다. Joseph DeSimone(North Carolina 대학)는 두 개의 고분자를 결합한 공중합체(copolymer)를 이용하여 세제용 고분자를 만들었다. 한쪽 끝은 CO_2에 용해되고 다른 쪽 끝은 오일과 왁스를 끌어당긴다. 새로운 세제 고분자는 마이셀(micelle)을 형성하여 그 안에 오일과 왁스를 가두어 CO_2에 녹인다.

은행 금고처럼 생긴 이 세탁기는 CO_2와 약 5온스의 고분자 세제를 사용해 회당 50~70파운드의 옷을 세탁할 수 있다. 상온에서 작동하기 때문에 얼룩을 전처리할 필요가 없다는 보너스도 있다! 가죽과 스웨이드도 CO_2로 세탁할 수 있다. 언젠가는 가까운 세탁소에 가서 CO_2로 옷을 세탁할 수 있게 될지도 모른다!

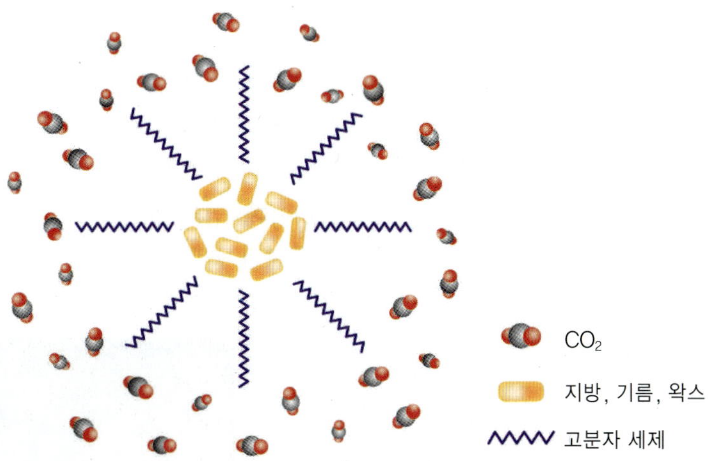

공중합체는 세제 역할을 하여 CO_2에 용해되고 마이셀에 유기 물질을 끌어당겨 가두는 역할을 한다.

18.12 고분자-거대 분자

이 절의 학습 목표
고분자의 화학 조성에 대하여 논의할 수 있다.

자연에는 수만 개의 원자를 포함하는 매우 큰 분자(거대 분자)가 존재한다. 전분, 글리코겐, 셀룰로스, 단백질, DNA와 같은 거대 분자는 수백만의 몰질량을 가지고 있으며 우리 삶의 많은 과정에서 핵심적인 역할을 한다. 합성 거대 분자는 현대 생활의 모든 단계에 영향을 미친다. 오늘날 고분자가 없는 세상은 상상하기 어렵다. 의류, 카펫, 커튼용 섬유, 신발, 장난감, 자동차 부품, 건축 자재, 합성 고무, 화학 장비, 의료용품, 조리 기구, 합성 피혁, 레크레이션 장비 등 고분자가 활용되는 예는 끝이 없다. 이러한 고분자 소재는 대부분 석유를 기반으로 하며, 이는 대체될 수 없다. 따라서 고분자에 대한 높은 의존도는 전 세계적으로 한정된 석유의 공급을 낭비하지 않아야 하는 또 다른 좋은 이유가 된다.

작은 단위에서 시작하여 몰질량이 매우 큰 분자를 형성하는 과정을 **중합(polymerization)**이라고 한다. 큰 분자 또는 단위를 **고분자(polymer)**라고 하고 작은 반복 단위를 **단위체(monomer)**라고 한다. 두 종류 이상의 단위체를 포함하는 고분자를 **공중합체(copolymer)**라고 한다. **고분자**(polymer)라는 용어는 "많은 부분을 가진"이라는 뜻의 그리스어 *polumerēs*에서 유래했다. 에틸렌(ethylene)은 단위체이고 폴리에틸렌(polyethylene)은 고분자이다. 크기가 크기 때문에 고분자는 종종 **거대 분자**(macromolecules)라고도 한다. **플라스틱**(plastic)이라고 부르는 일부 합성 고분자도 있다. 플라스틱은 "성형이 가능하거나 유연하다"라는 뜻이다.

폴리에틸렌은 합성 고분자의 한 예이다. 석유에서 추출한 에틸렌은 자체적으로 반응하여 폴리에틸렌(또는 폴리텐)을 형성하도록 만들어진다.

폴리에틸렌은 많은 에틸렌 단위로 만들어진 긴 사슬 탄화수소이다.

$$\underset{\text{에틸렌}}{n\,CH_2{=}CH_2} \longrightarrow \underset{\text{폴리에틸렌}}{—CH_2CH_2[CH_2CH_2]_nCH_2CH_2CH_2CH_2—}$$

전형적인 폴리에틸렌 분자의 구성은 약 2500~25,000개의 에틸렌 분자가 연속적인 구조로 결합된 것이다. 미국에서는 매년 300억 파운드 이상의 폴리에틸렌이 생산된다. 폴리에틸렌의 용도는 알려진 단일 물질만큼이나 다양하며 화학 장비, 포장재, 전기 절연, 필름, 산업용 보호복, 장난감 등 다양한 분야에 사용된다.

하나 이상의 수소 원자가 다른 원자 또는 기로 치환된 에틸렌 유도체도 중합할 수 있다. 많은 상업용 합성 고분자는 이러한 변형 에틸렌 단위체로부터 만들어진다. 예를 들어, $CH_2{=}CH{-}$는 바이닐기(혹은 비닐기, vinyl group)이고 $CH_2{=}CHCl$은 염화 바이닐(vinyl chloride)이다. 염화 바이닐을 중합하면 폴리염화바이닐(polyvinyl chloride, PVC)이 된다. 이러한 고분자 중 몇 가지의 이름, 구조 및 일부 용도는 표 18.9에 나와 있다.

Corbis/SuperStock

폴리에틸렌은 우유 용기와 같은 많은 상업용 제품에서 매일 사용된다.

Anucha Cheechang/Shutterstock

집의 배관 대부분은 폴리염화바이닐(PVC)로 되어 있다.

Karina Serova/Shutterstock

테이크아웃 용 성형 플라스틱 용기는 폴리스타이렌으로 되어 있다.

표 18.9 에틸렌 유도체의 단위체에서 유래한 고분자

단위체	고분자	용도
$CH_2{=}CH_2$ 에틸렌	$-(CH_2-CH_2)_n-$ 폴리에틸렌 (사진 참조)	포장재, 성형품, 용기, 장난감
$CH_2{=}CH-CH_3$ 프로필렌	$-(CH_2-CH(CH_3))_n-$ 폴리프로필렌	섬유, 성형품, 경량 로프, 고압 멸균 생물학적 장비
$CH_2{=}CH-Cl$ 염화바이닐	$-(CH_2-CH(Cl))_n-$ 폴리염화바이닐 (사진 참조)	정원 호스, 파이프, 성형품, 바닥 타일, 전기 절연체, 비닐 가죽
$CH_2{=}CH-CN$ 아크릴로나이트릴	$-(CH_2-CH(CN))_n-$ 올론, 아크릴란	섬유
$CF_2{=}CF_2$ 테트라플루오로에틸렌	$-(CF_2-CF_2)_n-$ 테플론	개스킷, 밸브, 단열재, 내열성 및 내화학성 코팅, 냄비 및 프라이팬용 코팅
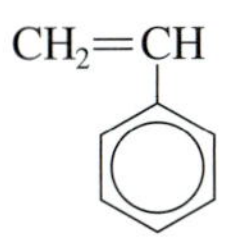 스타이렌	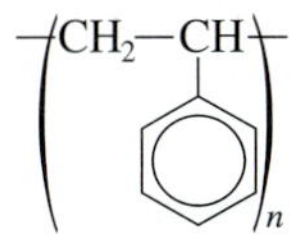 폴리스타이렌 (사진 참조)	성형품, 스티로폼, 단열재, 장난감, 일회용 식품 용기
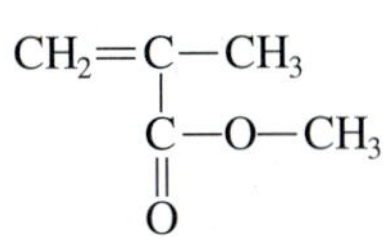 메틸메타크릴레이트	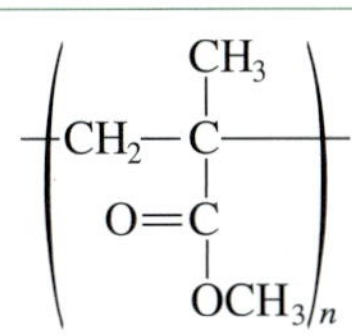 루사이트, 플렉시글라스 (아크릴 수지)	콘택트렌즈, 창문 및 광학용 투명 시트, 성형품, 자동차 마감재

예제 18.14

고분자의 근본적인 의미는 무엇인가?

풀이

고분자는 단위체라고 불리는 작은 단위가 반복되어 만들어진 매우 큰 분자(거대 분자)이다. 가장 간단한 합성 고분자의 예는 폴리에틸렌으로, 에틸렌($CH_2{=}CH_2$)으로부터 중합되어 10,000에서 100,000 범위의 몰질량을 가지며, 밀도도 다양하다.

실습 문제 18.13

표 18.9에서 두 개의 단위체를 선택하고, 이 두 단위체로 만들 수 있는 공중합체의 두 단위를 쓰시오.

사례 연구 먼지에서 먼지로

Tom은 인근 성인 공동체 아파트에 거주하는 은퇴한 고등학교 화학 교사인 할아버지를 방문하고 있었다. 대학 신입생인 Tom은 할아버지와 TV에서 본 내용에 대해 이야기하고 싶었다.

"할아버지, 요즘 내셔널 지오그래픽 채널 보셨어요? 〈새끼 매머드 깨우기(Waking the Baby Mammoth)〉라는 프로그램을 봤는데요," Tom이 신이 나서 말했다. "4만 년 전의 새끼 매머드 발견에 관한 다큐멘터리에요!"

"그래," Tom의 할아버지가 말했다. "나도 그 프로그램을 봤단다. 사람들이 Siberia에서 새끼 매머드를 발견하여 Lyuba라는 이름을 붙였던데? 지금까지 발견된 매머드 중 가장 오래되고 가장 잘 보존된 털매머드라고 하더구나."

"과학자들이 Lyuba의 나이를 어떻게 알았는지 궁금해요," Tom이말했다.

"글쎄, 아마 탄소 연대 측정법을 사용했을 거야."

"탄소 연대 측정법이요?" Tom이 물었다.

"방사성 탄소 연대 측정이라고도 하지. 생물체가 죽은 후 경과한 시간을 알아내는 데 사용되는 기술이란다. 뼈나 천, 나무, 식물 섬유같이 표본을 구성하는 유기 물질에 남아 있는 탄소의 방사능을 기반으로 하지. 모든 생명체는 탄소로 구성되어 있어. 천연 탄소에는 몇 가지 동위 원소가 포함되어 있는데, 그중 하나인 C-14는 불안정하여 유기체가 죽은 후 시간이 지남에 따라 분해된단다. 화석에 C-14가 얼마나 남아 있는지 측정하여 개체가 죽은지 얼마나 되었는지 확인할 수 있어. 넌 우리 몸속의 탄소는 어디에서 온다고 생각하니?"

"물론 음식에서죠," Tom이 말했다.

"옳지. 식량 공급원에는 식물과 동물의 두 가지 종류가 있어. 식물은 CO_2, 즉 공기에서 포집한 이산화 탄소와 땅에서 흡수한 물, 태양 에너지를 결합하여 탄수화물과 산소를 생산하지. 이 과정이 광합성이야. 지구상의 모든 생명체에게 필수적인 과정이지. 식물은 광합성을 통해 탄수화물과 산소를 생산한단다. 인간을 포함한 모든 동물은 생명을 유지하기 위해 광합성의 결과물인 탄수화물과 산소가 필요해. 탄수화물은 탄소를 제공하지. 산소는 신진대사 과정에서 탄수화물에 저장된 대부분의 에너지를 방출하는 데 필수적이야. 동물이 식물의 탄소를 섭취하면 동위 원소인 C-12, C-13, C-14를 흡수하고, 그 탄소는 이 동물을 먹는 다른 동물에게 전달되는 등 먹이사슬을 통해 이어진단다. 방사성 C-14는 너와 나를 포함한 모든 생명체에서 발견되는 거야. 탄소 연대 측정법의 핵심은 시간에 따른 다양한 탄소 동위 원소의 반응의 차이야."

"그런데 C-12, C-13, C-14는 어떻게 달라요?" Tom이 물었다.

"탄소이니 모두 원자핵에 6개의 양성자가 있지만 중성자의 수가 각각 다르단다. C-14는 8개의 중성자를 가지고 있어 원자핵 내에 총 14개의 입자(양성자 6개와 중성자 8개)가 있지. 이 때문에 C-14는 불안정해 방사성을 띠게 된단다. 시간이 지나면서 C-14의 원자핵은 자연 붕괴를 통해 분해되고 감지할 수 있는 입자를 방출하거든. 반면에 C-12는 중성자가 6개뿐이니 원자핵 내부에 총 12개의 입자(양성자 6개와 중성자 6개)가 있어. 이로 인해 C-12 원자는 안정적이라 원자핵이 분해되지 않아. 핵에 총 13개의 입자(양성자 6개와 중성자 7개)를 포함하는 C-13도 마찬가지야."

이 인조 털매머드는 미네소타주 팔콘 하이츠의 벨 박물관에 있는 빙하 전시관에 전시되어 있다.

"알겠어요." Tom이 말했다. "그럼, 붕괴 후에도 C-14는 여전히 탄소인가요?" Tom이 물었다.

"아니란다." 할아버지가 말했다. "C-14의 중성자 중 하나가 양성자와 전자로 분리가 돼. 양성자는 원자핵에 남아 있지만 전자는 높은 에너지 또는 방사선으로 원자핵에서 방출되지. 이를 β-붕괴라고 한단다. 양성자를 추가하면 원자는 비방사성 N-14가 되는데, β-방사선의 강도를 측정하고 비교하는 것이 탄소 연대 측정 기법의 기초야. 방사선이 높을수록 더 많은 C-14가 남아 있는 것이지."

"그럼 물체가 오래될수록 C-14가 덜 남아서 방출하는 방사능이 약해진다고 말할 수 있을까요?" Tom이 말했다.

"옳거니." 할아버지는 고개를 끄덕였다. "유기체가 죽으면 탄소와 C-14 흡수를 중단하게 되지. 따라서 체내의 C-14 수치가 감소하기 시작하겠지? 과학자들은 화석에 남은 C-14의 양과 살아있는 유기체에 남은 C-14의 양을 비교해서 화석의 나이를 알아낼 수 있어. 또한 화석의 나이를 정확히 파악하려면 반감기 개념이 필요한데, Lyuba는 탄소 연대 측정 반감기와 그에 따른 유골의 나이를 이해하는 데 완벽한 예라고 할 수 있겠네."

"**반감기**(half-life)요?" Tom이 물었다.

"반감기는 방사성 원소 총량의 절반이 분해되는 데 필요한 시간이란다. C-14의 반감기는 약 5730년으로 알려져 있지. 간단하게 계산하기 위해 6000년으로 반올림해 보자꾸나. 6000년 된 화석이라면 반감기 한 번에 해당되니 살아있는 유기체와 비교했을 때 C-14의 절반이 남아있게 되겠지."

"그러니까 C-14의 4분의 1이 화석에 남아 있으면 두 번의 반감기가 지난 거고 화석의 나이는 약 12,000년이겠네요," Tom은 말했다.

"멋진걸, Tom! Lyuba의 유해에 있는 C-14의 반감기가 몇 번이나 지났는지 말해줄 수 있겠어?"

"어디 보자. 유해가 약 40,000년 전의 것이니까. 거의 7번의 반감기를 거쳤네요."

"잘했어! 어떻게 그렇게 빨리 계산했니?" Tom의 할아버지가 물었다.

"Lyuba 유해의 나이인 40,000년을 C-14의 반감기인 6000년으로 나눈 다음 그 결과를 7로 반올림했어요. 할아버지, 질문이 하나 더 있는데요, 방사성 탄소는 원래 어디에서 왔나요?"

"상층 대기란다. 우주 공간에서 우주선(cosmic ray)이 지속적으로 대기를 강타하기 때문에 질소-14(양성자 7개와 중성자 7개)는 때때로 중성자와 부딪치게 되지. 이런 일이 발생하면 양성자 중 하나가 중성자로 대체되고 양성자 6개와 중성자 8개를 가진 방사성 C-14가 생성될 수 있어."

"와, 그러니까 베타 붕괴에서는 C-14가 N-14가 되지만 우주선 폭격으로 N-14가 다시 C-14로 변환되는 거네요. 탄소와 질소는 주기율표에서 양성자와 전자가 하나밖에 차이가 나지 않는 바로 옆집 이웃이니까요. 이제 이 둘이 원자 수준에서 어떻게 연관되어 있는지 알겠어요. 멋져요!"

"'먼지에서 먼지로'라는 옛이야기가 있지, Tom. 우리는 탄소의 집합체라고 해도 과언이 아닐 거야. 생명은 탄소, 산소, 수소, 질소와 같은 화학 물질을 재활용하는 과정이라고도 볼 수 있지. 모든 생명체는 동일한 원소를 공유하기 때문에 서로 화학적으로 연관되어 있어."

"제 일부가 별이나 공룡에서 온 것일 수도 있다는 뜻이에요?" Tom이 물었다.

"물론이지. 우리는 우주의 일부이며 반대로 우주의 일부도 우리 안에 있어. 삶은 화학이고 소중한 선물이지. 그러니 잘 먹고 마음껏 삶을 즐기렴."

질문

1. 광합성이란 무엇인가?
2. 광합성은 흡열 반응인가, 발열 반응인가? 화학 반응식으로 보이시오.
3. 광합성이 지구상의 동물들의 삶에 필수적인 이유는 무엇인가?
4. 탄소 동위 원소(C-12, C-13, C-14)를 비교하시오. 공통점은 무엇이고 차이점은 무엇인가?
5. 상층부 대기에서는 우주선의 에너지가 높은 중성자가 질소-14와 끊임없이 충돌하여 탄소-14(방사성)를 생성한다. 이 충돌 과정에 대한 핵 반응식, 즉 C-14의 기원을 쓰시오.
6. 반감기란 무엇인가? (탄소를 예로 들어 설명하시오.)
7. C-14의 β-붕괴 핵 반응식을 쓰시오. β 입자의 기원과 성질을 설명하시오.

Anderson, Wang, & Chen의 "Dust to Dust"에서 발췌. 2010년 2월 24일 미국 국립 과학 사례 연구 교육 센터에서 출판되었음. 허가를 받고 사용함.

18장 복습

18.1 유기 화학의 시작

중요 용어: 생기론 | 유기 화학

- 원래 유기 화합물은 '생기력'에 의해 얻어진다고 믿었다.
- 오늘날 유기 화학은 탄소 화합물의 화학이다.
  - 이것은 화합물이 생명체에서 유래한다는 의미는 아니다.
  - 몇몇 탄소 화합물은 무기 화합물의 화학과 더 잘 맞기 때문에 무기 화합물로 간주된다.

18.2 왜 탄소인가?

중요 용어: 작용기 | 탄화수소 | 포화 탄화수소 | 불포화 탄화수소

- 탄소는 모든 유기 화합물의 핵심이다.
  - 보통 4개의 공유 결합을 형성한다.
  - 사면체 구조를 가진다.
  - 이중 결합과 삼중 결합을 형성할 수 있다.
- 탄화수소는 탄소와 수소로 구성된다.
  - 포화 탄화수소–단일 결합만 포함한다.
  - 불포화 탄화수소–탄소 원자 사이에 이중 또는 삼중 결합을 포함한다.

18.3 알케인

중요 용어: 알케인 | 동족 계열 | 이성질 현상 | 이성질체 | 알킬기

- 포화 탄화수소
- 일반식은 C_nH_{2n+2}이다.
- 가장 중요한 반응은 물, 이산화 탄소, 열을 생성하는 연소 반응이다.
- 분자식은 같지만 구조 배열이 다른 두 개 이상의 화합물을 이성질체라고 한다.
- 화학식은 모든 결합을 표시하도록 작성할 수도 있으며, 공간을 절약하기 위해 탄소 원자에 붙은 기를 사용하여 축약할 수도 있다.
- 알킬기의 일반식은 C_nH_{2n+1}이다.
- 알케인을 명명하려면,
  - 가장 긴 연속 탄소 사슬을 찾는다.
  - 가지가 있는 곳에 가장 가까운 끝에서 시작하여 어미 사슬의 탄소 수를 세어본다.
  - 각 알킬기의 이름을 붙이고 어미 사슬에서 그 위치를 숫자로 지정한다.
  - 같은 알킬기가 여러 번 나타나는 경우, 알킬기 이름 앞에 접두사를 사용하여 화합물에 몇 개가 있는지 나타낸다.
  - 여러 개의 다른 알킬기가 어미 사슬에 있는 경우 알파벳 순으로 나열한다(접두사는 알파벳 순서에 영향을 미치지 않는다).

18.4 알켄과 알카인

중요 용어: 알켄 | 알카인 | 첨가 반응 | 수소화

- 알켄
  - 탄소–탄소 이중 결합을 포함한다.
  - 일반식: C_nH_{2n}
- 알카인
  - 탄소–탄소 삼중 결합을 포함한다.
  - 일반식: C_nH_{2n-2}
- 알켄 또는 알카인을 명명하려면
  - 탄소–탄소 이중 또는 삼중 결합을 포함하는 가장 긴 연속 탄소 사슬을 찾는다.
  - 이중 또는 삼중 결합에 가장 가까운 끝부터 시작하여 어미 사슬의 탄소 원자에 번호를 매기고 알케인의 경우와 같이 어미 사슬의 이름을 지정하되 끝을 -엔(*-ene*) 또는 -아인(*-yne*)으로 변경한다.
  - 각 알킬기의 이름을 짓고 어미 사슬에서 해당 알킬기의 위치를 숫자로 지정한다.
  - 같은 알킬기가 여러 번 나타나는 경우 알킬기 이름 앞에 접두사를 사용하여 화합물에 몇 개가 있는지 표시한다.
  - 여러 개의 다른 알킬기가 어미 사슬에 있는 경우 알파벳 순으로 나열한다(접두사는 알파벳 순서에 영향을 미치지 않는다).
- 알켄과 알카인의 가장 일반적인 반응은 첨가 반응이다.
  - 탄소–탄소 이중 결합이나 삼중 결합에서 발생한다.
  - 수소, 할로젠, 할로젠화수소, 물이 이중 결합의 양쪽에 첨가될 수 있다.
  - 완전 첨가는 포화 화합물을 생성한다.

18.5 방향족 탄화수소

중요 용어: 방향족 화합물

- 벤젠과 유사한 구조와 화학적 성질을 가진 화합물을 방향족 화합물이라고 한다.

- 치환된 벤젠의 일반식은 C_6H_5G이다.
- 크게 세 가지 종류가 있다.
  - 일치환
    - 벤젠에 접두사로 치환기 이름을 추가하여 명명한다.
  - 이치환
    - 치환기의 위치를 나타내기 위해 치환기의 접두사로 오쏘-(*ortho-*), 메타-(*meta-*), 파라-(*para-*)를 사용한다.
    - 다른 방식으로, 숫자를 사용하여 위치를 표시할 수도 있다.
    - 벤젠에 접두사로 치환기 이름을 추가하여 이름을 붙인다.
  - 삼치환 및 다치환
    - 벤젠 고리의 원자에 번호가 매겨지고 치환기는 C-1 원자에서 시작한다.
    - 벤젠에 접두사로 치환기 이름을 추가하여 이름을 붙인다.

18.6 탄화수소 유도체

- 탄화수소로부터 합성할 수 있는 화합물이다.
- 여기에는 산소, 질소, 할로젠과 같은 원소를 추가적으로 포함할 수 있다.
- 유도체 목록은 표 18.4에 있다.
- $RH + X_2 \xrightarrow{\text{자외선}} RX + HX$ (X = Cl 또는 Br)

18.7 알코올

중요 용어: 알코올 | 일차 알코올 | 이차 알코올 | 삼차 알코올 | 폴리하이드록시 알코올

- 포화 탄소 원자에 결합된 하이드록시기(hydroxyl group)를 포함하는 화합물
- 분류
  - 일차(1°)
  - 이차(2°)
  - 삼차(3°)
- 알코올을 명명하려면
  - 알코올기를 포함하는 탄소 원자의 가장 긴 연속 사슬을 선택한다.
  - 이 사슬에 있는 탄소 원자에 번호를 매겨 −OH기가 가장 낮은 번호를 갖도록 한다.
  - 알케인(alkane)의 -*e*를 -올(-*ol*)로 바꾸어 어미 알코올 이름을 만든다.
  - 알킬 가지의 이름을 붙이고 대응하는 번호로 위치를 표시한다.

18.8 에터

중요 용어: 에터

- 에터는 알코올의 이성질체이다.
- 에터를 명명하려면
  - 탄소 원자의 가장 긴 연속 사슬을 선택하여 대응하는 알케인으로 명명한다.
  - 다른 탄화수소기(알킬기, alkyl)의 -일(-*yl*) 말단을 -옥시(-*oxy*)로 변경하여 알콕시(alkoxy)기 이름을 얻는다.
  - 알콕시기 이름을 먼저로 하여 두 이름을 결합해 에터 이름을 만든다.

18.9 알데하이드와 케톤

중요 용어: 카보닐기 | 알데하이드 | 케톤

- 알데하이드와 케톤은 모두 카보닐기를 포함한다.

- 알데하이드는 카보닐 탄소 원자에 수소가 결합되어 있다.
- 케톤은 카보닐 탄소 원자 양쪽에 두 알킬기나 방향족기가 결합되어 있다.

• 알데하이드를 명명하려면
  - 마지막 *-e*를 빼고 어미 탄화수소의 이름에 -알(*-al*)을 추가한다.

• 케톤을 명명하려면
  - 케톤기를 포함하는 가장 긴 사슬에 해당하는 알케인의 이름을 *-e*에서 -온(*-one*)으로 변경하여 명명한다.
  - 사슬이 탄소 원자 4개보다 길면 카보닐을 가능한 가장 낮은 수로 만든다.
  - 탄화수소 및 알코올의 방법대로 어미 사슬에 연결된 기에 이름을 붙인다.

18.10 카복실산

중요 용어: 카복실산 | 카복실기

• 카복실기는 다음과 같은 방식으로 표시된다:

$$-\overset{\overset{\displaystyle O}{\|}}{C}-OH \qquad -COOH \qquad -CO_2H$$

• 카복실산을 명명하려면
  - 카복실기를 포함한 가장 긴 탄소 사슬을 찾는다.
  - 해당 어미 탄화수소 이름에서 *-e*를 빼고 산(*-oic acid*)를 추가한다.

• 다른 체계를 사용하여 카복실산의 이름을 지정할 수도 있다.

18.11 에스터

중요 용어: 에스터

• 카복실산은 알코올과 반응하여 에스터를 형성한다.
• 일반식 RCOOR′
• 에스터는 염처럼 이름이 붙여진다.
  - 알코올 부분이 먼저 명명된다.
  - 산의 이름은 두 번째로 주어지며, 산의 끝은 *-ate*로 수정된다.
  (우리말 명명법에서는 산의 이름 다음에 알코올의 알킬기에 해당하는 이름을 쓴다.)

아세트산 메틸(에탄산 메틸)

18.12 고분자-거대 분자

중요 용어: 중합 | 고분자 | 단위체 | 공중합체

• 고분자는 거대 분자라고도 한다.
• 고분자는 단위체라고 하는 작은 반복 단위로 구성된다.

복습 질문

1. 생기론에 따르면 모든 유기 물질은 살아있는 물질에서만 유래할 수 있다고 한다. 후에 이 이론은 어떻게 반박되었는가?
2. 모든 유기 화합물의 공통점은 무엇인가?
3. 유기 화합물로 구성된 소비재의 예로는 어떤 것이 있는가?
4. 많은 유기 화합물이 존재하는 데 핵심이 되는 탄소의 결합 특성은 무엇인가?
5. 탄소 원자의 공유 결합에서 가장 일반적인 기하학적 배열은 무엇인가? 이 구조를 설명하시오.
6. 탄소-탄소 이중 결합과 탄소-탄소 삼중 결합을 포함하는 화합물의 예를 각각 한 가지씩 제시하시오.
7. (a) 단일 탄소 원자 (b) 메테인, 에텐, 에타인 분자에 대한 Lewis 구조를 그리시오.
8. 처음 10개의 노말 알케인의 이름을 쓰고 구조식을 그리시오.
9. 탄소 원자가 1개에서 4개까지 들어 있는 모든 가능한 알킬기 (C_nH_{2n+1})의 이름을 쓰고 구조식을 그리시오.
10. 메테인의 연소를 나타내는 반응식을 쓰시오.
11. 1-메틸뷰테인이라는 이름은 무엇이 잘못되었는가?
12. 다음 화합물 중 나머지 화합물들과 다른 동족 계열에 속하는 것은?
    (a) C_2H_6 (b) C_3H_8 (c) C_4H_{10} (d) C_7H_{14}
13. 다음 중 다른 단어들과 함께 속하지 않는 것은?
    (a) 알켄 (c) 헥세인 (e) 에틸렌
    (b) 벤젠 (d) 알카인 (f) 펜텐
14. 화학식이 C_4H_6이고 두 개의 이중 결합을 포함하는 뷰타다이엔(butadiene)의 구조를 그리시오.
15. 화학식이 C_6H_8인 열린-사슬 탄화수소가 있다. 이 화합물에서 가능한 탄소-탄소 이중 결합 및/또는 탄소-탄소 삼중 결합의 조합을 모두 쓰시오.
16. 벤젠을 처음 분리한 사람은 누구인가?
17. 벤젠 분자에서 두 개의 치환기가 두 개의 수소 원자를 대체할 때 몇 개의 이성질체가 가능한가?
18. −OH기를 포함하는 유기 화합물의 종류는 무엇인가?
19. 다음과 같은 카보닐기를 포함하는 유기 화합물의 종류는 무엇인가?
    $$-\overset{\overset{\displaystyle O}{\|}}{C}-?$$
20. 어떤 종류의 유기 화합물이 $-\overset{\overset{\displaystyle O}{\|}}{C}-OH$ 기를 포함하는가?
21. 자동차 라디에이터의 부동액으로 메틸 알코올(메탄올)보다 에틸렌 글리콜(1,2-에테인다이올)이 우수한 이유는 무엇인가?
22. 폼알데하이드는 가장 널리 사용되는 알데하이드이다. 폼알데하이드는 물에 잘 녹는 유독하고 자극적인 기체이다. 폼알데하이드 수용액의 이름과 용도는 무엇인가?
23. 알코올의 일반식은 무엇인가?
24. RO−기를 명명하는 데 사용되는 접미사는 무엇인가?
25. 알코올은 에터와 어떻게 이성질체가 되는가?
26. 알데하이드와 케톤에서 발견되는 작용기는 무엇인가?
27. 가장 단순한 방향족 산의 이름을 쓰시오.
28. 화합물이 알데하이드임을 나타내는 접미사는 무엇인가?
29. 아세톤의 IUPAC 이름을 쓰시오.
30. 카복실산을 식별하는 화학 구조는 무엇인가?
31. 에탄산의 관용명은 무엇이며, 이 이름의 유래는 무엇인가?
32. 에스터는 카복실산과 구조가 어떻게 다른가?
33. 화합물이 에스터임을 나타내는 접미사는 무엇인가?
34. 에스터화 반응에 대해 어떻게 이해하고 있는가?
35. 단위체에 대해 어떻게 이해하고 있는가?
36. 많은 고분자의 어미 분자가 되는 간단한 유기 분자는 무엇인가?
37. 합성 고분자의 예를 들어보시오.

짝으로 된 연습 문제

푸른색 숫자로 되어 있는 모든 연습 문제의 답은 부록 5에 있다.

1. 다음 중 유기 화합물은 무엇인가?
   (a) CH_4
   (b) NH_2NH_2
   (c) CH_3OCH_3
   (d) $CH_3CH_2CH_2SH$
   (e) $Ca(OH)_2$
2. 다음 중 유기 화합물은 무엇인가?
   (a) H_2SO_4
   (b) CH_3NH_2
   (c) Na_2CO_3
   (d) $CH_3CH_2CH_2CH_2CH_3$
   (e) $CH_3CH_2OCH_3$

3. 문제1의 각 유기 화합물에 대해, 그것이 유기 화합물로 분류되는 이유를 설명하시오.

4. 문제2의 각 유기 화합물에 대해, 그것이 유기 화합물로 분류되는 이유를 설명하시오.

5. 다음 노말 알킬기를 명명하시오.

(a) C_4H_9-

(b) $C_7H_{15}-$

6. 다음 노말 알킬기를 명명하시오.

(a) $C_8H_{17}-$

(b) $C_{10}H_{21}-$

7. 펜테인의 3개 이성질체에 대한 축약 구조식을 쓰시오.

8. 헵테인의 9개 이성질체에 대한 축약 구조식을 쓰시오.

9. 다음에 대한 IUPAC 이름을 쓰시오.

(a) CH_3CH_2Br

(b) $CH_3CHBrCH_3$

(c) $(CH_3)_2CHCH_2Br$

10. 다음에 대한 IUPAC 이름을 쓰시오.

(a) $CH_3CH_2CH_2Cl$

(b) $(CH_3)_3CCl$

(c) $CH_3CHClCH_2CH_3$

11. 다음 알케인과 알킬 할라이드의 이름을 쓰시오. 가장 긴 탄소 사슬을 찾고 치환기 번호가 가능한 한 작아지도록 명명하시오.

(a) 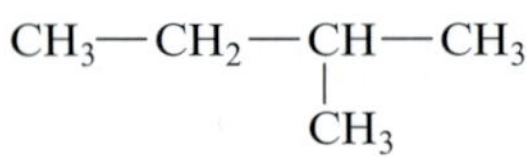

(b) 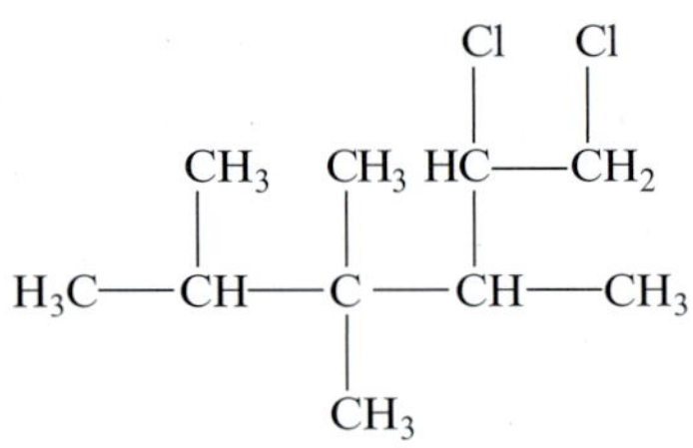

(c) 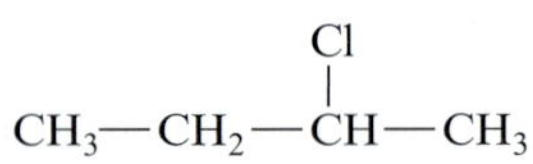

(d) 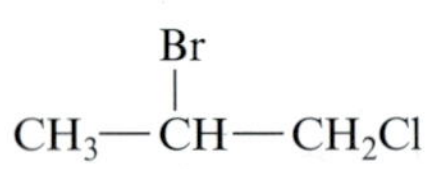

12. 다음 알케인과 알킬 할라이드의 이름을 쓰시오. 가장 긴 탄소 사슬을 찾고 치환기 번호가 가능한 한 작아지도록 명명하시오.

(a) 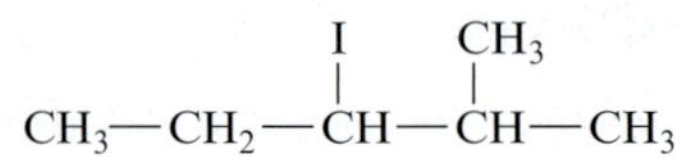

(b) 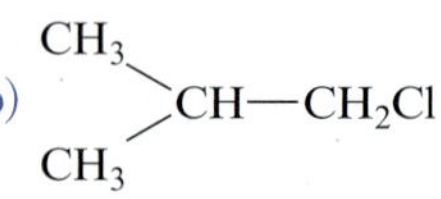

(c) 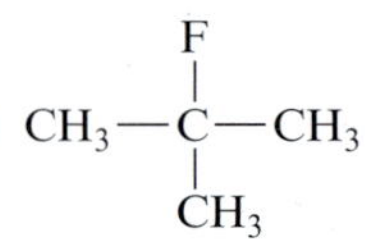

(d) 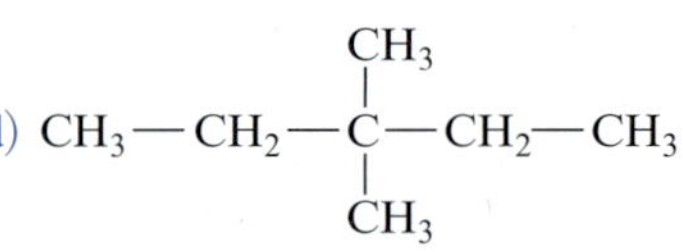

13. 다음 각 화합물의 구조식을 그리시오.

(a) 2,4-다이메틸펜테인

(b) 2,3-다이메틸뷰테인

(c) 3-아이소프로필옥테인

14. 다음 각 화합물들의 구조식을 그리시오.

(a) 4-에틸-2-메틸헥세인

(b) 4-*tert*-뷰틸헵테인

(c) 4-에틸-7-아이소프로필-2,4,8-트라이메틸데케인

15. 각 쌍 중 한 가지 이름은 체계에 맞지 않는다. 각 이름에 해당하는 구조를 그리고 어떤 이름이 틀렸는지 표시하시오.

(a) 2-메틸뷰테인과 3-메틸뷰테인

(b) 2-에틸뷰테인과 3-메틸펜테인

16. 각 쌍 중 한 가지 이름은 체계에 맞지 않는다. 각 이름에 해당하는 구조를 그리고 어떤 이름이 틀렸는지 표시하시오.

(a) 2-다이메틸뷰테인과 2,2-다이메틸뷰테인

(b) 2,4-다이메틸헥세인과 2-에틸-4-메틸-펜테인

17. 다음 화합물의 모든 이성질체에 대한 구조식을 그리시오.

(a) CH_3CH_2Br (c) $C_2H_4Cl_2$

(b) CH_3Cl (d) $CHCl_3$

18. 다음 화합물의 모든 이성질체에 대한 구조식을 그리시오.

(a) C_4H_9I (c) C_3H_6BrCl

(b) $C_3H_6Cl_2$ (d) $C_4H_8Cl_2$

19. 알켄 및 기타 필요한 무기 시약을 사용하여 다음 물질을 합성하는 반응을 쓰시오.

(a) $CH_3CHBrCH_2CH_3$

(b) CH_3CH_2Br

20. 알켄 및 기타 필요한 무기 시약을 사용하여 다음 물질을 합성하는 반응을 쓰시오.

(a) $CH_3CHBrCH_2Br$

(b) $CH_3CHBrCH_3$

21. 다음 종류의 화합물에서 세 개의 탄소 원자를 포함하는 구조를 그리시오.

(a) 알케인

(b) 알켄

(c) 알카인

(d) 알킬 할라이드

22. 다음 종류의 화합물에서 세 개의 탄소 원자를 포함하는 구조를 그리시오.

(a) 에터

(b) 알데하이드

(c) 케톤

(d) 카복실산

23. 문제 21의 각 화합물에 대한 IUPAC 이름을 쓰시오.

24. 문제 22의 각 화합물에 대한 IUPAC 이름을 쓰시오.

25. 다음에 화합물의 구조식을 그리시오.

(a) 다이클로로메테인

(b) 1,2-다이클로로에테인

(c) 아이오도폼

(d) 3-클로로프로프-1-엔

26. 다음에 대한 구조식을 그리시오.

(a) 헥사클로로에테인

(b) 아이오도에타인

(c) 6-브로모-3-메틸-3-헥센-1-아인

(d) 1,2-다이브로모에텐

27. 다음에 대한 구조식을 그리시오.

(a) 2,5-다이메틸-3-헥센

(b) 2-에틸-3-메틸-1-펜텐

(c) 3-메틸-2-펜텐

28. 다음에 대한 구조식을 그리시오.

(a) 1,2-다이페닐에텐

(b) 3-펜텐-1-아인

(c) 3-페닐-1-뷰타인

29. 다음 화합물의 이름을 쓰시오.

(a) 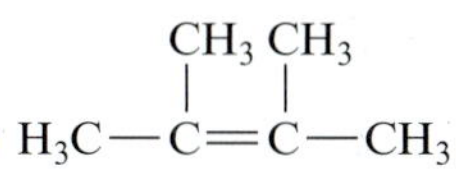

(b) $CH_3-CH_2-CH_2-C\equiv CH$

(c) 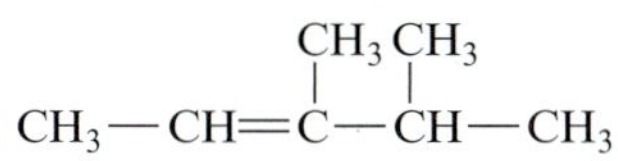

30. 다음 화합물의 이름을 쓰시오.

(a) 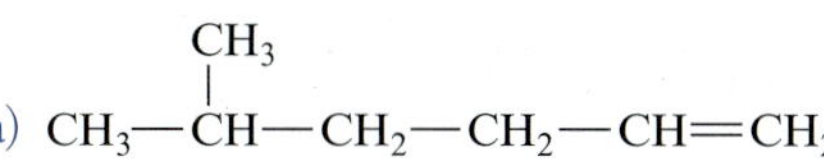

(b) 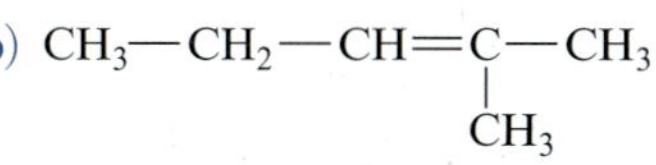

(c) 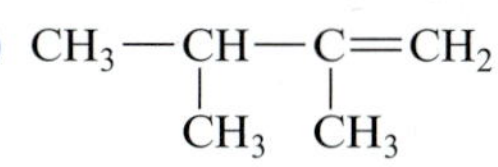

31. 다음 반응들을 완성하고 생성물의 이름을 쓰시오.

(a) $CH_2{=}CHCH_3 + Br_2 \longrightarrow$

(b) $H_3C-CH{=}CH_2 + HBr \longrightarrow$

(c) $CH_3CH{=}CHCH_3 + H_2 \xrightarrow[\text{1 atm}]{\text{Pt } 25°\text{ C}}$

32. 다음 반응들을 완성하고 생성물의 이름을 쓰시오.

(a) $CH_2{=}CH_2 + H_2O \xrightarrow{H^+}$

(b) $CH\equiv CH + 2Br_2 \longrightarrow$

(c) $CH_2{=}CH_2 + H_2 \xrightarrow[\text{1 atm}]{\text{Pt } 25°\text{ C}}$

33. 다음 화합물을 명명하시오.

(a) 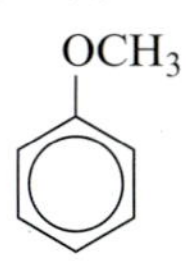

(d) 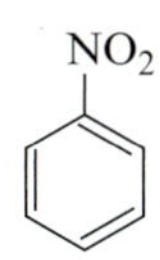

(b) 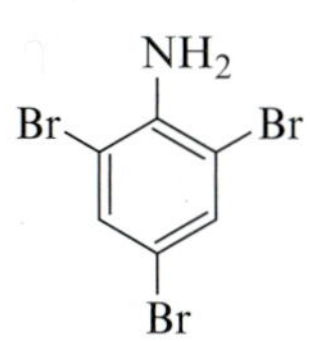

(e) 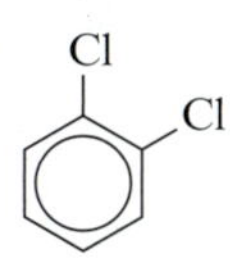

(c) 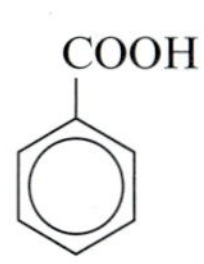

(f) 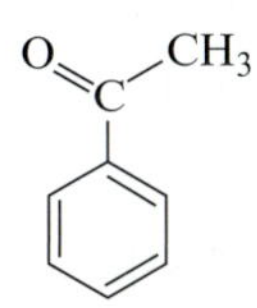

34. 다음 화합물을 명명하시오.

(a) 

(d) 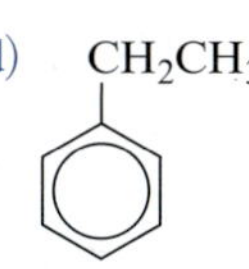

(b) 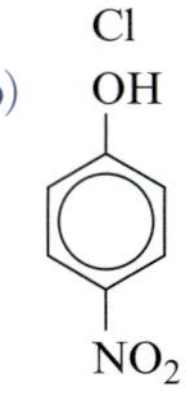

(e) 

(c) 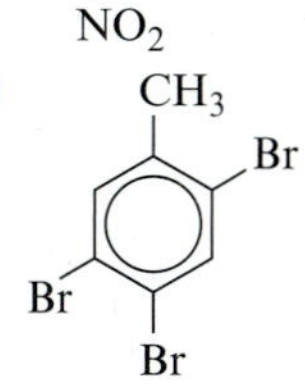

(f) 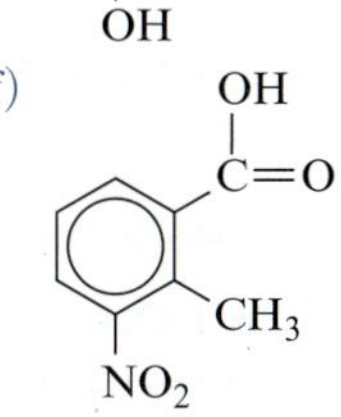

35. 다음 화합물의 구조식을 그리시오.

(a) 벤젠

(b) 톨루엔

(c) 벤조산

(d) 2,4-다이브로모아닐린

36. 다음 화합물의 구조식을 그리시오.

(a) 페놀

(b) *o*-브로모클로로벤젠

(c) 1,3-다이클로로-5-나이트로벤젠

(d) *m*-다이나이트로벤젠

37. 다음 화합물의 구조식을 그리시오.

(a) 에톡시벤젠

(b) 에틸벤젠

(c) 페놀

38. 다음 화합물의 구조를 그리시오.

(a) *p*-브로모아닐린

(b) *o*-클로로나이트로벤젠

(c) 1,3,5-트라이나이트로벤젠

39. 트라이클로로벤젠($C_6H_3Cl_3$)의 모든 이성질체에 대한 구조식을 그리고 IUPAC 이름을 쓰시오.

40. 다이클로로브로모벤젠($C_6H_3Cl_2Br$)의 모든 이성질체에 대한 구조식을 그리고 IUPAC 이름을 쓰시오.

41. 다음 알코올을 일차, 이차, 삼차, 다중 하이드록시 화합물로 분류하시오.

(a) 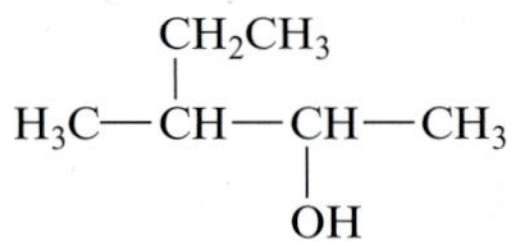

(b) 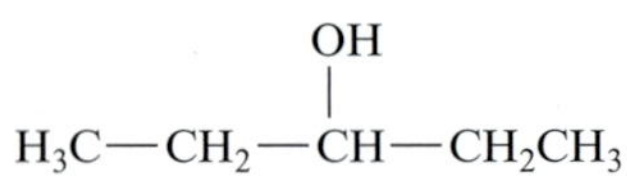

(c) 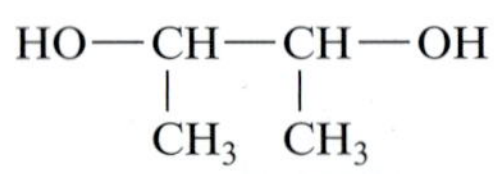

(d) 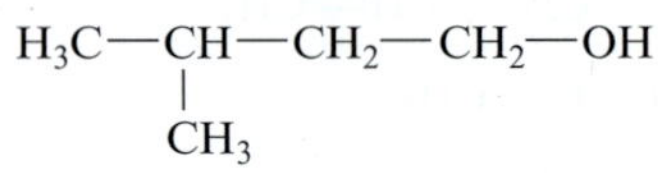

42. 다음 알코올을 일차, 이차, 삼차, 다중 하이드록시 화합물로 분류하시오.

(a) 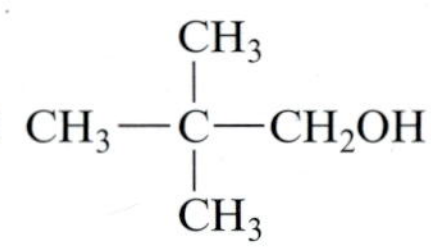

(b) 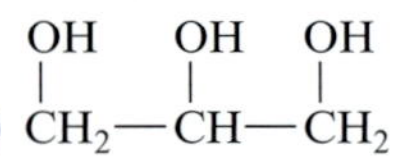

(c) $CH_3—OH$

(d) 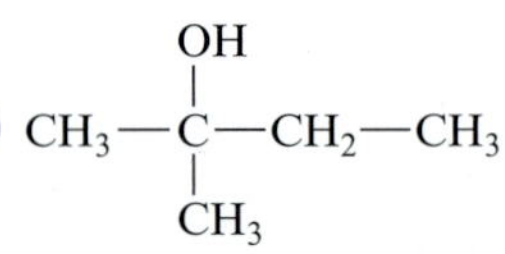

43. 다음 화합물의 구조식을 그리시오.

(a) 2-뷰탄올

(b) *tert*-뷰틸 알코올

44. 다음 화합물의 구조식을 그리시오.

(a) 2,2-다이메틸-1-헵탄올

(b) 1,3-프로판다이올

45. 다음 각 알데하이드의 이름을 쓰시오.

(a) 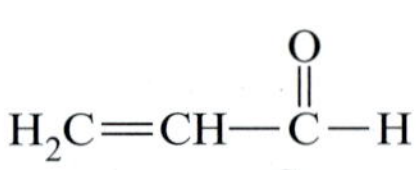

(b) 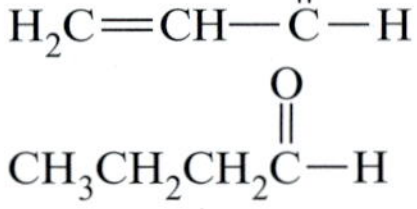

(c) 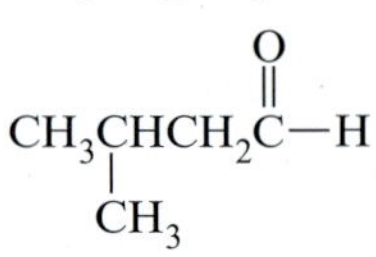

46. 다음 각 알데하이드의 이름을 쓰시오.

(a) 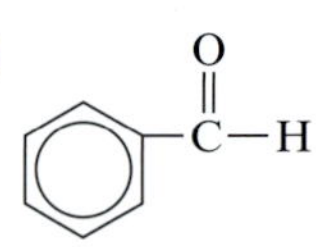

(b) 

(c) 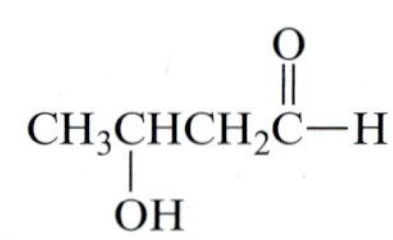

47. 다음 각 케톤의 이름을 쓰시오.

(a) CH_3COCH_3

(b) 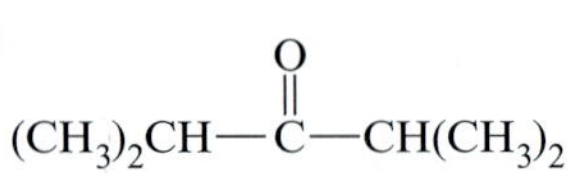

(c) 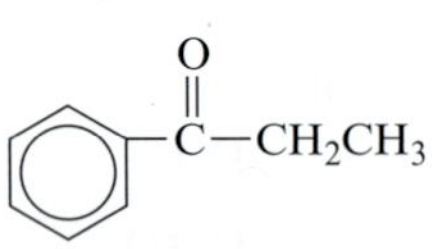

48. 다음 각 케톤의 이름을 쓰시오.

(a) 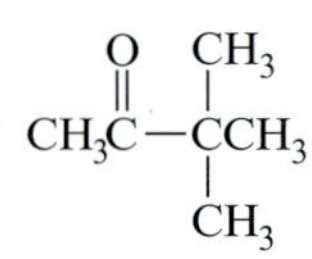

(b) 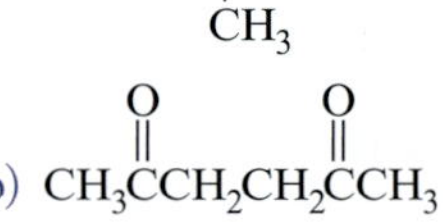

(c) 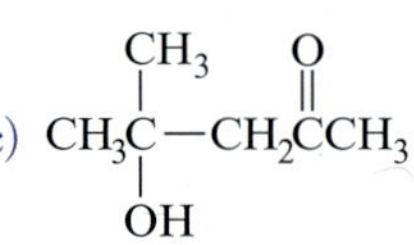

49. 다음 각 산의 이름을 쓰시오.

(a) $CH_3CHBrCOOH$

(b) $CH_2═CHCH_2COOH$

(c) $CH_3CH_2CH_2COOH$

(d) 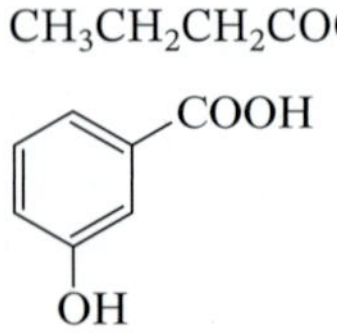

50. 다음 각 산의 이름을 쓰시오.

(a) 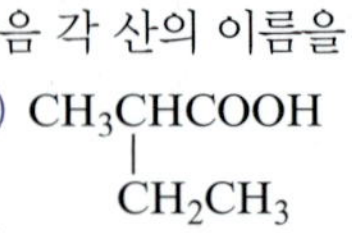

(b) 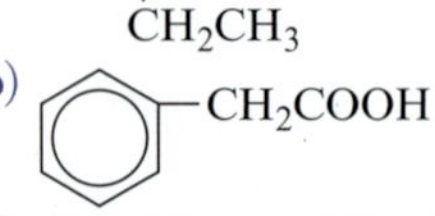

(c) $CH_3CH_2CH_2CH_2COOH$

(d) 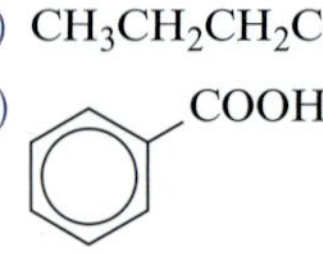

51. 다음 각 에스터의 구조식을 그리시오.

(a) 폼산 메틸

(b) 에탄산 에틸

(c) 프로판산 아이소프로필

52. 다음 각 에스터의 구조식을 그리시오.

(a) 아세트산 *n*-노닐

(b) 벤조산 에틸

(c) 살리실산 메틸

53. 다음 각 에스터의 IUPAC 이름을 쓰시오.

(a) $CH_3\underset{\underset{O}{\|}}{C}OCH_2CH_3$

(b) 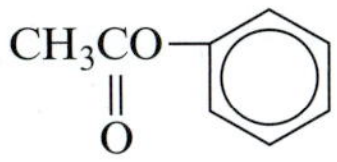

(c) $(CH_3)_2CHCH_2{-}O{-}\overset{\overset{O}{\|}}{C}{-}CH_2CH_3$

54. 다음 각 에스터의 IUPAC 이름을 쓰시오.

(a) $H\underset{\underset{O}{\|}}{C}OCH(CH_3)_2$

(b) 

(c) $CH_3\overset{\overset{CH_3}{|}}{C}HCH_2\overset{\overset{O}{\|}}{C}{-}OCH_2CH_3$

55. 다음 각 반응식을 완성하시오.

(a) $C_6H_5COOH + NaOH \longrightarrow$

(b) $CH_3\underset{\underset{OH}{|}}{C}HCOOH + NH_3 \longrightarrow$

56. 다음 각 반응식을 완성하시오.

(a) $CH_3COOH + KOH \longrightarrow$

(b) 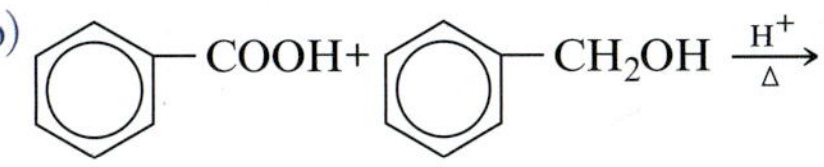

57. 에틸렌과 그 유도체는 고분자에서 가장 흔한 단위체이다. 이러한 에틸렌 기반 다음 고분자의 화학식을 쓰시오.

(a) 폴리에틸렌

(b) 폴리염화바이닐

58. 에틸렌과 그 유도체는 고분자에서 가장 흔한 단위체이다. 이러한 에틸렌 기반 다음 고분자의 화학식을 쓰시오.

(a) 폴리아크릴로나이트릴

(b) 테플론

59. 다음 구조식에 대해 주어진 이름이 올바른지 결정하시오. 틀렸다면 올바른 이름을 쓰시오.

(a) 3-메틸뷰테인

$CH_3\overset{\overset{CH_3}{|}}{C}HCH_2CH_3$

(b) 오쏘-다이브로모벤젠

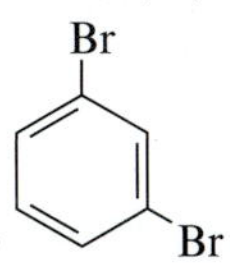

(c) 2-메틸-1-뷰타인

$HC{\equiv}\underset{\underset{CH_3}{|}}{C}CHCH_3$

(d) 펜탄올

$CH_3CH_2\overset{\overset{OH}{|}}{C}HCH_2CH_3$

(e) 뷰탄산

$CH_3CH_2CH_2\overset{\overset{O}{\|}}{C}{-}OH$

60. 다음 구조식에 대해 주어진 이름이 올바른지 결정하시오. 틀렸다면 올바른 이름을 쓰시오.

(a) 2-클로로뷰테인

$CH_3CH_2\overset{\overset{Cl}{|}}{C}HCH_3$

(b) 2-뷰테인케톤

$CH_3\overset{\overset{O}{\|}}{C}CH_2CH_3$

(c) 2-메틸-3-펜텐

$CH_3CH{=}CH\underset{\underset{CH_3}{|}}{C}HCH_3$

(d) 메탄산 프로필

$CH_3CH_2\overset{\overset{O}{\|}}{C}OCH_3$

(e) 2-에틸뷰테인

$CH_3CH_2\underset{\underset{CH_2CH_3}{|}}{C}HCH_3$

61. 문제 59번의 구조를 다음 중 하나로 분류하시오.
탄화수소, 알켄, 알카인, 방향족, 알킬 할라이드, 알코올, 에스터, 카복실산

62. 문제 60번의 구조를 다음 중 하나로 분류하시오.
탄화수소, 알켄, 알카인, 에터, 알킬 할라이드, 에스터, 알데하이드, 케톤

63. 탄소 5개의 사슬로 구성된 포화 탄화수소를 그리시오.

64. 탄소 5개의 사슬로 구성된 불포화 탄화수소를 그리시오.

추가 연습 문제

65. 에테인(C_2H_6)의 Lewis 구조를 그리고 결합각을 쓰시오.

66. 프로펜(C_3H_6)의 Lewis 구조를 그리고 결합각을 쓰시오.

67. 프로파인(C_3H_4)의 Lewis 구조를 그리고 결합각을 쓰시오.

68. 사슬 길이가 짧은 알케인의 끓는점이 낮은 이유는 무엇인가?

69. 다음 화합물의 가능한 열린-사슬 구조를 모두 그리시오.

(a) C_4H_{10}

(b) C_5H_{10}

(c) C_7H_{16}

70. 다음 화합물의 모든 열린-사슬 이성질체의 구조식을 그리고 IUPAC 이름을 쓰시오.

(a) 뷰타인(C_4H_6)

(b) 헥사인(C_6H_{10})

71. 화학식이 $C_5H_{11}OH$인 알코올은 8개의 열린-사슬 이성질체를 갖는다.

(a) 구조식을 그리고 각 알코올에 대한 IUPAC 이름을 쓰시오.

(b) 이성질체 중 어떤 것이 일차, 이차, 삼차 알코올인지 표시하시오.

72. 탄소 원자가 30개 들어 있는 열린-사슬 포화 알코올의 몰질량은 얼마인가? 이 알코올은 밀랍에 에스터의 형태로 존재한다.

73. 다음 화합물과 이성질체인 에터의 관용명과 구조를 쓰시오.

(a) 1-프로판올

(b) 아이소프로필 알코올

74. 프로스타글란딘 A_2에는 어떤 작용기가 있는가?

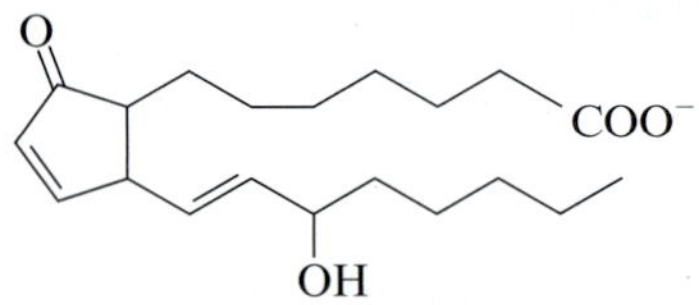

프로스타글란딘 A_2

75. 다음 중 물에 잘 녹을 것으로 예상되는 분자를 고르고 그 이유를 쓰시오(**힌트:** "유유상종(like dissolves like)"을 기억하자).

CH_3CH_2OH, $CH_3CH_2CH_2CH_2CHO$

$CH_3CH_2COCH_2CH_3$, $CH_3CH_2CH_2CH_2CH_3$

76. 다음 화합물 중 서로의 구조 이성질체는?

메틸 프로필 에터, 뷰탄산, 아세톤, 프로펜, 2-뷰탄올, 페놀, 프로판산 메틸

77. 다음 화합물의 이름을 쓰시오.

(a) $CH_3—CH_2—O—CH_2—CH_3$

(b) $CH_3—O—CH_3$

(c) $CH_3—CH_2—O—CH(CH_3)—CH_3$

78. 뷰탄알과 뷰탄온의 구조식을 그리시오. 이 구조식으로부터 알데하이드와 케톤이 서로 이성질체라고 생각하는가? 3탄소 알데하이드와 케톤으로 예를 들어 증거를 제시하고 답을 증명하시오.

79. IUPAC 명명법을 사용하여 다음 유기산을 명명하시오.

(a) $CH_3—CH_2—C(=O)OH$

(b) $CH_3—CH(CH_3)—C(=O)OH$

(c) $CH_3—CH_2—CH(CH_3)—C(=O)OH$

(d)

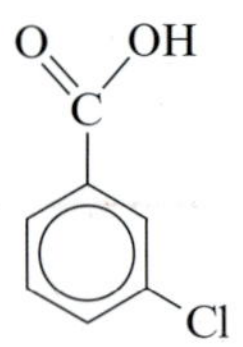

80. 펜탄산($CH_3(CH_2)_3COOH$)의 모든 산 이성질체의 구조식을 그리고 IUPAC 이름을 쓰시오.

81. 다음 에스터의 제조 반응식을 쓰시오.

(a) 에탄산 에틸

(b) 프로판산 메틸

(c) 벤조산 *n*-프로필

82. (a) 다음 단위체들로부터 형성될 수 있는 고분자를 나타내는 구조식을 그리시오(네 개의 단위를 표시하라).

(1) 프로필렌 (2) 1-뷰텐 (3) 스타이렌

(b) 몰질량이 35,000인 폴리에틸렌 분자에는 몇 개의 에틸렌 단위가 있는가?

83. 다이클로로벤젠은 몇 가지가 있는가? 트라이클로로벤젠은 몇 가지가 있는가? 구조를 그리시오.

84. 다음 화합물의 구조식을 쓰시오.

(a) 에탄산 메틸

(b) 메탄산 프로필

(c) 폼산 에틸

85. 다음 에스터의 IUPAC 이름을 명명하시오. 에스터의 산 부분을 마지막에 명명하는 것을 잊지 마시오(역주: 우리말 명명법에서는 산 부분이 먼저 나오고 알코올 부분이 나중에 나온다).

(a) $CH_3—C(=O)—O—(CH_2)_4CH_3$

(b) $CH_3—(CH_2)_2C(=O)—O—CH_2CH_3$

(c) $HC(=O)—O—CH_2CH(CH_3)_2$

86. 한 화합물의 구성은 다음과 같다.

C = 24.3%

H = 4.1%

Cl = 71.7%

100°C, 740 mm Hg 압력에서 증기 140.3 mL의 질량이 0.442 g이라면, 이 화합물의 분자식은 무엇인가? 이 화합물의 가능한 구조를 그리시오.

87. 한 화합물이 탄소 24 g, 수소 4 g, 산소 32 g을 함유하고 있는 것으로 밝혀졌다. 화합물의 몰질량은 60이다. 다음 중 이 화합물의 구조로 옳은 것은?

(a) C_2H_5OH (b) CH_3CHO

(c) CH_3OCH_3 (d) COH

(e) CH_3COOH

88. 다음 화합물의 구조식을 쓰시오.

(a) 메틸 알코올

(b) 아이오도메테인

(c) 2-클로로펜테인

(d) 노네인

(e) *tert*-뷰틸 알코올

89. 산성 용액에서 일어나는 다음 두 물질 사이의 반응식을 쓰고, 생성되는 에스터의 이름을 명명하시오.

(a) 에탄올과 에탄산

(b) 1-프로판올과 프로판산

(c) 1-헥산올과 헥산산

90. 다음 설명과 일치하는 구조식을 그리시오.

(a) 인접한 두 개의 탄소에 메틸 가지가 있는 6개의 탄소를 지닌 알케인

(b) −OH기가 사슬의 끝에 위치하지 않는 6개의 탄소를 지닌 알코올

(c) 3개의 탄소를 지닌 유기(카복실)산

(d) 4개의 탄소를 지닌 알데하이드

(e) 4개의 탄소를 지닌 알코올이 3개의 탄소를 지닌 산과 반응할 때 형성된 에스터

91. 아래 가상의 분자에서 표시된 작용기의 이름을 쓰시오.

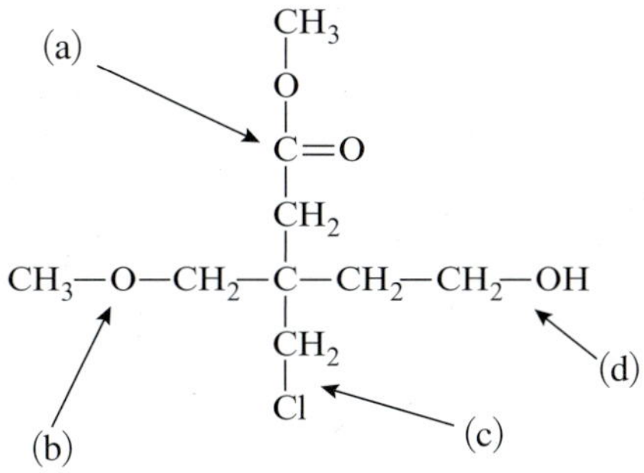

92. 아래 가상의 분자에서 표시된 작용기의 이름을 쓰시오.

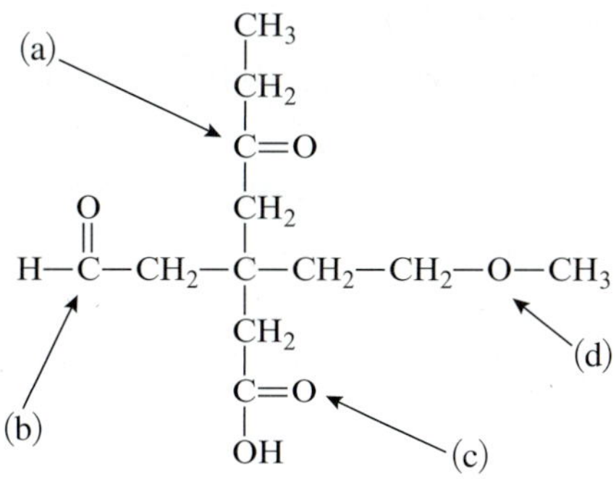

실습 문제 정답

18.1 알케인, 알켄, 알카인, 방향족 탄화수소

18.2 (a) $CH_3CH_2CH_2CH_2CH_3$

(b) 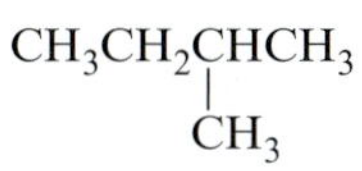

(c) 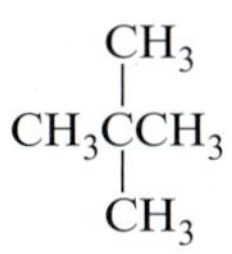

18.3 (a) 2,3,3-트라이메틸헥세인

(b) 3-에틸-2,5-다이메틸헵테인

18.4

(a) 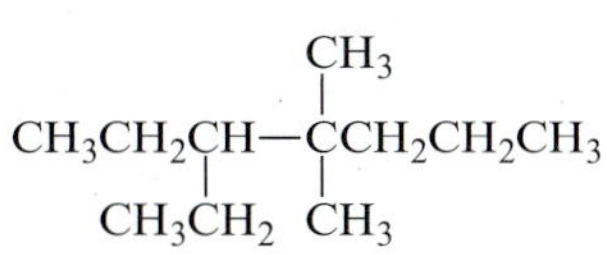

(b) 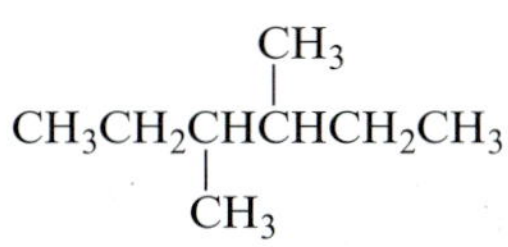

(c) 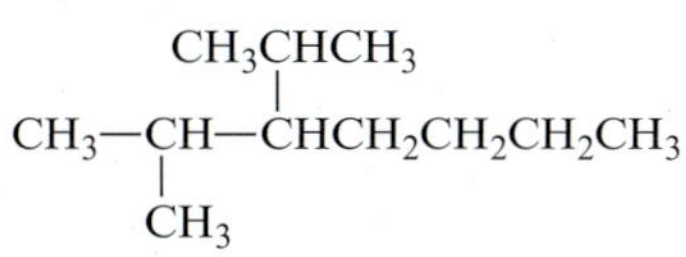

18.5 (a) 4-메틸-3-헵텐

(b) 5,5-다이메틸헥사인

18.6 (a) *p*-클로로에틸벤젠

(b) 2,6-다이브로모페놀

(c) *o*-아미노벤조산

18.7 $CH_3CH_2CHBr_2$, $CH_3CHBrCH_2Br$, $CH_2BrCH_2CH_2Br$, $CH_3CBr_2CH_3$

18.8 (a) 이차, 3,3,5-트라이메틸-2-헥산올

(b) 삼차, 2,4,4-트라이메틸-2-헥산올

18.9 (a) 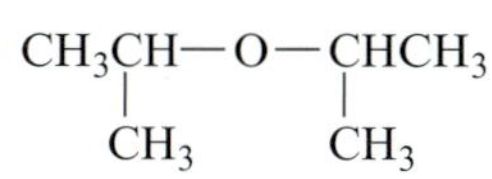

(b) 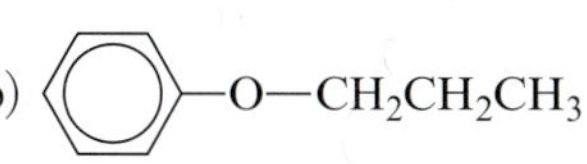

(c) 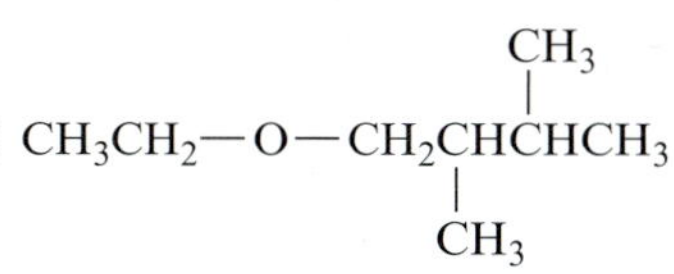

18.10 (a) 2-메틸헥산알

(b) 3,5-다이메틸-2-옥탄온

18.11 $CH_3(CH_2)_{14}COOH$ 헥사데칸산

$CH_3(CH_2)_{16}COOH$ 옥타데칸산

18.12 (a) 프로판산 메틸(methyl propanoate), 프로피온산 메틸(methyl propionate)

(b) 뷰탄산 에틸(ethyl butanoate), 뷰티르산 에틸(ethyl butyrate)

(c) 도데칸산 메틸(methyl dodecanoate), 라우르산(로르산) 메틸(methyl laurate)

18.13 다양한 정답이 있을 수 있다. 다음은 하나의 예시이다.

$$CH_2{=}CH_2 + F_2C{=}CF_2 \longrightarrow$$

$$\text{+}CH_2CH_2{-}CF_2CF_2{-}CH_2CH_2{-}CF_2CF_2\text{+}_n$$

부록 1
수학의 복습

곱셈

곱셈이란 어떤 숫자나 양을 주어진 횟수만큼 반복해서 더해 주는 과정을 말한다. 따라서 4 곱하기 2는 4 를 두 번 더하거나 2를 네 번 더하는 것을 의미하며, 그 곱은 8이 된다. 곱셈은 다음과 같이 여러 가지 방법으로 나타낸다.

$$ab \qquad a \times b \qquad a \cdot b \qquad a(b) \qquad (a)(b)$$

이러한 표현들은 a 곱하기 b, 또는 b 곱하기 a를 의미한다.

$$a = 16\text{이고 } b = 24\text{이면, } 16 \times 24 = 384\text{가 된다.}$$

°F = (1.8 × °C) + 32의 표현식은 섭씨 온도에 1.8을 곱한 후 그 결과에 32를 더해 주는 것을 의미한다. 섭씨 온도가 50°C이면 다음과 같이 된다.

$$°F = (1.8 \times 50) + 32 = 90 + 32 = 122°F$$

두 개 또는 그 이상의 수를 곱해 준 결과를 **곱**(product)이라고 부른다.

나눗셈

나누기(division)란 단어는 여러 가지 의미를 지니고 있다. 수학 표현에서 나눗셈은 어떤 다른 숫자나 양 속에 임의의 한 숫자나 양이 몇 번 들어 있는지를 찾는 과정이다. 나눗셈은 다음과 같이 여러 가지 방법으로 표현한다.

$$a \div b \qquad \frac{a}{b} \qquad a/b$$

이들 각 표현은 a를 b로 나누는 과정을 나타낸다.

$$a = 15\text{이고 } b = 3\text{이면, } \frac{15}{3} = 5\text{이다.}$$

선분 위에 있는 숫자를 **분자**, 아래에 있는 숫자를 **분모**라고 부른다. 한편 나눗셈 기호인 수평선이나 사선(/)은 "단위당"을 의미하기도 한다. 예를 들면, 단위 부피당 질량인 밀도는 다음과 같이 나타낸다.

$$\text{밀도} = \frac{\text{질량}}{\text{부피}} = \text{g/mL}$$

사선 역시 그램을 그 질량이 차지하는 밀리리터로 나누는 것을 의미한다. 어떤 수를 다른 수로 나눈 결과를 **몫**(quotient)이라고 부른다.

분수와 소수

분수는 나눗셈의 표현식이며, 분자를 분모로 나누는 것을 나타낸다. **진분수**(proper fraction)

진분수		소수		진분수
$\frac{1}{8}$	=	0.125	=	$\frac{125}{1000}$
$\frac{1}{10}$	=	0.1	=	$\frac{1}{10}$
$\frac{3}{4}$	=	0.75	=	$\frac{75}{100}$
$\frac{1}{100}$	=	0.01	=	$\frac{1}{100}$
$\frac{1}{4}$	=	0.25	=	$\frac{25}{100}$

는 분자가 분모보다 작은 경우이고, 반대로 분자가 분모보다 클 때는 **가분수**(improper fraction)라고 한다. 소수는 분모가 10의 누승을 갖는 진분수이다. 이러한 진분수의 나누기를 행하면 소수가 된다. 진분수와 그 소수는 서로 같다는 것을 왼쪽 표를 통해서 알 수 있다.

소수의 덧셈

소수로 된 수를 더할 때는 항상 소수점이 같은 열에 놓이도록 해야 한다. 예를 들면, 8.21 + 143.1 + 0.325를 구해 보자.

$$\begin{array}{r} 8.21 \\ +143.1 \\ +\ \ \ 0.325 \\ \hline 151.635 \end{array}$$

측정량인 수를 더할 때는 같은 단위를 사용해야 한다. 예를 들면, 길이가 10.0 cm, 125 mm, 8.4 cm인 세 개의 유리관 전체 길이를 구하려고 할 때 단순히 주어진 숫자를 더해 주면 143.4의 값이 되지만 측정 단위가 모호하다. 전체 길이를 정확하게 구하려면 우선 125 mm를 12.5 cm로 바꾼다. 이렇게 되면 단위가 같아지며, 같은 덧셈을 통해서 전체 길이를 구할 수 있다.

$$\begin{array}{r} 10.0\text{ cm} \\ 12.5\text{ cm} \\ 8.4\text{ cm} \\ \hline 30.9\text{ cm} \end{array}$$

소수의 뺄셈

소수로 된 수를 뺄 때는 정수를 뺄 때 쓰는 과정을 그대로 사용한다. 그러나 항상 소수점이 같은 열에 놓이도록 해야 한다. 예를 들면, 182.49에서 20.60을 빼 보자.

$$\begin{array}{r} 182.49 \\ -\ \ 20.60 \\ \hline 161.89 \end{array}$$

측정량인 수를 뺄 때는 같은 단위를 사용해야 한다. 예를 들면, 0.62 m에서 22 cm를 뺄 때, 첫 번째로 m를 cm로 변환한 다음 뺄셈을 한다.

$$(0.62\text{ m})\left(\frac{100\text{ cm}}{\text{m}}\right) = 62\text{ cm} \qquad \begin{array}{r} 62\ \text{cm} \\ -22\ \text{cm} \\ \hline 40.\ \text{cm} \end{array}$$

소수의 곱셈

수로 된 두 개 또는 그 이상의 수를 곱할 때는 다음과 같다. 곱한 수들의 소수점 오른쪽에 있는 자리수를 더한 다음에 같은 수의 자리를 갖도록 소수점의 위치를 정한다. 예를 들면 2.05 × 2.05를 곱해 보자.

2.05 × 2.05 = 4.2025 (소수점에서 오른쪽 네 자리)

다른 예를 들어 보자.

14.25 × 6.01 × 0.75 = 64.231875 (소수점에서 오른쪽 여섯 자리)
39.26 × 60 = 2355.60 (소수점에서 오른쪽 두 자리)

참고 만약 수가 측정값이면 답은 정확한 유효 숫자의 개수를 맞춰야 한다.

소수의 나눗셈

소수로 된 수를 나누려면 먼저 분모가 정수가 되도록 소수점의 위치를 이동시키고, 분자에 있는 소수점의 위치를 같은 자리만큼 오른쪽으로 이동시킨다. 다음과 같이 분모와 분자에 있는 소수점의 위치를 같은 방향으로 같은 자리수만큼 이동시켜야 한다.

$$\frac{136.94}{4.1} = \frac{1369.4}{41}$$

여기서 소수점의 위치를 조정하는 것은 분모와 분자에 10을 곱해 준 것과 같다. 이제 다음과 같이 정상적인 나눗셈을 하고, 나누어지는 수의 위치가 일치하게 소수점의 위치를 지정해 주면 된다.

$$\begin{array}{r} 33.4 \\ 41\overline{)1269.4} \end{array} \quad \frac{0.441}{26.25} = \frac{44.1}{2625} = \begin{array}{r} 0.0168 \\ 2625\overline{)44.1000} \end{array}$$

앞에서 주어진 몇 가지 예제를 통해서 여러 가지 수학 계산의 원리를 이해할 수 있었을 것이다. 계산기를 이용하면 따분한 계산을 하는 데 소요되는 시간을 많이 줄이게 된다. 문제를 푼 다음에는 오차를 점검하고 답이 논리적이고 주어진 데이터와 일치하는지를 살펴보아야 한다.

대수 방정식

화학에서 접하는 많은 수학적인 문제는 다음과 같은 대수형으로 나타낼 수 있다. 이러한 문제는 먼저 방정식의 한 변에 있는 원하는 항을 분리시킴으로써 간단히 풀 수 있다. 아니면 원하는 항이 분리될 때까지 방정식의 양변을 같은 방법으로 처리해서 재배치한다.

(a) $a = \frac{b}{c}$

b에 대해 풀려면 다음과 같이 식의 양변에 c를 곱한다.

$$a \times c = \frac{b}{\cancel{c}} \times \cancel{c}$$
$$b = a \times c$$

c에 대해서 풀려면 다음과 같이 식의 양변에 $\frac{c}{a}$를 곱한다.

$$\cancel{a} \times \frac{c}{\cancel{a}} = \frac{b}{\cancel{c}} \times \frac{\cancel{c}}{a}$$
$$c = \frac{b}{a}$$

(b) $\frac{a}{b} = \frac{c}{d}$

a에 대해서 풀려면 다음과 같이 식의 양변에 b를 곱한다.

$$\frac{a}{\cancel{b}} \times \cancel{b} = \frac{c}{d} \times b$$
$$a = \frac{c \times b}{d}$$

b에 대해서 풀려면 다음과 같이 식의 양변에 $\frac{b \times d}{c}$를 곱한다.

$$\frac{a}{\cancel{b}} \times \frac{\cancel{b} \times d}{c} = \frac{\cancel{c}}{\cancel{d}} \times \frac{b \times \cancel{d}}{\cancel{c}}$$
$$\frac{a \times d}{c} = b$$

(c) $a \times b = c \times d$

a에 대해서 풀려면 다음과 같이 식의 양변에 b를 곱한다.

$$\frac{a \times \not{b}}{\not{b}} = \frac{c \times d}{b}$$
$$a = \frac{c \times d}{b}$$

(d) $\frac{b - c}{a} = d$

b에 대해서 풀려면 다음과 같이 식의 양변에 a를 곱한다.

$$\frac{\not{a}(b - c)}{\not{a}} = d \times a$$
$$b - c = d \times a$$

그 다음, 양변에 c를 더한다.

$$b - \not{c} + \not{c} = d \times a + c$$
$$b = (d \times a) + c$$

만일 $a = 1.8$, $c = 32$, $d = 35$이면 b는 다음과 같이 주어진다.

$b = (35 \times 1.8) + 32 = 63 + 32 = 95$

아주 큰 수와 작은 수의 표현

자연과학에서 측정이나 계산을 하다 보면 0.00000384 및 602,000,000,000,000,000,000,000 처럼 아주 큰 수나 작은 수를 자주 접하게 된다. 이러한 숫자는 쓰기가 귀찮고 특히 계산에서 처리하기가 거북하다. 이러한 큰 수와 작은 수를 지수나 10의 누승을 이용하여 간단한 형태로 편리하게 표현할 수 있다. 이렇게 수를 표현하는 방법을 **과학적 표기법** 또는 **지수 표기법**이라고 부른다.

지수는 다른 수의 오른쪽 위 첨자로 쓴 것을 말한다. 이러한 지수를 가끔 그 수의 누승이라고도 한다. 누승이란 용어는 그 수가 인수로서 몇 번 사용되었는지를 나타내는 것이다. 10^2에서 2가 지수이며, 그 수는 10의 제곱, 즉 $10 \times 10 = 100$을 의미한다. 다음과 같은 다른 세 가지 예를 보자.

$$3^2 = 3 \times 3 = 9$$
$$3^4 = 3 \times 3 \times 3 \times 3 = 81$$
$$10^3 = 10 \times 10 \times 10 = 1000$$

편의상 아주 큰 수와 작은 수는 10의 누승으로 표현한다. 10을 곱하거나 나누는 것은 어떤 숫자에서 소수점의 자리를 한 자리씩 이동하는 것과 일치하므로 10의 누승을 이용하게 된다. 따라서 10^1을 곱한 수는 오른쪽으로 한 자리, 10^2을 곱한 수는 오른쪽으로 두 자리 그리고 10^{-2}를 곱한 수는 왼쪽으로 두 자리 위치를 이동시킨 것과 같다. 어떤 수를 10의 누승 형태로 표현하려면 처음 수에 있던 소수점의 위치를 새로운 위치로 옮기고 그 수는 1과 10 사이의 값이 되도록 해야 한다. 이 새로운 소수에 적당한 10의 누승을 곱한다. 예를 들어, 42,389를 지수형으로 쓰려면 소수점이 4와 2 사이(4.2389)에 놓이게 한 다음, 10^4를 곱해 주면 되는데, 다음에서 알 수 있듯이 4.2389×10^4으로 표현된다.

$$\underset{4321}{42{,}389} = 4.2389 \times 10^4$$

10의 지수인 4에서 소수점이 처음 위치로부터 이동한 자릿수를 알 수 있다. 소수점이 왼쪽으로 이동하면 그 지수는 양수이고, 오른쪽으로 이동하면 음수가 된다. 지수(누승) 표기법으로 0.00248이란 수를 표현하려면 소수점을 오른쪽으로 세 자리 이동시키고, 10의 지수는 −3이 되므로 그 수는 2.48×10^{-3}으로 주어진다.

$$0.\underbrace{002}_{123}48 = 2.48 \times 10^{-3}$$

다음 예제를 학습해 두기 바란다.

$$\begin{aligned} 1237 &= 1.237 \times 10^3 \\ 988 &= 9.88 \times 10^2 \\ 147.2 &= 1.472 \times 10^2 \\ 2{,}200{,}000 &= 2.2 \times 10^6 \\ 0.0123 &= 1.23 \times 10^{-2} \\ 0.00005 &= 5 \times 10^{-5} \\ 0.000368 &= 3.68 \times 10^{-4} \end{aligned}$$

곱셈과 나눗셈에서 지수 곱셈과 나눗셈에서 10의 누승을 사용하면 답에서 소수점의 위치를 지정해서 아주 간단하게 처리할 수 있다. 곱셈에서 먼저 모든 수를 10의 누승으로 바꾸고, 수치 부분은 보통 방법대로 곱해 준 다음, 마지막으로 10의 지수는 덧셈을 해 주어서 10의 누승으로 표현한다. 곱셈에서 지수(10의 누승)는 그냥 더해 준다.

$$10^2 \times 10^3 = 10^{(2+3)} = 10^5$$
$$10^2 \times 10^2 \times 10^{-1} = 10^{(2+2-1)} = 10^3$$

곱셈: $(40{,}000)(4200)$

10의 누승형으로 바꾸기: $(4 \times 10^4)(4.2 \times 10^3)$

재배열하기: $(4 \times 4.2)(10^4 \times 10^3)$

$16.8 \times 10^{(4+3)}$

16.8×10^7 즉 1.68×10^8 (답)

곱셈: $(380)(0.00020)$

$(3.80 \times 10^2)(2.0 \times 10^{-4})$

$(3.80 \times 2.0)(10^2 \times 10^{-4})$

$7.6 \times 10^{(2-4)}$

7.6×10^{-2} 즉 0.076 (답)

곱셈: $(125)(284)(0.150)$

$(1.25 \times 10^2)(2.84 \times 10^2)(1.50 \times 10^{-}$

$(1.25)(2.84)(1.50)(10^2 \times 10^2 \times 10^{-1}$

$5.325 \times 10^{(2+2-1)}$

5.33×10^3 (답)

나눗셈에서는 먼저 모든 수를 10의 누승으로 바꾸고 10과 지수를 분모에서 분자로 옮긴 후 지수의 부호를 반대로 바꾼다. 보통 방법으로 나눗셈을 하고 10의 누승을 분모에서 분자로 옮기고 지수의 부호를 바꾸어주면 원래의 값이 된다. 나눗셈에서는 분모에 있는 10의 지수 부호를 바꾸고 분자로 옮긴 다음 10의 지수를 모두 더해 준다. 예를 들면, 다음과 같다.

$$\frac{10^5}{10^3} = 10^5 \times 10^{-3} = 10^{(5-3)} = 10^2$$
$$\frac{10^3 \times 10^4}{10^{-2}} = 10^3 \times 10^4 \times 10^2 = 10^{(3+4+2)} = 10^9$$

계산에서 유효 숫자

실험 측정에 바탕을 둔 계산 결과는 가장 불확실한 측정값보다 더 정확할 수가 없다. 보다 자세한 설명은 2.4절을 참고하기 바란다.

덧셈과 뺄셈 덧셈이나 뺄셈의 결과는 소수점 오른쪽의 자릿수가 최소인 것보다 소수점 오른쪽의 자릿수가 더 많아서는 안 된다. 지시대로 계산한 다음에 적절한 유효 숫자를 취하고, 즉 다음과 같이 소수점 이하의 자릿수를 가장 낮은 쪽과 일치시키고 반올림한다.

(a)
142.8 g
18.843 g
36.42 g
198.063 g
198.1 g

(b)
93.45 mL
−18.0 mL
75.45 mL
75.5 mL

(a) 142.8의 소수점 자릿수가 한 자리이므로, 답은 소수점 이하 한 자리이다.
(b) 18.0의 소수점 자릿수가 한 자리이므로, 답은 소수점 이하 한 자리이다.

곱셈과 나눗셈 곱셈 또는 나눗셈이 관여하는 계산에서 해답에는 가장 작은 유효 숫자를 갖는 측정값과 같은 유효 숫자를 갖도록 해야 한다. 곱셈이나 나눗셈에서 소수점의 위치는 그 해답에서 유효 숫자의 수와 아무런 관계가 없다. 다음 예를 살펴보도록 하자.

	반올림 함
$(2.05)(2.05) = 4.2025$	4.20
$(18.48)(5.2) = 96.096$	96
$(0.0126)(0.020) = 0.000252$ 또는	
$(1.26 \times 10^{-2})(2.0 \times 10^{-2}) = 2.520 \times 10^{-4}$	2.5×10^{-4}
$\dfrac{1369.4}{41} = 33.4$	33
$\dfrac{2268}{4.20} = 540.$	540.

차원 해석

화학에 나오는 많은 문제들은 인자 표시법, 즉 변환 인자법을 이용하여 차원 해석을 통하여 쉽게 풀 수 있다. 차원 해석에서는 모든 인수의 곱셈, 나눗셈, 덧셈, 뺄셈을 해서 문제를 풀 때 같은 차원의 적절한 단위를 사용한다. 차원은 cm, g, 초의 단위로 각각 나타낼 수 있는 길이, 질량, 시간과 같은 물리량이다. 어떤 문제를 풀 때 정확한 차수 단위를 갖는 답을 얻으려면 이러한 단위를 숫자처럼 수학적으로 처리해야 한다.

임의의 단위로 주어진 어떤 수나 측정량은 같은 차원을 갖는 다른 종류의 단위로 변환할 수 있다. 단위를 다른 종류로 변환하려면 원래 양이나 측정값에 변환 인자를 곱하거나 나누어 주면 된다. 이때, 변환 인자를 잘 선택해야 정확하게 변환할 수 있다. 일반적인 계산 방법을 다음의 보기를 통해서 설명하도록 하겠다.

우선 24 ft를 인치로 변환해야 하는 경우를 생각해 보자. 이때 24 ft에 ft와 in. 단위를 포함하는 변환 인자를 곱해 주어야 한다. in.와 ft 사이에는 다음과 같은 두 가지 변환 인자를 쓸 수 있다.

$$\frac{12\ \text{in.}}{1\ \text{ft}} \quad \text{또는} \quad \frac{1\ \text{ft}}{12\ \text{in.}}$$

해답에 ft를 없애고 in. 단위만 남도록 인자를 잘 선택해야 한다. 곱셈과 나눗셈에서 단위는 숫자처럼 취급해야 할 필요가 있음에 유의하기 바란다. 24 ft를 인치로 변환시킬 때 다음의 두 가지가 가능하다.

$$(24\ \cancel{\text{ft}})\left(\frac{12\ \text{in.}}{1\ \cancel{\text{ft}}}\right) \quad \text{또는} \quad (24\ \text{ft})\left(\frac{1\ \text{ft}}{12\ \text{in.}}\right)$$

첫 번째 경우(정확한 방법)에 분모와 분자에 있는 ft 단위를 소거하면 288 in.의 답을 얻을 수 있다. 그러나 두 번째 경우에 해답의 단위는 ft^2/in.이고, 그 답은 2.0 ft^2/in.으로 주어진다. 따라서 첫 번째 경우가 적절한 차원을 가진 단위로 표현되기 때문에 적절하다. 즉, ft 단위로 나타낸 길이의 차원을 다음의 수학 표현식에 따라 인치로 환산한 것이다.

$$\cancel{\text{ft}} \times \frac{\text{in.}}{\cancel{\text{ft}}} = \text{in.}$$

두 번째 경우에는 단위(ft^2/in.)가 길이의 단위에 해당되지 않으므로 그 답은 정확한 것이 아니다. 단위를 잘 살펴보면 적절하게 환산되었는지 파악할 수 있다.

24 ft에 12 in./ft를 곱할 때 그 측정값이 환산되지 않은 이유는 변환 인자가 두 가지 동등한 양에서 유도되었기 때문이다. 변환 인자 12 in./ft는 1과 같으며 어떤 인수에 1을 곱해 주어도 그 값은 변화가 없다.

$$2\ \text{in.} = 1\ \text{ft} \quad \text{그리고} \quad \frac{12\ \text{in.}}{1\ \text{ft}} = 1$$

16 kg을 mg 단위로 변환해 보자. 이 문제에서는 단위를 다음의 순서에 따라 변환해 나가는 것이 가장 적절한 방법이다.

$$\text{kg} \longrightarrow \text{g} \longrightarrow \text{mg}$$

이때 다음과 같은 변환 인자를 이용할 수 있다.

$$\frac{1000\ \text{g}}{1\ \text{kg}}\ \text{또는}\ \frac{1\ \text{kg}}{1000\ \text{g}}, \qquad \frac{1000\ \text{mg}}{1\ \text{g}}\ \text{또는}\ \frac{1\ \text{g}}{1000\ \text{mg}}$$

각 단계에서 그 다음 환산에 적당한 단위만 남아 있도록 변환 인자를 사용해야 한다. 계산 방법은 다음과 같다.

$$(16\ \cancel{\text{kg}})\left(\frac{1000\ \cancel{\text{g}}}{1\ \cancel{\text{kg}}}\right)\left(\frac{1000\ \text{mg}}{1\ \cancel{\text{g}}}\right) = 1.6 \times 10^7\ \text{mg}$$

응용에 관계없이 차원 해석의 기본은 특정 단위를 가진 특정 양을 찾는 문제에서 일련의 단계를 구성하는 변환 인자를 사용하는 것이다.

그래프에 의한 데이터의 표현

그래프는 흔히 한 조의 데이터를 나타낼 수 있는 가장 편리한 방법이다. 여러 가지 종류의 그래프가 알려져 있지만, 가장 일반적인 유형은 두 변수의 관계를 나타내기 위하여 수평과 수직 방향의 두 좌표를 이용하는 것이다. 한 변수를 수평축, 즉 x축(가로좌표)에 나타내고, 다른 변수를 수직축, 즉 y축(세로좌표)에 나타내므로 이것을 $x-y$ 그래프라고 부른다. **그림 I.1**을 참고하기 바란다.

간단한 그래프의 한 가지 보기로서 섭씨 온도와 화씨 온도 척도 사이의 관계를 그래프로 나타내 보자. 처음에는 **그림 I.2** 옆의 표에서 주어진 정보만 있다고 가정한다.

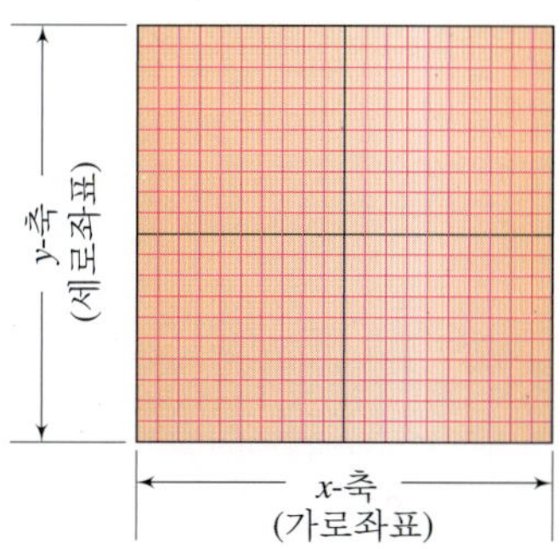

그림 I.1

°C	°F
0	32
50	122
100	212

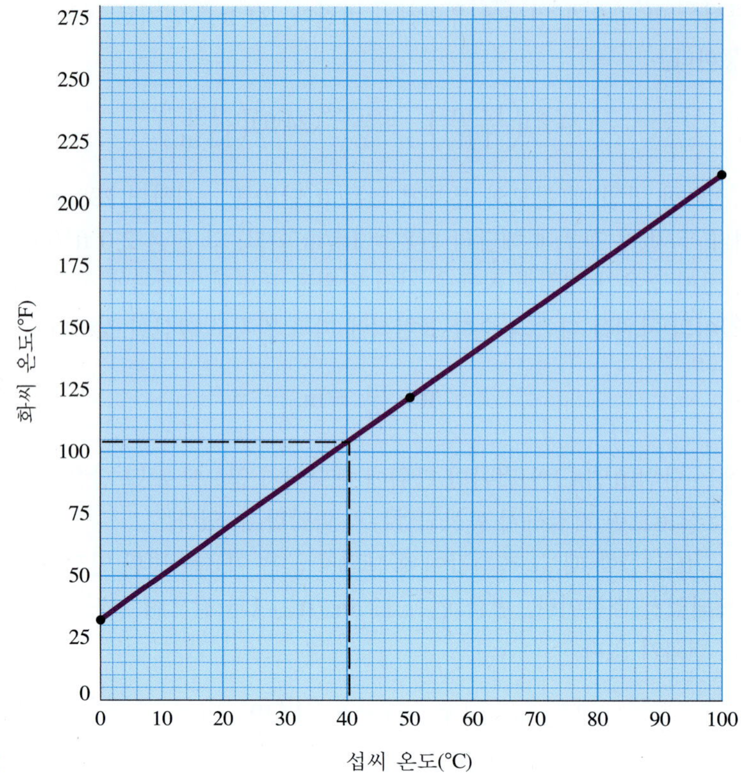

그림 I.2

그래프 용지(모눈종이) 위에 x축 상에 섭씨 온도의 눈금을 최소한 100 정도 취하고 y축 상에 화씨 온도 눈금을 212 정도로 택한다. 주어진 세 온도에 해당하는 세 점의 위치를 찾아 표시하고 이들을 연결하는 선을 그린다(그림 I.2 참조).

그래프상에서 임의 점의 위치를 정하는 방법은 다음과 같다. (50°C, 122°F) 데이터를 이용하여 x축 상에 있는 50°C에서 수직선을 긋고 122°F에서 수평선을 그려 교차시킨 후 두 직선이 교차하는 점을 표시한다. 다른 두 점의 위치도 같은 방법으로 표시한다. 이러한 과정을 **도시**(plotting)라고 부른다. [주의: 적당한 크기의 그래프를 얻으려면 단위 눈금당 온도의 값을 잘 선정해야 한다. 여기서는 분할된 단위 눈금당 화씨는 5°이고, 섭씨는 2°이다.]

그림 I.2의 그래프를 통해서 섭씨 온도와 화씨 온도 사이의 관계는 직선성이 성립함을 알 수 있다. 0°C와 100°C 사이에서 임의의 섭씨 온도에 해당하는 화씨 온도를 그래프를 이용하여 결정할 수 있다. 예를 들어, 40°C에 해당하는 화씨 온도를 구하려면 먼저 x축상의 40°C에서 그래프에 나타난 선까지 수직선을 긋는다. 그래프와 교차하는 점에서 y축까지 수평선을 긋고 이 점에 해당하는 화씨 온도를 읽으면 104°F를 구할 수 있다. 그림 I.2에서 점선으로 그은 선을 살펴보기 바란다. 그다음에는 32°와 212° 사이의 임의 화씨 온도에 해당하는 섭씨 온도를 구하려면 화씨 온도를 나타내는 y축상의 위치에서 그래프 선까지 수평선을 긋고 교차되는 점에서 수직선을 그려서 섭씨 온도의 눈금을 읽으면 결정할 수 있다.

화씨 온도와 섭씨 온도 사이의 수학 관계식은 °F = (1.8 × °C) + 32로 표현된다. 그림 I.2는 이 식을 나타내는 그래프이다. 그래프가 직선이므로 양끝을 무한대로 연장시킬 수 있다. 필요한 만큼 두 축의 눈금을 연장시킴에 따라 원하는 섭씨 온도를 이에 해당하는 화씨 온도에 대하여 도시할 수 있다.

그림 I.3은 여러 가지 온도에서 물속에 녹는 염소산 포타슘($KClO_3$)의 용해도를 나타낸 그래프이다. 이 그래프에 있는 용해도 곡선은 그림 옆의 표에 주어진 데이터를 그래프에 도시한 것이다.

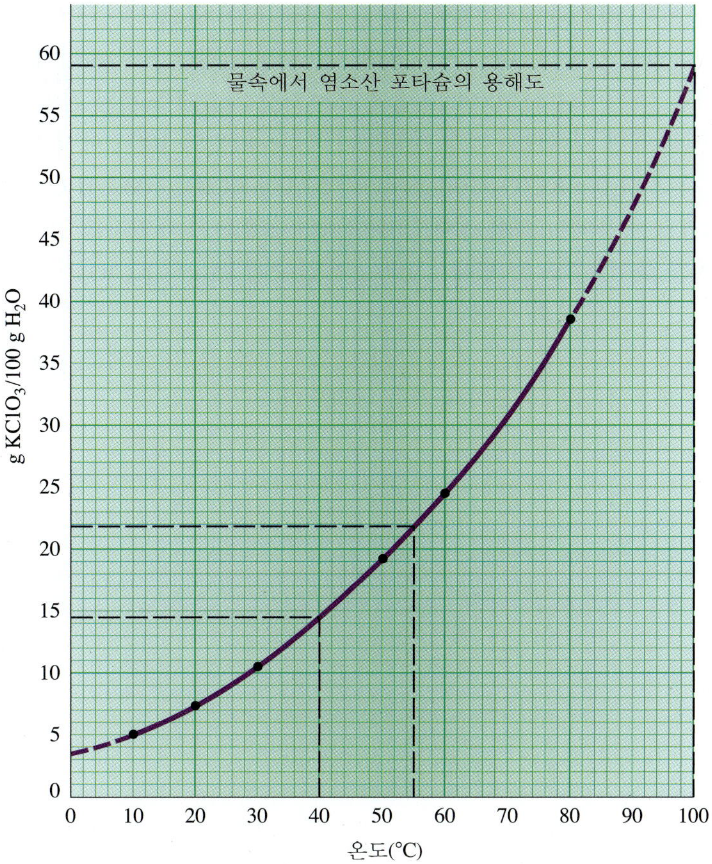

그림 I.3

온도 (°C)	용해도 (g $KClO_3$/100 g H_2O)
10	5.0
20	7.4
30	10.5
50	19.3
60	24.5
80	38.5

섭씨−화씨 온도 관계와는 대조적으로 온도와 염소산 포타슘의 용해도 사이의 관계를 정확히 표현할만한 간단한 수학식이 없다. 그림 I.3의 그래프는 여섯 가지 온도에서 실험으로 구한 용해도를 도시해서 얻은 것이다. 이렇게 실험으로 구한 용해도의 각 위치를 그래프에서 매끄러운 곡선으로 연결시킨다. 이렇게 되면 이 매끄러운 곡선은 10°C에서 80°C 사이의 온도 범위에 대한 염소산 포타슘의 용해도를 근사적으로 잘 나타냄을 알 수 있다. 도시한 곡선상에 있는 모든 점들은 포화 용액의 조성을 나타낸다. 곡선 아래의 점은 불포화 용액을 나타낸다.

이 곡선에서 점선 부분은 **외삽**(extrapolate)한 것이다. 즉, 곡선의 위쪽과 아래쪽을 연장시키면 이 온도 범위에 대해서 실제로 도시된 용해도 데이터를 활용할 수 있다. 사실 곡선에서 외삽한 부분은 아주 정확하지는 않지만 알려진 데이터 범위를 약간 벗어난 범위에 대해서는 이러한 외삽법이 가끔 이용된다. 외삽법은 적절한 정보가 더 이상 없을 때만 사용하는 것이 바람직하다.

그림 I.3의 그래프는 10°C에서 80°C 사이에 있는 임의 온도에서 $KClO_3$의 용해도를 구하기 위해서는 안심하고 이용할 수 있지만 0°C에서 10°C, 80°C에서 100°C 사이의 경우에는 신뢰도가 부족하다. 예를 들어 40°C, 55°C, 100°C에서 $KClO_3$의 용해도를 구해 보자.

먼저 각 온도에서 도시된 용해도 곡선까지 수직선을 긋는다. 그 다음 곡선상에 있는 각 점에서 용해도 축까지 수평선을 긋고 해당하는 용해도를 읽는다. 그래프에서 읽은 용해도 값은 다음과 같다.

40 °C　14.2 g $KClO_3$/100 g H_2O
55 °C　22.0 g $KClO_3$/100 g H_2O
100°C　59 g $KClO_3$/100 g H_2O

이 용해도값 중에서 50°C와 60°C에서 실험값이 도시되어 있으므로 55°C에서의 값을 아마 가장 신뢰할 수 있을 것이다. 40°C에서 용해도는 가장 인접한 도시 지점이 30°C와 50°C이므로 신뢰도가 약간 떨어진다. 100°C의 용해도는 가장 가깝게 도시된 점이 80°C이고, 곡선의 외삽 부분에서 취한 것이므로 가장 신뢰도가 낮다. 40°C와 100°C에서 실제 편람에 있는 용해도 값은 각각 14.0 g $KClO_3$/100 g H_2O와 57.0 g $KClO_3$/100 g H_2O이다.

그림 I.3의 그래프는 용액이 포화 상태인지 아니면 불포화 상태인지를 결정하는 데도 이용할 수 있다. 예를 들어, 온도 55°C에서 100 g의 물속에 15 g의 $KClO_3$가 녹아 있는 용액을 생각해 보자. 이 용액은 포화 상태인가 아니면 불포화되어 있는가? 답: 그래프에서 15 g과 55°C에 해당하는 위치는 용해도 곡선 아래에 있기 때문에 이 용액은 불포화된 것이다. 곡선 아래에 있는 모든 점들은 불포화 용액을 나타낸다.

부록 2
측정 단위

물리 상수		
상수	기호	값
원자 질량 단위	u	1.6606×10^{-27} kg
Avogadro 수	N	6.022×10^{23} 입자/mol
기체 상수	R(STP에서)	0.08205 L atm/K mol
전자 질량	m_e	9.109×10^{-28} g 5.486×10^{-4} u
중성자 질량	m_n	1.675×10^{-27} kg 1.00866 u
양성자 질량	m_p	1.673×10^{-27} kg 1.00728 u
광속	c	2.997925×10^{8} m/s

SI 단위 및 변환 인자			
길이		질량	
SI unit; meter (m)		SI unit: kilogram (kg)	
1 meter	= 1.0936 yard = 100 centimeters = 1000 millimeters	1 kilogram 1 gram	= 1000 gram = 2.20 pounds1 gram = 1000 milligrams
1 centimeter	= 0.3937 inch	1 pound	= 453.59 grams
1 inch	= 2.54 centimeter (정확히)		= 0.45359 kilogram = 16 ounces
1 kilometer	= 0.62137 mile	1 ton	= 2000 pounds
1 mile	= 5280 feet = 1.609 kilometers	 1 ounce	= 907.185 kilograms = 28.3 grams
1 angstrom	= 10^{-10} meter	1 atomic mass unit	= 1.6606×10^{-27} kilogram

부피	온도
SI unit: cubic meter (m^3)	SI unit: kelvin (K)
1 liter = 10^{-3} m^3 = 1 dm^3 = 1.0567 quarts = 1000 milliliters 1 gallon = 4 quarts = 8 pins = 3.785 liters 1 quart = 32 fluid ounces = 0.946 liter 1 fluid ounce = 29.6 milliliters	0 K = −273.15°C = −459.67°C K = °C + 273.15 $°C = \frac{°F - 32}{1.8}$ °F = 1.8(°C) = 32 $°C = \frac{5}{9}(°F - 32)$

에너지	압력
SI unit: joule (J)	SI unit: pascal (Pa)
1 joule = 1 kg m^2/s^2 = 0.23901 calorie 1 calorie = 4.184 joules	1 pascal = 1 kg/m s^2 1 atmosphere = 101.325 kilopascals = 760 torr (mm Hg) = 14.70 pounds per square inch (psi)

부록 3
여러 온도에서 물의 증기압

온도 (℃)	증기압 (torr)	온도 (℃)	증기압 (torr)
0	4.6	26	25.2
5	6.5	27	26.7
10	9.2	28	28.3
15	12.8	29	30.0
16	13.6	30	31.8
17	14.5	40	55.3
18	15.5	50	92.5
19	16.5	60	149.4
20	17.5	70	233.7
21	18.6	8	355.1
22	19.8	90	525.8
23	21.2	100	760.0
24	22.4	110	1074.6
25	23.8		

부록 4
용해도 표

	F^-	Cl^-	Br^-	I^-	O^{2-}	S^{2-}	OH^-	NO_3^-	CO_3^{2-}	SO_4^{2-}	$C_2H_3O_2^-$
H^+	*aq*	*aq*	*aq*	*aq*	*aq*	sl.aq	*aq*	*aq*	*sl.aq*	*aq*	*aq*
Na^+	*aq*	*aq*	*aq*	*aq*	*aq*	*aq*	*aq*	*aq*	*aq*	*aq*	*aq*
K^+	*aq*	*aq*	*aq*	*aq*	*aq*	*aq*	*aq*	*aq*	*aq*	*aq*	*aq*
NH_4^+	*aq*	*aq*	*aq*	*aq*	—	*aq*	*aq*	*aq*	*aq*	*aq*	*aq*
Ag^+	*aq*	*I*	*I*	*I*	*I*	*I*	—	*aq*	*I*	*I*	*I*
Mg^{2+}	*I*	*aq*	*aq*	*aq*	*I*	*d*	*I*	*aq*	*I*	*aq*	*aq*
Ca^{2+}	*I*	*aq*	*aq*	*aq*	*I*	*d*	*I*	*aq*	*I*	*I*	*aq*
Ba^{2+}	*I*	*aq*	*aq*	*aq*	*sl.aq*	*d*	*sl.aq*	*aq*	*I*	*I*	*aq*
Fe^{2+}	*sl.aq*	*aq*	*aq*	*aq*	*I*	*I*	*I*	*aq*	*sl.aq*	*aq*	*aq*
Fe^{3+}	*I*	*aq*	*aq*	—	*I*	*I*	*I*	*aq*	*I*	*aq*	*I*
Co^{2+}	*aq*	*aq*	*aq*	*aq*	*I*	*I*	*I*	*aq*	*I*	*aq*	*aq*
Ni^{2+}	*sl.aq*	*aq*	*aq*	*aq*	*I*	*I*	*I*	*aq*	*I*	*aq*	*aq*
Cu^{2+}	*sl.aq*	*aq*	*aq*	—	*I*	*I*	*I*	*aq*	*I*	*aq*	*aq*
Zn^{2+}	*sl.aq*	*aq*	*aq*	*aq*	*I*	*I*	*I*	*aq*	*I*	*aq*	*aq*
Hg^{2+}	*d*	*aq*	*I*	*I*	*I*	*I*	*I*	*aq*	*I*	*d*	*aq*
Cd^{2+}	*sl.aq*	*aq*	*aq*	*aq*	*I*	*I*	*I*	*aq*	*I*	*aq*	*aq*
Sn^{2+}	*aq*	*aq*	*aq*	*sl.aq*	*I*	*I*	*I*	*aq*	*I*	*aq*	*aq*
Pb^{2+}	*I*	*I*	*I*	*I*	*I*	*I*	*I*	*aq*	*I*	*I*	*aq*
Mn^{2+}	*aq*	*aq*	*aq*	*aq*	*I*	*I*	*I*	*aq*	*I*	*aq*	*aq*
Al^{3+}	*I*	*aq*	*aq*	*aq*	*I*	*I*	*I*	*aq*	—	*aq*	*aq*

참고: *aq* = 물에 용해성
sl.aq = 물에 약간 용해성
I = 물에 불용성(1 g/100 g H_2O 이하)
d = 물에서 분해

부록 5
연습 문제 해답

Chapter 1

Exercises

2. Two states are present; solid and liquid.

4. The maple leaf represents a heterogeneous mixture.

6. **a.** homogeneous
b. homogeneous
c. heterogeneous
d. heterogeneous

9. **a.** water, a pure substance
c. salt, a pure substance

12. **a.** Picture 2.
b. Pictures (1) and (3) are heterogeneous mixtures. Picture (4) is a pure substance.
c. Picture (1) because it is composed of multiple types of particles. Picture (2) may contain a diatomic element.

13. **a.** two phases, solid and gas
c. two phases, solid and liquid

Chapter 2

Exercises

2. **a.** 1000 meters = 1 kilometer
c. 0.000001 liter = 1 microliter
e. 0.001 liter = 1 milliliter

4. **a.** mg **e.** Å
c. m

6. **a.** not significant **e.** significant
c. significant

8. **a.** 90.0 (3 sig fig)
b. 0.047 (2 sig fig)
c. 987,042 (6 sig fig)
d. 6.080×10^{-3} (4 sig fig)

10. **a.** 84.29 **c.** 41.63
b. 6.006 **d.** 0.09894

12. **a.** 6.023×10^6 **c.** 8.0422×10^3
b. 3.040×10^1 **d.** 5.46×10^{-3}

14. **a.** 28.6 **e.** 2.49×10^{-4}
c. 4.0×10^1

16. **a.** $\frac{1}{2}$ **c.** $\frac{3}{4}$
b. $\frac{4}{9}$ **d.** $\frac{9}{8}$

18. **a.** 1.1×10^2 **c.** 18
b. 4.3 mL

20. **a.** 4.5×10^8 Å **e.** 6.5×10^5 mg
c. 8.0×10^6 mm **g.** 468 mL

22. **a.** 117 ft **e.** 75.7 L
c. 7.4×10^4 mm^3

24. 1.36×10^3 mL

26. 8.33 gr

28. 3.54 days

30. 6.8 eggs so 7 eggs should be added

32. 2.54×10^{-3} lb

34. 6.03×10^3 cm/s

36. **a.** 50 ft/min **b.** 3×10^{-4} km/s

38. 5.59×10^3 cm/s

40. 4.03×10^6 tilapia

42. 200 L

44. 4×10^5 m^2

46. 1 gal

48. 54 g hydrogen

50. **a.** 11.2%, **c.** 670 g solution
b. 36.4 g $NaNO_3$,

52. 108°F Summer!

54. **a.** 90.°F **c.** 546 K
b. −22.6°C **d.** −300°F

56. 244°C, 517 K

58. −11.4°C = 11.4°F

60. 1470°F

62. 0.810 g/mL

64. 7.2 g/mL

66. 63 mL

68. 70. lb nutty candy

72. A graduated cylinder would be the best choice for adding 100 mL of solvent to a reaction. While the volumetric flask is also labeled 100 mL, volumetric flasks are typically used for doing dilutions. The other three pieces of glassware could also be used, but they hold smaller volumes, so it would take a longer time to measure out 100 mL. Also, because you would have to repeat the measurement many times using the other glassware, there is a greater chance for error.

73. 10.9 mL

74. 54 mL

76. 3.43 vials potion

77. 10.1 lb sequins

78. Yes, 51 L additional solution

80. **a.** −269.15°C **b.** −452.47°F

81. 97°F – 100°F, similar to mammals

86. 5.3×10^3 L

91. 0.965 g/mL

93. vegetable oil, because it has the lower density

94. 39.7 mL

95. 18.6 mg NHP

98. 76.9 g

Chapter 3

Exercises

2. **a.** I_2 **d.** HF **f.** Cl_2

4. **a.** magnesium, bromine
c. hydrogen, nitrogen, oxygen
e. aluminum, phosphorus, oxygen

6. **a.** $AlBr_3$ **c.** $PbCrO_4$

8. **a.** $C_{55}H_{66}O_{24}$ **b.** $Cl_{15}H_{14}O_6$ **c.** $Cl_{30}H_{48}O_3$

10. **a.** hydrogen, 4 atoms; carbon, 2 atoms; oxygen, 2 atoms
c. magnesium, 1 atom; hydrogen, 2 atoms; sulfur 2 atoms; oxygen, 6 atoms
e. nickel, 1 atom; carbon, 1 atom; oxygen, 3 atoms
g. carbon, 4 atoms; hydrogen, 10 atoms

12. **a.** 9 atoms **c.** 12 atoms
b. 12 atoms **d.** 12 atoms

14. **a.** 6 atoms O **c.** 6 atoms O
b. 4 atoms O **d.** 21 atoms O

16. **a.** mixture **e.** mixture
c. pure substance

18. **c.** element **d.** compound

20. **a.** compound **c.** mixture
b. compound

22. Yes, Alkaline earth metals make up the 2nd group of the periodic table.

24. 72% solids

26. The formula for hydrogen peroxide is H_2O_2. There are two atoms of oxygen for every two atoms of hydrogen. The molar mass of oxygen is 16.00 g, and the molar mass of hydrogen is 1.008 g. For hydrogen peroxide, the total mass of hydrogen is 2.016 g and the total mass of oxygen is 32.00 g, for a ratio of hydrogen to oxygen of approximately 2:32. or 1:16. Therefore, there is 1 gram of hydrogen for every 16 grams of oxygen.

28. **a.** Compound; molecular
b. No
c. Compound; ionic
d. No
e. Compound; molecular

31. **a.** 1 carbon atom and 1 oxygen atom; total number of atoms = 2
c. 1 hydrogen atom, 1 nitrogen atom, and 3 oxygen atoms; total number of atoms = 5
e. 1 calcium atom, 2 nitrogen atoms, and 6 oxygen atoms; total number of atoms = 9

34. 120 g

36. **a.** ruthenium and rhodium
c. lanthanum and lutetium

38. 420 atoms

41. **a.** NaCl **g.** $C_6H_{12}O_6$
c. K_2O **i.** $Cr(NO_3)_3$
e. K_3PO_4

43. **a.** 12C, 22H, 11O **e.** 12C, 19H, 8O, 3Cl
c. 14C, 18H, 5O, 2N

Chapter 4

Exercises

2. **a.** chemical **e.** physical
c. chemical

4. No, copper wire does not restore its metallic appearance as it becomes black due to its conversion from copper metal to copper(II) oxide. Since the chemical composition changes during this process so it is a chemical change.

6. Reactant: water

Products: hydrogen, oxygen

8. **a.** physical **e.** chemical
c. chemical

10. **a.** kinetic **e.** potential
c. kinetic

12. The transformation of kinetic energy to thermal energy

14. **a.** + **c.** + **e.** –

16. 6.4×10^2 J

18. 5.58×10^3 J

20. 0.128 J/g°C

22. 31.7°C

24. **a.** 3 **b.** 4 **c.** 2 **d.** 1 **e.** 2

29. 0.525 lb gold

32. 111.83 g Cu

34. 2930.6°C

41. 8 g fat

42. **a.** 1.12 kJ
b. glove made of wool felt

48. A chemical change has occurred. Hydrogen molecules and oxygen molecules have combined to form water molecules.

Chapter 5

Exercises

2. S^{2-}, O^{2-}, and N^{3-}.

4. **a.** The nucleus of the atom contains most of the mass.
c. The atom is mostly empty space.

6. The nucleus of an atom containing proton and neutron practically contains nearly all of its mass.

8. Electrons:
a. Dalton—Electrons are not part of his model.
b. Thomson—Electrons are scattered throughout the positive mass of matter in the atom.
c. Rutherford—Electrons are located out in space away from the central positive mass.

Positive matter:

a. Dalton—No positive matter is in his model.
b. Thomson—Positive matter is distributed throughout the atom.
c. Rutherford—Positive matter is concentrated in a small central nucleus.

10. Yes. The mass of the isotope ${}^{12}_{6}C$, 12, is an exact number. The masses of other isotopes are not exact numbers.

12. These three isotopes of hydrogen have the same number of protons and electrons but differ in the number of neutrons.

14. All five isotopes have nuclei that contain 28 protons. The numbers of neutrons are:

Isotope mass number	Neutrons
58	30
60	32
61	33
62	34
64	35

16. boron-10

18.

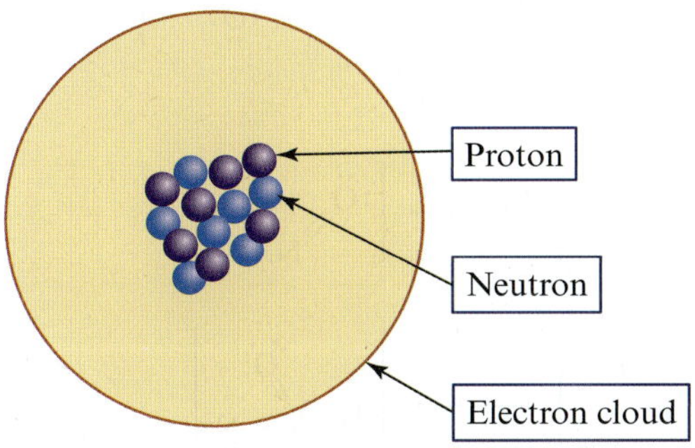

20. **a.** ${}^{59}_{27}Co$ **c.** ${}^{52}_{24}Cr$

22. **a.** 22 protons, 22 electrons, and 26 neutrons
c. 51 protons, 51 electrons, and 71 neutrons

24. **a.** 56 **c.** 79 **e.** ${}^{135}_{56}Ba$

26. **a.** +2, **c.** 0.001097 u

28. 50. u

30. 35.46 u; chlorine (Cl)

32. 1.5×10^5:1.0

34. **a.** Ir−191, 77 protons, 114 neutrons; Ir−193, 77 protons, 116 neutrons **c.** Ir−191, 40.28% protons, Ir−193, 39.86% proton

37. **a.** and **c.** are isotopes of chlorine

39. 4.3×10^8 atoms silicon

41. ${}^{82}La = {}^{82}Ce < {}^{88}Sm < {}^{103}Yb$. This order differs from that on the periodic table.

45. **a.** 197 u **b.** gold (Au)

50.

C^+	6 neutron, 6 protons, 5 electrons
O^+	8 neutron, 8 protons, 7 electrons
He^{2+}	2 neutron, 2 proton, 0 electron
N^{3-}	7 neutron, 7 proton, 10 neutron
O^{2+}	8 neutron, 8 protons, 6 electrons

59. **a.** 0.02644% electrons **c.** 0.02356% electrons

61. The electron region is the area around the nucleus where electrons are most likely to be located.

Chapter 6

Exercises

2. **a.** Li 3 total electrons; 1 valence electron
c. F 9 total electrons; 7 valence electrons

4. **a.** Mn $1s^22s^22p^63s^23p^64s^23d^5$
c. Ga $1s^22s^22p^63s^23p^64s^23d^{10}4p^1$

6. Bohr said that a number of orbits were available for electrons, each corresponding to an energy level. When an electron falls from a higher energy orbit to a lower orbit, energy is given off as a specific wavelength of light. Only those energies in the visible range are seen in the hydrogen spectrum. Each line corresponds to a change from one orbit to another.

8. 18 electrons in the third energy level; 2 in *s*, 6 in *p*, 10 in *d*

10. **a.** ${}^{12}_{6}C$ [↑↓] [↑↓] [↑][↑][ ] [ ] [ ][ ][ ]
c. ${}^{40}_{18}Ar$ [↑↓] [↑↓] [↑↓][↑↓][↑↓] [↑↓] [↓↑][↓↑][↓↑]
e. ${}^{14}_{7}N$ [↑↓] [↑↓] [↑][↑][↑] [ ] [ ][ ][ ]

12. **a.** Li $1s^22s^1$
c. Ni $1s^22s^22p^63s^23p^64s^23d^8$
e. K $1s^22s^22p^63s^23p^64s^1$

14. **a.** correct
c. incorrect [↑↓] [↑↓] [↑↓][↑↓][↑↓] [↑↓] [↑↓][↑↓][↑↓] [↑↓]

16. **a.** N **c.** Ca

18. [↑↓][↑][↑][↑][↑]
d sublevel

20. **a.** nitrogen, N **c.** radon, Rn

22. **a.** Phosphorus (P)
[↑↓] [↑↓] [↑↓][↑↓][↑↓] [↑↓] [↑][↑][↑]
c. Calcium (Ca)
[↑↓] [↑↓] [↑↓][↑↓][↑↓] [↑↓] [↑↓][↑↓][↑↓] [↑↓]
e. Calcium (Ca)
[↑↓] [↑↓] [↑↓][↑↓][↑↓] [↑↓] [↑↓][↑↓][↑↓] [↑↓]

24. **a.** Cl [↑↓] [↑↓] [↑↓][↑↓][↑↓] [↑↓] [↑↓][↑↓][↑]
c. Ni [↑↓] [↑↓] [↑↓][↑↓][↑↓] [↑↓] [↑↓][↑↓][↑↓]
[↑↓] [↑↓][↑↓][↑↓][↑][↑]
e. Ba [↑↓] [↑↓] [↑↓][↑↓][↑↓] [↑↓] [↑↓][↑↓][↑↓]
[↑↓] [↑↓][↑↓][↑↓][↑↓][↑↓] [↑↓][↑↓][↑↓]
[↑↓] [↑↓][↑↓][↑↓][↑↓][↑↓] [↑↓][↑↓][↑↓] [↑↓]

26. **a.** (14p 14n) $2e^-8e^-4e^-$ ${}^{28}_{14}Si$
b. (22p 26n) $2e^-8e^-8e^-4e^-$ ${}^{48}_{22}Ti$

28. The last electron in potassium is located in the fourth energy level because the 4*s* orbital is at a lower energy level than the 3*d* orbital. Also, the properties of potassium are similar to the other elements in Group 1A(1).

30. Noble gases each have filled *s* and *p* orbitals in the outermost energy level.

32. The elements in a group have the same number of outer energy level electrons. They are located vertically on the periodic table.

34. Valence shell electrons
a. 5 **c.** 6 **e.** 5

36. All of these elements have an s^2d^{10} electron configuration in their outermost energy levels.

38. a. and **f.** **e.** and **h.**

40. 7, 33 since they are in the same periodic group.

42. a. nonmetal, I **c.** metal, Mo

44. a. $1s^2\ 2s^2\ 2p^6\ 3s^2\ 3p^6\ 4s^2\ 3d^{10}\ 4p^3$ **c.** 5

46. Period 4, Group 3B(3)

48. Group 3A(13) contains 3 valence electrons. Group 3B(3) contains 2 electrons in the outermost level and 1 electron in an inner *d* orbital. Group A elements are representative, while Group B elements are transition elements.

50. a. Pb **b.** Sm **c.** Ga **d.** Ir

52. a. Mg $1s^22s^22p^6(3s^2)$
c. Li $1s^2(2s^1)$
d. Cl $1s^22s^22p^6(3s^2\ 3p^5)$
f. N $1s^2(2s^22p^3)$

54. a. 8A(18), Noble gas **e.** 8A(18), Noble Gases
c. 2A(2), Alkaline Earth Metals

62. a. Any orbital can hold a maximum of two electrons.
c. The third principal energy level can hold two electrons in 3*s*, six electrons in 3*p*, and ten electrons in 3*d* for a total of eighteen electrons.
e. An *f* sublevel can hold a maximum of fourteen electrons.

65. a. Ne **c.** N
b. Ge **d.** N

68. When an electron drops from a higher energy level (excited state) to a lower energy level, it releases energy in the form of light. The line spectra represent these light emissions.

70. Transition elements are found in Groups 1B–8B (3–12), lanthanides and actinides are the inner transition metals.

73. Elements 6, 14, 32, 50, 82 all have 4 electrons in their valence shell.

75. a. sublevel *d* **c.** sublevel *f*
b. sublevel *d*

77. If 18 is a noble gas, 17 would be in periodic Group 7A(17) and 19 would be in periodic Group 1A(1).

Chapter 7

Exercises

2. Drawing 1 Br atom, drawing 2 Br^- ion

4. a. Fe^{2+} **c.** Bromine atom **e.** Cesium ion

6. Anions are larger because electrons increase with no increase in protons.

8. Electronegativity is attraction of an atom for bonding electrons. It increases up and to the right

10. a. H^+ Cl^- **c.** C^+ Cl^- **e.** Cs^+ I^-

12. a. ionic **c.** covalent

14. a. $K \longrightarrow K^+ + 1\ e^-$
b. $Se + 2\ e^- \longrightarrow Se^{2-}$

16. a. Sn (4) **d.** Be (2)
c. Rb (1) **f.** Br (7)

18. a. sulfur atom, gain 2 e^- **c.** nitrogen atom, gain 3 e^-
b. calcium atom, lose 2 $e^{2\,e-}$ **d.** iodide ion, none

20. a. $1s^22s^22p^63s^23p^64s^23d^5$
c. Those in 4*s* are lost.

22. a. Nonpolar covalent compound; O_2.
c. Polar covalent compound; H_2O.

24. a. SbH_3, Sb_2O_3 **c.** HCl, Cl_2O_7

26. a. covalent **b.** ionic **c.** covalent **d.** covalent

28. a. covalent **c.** covalent
b. covalent

30. a. :Ö::Ö: **b.** :Br:Br: **c.** :I:I:

32. a. :S:H (H below S) **c.** H:N:H (H below N)

34. a.  **e.** 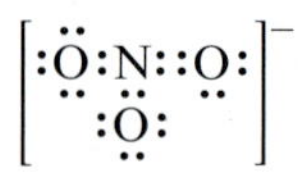
c. 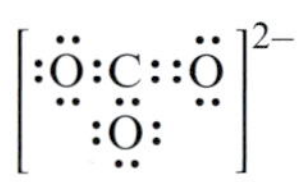

36. a. 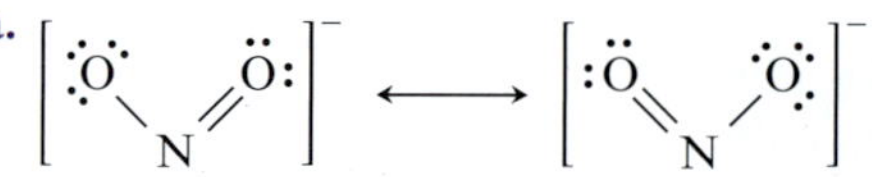

b. 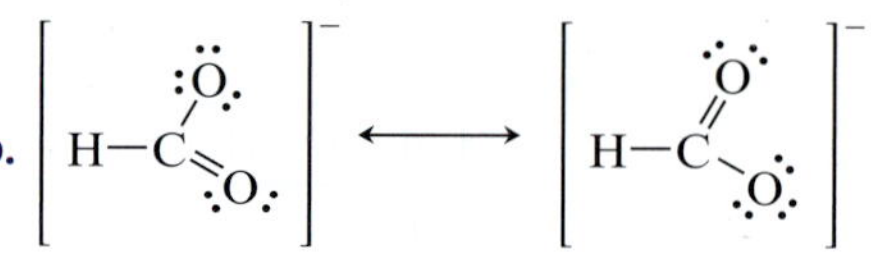

38. a. H_2, nonpolar **c.** CH_3OH, polar
b. NI_3, polar **d.** CS_2, nonpolar

40. a. 3 electron pairs, trigonal planar
b. 4 electron pairs, tetrahedral
c. 4 electron pairs, tetrahedral

42. a. tetrahedral **c.** tetrahedral
b. trigonal pyramidal

44.

	Electron pair arrangement	Molecular structure
S (a)	trigonal planar	bent
C (b)	linear	linear
N (c)	tetrahedral	tetrahedral
O (d)	tetrahedral	bent

46. a. tetrahedral **b.** bent **c.** bent

48. potassium

55. N_2H_4 14 e^- 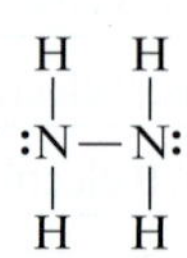 NH_2OH 12 e^- 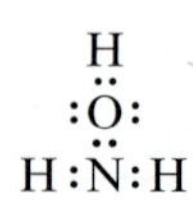

58. a. Be **b.** He **c.** K **d.** F **e.** Fr **f.** Ne

59. a. Br **c.** Ca

63. $AsCl_3$, $SbCl_3$, $BiCl_3$

66. The structure shown is incorrect since the bond is ionic. It should be represented as:

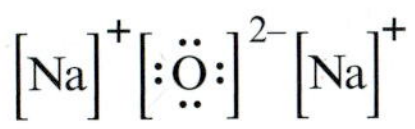

67. Fluorine, oxygen, nitrogen, chlorine

72. **a.** 109.5° (actual angle is closer to 105°) **c.** 109.5°

78. Empirical formula is SO_2.

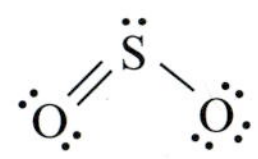

80. **a.** ionic **b.** both **c.** covalent **d.** covalent

Chapter 8

Exercises

2. **a.** Al_2O_3 **c.** Na_3N **d.** $CaBr_2$ **f.** K_2S

4. **a.** HO^- **c.** PO_4^{3-} **e.** SO_4^{2-} **g.** O_2

6. **a.** sodium thiosulfate **b.** dinitrogen monoxide **c.** aluminum oxide **d.** sodium chloride **e.** magnesium hydroxide **f.** lead (II) sulfide

8.

Ion	SO_4^{2-}	OH^-	AsO_4^{3-}	$C_2H_3O_2^-$	CrO_4^{2-}
NH_4^+	$(NH_4)_2SO_4$	NH_4OH	$(NH_4)_3AsO_4$	$NH_4C_2H_3O_2$	$(NH_4)_2CrO_4$
Ca^{2+}	$CaSO_4$	$Ca(OH)_2$	$Ca_3(AsO_4)_2$	$Ca(C_2H_3O_2)_2$	$CaCrO_4$
Fe^{3+}	$Fe_2(SO_4)_3$	$Fe(OH)_3$	$FeAsO_4$	$Fe(C_2H_3O_2)_3$	$Fe_2(CrO_4)_3$
Ag^+	Ag_2SO_4	$AgOH$	Ag_3AsO_4	$AgC_2H_3O_2$	Ag_2CrO_4
Cu^{2+}	$CuSO_4$	$Cu(OH)_2$	$Cu_3(AsO_4)_2$	$Cu(C_2H_3O_2)_2$	$CuCrO_4$

10. NH_4^+ compounds: ammonium sulfate, ammonium hydroxide, ammonium arsenate, ammonium acetate, ammonium chromate.

Ca^{2+} compounds: calcium sulfate, calcium hydroxide, calcium arsenate, calcium acetate, calcium chromate.

Fe^{3+} compounds: iron(III) sulfate, iron(III) hydroxide, iron(III) arsenate, iron(III) acetate, iron(III) chromate.

Ag^+ compounds: silver sulfate, silver hydroxide, silver arsenate, silver acetate, silver chromate.

Cu^{2+} compounds: copper(II) sulfate, copper(II) hydroxide, copper(II) arsenate, copper(II) acetate, copper(II) chromate.

12. **a.** K_3N **c.** FeO **e.** Ca_3N_2 **g.** MnI_3

14. **a.** phosphorus pentabromide **c.** dinitrogen pentasulfide **e.** silicon tetrachloride **g.** tetraphosphorus heptasulfide

16. **a.** $SnBr_2$ **c.** $Pb_3(BO_3)_4$ **d.** $TiCl_3$ **f.** $Pb(C_2H_3O_2)_2$

18. **a.** $HC_2H_3O_2$ **c.** H_2S **d.** H_3BO_3 **f.** $HClO$

20. **a.** phosphoric acid **c.** iodic acid **d.** hydrochloric acid **f.** nitric acid **g.** hydroiodic acid **i.** sulfurous acid

22. **a.** Na_2CrO_4 **c.** $Ni(C_2H_3O_2)_2$ **e.** $Mg(BrO_3)_2$ **g.** $Mn(OH)_2$

24. **a.** calcium hydrogen sulfate
c. tin(II) nitrite
e. potassium hydrogen carbonate
f. bismuth(III) arsenate
h. ammonium monohydrogen phosphate
j. potassium permanganate

26. **a.** chromate **c.** bromate **d.** iodate **f.** carbonate

28. **a.** K_2CrO_4 **c.** $KBrO_3$ **d.** KIO_3 **f.** K_2CO_3

30. Formula: KCl Name: potassium chloride

35. **a.** $CaCO_3$, no concern
b. $HC_2H_3O_2$, no concern
c. H_2O, no concern

38. $Li_3Fe(CN)_6$
$Al_2(SO_4)_3$
$ZnSO_4$

Chapter 9

Exercises

2. Molar masses
a. $NaBr$ 102.89
c. N_2O_5 108.02
e. $Mg_3(PO_4)_2$ 262.87
g. C_2H_5I 155.96

4. **a.** 0.375 mol NaOH
c. 3.31×10^{-3} mol $Mg(HCO_3)_2$
e. 1.21×10^{-2} mol KBr

6. **a.** 8.48×10^{-3} g NaOH **c.** 0.084 g Mg
b. 4.36 g $CHCl_3$ **d.** 2.56×10^{-6} g S

8. **a.** 5.00×10^{24} molecules C_2H_4
c. 2.53×10^{23} molecules CH_3COOH

10. 3.209×10^{-21} g CO

12. **a.** 75 atoms **c.** 1.2×10^{26} atoms
e. 7.07×10^{23} atoms

14. 3.94×10^{16} molecules $C_{18}H_{27}NO_3$

16. **a.** 8.64×10^{-23} g Cr **c.** 5.852×10^{-22} g CH_3OH

18. **a.** 4.515×10^{-21} mol Ti **c.** 9.98×10^{-23} g NO_2

20. **a.** 0.492 mol S_2F_{10}
c. 3.56×10^{24} total atoms
e. 2.96×10^{24} atoms F

22. **a.** 390 atoms H
b. 4.1×10^{24} atoms H **c.** 1.6×10^{24} atoms H

24. **a.** 184.3 g/mol
b. 1.50×10^{3} g $C_{11}H_{20}O_2$
c. 3.47×10^{12} molecules $C_{11}H_{20}O_2$
d. 714 mol H
e. 61.0 g C
f. 1.45×10^{-2} g $C_{11}H_{20}O_2$
g. 3.06×10^{-22} g $C_{11}H_{20}O_2$
h. 1.62×10^{23} atoms C

26. **a.** 2.08 g Cl **b.** 10.6 g H **c.** 0.291 g H

28. **a.** 29.04% Zn, 70.96% Br
c. 62.56% Pb, 8.46% N, 28.98% O
e. 18.73% Ca, 28.94% P, 52.33% O

30. **a.** CsCl 21.06% Cl
b. $MgCl_2$ 74.47% Cl
c. $AlCl_3$ 79.76% Cl
d. $TiCl_4$ 74.76% Cl
highest % Cl is $AlCl_3$
lowest % Cl is CsCl

32. 41.1% S, 6.02% H, 6.82% O, 46.0% C

34. **a.** KCl lower % Cl
b. $NaHSO_4$ higher % S
c. K_2CrO_4 lower % Cr

36. **a.** CuCl **c.** Cr_2S_3 **e.** $BaCr_2O_7$

38. **a.** C_6H_5Br **c.** V_2S_3

40. Ti_2O_3

42. $HgCl_2$

44. Empirical formula is $C_3H_5OS_2$, molecular formula is $C_6H_{10}O_2S_4$.

46. $C_8H_8O_3$.

48. The molecular formula is $C_4H_8O_2$.

50. 40.0% C, 6.73% H, 53.3% O. Empirical formula is CH_2O, molecular formula is $C_6H_{12}O_6$.

52. $Al_2(SiO_3)_3$

53. 1.26×10^{24} atoms P

55. 480 g/mol

57. 6.022×10^{24} acres of apple trees

58. 8.6×10^{13} dollars/person

60. **a.** 7.10 cm^3 **b.** 1.92 cm

62. 26.91 g $ZnSO_4$

64. 1.0 kg of iron ore contains 18.38 g Fe

66. **a.** 76.98% Hg **c.** 17.27% N

70. 37.50% C
4.20% H
58.30% O

72. 2.32 g O in 4.14 g $Al_2(SO_4)_3$

74. 1.910×10^{16} years

76. 3.00×10^{-7} g $C_6H_{12}O_6$

79. $Co_3Mo_2Cl_{11}$

81. The empirical formula is C_5H_5N.

83. **a.** CH_2O **c.** CH_2O **e.** $C_6H_2Cl_2O$

85. 9.0×10^{17} molecules O_2

Chapter 10

Exercises

2. **a.** endothermic **e.** exothermic
c. endothermic

4. **a.** SD **b.** D **c.** DD **d.** C

6. **a.** $H_2 + Cl_2 \rightarrow 2\ HCl$ synthesis (combination)
c. $2\ KClO_3 \rightarrow 2\ KCl + 3\ O_2$ decomposition
e. $2\ H_2O_2 \rightarrow 2\ H_2O + O_2$ decomposition

8. **a.** $2\ FeCl_3 + 3\ Li_2CO_3 \rightarrow 6\ LiCl + Fe_2(CO_3)_3$
Double-displacement reaction

b. $3\ Cd + 2\ TiCl_3 \rightarrow 2\ Ti + 3\ CdCl_2$
Single-displacement reaction

c.

Decomposition reaction

d.

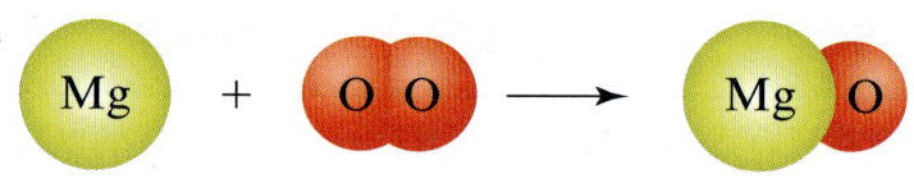

Synthesis reaction

e.

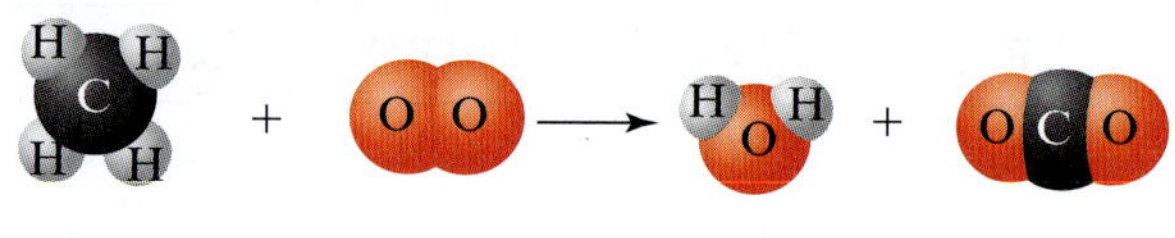

Combustion reaction

10. **a.** $2\ C_6H_{14}(g) + 19\ O_2(g) \rightarrow 12\ CO_2(g) + 14\ H_2O(g)$
b. $C_{34}H_{64}(l) + 50\ O_2(g) \rightarrow 34\ CO_2(g) + 32\ H_2O(g)$
c. $C_3H_4(l) + 4\ O_2(g) \rightarrow 3\ CO_2(g) + 2\ H_2O(g)$
d. $2\ CH_3OH(l) + 3\ O_2(g) \rightarrow 2\ CO_2(g) + 4\ H_2O(g)$

12. **a.** $2\ SO_2 + O_2 \rightarrow 2\ SO_3$
c. $2\ K + 2\ H_2O \rightarrow 2\ KOH + H_2$
e. $Bi_2S_3 + 6\ HCl \rightarrow 2\ BiCl_3 + 3\ H_2S$
g. $Hg_2(C_2H_3O_2)_2(aq) + 2\ KCl(aq) \rightarrow Hg_2Cl_2(s) + 2\ KC_2H_3O_2(aq)$
i. $2\ Na_3PO_4 + 3\ BaCl_2 \rightarrow 6\ NaCl + Ba_3(PO_4)_2$

14. **a.** $ZnCO_3(s) \xrightarrow{\Delta} ZnO(s) + CO_2(g)$
c. $Fe_2(SO_4)_3(aq) + 6\ NaOH(aq) \rightarrow 2\ Fe(OH)_3(s) + 3\ Na_2SO_4(aq)$
e. $SO_3(g) + H_2O(l) \rightarrow H_2SO_4(aq)$

16. **a.** $NH_4NO_2 \rightarrow N_2 + 2\ H_2O$
b. $2\ C_6H_{14} + 19\ O_2 \rightarrow 12\ CO_2 + 14\ H_2O$
c. $Fe_2S_3 + 9\ O_2 \rightarrow Fe_2O_3 + 3\ SO_2$

18. **a.** $CuSO_4(aq) + 2\ KOH(aq) \rightarrow Cu(OH)_2(s) + K_2SO_4(aq)$
c. $3\ KHCO_3(s) + H_3PO_4(aq) \rightarrow K_3PO_4(aq) + 3\ H_2O(l) + 3\ CO_2(g)$

20. **a.** $Cu(s) + NiCl_2(aq) \rightarrow$ no reaction
c. $I_2(s) + CaCl_2(aq) \rightarrow$ no reaction

22. a. $3\ NiCl_2(aq) + 2\ Al(s) \rightarrow 2\ AlCl_3(aq) + 3\ Ni(s)$
b. Al
c. Ni
d. Yes, because Al > Ni > Hg
$Ni(s) + HgCl_2(aq) \rightarrow NiCl_2(aq) + Hg(l)$

24. a. $Li_2O(s) + H_2O(l) \rightarrow 2\ LiOH(aq)$
c. $Zn(s) + CuSO_4(aq) \rightarrow Cu(s) + ZnSO_4(aq)$

26. a. $C + O_2 \rightarrow CO_2$
c. $CuBr_2 + Cl_2 \rightarrow CuCl_2 + Br_2$
e. $2\ NaNO_3 \xrightarrow{\Delta} 2\ NaNO_2 + O_2$

28. a. 2 mol of Na react with 1 mol of Cl_2 to produce 2 mol of NaCl and release 822 kJ of energy. Exothermic
b. 1 mol of PCl_5 absorbs 92.9 kJ of energy to produce 1 mol of PCl_3 and 1 mol of Cl_2. Endothermic

30. a. $Ca(s) + 2\ H_2O(l) \rightarrow Ca(OH)_2(aq) + H_2(g) + 635.1\ kJ$
b. $2\ BrF_3 + 601.6\ kJ \rightarrow Br_2 + 3\ F_2$

32. a. single displacement,
$Ni(s) + Pb(NO_3)_2(aq) \rightarrow Pb(s) + Ni(NO_3)_2(aq)$
c. decomposition, $2\ HgO(s) \rightarrow 2\ Hg(l) + O_2(g)$

33. Combinations that form precipitates
$Ca(NO_3)_2(aq) + (NH_4)_2SO_4(aq) \rightarrow CaSO_4(s) + 2\ NH_4NO_3(aq)$
$Ca(NO_3)_2(aq) + (NH_4)_2CO_3 \rightarrow CaCO_3(s) + 2\ NH_4NO_3(aq)$
$AgNO_3(aq) + NH_4Cl(aq) \rightarrow AgCl(s) + NH_4NO_3(aq)$
$2\ AgNO_3(aq) + (NH_4)_2SO_4 \rightarrow Ag_2SO_4(s) + 2\ NH_4NO_3(aq)$
$2AgNO_3(aq) + (NH_4)_2CO_3(aq) \rightarrow Ag_2CO_3(s) + 2\ NH_4NO_3(aq)$

34. $P_4O_{10} + 12\ HClO_4 \rightarrow 6\ Cl_2O_7 + 4\ H_3PO_4$
58 atoms O on each side

42. a. $4\ Rb + O_2 \rightarrow 2\ Rb_2O$
c. $SO_3 + H_2O \rightarrow H_2SO_4$

45. a. $2\ ZnO \xrightarrow{\Delta} 2\ Zn + O_2$
c. $K_2CO_3 \xrightarrow{\Delta} K_2O + CO_2$

46. a. $Ca(s) + 2\ HCl(aq) \rightarrow H_2(g) + CaCl_2(aq)$
c. $3\ Zn(s) + 2\ Fe(NO_3)_3(aq) \rightarrow 2\ Fe(s) + 3\ Zn(NO_3)_2(aq)$

47. a. $2\ (NH_4)_3PO_4(aq) + 3\ Ba(NO_3)_2(aq) \rightarrow$
$Ba_3(PO_4)_2(s) + 6\ NH_4NO_3(aq$
c. $CuSO_4(aq) + Ca(ClO_3)_2(aq) \rightarrow CaSO_4(s) + Cu(ClO_3)_2(aq$
e. $H_3PO_4(aq) + 3\ KOH(aq) \rightarrow K_3PO_4(aq) + 3\ H_2O(l)$

50. a. $CH_4 + 2\ O_2 \rightarrow CO_2 + 2\ H_2O$
b. $2\ C_6H_6 + 15\ O_2 \rightarrow 12\ CO_2 + 6\ H_2O$
c. $2\ C_2H_2 + SO_2 \rightarrow 4\ CO_2 + 2\ H_2O$

Chapter 11

Exercises

2. a. 14.35 mol $Mg(HCO_3)_2$ **c.** 16.3 mol O_2

4. a. 1.31 g $NiSO_4$ **e.** 18 g K_2CrO_4
c. 373 g Bi_2S_3

6. HCl

8. a. $\dfrac{6\ mol\ O_2}{1\ mol\ C_4H_9OH}$ **d.** $\dfrac{1\ mol\ C_4H_9OH}{4\ mol\ CO_2}$
c. $\dfrac{4\ mol\ CO_2}{5\ mol\ H_2O}$ **f.** $\dfrac{4\ mol\ CO_2}{6\ mol\ O_2}$

10. a. 5 mol Na_2CO_3 **b.** 22 mol NaCl

12. a. 8.33 mol H_2O **b.** 0.800 mol $Al(OH)_3$

14. $2\ Al + 6\ HBr \rightarrow 2\ AlBr_3 + 3\ H_2$
532.8 g $AlBr_3$

16. 117 g H_2O, 271 g Fe

18. a. 1.2 mol CaS **e.** 1.28×10^3 g CaS
c. 0.18 mol CaO

20. a.
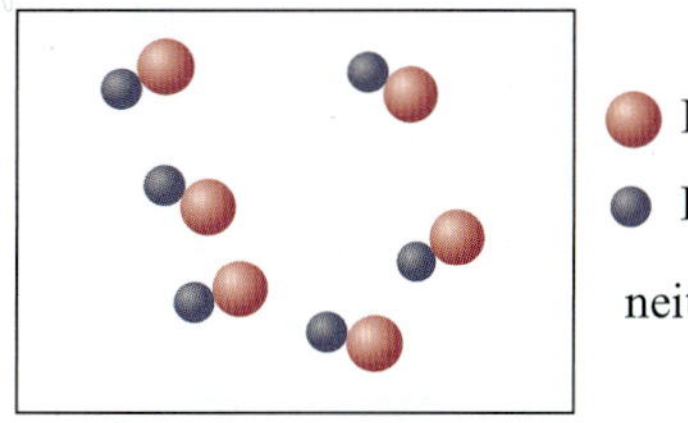

neither is limiting

b.
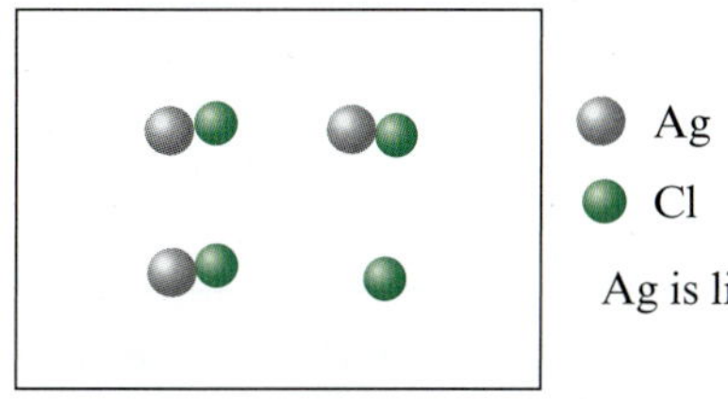

Ag is limiting

22. a. Oxygen is the limiting reactant.
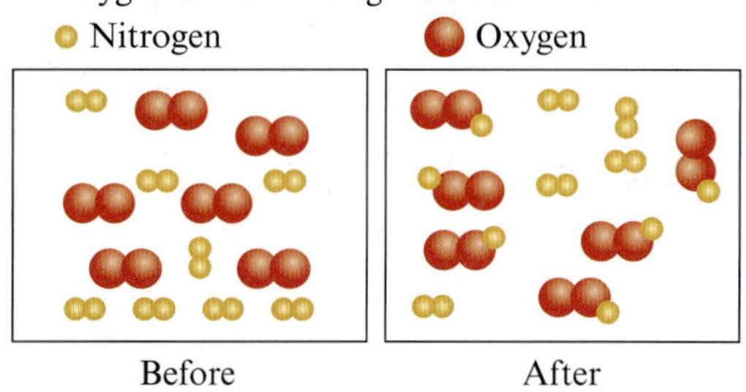

b. Water is the limiting reactant.
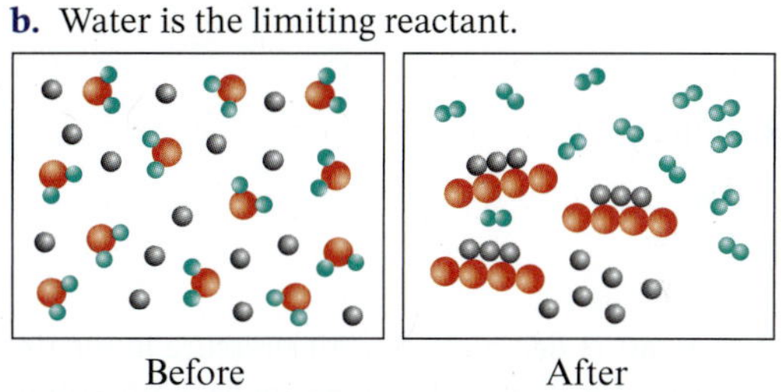

24. a. $Bi(NO_3)_3$ is the limiting reactant and H_2S is in excess.
b. H_2O is the limiting reactant and Fe is in excess.

26. a. 0.193 mol PCl_3
b. 71 g PCl_3; P_4 is in excess
c. 23 mol PCl_3 will be produced; 9 mol P_4 unreacted

28. Zinc

30. 91.8%

32. a. 0.32 mol $FeCl_3$ and 0.48 mol H_2O
b. 9 g Fe_2O_3 in excess
c. 48 g $FeCl_3$ actual yield

36. a. 0.19 mol KO_2 **b.** 28 g O_2/hr

39. 82.2 g O_2

41. a. 0.16 mol $MnCl_2$ **e.** 11 g $KMnO_4$ unreacted
c. 82% yield

44. 61.23 g $Ca(OH)_2$

46. a. 5.0 mol CO_2, 7.5 mol H_2O
b. 430. g CO_2, 264 g H_2

48. a. 2.0 mol Cu, 2.0 mol $FeSO_4$, 1 mol $CuSO_4$

b. 15.9 g Cu, 38.1 g $FeSO_4$, 6.0 g Fe

50. **a.** 2.5×10^2 g C_2H_5OH
b. 5.20×10^2 g $C_6H_{12}O_6$

53. 3.7×10^2 kg Li_2O

56. 223.0 g H_2SO_4; 72.90% yield

62. 67.2% $KClO_3$

Chapter 12

Exercises

2.

	mm Hg	lb/in.^{2}	atmospheres
a.	750	750	0.99
b.	39	39	0.05
c.	912	912	1.2

4. **a.** 88 kPa **b.** 0.0500 atm **c.** 2770 mm Hg **d.** 1.06 atm **e.** 82.1 cm Hg

6. **a.** 0.99 atm **b.** 750 mm Hg **c.** 100 kPa

8. **a.** 0.75 atm
c. 76.0 kPa

10. **a.** 1539 torr **b.** 42.0 torr

12. 9.6×10^3

14. **a.** 691 mL **b.** 633 mL **c.** 737 mL

16. 30.8 L

18. −150°C

20. 719 mm Hg

22. 1.450×10^3 torr

24. 1.19 L C_3H_8

26. $PV = nRT$
9.07 L

28. As the temperature decreases, the air pressure in the tires also decreases. In order to bring the pressure back up, you need to add more air to the tires.

30. **a.** 67.0 L SO_3 **b.** 170 L C_2H_6 **c.** 7.96 L Cl_2

32. 1.78 g C_3H_6

34. 2.82×10^{23} molecules CO_2

36. 2.1 g CH_4

38. 2.0×10^3 L C_6H_6

40. 0.25 mol CH_4

42. 209 K

44. **a.** 9.91 g/L Rn **b.** 2.05 g/L NO_2 **c.** 3.58 g/L SO_3 **d.** 1.25 g/L C_2H_4

46. **a.** 0.85 g/L C_2H_4 **b.** 0.776 g/L Ne

48. **a.** 3.59×10^4 mL H_2 **b.** 0.075 mol HCl

50. **a.** 36 L O_2 **b.** 210 g CO_2 **c.** 12 L H_2O vapor

52. 1.12×10^3 L CO_2

56. image (a)

57. **a.** the pressure will be cut in half
c. the pressure will be cut in half

62. 1.2×10^2 L

63. 22.4 L

66. **a.** SF_6 has the greatest density.

68. **a.** CH_3
b. C_2H_6
c. 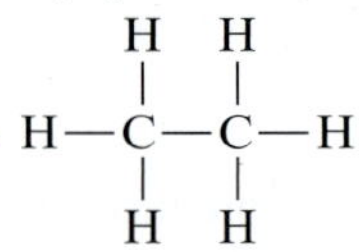

70. 2.3×10^7 K

73. 327°C

75. 255 K (−18°C)

77. 1.34 g/L

83. 330 mol O_2

84. 43.2 g/mol (molar mass)

86. **a.** 8.4 L H_2 **c.** 8.48 g/L CO_2

88. 279 L H_2 at STP

89. C_4H_8

Chapter 13

Exercises

2. $H_2Se < H_2S < H_2O$

4. $CO_2 < SO_2 < CS_2$

6. **a.** HI will not hydrogen-bond; hydrogen is not bonded to fluorine, oxygen, or nitrogen.
b. NH_3 will hydrogen-bond; hydrogen is bonded to nitrogen.
c. CH_2F_2 will not hydrogen-bond; hydrogen is not bonded to fluorine, oxygen, or nitrogen.
d. C_2H_5OH will hydrogen-bond; one of the hydrogens is bonded to oxygen.
e. H_2S will not hydrogen-bond; hydrogen is not bonded to fluorine, oxygen, or nitrogen.

8. The boiling point of a substance is the temperature where the vapor pressure of a liquid is equal to the external pressure above the liquid. Boiling point increases with increasing intermolecular forces.

10. **b.** 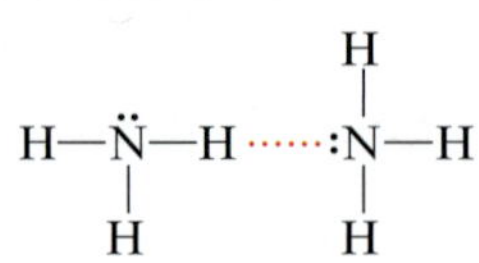 NH_3

d. 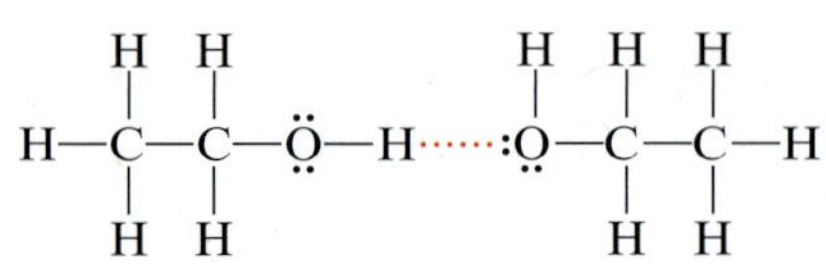 CH_3CH_2OH

e. 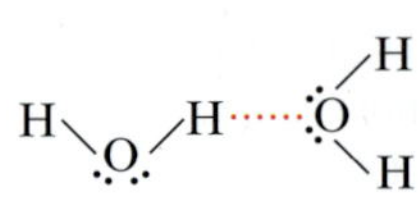 H_2O

12. Water forming beaded droplets is an example of cohesive forces. The water molecules have stronger attractive forces for other water molecules than they do for the surface.

14. Glycerol has stronger intermolecular forces because it has a higher surface tension. Glycerol should also have the higher boiling point.

16. **a.** 300 torr **b.** 180 torr **c.** 680 torr **d.** 150 torr

18. 1.54×10^5 J

20. 42 g of steam needed; not enough steam (35 g)

22. The system will be at 0°C. It will be a mixture of ice and water.

24. Cl_2 is nonpolar. Nonpolar molecules such as chlorine gas have dispersion forces only.

26. Steam molecules will cause a more severe burn. Steam molecules contain more energy at 100°C than water molecules at 100°C due to the energy absorbed during the vaporization state (heat of vaporization).

28. When one leaves the swimming pool, water starts to evaporate from the skin of the body. Part of the energy needed for evaporation is absorbed from the skin, resulting in the cool feeling.

39. Isobutyl propionate, the compound with the lower boiling point will have weaker intermolecular forces and thus a higher vapor pressure.

43. 6.73×10^5 J or 1.60×10^5 cal

46. 2.20×10^6 J

48. 40.2 g H_2O

50. 1.00 mole of water vapor at STP has a volume of 22.4 L (gas); 1.00 mole of liquid water has a volume of 18.0 mL.

52. 3.1×10^3 J

55. 2.60×10^4 J

57. $2\ NO_2(g) \longrightarrow N_2(g) + 2\ O_2(g)$

Chapter 14

Exercises

2. Generally soluble:
b. $Cu(NO_3)_2$
d. $NH_4C_2H_3O_2$
f. $AgNO_3$

4. **a.** Hexane because the molecule is nonpolar and will dissolve only in a nonpolar solvent
c. Both since the molecule contains both nonpolar and polar regions

6. **a.** saturated **c.** saturated

8. **a.** 16.7% $NaNO_3$ **c.** 39% K_2CrO_4

10. 142 mL solution

12. **a.** 9.0 g $CaCl_2$
b. 66 g solvent

14. **a.** 63.59% $C_{12}H_{22}O_{11}$
b. 47.3% CH_3OH

16. **a.** 13.5% butanol
b. 16% methanol
c. 6.00% isoamyl alcohol

18. **a.** 4.0 *M*
c. 1.97 *M* $C_6H_{12}O_6$

20. **a.** 1.1 mol HNO_3
b. 7.5×10^{-3} mol $NaClO_3$
c. 0.088 mol LiBr

22. **a.** 2.1×10^3 g H_2SO_4
b. 6.52 g $KMnO_4$
c. 1.2 g $Fe_2(SO_4)_3$

24. **a.** 183.7 g solution
b. 0.1376 g Na_2S
c. 14.9 g $NaC_2H_3O_2$
d. 30.0 g sucrose in 1470 g water

26. **a.** 3.4×10^3 mL
b. 1.88×10^3 mL
c. 1.37 mL

28. **a.** 2.65% $HC_2H_3O_2$

30. **a.** 1.2 *M*
b. 0.084 *M*
c. 0.333 *M*

32. **a.** 25 mL 18 *M* H_2SO_4
b. 5.0 mL 15 *M* NH_3

34. 4.7-mL anethole solution

36. **a.** 1.88×10^{-3} mol H_2O
c. 90.2 mL $HC_2H_3O_2$
e. 1.8 L CO_2

38. **a.** 1.67 *m* $CaCl_2$
b. 0.026 *m* $C_6H_{12}O_6$
c. 6.44 *m* $(CH_3)_2CHOH$

40. **a.** 10.74 *m*
b. 105.50°C
c. −20.0°C

42. 163 g/mol

44. Concord grape juice and stainless steel

46. Red paint and oil and vinegar salad dressing are not a true solution because they will separate out if they are not shaken or stirred.

48. **a.** The amino acid will dissolve faster in the solvent at 75°C because the rate of dissolving increases with increasing temperature.
b. The powdered sodium acetate will dissolve faster because it has a smaller particle size.
c. The carton of table salt will dissolve faster because it has a smaller particle size and the temperature is higher.
d. The acetaminophen will dissolve faster in the infant pain medication because it has less acetaminophen already dissolved in it.

50. 1.092 *M* $HgCl_2$

55. 7.63% NaCl

59. 0.14 *M* NaCl

60. **a.** 160 g sugar
b. 0.47 *M* $C_{12}H_{22}O_{11}$
c. 0.516 *m* $C_{12}H_{22}O_{11}$

63. 66 mL C_2H_5OH [ethyl alcohol]

65. **a.** 4.3 g NaCl
b. 435. mL H_2O must evaporate.

70. 3.0 L solution

72. 15 *M* H_3PO_4

75. 1.20 g $Mg(OH)_2$

77. 6.2 *m* H_2SO_4
5.0 *M* H_2SO_4

78. **a.** 2.9 m
b. 101.5°C

80. **a.** 8.04×10^3 g $C_2H_6O_2$
b. 7.24×10^3 mL $C_2H_6O_2$
c. −4.0°F

81. 47% $NaHCO_3$

84. **a.** 7.83 L H_2O must be added
b. 0.0178 mol H_2SO_4
c. 0.0015 mol H_2SO_4 in each mL

87. 2.84 g $Ba(OH)_2$ is formed.

88. **a.** 0.011 mol Li_2CO_3
c. 3.2×10^2 mL solution

94. 53 m sugar

Chapter 15

Exercises

2. Conjugate acid–base pairs:
a. $H_2S - HS^-$; $NH_3 - NH_4^+$
c. $HBr - Br^-$; $CH_3O^- - CH_3OH$

4. **a.** $Mg(s) + 2\,HClO_4(aq) \longrightarrow Mg(ClO_4)_2(aq) + H_2(g)$
c. $2\,NaOH(aq) + H_2CO_3(aq) \longrightarrow Na_2CO_3(aq) + 2\,H_2O(l)$

6. **a.** $Mg + (2\,H^+ + 2\,ClO_4^-) \longrightarrow (Mg^{2+} + 2\,ClO_4^-) + H_2$
$Mg + 2\,H^+ \longrightarrow Mg^{2+} + H_2$
c. $(2\,Na^+ + 2\,OH^-) + H_2CO_3 \longrightarrow (2\,Na^+ + CO_3^{2-}) + 2\,H_2O$
$2\,OH^- + H_2CO_3 \longrightarrow CO_3^{2-} + 2\,H_2O$

8. $\underbrace{HClO_4}_{\text{acid}} + \underbrace{OH^-}_{\text{base}} \longrightarrow \underbrace{ClO_4^-}_{\text{conjugate base}} + \underbrace{H_2O}_{\text{conjugate acid}}$

10. **a.** $2\,HCl + Ca(OH)_2 \longrightarrow 2\,H_2O + CaCl_2$
b. $H_3PO_4 + 3\,KOH \longrightarrow 3\,H_2O + K_3PO_4$
c. $H_2SO_4 + 2\,NH_4OH \longrightarrow 2\,H_2O + (NH_4)_2SO_4$

12. **a.** H_2CO_3 **b.** CO_3^{2-}

14. **a.** $C_6H_{12}O_6$ — nonelectrolyte
c. NaClO — electrolyte
e. C_2H_5OH — nonelectrolyte

16. **a.** 2.37 M Fe^{3+}, 7.11 M Cl^-
c. 0.75 M Na^+, 0.75 M $H_2PO_4^-$

18. **a.** $[H^+] = 1 \times 10^{-7}\,M$
b. $[H^+] = 5 \times 10^{-5}\,M$
c. $[H^+] = 2 \times 10^{-6}\,M$
d. $[H^+] = 6 \times 10^{-11}\,M$

20. **a.** $[Na^+] = 0.24\,M$, $[Cl^-] = 0.24\,M$
c. $[Ba^{2+}] = 0.062\,M$, $[Ag^+] = 0.078\,M$, $[NO_3^-] = 0.202\,M$

22. $HCN + H_2O \rightleftharpoons H_3O^+ + CN^-$, weak electrolyte and weak acid

24. **a.** 0.147 M NaOH
b. 0.964 M NaOH
c. 0.4750 M NaOH

26. **a.** $Zn(s) + Cu^{2+}(aq) \longrightarrow Cu(s) + Zn^{2+}(aq)$
b. $H^+(aq) + OH^-(aq) \longrightarrow H_2O(l)$
c. $SO_3^{2-}(aq) + 2\,H^+(aq) \longrightarrow H_2O(l) + SO_2(g)$

28. **a.** 2 M H_3PO_4
b. 1 M H_2SO_4

30. 0.887 g of $Al(OH)_3$

32. 10.5% NaCl in the sample

34. 0.936 L H_2

36. **a.** pH = 2.70 **b.** pH = 7.15 **c.** pH = −0.48

38. **a.** pH = 4.30
b. pH = 10.47

40. **a.** weak acid
b. strong base
c. strong acid
d. strong acid

42. **a.** BrO_3^-
b. NH_3
c. HPO_4^{2-}

44. $S^{2-}(aq) + H_2O(l) \longrightarrow HS^+(aq) + OH-(aq)$

48. **a.** basic **c.** neutral **e.** acidic

52. 0.216 M H_2SO_4

55. As the pH changes by 1 unit, the concentration of H^+ in solution changes by a factor of 10. For example, the pH of 0.10 M HCl is 1.00, while the pH of 0.0100 M HCl is 2.00.

57. 0.741 g KOH

59. 0.554 M HCl

61. pH = 1.2, acidic

63. **a.** $2\,NaOH(aq) + H_2SO_4(aq) \longrightarrow Na_2SO_4(aq) + 2\,H_2O(l)$
b. 1.0×10^2 mL NaOH
c. 0.71 g Na_2SO_4

66. acidic pH = 0.77

70. 1.39 L

Chapter 16

Exercises

2. **a.** $CaCO_3(s) \longrightarrow CaO(s) + CO_2(g)$
b. $AgCl(s) \longrightarrow Ag^+(aq) + Cl^-(aq)$

4. **a.** Reaction is endothermic.
b. As the forward is endothermic in nature, decrease in temperature favors reverse reaction and produce more N_2O_4.
c. Number of moles of reactants is less than products. Hence, increase in volume favor forward reaction and decrease in volume favor reverse reaction.

6.

Change of stress imposed on the system at equilibrium	The direction of reaction, left or right, to reestablish equilibrium	Change in the number of moles		
		H_2	I_2	HI
Increase temperature	Right	Decrease	Decrease	Increase
Decrease volume	No change	No change	No change	No change
Remove HI	Right	Decrease	Decrease	Increase

8.

	Equilibrium shift (Left, Right, or none)	Amount O_2	Amount O_3	Other
a.	shifts right	*O_2 is added*	increases	XXXXXX
b.	shifts right	decreases	*ozone is removed*	XXXXXX
c.	shifts left	increases	decreases	*reaction is cooled*
d.	shifts left (towards having more molecules)	increases	decreases	*pressure is decreased*

10. Equilibrium shift

a. no change **b.** left **c.** right **d.** right

12. a. $K_{eq} = \frac{[C_2N_2][O_2]^2}{[CO_2]^2[N_2]}$ **c.** $K_{eq} = \frac{[N_2][H_2O]^2}{[NO]^2[H_2]^2}$

b. $K_{eq} = \frac{[H^+][NO_2^-]}{[HNO_2]}$ **d.** $K_{eq} = \frac{[SO_3]^2}{[SO_2]^2[O_2]}$

14. a. $K_{sp} = [Ag^+]^2[S^{2-}]$ **c.** $K_{sp} = [Fe^{3+}][OH^-]^3$
b. $K_{sp} = [Ca^{2+}][C_2O_4^{2-}]$ **d.** $K_{sp} = [Pb^{2+}][CO_3^{2-}]$

16. a. pH increases **c.** $[H^+]$ decreases
b. pOH decreases **d.** K_w remains constant

18. When excess base gets into the bloodstream, it reacts with H^+ to form water. Then H_2CO_3 ionizes to replace H^+, thus maintaining the approximate pH of the blood.

20. a. $[H^+] = 4.6 \times 10^{-3}\,M$ **c.** 18% ionized
b. pH = 2.34

22. $K_a = 2.3 \times 10^{-5}$

24. a. 0.8% ionized; pH = 2.10
b. 1.14% ionized; pH = 2.24
c. 2.5% ionized; pH = 2.6

26. $K_a = 7.3 \times 10^{-6}$

28. $[H^+] = 0.2\,M$; pH = 0.70; pOH = 13.3; $[OH^-] = 1.4 \times 10^{-14}$

30. a. pOH = 12.7; pH = 1.3
b. pH = 0.903; pOH = 13.10
c. pH = 5.74; pOH = 8.26

32. a. $[OH^-] = 2.5 \times 10^{-6}$
c. $[OH^-] = 4.5 \times 10^{-10}$

34. a. $[H^+] = 2.2 \times 10^{-13}$
b. $[H^+] = 1.9 \times 10^{-6}$

36. a. 1.2×10^{-23} **c.** 1.81×10^{-18}

38. a. $0.58 \times 10^{-3}\,M$ **b.** $9.2 \times 10^{-6}\,M$

40. $K_{sp} = [Zn^{2+}][S^{2-}]$

$K_{sp} = 4.4 \times 10^{-11}$

42. Precipitation occurs.

44. 2.6×10^{-12} mol AgBr will dissolve.

46. $[H^+] = 1.8 \times 10^{-5}\,M$, pH = 4.74

48. Change in pH = 4.74 − 4.72 = 0.02 units in the buffered solution. Initial pH = 4.74.

52. 4.20 mol HI

54. 0.500 mol HI, 2.73 mol H_2, 0.538 mol I_2

56. 128 times faster

58. pH = 9.55

60.

Acid	$[H^+]$	pH
Lactic acid	$0.37 \times 10^{-2}\,M$	2.43
Benzoic acid	$0.4 \times 10^{-2}\,M$	2.39
Hypoiodous acid	$0.32 \times 10^{-5}\,M$	5.5

62. a. Precipitation occurs
b. Precipitation occurs
c. No precipitation occurs

64. Precipitation will occurs.

66. $K_{eq} = 33$, the forward reaction favored

68. 99 M PCl_5

70. $K_{sp} = 4.00 \times 10^{-28}$

73. The temperature could have been cooler.

The humidity in the air could have been higher.

The air pressure could have been greater.

75. a. $K_{eq} = \frac{[O_3]^2}{[O_2]^3}$ **c.** $K_{eq} = \frac{[NO_2]^4[O_2]}{[N_2O_5]^2}$

b. $K_{eq} = \frac{[H_2O(l)]}{[H_2O(g)]}$ **d.** $K_{eq} = \frac{[N_2]^2[H_2O]^6}{[NH_3]^4[O_2]^3}$

77. $K_{eq} = 450$

81. 3.9×10^{-2} g $PbCrO_4$

83. a. shift right **b.** shift left **c.** shift right **d.** shift left

84. a. $HCO_3^-(aq) + H^+(aq) \rightleftharpoons H_2CO_3(aq)$
b. $HCO_3^-(aq) + OH^-(aq) \rightleftharpoons H_2O(l) + CO_3^{2-}(aq)$

Chapter 17

Exercises

2. a. C_2H_2 C = −1; H = +1
c. $FeCl_3$ SFe = +3; Cl = −1
e. IF_7 I = +7; F = −1

4. a. Cr +7 **c.** C +3 **e.** As +5 **g.** C −4

6. a. Cu +2; S +6 **b.** +7 **c.** +4 **d.** +6

8. a. $SO_3^{2-} \longrightarrow SO_4^{2-}$; Oxidation
b. $Al \longrightarrow Al^{3+} + 3\,e^-$; Oxidation
c. $MnO^{4-} + 2\,H_2O + 3\,e^- \longrightarrow MnO_2 + 4\,OH$; Reduction
d. $O_2 + 4\,H^+ + 4\,e^- \longrightarrow 2\,H_2O$; Reduction

10. a. C is oxidized and it is reducing agent
Fe is reduced and it is oxidizing agent
b. S is oxidized and it is reducing agent
Cr is reduced and it is oxidizing agent

12. a. incorrectly balanced

$3\,MnO_2(s) + 4\,Al(s) \longrightarrow 3\,Mn(s) + 2\,Al_2O_3(s)$

c. correctly balanced

14. a. $Cu + 2\,AgNO_3 \longrightarrow 2\,Ag + Cu(NO_3)_2$
c. $4\,HCl + O_2 \longrightarrow 2\,Cl_2 + 2\,H_2O$
e. $2\,KMnO_4 + 5\,CaC_2O_4 + 8\,H_2SO_4 \longrightarrow K_2SO_4 + 2\,MnSO_4 + 5\,CaSO_4 + 10\,CO_2 + 8\,H_2O$

16. a. $6\,H^+ + ClO_3^- + 6\,I^- \longrightarrow 3\,I_2 + Cl^- + 3\,H_2O$
c. $2\,H_2O + 2\,MnO_4^- + 5\,SO_2 \longrightarrow 4\,H^+ + 2\,Mn^{2+} + 5\,SO_4^{2-}$
e. $8\,H^+ + Cr_2O_7^{2-} + 3\,H_3AsO_3 \longrightarrow 2\,Cr^{3+} + 3\,H_3AsO_4 + 4\,H_2O$

18. a. $H_2O + 2\ MnO_4^- + 3\ SO_3^{2-} \longrightarrow 2\ MnO_2 + 3\ SO_4^{2-} + 2\ OH^-$
c. $8\ Al + 3\ NO_3^- + 18\ H_2O + 5\ OH^- \longrightarrow 3\ NH_3 + 8\ Al(OH)_4^-$
e. $2\ Al + 6\ H_2O + 2\ OH^- \longrightarrow 2\ Al(OH)_4^- + 3\ H_2$

20. a. $5\ Mo_2O_3 + 6\ MnO_4^- + 18\ H^+ \longrightarrow 10\ MoO_3 + 6\ Mn^{2+} + 9\ H_2O$
b. $3\ BrO^- + 2\ Cr(OH)_4^- + 2\ OH^- \longrightarrow 3\ Br^- + 2\ CrO_4^{2-} + 5\ H_2O$
c. $3\ S_2O_3^{2-} + 8\ MnO_4^- + H_2O \longrightarrow 6\ SO_4^{2-} + 8\ MnO_2 + 2\ OH^-$

22. H_2O_2 is reduced at the cathode and I^- is oxidized at the anode.

24. Anode $2\ Cl^- \longrightarrow Cl_2 + 2e^-$
Cathode $2\ e^- + 2\ Li^+ \longrightarrow 2\ Li^0$
Overall $2\ Li^+ + 2\ Cl^- \longrightarrow 2\ Li^0 + Cl_2$

25. (b), (d), (e)

27. zinc, Zn

31. a. $Pb + SO_4^{2-} \longrightarrow PbSO_4 + 2\ e^-$
$PbO_2 + SO_4^{2-} + 4\ H^+ + 2\ e^- \longrightarrow PbSO_4 + 2\ H_2O$
b. The first reaction is oxidation (Pb^0 is oxidized to Pb^{2+}). The second reaction is reduction (Pb^{4+} is reduced to Pb^{2+}).
c. The first reaction (oxidation) occurs at the anode of the battery.

33. Zinc is a more reactive metal than copper, so when corrosion occurs, the zinc preferentially reacts. Zinc is above hydrogen in the Activity Series of Metals; copper is below hydrogen.

35. 4.23 L CO_2; $H_2C_2O_4$ oxidized, $K_2S_2O_8$ reduced

39. 2.94 g Zn

41. 7.5 mol H_2

43. The electrons lost by the species undergoing oxidation must be gained (or attracted) by another species, which then undergoes reduction.

45. Sn^{4+} can only be an oxidizing agent.
Sn^0 can only be a reducing agent.
Sn^{2+} can be both oxidizing and reducing agents.

47. Equation **b.** represents oxidations.

49. a. $F_2 + 2\ I^- \longrightarrow 2\ F^- + I_2$
b. $Br_2 + I^- \longrightarrow I_2 + 2\ Br^-$
c. $I_2 + Br^- \longrightarrow NR$
d. $Cl_2 + 2\ I^- \longrightarrow 2\ Cl^- + I_2$

51. $4\ Zn + NO_3^- + 10\ H^+ \longrightarrow 4\ Zn^{2+} + NH_4^+ + 3\ H_2O$

54. a. Pb is the anode.
c. Oxidation occurs at Pb (anode).
e. Electrons flow from the lead through the wire to the silver.

Chapter 18

Exercises

2. a. inorganic **c.** inorganic **e.** organic

4. Organic compounds are compounds in which carbon combines with hydrogen, oxygen, nitrogen, sulfur, and/or other elements. Each compound identified as organic above contains some combination of carbon with hydrogen, oxygen, nitrogen, and/or sulfur.

6. Names of alkyl groups
a. C_8H_{17} is octyl- **b.** $C_{10}H_{21}$ is decyl-

8. $CH_3CH_2CH_2CH_2CH_2CH_2CH_3$

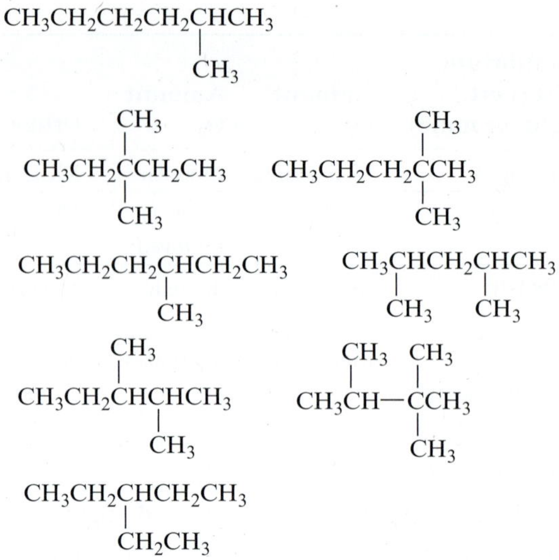

10. a. $CH_3CH_2CH_2Cl$ 1-chloropropane
b. $(CH_3)_3CCl$ 2-chloro-2-methylpropane
c. $CH_3CHClCH_2CH_3$ 2-chlorobutane

12. a. 3-iodo-2-methylpentane
b. 1-chloro-2-methylpropane
c. 2-fluoro-2-methylpropane
d. 3,3-dimethylpentane

14. a.

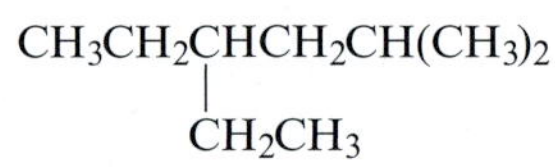

b.

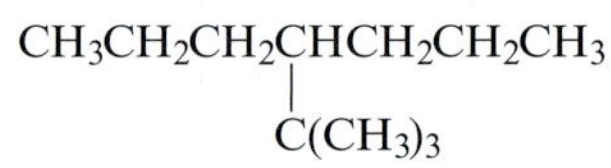

c.

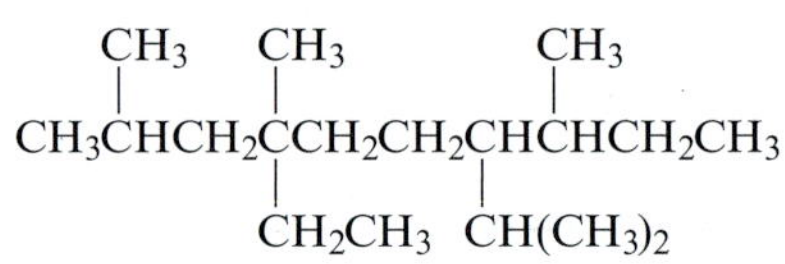

16. a.

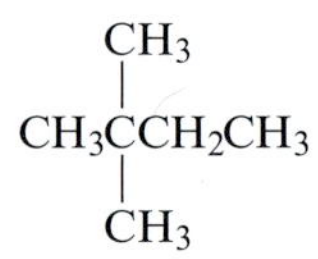

2,2-dimethylbutane

Each methyl group requires a number location.

b.

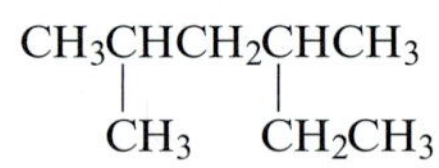

2,4-dimethylhexane

The longest carbon chain is 6.

18. a. (4 isomers) $CH_3CH_2CH_2CH_2I$

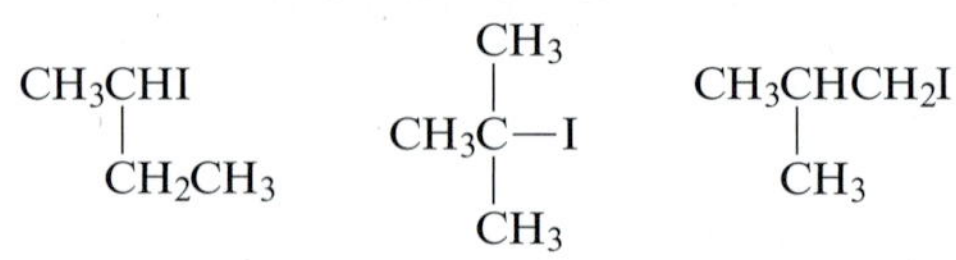

b. (4 isomers)
$CH_3CH_2CHCl_2$ $CH_3CCl_2CH_3$
$CH_3CHClCH_2Cl$ $CH_2ClCH_2CH_2Cl$

c. (5 isomers)
$CH_3CH_2CHBrCl$ $CH_3CHClCH_2Br$
$CH_3CHBrCH_2Cl$ $CH_2ClCH_2CH_2Br$
$CH_3CClBrCH_3$

d. (9 isomers)

$CH_3CH_2CH_2CHCl_2$ $CH_3CH_2CHClCH_2Cl$

$CH_3CHClCH_2CH_2Cl$ $CH_2ClCH_2CH_2CH_2Cl$

$CH_3CH_2CCl_2CH_3$ $CH_3CHClCHClCH_3$

$CH_3CH(CH_3)CHCl_2$ $CH_3CCl(CH_3)CH_2Cl$

$CH_3CH(CH_2Cl)CH_2Cl$

20. a. $CH_3CH{=}CH_2 + Br_2 \longrightarrow CH_3CHBrCH_2Br$

b. $CH_3CH{=}CH_2 + HBr \longrightarrow CH_3CHBrCH_3$

22. a. $CH_3CH_2OCH_3$ ether

b. CH_3CH_2CHO aldehyde

c. CH_3COCH_3 ketone

d. CH_3CH_2COOH carboxylic acid

24. a. methoxymethane **c.** ethanoic acid

b. ethanal **d.** methyl methanoate

26. a. hexachloroethane CCl_3CCl_3

b. iodoethyne $CH{\equiv}CI$

c. 6-bromo-3-methyl-3-hexene-1-yne $BrCH_2CH_2CH{=}C(CH_3)C{\equiv}CH$

d. 1,2-dibromoethene $CHBr{=}CHBr$

28. a. 1,2-diphenylethene

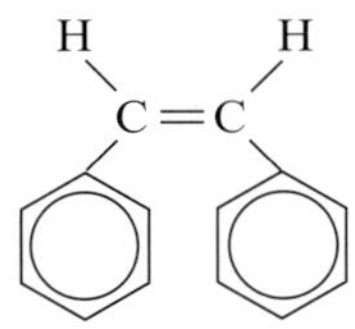

c. 3-phenyl-1-butyne

$CH{\equiv}CCHCH_3$

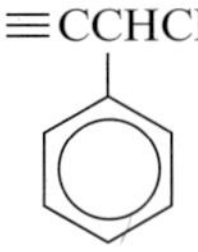

b. 3-pentene-1-yne

$CH{\equiv}CCH{=}CHCH_3$

30. a. 5-methyl-l-hexene

b. 2-methyl-2-pentene

c. 2,3-dimethyl-l-butene

32. a. $CH_2{=}CH_2 + H_2O \xrightarrow{H^+} CH_2CH_2OH$ (ethanol)

b. $CH{\equiv}CH + 2\,Br_2 \longrightarrow CHBr_2CHBr_2$ (1,1,2,2-tetrabromoethane)

c. $CH_2{=}CH_2 + H_2 \xrightarrow[\text{Pt } 25°\text{ C}]{1\text{ atm}} CH_3CH_3$ (ethane)

34. a.

para-dichlorobenzene (1,4-dichlorobenzene)

d.

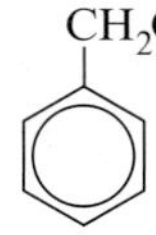

ethylbenzene

b.

para-nitrophenol

e.

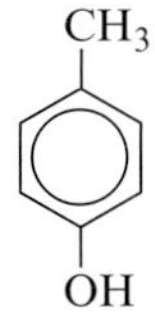

para-methylphenol

c.

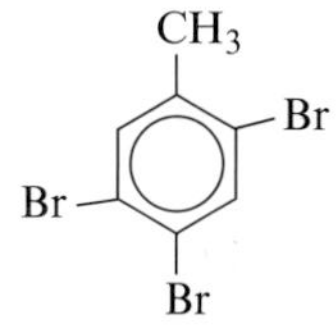

2,4,5-tribromotoluene

f.

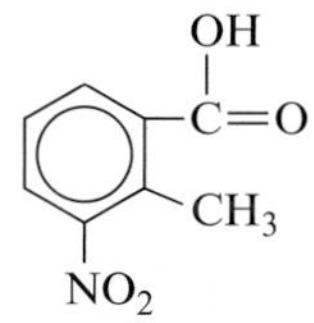

2-methyl-3-nitrobenzoic acid

36. a.

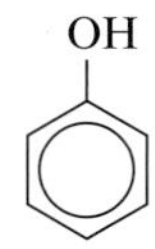

phenol

c.

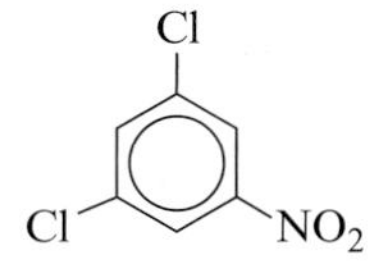

1,3-dichloro-5-nitrobenzene

b.

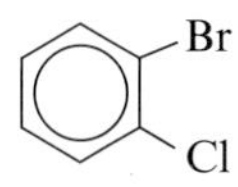

o-bromochlorobenzene

d.

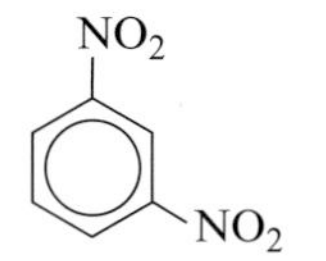

m-dinitrobenzene

38. a.

b.

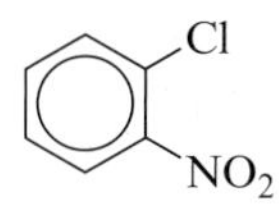

c.

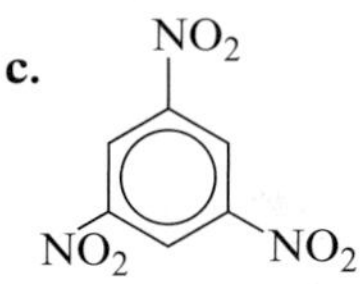

40.

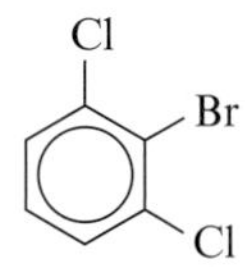

1,3-dichloro-2-bromobenzene

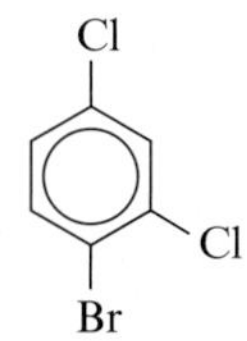

1,3-dichloro-4-bromobenzene

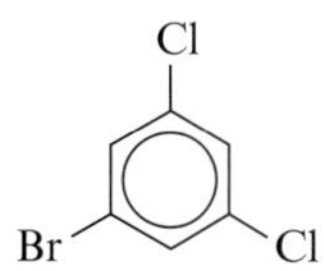

1,3-dichloro-5-bromobenzene

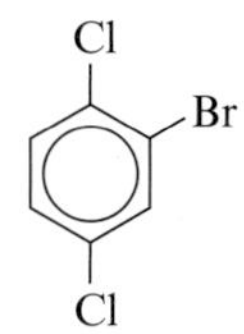

1,4-dichloro-2-bromobenzene

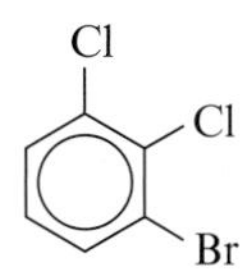

1,2-dichloro-3-bromobenzene

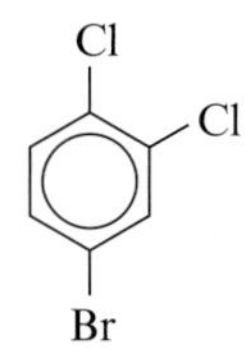

1,2-dichloro-4-bromobenzene

42. a. primary **c.** primary

b. polyhydroxy **d.** tertiary

44. a. 2,2-dimethyl-1-heptanol $HOCH_2C(CH_3)_2CH_2CH_2CH_2CH_2CH$

b. 1,3-propanediol $HOCH_2CH_2CH_2OH$

46. a. 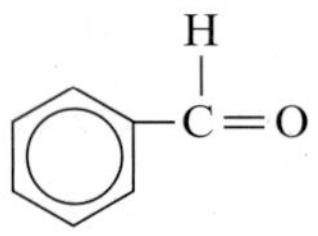 benzaldehyde

b. 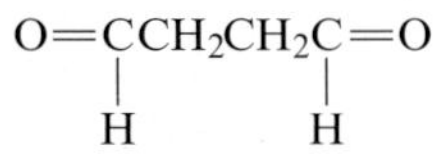 butanedial

c. 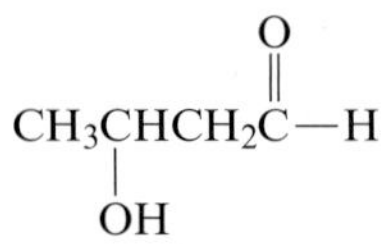 3-hydroxybutanal

48. a. 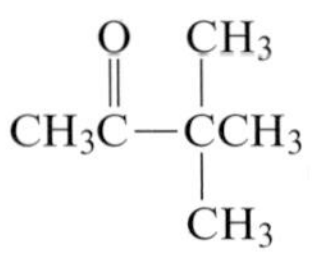 3,3-dimethyl-2-butanone (methyl *t*-butyl ketone)

b. 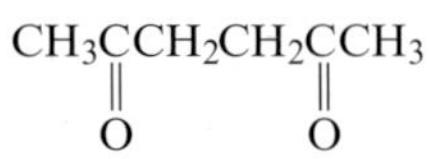 2,5-hexanedione

c. 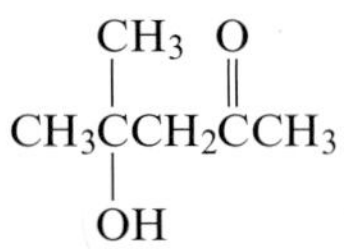 4-hydroxy-4-methyl-2-pentanone

50. a. 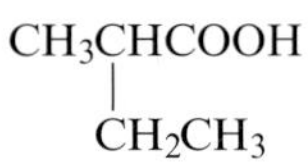 2-methylbutanoic acid

b. 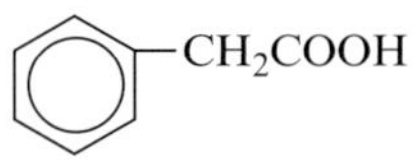 phenyethanoic acid

c. $CH_3CH_2CH_2CH_2COOH$ pentanoic acid

d. 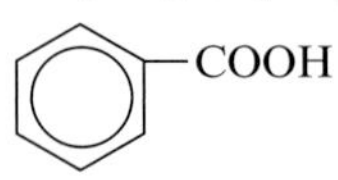 benzoic acid

52. Esters

a. *n*-nonyl acetate

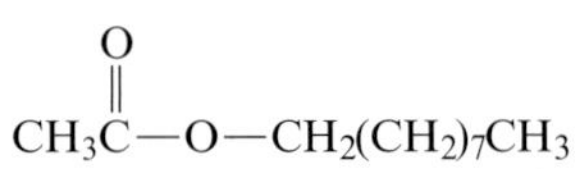

b. ethyl benzoate

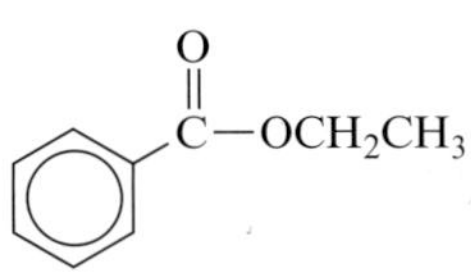

c. methyl salicylate

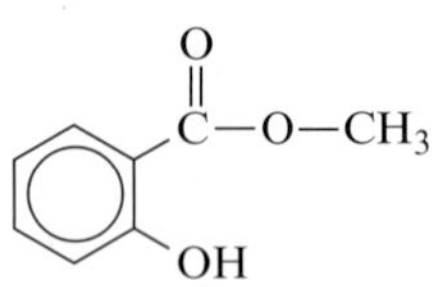

54. a. 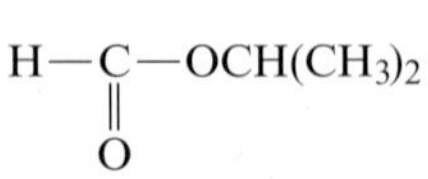 isopropyl methanoate

b. 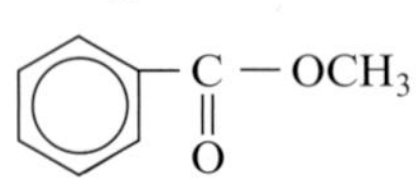 methyl benzoate

c. 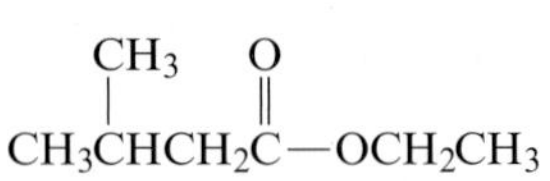 ethyl-3-methylbutanoate

56. a. $CH_3COOH + KOH \longrightarrow CH_3COO^-K^+ + H_2O$

b.

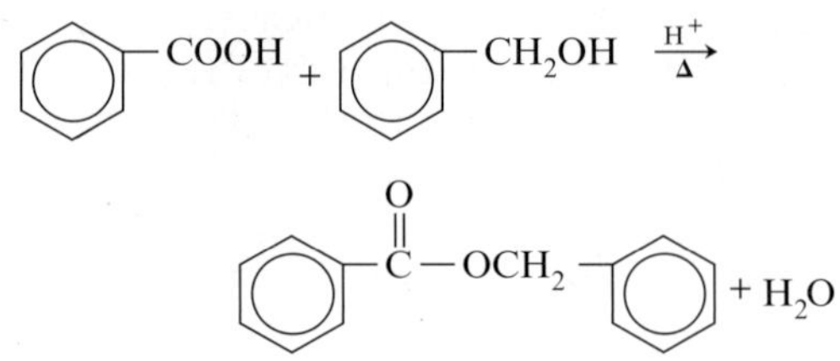

58. a. 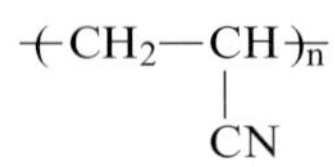 polyacrylonitrile

b. $+\!(CF_2-CF_2)\!\!+_n$ Teflon

60. a. correct
b. incorrect, should be butanone
c. incorrect, should be 4-methyl-2-pentene
d. incorrect, should be methyl propanoate
e. incorrect, should be 3-methylpentane

62. a. alkyl halide **b.** ketone **c.** alkene **d.** ester **e.** hydrocarbon

64. There are several possible 5-carbon unsaturated hydrocarbons. One example is shown below:

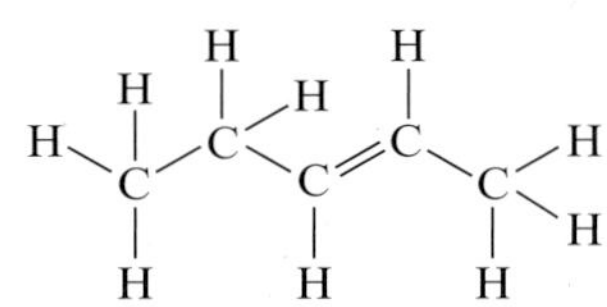

66. Bond angles are 109.5° and 120°

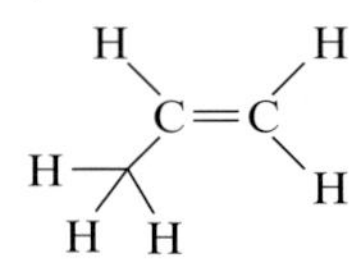

68. Alkanes are nonpolar molecules. Therefore, there is little attraction between them because there are no partial positive and partial negative charges to attract one another. As a result, it takes very little energy to cause low-molar-mass alkanes to boil because there are no intermolecular attractive forces to be overcome.

73. a. methyl ethyl ether $CH_3CH_2OCH_3$
b. methyl ethyl ether $CH_3CH_2OCH_3$

79. a. propanoic acid
b. 2-methyl propanoic acid
c. 2-methylbutanoic acid
d. 3-chlorobenzoic acid

81. a. 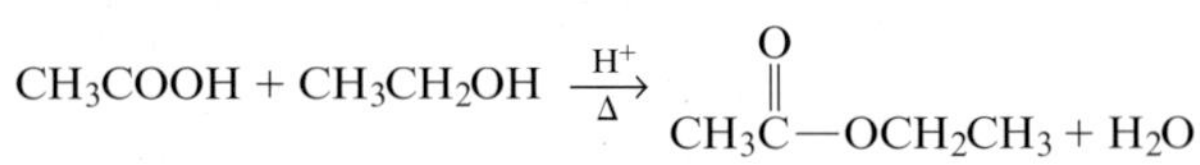

ethyl ethanoate

c. 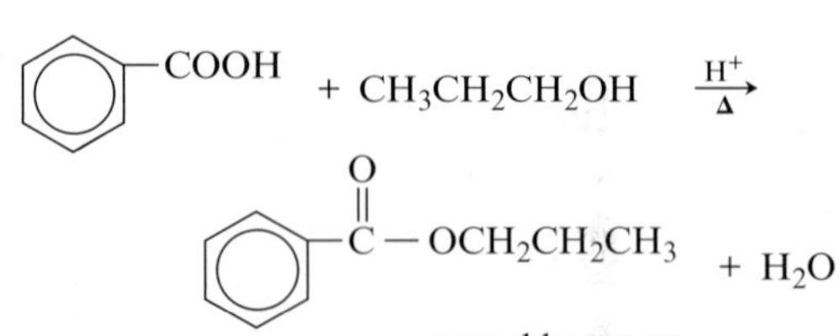

n-propyl benzoate

86. The compound is $C_2H_4Cl_2$

CH_3CHCl_2 and CH_2ClCH_2Cl

88. **a.** CH_3OH
c. $CH_3CH_2CH_2CHClCH_3$
e. 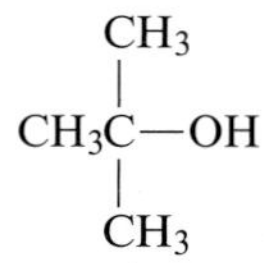

90. **a.** 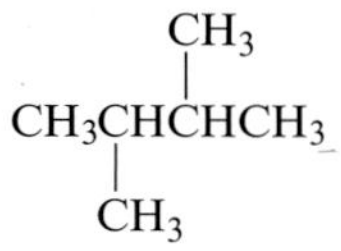
e. 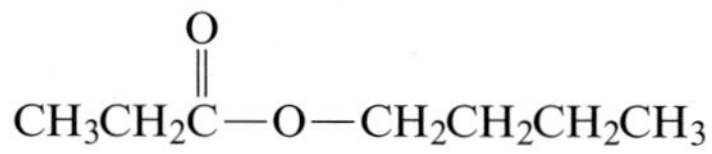
c. 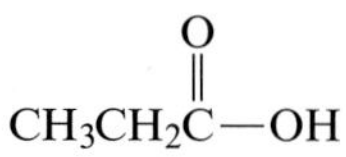

용어 해설

ㄱ

가설 추가 실험을 위한 기초를 마련하는 어떠한 사실에 대한 잠정적인 설명. [1.2]

가역 화학 반응 형성된 생성물이 다시 반응하여 원래의 반응물을 만들어 내는 화학 반응. 반응이 가역적임을 나타내기 위해 이중 화살표를 사용. [16.2]

강전해질 수용액에서 100% 이온화하는 전해질. [15.3]

Gay-Lussac 부피 결합 법칙 일정한 온도와 압력에서 반응하는 기체들의 부피비는 간단한 정수비가 성립한다. [12.4]

계 관찰 대상하에 있는 물질들의 범위. [1.4]

고분자 더 작은 분자(단량체)로부터 얻어지는 천연 혹은 합성 거대 분자. [18.12]

고체 일정한 모양과 부피를 갖는 물질의 상태로, 입자들이 서로 강하게 붙어 있기 때문에 모양은 그들이 담겨 있는 용기의 모양과 무관하다. [1.3]

공명 구조 여러 개의 타당한 Lewis 구조를 갖는 분자 또는 이온. 참고: Lewis 구조. [7.8]

공유 결합 원자들 간에 전자쌍을 공유함으로써 형성되는 화학 결합. [7.4]

공중합체 서로 다른 두 종류의 단량체로 이루어진 고분자. [18.12]

공통 이온 효과 평형 상태에 있는 이온과 공통 이온을 첨가함으로써 일어나는 화학 평형의 이동. [16.7]

과포화 용액 특정한 온도의 포화 용액에서 필요한 용질의 양보다 더 많은 용질을 포함하는 용액. 과포화된 용액은 불안정하므로 용기를 흔들거나 “씨앗” 결정을 넣어주면 과량의 용질이 결정으로 나온다. [14.2]

과학 법칙 주어진 조건에서 예외를 허용하지 않는 자연 현상에 대한 간단한 서술. [1.2]

과학적 방법 관찰에 의해 문제들을 풀어나가는 방법. 실험 자료를 기록하고 평가함, 자연의 거동을 설명하기 위한 가설과 이론을 세움, 그리고 가설과 이론이 맞는지를 시험하기 위한 추가 실험들을 고안함. [1.2]

과학적 표기법 매우 크거나 작은 수를 10의 지수를 곱하여 나타내는 방법. 원래 수에 있는 소수점을 첫 번째 0이 아닌 숫자 다음으로 옮기고, 새 숫자에 소수점이 움직인 자릿수만큼 10의 지수를 곱해 준다. 예: $2468 = 2.468 \times 10^3$. [2.1]

광자 이론적으로 볼 때 에너지의 작은 다발로 광선을 생성하기 위하여 같은 종류의 다른 것과 함께 흐른다. [6.1]

구경꾼 이온 화학 반응 중에 화학 변화를 겪지 않는 용액 중의 이온. [15.5]

굽은형 구조 전자쌍 배열은 사면체이지만 두 개의 비결합 전자쌍이 있어 V자 모양의 분자 구조를 나타냄. [7.10]

균일 전체를 통하여 동일한 성질을 갖는 물질. [1.4]

균형 맞춘 반응식 반응식의 양쪽에 각 종류의 원자의 수와 전하량이 같은 화학 반응식. [10.2]

극성 공유 결합 서로 다른 전기 음성도를 갖는 두 원자 사이의 공유 결합으로, 결합된 전자들의 불균등한 공유가 생김. [7.4]

금속 상온에서 고체이며 광택, 연성, 전성, 그리고 열과 전기의 좋은 전도성의 성질을 나타내는 원소. 금속들은 그들의 원자가 전자들을 잃고 양이온이 되려는 경향이 있다. [3.2]

금속의 활동도 서열 금속을 화학 반응성에 따라 가장 반응성이 큰 것을 맨 위에, 그리고 가장 반응성이 작은 것을 아래에 나열한 것. 일부 활동도 서열을 표 17.2에 나타내었다. [17.4]

기압계 기압을 측정하는 데 사용하는 장치. [12.1]

기체 일정한 모양과 부피를 갖지 않으며 용기를 완전히 채우는 물질의 상태. [1.3]

기화 참고: 증발. [13.2]

기화열 정상 끓는점에서 1 g의 액체가 기체로 변하는 데 필요한 에너지. [13.4]

끓는점 액체의 증기압과 액체 위의 압력이 같을 때의 온도. 1기압에서의 끓는점을 정상 끓는점이라고 한다. [13.3]

ㄴ

녹는점(또는 어는점) 참고: 어는점 [13.3]

ㄷ

다원자 이온 두 개 이상의 원자들로 구성된 이온. [8.5]

단위체 중합이 일어나서 고분자가 생기는 작은 단위체. [18.12]

단일 치환 반응 원소와 화합물이 반응하여 그 화합물의 한 원소를 치환하고 다른 원소와 다른 화합물을 생성하는 반응. [10.4]

Dalton 분압 법칙 혼합 기체의 전체 압력은 혼합물 내의 각각

의 기체가 나타내는 부분 압력의 합이다. [12.7]

Dalton의 원자 모형 원소들은 원자라고 하는 더 이상 나눌 수 없는 입자로 구성되었다고 서술한 최초의 현대적 원자 이론. [5.1]

대기압 지구를 둘러싼 공기층의 결과로 지구 상의 물체가 느끼는 압력. 1기압(1 atm)은 0°C에서 760 mm 높이의 수은 기둥에 의해 가해지는 압력. [12.1]

동위 원소 같은 원자 번호를 가지지만 원자량이 다른 원소의 한 원자. 원자 번호가 같으므로 동위 원소들은 핵 내의 중성자 수만 다르다. [5.5]

동족 계열 구성원들 사이에서 어떠한 기가 규칙적으로 증가하는 한 계열의 화합물. 예로서, 탄화수소의 알케인 계열의 연속적인 구성원은 CH_2기만큼 다르다. [18.3]

ㄹ

London 분산력 순간 쌍극자의 형성으로 생긴 비극성 분자들 사이의 인력. [13.5]

redox 참고: 산화–환원. [17.1]

로그값(log) 어떤 수의 로그는 그 수를 얻기 위한 10의 지수. 100의 로그는 2.0이다. [15.4]

Lewis 구조 분자 또는 이온의 원자들 사이의 공유 결합을 나타내는 한 방법으로, 하나의 전자쌍(:)은 공유 결합을 형성하는 원자가 전자를 나타낸다. [7.4]

Le Châtelier 원리 평형 상태의 계에 변화를 주면, 그 계는 변화를 없애고 새로운 조건에서 평형을 회복하려는 방향으로 움직인다. [16.3]

리터(L) 화학에서 일반적으로 사용하는 부피 단위. 1 L = 1000 mL. 4°C의 물 1 kg의 부피. [2.5]

ㅁ

메니스커스 유리 실린더에서 액체의 표면이 오목한 모양. [13.2]

모세관 현상 추좁은 관 속으로 액체가 자발적으로 올라가는 현상으로, 액체 내부의 응집력과 액체와 관의 벽 사이에 작용하는 부착력 때문에 생기는 것이다. [13.2]

몰 C-12의 정확히 12 g에 있는 것과 같은 수(6.022×10^{23})의 화학식 단위를 갖는 물질의 양. 1 mol은 어떤 물질의 그램 몰질량과 같다. [9.1]

몰농도(M) 용액 1리터당 용질의 몰수. [14.4]

몰랄 농도(m) 1000 g의 용매에 녹아 있는 용질의 몰수. [14.5]

몰부피 STP에서 기체 1 mol의 부피는 22.4 L/mol이다. [12.5]

몰비 화학 반응에 관련된 두 종류의 몰수 사이의 비율. 몰비는 화학량론 계산에서 변환 인자로 이용된다. [11.1]

몰질량 원자 또는 분자들의 Avogadro 수의 질량. 원소, 화합물, 이온에 존재하는 모든 원자의 원자 질량의 합. 화학식 단위 1몰의 질량. [9.1, 11.1]

무게 물체에 대한 지구 중력의 크기. [2.5]

물리적 변화 조성의 변화가 없는 물리적 성질의 변화(크기, 모양, 물리적 상태와 같은). [4.2]

물리적 성질 조성의 변화가 없이 측정될 수 있는 고유의 물리적 특성. 색, 맛, 냄새, 물질의 상태, 밀도, 녹는점, 끓는점. [4.1]

물의 이온곱 상수(K_w) H^+와 OH^-의 몰농도의 곱으로 정의된 평형 상수. 25°C에서 $K_w = [H^+][OH^-] = 1\times10^{-14}$. [16.5]

물질 균일하고 일정한 조성을 갖는 물체. 물질은 원소와 화합물 두 가지 형태로 존재한다. [1.4]

물체 질량을 가지며 공간을 차지하는 것. [1.3]

묽은 용액 상대적으로 적은 양의 용질이 녹아 있는 용액. [14.4]

미터(m) SI 및 미터법에서의 길이의 표준 단위. 1미터는 39.37인치와 같다. [2.5]

미터법 측정하는 단위의 십진법. 참고: SI. [2.5]

밀도 한 물체의 질량을 부피로 나눈 것. [2.9]

ㅂ

바닥 상태 원자 내의 가장 낮은 에너지 준위. [6.2]

반올림 의미가 없는 자릿수를 버린 후에 남은 끝자리 수의 가치를 결정하는 과정. [2.3]

반응물 반응에 들어가는 화학 물질. [4.2, 10.1]

반응열 화학 반응에 의해 생성되는 열의 양. [10.5]

van't Hoff 인자 용액 내에서 용질의 회합 또는 해리의 정도를 표현하기 위한 용어, i. [14.5]

반투막 막을 통한 물 (용매) 분자의 투과는 어느 방향으로든 가능하지만 큰 용질의 분자나 이온의 투과는 허용하지 않는 막. [13.6, 14.6]

발열 반응 열을 방출하는 화학 반응. [10.5]

방향족 화합물 그 분자에 벤젠 고리가 있거나 성질이 벤젠을 닮은 유기 화합물. [18.5]

배수 비례 법칙 두 가지 이상의 원소들의 원자들은 서로 다른 비로 결합하여 두 가지 이상의 화합물을 생성한다. [3.3]

백만분율(ppm) 화학자들이 질량 백분율 대신에 사용하는 묽은 용액의 농도 측정 단위. [14.4]

백분율 혼합물 100 단위당 혼합물에 들어 있는 한 물질의 양을 나타내는 단위. 질량 백분율을 자주 사용하며 다음과 같이 표현할 수 있다. [2.7]

$$\left(\frac{\text{질량}}{\text{전체질량}}\right)\times 100\%$$

백분율 수득률 이론적 수득량에 대한 실제 수득량의 비에 100을 곱한 값. [11.5]

변환 인자 동등한 양의 비. [2.5]

Boyle의 법칙 일정한 온도에서 일정한 질량의 기체의 부피는 압력에 반비례한다(PV = 상수). [12.2]

볼타 전지 자발적인 화학 반응으로부터 전류를 발생시키는 전지. [17.5]

부준위 각각의 주에너지 준위는 부준위로 나누어진다. [6.3]

부피 물질에 의해 점유된 공간의 양. SI 단위로는 세제곱미터(m^3), 리터와 밀리리터도 흔히 사용. [2.5]

분압 혼합 기체에서 각 기체들이 독립적으로 나타내는 압력. [12.7]

분자 두 개 이상의 원자들이 결합하여 형성된 전하를 띠지 않은 가장 작은 화합물의 개별 단위. [3.3]

분자간 힘 분자들 사이의 인력. [13.5]

분자내 힘 분자 내에 존재하는 인력. 예: 공유 결합. [13.5]

분자식 화합물의 한 분자에 존재하는 각 원소의 전체 원자들의 수. 참 화학식으로도 불림. 참고: 실험식. [9.5]

분자 운동론(KMT) 기체의 거동과 성질을 설명하기 위하여 몇 가지 가정들을 기초로 한 이론. [12.6]

분해 반응 한 물질이 두 가지 이상의 다른 물질로 쪼개어지는 반응. [10.4]

불균일 두 가지 이상의 성분 또는 상을 가짐으로써 동일한 조성을 갖지 않는 물질. [1.4]

불포화 용액 단위 부피에서 포화 용액에 상응하는 용질의 양보다 적은 양을 포함하는 용액. [14.2]

불포화 탄화수소 두 탄소 원자 사이에 하나 이상의 이중 또는 삼중 결합이 있는 탄화수소. 알켄, 알카인 그리고 방향족 화합물로 분류한다. [18.2]

비결정성 모양 또는 형태를 갖지 않은 고체. [1.3]

비극성 공유 결합 같은 전기 음성도를 갖는 두 원자들 사이의 공유 결합. 따라서 전자들은 두 원자에 의해 똑같이 공유된다. [7.5]

비금속 금속의 반대되는 성질을 갖는 원소. 광택의 결핍, 상대적으로 낮은 녹는점과 밀도, 그리고 일반적으로 열과 전기의 전도도가 좋지 않다. 비금속은 상온에서 고체일 수도 있고 그렇지 않을 수도 있다. 많은 것이 기체이며, 주로 주기율표의 오른쪽 위에 위치한다. [3.2]

비열 어떤 물질 1 g의 온도를 1°C 변화시키는 데 필요한 열량. [4.5]

비전해질 수용액이 전기를 전도하지 않는 물질. [15.3]

비활성 기체 헬륨, 네온, 아르곤, 크립톤, 제논, 라돈으로 구성된 주기율표의 원소 족으로, 특별히 안정한 전자 구조를 갖는다. [3.2]

ㅅ

사면체 구조 네 쌍의 전자를 109.5° 떨어지게 위치하여 사면체를 형성하는 VSEPR 모형의 배열. [7.10]

산 이온화 상수(K_a) 물에서 약산의 이온화에 대한 평형 상수. [16.6]

산화 전자를 잃음으로써 산화수가 증가함. [17.1]

산화 상태 참고: 산화수. [17.1]

산화수 원자의 산화 상태를 나타내는 작은 수. 이온은 양 또는 음전하. 공유 결합된 원자들은 보다 전기 음성도가 큰 원자에 배정된 양 또는 음의 수로 산정. 자유 원소들은 0. [17.1]

산화 전극 전기 화학 반응에서 산화가 일어나는 전극. [17.5]

산화제 다른 물질의 산화 상태를 증가시키는 물질. 산화제들은 반응 중에 환원된다. [17.1]

산화–환원 전자가 한 원소에서 다른 원소로 이동하는 화학 반응. redox라고도 불림. [17.1]

삼각 평면 구조 VSEPR 모형에서 세 쌍의 전자들이 평면에 120° 떨어지게 위치하는 원자들의 배열. [7.10]

삼차 알코올 –OH기가 결합된 탄소 원자에 다른 탄소 원자가 세 개 붙어 있는 알코올. [18.7]

삼투압 삼투 현상을 막기 위해 계에 가해진 압력과 대기압과의 차이. [14.6]

삼투 현상 순수하거나 묽은 용액에서 물이 반투막을 통과하여 진한 용액 쪽으로 확산되는 현상. [14.6]

상 물리적 경계로 다른 부분과 구별되는 계의 균일한 부분. [1.4]

생기론 유기 물질은 오직 살아 있는 유기체에서만 얻을 수 있다는 이론으로, 19세기 초에 거짓임이 증명되었다. [18.1]

생성물 화학 변화에 의하여 반응물로부터 생성되는 화학 물질. [4.2, 10.1]

Charles 법칙 일정한 압력에서 일정한 질량의 기체의 부피는 절대 온도에 정비례한다(V/T = 상수). [12.3]

섞일 수 없는 혼합할 수 없는. 섞이지 않는 액체들은 서로 용액을 형성하지 않는다. [14.2]

섞일 수 있는 혼합하여 균일한 용액을 형성하는. [14.2]

선 스펙트럼 기체에 의하여 방출된 빛이 분광기를 통과하면서 발생되는 색 선들. 각 원소는 특유의 선 스펙트럼을 갖는다. [6.2]

선형 구조 VSEPR 모형에서 전자쌍들이 최대한 떨어지기 위하여 180°로 배열한 형태. [7.10]

성질 물질의 특성으로 물질의 고유한 정체성을 부여. 성질은 물리적 성질과 화학적 성질로 나눈다. [4.1]

수소 결합 전기 음성도가 큰 F, O, N 원소에 공유 결합으로 결합된 수소 원자를 갖는 분자들 사이에 작용하는 분자 간 힘. [13.5]

수소화 반응 수소가 이중 또는 삼중 결합에 첨가되는 반응. [18.4]

Stock (명명)법 두 가지 이상의 양이온을 형성하는 원소들을 명명하기 위해 로마 숫자를 사용하는 방법(예: Fe^{2+} → 철(II); Fe^{3+} → 철(III)). [8.4]

스핀 지구의와 같이 축을 회전하는 모양으로 설명하는 전자의 성질. 전자들은 두 방향으로만 회전할 수 있으며, 같은 오비탈을 차지하기 위해서는 두 전자가 반대 방향으로 회전해야 한다. 참고: 오비탈. [6.3]

승화 고체 상태에서 액체 상태를 거치지 않고 직접 기체 상태로 변하는 현상. [13.2]

실제 수득량 이론적 수득량에 대한 비교로서 화학 반응에서 실제로 얻어진 생성물의 양. [11.5]

실험식 화합물에 존재하는 원자 수를 가장 작은 정수비로 나타낸 화학식. 화합물 내의 각 원소들의 상대적인 원자수를 나타내며, 가장 간단한 화학식으로도 알려짐. [9.4]

쌍극자 전기적으로 비대칭이어서 분자 안에 있는 두 원자가 서로 반대의 전하를 띠는 분자. [7.5]

쌍극자–쌍극자 인력 쌍극자 모멘트가 있는 극성 분자들 사이의 인력. [13.5]

ㅇ

Avogadro 법칙 같은 온도와 압력에서 부피가 같으면 모든 기체는 같은 수의 분자들을 포함한다. [12.4]

Avogadro 수 6.022×10^{23}, 1 mol을 나타내는 화학식 단위의 수. [9.1]

아래 첨자 원소 기호의 오른쪽 아래에 표기하는 숫자(예: H_2SO_4). [3.3]

아원자 입자 원자 구성 입자. 원자에서 주로 발견되는 양성자, 중성자, 전자. [5.3]

알데하이드 −CHO기를 포함하고 있는 유기 화합물. 일반식은 RCHO이다. [18.9]

알짜 이온 반응식 화학 반응에서 변화한 분자와 이온만을 포함하는 화학 반응식. [15.6]

알카인 탄소–탄소 삼중 결합이 적어도 한 개 있는 불포화 탄화수소. [18.4]

알칼리 금속 주기율표에서 수소를 제외한 1A족의 원소. [3.2]

알칼리 토금속 주기율표의 2A족의 원소. [3.2]

알케인 탄소와 수소로 이루어진 화합물로서 원자간 결합은 단일 결합뿐이다. 포화 탄화수소라고도 한다. 참고: 알켄과 알카인. [18.3]

알켄 탄소–탄소 이중 결합이 적어도 한 개 있는 불포화 탄화수소. [18.4]

알코올 비방향족 탄화수소기의 한 탄소 원자에 −OH기가 결합되어 있는 유기 화합물. 알코올은 −OH기가 결합된 탄소 원자에 다른 탄소 원자가 1개, 2개, 3개 붙어 있는 것에 따라, 각각 일차(1°), 이차(2°), 삼차(3°) 알코올로 분류한다. [18.7]

알킬기 알케인에서 H 원자 하나를 제거하여 얻어지는 유기기. 일반식은 C_nH_{2n+1}(예: CH_3, 메틸). 알킬기는 일반적으로 문자 R로 나타낸다. [18.3]

압력 단위 면적당 힘. mm Hg, atm, lb/in.^{2}, torr, pascal 등의 여러 단위로 표현. [12.1]

액체 입자들이 자유롭게 움직이지만 일정한 부피를 유지하는 물질의 상태. 따라서 액체는 유동적이고, 액체의 모양은 담긴 용기의 모양과 같다. [1.3]

약전해질 수용액에서 적은 정도만이 이온화하는 물질. [15.3]

양성자 원자의 핵 내에서 발견되는 아원자 입자로서 양의 전하를 띠며, 약 1 u의 질량을 갖는다. H^+ 이온도 양성자이다. [5.3]

양이온 양전하를 띤 이온. 참고: 이온. [3.3]

양자 에너지의 불연속적 증가. 물리학자인 Max Planck에 의해 제안된 이론에서 에너지가 연속적인 흐름이 아니라 양자 에너지로 방출된다는 것을 나타냄. [6.2]

어는점 한 물질의 고체 상과 액체 상이 평형에 있을 때의 온도. [13.3]

에너지 물체가 일을 할 수 있는 능력. [4.4]

에너지 보존 법칙 에너지는 한 형태에서 다른 형태로 변환되더라도 새로 만들어지거나 소멸될 수 없다. [4.4]

에스터 카복실산과 알코올에서 유래하는 유기 화합물. 일반식은 $\mathrm{R-\underset{\underset{\displaystyle O}{\|}}{C}-OR'}$이다. [18.11]

에터 산소 원자에 붙어 있는 두 탄화수소기를 가진 유기 화합물. 일반식은 R—O—R′이다. [18.8]

연소 반응 물질이 산소와 반응하여 산화물을 형성하는 반응. [10.4]

열 온도 차이에 의한 에너지의 흐름. [2.8]

열에너지 물질의 작은 입자들의 움직임과 관련된 에너지의 형태. [2.8]

오비탈 핵 주위의 전자가 존재하는 구름 같은 부분. 오비탈들은 주에너지 준위 내에 에너지 부준위들(*s*, *p*, *d*, *f*)이 존재한다. 참고: 주에너지 준위. [6.2]

오비탈 도표 원자 내의 전자들의 배치를 나타내는 방법으로, 오비탈들이 전자를 나타내는 작은 화살표를 그린 사각형으로 나타낸다. [6.4]

온도 열의 세기에 대한 측정으로, 한 계가 얼마나 뜨거운지 차가운지에 대한 척도. SI 단위는 켈빈(K). [2.8]

완충 용액 묽히거나 소량의 강산 또는 강염기가 첨가되어도 pH가 잘 변하지 않는 용액. [16.8]

용매 녹이는 물질, 즉 용액 중의 가장 풍부한 성분. [14.1]

용액 두 가지 이상의 물질이 균일하게 섞여 있거나 한 가지 이상의 물질이 다른 물질 속에 녹아 있는 계. [14.1]

용액의 농도 일정한 양의 용매에 녹아 있는 용질의 양을 정량적으로 표현한 것. [14.2]

용융열 녹는점에서 1 g의 고체를 액체로 바꾸는 데 필요한 에너지. [13.4]

용질 용액에 녹아 있는 물질, 즉 용액 속의 가장 적은 양의 성분. [14.1]

용해도 주어진 조건에서 일정한 양의 용매에 녹아 들어가는 용질의 양. [14.2]

용해도곱 상수(K_{sp}) 미량 녹는 염의 용해도를 위한 평형 상수. [16.7]

운동 에너지(KE) 물체의 운동에 기인한 에너지. $KE = 1/2\,mv^2$. [4.4]

원소 일반적인 화학 반응으로는 더 이상 간단한 물질로 나누어질 수 없는 물질의 기본 구성 단위. [3.1]

원소 기호 화학에서 원소의 이름 대신 사용하는 약자. [3.1]

원자 화학 반응에 참여할 수 있는 원소의 가장 작은 입자. [3.1]

원자가 전자 원자의 가장 바깥쪽 에너지 준위에 있는 전자. 원자가 전자는 화합물을 형성하기 위해 원자들을 결합시키는 데 관련되어 있다. [6.4]

원자 번호 한 원소의 원자핵 속에 들어 있는 양성자의 수. 참고: 동위 원소 표시. [5.4]

원자 질량 탄소-12 원자 한 개 질량을 기준으로 비교한 그 원소의 동위 원소의 평균 상대 질량. [5.6]

원자 질량 단위(u) 탄소-12 원자 한 개 질량의 1/12에 상응하는 질량의 단위. [5.6]

유기 화학 탄소 화합물을 다루는 화학의 한 분야. 하지만 이들 화합물이 반드시 유기체에서 유래하는 것은 아니다. 참고: 생기론. [18.1]

유효 숫자 아는 자릿수에 추정되는 자릿수를 하나 더한 것이 측정된 양에 의미가 있는 것으로 고려한다. 유효 자릿수로도 불림. [2.2, 부록 1]

음이온 음전하를 띤 이온. 참고: 이온. [3.3]

응축 기체 상태의 분자들이 액체 상태로 변하는 과정. [13.2]

이론 어떠한 현상에 대한 일반적인 원리를 그것을 뒷받침할 만한 증거를 가지고 기술함. 잘 성립된 가설. [1.2]

이론적 수득량 균형 맞춘 반응식에 따라 형성될 수 있는 생성물의 최대량. [11.5]

이상 기체 기체 분자 운동론에 따라 정확히 거동하는 기체. 완전 기체라고도 불림. [12.6]

이상 기체 법칙 $PV = nRT$. 즉, 기체의 부피가 기체의 분자 수와 절대 온도에 비례하며 압력에는 반비례한다. [12.6]

이성분 화합물 서로 다른 두 원소로 구성된 화합물. [8.4]

이성질체 분자식은 같지만 구조식이 서로 다른 화합물. [18.3]

이성질 현상 분자식은 같지만 구조적 배열이 서로 다른 두 개 이상의 화합물이 존재하는 현상. [18.3]

이온 양전하 또는 음전하를 띤 원자나 원자단. 참고: 양이온, 음이온. [3.3]

이온 결합 양전하를 띤 이온과 음전하를 띤 이온 사이의 화학 결합. [7.2]

이온화 어떤 물질이 물과 반응하여 이온을 생성하는 현상. [15.3]

이온화 에너지 원자, 이온, 분자로부터 하나의 전자를 제거하는 데 필요한 에너지. [7.1]

이원자 분자 항상 두 원자를 갖는 원소 분자. 7개의 원소가 이원자 분자로 존재한다. H_2, N_2, O_2, F_2, Cl_2, Br_2, I_2. [3.2]

이중 치환 반응 두 화합물이 반응하는 화합물의 성분을 상호 교환하여 서로 다른 두 화합물이 생성되는 반응. [10.4]

이차 알코올 −OH기가 결합된 탄소 원자에 다른 탄소 원자가 두 개 붙어 있는 알코올. [18.7]

1기압 표준 기압. 즉, 0°C에서 760 mm 높이의 수은 기둥에 의해 가해지는 압력. 참고: 기압. [12.1]

일정 성분비 법칙 두 가지 이상의 원소로 이루어진 화합물을 구성하는 원소의 질량비는 항상 일정하다. [3.3]

일차 알코올 −OH기가 결합된 탄소 원자에 다른 탄소 원자가 한 개 붙어 있는 알코올. [18.7]

ㅈ

자연 법칙 자연에서 관찰되는 일반적인 사실을 간단한 진술로 정리한 것. [3.3]

작용기 유기 화합물의 부류의 특성을 나타내는 원자 하나 또는 원자단. 예를 들어 −COOH는 카복실산의 작용기이다. [18.2]

적정 어떤 시약의 일정 부피나 질량과 반응하는 데 필요한 다른 시약의 부피를 측정하는 과정. [15.5]

전기분해 전기 에너지에 의하여 화학적 변화가 일어나는 과정. [17.5]

전기 음성도 공유 결합 내에서 공유 전자쌍에 대해 원자가 갖는 상대적인 인력. [7.5]

전이 원소 내부 껍질의 d 또는 f 오비탈에 전자들을 채우는 특징이 있는 금속 원소들. 이들 원소는 주기율표의 1B~8B족에 위치한다. [3.2, 6.5]

전자 핵의 바깥쪽에 존재하며 음의 전하를 띠는 아원자 입자. [5.3]

전자 배치 원자 내의 전자들의 오비탈 배치. [6.4]

전체 이온 반응식 실제 존재하는 형태로 화합물들을 나타내는 반응식. 용액 중의 강전해질들은 이온으로 쓰는 반면, 비전해질, 약전해질, 침전물, 기체들은 분자 형태로 쓴다. [15.6]

전해 전지 화학 반응이 일어나도록 외부에서 전기 에너지를 공급하는 전기분해 장치. [17.5]

전해질 수용액이 전기 전도체인 물질. [15.3]

절대 영도 −273℃, 켈빈 (절대) 온도 척도로 0도. 참고: 켈빈 온도 눈금. [12.3]

정상 끓는점 한 액체의 증기압이 1기압, 즉 760 torr와 같을 때의 온도. [13.3]

족(원소들의) 주기율표에서 세로 방향의 원소들 집단(1A, 2A 등). 같은 족에 있는 원소들의 원자가 전자 배치는 같다. [3.2, 6.5]

주기(원소들의) 주기율표에서 각 가로 방향의 원소들의 집단. [6.5]

주에너지 준위 원자 내에 존재하는 이들 에너지 준위들은 전자가 발견되는 오비탈들을 포함한다. 참고: 오비탈, 전자. [6.3]

줄(J) 에너지의 SI 단위. 참고: 칼로리. [4.5]

주족 원소 주기율표에서 A족에 있는 원소. [3.2, 6.5]

준금속 금속과 비금속의 중간적 성질을 갖는 원소(예, 규소). 이들 원소들은 전자 산업에 유용하다. [3.2]

중성자 원자의 핵 내에서 발견되며 전기적으로 중성인 아원자 입자. [5.3]

중합 작은 단위체로부터 매우 분자량이 큰 분자를 얻는 과정. [18.12]

중화 산과 염기의 반응으로 염과 물을 생성하는 반응. [15.5]

증기압 액체와 평형 관계에 있는 증기에 의해 작용하는 압력. [13.2]

증기압 곡선 x축에 액체의 온도를 나타내고 y축에 그것의 증기압을 표시하여 얻은 그래프. 곡선상의 임의의 점은 증기와 액체 사이의 평형을 나타낸다. [13.3]

증발 액체 상태의 분자들이 떨어져나가 증기나 기체가 되는 현상. [13.2]

진동수 초당 특정한 점을 지나는 파동의 수를 측정한 것. [6.1]

진한 용액 상대적으로 많은 양의 용질이 녹아 있는 용액. [14.4]

질량 한 물체가 갖는 물질의 양. [2.5]

질량 보존 법칙 화학 반응에 참여하는 물질들의 전체 질량은 변하지 않는다. 즉, 생성물의 질량과 반응물의 질량은 같다. [10.1]

질량수 한 원자의 동위 원소가 갖는 양성자와 중성자의 합. [5.5]

ㅊ

첨가 반응 유기 화학에서 두 물질이 서로 합쳐져서 한 화합물이 되는 반응. [18.4]

촉매 반응의 속도에 영향을 주며 반응이 끝난 후에는 원래의 상태로 회수가 가능한 물질. [16.3]

총괄성 용액 속에 녹아 있는 용질 입자들의 수에만 의존하며 용질 입자의 성질과는 무관한 용액의 성질(예: 증기압 내림, 어는점 내림, 끓는점 오름). [14.5]

측정 수와 단위가 모두 필요한 정량적인 관측. [2.1]

ㅋ

카보닐기 구조가 $\rangle C{=}O$인 기. [18.9]

카복실기 카복실산의 작용기: $-\overset{\displaystyle O}{\overset{\|}{C}}-OH$ [18.10]

카복실산 카복실기가 있는 유기 화합물. [18.10]

칼로리(cal) 흔히 사용되는 열에너지의 단위. 1칼로리는 1 g의 물을 1℃ (14.5℃에서 15.5℃로) 올리는 데 필요한 열에너지의 양이다. 또한, 4.184줄 = 1칼로리. 참고: 줄. [4.5]

케톤 두 다른 탄소 원자 사이에 카보닐기가 있는 유기 화합물. 일반식은 $R_2C{=}O$이다. [18.9]

켈빈 온도 눈금(K) 가장 낮은 온도를 절대 영도로 하여 시작되는 절대 온도 눈금. 이 눈금에 의하면 1기압에서 물의 어는점과 끓는점이 각각 273 K와 373 K이다. 참고: 절대 영도. [12.3]

킬로그램(kg) 미터법에 의한 질량의 표준 단위. 1킬로그램은 2.205파운드이다. [2.5]

ㅌ

탄화수소 탄소와 수소만으로 구성된 화합물. [10.5, 18.2]

Thomson의 원자 모형 Thomson은 원자가 쪼개질 수 없는 것이 아니라 더 작은 입자로 구성되었다고 주장하였다. 원자는 양전하를 띤 입자와 음전하를 띤 입자, 즉 전자뿐만 아니라 양성자도 갖고 있다. [5.3]

ㅍ

파동의 속도 파동이 얼마나 빠르게 공간을 통과하는가를 측정한 값. [6.1]

Pauli 배타 원리 한 원자의 오비탈은 최대 두 개의 전자를 가지며, 스핀은 서로 반대이어야 한다. [6.3]

파장 파동의 반복되는 마루와 골 사이의 거리. 그리스 문자 λ로 표시. [10.1]

퍼텐셜 에너지(PE) 축적된 에너지 또는 물체의 상대적인 위치 때문에 지니게 되는 에너지. [4.4]

편극도 이온이 편극화되는 능력. [7.6]

편극력 이온이 다른 이온을 일그러트리려는 힘. [7.6]

평형 동시에 같은 속도로 둘 이상의 반대 과정이 일어나고 있는 동적 상태. [16.2]

평형 상수(K_{eq}) 평형을 이루고 있는 화학 반응에서 반응물과 생성물의 변화하지 않는 농도를 표시하는 값. [16.4]

포화 용액 용해되지 않은 용질과 평형을 이루는 용해된 용질을 포함하는 용액. [14.2]

포화 탄화수소 탄소 원자 사이의 결합이 모두 단일 결합인 탄화수소. 알케인으로 분류한다. [18.2]

폴리하이드록시 알코올 분자당 두 개 이상의 −OH기가 있는 알코올. [18.7]

표면 장력 액체가 표면적의 증가에 저항하는 힘. [13.2]

표준 상태 참고: 표준 온도와 압력. [12.5]

표준 온도와 압력(STP) 0°C(273K), 1 atm(760 torr). 표준 상태라고 알려져 있다. [12.5]

pH 용액의 H^+ 농도(산도)를 나타내는 방법. $pH = -\log[H^+]$. pH = 7은 중성 용액, pH < 7은 산성 용액, pH > 7은 염기성 용액. [15.4]

ㅎ

하이드로늄 이온 H^+가 극성인 물 분자와 결합하여 형성되는 수화된 수소 이온(H_3O^+). [15.1]

한계 반응물 다른 반응물들에 비하여 불충분한 양이 존재하여 형성되는 생성물의 양을 제한하는 반응물. [11.5]

할로젠 주기율표의 7A족. 플루오린, 염소, 브로민, 아이오딘, 아스타틴으로 구성. [3.2]

합성 반응 두 가지 반응물이 결합하여 한 가지 생성물을 만드는 반응. [10.4]

해리 염이 용해되어 이온으로 분리되는 과정. [15.3]

핵 모든 양성자와 중성자를 포함하고 있는 원자의 중심 부분. 핵은 밀도가 매우 크고 양전하를 띤다. [5.4]

혼합물 두 가지 이상의 구성 요소를 갖는 물질로, 조성이 다양할 수 있다. 혼합물은 균일하거나(설탕물) 불균일할 수 있다(모래와 물). [1.4]

화학 물질, 특히 원자와 분자 계의 조성, 구조, 성질, 반응의 과학. [1.1]

화학량론 화학 반응에서 반응물과 생성물 사이의 정량적 관계를 다루는 화학의 분야. [11.1]

화학 반응 속도론 반응 속도와 반응 메커니즘을 연구하는 화학 분야. [16.1]

화학 반응식 화학 변화의 반응물과 생성물을 나타내는 간단한 방법(예: $2\,H_2O \longrightarrow H_2 + O_2$). [4.2, 10.1]

화학식 원소 기호를 사용하여 화합물의 조성을 나타내는 속기법. [3.3]

화학식으로 된 반응식 모든 반응물과 생성물을 분자식 또는 화학식으로 나타낸 화학 반응식. [15.6]

화학적 변화 원래의 물질과 다른 성질과 조성을 가지는 생성물을 만드는 변화. [4.2]

화학적 성질 다른 물질과의 반응이나 분해에 의해 새로운 물질을 형성하는 물질의 능력. [4.1]

화학 평형 화학 변화에서 정반응의 속도와 역반응의 속도가 같은 상태. [16.2]

화합물 두 가지 이상의 원소들이 일정한 질량비로 결합되어 있는 독특한 물질. [3.3]

화합물의 조성 백분율 화합물의 각 원소가 갖는 질량 백분율. [9.3]

환원 전자를 얻음으로써 원소의 산화수가 감소함. [17.1]

환원 전극 전기 화학 반응에서 환원이 일어나는 전극. [17.5]

환원제 다른 물질의 산화 상태를 감소시키는 물질. 환원제는 반응 중에 산화된다. [17.1]

활성화 에너지 화학 반응이 시작되는 데 필요한 에너지의 양. [10.5, 16.3]

휘발성(물질) 쉽게 증발하는 물질. 높은 증기압과 낮은 끓는점을 갖는 액체. [13.2]

흡열 반응 열을 흡수하는 화학 반응. [10.5]

찾아보기

화학교재연구회 (번역)

강명종 · 김선영 · 박상혁 · 백지환 · 변희국 · 서영완 · 안삼영 · 오남순 · 원태진 · 이민재 · 이병의 · 이승훈
이용훈 · 이은지 · 이주운 · 임 용 · 정윤성 · 정은희 · 최용욱 · 최종하

화학교재연구회 (감수)

강동현 · 강효찬 · 권무현 · 김성진 · 김수아 · 김은주 · 김주영 · 남기석 · 남정훈 · 박성수 · 박종민 · 배민석
배서윤 · 변창규 · 신지영 · 양경희 · 오세연 · 윤선영 · 임준혁 · 최현주 · 한재량

편수자: 김현주

대학화학의 기초 제16판

Foundations of College Chemistry, Sixteenth Edition, International Adaptation

저　　자 Morris Hein · Susan Arena · Cary Willard
역　　자 화학교재연구회
발 행 인 김지영
발 행 처 자유아카데미
주　　소 경기도 파주시 회동길 37-42
파주출판도시
전　　화 031-955-1321
팩　　스 031-955-1322
홈페이지 www.freeaca.com
전자우편 main@freeaca.com (대표)
editor@freeaca.com (편집)
crm@freeaca.com (영업)
등　　록 제406-2003-017호, 1980. 7. 12
제16판1쇄 2024년 7월 1일 발행

Printed in Korea
ISBN 979-11-5808-569-8 93430

Names, Formulas, and Charges of Common Ions

Positive Ions (Cations)

Charge	Name	Formula
1+	Ammonium	NH_4^+
	Copper(I) (Cuprous)	Cu^+
	Hydrogen	H^+
	Potassium	K^+
	Silver	Ag^+
	Sodium	Na^+
2+	Barium	Ba^{2+}
	Cadmium	Cd^{2+}
	Calcium	Ca^{2+}
	Cobalt(II)	Co^{2+}
	Copper(II) (Cupric)	Cu^{2+}
	Iron(II) (Ferrous)	Fe^{2+}
	Lead(II)	Pb^{2+}
	Magnesium	Mg^{2+}
	Manganese(II)	Mn^{2+}
	Mercury(II) (Mercuric)	Hg^{2+}
	Nickel(II)	Ni^{2+}
	Tin(II) (Stannous)	Sn^{2+}
	Zinc	Zn^{2+}
3+	Aluminum	Al^{3+}
	Antimony(III)	Sb^{3+}
	Arsenic(III)	As^{3+}
	Bismuth(III)	Bi^{3+}
	Chromium(III)	Cr^{3+}
	Iron(III) (Ferric)	Fe^{3+}
	Titanium(III) (Titanous)	Ti^{3+}
4+	Manganese(IV)	Mn^{4+}
	Tin(IV) (Stannic)	Sn^{4+}
	Titanium(IV) (Titanic)	Ti^{4+}
5+	Antimony(V)	Sb^{5+}
	Arsenic(V)	As^{5+}

Negative Ions (Anions)

Charge	Name	Formula
1−	Acetate	$C_2H_3O_2^-$
	Bromate	BrO_3^-
	Bromide	Br^-
	Chlorate	ClO_3^-
	Chloride	Cl^-
	Chlorite	ClO_2^-
	Cyanide	CN^-
	Fluoride	F^-
	Hydride	H^-
	Hydrogen carbonate (Bicarbonate)	HCO_3^-
	Hydrogen sulfate (Bisulfate)	HSO_4^-
	Hydrogen sulfite (Bisulfite)	HSO_3^-
	Hydroxide	OH^-
	Hypochlorite	ClO^-
	Iodate	IO_3^-
	Iodide	I^-
	Nitrate	NO_3^-
	Nitrite	NO_2^-
	Perchlorate	ClO_4^-
	Permanganate	MnO_4^-
	Thiocyanate	SCN^-
2−	Carbonate	CO_3^{2-}
	Chromate	CrO_4^{2-}
	Dichromate	$Cr_2O_7^{2-}$
	Oxalate	$C_2O_4^{2-}$
	Oxide	O^{2-}
	Peroxide	O_2^{2-}
	Silicate	SiO_3^{2-}
	Sulfate	SO_4^{2-}
	Sulfide	S^{2-}
	Sulfite	SO_3^{2-}
3−	Arsenate	AsO_4^{3-}
	Borate	BO_3^{3-}
	Phosphate	PO_4^{3-}
	Phosphide	P^{3-}
	Phosphite	PO_3^{3-}

Prefixes and Numerical Values for SI Units

Prefix	Symbol	Numerical value	Power of 10 equivalent
exa	E	1,000,000,000,000,000,000	10^{18}
peta	P	1,000,000,000,000,000	10^{15}
tera	T	1,000,000,000,000	10^{12}
giga	G	1,000,000,000	10^{9}
mega	M	1,000,000	10^{6}
kilo	k	1,000	10^{3}
hecto	h	100	10^{2}
deka	da	10	10^{1}
—	—	1	10^{0}
deci	d	0.1	10^{-1}
centi	c	0.01	10^{-2}
milli	m	0.001	10^{-3}
micro	μ	0.000001	10^{-6}
nano	n	0.000000001	10^{-9}
pico	p	0.000000000001	10^{-12}
femto	f	0.000000000000001	10^{-15}
atto	a	0.000000000000000001	10^{-18}

SI Units and Conversion Factors

Length			Mass			Volume		
SI unit: meter (m)			SI unit: kilogram (kg)			SI unit: cubic meter (m^3)		
1 meter	=	1000 millimeters	1 kilogram	=	1000 grams	1 liter	=	1000 milliliters
	=	1.0936 yards		=	2.20 pounds		=	10^{-3} m^3
1 centimeter	=	0.3937 inch	1 gram	=	1000 milligrams		=	1 dm^3
1 inch	=	2.54 centimeters (exactly)	1 pound	=	453.59 grams		=	1.0567 quarts
				=	0.45359 kilogram	1 gallon	=	4 quarts
1 kilometer	=	0.62137 mile		=	16 ounces		=	8 pints
1 mile	=	5280 feet	1 ton	=	2000 pounds		=	3.785 liters
	=	1.609 kilometers		=	907.185 kilograms	1 quart	=	32 fluid ounces
1 angstrom	=	10^{-10} meter	1 ounce	=	28.3 grams		=	0.946 liter
			1 atomic mass unit	=	1.6606×10^{-27} kilograms		=	4 cups
						1 fluid ounce	=	29.6 mL

Temperature			Energy			Pressure		
SI unit: kelvin (K)			SI unit: joule (J)			SI unit: pascal (Pa)		
0 K	=	−273.15°C	1 joule	=	1 kg m^2/s^2	1 pascal	=	1 kg(ms^2)
	=	−459.67°F		=	0.23901 calorie	1 atmosphere	=	101.325 kilopascals
K	=	°C + 273.15	1 calorie	=	4.184 joules		=	760 torr
°C	=	$\frac{(°F - 32)}{1.8}$					=	760 mm
°C	=	$\frac{5}{9}$(°F − 32)					=	14.70 pounds per square inch (psi)
°F	=	1.8(°C) + 32						